科学出版社"十三五"普通高等教育研究生规划教材·水产系列
河南省"十四五"普通高等教育规划教材

水产动物免疫学

孔祥会　主编

科学出版社

北　京

内 容 简 介

本书为科学出版社"十三五"普通高等教育研究生规划教材、河南省"十四五"普通高等教育规划教材。本书系统介绍了免疫器官和免疫细胞、细胞因子、非特异性免疫、特异性免疫、黏膜免疫、免疫应答与调节、病原与机体的互作、炎症与免疫、细胞自噬与免疫、代谢与免疫、免疫耐受、贝类免疫、甲壳动物免疫、鱼类免疫、其他水产动物免疫、水产动物疫苗与免疫制品等内容,不仅包含水产动物免疫学基础知识,还包含相关方面的最新研究进展和研究热点。

本书可作为高等农业院校水产养殖学、水生生物学和海洋生物学等专业的研究生教材,也可供水产养殖学、水产动物医学和水族科学与技术等专业的本科生使用,还可作为水产一线各级各类从业人员的培训教材。

图书在版编目(CIP)数据

水产动物免疫学 / 孔祥会主编. —北京:科学出版社,2023.6
科学出版社"十三五"普通高等教育研究生规划教材·水产系列 河南省"十四五"普通高等教育规划教材
ISBN 978-7-03-075481-3

Ⅰ. ①水… Ⅱ. ①孔… Ⅲ. ①水产生物-水生动物学-免疫学-高等学校-教材
Ⅳ. ①S917.4

中国国家版本馆 CIP 数据核字(2023)第 076958 号

责任编辑:刘 丹 韩书云 / 责任校对:严 娜
责任印制:赵 博 / 封面设计:迷底书装

科 学 出 版 社 出版
北京东黄城根北街 16 号
邮政编码:100717
http://www.sciencep.com
北京凌奇印刷有限责任公司印刷
科学出版社发行 各地新华书店经销
*
2023 年 6 月第 一 版 开本:787×1092 1/16
2025 年 2 月第三次印刷 印张:28
字数:717 000
定价:**118.00** 元
(如有印装质量问题,我社负责调换)

《水产动物免疫学》编委会名单

主　　编　孔祥会
副 主 编　朱　雷　秦启伟　邹　钧
编　　委　（以姓氏笔画为序）

王玲玲（大连海洋大学水产与生命学院）

孔祥会（河南师范大学水产学院）

朱　斌（西北农林科技大学动物科技学院）

朱　雷（河南师范大学水产学院）

许　丹（上海海洋大学水产与生命学院）

孙　云（海南大学海洋学院）

孙盛明（上海海洋大学水产与生命学院）

苏建国（华中农业大学水产学院）

李成华（宁波大学海洋学院）

狄桂兰（福建农林大学海洋学院）

邹　钧（上海海洋大学水产与生命学院）

张　杰（河南师范大学水产学院）

张冬冬（海南大学海洋学院）

张庆华（上海海洋大学水产与生命学院）

陈政强（集美大学水产学院）

周永灿（海南大学海洋学院）

赵贤亮（河南师范大学水产学院）

秦启伟（华南农业大学海洋学院）

黄友华（华南农业大学海洋学院）

黄晓红（华南农业大学海洋学院）

曹贞洁（海南大学海洋学院）

蒋昕彧（河南师范大学水产学院）

鲁义善（广东海洋大学水产学院）

裴　超（河南师范大学水产学院）

魏京广（华南农业大学海洋学院）

前　言

在党的二十大精神指引下，渔业高质量发展的目标就是为人们提供更多优质水产品蛋白。做好渔业高质量发展、水产品安全和水生态保护，是中国式现代化的重要部分。渔业高质量发展重要内容包括培育优良品种，创新养殖模式，防控鱼病发生。免疫防病日益成为水产动物疾病防控的重要内容。学习和掌握水产动物免疫学理论和技术，是做好水产动物疾病防控的重要基础。

水产动物免疫学是水产相关专业本科生和研究生的专业核心课程，也是水产专业教学改革试点的重要课程。该课程的目的是使学生在掌握必要的免疫学基本理论和实验技能的基础上，了解水产动物免疫系统及其功能，培养学生使用免疫学知识和技术手段进行水产动物疾病防控和免疫学相关研究的能力，并了解免疫学前沿科学技术和发展趋势。

本书系统介绍了鱼类及其他水产动物的免疫器官、免疫细胞、病原与机体的互作、疫苗与免疫制品等内容，不仅包含水产动物免疫学基础知识，还包含相关方面的最新研究进展和研究热点。本书内容可以为提升水产动物免疫水平和防病能力提供理论指导，对于严防水生动物重大疫情发生具有重要意义。本书的出版有利于保障渔业健康发展、保护水生态环境，为全面达到稳产保供、创新增效、绿色低碳、规范安全的渔业可持续发展做出贡献。

本书编写成员为国内水产动物免疫学领域的知名专家、学者，他们均长期从事水产动物免疫学前沿研究。第一章由黄友华、秦启伟编写，第二章由邹钧编写，第三章由张庆华编写，第四章由孙云、曹贞洁、周永灿编写，第五章由张冬冬、周永灿编写，第六章由蒋昕彧、赵贤亮、孔祥会编写，第七章由许丹编写，第八章由陈政强编写，第九章由魏京广、秦启伟编写，第十章由黄晓红、秦启伟编写，第十一章由朱雷编写，第十二章由王玲玲编写，第十三章由孙盛明编写，第十四章由张杰（第一节）、苏建国（第二节）、狄桂兰（第三节）、裴超（第四节和第五节）编写，第十五章由李成华（第一节和第二节）、鲁义善（第三节和第四节）编写，第十六章由朱斌编写。本书编写团队在教学与科研过程中积累了大量水产动物免疫学的教学经验和方法，以及图片、文献等资料，为教材的实用性和可读性打下了坚实的基础。同时，本书引用和参考了有关专家、学者的教材、著作与科研成果，但因篇幅有限，书后仅列出部分主要参考文献，在此谨向所有引用文献的作者表示感谢。

本书的编写得到了科学出版社的大力帮助和支持，特此感谢。同时，还要感谢河南师范大学、上海海洋大学、华南农业大学、海南大学、西北农林科技大学、宁波大学、华中农业大学、大连海洋大学、集美大学、广东海洋大学、福建农林大学等单位编者的辛勤劳动和付出。另外，河南师范大学水产学院研究生顾艳龙、孔一鸣等同学也为本书的校稿工作付出了大量努力，在此一并感谢。

由于编者的水平有限，书中难免会存在一些不足之处，敬请专家、同行及读者批评指正。

编　者

2023 年 1 月

目　　录

前言
第一章　免疫器官和免疫细胞 ·· 1
　第一节　免疫器官和组织 ··· 1
　第二节　免疫细胞 ··· 5
　第三节　淋巴细胞及其分化与成熟 ··· 9
　第四节　鱼类淋巴细胞的特征 ·· 12
　第五节　甲壳动物血淋巴细胞的特征 ·· 14
　主要参考文献 ··· 16
第二章　细胞因子 ·· 18
　第一节　细胞因子的特征和功能 ··· 18
　第二节　细胞因子及其受体研究进展 ·· 18
　第三节　细胞因子研究热点 ··· 41
　主要参考文献 ··· 41
第三章　非特异性免疫 ·· 44
　第一节　天然免疫屏障 ··· 44
　第二节　模式识别受体 ··· 50
　第三节　补体系统 ·· 60
　第四节　非特异性免疫研究热点 ··· 68
　主要参考文献 ··· 74
第四章　特异性免疫 ··· 76
　第一节　主要组织相容性复合体 ··· 76
　第二节　抗原与抗原加工和呈递 ··· 82
　第三节　参与特异性免疫的细胞 ··· 90
　第四节　免疫球蛋白 ·· 94
　第五节　特异性免疫研究热点 ·· 105
　主要参考文献 ··· 112
第五章　黏膜免疫 ·· 115
　第一节　黏膜免疫系统的组成与结构 ·· 115
　第二节　黏膜组织的免疫应答 ·· 120
　第三节　黏膜免疫研究热点和应用 ·· 125
　主要参考文献 ··· 128

第六章　免疫应答与调节 ·· 131
　　第一节　免疫应答 ··· 131
　　第二节　免疫系统的内部调节 ··· 136
　　第三节　免疫系统的外部调节 ··· 142
　　第四节　免疫应答和调节中的研究热点与应用 ······················ 150
　　主要参考文献 ··· 154
第七章　病原与机体的互作 ·· 156
　　第一节　病原引起的超敏反应对机体的免疫损伤 ··················· 156
　　第二节　抗感染免疫及对病原的清除 ···································· 160
　　第三节　免疫逃逸 ··· 169
　　第四节　病原与机体互作研究热点与应用 ······························ 172
　　主要参考文献 ··· 173
第八章　炎症与免疫 ··· 175
　　第一节　炎症及其基本特征 ··· 175
　　第二节　参与炎症反应的细胞与分子 ···································· 183
　　第三节　炎症的发生机制 ·· 192
　　第四节　炎症的调控 ··· 212
　　第五节　炎症研究热点 ·· 215
　　主要参考文献 ··· 215
第九章　细胞自噬与免疫 ·· 218
　　第一节　自噬的生物学性质 ··· 218
　　第二节　自噬与固有免疫 ·· 222
　　第三节　自噬与获得性免疫 ··· 225
　　第四节　自噬与炎症 ··· 227
　　第五节　细胞自噬研究热点 ··· 228
　　主要参考文献 ··· 230
第十章　代谢与免疫 ··· 232
　　第一节　机体代谢与免疫 ·· 232
　　第二节　药物毒理代谢与免疫 ··· 239
　　第三节　小分子代谢物与免疫 ··· 244
　　第四节　适应性免疫细胞的代谢途径及调控网络 ··················· 249
　　第五节　代谢与免疫相关研究热点 ······································· 255
　　主要参考文献 ··· 259
第十一章　免疫耐受 ··· 262
　　第一节　免疫耐受的形成 ·· 262
　　第二节　免疫耐受的形成机制 ··· 266
　　第三节　免疫耐受的意义 ·· 270
　　第四节　免疫耐受研究热点 ··· 272
　　主要参考文献 ··· 276

第十二章　贝类免疫 278
　第一节　贝类概述及其免疫特性 278
　第二节　贝类免疫系统组成 279
　第三节　贝类免疫应答机制 290
　第四节　贝类免疫研究热点 299
　主要参考文献 301

第十三章　甲壳动物免疫 302
　第一节　甲壳动物免疫系统 302
　第二节　甲壳动物免疫特性 305
　第三节　甲壳动物细胞免疫和体液免疫 313
　第四节　甲壳动物免疫研究热点 322
　主要参考文献 322

第十四章　鱼类免疫 324
　第一节　鱼类的免疫防御体系 324
　第二节　鱼类的先天性免疫 331
　第三节　鱼类的获得性免疫 341
　第四节　鱼类免疫应答的调节 351
　第五节　鱼类免疫研究热点 360
　主要参考文献 368

第十五章　其他水产动物免疫 371
　第一节　棘皮动物免疫 371
　第二节　两栖动物免疫 377
　第三节　爬行动物免疫 384
　第四节　水生哺乳动物免疫 389
　主要参考文献 395

第十六章　水产动物疫苗与免疫制品 398
　第一节　水产动物疫苗种类及制备方法 398
　第二节　水产动物疫苗使用和免疫评价 405
　第三节　水产动物疫苗佐剂 416
　第四节　水产动物免疫载体 422
　第五节　水产动物免疫增强剂 427
　第六节　水产动物新型疫苗研发热点与应用 431
　主要参考文献 436

第一章　免疫器官和免疫细胞

第一节　免疫器官和组织

动物免疫器官按照功能不同，可分为中枢免疫器官和外周免疫器官，两者通过血液循环及淋巴循环相互联系而构成网络。其中，中枢免疫器官主要由胸腺和骨髓组成，鸟类的中枢免疫器官还包括法氏囊，是免疫细胞发生、分化、发育和成熟的场所。外周免疫器官包括脾、淋巴结和黏膜相关淋巴组织等，是成熟淋巴细胞定居的场所，也是淋巴细胞对抗原产生免疫应答的关键部位。免疫组织又称淋巴组织，其中胃肠道、呼吸道等黏膜下含有大量的弥散淋巴组织和淋巴结，在黏膜抗感染免疫中发挥着重要作用。

鱼类作为低等脊椎动物，与哺乳动物相似，其免疫器官和组织也是鱼类抵抗外界病原体入侵的重要防线。然而，鱼类的免疫器官和哺乳动物的最大区别在于：鱼类没有骨髓、淋巴结和法氏囊。对于鱼类而言，脾、胸腺、肾及黏膜相关淋巴组织是其最主要的免疫器官和组织。由于鱼类种类繁多，其胚胎发育受环境的影响较大，因而免疫器官的发育状况也存在差异。目前对于鱼类免疫器官发生的研究，主要来源于淡水鱼类，普遍认为胸腺是淡水鱼类最早形成的免疫器官，随后是头肾和脾。相对而言，海水鱼类免疫器官发生的研究较少，基本认为与淡水鱼类不同，其免疫器官的发生顺序是头肾、脾和胸腺。

一、胸腺

作为重要的免疫器官，鱼类胸腺也是淋巴细胞产生、成熟和分化的场所，可以向外周淋巴器官和血液提供淋巴细胞，与细胞免疫密切相关。鱼类胸腺起源于胚胎发育时期的咽囊，在免疫组织的发生过程中最先出现成熟淋巴细胞，一般认为胸腺是鱼类的中枢免疫器官。鱼类胸腺在发育过程中逐渐向头肾靠拢，同时伴随有细胞迁移的发生。

鱼类的胸腺存在于鳃腔背后方，表面有一层上皮细胞膜与咽腔相隔，可有效阻止抗原性或者非抗原性物质通过咽腔进入胸腺实质。硬骨鱼类的胸腺位于鳃盖骨与背部联合处的皮下部位，是一对卵圆形的薄片组织，被鳃室黏膜覆盖，由胸腺原基发育而成。鱼的种类不同，胸腺的位置和形状也不尽相同。例如，方氏云鳚（*Enedrias fangi*）的胸腺在光镜下为典型的淋巴器官结构，位于鳃腔背上角、第四鳃弓的背后侧，由扁平咽上皮构成的鳃腔膜被覆，整个胸腺向外突出成蚕豆形；鳜（*Siniperca chuatsi*）的胸腺位于鳃盖与背肌交界的背上角处；鲢（*Hypophthalmichthys molitrix*）的胸腺位于第4和第5鳃弓的背方、翼耳骨之下；鮟鱇（*Lophius piscatorius*）的胸腺特别大，并且远离咽腔；虹鳟（*Oncorhynchus mykiss*）的胸腺在咽腔上皮下面；喉盘鱼（*Gobiesox cephalus*）的每个咽腔均有一对胸腺，外胸腺位于咽腔上皮的下面，而内胸腺仅以其延伸的一小部分与咽腔上皮相连，并且随发育过程而继续内陷。与硬骨鱼类的胸腺多位于浅表不同，软骨鱼类的胸腺则相对内陷。Chilmonczyk 认为鱼类胸腺的内陷可能是脊椎动物由浅表胸腺向哺乳动物中央胸腺进化的第一步。例如，晶吻鳐（*Raja eglanteria*）的胸腺内陷，肺鱼的胸腺则在位置上与两栖类更相似。

随着性成熟和年龄的增加，或者在环境胁迫和激素等外部刺激的作用下，鱼类的胸腺发生退化，且在一年内的不同月份，胸腺细胞的数量、胸腺大小及各区的比例呈现出规律性的变化。从组织学角度来看，胸腺的退化从胸腺体积缩小开始，随后淋巴细胞逐渐被上皮细胞和胸腺小体取代，直到最后胸腺消失。各种鱼胸腺的退化经历不同的过程并伴随有不同的特征。草鱼（*Ctenopharyngodon idella*）在 3～4 龄以后，其胸腺组织被大量脂肪组织所取代；丽鱼科（Cichlidae）随着年龄增大，其胸腺中出现黑色素巨噬细胞中心、胸腺小体及脂肪残体；青鳉（*Oryzias latipes*）在 4 月龄时，其胸腺中的结缔组织开始增多，6 月龄时上皮囊快速增多，12 月龄时胸腺彻底退化；斑点叉尾鮰（*Ictalurus punctatus*）在 11～12 月龄时，其胸腺体积快速增大，13 月龄以后开始变小，16 月龄时胸腺不再有淋巴细胞而仅剩一层薄的上皮样细胞层，18 月龄时胸腺退化到用肉眼观察不到；虹鳟（*Oncorhynchus mykiss*）在 15 月龄时，其胸腺开始退化，成鱼基本找不到胸腺；点带石斑鱼（*Epinephelus coioides*）从 1 龄之后，其胸腺与幼鱼明显不同，可区分为外皮质区、内皮质区和髓质区 3 个区域。外皮质区主要由网状上皮细胞、成纤维细胞、黏液细胞和少量淋巴细胞构成，细胞排列疏松；内皮质区主要由密集的淋巴细胞和网状上皮细胞组成；髓质区主要由淋巴细胞和较多的网状上皮细胞构成。外皮质区和内皮质区相当于高等脊椎动物的皮质，髓质区相当于高等脊椎动物的髓质。2 龄以上的成鱼出现胸腺小体或类似胸腺小体的结构，而且随着年龄的增加，胸腺外皮质区增厚，结缔组织增加，还表现在内皮质区和髓质区组织逐渐萎缩变薄，胸腺细胞的组成类型和淋巴细胞数量上有所变化等。2 龄鱼开始出现的胸腺退化现象在 3 龄以上鱼体中更加明显。

胸腺既是大多数鱼类最早发育的中枢淋巴器官，也是产生功能性 T 淋巴细胞的主要免疫器官。在鱼类免疫细胞发生过程中，T 淋巴细胞在胸腺发育成熟并被运送到头肾、脾等外周免疫器官。另外，多项研究表明，鱼类的胸腺直接参与机体免疫防御。例如，胸腺存在 B 细胞、浆细胞等，表明胸腺直接参与抗体的产生，即胸腺参与了体液免疫。在虹鳟迟缓型超敏性反应中，胸腺细胞数量快速增多，提示胸腺参与了细胞免疫。在早期切除硬骨鱼类的胸腺会严重削弱鱼体的移植排斥反应及抗体产生能力，这说明胸腺在免疫系统功能方面发挥至关重要的作用。因此，胸腺在鱼类免疫和免疫系统的发育过程中起着关键作用。

二、头肾

肾是成鱼最重要的淋巴器官，可分为头肾、中肾和后肾 3 部分。不同种类鱼的肾具有不同的形态和结构。硬骨鱼类的肾位于腹膜后，向上紧贴于脊椎腹面，呈浅棕色或深棕色，有些呈黑色。在胚胎时期，头肾和中肾均成对存在，在成鱼中的形状因种类不同而有所差异。草鱼的头肾位于胸腔内咽退缩肌上方两侧，围绕心腹隔膜前面的食道背面和两侧分布，分左右两叶并在基部相连。头肾基部组织通过第 4 脊椎横突基部与横隔骨片基部两侧的小圆孔，与腹腔内后肾组织的最前端相连。成年弹涂鱼（*Periophthalmus cantonensis*）的头肾中分布有许多由肾小体和肾小管构成的功能性肾单位，它们与后肾典型的肾单位很难区别；成年莫桑比克罗非鱼（*Oreochromis mossambicus*）、鲤（*Cyprinus carpio*）等硬骨鱼的头肾均由淋巴组织构成，失去了排泄功能，仅保留了造血和内分泌的功能，成为造血器官和免疫器官。

在肾的发育过程中，头肾失去排泄功能而成为造血器官（相当于哺乳动物的骨髓）和免疫器官，负责吞噬作用、抗原加工，以及通过髓样分化中心形成 IgM 和免疫记忆。头肾具有高浓度的正在成熟的 B 淋巴细胞和低水平的抗体分泌细胞（antibody secreting cell，ASC），提示头肾是硬骨鱼类重要的抗体产生器官，相当于哺乳动物的淋巴结。鱼的头肾不仅受神经的支配，也是一个重要的内分泌器官，与哺乳动物的肾上腺具有同源性，可以分泌糖皮质激素和其他激素。因此，在免疫-内分泌和神经-免疫-内分泌中，鱼的头肾是一个具有调控作用的关键中枢器官。总之，硬骨鱼类的头肾具有类似哺乳动物中枢免疫器官及外周免疫器官的双重功能。鱼类的中肾除保留了排泄功能外，也有一定的免疫功能。

三、脾

鱼类脾的发育不像高等脊椎动物那样完善，仍然是硬骨鱼类中发现的唯一淋巴结样器官。在体液免疫反应中，脾与头肾相比处于相对次要的地位，且受抗原刺激后，脾的增殖反应以弥散方式发生在整个器官上。脾在鱼类中的主要功能有两个方面，一方面脾是鱼类体内重要的造血和储血器官，另一方面脾是鱼类体内重要的免疫器官，因此脾是鱼类红细胞、中性粒细胞产生、贮存和成熟的主要场所。

鱼类的脾通常位于前肠（类胃体）的前背部，整体包埋于类胃体和肠道中间。软骨鱼类和硬骨鱼类均具有独立的脾。软骨鱼类的脾较大，内含椭圆体，主要作为造血器官，分化为红髓和白髓。硬骨鱼类的脾没有分化出明显的红髓和白髓，虽然可以区分出红细胞占大多数的红髓和大淋巴细胞、小淋巴细胞及颗粒细胞（粒细胞）占多数的白髓，但两者无明显界限。硬骨鱼类的脾位于类胃体大弯或肠曲附近，通常为一个，但也有少数鱼类具有两个或者两个以上的小脾。健康鱼类的脾棱角分明，呈暗红色或者黑色，脾被膜有弹性。

鱼类的脾主要由椭圆体、脾髓及黑色素巨噬细胞中心（melano-macrophage center，MMC）组成。椭圆体由围有厚鞘的动脉毛细血管组成，含有网织细胞和巨噬细胞，可能与捕获血液携带的抗原有关。脾髓主要由嗜银纤维支持的造血组织和吞噬细胞构成。黑色素巨噬细胞中心发挥多重作用，包括参与体液免疫和炎症反应；对血液中携带的异物具有很强的吞噬能力；作为记忆细胞的原始生发中心，与高等脊椎动物脾中的生发中心在组织和功能上相似。脾中含有大量的淋巴细胞，与鱼类的体液免疫密切相关。大多数硬骨鱼类的脾内均具有明显的椭圆体，具有募集各种颗粒性和非颗粒性物质的功能。由于鱼类没有淋巴结，因此在"诱捕"抗原时，只有脾发挥作用。脾在抗原呈递和启动获得性免疫方面起着主要作用。作为次级淋巴器官，鱼的脾在造血、降解抗原和抗体产生方面发挥着关键作用。鱼脾的大小被广泛地作为衡量鱼在对抗寄生虫感染时免疫反应强弱的指标。此外，脾还经常被称为病毒感染的靶器官，在病毒侵染时出现肿大坏死等症状。

四、黏膜相关淋巴组织

黏膜相关淋巴组织（mucosal-associated lymphoid tissue，MALT）是指存在于呼吸道、消化道、泌尿生殖道黏膜及黏膜下聚集的无被膜的淋巴组织，包括鼻相关淋巴组织（nasal-associated lymphoid tissue，NALT）、支气管相关淋巴组织（bronchial-associated lymphoid tissue，BALT）、肠相关淋巴组织（gut-associated lymphoid tissue，GALT）、扁桃体（tonsil）等。对硬骨鱼类而言，黏膜相关淋巴组织主要包括鳃相关淋巴组织（gill-associated lymphoid tissue，GIALT）、皮肤相关淋巴组织（skin-associated lymphoid tissue，SALT）和肠相关淋巴组织，这些暴露于外环境的组织及其表面的黏液构成了抵御病原入侵的第一道屏障。黏膜相关淋巴组织中分布有多种免疫细胞，如淋巴细胞、巨噬细胞和各类粒细胞等，使其具有独立完成局部免疫应答的功能。当鱼体受到病原刺激时，巨噬细胞可对抗原进行处理和呈递，抗体分泌细胞会分泌特异性抗体，与黏液中的补体和溶菌酶等非特异性保护物质一起组成抵御病原感染的防线。

鱼类的黏膜免疫（mucosal immunity）是指皮肤、鳃和肠道等黏膜样淋巴组织及其分泌的黏液发挥免疫应答作用，作为鱼体防御不同病原的第一道屏障。下文将重点讲述肠相关淋巴组织、皮肤相关淋巴组织、鳃相关淋巴组织和鼻相关淋巴组织。

（一）肠相关淋巴组织

鱼类的肠道黏膜层可分为两层：上皮层（lamina epithelialis）和固有层（lamina propria）。固有层中含有多种宿主免疫细胞，如粒细胞、淋巴细胞、巨噬细胞和浆细胞。上皮层中则含有一些 T 细胞和 B 细胞。这些免疫细胞与上皮细胞、杯状细胞和神经内分泌细胞一起调节肠道免疫反应。鱼类肠道虽然没有类似哺乳动物的派尔集合淋巴结（Peyer patch，PP），但是有相当数量的淋巴细胞，主要分布在肠道的中后部。在电子显微镜下对牙鲆肠淋巴样组织内颗粒细胞的形态特点进行观察后发现，颗粒细胞为嗜酸性粒细胞，常存在于肠黏膜层及黏膜下层靠近肌肉层的淋巴腔中，具有大型非均匀质颗粒为其主要特征。嗜酸性粒细胞的变化可分为增长期、成熟期、分泌期和衰退期 4 个时期，具有明显的外排现象，这说明牙鲆的肠是鱼类免疫防御的重要组成部分。在虹鳟的肠道中，已报道的两个 B 细胞群特异表达 IgM 或 IgT。它们均位于固有层中，并且在感染或疫苗接种后可以渗入上皮。作为常驻细胞，IgT$^+$ B 细胞群是主要的 B 细胞群，并且对肠道寄生虫起到主要的免疫应答反应。

（二）皮肤相关淋巴组织

皮肤相关淋巴组织一词最先在哺乳动物中被使用，近年来的研究表明，硬骨鱼类的皮肤也是一种 SALT，并且是鱼类最大的黏膜组织。与哺乳动物相比，硬骨鱼类的皮肤是一种黏膜表层，具有丰富的黏液细胞向其表面分泌黏液，缺乏角质化细胞。在硬骨鱼类的表皮中，已发现包括免疫细胞在内的不同类型细胞，比如 T 细胞、B 细胞、粒细胞、巨噬细胞、树突状细胞、黏液细胞等，在抗原刺激后可以诱导激活先天性免疫和适应性免疫应答。目前已在鱼类的皮肤黏膜分泌物中鉴定到分泌型 IgM 和 IgT，但尚未有 IgD 存在的报道。IgM 是皮肤黏液中最丰富的免疫球蛋白，但当存在 IgT 时，皮肤黏液中的 IgT/IgM 值要比血清中高很多。皮肤中的微生物群被 IgS 包被，与 IgM 相比，IgT 显示出更强的细菌包被能力。研究人员还发现，皮肤中的 Ig 浓度随着身体区域的不同而存在明显差异。例如，斑点叉尾鮰侧面皮肤中的 Ig 水平要比鳍条中高。

（三）鳃相关淋巴组织

硬骨鱼类鳃组织的细胞主要由大淋巴细胞、小淋巴细胞、巨噬细胞、嗜酸性粒细胞、中性粒细胞、杯状细胞、上皮细胞等构成。鳃中淋巴细胞和巨噬细胞的存在，提示鳃具有抗原处理、呈递及免疫应答的细胞基础。IgT 作为参与肠道和皮肤免疫反应的特异性黏膜免疫球蛋白，在鳃中也发挥着关键的应答作用。IgT$^+$ B 细胞是鳃中 B 细胞的主要类群，寄生虫感染会导致 IgT$^+$ B 细胞数量增加，以及总蛋白质水平增加。在鳃黏液中也观察到了特异性 IgT 对寄生虫的抑制作用，但在血清中则未发现。

（四）鼻相关淋巴组织

对于哺乳动物而言，鼻相关淋巴组织被认为是免疫系统抵抗通过空气传播的病原体的第一道防线。对虹鳟的研究表明，其 NALT 的结构和哺乳动物相似，但其淋巴细胞、粒细胞呈弥散性分布。近期的研究表明，小瓜虫可以成功入侵到虹鳟鼻腔黏膜上皮，并且被小瓜虫感染后，虹鳟鼻腔黏膜上皮层中的 IgT^+ B 细胞显著增加，而 IgM^+ B 细胞无明显变化，同时鼻黏液中特异性 IgT 的含量也显著上升。此外，研究人员还发现虹鳟鼻黏膜处 IgT^+ B 细胞可以局部发生增殖，分泌小瓜虫特异性 IgT，这为鱼类鼻黏膜可以对寄生虫感染产生特异性的局部免疫应答提供了重要证据。

总之，鱼类黏膜免疫系统（mucosal immune system）相对于系统免疫系统（systemic immune system）具有一定的自主性，在不同的免疫接种途径中，两者体液免疫应答表现出不同的动态规律，这对养殖鱼类免疫接种方法的选择和改进具有实际意义。多项研究表明，通过口服疫苗或肛门灌注方法能有效引起肠道免疫应答，并产生免疫保护效果。近年来通过酶联免疫斑点试验（enzyme-linked immunospot assay，ELISPOT assay）研究肠道抗体产生动力学时发现，口服疫苗不仅能引起肠道黏膜免疫应答，在皮肤和鳃中也可检测到特异性抗体分泌细胞。

第二节 免 疫 细 胞

免疫细胞（immune cell）是指参与免疫应答或与免疫应答相关的细胞。除淋巴细胞外，免疫细胞还包括巨噬细胞、树突状细胞、粒细胞、肥大细胞和自然杀伤细胞等，本节主要讲述后几种免疫细胞。鱼类的免疫细胞主要存在于免疫器官、组织、血液及淋巴液中。

一、巨噬细胞

鱼类的吞噬细胞（phagocyte）主要有单核细胞（monocyte）、巨噬细胞（macrophage）和各种颗粒细胞（granular cell）。它们分布在机体的黏膜、血液和器官组织中，构成 3 道屏障，在抵御病原微生物感染中发挥重要作用。一旦受到病原微生物入侵，机体炎症反应的核心细胞，包括巨噬细胞和粒细胞，能够被病原微生物的有害产物激活并产生有效的抗病原微生物因子。鱼类的单核细胞与哺乳动物类似，也具有较多的胞质突起，细胞内含有大量液泡和吞噬物，可进行变形运动，具有较强的黏附和吞噬能力，能够在血液中对异物和衰老细胞进行吞噬消化。单核细胞存在于血液中，随血液循环进入组织，在适宜条件下发育成不同组织的巨噬细胞并发挥功能。

鱼类的巨噬细胞在不同组织有多种类型，在同一组织也有不同的亚类。巨噬细胞可以从不同组织中分离得到，包括血液、头肾、脾、肠等。例如，从鲫（*Carassius auratus*）头肾白细胞培养物中分离出了形态、细胞化学和杀菌机制不同的巨噬细胞。从草鱼肠分离到的巨噬细胞能够检测到巨噬细胞特异性标志分子（草鱼巨噬细胞集落刺激因子受体），并发现其具有吞噬功能。

鱼类的巨噬细胞可通过多种途径参与非特异性防御反应。当病原微生物表面覆盖有免疫球蛋白和补体成分时，巨噬细胞可通过这些因子的特异性受体识别从而杀伤病原微生物。例如，巨噬细胞能够识别细菌脂多糖（lipopolysaccharide，LPS）和真菌 β-葡聚糖并与之结合，直接吞噬病原微生物。巨噬细胞膜表面的碳水化合物受体同样有助于识别和吞噬外源病原微生物，并通过巨噬细胞中所含的溶菌酶等，对被识别和吞噬病原进行消化分解。在炎症反应中，巨噬细胞可分泌不同的生物活性物质，包括酶、防御素和二十碳四烯酸代谢物等。在接触病原微生物之后，还能生成肿瘤坏死因子 α（TNF-α），增强巨噬细胞的呼吸爆发作用，促进活性氧离子和氮离子的释放从而杀死病原。此外，巨噬细胞还可通过对其表面主要组织相容性复合物分子中抗原的呈递和对淋巴细胞功能的调节等途径来辅助机体的免疫应答。

二、树突状细胞

树突状细胞（dendritic cell，DC）是目前已知的动物体内功能最强的抗原呈递细胞，其在先天性免疫、适应性免疫及维持自身免疫耐受等方面发挥着关键作用，因此也一直是免疫学研究的重点领域。自从在人类和小鼠中发现了树突状细胞并进行形态和功能研究之后，人们陆续在鸟类、爬行类及鱼类中发现了树突状细胞的存在，这些细胞与哺乳动物 DC 的形态及功能相同或类似。与哺乳动物相比，鱼类的免疫器官缺乏骨髓和淋巴结，但鱼类的多种器官（组织）中均发现有树突状细胞（或类树突状细胞）分布。多项研究表明，DC 在哺乳动物和鱼类中的表型与功能是保守的，鱼类 DC 也有经典 DC 的形态和类似的功能。

（一）鱼类 DC 的形态

应用瑞特-吉姆萨（Wright-Giemsa）染色，在斑马鱼中发现了具有 DC 独特形态的细胞，细胞胞体向外伸出多个突起，这些突起在长度、宽度、形态和数目上不尽相同，胞体形态不规则，细胞核呈椭圆形或肾形，整体呈现星形或细长的细胞形态。其他染色方法也佐证了典型 DC 的特性。例如，酸性磷酸酶（acid phosphatase，ACP）染色显示 DC 细胞核周围分布有较小的阳性颗粒；α-乙酸萘酯酶染色显示 DC 染色较弱，且细胞质内有黑色沉淀。进一步对分离到的 DC 进行超微结构观察，发现 DC 从胞体向外伸出突起，细胞核常为较大的、弯曲的形态，且核膜周围分布着染色质，细胞质的电子密度较低且含有线粒体、溶酶体、多泡体等细胞器。

（二）鱼类 DC 的分布

鱼类 DC 的分布和哺乳动物类似，可从不同组织分离到一定纯度的 DC。在虹鳟和尖吻鲈（Lates calcarifer）的头肾与脾及外周血中均分离培养得到了不同数量的 DC。Wittamer 等通过绿色荧光蛋白标记 MHC II（mhc2dab：GFP）和红色荧光蛋白标记 CD45（cd45：DsRed）的方法，结合流式细胞术分离并研究了单核巨噬细胞和 DC 在转基因斑马鱼体内的特性，结果发现体内多个器官，除肝外，均有 DC 的分布；DC 占单核巨噬细胞的比例在各器官中分别为，皮肤 15%、胸腺 10%、肾 6%、脾 5%、肠 3%。Granja 等也在虹鳟皮肤中发现了 MHC II[+] 和 CD8α[+] DC 样细胞，约占白细胞数量的 1.2%，且表现出与哺乳动物 DC 相似的功能与表型。

（三）鱼类 DC 的功能

经研究发现，斑马鱼 DC 除具有典型的 DC 形态外，还具有吞噬细菌的能力，且会高水平表达与 DC 相关的基因。此外，DC 具有刺激 T 细胞增殖的能力，并能诱导抗原特异性 CD4[+] T 细胞的活化。从虹鳟中分离得到的 DC，除具有刺激 T 细胞增殖的能力外，还具有一系列类似哺乳动物 DC 的功能，如表达 DC 的一些标记基因，能够吞噬小的颗粒，可被 Toll 样受体（Toll-like receptor，TLR）的配体激活，在体内具有迁移能力等。对尖吻鲈的研究表明，脂多糖及海豚链球菌都能诱导 DC 的迁移，并且 DC 能够吞噬细菌和荧光微球并刺激 T 细胞的增殖。

三、粒细胞

根据来源、形态及功能，鱼类的粒细胞可分为 3 类，即中性粒细胞、嗜酸性粒细胞和嗜碱性粒细胞。中性粒细胞和嗜酸性粒细胞最常见，仅在少数鱼类中发现了嗜碱性粒细胞。软骨鱼类生成粒细胞的主要部位是脾和其他淋巴髓样组织，硬骨鱼类生成粒细胞的主要部位则为脾和肾。

（一）嗜酸性粒细胞

嗜酸性粒细胞前体产生于造血淋巴器官，随着血液循环进入不同器官，如鳃和肠，然后分化成为粒细胞，但仍然具有有丝分裂的能力。鱼类嗜酸性粒细胞颗粒内的晶体结构及核心是形态鉴定的重要依据。鱼类的嗜酸性粒细胞在细胞染色、分化途径及免疫功能上和哺乳动物的肥大细胞存在着相似性，在急性组织损伤和细菌感染的情况下能脱颗粒，释放颗粒中的活性成分。嗜酸性粒细胞不直接吞噬细菌或其他颗粒性抗原，却可以吞噬被抗体覆盖的细菌和抗原抗体复合物。鱼类的嗜酸性粒细胞在寄生虫长期感染的情况下能够聚集在寄生部位，参与机体抵御寄生虫的免疫反应。

（二）中性粒细胞

中性粒细胞是硬骨鱼类中最常见的粒细胞。其形态大多为圆形，核呈不规则状，常见圆形、椭圆形、肾形及分叶形等，普遍偏于细胞一侧，核质比小。不同鱼类中性粒细胞的超微结构不尽相同，主要体现在胞质颗粒的形态结构。多数硬骨鱼类的中性粒细胞颗粒内具有晶体样或纤维状的内含物，也有部分硬骨鱼类相应细胞颗粒内不存在上述内含物。这种结构差异可能与细胞成熟度有关，而并非细胞亚类不同。鱼类中性粒细胞具有活跃的吞噬和杀伤功能，还能通过产生活性氧杀死病原微生物。另外，在适当刺激下，鱼类中性粒细胞也表现出化学发光性和趋化性。

（三）嗜碱性粒细胞

嗜碱性粒细胞是鱼血液中含量最少的颗粒细胞，只在少数鱼类中才被发现。这类细胞主要存在于头肾和脾等器官中，在外周血中含量极少。鱼类典型的嗜碱性粒细胞呈圆形，有时在表面有钝圆的伪足，细胞核呈半圆形或蚕豆形，位于一侧。在罗曼诺夫斯基染色（罗氏染色）中，该细胞最显著的特点是胞质内有紫蓝色的嗜碱性颗粒。在透射电镜下，嗜碱性粒细胞胞质中有大量的颗粒，有时还可见数量不等的线粒体、核糖体、粗面内质网和滑面内质网等。目前对于嗜碱性粒细胞功能的报道甚少。但有研究表明，嗜碱性颗粒内含有肝素等化学物质，推测其可能与抗凝血作用有关。

四、肥大细胞

肥大细胞（mast cell，MC）在人与动物体内广泛分布，是一种重要的免疫细胞。Paul Ehrlich 最早证明这些细胞含有能被异染性的苯胺染料着色的胞质颗粒，并将这种细胞命名为"mastzellen"，即肥大细胞。肥大细胞胞质颗粒内含有多种生物活性物质，如生物胺、白三烯、前列腺素、中性蛋白酶和蛋白多糖等。肥大细胞通过脱颗粒释放上述活性物质从而在机体的抗病毒活性中发挥关键作用，并且与某些变态反应性疾病、寄生虫感染、某些非特异性炎症及肿瘤性疾病等密切相关。尽管对肥大细胞的研究已经成为免疫学发展中的一个重要方向，但是目前该领域的进展主要来自啮齿动物及人类肥大细胞的研究，而对鱼类及其他低等脊椎动物肥大细胞的研究较少。

硬骨鱼类肥大细胞的研究最早可追溯到对大西洋鲑（*Salmo salar*）肠黏膜中存在嗜酸性粒细胞层的报道，但当时并未将其与肥大细胞的概念联系在一起。直到 1923 年，Michels 利用乙醇固定和乙醇硫堇染色的方法，在鲤（*Cyprinus carpio*）和雅罗鱼（*Leuciscus* sp.）的鳔和肠系膜铺片中鉴定到肥大细胞的存在，并发现其胞质颗粒被染成蓝色。随后分别在翻车鱼（*Orthagoriscus mola*）的结缔组织和鲫（*Carassius auratus*）及虎利齿脂鲤（*Hoplias malabaricus*）的肠道中观察到了肥大细胞。1971 年，Robert 首次使用嗜酸性粒细胞（eosinophilic granule cell，EGC）来命名丝蝴蝶鱼（*Chaetodon auriga*）皮肤中形态学和组织化学性质与 MC 相似，但苏木精-伊红染色（HE 染色）呈红色的细胞。一种细胞采用两种命名（MC 及 EGC），后来常同时或分别出现在不同的研究报告中，因此，1998 年 Reite 对硬骨鱼类中这类细胞的研究进展进行综述时，将其称为肥大细胞/嗜酸性粒细胞（MC/EGC）。近年来，有学者采用鉴定哺乳动物肥大细胞的组织化学技术首次证实了草鱼（*Ctenopharyngodon idella*）及胡子鲇（*Clarias fuscus*）的胸腺、头肾等淋巴器官及肠道中存在肥大细胞。因此，与哺乳动物黏膜肥大细胞类似，硬骨鱼类的肥大细胞对水溶性固定剂高度敏感，且甲醛可阻断其异染性染色。

在鉴定硬骨鱼类 MC/EGC 的基础上，对 MC/EGC 颗粒中的介质及其作用也开展了一些研究。鉴于哺乳动物的肥大细胞均含有组胺，研究人员比较了不同脊椎动物体内的组胺含量。有意思的是，除非洲肺鱼（*Protopterus annectens*）的组胺水平比较高外，多种鱼类和两栖类体内组胺水平均显著低于爬行动物和哺乳动物，由此推测硬骨鱼类及其他一些脊椎动物确实存在含很少甚至不含组胺的 MC/EGC。而且在炎症刺激下，硬骨鱼 MC/EGC 的反应与哺乳动物也有相似之处。例如，硬骨鱼类受某些寄生虫感染或持续炎症反应时，可见 MC/EGC 的显著增加和局部集聚。此外，在雀鲷的神经纤维瘤（DNF）中也发现了高密度的 EGC，进一步提示硬骨鱼类 EGC 等同于哺乳动物的肥大细胞。在免疫防御方面，研究人员发现大西洋鲑（*S. salar*）肠道 EGC 中存在溶菌酶，说明 EGC 在宿主免疫调节中具有重要作用。近年来，在对杂交条纹鲈肥大细胞的研究中发现的一种新抗菌肽 piscidin 引起了科学界的广泛关注，该研究不仅有力地证实了 MC/EGC 在硬骨鱼类防御反应中的重要作用，而且对应用肥大细胞抗菌肽防治鱼类病原菌，特别是抗生素耐药性致病菌具有潜在意义。

五、自然杀伤细胞

自然杀伤细胞（natural killer cell，NK 细胞）是机体重要的免疫细胞，不需要抗原刺激，也不依赖于抗体的参与，即可杀伤被感染的靶细胞和肿瘤细胞，在抗感染及抗肿瘤过程中发挥重要作用。NK 细胞主要存在于外周血和脾中，淋巴结和骨髓中很少，胸腺中尚未发现。与 T、B 淋巴细胞不同，NK 细胞表面有识别靶细胞表面分子的受体结构，可通过活化型受体和抑制型受体的共同调节作用，在病原体感染早期发挥免疫杀伤功能。此外，NK 细胞还可以释放细胞因子进行免疫调节，可以作为连接天然免疫（先天性免疫）和适应性免疫的桥梁。在哺乳动物中，NK 细胞是先天性免疫系统的重要效应细胞，可介导先天性免疫应答和获得性免疫应答。由于 NK 细胞的相关研究在近年来取得了一系列重要进展，可以说 NK 细胞不仅在癌症治疗领域，而且在感染性疾病的治疗中也发挥着至关重要的作用。

与哺乳动物相似，最早在草鱼淋巴细胞中也观察到存在类似 NK 细胞形态的细胞，称为 NK 样（NK-like）细胞。NK 样细胞同样具有细胞毒作用，是鱼类抵抗细菌、病毒、寄生虫感染，以及抗肿瘤等过程中的第一道防线，因此也是鱼类先天性免疫的关键组成部分。例如，来自虹鳟和鲑的 NK 样细胞可以直接杀伤鱼体内的各种靶细胞，甚至对感染传染性胰脏坏死病毒的细胞也显示杀伤活性。鱼类 NK 样细胞包括两大类群：非特异性细胞毒性（nonspecific cytotoxic，NC）细胞，以及从鱼体分离得到的一些细胞毒性细胞克隆细胞系（clonal cytotoxic cell line，CCCL），这些克隆在功能上和哺乳动物 NK 细胞类似。然而二者之中哪一类才是真正的鱼类 NK 细胞，目前仍然没有一致结论。总之，鱼类作为进化上最早出现获得性免疫的脊椎动物，NK 样细胞的功能分化可能存在不同于哺乳动物的机制。例如，在斑马鱼中已成功克隆出人类 NK 细胞的标志蛋白 CD56，但哺乳类 NK 细胞的另一标志蛋白 NKp46 在鱼类基因组和表达序列标签（expressed sequence tag，EST）等数据库中却查不到类似序列。在斑马鱼中，非特异性细胞毒性细胞抗菌蛋白-1（NCAMP-1）和非特异性细胞毒性细胞受体（NCCRP-1）双阳性的细胞被认为是 NC 细胞；而在斑点叉尾鮰（*Ictalurus punctatus*）中，NCCRP-1 可用来鉴定或分离 NC 细胞。因此，要进一步鉴定和揭示鱼类 NK 样细胞的免疫功能，还亟须大量深入和细致的研究工作。

第三节 淋巴细胞及其分化与成熟

一、淋巴细胞

（一）T 淋巴细胞

T 淋巴细胞（T lymphocyte）即胸腺依赖性淋巴细胞（thymus dependent lymphocyte），简称 T 细胞。哺乳动物 T 淋巴细胞来源于骨髓多能干细胞，这些多能干细胞中的淋巴样干细胞进一步分化为前 B 细胞和前 T 细胞。前 T 细胞在胸腺微环境的影响下，由皮质到髓质分化发育为成熟的 T 细胞。T 细胞成为可与异物抗原发生反应的 CD4$^+$ 和 CD8$^+$ 单阳性细胞后，经外周血循环进入外周淋巴器官中定居和增殖，并可经血液→组织→淋巴→血液循环到达全身各处。T 细胞接受抗原刺激后经过活化、增殖和分化为效应 T 细胞（effector T cell，Teff），执行免疫功能。效应 T 细胞是短命的，一般存活 4～6d，其中一部分变为长寿的免疫记忆细胞，进入淋巴细胞再循环，它们可存活数月至数年。T 细胞具有高度异质性，根据其表面标志和功能特征，T 细胞可以分为若干个亚群，各亚群之间相互调节，共同发挥免疫学功能。

目前关于 T 细胞亚群分类的原则和命名还没有统一标准。根据 T 细胞受体（TCR）的类型，T 细胞可以分为表达 TCRαβ 的 T 细胞和表达 TCRγδ 的 T 细胞，分别简称 αβT 细胞（通常所称的 T 细胞）和 γδT 细胞。前者占脾、淋巴结和循环 T 细胞的 95% 以上，能够识别 MHC 分子呈递的 8～17 个氨基酸的抗原性多肽，具有 MHC 限制性。后者主要分布于皮肤和黏膜组织，抗原识别无 MHC 限制性，主要识别 CD1 分子呈递的脂类和多糖等抗原成分。根据 CD 分子类型，可以将其分为 CD4$^+$ T 细胞和 CD8$^+$ T 细胞。CD4 表达于 60%～65% 的 T 细胞，以及部分 NKT 细胞、巨噬细胞和树突状细胞。CD4$^+$ T 细胞识别由 13～17 个氨基酸残基组成的抗原肽，并受自身 MHC II 类分子的限制，活化后分化为 Th 细胞，但也有极少数 CD4$^+$ 效应 T 细胞具有细胞毒作用和免疫抑制作用。CD8 表达于 30%～35% 的 T 细胞。CD8$^+$ T 细胞识别由 8～10 个氨基酸残基组成的抗原肽，受自身 MHC I 类分子的限制，活化后分化为细胞毒性 T 细胞（CTL），具有细胞毒作用，可特异性杀伤靶细胞。根据所处的活化阶段，

T 细胞可以分为初始 T 细胞、效应 T 细胞和记忆 T 细胞。其中初始 T 细胞指的是从未接受过抗原刺激的成熟 T 细胞，参与淋巴细胞再循环，主要功能是识别抗原。效应 T 细胞则可表达高水平、高亲和力的 IL-2 受体和黏附分子，不参加淋巴细胞再循环，是行使免疫效应的主要细胞。记忆 T 细胞可由效应 T 细胞分化而来，也可由初始 T 细胞接受抗原刺激后直接分化而来。对再次进入机体的抗原能产生更迅速、更强烈的免疫应答。另外，根据功能来分，T 细胞可以分为辅助性 T 细胞（helper T cell，Th 细胞）、细胞毒性 T 细胞（cytotoxic T lymphocyte，CTL）和调节性 T 细胞（regulatory T cell，Treg）。Th 细胞均表达 CD4，通常所指的 CD4$^+$ T 细胞即 Th 细胞。初始 CD4$^+$ T 细胞可分化为 Th1、Th2 和 Th17 三类效应细胞。其中，Th1 细胞主要分泌 IL-2、IFN-γ 和 TNF-β，通过活化巨噬细胞，诱导 B 细胞活化，分泌调理性抗体等辅助细胞免疫应答。Th2 细胞主要分泌 IL-4、IL-5、IL-6 和 IL-10 等，通过诱导 B 细胞活化，分泌中和抗体、中和毒素等辅助体液免疫效应。Th17 细胞主要通过分泌 IL-17 参与固有免疫和某些炎症的发生。CTL 表达 CD8，通常所指的 CD8$^+$ T 细胞即 CTL。CTL 的主要功能表现在可特异性识别由 MHC Ⅰ 类分子呈递的内源性抗原肽，即内源性 MHC Ⅰ -抗原肽复合物，从而杀伤靶细胞。其杀伤机制主要有两种：一是分泌穿孔素、颗粒酶、淋巴毒素等物质直接杀伤靶细胞；二是通过表达 FasL 或分泌 TNF-α，分别与表面受体结合诱导靶细胞凋亡。调节性 T 细胞即 CD4$^+$CD25$^+$Foxp3$^+$的 T 细胞。调节性 T 细胞主要通过两种方式负调控免疫应答，包括直接抑制靶细胞活化，以及分泌 IL-10 等细胞因子抑制免疫应答。

（二）B 淋巴细胞

B 淋巴细胞是在人和哺乳动物的骨髓或禽类腔上囊（法氏囊）中发育分化成熟的，故称骨髓依赖淋巴细胞（bone marrow-dependent lymphocyte）或囊依赖淋巴细胞（bursa-dependent lymphocyte），简称 B 细胞。B 细胞的发育分为两个阶段：第一阶段不需要抗原刺激，在造血组织内进行，为多能干细胞（源于骨髓，胚胎期来源于卵黄囊和胚肝细胞）→前 B 细胞→不成熟 B 细胞→成熟 B 细胞；在第二阶段，B 细胞离开造血组织后，进入外周淋巴组织，并在抗原的刺激下活化、增殖、分化为浆细胞，产生和分泌特异性抗体，介导体液免疫。浆细胞一般只能存活 2d。一部分 B 细胞成为免疫记忆细胞，参加淋巴细胞再循环，它可存活 100d 以上，是长寿 B 细胞。

对 B 细胞亚群及其功能的研究较少，外周的成熟 B 细胞分为两个亚群，根据 B 细胞是否表达 CD5 抗原，分为 CD5$^+$的 B1 细胞和 CD5$^-$的 B2 细胞（即习惯所称的 B 细胞）。B1 细胞在机体内出现得早，定位于腹腔或胸腔，是机体发育早期独特型网络的主要细胞，也是机体新生期产生低亲和性、多特异性 IgM 自身抗体及产生针对细菌脂多糖类的"天然"抗体的主要细胞。B1 细胞为 T 细胞非依赖性 B 淋巴细胞，其 BCR 主要为 mIgM，能识别和结合 TI-Ag，发生活化增殖，产生低亲和力、多特异性的 IgM 类自身抗体，还可以产生针对某些细菌脂多糖类的抗体。B2 细胞为 T 细胞依赖性 B 淋巴细胞，是形态较小、比较成熟的 B 淋巴细胞，在体内出现得较晚，定位于淋巴器官，主要是识别蛋白质抗原，可产生高亲和性 IgG 类抗体，负责执行体液免疫应答。

二、淋巴细胞的分化与成熟

（一）T 淋巴细胞的分化与成熟

骨髓多能造血干细胞（hematopoietic stem cell，HSC）在骨髓中分化成淋巴样祖细胞

（lymphoid progenitor cell）。骨髓多能造血干细胞和淋巴样祖细胞均可经血液循环进入胸腺，在胸腺中完成 T 细胞的发育，成为成熟 T 细胞，再随血液循环进入外周淋巴器官，主要定居于外周淋巴器官的胸腺依赖区，接受抗原刺激发生免疫应答。

正常机体成熟 T 细胞不仅要对多样性的非我抗原产生免疫应答，还要对自身抗原发生免疫耐受。为达到此要求，在 T 细胞胸腺发育过程的几个阶段，包括淋巴样祖细胞→祖 T 细胞（pro-T）→前 T 细胞（pre-T）→未成熟 T 细胞→成熟 T 细胞等，需要先经过其抗原识别受体的基因重排，表达多样性的 TCR，然后进行阳性选择和阴性选择。可以说 T 细胞在胸腺中发育的最核心事件是获得多样性 TCR 的表达、自身 MHC 限制性（阳性选择）及自身免疫耐受（阴性选择）的形成。阳性选择过程为：前胸腺细胞最初为 $CD4^-CD8^-$ 双阴性细胞（double negative cell，DN 细胞），随后发育成为 $CD4^+CD8^+$ 双阳性细胞（double positive cell，DP 细胞），后者表面的 TCR-αβ 若能与胸腺皮质上皮细胞表达的 MHC Ⅰ 类或 MHC Ⅱ 类分子结合，即可分别分化为单阳性细胞（single positive cell，SP 细胞），即 $CD8^+$ 细胞或 $CD4^+$ 细胞，否则会发生程序性细胞死亡，又称为凋亡（apoptosis）。阳性选择的意义是获得 MHC 限制性，同时 DP 细胞分化为 SP 细胞。不同于阳性选择，阴性选择过程是指经过阳性选择的 SP 细胞在皮质髓质交界处及髓质区，与胸腺树突状细胞、巨噬细胞等表面的自身 MHC Ⅰ-抗原肽复合物或自身 MHC Ⅱ-抗原肽复合物相互作用。高亲和力结合的 SP 细胞（即自身反应性 T 细胞）发生凋亡并停止发育，而不能识别 MHC 分子-自身抗原复合物的胸腺细胞才能继续发育，进入髓部成为完全成熟的功能 T 细胞并参与外周淋巴细胞循环。因此，阴性选择的意义是清除自身反应性 T 细胞，保留多样性抗原反应性 T 细胞，从而维持 T 细胞的中枢免疫耐受。

（二）B 淋巴细胞的分化与成熟

哺乳动物 B 细胞是在中枢免疫器官——骨髓内发育成熟的。成熟的 B 细胞主要定居于淋巴结皮质浅层的淋巴小结及脾的红髓和白髓的淋巴小结内。B 细胞分化过程可分为两个阶段，即抗原非依赖期和抗原依赖期。在抗原非依赖期，B 细胞分化与抗原刺激无关，主要在中枢免疫器官内进行。B 细胞在中枢免疫器官中发育分化的主要事件是功能性 B 细胞受体的表达和 B 细胞自身免疫耐受的形成。不同于抗原非依赖期，抗原依赖期是指成熟 B 细胞受抗原刺激后，可继续分化为能合成和分泌抗体的浆细胞阶段，主要在外周免疫器官内进行。B 细胞在骨髓内的发育，可经过祖 B 细胞、前 B 细胞、未成熟 B 细胞及成熟 B 细胞几个阶段，再释放至周围淋巴组织，组成 B 淋巴细胞库，在此阶段经抗原刺激后，可继续分化为合成和分泌抗体的浆细胞，同时形成记忆 B 细胞。

1. 祖 B 细胞　祖 B 细胞为发育早期的 B 细胞，其发生在人胚胎约第 9 周开始时。该阶段尚未表达 B 细胞的特异表面标志，也未发生 Ig 基因重排，仍处于胚系基因（germ line gene）阶段。

2. 前 B 细胞　由祖 B 细胞分化而来。在分化早期，Ig 的重链开始重排，其产物可以促进 Ig 的轻链基因重排，使 B 细胞进一步发育成熟，但是不能合成完整的免疫球蛋白分子，也不出现 B 细胞受体（BCR），不具备相关功能。

3. 未成熟 B 细胞　此阶段开始表达前 BCR。前 BCR 的表达可以进一步促进 B 细胞的分化成熟，以合成成熟的轻链，胞质中此时会出现 IgM，同时细胞表面出现 B 细胞的抗原受体 mIgM，该分子是未成熟 B 细胞的表面标志。

4. 成熟 B 细胞　B 细胞随着进一步分化，可发育为成熟 B 细胞，胞质中可同时出现

IgM 和 IgD，表面同时表达两类 BCR，即 mIgM 和 mIgD。B 细胞离开骨髓定居到外周免疫器官。

5. 浆细胞　　成熟 B 细胞在周围淋巴器官接受抗原刺激后，在 Th 细胞、抗原呈递细胞及其产生的细胞因子作用下活化，增殖分化为可分泌抗体的浆细胞（PC）。一种浆细胞仅产生一种类别的 Ig 分子，并且失去产生其他类别 Ig 的能力。浆细胞的寿命较短，其生存期仅数日，随后即死亡。

6. 记忆 B 细胞　　在成熟 B 细胞分化过程中，一部分 B 细胞停止增殖和分化，分泌型 IgD（sIgD）消失，寿命延长，可生存数月至数年。当再次与相同抗原接触时易于活化和分化，故称此类细胞为记忆 B 细胞，其与机体的再次免疫应答相关。

第四节　鱼类淋巴细胞的特征

一、鱼类淋巴细胞的异质性

硬骨鱼外周血液和淋巴器官中的白细胞与高等脊椎动物的白细胞类似，是机体细胞免疫和体液免疫的重要组成部分。目前对鱼类白细胞的分类、形态、生理和生物化学研究表明，鱼类免疫细胞也由淋巴细胞和吞噬细胞组成。鱼类免疫细胞的活性在体内和体外均可发生吞噬、抗原加工、呈递及 T 细胞活化等。淋巴细胞的异质性研究一直是鱼类免疫学研究的热点之一。Egbert 等发现鲫中存在类似于高等脊椎动物 T、B 淋巴细胞的细胞类群。查士隽等认为鱼类由单一类型的淋巴细胞执行机体免疫功能，而淋巴细胞的异质性体现在同一类淋巴细胞系的不同发育阶段。

为更好地揭示鱼类淋巴细胞的功能，制备能够区分淋巴细胞类别和亚类的单克隆抗体至关重要。目前已有几种单克隆抗体能特异性识别鱼类 T 细胞，如识别鲈 pan-T 细胞的单克隆抗体 DLT15，以及识别鲤黏膜 T 细胞的单克隆抗体 WCL38。L. Abelli 等使用单克隆抗体 DLT15 首次在鲈中证实了 T 细胞参与同种异体移植排斥反应。因此，单克隆抗体的制备能够促进人们更进一步了解鱼类 T 细胞群和亚群的基本功能特征。

与哺乳动物 B 细胞相似，硬骨鱼类成熟 B 细胞存在于脾中，当它们遇到抗原后会分化成短寿命的浆母细胞和浆细胞，之后小部分已分化的抗体分泌细胞可能会迁移至前肾，作为长寿的浆细胞存在于前肾内。到目前为止，已经从硬骨鱼类中鉴定出 IgM^+/IgD^+、IgM^-/IgD^+ 和 IgT/IgZ 三种主要的 B 细胞群，而且 IgM^+/IgD^+ B 细胞群含量最丰富。IgM 在鱼类中是四聚体，存在于体液中，它们可能在高浓度时出现在血清中。IgT/IgZ 是以单聚体形式产生的黏膜免疫球蛋白，然而在鳟黏液中观察到一种非共价的聚合 IgT。对 IgD 已经在分子水平上进行了研究，它是以一种单体的形式表达的，其分子质量为 150kDa，但对其在鱼类中的生理作用知之甚少。研究人员在斑点叉尾鮰和虹鳟中发现了 IgM^-/IgD^+ B 细胞群，在斑马鱼和虹鳟中发现了单独表达表面 IgT/IgZ 的 B 细胞群。肠道、皮肤、鳃和鼻咽中的 IgM^+ B 细胞少于 IgT^+ B 细胞，在淋巴器官（头肾或脾等）、血液和腹腔中的大多数 B 细胞为 IgM^+ B 细胞。

二、鱼类淋巴细胞亚群的分离和鉴定

尽管很早就发现鱼类具有两种淋巴细胞的功能，然而直到近年来才利用抗 IgM 单克隆抗体确切证明硬骨鱼类中具有独立的淋巴细胞类群，即类似于哺乳动物的 T、B 淋巴细胞。鱼类淋巴细胞表面标记的研究还处于初级阶段，利用现有单克隆抗体分离到的淋巴细胞并不是单一的细胞亚群。

作为分离哺乳动物 T、B 淋巴细胞的有效手段，尼龙毛法最早在 1990 年被用于鱼类白细胞功能研究中。结果发现非黏附细胞对植物血凝素（PHA）、伴刀豆球蛋白 A（ConA）产生应答，对 LPS 不应答，而黏附细胞相反，说明鱼类外周血中有 T、B 淋巴细胞。应用同样的方法对草鱼淋巴细胞不同亚群进行了分离和鉴定，结果表明：草鱼外周血淋巴细胞中存在一类表面粗糙细胞，这类细胞在通过尼龙毛柱时大多可黏附在尼龙毛上。经过进一步扫描电镜观察，发现这类细胞表面有绒毛状褶皱，但非黏附细胞则表面光滑。此外，对分离细胞进行α-乙酸萘酯酶活性检测发现，绝大多数阳性细胞是非黏附性细胞，表明非黏附性细胞具有 T 细胞活性。运用酸性酯酶和酸性磷酸酶活性检测法研究草鱼淋巴细胞异质性和来源，发现草鱼外周血中存在类似于哺乳动物 T、B 两类不同的淋巴细胞亚群；同时也发现胸腺中只有 T 淋巴细胞而无 B 淋巴细胞，提示胸腺淋巴细胞可能是外周血淋巴细胞的来源，而 B 淋巴细胞可能来源于脾或者前肾。

三、鱼类淋巴细胞单克隆抗体的应用

目前在哺乳动物免疫系统功能研究中，抗淋巴细胞表面分子的单克隆抗体常常被应用于分离不同类型的淋巴细胞。可以说鱼类淋巴细胞表面分子单克隆抗体的制备和应用对鱼类免疫系统功能研究具有重大的推动作用。自从 20 世纪 80 年代开始，就有一些单克隆抗体被用于鉴别各种鱼类 B、T 样淋巴细胞。近年来，鱼类淋巴细胞单克隆抗体的应用越来越广泛。

应用特异性识别免疫球蛋白的单克隆抗体，不仅可以分离不同类型的 B 细胞，而且快速推进了其功能研究。例如，利用鲤 Ig 的单克隆抗体 WC112，通过免疫组化检测和流式细胞仪分析发现，在受精后的第 14 天，膜 Ig 阳性细胞首次出现在头肾。应用特异性识别半滑舌鳎（Cynoglossus semilaevis）mIgM 的单克隆抗体，经过研究发现 B 细胞具有吞噬功能，外周血、脾和头肾中吞噬了乳酸乳球菌（Lactococcus lactis）的 mIgM$^+$淋巴细胞百分比分别为 4.6%±0.5%、3.6%±0.4%、4.2%±0.3%。通过制备能够识别鲈血清中 sIgM 和识别 mIgM 的单克隆抗体发现，mIgM$^+$淋巴细胞具有吞噬作用，外周血、脾和头肾中吞噬了荧光微粒的 mIgM$^+$淋巴细胞百分比分别为 17.4%±1.4%、12.5%±1.1%、10.4%±1.1%，吞噬了乳酸乳球菌的 mIgM$^+$淋巴细胞百分比分别为 10.9%±1.1%、9.4%±1.2%、8.3%±1.0%。此外，张永安等首次发现一种只表达 IgT 的硬骨鱼类 B 细胞，并在成功纯化虹鳟 IgT 的基础上制备了抗 IgT 单克隆抗体，应用该单克隆抗体检测到虹鳟中存在不表达 IgM 和 IgD 的 IgT$^+$ B 淋巴细胞。经过进一步研究还发现，IgT$^+$ B 淋巴细胞占虹鳟血液、脾、头肾及腹腔中所有白细胞中的比例为 16%～28%；相反，肠道中 IgT$^+$ B 淋巴细胞作为主要的 B 细胞亚群，占总 B 细胞的 54.3%。

单克隆抗体不仅在研究 B 细胞功能中发挥重要作用，近年来在 T 细胞及细胞免疫研究中也发挥了关键作用。早期制备的 T 细胞单克隆抗体可以杂交胸腺细胞，但同时也可以和其他的白细胞亚群发生交叉反应。例如，斑点叉尾鮰抗 T 细胞单克隆抗体后来被发现也和中性粒细胞有交叉反应。为了降低抗胸腺细胞单克隆抗体和其他白细胞的交叉反应，应用鲤胸腺细胞质膜，即细胞外抗原免疫小鼠，所获得的单克隆抗体 WCL19 只识别鲤胸腺细胞的一个亚群。因此，WCL19 目前被认为是早期胸腺细胞的分子标记。同样，小鼠抗鲤肠黏膜 T 细胞单克隆抗体 WCL38，可与 60% 的肠黏膜白细胞及 5% 的胸腺细胞发生阳性反应，推测该单克隆抗体可特异性识别肠黏膜 T 细胞。此外，Scapigliati 等制备了抗鲈 T 细胞单克隆抗体 DLT15，

经检测发现 DLT15$^+$细胞位于胸腺、脾、头肾组织和肠道黏膜上皮细胞。在鲈的整个发育过程中，胸腺中 DLT15$^+$细胞逐渐增多，主要分布在周质区域，而且从孵化后的第 44 天开始，DLT15$^+$细胞在内肠黏膜中明显增多，同时 DLT15$^+$细胞仍出现在发育的头肾和脾中。此外，应用抗虹鳟 CD8α 单克隆抗体经过研究发现，CD8α$^+$细胞在胸腺、鳃和肠道中丰度较高，而在头肾、脾和外周血中丰度相对较低。

第五节　甲壳动物血淋巴细胞的特征

虾、蟹、水蚤等甲壳动物属于无脊椎动物节肢动物门甲壳纲，其免疫系统和哺乳动物相比还不完善，由简单的免疫器官、免疫细胞和免疫因子组成。由于甲壳动物免疫细胞的研究还不够深入，因此本节以虾类血淋巴细胞的分类及功能为代表进行简要概述。

一、虾类血淋巴细胞的分类特征

虾类血细胞又称虾类血淋巴细胞，在虾类免疫防御反应中发挥着极其重要的作用，不仅是细胞免疫过程的执行者，而且通过合成和释放不同免疫因子，为体液免疫提供物质基础。近年来，不少学者应用电子显微镜、单克隆抗体等不同的技术和方法，研究了多种虾类血细胞的组成与功能特性。由于没有统一的标准，因此血细胞的分类也不尽相同。目前通过综合不同无脊椎动物类群中的血细胞分类标准，通常基于血细胞中颗粒数量、细胞大小及核质比，将虾类血细胞分为 3 个亚群，即透明细胞（hyaline cell，HC）、半颗粒细胞（semi-granular cell，SGC）和颗粒细胞（granular cell，GC）。

（一）透明细胞

透明细胞的形状近球形，染色后细胞质呈无色或淡紫色，且细胞质中无明显颗粒或仅见少量红色小颗粒；细胞核则呈蓝色。经过电子显微镜观察会发现透明细胞含有滑面内质网、粗面内质网、核糖体及少量线粒体，电子致密颗粒不多见。透明细胞具有较强的吞噬能力，可能与它在滑面内质网表面有极强的附着和扩散能力有关，且细胞的吞噬能力可被活化的酚氧化酶系统组分所激活。

（二）半颗粒细胞

半颗粒细胞的形状为球形或卵圆形，染色后细胞质呈淡紫色，胞质中含有少量红色小颗粒；细胞核呈蓝色。经过电镜观察会发现半颗粒细胞不仅富含线粒体，还含有核糖体、内质网、高尔基体等。半颗粒细胞作为甲壳动物免疫防御的关键执行者，具有识别和吞噬病原异物的能力。此外，研究人员还发现，半颗粒细胞在离体条件下对外源物质也非常敏感，极易脱颗粒，释放酚氧化酶系统组分，发挥吞噬活性。

（三）颗粒细胞

颗粒细胞的形状为球形，染色后细胞核呈蓝色，细胞质呈淡紫色或淡红色，胞质中含有大量颗粒，染色后呈蓝紫色或紫红色，颗粒越成熟，染色越深。经过电镜观察会发现颗粒细胞含有大量的核糖体与内质网。颗粒细胞无吞噬能力，但用活化的酚氧化酶系统组分处理时，它们会迅速发生胞吐作用，释放酚氧化酶，进而加速透明细胞的吞噬作用。

　　近年来，有学者对这 3 种细胞的特征有不同的观点。比如有研究人员发现，红螯螯虾中的颗粒细胞含有最多的线粒体，半颗粒细胞次之，透明细胞最少；溶酶体也是在颗粒细胞中数量最多，在透明细胞中最少，推测这种差异可能是研究的虾类生理病理状态不同所致。总之，上述 3 种血细胞在虾类免疫防御中表现出相互协同作用。半颗粒细胞对病原异物较为敏感，在病原刺激条件下通过胞吐作用释放酚氧化酶系统组分；活化的酚氧化酶系统组分一方面诱导透明细胞发挥吞噬作用，另一方面又可刺激颗粒细胞释放更多的酚氧化酶系统组分，同时参与体液免疫应答。

二、虾类血淋巴细胞的功能

　　在甲壳动物如虾类中，血淋巴细胞既是细胞免疫执行者，又是体液免疫因子的提供者，因此在免疫应答防御病原侵染中发挥着极其重要的作用。当病原微生物突破机体第一道防线进入血淋巴后，会刺激体内血淋巴细胞发生一系列的细胞免疫应答，如吞噬作用、形成包囊或结节作用及凝结作用等，同时血淋巴细胞还会参与合成关键的体液免疫因子。

　　（一）吞噬作用

　　吞噬作用在动物界是一种普遍现象。对低等单细胞动物而言，吞噬过程可帮助其摄取食物以利于生存；高等多细胞动物的吞噬作用体现为通过血细胞识别和摄取直径小于 $10\mu m$ 的外源异物，并最终实现清除异物的目的。研究人员发现，虾类的吞噬作用主要通过透明细胞完成，而颗粒细胞和半颗粒细胞的吞噬能力相对较弱。也有报道认为，虾类的半颗粒细胞对外源异物非常敏感，且在脱颗粒后才具有吞噬能力。淡水螯虾（Astacus leptodactylus）3 种类型的血细胞均参与外来异物颗粒的吞噬作用，而半颗粒细胞是主要的吞噬细胞。此外，也有学者证明了红螯螯虾颗粒细胞可以吞噬荧光珠和大肠杆菌，说明颗粒细胞也具有吞噬能力。这些结论的差异可能是由于所用虾的种类、外源物质的性质，或者对血细胞分类的依据有所不同。

　　（二）形成包囊或结节作用

　　形成包囊是一种多细胞反应，当入侵的病原异物颗粒无法被单个吞噬细胞清除时，血细胞会在病原表面聚集形成包囊，从而杀死病原，随后发生黑化作用而阻止病原入侵。一旦病原异物直径太大，吞噬和包囊作用均无法清除病原时，血细胞即会形成结节，将病原和机体隔离开，从而防止机体受到伤害。在包囊作用发挥的过程中，半颗粒细胞是主要执行者，颗粒细胞则参与结节形成过程和黑化过程。对克氏原螯虾血细胞的研究表明，识别外源异物和形成免疫应答的血细胞主要为半颗粒细胞。半颗粒细胞中的线粒体很可能是其识别异物并发挥包囊作用的重要因素。此外，研究还表明，中国明对虾在注射感染鳗弧菌后，包囊可产生于多种器官和组织。与包囊作用不同，结节作用不仅可以使血细胞之间形成连接，而且可使血细胞和病原之间产生连接。例如，斑节对虾在被细菌入侵后，由血细胞包围外源细菌病原形成黑色结节，从而引起炎症反应。

　　（三）凝结作用

　　当虾受到机械损伤时，损伤部位的血淋巴快速凝结发挥着重要的免疫防御作用，可防止损伤后微生物的入侵。这种凝结作用主要通过转谷氨酰胺酶（transglutaminase，TG）催化形成的凝结蛋白（clottable protein，CP）聚合物实现。研究人员发现，凡纳滨对虾凝血相关基因 *TG* 被敲减后，其血淋巴凝固会被显著抑制，从而导致感染对虾白斑综合征病毒（white spot syndrome virus，WSSV）和十足目虹彩病毒 1（Decapod iridescent virus 1，DIV1）的对虾累积死亡率显著增加，提示血淋巴凝固可能在抵抗两种病毒感染过程中发挥着重要作用。

（四）体液免疫中的作用

由于缺乏免疫球蛋白，甲壳动物体液免疫主要依靠血细胞合成和释放的许多免疫相关因子来执行。目前已鉴定发现的体液免疫因子主要有溶菌酶、抗菌肽（antimicrobial peptide）、超氧化物歧化酶（superoxide dismutase，SOD）、凝集素（lectin）和酚氧化酶系统等。在对虾中研究较为深入的有参与免疫反应的相关酶类如溶菌酶、超氧化物歧化酶、酸性磷酸酶、碱性磷酸酶（alkaline phosphatase，ALP）、过氧化物酶（peroxidase，PRX）、酚氧化酶（phenoloxidase，PO）等。其中酚氧化酶作为一种氧化还原酶，可将酚类氧化为醌类，随后形成黑色素并与形成包囊和结节过程共同发挥作用从而清除病原。虾类酚氧化酶原主要以非活性形式存在于颗粒细胞中，通过胞吐作用释放后转化成酚氧化酶从而发挥功能。总之，甲壳动物在机体免疫防御反应中，参与识别病原，以及促进血淋巴细胞的吞噬、包囊和细胞毒性等作用，最终清除病原微生物。

（五）抗病毒反应

目前研究表明，颗粒细胞和半颗粒细胞是发挥细胞抗病毒免疫反应的主要细胞类群。对红螯螯虾的研究表明，大肠杆菌被半颗粒细胞和颗粒细胞摄取后可被迅速清除。不同的是，WSSV 主要被半颗粒细胞摄取，而且 WSSV 病毒颗粒在被逐渐内化后会在细胞中存在较长时间。黄头病毒（yellow head virus，YHV）感染斑节对虾后，主要通过与含颗粒的血细胞相互作用并在其中进行高效复制，在透明细胞中则很少检测到病毒。此外，凡纳滨对虾在感染桃拉综合征病毒（Taura syndrome virus，TSV）后，其血细胞总数和颗粒细胞数量显著减少。

主要参考文献

陈琪，康翠洁. 2021. 虾类血细胞的分类与功能研究进展. 生物工程学报，37（1）：53-66.

陈孝煊，李思思，周成狮，等. 2019. 鱼类树突状细胞研究进展. 水产学报，43（1）：54-61.

吴金英，林浩然. 2008. 斜带石斑鱼胸腺的显微和超微结构. 动物学报，54（2）：342-355.

吴南，张永安. 2012. 鱼类自然杀伤样细胞的研究进展. 水生生物学报，36（6）：8.

冼健安，张秀霞，潘训彬，等. 2019. 红螯螯虾血细胞分类、结构与免疫特性研究. 水生态学杂志，40（5）：84-90.

谢海侠，聂品. 2003. 鱼类胸腺研究进展. 水产学报，27：90-96.

许乐仁，江萍，高登慧，等. 2003. 硬骨鱼肥大细胞的研究进展. 中国水产科学，10（5）：6.

周永灿，邢玉娜，冯全英. 2003. 鱼类血细胞研究进展. 海南大学学报（自然科学版），21（2）：6.

Giulianini P G, Bierti M, Lorenzon S, et al. 2007. Ultrastructural and functional characterization of circulating hemocytes from the freshwater crayfish *Astacus leptodactylus*: cell types and their role after *in vivo* artificial non-self challenge. Micron, 38(1): 49-57.

Granja A G, Leal E, Pignatelli J, et al. 2015. Identification of teleost skin CD8α⁺ dendritic-like cells, representing a potential common ancestor for mammalian cross-presenting dendritic cells. J Immunol, 195(4): 1825-1837.

Havanapan P O, Taengchaiyaphum S, Ketterman A J, et al. 2016. Yellow head virus infection in black tiger shrimp reveals specific interaction with granule-containing hemocytes and crustinPm1 as a responsive protein. Dev Comp Immunol, 54(1): 126-136.

Li F, Chang X, Xu L, et al. 2018. Different roles of crayfish hemocytes in the uptake of foreign particles. Fish Shellfish Immunol, 77: 112-119.

Lugo-Villarino G, Balla K M, Stachura D L, et al. 2010. identification of dendritic antigen-presenting cells in the zebrafish. Proc Natl Acad Sci USA, 107(36): 15850-15855.

Vazquez L, Alpuche J, Maldonado G, et al. 2009. Review: immunity mechanisms in crustaceans. Innate Immun, 15(3): 179-188.

Wittamer V, Bertrand J Y, Gutschow P W, et al. 2011. Characterization of the mononuclear phagocyte system in zebrafish. Blood, 117(26): 7126-7135.

Xu Z, Parra D, Gómez D, et al. 2013. Teleost skin, an ancient mucosal surface that elicits gut-like immune responses. Proc Natl Acad Sci USA, 110(32): 13097-13102.

Xu Z, Takizawa F, Parra D, et al. 2016. Mucosal immunoglobulins at respiratory surfaces mark an ancient association that predates the emergence of tetrapods. Nat Commun, 7: 10728.

Yu Y Y, Kong W, Yin Y X, et al. 2018. Mucosal immunoglobulins protect the olfactory organ of teleost fish against parasitic infection. PLoS Pathog, 14(11): e1007251.

Zhang Y A, Salinas I, Li J, et al. 2010. IgT, a primitive immunoglobulin class specialized in mucosal immunity. Nat Immunol, 11(9): 827-835.

第二章 细胞因子

第一节 细胞因子的特征和功能

细胞因子是一类分泌到细胞外的小分子多肽，主要由免疫细胞产生，一些非免疫细胞也可合成。细胞因子参与机体生理活动的调节，在调控宿主免疫反应和抵御病原侵染中发挥重要作用。产生细胞因子的免疫细胞包括 T 淋巴细胞、B 淋巴细胞、巨噬细胞、粒细胞、肥大细胞、上皮细胞和树突状细胞。虽然目前对细胞因子的分类没有统一标准，但根据结构和功能，细胞因子可划分为白细胞介素（interleukin，IL）、肿瘤坏死因子（tumor necrosis factor，TNF）、干扰素（interferon，IFN）、转化生长因子（transforming growth factor，TGF）、趋化因子（chemokine）等家族。细胞因子通过与膜受体结合激活靶细胞内的信号转导，可调节免疫细胞的增殖、分化和成熟，参与固有免疫和适应性免疫应答，在炎症反应、抗病毒、控制细胞生长和凋亡等过程中发挥重要作用。细胞因子是鱼类细胞和体液免疫中重要的组成部分，在鱼类免疫系统中起着关键的调控作用。

基于在炎症中发挥的不同作用，细胞因子可进一步分为促炎和抑炎细胞因子。炎症是由致炎因子引起的一种防御反应。促炎性细胞因子包括 IL-1、IL-6、IL-8、IL-18、TNF-α 等，抑炎细胞因子包括 IL-4、IL-10、IL-13、IL-37 等。促炎和抑炎细胞因子作为免疫调节分子对机体炎症作出响应，维持稳态平衡。例如，IL-1β 作为机体重要的促炎性细胞因子，可诱导中性粒细胞等趋化和浸润，扩大炎症组织范围。IL-6 在机体处于炎症状态时，能促进初始 CD4$^+$ T 细胞分化为 Th17 细胞，在支原体和细菌诱发的急性肺炎患者血清中，IL-6 水平明显升高，进而诱导促炎性细胞因子的产生和分泌。IL-8 主要由中性粒细胞和巨噬细胞产生，是机体早期炎症反应的标志细胞因子之一。在硬骨鱼类中，TNF-α 也表现出显著的促炎生物学效应，包括诱导促炎性细胞因子的表达，将白细胞和粒细胞招募到炎症部位。抑炎细胞因子（如 IL-10）在肺炎链球菌感染小鼠肺部后表达增加，以减弱肺部炎症。有些细胞因子在抗病毒防御中发挥功能。例如，干扰素是激活脊椎动物抗病毒免疫反应的关键调控因子。此外，细胞因子可由不同的 T 淋巴细胞产生，包括 Th1、Th2、Th17、Treg 细胞。Th1 细胞可分泌 IL-2 和 IFN-γ；Th2 细胞可产生 IL-4、IL-10 和 IL-13；Th17 细胞可分泌 IL-17 和 IL-22；Treg 细胞可分泌 IL-10 和 TGF-β。

第二节 细胞因子及其受体研究进展

一、白细胞介素及其受体

白细胞介素是研究最多的细胞因子之一。白细胞介素由免疫细胞和非免疫细胞分泌，作用于多种细胞。白细胞介素是细胞间重要的信号传递因子，迄今发现的 38 种白细胞介素可划分为 IL-1 家族、IL-2 家族、IL-6 家族、IL-10 家族、IL-12 家族和 IL-17 家族。研究人员发现，

IL-1 家族和 IL-17 家族是最古老的白细胞介素，在无脊椎动物中就已存在。本部分着重介绍各白细胞介素家族成员的生物学特性、相关受体及免疫调节作用等。

（一）白细胞介素-1 及其受体家族成员

1. IL-1 家族成员　　哺乳动物 IL-1 家族由 11 个 IL-1 家族成员（IL-1 family member，IL-1F）和 10 个受体组成，是调节炎症反应的核心分子，大多数 IL-1 家族成员具有促炎作用，少数为抑炎因子。IL-1F1～IL-1F4 包括 IL-1α、IL-1β、IL-1 受体拮抗剂（IL-1 receptor antagonist，IL-1Ra）和 IL-18，IL-1F5～IL-1F11 分别为 IL-33（IL-1F11）、IL-36（IL-1F5、IL-1F6、IL-1F8 和 IL-1F9）、IL-37（IL-1F7）和 IL-38（IL-1F10）。迄今，鱼类中仅发现了 4 个成员，即 IL-1β、IL-18、新型白细胞介素-1 家族成员 a（novel IL-1 family member a，nIL-1Fma）和 nIL-1Fmb。

（1）IL-1β　　IL-1β 也称为单核细胞因子、白细胞内源性介质、淋巴细胞活化因子等。1999 年，Zou 等利用同源克隆法首次在虹鳟中发现了 *IL-1β* 基因，这是第一个在鱼类中被发现的白细胞介素基因，虹鳟 *IL-1β* 基因 3′非编码区含有 7 个典型的 ATTTA 基序，该基序常见于多数炎性细胞因子基因的 3′非编码区，会影响 mRNA 的稳定性，被称为 mRNA 不稳定基序。虹鳟 IL-1β 不具有信号肽，前体蛋白有 260 个氨基酸，与人 IL-1β 有 49%的序列相似性，包含 3 个潜在的糖基化位点，没有明显的 IL-1β 转换酶（IL-1β converting enzyme，ICE，又称为 caspase-1）切割位点，哺乳类 IL-1β 由 IL-1β 转换酶特异切割产生成熟肽。预测的虹鳟 IL-1β 成熟肽具有相当保守的 12 个 β 折叠。迄今，对 IL-1β 的研究已相对深入，IL-1β 不仅在软骨鱼类（如鲨、鳐）中被发现了，在无脊椎动物中也已被克隆。已有的研究表明，软骨鱼类 *IL-1β* 基因为单拷贝基因，而硬骨鱼类 *IL-1β* 基因存在多个拷贝，根据基因结构、共线性特点、序列比对和系统发育分析结果，可将鱼类 *IL-1β* 基因分为两类（Ⅰ型和Ⅱ型）。Ⅰ型 *IL-1β* 基因有 7 个外显子和 6 个内含子，与哺乳动物和两栖类 *IL-1β* 具有相同的外显子/内含子组成。Ⅱ型 *IL-1β* 基因有 6 个或 5 个外显子，其中 5′端丢失了一个外显子，普遍认为，Ⅱ型 *IL-1β* 基因从Ⅰ型复制而来。值得注意的是，并非所有鱼类都拥有这两类 *IL-1β* 基因，鲤科鱼类（如斑马鱼、金鱼）和鲇科鱼类中仅发现了Ⅰ型 *IL-1β*，鲈形目鱼类（如海鲈）和河鲀中只有Ⅱ型 *IL-1β*，鲑科鱼类、青鳉和罗非鱼中具有Ⅰ型和Ⅱ型 *IL-1β*。系统发育分析结果表明，硬骨鱼类Ⅰ型和Ⅱ型 *IL-1β* 在系统发育树中聚集在一起，形成独立于四足动物 *IL-1β* 的分支。硬骨鱼类Ⅱ型 *IL-1β* 基因在基因组中与 CKAP2L 连锁，与人 *IL-1β* 的基因组一致。

机体细胞被病原体相关分子模式（pathogen associated molecular pattern，PAMP）或损伤相关分子模式（damage-associated molecular pattern，DAMP）激活后，合成 IL-1β 前体，IL-1β 没有信号肽，因此，IL-1β 不依赖于经典的蛋白质分泌途径释放到胞外。IL-1β 前体在细胞内被 IL-1β 转换酶（即 caspase-1）切割，以一种未知的方式将具有活性的成熟肽分泌到细胞外。哺乳类中 caspase-1 是已知切割 IL-1β 前体主要的蛋白酶。最近研究证实，鱼类 IL-1β 前体也可被 caspase-1 切割，鱼类含有两个 caspase-1 同源分子（caspase-a 和 caspase-b），caspase-1 的切割过程可能与 caspase-1 的典型和非典型激活途径相关。在哺乳动物中，caspase-1 的激活需要 caspase-11 参与。不同鱼类中 IL-1β 前体蛋白的 caspase-1 切割位点不保守。将 IL-1β 前体质粒转入虹鳟巨噬细胞细胞系（RTS-11）后，在培养基中可检测到一种约 24kDa 的 IL-1β 蛋白片段，但切割的具体位点尚未鉴定。研究人员发现，斑马鱼在感染土拉弗朗西斯菌（*Francisella noatunensis*）后，IL-1β 前体可被两种不同的 caspase-1 同源物（caspase-a 和 caspase-b）切割成 22kDa 和 18kDa 的多肽，表明 IL-1β 前体可能存在多个 caspase-1 切割位点，切割位点的选择可能取决于产生 IL-1β 的细胞类型和免疫需求。利用重组 caspase-1 在体外对鲈 IL-1β 前体进行切割，可获得 18.5kDa 的成熟肽。然而，经过进一步分析发现，caspase-1 的切割位点位于 caspase-1 成熟肽的第一个 β 片层中，由此获得的成熟 IL-1β 是否具有生物活性有待进一步验证。然而，鱼类中 caspase-1 可能不是切割 IL-1β 前体的唯一蛋白酶。研究人员发现，海鲷巨噬细胞中 IL-1β 成熟肽的分泌不受 caspase-1 特异抑制剂或泛 caspase 抑制剂的影响，表明 IL-1β 的分泌不依赖于 caspase-1。除 caspase-1 外，在人和小鼠中，一些蛋白酶如弹性蛋白酶（elastase）、组织蛋白酶 G（granzyme G）、中性粒细胞弹性蛋白酶能够识别 IL-1β 前体蛋白中心区域的特定基序进行切割，对 IL-1β 成熟肽的加工和释放具有调控作用，这些蛋白酶是否能够切割鱼类 IL-1β 前体尚不清楚。

IL-1β 具有多种生理功能，在调节鱼类免疫反应中发挥着重要作用。尽管天然鱼类 IL-1β 蛋白迄今尚未得到纯化，但在细菌中表达的重组 IL-1β 通常具有生物活性。IL-1β 诱导促炎细胞因子（如 TNF-α 和 IL-1β）表达，促进免疫细胞迁移，增强巨噬细胞的吞噬和溶菌活性，诱发肠道炎症。

（2）nIL-1Fm　　鱼类新型白细胞介素-1 家族成员（nIL-1Fm）为硬骨鱼类所特有，有关 nIL-1Fm 的研究很少，仅在少数鱼类如虹鳟和草鱼中研究得较为深入。nIL-1Fm 与已知的哺乳类 IL-1 家族成员没有直接的同源关系，鱼类存在两个新型鱼类白细胞介素-1 家族成员（nIL-1Fma 和 nIL-1Fmb）。与 IL-1β 一样，nIL-1Fm 前体没有信号肽，序列比对分析暗示虹鳟 nIL-1Fma 存在 caspase-1 和凝血酶的切割位点，提示 nIL-1Fm 需要蛋白酶切割以产生活性蛋白。重组虹鳟 nIL-1Fma 成熟肽不能诱导促炎基因（如 *IL-1β*、*TNF-α*、*CXCL8* 等）的表达，其拮抗作用很可能通过与 IL-1β 竞争受体来实现。迄今，nIL-1Fma 的受体尚未得到鉴定。

（3）IL-18　　作为 IL-1 家族的一员，IL-18 主要调节黏膜组织炎症反应。与 IL-1 类似，IL-18 前体蛋白有典型的 caspase-1 切割位点基序（LxxD），caspase-1 在 PAMP 或 DAMP 激活后切割 IL-18 前体。成熟的 IL-18 分泌至胞外与受体结合，激活下游信号通路，调控基因表达。IL-18 的功能可被 IL-18 结合蛋白（IL-18 binding protein，IL-18BP）拮抗，IL-18 结合蛋白是一种分泌型蛋白，与 IL-18 竞争受体，从而阻断 IL-18 发挥作用。

鱼类 *IL-18* 基因最先由 Zou 等在虹鳟中发现，随后在河鲀、牙鲆、大菱鲆、乌鳢和象鲨等鱼类中被鉴定。鱼类 *IL-18* 基因编码区由 6 个外显子和 5 个内含子组成，该基因结构在整个脊椎动物中相当保守。跟哺乳类一样，鱼类 *IL-18* 基因编码的前体蛋白 C 端区段有典型的 IL-1 家族基序，没有信号肽，含有保守的 caspase-1 切割位点，提示其可被 caspase 切割，分泌出具有活性的成熟 IL-18 多肽。鱼类 IL-18 在免疫组织和非免疫组织中均有表达，在原代虹鳟白细胞中的表达不受 LPS、聚肌苷酸-聚胞苷酸 [poly（I：C）] 和 IL-1β 影响，但在 RTG-2 细胞中，能被 LPS 和 poly（I：C）诱导。在大菱鲆中，细菌感染会诱导 IL-18 表达；而病毒感染则导致 *IL-18* 的表达下降。这些研究表明，鱼类 IL-18 参与对细菌和病毒的免疫应答，其表达调控机制具有多样性。

鱼类 *IL-18* 基因存在多种选择性剪接转录本形式。虹鳟 *IL-18* 选择性剪接转录本与正常转录本相比，其翻译的蛋白在前体部分有 17 个氨基酸的缺失；在大菱鲆中也发现了 3 个 *IL-18* 选择性剪接转录本，其中一个在 caspase 切割位点区段有 10 个氨基酸的插入。这些转录本均可在健康鱼免疫组织中检测到，但表达量较正常转录本要低，也能被 LPS 和 poly（I：C）诱导表达。

2. IL-1 受体　　哺乳类 IL-1 家族受体共有 10 个成员，大多数成员胞外区域有 3 个免疫球蛋白样结构域（Ig-like domain），除 IL-1R2 外，胞内含有一个用于信号转导的 Toll 或白细胞介素受体（Toll/interleukin receptor，TIR）结构域，IL-1R2 缺乏 TIR 结构域而无法进行信号转导。IL-1 受体复合物由两个异源二聚体构成。IL-1R1、IL-1R2、IL-1R4/ST2、IL-1R5/IL-18Rα 和 IL-1R6/IL-36R 为配体结合受体，IL-1R3/IL-1RAcP（IL-1R-associated protein）和 IL-1R7/IL-18Rβ 为辅助受体。此外，IL-1 受体家族也有 3 个受体行使抑炎功能，它们是 IL-1R8/SIGIRR/TIR8、IL-1R9/TIGIRR-2/IL-1RAPL1 和 IL-1R10/TIGIRR-1。IL-1R1 是第一个被发现的 IL-1 受体家族成员，与 IL-1 配体结合后激活胞内信号转导通路。IL-1R5/IL-18Rα 是 IL-18 的特异性受体，介导 IL-18 信号转导。IL-1R1 和 IL-1R2 已在虹鳟、鲤、草鱼、大黄鱼等鱼类中被报道；斑马鱼 IL-1R8/SIGIRR 和 IL-1R9/IL-1RAcPL1 也被鉴定。与哺乳动物类似，鱼类 IL-1R1 和 IL-1R2 胞外区有 Ig 结构域，IL-1R1 胞内区有 TIR 结构域，而 IL-1R2 胞内区不含 TIR 结构域。鱼类 *IL-1R1* 在大多数组织中表达，能被 LPS 和病原诱导表达。

（二）白细胞介素-2 及其受体家族成员

IL-2 家族细胞因子依赖 γ 链（CD132）受体进行信号转导，家族成员包括 IL-2、IL-4、IL-7、IL-9、IL-15 和 IL-21。它们对自然杀伤细胞（natural killer cell，NK 细胞）、记忆 T 细胞的产生和免疫稳态至关重要。

1. IL-2 IL-2 和 IFN-γ 是 CD4 Th1 细胞分泌的标志性细胞因子。鱼类 *IL-2* 最初是在河鲀基因组中被发现的，在已知有颌脊椎动物中，*IL-2* 与 *IL-21* 基因在染色体上连锁，提示它们可能从同一祖先复制而来。一些经历了第 4 轮全基因组重组的鱼类中，*IL-2* 基因得到了复制，有至少两个拷贝（IL-2A 和 IL-2B），它们位于不同染色体上。一些鲈形目鱼类也含有两个 *IL-2* 基因，但它们位于染色体同一位点，且彼此相邻，可能由本地基因复制产生，有意思的是它们编码的 IL-2 蛋白序列差异大，只有 22%～33% 的序列一致性。鲤鳞鱼类的 *IL-2* 基因以单拷贝形式存在。鱼类的 *IL-2* 基因由 4 个外显子和 3 个内含子组成，与四足动物 *IL-2* 基因的序列同源性低，被认为是进化速率较快的细胞因子之一。虽然序列同源性低，但是晶体结构解析表明，草鱼 IL-2 蛋白具有典型的 4 个螺旋结构，与人 IL-2 和 IL-15 的结构高度相似，相对来讲，草鱼 IL-2 的结构跟人 IL-15 更相近。

2. IL-4 和 IL-13 哺乳动物 IL-4 和 IL-13 在 20 世纪 80 年代初首次被发现，是 2 型辅助性 T 细胞（Th2）分泌的主要细胞因子。此外，IL-4 还可以由 CD8$^+$T 细胞、先天淋巴样细胞 2 组（ILC2）、嗜碱性粒细胞、肥大细胞和嗜酸性粒细胞产生。IL-4 的分子质量为 15～20kDa。*IL-4*、*IL-5*、*IL-13* 和粒细胞-巨噬细胞集落刺激因子（*GM-CSF*）基因位于同一染色体位点，在人和小鼠中，分别位于 5 号和 11 号染色体上，*IL-4* 和 *IL-13* 基因彼此相邻，*IL-4* 与 *RAD50* 相连，而 *IL-13* 和 *KIF3A* 相邻。普遍认为脊椎动物 *IL-4* 和 *IL-13* 基因由同一个祖基因分化而来，它们编码的蛋白质都具有 4 个 α 螺旋束。在哺乳动物中，IL-4 和 IL-13 作用于 4 个受体链，即 γC、IL-4Rα、IL-13Rα1 和 IL-13Rα2，激活不同的下游信号通路发挥功能。IL-4 和 IL-13 调控单核细胞分化成为促炎 M1 型巨噬细胞和抑炎 M2 型巨噬细胞；可诱导 CD4$^+$ T 祖细胞向 Th2 效应细胞分化，增强 Th2 细胞免疫反应；可促使 B 细胞增殖，使其产生抗体，从而调控体液免疫。

2007 年，鱼类 *IL-4* 首次在绿色河鲀中被报道，随后通过对 *RAD50* 和 *KIF3A* 基因座分析，在斑马鱼 9 号和 14 号染色体上分别发现了两个 *IL-4* 和 *IL-13* 同源基因，它们分别与 *RAD50*

和 *KIF3A* 基因连锁，与高等脊椎动物的 *IL-4* 和 *IL-13* 具有几乎等同的序列同源性，通过系统发育分析难以确定它们与高等脊椎动物 *IL-4* 和 *IL-13* 的演化关系，因此它们被命名为 *IL-4/13A*（与 *RAD50* 相邻）和 *IL-4/13B*（与 *KIF3A* 相邻）。有意思的是，在未经历真骨鱼类第三轮全基因组复制事件的雀鳝中只发现了一个 *IL-4/13* 基因，提示第三轮全基因组复制事件中 *IL-4/13A* 和 *IL-4/13B* 基因由单拷贝 *IL-4/13* 基因复制形成。真骨鱼类 *IL-4/13A* 和 *IL-4/13B* 基因由 4 个外显子和 3 个内含子构成，虽然不同物种 IL-4 和 IL-13 蛋白的序列同源性低，但蛋白结构保守，由 4 个 α 螺旋组成。

研究表明，鱼类 IL-4/13A 和 IL-4/13B 具有相似的生物活性，但也有差异。它们均可上调草鱼原代头肾细胞的 IL-10 和 M2 型巨噬细胞极化相关基因的表达，提示其可促进单核细胞向 M2 型巨噬细胞分化。给斑马鱼注射 IL-4/13A 蛋白 5d 后，其外周血白细胞中 CD209$^+$细胞、IgZ$^+$和 IgM$^+$ B 细胞的数量增加，膜型 *IgM*、*MHC II* 和 *CD80* 的基因转录表达量也升高。实验证明，斑马鱼重组的 IL-4/13A 与 IL-4R 结合，IL-4R 胞外区能阻断 IL-4/13A 与模型 IL-4R 受体结合。此外，IL-4/13 能提高血清特异性抗体的产生。在鲤中，IL-4/13B 刺激 IgM$^+$ B 细胞，可促进其在体外增殖。虹鳟 IL-4/13A 和 IL-4/13B 可增加 IgM 分泌细胞的数量，但对 IgM$^+$ B 细胞增殖没有影响。这些研究提示，IL-4/13A 可能对 2 型免疫很重要，而 IL-4/13B 可能参与病原感染和接种疫苗后的适应性免疫反应。

3. IL-7　　IL-7 是调节淋巴细胞发育、分化和存活的重要细胞因子，IL-7 结合 IL-7 受体（IL-7R）后激活 JAK-STAT、PI3K-AKT 和 Ras-MAPK 信号通路，IL-7 功能丧失会导致严重的综合免疫缺陷。有关鱼类 IL-7 的研究非常有限，鱼类 *IL-7* 基因的结构由 5 个外显子和 4 个内含子组成，跟人 *IL-7* 基因相比较，少 1 个外显子和 1 个内含子，鱼类 IL-7 和哺乳类 IL-9 的进化关系较近，但鱼类中没有发现 *IL-9* 基因。鱼类 IL-7 在主要免疫器官如肾、脾、鳃、肠中均有表达，LPS、poly（I：C）和 PHA 可诱导头肾细胞表达 IL-7。在 *IL-7* 敲除的斑马鱼中，胸腺细胞数量减少，*IL-7R* 敲除斑马鱼的胸腺功能严重受损，表明 IL-7 是保障鱼类胸腺功能和 T 细胞发育所必需的细胞因子。

4. IL-15　　IL-15 是 γ 链细胞家族成员，在调节先天性免疫和适应性免疫中发挥着重要作用。IL-15 具有多种功能，可刺激 NK 细胞、NK-T 细胞、γδ T 细胞、1 型先天淋巴细胞和记忆 CD8$^+$ T 细胞的活化、增殖和分化。IL-15 紊乱与自身免疫疾病的发生有密切关系。恶性肿瘤患者服用 IL-15 后，NK 和 CD8$^+$ T 细胞数量增加，因此 IL-15 具有作为肿瘤辅助治疗的潜力。

鱼类存在两个 *IL-15* 同源基因，位于两条染色体上。其中一个基因与哺乳动物和鸡 *IL-15* 基因的结构相似，编码区由 5 个内含子分隔，被命名为 *IL-15* 的同源基因。另一个基因具有 4 个外显子和 3 个内含子结构，被命名为类 *IL-15*（IL-15 like，*IL-15L*）基因，有两种可变剪接体（*IL-15La* 和 *IL-15Lb*），*IL-15L* 也存在于一些脊椎动物基因组中，但在人和小鼠中为没有功能的假基因。虹鳟 *IL-15* 和 *IL-15L* 基因在组织中呈现差异表达，外周血白细胞中 *IL-15* 基因可被 IFN-γ 和 poly（I：C）诱导，*IL-15L* 的表达则不受 IFN-γ、poly（I：C）和 LPS 的影响。

鱼类 IL-15 的功能尚不完全明确，对虹鳟 IL-15 的研究表明，IL-15 诱导 *IFN-γ*、*IL-12/p35* 和 *IL-12p40c* 的表达，但不影响 *IL-12p40b* 的表达。草鱼 IL-15 可诱导 1 型免疫细胞（*IFN-γ* 和 *T-bet*）和 NK 细胞（穿孔素和 *Eomesa*）标志性基因的表达，且抑制细胞凋亡，表明鱼类 IL-15 可能是激活 1 型免疫反应和 NK 细胞的关键调节因子。

（三）白细胞介素-6 及其受体家族成员

IL-6 家族成员共用 gp130 受体进行信号转导。IL-6 家族包括 IL-6、IL-11、IL-27、IL-35、IL-39、睫状神经营养因子（ciliary neurotrophic factor，CNTF）受体、心肌营养因子-1（cardiotrophin 1，CT-1）、类心肌营养因子 1（cardiotrophin-like cytokine factor 1，CLCF1）、白血病抑制因子（leukemia inhibitory factor，LIF）、抑瘤素 M（oncostatin M，OSM）10 个成员。

IL-6 是一种糖蛋白，由纤维细胞，巨噬细胞，T、B 淋巴细胞，上皮细胞，角质细胞和一些肿瘤细胞产生。IL-6 参与免疫细胞的增殖和分化。2005 年，Bird 等首次在红鳍东方鲀中克隆出 *IL-6*，*IL-6* 基因在所有鱼类中均存在。

鱼类 IL-6 是促炎因子。团头鲂感染嗜水气单胞菌后，*IL-6* 基因表达水平明显升高，提示 IL-6 参与了团头鲂抵御细菌感染的免疫应答。在大黄鱼和虹鳟中，LPS 和 poly（I: C）能够明显上调 *IL-6* 基因的表达。虹鳟原代头肾细胞经 IL-1β 处理，*IL-6* 基因表达上调。实验证明，IL-6 促进炎症反应和巨噬细胞的增殖，能够诱导 IL-1β、TNF-α 和抗菌肽的表达，增强机体免疫防御。虹鳟重组 IL-6 蛋白能够诱导 SOCS-1、SOCS-2、SOCS-3、IRF1、NF-κB 和 Blimp1 等信号分子的表达，促进初始脾 B 细胞的增殖并诱导 IgM 的分泌，表明 IL-6 是促进抗体合成的重要细胞因子之一。

（四）白细胞介素-10 及其受体家族成员

IL-10 家族成员包括 IL-10、IL-19、IL-20、IL-22、IL-24、IL-26 和 IL-28，共享 IL-10R2 传输信号。它们结构相似，为典型的 α 螺旋结构蛋白，具有高度保守性。编码 IL-10 家族的基因分布在 3 个染色体位点：*IL-10*、*IL-19*、*IL-20*、*IL-24* 基因位于同一位点，*IL-22* 和 *IL-26* 基因彼此相邻位于同一位点，*IL-28*（又称 *IFN-λ*）基因单独位于一个位点。IL-10、IL-24 和 IL-26 由活化的单核细胞和 T 细胞产生，IL-19 和 IL-20 由活化的单核细胞产生，而 IL-22 主要由活化的 T 细胞和 3 型先天淋巴细胞（ILC3）产生。

1. IL-10 IL-10 是一种抑炎和 Th2 细胞因子。IL-10 能够调节先天性免疫细胞的生长和分化，并抑制 T 细胞的活化和功能，从而促使机体恢复免疫稳态。

2003 年，Zou 等首次从红鳍东方鲀中克隆 *IL-10* 基因，随后 *IL-10* 基因在其他鱼类如草鱼、鲤、虹鳟、大西洋鲑、斑马鱼、黄颡鱼、金鱼、海鲈、石斑鱼和鲨等多种鱼类中被发现。跟哺乳类一样，鱼类 *IL-10* 基因由 5 个外显子和 4 个内含子组成，表明其基因结构在进化中保守。大多数鱼类 *IL-10* 以单拷贝形式存在，但鲑科和鲤科存在两个 *IL-10* 基因拷贝。鱼类 IL-10 蛋白之间具有 80%～90% 的序列相似性，而且成熟肽中有 4 个保守的半胱氨酸，它们形成两对分子内二硫键。

已有研究表明，鱼类 IL-10 的功能与哺乳类同源蛋白类似。金鱼 IL-10 能够抑制 *IL-1β*、*IL-8*、*TNF-α* 等促炎因子基因的表达，上调抑炎基因（如 *SOCS3*）和 *STAT3* 的磷酸化水平，以减轻炎症反应。重组 IL-10 能够减少诺卡氏菌介导的 IgM 淋巴细胞的扩增与成熟，促使 IgM 淋巴细胞分化为产生抗体的浆细胞，抑制 CD4[+] 记忆 Th1 和 Th2 反应，对 CD8[+] 记忆 T 细胞的产生具有促进作用。

2. IL-22 IL-22 是 2000 年由 Dumoutier 等发现的一种细胞因子。IL-22 通常由辅助性 Th17 细胞、Th22 细胞、γδT 细胞、NKT 细胞、ILC3 等免疫细胞产生。*IL-22* 与 *IL-26*、*IFN-γ* 基因位于染色体同一位点。与 *IL-10* 基因一样，*IL-22* 基因由 5 个外显子和 4 个内含子组成。

这些分子特征同样适用于鱼类 *IL-22* 基因。鱼类 IL-22 蛋白包括 170～190 个氨基酸，N 端有由 25～30 个氨基酸组成的信号肽，斑马鱼 IL-22 蛋白结构已被解析，有 6 个保守的 α 螺旋。

与哺乳类一样，鱼类 IL-22 结合 IL-22R1 和 IL-10R2 两种受体，激活 JAK-STAT 通路，STAT3 是介导 IL-22 信号转导的关键转录因子。鱼类 IL-22 对防御细菌和病毒侵染及调节感染引起的炎症极为重要。IL-22 促使靶细胞产生 β-防御素和其他抗菌肽，从而增强宿主的抗菌能力。

3. IL-26　　　　IL-26 又称为 AK155，于 2000 年在疱疹病毒感染的人 T 细胞中被发现，*IL-26* 基因存在于大部分脊椎动物中，在鼠类中被丢失；*IL-26* 基因也未在鲨中被报道。人 *IL-26* 位于染色体 12q1，位于 *IFN-γ* 和 *IL-22* 基因之间。目前在一些非哺乳类动物包括蛙类和鸟类中检测到了 *IL-26* 基因。*IL-26* 基因由 5 个外显子和 4 个内含子组成。

哺乳类 IL-26 主要由 T 细胞产生，包括 Th17 细胞和 Th22 细胞。其受体为由 IL-20R1 和 IL-10R2 组成的异源二聚体。IL-26 与 IL-20R1/IL-10R2 受体复合物结合后，诱导 STAT1 和 STAT3 磷酸化，激活下游信号分子发挥作用。IL-26 是调控机体炎症反应的重要细胞因子。IL-20R1 是 IL-26 高亲和受体，具有较长的胞内区段，仅在特定细胞中表达。IL-10R2 是 IL-10 家族的共用受体，几乎在所有类型的细胞中均有表达。IL-26 在河鲀、斑马鱼、日本鳗鲡、草鱼等鱼类中已被报道。鱼类 *IL-26* 基因的结构与哺乳类同源基因完全一样，具有 5 个外显子和 4 个内含子。其染色体位点也非常保守，与 *IL-22* 和 *IFN-γ* 基因处于同一染色体区段。

（五）白细胞介素-12 及其受体家族成员

IL-12 家族成员为异源二聚体，由 α 链（IL-23p19、IL-27p28 或 IL-12p35）和 β 链（IL-12p40 或 EBI3）组成。该家族成员包括 IL-12（IL-12p35/IL-12p40）、IL-23（IL-23p19/IL-12p40）、IL-27（IL-27p28/EBI3）、IL-35（IL-12p35/EBI3）和最新发现的 IL-39（IL-23p19/EBI3）。这些细胞因子受体为由两条多肽链组成的异源二聚体受体复合物，可激活 Janus 激酶（JAK）或酪氨酸激酶（TYK）介导的信号通路。

1. IL-12　　　　IL-12 是最早发现的异源二聚体细胞因子，由 IL-12p35 和 IL-12p40 通过链间二硫键连接形成，是促炎性细胞因子。IL-12 主要由抗原呈递细胞（如巨噬细胞和树突状细胞）产生，对 CD8$^+$ T 和 NK 细胞的募集至关重要。2003 年，IL-12p35 在河鲀中被首次发现。*IL-12p40* 基因已在河鲀、鲤、虹鳟和草鱼等不同鱼类中被克隆。*IL-12p35* 基因共线性非常保守，在大部分物种中与 *SCHIP1* 相邻。在硬骨鱼类中，由于全基因组复制，*IL-12p35* 存在多种异构体，*IL-12p35* 有 *IL-12p35a* 和 *IL-12p35b* 两种异构体，*IL-12p35* 基因在哺乳动物和鱼类中都含有 7 个外显子和 6 个内含子；*IL-12p40* 也存在 *IL-12p40a*、*IL-12p40b* 和 *IL-12p40c* 三个基因拷贝，系统发育树和同源性分析显示，*IL-12p40a* 和 *IL-12p40b* 的亲缘关系较近，而 *IL-12p40c* 则与二者的亲缘关系较远。在鲤中，*IL-12p40a* 和 *IL-12p40b* 具有 32% 的序列一致性，但 *IL-12p40c* 与二者的序列一致性分别只有 24% 和 26%。

2. IL-23　　　　IL-23 是 2000 年 Kastelein 等利用高通量测序技术鉴定得到的，随后的研究表明，IL-23 由 IL-23p19 和 IL-12p40 两个亚基组成。人 IL-23p19 是一个非糖基化蛋白，分子质量为 18.7kDa，其结构与 IL-6 家族成员相似，具有 4 个 α 螺旋拓扑结构。IL-23 主要由激活的巨噬细胞和树突状细胞等产生。当机体被微生物感染时，细胞表面 CD40 和 CD40L 相互作用，促使细胞产生 IL-23。鱼类 IL-23p19 最早在斑马鱼中被发现，其基因结构和哺乳动物相似，具有 4 个外显子和 3 个内含子，在染色体上与 *pan2* 基因相邻。

　　IL-23 的受体由 IL-12RB1 和其特异性受体 IL-23R 构成,其中,IL-12RB1 是 IL-12 和 IL-23 的共同受体。IL-23 信号转导通路依赖于 TyK2 和 JAK2,主要介导 STAT3 的磷酸化,也可激活 STAT1、STAT4 和 STAT5 的磷酸化。另外,IL-23 也能激活 CD4$^+$ T 细胞中的 NF-κB 信号通路。IL-23 最主要的功能是通过维持 *IL-17* 的表达和 Th17 细胞的表型来维持与促进 Th17 细胞的发育,Th17 细胞是一种在炎症反应和抵御胞外细菌感染过程中发挥重要作用的辅助性 T 细胞。同样,IL-23 在鱼类免疫反应中也发挥着重要作用。*IL-23* 在斑马鱼肠道中表达量最高,LPS 刺激能上调斑马鱼白细胞中 *IL-23p19* 的转录水平,在应答分枝杆菌感染过程中也呈现上调。在虹鳟中,细菌和病毒感染均能诱导 *IL-23p19a* 的表达,但 *IL-23p19b* 不受影响,表明 IL-23p19a 和 IL-23p19b 在免疫调节中可能扮演着不同角色。综上,IL-23 在鱼类炎症反应中发挥着重要的调控作用。

　　3. IL-27　　IL-27 是一种由 EBI3 和 IL-27p28 亚基组成的 IL-12 家族细胞因子。其中,EBI3 亚基与 IL-12p40、IL-23p19 同源;而 IL-27p28 亚基则与 IL-12p35 同源,是一种具有 4 个 α 螺旋结构的长链多肽。人 *IL-27p28* 位于 16 号染色体,而 *EBI3* 位于 19 号染色体。IL-27 通常由抗原呈递细胞产生,在 Toll 样受体(TLR3、TLR4 和 TLR7/8)被激活后诱导产生,EBI3 和 IL-27p28 的转录调控是相对独立的。*EBI3* 在斑马鱼、草鱼、虹鳟、青鳉鱼、罗非鱼、半滑舌鳎和河鲀等鱼类中先后被鉴定。而 IL-27p28 在大西洋鲑、斑马鱼、罗非鱼等鱼类中也被发现。

　　IL-27 受体由含有 WSX 基序的 IL-27R 和 gp130 两个亚链组成,其中 IL-27R 是 IL-27 的特异性受体。IL-27 结合受体后,可激活 JAK-STAT、PI3K-Akt、p38MAPK 和 NF-κB 等细胞内信号转导分子,调控细胞免疫反应。IL-27 具有明显的免疫抑制和抑炎作用,其机制主要是通过促进 IL-10 释放和抑制 IL-17 表达来实现。IL-27 能够抑制初始 T 细胞向 Th17 细胞分化,促进活化 T 细胞向 Tr1 细胞分化,进而诱导抑炎细胞因子的释放。在大西洋鲑中,*IL-27p28* 在胸腺、鳃、脾和头肾中表达较多,而 *EBI3* 在肝中高表达。草鱼 *EBI3* 在各个组织中都有表达,但表达水平各不相同,在头肾和脑中表达水平较低,而在肝中表达水平最高。半滑舌鳎 *EBI3* 在免疫相关组织中表达较多,在病原感染后显著上调。另外,在大西洋鲑头肾细胞体外试验中,重组 IL-1β、poly(I∶C)、PHA 和 PMA 诱导 *IL-27p28* 表达。简而言之,IL-27 在鱼类抗菌和病毒防御中发挥着重要作用。

　　(六)白细胞介素-17 及其受体家族成员

　　IL-17 家族起源古老,为少数在无脊椎动物中被发现的细胞因子。哺乳动物 IL-17 家族包括 6 个成员,即 IL-17A、IL-17B、IL-17C、IL-17D、IL-17E/IL-25 和 IL-17F。IL-17A 和 IL-17F 由 Th17 细胞分泌,是 Th17 细胞的标志性细胞因子,其他分泌细胞包括 CD8$^+$ T 毒性细胞、NK T 细胞、γδT 细胞和 ILC 细胞;*IL-17B* 在很多细胞类型如软骨细胞、神经细胞、上皮细胞和肿瘤细胞等中表达;IL-17C 主要由处于炎症状态下的上皮细胞、CD4$^+$ T 细胞、树突状细胞和巨噬细胞产生;IL-17D 在非免疫组织中能够被检测到,但免疫细胞中仅在 CD4$^+$ T 祖细胞和 B 细胞中合成;而 IL-17E/IL-25 由先天性免疫细胞产生。虽然 IL-17 家族成员的功能还未完全解析,但可以肯定的是,这些细胞因子与感染疾病的发生密切相关,在自身免疫失调中起着重要的作用。

　　在硬骨鱼类中,目前已有 7 个 *IL-17* 同源基因被克隆,即 *IL-17A/F1*、*IL-17A/F2*、*IL-17A/F3*、*IL-17C1*、*IL-17C2*、*IL-17D* 和 *IL-17N*(novel IL-17),鱼类 *IL-17A/F1*～*IL-17A/F3* 基因与哺乳

类 *IL-17A* 和 *IL-17F* 基因具有相同的外显子和内含子组成，*IL-17B* 没有在鱼类中被发现，*IL-17N* 仅存在于硬骨鱼类；七鳃鳗 IL-17 家族有 5 个成员，即 IL-17D.1、IL-17D.2、IL-17B、IL-17C 和 IL-17E。相对来讲，七鳃鳗两个 *IL-17D* 基因中，*IL-17D.1* 与哺乳类的进化关系更近，也是 5 个 IL-17 家族成员中表达量最高的基因，主要在类 T 细胞和黏膜组织（皮肤、肠和鳃）上皮细胞中表达。

鱼类 T 细胞表达 *IL-17*。用植物血凝素（PHA，可促进 T 细胞分裂）孵育海鲈头肾原代细胞，所有 *IL-17* 家族成员的表达量均升高；对斑马鱼进行特异性抗原刺激，分离的斑马鱼 CD4-1$^+$细胞中 *IL-17A/F2* 表达增强。研究表明，Foxp3 是控制 *IL-17* 基因活化的关键转录因子，用 *Foxp3* 质粒注射斑马鱼卵，发育 6d 的胚胎中 *IL-17* 表达受到抑制；反之，用吗啉抑制 Foxp3 蛋白合成，5d 胚胎的 *IL-17* 转录本水平较正常胚胎高。此外，神经坏死病毒感染导致海鲈 *IL-17* 在头肾和脑中的表达量下降。

有关鱼类 IL-17 功能研究的报道较少。用草鱼 IL-17A/F1 重组蛋白刺激头肾白细胞，*IL-1β*、*IL-6*、*IL-8* 和 *TNF-α* 的表达量显著升高，草鱼 IL-17D 重组蛋白也可上调 *IL-1β*、*IL-8* 和 *TNF-α* 的表达，但对 *IL-6* 的表达无明显影响，暗示不同亚型诱导炎症基因的能力存在细微差异。虹鳟 IL-17A/F2a 重组蛋白能诱导脾细胞中 *IL-6*、*IL-8* 和防御肽（defensin 3）的表达，表明鱼类 IL-17A/F2a 具有促炎作用。同样，大黄鱼 IL-17C 重组蛋白能通过 NF-κB 通路激活促炎性细胞因子、*IFN-γ*、趋化因子和抗菌肽基因的表达。此外，七鳃鳗 IL-17D.1 与类 B 细胞表面 IL-17RA.1 结合，可激活血液 B 细胞的基因转录，提示 IL-17 在协调类 B/T 细胞与其他免疫细胞的互作中发挥功能。

（七）其他白细胞介素成员

IL-34 于 2008 年首次被发现，其结构与巨噬细胞集落刺激因子（macrophage colony-stimulating factor，M-CSF）类似，由 αA、αB、αC 和 αD 四个反平行长螺旋组成。IL-34 以同源二聚体形式行使功能，对淋巴结炎症反应中骨髓系细胞的功能具有调节作用。硬骨鱼类 IL-34 已经在虹鳟、斑马鱼、河鲀、石斑鱼和草鱼等中被发现，是单拷贝基因，硬骨鱼类 *IL-34* 基因编码 204～226 个氨基酸，其蛋白与哺乳类 IL-34 具有较高的同源性。

LPS 和 poly（I: C）是鱼类 IL-34 的强诱导剂；鱼类被细菌如嗜水气单胞菌、鳗弧菌（*Vibrio anguillarum*）感染后，其头肾、脾、鳃和皮肤中 IL-34 表达明显增加；在苔藓四囊虫（*Tetracapsuloides bryosalmonae*）引发的增生性肾病虹鳟患病鱼中，*IL-34* 表达量上升；另外，隐核虫感染可导致石斑鱼鳃和皮肤中 *IL-34* 上调。

巨噬细胞集落刺激因子受体（M-CSF receptor，M-CSFR）是 IL-34 的主要受体，鱼类 *M-CSFR* 基因有 *M-CSFR1* 和 *M-CSFR2* 两个拷贝，鱼类 *M-CSFR1* 与哺乳动物 *M-CSFR* 的序列同源性较低。

二、干扰素及其受体研究进展

（一）干扰素

1. I 型干扰素　　根据二硫键的组成，哺乳类 I 型 IFN 家族分为 IFN-α 和 IFN-β 亚家族，IFN-α 亚家族成员有 4 个半胱氨酸，形成两个分子内二硫键；而 IFN-β 只有一个分子内二硫键。IFN-α 与 IFN-β 蛋白的序列相似度低，但结构高度类似，具有 6 个 α 螺旋，它们结合同一受体，激活 IFN 刺激基因（IFN stimulated gene，ISG）的表达。IFN 受体为异源二聚体，由 IFNAR1 和 IFNAR2 组成。人 IFN-α 亚家族有 13 个成员，而 *IFN-β* 为单拷贝基因，I 型 IFN 的基因位于同一染色体上。

2003 年，美国和挪威的两个研究小组分别在斑马鱼和大西洋鲑中报道了 I 型 IFN 的基因，它们由 5 个外显子和 4 个内含子组成，与羊膜动物不含内含子的 I 型 IFN 的基因形成鲜明对比，有意思的是，III 型 IFN 的基因也具有 5 个外显子和 4 个内含子，相同的基因结构暗示 I 型和III型 IFN 起源于同一祖先。I 型 IFN 的基因在软骨鱼类（如象鲨和小斑猫鲨）中就已出现，但尚未在更古老的动物中发现。2007 年，Zou 等在虹鳟中发现了两个 I 型 IFN 的基因，它们编码的蛋白质均含有 4 个半胱氨酸，而先前鉴定的斑马鱼和大西洋鲑中报道的 I 型 IFN 蛋白只有两个半胱氨酸。根据半胱氨酸的组成特点，Zou 等将鱼类 I 型 IFN 分为含两个半胱氨酸的 1 组和含 4 个半胱氨酸的 2 组 IFN。经序列比对发现，鱼类 1 组 IFN 半胱氨酸在蛋白质序列中的位置（Cys1 和 Cys3）与哺乳类 IFN-β 不同（Cys2 和 Cys4）。所有 2 组 IFN 分子的 C 端区域有一个保守的 CAWE 基序，在鱼类 1 组 IFN 中，该基序中的半胱氨酸被其他氨基酸替代。1 组 I 型 IFN 最早在软骨硬鳞鱼（如鲟）和全骨鱼（如雀鳝）就已经出现，2 组 I 型 IFN 存在于所有有颌脊椎动物中。

根据系统发育分析结果，硬骨鱼类 I 型 IFN 家族可分为七大类：IFNa～IFNf 和 IFNh。IFNa、IFNd、IFNe 和 IFNh 属于 1 组 IFN，普遍存在于硬骨鱼类中；IFNb、IFNc 和 IFNf 属于 2 组 IFN，仅在部分鱼类中被发现；象鲨是最古老的有颌脊椎动物之一，其 *IFN* 基因与硬骨鱼类 *IFN* 的同源性低，目前无法用系统发育分析进行精准分类。IFNb、IFNc、IFNe 和 IFNf 存在于软骨硬鳞鱼类和真骨鱼类中，鲑科鱼类（如虹鳟和大西洋鲑拥有数量庞大的 I 型 IFN，它们归属于 IFNa～IFNf 六大类；而鲤科鱼类中只有 IFNa、IFNc 和 IFNd，且基因拷贝数相对较少，比如，斑马鱼中只有 1 个 *IFNa*、1 个 *IFNd* 和 2 个 *IFNc* 基因；鲈形目中除 *IFNc* 和 *IFNd* 外，还拥有多个拷贝的 *IFNh* 基因，迄今，*IFNh* 基因仅在鲈形目中被发现。I 型 IFN 的基因在硬骨鱼类中的演化相对复杂，与全基因组复制和本地基因复制、丢失事件密切相关。

（1）1 组 I 型干扰素　　IFNa 是最早被鉴定的鱼类 I 型干扰素，存在于鲇科、鲤科和鲑科等鱼类中。IFNa 在病毒感染或被病毒病原体相关分子模式（PAMP）激活后，在绝大多数细胞中被诱导，与哺乳动物中 IFN-β 的表达模式相似。IFNa 具有很强的抗病毒效应，能上调 IFN 刺激基因（IFN stimulating gene，ISG）的表达，常见的 IFN 刺激基因包括 *MX*、*viperin*、*ISG15*、*PKR* 等。其中一些 IFN 刺激基因作为效应因子，能抑制或阻断病毒复制，是宿主抵御病毒入侵的重要手段。例如，虹鳟中 IFNa2 能够上调模式识别受体如 *MDA5* 和 *LGP-2* 的表达，MDA5 和 LGP-2 是宿主细胞识别病毒 RNA 的胞内受体，以正调控循环的方式放大 IFN 反应。总的来说，*IFNa* 的表达模式和功能与哺乳动物 *IFN-β* 相似，其表达具有广谱性，能较强地刺激抗病毒基因的表达。最近的一项研究表明，青鱼 *IFNa* 在鲤上皮瘤细胞（epithelioma papulosum cyprini，EPC）过表达时，Asn38 发生糖基化，但该糖基化似乎并不直接影响 IFNa 的抗病毒活性。

IFNa 可增强宿主细胞的抗病毒力。研究表明，用 IFNa 孵育大西洋鲑细胞后，传染性鲑细胞中贫血症病毒（ISAV）和传染性胰脏坏死病毒（IPNV）的感染病毒颗粒大为减少，ISAV 是正链、单链 RNA 病毒，而 IPNV 是双链 RNA 病毒。但有意思的是，IFNa 不能减少病毒入侵细胞的数量，肌内注射 IFNa 表达质粒，不能提高大西洋鲑对 ISAV 感染的存活率。目前 IFNa 对不同病毒的保护作用机制的差异尚不清楚。

（2）2 组 I 型干扰素　　2 组 I 型干扰素包括 IFNb、IFNc 和 IFNf，对 IFNb 和 IFNc 的研究有较多报道，但目前还没有 IFNf 的功能数据。IFNb 和 IFNc 在病毒感染后可被诱导产生，但主要局限于白细胞中，这与 1 组 I 型干扰素的普遍性表达形成鲜明对比。IFNb 和 IFNc 均可激活抗病毒基因，具有抗病毒活性，大西洋鲑中 IFNc 比 IFNb 更有效，肌内注射 IFNc 表达质粒时能提高抗 ISAV 能力，有很强的保护作用，相对而言，肌内注射 IFNb 表达质粒对大西洋鲑的保护作用要弱得多。最近的研究提示，斑马鱼和大菱鲆 2 组 I 型干扰素能上调促炎基因的表达。

2. Ⅱ型干扰素　　Ⅱ型干扰素，又称 γ 干扰素（IFN-γ），主要由 Th1 细胞、1 型天然淋巴细胞和 NK 细胞产生，是调控天然免疫和适应性免疫的重要细胞因子。IFN-γ 有激活巨噬细胞、增强其吞噬病原的能力，使其迅速合成抗菌因子（如抗菌肽和补体分子）。此外，IFN-γ 参与 Th1 细胞免疫反应的调节，在机体清除胞内病原（如病毒）过程中发挥关键作用。哺乳动物Ⅱ型干扰素只有一个成员，即 IFN-γ。

2005 年，Zou 等报道了河鲀 *IFN-γ* 基因。此后，*IFN-γ* 基因在包括鲨的多种鱼类中被鉴定。研究表明，所有脊椎动物 *IFN-γ* 基因都含有 4 个外显子和 3 个内含子，与 *IL-22* 基因在染色体上连锁，鱼类和哺乳类 *IFN-γ* 的序列同源性很低。2006 年，Igawa 等在 *IFN-γ* 基因座发现了一个姐妹基因，即 IFN-γ 相关分子（IFN-γ related molecule，IFNγrel）。该基因仅与鱼类 *IFN-γ* 基因有一定的序列同源性，但鱼类 *IFNγrel* 与鱼类以外物种的细胞因子没有同源性。*IFNγrel* 基因的外显子和内含子的构成与 *IFN-γ* 基因一致，*IFNγrel* 仅存在于真骨鱼类（teleostei）中。

3. Ⅲ型干扰素　　对小斑猫鲨（*Scyliorhinus canicula*）的转录组分析显示，Ⅲ型干扰素[又称 λ 干扰素（IFN-λ）]在软骨鱼类中就已出现。系统发育分析表明，小斑猫鲨 IFN-λ 与四足动物 IFN-λ 形成一个分支。而且，小斑猫鲨 IFN-λ C 端含有 IL-10 分子中保守的一对二硫键。结构模拟显示，人 IFN-λ 与受体结合的氨基酸在小斑猫鲨 IFN-λ 中不保守。目前，还不清楚软骨鱼类 IFN-λ 是否具有抗病毒功能。

（二）干扰素受体

哺乳动物 I 型干扰素与 IFNAR1 和 IFNAR2 结合，形成配体/受体功能复合体。硬骨鱼类有多拷贝 I 型 IFN 受体基因，尤其是 *IFNAR2* 基因出现了明显分化。已有的研究表明，CRFB5/IFNAR1 是真骨鱼类所有 I 型 IFN 家族成员的共同受体，鱼类 IFNAR2 存在 1～3 个同源蛋白，即 CRFB1～CRFB3，CRFB1 可与 1 组和 2 组 I 型 IFN 结合，但与 1 组具有较高的亲和力，反之，CRFB2 与 2 组 I 型 IFN 有较高的亲和力。在大多数鱼类中，*CRFB5/IFNAR1* 为单拷贝基因，但鲑科鱼类如大西洋鲑中存在多个 *CRFB5/IFNAR1* 基因拷贝，研究显示，IFNa 分别与 CRFB5a、CRFB5b 和 CRFB5c 结合，IFNb 与 CRFBx 结合，而 IFNc 与 CRFB5a 或 CRFB5c 形成配对关系。此外，虹鳟 CRFB2/IFNAR2 和 CRFB5/IFNAR1 能以胞内形式存在，参与胞内 IFNa 介导的免疫反应。

（三）干扰素介导的信号通路

I 型干扰素的作用受 JAK-STAT 信号通路中多种转录因子的控制，这些转录因子中有许多已经在鱼类中被鉴定，序列保守。一些研究表明，硬骨鱼类 I 型干扰素拥有完整的 JAK 家族成员，包括 JAK1、JAK2、JAK3 和 TYK2，其中 JAK2 有两个复制基因，即 *JAK2a* 和 *JAK2b*。大西洋鲑 TYK2 包含 7 个 JAK 同源（JAK homology，JH）结构域，其中 JH1 是催化自身磷酸化的关键结构域。鱼类 *STAT1* 和 *STAT2* 基因也进行了复制，有多个被复制的基因，如 *STAT1a*、

STAT1b、*STAT2a* 和 *STAT2b*，它们在控制Ⅰ型干扰素的细胞信号转导中发挥关键作用。

IFN 介导的免疫反应受到多种转录因子的负调控。其中，SOCS 家族和 PIAS 家族是功能比较明确的主要负调控转录因子。鱼类中这些转录因子的序列和蛋白质结构高度保守，其调控功能也与哺乳动物同系物相似。

三、肿瘤坏死因子及其受体研究进展

（一）肿瘤坏死因子家族

鱼类肿瘤坏死因子超家族（tumor necrosis factor superfamily，TNFSF）具有多种免疫功能，在动物免疫防御、代谢和发育等方面发挥至关重要的作用。其起源古老，可追溯到节肢动物，很多 TNF 超家族成员具有相似且保守的蛋白质结构和生物学功能。人类中已经鉴定出18 个 TNFSF 配体和 29 个 TNF 超家族受体（TNFSF receptor super family，TNFRSF）基因，TNF 超家族的许多成员在鱼类中得到了复制。已有研究表明，鱼类拥有 TNFSF2（TNF-α）、TNFSF-New（TNF-N）、TNFSF5（CD40L）、TNFSF6（FASL）、TNFSF9（4-1BBL）、TNFSF10（TRAIL）、TNFSF11（RANKL）、TNFSF12（TWEAK）、TNFSF13（APRIL）、TNFSF13b（BAFF）、TNFSF14（LIGHT）、TNFSF15（TL1A）、TNFSF18（GITRL）、EDA 及 BAFF 和 APRIL 样分子（BALM）。然而，一些哺乳类 TNFSF 配体及其受体在硬骨鱼类中无法找到，目前在硬骨鱼类基因组中还没有发现 TNFSF4（OX40）、TNFSF7（CD27）和 TNFSF8（CD30）及其受体。另外，鱼类的一些 DNA 病毒（如鲤疱疹病毒）也能够产生 TNF 样受体，它们抑制宿主免疫系统，操纵宿主 TNF/TNFR 轴建立感染。因此，阐明 TNFSF 在鱼类免疫防御中的作用为鱼类疾病的防控、改善水产养殖中鱼类的健康状况提供了新策略，有助于从进化的角度探究 TNFSF 的功能。

1. TNFSF2（TNF-α） *TNF-α*（*TNFSF2*）基因最初在虹鳟中被克隆，是第一个被报道的鱼类 TNF 超家族成员。迄今，TNF-α 已在多种鱼类中被鉴定。*TNF-α* 基因的结构在进化中相对保守，由 4 个外显子和 3 个内含子组成。TNF-α 在哺乳动物中以单一拷贝形式存在，与此相比，鱼类 *TNF-α* 基因的拷贝数呈现多样化，不同鱼类中 *TNF-α* 拷贝数差异显著。例如，鲫、大黄鱼、斑马鱼和青鳉中已发现两个 *TNF-α* 拷贝，而虹鳟和鲤基因组中有 3 个以上的拷贝。同一物种 TNF-α 的序列同源性较高，在大西洋鲑中，TNF-α1 和 TNF-α2 的序列同源性高达 90% 以上。但不同种之间 TNF-α 的序列同源性则较低。例如，大西洋鲑与石斑鱼的 TNF-α 只有 38% 的序列同源性。*TNF-α* 基因的启动子区域存在诸多转录因子和 NF-κB 结合位点，提示 *TNF-α* 基因受到多种转录因子的调控。鱼类 *TNF-α1* 和 *TNF-α2* 基因位于两条不同的染色体上。例如，斑马鱼 *TNF-α1* 和 *TNF-α2* 基因分别位于 19 号和 15 号染色体上，青鳉 *TNF-α1* 和 *TNF-α2* 基因位于 11 号和 16 号染色体上。

根据系统发育分析结果，可将硬骨鱼类的 TNF 分为三大亚类：1 组和 2 组 TNF-α 及 TNF-N（novel TNF）。1 组 TNF-α 和 TNF-N 的基因串联在同一个染色体位点，与人类 TNF-α 的基因位点有保守的共线性。相反，2 组 TNF-α 的基因为硬骨鱼类所特有。鲑科和鲤科鱼类如大西洋鲑、虹鳟、金鱼和鲤均存在多个拷贝 1 组和 2 组 TNF-α 的基因。

鱼类 TNF-α 是Ⅱ型膜蛋白，也可以分泌到细胞外，分泌型 TNF-α 形成稳定的同源二聚体结构，TNF-α 胞外区有一个保守的 TNF 同源结构域（TNF homology domain，THD），含有保守的两个半胱氨酸和 TNF-α 转化酶（TNF-α converting enzyme，TACE；又称 a disintegrin and metalloproteinase 17，ADAM17）蛋白酶切割位点基序，两个半胱氨酸残基形成分子内二硫键，维持蛋白结构稳定。鱼类 TNF-α 的 THD 由 10 股 β 折叠组成，形成一个紧凑的拓扑结构。蛋白建模分析显示，海鲈 TNF-α 蛋白拓扑结构与人 TNF-α 十分类似，但与受体结合的接触界面有较大差别，单体与受体三聚体复合物结合的表面主要由带负电荷的氨基酸组成。不同鱼类 TNF 超家族的 THD 序列同源性不高，但结构相似，尤其是参与受体结合的关键氨基酸相当保守。

膜型 TNF-α 可被 TNF-α 转化酶（TACE/ADAM17）切割，释放具有生物活性的可溶性多肽。TACE/ADAM17 是一种膜型的去整合素金属蛋白酶，有信号肽、含锌指结合位点的金属蛋白酶结构域和跨膜结构域。*TACE/ADAM17* 基因存在于鱼类中，已在斑马鱼和虹鳟等鱼类中被报道。TNF-α 前体中 TACE/ADAM17 酶切位点的第一个氨基酸（通常为苏氨酸或丝氨酸）对成熟 TNF-α 的产生很重要，在鱼类中较保守。LPS 和 β-葡聚糖（β-glucan）可活化 TACE/ADAM17，对 TNF-α 进行切割，该过程受到细胞外信号调节激酶（ERK）、Jun N 端激酶（JNK）和 p38MAPK 信号通路调节。

在鱼类中，TNF-α 在多数免疫器官和细胞类型中均有较高的表达量，头肾和脾中单核细胞/巨噬细胞是合成 TNF-α 的主要细胞类型。此外，鱼类脂肪细胞也产生 TNF-α。同一种鱼中不同 *TNF-α* 的表达有所不同，在健康的大西洋鲑幼鱼中，*TNF-α1* 转录本水平高于 *TNF-α2*，且广泛分布于各组织中，而 *TNF-α2* 在脾和鳃中的表达量较低。与 *TNF-α1* 和 *TNF-α2* 相比，虹鳟 *TNF-α3* 在组织和细胞（巨噬细胞 RTS-11 细胞系除外）中的表达水平低。在蓝鳍金枪鱼中，血细胞 *TNF-α2* 的转录本水平远远高于鳃、肠、头肾、脾、心脏或卵巢。但在鲤中，*TNF-α3* 在大多数组织中表达，而 *TNF-α1* 和 *TNF-α2* 仅在鳃中能检测到表达。因此，不同 *TNF-α* 的基因表达图谱非常复杂，与物种、鱼龄、组织和生境等诸多因素相关。

病原体相关分子模式（PAMP）如 LPS、伴刀豆球蛋白 A（ConA）、植物血凝素（PHA）均可诱导 TNF-α 的表达。LPS 能够促进虹鳟巨噬细胞分泌 TNF-α。在大西洋鲑巨噬细胞系中，甘氨酸或 p38 丝裂原活化蛋白激酶特异性抑制剂 SB203580 可抑制 LPS 诱导的 *TNF-α* 表达。虹鳟巨噬细胞暴露于重金属（如铜）后，其 *TNF-α* 转录本减少，但蛋白分泌不受影响。鱼类 TNF-α 的产生受到诸多因子包括细胞因子和转录调节因子的调控。促炎性细胞因子（如 IL-1β 和 IFN）是 TNF-α 的关键调节因子。IL-12 促进 Th1 细胞增殖，在细胞中过表达时，也能启动 *TNF-α* 表达。此外，*TNF-α* 表达可由抗病毒模式识别受体调节，提示 TNF-α 在抗病毒防御中发挥重要作用。TNF-α 的产生也受到昼夜节律的影响，生物节律相关因子 bmal1 和 clock1 在青鳉胚胎过表达时可激活 *TNF-α* 基因启动子的顺式调控元件，启动 *TNF-α* 基因表达。研究表明，LPS 诱导的 TNF-α 因子（LPS induced TNF-α factor，LITAF）是调节 *TNF-α* 转录的关键因子之一。LITAF 是 LPS 刺激基因，可直接与细胞质中的信号转导因子和转录因子 STAT6B 相互作用，并移位到细胞核中，结合 TNF-α 的启动子区域激活其转录。TNF-α 在炎症反应中起着重要的调节作用，鱼类 TNF-α 的生物活性在一些经济鱼类和模式鱼（如斑马鱼）中得到了较深入的研究，研究表明，TNF-α 大多数功能保守，与哺乳类同系物类似。尽管释放成熟肽的 TACE/ADAM17 酶切位点尚未鉴定，但预测成熟肽的重组 TNF-α 具有生物活性，虹鳟重组 TNF-α 能够诱导原代头肾白细胞和巨噬细胞中促炎基因的表达，其中包括 *IL-1β*、*TNF-α* 和 *IL-8*。鱼类 TNF-α 具有增强呼吸爆发反应的功能，能够增强一氧化氮的产生。金鱼巨噬细胞和单核细胞在受到 TNF-α 刺激后，呼吸爆发反应和一氧化氮合成明显加快。鱼类 TNF-α 能激活免疫细胞的迁移，腹腔注射 TNF-α 可促进鲷头肾的吞噬细胞迁移和粒细胞的产生。TNF-α 是调节鱼类脂质代谢的重要因子，TNF-α 通过抑制脂蛋白脂肪酶、过氧化物酶体增殖物激活受体（PPAR）和肝 X 受体（LXR）的表达来减少肝脂肪的积累。在鲷中，TNF-α 调节脂肪组织中甘油三酯脂肪酶（atgl）基因的表达。TNF-α 参与鱼类的组织发育和再生，影响睾酮的产生和卵巢功能。在斑马鱼中，TNF-α 介导的信号通路对皮肤和鳍再生至关重要，缺少 TNF-α 会抑制中性粒细胞对皮肤的浸润。有研究表明，斑马鱼体内 TNF-α 表达的下调会减少肝细胞的增殖，导致肝发育迟缓，TNF-α 可保护肝免受 mmp23 基因敲除引起的不良效应。鲤中的研究提示，TNF-α 可能调节细胞色素 P450 活性，增强肝和头肾中乙氧基间苯二酚 O-脱甲基酶的活性。

2. TNFSF5（CD40L、CD154） TNFSF5，也被称为 CD40L 或 CD154，在 T 细胞和 B 细胞的存活、增殖和成熟中起着关键作用，同时也是 T 细胞调节抗体产生的共刺激分子。硬骨鱼类 CD40L 为 II 型膜蛋白，C 端区段含有 THD 结构域。草鱼 CD40L 基因由 5 个外显子和 4 个内含子组成，在头肾和脾中表达量高，感染草鱼呼肠孤病毒（GCRV）后，在头肾和脾中表达量增加。虹鳟中的研究显示，CD40L 的表达与 T 细胞免疫相关，可能参与调控辅助性 T 细胞反应，能够激活抗原呈递相关免疫基因。CD40L 基因最近在小斑猫鲨中被克隆，小斑猫鲨 CD40L 基因编码 288 个氨基酸，包含一个 N 端胞内区、一个跨膜区和一个 C 端胞外区，胞外区有一个保守的 THD。序列比对显示，小斑猫鲨 CD40L 跨膜区和 THD 之间的区域有一对半胱氨酸是保守的，提示这对半胱氨酸对维持 CD40L 的蛋白空间结构至关重要。

3. TNFSF6（FASL） TNFSF6（FASL）存在两种形式，即膜型和分泌型蛋白，它们均在鱼类中被鉴定。FASL 基因首次在日本比目鱼中被克隆，日本比目鱼 FASL 蛋白含有 4 个富含脯氨酸的 N 端结构域和两个保守的半胱氨酸，这两个半胱氨酸形成胞内二硫键。

研究显示，鱼类 FASL 基因在鳃、胸腺、脾、肾、肠、心脏和脑中均有表达，在肾、胸腺和鳃等免疫组织中的表达水平较高。但有研究表明，FASL mRNA 转录水平与蛋白质水平没有关联。罗非鱼感染无乳链球菌后，其感染组织中的 FASL 基因表达量升高，在比目鱼中，接种福尔马林灭活的鳗鲡假单胞菌疫苗可显著增强 FASL 基因的表达。在病毒感染的平鲉中，肾中 FASL 表达显著增加，且与死亡率相关联。维生素 C 及磷和铁的缺乏可激活草鱼幼鱼中 FASL 的表达，导致包括头肾、皮肤和脾在内的组织完整性受损，而低水平 FASL 表达则有利于维持组织免疫稳态。其他环境因子如温度、紫外线照射和饲养密度等也会影响机体 FASL 的产生。综上，FASL 的表达受到多种因素调控。

在硬骨鱼类中，FASL 可增强靶细胞的杀伤效应，招募吞噬细胞向感染部位聚集。金鱼 FASL 蛋白的升高对促性腺激素释放激素（GnRH）诱导的精子细胞凋亡有调节作用，在斑马鱼中，FASL 介导心脏细胞的凋亡过程。用重组 FASL 蛋白孵育日本比目鱼胚胎细胞（HINAE），细胞基因组 DNA 呈现片段化。此外，有研究表明，FASL 也参与鱼类应答寄生虫感染的先天免疫反应。

4. TNFSF10（TRAIL） 肿瘤坏死因子相关凋亡诱导配体（TRAIL）参与调控细胞增殖和凋亡等多种生命过程。TRAIL 基因已在鳜、黑头鱼、草鱼、河鲀、大西洋鲑和斑马鱼等多种鱼类中被发现，鱼类 TRAIL 基因的结构和拷贝数在不同物种中存在差异。鲈 TRAIL 基因由 6 个外显子和 5 个内含子组成，但草鱼 TRAIL 基因只有 5 个外显子和 4 个内含子。河鲀基因组存在 3 个 TRAIL 基因（TRAIL-1、TRAIL-2 和 TRAIL-3），它们分别位于 3 条不同的染色体上，即 Chr 10（TRAIL-1）、Chr 8（TRAIL-2）和 Chr 2（TRAIL-3）；TRAIL-1 有 5 个外显子和 4 个内含子，TRAIL-2 有 7 个外显子和 6 个内含子，而 TRAIL-3 有 6 个外显子和 5 个内含子。TRAIL 蛋白结构保守，所有鱼类 TRAIL 蛋白的 C 端区域含有典型的 THD 结构域。

鱼类 *TRAIL* 在免疫组织（如脾、肾和肠）中的表达量较高，LPS 和 poly（I：C）刺激导致鳃组织中 TRAIL 表达显著下调，河鲀头肾细胞受到 poly（I：C）刺激后，*TRAIL* 基因的表达量有较大幅度升高。

5. TNFSF11（RANKL）　　TNFSF11（RANKL）与破骨细胞生成和骨吸收密切相关。鱼类 *RANKL* 基因与人同源基因共线性保守，在基因组中与 *akap11* 基因连锁。鱼类 *RANKL* 基因由 3 个外显子和两个内含子组成。研究表明，RANKL 通过破骨细胞表面受体 RANK 增强骨吸收。此外，RANKL 促进破骨细胞祖细胞向效应破骨细胞分化，而转化生长因子（TGF）抑制剂能下调 RANKL 表达，延缓破骨细胞分化过程。在青鳉中，RANKL 诱导破骨细胞形成，导致椎体和椎弓根中矿化基质减少和异位破骨细胞的形成，造成骨质疏松。

6. TNFSF12（TWEAK）　　TNFSF12（TWEAK）是一种调节血管生成、炎症和细胞凋亡的多功能细胞因子。TWEAK 仅在少数鱼类中被鉴定，河鲀 *TNFSF12/TWEAK* 基因由 6 个外显子和 5 个内含子组成，编码的蛋白为膜蛋白，含有典型的 THD 结构域。*TNFSF12/TWEAK* 主要在免疫器官（如脾、鳃和肾）中表达，在细菌和病毒感染后升高。

7. TNFSF13（APRIL）　　TNFSF13（APRIL）参与免疫调节、肿瘤细胞增殖和凋亡，在草鱼皮肤、脾和头肾中可检测到 APRIL 转录本。重组分泌型 APRIL 蛋白可与淋巴细胞的表面受体结合，提高淋巴细胞的存活率，可增强肾细胞 *IgM* 基因的转录、IgM^+ B 细胞的增殖和 IgM 蛋白的分泌。此外，APRIL 可上调 *MHC II* 基因的表达。

8. TNFSF13B（BAFF）　　TNFSF13B（BAFF）对 B 细胞的存活至关重要，硬骨鱼类有两个 *BAFF* 基因。它们具有不同的基因结构，一个由 6 个外显子和 5 个内含子组成，另一个由 5 个外显子和 4 个内含子组成，两个 *TNFSF13B*（BAFF）基因编码的蛋白细胞外区域有保守的 THD 结构域。河鲀的 *BAFF1* 和 *BAFF2* 基因位于 Chr 1 的同一位点。大黄鱼的两个 BAFF 蛋白在氨基酸水平上序列同源性较低，提示其与同一受体结合的亲和力可能存在差异或结合不同受体。在虹鳟中，细菌感染可显著降低 *BAFF* 基因的表达，而病毒性出血败血症病毒（viral haemorrhagic septicemia virus，VHSV）感染则诱导其表达。重组 BAFF 蛋白可影响鱼类免疫细胞的存活、分化和抗体分泌。研究表明，经 BAFF 处理的脾细胞比未经处理的细胞存活率高，且增殖速度快。在接种疫苗的虹鳟中，BAFF 能促进 IgM^{lo} B 细胞的存活，增加分泌 IgM 的 B 细胞数量和 IgM^{hi} B 细胞中 *MHC II* 的表达，表明 BAFF 在调节 B 细胞稳态中起着重要作用。

9. TNFSF14（LIGHT）　　在哺乳动物中，TNFSF14（LIGHT）是疱疹病毒进入人体的受体之一，LIGHT 由活化的 T 细胞、NK 细胞、未成熟的树突状细胞及肿瘤细胞表达。鱼类 LIGHT 的分子特征和表达仅在少数鱼类中被报道，斑马鱼 *LIGHT* 基因编码 235 个氨基酸，由 4 个外显子和 3 个内含子组成，位于 3 号染色体的 *tmed1* 和 *dnm2* 基因之间。与斑马鱼同源基因相比，河鲀 *LIGHT* 基因则由 5 个外显子和 4 个内含子组成，位于 17 号染色体上，共线性与斑马鱼一致。研究表明，河鲀 LIGHT 与淋巴毒素 β（LT-β）受体结合。

10. EDA　　EDA 是一个古老的 TNF 超家族成员，其功能十分保守。在鱼类中，EDA 对牙齿、鳞片和鳍的发育至关重要，EDA 的表达受启动子顺式调控元件控制。在青鳉中，*EDA* 基因突变会导致短鳍、鳍线扭曲异常，鳞片和牙齿减少，以及颅骨变形。人 EDA 与两个受体（EDAR 和 XEDAR）结合，这两个受体仅存在两个氨基酸的差异。鱼类也有两个 EDA 受体（EDAR1 和 EDAR2），但与人类不同，它们由两个基因编码，序列相似性很低。

11. TNFSF 新成员（TNF-N）　　在虹鳟、河鲀和斑马鱼中存在一种新的 *TNF* 基因（也

被命名为 *TNF-new*、*TNF-N*）。*TNF-N* 最初被鉴定为 *LT-β* 的同源基因，但随后的系统发育分析结果表明，TNF-N 与 LT-β 没有直接同源关系，为硬骨鱼类特有的 TNFSF 超家族成员。最近的研究表明，河鲀 LT-α 受体可与 TNF-N 结合。在硬骨鱼类中，*TNF-N* 基因与 *TNF-α* 位于同一染色体位点。河鲀 *TNF-N* 基因的编码区有 4 个外显子，而斑马鱼 *TNF-N* 有 5 个外显子。虹鳟的两个 *TNF-N* 基因在头肾、脾、鳃和肠等免疫器官中均有表达，分枝杆菌感染可诱导虹鳟 *TNF-N* 的表达。

12. 其他 TNF 配体成员 在高等脊椎动物中，TNFSF18（GITRL）是 T 细胞共刺激因子，参与调节先天性和适应性免疫反应。敲减斑马鱼 *GITRL* 的表达会影响 STAT3 信号转导，导致早期胚胎发育中断。虹鳟 BAFF 和 APRIL 样分子（BALM）已在鱼类中被报道，BALM 与 BAFF 具有高度序列同源性。此外，斑马鱼基因组中也发现了 *TNFSF9* 和 *TNFSF15* 同源基因，但其免疫功能尚不清楚。

（二）肿瘤坏死因子受体家族

TNF 受体超家族（TNFRSF）成员的胞外区都有一个保守的富含半胱氨酸的结构域（CRD）和 3 对二硫键。CRD 决定配体的特异性，是 TNF 受体超家族的标志。根据 TNFRSF 的胞内区特征可将 TNF 受体超家族分为 3 种类型：含有死亡结构域（death domain，DD）的受体；缺乏胞内结构域的受体；含有胞内结构域但缺乏 DD 的受体。胞内区 DD 负责调控程序性细胞死亡信号转导途径。在人中，TNFRSF1a（TNFR1）、TNFRSF6（FAS）、TNFRSF25（DR3）、TNFRSF10a（DR4）、TNFRSF10b（DR5）、TNFRSF16（NGFR）、TNFRSF21（DR6）和 EDAR 含有 DD。诱饵受体包括 TNFRSF6b（DcR3）、TNFRSF10c（DcR1）和 TNFRSF10d（DcR2），不含胞内结构域。大多数 TNF 受体超家族基因存在于鱼类中，其中一些基因有多个拷贝，一些则在进化中丢失了。

1. TNFRSF1a（TNFR1） TNFRSF1a（TNFR1）有胞内 DD，是 TNF-α 和 LT-β 的受体。TNFR1 在大多数细胞类型中表达，可结合可溶性 TNF-α。人 TNFR1 在胞外区包含 4 个 CRD，CRD1 负责在没有配体的情况下在细胞表面组装 TNFR 寡聚体，CRD2 和 CRD3 主要与 TNF-α 结合，而 CRD4 的作用目前尚不明确。TNFR1 结合 TNF-α 后激活下游信号通路，招募 FADD、RIP 和 TRADD 等衔接蛋白及胱天蛋白酶，调节细胞分化、凋亡和细胞毒性效应。

TNFR1 基因最初在日本比目鱼中被鉴定，目前已在许多鱼类（斑马鱼、草鱼、金鱼和虹鳟等）中被发现。除鲑鳟鱼类外，*TNFR1* 基因在大多数硬骨鱼类中以单一拷贝形式存在。*TNFR1* 基因的 3′非翻译区（3′-untranslated region，3′-UTR）包含多个 ATTTA mRNA 不稳定基序，这些基序通常存在于调节炎症反应的基因中。鱼类 *TNFR1* 基因结构保守，其编码蛋白包含位于 N 端的信号肽、4 个细胞外 CRD、跨膜区和含有 DD 的胞内区。DD 的上游区段与 TNF 受体相关因子 6（TNF receptor associated factor 6，TRAF6）的结合位点和介导配体细胞毒性效应所需的关键氨基酸在鱼类和哺乳动物中相对保守。

鱼类免疫组织（如脾、头肾和鳃）中的 *TNFR1* 表达水平高于非免疫组织。*TNFR1* 表达在免疫细胞中比 *TNFR2* 高，可被 LPS、poly（I：C）、TNF-α 和 TGF-1 诱导，细菌感染导致 TNFR1 在组织中的表达增加。细菌中表达的重组金鱼 TNFR1 胞外区以单体或二聚体形式存在，能结合 TNF-α1 和 TNF-α2，抑制配体诱导和 PMA 诱导的巨噬细胞呼吸爆发活性。在斑马鱼中，TNFR1 被 TNF-α 激活后导致内皮细胞凋亡，其凋亡途径与 caspase-8、caspase-2 和 p53 相关。有研究显示，TNFR1 介导的信号通路对维持组织中巨噬细胞数量和调控组织再生能力具有重要作用。

2. TNFRSF1b（TNFR2）　　　TNFRSF1b（TNFR2）也是 TNF-α 的受体，但与 TNFR1 不同的是它缺乏细胞内 DD，因此可阻遏 TNFR1 引发的凋亡作用。TNFR2 促进细胞存活，由激活的 T 细胞产生，为 T 细胞增殖和存活提供共刺激信号。TNFR2 的表达仅限于免疫细胞、内皮细胞、小胶质细胞和神经细胞，这些细胞也表达 TNFR1，因此 TNFR2 可起到平衡 TNFR1 的作用。

TNFR2 在日本比目鱼、金鱼、草鱼和斑马鱼中以单拷贝基因存在，虹鳟有两个 *TNFR2* 拷贝。虹鳟的 *TNFR2* 基因由 9 个外显子和 8 个内含子组成，比人的同源基因少一个外显子和内含子。鱼类 TNFR2 与 TNFR1 的序列同源性较低，但蛋白胞外区结构极为相似，含有信号肽和 4 个 CRD。与 TNFR1 的 CRD4 不同，TNFR2 的 CRD4 在鱼类和哺乳动物中高度保守。鱼类 TNFR2 的胞内区缺乏 DD 和募集 TRAF2 的保守基序。

鱼类 *TNFR2* 在免疫细胞和免疫组织中表达，在金鱼外周血白细胞、中性粒细胞、单核细胞和巨噬细胞中均有表达，在巨噬细胞中表达量相对较低。在 TNF-α、IFN 和 TGF-β 刺激的细胞中，*TNFR2* 的表达量迅速升高。

研究表明，鱼类 TNFR2 能够通过激活 NF-κB 信号通路、调节促炎症反应，促进造血干细胞的发育和内皮细胞的存活，*TNFR2* 基因缺失会导致斑马鱼胚胎内皮细胞凋亡。此外，TNFR2 在控制角质形成细胞发生过度炎症和皮肤 H_2O_2 产生中发挥重要作用，对保护皮肤避免氧化应激诱导的炎症至关重要。

3. TNFRSF5（CD40）　　　TNFRSF5（CD40）是 CD40L（CD154）的受体，主要在 B 细胞、巨噬细胞、树突状细胞及非免疫细胞类型（如小胶质细胞、上皮细胞和角质形成细胞）中表达，激活 NF-κB、MAPK、JAK-STAT 和磷脂酰肌醇 3 激酶（phosphatidylinositol 3-kinase，PI3K）信号通路。CD40 的胞内区与 TRAF2、TRAF3、TRAF5 和 TRAF6 相互作用，其中与 TRAF2 的结合力最强。CD40-CD40L 轴能调控 B 细胞的存活和增殖、抗体的产生。

鱼类 *CD40* 基因由 9 个外显子和 8 个内含子组成。与鱼类其他 TNFR 超家族成员一样，CD40 胞外区有 4 个 CRD，但胞内没有 DD。研究表明，斑马鱼 CD40 胞外区段重组蛋白能够与 CD40L 结合。鱼类 *CD40* 在多个组织中表达，在免疫组织（如脾和头肾）中的表达量较高。在感染 GCRV 的草鱼头肾中 *CD40* 的表达量升高。有研究推测 *CD40* 编码区的 3 个 SNP 可能与草鱼对 GCRV 的抗性有关。

4. TNFRSF6（FAS/CD95）　　　TNFRSF6（FAS/CD95）是 FASL（CD95L）的唯一受体，是含有 DD 的 TNF 受体超家族成员。编码 FAS 和相关因子（如 FADD 和 caspase-8）的基因已在鱼类中被发现。鱼类 *FAS* 基因有 9 个外显子和 8 个内含子，与人 *FAS* 基因的结构相同。FAS 结合 FASL 后触发 FAS 的蛋白构象改变，招募 FAS 结合蛋白与死亡结构域（FADD）和 caspase-8 前体，随后形成质膜相关死亡诱导信号复合物（DISC）。caspase-8 前体裂解产生具有活性的成熟 caspase-8，随后调控细胞凋亡。FAS 的激活诱导产生促炎性细胞因子如 IL-1、IL-6、IL-8、TNF-α 和 CXCL1，这些炎症因子在控制免疫细胞（包括 T 和 B 淋巴细胞、树突状细胞和中性粒细胞）的存活和死亡中发挥关键作用。寄生虫 FAS 类蛋白也可能参与诱导宿主细胞凋亡。

5. TNFRSF9（4-1BB，又称 CD137）　　　TNFRSF9（4-1BB，又称 CD137）是一种调节记忆 T 细胞分化、生长和发育的 T 细胞共刺激受体。在哺乳动物中，主要在活化的 T 细胞、内皮细胞、上皮细胞和造血细胞中表达。而其配体 TNFSF9 主要由抗原呈递细胞表达。

TNFRSF9 与 TNFSF9 相互作用后激活 NF-κB、AKT、p38 MAPK 和 ERK 介导的信号通路，依赖 TRAF1 和 TRAF2 促进细胞存活。TNFRSF9 也参与炎症反应，与人风湿性关节炎有关。关于鱼类 TNFRSF9 的报道很少，对斑马鱼基因组的分析表明，*TNFRSF9* 存在两个拷贝，位于 Chr 11 和 Chr 23 上，两个 *TNFRSF9* 分别与 *uts2a* 和 *uts2b* 基因相邻。

6. TNFRSF11b（OPG） TNFRSF11b（OPG）缺乏跨膜结构域，是拮抗 FASL 作用的诱饵受体。第一个鱼类 *OPG* 基因于 2000 年在美洲红点鲑中被报道，随后在虹鳟中被发现。美洲红点鲑 *OPG* 与人类 *OPG* 和 *DcR3* 的序列同源性分别为 45% 和 35%，在性腺中的表达量较高。鱼类 OPG 是分泌蛋白，但其功能仍有待研究。

7. TNFRSF16（p75 NGFR、CD271） TNFRSF16（p75 NGFR、CD271）由 4 个胞外 CRD、一个跨膜结构域和一个保守的胞内 DD 组成，是神经生长因子和脑源神经营养因子的低亲和力结合受体，值得注意的是，神经生长因子和脑源神经营养因子不属于 TNF 超家族。在哺乳动物中，NGFR 主要在神经元细胞中表达，调节神经元的存活、分化和功能。被配体激活后，NGFR 通过诱导促凋亡因子的表达，而不是胞内 DD 与含 DD 的衔接蛋白和半胱天冬酶的相互作用来触发神经元死亡。除神经元细胞外，NGFR 在淋巴器官（如骨髓、胸腺、脾）中也有表达。研究表明，NGFR 参与炎症、组织修复和免疫稳态平衡。

TNFRSF16 同系物（NGFRa 和 NGFRb）存在于硬骨鱼类中。NGFR 是 TNFR 超家族中的古老成员，在无脊椎动物（如栉孔扇贝和紫色海胆）中就已出现，鱼类中存在两个拷贝，即 *NGFRa* 和 *NGFRb*，但其功能尚不清楚。近年来的研究表明，NGFRa 是斑马鱼黑色素瘤细胞 1 整合蛋白表达和转移所必需的，*NGFRa* 缺失可抑制细胞黏附。

8. TNFRSF18（GITR） TNFRSF18（GITR）被 TNFSF18/GITRL 激活，是 T 细胞的共刺激分子。TNFRSF18 主要在淋巴细胞和 NK 细胞中表达。GITR 通过 TRAF2 抑制 TRAF4 和 TRAF5 激活的 NF-κB 信号。*GITR* 及其配体基因 *GITRL* 已在斑马鱼中被克隆，斑马鱼 *GITR* 基因位于 6 号染色体上，与人 *GITR* 没有明显的共线性关联，人 *GITR* 和 *OX40* 基因位于 1 号染色体上，但斑马鱼 *GITR* 基因座上未发现 *OX40* 基因。斑马鱼 GITR 与人和鼠 GITR 蛋白的序列相对保守，都具有 3 个保守的胞外 CRD 和一个胞内 TRAF2 结合基序。

9. EDAR EDAR（ectodyplasin A receptor）为 EDA 受体，是一种含死亡结构域的 TNF 受体超家族成员，与哺乳动物的毛发、牙齿和汗腺发育相关。人 EDA 有两种由 mRNA 剪接产生的异构体，由同一个基因编码，其编码蛋白仅有两个氨基酸差异。EDA1 比 EDA2 多两个氨基酸，它们分别与 EDAR 和 XEDAR 结合。与 EDAR 不同，XEDAR 缺乏胞内 DD，可以被 p53 诱导。EDA/EDAR 介导的信号通路调控 EDAR 相关蛋白与死亡结构域（EDARADD）和 NF-κB 的作用，该途径在鱼类中保守，对于鱼类牙齿和鳞片的形成至关重要。在青鳉和斑马鱼中，*EDAR* 基因为单一拷贝，*EDAR* 的突变导致青鳉不能形成鳞片。此外，在斑马鱼的基因组中发现了与人 *XEDAR* 的同源基因。

10. 其他 TNFRSF 斑马鱼基因组是目前研究得最深入的鱼类基因组。*TNFRSF3*、*TNFRSF7*、*TNFRSF8*、*TNFRSF9*、*TNFRSF10*、*TNFRSF11A*、*TNFRSF13*、*TNFRSF14*、*TNFRSF18*、*TNFRSF19*、*TNFRSF19L*、*TNFRSF21* 和 *TNFRSF25* 的同源基因均可在斑马鱼基因组中存在，其中大多数基因的共线性是保守的。值得一提的是，斑马鱼 *TNFRSF14* 基因得到了复制，有 6 个拷贝，均集中在 8 号染色体的一段区域内；斑马鱼 *TNFRSF9* 也有两个拷贝，但位于两条不同染色体上。*TNFRSF10* 基因是单拷贝基因，但在人中存在 4 个拷贝。人类 *TNFRSF10* 基因编码含有死亡结构域的 DR4 和 DR5 受体，它们与 TRAIL 结合。人 *TNFRSF4* 与 *TNFRSF18*

基因彼此相邻，但在对应的斑马鱼位点中仅发现了 *TNFRSF18* 基因。

11. 鱼类病毒 TNFRSF 同系物　　一些鱼类 DNA 病毒，如石斑鱼虹彩病毒、淋巴囊肿病毒（lymphocystic disease virus，LCDV）和鲤疱疹病毒，可表达 TNFRSF 同源蛋白。从牙鲆中分离的淋巴囊肿病毒毒株基因组有两个 *TNFRSF* 同源基因，其蛋白质有 34% 的序列同源性，包含信号肽和多个 CRD，但缺乏跨膜结构域，可以被分泌到细胞外。

虹彩病毒是感染鱼类、两栖动物和爬行动物的双链DNA病毒。石斑鱼虹彩病毒基因组也有两个编码TNFRSF（VP51和VP96）的基因（*ORF051l*和*ORF096*）。VP51在C端含有3个胞外CRD和跨膜结构域，而VP96有两个胞外CRD，但缺少一个跨膜结构域。*ORF051l*和*ORF096*基因在病毒侵染宿主细胞后在不同时期表达，*ORF096*是病毒早期表达基因，而*ORF051l*在感染后期表达。VP51和VP96可抑制病毒诱导的细胞凋亡，延长宿主细胞的存活时间，有利于病毒的复制。鲤疱疹病毒家族Ⅲ型CyHV3也存在*TNFRSF*的同源基因，由*CyHV3-ORF4*和*CyHV3-ORF12*编码，TNFRSF样蛋白与鲤TNFRSF14（HVEM）和TNFRSF1的序列同源性较高，但病毒TNFRSF样蛋白的配体还没有被鉴定。

四、趋化因子及其受体家族

趋化因子是一类协调细胞在发育和免疫防御中迁移的小分子分泌蛋白，一般由 70～100 个氨基酸组成，其分子质量为 8～10kDa。根据 N 端半胱氨酸的数量和基序特征，分为 5 个亚家族：CC、CXC（X 为任何氨基酸）、CX₃C、XC 和 CX 亚家族。CC 型趋化因子数量最多，其次为 CXC 趋化因子，而 CX₃C 和 XC 亚家族分别由一个或两个成员组成。CX 趋化因子亚家族仅存在于鱼类中。根据功能，趋化因子可分为两大类，即炎症和稳态趋化因子。炎症趋化因子在炎症反应中诱导产生，募集免疫细胞向炎症组织迁移，调控炎症反应；稳态趋化因子在细胞和组织中一般常量表达，协调免疫细胞和非免疫细胞的迁移与归巢，维持组织稳态。

1998 年，Dixon 等报道了一种虹鳟 CC 趋化因子基因 *CK1*（chemokine 1），这也是硬骨鱼类中克隆的第一个趋化因子基因。已有的研究显示，趋化因子在鱼类中得到了大量扩增，斑马鱼和草鱼存在至少 81 种趋化因子，它们与哺乳类趋化因子的序列同源性低，且演化速度快、高度分化，其中一些亚群为鱼类所特有。

（一）趋化因子

1. CC 趋化因子　　跟哺乳类一样，鱼类 CC 趋化因子是趋化因子家族中最大的亚家族。例如，斑马鱼至少有 46 种 CC 趋化因子，鲇有 26 个 CC 趋化因子。由于鱼类 CC 趋化因子与哺乳动物趋化因子的进化关系不明确，导致命名不统一，在斑马鱼中依照染色体进行命名（如 CCL-chr5a），而虹鳟 CC 趋化因子则采用 Dixon 等的命名方式（如 CK1），鲇 CC 趋化因子则被称为诱导型小分子细胞因子（small inducible cytokine，SCY），迄今使用较多的鱼类 CC 趋化因子被命名为 CCL（CC chemokine ligand）。根据系统发育分析，Peatman 和 Liu 于 2007 年将鱼类 CC 趋化因子分为 7 个亚组：CCL17/22、CCL19/21/25、CCL20、CCL27/28、巨噬细胞炎症蛋白（macrophage inflammatory protein，MIP）、单核细胞趋化蛋白（monocyte chemotactic protein，MCP）和鱼特异 CC 亚组。

CC 趋化因子的表达在斑马鱼、虹鳟等鱼类中进行了较为详尽的分析。在斑马鱼中的研究显示，一些 CC 趋化因子在胚胎发育的不同时期表达，一些趋化因子如 *CCL-chr24a* 只在胚胎时期表达，它们参与胚胎和器官发育，而另一些 CC 趋化因子（如 *CCL-chr25s*、*CCL-chr20d*

和 *CCL-chr5b*）则主要在成鱼中表达，*CCL25* 在胸腺中表达量极高。斑马鱼胚胎感染分枝杆菌（*Mycobacterium marinum*）和鼠伤寒沙门菌（*Salmonella typhimurium*）后，*CCL-chr24i* 和 *CCL-chr5a* 的表达量显著升高。

有关虹鳟 CC 趋化因子的表达研究相对较多。在 RTS11 巨噬细胞系中，TNF-α 诱导 *CK5B* 和 *CK6* 表达，且 *CK5B* 可被 LPS 上调。虹鳟感染出血性败血症病毒（haemorrhagic septicaemia virus，VHSV）后，*CK1*、*CK3*、*CK9* 和 *CK11* 在组织中的表达量大幅上升，而 *CK10* 和 *CK12* 的表达量下降，VHSV DNA 疫苗接种可显著提高 *CK5A*、*CK5B*、*CK6*、*CK7A* 和 *CK7B* 的转录本水平。传染性胰脏坏死病毒（infectious pancreatic necrosis virus，IPNV）感染和 IPNV DNA 疫苗接种可导致 *CK9*、*CK10*、*CK11* 和 *CK12* 的表达量升高。

在其他鱼类中，草鱼 *CCL19* 在鳃和胸腺中高表达，能被呼肠孤病毒诱导；军曹鱼在感染弧菌和 poly（I:C）刺激后，其头肾、脾和肝中 *CC1* 趋化因子的表达量均显著上调；在感染迟缓爱德华菌、哈维氏弧菌的半滑舌鳎中，*CCL3a*、*CCL3b*、*CCL20a*、*CCL20c*、*CCL21* 和 *CCL27b* 的转录本增多。最近，有研究显示红鳍东方鲀 *CCL18L*、*CCL19* 和 *CCL25L* 的表达受到光周期的影响。

鱼类 CC 趋化因子的功能研究尚不深入。研究表明，虹鳟 CK1 和草鱼 CCL19 对血液白细胞具有趋化作用，虹鳟 CK6 不但能增强巨噬细胞系 RTS11 的迁移，而且能上调 CXCL8 和诱导型一氧化氮合酶（iNOS）的表达。除趋化功能外，一些趋化因子（如虹鳟 CK11、草鱼 CCL19 和 CXCL20b 等）还具有抗菌活性。

2. CXC 趋化因子 CXC 趋化因子亚家族成员的数量仅次于 CC 趋化因子亚家族。根据 CXC 基序之前的 ELR 基序，CXC 趋化因子亚家族可进一步被划分为 ELR$^+$ 和 ELR$^-$ CXC 亚组。ELR$^+$ CXC 亚组特异招募表达 CXCR1 和 CXCR2 的中性粒细胞；ELR$^-$ CXC 亚组通过 CXCR3～CXCR6 受体趋化并激活单核细胞和淋巴细胞，但不招募中性粒细胞。其中，CXCL1、CXCL2、CXCL3、CXCL4、CXCL5、CXCL6、CXCL7、CXCL8 和 CXCL15 属于 ELR$^+$ CXC 亚组，CXCL9、CXCL10、CXCL11、CXCL12、CXCL13 和 CXCL14 属于 ELR$^-$ CXC 亚组。迄今已鉴定的鱼类 CXC 型趋化因子（除鳕和雀鳝 CXCL8 外）不含 ELR 基序。哺乳动物中的大多数 CXC 型趋化因子在鱼类中存在，在系统发育树中，鱼类 *CXCL8_L1*、*CXCL8_L2* 和 *CXCL8_L3* 聚为一个分支，与哺乳类 *CXCL1-8* 同源；鱼类有两个 *CXCL11* 同源基因，被命名为 *CXCL11_L1* 和 *CXCL11_L2*，但没有 *CXCL9* 和 *CXCL10* 同源基因；*CXCL12* 在鱼类中得到了复制，产生了 *CXCL12a* 和 *CXCL12b*，大多数鱼类中 *CXCL13* 和 *CXCL14* 为单拷贝基因。值得一提的是，鱼类 *CXCL12*、*CXCL13* 和 *CXCL14* 的序列较保守。另外，一些 CXC 趋化因子亚组（CXCL_F1～CXCL_F6）为鱼类所特有。最近的研究证实，七鳃鳗有 3 个 CXCL 趋化因子，它们与硬骨鱼类 CXCL8、CXCL12 和 CXCL_F5 具有较近的进化关系，是起源较早的趋化因子。

鱼类 CXC 趋化因子在健康鱼组织呈现不同的表达模式，*CXCL8* 一般在免疫组织中的表达量相对较高，在细菌和病毒感染的早期被诱导产生。对健康虹鳟中的研究显示，*CXCL12a* 在头肾中高量表达，*CXCL14* 在脑和鳃中表达量最高，在鳃中也能检测到大量的 *CXCL_F1a* 和 *CXCL_F5* 转录本。与哺乳类类似，IFN-γ 能激活鱼类 *CXCL11_1* 和 *CXCL11_L2* 基因表达。尼罗罗非鱼 *CXCL12* 在病原刺激下显著上调，褐鳟 *CXCL_F2* 在肠炎红嘴病（enteric red mouth disease，ERM）发病早期阶段表达量明显升高。用 poly（I:C）刺激黄鳝，可诱导 *CXCL_F2b* 在脾、肝、肠和肾的表达，IL-1β 和 IFN 也是虹鳟 *CXCL_F4* 和 *CXCL_F5* 的强诱导剂，CXCL_F6

仅在大黄鱼中被发现，可被 LPS、poly（I：C）及溶藻弧菌诱导表达。综上，CXCL 趋化因子参与宿主应答细菌和病毒感染的免疫反应，其表达调控非常复杂。

鱼类 CXCL8 的趋化功能相对保守，主要在炎症反应中协调吞噬细胞的迁移。虹鳟 CXCL8 可以趋化单核细胞及诱导其发生呼吸爆发。鲟 CXCL8 对外周血淋巴细胞和单核细胞有很强的趋化作用。虹鳟 CXCL11_L1 可以介导 CD4+细胞和巨噬细胞迁移，在宿主抵御细菌和病毒感染中发挥作用。斑马鱼 CXCL12 和 CXCL14 除在细胞迁移中发挥重要作用外，对器官正常发育和维持组织稳态至关重要。目前，鱼类特有 CXC 趋化因子（CXCL_F）的功能尚未鉴定。

（二）趋化因子受体

趋化因子受体属于 G 蛋白偶联受体（G-protein coupled receptor，GPCR）超家族，有 7 个典型跨膜区。其 N 端是与趋化因子结合的主要部位，趋化因子受体能同时与不同 Gα 亚基结合，通过激活 PI3K 信号途径发挥其趋化功能。趋化因子受体可以被一种或多种趋化因子激活。

1. CC 趋化因子受体 哺乳动物 CC 趋化因子受体（CCR）家族由 10 个成员组成，即 CCR1～CCR10，它们特异结合 CC 趋化因子亚家族成员。人的 *CCR* 基因在染色体中聚集分布，其中人 3 号染色体有 8 个 *CCR* 基因（*CCR1～CCR5、CCR8、CCR9、CCRL1*），鸡的 *CCR* 基因主要分布在 2 号染色体上。鱼类 *CCR* 基因也存在同样现象。例如，斑马鱼 16 号染色体上有 7 个 *CCR* 基因。一些 *CCR* 基因在鱼类中得到了复制，有多个拷贝。鱼类 *CCR6、CCR7、CCR9* 和 *CCR10* 的同源基因与哺乳类同系物的进化关系明确。研究表明，硬骨鱼类不存在哺乳类 *CCR1～CCR5* 和 *CCR8* 的同源基因。

对鱼类 CCR 的表达分析还不够系统。鱼类 *CCR6* 和 *CCR9* 在大多数组织（如胸腺、鳃、脾、肠中）呈组成型表达，*CCR13* 在脾、头肾中的表达量较高，在胸腺、鳃、大脑和性腺中的表达量较低。鲶 *CCR9* 在所有检测组织中均有表达；*CCR9b* 在虹鳟胸腺、脾和鳃中高表达；迟缓爱德华菌感染鲇可上调 *CCR9a* 表达；腹腔 LPS 注射大菱鲆后，*CCR9* 在免疫组织中显著上调。这些研究提示，鱼类趋化因子受体参与生理过程和免疫防御。

2. CXC 趋化因子受体

（1）CXCR1 和 CXCR2　　CXCR1 和 CXCR2 在高等脊椎动物中研究得比较清楚，是 ELR+ CXC 趋化因子的受体，CXCR1 和 CXCR2 又被命名为 IL-8R1 和 IL-8R2，它们对中性粒细胞、单核细胞和巨噬细胞的迁移具有重要的调控作用。鱼类 *CXCR1/2* 基因首先在鲤白细胞中被发现，随后在虹鳟、斑马鱼、鲈等鱼类中被报道。在大多数物种中，*CXCR1* 和 *CXCR2* 基因在基因组中串联在一起，硬骨鱼类通常有两个 CXCR1 染色体位点，其中一个含有 *CXCR2* 基因。七鳃鳗基因组有两个与 *CXCR1* 和 *CXCR2* 同源的基因。

CXCR1 和 CXCR2 作为调节哺乳动物炎症过程的主要趋化因子受体，在调节中性粒细胞、单核细胞和巨噬细胞等吞噬细胞的迁移中发挥关键作用。它们在鱼类头肾、脾和血液等免疫组织器官中均高表达。研究表明，鱼类 CXCR1 主要负责造血组织中中性粒细胞的发育和归巢，同时激活不同的信号通路介导免疫细胞的炎症功能。在虹鳟中，*CXCR1a* 及其配体 *CXCL8_L1/IL-8*，可被 poly（I：C）诱导；鲤单核巨噬细胞中 *CXCR1* 和 *CXCR2* 在 LPS 刺激后表达上调，皮肤中 *CXCR1* 在寄生虫感染后也显著升高；鱼类 CXCR1 和 CXCR2 存在 3 个潜在配体，即 CXCL8_L1（CXCL8/IL-8/CXCa）、CXCL8_L2（CXCc）和 CXCL8_L3。CXCL8_L1 在所有硬骨鱼类中都存在，但 CXCL8_L2（CXCc）和 CXCL8_L3 仅存在于某些鱼类。对斑马鱼的研究表明，CXCR2 介导 CXCL8_L1 和 CXCL8_L2 的信号，能够增强伤口和感染部位中性粒细胞的募集。

（2）CXCR3　在哺乳动物中，CXCR3 是 CXCL9、CXCL10、CXCL11 的受体。CXCR3 主要在 T 细胞中表达，尤其在 $CD4^+$ Th1 细胞中表达量较高，CXCR3 负责 $CD4^+$ T 细胞的迁移。另外，CXCR3 还调节血管生成、癌症生长，以及控制内皮细胞的迁移和分化。

在哺乳动物中，*CXCR3* 为单拷贝基因，可产生两个选择性剪接转录本，一个为野生型全长 CXCR3A 受体，另一个缺乏含第 6 跨膜结构域（含）以后部分的 CXCR3B 受体。这两种受体在调节细胞生长方面表现出相反的功能，即促进或抑制 CXCL9～CXCL11 介导的细胞生长。CXCR3 及其配体 CXCL9～CXCL11 在鸟类中都已被丢失。鱼类有两个 *CXCR3* 基因，即 *CXCR3a* 和 *CXCR3b*，多倍体鱼类有两个以上的基因拷贝。其基因共线性在变温脊椎动物中非常保守，编码 CXCR3a 和 CXCR3b 的基因在硬骨鱼类和青蛙染色体上彼此相邻。系统发育分析表明，CXCR3a 和 CXCR3b 分化很早，在硬骨鱼类的祖先中就已经存在。在哺乳动物中的单拷贝 *CXCR3* 基因从鱼类、两栖动物和爬行动物的 *CXCR3a* 进化而来。

表达 *CXCR3a* 和 *CXCR3b* 的细胞尚未在鱼类中被鉴定。基因表达分析显示，*CXCR3a* 在青鳉巨噬细胞和树突状细胞中常量表达，推测其与细胞稳态相关。斑马鱼 *CXCR3a*（也称为 *CXCR3.2*）在巨噬细胞中表达，在调节巨噬细胞向细菌感染部位迁移中发挥作用。虹鳟中的研究表明，头肾细胞和巨噬细胞中的 *CXCR3a* 表达可被炎症刺激物和促炎性细胞因子（如 IL-1β 和 TNF-α）诱导；体内试验显示，虹鳟大脑不同区域有大量的 $CXCR3a^+$ 细胞，它们可能在保护大脑免受病原感染中发挥重要作用，在被 VHSV 感染后，鳃中 *CXCR3b* 转录本水平显著增加。综上所述，鱼类的 CXCR3 参与调节免疫细胞的稳态、迁移和分化。

（3）CXCR4　CXCR4 在器官发育、免疫反应和疾病发生中起着关键作用。在硬骨鱼类中，CXCR4 及其配体（CXCL12）得到了复制，CXCL12/CXCR4 配体/受体系统是脊椎动物中最古老的趋化因子系统。在斑马鱼中，CXCL12a 通过 CXCR4b 协调胚胎发生过程中生殖细胞的迁移；而 CXCL12b 则激活 CXCR4a 以控制原肠胚形成过程中内胚层的定向迁移。被激活后，CXCR4 胞内 C 端区域产生磷酸化，进而招募胞内信号因子。

CXCR4 在中枢神经系统中广泛表达，其在神经元发育中的功能在哺乳动物和硬骨鱼类中都得到了证实。CXCL12a/CXCR4b 信号通路对于引导神经元迁移到神经节组装位点、侧线感觉系统发育至关重要。CXCR4 可调节斑马鱼小胶质细胞向脑损伤部位迁移，促进伤口愈合。CXCR4 还影响组织再生和心脏功能、视网膜生长和肌肉生成。此外，硬骨鱼类 CXCL12-CXCR4 系统是研究基因新功能化、亚功能化的理想模型，CXCL12a-CXCR4b 轴和 CXCL12b-CXCR4a 轴的功能存在差异，呈现多样化。

（4）CXCR5　CXCR5 调控淋巴器官发育和淋巴细胞的功能，与浆细胞和抗体的产生密切相关，也是维持血液和组织淋巴细胞正常循环的主要趋化因子受体。CXCR5 是 CXCL13 的唯一受体，在 B 细胞、T 细胞和树突状细胞中高表达。2010 年，*CXCR5* 基因在草鱼和河豚中被报道。硬骨鱼类只有一个 *CXCR5* 基因。CXCR5 在草鱼肾和脾等淋巴组织中高表达，可被 LPS、poly（I：C）和 PHA 诱导。有关鱼类 CXCR5 功能的报道较少。

（5）CXCR6　CXCR6，最初被称为 BONZO，是 CXCL16 的受体，CXCL16 以膜型和分泌型形式存在。CXCL16 介导的细胞迁移由分泌型 CXCL16 与 CXCR6 的相互作用来完成，CXCR6 位于 $CD4^+$ Th1 细胞、肿瘤浸润淋巴细胞和血小板的细胞表面。CXCR6 不仅参与炎症细胞的募集和归巢及肿瘤细胞的增殖，还参与血小板的黏附和趋化。CXCR6 被 CXCL16

激活后可触发磷脂酰肌醇 3 激酶（PI3K）及其蛋白激酶 B（Akt）介导的反应。

CXCL16 和 CXCR6 最近已在软骨鱼类中被报道。在人中，*CXCR6* 基因位于第 3 号染色体 *FYCO1* 基因的上游，并与其他几种炎症趋化因子受体基因聚集在一起，其中包括 *XCR1*、*CCR1～CCR13*、*CCR5*、*CCR8*、*CCR9*、*CX3CR1*、*CCRL1*、*CCRL2* 和 *CCBP2*。然而，斑马鱼基因组中 *FYCO1* 基因染色体位点没有 *CXCR6* 基因。已有的研究提示，硬骨鱼类可能缺乏 *CXCR6* 基因。

3. ACKR 趋化因子受体　　　ACKR（atypical chemokine receptor）家族由 4 个成员组成，它们是 CC 和 CXC 趋化因子的诱饵受体，抑制趋化因子的功能。ACKR 在结构上与趋化因子受体相似。ACKR3，也被称为 CXCR7，是 ACKR 家族中最典型的受体。ACKR3/CXCR7 调控 CXCL12 的功能。在斑马鱼中，ACKR3/CXCR7 在胚胎和成鱼大脑神经元中表达，可与 CXCL11 结合。CXCL11 被 IFN-γ 诱导，调节淋巴细胞迁移。ACKR3 作为 CXCL12 的两个受体之一，存在于圆口类中。七鳃鳗基因组包含两个 *ACKR3* 基因，两者均只有一个外显子。七鳃鳗 *ACKR3b* 基因在 Scaffold_GL478568 中与 *IQCA1* 基因处于同一个染色体位点，有意思的是，有颌脊椎动物 *ACKR3/CXCR7* 基因在染色体上也与 IQCA1 连锁，提示 *ACKR3/CXCR7* 基因和七鳃鳗 *ACKR3b* 起源于同一祖先。

ACKR1/DARC 与其他趋化因子受体的进化关系较远，主要在红细胞和内皮细胞中表达。它与 CXCL1、CXCL5～CXCL9、CXCL11 和 CXCL13 结合。迄今为止，ACKR1 仅在羊膜动物中被发现。ACKR2/CCBP2 与多种稳态和炎症 CC 趋化因子相互作用。ACKR2/CCBP2 与 CCR8 具有较高的序列同源性，在皮肤、肠道、肺和胎盘中表达，是控制黏膜组织过度炎症的抑制受体。

ACKR4 是 CCL19、CCL21、CCL25 和 CXCL13 的受体，在免疫稳态中发挥作用。硬骨鱼类有两个 *ACKR4*（*ACKR4a/CCRL1* 和 *ACKR4b/CCRL2*）基因。象鲨 *ACKR4a/CCRL1* 基因为单拷贝。

五、转化生长因子-β 及其受体家族

转化生长因子-β（TGF-β）作为重要的免疫抑制因子，在免疫调控、细胞增殖与迁移及细胞分化中发挥重要作用。2003 年，Govinden 等在哺乳动物中发现了 3 种 TGF-β 异构体，即 TGF-β1、TGF-β2 和 TGF-β3。人 TGF-β1、TGF-β2 和 TGF-β3 分别位于染色体 19q13、1q41 和 14q2 上。鸟类和两栖类还存在 TGF-β4 和 TGF-β5。TGF-β 蛋白分为前导肽和成熟肽两个区段，前导肽含有整合素结合位点（RGD）和 KEX-Furin 样蛋白酶识别位点（RKKR），前导肽被切割后分泌到细胞外。脊椎动物 TGF-β 分子非常保守，含有 9 个保守的半胱氨酸，它们形成 4 个分子内二硫键和一个分子间二硫键。哺乳动物存在两类 TGF-β 受体（TGF-β Ⅰ 型和 Ⅱ 型受体），属于丝氨酸/苏氨酸激酶型受体，它们均参与信号转导。TGF-β 的胞内信号转导途径分为 Smads 蛋白依赖型和非 Smads 蛋白依赖型，其中 Smads 蛋白依赖型是主要的 TGF-β 信号转导方式。

TGF-β 基因在斑马鱼、虹鳟、鲤、大西洋鲑等鱼类中先后被发现，鱼类 *TGF-β* 基因在所有组织中均有表达，在炎症反应中发挥重要作用。例如，鲈被 β 诺达病毒（beta-nodavirus）感染后，其脾中 *TGF-β* 表达量增加；虹鳟在杀鲑气单胞菌感染后，其 *TGF-β* 表达也上调；鲤头肾细胞在受到 ConA 刺激后，其 *TGF-β1* 表达量明显上升。实验证明，鱼类和哺乳类 TGF-β1 的功能相似，参与生长、生殖和发育过程。TGF-β1 在斑马鱼发育初期通过 Smads 依赖性信

号途径促进卵母细胞的发育和成熟；此外，TGF-β1 是主要的调节性 T 细胞因子，抑制免疫激活，维持免疫稳态。

第三节　细胞因子研究热点

到目前为止，许多鱼类细胞因子已经被克隆和鉴定，一些细胞因子对病原感染具有较好的保护作用，一些细胞因子具有佐剂活性，可用于增强疫苗的保护效果。佐剂可以非特异性加强抗原的免疫原性和宿主免疫反应，与抗原联合使用或单独使用增强接种对象的免疫反应。根据佐剂的来源，它可划分为微生物源类、植物源类、油源类、矿物类及生物佐剂类，细胞因子属于生物佐剂类。目前，水产养殖业中广泛使用的佐剂为油源类，油源类佐剂往往伴随着一些不良反应，如组织损伤和坏死等。细胞因子作为佐剂可以调节和增强包括亚单位疫苗在内的各种疫苗的保护效果，且环境友好，具有广阔的前景，是细胞因子领域研究的热点。

此外，人们对鱼类细胞因子的功能认知处于起步阶段。鱼类的水环境生境有别于陆生动物，且其进化地位低等，适应性免疫系统较原始，细胞因子如何协同作用、形成调控网络，有效指挥免疫系统的运作和对病原感染的防御等将是非常有意思的科学问题，对这些问题的深入研究将有助于全面阐析细胞因子在进化上的功能共性和分化特点。从产业层面讲，利用细胞因子开发免疫技术以筛选和研发高效渔用疫苗佐剂、评价抗病性状及发掘可用于基因编辑的抗病分子育种等也是鱼类细胞因子领域的研究前沿。

主要参考文献

Angosto D, Montero J, López-Muñoz A, et al. 2014. Identification and functional characterization of a new IL-1 family member, IL-1Fm2, in most evolutionarily advanced fish. Innate Immun, 20(5): 487-500.

Bottiglione F, Dee C T, Lea R, et al. 2020. Zebrafish IL-4-like cytokines and IL-10 suppress inflammation but only IL-10 is essential for gill homeostasis. J Immunol, 205(4): 994-1008.

Chang C J, Jenssen I, Robertsen B. 2016. Protection of Atlantic salmon against salmonid alphavirus infection by type Ⅰ interferons IFNa, IFNb and IFNc. Fish Shellfish Immunol, 57: 35-40.

Figgett W A, Vincent F B, Saulep-Easton D, et al. 2014. Roles of ligands from the TNF superfamily in B cell development, function, and regulation. Semin Immunol, 26(3): 191-202.

Gao J, Jiang X, Wang J, et al. 2019. Phylogeny and expression modulation of interleukin 1 receptors in grass carp (Ctenopharyngodon idella). Dev Comp Immunol, 99: 103401.

Guo M, Tang X, Sheng X, et al. 2017. The immune adjuvant effects of flounder (Paralichthys olivaceus) interleukin-6 on E. tarda subunit vaccine OmpV. Int J Mol Sci, 18(7): 1445.

Guo M, Tang X, Sheng X, et al. 2018a. Comparative study of the adjuvant potential of four Th0 cytokines of flounder (Paralichthys olivaceus) on an E. tarda subunit vaccine. Dev Comp Immunol, 86: 147-155.

Guo M, Tang X, Sheng X, et al. 2018b. The effects of IL-1β, IL-8, G-CSF and TNF-α as molecular adjuvant on the immune response to an E. tarda subunit vaccine in flounder (Paralichthys olivaceus). Fish Shellfish Immunol, 77: 374-384.

Haddad G, Hanington P C, Wilson E C, et al. 2008. Molecular and functional characterization of goldfish (Carassius auratus L.) transforming growth factor beta. Dev Comp Immunol, 32(6): 654-663.

Harms C A, Kennedy-Stoskopf S, Horne W A, et al. 2000. Cloning and sequencing hybrid striped bass (Morone saxatilis × M. chrysops) transforming growth factor-beta (TGF-beta), and development of a reverse transcription quantitative competitive polymerase chain reaction (RT-qcPCR) assay to measure TGF-beta mRNA of teleost fish. Fish Shellfish Immunol, 10(1): 61-85.

Huo H J, Chen S N, Laghari Z A, et al. 2021. Specific bioactivity of IL-22 in intestinal cells as revealed by the expression of IL-22RA1 in Mandarin fish, *Siniperca chuatsi*. Dev Comp Immunol, 121: 104107.

Larochette V, Miot C, Poli C, et al. 2019. IL-26, a cytokine with roles in extracellular DNA-induced inflammation and microbial defense. Front Immunol, 10: 204.

Li C, Yao C L. 2013. Molecular and expression characterizations of interleukin-8 gene in large yellow croaker (*Larimichthys crocea*). Fish Shellfish Immunol, 34(3): 799-809.

Li Y, Xiao T, Zou J. 2021. Fish TNF and TNF receptors. Sci China Life Sci, 64(2): 196-220.

Liu F, Wang T, Petit J, et al. 2020. Evolution of IFN subgroups in bony fish-2. analysis of subgroup appearance and expansion in teleost fish with a focus on salmonids. Fish Shellfish Immunol, 98: 564-573.

Liu Y, Chang M X, Wu S G, et al. 2009. Characterization of C-C chemokine receptor subfamily in teleost fish. Mol Immunol, 46(3): 498-504.

Locksley R M, Killeen N, Lenardo M J. 2001. The TNF and TNF receptor superfamilies: integrating mammalian biology. Cell, 104(4): 487-501.

Meylan F, Davidson T S, Kahle E, et al. 2008. The TNF-family receptor DR3 is essential for diverse T cell-mediated inflammatory diseases. Immunity, 29(1): 79-89.

Muñoz C, González-Lorca J, Parra M, et al. 2021. *Lactococcus lactis* expressing type I interferon from Atlantic salmon enhances the innate antiviral immune response *in vivo* and *in vitro*. Front Immunol, 12: 696781.

Opal S M, DePalo V A. 2000. Anti-inflammatory cytokines. Chest, 117(4): 1162-1172.

Qiu X, Sun H, Wang D, et al. 2021. Stimulus-specific expression, selective generation and novel function of grass carp (*Ctenopharyngodon idella*) IL-12 isoforms: new insights into the heterodimeric cytokines in teleosts. Front Immunol, 12: 734535.

Redmond A K, Zou J, Secombes C J, et al. 2019. Discovery of all three types in cartilaginous fishes enables phylogenetic resolution of the origins and evolution of interferons. Front Immunol, 10: 1558.

Robertsen B. 2018. The role of type I interferons in innate and adaptive immunity against viruses in Atlantic salmon. Dev Comp Immunol, 80: 41-52.

Ruan B Y, Chen S N, Hou J, et al. 2017. Two type II IFN members, IFN-γ and IFN-γ related (rel), regulate differentially IRF1 and IRF11 in zebrafish. Fish Shellfish Immunol, 65: 103-110.

Secombes C J, Wang T, Bird S. 2011. The interleukins of fish. Dev Comp Immunol, 35(12): 1336-1345.

Secombes C J, Zou J. 2017. Evolution of interferons and interferon receptors. Front Immunol, 8: 209.

Sequeida A, Castillo A, Cordero N, et al. 2020. The Atlantic salmon interleukin 4/13 receptor family: structure, tissue distribution and modulation of gene expression. Fish Shellfish Immunol, 98: 773-787.

Sequeida A, Maisey K, Imarai M. 2017. Interleukin 4/13 receptors: an overview of genes, expression and functional role in teleost fish. Cytokine Growth Factor Rev, 38: 66-72.

Sobhkhez M, Krasnov A, Chang C J, et al. 2017. Transcriptome analysis of plasmid-induced genes sheds light on the role of type I IFN as adjuvant in DNA vaccine against infectious salmon anemia virus. PLoS One, 12(11): e0188456.

Svingerud T, Holand J K, Robertsen B. 2013. Infectious salmon anemia virus (ISAV) replication is transiently inhibited by Atlantic salmon type I interferon in cell culture. Virus Res, 177(2): 163-170.

Taechavasonyoo A, Hirono I, Kondo H. 2013. The immune-adjuvant effect of Japanese flounder *Paralichthys olivaceus* IL-1β. Dev Comp Immunol, 41(4): 564-568.

Tafalla C, Granja A G. 2018. Novel insights on the regulation of B cell functionality by members of the tumor necrosis factor superfamily in jawed fish. Front Immunol, 9: 1285.

Tang X, Guo M, Sheng X, et al. 2020. Interleukin-2 (IL-2) of flounder (*Paralichthys olivaceus*) as immune adjuvant enhance the immune effects of *E. tarda* subunit vaccine OmpV against edwardsiellosis. Dev Comp Immunol, 106: 103615.

Varela M, Romero A, Dios S, et al. 2014. Cellular visualization of macrophage pyroptosis and interleukin-1β release in a viral hemorrhagic infection in zebrafish larvae. J Virol, 88(20): 12026-12040.

Wang E, Liu T, Wu J, et al. 2019. Molecular characterization, phylogenetic analysis and adjuvant effect of channel catfish interleukin-1βs against *Streptococcus iniae*. Fish Shellfish Immunol, 87: 155-165.

Wang X, Yang X, Wen C, et al. 2016. Grass carp TGF-β1 impairs IL-1β signaling in the inflammatory responses: evidence for the potential of TGF-β1 to antagonize inflammation in fish. Dev Comp Immunol, 59: 121-127.

Wen C, Gan N, Zeng T, et al. 2020. Regulation of Il-10 gene expression by Il-6 via Stat3 in grass carp head kidney leucocytes. Gene, 741: 144579.

Wiens G D, Glenney G W. 2011. Origin and evolution of TNF and TNF receptor superfamilies. Dev Comp Immunol, 35(12): 1324-1335.

Yamasaki M, Araki K, Maruyoshi K, et al. 2015. Comparative analysis of adaptive immune response after vaccine trials using live attenuated and formalin-killed cells of *Edwardsiella tarda* in ginbuna crucian carp (*Carassius auratus langsdorfii*). Fish Shellfish Immunol, 45(2): 437-442.

Yang Z J, Li C H, Chen J, et al. 2016. Molecular characterization of an interleukin-4/13B homolog in grass carp (*Ctenopharyngodon idella*) and its role in fish against *Aeromonas hydrophila* infection. Fish Shellfish Immunol, 57: 136-147.

Yoon S, Alnabulsi A, Wang T Y, et al. 2016. Analysis of interferon gamma protein expression in zebrafish (*Danio rerio*). Fish Shellfish Immunol, 57: 79-86.

Zhang S, Wang X, Li C, et al. 2019. Identification and functional characterization of grass carp (*Ctenopharyngodon idella*) tumor necrosis factor receptor 2 and its soluble form with potentiality for targeting inflammation. Fish Shellfish Immunol, 86: 393-402.

Zhang S, Zhang R, Ma T, et al. 2016. Identification and functional characterization of tumor necrosis factor receptor 1 (TNFR1) of grass carp (*Ctenopharyngodon idella*). Fish Shellfish Immunol, 58: 24-32.

Zhang Y B, Gui J F. 2012. Molecular regulation of interferon antiviral response in fish. Dev Comp Immunol, 38(2): 193-202.

Zhu Q, Li C, Yu Z X, et al. 2016. Molecular and immune response characterizations of IL-6 in large yellow croaker (*Larimichthys crocea*). Fish Shellfish Immunol, 50: 263-273.

Zou J, Carrington A, Collet B, et al. 2005. Identification and bioactivities of IFN-gamma in rainbow trout *Oncorhynchus mykiss*: the first Th1-type cytokine characterized functionally in fish. J Immunol, 175(4): 2484-2494.

Zou J, Clark M S, Secombes C J. 2003. Characterisation, expression and promoter analysis of an interleukin 10 homologue in the puffer fish, *Fugu rubripes*. Immunogenetics, 55(5): 325-335.

Zou J, Secombes C J. 2011. Teleost fish interferons and their role in immunity. Dev Comp Immunol, 35(12): 1376-1387.

Zou J, Secombes C J. 2016. The function of fish cytokines. Biology (Basel), 5(2): 23.

第三章　非特异性免疫

第一节　天然免疫屏障

免疫系统具有免疫监视、免疫防御和免疫调控的作用。免疫防御包括天然免疫和适应性免疫。免疫屏障属于天然免疫，是发挥非特异性免疫功能的一个重要方面。免疫屏障是阻止异物进入机体或机体某一部位的生物学结构，也是机体的第一道"防线"。屏障结构根据存在部位不同可分为体表屏障和内部屏障，体表屏障主要包括物理屏障、化学屏障、生物屏障，内部屏障包括血-脑屏障和血-胎屏障等。鱼体表主要由杯状细胞分泌的水样胶状物所覆盖，是外界环境与内部环境之间的物理和生化屏障，在无鳞鱼类中起着更重要的作用。皮肤作为一个重要的免疫器官，构成了一个复杂的物理、化学、免疫和微生物屏障，以抵御病原体的侵害。

一、物理屏障

物理屏障是正常皮肤的黏膜，可以机械性地阻挡病原体入侵。鱼类先天性免疫系统的物理屏障包括皮肤（如鳞片和黏液）、鳃和胃肠道上皮层。脊椎动物黏膜几乎都有黏膜相关淋巴组织（mucosal-associated lymphoid tissue，MALT），它们根据在身体中的位置而有特定的名称。硬骨鱼类的 MALT 主要有 4 种：皮肤相关淋巴组织（skin-associated lymphoid tissue，SALT）、鳃相关淋巴组织（gill-associated lymphoid tissue，GIALT）、肠相关淋巴组织（gut-associated lymphoid tissue，GALT）和鼻相关淋巴组织（nasal-associated lymphoid tissue，NALT）。鱼类黏膜层及其共生微生物是宿主与外界环境接触的第一道屏障，并在宿主的健康和免疫中发挥关键作用。它们不具备完整的淋巴结构，只有分散的淋巴细胞生发中心，发挥着免疫作用。鱼类特殊的生活环境即水体中存在着大量的微生物，处于其机体表面的皮肤、鳃和胃肠道等的 MALT 是微生物或病原体最直接接触的部位，包含丰富的免疫细胞和免疫分子。因此，硬骨鱼类的黏膜不仅起着物理屏障的作用以参与天然免疫应答，其局部的特异性免疫应答对抵御病原体入侵也起着重要的作用。

（一）皮肤

病原体首先遇到的物理屏障之一是皮肤。因此，皮肤在早期预防病原体入侵中极为重要。鱼类生活在水环境中，作为其最外层组织的皮肤不断暴露在各种病原体或其他有害因子中，同时，这些微生物的不断暴露也促使鱼类皮肤进化出复杂而协调的免疫网络，以确保鱼类维持机体稳态并对外界抗原刺激做出及时、有效的免疫应答反应。鱼类皮肤可以通过系统产生的防御信号，主要依靠分泌的黏液（其中含有大量的抗体、溶菌酶、抗菌肽及免疫球蛋白等免疫成分）和表皮细胞共同作用来保护机体健康。鱼类的皮肤也分为两层：表皮层和真皮层。硬骨鱼的表皮中含有多种黏液细胞类型，包括分泌细胞（如杯状细胞）、淋巴细胞（B 细胞和

T细胞)、粒细胞、巨噬细胞和朗格汉斯细胞。黏液细胞分泌的黏液中含有黏蛋白、抗菌肽等保护性物质，与淋巴细胞分泌的抗体共同参与机体的保护，防御病原体入侵。在大多数硬骨鱼类中，皮肤的真皮层由坚硬的骨性鳞片组成，称为细鳞。鱼类的真皮层中含有较少数量的细胞，主要是由弹性纤维和胶原纤维构成，其中嵌入一些平滑肌细胞、结缔细胞和神经纤维细胞等。一些硬骨鱼类如鲇（catfish），在进化过程中失去了鳞片，甚至一些鲇物种已经退化到仅有骨质的真皮。软骨鱼的皮肤也含有许多细胞类型，包括黑素细胞、淋巴细胞、巨噬细胞和粒细胞。除了物理屏障作用，鱼类皮肤的另一个重要功能是分泌黏液。

（二）鳃

鱼鳃除参与渗透平衡和气体交换外，也是一个重要的物理屏障，具有先天和适应性免疫成分。鳃的物理屏障由鳃上皮、糖萼层和黏液层组成。硬骨鱼的鳃间隔膜变小，只有一个鳃盖的尾端开口，而不是多个开口；而软骨鱼类的鳃几乎全部由鳃间带多个鳃缝或鳃开口支撑。在硬骨鱼类的鳃相关淋巴组织中观察到了免疫细胞，包括巨噬细胞、中性粒细胞、嗜酸性粒细胞和淋巴细胞。淋巴细胞已经在几种硬骨鱼类和铰口鲨（*Ginglymostoma cirratum*）的鳃中被鉴定。例如，在虹鳟（*Oncorhynchus mykiss*）和斑点叉尾鮰（*Ictalurus punctatus*）的鳃中发现了 B 细胞和 T 细胞，而在铰口鲨的鳃中观察到了一种特殊的 B 细胞 Ig 转录本。

（三）胃肠道

胃肠道有助于营养物质的吸收，同时防止病原体通过其上皮细胞侵入。如果一种病原体被摄入，它会遇到胃肠道，就像皮肤和鳃一样，胃肠道包含先天和适应性免疫细胞成分。鱼类的肠道黏膜可分为两层：肠上皮层和肠固有层。研究人员发现，硬骨鱼类的肠黏膜中含有相当数量的 B 淋巴细胞、T 淋巴细胞及单核巨噬细胞、粒细胞和肥大细胞等。

肠道屏障面临两大挑战：一方面必须确保营养物质和液体的运输，另一方面必须保护宿主免受病原体的攻击，如细菌、真菌和病毒。在鲤（*Cyprinus carpio*）中，肠道糖蛋白的结构和组成已被证明与哺乳动物相似。大西洋鲑（*Salmo salar*）中黏蛋白 *O*-糖基化程度因发育阶段和胃肠道位置的不同而呈现很大差异，此外，还携带多种结构，而其中许多结构此前未被描述。在大西洋鲑和鲤的黏液中均含有大量的唾液酸，可被病原体用于结合。然而，硬骨鱼类肠道黏液屏障和黏液与细菌之间的相互作用仍需深入研究，这对于全面理解肠道中抗原摄取机制至关重要。

二、化学屏障

化学屏障是正常皮肤黏膜分泌的化学物质，可阻挡病原体入侵。所有脊椎动物的皮肤都可以通过细胞外分泌物起到润滑、保持表皮的完整性和水分的作用，同时还具有重要的抗菌性能。水生和半水生脊椎动物（鱼类和两栖动物）的这些分泌物会形成黏液角质层，主要成分是黏多糖和糖蛋白，而陆地羊水动物（爬行动物、鸟类和哺乳动物）则会形成皮脂腺液，主要成分是糖脂和脂类，尽管化学成分存在差异，但所有脊椎动物的外分泌物中均富含杀伤微生物的分子，如蛋白酶、溶菌酶、凝集素和抗菌肽等，这是一种重要的先天防御机制。

（一）鱼类皮肤黏膜分泌物

到目前为止，在硬骨鱼类中发现了 3 种类型的免疫球蛋白（IgM、IgT/IgZ 和 IgD），在鱼类的皮肤黏膜分泌物中已经发现了分泌型 IgM 和 IgT，而 IgD 是否存在还没有报道。IgM 是皮肤黏液中含量最丰富的免疫球蛋白，但当 IgT 存在时，IgT/IgM 值在皮肤黏液中比在血清中高得多。免疫球蛋白在皮肤中的浓度因身体部位的不同而不同。

硬骨鱼类的皮肤黏膜分泌物有炎症因子、趋化因子、凝集素、溶菌酶、补体蛋白、抗菌肽和 IgS（尤其是 IgM）等，这些分泌物在中和病原体中起着关键作用。脊椎动物的黏液分泌物和血浆均富含具有抗菌活性的蛋白质，其中最活跃的是溶菌酶（又称胞壁质酶或 N-乙酰胞壁质聚糖水解酶），它是一种能溶解细菌的酶，这种蛋白酶在鱼类中被发现，通常与黏液角质层有关。溶菌酶广泛存在于海水和淡水鱼类的皮肤黏液、血清、淋巴组织和组织器官中，可以分解细菌细胞壁的肽聚糖。

（二）化学屏障的缺陷

化学屏障是机体自我保护的最基本、最系统的古老系统。化学屏障的每个成分都具有特定的作用，以保护生物体免受特定的危险和传染因素的侵害，其缺陷可能导致皮肤炎症的发生。化学屏障易受到外部环境中的化学物质如酸、活性氧（ROS）、脂质介体（前列腺素等），以及身体表面皮肤产生的溶菌酶、抗菌肽和蛋白酶抑制剂等的影响。

三、生物屏障

生物屏障是皮肤黏膜、鳃及胃肠道正常菌群及其代谢产物，可拮抗病原体生长。生物屏障作用包括机械占据、营养争夺、分泌不利于其他细菌生长的物质（如乳酸和细菌素等）。在皮肤黏膜寄生的正常菌群如大肠杆菌，可分泌细菌素抑制厌氧菌和革兰氏阳性菌的定居与繁殖。

（一）鱼类黏膜层的微生物群

鱼类黏膜层共生微生物种类丰富多样，含有数以百万计的微生物，包括细菌、真菌和病毒。总体来看，大多属于细菌域（Bacteria）的变形菌门（Proteobacteria），其他类群微生物如拟杆菌门（Bacteroidetes）、厚壁菌门（Firmicutes）、放线菌门（Actinobacteria）和梭杆菌门（Fusobacteria）等同样属于鱼类黏膜层微生物中的优势类群。相对于细菌域，人们针对鱼类黏膜层中真菌域（Fungi）和古菌域（Archaea）微生物的研究相对较少。迄今为止，已报道的鱼类黏膜层真菌主要包括子囊菌门（Ascomycota），古菌主要包括广古菌门（Euryarchaeota）和泉古菌门（Crenarchaeota）等。鱼类不同部位黏膜层的微生物群落结构存在明显差异。由于鱼类的皮肤和鳃始终暴露于水环境中，皮肤和鳃黏膜层拥有更多的好氧微生物（如放线菌门等），而肠道作为环境相对稳定的内部器官，含有更多的兼性或严格厌氧微生物（如梭杆菌门等）。变形菌门、厚壁菌门和放线菌门为黏膜层共存的优势类群，拟杆菌门在皮肤和肠道黏膜层中较丰富，蓝细菌门是皮肤和鳃黏膜层共有的优势类群（图 3-1）。目前，对鱼类肠道黏膜层微生物的研究较为深入，研究内容涵盖鱼类品种差异、食性差异、生存环境差异等，而有关皮肤、鳃黏膜层微生物的研究主要集中在野生鱼类。

鱼类黏膜层微生物群落是宿主黏膜防御屏障的重要组成部分，与宿主共同调节黏膜层微环境的生态平衡（图 3-1）。鱼类黏膜层微生物主要通过竞争黏附位点、营养物质和空间，从而限制或减少病原体的丰度；或通过产生各种黏膜层物质，如有机酸、铁载体、细菌素、H_2O_2、抗菌肽等来拮抗病原菌。因此，鱼类不同部位黏膜层微生物类群的差异与其生理功能息息相关。

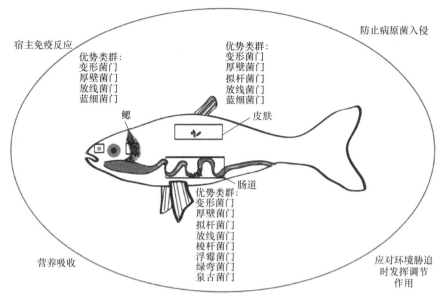

图 3-1 鱼类黏膜层微生物（优势门）及其对于宿主的调节作用（引自张艳敏等，2022）

影响鱼类黏膜层共生微生物群落结构的主要驱动因素是宿主特性、饮食和环境因素。影响鱼类黏膜层微生物组成的环境因素包括饮食、压力、水质、温度（季节）、毒物和感染。宿主的遗传背景（如宿主的食性、发育阶段、性别等）被认为是影响鱼类黏膜层微生物种内和种间差异的重要因素。不同食性鱼类肠道菌群的结构明显不同，肉食性鱼类肠道菌群的多样性普遍较低，杂食性和草食性鱼类肠道菌群的多样性逐渐增加。肠道菌群的优势类群也有所不同。例如，在肉食性和杂食性鱼类中，鲸杆菌属（*Cetobacterium*）和盐单胞菌属（*Halomonas*）的丰度较高；在草食性鱼类中，梭杆菌属、柠檬酸杆菌属（*Citrobacter*）和纤毛菌属（*Leptotrichia*）的丰度较高。肉食性鱼类虹鳟皮肤微生物的 α-多样性最高，其次是鳃和肠道；以植食性为主的杂食性鱼类褐篮子鱼（*Siganus fuscescens*）后肠微生物的 α-多样性最高，鳃和皮肤次之；杂食性鱼类鲤的鳃中（25 门，173 属）鉴定出的微生物分类单元数量反而高于皮肤（22 门，156 属）和肠道（24 门，150 属）。不同的发育阶段，鱼类黏液微生物菌群组成明显不同。例如，斑马鱼幼鱼的肠道微生物群中细菌的相对丰度高于成鱼。在大西洋鲑和大口鲇（*Silurus meridionalis*）的不同发育阶段，肠道菌群结构均有明显差异。此外，舌齿鲈幼鱼和成鱼的皮肤与鳃部的微生物 α-多样性显著高于稚鱼，而金头鲷（*Sparus aurata*）幼鱼期和成鱼期的皮肤与鳃部的微生物 α-多样性无显著差异。

不同季节造成的水温差异对黏液中的微生物组成也有影响。大西洋鳕（*Gadus morhua*）皮肤中占优势地位的变形菌门、硬壁菌门和放线菌门的细菌丰度会发生季节性变化，主要包括假单胞菌、无色杆菌、棒状杆菌、黄杆菌和弧菌的动态变化。对野生鳗鲡（*Anguilla* spp.）黏液的分析表明，与弧菌属相关的黏膜病原体非常丰富。对生活在墨西哥湾的一些鱼类，如鲻（*Mugil cephalus*）、西大西洋笛鲷（*Lutjanus campechanus*）、云纹犬齿石首鱼（*Cynoscion nebulosus*）、沙犬牙石首鱼（*Cynoscion arenarius*）和菱体兔牙鲷（*Lagodon rhomboides*）进行研究后发现，每种鱼类的皮肤由不同的微生物群落组成，具体表现为生活在温暖水域的鱼类具有较高比例的耐热细菌，而靠近海岸线的淡水鱼类具有较高比例的耐盐细菌。

（二）微生物菌群的作用

与其他脊椎动物一样，鱼类皮肤上的共生细菌在抵御病原体入侵方面起着重要作用。微生物在皮肤上分层有序地定植，形成一层生物膜，不仅起到保护机体裸露表皮的作用，还会直接影响其他细菌的定植，使外来致病菌无法在体表立足。虹鳟（*Oncorhynchus mykiss*）皮肤的微生物群落对嗜冷黄杆菌（*Flavobacterium psychrophilum*）具有一定的拮抗作用。因此，皮肤的微生物菌群构成和谐的微生态系统，相互依存、相互制约，形成稳定和谐的生物屏障，以保护机体健康。

四、血-脑屏障

血-脑屏障（blood-brain barrier，BBB）是一种重要的生理屏障结构，可有效隔离中枢神经系统与外周血液循环，限制血液中的毒性物质和炎性因子，选择性地转运脑组织所需要的营养物质并清除其产生的毒性物质和代谢产物，从而维持中枢神经系统内环境的稳定。由于跨越毛细血管内皮细胞的阻力较大，且无吞咽小泡，表达的转运蛋白极性分布明显，外周循环中的亲水分子、离子、细胞等物质难以透过血-脑屏障。研究表明，98%的小分子物质和几乎所有的大分子治疗性药物都不能透过血-脑屏障，如单克隆抗体、反义核苷酸和病毒载体等。

（一）血-脑屏障的结构及分子

血-脑屏障由软脑膜、脉络丛的脑毛细血管壁和壁外星形胶质细胞形成的胶质膜组成。对于血-脑屏障中的毛细血管，周细胞位于内皮管的前表面，并且该血管被基底层包围。神经细胞与血管形成紧密接触，最明显的是星形胶质细胞，这是一种胶质细胞，可以延伸得很长，其末端会包裹血管（图 3-2）。因此，血管的轮廓可以通过末端显现出来，组成血管的两种细胞是内皮细胞（EC）和壁细胞，前者负责形成血管壁，后者位于内皮细胞层表面。内皮细胞是血-脑屏障中的特征性细胞，通过与壁细胞、免疫细胞、胶质细胞和神经细胞之间的相互作用来诱导和维持血-脑屏障，这些细胞在神经和血管系统中相互作用。

内皮细胞表达分子的发现推动了人们对血-脑屏障的重要结构和运输成分的识别。中枢神经系统-内皮细胞由紧密连接蛋白接在一起，其对分子和离子形成高电阻的细胞旁屏障，使管腔和腔壁间发生极化。中枢神经系统-内皮细胞是一种高度极化的细胞，具有不同的腔，其表达的转运蛋白主要有两类：外排转运蛋白和营养转运蛋白。外排转运蛋白包括 Mdr1、BCRP 和 Mrp，利用 ATP 的水解作用将底物向上输送到浓度梯度上。

（二）水生哺乳动物的血-脑屏障

研究表明，海豚大脑的皮质板上有极其丰富的毛细血管和小动脉，它们被组织成一个围绕着神经元群的复杂而连续的环网（图 3-2）。毛细血管环的密度与皮质的细胞构筑密度有关。研究人员还发现，海豚皮层的神经元微环境中存在着大量的星形胶质细胞，这些细胞在毛细血管和小动脉周围形成多层血管。这些胶质细胞不同于陆生哺乳动物典型的星形胶质细胞，具有大量不同的细胞器，其细胞核与寡聚细胞相似。海豚血-脑屏障的超微结构特征是内皮细胞之间存在非常长的紧密连接，毛细血管周围的星形胶质细胞之间有特殊的连接。齿鲸（海豚和其他齿鲸）没有颈内动脉和椎动脉系统，而这些系统是陆地哺乳动物脑动脉供血的特征。

可以预期，在鲸目动物的进化过程中，大脑动脉血供应发生的重大变化，主要是伴随微血管及血-脑屏障结构和功能变化的结果。

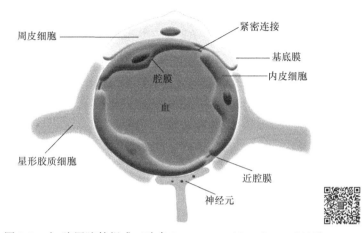

图 3-2 血-脑屏障的组成（改自 Daneman and Rescigno，2009）

五、血-胎屏障

胎生是指卵在母体内受精和发育的繁殖方式，水生动物中常见的胎生动物有鲨、鲸、海豚等。胚胎期是水生动物发育的重要阶段，胚胎绒毛膜是抵御外源污染物的有效屏障。

（一）血-胎屏障的结构

血-胎屏障由母体子宫内膜的基底蜕膜和胎儿的绒毛膜滋养层细胞组成，绒毛是胎盘的结构单位，其开始生长时，会形成绒毛树结构，主要包括漂浮绒毛和锚定绒毛。漂浮绒毛由两层滋养层细胞组成，即由单核细胞滋养层（cytotrophoblast，CTB）形成的内层和由 CTB 细胞融合形成的多核合体滋养层（syncytiotrophoblast，STB）细胞外层组成（图 3-3）。在胚胎发育过程中，胚胎与母体之间有着直接的联系。胎盘附着在子宫壁上，通过脐带与发育中的胎儿相连，胎盘每个子叶由一个茎绒毛和它的分支组成，这些绒毛在绒毛间隙与母体血液直接接触，母体绒毛间隙通过由合胞滋养细胞、基膜和绒毛内皮细胞组成的母胎界面与胎儿毛细血管腔分开，滋养层细胞生长在膜顶侧的上部微通道中，绒毛状内皮细胞生长在膜基面的下部微通道中。

（二）影响水生动物生物血-胎屏障的分子

有研究表明，在海豚所有器官中均检测到了对羟基苯甲酸甲酯（MeP）和对羟基苯甲酸（4-HB）。大脑、脐带和子宫中的 MeP 检测结果表明，这些化学物质可以跨越生物屏障，如血-脑屏障和血-胎屏障。真海豚和江豚中 MeP 的总量分别为 13.0～90.6mg 和 19.8～81.5mg。

卵生鱼类中，卵壳（chorion）已成为吸收化学物质的潜在屏障。发育约 72h 的斑马鱼胚胎包被着无细胞绒毛膜，其厚度为 1.5～2.5μm，由 3 层孔隙通道构成，斑马鱼绒毛膜对大于 3000Da 的分子具有屏障作用。

（三）维持的细胞分子机制

1. 细胞自噬 自噬是一种保守的细胞内降解途径，它可以将细胞质中衰老的细胞器、

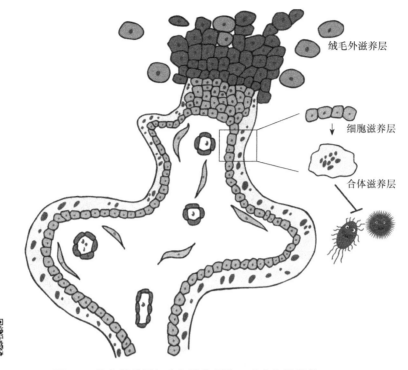

图3-3　胎盘滋养层细胞与防御屏障（改自郑婉珊等，2020）

外源性致病微生物和错误折叠的蛋白质等待降解的成分包裹成具有双层膜结构的自噬小体，并进一步与溶酶体融合降解这些成分。

　　2．外泌体　　胎盘分泌的外泌体是介导母胎信息交换的重要细胞学途径，也参与母胎界面宿主与病原微生物之间的相互作用。人原代滋养层细胞（primary human trophoblast，PHT）既对病毒感染有很高的抵抗力，又可以通过分泌外泌体显著改善非胎盘细胞的抗病毒活性。

　　3．先天性免疫防御机制　　在病原微生物感染过程中，胎盘利用多种先天性免疫防御机制快速检测到入侵的微生物，并迅速启动防御机制抵抗入侵，从而最大限度地抑制宫内感染及母胎传播。其主要防御机制之一是通过与细胞质或细胞膜上的模式识别受体（pattern recognition receptor，PRR）结合，激活保守的病原体相关分子模式（pathogen-associated molecular pattern，PAMP），然后通过细胞内信号转导刺激天然免疫应答。此外，胎盘还可以通过 TLR 感知病原微生物的存在。TLR 可激活炎症反应中的多种途径，帮助消灭入侵病原体并协调系统防御机制的发生。

第二节　模式识别受体

　　入侵脊椎动物的病原体通常是各种致病微生物，其致病结构称为病原体相关分子模式，如细菌脂多糖（lipopolysaccharide，LPS）、细菌鞭毛、病毒双链 RNA（dsRNA）等。此外，脊椎动物体内的受损细胞和死亡细胞会产生和释放内源性分子，这些内源性分子成为另一种免疫原，称为损伤相关分子模式（damage-associated molecular pattern，DAMP）。先天性免疫系统主要通过模式识别受体（pattern recognition receptor，PRR）识别 PAMP 与 DAMP 并介导下游免疫信号转导以启动免疫应答。

　　模式识别受体主要包括 Toll 样受体（Toll-like receptor，TLR）、NOD 样受体[nucleotide-binding oligomerization domain（NOD）-like receptor，NLR]、RIG-Ⅰ样受体（retinoic acid-inducible gene Ⅰ like receptor，RIG-Ⅰ like receptor，RLR）、C 型凝集素受体（C-type lectin receptor，CLR）和清道夫受体（scavenger receptor，SR）等。它们通过参与激活免疫细胞，使之分泌多种促炎症因子，诱导炎症反应或参与吞噬来发挥功能。

一、Toll 样受体

　　参与先天性免疫应答的模式识别受体主要分为细胞膜和胞内体膜表达信号受体，分布在胞质溶胶中的信号受体，以及参与吞噬作用的信号受体。目前研究较多的 Toll 样受体是重要的细胞膜和胞内体膜表达信号受体，特异性识别细菌 LPS、细菌鞭毛、病毒双链 RNA 等微生物组分，启动信号转导途径，诱导天然免疫相关基因的表达。

（一）Toll 样受体的发现

　　Toll 样受体（TLR）是高度保守的受体。1988 年，Hashimoto 等在果蝇中发现了 Toll 样家族成员。这种受体负责果蝇胚胎背腹部的形成。1991 年，Gay 等发现黑腹果蝇（*Drosophila melanogaster*）的 Toll 样受体与哺乳动物的白细胞介素-1 受体（interleukin-1 receptor，IL-1R）具有高度的同源性。1996 年，Lemaitre 等发现果蝇的 Toll 样受体参与抗真菌感染，首次揭示 Toll 样受体在先天性免疫系统中起着重要作用。1997 年，Medzhitov 等首次在哺乳动物中鉴定出果蝇 Toll 样受体同源物，并证实其具有类似的免疫功能。此后，在哺乳动物中发现了不同类型的 Toll 样受体。目前，已在人类中发现了 TLR 家族的 13 个成员。2000 年，Amaia 等在虹鳟（*Oncorhynchus mykiss*）中发现了第一个鱼类 *TLR* 基因。2004 年，Scapigliati 等克隆了大西洋鲑（*Salmo salar*）的 *TLR* 基因，该基因与哺乳动物Ⅰ型白细胞介素受体的相似性为 31%。迄今为止，已在斑马鱼（*Danio rerio*）、牙鲆（*Paralichthys olivaceus*）、大菱鲆（*Scophthalmus maximus*）、大黄鱼（*Larimichthys crocea*）等鱼类中陆续鉴定出 TLR 家族的多个基因。由于在进化过程中发生的全基因组倍增（whole genome duplication，WGD）事件，以及在特殊的水生环境中逐渐建立了一套相对完善而又独立的免疫防御系统，水生脊椎动物中产生了许多新基因。目前在鱼类中共发现了 20 多种不同类型的 *TLR* 基因，其多样性高于在哺乳动物中发现的 13 种 *TLR* 基因（表 3-1）。

表 3-1　鱼类与哺乳动物 TLR 的比较（引自范泽军等，2015）

亚家族	鱼类 TLR				哺乳类 TLR			
	成员	定位	刺激物	衔接蛋白	成员	定位	刺激物	衔接蛋白
TLR1	TLR1、TLR2、TLR14	细胞膜	G$^+$细菌、G$^-$细菌、poly(I:C)、LPS	MyD88	TLR1、TLR2、TLR6、TLR10	细胞膜	G$^+$细菌、真菌、分枝杆菌产生的脂蛋白	MyD88
TLR3	TLR3	细胞质核内体	poly(I:C)、G$^+$细菌、G$^-$细菌	TICAM	TLR3	核内体	病毒双链RNA、poly(I:C)	TRIF
TLR4	TLR4	细胞膜	G$^+$细菌低剂量 LPS、细菌和病毒	MyD88、TIRAP、TRIF、TRAM	TLR4	细胞膜	G$^+$细菌、LPS、宿主的 HSP60 和 HSP70、透明质酸、纤维蛋白原等	MyD88、TIRAP、TRIF、TRAM

续表

亚家族	鱼类 TLR				哺乳类 TLR			
	成员	定位	刺激物	衔接蛋白	成员	定位	刺激物	衔接蛋白
TLR5	TLR5	细胞膜、细胞质	细菌鞭毛	MyD88	TLR5	细胞膜、细胞质	细胞鞭毛	MyD88
TLR7	TLR7、TLR8、TLR9	细胞质核内体	G⁺细菌、G⁻细菌	MyD88	TLR7、TLR8、TLR9	细胞质核内体	病毒单链RNA、CpG DNA、咪唑并喹啉等化合物	MyD88
TLR11	TLR20、TLR21、TLR22、TLR23	细胞膜	LPS、poly（I：C）、G⁺细菌、长的 dsRNA	MyD88	TLR11、TLR12、TLR13	未知	原生动物的抑制蛋白	未知

注：MyD88. 髓样分化因子 88；TIRAP. 含 TIR 结构域的接合子蛋白；TRIF. 含 TIR 结构域可诱导 IFN 的接合子；TRAM. TRIF 相关转接分子

（二）Toll 样受体的结构特征

Toll 样受体是一种 I 型跨膜蛋白，由胞外区、跨膜区和胞内区构成。胞外区由富含亮氨酸的重复序列（leucine-rich repeat，LRR）构成，是一个配体结合区。一个 Toll 样受体含有多个 LRR 结构域。LRR 的数量及序列特征决定了 TLR 对不同的 PAMP 的识别特性。胞内区是与白细胞介素-1 受体高度相似的结构域（Toll interleukin receptor，TIR），负责与免疫信号通路中的下游衔接蛋白结合，从而介导免疫反应的发生。TLR 表达于细胞膜或内体膜上，主要识别细菌、真菌等的非核酸类 PAMP 和病毒的核酸类 PAMP。

目前的研究表明 Toll 样受体的 LRR 基序由 22～29 个亮氨酸残基串联组成，每个 LRR 被疏水性的氨基酸间隔开，并且都含有较为保守的"LxxLxLxxN"基序。

（三）Toll 样受体 1 亚家族

与其他 Toll 样受体相比，Toll 样受体 1 亚家族在进化过程中表现出更高的物种特异性适应性。在哺乳动物中，Toll 样受体 1 亚家族包括 TLR1、TLR2、TLR6 和 TLR10，分布在血浆样树突状细胞、B 淋巴细胞、T 淋巴细胞、自然杀伤细胞和单核细胞中。其中 TLR2 通过与 TLR1 或 TLR6 分别结合形成异二聚体识别不同的配体。

鱼类 TLR1 亚家族成员包括 TLR1、TLR2、TLR6、TLR10、TLR14、TLR18、TLR25 和 TLR28，其中 TLR1、TLR2、TLR6 和 TLR10 是鱼类和哺乳类共有的 TLR，TLR14、TLR18、TLR25 和 TLR28 为鱼类所特有。TLR1 可以识别 G⁺细菌、G⁻细菌、poly（I：C）、LPS；TLR2 可以和 TLR1 或 TLR6 形成异二聚体，参与识别细菌的肽聚糖、LPS 等配体；TLR10 由 TLR1 或 TLR6 的前体进化而来，参与识别 G⁺细菌、真菌及分枝杆菌属（Mycobacterium）细菌产生的脂肽。目前，对于鱼类特有的 TLR1 家族成员的配体识别研究得不是很清楚。已有的研究表明，TLR14 可以参与识别 poly（I：C）、LPS、G⁺细菌和 G⁻细菌；TLR2、TLR18 和 TLR28 识别的配体尚未明确。

（四）Toll 样受体 3 亚家族

Toll 样受体 3 亚家族包含成员 TLR3。TLR3 在哺乳类中存在组成型表达和诱导型表达的特点，在原代上皮细胞、嗜酸性粒细胞等细胞中广泛表达，且在机体响应 dsRNA 后的促炎反应过程中表达上调。TLR3 在鱼类中同样也有组成型表达与诱导型表达的特点，TLR3 作为保守基因在鱼类头肾、脾等免疫相关组织中均有表达。

与哺乳动物 TLR3 一样，鱼类 TLR3 在鱼类识别病毒的免疫反应中发挥重要作用。此外，除病毒感染外，病原菌也可导致鱼类 TLR3 表达量的变化。例如，迟缓爱德华菌（*Edwardsiella tarda*）感染可显著上调斑马鱼免疫相关组织中 *TLR3* 基因的表达。

（五）其他 Toll 样受体亚家族

1. Toll 样受体 4 亚家族　　Toll 样受体 4 亚家族包括成员 TLR4。在哺乳动物中，TLR4 位于细胞膜上，可以识别革兰氏阴性菌的成分 LPS。TLR4 在物种进化中并不保守，有些鱼类中未鉴定出 *TLR4* 基因，有研究者在斑马鱼中鉴定得到了 *TLR4* 基因，但其对 LPS 无应答作用。

2. Toll 样受体 5 亚家族　　Toll 样受体 5 亚家族包括成员 TLR5，位于细胞膜上。在哺乳动物中，TLR5 主要识别细菌的鞭毛蛋白。鱼类的 TLR5 与哺乳动物的 TLR5 同源性较高，即通过识别细菌鞭毛蛋白介导下游免疫应答。

3. Toll 样受体 7 亚家族　　Toll 样受体 7 亚家族包括 TLR7、TLR8、TLR9 三个成员，均位于胞内。TLR7 和 TLR8 在结构上高度保守。人源 TLR7/8 可识别咪唑喹啉类化合物。在鱼类中的研究表明，低分子质量咪喹的结构类似物可诱导大西洋鲑肝和头肾中 TLR 信号通路下游干扰素相关基因的表达增加。在 dsRNA 类似物、干扰素诱导剂 poly（I：C）刺激下，大黄鱼头肾和脾中 *TLR7/8* 基因的表达量显著增加。鱼类和哺乳类的 TLR7/8 在功能上可能存在相似性。

在哺乳动物中，TLR9 可识别未甲基化的 CpG DNA。细菌 DNA 含有大量未甲基化的基序，这些基序在哺乳动物中高度甲基化。未甲基化的 CpG DNA 对 TLR9 有较强的刺激活性。而在鱼类中，大黄鱼（*Larimichthys crocea*）、鲤（*Cyprinus carpio*）等的 TLR9 可能参与对细菌的识别。

4. 水产动物特有的 Toll 样受体　　目前在斑点叉尾鲴（*Ictalurus punctatus*）、斑马鱼（*Danio rerio*）、红鳍东方鲀（*Takifugu rubripes*）、大黄鱼（*L. crocea*）、牙鲆（*Paralichthys olivaceus*）、大西洋鲑（*Salmo salar*）等鱼类中相继鉴定得到 *TLR20*、*TLR21*、*TLR22* 和 *TLR23* 等新的 *TLR* 基因，其具有典型 *TLR* 的结构特征。最新研究表明，鲇、大黄鱼等鱼类的 TLR20、TLR21 和 TLR22 能识别细菌与病毒的病原体相关分子模式。

（六）Toll 样受体信号转导途径

1. Toll 样受体信号转导途径的分类　　Toll 样受体信号通路受含有 TIR 结构域的各种衔接蛋白调节。已发现的衔接蛋白包括髓样分化因子 88（MyD88）、含 TIR 结构域的接合子蛋白（TIR domain containing adaptor protein，TIRAP）、含 TIR 结构域可诱导 IFN 的接合子（TIR domain containing adaptor inducing IFN，TRIF）、TRIF 相关转接分子（TRIF-related adaptor molecule，TRAM）、SAM 和 ARM 结构域包含蛋白（sterile-armadillo-motif containing protein，SARM）。根据衔接蛋白的不同，Toll 样受体信号转导途径分为 MyD88 依赖性途径（MyD88-dependent pathway）和 MyD88 非依赖性途径（MyD88-independent pathway）（图 3-4）。

2. MyD88 依赖性途径　　在哺乳动物中，除 TLR3 外，其余 TLR 均参与 MyD88 依赖的信号转导途径。MyD88 是一种关键的衔接蛋白，参与 MyD88 依赖通路的信号转导过程。MyD88 最早是在骨髓细胞分化过程中被发现的，包含一个 N 端的死亡结构域（death domain，

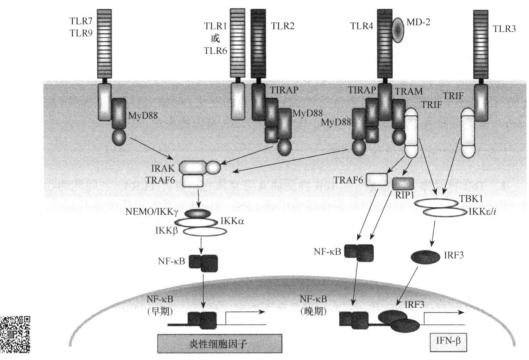

图 3-4　MyD88 依赖性途径和 MyD88 非依赖性途径（引自 Takeda and Akira，2005）

DD）和一个 C 端的 TIR 结构域。在信号转导过程中，MyD88 通过 TIR 结构域和上游识别病原体的 TLR 相互作用，然后通过 DD 招募白细胞介素-1 受体相关激酶-4（IRAK-4）并与之相互作用，使白细胞介素-1 受体相关激酶-1（IRAK-1）被 IRAK-4 磷酸化。活化的 IRAK-1 与 TNF 受体相关因子 6（TNF receptor associated factor 6，TRAF6）相互作用并促使 TRAF6 磷酸化，进一步激活下游转录因子活化蛋白-1（activator protein-1，AP-1）和核因子 κB（nuclear factor kappa B，NF-κB）信号，并最终诱导炎性细胞因子和生长因子的表达。

　　自从 1990 年 Lord 等首次在小鼠中发现 MyD88 以来，MyD88 已经在许多物种中被发现，如人（*Homo sapiens*）、原鸡（*Gallus gallus*）、爪蟾（*Xenopus laevis*）等。同样，MyD88 也在斑马鱼、牙鲆、虹鳟、大西洋鲑、鮸（*Miichthys miiuy*）等硬骨鱼类中被发现。

　　3. MyD88 非依赖性途径　　MyD88 非依赖性途径也被称为 TRIF 依赖性途径。TRIF 作为 TLR 的衔接蛋白，负责信号转导。2003 年，TRIF 作为 TLR3 的衔接蛋白在人类中首次被鉴定，并被证实参与调节干扰素（interferon，IFN）的产生。TRIF 参与经典 TLR 信号通路中 TLR3 和 TLR4 的信号转导，并影响下游炎性细胞因子和干扰素的产生。TRIF 需要 TRIF 衔接分子（TRAM）作为中间衔接蛋白，在 TLR4 介导的免疫信号中起到 TLR4 和 TRIF 连接的桥梁作用。

　　经典的 TRIF 蛋白由 C 端的 RHIM 结构域、中间的 TIR 结构域及 N 端的 T6BM 结构域组成。在信号转导中，TRIF 通过 TIR 结构域与 TLR3 或 TRAM 相结合。被激活的 TRIF 招募下游蛋白。其中 TRIF 通过 RHIM 结构域与受体相互作用蛋白 1（receptor-interacting protein 1，RIP1）结合。RIP1 进一步通过 DD 与 TNF 受体相关死亡域蛋白（TNF receptor associated death domain protein，TRADD）结合，使其自身泛素化。泛素化的 RIP1 可被衔接蛋白转化生长因子活化激酶结合蛋白 2 和 3（TAB2/TAB3）所识别，并激活转化生长因子-β 活化激酶 1

（TGF-β-activated kinase-1，TAK1），后者可激活转录因子 NF-κB。此外，TRIF 也可通过 N 端与 TNF 受体相关因子 3（TNF receptor associated factor 3，TRAF3）作用以激活 TANK 结合激酶 1 [TRAF family-member-associated NF-κB activator（TANK）binding kinase 1，TBK1]，后者使干扰素调节因子 3（interferon regulatory factor 3，IRF3）和 IRF7 磷酸化，并诱导产生 I 型干扰素。

目前，已在多种鱼类中发现存在 TRIF 依赖性途径。Baoprasertkul 等在斑点叉尾鲴（*Ictalurus punctatus*）中发现了 TLR3 介导的 TRIF 依赖性信号通路，并能诱导干扰素产生。点带石斑鱼（*Epinephelus coioides*）头肾白细胞中受 LPS 和 poly（I：C）刺激的 TRIF 依赖性途径相关基因表达量显著上升，如 TRIF 和 IRF3 等，提示点带石斑鱼中可能存在诱导干扰素信号通路。鱼类存在特异性的 TLR22，与 TLR3 一样可以介导 TRIF 依赖性途径并诱导产生 I 型干扰素。Matsuo 等在河鲀中发现了 TLR3 和 TLR22 两种受体，其中 TLR3 位于内质网，能识别短链 dsRNA；TLR22 位于细胞表面，可识别长链 dsRNA。两者均通过 TRIF 衔接，参与诱导 IFN 信号通路。

二、NOD 样受体

一些病原微生物如细菌和病毒等往往会产生一系列逃逸机制从而进入胞质溶胶中，因此在宿主细胞胞质溶胶中会出现病原体及相应组分，它们需要通过先天性免疫系统进行识别。事实上，机体有专门的信号识别受体来识别胞质中的病原体相关分子模式和损伤相关分子模式，主要有 NOD 样受体和 RIG- I 样受体等。

（一）NOD 样受体的结构

NOD样受体（NLR）分子主要由3类功能不同的结构域组成：位于C端的亮氨酸重复序列（LRR），这是一个与Toll样受体胞外段相似的结构域，负责结合配体，包括PAMP/DAMP中的相应成分；中段为受体家族各成员共有的特征性结构域，称为核苷酸结合结构域（NBD）或NACHT结构域（domain present in NAIP,CIITA,HET-E,TP-1，存在于NAIP、CIITA、HET-E 和TP-1中的结构域），其作用是促使NLR分子相互聚合并改变其构型；N端是效应结构域。NOD样受体根据效应结构域可分为5个亚家族：具有胱天蛋白酶募集结构域（caspase recruitment domain，CARD）的NLRC亚家族、具有酸性激活结构域（acidic activation domain，AD）的NLRA亚家族、具有杆状病毒凋亡抑制蛋白重复体（baculovirus inhibitor of apoptosis protein repeat，BIR）结构域的NLRB亚家族、具有热蛋白结构域（pyrin domain，PYD）的NLRP亚家族和具有其他NLR效应结构域（X）的NLRX亚家族。N端结构域将NLR蛋白的NACHT结构域、下游衔接蛋白和效应分子连接，以行使效应功能。

人体中已分别鉴定得到带有 CARD 效应结构域的 NLRC 亚家族 4 个成员和带有 PYD 效应结构域的 NLRP 亚家族 14 个成员。NOD1 和 NOD2 是 NLRC 亚家族中研究最多的两个成员。它们主要出现于黏膜上皮细胞和巨噬细胞的胞质中，负责识别细菌肽聚糖。其中，革兰氏阴性菌 γ-D-谷氨酰基-内消旋-二氨基庚二酸（iE-DAP）由 NOD1 识别；同时出现于革兰氏阴性菌和革兰氏阳性菌的胞壁酰二肽（muramyl dipeptide，MDP）由 NOD2 识别。

鱼类的 NLR 结构特征表现为：缺乏信号肽和跨膜结构域；负责识别 PAMP/DAMP 的 LRR 结构域较 Toll 样受体的 LRR 结构域短，相对较短的 LRR 结构域不参与二聚作用；效应结构域由一到两个 CARD 效应结构域组成，这些结构域将它们与其他含有 BIR 结构域的 NLR 家族蛋白区分开。迄今为止，已在斑马鱼、印度鲤、鲇、日本比目鱼、大西洋鲑等不同的鱼类中发现了 5 种主要的 NLR（NOD1～NOD5），它们与哺乳动物同源。鱼类 NOD 蛋白的相对分子质量大于 TLR，在 NOD1 和 NOD2 中分别由约 940 个和约 980 个氨基酸组成，且中心结构域相当复杂，其功能尚不清楚。斑马鱼中 NOD1 和 NOD2 蛋白在 N 端分别包含一个和两个 CARD 结构域，介导与下游信号分子同型的 CARD 相互作用（图 3-5）。

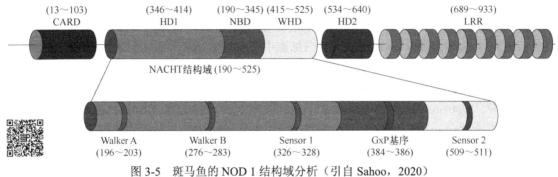

图 3-5　斑马鱼的 NOD 1 结构域分析（引自 Sahoo，2020）

CARD. 胱天蛋白酶募集结构域；HD. 螺旋结构域；NBD. 核苷酸结合结构域；

WHD. 翼螺旋结构域；LRR. 富含亮氨酸重复序列；Sensor. 效应器

（二）NOD 样受体的激活与信号转导

以 NLRC 亚家族和 NLRP 亚家族中的代表性分子 NOD2 和 NLRP3 为例，介绍 NLR 的激活与信号转导。

病原菌被巨噬细胞吞噬后，首先形成吞噬体，然后与溶酶体融合形成吞噬溶酶体。细菌胞壁成分在溶酶体酶的酶解作用下，分解为肽聚糖，最后降解成一种具有免疫调节活性的胞壁肽（muropeptide）。其中胞壁酰二肽（MDP）以一种目前尚不清楚的机制从吞噬溶酶体进入胞质中，通过直接或间接的方式结合 NOD2 分子的 LRR 结构域，使之激活，并启动信号转导。

与 TLR 相似，胞质溶胶中的 NOD2 分子与胞壁酰二肽作用后发生构型改变，其效应结构域 CARD 可借助同型互作，募集蛋白丝氨酸/苏氨酸激酶 RIP2，形成一个包括 CARD 和 RIP2 的 NOD 信号小体（signalosome），称为 RICK。然后，RIP2 激酶通过 TAK1 和 IKK 复合体，最后通过 NF-κB 激发促炎症基因的转录表达。

同样，胞质内二聚化的 NLRP3 蛋白在 PAMP/DAMP 作用下聚合两个效应结构域 PYD。它还通过同型相互作用并激活同时带有 CARD 和 PYD 结构域的 ASC 复合物，后者激活由 CARD 结构域和 caspase-1 蛋白酶组成的效应复合物。NLRP3（含 LRR＋NACHT＋PYD）、ASC（含 PYD＋CARD）和 caspase-1（含 CARD）结合形成炎症小体（inflammasome）的结构，其主要功能是借助 caspase-1 的活化，将无活性的细胞因子 IL-1β 和 IL-18 前体（proIL-1β/proIL-18）剪接成为有活性的 IL-1β 和 IL-18 分子，其中激活的 IL-1β 是重要的促炎症因子。caspase-1 并不显示细胞杀伤活性，而是专门履行炎症小体的效应功能，可分解炎症细胞因子的前体。综上所述，NLR 和 TLR 一样，通过结合胞质 PAMP/DAMP 等成分而参与启动炎症反应。

鱼类 NLR 可以识别一系列来自微生物的配体，其通过感知 PAMP/DAMP 触发下游分子的激活。研究显示，细菌成分如 LPS、PGN 及其降解产物 MDP 可激活 NOD1 和 NOD2 的表达。另外，主要的细菌/真菌成分和合成配体如 poly（I：C）、甘露聚糖、毒素、葡聚糖和聚-1,3-葡聚糖对斑马鱼 NOD2 没有影响，但对其他类别的鱼类 NLR 有潜在的配体作用［如 poly（I：C）

激活尖吻鲈 NLR-C3 和 NOD1]，细菌鞭毛蛋白也可以激活鲤 NLR-C。然而，细胞内激活物（如胆固醇、dNTP、代谢物和抗菌肽）对 NLR 的作用在鱼类中研究得较少，对其他水生寄生物（如原生动物、真菌、藻类）及其分子组分调节 TLR/NLR 的激活也有待研究。

三、RIG-Ⅰ样受体

（一）RIG-Ⅰ样受体的分类与结构

RIG-Ⅰ样受体（RLR）是一类含 DExD/H 结构域的 RNA 解旋酶，作为病毒 RNA 病原体相关分子模式的细胞质传感器。RLR 信号下游转录因子激活并驱动Ⅰ型干扰素的产生和抗病毒基因的表达，引发细胞内免疫反应，以控制病毒感染。到目前为止，已经鉴定出 3 个 RLR 成员：视黄酸诱导基因Ⅰ（retinoic acid-inducible gene Ⅰ，RIG-Ⅰ）、人遗传学和生理学实验室蛋白 2（laboratory of genetics and physiology 2，LGP2）及黑色素瘤分化相关基因 5（melanoma differentiation-associated gene 5，MDA5）。RIG-Ⅰ和 MDA5 可以识别多种病毒，并诱导 IFN 的产生和抗病毒反应。它们在结构上有相似之处，大致可以分为 3 个不同的结构域：由 caspase 串联激活和招募域（CARD）组成的 N 端结构域；中央 DExD/H box RNA 解旋酶结构域，具有水解 ATP 和结合并解开 RNA 的能力；嵌入 RIG-Ⅰ中参与自动调节的 C 端抑制结构域（RD）。尽管结构类似，但 LGP2 缺乏 N 端 CARD，该结构域目前被认为是 RIG-Ⅰ和 MDA5 信号的调节器。

目前已在鱼类中鉴定得到 RLR 家族基因，如 *RIG-Ⅰ*、*LGP2*、*MDA5* 等，其中 *RIG-Ⅰ* 在鲤形目、鲇形目和鲑形目中被鉴定到，在河鲀和青鳉等鱼类中未发现 *RIG-Ⅰ*。

（二）RIG-Ⅰ样受体在体内的表达及信号转导途径

3 种 RLR 在大多数组织中广泛表达，它们在多种细胞类型中参与先天性免疫激活。它们在诱导髓系细胞、上皮细胞和中枢神经系统细胞的先天性免疫应答中发挥重要作用，相对来说，它们虽然在浆细胞类型中表达，但对浆细胞样树突状细胞产生 IFN 的作用并不重要。在静息细胞中，RLR 表达通常维持在低水平，但在 IFN 暴露和病毒感染后，RLR 表达量显著升高。此外，MDA5 被证明在缺乏 IFN 受体的细胞中可被病毒诱导表达，这表明 RLR 的表达可由病毒诱导的直接信号驱动。

RLR 属于Ⅰ型干扰素诱导蛋白。以 RLR 典型成员 RIG-Ⅰ和 MDA5 为例。细胞质中与 RIG-Ⅰ/MDA5 分子发生相互作用的衔接蛋白，称为线粒体抗病毒信号转导蛋白（MAVS），一端带有 CARD，可以与 RIG-Ⅰ/MDA5 的 CARD 结合。首先，RIG-Ⅰ的解旋酶结构域和 C 端结构域识别并结合胞质溶胶中的病毒衍生物后发生构型改变，与衔接蛋白结合。CARD 的同型互作可以使 MAVS 蛋白聚合并活化，借助 TRAF6 形成游离的多聚泛素链，分别激活 NF-κB 信号途径和 TANK 结合激酶 TAK1，后者可以使干扰素调节因子 IRF3 和 IRF7 激活，产生Ⅰ型干扰素。目前，在哺乳动物中已确认 RLR 可以识别新城疫病毒（NDV）、水泡性口炎病毒（VSV）、仙台病毒（SV）等多种 RNA 病毒。

硬骨鱼类中的 RLR 包括 RIG-Ⅰ、MDA5 和 LGP2，它们是识别各种病毒 PAMP 以诱导抗病毒反应的重要模式识别受体。不过，目前在一些鱼类中没有发现 RIG-Ⅰ，可能是其他相关受体发挥作用。鱼类抗病毒反应中，RLR 通过招募下游线粒体抗病毒信号转导蛋白 MAVS，然后与信号分子 MITA、TRAF3、TBK1 相互作用，进而促进干扰素调节因子 IRF3、IRF7 的激活和磷酸化，使它们易位到细胞核，诱导干扰素刺激基因 *ISG* 的表达及Ⅰ型干扰素的产生（图 3-6）。

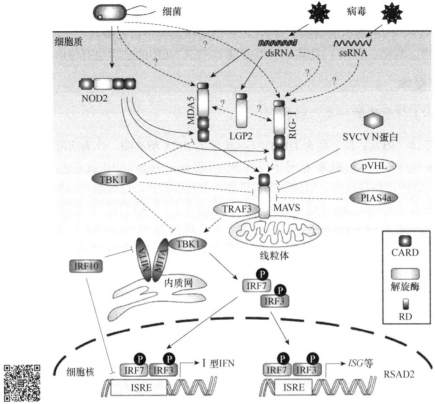

图 3-6　鱼类 RLR 介导的信号转导途径（改自 Chen et al.，2017）

四、C 型凝集素受体

C 型凝集素受体是一类参与吞噬作用的模式识别受体,通常表达于免疫系统的吞噬细胞。免疫系统的吞噬细胞分为 3 类:第一类是单核巨噬细胞,包括单核细胞和组织中的巨噬细胞;第二类是粒细胞,包括中性粒细胞、嗜酸性粒细胞和嗜碱性粒细胞;第三类是未成熟的树突状细胞。吞噬性受体与借助信号转导激活细胞的受体的功能并不相同,吞噬性受体通过识别并结合病原体相关分子模式,将病原体包裹进胞质囊泡直接消化并清除以达到控制感染的目的。吞噬性受体主要包括 C 型凝集素受体和清道夫受体。

（一）经典 C 型凝集素受体的分类与功能

C 型凝集素受体（CLR）是一类在 Ca^{2+} 参与下结合微生物表面碳水化合物的吞噬性受体,表达于巨噬细胞、树突状细胞和某些组织细胞,有的以可溶性蛋白形式存在于血液和细胞外液。其保守的糖类识别结构域可识别甘露糖、葡萄糖、N-乙酰氨基葡萄糖和β-葡聚糖。也有一些 CLR 显示信号功能,诱导针对病原菌的保护性应答。

1. 甘露糖受体　　甘露糖受体（mannose receptor,MR）属于膜型 CLR,为单链跨膜分子。MR 胞外段包括两部分:一是近膜端 8 个 C 型凝集素结构域的连续排列,负责配体的内吞转运;二是远膜端富含胱氨酸的凝集素结构域,识别硫酸化的糖类偶联物。甘露糖受体的内源性配体为溶酶体水解酶和髓过氧化物酶,以及病原体表达的富含甘露聚糖的结构。

2. 树突状细胞相关凝集素　　树突状细胞相关凝集素（DC-associated C-type lectin,

Dectin）受体主要表达于 DC 细胞、巨噬细胞和中性粒细胞。其中 Dectin-1 识别真菌细胞壁上的β-葡聚糖，Dectin-2 主要识别真菌菌丝体寡糖，因而此类受体与抗真菌的关系密切。现发现在树突状细胞中，Dectin 参与信号传递，通过产生细胞因子等促进炎症反应和 T 细胞亚群分化，增强适应性免疫应答。

3. 朗格素和 DC-SIGN　　朗格素（langerin）和 DC 特异性 ICAM-3-黏附非整合素（DC-SIGN）属于树突状细胞糖类受体成分，分别被命名为 CD207 和 CD209，各自主要表达于上皮朗格汉斯细胞和树突状细胞。需要注意的是，黏膜组织中树突状细胞表面的 DC-SIGN 可以与 HIV-1 gp120 胞膜糖蛋白结合，有可能将 HIV 病毒通过淋巴液带至引流淋巴结而促进其感染 $CD4^+$ T 细胞。

（二）鱼类 C 型凝集素受体

目前鱼类基因组中是否存在 CLR 全家族还存在争议。在 2004 年和 2015 年，Kikuno 等和 Yang 等分别在虹鳟和香鱼（*Plecoglossus altivelis*）中鉴定得到了 CLR 成员，并将其命名为 CD209L，其具有典型的 CLR 特征，但不具有 Ca^{2+} 结合位点。经系统发育树分析发现，PaCD209L 属于 CLR 超家族 Ⅱ。此外，鱼类中没有经典的β-葡聚糖识别受体 Dectin-1，但 Petit 等发现葡聚糖在鲤巨噬细胞中的免疫调节作用可能是由 CLR 家族成员激活经典的 CLR 信号通路所触发的。2019 年，根据保守的葡聚糖结合基序，在鲤基因组中鉴定了多个编码至少一个 C 型凝集素结构域（CTLD）的蛋白质基因，并通过生物信息学分析筛选得到了若干个候选β-葡聚糖受体，暗示了鲤巨噬细胞中葡聚糖的免疫调节作用可能是通过 CLR 家族成员介导的信号转导。

五、清道夫受体

（一）经典清道夫受体的结构与功能

清道夫受体（SR）是另一种重要的吞噬性模式识别受体，主要分为 SR-A 和 SR-B 两大家族。

SR-A 主要表达于巨噬细胞上，是三聚体缠绕的糖蛋白跨膜分子，每个分子都有一个不同的结构域。其中胶原样结构域可以结合已被修饰的脂蛋白，由富含赖氨酸的分子束组成携带正电荷的结合槽，接受负电荷的配体。因此，SR 可以直接识别并结合革兰氏阴性菌的 LPS、革兰氏阳性菌的脂磷壁酸及体内凋亡细胞表面磷脂酰丝氨酸等配体，并通过受体介导的内吞作用将病原菌或凋亡细胞摄入胞内有效杀伤清除，同时可将相关抗原加工产物呈递给 T 细胞引发适应性免疫应答。SR-A 在巨噬细胞上的表达受多种细胞因子的调控，其中 TNF-α 和 IFN-β 发挥下调作用，而 M-CSF 发挥上调作用。

SR-B 主要表达于单核细胞、巨噬细胞及血小板上，主要配体是凋亡细胞及脂蛋白，在机体中主要参与摄取凋亡细胞和脂肪酸的转运。

因此，SR 除对微生物 PAMP 的识别外，还利用内吞作用发挥调节脂质稳态的作用。

（二）鱼类清道夫受体

到目前为止，SR-A 已经在大黄鱼、斑马鱼、河鲀、鲤、虹鳟和斑点叉尾鮰等多种鱼类中被鉴定到。但鱼类中，SR-A 的同源配体和下游功能仍然需要阐明。对斑马鱼清道夫受体的研究结果显示,斑马鱼 SR-A 家族成员具有胶原结构的巨噬细胞受体(macrophage receptor with collagenous structure,MARCO)是针对分枝杆菌的吞噬作用所必需的受体;斑马鱼 A 类清道夫受体成员 5(class A scavenger receptor member 5,SCARA5)可以结合革兰氏阴性菌脂多糖;斑马鱼 A 类清道夫受体成员 4(SCARA4)可以识别酵母聚糖及金黄色葡萄球菌,但不能识别大肠杆菌,其识别模式与哺乳动物相比有所差异。

第三节　补体系统

补体(complement,C)系统是 40 多种丝氨酸蛋白酶、受体和调节因子的集合,广泛存在于正常人和脊椎动物的血清、组织液和细胞膜表面,这个有着精密调控机制的蛋白质反应系统在被多种微生物成分及抗原抗体复合物等物质激活后,通过经典途径、旁路途径和凝集素激活途径这 3 条既独立又交叉的途径形成活性物质,这些物质具有调节吞噬、介导炎症、杀伤细胞、调节免疫应答和清除免疫复合物等一系列重要的生物学功能。补体系统作为机体先天性免疫中防御病原微生物侵染的重要组分,也是先天性免疫和获得性免疫的桥梁与纽带,同时一旦过度活化又会造成机体病理性免疫损伤。

自从 1894 年 Pfeiffer 和 Bordet 从血清中分离得到补体以来,哺乳动物的补体系统研究已有近 130 年的历史。然而,对低等脊椎动物(如鱼类等)补体的研究起步较晚,相关报道始于 20 世纪 80 年代。近年来,科学家运用蛋白质化学和基因克隆等研究技术,从分子水平上对鱼类补体的基因、蛋白质结构、受体等方面进行深入研究,发现鱼类补体成分存在多种形式,与哺乳动物相比,鱼类对补体激活物质的反应能力存在显著差异,识别范围也更大。在适应性免疫不完善的情况下,鱼类补体可能在保护机体免受病原微生物入侵方面发挥更重要的作用。

一、补体系统的组成和激活

(一)补体系统的组成、命名和理化性质

1. 补体系统的组成　　构成补体系统的 40 多种组分根据它们的生物学功能和存在形式可分为 3 类:补体固有成分、补体调节成分和补体受体。

(1)补体固有成分　　补体固有成分是指存在于血浆和体液中并参与补体 3 条激活途径的必需蛋白质。

1)C1q/MBL 家族:甘露糖结合凝集素(mannose-binding lectin,MBL)和 C1q 都属于凝集素家族,在结构上具有高度同源性。C1q 是补体经典途径的一个关键组成部分,它是一种由 6 个亚单位组成的异源六聚体,每个亚单位由 A、B、C 三条多肽链构成。作为一种模式识别受体,它可以结合多种配体,最主要的功能是与 IgG 或 IgM 免疫复合物(immune complex,IC)结合,激活经典补体途径。此外,C1q 还可以介导体内许多免疫反应,如清除病原体、吞噬并裂解细菌、调节树突状细胞与 B 细胞等。

MBL 是一种 C 型凝集素,属 Ca^{2+} 依赖型凝集素,具有典型的可溶性胶原凝集素结构,其糖识别域(carbohydrate-recognition domain,CRD)可以特异性地识别病原生物表面带有以甘露糖和甘露糖胺为末端糖基的糖类,并在 MBL 相关丝氨酸蛋白酶(MBL-associated serine protease,MASP)的作用下依次活化 C4、C2、C3,从而形成一系列酶促反应,其构成的途

径称为 MBL 激活途径。

2）MASP/C1r/C1s：哺乳动物补体系统中的 MASP/C1r/C1s 均属于丝氨酸蛋白酶，它们有相同的 C 端丝氨酸蛋白酶结构域，并在补体系统中发挥重要的催化作用。在结构上，C1r 和 C1s 都属于单链多肽分子，在 Ca^{2+} 存在下，它们按 C1s-C1r-C1r-C1s 的顺序连接成线性四聚体，当 C1q 结合 IgG 或 IgM 免疫复合体后，此四聚体即与 C1q 缠绕，形成活性 C1 大分子复合物。

MASP 是补体凝集素激活途径中起重要作用的激活蛋白，主要包含两个丝氨酸蛋白酶 MASP-1 和 MASP-2。在 MBL 与病原体表面糖结构结合后，使与之结合的 MASP-1 和 MASP-2 被分别激活，活化的 MASP-1 可直接裂解 C3，而活化的 MASP-2 可分解 C4 和 C2，形成 C3 转化酶 C4bC2a。

3）C2/Bf 和 Df 家族：B 因子（Bf）与 C2 均为丝氨酸蛋白酶前体，是补体活化过程中的两个关键酶，鱼类中 Bf 和 C2 具有相似的内含子和外显子结构，基因序列相似。C2 是参与经典途径和凝集素途径的补体，Bf 在哺乳动物中主要由肝和巨噬细胞合成，是补体旁路活化途径的关键因子。D 因子（Df）是补体固有成分中唯一未检出糖成分的单链蛋白质，是一种丝氨酸蛋白酶且专一性较强，Df 的功能是酶解结合在 C3b 上的 Bf，将 Ba 释放，余下的 Bb 仍与 C3b 结合为补旁路途径转化酶 C3bBb。

4）C3、C4、C5 家族：C3、C4 和 C5 属于含硫酯键的α_2-巨球蛋白超家族，三者之间具有高度同源性。C3 是哺乳动物补体系统的激活和效应中心，补体系统的三大激活途径在 C3 汇聚并产生效应作用。通过特异性结合位点 C3 可与许多补体和非补体因子相互作用，C3 发挥功能主要通过蛋白酶水解切割后其构象的变换来完成。硬骨鱼 C3 表现出同型多样性。例如，在斑马鱼中发现了三个 C3 分子，即 C3-1、C3-2 和 C3-3，然而它们功能上的差异尚不明确。C4 在哺乳动物中具有两种亚型：C4A 和 C4B，在激活经典途径和凝集素途径中起到关键性的作用。三条补体激活途径均会导致 C5 的裂解而产生过敏毒素 C5a 和 C5b，C5a 是炎症反应的重要介质和趋化因子，其生物活性有利于加强机体的防御功能，但由此引起的炎症反应也可对机体造成损害。C5b 随后与 C6、C7、C8、C9 组装形成攻膜复合物，导致溶菌和溶细胞等免疫效应。

（2）补体调节成分　　补体调节成分是存在于血浆和细胞膜表面的蛋白质分子，通过调节激活途径中的关键酶来控制补体级联反应的程度和范围。调节蛋白可分为两类：一类是可溶于体液的调节分子，包括 C1 抑制剂（C1 inhibitor，C1-INH）、C4 结合蛋白（C4 binding protein，C4bp）、备解素（properdin，P 因子）、I 因子（If）、H 因子（Hf）等；另一类是膜结合性调节分子，包括膜辅助因子蛋白（membrane cofactor protein，MCP）、衰变加速因子（decay accelerating factor，DAF）、同源限制因子（homologous restriction factor，HRF）和 CD59 等。

（3）补体受体　　补体受体是指可与相应的补体活性片段或调节蛋白结合，介导补体生物学效应的蛋白质，分布于血浆中和细胞膜表面，目前已知的补体受体有 10 种以上，包括 CR1-CR5、C3aR、C2aR、C4aR 等。

2. 补体系统的命名　　1968 年，世界卫生组织（WHO）补体命名委员会对补体进行了统一命名：补体激活经典途径中的固有成分按照发现顺序分别命名为 C1、C2、C3、C4、C5、C6、C7、C8、C9，其中 C1 由 C1q、C1r、C1s 三种亚单位组成；补体激活旁路途径及调节因子的成员用英文大写字母表示，如 B 因子、D 因子、P 因子、H 因子；补体调节成分常以其功能命名，如 C1 抑制物、C4 结合蛋白、衰变加速因子等；补体活化后的裂解片段在该成分的符号后加小写英文字母表示，如 C3a、C3b 等；激活的补体成分在 C 后的符号上划水平线表示，如 $\overline{C4b2a}$ 和 $\overline{C3bBb}$ 等；失活的补体片段在其符号前用英文字母 i 表示，如 iC3b 等；补体受体以结合对象命名，如 CR1 和 CR2 等。

3. 补体系统的理化性质　补体主要由免疫细胞（淋巴细胞）产生，成分多为糖蛋白，且多为β球蛋白；C1q、C8 等为 γ 球蛋白；C1s 和 Df 则是α球蛋白。血清中的补体蛋白约占血清总蛋白的 10%，含量相对稳定，但在某些疾病情况下补体总量或单一成分含量可发生变化，其中含量最高的 C3 约有 1mg/mL，而含量最低的 Df 仅有 1μg/mL。

补体性质不稳定，易受紫外线照射、机械振荡、酸碱、乙醇等多种物理化学因素的影响。补体固有成分对热较敏感，在室温下很快失活，经 56℃加热 30min 可使血清中绝大部分补体成分失活，称为灭活。在 0～10℃条件下，补体活性只能保持 3～5d，故补体长期保存时应在 −20℃条件下或冻干后保存。

（二）补体系统的激活途径

在正常生理情况下，大部分补体固有成分以非活化酶原的形式存在于血清等体液中，当受到抗原抗体复合物、外源微生物或病毒等激活物质刺激后，补体各成分才在转化酶作用下依次被活化，产生后续级联反应，形成多种补体成分的水解片段或组成具酶活性的新复合分子，直至靶细胞溶解。补体激活的主要途径有经典途径（classical pathway）、旁路途径（alternative pathway）及凝集素途径（lectin pathway），它们有共同的末端通路（terminal pathway）。目前，有颌脊椎鱼类的补体系统具有所有的三条补体途径和细胞溶解途径，并发挥与哺乳动物中补体系统相似的作用。

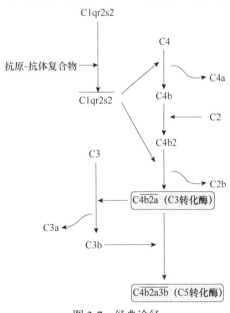

图 3-7　经典途径

1. 经典途径　经典途径是第一个被发现的途径，又称为传统途径或第一途径，由一种称为 C1 的血浆蛋白与结合在微生物或其他结构表面的抗体 IgG 或 IgM 结合而激活，由于该途径的激活需要 Ca^{2+}、Mg^{2+} 的参与，且依赖于特异性抗体的存在，故在初次感染的中晚期发挥作用，也是进化过程中出现最晚的补体激活途径（图 3-7）。

（1）启动阶段　C1 是补体经典途径的起始点，由 1 个 C1q、2 个 C1r 和 2 个 C1s 分子组成，是补体系统中相对分子质量最大的复合物。抗体与抗原结合后发生构象改变，从而暴露出 Fc 片段，具有识别功能的 C1q 与 2 个以上的抗体 Fc 片段结合可以改变构型，并激活连接的 C1r，被激活的 C1r 在 Ca^{2+} 存在下进一步活化 C1s 的丝氨酸蛋白酶，并启动补体活化的经典途径。

（2）活化阶段　活化阶段的 C1s 在 Mg^{2+} 存在下将 C4 裂解成 C4a 和 C4b，小片段 C4a 进入液相，大片段 C4b 通过游离的硫酯位点共价结合到紧邻抗原抗体结合处的细胞表面。在 Mg^{2+} 存在的情况下，C2 结合到 C4b 上，导致 C1s 将 C2 裂解成 C2a 和 C2b，C2a 可与 C4b 结合成 $\overline{C4b2a}$，即经典激活途径中的 C3 转化酶（C3 convertase）。C3 是血清中含量最丰富的蛋白质之一，在补体活化中起着核心作用。C3 转化酶使 C3 裂解为 C3a 和 C3b，这是补体活化级联反应中的关键性步骤，其产物 C3a 片段游离于液相，与炎症应答有关。新生的 C3b 大部分与水分子作用被降解，不再参与后续补体激活途径，只有约 10% 的 C3b 可与 C4b2a 结合，形成 $\overline{C4b2a3b}$，即 C5 转化酶（C5 convertase）（图 3-7）。

（3）效应阶段　效应阶段又称为攻膜阶段或共同末端通路，是补体级联反应的终末阶段。C5 在 C5 转化酶 $\overline{C4b2a3b}$ 的作用下裂解为 C5a 和 C5b，较小的 C5a 片段是一种过敏性毒素，通过吸引吞噬细胞到感染部位而促进炎症过程。较大的片段 C5b 则与血清中的 C6 结合形成 C5b6。该复合物在体液中是游离的，并与 C7 自发结合成 C5b67，继而发生亲水-疏水两性转化，暴露膜结合位点，并与附近细胞膜脂质层非特异性结合。C5b67 插入细胞膜的疏水性脂质双层，可与 C8 分子结合形成 C5b678 复合物，能稳定附着于细胞表面，并能促进与 12～15 个具有聚合倾向的 C9 分子的结合，形成一个内径约 11nm、贯穿靶细胞膜的跨膜通道（C5b6789），称为攻膜复合物（MAC）。

攻膜复合物形成后，通过破坏局部磷脂双层形成亲水性的跨膜通道，使水、离子及可溶性小分子通过该通道自由进出，可使大量 K^+ 外溢，大量 Ca^{2+} 被动扩散到胞内。最后，由于细胞内胶体的渗透压高于细胞外，大量水分流入，导致细胞内渗透压降低，细胞逐渐膨胀，最终破裂。

2. 旁路途径　旁路途径也称为替代途径。与经典途径不同，旁路途径直接被病毒、细菌、真菌激活，不依赖于抗体。在 B 因子、D 因子、P 因子（备解素）作用下，C3 裂解产生的 C3b 直接与激活物结合从而启动一系列补体酶促连锁反应，形成 C3 转化酶和 C5 转化酶，启动攻膜复合物的形成和细胞溶解（图 3-8）。从 C3 开始激活的替代途径是物种进化过程中最原始的补体激活形式。研究显示适应性免疫系统建立在有颌类脊椎动物进化的早期，而补体系统却有更早的起源，在无颌脊椎动物七鳃鳗和盲鳗中发现了原始的旁路途径。

旁路途径从 C3 活化开始，正常生理状态下，血清中的蛋白酶缓慢水解 C3 形成 C3a 和 C3b，这种自发产生的 C3b 绝大多数在液相中很快被灭活，但如果与稳定物（如细菌活化表面）结合，提供与之结合的固相界面可以延长其半衰期，这有利于与液相中的 B 因子结合形成 C3bB。在 Mg^{2+} 存在的情况下，结合的 B 因子被 D 因子裂解为 Ba 和 Bb，小片段的 Ba 进入液相，而 Bb 仍与 C3b 结合，形成 C3bBb，最后在 P 因子的作用下，形成旁路途径的 C3 转化酶 $\overline{C3bBbP}$。

C3bBb 不稳定，在正常血清中存在 H 因子和 I 因子两种抑制因子，H 因子可以将 C3bBbP 裂解为 C3b 和 BbP，然后 I 因子将 C3b 灭活。但在旁路途径中，备解素（P 因子）可结合于细菌表面，稳定 C3b 与 Bb 结合形成 C3bBbP，防止其被降解。C3 转化酶将更多的 C3 裂解成 C3a 和 C3b，新生的 C3b 一方面与 B 因子结合，活化 D 因子，可与 Bb 结合为新的 C3bBb 而导致旁路途径的放大，这被称为 C3b 的正反馈作用。另外，额外的 C3b 与 C3bBb 结合形成 $\overline{C3bnBb}$（$n \geq 2$），这就是旁路途径的 C5 转化酶。随后的末端通路与经典途径完全相同（图 3-8）。

3. 凝集素途径　凝集素途径又称 MBL 途径（MBL pathway），与经典途径的过程相似。其差别在于，该途径的激活剂不是抗原-抗体复合物，而是由血浆中的 MBL 识别微生物糖蛋白和糖脂上的甘露糖残基，或者由纤胶凝蛋白（ficolin，FCN）启动（图 3-9）。MBL 所识别的糖结构在正常哺乳动物细胞表面相当少见，但它却是细菌、病毒、真菌、寄生虫等病原微生物的常见组分。近年来的研究表明，MBL 除了可引起补体激活，也有部分调理作用。

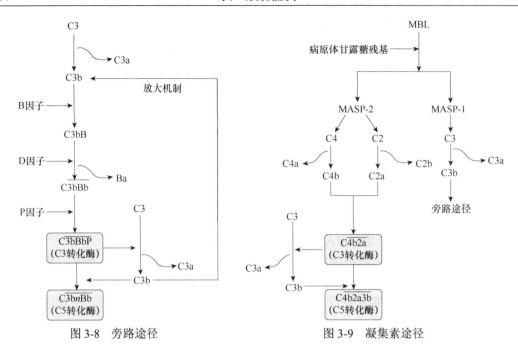

图 3-8　旁路途径　　　　　　　　　　图 3-9　凝集素途径

　　在选择性识别病原体表面的糖结构后，MBL 和 FCN 改变构象，并依次活化 MBL 相关丝氨酸蛋白酶（MBL-associated serine protease，MASP）MASP-1 和 MASP-2，活化的 MASP-2 在结构上与 C1r 及 C1s 类似，显示丝氨酸蛋白酶活性。进一步裂解并激活 C4 及 C2，两者结合产生与经典途径相同的 C3 转化酶 $\overline{C4b2a}$，裂解 C3 生成 C5 转化酶 $\overline{C4b2a3b}$，最终进入补体激活的末端途径。此外，激活的 MASP-1 可以直接裂解 C3，产生 C3b 激活旁路途径。

　　4. 三条补体激活途径的比较　　补体系统作为先天性免疫的重要组成部分，在生物进化和发挥抗感染的过程中，最先出现的是旁路途径，然后是凝集素途径，最后才是依赖抗体的经典途径，这三条途径的激活起点不同，但存在共同之处且相互交叉，并具有同样的末端通路，又有各自的特点，见表 3-2 和图 3-10。

表 3-2　三条补体激活途径的比较

比较项目	经典途径	旁路途径	凝集素途径
激活物	抗原-抗体复合物（免疫复合物，如 IgG 或 IgM）	细菌、真菌或病毒感染细胞	多种病原微生物表面的 N-氨基半乳糖或甘露糖残基
起始成分	C1	C3	C2、C4
参与成分	C1～C9	C3、B 因子、D 因子、P 因子、C5～C9	C2～C9、MBL、MASP
所需离子	Ca^{2+}、Mg^{2+}	Mg^{2+}	Ca^{2+}
C3 转化酶	$\overline{C4b2a}$	$\overline{C3bBbP}$	$\overline{C4b2a}$
C5 转化酶	$\overline{C4b2a3b}$	$\overline{C3bnBb}$	$\overline{C4b2a3b}$
生物学效应	在特异性免疫效应阶段发挥抗菌、抗病毒、溶胞、免疫黏附和调理促噬、炎症介质作用	参与非特异性免疫，在感染早期或初次感染发挥作用	对经典途径和旁路途径具有交叉促进作用，无需抗体即可激活补体，在感染早期发挥作用

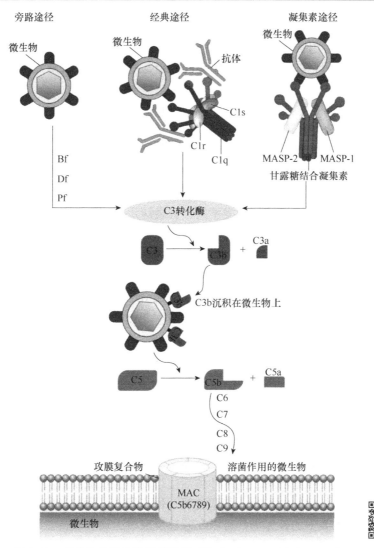

图 3-10　三条补体激活途径示意图（改自 Zhang and Cui，2014）

（三）补体激活的调节

补体系统参与体内许多生物反应，其激活过程有级联放大效应。如果补体激活反应过度，会扰乱机体的正常免疫活动，甚至造成组织和细胞损伤。因此，维持补体系统激活与抑制之间的平衡尤为重要。在补体系统中有 10 多种补体调节因子，包括血清和细胞膜存在的补体调节蛋白和补体受体，因子间相互作用，当受到外界病原体刺激时会共同完成补体适度的激活及平衡调控。

1. 针对补体激活途径识别和活化阶段的调节　　C1 抑制因子（C1-INH）为丝氨酸蛋白酶抑制剂家族成员，这种单链糖蛋白也称 α_2 神经氨酸糖蛋白，可以与 C1r、C1s 和 MASP-2 结合形成稳定的复合物，改变 C1 或 MASP-2 的构象，抑制经典途径和凝集素途径的激活。

Ⅰ 因子为异源二聚体血清蛋白，可阻止补体不必要的激活，最常见的方式就是限制 C3b 及 C4b 的活性，降解 C3 及 C5 转化酶，从而抑制后续通路活化。该因子可在 C4bp、CR1 等辅助因子的协助下将 C3b 和 C4b 裂解，从而消除其活性并控制补体系统的活化。

C4 结合蛋白（C4 binding protein，C4bp）可基于两种方式抑制补体，一是抑制 C3 转化酶的形成；二是强化 I 因子以降解 C4b。

H 因子是单链糖蛋白，可起到一定的协同作用，提高 I 因子降解 C3b 的水平，这样可以抑制 C3 转化酶的形成。

衰变加速因子（DAF、CD55）是一种常见的膜蛋白，相关研究表明其表达范围广，具有促进 C3 转化酶衰变的功效，也可竞争性抑制 B 因子与细胞膜上的 C3b 结合，抑制旁路途径 C3 转化酶在自身细胞膜上形成。

膜辅助因子蛋白（MCP、CD46）为一类单链跨膜糖蛋白，其在很多细胞的膜表面都有分布，如粒细胞、NK 细胞、造血细胞系、成纤维细胞、表皮细胞、内皮细胞及星状胶质细胞中表达水平都较高，不过细胞的种类不同，其表达水平也存在差异。

2. 针对补体激活效应阶段的调节　　S 蛋白（S protein，SP）为单链糖蛋白，这种蛋白可以竞争性结合 C5b67，从而使得后者失活，这样可保护补体附近的细胞，避免受到免疫破坏。

SP40/40 为血浆中的 α 糖蛋白，分子质量为 80kDa，由分子质量均为 40kDa 的 α 和 β 亚单位所组成，所以称其为 SP40/40。它可与 C5b67、C5b678 或 C5b6789 结合，可以抑制攻膜复合物的形成。相关研究表明 SP40/40 与 S 蛋白存在协同作用，改变攻膜复合物的性质，从而消除其溶解作用。

同源限制因子（homologous restriction factor，HRF）又称 C8 结合蛋白（C8bp）或 CD59，在红细胞、血小板这类细胞上都分布广泛，它可以阻止 C5b678 中的 C8 与 C9 结合，从而降低了 MAC 孔道出现的可能性，这样可对细胞起到保护作用。

二、补体的生物学功能

被激活的补体系统具有多种功能，这些作用是通过激活三条途径和调理来介导的，最终组装攻膜复合物，促使细胞溶解。同时补体活化过程中会形成不同类型的裂解片段，这些片段的免疫途径主要包括病原的吞噬、细胞溶解、体液调节，同时溶解菌体等。就目前来说，与哺乳动物类似，鱼类中的补体同样可以在急性反应时上调并发挥上述功效。

（一）溶胞作用

补体系统在不同模式下被激活后，都可以在黏附的细胞表面产生 MAC，这样会明显地改变细胞的渗透压，从而在一定压力的作用下促使细胞破裂溶解，这种现象称为溶胞作用。在机体的抗病原、抗寄生虫过程中，这种作用有重要意义。

在一定的免疫激活后，抗体可特异性地定位于靶细胞上，且促使补体激活，而在其激活情况下会介导 MAC 效应进而促使细胞溶解。各项研究已经证明了鱼类补体的杀菌活性，鱼类补体对无致病性的革兰氏阴性菌高度敏感，可以将其高效杀灭，但对致病性较强的革兰氏阴性菌和革兰氏阳性菌则作用较差，这种对补体攻击敏感性的差异与这些细菌的细胞膜中不同的组分有关。在哺乳动物中唾液酸含量高的病原体如沙门菌，比非致病性革兰氏阴性菌激活补体的能力要低，唾液酸含量高的表面被认为是宿主细胞，而那些表面缺乏唾液酸的被认为是入侵细菌，因为非致病性革兰氏阴性菌含唾液酸水平较低。此外，LPS 已被证明是某些革兰氏阴性菌表面的毒力决定结构之一，可能使细菌对补体介导的杀伤产生抵抗力。根据宿主和病原体的类型，细菌可以激活经典途径或旁路途径，但目前在这些研究中没有表明病原菌是否能激活凝集素途径。

此外，补体还可以在抵御寄生虫感染的免疫反应中发挥作用。虹鳟皮肤和血清中存在的补体很容易被单殖吸虫富含碳水化合物的外层激活，导致寄生虫迅速被杀死。

（二）调理作用

补体活化后形成的 C3b、C4b 片段可结合细菌，通过与吞噬细胞（如中性粒细胞、巨噬细胞）表面之间相应的补体受体相互作用来介导调理作用，从而促使吞噬细胞吞噬入侵的病原体。在机体防御感染过程中，这种提升吞噬细胞摄取作用的机制有重要的意义，和机体的免疫力密切相关。通过比较热灭活血清和正常血清对白细胞吞噬活性的影响，可以研究任一组分的调理作用，各方面的调理素都可以单独发挥调理作用，在一定条件下还可以协同而发挥更强的调节效果。补体介导的调理作用已经在各种鱼类中观察到，某个病原体是否被补体调理取决于宿主和涉及的病原体类型。遗憾的是，对有关鱼类调理过程的机制仍然知之甚少，正如其溶胞作用一样，鱼类补体系统似乎主要针对非致病细菌表现出高效的调理活性，而致病菌则通过阻止补体蛋白在其表面沉积来躲避补体的调理作用。

（三）介导炎症作用

在哺乳动物中，补体活化会产生多种具有炎症介质作用的过敏毒素如 C3a、C4a 和 C5a 等。这些过敏毒素的活性以 C5a 作用最强，C3a 次之，其可以与肥大细胞和嗜碱性粒细胞表面的相应受体结合，导致靶细胞的脱颗粒反应，从而暂时释放组胺和其他生物活性物质，产生各方面的过敏症状，主要包括血管扩张、平滑肌收缩等。此外，C5a 可以高效地趋化中性粒细胞，同时可促使其释放出氧自由基或向炎症部位聚集；C2a 具有激肽样作用，进而导致炎症反应区域出现大量的充血和水肿。

有研究表明，虹鳟 C3-1、C3-3 和 C3-4 这三种变体均能刺激鳟头肾细胞的呼吸爆发；鳟和日本鳗鲡的补体激活产生对白细胞有趋化活性的因子；硬骨鱼类 C5a 的功能和哺乳动物中的 C5a 很相似，研究表明鳟 C5a 会导致白细胞呼吸爆发，而人 C5a 并不能诱导鲟白细胞活性，表明 C5a 的调节作用和动物种类存在相关性。目前这些趋化片段的性质尚不清楚，今后仍需要更多的研究来确定鱼类过敏性毒素系统的细胞和分子机制。

（四）清除免疫复合物

补体系统参与免疫复合物（immune complex，IC）的消除。一方面，在抗原抗体结合的初期，C3b 与 C4b 共价结合到免疫复合物上可阻止后者之间的相互作用，防止免疫复合物沉积。另一方面，免疫复合物可吸附在补体受体细胞（如红细胞）上，可通过 C3b 受体结合到红细胞和血小板的表面，从而被补体系统转运到肝和脾中的吞噬细胞处，促进免疫复合物的清除，防止相关疾病的发生。在鱼类中，抗原被捕获至脾和肾的黑色素巨噬细胞中心（melano-macrophage center，MMC），并在脾其他结构分子的协助下将免疫复合物清除。

（五）其他功能

补体系统还具有其他各方面的功能，如其可对细胞进行趋化，同时也影响到凝血系统。鱼类胚胎发育时很多器官中都会不同程度地表达补体。根据补体成分的多态性和补体调节的复杂性，其和鱼体受伤再生、信号通路转导及物质代谢都存在相关性。

第四节　非特异性免疫研究热点

非特异性免疫是一个很大的范畴，它包括体表的物理屏障，如黏膜等，体内的免疫细胞、免疫相关分子、抗菌肽、干扰素等，还包括免疫相关的信号通路，如经典的三大通路等。本节将以由体外到体内，由细胞到分子，再到信号通路的方式，简述近年来鱼类中非特异性免疫的研究热点。

一、鱼类物理屏障相关的研究热点

鱼类体表物理屏障中与先天性免疫有关的且为当下研究热点的，只有黏膜免疫的相关研究，基于此，下面以黏膜免疫的研究热点为主。动物的大多数感染始于黏膜上皮或受黏膜上皮的影响。脊椎动物的黏膜免疫系统由一系列独特的先天性和适应性免疫细胞与分子组成（图 3-11），这些细胞和分子发挥协同作用以保护宿主免受病原体的侵害。

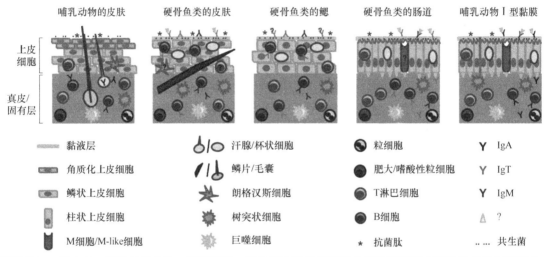

图 3-11　硬骨鱼类皮肤、鳃和肠道，以及哺乳动物皮肤和 Ⅰ 型黏膜表面之间的相似性与差异性图示（改自 Gomez et al.，2013）

鱼类皮肤是抗菌免疫的第一道防线，在维持内环境稳态和防止病原入侵方面起着重要的作用。对嗜水气单胞菌感染的鲫皮肤进行了转录组分析，发现有 118 111 个差异表达基因，对这些基因进行代谢通路富集后发现，其主要参与了 TLR、MAPK、JAK-STAT 等关键先天性免疫代谢途径。对大西洋鳕的皮肤进行转录组分析，发现皮肤中涉及抗菌、抗病毒和细胞因子的产生等相关免疫反应的基因均具有较高的表达量。对鞍带石斑鱼（*Epinephelus lanceolatus*）、波纹短须石首鱼（*Umbrina cirrosa*）、金头鲷（*Sparus aurata*）及欧洲舌齿鲈（*Dicentrarchus labrax*）的皮肤黏液进行了分析，发现被检测的鱼皮肤黏液中均含有 IgM 抗体和溶菌酶、过氧化物酶、碱性磷酸酶、蛋白酶等与免疫相关的酶类，以共同防御病原体的感染。这些研究表明，鱼类皮肤在抵御病原感染方面发挥了重要的作用，一系列与病原免疫相关的基因是皮肤抗菌免疫的基础。

虹鳟的皮肤黏膜局部分泌免疫球蛋白（immunoglobulin, Ig）IgT，其功能类似于哺乳动物的 IgA，参与局部适应性免疫应答，IgT⁺ B 细胞在皮肤黏膜抗细菌、病毒和寄生虫感染的适应性免疫应答中起主导作用。因此，虹鳟的皮肤不仅能对病原体感染产生先天性免疫应答，而且能产生适应性免疫应答，在鱼类黏膜免疫反应中起着主要的作用。在寄生虫感染后，鳟咽黏膜（PM）中出现了强烈的寄生虫特异性黏膜 IgT 和 IgT$^+$ B 细胞免疫反应的明显增强，这首次证明了非哺乳动物咽器官中存在局部黏膜免疫球蛋白反应，且黏膜 IgS 在硬骨鱼类咽部细菌免疫排斥中发挥了关键作用。

　　肠道作为先天性免疫系统的重要发生场所，肠细胞及其免疫因子，如促炎性细胞因子、肿瘤坏死因子 α（TNF-α）、白细胞介素-6（IL-6）、抗炎性细胞因子、IL-10 和转化生长因子 β（TGF-β）等，能够维护肠道的免疫稳态。经过对比草鱼感染嗜水气单胞菌前后的肠道转录组，发现 315 个基因在感染细菌后上调（如 CCR4、IL8、RRM2 等），234 个基因下调（如 ELA2、RASA1、SERCA 等）；对差异表达基因的功能富集结果显示，这些基因主要参与了炎症反应、趋化因子和免疫细胞分化等过程。对感染爱德华菌（Edwardsiella ictaluri）的斑点叉尾鲴后肠进行转录组分析，发现肌动蛋白细胞骨架聚合、重塑和连接调节与炎症反应等相关基因发生了表达响应，显示了肠道在鱼类抗菌免疫中扮演了重要角色。

　　研究人员还报道了其他鱼类的黏膜免疫。Maria 等通过鲈形目鱼类发现了鱼腥藻能很好地调节免疫球蛋白反应,诱导动物全身血清 IgM 滴度升高，以及皮肤黏液局部 IgT 反应。Sheng 等发现 pIgR 可以通过牙鲆的跨细胞作用将黏膜 IgM-OVA 复合物从固有层穿过肠上皮传递到肠道黏液中，为 pIgR 介导的 IgM 抗原复合物的免疫排除提供了直接证据，也为进一步了解 pIgR 在硬骨鱼类黏膜免疫中的作用提供了直接证据。

　　除鱼类外，虾的黏膜免疫也有相关研究。Rod 等揭示了虾鳃的免疫防御类似于一种原始的黏膜免疫。他们敲除了虾的 C 型凝集素（MjCGTL），导致虾免疫系统受损，表现为鳃黏液凝集能力受损，鳃抗菌肽、甲壳素和对虾抗菌肽下调。因为 MjCGTL 基因被敲除，虾的免疫功能受损，失去了对附着和穿透细菌的反应能力。

　　鱼类黏膜是鱼类非特异性免疫的第一道防线，它涉及大量的细胞因子和免疫细胞。由黏膜引发的鱼类疾病很多，也很普遍。因此，鱼类黏膜免疫是当下的一大研究热点，需要人们进行更多的研究和探索，以弄清黏膜免疫的机制。

二、鱼类免疫细胞相关的研究热点

　　关于鱼类免疫细胞的研究热点，主要集中在鱼类吞噬细胞和树突状细胞研究两个方面。单核巨噬细胞与中性粒细胞是鱼类中两大类重要的吞噬细胞，具有吞噬和杀伤功能，也分泌免疫相关的细胞因子，介导炎症反应的发生。单核细胞迁移出血管至各组织中，发育为巨噬细胞。

（一）鱼类吞噬细胞的研究热点

　　1. 巨噬细胞　　所有脊椎动物的免疫系统都完整地依赖于巨噬细胞系细胞，尽管哺乳动物中功能不同的巨噬细胞亚群和谱系的个体发育已较为清楚，但在水生脊椎动物（如硬骨鱼类）中仍有待研究。鱼类的巨噬细胞种类繁多，当机体遭受细菌和寄生虫感染时，可分泌多种细胞因子和二十碳四烯酸等以抵御病原菌感染。当鱼体遭受病原菌感染时，巨噬细胞发生吞噬作用，会引起呼吸爆发，同时产生肿瘤坏死因子。细胞吞噬作用及活性氧代谢吞噬细胞表面受体可与病原菌或其自身产生的趋化因子相结合，激活其酯酶和磷酸戊糖途径（HMP），使细胞内 Ca^{2+} 大量流失，导致微丝和微管装置推动细胞向病原菌的方向迅速移动，称为趋化作用。而调理作用是指抗体和补体等调理素与病原体相结合或覆盖于病原体的表面，通过与巨噬细胞表面 Fc 受体或补体受体结合，从而促成吞噬细胞对病原菌的吞噬作用。当吞噬作用被激活后，将会产生一系列的代谢产物，如活性氧（ROS）、一氧化氮（NO）、相关酶和细胞因子。此外，机体受到外源刺激时，巨噬细胞可通过识别并传递抗原、调节淋巴细胞的活性及控制自身的增殖与分化等途径来对机体免疫系统进行调控。许多研究证明，当鱼体遭受外源刺激时，其吞噬细胞可大量吞噬异物并分泌活性物质与巨噬细胞共同形成聚集体，以保护机体不受损伤。

鱼类中巨噬细胞受不同信号分子调控的研究报道相对较多。细胞因子在硬骨鱼类巨噬细胞的激活与分化中具有重要作用。例如，IL-4、IL-13 及 γ 干扰素与巨噬细胞激活、分化和极化有关。这些细胞因子参与巨噬细胞极化为 M1 和 M2 型巨噬细胞的过程，也证明鱼类中同样存在与哺乳动物类似的 Th1 和 Th2 类免疫反应。单核巨噬细胞不仅在固有免疫中发挥吞噬作用，还在适应性免疫中作为抗原呈递细胞（APC）发挥作用。巨噬细胞可以被多种细胞因子（IL-1、IFN-γ 等）活化，分泌杀伤物质直接杀死靶细胞。

鲤通过产生可溶性 CSF-1 受体（sCSF-1R）来控制其对巨噬细胞的 CSF-1（推测为 IL-34）响应。这种可溶性受体通过选择性剪接而产生，能够消融巨噬细胞增殖和巨噬细胞介导的炎症反应。sCSF-1R 是由成熟的巨噬细胞（而不是单核细胞）产生的，以响应经典的 M2 型巨噬细胞极化刺激，如凋亡细胞，并有效地消融一系列炎症事件，包括白细胞浸润，巨噬细胞的趋化性、吞噬功能，活性氧中间产物的产生和白细胞的募集。

哺乳动物肿瘤坏死因子 α（TNF-α）参与广泛的免疫作用。与哺乳动物相似，硬骨鱼类 TNF-α 是鱼类 M1 型巨噬细胞的可靠标记物。大多数鱼类具有多种 TNF-α 亚型。这些 TNF-α 亚型具有促炎作用，如增强炎症基因表达、巨噬细胞趋化性和吞噬功能，并诱导吞噬细胞活性氧和氮中间产物的产生。TNF-α 在鱼类炎症反应和 M1 型巨噬细胞免疫反应中的作用也在斑马鱼、比目鱼和鳟中得到证实。

2. 中性粒细胞　　中性粒细胞是鱼类固有免疫的重要细胞，鱼类中性粒细胞与哺乳动物中性粒细胞的功能相似，具有活跃的吞噬和杀伤功能，通常是组织损伤或感染部位的第一反应者，但其吞噬能力一般比单核巨噬细胞弱。中性粒细胞依靠中性粒细胞胞外诱捕网（neutrophil extracellular trap，NET）（由 DNA 和抗菌蛋白组成）在固有免疫应答中阻拦并消除病原体，目前已经在鲤中被发现，是固有免疫的重要部分。中性粒细胞可以通过释放细胞因子来调节对感染的促炎症反应，这些细胞因子可以招募和激活其他免疫细胞。中性粒细胞减少，宿主对多种细菌和真菌感染的易感性增加，表明中性粒细胞在宿主抵御感染方面具有重要作用。

中性粒细胞在分枝杆菌感染中起保护作用，这与它们的吞噬能力无关。虽然中性粒细胞被招募到感染灶，但细菌只存在于巨噬细胞内，而不存在于中性粒细胞中。然而，中性粒细胞的耗竭导致感染的严重程度增加。这些发现表明中性粒细胞在对分枝杆菌的免疫反应中具有免疫调节作用，而不是中性粒细胞在细菌杀灭中发挥直接作用。但在铜绿假单胞菌感染斑马鱼后，中性粒细胞却可以吞噬细菌，与海分枝杆菌（*Mycobacterium marinum*）感染的情况相反。研究者将假单胞菌局部注射到斑马鱼幼体的卵圆孔内可诱导中性粒细胞募集，并且约 65% 的中性粒细胞含有吞噬细菌，且中性粒细胞的耗竭导致易感性增加。

（二）鱼类树突状细胞的研究热点

在哺乳动物中，树突状细胞（dendritic cell，DC）是先天性免疫系统和适应性免疫系统之间的关键环节。尽管树突状细胞在协调哺乳动物免疫反应中起着至关重要的作用，但它们在非哺乳动物的脊椎动物中是否存在及其发挥什么功能在很大程度上是未知的。已有研究者发现从硬骨鱼类到哺乳动物，负责抗原呈递的细胞成分非常保守，并表明斑马鱼可作为研究APC 亚群起源、先天性免疫系统到适应性免疫系统的联系和进化的独特模型。关于黏膜树突状细胞的研究最近十分热门。Julio Aliberti 等发现肠黏膜树突状细胞能诱导免疫耐受。

三、鱼类抗菌物质的研究热点

（一）抗菌肽的研究热点

抗菌肽是一种多功能小分子肽，其在体内的基本生物学作用是清除革兰氏阳性和阴性菌、真菌与病毒等病原微生物。编码这些肽的基因在宿主的多种细胞中表达，包括吞噬细胞和黏膜上皮细胞，在先天性免疫系统中显示出广泛的用途。

Cathelicidin 抗菌肽（CAMP）是脊椎动物固有免疫系统的重要组成部分。虽然在哺乳动物中进行了广泛研究，但对其在鱼类中的结构和功能知之甚少。Zhang 等在鳟中发现了一种独特的类 cathelin 结构域，为理解脊椎动物 CAMP 的进化提供了新的视角。

（二）补体系统的研究进展

大多数体外发育的鱼胚胎暴露在一个充满微生物的水环境中。在适应性免疫系统不发达的情况下，这些鱼类能活下来，其补体系统起了相当重要的作用。

1. 补体在哺乳动物中的研究进展　　补体与 TLR 协同作用在黏膜部位得到证实。事实上，在小鼠牙龈组织中，通过局部联合注射特定激动剂（C5a 和 TLR2 配体 Pam3Cys）同时激活 C5aR 和 TLR2，可诱导 TNF、IL-1β、IL-6 和 IL-17A 表达，其 mRNA 和蛋白质水平显著高于单独激活每个受体。

巨噬细胞中，补体受体 3（CR3、CD11b/CD18）可调节利用 MyD88 适配器 Mal 作为接合器，即 TLR2 和 TLR4。具体地说，CR3 的外-内信号可激活 ADP 核糖基化因子 6（ARF6），并诱导磷脂酰肌醇 5 激酶（PI5K）产生磷脂酰肌醇-（4，5）-二磷酸（PIP2），从而通过 PIP2 结合域促进 Mal 靶向膜结合的 PIP2。Mal 随后可促进 MyD88 被招募至 TLR2 或 TLR4，以启动 MyD88 依赖性信号。

2. 补体系统在鱼类中的研究进展　　补体系统在哺乳动物和鱼类中有很大不同，目前，鱼类中补体系统的研究报道较少，其作用还不是很清楚。与哺乳类相比，鱼类的补体存在多种亚型，可以识别更多的外源细胞表面。C3 是鱼类补体系统的主要成分，可以调理中性粒细胞的吞噬作用。无颌鱼类的 C3 只能通过替代途径激活，促进细胞吞噬。补体 C5 可介导炎症反应中靶细胞的溶解过程。补体 C6 是免疫反应的重要感受器和效应器，参与消除感染细胞的过程。补体 C7 在补体激活及效应过程中，作用于靶细胞膜上，发挥杀伤作用，属于效应分子。由于补体经典途径的激活需要抗原-抗体复合物的出现，所以补体也参与调节性 T 细胞介导的适应性免疫应答。

利用斑马鱼新受精卵制备的卵胞质，可杀灭大肠杆菌。经研究发现，其主要是通过补体介导的细菌溶解作用，使补体系统通过替代途径运行。

最近利用斑马鱼胚胎动物模型来测试尿毒症血清与对照组的毒性来研究补体途径的作用，发现将斑马鱼受精后 24h 的胚胎暴露于以水与人血清（3∶1）配制的培养基中，与对照相比，暴露于尿毒症患者血清中 8h 内的存活率显著降低。而使用抗 B 因子（一种替代补体途径的特异性抑制剂），降低了尿毒症血清的毒性，使斑马鱼胚胎存活率上升。这一结果显示，至少有些尿毒症的毒性是通过补体介导的。

（三）鱼类干扰素的研究热点

干扰素（interferon，IFN）是一种非常强大的细胞因子，通过直接诱导抗病原体的分子来调控炎症和免疫应答，在对抗病原体感染中起着关键作用。干扰素分为 I 型、II 型和III型三类。鱼类和哺乳动物一样，也具有三种干扰素。

早期通过研究虹鳟中存在三个 *IFN1* 基因的可变剪接转录本，首次在脊椎动物中证明，干扰素基因的选择性剪接可以产生功能性的细胞内 IFN（iIFN）。同时证明，鱼类具有一个功能正常的 iIFN 系统，可以作为一种新的防御手段来对抗病毒感染。

最近有研究者发现，草鱼呼肠孤病毒（GCRV）VP41 通过抑制 IFN 调节因子 3（IRF3）激活介体（MITA）的磷酸化来抑制鱼类 IFN 的产生。感染 GCRV 后，VP41 抑制了宿主 IFN 的转录，促进了病毒 RNA 的合成，证明了 GCRV VP41 通过减弱 MITA 的磷酸化来阻止鱼类 IFN 转录。有研究者发现哺乳动物和爬行动物之间不存在一对一的同源关系，同时在有颌脊椎动物祖先中，IFN1 的多样性是通过快速的生灭过程产生的，从而揭示了一个新的干扰素进化模型。

除了抗菌肽、干扰素等，细胞因子也参与免疫防御。鱼类中已鉴别出的细胞因子有白细胞介素（interleukin，IL）、干扰素（IFN）、转化生长因子-β（TGF-β）、趋化因子（chemokine）等。

目前已经报道的鱼类白细胞介素中 IL-1β、IL-6 等具有促炎作用，IL-10 具有抗炎作用，IL-21 参与 T 细胞的增殖/分化，IL-12 刺激 NK 细胞激活。由此可见，白细胞介素在鱼类固有免疫和适应性免疫中均有不可替代的作用。IL-2 和 IL-6 优先驱动巨噬细胞分化。IL-2 可以诱导激活 T 细胞、B 细胞和 NK 细胞分泌 IFN-γ，促进 Th 细胞分化并分泌 IFN-γ 介导细胞免疫。在金头鲷中发现的 IL-6 对 TNF-α 的活化作用由 NF-κB、p38 MAPK 和 JNK 信号转导通路介导。TGF-β 家族在鲑鳟中已经成功分离，推测其可能与鱼类病毒免疫相关。

趋化因子是一类小分子（多为 8～10kDa）蛋白，如 IL-8、MCP-1 等，其具有定向细胞趋化作用。其在机体中既可促进机体炎症反应，又可控制机体在正常的修复和发育过程中发生的细胞迁徙，对机体的免疫调控具有重要作用。趋化因子存在于所有的脊椎动物与一些病毒及细菌中，而在无脊椎动物中则不存在。许多研究证明，在硬骨鱼类的虹鳟、鲤、鲇及比目鱼等中都有趋化因子的存在。趋化因子家族有 5 个亚家族，包括 CC 亚家族、CX$_3$C 亚家族、CXC 亚家族、XC 亚家族和 CX 亚家族。前 3 个亚家族在鱼类中均已发现，鱼类的趋化因子家族与哺乳类具有同源性，但是功能有所差别。趋化因子可促使白细胞参与炎症反应。CC趋化因子是趋化因子最大的亚家族，是先天性免疫系统的重要组成部分，具有招募白细胞和增强固有免疫应答的功能。在虹鳟中发现了趋化因子分形素（fractalkine）类似物，属于 CX$_3$C趋化因子，对单核细胞和 T 淋巴细胞有趋化作用。鲤 CXC 亚家族对中性粒细胞、吞噬细胞有趋化作用。鱼类趋化因子 CX 亚家族和 CX$_3$C 亚家族的报道较少。在无颌脊椎动物中，趋化因子是否介导白细胞趋化性尚未得到确切的研究结果。Zhu 等经研究发现，东北七鳃鳗（*Lethenteron morii*）的 CXC 基序趋化因子配体 8（CXCL8，又称白细胞介素-8）诱导其白细胞趋化，LmCXCL8 是一种结构性和诱导性的急性期细胞因子，它介导免疫防御并追踪趋化因子对原始脊椎动物的趋化作用。

四、非特异性免疫反应调控通路的研究热点

非特异性免疫反应的调控主要有三大通路，包括 Toll 样受体通路、NOD 样受体通路和 RIG 样受体通路。

（一）Toll 样受体的研究热点

鱼类 Toll 样受体（TLR）的主要特征及其信号级联反应与哺乳动物具有高度相似性。然而，鱼类 TLR 具有鱼类物种非常明显的特征和巨大的多样性，这可能是它们进化过程的复杂性和所处环境的多样性所致。例如，斑马鱼 TLR9（zebTLR9）和 TLR21（zebTLR21）具有不同的 CpG 寡核苷酸（CpG-ODN）序列识别特征。zebTLR9 的识别特征更接近于小鼠和兔的 TLR9，而 zebTLR21 的识别特征则更接近于人类和家畜的 TLR9。斑马鱼这两个受体均由 UNC93B1 调控，共同介导 CpG-ODN 诱导的斑马鱼免疫和抗菌反应。

早期研究者发现，斑马鱼 TLR5 作为一种由重复的基因产物 drTLR5a 和 drTLR5b 组成的异二聚体，其作用方式与其他物种的 TLR5 有很大不同，是因为斑马鱼复制的 TLR5 通过协同进化进行了亚功能化，形成一种独特的异源二聚体鞭毛蛋白受体。TLR 受体最主要的功能是抵抗病原体，为了探讨 TLR2 在分枝杆菌感染中的作用，有研究者分析了斑马鱼 TLR2 突变幼体对海分枝杆菌（*Mycobacterium marinum*）感染的反应，发现 TLR2 是一种抗分枝杆菌的保护因子。在人类中，TLR2 也可通过特异性途径参与海分枝杆菌感染。TLR2 蛋白在调控防御反应和新陈代谢的转录过程中起主导作用，预测 TLR2 蛋白对其他传染病原也发挥重要作用。

（二）NOD 样受体的研究热点

核苷酸结合寡聚化结构域（nucleotide-binding oligomerization domain，NOD）样受体（NLR）是一组细胞内病原体模式识别受体（PRR），在病原体识别和先天性免疫信号通路的激活中起着关键作用。

NOD 样受体在斑马鱼中研究得较多。利用斑马鱼建立了炎症性肠病（IBD）发病机制的遗传和环境方面的模型；报告了斑马鱼幼体肠道中 NOD 信号成分的特征；发现了 NOD1 或 NOD2 的缺失可降低肠上皮细胞中双氧化酶的表达，并损害了幼鱼排除细胞内细菌的能力。同样在石斑鱼中发现，NOD1 在 LPS 刺激后显著增强，而 NOD2 在 LPS 刺激后增加更为明显。这些研究表明，鱼类 NOD1 和 NOD2 参与了抗细菌和病毒感染的天然免疫。在鲤中鉴定出一个鱼类特异性 NLRC 基因（*CcNLRC*），人们发现 *CcNLRC* 可能在鲤抗病原入侵的天然免疫防御中发挥重要作用。

最近的研究表明，NOD2 与 RIPK2 和 MAVS 的联合作用在 NOD2 介导的 NF-κB 和 I 型 IFN 激活中具有增强作用。以上研究说明，硬骨鱼 NOD2 不仅可以感受到病原激活先天性免疫，而且可以与其他 PRR 相互作用，形成抗病毒天然免疫应答网络。

（三）RIG-I 样受体的研究热点

视黄酸诱导基因 I（RIG-I）样受体（RLR）在硬骨鱼类中较为保守。RIG-I、MDA5 和 LGP2 及下游分子如 MITA、TRAF3 和 TBK1，已在许多鱼类中被鉴定。

视黄酸诱导基因 I 作为一种细胞内模式识别受体（PRR），负责细胞内病毒核酸的识别和

Ⅰ型干扰素（IFN）的产生。研究者发现RIG-Ⅰa和RIG-Ⅰb在感染ssRNA病毒、鲤春病毒血症病毒（spring viremia of carp virus，SVCV）和细胞内革兰氏阴性菌迟缓爱德华菌感染后均明显上调，表明RLR在病毒和细菌的识别中发挥作用。还发现RIG-Ⅰa可能在RIG-Ⅰb/MAVS介导的信号通路中起到增强子的作用。RIG-Ⅰ还能够与NOD2相互协调进行抗菌和抗病毒，硬骨鱼类的DrNOD2和DrRIG-Ⅰ与哺乳动物具有相同的结构特征，激活DrRIG-Ⅰ信号可以诱导DrNOD2的产生，反之亦然。

　　RIG-Ⅰ通过调节宿主天然免疫信号通路在病毒感染应答中发挥重要作用。同时，RIG-Ⅰ也会受到其他分子的调节。例如，泛素特异性肽酶5（USP5）对斑马鱼具有抗病毒作用，同时还能提高RIG-Ⅰ的表达，并在poly（I：C）刺激后激活IFNφ1高水平表达。这说明USP5能够通过提高RIG-Ⅰ蛋白水平来激活更高水平的干扰素，从而实现抗病毒功能。因此，体内的抗病毒机制是一个很复杂的网络，需要许多免疫分子共同参与调节才能够完成。

主要参考文献

范泽军，邹鹏飞，姚翠鸾. 2015. 鱼类Toll样受体及其信号传导的研究进展. 水生生物学报，12(1)：174-184.

苏建国. 2020. 水产动物免疫学. 北京：中国农业出版社.

徐晴，李若铭，王桂芹. 2022. 益生菌对鱼类黏膜免疫影响的研究进展. 饲料工业，43(6)：5-8.

张艳敏，杨国坤，李克克，等. 2022. 鱼类黏膜层微生物研究进展. 水产学报，46(6)：1117-1127.

郑婉珊，胡晓倩，王雁玲，等. 2020. 胎盘屏障建立与维持的机制. 生理学报，72(1)：115-124.

Berman N, Lectura M, Thurman J, et al. 2013. A zebrafish model for uremic toxicity: role of the complement pathway. Blood Purif, 35(4): 265-269.

Chang M X, Zou J, Nie P, et al. 2013. Intracellular interferons in fish: a unique means to combat viral infection. PLoS Pathog, 9(11): e1003736.

Chen S N, Zou P F, Nie P. 2017. Retinoic acid-inducible gene Ⅰ (RIG-Ⅰ)-like receptors (RLRs) in fish: current knowledge and future perspectives. Immunology, 151: 16-25.

Daneman R, Rescigno M. 2009. The gut immune barrier and the blood-brain barrier: are they so different? Immunity, 31(5): 722-735.

Diamond G, Beckloff N, Weinberg A, et al. 2009. The roles of antimicrobial peptides in innate host defense. Curr Pharm Des, 15(21): 2377-2392.

Gomez D, Oriol S J, Salinas I. 2013. The mucosal immune system of fish: the evolution of tolerating commensals while fighting pathogens. Fish Shellfish Immunol, 35(6): 1729-1739.

Guro L, Olaf K E. 2016. Antigen sampling in the fish intestine. Developmental & Comparative Immunology, 64: 138-149.

Hajishengallis G, Lambris J D. 2016. More than complementing Tolls: complement-Toll-like receptor synergy and crosstalk in innate immunity and inflammation. Immunol Rev, 274(1): 233-244.

Hu W B, Yang S X, Shimada Y, et al. 2019. Infection and RNA-seq analysis of a zebrafish *tlr2* mutant shows a broad function of this toll-like receptor in transcriptional and metabolic control and defense to *Mycobacterium marinum* infection. BMC Genomics, 20(1): 878.

Lee E Y, Srinivasan Y, de Anda J, et al. 2020. Functional reciprocity of amyloids and antimicrobial peptides: rethinking the role of supramolecular assembly in host defense, immune activation, and inflammation. Frontiers in Immunology, 11: 1629.

Lu L F, Li S, Wang Z X, et al. 2017. Grass carp reovirus VP41 targets fish MITA to abrogate the interferon response.

J Virol, 91(14): e00390- e00417.

Lugo-Villarino G, Balla K M, Stachura D L, et al. 2010. Identification of dendritic antigen-presenting cells in the zebrafish. Proc Natl Acad Sci, 107(36): 15850-15855.

McGinn T E, Mitchell D M, Meighan P C, et al. 2018. Restoration of dendritic complexity, functional connectivity, and diversity of regenerated retinal bipolar neurons in adult zebrafish. Journal of Neuroscience, 38(1): 120-136.

Mess F A. 2011. Evolution and development of fetal membranes and placentation in amniote vertebrates. Respiratory Physiology & Neurobiology, 178(1): 39-50.

Redmond A K, Zou J, Secombes C J, et al. 2019. Discovery of all three types in cartilaginous fishes enables phylogenetic resolution of the origins and evolution of interferons. Front Immunol, 10: 1558.

Ren Y C, Zhao H G, Su B F, et al. 2015. Expression profiling analysis of immune-related genes in channel catfish (*Ictalurus punctatus*) skin mucus following *Flavobacterium columnare* challenge. Fish and Shellfish Immunology, 46(2): 537-542.

Sahoo B R. 2020. Structure of fish Toll-like receptors (TLR) and NOD-like receptors (NLR). International Journal of Biological Macromolecules, 161: 1602-1617.

Stanifer M L, Pervolaraki K, Boulant S. 2019. Differential regulation of type I and type III interferon signaling. Int J Mol Sci, 20(6): 1445.

Takeda K, Akira S. 2005. Toll-like receptors in innate immunity. International Immunology, 17(1): 1-14.

Voogdt C G P, Wagenaar J A, van Putten J P M. 2018. Duplicated TLR5 of zebrafish functions as a heterodimeric receptor. Proc Natl Acad Sci, 115(14): E3221-E3229.

Wang Z P, Zhang S C, Wang G F, et al. 2008. Complement activity in the egg cytosol of zebrafish *Danio rerio*: evidence for the defense role of maternal complement components. PLoS One, 3(1): e1463.

Yao J, Li C, Shi L, et al. 2020. Zebrafish ubiquitin-specific peptidase 5 (USP5) activates interferon resistance to the virus by increase the expression of RIG-I. Gene, 751: 144761.

Yeh D W, Liu Y L, Lo Y. 2013. Toll-like receptor 9 and 21 have different ligand recognition profiles and cooperatively mediate activity of CpG-oligodeoxynucleotides in zebrafish. Proc Natl Acad Sci, 110(51): 20711-20716.

Zhang S, Cui P. 2014. Complement system in zebrafish. Dev Comp Immunol, 46(1): 3-10.

Zhang X J, Zhang X Y, Zhang N, et al. 2015. Distinctive structural hallmarks and biological activities of the multiple cathelicidin antimicrobial peptides in a primitive teleost fish. J Immunol, 194(10): 4974-4987.

Zhu X Y, Zhang Z, Ren J F, et al. 2020. Molecular characterization and chemotactic function of CXCL8 in northeast Chinese lamprey (*Lethenteron morii*). Frontiers in Immunology, 11: 1-13.

第四章 特异性免疫

第一节 主要组织相容性复合体

一、主要组织相容性复合体的起源

1936 年，Gorer 在研究中发现了肿瘤移植排斥反应实质是一种免疫现象。随后在 1948 年，Snell 和 Gorer 发现了在小鼠皮肤移植排斥反应中起决定作用的基因，称其为组织相容性基因（*H-2* 基因复合体），负责编码 H-2 抗原，并将该基因定位于 17 号染色体上，还由此推论在所有脊椎动物中均存在 *H-2* 基因复合体的类似结构。1958 年，法国的 Dausset 发现了人类第一个白细胞抗原（human leukocyte antigen，HLA），而对应的基因位于人类 6 号染色体上。随着研究的深入，人们发现这不是一个而是一组紧密连锁在同一染色体上的基因群，称之为主要组织相容性复合体（major histocompatibility complex，MHC）。

几乎所有的脊椎动物都存在 *MHC* 基因，但不同动物的 MHC 及其编码的抗原系统命名方式不同，如猪、牛、马、绵羊、山羊、黑猩猩、恒河猴、豚鼠等。按照人类 *HLA* 基因的命名法分别将其命名为 *SLA*、*BOLA*、*ELA*、*OLA*、*GLA*、*CHLA*、*RHLA*、*GPLA* 等。主要组织相容性复合体基因的编码产物分布于各种细胞表面，与机体的遗传多样性、免疫应答调节和分子机制、某些疾病的易感性等方面密切相关。

二、主要组织相容性复合体的分类、分子特征及生物学功能

（一）MHC 的分类

MHC 分子包括 MHC I 类、MHC II 类和 MHC III 类。MHC I 类分子是内源性抗原的呈递分子，可激活 CD8+ 细胞毒性 T 淋巴细胞（cytotoxic T lymphocyte，CTL），主要分布在有核细胞表面。MHC II 类分子是外源性抗原的呈递分子，可激活特异性 CD4+ T 辅助细胞，主要分布在树突状细胞、B 淋巴细胞、巨噬细胞等抗原呈递细胞的表面。而 MHC III 类分子主要编码补体成分和炎症相关的免疫分子，如肿瘤坏死因子（TNF-α、TNF-β）、热激蛋白 70、C4 和 C2 等分子，该类分子不具备抗原呈递功能，因而研究得较少。通常人们所说的 MHC 分子就是指 MHC I 类和 MHC II 类分子。

根据基因在表达模式、多样性水平和表达蛋白质功能的不同，又可将 MHC I 类分子分为经典 MHC I 类（classical class I）和非经典 MHC I 类（non-classical class I）；将 MHC II 类分子分为经典 MHC II 类（classical class II）和非经典 MHC II 类（non-classical class II）。经典 MHC I 类和 MHC II 类分子的表达范围很广，并具有丰富的多态性，主要参与抗原呈递；相反，非经典 MHC I 类和 MHC II 类分子虽然在结构上与经典 MHC 分子类似，但其表达范围并不广泛，且一般多态性有限，不参与抗原呈递，常常作为经典 MHC I 类和 MHC II 类分子的伴侣存在。因此，这里主要介绍经典 MHC 分子的相关内容。

（二）MHC 的分子特征

1. MHC Ⅰ类分子　　　经典 MHC Ⅰ类分子一般是由一条大小约 45kDa 的 α 链（又称重链）和一条大小约 12kDa 的 β2 链（β2-microglobulin，β2m，又称轻链）通过非共价键连接形成的异源二聚体，属于 Ⅰ型跨膜糖蛋白（图 4-1）。

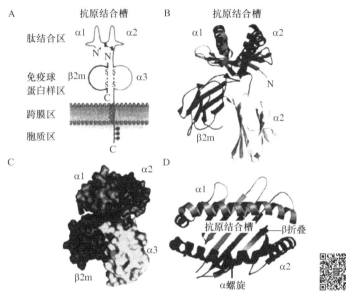

图 4-1　MHC Ⅰ类分子结构示意图（引自袁育康，2010）
A. 模式图；B. 侧面观；C. 表面图；D. 极面图

重链 α 链是由 MHC Ⅰ类基因编码的，主要分为 5 个功能区：三个胞外结构域（α1、α2、α3）、一个跨膜区和一个胞质区。在组成的氨基酸数量上，三个胞外结构域基本上各由 90 个左右的氨基酸残基组成，跨膜区由 25 个左右的氨基酸残基组成，胞质区包含 30～40 个氨基酸残基。α1 和 α2 结构域在折叠方式上十分相似，均由一个较长的 α 螺旋（α-helix）和 4 个反向平行的 β 折叠（β-sheet）组成，所以 8 条反向平行的 β 折叠作为底部，和两侧的两个 α 螺旋共同构成了一个凹槽，称为抗原（肽）结合槽（peptide-binding cleft 或 peptide-binding groove）。α3 结构域与免疫球蛋白恒定区域（β2m）的氨基酸同源性很高，属于免疫球蛋白超家族（immunoglobulin superfamily，IgSF）C1 型结构。该结构域由两组反向平行的 β 折叠组成，一组含 4 个 β 折叠，另一组含 3 个 β 折叠，这两组 β 折叠由一个二硫键连接形成一个 β 股（β-strand）的结构以稳定 MHC 分子的空间构象。另外，α3 结构域的一部分会形成环状，是和 CD8 分子相互作用的部位。跨膜区的主要作用是将整个分子以 α 螺旋的结构锚定在细胞膜上，而胞质区可能与细胞内信号转导有关。

β2m 不是由 *MHC* 基因编码，是由 β 微球蛋白基因编码形成的含 100 个左右氨基酸残基的多肽，该序列高度保守，不具有多态性。β2m 的结构与 α 链中 α3 结构域的结构相似，并和 α3 区域一起通过非共价作用力构成免疫球蛋白样区，起着稳定 MHC Ⅰ复合体结构的重要作用。

由于形成 MHC Ⅰ类分子抗原结合槽的两端是封闭的，因此只能结合有限长度的多肽，一般情况下能结合由 8～10 个氨基酸残基组成的多肽（9 个最为常见，个别为 13 个），而过

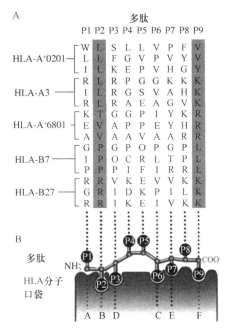

图 4-2　抗原肽的锚着残基和抗原结合槽上
的口袋（引自 Klein and Sato，2000a）
A. 抗原肽的锚着残基；B. 抗原结合槽上的口袋

长的多肽会经过剪切加工处理成合适大小的肽段，才能够顺利地与 MHC Ⅰ 类分子结合。抗原肽上与抗原结合槽紧密结合的部位称为锚定位，该位置上的氨基酸残基称为锚着残基（anchor residue）（图 4-2A），以高亲和力结合上的多肽会平躺在凹槽底部，螺旋状结构指向外部以供 T 细胞受体（T cell receptor，TCR）识别。

抗原结合槽内一般含有 6 个位置保守的能够容纳抗原肽侧链的口袋（从 N 端到 C 端可划分为 A～F）（图 4-2B，图 4-3A）。抗原肽的锚着残基结合到口袋中，以氢键与 MHC 分子相结合。由于组成每个口袋的氨基酸种类不同，因此每个口袋的大小、形状和化学性质各有不同，同时，每个口袋的特性又决定了其能结合的锚着残基的限制性，从而进一步决定了 MHC Ⅰ 类分子结合抗原多肽的特异性。一般情况下，口袋 A 和 F 比较保守，分别与抗原肽的 N 端和 C 端结合形成氢键，从而控制多肽的首尾端，也进一步限制多肽的长度。抗原多肽的中间部位一般会存在不同程度的

隆起，这个部位可作为 T 细胞表位来供 TCR 识别，且多肽的长度越长，中间形成的隆起就会越突出，多肽就会越容易被 TCR 识别。

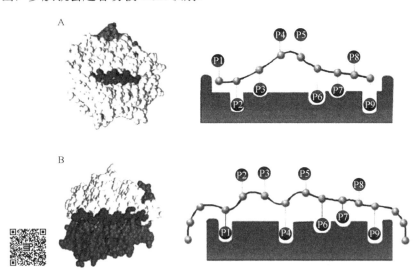

图 4-3　*MHC* 基因抗原结合槽（引自 Klein and Sato，2000b）
A. MHC Ⅰ 类分子抗原结合槽；B. MHC Ⅱ 类分子抗原结合槽

2. MHC Ⅱ 类分子　　经典 MHC Ⅱ 类分子也是由一条 α 链和一条 β 链通过非共价键连接形成的异源二聚体，同样属于 Ⅰ 型跨膜糖蛋白（图 4-4）。

α 链和 β 链分别由位于 MHC Ⅱ 类区域的 *MHC Ⅱ α* 基因和 *MHC Ⅱ β* 基因编码。α 链和 β 链在结构组成上基本相似，均由两个胞外结构域（α1、α2 或 β1、β2）、一个跨膜区和一个胞

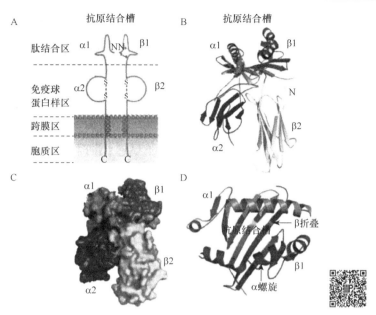

图 4-4 MHC Ⅱ类分子结构示意图（引自袁育康，2010）
A. 模式图；B. 侧面观；C. 表面图；D. 极面图

质区构成。α1 和 β1 结构域各由一个 α 螺旋和 4 个反向平行的 β 折叠组成，这 8 条 β 折叠作为底部，两条 α 螺旋作为侧壁共同构成了类似于 MHC Ⅰ类分子的抗原结合槽。

α2 和 β2 结构域均属于 IgSF C1 型结构，是和 T 细胞表面 CD4 分子相互作用的部位。和 MHC Ⅰ类分子类似，MHC Ⅱ类分子跨膜区的主要作用也是形成 α 螺旋而将 α 链和 β 链锚定在细胞膜上，而胞质区也同样可能与细胞内信号转导有关。

MHC Ⅱ类分子由 α1 和 β1 结构域共同形成了抗原结合槽，和 MHC Ⅰ类分子一样，在 MHC Ⅱ类分子抗原结合槽的底部同样存在几个多态的口袋结构 P1～P9（图 4-3B），但与 MHC Ⅰ类分子不同的是，MHC Ⅱ类分子的抗原结合槽两端是开放的，所以抗原肽的两端可以伸到抗原结合槽外。另外，MHC Ⅰ类分子抗原结合槽的氨基酸残基与抗原肽的 N 端和 C 端结合形成氢键，从而控制多肽的首尾端，进一步限制多肽的长度，但 MHC Ⅱ类分子是与抗原多肽的主链原子形成氢键，所以能结合更长的肽段（8～25 个氨基酸残基，个别达到 30 个），且这些肽段基本上会保持线性结构而不会在中间形成铰链结构。

（三）MHC 的生物学功能

1. 组织排异作用 研究人员最初是在小鼠组织移植时产生排斥反应的实验中发现 MHC 分子的。在哺乳动物组织移植过程中，如果供体和受体含有的 MHC 分子不同，则会引起排斥反应；相反，供受体含有的 MHC 分子越相似，组织移植越不易产生排斥反应。不仅如此，在鱼类中也发现有类似的现象存在。有研究表明，当食蚊鱼供受体 MHC Ⅱ类分子的 DAB 位点上所有等位基因都一致时，供受体之间鱼鳞移植的成功率最高，然而，当供受体 DAB 位点上等位基因完全不同时，食蚊鱼鱼鳞移植的成功率最低，说明供受体之间 DAB 位点的匹配率与鱼鳞移植的成功率直接相关。

2. 限制性识别作用 T 细胞受体（T cell receptor，TCR）是 T 细胞表面的特征性标志，它能特异性地识别抗原从而介导免疫应答。后期研究表明，TCR 不仅要识别抗原表位，还必须特异性识别呈递该抗原表位的MHC分子，只有这样才能启动免疫应答。这种具有同一MHC表型的免疫细胞才能发挥有效的相互作用的现象，称为MHC的限制性。这种现象在MHCⅠ类分子和MHCⅡ类分子中同时存在。具体表现为：①CD8$^+$T细胞表面的TCR需要双重识别靶细胞的抗原表位和MHCⅠ类分子肽结合区的多态性区域（即α1和α2构成的区域），同时CD8分子还需要识别MHCⅠ类分子的非多态性区域（即α3区域），再加上一些刺激信号才能激活CD8$^+$T细胞。②CD4$^+$T细胞表面的TCR需要双重识别靶细胞的抗原表位和MHCⅡ类分子肽结合区的多态性区域（即α1和β1构成的区域），同时CD4分子还需要识别MHCⅡ类分子的非多态性区域（即α2和β2区域），才能激活CD4$^+$T细胞。

3. 参与胸腺内T细胞的分化和发育　　胸腺细胞在分化发育前需要经过正向选择作用，带有可以与自身MHCⅠ/Ⅱ类分子的非多态区相结合的CD4/CD8分子的胸腺细胞，即受到正向选择继续分化成单阳性的辅助性T细胞/细胞毒性T细胞。其他未带能与自身MHCⅠ/Ⅱ类分子的非多态区相结合的CD4/CD8分子的胸腺细胞，则被灭活或者淘汰。值得注意的是，胸腺细胞的正向选择作用与所呈递的抗原无关，而只与APC上的MHC分子及细胞黏附分子之间的相互识别有关。

4. 参与抗原呈递　　MHC分子不仅与移植排斥反应相关，也广泛参与免疫应答的诱导与调节。在免疫应答反应中，MHC分子的主要功能是参与对抗原的呈递。基本过程为：首先抗原肽结合到MHC分子的抗原结合槽中，与MHC分子形成复合物，然后被抗原呈递细胞（APC）呈递到T细胞表面以供TCR识别，从而促使T细胞增殖分化，启动机体的适应性免疫应答来达到清除抗原的目的。但MHCⅠ类分子与MHCⅡ类分子不同的是，MHCⅠ类分子主要呈递内源性抗原，而MHCⅡ类分子主要呈递外源性抗原。

三、主要组织相容性复合体与疾病

MHC分子最典型的特征是高度多态性。多态性是指一个基因位点上存在多个等位基因的现象。一般情况下，MHC的多态性指的是一个群体概念，是指群体中的不同个体在该位点的等位基因上所具有的多样性差异。对于一个种群来说，正是有了MHC的高度多态性，才使得这个种群能显示对各种病原体合适的免疫应答，以保证群体的稳定和延续。从结构组成上分析，MHCⅠ类分子的α1和α2结构域共同构成了抗原结合槽［又称多肽结合区（peptide-binding region，PBR）］，PBR负责结合多种多样的抗原肽并将其呈递到T细胞表面进行免疫应答，所以MHCⅠ类分子的多态性区域主要集中在α1和α2结构域。在MHCⅡ类分子中，多态性同样集中在PBR（由α1和β1组成）。由于MHC的主要功能是负责抗原的呈递，因此*MHC*基因的高度多态性往往意味着能将更多种类的抗原呈递给T淋巴细胞以启动机体的免疫应答反应，帮助机体抵御更多的疾病。反之，当*MHC*基因的多态性降低时，群体中个体对突发病原的易感性将增强，种群的生存能力将大大降低。

*MHC*基因是目前为止已知的多态性最丰富的基因系统。在人类中，已发现超过2400条*MHC*等位基因。大量研究表明，*MHC*基因的多态性与多种动物的抗病性密切相关，*MHC*的多态性水平往往决定着物种对疾病的抵御能力和种群的生存能力，因此，*MHC*基因常被作为良好的抗病遗传标记，以辅助动物抗病遗传育种。例如，在人类*HLA*基因研究中，MHCⅠ类和MHCⅡ类的等位基因与抗脑型疟疾和重症疟疾贫血有关。绵羊*MHC*基因的多态性与绵羊抵御蛇形毛圆线虫病、腐蹄病、胃肠道线虫病、慢性进行性肺炎和绵羊肺腺瘤病（ovine pulmonary adenomatosis）的能力有关。猪的 SLA[①]- I 类和 SLA-II 类等位基因的分布与伪狂犬病病毒有关。在鱼类中，大西洋鲑 *MHC* 基因多态性的维持依靠对感染性病原体的依赖性选择，同时在杀鲑气单胞菌的刺激下，含有不同 *MHC* 等位基因的大西洋鲑个体的免疫反应不同，而且 *MHC* 位点的多态性与机体的抗病能力之间存在相关性。

四、鱼类主要组织相容性复合体分子研究

尽管硬骨鱼类的同种异体排斥反应和胸腺依赖抗体反应已经被发现很长时间了，但直到 1990 年，科学家才在鲤中首次发现鱼类 MHC I 类和 II 类基因。随后在软骨鱼类（如鲨、鳐等）中同样证实了 MHC I 类和 II 类基因的存在，然而在无颌鱼（如七鳃鳗和盲鳗）和无脊椎动物中暂未发现 *MHC* 基因。

到目前为止，已有 60 多种硬骨鱼类的 *MHC* 基因被发现，如鲤、虹鳟、斑点叉尾鮰、斑马鱼、青鳉、牙鲆、大西洋鲑、赤点石斑鱼等。关于鱼类 *MHC* 基因的结构、多态性和表达情况已有大量报道，也有一些关于硬骨鱼类 MHC 蛋白及其功能的报道。鱼类 MHC 同样分为 MHC I 类、MHC II 类和 MHC III 类分子，三者在分布、多态性、蛋白质结构和组成、功能等方面均与哺乳类类似。然而，硬骨鱼类 *MHC* 基因与哺乳动物或人类 *MHC* 相比，也存在重要的区别：①鱼类经典的 MHC I 类基因的等位/单倍型多样化水平往往比哺乳动物高得多；②在哺乳类和鸟类中，MHC I 类和 MHC II 类基因是连锁的，但硬骨鱼经典的 MHC I 类和 II 类位点不连锁。

鱼类 MHC I 类分子可分为经典 MHC Iα 和非经典的 MHC Iβ 两类。其中 MHC Iα 分子同样由重链（α 链）和轻链（β 链）构成，含有保守的多肽结合区域（位于 α1 和 α2 结构域中）、4 个保守的半胱氨酸残基、CD8 作用位点、β2m 结合位点及众多保守的功能位点。例如，牙鲆、舌齿鲈、三刺鱼、卵形鲳鲹等均含有至少一个 *N*-糖基化位点，该位点在组装 MHC I 类分子和转运其到高尔基体的过程中起到重要作用。鱼类经典 MHC I 类分子广泛表达于各个组织中，在淋巴组织和上皮组织中表达量最高，提示鱼类经典 MHC I 类分子与高等脊椎动物具有相似的作用。经典 MHC I 类等位基因的多态性主要集中在 α1 和 α2 区域（抗原结合槽）。有关硬骨鱼类经典 MHC I 类等位基因多态性的研究是从鲨开始的，结果显示其与哺乳动物的经典 MHC I 类等位基因变异水平相似。不同种类硬骨鱼 MHC I 类基因存在数目不一的基因座。例如，斑马鱼 MHC I 类基因存在至少 19 个基因座，而在虹鳟中发现的大量高度多态的 MHC I 类基因仅来自同一基因座。

鱼类 MHC II 类分子同样是由 α 链和 β 链组成的异源二聚体，两条链分别由 *MHC IIα* 基因和 *MHC IIβ* 基因编码。两条链均包括一个前导肽、两个细胞外结构域（α1、α2 或 β1、β2）、一个跨膜区和一个胞质区。同哺乳类一样，鱼类 MHC II 类分子负责呈递内源性和外源性抗原，主要分布在树突状细胞、巨噬细胞和 B 细胞等抗原呈递细胞上，在机体的免疫反应中发挥重要作用。经典 MHC II 类等位基因的多态性主要集中在 α1 和 β1 区域（抗原结合槽）。近年来，有关鱼类 MHC II 类基因多态性的研究已在鲤、鲑、青鳉、鲇和条纹石鮨等硬骨鱼中开展。例如，大西洋鲑含有 12 组 Sasa-DAA 等位基因和 17 组 Sasa-DAB 等位基因，虹鳟具有 3 组 Onmy-DAA 等位基因和 15 组 Onmy-DAB 等位基因。有关硬骨鱼中典型的 MHC II 类基因变异的报道有很多，但可变基因序列具体是从哪个基因座（或多少基因座）衍生出来的并不清楚。但此问题在大西洋鲑和虹鳟等物种中并不存在，因为这些物种仅存在一个经典的 MHC

---

① 猪主要组织相容性复合体也称猪白细胞抗原（swine leukocyte antigen，SLA）

Ⅱ类基因座（仅有一条 α 链和一条 β 链），可直接解释典型的 MHC Ⅱ 类基因变异的问题。另外，在高等脊椎动物中，经典 MHC Ⅱ 类 α 链一般存在较少的等位基因变异，主要的变异集中在 β 链，但在鲑形目中，经典 MHC Ⅱ 类的 α 链和 β 链等位基因的变异几乎同样广泛。

已有研究证实，鱼类 *MHC* 基因的多态性与机体抗病能力密切相关，已成为鱼类抗病遗传育种研究中重要的候选基因。例如，点带石斑鱼 MHC Ⅱ α 的多态性与其抗新加坡石斑鱼虹彩病毒（SGIV）关系密切。从牙鲆抗鳗弧菌个体中筛选到两条等位基因 *g* 和 *h*，已被证实与牙鲆抗鳗弧菌密切相关，而等位基因 *l* 只出现在易感群体中，为我国海水养殖鱼类基因标记辅助育种研究奠定了良好基础。*MHC* 基因具有单倍型遗传和连锁不平衡的特性，因而与某些疾病抗性相关的连锁不平衡单倍型可以遗传给子代。有关牙鲆抗病育种研究结果表明，其抗病等位基因可以很好地遗传给子代，并在子代中表现出较好的抗病能力。

MHC 分子与机体的免疫功能同样联系紧密。研究表明，*MHC* 基因在多数组织和器官上广泛表达，尤其是在与免疫相关的组织上表达量较高。在不同病原刺激下，鱼类 *MHC* 基因的表达同样会发生显著变化。虹鳟 *MHC* Ⅰ α 基因在传染性造血器官坏死病病毒（infectious hematopoietic necrosis virus，IHNV）的感染下有显著的上调，被鳗弧菌感染时，鲹的头肾和脾中 *MHC* Ⅰ α 基因的表达在 24h 时显著上调，然后下调恢复至正常水平。由此可见，鱼类 *MHC* 基因在机体的免疫应答反应中扮演了重要角色。

除了在免疫学和抗病育种领域的重要作用，MHC 分子同样是重要的鱼类系统进化依据。并且，对 MHC 分子进行遗传变异分析还有助于获得相关物种的种群进化历史、遗传结构、种群动态、遗传多样性水平等信息，可在鱼类的种群保护工作中发挥重要的作用。尽管目前关于 MHC 分子在鱼类中的研究已有较多进展，但是仍存在很多问题悬而未决，如 MHC 分子变异对鱼类种群遗传多样性的影响，MHC 分子的等位基因如何影响鱼类的抗病能力，MHC 的基因结构如何影响鱼类的免疫水平，MHC 的基因分布和连锁规律等。未来仍需继续加强对鱼类 MHC 分子的研究，以期为揭示鱼类免疫系统的发生、系统进化和种群结构等提供新的科学依据。

第二节　抗原与抗原加工和呈递

一、抗原

（一）抗原的概念与特征

抗原，又称为免疫原，是指一类能刺激机体免疫系统产生抗体或致敏淋巴细胞，并能与相应的应答产物（抗体或致敏淋巴细胞）在体内外发生特异性结合的物质。通常机体免疫细胞识别的抗原主要为蛋白质类物质，也包括多糖、脂类和核酸等。抗原具有免疫原性和免疫反应性（或抗原性）两种特性。能够刺激机体产生抗体或致敏淋巴细胞的特性称为抗原的免疫原性；能与相应应答产物（抗体或致敏淋巴细胞）发生特异性结合的特性称为抗原的免疫反应性。通常意义上所称的抗原既具有免疫原性又具有免疫反应性，又被称为完全抗原或免疫原，主要包括大多数蛋白质、细菌和病毒等。除完全抗原外，另有一类仅具有免疫反应性不具有免疫原性的抗原，称为不完全抗原或半抗原。

（二）影响抗原免疫原性的因素

抗原免疫原性的强弱受到多种因素的影响，包括抗原的理化性质及宿主因素。

1. 理化性质　　抗原分子的理化性质（内因）包括以下几方面。

（1）异物性　　异物性是指抗原与自身正常组织成分的差异程度。正常情况下，自身组织和细胞不引起机体免疫应答，只有异种物质才能诱导机体产生免疫应答。绝大多数异种物质是来自体外的非己物质，一般种系关系相差越远，免疫原性越强。通常，异种物质（如细菌、病毒、各种动物的组织细胞等）、同种异体物质（如血型抗原、组织抗原），以及从未与机体免疫系统接触过的和化学结构已改变的自身物质（如精子、眼晶体蛋白、脑组织）均属于抗原。

（2）化学性质　　完全抗原主要为蛋白质类物质，也包括多糖、脂类和核酸等，这些物质的免疫原性强弱顺序为：蛋白质＞多糖/核酸＞脂类。另外，有机物成为抗原必须具备以下化学性质。

1）分子大小：无机物不能作为免疫原，分子质量低于 4kDa 的物质通常也无免疫原性。一般而言，具有免疫原性的物质，其分子质量应在 10kDa 以上，且在一定范围内，分子质量越大，免疫原性越强。

2）分子结构：分子大小不是抗原免疫原性的决定因素，还与其组成和结构有关。例如，明胶的分子质量虽达 100kDa，但其组分为直链氨基酸，是简单重复的有机大分子，易被分解破坏，免疫原性弱。若明胶分子上连接少量的酪氨酸或谷氨酸等芳香族氨基酸，其免疫原性显著增强；以芳香族氨基酸为主的蛋白质，其免疫原性要明显高于以非芳香族氨基酸为主的蛋白质。因此，这些有机物含有的特殊化学基团越多（如芳香族氨基酸），其免疫原性越强。

3）分子构象：有机物的空间构象在很大程度上影响抗原的免疫原性，分子变性或结构松散引起的构象改变可导致抗原的免疫原性改变。同一分子的光学异构体之间的免疫原性也有差异。

4）易接近性：氨基酸残基越接近识别受体，抗原的免疫原性越强。

5）物理状态：处于不同物理状态的抗原的免疫原性强弱不同，一般为：颗粒性抗原＞可溶性抗原；聚合状态＞单体状态；具有分支结构＞直链分子。

2. 宿主因素　　除了抗原本身的理化性质，抗原分子免疫原性的强弱还跟宿主有关，包括以下 4 个方面。

（1）遗传因素　　同一抗原对不同物种的免疫原性不同。例如，多糖抗原对人和小鼠具有免疫原性，对豚鼠则无免疫原性；即使在同一群体中，由于 MHC 呈现的高度多态性，不同个体对同一抗原的应答能力不同。

（2）宿主年龄、性别、生理状态等　　一般而言，相较于幼年和老年动物，青壮年动物具有更强的免疫应答能力。例如，新生动物对多糖类抗原不产生应答，故更易引起细菌感染；雌性动物较雄性动物具有更强的抗体产生能力，因此其免疫应答能力更强。

（3）免疫途径　　接种疫苗的方法，畜禽免疫常通过肌内注射、皮下注射、滴鼻、点眼、刺种、饮水和气雾等途径；鱼类免疫还可用浸泡方法。

（4）其他因素　　免疫抗原的剂量、途径、次数、频率及佐剂的应用与类型等外因同样能影响机体对抗原的免疫应答。

（三）抗原的分类

能够成为抗原的物质多种多样，可依据不同的原则对抗原进行分类。

1. 根据抗原激发机体产生抗体时是否需要 Th 细胞的参与分类

（1）胸腺依赖性抗原（thymus dependent antigen，TD-Ag）　　此类抗原需要在抗原呈递

细胞（antigen presenting cell，APC）及 T 淋巴细胞的参与下，才能刺激 B 淋巴细胞分化成浆细胞从而产生抗体。由于多数蛋白质类抗原含有较多分布不均的抗原决定簇，且通常分子质量较大，因此均属于 TD-Ag，如各种微生物、异体组织蛋白等。TD-Ag 可刺激机体产生细胞免疫应答和记忆应答，刺激机体主要产生 IgG 类抗体。

（2）非胸腺依赖性抗原（thymus independent antigen，TI-Ag）　与 TD-Ag 相反的是，此类抗原不需要 T 淋巴细胞的辅助就可直接刺激 B 淋巴细胞分化成浆细胞从而产生抗体。仅少数抗原属于此类抗原，特点是由同一构成单位重复排列而成，如细菌脂多糖、肺炎球菌荚膜多糖、聚合鞭毛素等。TI-Ag 多不能刺激机体产生细胞免疫应答，不引起记忆应答，仅刺激机体主要产生 IgM 抗体。

TD-Ag 和 TI-Ag 特性的区别见表 4-1。

表 4-1　TD-Ag 和 TI-Ag 特性的区别

特性	TD-Ag	TI-Ag
结构特点	复杂，含多种表位	简单，含单一表位
表位组成	B 细胞和 T 细胞表位	重复 B 细胞表位
T 细胞辅助	必需	不需
MHC 限制性	有	无
激活的 B 细胞	B2	B1
免疫应答的类型	体液免疫和细胞免疫	体液免疫
抗体类型	IgM、IgG、IgA 等	IgM
免疫记忆	有	无

2．根据抗原与机体亲缘关系的远近分类

（1）异种抗原（xenogeneic Ag）　即来源于另一物种的抗原物质，如异种动物血清、植物花粉、细菌、病毒等其他微生物。

（2）同种异型抗原（alloantigen）　即来源于同一种属不同个体之间存在抗原性差异的抗原性物质，如 ABO 血型抗原、Ig 同种异型抗原、HLA 抗原等。

（3）自身抗原（autoantigen）　即来源于自身的能诱导自身免疫应答的成分，如晶状体蛋白、脑组织、精子、构象发生改变的自身组织等。

（4）嗜异性抗原（heterophilic antigen）　即存在于不同种系生物之间的与种属无关的共同抗原。Forssman 曾用豚鼠多种脏器制备的悬液免疫家兔，获得的抗体既能与豚鼠相应脏器抗原发生反应，又能凝集绵羊红细胞，说明豚鼠与绵羊的组织细胞之间存在着相同抗原，这种抗原又称为 Forssman 抗原。

3．根据抗原是否在细胞内合成分类

（1）外源性抗原（exogenous antigen）　此类抗原是指抗原呈递细胞从细胞外摄取的或与 B 细胞特异性结合而进入胞内的抗原，常见的有细菌、真菌、灭活的病毒、疫苗等。

（2）内源性抗原（endogenous antigen）　此类抗原是指由自身细胞器合成的抗原，如病毒感染细胞合成的病毒蛋白、肿瘤细胞内合成的肿瘤抗原、自身分子突变的抗原等。

4．其他分类方式

（1）根据抗原特性分类　可分为完全抗原（complete antigen）和半抗原（incomplete

antigen，又称不完全抗原）。

（2）根据抗原产生方式分类　　可分为天然抗原（native antigen）和人工抗原（artificial antigen）。

（四）半抗原的免疫特性

1．半抗原的概念与特征　　仅具有免疫反应性不具有免疫原性的抗原称为半抗原或不完全抗原。其是一类简单的小分子物质，主要包括寡糖、类脂和一些简单的化学物质等。半抗原不具备免疫原性，因此不能单独刺激机体产生抗体或致敏淋巴细胞，但是当有载体（carrier）蛋白存在时，半抗原可与载体蛋白结合，从而具备免疫原性而变成完全抗原。常见的载体蛋白主要包括皮肤角蛋白、血清蛋白、红细胞或其他细胞成分。

2．半抗原-载体效应机制　　将半抗原通过偶氮化反应结合到蛋白质载体上，结合物称为半抗原-载体结合物，又称为结合抗原或偶氮蛋白。正常情况下，完全抗原诱发免疫应答时，其 T 细胞表位和 B 细胞表位分别被特异性 T 细胞和 B 细胞识别，T 细胞被抗原活化后辅助 B 细胞活化产生抗体。然而半抗原实际上是仅包含 B 细胞表位的物质，不能激活 T 细胞，而 B 细胞得不到 T 细胞的辅助，也不能活化，因此半抗原不能激活免疫应答。而载体是既有 T 细胞表位，也有 B 细胞表位的物质，是完全抗原。所以载体的作用是弥补了半抗原所缺失的 T 细胞表位，这就是载体能辅助半抗原发挥效应的本质。

（五）抗原与抗体结合的特点

1．特异性　　特异性是指物质间的相互吻合性、针对性或专一性。抗原特异性表现在两个方面：①免疫原性的特异性，即抗原只能激活具有相应受体的淋巴细胞克隆，产生特异性抗体和效应淋巴细胞；②免疫反应性的特异性，即抗原只能和相应的抗体或效应淋巴细胞结合并发生反应。特异性是免疫学诊断和治疗的基础。决定抗原特异性的结构基础称为抗原决定簇。

2．交叉性　　具有相同或相似抗原决定簇的抗原称为共同抗原（common antigen）或交叉抗原（cross antigen），这种现象称为抗原的交叉性。存在于相同种属或近缘种属中的共同抗原称为类属抗原（group antigen），如人血清与黑猩猩血清、狒狒血清，人天花病毒与牛天花病毒；存在于远缘不同种属中则称为嗜异性抗原（heterophile antigen）或 Forssman 抗原，如大肠杆菌 O14 型脂多糖与人结肠黏膜有共同抗原存在。一种抗原刺激产生的抗体或致敏淋巴细胞也可以与另一种抗原（交叉抗原）发生结合，这种现象称为交叉反应。共同抗原与相应抗体相互之间均可以发生交叉反应。这种交叉反应可用来解释某些免疫病理现象。例如，溶血性链球菌感染机体后，机体可产生相应的抗体，然而这些抗体可以与含有共同抗原的心、肾组织结合并发生免疫反应，从而造成心肌炎或肾小球肾炎。但是共同抗原与交叉抗原的结合并不能完全匹配，因而引起的交叉反应强度较弱。

（六）常见的抗原

1．微生物抗原

（1）细菌抗原　　细菌虽是一种单细胞生物，但其抗原结构却比较复杂，因此应把细菌看成是多种抗原成分组成的复合体。根据细菌各部分构造和组成成分的不同，可将细菌抗原（bacterial antigen）分为鞭毛抗原、菌体抗原、荚膜抗原和菌毛抗原。

（2）病毒抗原　　病毒是极小的微生物，只有通过电镜才能观察到，各种病毒的结构不一，因而其抗原成分也很复杂，每种病毒都有相应的抗原结构。一般有囊膜抗原、衣壳抗原、核蛋白抗原等。

（3）毒素抗原　　很多革兰氏阳性菌和部分革兰氏阴性菌（如金黄色葡萄球菌、溶血性链球菌、霍乱弧菌等）都能产生外毒素，其主要成分为可溶性蛋白，抗原性强，只需低剂量即可导致易感机体死亡。毒素抗原（toxin antigen）可刺激机体产生抗体，即抗毒素。外毒素经甲醛或其他方法处理后，毒力减弱或完全丧失，但仍保持其免疫原性，称为类毒素（toxoid）。

（4）其他微生物抗原　　真菌、寄生虫及其虫卵都有特异性抗原，但免疫原性较弱，特异性也不强，交叉反应较多，一般很少用抗原性进行分类鉴定。

2. 非微生物抗原

（1）ABO 血型抗原　　ABO 血型抗原是糖蛋白分子，其抗原表位在多糖链上，现已基本明确了人类 A、B、H（决定 O 型抗原的物质）抗原表位的分子结构。

（2）动物血清与组织浸液　　异种动物血清与组织浸液是良好的抗原。各种植物浸液也有良好的抗原性，如叶绿素。

（3）酶类物质　　酶是蛋白质，因此具有良好的抗原性。在酶学研究中，用免疫学技术测定生物体内酶的含量是十分有效的。

（4）激素　　生长激素、肾上腺皮质激素、催乳素、胰高血糖素等蛋白质类激素具有良好的抗原性，均能直接刺激机体产生抗体。

3. 人工抗原　　人工抗原是指经过人工改造或人工构建的抗原，包括合成抗原与结合抗原两类。

4. 有丝分裂原　　有丝分裂原也称为丝裂原，因可导致细胞发生有丝分裂而得名。其可与淋巴细胞表面的相应受体结合，刺激静止淋巴细胞转化为淋巴母细胞和有丝分裂，激活某一类淋巴细胞的全部克隆，被认为是异种非特异性的淋巴细胞多克隆激活剂。免疫学上常用的有丝分裂原有伴刀豆球蛋白 A（ConA）、植物血凝素（PHA）、商陆丝裂原（PWM）、脂多糖（LPS）、葡萄球菌 A 蛋白（SAC）、纯化蛋白衍生物（PPD）和葡聚糖等。

二、抗原表位

抗原分子中决定抗原特异性的特殊化学基团，称为抗原决定簇（antigenic determinant，AD）或抗原表位（epitope）。抗原表位既是被免疫细胞识别的靶结构，也是免疫反应具有特异性的物质基础。抗原表位是抗原与 TCR/BCR 或抗体特异性结合的最小结构与功能单位，它的性质、种类、数量级空间构型决定着抗原的特异性。

1. 抗原决定簇的性质　　蛋白质的抗原决定簇一般由 5～15 个氨基酸残基组成；多糖的抗原决定簇一般由多糖残基组成；核酸的抗原决定簇一般由核苷酸组成。

2. 抗原决定簇的分类　　根据抗原决定簇的结构特点，可将其分为构象决定簇和序列决定簇（顺序决定簇或线性决定簇）。

（1）构象决定簇（conformational determinant）　　也称为不连续决定簇，由序列上不连续排列，但在空间上彼此接近形成特定构象的若干氨基酸残基或多糖残基构成。一般位于抗原分子表面，不须加工处理即可被 B 细胞识别，故又称为 B 细胞决定簇或 B 细胞表位。其特异性依赖于抗原大分子整体和局部的空间构象，当空间构象发生改变时，其抗原性也随之改变。

（2）序列决定簇（sequential determinant）　　也称为连续决定簇，由连续线性排列的一级结构序列（如氨基酸序列）构成；又称为 T 细胞决定簇，主要位于抗原分子内部并主要被 T 细胞识别，但该决定簇也可被 B 细胞识别；还称为隐蔽性决定簇，主要是由于该决定簇位于分子内部，一般难以引起免疫应答，然而该表位一旦经过特殊处理被暴露出来（如通过理化手段使抗原变性或被 APC 摄取加工处理），即可能成为新的功能性表位，从而启动免疫应答。

3. 抗原结合价　抗原结合价是指抗原分子中能和抗体分子结合的抗原决定簇的数目。根据抗原结合价的多少，可将其分为单价抗原和多价抗原。单价抗原是指只含有一种抗原决定簇的抗原（如肺炎球菌多糖水解产物），而多价抗原则是指含有多种抗原决定簇的抗原。根据决定簇特异性的不同，将仅有一种特异性决定簇的称为单特异性决定簇（monospecific determinant），含有两种及以上不同特异性决定簇的称为多特异性决定簇（multispecific determinant）。天然抗原分子结构复杂，一般是多价和多特异性决定簇抗原。

三、抗原的加工与呈递

抗原可分为内源性抗原和外源性抗原，区分内源性抗原和外源性抗原的本质是这些抗原在进入抗原加工途径前的位置是在细胞内还是细胞外。外源性抗原在进入抗原加工途径前位于细胞外，主要通过内体-溶酶体途径（endosome-lysosome pathway）被 MHC Ⅱ类分子呈递，也被称为 MHC Ⅱ类途径；而内源性抗原在进入抗原加工途径前位于细胞内，主要通过经典途径——胞质溶胶途径（cytosol pathway）被 MHC Ⅰ类分子呈递，又称 MHC Ⅰ类途径。

（一）内源性抗原的加工与呈递

1. 内源性抗原多肽的加工　MHC Ⅰ类分子呈递的抗原主要为细胞内产生的抗原，包括病毒包膜蛋白、肿瘤抗原、胞内寄生虫表达的抗原等内源性抗原。内源性抗原的加工主要依靠泛素-蛋白酶体途径。泛素（ubiquitin，Ub）是一个由 76 个氨基酸组成的能附着在被蛋白水解酶靶定的蛋白质上的一类小分子多肽。蛋白酶体（proteasome）是 MHC 内蛋白酶体相关基因 *LMP2*、*LMP7* 编码的产物，是由一个具有催化活性的核心、ATP 酶、能够切割泛素的多肽酶等多种相关因子组成的巨大蛋白水解酶复合物，该复合物存在于胞质溶胶和细胞核中，可将泛素化的蛋白质降解为由 5～15 个氨基酸组成的肽段。内源性抗原会先与泛素作用形成一条多聚泛素链，该链能为蛋白酶体提供识别信号，然后在蛋白酶体的作用下会先将多聚泛素链去折叠，接着释放泛素，剩下的蛋白质肽链会在多种活化的蛋白酶体协同作用下被降解，形成多个包含 8～10 个氨基酸的肽段，以便与 MHC Ⅰ类分子的抗原结合槽结合。

2. 肽段和 MHC Ⅰ类分子的组装　加工后的抗原肽段首先被转运至粗面内质网（RER）的表面，然后在抗原加工相关转运体（TAP）的帮助下转运至粗面内质网腔内，以便与 MHC Ⅰ类分子结合。MHC Ⅰ类分子在 RER 上合成，合成的 α 链首先与分子伴侣钙联蛋白（calnexin）结合在一起，以防止 α 链的降解，然后与 β2m 链结合形成异二聚体，接着从钙联蛋白上解离并随之与另一个伴侣蛋白钙网蛋白（calreticulin）相结合，以维持异源二聚体的构象稳定并和多肽结合。与钙网蛋白结合后，又必须与另外三种分子伴侣结合，分别为内质网蛋白 57（endoplasmic reticulum 57，ERp57）、TAP 相关蛋白（tapasin）、TAP，形成一个多肽装载复合物（peptide loading complex，PLC），以促使与多肽的正确结合。当具有高度亲和力的多肽结合到 PLC 上时，ERp57、TAP 相关蛋白和 TAP 会被释放，最终多肽与 MHC Ⅰ类分子形成多肽-MHC Ⅰ类分子复合物（pMHC Ⅰ），然后 pMHC Ⅰ经高尔基体（Golgi body）转运至细胞表面（图 4-5）。

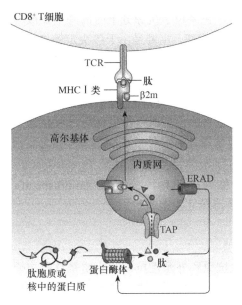

图 4-5　MHCⅠ类分子抗原呈递经典途径
（引自 Neefjes et al.，2011）
ERAD. 内质网相关蛋白降解通路

3. 内源性抗原多肽的呈递　　多肽-MHCⅠ类分子复合物从内质网中进入高尔基体，经糖基化修饰后通过膜泡运输到细胞表面，继而被 CD8⁺细胞毒性 T 淋巴细胞识别，然后与其表面的 TCR 结合形成 TCR-pMHC 三元复合物，使细胞表面的各种刺激因子及其配体的构象发生变化，并聚集到 TCR-pMHC 旁边形成稳定的免疫突触，从而接受并传递抗原信息，继而分泌多种细胞因子刺激 T 细胞的分化。

综上所述，内源性抗原在胞质溶胶内泛素化，继而被蛋白酶体降解，接着由 TAP 选择性地将肽段转运到内质网，与新合成的 MHCⅠ类分子结合形成 pMHCⅠ复合体并转运至高尔基体中，继而与 TAP1 相关蛋白解离并通过外吐空泡运送到细胞表面，供 CD8⁺ T 细胞识别。

（二）外源性抗原的加工与呈递

1. 外源性抗原多肽的加工　　MHCⅡ类分子呈递的抗原主要为细胞外产生的抗原，如胞外寄生细菌产生的抗原等外源性抗原。外源性抗原首先被抗原呈递细胞通过胞饮、胞吞等作用方式摄取，然后细胞膜将其包围，内吞成为胞质中的内体（endosome）。内吞系统一般含有多种低 pH 囊泡细胞器，如早期内吞体、晚期内吞体、溶酶体，富含 MHCⅡ类分子的内吞囊泡系统称为 MHCⅡ类分子器室（MHC class-Ⅱ compartment，MⅡC），内吞的外源蛋白则在 MⅡC 中被蛋白酶降解成短肽。

2. 外源性抗原多肽与 MHCⅡ类分子的组装　　MHCⅡ类分子的两条链 α 链和 β 链均在内质网中合成，其形成的二聚体与另一条被称为恒定链（invariant chain，Ii 链）的肽链结合形成一个 MHCⅡ-Ii 异三聚体。在此过程中，Ii 链作为 MHCⅡ类分子的分子伴侣存在，起到了稳定 MHCⅡ类分子异二聚体结构的作用，且该链中Ⅱ类相关 Ii 多肽（classⅡassociated invariant chain peptide，CLIP）结构域正好结合在 MHCⅡ类分子的抗原结合槽的沟槽部位，起到了防止自身的内源肽或不适合的蛋白配体与 MHCⅡ类分子结合的作用。MHCⅡ-Ii 异三聚体聚集到细胞膜表面，随后被转运到 MⅡC 中，在这里，Ii 链被分步降解，只留下 CLIP 结构域仍结合在沟槽中，然后在分子伴侣的作用下（人类为 HLA-DM，家鼠为 H2-DM），CLIP 从沟槽中解聚，各种已被成功降解为短肽的外源性抗原肽不断地与沟槽进行结合和解聚，直至具有高亲和力的抗原多肽结合在 MHCⅡ类分子的抗原结合槽中，从而形成 MHCⅡ-抗原肽复合体 pMHCⅡ（图 4-6）。

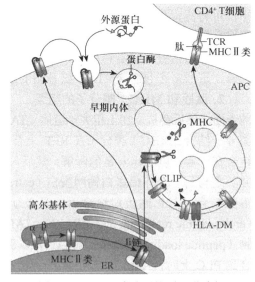

图 4-6　MHCⅡ类分子抗原呈递途径
（引自 Neefjes et al.，2011）

3. 外源性抗原多肽的呈递 MHCII-抗原肽复合物 pMHCII 形成后被转运至细胞膜表面，被 CD4$^+$ T 细胞识别，从而激活 T 淋巴细胞以启动机体的免疫应答反应。另外，当胞内蛋白（内源性蛋白）通过自噬作用或其他方式降解时，也可以被 MHCII 类分子呈递。虽然其机制尚不完全清楚，但 MHCII 类分子也能参与内源性抗原的呈递，并在呈递自身抗原和针对病毒的免疫应答时发挥非常重要的作用。

综上所述，外源性抗原呈递的基本过程如下：①抗原被 APC 内化形成内体；②内体与溶酶体融合，抗原在酸性环境下降解为多肽；③MHCII 类分子 α/β 二聚体在内质网中合成，与 Ii 链结合形成 Ii$_3$(αβ)$_3$ 九聚体，经高尔基体转运；④Ii 链裂解，CLIP 脱离抗原结合槽，抗原结合槽处于开放状态，外源性抗原肽进入抗原结合槽，并与 MHCII 类分子结合形成 MHCII-抗原肽复合物；⑤通过胞吐作用，空泡膜与细胞膜融合，外源性 MHCII-抗原肽复合物表达于 APC 表面，供 CD4$^+$ T 细胞识别。

（三）非经典的抗原呈递途径（抗原的交叉呈递）

某些外源性抗原也可通过 MHCI 类分子途径被呈递，激活 CD8$^+$ T 细胞。另外，某些情况下，内源性抗原也可通过 MHCII 类分子途径被呈递，这两种现象称为交叉呈递（cross presentation）。一般认为，交叉呈递途径主要参与机体针对某些病毒、细菌感染和肿瘤的免疫应答，在免疫耐受、抗胞内感染和抗肿瘤免疫中发挥作用。

1. 外源性抗原的交叉呈递 外源性抗原通过 MHCI 类分子途径被呈递给 CD8$^+$ T 细胞，称为外源性抗原的交叉呈递。通常认为这种现象可能的机制包括吞噬体-细胞质途径和空泡途径。其中，在吞噬体-细胞质途径中，被内化的外源性抗原需依赖胞质蛋白酶的连续降解作用从而从内体转运至细胞质中。在空泡途径（或 TAP-非依赖性交叉呈递）中，被内化的外源性抗原被内体蛋白酶降解，与内体中的 MHCI 类分子结合。

2. 内源性抗原的交叉呈递 内源性抗原通过 MHCII 类分子途径被呈递给 CD4$^+$ T 细胞，称为内源性抗原的交叉呈递。胞质肌动蛋白的某些抗原肽可与 MHCII 类分子结合，呈递给 CD4$^+$ T 细胞。

自噬参与 MHCII 类分子呈递内源性抗原。其途径为：细胞处于应激状态（如饥饿）时，待降解的细胞质组分及细胞器被包裹形成自噬小体，由热休克蛋白家族成员 HSP70 和溶酶体相关膜蛋白 2 转送而与内体-溶酶体融合，使之降解，并通过 MHCII 类分子途径被呈递。

另外，内质网腔中产生的 Ii 链由于突变或与 MHCII 类分子结合的亲和力降低等原因，不能覆盖 MHCII 类分子的抗原结合槽，导致内源性抗原不能依赖经典途径进入内质网腔而可能直接被 MHCII 类分子接纳而呈递给 CD4$^+$ T 细胞。

（四）脂类抗原的 CD1 分子呈递途径

上述 MHC 限制的途径主要呈递的抗原是蛋白质抗原。随着研究的深入，人们发现某些非 MHC 分子（如某些分子伴侣、CD1 分子等）具备呈递脂类抗原的功能。

1. CD1 分子所呈递的抗原 CD1 分子是类似于 MHC 分子的一种糖蛋白。CD1 分子属于 I 型跨膜蛋白，与 MHCI 类分子的同源性有 30%。根据其结构和组织分布，可将 CD1 分子分为两类：①CD1 I 类，包括 CD1a、CD1b 和 CD1c，主要表达于专职 APC 表面；②CD1 II 类，包括 CD1d，主要表达于肠上皮细胞和造血干细胞。

CD1 分子主要呈递糖脂类或脂类抗原，尤其是分枝杆菌某些菌体成分。能被 CD1 呈递的脂类抗原大多具有相同的基序，即带有疏水的分支烃链。

2. CD1 分子呈递途径　　CD1 分子加工处理脂类抗原的方式与外源性抗原的内体-溶酶体途径类似。

（1）APC 摄取脂类抗原　　分枝杆菌膜糖脂的甘露糖可与 APC 表面的甘露糖受体结合并被内吞转运至酸性内吞囊泡系统中。

（2）CD1 分子进入内体囊泡　　不同的 CD1 分子异构体可选择性进入不同的内体囊泡，其取决于各类异构体分子胞内段特定的酪氨酸基序，此酪氨酸基序可与胞内接头蛋白相互作用，从而决定 CD1 分子进入不同囊泡并结合脂类抗原。例如，①CD1a 缺少与 AP 结合的基序，被直接转运至细胞表面，再转运至早期内体；②CD1c 和 CD1d 可结合 AP，被转运至早期和晚期内体，CD1d 还可进入溶酶体；③CD1b 和小鼠 CDd 可与 AP2、AP3 结合，被运送至糖脂晚期内体、溶酶体和 M Ⅱ C。

（3）CD1 与脂类分子结合为复合物　　以 CD1b 为例，其定向进入 M Ⅱ C。富含脂质的 M Ⅱ C 提供了一个理想场所：CD1b 分子构象在 M Ⅱ C 酸性环境（pH 约 4.0）下可发生改变，脂类抗原得以更顺利地接近疏水凹槽，同时脂类抗原的糖基被 M Ⅱ C 中大量的酶所降解。

研究已证实，CD1 分子可将内源性脂类抗原及外源性脂质抗原呈递给 CD1 限制性 T 细胞识别。但是，CD1 的不同异构体所呈递的抗原有所不同。例如，CD1b 负责呈递饱和长烃链类脂质抗原；CD1a 可结合并呈递不饱和短烃链类脂质抗原。

3. CD1 分子呈递途径的生物学意义　　CD1 和 CD1 限制性 T 细胞的上述特殊性质，以及其在不同种系动物中所表现的保守性，提示 CD1 呈递途径具有独特的意义。CD1 限制性 T 细胞识别脂类抗原可有效增强机体免疫应答，是一种特殊且意义重大的新型抗感染机制。另外，由于 CD1 分子所呈递的脂类抗原一般是病原微生物保守的关键组分，将其制备成亚单位疫苗可广泛适用于预防多种疾病，为未来新型疫苗的研制提供了新的思路。

第三节　参与特异性免疫的细胞

特异性免疫应答是指免疫细胞因对抗原的特异性识别而活化、增殖、分化，最终形成效应细胞，并通过其分泌的抗体或细胞因子等表现出一定的生物学活性的过程。其过程为：①感应阶段，包括 APC 对抗原的摄取、处理加工，并将抗原呈递给 T 淋巴细胞，或 B 淋巴细胞直接识别天然抗原分子；②活化、增殖和分化阶段，是指 T 淋巴细胞或 B 淋巴细胞分别特异性识别 MHC-抗原肽复合物或天然抗原后获得活化的第一信号，同时 T 淋巴细胞或 B 淋巴细胞与 APC 表面的多种黏附分子相互作用获得第二信号，继而 T 淋巴细胞或 B 淋巴细胞被激活，接着在淋巴因子作用下，T 淋巴细胞或 B 淋巴细胞继续增殖、分化，最终形成多种效应 T 淋巴细胞或浆细胞；③效应阶段，是指增殖分化形成的效应 T 细胞或浆细胞产生多种效应分子或抗体，发挥不同的生物学效应；④恢复阶段，是指非己抗原被清除后，活化增殖的淋巴细胞克隆通过被动性死亡或活化诱导的细胞死亡，使免疫系统恢复平衡，并产生可长期存活的抗原特异性记忆淋巴细胞。

在此过程中，参与特异性细胞免疫的细胞是由多细胞系构成的，即抗原呈递细胞（DC 或巨噬细胞）、免疫调节细胞（Th、Ts）、效应 T 细胞（Th1、Tc）和 B 淋巴细胞等。有关抗原呈递细胞对抗原的摄取、加工和处理详见本章第二节。本节重点介绍 T、B 淋巴细胞接收抗原信息后被激活的过程。

一、T 淋巴细胞的激活

当定居于胸腺依赖区或进入淋巴细胞再循环的初始 T 淋巴细胞在外周淋巴结副皮质区遇到呈递特异性抗原的 APC 时，两者会发生特异性结合，TCR 识别抗原肽和自身 MHC 分子，启动 T 淋巴细胞活化所需的双信号，随后 T 淋巴细胞被激活。

（一）CD4⁺ T 细胞的激活

1. CD4⁺ T 细胞活化的第一信号 第一信号又称特异性信号。APC 负责呈递 MHC Ⅱ-抗原肽复合物给 T 细胞，由 T 细胞表面的特异性受体 TCR 特异性识别并结合 MHC Ⅱ-抗原肽复合物，同时与受体分子 CD4 和 APC 表面的 MHC Ⅱ 类分子的恒定区结合，形成稳定的由抗原肽、MHC Ⅱ 类分子、TCR 和 CD4 等分子聚合而成的多聚体结构；继而 CD4 与 CD3 的胞质段尾部相聚，激活与之相连的酪氨酸激酶，磷酸化 CD3 分子胞质段免疫受体酪氨酸激活模体（immunoreceptor tyrosine-based activation motif，ITAM），启动下游级联反应，最终转录并合成细胞因子、细胞因子受体和转录因子等基因（图 4-7）。

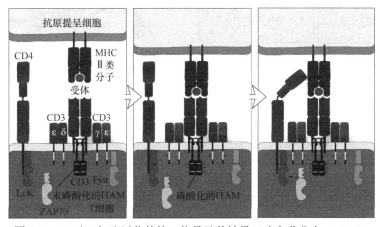

图 4-7 CD4⁺ T 细胞活化的第一信号及其转导（改自龚非力，2014）

2. CD4⁺ T 细胞活化的第二信号 T 细胞激活还需要第二信号。T 细胞表面的 CD28 与 APC 表面的 B7（CD80/86）相互作用，产生 T 细胞活化的第二信号，也称为共刺激信号。T 细胞在双信号作用下活化，进而会进入细胞免疫应答的活化、增殖与分化阶段。若 TCR 特异性识别并结合抗原肽的过程中缺乏第一信号或共刺激信号，则 T 细胞不应答（图 4-8）。

3. 细胞因子参与 CD4⁺ T 细胞激活 除双信号外，多种细胞因子也参与 CD4⁺ T 细胞的活化，

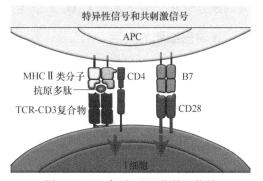

图 4-8 CD4⁺T 细胞活化的双信号

如来源于 T 细胞的 IL-2、IL-4、IL-10、IL-12、IL-15 和 IFN-γ 等，以及来源于 APC 的 IL-1 和 IL-6 等。其中，IL-1 和 IL-2 在 T 细胞增殖过程中发挥关键作用，其他细胞因子参与 T 细胞的激活和分化。

（二）CD8⁺ T 细胞的激活

与 CD4⁺ T 细胞激活过程相同的是，初始 CD8⁺ T 细胞也需要双信号来激活。但不同的是，CD8⁺ T 细胞表面的特异性受体 TCR 识别并结合的是由 APC 呈递的 MHC I -抗原肽复合物，并非 MHC II -抗原肽复合物。同时，共受体分子 CD8 与 APC 表面的 MHC I 类分子恒定区结合，从而提供 CD8⁺ T 细胞活化的第一信号。两者的共刺激信号相同，都是由 T 细胞表面的 CD28 与 APC 表面的 B7 相互作用，产生 T 细胞活化的第二信号。但不同的是，CD8⁺ T 细胞需要更强的共刺激信号，其活化方式也有所不同（图 4-9）。

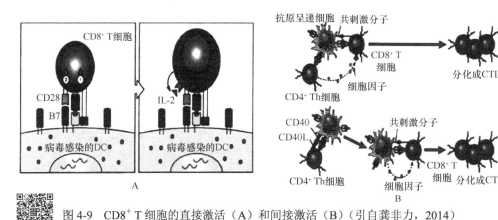

图 4-9　CD8⁺ T 细胞的直接激活（A）和间接激活（B）（引自龚非力，2014）

1. CD8⁺ T 细胞激活的直接途径　某些病毒感染时，成熟树突状细胞会高表达 B7，直接向 CD8⁺ T 细胞提供双信号，使之活化并产生 IL-2，促进 CD8⁺ T 细胞的增殖、分化，此过程不需要 CD4⁺ Th 细胞的辅助。

2. CD8⁺ T 细胞激活的间接途径　大多数情况下，APC 仅低表达 B7，因此 CD8⁺ T 细胞的激活需要 CD4⁺ Th 细胞的辅助。主要过程为：效应 CD4⁺ Th 细胞与 CD8⁺ T 细胞需与同一 APC 结合，Th 细胞分泌 IL-2 等细胞因子诱导 CD8⁺ T 细胞的活化、增殖和分化；或者，效应性 CD4⁺ Th 细胞识别 APC 呈递的 MHC II -抗原肽复合物，激活 APC 并上调 APC 高表达共刺激分子 B7，使之活化 CD8⁺ T 细胞。

二、B 淋巴细胞的激活

B 细胞激活的方式依抗原种类的不同而不同。根据刺激 B 细胞产生抗体是否需要依赖 Th 细胞参与，可将抗原分为胸腺依赖性抗原（thymus-dependent antigen，TD-Ag）和非胸腺依赖性抗原（thymus independent antigen，TI-Ag）。导致这两类抗原特性不同的关键在于抗原决定簇的结构不同。大多数蛋白质抗原的结构复杂，同时具有 T、B 两种细胞表位，且表面抗原决定簇的数量多、种类多，其刺激 B 细胞产生抗体需要依赖 Th 细胞的参与，因此属于 TD-Ag。然而，也有部分大分子多聚体表面含有多个重复的 B 细胞表位，同一种抗原决定簇常重复出现，其刺激 B 细胞产生抗体的过程不需要依赖 Th 细胞的参与，因此属于 TI-Ag，常见的有具有丝裂原性质的脂多糖，或含有多个重复 B 细胞表位的细菌荚膜多糖。

B 细胞定居在淋巴结的皮质区，即淋巴滤泡。初始 B 细胞周而复始地进行淋巴细胞再循环，目的是遭遇抗原。未遭遇抗原的 B 细胞从输入淋巴管或高内皮小静脉经 T 细胞区进入皮质区的淋巴滤泡，稍作停留后，又经输出淋巴管进入血液循环，这样周而复始，直到其遭遇到相应的抗原。B 细胞有两种亚群，B1 细胞亚群更接近于天然免疫细胞，其主要针对 TI-Ag 应答，特异性低，且无免疫记忆。这部分细胞的激活过程不是本节关注的重点，本节关注的焦点是 B2 细胞的激活过程，即传统意义上的 B 细胞，其主要针对 TD-Ag 产生应答，具有高度特异性，有免疫记忆性。

（一）B 细胞激活的第一信号（特异性抗原识别信号）

B 细胞表面的 BCR 能直接识别天然抗原分子表面的 B 细胞表位，不需要 APC 处理和呈递抗原，也无 MHC 限制性。

BCR 共受体（CD21/CD19/CD81 复合物）的作用非常重要，可使 B 细胞对抗原刺激的敏感性增强。其机制为：抗原被补体分子 C3d 调理后，CD21 即可与附着于抗原的 C3d 结合，而 BCR 与抗原表位结合，借此介导 BCR 共受体复合物与 BCR 交联，可激活 CD19 胞内段酪氨酸激酶和 Igα/Igβ 相关的酪氨酸激酶，使 Igα/Igβ 胞质段 ITAM 磷酸化，然后经多种信号途径促进相关基因表达，从而参与 B 细胞的激活，即当 BCR 和补体通过被调理的抗原以这种方式交联时，BCR 输送的信号被大幅放大。在实践中，这意味着把"受体参与"的信号传递到核所必须簇集的 BCR 数目至少减少至 1/100（图 4-10）。

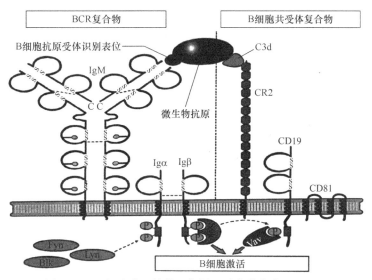

图 4-10　B 细胞激活的第一信号（引自龚非力，2014）

（二）B 细胞激活的第二信号（共刺激信号）

初始 B 细胞完全活化还需要 Th 细胞的辅助。此时，B 细胞作为 APC 起作用，B 细胞的 BCR 与抗原结合后，通过内化作用将摄入抗原，并将抗原降解为抗原肽（含可被 TCR 特异性识别的 T 细胞表位），继而结合 MHC Ⅱ类分子，从而形成 MHC Ⅱ-抗原肽复合物，并在 B 细胞表面表达。此时已经被活化的效应 Th 细胞特异性识别并结合 B 细胞表面的 MHC Ⅱ-抗原肽复合物，Th 细胞表面表达的 CD40L 与 B 细胞表面的 CD40 结合，向 B 细胞提供共刺激信号，B 细胞被激活（图 4-11）。

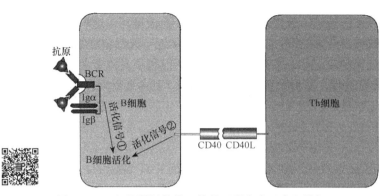

图 4-11　B 细胞激活的第二信号（引自安云庆和姚智，2009）

需注意的是，B 细胞没有主动吞噬抗原的能力，只能通过其 BCR 捕获并内吞抗原，因此，B 细胞呈递的抗原肽只能源自其 BCR 特异性识别的抗原。由此可见，能够相互协作的 Th 细胞和 B 细胞分别识别的 T 细胞表位和 B 细胞表位必须来源于同一抗原。可以说，同一抗原是 T 细胞和 B 细胞之间相互协作的纽带（图 4-12），此现象也称为联合识别。经过联合识别，接收第一信号和 CD40-CD40L 依赖的第二信号，继而通过与 CD28 相互结合提供 Th 细胞活化的第二信号，获得双信号的 Th 细胞活化并分泌多种细胞因子。B 细胞可以通过细胞因子受体接收信号，进一步活化并增殖。在联合识别的 Th 细胞与 B 细胞间形成了免疫突触，确保 Th 细胞分泌的细胞因子仅作用于与其结合的 B 细胞。

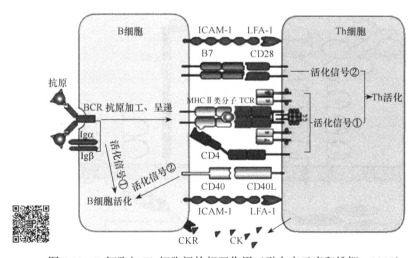

图 4-12　B 细胞与 Th 细胞间的相互作用（引自安云庆和姚智，2009）

（三）细胞因子在 B 细胞激活中的作用

APC 产生的 IL-1 和 Th2 细胞产生的 IL-4 等细胞因子可参与 B 细胞的活化。Th 细胞产生的 IL-5 和 IL-6 可促进 B 细胞后期的活化。

第四节　免疫球蛋白

一、免疫球蛋白的分子结构

免疫球蛋白（immunoglobulin，Ig）是具有抗体活性或化学结构上与抗体相似的球蛋白。

哺乳动物免疫球蛋白包括 5 类，分别为 IgM、IgG、IgA、IgD 和 IgE。按照免疫球蛋白的分布形式，可将其分为两类：①分泌型免疫球蛋白（secreted Ig，sIg），即存在于血液、组织液及外分泌液中的抗体；②膜型免疫球蛋白（membrane Ig，mIg），表达于 B 淋巴细胞表面，即 B 细胞表面的抗原识别受体。

由 B 淋巴细胞接受抗原刺激后增殖分化形成的浆细胞分泌产生的，可与相应抗原特异性结合发挥体液免疫功能的免疫球蛋白，称为抗体（antibody，Ab）。其是介导体液免疫的重要效应因子。抗体主要存在于血液（血清）、组织液、淋巴液及其他外分泌液中。很多人认为抗体和免疫球蛋白是同一种物质的不同叫法，但实际上二者是不同的。抗体是生物学和功能的概念，是抗原的对立面。免疫球蛋白更多的是结构与化学的概念，涵盖的范围更广，因此，虽然所有的抗体都是免疫球蛋白，然而并非所有的免疫球蛋白都可称为抗体。例如，存在于尿中的本周蛋白（Bence-Jones protein）通常无抗体活性，不属于抗体，但其仍属于免疫球蛋白。

（一）免疫球蛋白的基本结构

1959～1963 年，Porter 和 Edelman 通过酶及还原剂消化和分离技术，确定了骨髓瘤蛋白（占血清免疫球蛋白的 95%）的基本结构，从此揭开了免疫球蛋白的基本结构特征。

各类免疫球蛋白的单体分子具有相似的结构特征，即单个 Ig 分子由四肽链组成，分别包含两条相同的重链（heavy chain，H 链）和两条相同的轻链（light chain，L 链），且 H 链和 L 链通过二硫键连接形成一个"Y"字形结构（图 4-13）。在哺乳动物的 5 种 Ig 分子中，以单体分子形式存在的有 IgG、血清型 IgA、IgD 和 IgE，以五聚体形式存在的有 IgM，还有以二聚体形式存在的分泌型 IgA。以下以 IgG 为例，详细介绍 Ig 单体的分子结构。

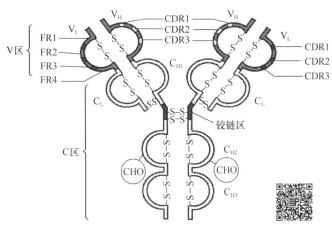

图 4-13 免疫球蛋白基本结构示意图（引自龚非力，2014）

FR. 骨架区；CDR. 互补决定区；V_L. 轻链可变区；V_H. 重链可变区；C_L. 轻链恒定区；C_H. 重链恒定区；CHO. 中国仓鼠卵巢细胞

1. 重链和轻链 重链含 450～550 个氨基酸残基，分子质量约为 55kDa 或 75kDa。根据重链恒定区抗原性的不同，可将其分为 μ、γ、α、δ 和 ε 五种。γ、α 和 δ 链上含有 4 个环肽，μ 和 ε 链上含有 5 个环肽。

轻链约有 210 个氨基酸，分子质量约为 25kDa。根据轻链恒定区抗原性的不同，可将其分为 κ 和 λ 两种，据此将 Ig 分为 κ 和 λ 两型。根据 λ 型轻链恒定区个别氨基酸的差异，又可将其分为 λ1、λ2、λ3、λ4 四个亚型。一个 Ig 分子两条轻链的亚型类别总是相同的。5 类 Ig 中，每类 Ig 都有 κ 型和 λ 型，两型轻链的功能无差异，差别主要表现在 C 区氨基酸组成和结构的不同，因而抗原性不同，这也是轻链分型的依据。但在不同种属的动物体中，两型轻链的数目比例不同。

2. 可变区和恒定区

（1）可变区（variable region，V 区）　　位于 Ig 分子的 N 端、轻链 1/2 和重链 1/4 或 1/5 处。其氨基酸序列随 Ig 针对的抗原特异性的改变而改变，是抗体与抗原特异性结合的部位。V 区可进一步分为超变区（或者互补决定区）和骨架区。超变区（hypervariable region，HVR）：在轻链 V 区（V_L）和重链 V 区（V_H）中，某些特定位置的氨基酸残基的排列顺序高度可变，如轻链第 24～34、50～60、89～97 位和重链第 30～35、50～63、95～102 位。骨架区（framework region，FR）：是指可变区中除 HVR 部位氨基酸外的区域，该区域氨基酸的组成和排列均相对保守。FR 夹持着 HVR，其存在有助于使可变区的空间构象形成较稳定的支架结构。V_L 和 V_H 各有 4 个 FR，可变区各有 3 个 HVR，分别被 4 个 FR（1～4）隔开。Ig 分子的抗原识别和结合区由 V_L 和 V_H 的 3 个 HVR 共同组成。

（2）恒定区（constant region，C 区）　　位于 Ig 分子的 C 端、轻链 1/2 和重链 3/4 或 4/5 处。其氨基酸的组成或排列顺序不随 Ig 针对的抗原特异性的改变而改变，是 Ig 介导多种生物学功能的部位。C 区的抗原性是相同的，因此，如果用猪 IgG 免疫家兔，家兔产生的抗猪 IgG 抗体（针对猪 IgG 的 C 区的抗原性），能与来源于不同个体的猪的 IgG 结合。而猪 IgG 只能以抗原结合部位与相对应抗原的抗原决定簇结合。

3. 结构域　　Ig 分子的结构域是由链内二硫键连接形成的，且不同种类 Ig 分子的结构域数目不同。IgA、IgD、IgG 三种分子的重链包括 V_H、C_{H1}、C_{H2}、C_{H3} 共 4 个球形结构域，轻链包括 V_L 和 C_L 两个球形结构域；IgM 和 IgE 两种分子的重链包括 V_H、C_{H1}、C_{H2}、C_{H3}、C_{H4} 共 5 个球形结构域，轻链同样包括 V_L 和 C_L 两个球形结构域。每一结构域均有其独特功能，以 IgG 为例，各结构域的功能为：①V_H 和 V_L 是结合抗原的部位；②C_{H1} 为遗传标志所在部位；③C_{H2} 是补体 C1q 结合位点所在部位，参与激活补体经典途径；④C_{H3} 与细胞表面的 Fc 受体（FcR）结合。

4. 铰链区　　铰链区是指位于 C_{H1} 尾部和 C_{H2} 头部之间可转动的区域。铰链区富含脯氨酸，可灵活转动，易伸展弯曲，为抗原与 Ig 可变区的互补结合提供便利；也为 Ig 分子发生构象改变从而显露补体结合位点提供有利条件。但是铰链区不稳定，易被蛋白酶水解，经蛋白酶水解的 Ig，多在此处被切断。另外，IgM 和 IgE 无铰链区。

（二）免疫球蛋白的其他成分

除基本结构外，某些类别的 Ig 还含有 J 链和分泌成分等辅助成分（图 4-14）。

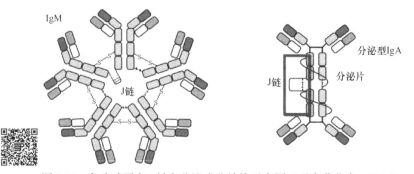

图 4-14　免疫球蛋白 J 链和分泌成分结构示意图（引自龚非力，2014）

1. J链（joining chain）　　在哺乳类的 5 种 Ig 分子中，存在五聚体的 IgM 和二聚体的分泌型 IgA，而这两种多聚体正是由 J 链这一特殊结构将单体分子连接起来形成的。同时分泌 IgM、IgA 的浆细胞可合成 J 链，其是一条含 10% 糖成分的多肽链，分子质量约为 20kDa，富含半胱氨酸残基，其主要以二硫键的形式共价结合免疫球蛋白的 Fc 片段，主要作用是稳定多聚体。IgG、IgD、IgE 及血清型 IgA 均为单体，无 J 链结构。

2. 分泌成分（secretory component，SC）　　分泌成分是分泌型 IgA 所特有的一种特殊结构，由黏膜上皮细胞合成和分泌，过去曾称为分泌片（secretory piece）、转运片（transport piece），后来世界卫生组织建议将其改称为分泌成分。分泌成分对 IgA 的分泌和发挥免疫作用至关重要。IgA 与 J 链在浆细胞内合成并连接，在穿越黏膜上皮细胞的过程中，分泌成分即发挥作用，与 IgA 二聚体以非共价形式结合，使 IgA 变成分泌型 IgA（sIgA）。分泌成分可增强上皮细胞吸收 sIgA 并释放 sIgA 到胃肠道和呼吸道发挥作用的能力；且分泌成分可保护 sIgA 在消化道内免受蛋白酶的降解。

3. 糖类（carbohydrate）　　Ig 分子具有较高的含糖量，尤其是以多聚体形式存在的 IgM 和分泌型 IgA。糖类与重链的氨基酸以共价键结合，在大多数情况下通过 N-糖苷键与多肽链中的天冬酰胺连在一起，少数可结合到丝氨酸上。不同种类 Ig 的糖结合部位不同，如 IgG 的糖结合部位在 C_{H2}，而 IgA、IgD、IgE 和 IgM 的糖结合部位在铰链区和 C 区。研究显示，糖类可能与 Ig 的分泌及易溶解密切相关，还可能在防止 Ig 分子分解中发挥重要作用。

（三）免疫球蛋白的水解片段

在特定条件下，Ig 分子的某些结构可被蛋白酶水解为各种片段（图 4-15），可用于研究 Ig 的基本结构和功能。

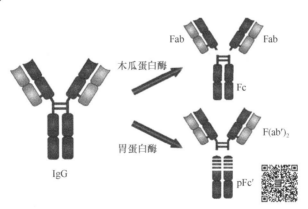

图 4-15　IgG 的水解片段（引自龚非力，2014）

1. 木瓜蛋白酶水解 IgG 片段　　Porter（1959）发现，当使用木瓜蛋白酶（papain）作用于 IgG 时，IgG 重链链间二硫键的近氨基端可被木瓜蛋白酶切断并获得三个大小相近的片段。经研究发现，其中两个片段均由一条约为 1/2 的 H 链和一条完整的 L 链组成，大小（约为 45kDa）也完全相同，可特异性结合抗原，因此被称为抗原结合片段（fragment of antigen binding，Fab 片段）；另一片段由近羧基端两条约 1/2 的 H 链及连接 H 链的二硫键所组成，大小约为 50kDa，可形成蛋白结晶，因此被称为可结晶片段（crystallizable fragment，Fc 片段）。

2. 胃蛋白酶水解 IgG 片段　　Nisonoff 应用胃蛋白酶（pepsin）将 IgG 重链于链间二硫

键近羧基端切断，最终得到一个 $F(ab')_2$ 片段和若干个小分子多肽碎片（pFc'）。一个 $F(ab')_2$ 片段包括两个 Fab 片段及一个铰链区，可同时结合两个抗原结合位点，具有双价抗体活性，可发生凝集和沉淀反应，但不具备结合补体及细胞膜表面 Fc 受体的功能。pFc'无生物学活性。

二、免疫球蛋白的生物学功能

抗体是一类具有抗体活性的免疫球蛋白，是介导体液免疫的重要效应因子。抗体分子中不同功能区的结构特点决定了抗体的功能。

（一）V 区的功能

1. 特异性识别、结合抗原　　V 区能特异性识别并结合抗原，其特异性由互补决定区（complementarity-determining region，CDR）共同构成的环状凹槽决定。Ig 包括分泌型和膜型两类，分泌型 Ig 的 V 区功能主要有体内中和作用及体外免疫诊断作用。膜型 Ig 是 B 细胞表面的抗原识别受体，因此主要功能为识别并结合抗原分子。

（1）中和作用及免疫诊断　　中和作用是抗体可封闭病原体或其产物的结合位点，使其不再感染细胞的效应。例如，抗体可通过结合外毒素表面的抗原结合位点，从而阻止外毒素结合到机体细胞表面受体，发挥中和外毒素的作用；抗体还可结合病毒，阻止病毒进入细胞内，发挥中和病毒的作用。另外，抗体通过在体外与相应抗原进行特异性结合，产生凝集、沉淀现象用于免疫诊断等。

（2）BCR 特异性识别并结合抗原分子　　mIgM 或 mIgD 是 B 细胞表面的抗原受体，其 V 区能特异性地识别和结合各种抗原分子。

2. 免疫调节　　存在于 V 区的独特型抗原决定簇可在体内产生相应的抗独特型抗体，由此组成由独特型抗原和抗独特型抗体组成的免疫网络，在免疫应答的调节中起重要作用。

3. 超抗体（superantibody，sAb）活性　　某些免疫球蛋白 V 区存在非经典活性部位，除与抗原结合外，还可与核苷酸及超抗原结合，兼具自身聚合作用及化学催化作用，这些 Ig 称为超抗体，是一种不同于普通抗体的新抗体。目前发现，超抗体活性可能参与自身免疫病和抗感染、抗肿瘤免疫，具有重要的生物学功能。

（二）C 区的功能

C 区的功能是介导抗体的各种生物学效应，主要有以下几种。

1. 激活补体　　当 IgG_1～IgG_3 和 IgM 类抗体遇到特异性抗原并与之结合后，抗体的构象发生改变（由 T 型变为 Y 型），使得位于 C 结构域（IgG 的 C_{H2} 和 IgM 的 C_{H3}）的补体结合位点暴露出来，继而结合补体 C1q 激活补体经典途径，发挥免疫应答作用。其中，IgM 比 IgG 激活补体的能力更强。二聚体 IgA 与抗原结合后，以旁路途径激活补体系统。IgD、IgE 及 IgG_4 不能激活补体。

2. 与细胞表面 Fc 受体结合　　Ig 的 Fc 片段可与某些细胞（如巨噬细胞、淋巴细胞、肥大细胞、中性粒细胞、嗜碱性粒细胞及血小板等）表面的 Fc 受体结合，呈现以下作用。

（1）调理作用（oposonization）　　Ig 的 Fc 片段通过与吞噬细胞表面的 Fc 受体结合增强其吞噬作用，此为调理作用。

（2）抗体依赖性细胞介导的细胞毒作用（antibody-dependent cell-mediated cytotoxicity，ADCC）　　Ig 的 Fc 片段通过与 NK 细胞表面的 FcγR 结合激活 NK 细胞，促使 NK 细胞释放

穿孔素、颗粒酶等细胞毒物质以杀伤靶细胞。

（3）介导Ⅰ型超敏反应 IgE的Fc片段通过与肥大细胞、嗜酸粒性细胞表面的FcεR结合，促使细胞释放活性介质，进而引发局部或全身Ⅰ型超敏反应。这种结合一般发生在IgE尚未与抗原分子结合前。

3. 穿过胎盘 已有研究证实，胎盘母体一侧的滋养层细胞能摄取各类免疫球蛋白，但其吞饮泡内只有IgG的Fc受体而无其他种类Ig的受体。与受体结合的IgG可得以避免被酶分解，进而通过细胞的外排作用，分泌到胎盘的胎儿一侧，进入胎儿循环，在胎儿体内发挥抗感染免疫。

4. 穿过黏膜进入外分泌液 分泌型IgA可由局部黏膜固有层中的浆细胞产生，然后通过黏膜进入呼吸道和消化道分泌液中，这与IgA的Fc片段有关。

（三）哺乳动物各类免疫球蛋白的主要功能与特性

1. IgM 动物机体体液免疫反应最早产生的Ig分子即IgM，然而其含量并不高，仅占血清总Ig含量的10%左右，但由于其是由5个Ig单体聚合而成的五聚体，因此其分子质量是5种Ig中最大的。二巯基乙醇可使IgM分解而失去凝集活性，因此，可通过此方法区分IgM和其他4类Ig。IgM也是个体发育过程中最早出现的抗体，在胚胎晚期已经出现，若在新生儿脐带血中检测到IgM水平升高，则表明存在宫内感染。

IgM有10个Fab片段，理论上其抗原结合价应为10价，但实际上由于空间位阻效应，IgM的抗原结合价为5价，即便如此仍然高于其他4种Ig。较高的抗原结合价使得IgM拥有高效的生物学活性，研究显示，其调理作用、抗菌、凝集等功能均高出IgG 500～1000倍。

2. IgG IgG是机体产生的主要抗体，在血清总Ig中，IgG的含量占比最高，可达75%～80%。不同种类的Ig在体液免疫中扮演各异的角色，IgG是体液免疫中发挥抗感染作用最主要的抗体，也是唯一能穿过动物胎盘的抗体类型。IgG包括4个亚类，其生物学特征各异。作为动物机体抗感染免疫的主力，IgG不仅含量高，半衰期也最长，可长期停留在血清中，有效发挥抗病原微生物、抗肿瘤、抗毒素、调理、ADCC等功能。此外，IgG也是血清学临床诊断主要监测的指标。

3. IgA IgA包括血清型IgA和分泌型IgA两种。其中血清型IgA以单体形式存在，存在于血清中，占血清总Ig含量的10%～20%，主要由肠系膜淋巴组织的浆细胞产生，具有抗菌、抗病毒作用。分泌型IgA以二聚体形式存在，存在于呼吸道、消化道、唾液、泪液、脑脊液、胸膜液等分泌液中，主要由呼吸道、消化道等黏膜固有层的浆细胞所产生，在黏膜免疫中发挥重要的作用。经喷雾、饮水、点眼、滴鼻等途径接种免疫后，机体均可产生分泌型IgA发挥免疫保护作用。

4. IgD 由于IgD在血清总Ig中的含量极低，且极易被胰酶降解，因此目前有关IgD的研究较少。已有的研究显示，IgD的分子质量为170～200kDa，不能激活补体经典途径，但高浓度凝集的IgD的Fc碎片能激活补体旁路途径。迄今为止，人们对IgD的功能知之不多，有报道认为IgD可能与某些过敏反应有关。除却生物学活性，人们对IgD的认识主要集中在IgD是B细胞的重要表面标志。幼稚期B细胞分化过程中，表面首先表达mIgM，后表达mIgD；B细胞若只表达mIgM，接受抗原刺激后易导致免疫耐受，若同时表达mIgM和mIgD，则接受抗原刺激后可被激活。

5. IgE IgE以单体形式存在，相较于IgG，其重链多一个功能区，因此其分子质量高于 IgG，约为 190kDa，在血清中含量较低但较稳定，一般可借助放射免疫分析法检测，主要由呼吸道、消化道等黏膜固有层的浆细胞所产生。IgE 的 Fc 片段中富含半胱氨酸和甲硫氨酸，这一特征使得 IgE 易与肥大细胞、嗜碱性粒细胞等细胞结合，从而引发这些细胞脱颗粒，并释放活性介质引起 Ⅰ 型超敏反应，因此 IgE 具有介导 Ⅰ 型超敏反应的独特生物学功能。除此之外，IgE 在抗寄生虫感染中也同样可发挥奇效。

（四）鱼类免疫球蛋白

1. 软骨鱼类免疫球蛋白　　从进化上看，鱼类是最早出现 Ig 的脊椎动物。然而，直到 20 世纪 80 年代，鱼类 Ig 的研究才正式展开。人们发现，从软骨鱼类开始，Ig、TCR、MHC 分子等与特异性免疫相关的关键因子就已出现。目前已报道的软骨鱼类 Ig 包括 IgM、IgW 和 IgNAR 三种（肖凡书和聂品，2010）。

（1）IgM　　IgM 存在于所有有颌类脊椎动物中。长角鲨中存在大约 200 个 IgM 重链基因簇。软骨鱼类 IgM 的存在形式与哺乳动物类似，同样以五聚体形式存在，大小为 900～1000kDa，包含 10 条轻链和 10 条重链。与哺乳动物一样，软骨鱼类 IgM 存在膜型和分泌型两种形式，其中膜型 IgM 由跨膜外显子 TM1 与 C_{H4} 中一个剪接供体部位拼接而成。分泌型 IgM 由一个可变区和 4 个恒定区组成，但在护士鲨中存在由 3 个恒定区（缺失 C_{H2}，命名为 IgM1gj）或 4 个恒定区组成的两种分泌型 Ig。IgM1gj 可在幼年护士鲨中大量表达，而在成年护士鲨中无法被检测到。

（2）IgW　　IgW 是软骨鱼类中存在的一种特殊免疫球蛋白，迄今为止，未在硬骨鱼类中发现 IgW/IgX 的同源序列。不同种属中发现的 IgW 命名不同，如在斑鳐中命名为 IgR，在晶吻鳐中命名为 IgX，在护士鲨中命名为 IgNARC，它们均属于 IgW 的正向同源基因，因此认为是同一种类型的免疫球蛋白，即 IgW。经研究发现，IgW 存在两种形式，分别在重链 C 区包含 6 个结构域或 2 个结构域。在重链 C 区包含 6 个结构域的 IgW 又可通过不同的剪接方式形成含 4 个结构域的膜型 IgW 和 6 个 C_H 结构域的分泌型 IgW。除了软骨鱼类，在肺鱼中也鉴定出了 IgW，不同的是，肺鱼 IgW 的重链 C 区分别包含 7 个结构域和 2 个结构域。但二者 IgW 具有较高的同源性，可达 50%。将爪蟾 IgD 与二者 IgW 的氨基酸序列进行进化分析，显示三者具有一定的进化关系。

（3）IgNAR　　软骨鱼类中存在一种特有的免疫球蛋白，称为 IgNAR，于 1998 年在护士鲨的脾中被鉴定出来。与其他免疫球蛋白不同的是，IgNAR 不包含轻链，只由两条重链组成。IgNAR 重链包含一个可变区和 5 个恒定区，在可变区与恒定区交界处存在一段富含脯氨酸的序列（PGIPPSPPIVS），该序列的作用类似于其他免疫球蛋白的铰链区，可以增强 IgNAR 的柔韧性。IgNAR 区别于其他免疫球蛋白之处还表现在其可变区，经研究发现，具有典型 Ig 结构域的 IgNAR 可变区与其他哺乳动物重链可变区的相似性很低，只有 25%左右，且系统进化分析显示 IgNAR 的可变区可与 TCR 或其他 Ig 的轻链可变区聚为一支，反而不与其他 Ig 的重链可变区聚为一支。另有学者认为，五聚体 IgM 是软骨鱼类中初级体液免疫的主要效应分子，而介导真正特异性免疫应答的抗体类型则是单体 IgM 和 IgNAR（可能包括 IgW）。

2. 硬骨鱼类免疫球蛋白　　在过去较长的时间里，人们都认为硬骨鱼类只含有 IgM。近年来，科学家发现硬骨鱼类免疫球蛋白同样具有多样性，但种类较少。截至目前，已发现的硬骨鱼类的 Ig 种类包括 IgM、IgD、IgT（斑马鱼中称为 IgZ）、IgM-IgZ 嵌合体，以及在红鳍东方鲀中发现的新型 IgH，且在硬骨鱼类中并未发现哺乳动物中含有的 IgG、IgE 和 IgA。在硬骨鱼类中，Ig 重链恒定区包括 C_μ、C_δ 和 C_τ/C_ζ，分别编码了 IgM、IgD 和 IgT/IgZ。截至目前，在硬骨鱼类中共发现了 4 种 Ig 轻链类型，其中大多数硬骨鱼类中存在 Igκ 和 Igσ 型轻链，在鳕、鲇和虹鳟中发现了 Igλ，近期又在腔棘鱼中发现了 Igσ-2 型轻链。

（1）IgM　　IgM 是硬骨鱼类体内主要的免疫球蛋白类型。与哺乳动物和软骨鱼类 IgM 以五聚体形式存在不同，硬骨鱼类 IgM 在血清中主要以四聚体的形式存在，大小为 700～800kDa，也有少数以单体或其他多聚体形式存在。另外，硬骨鱼类 IgM 的剪接方式也不同于哺乳动物和软骨鱼类，导致大多数硬骨鱼类膜型 IgM 只具有 C_{H1}～C_{H3} 结构域，而分泌型 IgM 第四个结构域的 3′端则与末端氨基酸直接相连。另有研究表明，弓鳍鱼膜型 IgM 分子具有 3 个或 4 个 C_H 结构域。与哺乳动物 IgM 由 J 链聚合 5 个单体分子不同的是，硬骨鱼类并不存在 J 链，其 IgM 是由二硫键聚合 4 个单体形成的。有研究表明，虹鳟 IgM 对抗原的亲和力在二硫键的聚合作用下得到提高，且 IgM 对抗原的活性也得以延长。除此之外，硬骨鱼类 IgM 在序列上与哺乳动物的 IgM 同源，其重链类型均为 μ 链，C_μ 基因的外显子数目、在基因组上的排布形式及功能都与高等动物相似。目前，已在多种硬骨鱼类中鉴定到 IgM，如硬鳞总目中的弓鳍鱼和长吻雀鳝，海鲢目中的海鲢，鲑形目的大西洋鲑和虹鳟，鲤形目的鲤、斑马鱼、草鱼，鲇形目的斑点叉尾鮰，鲈形目中的点带石斑鱼和鳜，鲽形目中的牙鲆，鳕形目中的大西洋鳕等。硬骨鱼类 IgM 重链基因的 mRNA 前体经过不同的剪接和翻译，可以形成分泌型和膜型两种形式。与哺乳动物功能类似，硬骨鱼类分泌型 IgM 由 B 细胞分泌到血液及其他体液中，还能在 pIgR 的作用下穿过黏膜上皮细胞到达黏液中发挥免疫作用；膜型 IgM 则表达于 B 细胞膜表面，构成 B 细胞受体复合物，起着抗原受体的作用。

（2）IgD　　Wilson 等于 1997 年首次在斑点叉尾鮰中发现了一种类似于哺乳动物 IgDδ 链的基因，后来证实该基因可以编码鱼类第二种 Ig，即 IgD。2002 年，Bengten 等又在斑点叉尾鮰血清中发现了分泌型 IgD 的存在。目前，已在除鸟类外的所有有颌类脊椎动物中证实了 IgD 的存在。与哺乳动物相比，硬骨鱼类 IgD 恒定区数目较多，可以由更多的结构组成更灵活的重链，且 IgD 的外显子一般存在复制现象。目前，IgD 在硬骨鱼类免疫系统中的作用仍不清楚。已有研究显示，多数硬骨鱼类仅存在膜型 IgD，且位于 B 细胞表面构成 BCR，因此其功能可能与信号转导有关。另外，有研究表明，在虹鳟应对寄生虫和细菌感染产生的特异性免疫应答中，其体内的 IgD 并未参与，且迄今为止还没有检测到响应抗原刺激的硬骨鱼类黏液中的特异性 IgD 浆细胞或特异性 IgD 的存在。此外，有研究表明，IgD 与 IgM 共表达在虹鳟的 B 细胞中。还有研究显示，斑点叉尾鮰和欧洲褐鲑中存在 IgM⁻/IgD⁺ B 细胞类群，且从斑点叉尾鮰外周血淋巴细胞中分离出的 IgM⁻/IgD⁺ B 细胞在应对病原时发挥模式识别分子的作用，该类 B 细胞还可分泌 IgD，并对肠道和鳃的共生菌群有反应，对皮肤共生菌群无反应。此外，部分硬骨鱼类中还存在分泌型 IgD，如斑点叉尾鮰和虹鳟。经研究还发现，斑点叉尾鮰膜型 IgD 和分泌型 IgD 具有各自的基因组序列，分别由两种不同的 *IgH* 基因直接转录形成，但分泌型 IgD 的 C_δ 是由缺乏 V 区的 IgH 转录本编码的，且分泌型 IgD 的基因中存在重排的 VDJ，但是其 mRNA 中信号序列是直接拼接到 $C_{\delta 1}$ 的，暗示着分泌型 IgD 可能不能行使识别抗原的功能。有关虹鳟分泌型 IgD 的研究显示，虹鳟分泌型 IgD 在黏膜组织（如肠黏膜、鳃黏膜和口咽黏膜）中能包被一定比例的共生菌群，然而虹鳟分泌型 IgD 包被细菌的比例要远远低于分泌型 IgT 和 IgM。这些结果表明，硬骨鱼类分泌型 IgD 可能参与了黏膜稳态的维持。

（3）IgT/IgZ　　2005 年，Danilova 等用编码斑马鱼 μ 基因的探针发现了一种新的重链类型，即 Igζ（又名 IgZ，identified first in zebrafish）。同年，Hansen 通过 EST 分析发现在虹鳟中同样存在一种新型的类似斑马鱼 IgZ 的免疫球蛋白分子，将其命名为 IgT（硬骨鱼类）。随后，科学家在鲤、大西洋鲑、红鳍东方鲀、草鱼、三棘刺鱼等硬骨鱼类中相继发现了一系列重链恒定区数目不同，但序列上高度相似，且其重链基因在基因座中的排列位置相同，均在 μ 基因 5′端的新型免疫球蛋白，后经系统进化分析发现，这些免疫球蛋白均属于同一个家族，因此统一命名为 IgT/IgZ。IgT/IgZ 包括膜型和分泌型两种形式。膜型 IgT/IgZ 的剪切方式类似于哺乳动物 μ 链，由膜外显子 TM1 剪切掉最后一个恒定区 C_{H4}，与 C_{H3} 剪接而成，但不同于硬骨鱼类剪接到 C_{H4} 的方式。硬骨鱼类分泌型 IgT/IgZ 在功能上类似于哺乳动物 IgA 和两栖类中的 IgX，主要在硬骨鱼类的黏膜免疫中发挥作用。研究显示，虹鳟肠、皮肤和鳃黏膜组织中的 IgT 与 IgM 含量的比值显著高于它们在血清中的比值，并且通过流式细胞术检测附着有免疫球蛋白的黏膜内细菌发现，相比于 IgM，更多黏膜组织中的细菌被 IgT 所包裹。此外，在寄生虫感染后的黏膜组织中，IgT 的蛋白浓度也显著增加。近年来，研究人员在斑马鱼和鲤中又发现了两种单独的 IgZ 基因座，分别编码 IgZ1 和 IgZ2，其中 IgZ1 的结构具有典型的硬骨鱼类 IgT/IgZ 的结构特征，而 IgZ2 是由 $C_{\mu1}$ 和 $C_{\zeta4}$ 结构域嵌合形成的。

（4）IgM-IgZ 和新型 IgH　　2005 年，Savan 等在鲤中发现了一种嵌合 Ig 重链基因，该基因包含可变区和两个恒定区，其中，第一个恒定区 C_{H1} 的序列分别与鲤和斑马鱼 μ 基因的相似度达到 95% 和 52.7%，第二个恒定区 C_{H2} 的序列与斑马鱼 IgZ 的 C_{H4} 有很高的相似性，达到 52.6%，与其他鱼类和人类 C 区序列的相似性很低。然而，他们并未扩增到编码 IgM-IgZ 重链基因的基因组序列，因此推测这种 Ig 是在转录过程中由鲤 IgM 和 IgZ 嵌合而成的。除此之外，红鳍东方鲀中报道了一种新型 IgH，其重链由两个恒定区组成。

三、免疫球蛋白的合成和基因控制

（一）免疫球蛋白的合成与组装

Ig 主要由浆细胞产生，浆细胞中控制 Ig 合成的基因通过转录、剪接、加工移至粗面内质网的核糖体上。轻链在小核糖体上合成，重链在大核糖体上合成，然后两者在粗面内质网上进行四肽链装配。装配完成后，Ig 被转运至滑面内质网，最终进入高尔基体，Ig 经加工修饰并按照顺序依次结合糖基，形成完整的 Ig 分子。一般情况下，轻链和重链的合成处于平衡状态，以保证两者按比例结合为完整的 Ig 分子。然后完整的 Ig 分子从高尔基体向细胞膜转运，分泌至胞外称为分泌型抗体，或以跨膜形式表达于细胞膜表面称为 B 细胞抗原受体（即模型 Ig，mIg）。任一 B 细胞所表达的 mIg 和其分化为浆细胞后所分泌的 Ig 具有相同的特异性和类别，分子结构也基本相同，两种 Ig 共用同一个基因，差别仅在于 mIg 的 C 端含有跨膜区和胞内区。

（二）免疫球蛋白的基因控制

1. Ig 的胚系基因　　Ig 的基因由 κ 轻链基因群、λ 轻链基因群和重链（H）基因群控制。每个基因群中又存在多个相互分离的基因节段。例如，编码 V 区肽链的基因节段称为 V 基因；编码 C 区肽链的基因节段称为 C 基因；V 基因和 C 基因中间还存在连接基因（joining gene），称为 J 基因；在 H 链基因群中有若干多样性基因（diversity gene），称为 D 基因。上述基因节段不能作为单独的单位表达，只有经过基因重排后形成具有功能的 Ig 基因单位才具有转录功能。

2. Ig 的重链基因结构及重排　　D 基因、J 基因和 V 基因负责编码 Ig 重链可变区；C 基因负责编码重链恒定区，呈簇状串联排列在可变区的下游；在除 δ 链外的其他亚类重链恒定区基因节段上游都存在一个转换区（图 4-16）。人 IG 基因总长约 1.3Mb，包括 95 个 V、23 个 D、6 个 J 和 11 个 C 基因节段。

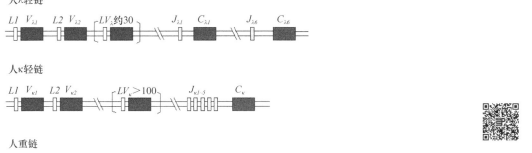

图 4-16　人 Ig 重链和轻链胚系基因结构示意图

（1）Ig 重链可变区（V）基因　　V_H 基因节段负责编码 V_H 区的疏水前导肽包含互补决定区 CDR1 和 CDR2 在内的 N 端的 96～101 个氨基酸。人的 V_H 基因节段至少有 95 个，只有 50 个是功能基因，其余为假基因。CDR3 由 D_H 和 J_H 基因共同编码。D_H 基因位于 V_H 和 J_H 之间。重排后的 D_H 基因在序列和长度上的变化很大，编码 1～15 个氨基酸。人的 D_H 节段数目为 23 个。J_H 基因位于 C_H 基因的上游及 D_H 基因的下游。人类含有 9 个节段的 J_H 基因，但只有 6 个是功能基因。V_H 区的其余氨基酸部分也由 J_H 基因节段编码。

（2）Ig 重链恒定区（C）基因　　C_H 基因在 J_H 基因的下游呈簇状依次排列，负责编码铰链区及 2～4 个 C_H 功能区。人的 C_H 基因在染色体上的排列顺序为：$5'-C_\mu-C_\delta-C_{\gamma3}-C_{\gamma1}-C_{\varepsilon2}-C_{\alpha1}-C_{\gamma2}-C_{\gamma4}-C_\varepsilon-C_{\alpha2}-3'$。

在 B 细胞分化发育早期，胞内重组酶活性增高，H 链可按一定的过程发生重排并合成肽链。首先是 V 区的基因重排过程，即先从众多 V 基因中选择一个 V_{H3} 基因，与 D 基因（D_{H2}）和 J 基因（J_{H3}）依次结合形成具有功能的 V-D-J 重组 DNA 片段；接着，V-D-J 的 DNA 重组片段与 C_μ、C_δ 基因片段连接在一起并同步转录，形成初级 RNA 转录本（无翻译功能），然后经加工剪接形成信使 RNA（有翻译功能）。若 C_δ 基因片段在剪接时被切除，则会形成 μ 的 mRNA，与细胞质中多聚核糖体结合后可合成对应的 μ 链。幼稚 B 细胞可产生 μ 链。若在剪接过程中将 V-D-J 基因片段与 C_κ 基因片段拼接，则会形成 δ 的 mRNA。当 δ 的 mRNA 和 μ 的 mRNA 同时翻译时即可产生 δ 链和 μ 链。一般情况下，分化发育成熟的 D 基因可同时产生这两种重链。在重链（H 链）每一个 V 基因的前方也均有一个前导序列，其产物的作用及清除方式同 κ 链，因此所产生的免疫球蛋白重链不含前导肽（图 4-17）。

3. Ig 的轻链基因结构及重排

（1）κ 链基因　　人的 IGK（κ 链基因）总长 2Mb，包括 70 个 V_κ（约半数为假基因）、5 个 J_κ 基因和一个 C_κ 基因。V_κ 基因编码 Ig 轻链 V 区 110 个氨基酸的主要部分（1～96）。每一个 V_κ 基因节段的 5′端都有一个编码前导肽的前导序列。J_κ 基因位于 V_κ 基因的下游，也

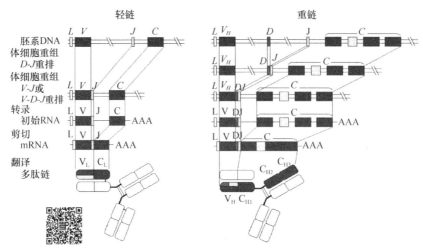

图 4-17　Ig 重链和轻链重排示意图

是串联排列。V_κ 基因和 J_κ 基因中间由内含子分隔。J_κ 基因编码轻链 V 区的其余部分。只有一个 C_κ 基因，位于 J_κ 基因的下游，编码 κ 链恒定区。

（2）λ 链基因　　人的 *IGL*（λ 链基因）总长约 880kb，包括 60 个 *V*（约 20 个为假基因）、7 个 *J* 和 7 个 *C*（4 个功能基因）基因节段。此外，*IGL* 基因群中还包括两个 *VpreB* 和三个 *IGLL* 基因节段，分别在 B 细胞发育早期编码 PreBCR 组分 VpreB 和 IGLL（相当于小鼠的 λ5）。有关 λ 链基因的重排过程目前尚不清楚。

（三）免疫球蛋白的多样性及其机制

根据抗原抗体反应的特异性，针对某一种特定抗原，就会有特异的抗体与之相对应。面对种类繁多的抗原，数量有限的基因片段可通过基因重排产生数量众多的 TCR、BCR（Ig）分子，这是保证机体应对抗原产生特异性应答的分子基础。

Ig 多样性的机制有两种：①发生在基因重排阶段的组合多样性和连接多样性，形成 Ig 分子的初次多样性；②免疫应答过程中，已发生基因重排的 B 细胞在外周淋巴器官中通过体细胞高频突变和 Ig 分子类别转换等机制而获得再次多样性。经历上述两个过程，体内会形成多样性更高的抗体库，从而保证抗体更有效地清除抗原。

其中，基因重排的机制主要有：①染色体内胚系基因重排，产生 Ig 分子 V 区基因和 TCR 基因初始库（primary repertoire）；②通过初次基因重排，进而借助物种进化过程中所形成的复杂而精确的机制，产生数量巨大的蛋白质分子突变体，它们作为淋巴细胞的抗原受体，可识别极为多样的抗原表位；③淋巴细胞发育过程中，通过体细胞 DNA 重组（somatic DNA recombination）而形成编码 V 区的完整基因，其由两个或三个胚系基因片段随机组合而成；④胚系基因组中每一片段有多个拷贝，其中包括功能性基因片段（functional gene segment）和假基因（pseudogene）；⑤基因重排过程中，随机挑选任一 *V*、*D*、*J* 基因片段进行组合，从而形成多样的受体库。

免疫应答中，B 细胞胚系基因重排后，Ig 的基因还通过以下机制被修饰：组合多样性、连接多样性、体细胞高频突变和类别转换。

1. 组合多样性　　包括多拷贝的 *V* 基因、*D* 基因、*J* 基因及轻链、重链等随机配对所形成的多样性。一方面，编码胚系基因的 3 种基因片段（*V*、*J*、*D* 基因）均存在多个拷贝；另一方面，不同拷贝组合在一起又可形成非常丰富的多样性。例如，以人 IgHκ 为例，按 50 个功能性 V_H 基因片段、30 个 D 基因片段、6 个 J_H 基因片段、40 个 $V_κ$ 基因片段和 5 个 $J_κ$ 基因片段计算，固有多样性可达：$50×30×6×40×5＝1.8×10^6$ 种。

2. 连接多样性　　这种多样性不依赖于抗原，发生在 CDR3 区，包括重组时编码端 P 核苷酸、N 核苷酸的缺失和插入等，多样性可达 10^{14}。这种连接多样性发生在 V、D、J 基因片段连接点。

3. 体细胞高频突变　　体细胞高频突变是指 Ig 发生重排后，在次级淋巴器官的生发中心的成熟 B 细胞进行分化发育，此时轻链和重链的 V 区基因可发生高频率的点突变过程。点突变部分发生在 CDR 区，频率高达 1/1000，由 AID、UNG、APR1 等协同参与，形成 C-T、G-A 转换突变。体细胞高频突变改变了 BCR 的抗原结合区基因，根据突变的程度，有 3 种可能的结果：抗体分子与其相应的抗原亲和力或许保持不变，或者增加，或者降低，甚至缺失。成熟的 B 细胞要继续增殖，它们必须结合于其相应抗原而获得重新刺激。只有那些表达与抗原有更高亲和力 BCR 的 B 细胞克隆能够竞争到有限的抗原，而更易继续增殖。而亲和力变低的 B 细胞则会被淘汰、凋亡。能与 FDC 表面抗原发生高亲和力结合的 B 细胞克隆能竞争摄取更多的抗原并把抗原加工呈递给 Tfh 细胞，进而获得 Tfh 的辅助。这样的结果是 BCR 得到"优化"，选择出了对同源抗原具有较高亲和力受体的 B 细胞，这个过程称为亲和力成熟。

4. 类别转换　　抗体的类型是由重链的 Fc 片段决定的。位于编码 IgM 恒定区的基因片段旁边的是编码 IgE、IgG、IgA 的恒定区基因片段。当机体受到抗原刺激后，B 细胞首先合成的抗体类型是 IgM，然后会根据刺激类型再转为合成 IgE、IgG、IgA 等其他抗体的现象，称为类别转换（class switching）。当发生类别转换时，由 B 细胞所遇到的细胞因子来调控抗体的类别转换，即特定的细胞因子或几种细胞因子组合影响了 B 细胞转换为一种或另一种类型。B 细胞要进行类别转换就必须切掉 IgM 的恒定区，并与其他任何一种抗体的恒定区相连（即缺失它们之间的 DNA）。在染色体上，位于恒定区基因片段之间的是特定的类别转换信号，它允许在该处发生切割和粘贴。

外周 B 细胞接受 TD-Ag 刺激后发生类别转换是抗体产生过程中的一个普遍规律。同一 B 细胞克隆首先产生 IgM，当其高峰下降时，发生抗体类别转换，开始产生特异性 IgG，这两种抗体分属于不同类别，但均具有相同的 CDR 和特异性抗原决定簇结合位点，可与同种抗原决定簇特异性结合。

第五节　特异性免疫研究热点

天然免疫除了抵御病原体，还会激活二线防御——特异性免疫系统。特异性免疫与天然免疫不同，特异性免疫能够"记住"特定病原体，再次遇到它时就会发起更为猛烈的攻击。特异性免疫（adaptive immunity）是 B 淋巴细胞和 T 淋巴细胞参与的免疫反应。淋巴细胞（lymphocyte）有 3 类：一类迁移到骨髓（bone marrow）成熟成为 B 细胞，一类迁移到胸腺（thymus）成熟成为 T 细胞，还有一类保留在血液中成为自然杀伤细胞（natural killer cell）。随着科技的不断进步，研究者也在不断求索，以便更好地理解参与特异性免疫的细胞及其分化的细胞和分子通路。如何将实验中得到的新发现转化到传染病、自身免疫疾病和癌症等疾病的治疗中成为特异性免疫新的研究热点。

一、治疗性抗体

自 1986 年第一个单克隆抗体被美国食品药品监督管理局（FDA）批准以来，已经有 30 多年了，在这段时间里，抗体工程有了飞速发展。目前的治疗性抗体由于具有较高的特异性，副作用越来越少，已成为近年来开发的主要新药。2018 年，全球最畅销的 10 种药物中有 8 种是生物制剂，全球治疗性单克隆抗体市场价值约为 1152 亿美元，预计到 2025 年，其收益将达到 3000 亿美元。因此，治疗性抗体药物已被用于治疗各种人类疾病，包括许多癌症、自身免疫性疾病、代谢性疾病和传染病。截至 2019 年 12 月，美国 FDA 已经批准了 79 个治疗性单抗。治疗性抗体的研究成为免疫学的热点之一。

（一）治疗性抗体概述

治疗性抗体是能够与细胞表面的特定蛋白质结合的人造物质。这种物质通常用于治疗癌症或自身免疫性疾病，精确的治疗方法差别很大。在某些情况下，治疗性抗体的结合特异性被用来精确地将药物或药物激活酶传递到精确的细胞位置。在其他情况下，蛋白质被用于在特定细胞上的结合位点定居，减少自身免疫性疾病所特有的过度活跃的免疫反应的影响。1890 年，Behring 和北里柴三郎发现了可特异中和外毒素的血清组合白喉抗毒素。20 世纪 70 年代，德国学者 Konler 和英国学者 Milstein 研制了杂交瘤单克隆抗体（mAb）。抗体被认为是癌症和传染病治疗的理想分子。

（二）抗体的治疗机制

1. 中和作用（neutralization）　使引起感染性疾病的病原体或病原体产生的毒素失去致病能力。

2. 示踪或导向作用（tracer or targeted effect）　抗体可破坏靶细胞或靶分子、特异性地激活或封闭与其相连的功能性分子。

3. 竞争性抑制作用/拮抗作用（competitive inhibition）　外源进入的或体内产生的物质可与靶分子结合，对机体产生毒性损害，抗体可与外源进入的或体内产生的物质结合，从而阻止其产生的毒性损害。

4. 抗体依赖性细胞介导的细胞毒作用（Ab dependent cell-mediated cytotoxicity，ADCC）　与靶细胞上的靶抗原结合，NK 细胞等具有杀伤性的细胞表达的抗体受体可识别抗体，从而杀死靶细胞。

5. 模拟抗原作用　模拟相应抗原，使疫苗更具广泛性和安全性。

（三）治疗性抗体的分类

治疗性抗体大致可以分为两大类（图 4-18）。第一类是直接使用裸抗体治疗疾病。这类抗体用于癌症治疗，并通过不同的机制引起细胞死亡，包括 ADCC/CDC、直接靶向癌细胞诱导凋亡、靶向肿瘤微环境或靶向免疫检查点。第二类抗体是通过一系列生物工程方法处理，对抗体进行修饰，以提高其治疗效果。一般方法包括免疫细胞因子、抗体-药物偶联物（ADC）、抗体-放射性核素结合物（ARC）、双特异性抗体、免疫脂质体和嵌合抗原受体 T 细胞（CAR-T）治疗。

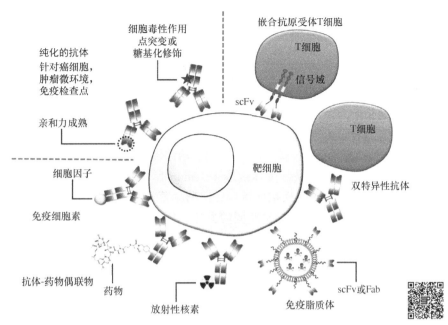

图 4-18　以抗体为基础的治疗方法概况（引自 Lu et al., 2020）

在第一类中，抗体通过招募自然杀伤细胞或其他免疫细胞来杀死癌细胞。近年来，新技术的进展增强了 ADCC 或 CDC 治疗效果，如通过抗体 Fc 点突变或糖基化修饰来提高癌细胞的杀伤能力。直接诱导癌细胞凋亡一直是治疗性抗体的首选机制。在靶向肿瘤微环境方面，抗体可以通过靶向参与肿瘤细胞生长的因子来抑制肿瘤发生。例如，Avastin 通过靶向血管内皮生长因子（VEGF）来抑制肿瘤周围的血管生长，关闭癌细胞生长所需的营养供应。免疫检查点已被证明是治疗癌症的有价值的目标。未来，抗体与化疗药物、放疗或其他生物制剂协同作用的研究将极大地促进抗体治疗学的进一步发展。此外，新的生物标志物的鉴定可能会提高以抗体为基础的治疗人类疾病方案的有效性和特异性。

在第二类抗体药物中，对抗体进行附加修饰，以提高其治疗价值。为了产生一种免疫细胞因子，将一种选定的细胞因子融合到一种抗体上，以增强传递的特异性。抗体-药物偶联物是一种由靶向癌症特异性标记物的抗体和小分子结合的药物，使抗体增强将药物输送到肿瘤部位的能力，提高了小分子药物的疗效，同时减少对非靶组织非特异性毒性的副作用。抗体也可以偶联到放射性核素上使放射治疗更直接地针对肿瘤部位。对于双特异性抗体，抗体以两个受体为靶点的基因工程，进一步增强了治疗效果。抗体参与效应细胞功能可能增强双特异性抗体的治疗效果。对于免疫脂质体，抗体的结合位点［单链抗体可变区基因片段（scFv）或 Fab］从恒定区分离出来，然后偶联到不同的纳米给药系统上。例如，脂质体药物可以提供更特异的靶向性。最后，CAR-T 治疗需要将一种癌细胞标记物嵌合 T 细胞受体的抗体转化入 T 细胞，使工程化细胞靶向并杀死癌细胞。近年来，这种方法由于具有显著的临床治疗效果，引起了来自科学界和医学界的重视，并且已有多个癌症患者被缓解甚至治愈的案例发生。

尽管新的方法已经被广泛采用，以产生完全的人源抗体，如人类抗体转基因小鼠和人类单细胞 B 细胞抗体，噬菌体展示技术以其高效且经济的体外筛选方法，作为抗体药物发现平台仍具有一定的优势。最近，一些先进的技术已经被应用于抗体发现，包括高通量机器人筛选、二代测序、单细胞测序。这些技术有望加快特异性噬菌体结合物的鉴定，促进单克隆抗体的开发，以应用于临床诊断和疾病治疗。

（四）未来发展前景

近年来，治疗性抗体领域发展迅速，已成为治疗市场的主导力量。然而，治疗性抗体领域仍有巨大的增长潜力。传统上，抗体被用于治疗癌症、自身免疫性疾病和传染病疾病。如果一种特定疾病的分子机制能够被清楚地阐明，与发病机制有关的特定蛋白质或者分子可以被确定，那么抗体治疗可能是一种有效的选择。治疗性抗体从 1975 年起成功开发及其应用的时间轴见图 4-19。例如，抗 cgrp 受体抗体（erenumab，galcanezumab 或 fremanezumab）已被开发出来用于预防偏头痛，使用抗前蛋白转化酶枯草杆菌蛋白酶/kexin 9 型（PCSK9）抗体（evolocumab 或 alirocumab）治疗高胆固醇血症。抗成纤维细胞生长因子 23（FGF-23）抗体（burosumab）用于治疗 X 连锁低磷酸盐血症。抗 IL6R 抗体（sarilumab 和 tocilizumab）可用于治疗类风湿性关节炎。抗因子 IXa/Xa 抗体（emicizumab）是血友病 A 的一种有价值的治疗药物。抗血管性血友病因子抗体（caplacizumab）被批准用于治疗血栓性血小板减少性紫癜，其他抗体也将在不久的将来被批准用于新的适应证。

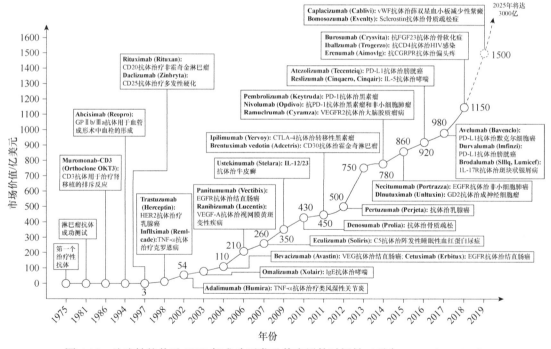

图 4-19　治疗性抗体于 1975 年成功开发及其应用的时间轴（引自 Lu et al.，2020）

从 1981 年到 1986 年，许多宣称抗体是抗癌"灵丹妙药"的生物技术公司相继成立。纵坐标代表了 mAb 疗法在每个指示年份的估计市场价值。红色字体标出了 2018 年最畅销的 10 种抗体药物。CD. 分化集群；CGRPR. 降钙素基因相关肽受体；CTLA-4. 细胞毒性 T 淋巴细胞相关蛋白 4；EGFR. 表皮生长因子受体；FGF. 成纤维细胞生长因子；GD2. 二唾液酸神经节苷脂 G_{D2}；HER2. 人表皮生长因子受体 2；GP. 糖蛋白；VEG. 血管内皮；C5. C5 补体；IgE. 免疫球蛋白 E；IL. 白细胞介素；IL-17R. 白细胞介素-17 受体；PD-1. 程序性死亡受体蛋白 1；PD-L1. 程序性死亡受体配体 1；VEGF-A. 血管内皮生长因子 A；VEGFR2. 血管内皮生长因子受体 2；vWF. 血管性血友病因子

二、肿瘤的免疫治疗

肿瘤是威胁人类生命健康的重大疾病，其发病率逐年升高。肿瘤细胞是由正常细胞发生

基因突变的突变细胞逐步累积转化成的，其不受机体免疫调节系统的控制，可快速分裂和无限增殖，在机体内向正常组织转移，威胁机体正常的生命活动。肿瘤的诊断和治疗方法随着相关研究的逐渐深入不断革新，除了外科手术、化学治疗、放射治疗等传统的肿瘤治疗方式，免疫治疗等新兴肿瘤治疗方法是当前肿瘤相关研究的热点。

（一）免疫治疗

随着免疫学、分子生物学和肿瘤学等学科的迅速发展与交叉渗透，肿瘤免疫治疗（immunotherapy）的相关研究快速发展且取得了许多重要的研究成果。2013 年 *Science* 杂志十大科学突破的首位就是肿瘤免疫治疗。由于肿瘤免疫负调控治疗机制——细胞自噬研究成果的研究人员获得了 2018 年的诺贝尔生理学或医学奖，肿瘤免疫治疗的相关研究得到大量的关注。肿瘤免疫治疗与传统治疗和靶向治疗的作用机制不同，其通过激活机体自身免疫系统杀灭肿瘤细胞和消除肿瘤组织从而发挥抗肿瘤的作用。肿瘤免疫治疗针对的靶标不是肿瘤细胞和组织，而是机体自身的免疫系统。

从肿瘤细胞释放抗原至杀死肿瘤细胞主要分为以下步骤：首先，抗原呈递细胞（APC）捕获肿瘤细胞死亡时释放的肿瘤相关抗原（tumor-associated antigen，TAA）并对其加工处理，APC 将抗原呈递给 T 细胞，导致效应 T 细胞激活，最后，T 细胞受体（TCR）识别活化的效应 T 细胞，使其浸润到肿瘤中释放穿孔蛋白或颗粒酶以溶解肿瘤细胞，肿瘤细胞死亡后会释放更多的肿瘤抗原，进一步增强免疫反应（再次开始肿瘤免疫循环）。

树突状细胞（DC）是这个循环中启动和调节免疫反应的中心环节。而且以 DC 为核心的肿瘤疫苗受到了越来越多的关注。DC 功能成熟的特征是：抗原加工呈递、迁移和 T 细胞的共刺激。DC 分为未成熟和成熟两个阶段，未成熟 DC 主要是识别并捕获抗原，进一步将抗原降解和加工。抗原一般分为内源性抗原和外源性抗原。内源性抗原通常在 DC 胞质中被蛋白酶分解成多肽，外源性抗原在 DC 的内涵体/溶酶体中被酶解为多肽，多肽再分别与主要组织相容性复合物 I 和 II（MHC I 和 MHC II）结合形成多肽-MHC 分子复合物，复合物再分别激活 CD8$^+$ T 细胞和 CD4$^+$ T 细胞。理论上，外源性抗原在 DC 中被酶解为多肽并与 MHC II 结合形成复合物激活 CD4$^+$ T 细胞，但如果外源性抗原从内涵体/溶酶体逃逸，就可与 MHC I 结合，激活细胞毒性 T 细胞（CTL）反应，CTL 是抗肿瘤的主要效应因子，激活的 CTL 可以发挥强大的抗肿瘤作用，这个过程称为交叉呈递，这一过程是肿瘤免疫治疗的重要环节。

同时，DC 调节细胞因子和趋化因子以控制炎症、淋巴细胞归巢及在淋巴组织和非淋巴组织之间迁移等特性也与免疫治疗相关。DC 疫苗治疗的关键是 DC 是否能迁移至引流淋巴组织并在迁移过程中逐渐成熟，DC 成熟后的任务是呈递抗原信息给 T 细胞，从而使 T 细胞活化，T 细胞活化后迁移至肿瘤组织并发挥其特异性杀伤作用。T 细胞激活是肿瘤免疫循环中的环节之一，成熟的 DC 可通过 3 个信号激活 T 细胞使其产生免疫应答：①T 细胞激活的第一信号为将 MHC-抗原肽复合物呈递给 TAA；②第二信号为 DC 表面表达的共刺激信号分子（包括 CD40、CD80 和 CD86 等）；③DC 分泌的细胞因子（包括 IL-6、IL-12 等）提供第三信号。但是，TAA 在缺乏共刺激信号的情况下出现会导致 T 细胞失能，抑制性受体会降低 T 细胞的活性。以下几种方式可以使 T 细胞失能：①T 细胞表达的 CTLA-4 对 DC 的 CD80 和 CD86 的亲和力大于 CD28，从而阻碍了共刺激信号转导与 T 细胞的活化；②肿瘤微环境中的 DC 和其他细胞上的 PD-L1 与 PD-L2 可通过 T 细胞表达的 PD1 而抑制 T 细胞增殖和产生细胞因子；③CD31 使 T 细胞生成调节性 T 细胞（Treg），而不是分化为 Th1 细胞，Treg 细胞可通过下调效应细胞，从而使自身免疫耐受和发挥负调节作用；④吲哚胺-2,3-双加氧酶（IDO）可将 L-色氨酸转化为 L-犬尿氨酸，从而消耗掉 L-犬尿氨酸，DC 上的 IDO 可抑制浆细胞、自然杀伤细胞（NK）和 CD8$^+$ T 细胞的功能和增殖，并有助于 Treg 细胞的分化。

（二）肿瘤免疫治疗的机制

近年来，肿瘤免疫治疗的研究取得了许多成果，其均表明机体免疫系统的状况与肿瘤的发生、进展及预后效果密切相关。肿瘤免疫治疗的机制是通过激活机体免疫系统和消除免疫抑制环境从而增强抗肿瘤的免疫功能，最后达到抑制肿瘤的生长和消除肿瘤的目的。健康人群的免疫系统能及时地识别和清除体内的肿瘤细胞，但恶性肿瘤患者的免疫系统无法及时地发现和清除肿瘤细胞，免疫监视功能较弱。此外，随着肿瘤细胞的迅速增长，肿瘤微环境较为复杂，肿瘤细胞释放的免疫抑制性细胞因子可通过削弱免疫系统对肿瘤细胞的杀伤作用，使肿瘤细胞快速增殖。因此，治疗肿瘤的关键在于提高免疫系统的功能和解除机体免疫抑制性的肿瘤微环境。

（三）肿瘤免疫治疗的方式

关于肿瘤免疫治疗的研究越来越受到关注，研究结果表明提高机体免疫系统的功能和解除肿瘤微环境的抑制性是治疗肿瘤的关键。肿瘤免疫治疗的方式主要包括靶向肿瘤微环境的治疗、免疫检查点阻断疗法（ICB）、疫苗和细胞因子疗法。

1. ICB 治疗 ICB 治疗是用受体拮抗剂阻断抑制性途径。CTLA-4 通过下调 T 细胞活性，在预防自身免疫中发挥重要作用。伊匹单抗（yervoy）是一种抗 CTLA-4 抗体，可阻断 CTLA-4 以延长 T 细胞激活、增殖和抗肿瘤反应。伊匹单抗是肿瘤治疗的一个重要里程碑，是抗 CTLA-4 的抗体和第一个被批准用于治疗黑色素瘤的检查点抑制剂，目前已被成功应用于临床。

DC 上的 PD-L1 和 PD-L2 可通过 T 细胞上表达的 PD-1 抑制 T 细胞的增殖及产生细胞因子。抑制这一通路的药物可重新激活 T 细胞和重新激活抗肿瘤免疫反应。派姆单抗是一种 PD-1 抑制剂，已被批准用于黑色素瘤、非鳞状细胞肺癌和头颈部肿瘤，该药在临床应用中取得了良好效果。纳武单抗是另一种 PD-1 抑制剂，目前在黑色素瘤、肾细胞癌、非鳞状细胞肺癌及头颈部鳞状细胞癌的临床研究中均取得了成功，并已被批准用于这些肿瘤的临床治疗。

免疫检查点抑制剂与一系列免疫介导的不良反应的发生有关。免疫介导的不良反应可见于皮肤、内分泌系统、肝、胃肠道、神经系统、眼、呼吸系统和造血系统。CTLA-4 抑制剂常与结肠炎/腹泻、皮炎、肝炎和内分泌疾病相关。乏力、皮疹和腹泻是 PD-1 抑制剂常见的不良反应。

2. 靶向肿瘤微环境的治疗 肿瘤细胞与其微环境中的免疫细胞相互作用，免疫细胞对肿瘤起保护作用，使肿瘤细胞可以抵抗传统抗癌药物的杀伤。在多发性骨髓瘤的微环境中，骨髓瘤细胞连接骨髓基质细胞并发生通信，从而保护肿瘤细胞不被杀伤。单克隆抗体埃罗妥珠单抗可有效阻断骨髓瘤细胞与骨髓基质细胞之间的连接，从而阻断对肿瘤细胞的保护。经美国 FDA 批准，埃罗妥珠单抗可与地塞米松和来那度胺联合使用。

3. 疫苗 针对乙型肝炎和人乳头瘤病毒（HPV）的疫苗已经被成功用于预防由感染引起的肿瘤。Harald zur Hausen 因发现 HPV 疫苗可预防宫颈癌而获得了诺贝尔生理学或医学奖。理想的抗肿瘤疫苗可消除肿瘤细胞免疫耐受的状态。目前，研发抗肿瘤疫苗主要的瓶颈是缺乏理想的抗原和疫苗疗效较差。由于肿瘤细胞疫苗的研究成果不理想,因此研究人员致力于 DC 疫苗的研发。DC 疫苗的制备过程为:首先从血液中分离 DC,然后在体外用肿瘤相关抗原激活 DC,最后将激活的 DC 输入患者体内。2010 年,美国 FDA 批准可用于前列腺癌的 DC 疫苗是 Sipuleucel-T,该疫苗是由 DC 生长因子融合蛋白和前列腺酸性磷酸酶通过体外刺激研发获得的。不存在 HLA 不匹配的风险是 DC 疫苗的主要优点之一,但制备和注射相对较难是该疫苗的主要缺点。美国 FDA 唯一批准可用于原位膀胱癌的治疗策略是卡介苗膀胱内灌注。

前期临床数据表明,免疫疗法具有良好的应用前景。免疫反应的适应性强,可快速、持久地发挥抗肿瘤免疫反应的功能,从而彻底地清除患者的肿瘤,使患者回复健康。

三、新型冠状病毒抗体治疗

新型冠状病毒(COVID-19,世界卫生组织 2020 年 2 月命名;SARS-CoV-2,国际病毒分类委员会 2020 年 2 月命名)是一类球状病毒,具有螺旋形核衣壳和包膜,包膜中含有刺突蛋白(spike glycoprotein,S)、膜蛋白(membrane protein,M)和包膜蛋白(envelope protein,E)三种糖蛋白。其中 S 蛋白与宿主血管紧张素转化酶 2(angiotensin-converting enzyme 2,ACE2)相互作用,从而使病毒进入宿主细胞。病毒在细胞内利用细胞的各种物质(核苷酸分子、氨基酸分子和脂类分子)通过化学反应完成复制并将新的病毒颗粒释放至细胞外,病毒颗粒再以相同的方式感染周围的宿主细胞。细胞被病毒感染后激活宿主的先天性免疫系统,使免疫细胞进入肺组织中并释放大量的细胞因子从而形成细胞因子风暴,导致患者患急慢性呼吸道、肠道和中枢神经系统疾病。

(一)抗体药物治疗新型冠状病毒感染的应用策略

以 COVID-19 的致病机制和抗体药物在抗病毒治疗中的应用为基础积极探索抗体药物治疗新型冠状病毒感染的策略,主要包括以下几种。

一是中和 S 蛋白的抗体,抗体与 COVID-19 颗粒表面的 S 蛋白结合,与病毒的 S 蛋白竞争和 ACE2 的结合,从而达到阻止 COVID-19 侵染细胞的目的。

二是中和宿主 ACE2 蛋白的抗体,抗体与宿主的 ACE2 蛋白结合,进而阻止病毒的 S 蛋白与 ACE2 蛋白结合,从而达到阻止 COVID-19 侵染细胞的目的。

三是 ACE2 蛋白的类似物,与宿主细胞的病毒受体 ACE2 蛋白竞争和 COVID-19 颗粒 S 蛋白的结合,进而阻止 ACE2 蛋白与病毒 S 蛋白的结合,从而阻止病毒进入细胞。

四是针对细胞因子的抗体,人体感染 COVID-19 后,先天性免疫反应迅速被激活,肺部大量免疫细胞迅速产生大量的细胞因子(TNF-α、IFN-α、IFN-β、IFN-γ、IL-1、IL-6、IL-12、MCP-1 和 IL-8 等),从而产生细胞因子风暴,导致肺部严重损伤。抗体与细胞因子结合,抑制细胞因子风暴,减少 COVID-19 对肺部免疫的损伤,从而治愈新型冠状病毒感染。

(二)抗体药物治疗新型冠状病毒感染的具体应用

1. COVID-19 治疗性抗体——中和抗体 病毒有多种蛋白质,而且每种蛋白质表面都有很多可刺激产生抗体的抗原位点,所以针对同一种病毒可刺激人体产生很多种不同的抗体。病毒在被人体免疫系统识别后刺激产生的抗体可以笼统地分为两大类:中和抗体与非中和抗体。中和抗体可以识别病毒表面的蛋白质抗原并与之结合且激活补体等后续免疫反应,将病毒在细胞外清除,从而阻止细胞外游离的病毒侵入细胞。中和抗体是抗体中发挥抗病毒效应的主要力量。非中和抗体也可识别病毒表面的抗原表位，但是非中和抗体在与病毒结合后会介导免疫细胞的吞噬作用。例如，巨噬细胞吞噬病毒后可能产生两种后果：①细胞在溶酶体等中将病毒降解和清除；②病毒从吞噬细胞的内吞体中逃逸并感染该吞噬细胞，并在该细胞中大量复制病毒，且有可能通过该免疫细胞引起大量炎症因子的分泌以致病情恶化。所以，非中和抗体既可能有好的作用，也可能恶化病情，在具体实践中取决于患者的状况。

在 COVID-19 中，中和抗体在消灭和清除病毒的过程中扮演了关键角色，而非中和抗体在疾病过程中的角色还有待商榷，因而，中和抗体更适合作为 COVID-19 的治疗性抗体。SARS-CoV-2 病毒表面蛋白的抗原位点有很多，因而针对 SARS-CoV-2 的中和抗体也有很多种，所有这些针对同一病毒不同抗原位点的中和抗体为多克隆抗体，而其中某一种只针对一个特定抗原位点的抗体为单克隆抗体。目前研发的可治疗 COVID-19 的抗体为 SARS-CoV-2 单克隆中和抗体，单克隆中和抗体会是治疗 COVID-19 最理想和最有效的手段之一。

2. COVID-19 血浆疗法　　COVID-19 血浆疗法就是利用痊愈康复患者的血浆来治疗一些感染 SARS-CoV-2 的患者，其原理是康复患者的血浆中含有各类针对病毒的抗体，部分康复患者体内有非常高浓度的中和抗体，中和抗体可与病毒表面的相应抗原结合，从而减少病毒侵染宿主细胞。康复患者的血浆中含有较多种类的抗体，即便是针对 SARS-CoV-2 的抗体，也是很多种针对不同抗原位点的多克隆抗体，既有中和抗体，也有非中和抗体。血浆中还含有很多除抗体以外的其他成分，所以也潜藏着很大的风险，尤其是引起过敏反应或者由非中和抗体引起的病情加重或炎症反应加重。

理论上，最理想的治疗方法还是采用单克隆中和抗体，但是针对 SARS-CoV-2 的中和抗体的分离制备都需要较长时间，可能数月或数年，缓不济急。在没有单克隆中和抗体前，临时使用康复患者血浆治疗某些患者也是一种不得已而为之的办法，对一部分患者可能会有一定的疗效。

3. COVID-19 疫苗和中和抗体开发面临的挑战　　疫苗和中和抗体开发面临的最大挑战是病毒变异。RNA 一般为单链，比双链 DNA 更不稳定，因而遗传物质为单链的 RNA 病毒，相比双链 DNA 病毒更容易发生病毒变异。前期开发的疫苗或中和抗体所针对的抗原位点在病毒变异后可能发生突变，进而造成疫苗或中和抗体不能识别病毒而失效。这也是为什么埃博拉病毒等很多病毒的疫苗和中和抗体至今尚未开发成功的重要原因之一。总而言之，SARS-CoV-2 病毒疫苗和中和抗体开发面临巨大挑战，要想成功开发出长期有效的疫苗和中和抗体也是一项艰巨的工程，开发成功与否也取决于该病毒是否会出现变异及变异出现的频率。

主要参考文献

安云庆，姚智．2009．医学免疫学．北京：北京大学医学出版社．
龚非力．2014．医学免疫学．北京：科学出版社．
彭博．2008．鲫鱼免疫球蛋白基因的鉴定、应答和功能研究．杭州：浙江大学博士学位论文．
肖凡书，聂品．2010．鱼类免疫球蛋白重链基因与基因座的研究进展．水产学报，34（10）：1617-1628.
徐皓月．2021．虹鳟免疫球蛋白在口腔黏膜抗柱状黄杆菌感染过程中的功能研究．武汉：华中农业大学博士学位论文．
袁育康．2010．医学免疫学．北京：科学出版社：50-71.
张晓婷．2019．虹鳟皮肤黏膜免疫及其免疫球蛋白功能研究．武汉：华中农业大学博士学位论文．

Babiuk S, Horseman B, Zhang C, et al. 2007. BoLA class Ⅰ allele diversity and polymorphism in a herd of cattle. Immunogenetics, 59(2): 167-176.

Bartl S, Weissman I L. 1994. Isolation and characterization of major histocompatibility complex class Ⅱ B genes from the nurse shark. Proceedings of the National Academy of Sciences, 91(1): 262-266.

Berger A C, Roche P A. 2009. MHC class Ⅱ transport at a glance. Journal of Cell Science, 122 (1): 1-4.

Cardwell T N, Sheffer R J, Hedrick P W. 2001. MHC variation and tissue transplantation in fish. Journal of Heredity, 92(4): 305-308.

Danilova N, Bussmann J, Jekosch K, et al. 2005. The immunoglobulin heavy-chain locus in zebrafish: identification and expression of a previously unknown isotype, immunoglobulin Z. Nature Immunology, 6: 295-302.

de Graaf N, van Helden M J, Textoris-Taube K, et al. 2011. PA28 and the proteasome immunosubunits play a central and independent role in the production of MHC class Ⅰ-binding peptides *in vivo*. European Journal of Immunology, 41(4): 926-935.

Garcia K C, Degano M, Stanfield R L, et al. 2010. An alpha-beta T cell receptor structure at 2.5 angstroms and its orientation in the TCR-MHC complex (T cell receptor-major histocompatibility complex). Science, 274(11): 209-219.

Grimholt U, Larsen S, Nordmo R, et al. 2003. MHC polymorphism and disease resistance in Atlantic salmon (*Salmo salar*); facing pathogens with single expressed major histocompatibility class Ⅰ and class Ⅱ loci. Immunogenetics, 55(4): 210-219.

Hansen J D, Landis E D, Phillips R B. 2005. Discovery of a unique Ig heavy-chain isotype (IgT) in rainbow trout: implications for a distinctive B cell developmental pathway in teleost fish. Proceedings of the National Academy of Sciences, 102(19): 6919-6924.

Hashimoto K, Nakanishi T, Kurosawa Y. 1990. Isolation of carp genes encoding major histocompatibility complex antigens. Proceedings of the National Academy of Sciences of the United States of America, 87(17): 6863-6867.

Hu Y L, Xiang L X, Shao J Z. 2010. Identification and characterization of a novel immunoglobulin Z isotype in zebrafish: implications for a distinct B cell receptor in lower vertebrates. Molecular Immunology, 47(4): 738-746.

Klein D, Ono H, O'Huigin C, et al. 1993. Extensive MHC variability in cichlid fishes of Lake Malawi. Nature, 364(6435): 330-334.

Klein J, Sato A. 2000a. The HLA system. First of two parts. New England Journal of Medicine, 343(10): 702-709.

Klein J, Sato A. 2000b. The HLA system. Second of two parts. New England Journal of Medicine, 343(11): 782-786.

Klein J, Satta Y, O'Huigin C, et al. 1993. The molecular descent of the major histocompatibility complex. Annual Review of Immunology, 11(1): 269-295.

Kong W G, Yu Y Y, Dong S, et al. 2019. Pharyngeal immunity in early vertebrates provides functional and evolutionary insight into mucosal homeostasis. The Journal of Immunology, 203(11): 3054-3067.

Kong X H, Wang L, Pei C, et al. 2018. Comparison of polymeric immunoglobulin receptor between fish and mammals. Veterinary Immunology & Immunopathology, 202: 63-69.

Lam S H, Chua H L, Gong Z, et al. 2004. Development and maturation of the immune system in zebrafish, *Danio rerio*: a gene expression profiling, *in situ* hybridization and immunological study. Developmental & Comparative Immunology, 28(1): 9-28.

Lu R M, Hwang Y C, Liu I J, et al. 2020. Development of therapeutic antibodies for the treatment of diseases. J Biomed Sci, 27(1): 1-30.

Lunney J K, Ho C S, Wysocki M, et al. 2009. Molecular genetics of the swine major histocompatibility complex, the SLA complex. Developmental & Comparative Immunology, 33(3): 362-374.

Mashoof S, Criscitiello M F. 2016. Fish immunoglobulins. Biology, 5(4): 45.

Neefjes J, Jongsma M L, Paul P, et al. 2011. Towards a systems understanding of MHC class Ⅰ and MHC classⅡ antigen presentation. Nature Reviews Immunology, 11 (12): 823-836.

Ohta Y, Okamura K, Mckinney E C, et al. 2000. Primitive synteny of vertebrate major histocompatibility complex class Ⅰ and classⅡ genes. Proceedings of the National Academy of Sciences, 97 (9): 4712-4717.

Ota T, Rast J P, Litman G W, et al. 2003. Lineage-restricted retention of a primitive immunoglobulin heavy chain isotype within the dipnoi reveals an evolutionary paradox. Proceedings of the National Academy of Sciences of the United States of America, 100 (5): 2501.

Parra D, Korytář T, Takizawa F, et al. 2016. B cells and their role in the teleost gut. Developmental & Comparative Immunology, 64: 150-166.

Peaper D R, Cresswell P. 2008. Regulation of MHC class Ⅰ assembly and peptide binding. Cell and Developmental Biology, 24: 343-368.

Perdiguero P, Martín-Martín A, Benedicenti O, et al. 2019. Teleost IgD$^+$IgM$^-$ B cells mount clonally expanded and mildly mutated intestinal IgD responses in the absence of lymphoid follicles. Cell Reports, 29 (13): 4223-4235.

Riese R J, Chapman H A. 2000. Cathepsins and compartmentalization in antigen presentation. Current Opinion in Immunology, 12 (1): 107-113.

Rock K L, York I A, Saric T, et al. 1999. Protein degradation and the generation of MHC class Ⅰ-presented peptides. Immunology, 80 (17): 1-70.

Rumfelt L L, Avila D, Diaz M, et al. 2001. A shark antibody heavy chain encoded by a nonsomatically rearranged VDJ is preferentially expressed in early development and is convergent with mammalian IgG. Proceedings of the National Academy of Sciences, 98 (4): 1775-1780.

Ryo S, Wijdeven R H, Tyagi A, et al. 2010. Common carp have two subclasses of bonyfish specific antibody IgZ showing differential expression in response to infection. Developmental & Comparative Immunology, 34: 1183-1190.

Saha N R, Ota T, Litman G W, et al. 2014. Genome complexity in the coelacanth is reflected in its adaptive immune system. Journal of Experimental Zoology Part B Molecular & Developmental Evolution, 322 (6): 438-463.

Savan R, Aman A, Nakao M, et al. 2005a. Discovery of a novel immunoglobulin heavy chain gene chimera from common carp (*Cyprinus carpio* L.). Immunogenetics, 57 (6): 458-463.

Savan R, Aman A, Sato K, et al. 2005b. Discovery of a new class of immunoglobulin heavy chain from fugu. European Journal of Immunology, 35 (11): 3320-3331.

Shum B P, Mason P M, Magor K E, et al. 2002. Structures of two major histocompatibility complex class Ⅰ genes of the rainbow trout (*Oncorhynchus mykiss*). Immunogenetics, 54 (3): 193-199.

第五章 黏 膜 免 疫

第一节 黏膜免疫系统的组成与结构

硬骨鱼类是最早表现出黏膜免疫防御机制的脊椎动物之一，硬骨鱼类黏膜组织和黏膜表面的结构和功能与哺乳动物（包括人类）在许多方面仍具有相似性。鱼类和人体间黏膜免疫组织的差异主要是二者各自所占据的环境生态位的不同导致的，鱼体黏膜组织表面与水体中潜在病原体连续和密切接触，水生环境对鱼类黏膜免疫提出了独特的挑战。功能上，鱼类黏膜组织对免疫刺激的反应效果与系统免疫的体液反应相似，也具有环境因素的依赖性，可显著地受环境因子（如光周期、水温、氧饱和度、pH 和浊度等）的影响。

鱼类黏膜相关淋巴组织是弥散型的 MALT（diffuse MALT，D-MALT），一个例外可能是在大西洋鲑中发现的鳃间淋巴组织（interbranchial lymphoid tissue，ILT）。硬骨鱼类黏膜相关淋巴组织主要包括皮肤相关淋巴组织（SALT）、鳃相关淋巴组织（GIALT）和肠相关淋巴组织（GALT），以及近年来在鱼类中证实存在的鼻、咽和口腔黏膜淋巴组织（图 5-1）。此外，眼部、胆囊和鳔中的黏膜相关淋巴组织还有待进一步明确。

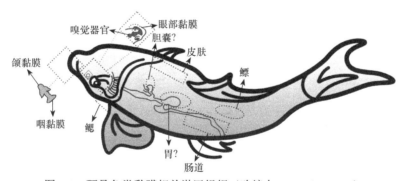

图 5-1 硬骨鱼类黏膜相关淋巴组织（改编自 Yu et al.，2020）

其中，皮肤、鳃和肠道黏膜组织研究得较多，目前大多数关于硬骨鱼类黏膜免疫的知识也是基于这三类黏膜组织（表 5-1），是本章阐述的主要内容。虽然三者在生理作用上不同，但在微观解剖学水平上有相似的结构，包含上皮及支持性的基质组织或称为固有层，具有血管网络、肌肉组织和常驻免疫细胞。免疫细胞弥散于上皮和固有层内。肠道被认为是黏膜组织的经典代表或原型，研究重点将放在其微观解剖结构及黏膜免疫功能上。

表 5-1 硬骨鱼类黏膜相关淋巴组织主要特征汇总表（改编自 Salinas，2015）

基本特征	GALT	SALT	GIALT
解剖学位置	肠道	皮肤	鳃
淋巴组织形式	弥散型	弥散型	弥散型*

续表

基本特征	GALT	SALT	GIALT
杯状细胞	存在	存在	存在
B 淋巴细胞的比例	4%～5%	4%～5%	?
特异性 IgT 反应（蛋白质水平）	存在	存在	存在
IgT/IgM B 淋巴细胞值	1∶1	1∶1	?
是否存在丰富的 T 淋巴细胞	是	是	是
是否存在微生物群	是	是	是
微生物群是否被分泌型免疫球蛋白包裹	是	是	是

注："?"表示未知，未研究；"*"表示鲑鳃间淋巴组织例外

一、皮肤黏膜

　　鱼的皮肤是机体最大的黏膜组织，包围着整个鱼体，包括鱼鳍。硬骨鱼类皮肤的结构组织和动态功能因物种的不同而不同，从有鳞到无鳞，特化细胞的数量和类型也不同，可认为是黏膜组织中物种间差异最大的。除了这些固有的物种间差异，其一般组织和微观解剖结构均是保守的细胞类型（图 5-2，图 5-3）。

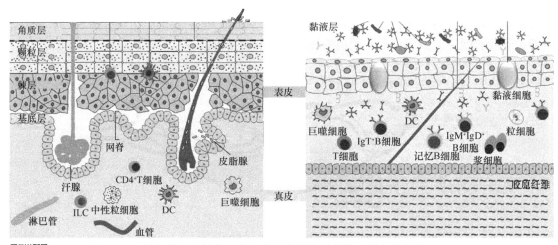

图 5-2　硬骨鱼类皮肤的物理和免疫屏障结构示意图（引自张晓婷，2019）
左边是人类皮肤结构图；右边是硬骨鱼类皮肤结构

　　鱼类皮肤由表皮和真皮构成。表皮层位于黏液层下，但大部分鱼类皮肤无角质层，这点与哺乳动物有所不同。非角化表皮由几种细胞组成，其中最丰富的是多层扁平上皮细胞或称为鳞状上皮细胞（squamous epithelial cell），平均 5～10 个细胞厚度散布有杯状细胞（goblet cell），或称黏液分泌细胞（mucus-sequencing cell）。皮肤鳞状上皮细胞与鳃丝和鳃片的简单鳞状上皮细胞相似，具有显著的微晶，能够为分泌的黏液提供附着表面，并维持黏液层在上皮的覆盖。此外，上皮细胞具有吞噬功能，不仅可以清除病原体，还可以清除外源物质。真皮位于基底膜下，是皮肤的另一层保护屏障。真皮主要包含成纤维细胞和有序的胶原基质，胶原基质中散布着血管、神经、色素细胞和各种免疫细胞。

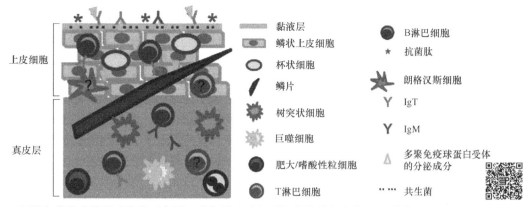

图 5-3　硬骨鱼类的皮肤组成结构示意图（重点展示了主要细胞类型和成分）（改编自 Gomez et al.，2013）
"?"表示目前在鱼类中还没有完全明确的细胞类型

　　鱼类皮肤组织含有的大量黏液细胞、巨噬细胞、树突状细胞和各类淋巴细胞，与其含有的其他活性物质包括抗体，组成了抵御病原生物感染的有效防线。淋巴细胞分布于整个皮肤，其中以 B 细胞和浆细胞最多。分泌的抗体包括 IgM、IgD 和（或）IgT，定位于表皮、上皮和黏液层，对病原体提供更特异性和附加性的保护。

二、鳃黏膜

　　鳃是鱼体与周围环境直接接触的主要器官之一，是鱼的多功能黏膜组织，具有呼吸、渗透调节、含氮废物排泄、激素分泌、免疫应答等多种生理功能。致病菌附着于鱼体表面是定殖和感染的先决条件，鳃组织常被认为是水体中病原体传播附着的易发部位，也是许多感染性病原体的主要攻击部位。

　　鳃具有丰富的血管和巨大的呼吸表面积，很像哺乳动物肺的肺泡囊。鳃丝和鳃小片的基本微观解剖结构比较类似倒置的肺泡（图 5-4，图 5-5）。在基本功能上，鳃丝特别是鳃小片负责气体交换和调节离子浓度，以维持渗透压与环境相关的酸碱平衡。每根鳃丝内部由软骨核心和结缔组织或间质组织支撑，大量突出的片层或小叶结构提供了大部分的呼吸表面积。柱状细胞起着机械支撑的作用，促进血液循环，并保持血浆与外部环境的隔离。在上皮细胞之间有各种各样的特化细胞，包括氯细胞（chloride cell）、杯状细胞、神经上皮细胞和棒状细胞（rodlet cell，RC）等。杯状细胞的独特位置可以使其分泌黏液进入环境，并避免损害上皮细胞的细胞间连接。鳃丝和鳃片上覆盖着一层单层鳞状细胞，有利于黏液层的附着。黏液层

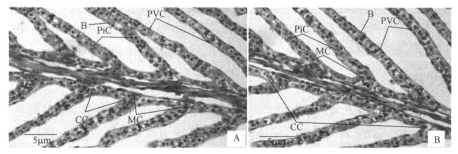

图 5-4　硬骨鱼类鳃和鳃丝 HE 染色结构图（引自吴贝贝等，2015）
CC. 氯细胞；PVC. 扁平细胞；PiC. 柱细胞；B. 血细胞；MC. 黏液细胞

是抵御病原体和环境损害的初始物理屏障，含有许多生物活性物质，包括溶菌酶、凝集素和抗菌肽及免疫球蛋白抗体等。

在黏液层屏障下有各种免疫细胞，包括淋巴细胞、巨噬细胞、中性粒细胞、嗜酸性粒细胞（eosinophil，EC）、嗜碱性粒细胞和类肥大细胞（mast-like cell）等。它们既存在于上皮内间隙，也存在于上皮下的基质中及血管周围。鳃组织中的淋巴细胞群多，特征显著，被认为是产生抗体的主要器官之一，有 B 细胞、浆细胞和结合抗体的巨噬细胞。浆细胞和吞噬内皮细胞可协同发挥作用，对病原体产生有效的抗体驱动反应。此外，T 细胞也是存在的，驱动T 细胞发育的相关白细胞介素（如 IL-2、IL-7 和 IL-15）均在鳃上皮中表达，但鳃组织中 T细胞的确切数量尚不明确。

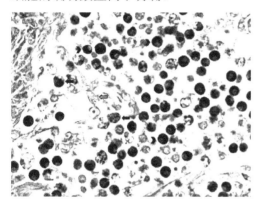

图 5-5　肥大/嗜酸性粒细胞（MC/EGC）与嗜酸性粒细胞（EC）和棒状细胞（RC）的过碘酸希夫（PAS）染色结果（40×）
（引自 Sfacteria et al.，2015）
MC/EGC 用黑色全箭头标示，RC 用白色箭头标示，EC 仅用黑色箭头标示

此外，肥大细胞（mast cell，MC）在哺乳动物中被大家熟知，暴露于细菌、细菌产物或肥大细胞脱颗粒剂会引起 MC 脱颗粒及随后的血管舒张和炎症反应，在过敏反应中也具有关键作用。目前普遍认为在鱼类中也存在肥大细胞，又称嗜酸性粒细胞（eosinophilic granule cell，EGC）或肥大/嗜酸性粒细胞（MC/EGC），是鱼类免疫反应的关键组成部分。MC/EGC 具有大量胞质嗜酸性颗粒和致密细胞核，体积较大（图 5-5），起源于造血器官，可迁移到成熟部位，并在受损组织中增加。已经证实多种鱼类的 EGC 颗粒中存在碱性磷酸酶、酸性磷酸酶、芳基硫酸酯酶和 5-核苷酸酶，以及 5-羟色胺和溶菌酶（Sfacteria et al.，2015）。在鲑科鱼类的鳃丝中，已经在上皮中观察到这种细胞，并且进一步在次级血管的血管周围结缔组织及内皮中观察到了这种细胞。Zhang 等（2017）经研究发现，斑点叉尾鮰鳃组织的 MC/EGC 在被柱状黄杆菌黏膜疫苗免疫后的二次感染后能够迅速脱颗粒释放相关因子并与其他免疫细胞和因子协作，起到关键的免疫保护作用。MC 通常与鱼类先天性免疫系统的其他细胞（如嗜酸性粒细胞和棒状细胞）密切相关，并具有抵御病原体的多种功能。形态学方面，斑马鱼的 MC/EGC 和 EC 染色与 PAS 染色均呈阳性，后者具有更致密和更密集的染色颗粒，RC 特征是细胞质中有一层厚的、半透明的包膜，内含杆状结构（图 5-5）。其中，RC 是鱼类特有的，其在许多成年硬骨鱼种鳃上皮中被观察到，但是它们的数量有很大的个体差异，其起源、性质和功能在过去一直有争议，但它们的内源性起源现在已被广泛接受。RC 已被报道与寄生虫和病毒感染及炎症反应有关，被认为参与宿主防御。

三、肠道黏膜

肠道是营养物质消化和吸收的器官，也是各种微生物种群（包括互利共生微生物和病原微生物）的栖息地。肠腔表面覆盖着完整的黏膜层，肠道相关淋巴组织（GALT）是机体免疫系统的重要组成部分，在机体抵御消化道病原体感染及维持机体免疫功能和稳态中发挥重要作用。

　　GALT 广泛存在于脊椎动物中，但其在鱼类中的组织结构与在哺乳动物和其他低等脊椎动物中发现的 GALT 不同，主要是由于缺乏明确的派尔集合淋巴结（Peyer patch，PP）或鸟类和爬行动物中常见的局部淋巴细胞聚集体。鱼类肠道黏膜由不规则的圆周和纵向褶皱组成，黏膜褶皱高度从前肠段到后肠段显著降低，表面被黏膜凝胶层覆盖，包括黏膜上皮和固有层，缺乏黏膜下层和肌层黏膜（图5-6）。Rombout 等（1989）最初发现后肠是细菌抗原摄取的优先部位，他们将鲤的"第二肠段"归类为在抗原摄取和加工及系统免疫反应的启动中起关键作用。普遍认为肠道中间至后部黏膜在引发对肠内病原体的全身和黏膜免疫反应中是至关重要的。

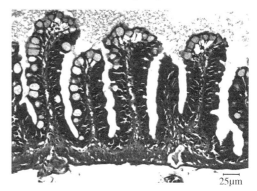

图 5-6　HE 染色的鱼类肠道黏膜结构（400 倍放大）（改编自 Beck and Peatman，2015）

黏膜褶襞上覆盖着一层明显的黏液层，褶襞顶端及侧面外侧的白色空泡状细胞为杯状细胞

　　肠道黏液层同样含有多种免疫因子，如抗菌肽和免疫球蛋白等，对于维持肠道健康具有重要作用。肠道黏膜表面存在的共生微生物群，可通过竞争而阻止病原微生物黏附肠道黏膜及感染机体，或者产生某些抗微生物物质，形成生物屏障。

　　肠上皮细胞层是肠道菌群及食物中病原接触最为密切的细胞群，在肠道黏膜中发挥着极为重要的作用。肠上皮细胞层主要包括单层简单柱状上皮细胞（即肠细胞）、杯状细胞、肠道内分泌细胞，以及少量特化的 M 细胞等（图 5-7）。它们既构成肠道的物理屏障，也具有化学

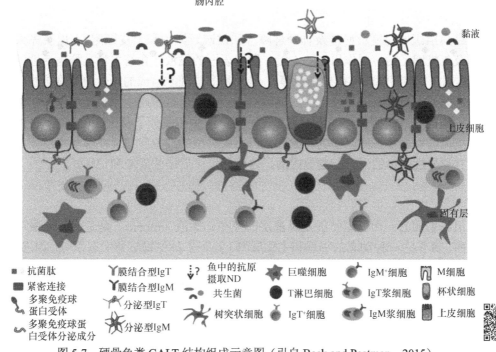

图 5-7　硬骨鱼类 GALT 结构组成示意图（引自 Beck and Peatman，2015）

主要展示肠上皮细胞和固有层结构，主要常驻免疫细胞（上皮细胞、巨噬细胞、杯状细胞、B 细胞、T 细胞和浆细胞），涉及的主要黏膜免疫反应（代表性的免疫球蛋白及抗菌肽成分），黏液层和肠道病原体及共生菌群。M 细胞和树突状细胞是哺乳动物 GALT 关键的细胞亚群，还未在鱼的肠道中被证明存在。?代表可能存在的抗原程度；ND 表示不确定。肠道内分泌细胞、粒细胞和小棒状细胞等未在图中体现

屏障和选择通透性的生物免疫屏障作用。杯状细胞是主要的黏液分泌细胞，其数量从前肠黏膜到后肠黏膜趋于减少，并且杯状细胞的总数因物种而异，也会受到病原感染的影响。哺乳动物的杯状细胞可将可溶性抗原呈递到树突状细胞，这种功能可能在鱼的杯状细胞中也存在。M 细胞是黏膜组织上皮细胞间散在分布的扁平上皮细胞，基底部凹陷成小袋，具有抗原转运功能。虽然 M 细胞在鱼类中存在与否没有完全明确，但在斑马鱼的后肠黏膜中观察到了哺乳动物 M 细胞的类似物，该类细胞在核上方有空泡，空泡中含有肠腔中的抗原物质，这些含空泡的肠细胞被认为充当抗原呈递细胞的角色，推测为 M 细胞类似物。在大西洋鲑和虹鳟中肠的第二段上皮细胞层中也发现了具有显著 M 细胞特征的肠上皮细胞。此外，硬骨鱼类独有的棒状细胞也存在于鲑、鲤、鲇和鳕等鱼类的肠道上皮层，但是其特定的功能尚不明确，有研究指出其具有抗寄生虫感染的作用。

黏膜上皮由简单固有层支撑，固有层包含丰富的基质细胞、分泌性肠内分泌细胞、胶原支持基质、血管、神经及各类免疫细胞。免疫细胞主要包括巨噬细胞、粒细胞（中性粒细胞、嗜酸性粒细胞、嗜碱性粒细胞及肥大细胞）和淋巴细胞（B 细胞、T 细胞和 NK 细胞）等。虽然在鱼类中还没有完全识别出特定的树突状细胞亚群，但普遍认为其在鱼类肠道中是存在的。DC 的特点在斑马鱼和虹鳟中均有报道，但是其在肠道中的具体作用尚不明确。T 细胞在肠道上皮和固有层中均有分布。B 细胞主要分布于固有层，能够分泌 IgM 和（或）IgT 免疫球蛋白。多种鱼类中 NK 细胞相关标志基因的表达或细胞毒性活性（cytotoxic activity）的发现表明 NK 细胞的存在。

第二节　黏膜组织的免疫应答

鱼类黏膜组织的免疫反应涉及物理屏障（如黏液、鳞片和上皮细胞），以及先天和后天免疫细胞及免疫因子的协同作用（图 5-8）。黏膜表面的黏液（含有多种具抗菌活性的体液成分，如补体因子、溶菌酶或免疫球蛋白等）、鳞片和上皮细胞组成的第一道免疫防线可直接捕获和清除病原。一旦病原成功侵入上皮细胞后，会遇到免疫系统中完整的细胞和体液免疫防御。免疫细胞的模式识别受体（PRR）通过识别病原体相关分子模式（PAMP）触发先天免疫系统。抗原摄取导致细胞因子的释放，激活不同类型的细胞参与炎症等免疫反应，抗原呈递是由含有特异性受体的淋巴细胞促进的，这就导致了后续的反应和记忆。

一、黏液

黏膜组织表面的一个典型特征是黏液层的存在。黏液（mucus）是鱼类与周围环境交换的主要表面，其作为一种动态的物理和生化屏障，具有多种生物学和生态作用，如渗透调节、防止磨损、防止环境毒素和重金属毒害、免疫保护和化学交流等。

黏液由黏液分泌细胞产生，杯状细胞是典型的黏液分泌细胞，普遍存在于鱼类上皮中，能分泌大量黏液，鳞片少或不发达的种类黏液分泌量更大。从肠道前端到后端有减少的趋势。

黏液主要由水（95%以上）和具有凝胶结构的黏蛋白/黏液素（mucin）基质组成，还含有多种具有抵抗病原微生物入侵的生物活性因子，包括免疫球蛋白、补体因子、C 反应蛋白、凝集素、干扰素、溶菌酶、蛋白水解酶、抗菌肽、磷酸酶和酯酶等，以及类菌胞素氨基酸

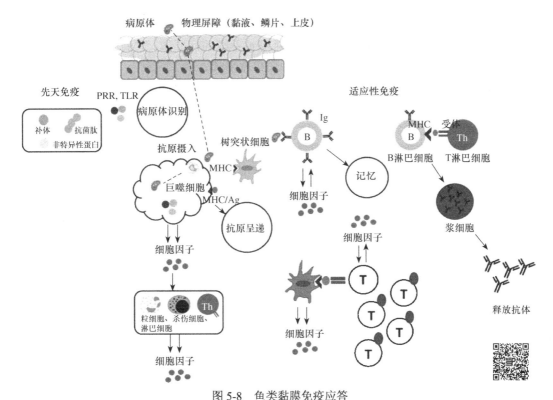

图 5-8 鱼类黏膜免疫应答

（引自 Cabillon and Lazado，2019；是基于 Beck and Peatman，2015 文章中图片的简化）

（mycosporine-like amino acid，MAA）、毒素和利它素（kairomone）等。免疫功能可体现在：抑菌蛋白/肽能抑制病原微生物的生长，对水体中的细菌等病原微生物具有明显的抑制作用，且鱼类黏液中的抗菌蛋白/肽还具有不易产生耐药性、无毒性等优点；其溶菌酶具有溶菌活性，激活补体系统和巨噬细胞共同抵御细菌感染；其凝集素能识别异物和抗原物质，并能协助巨噬细胞的内吞和降解作用；水解酶类如溶菌酶、酸性磷酸酶和碱性磷酸酶等，可溶解鱼类体表寄生物从而达到保护机体的目的；黏液中的特异性杀菌物质、抗体成分能够特异性地清除病原体。黏液层还具有其他几种功能，形成机械屏障，阻止异物和病原侵入；化学屏障可维持体内渗透压；减少在水中运动时的摩擦力，对鱼类皮肤起润滑作用；黏液具有含蓄水分的作用，保证鱼类短时间内离开水环境时湿润皮肤；口咽和食道中黏液细胞分泌的黏液能够润滑食物，防止黏膜损伤；口腔内的黏液可黏着水中的浮游生物，有助于鱼类获取食物及吞咽；胃中黏液具有调节胃 pH 的功能，而且中性黏液细胞常与碱性磷酸酶共存，具有消化功能。

溶菌酶是黏液免疫成分中特征最明显的物质之一，是一种广泛存在于包括鱼类在内的各种生物中的杀菌酶。鱼溶菌酶对革兰氏阳性菌和革兰氏阴性菌均具有溶菌活性；它作为调理素（在吞噬过程中作为结合增强子），激活补体系统和吞噬细胞，有助于宿主抵御细菌感染。在鱼类黏液中发现了两种与脊椎动物中 g 和 c 型相似的溶菌酶亚型。鱼黏液中还含有抗菌肽，抗菌肽是一类具有抗菌活性的短链多肽分子。硬骨鱼类的皮肤是抗菌肽的主要来源，约 70% 的抗菌肽在皮肤中表达，52% 和 29% 在鳃和肠道中表达。抗菌肽是强效广谱抗生素，有作为一种新型治疗药物的潜力，在抗菌和抗肿瘤药物、疫苗佐剂和灭活疫苗等方面有重要应用。目前鱼类黏液中已发现的抗生素有毒鱼豆素（piscidin）、美洲拟鲽抗菌肽（pleurocidin）、鲇抗菌肽 p（arasin p）、防御素（defensin）和肝杀菌肽（hepcidin）等。抗菌肽可以防止病原体的定植，产生并储存在吞噬细胞颗粒中，直接杀死被吞噬的病原体，它们还参与内毒素中和、白细胞趋化、免疫调节、血管生成、铁代谢和伤口修复等。

对黏液成分的检测大多数是在皮肤上进行的，可能是由于容易收集。鱼类皮肤黏液中的蛋白酶属于蛋白水解酶，有助于鱼体抵抗外源病菌感染。这些蛋白酶能通过切割细菌病原体的蛋白质直接作用于病原体，导致细菌死亡；还可以通过改变黏液的稠度来间接地抵御病原体的侵袭，从而导致黏液的脱落增加和病原体从身体表面的清除；蛋白酶还可以激活并增加鱼类黏液中其他免疫成分如抗菌肽、补体或免疫球蛋白的产生。多种蛋白酶包括胰蛋白酶、金属蛋白酶、组织蛋白酶和氨肽酶已在鱼类皮肤或鳃黏液中被鉴定出来。酸性磷酸酶、碱性磷酸酶和酯酶是鱼类黏液中重要的酶，可作为抗菌剂，也是鱼类皮肤黏液中潜在的应激指标。

鱼类黏液也是凝集素的丰富来源。凝集素是低等脊椎动物和无脊椎动物重要的免疫介质，可能参与先天性免疫或获得性免疫。这些蛋白质是碳水化合物结合蛋白，是对糖分子高度特异性的大分子。它们能结合碳水化合物，与附着在细胞膜上有关。凝集素可阻断潜在病原体的附着，抑制侵袭（也有些病原以凝集素为侵入受体）。鉴于此，凝集素被认为是皮肤黏液中潜在的抗菌剂。凝集素也参与细胞凝集和（或）糖缀合物的沉淀。凝集素结合病原体表面结构，可调节和增强吞噬活性或激活补体途径。鱼类黏液中已鉴定出多种不同类型的凝集素。

黏膜层的黏液组成、结构和厚度可以根据黏膜区域和生理、免疫或环境条件而变化，黏液分泌细胞的数量也会受到病原感染、营养饮食变化、应激压力、温度和盐度等变化的影响。在一定范围内随外界温度的升高，鱼体体表黏液分泌量也逐渐增加，且其酸性黏液成分显著增多，对防止病原菌侵入具有帮助；渗透压及养殖水体盐度的变化对鱼体体表黏液的分泌量及成分也有明显影响。正常情况下，鱼体分泌适量的黏液，可起到保护作用。某些原因导致的鱼体分泌黏液量的减少或增加，均会妨碍鱼体的正常生活。例如，因寄生虫或其他因素刺激，如果使得鱼体鳃部黏液分泌过多，可能会造成呼吸困难，甚至鱼体窒息死亡。浸泡感染前破坏鱼体表面的黏液层，能够增加某些病原（如嗜水气单胞菌、无乳链球菌）的致死率。部分病原如柱状黄杆菌，对于斑点叉尾鮰黏液具有很强的趋性，鱼体感染柱状黄杆菌后会出现杯状细胞数量增多，并且易感鱼体的杯状细胞数量高于抗性鱼体。

非致病性和共生微生物也在黏膜表面形成了特有的微环境，其通过产生细菌素、H_2O_2、抗菌肽等抑制化合物来拮抗病原体，提供了另一层防御。微生物稳态的破坏可能导致感染性病原体的易感性增加，并最终促进疾病的发展。越来越多的证据表明，平衡的黏膜微生物种群对屏障功能和整体上维持有机体的健康有重要的影响。

二、黏蛋白

黏蛋白（mucin）是存在于黏膜组织表面黏液中的主要分子，是一类大分子质量的高度糖基化的糖蛋白家族，在黏膜保护和与外界环境沟通中起着重要作用。糖蛋白核心蛋白由串联重复序列的长肽链组成，称为黏蛋白结构域。该结构域具有明显的 *O*-糖基化，长度和顺序在不同的黏蛋白之间存在差异。这些分子主要由黏膜组织上皮（如杯状细胞）分泌，具有很强的黏性，其形成的基质中存在着多种抗菌分子，在黏膜免疫防御中起着关键作用，并且赋予黏膜层重要的黏弹性和流变性能。

黏蛋白的糖基化对于黏液发挥保护屏障的作用及它与环境的相互作用是必要的。黏蛋白糖基化水平的改变，如由寄生虫感染引起，能够影响细菌在黏液层的附着。黏蛋白根据结构和功能特性可分为两种形式，一种是分泌型，高度 O-糖基化的糖蛋白交联成寡聚物，并延伸至上皮表面形成网状凝胶聚合物，具有很强的黏性；另一种是膜（细胞表面）结合型，是高度糖基化的跨膜糖蛋白，具有胞外 O-糖基化的结构域，不同于分泌型黏蛋白形成的凝胶，这种糖蛋白能够限制病原与细胞的结合，这些黏蛋白的胞外区域携带低聚糖长链，这些低聚糖也可能是微生物黏附的配体。两类黏蛋白都是高度糖基化的，具有串联重复脯氨酸（Pro）、苏氨酸（Thr）和丝氨酸（Ser）富集域，称为 PTS 域，为 O-糖基化的主要连接位点。分泌型黏蛋白在进化中出现得更早，膜型黏蛋白提供了额外的一层防御来保护上皮细胞。

人类黏蛋白家族已报道有 20 多种，包括 8 种分泌型黏蛋白（Muc2、Muc5ac5、Muc5b、Muc6、Muc19、Muc7～9）和 12 种膜型黏蛋白（Muc1、Muc3a、Muc3b、Muc4、Muc11～13、Muc15～17、Muc20、Muc21）。鱼类黏蛋白的化学性质已经在文献中得到了广泛的描述，与哺乳动物中发现的非常相似。近年来，鱼类的黏蛋白基因在多种鱼类中有报道，包括斑马鱼、红鳍东方鲀、大西洋鲑、金头鲷、鲈、鲤、斑点叉尾鮰和团头鲂等。Pérez-Sánchez 等在金头鲷黏膜组织中检测到了 5 种黏蛋白 Muc2、Muc2-like、Muc13、Muc18 和 Muc19 的表达，以及一种在哺乳动物中没有明确的同源种类的黏蛋白，并将其命名为 I-Muc，其在后肠黏膜中高表达。Liu 等发现斑点叉尾鮰 5 个膜型黏蛋白（Muc3a、Muc4、Muc13a、Muc13b 和 Muc15）和 5 个凝胶型黏蛋白（Muc2、Muc5.3、Muc5b、Muc5f 和 Muc19）在鳃组织中具有不同的表达模式。

黏蛋白的表达变化受到病原感染和营养变化等的影响，同时也能够影响或者一定程度表征鱼体的健康状况及对特定病原的易感性。黏蛋白表达的变化可以作为肠道黏孢子虫（Enteromyxum leei）感染情况及评价鱼类肠道健康的重要指标之一。Muc5 的表达变化也被认为与寄生虫 Neoparamoeba pemaquidensis 感染引起的海水鱼类尤其是鲑科鱼类（Salmonids）的阿米巴鳃病（amoebic gill disease）具有显著相关性。Padra 等经研究发现多种细菌病原与大西洋鲑黏蛋白具有结合活性，较多的研究表明细菌性病原（如柱状黄杆菌、嗜水气单胞菌和爱德华菌等），以及益生元或免疫增强剂、饥饿等营养变化均可影响鱼体黏蛋白基因的表达。虽然黏蛋白能够在一定程度上阻挡病原体与体表上皮的接触，但是某些病原反而能够借助黏蛋白实现其黏附从而利于其侵入。例如，Peatman 等发现柱状黄杆菌易感的斑点叉尾鮰较抗性鱼体的黏膜组织中具有较高的黏蛋白本底表达量，并且黏蛋白的高表达会持续到感染后。

三、模式识别受体

像哺乳动物一样，硬骨鱼类依靠病原体识别受体来检测和响应病原体相关分子模式（PAMP）。然而，与鱼类免疫学的其他方面一样，这些受体的多样化（通常通过串联复制）产生了大量能够识别非自身的基因。病原体成功突破黏液屏障后会被免疫细胞上的模式识别受体识别，继而触发后续免疫反应。这些受体主要存在于树突状细胞和巨噬细胞中，但也存在于其他细胞类型中，如 B 淋巴细胞或内皮细胞，并被激活以响应病原体中的保守基序，称为病原体相关分子模式或损伤相关分子模式（DAMP），即细胞损伤期间释放的细胞成分。一旦这些受体被激活，就会触发几种细胞内激活途径。所有这些本质上能导致促炎或抗菌基因的激活。TLR 是这一组中最著名的受体，此外也包括 C 型凝集素受体、NOD 样受体、RIG-Ⅰ样受体和清道夫受体。所有这 5 种类型的受体都已在硬骨鱼类中被报告。C 型凝集素受体以可溶性和跨膜蛋白的形式存在。迄今为止，在鱼类中仅描述了 7 种跨膜的 C 型凝集素受体，尽管它们在免疫组织中表达并在感染时受到调节，但它们的免疫作用仍有待阐明。NOD 样受体是参与自身免疫、细菌和病毒反应及凋亡的细胞溶质蛋白。在鱼类中，这些受体形成一个大家族，在斑马鱼等物种中有多达 70 个成员。RIG-Ⅰ样受体是一种细胞内模式识别受体，参与识别病毒，激活宿主 IFN 反应。清道夫受体是由一类结构各异、功能多样的跨膜表面糖蛋白分子组成的蛋白质家族。

四、黏膜免疫球蛋白

哺乳动物黏膜相关的特异性体液免疫主要产生分泌型 IgA，其次是分泌型 IgM 和 IgG，不同区域所产生的抗体类型各异。在软骨鱼类中发现了三种不同的 Ig 类型，即 IgM、IgW 和 IgNAR。软骨鱼类 IgM 与高等脊椎动物中发现的 IgM 同源，而根据系统发育分析结果，IgW 被认为与 IgD 密切相关，有时候称为 IgW/D。IgNAR 是一种鲨特异性 Ig，仅由重链组成，没有轻链。在硬骨鱼类中已经确定了 3 种 Ig 类型：IgM、IgD 和 IgT（在某些物种中也称为 IgZ，或称为 IgT/IgZ；图 5-9）。

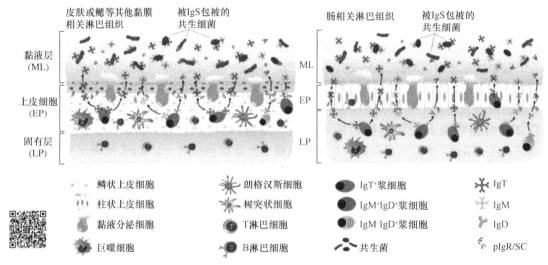

图 5-9　硬骨鱼类黏膜组织免疫球蛋白及相关 B 淋巴细胞分布（引自 Yu et al.，2020）

IgM 是系统免疫反应的主要抗体，病原感染也能够影响黏膜组织中 IgM 的表达水平，其在鱼类黏膜免疫中也具有重要地位。黏膜和系统免疫来源的抗体之间存在差异。Rombout 等（1993）经研究发现鲤皮肤黏液 IgM 的单克隆抗体能够识别皮肤黏液的 IgM 重链，能够在皮肤上观察到强而特异的免疫组化反应；相反，另一种来源于血清的 IgM 对黏液 IgM 的亲和力较低。虹鳟黏液中的 IgM 也是以四聚体形式出现，在不同的黏液中浓度会有差异，包括肠黏液（约 0.075mg/mL）、皮肤黏液（约 0.0046mg/mL）、鳃黏液（约 0.02mg/mL）、咽黏液（约 0.072mg/mL）和鼻黏液（约 0.28mg/mL），所有这些黏液的 IgM 浓度均低于血清（约 2.5mg/mL）。尽管如此，在所有硬骨鱼类黏液中，IgM 在所有 3 种 IgS 中仍占最大的比例。还发现 IgM 在不同类型的黏液中能够包被细菌，尽管数量低于 IgT（Yu et al.，2020）。

IgT 是鱼类特有的黏膜免疫球蛋白，膜 IgT 是一个单体形式的免疫球蛋白（约 180kDa），但肠道黏液 IgT 是多聚体形式（4～5 个单体）。对其功能的研究表明，IgT 可识别黏膜共生微生物并结合到其表面，在抗寄生虫和细菌等病原感染过程中发挥类似哺乳动物 IgA 的重要免疫功能。硬骨鱼类 IgT/IgZ 已在众多鱼类基因组水平上得到鉴定，并被发现在黏膜组织中对病原体感染的反应中发挥特殊作用。IgT/IgZ 在斑马鱼、鲤、鳜、草鱼、虹鳟、大西洋鲑、河鲀、红鳍东方鲀、三刺鱼和两种鲈形目鱼（不限于以上鱼类）中均有报道，但目前斑点叉尾鮰中仅发现有 IgM 和 IgD 两类免疫球蛋白。

利用免疫印迹法或酶联免疫吸附法在硬骨鱼类黏膜分泌物中检测到了 IgT 和 IgM，血浆和黏膜分泌物中 IgT 与 IgM 的比例表明 IgT 在黏膜免疫中具有重要作用。在虹鳟的肠道、皮肤和鼻腔黏液中，IgT/IgM 值在没有任何抗原刺激时比在血浆中高得多。与脾或头肾相比，IgT$^+$ B 细胞是 GALT、SALT 和 NALT 的优势 B 细胞亚群，其中 IgM$^+$ B 细胞是主要亚群。虹鳟肠道和皮肤中 B 细胞占 4%～5%，而嗅觉器官中的百分比约为 40%。综合所有 MALT 来看，IgT$^+$ B 和 IgM$^+$ B 细胞约各占 50%，而在皮肤中该比例分别为 60%和 40%。IgT$^+$ B 细胞作为主要的黏膜 B 细胞亚群，在鳟肠道、皮肤和鳃相关淋巴组织感染后检测到了 IgT$^+$ B 细胞的累积。在哺乳动物中，寄生虫特异性 IgA 主要也是在病原感染后诱导累积的。此外，IgT 参与免疫应答可能并不局限于黏膜组织，因此硬骨鱼类的体液反应比最初预测的可能更为复杂。

IgD 在脊椎动物黏膜免疫中的作用在许多方面仍不是很明确。分泌型 IgD（sIgD）已被发现能够结合鳃和肠道黏膜表面的共生细菌，并进一步刺激 B 细胞中 *IgD* 基因的转录；在虹鳟鳃和肠道黏膜中，IgD$^+$IgM$^-$ 浆细胞是除 IgT$^+$ B 细胞外丰度最高的 B 淋巴细胞群，在黏膜免疫接种的鳟中能够检测到分泌的 IgD 转录本；小瓜虫感染能够显著促进斑点叉尾鮰皮肤中 *IgD* 基因的表达。以上研究表明，IgD 可能在鱼类黏膜免疫中具有一定的作用。

此外，多聚免疫球蛋白受体 pIgR 作为黏膜免疫屏障的一个关键因子，能够介导免疫球蛋白跨过上皮细胞进行转运和分泌，从而发挥免疫球蛋白在黏膜屏障中局部清除病原体和毒素的作用。免疫球蛋白的有效分泌是黏液免疫球蛋白发挥免疫功能的必要条件。在哺乳动物中，pIgR 是 I 型跨膜糖蛋白，由黏膜上皮细胞和外分泌腺导管细胞表达，并负责 IgM 和 IgA 的结合与胞吐。在 pIgR 将分泌型抗体——sIgS 转运至外分泌液的过程中，pIgR 的细胞外段被水解，释放出与 IgA 或 IgM 相结合的细胞外段［又称为分泌成分（secretory complement，SC）］。pIgR 在 sIgS 形成过程中起着关键作用，并作为 sIgS 的一部分或者以游离 SC 形式发挥防御功能。pIgR 还具有非特异性免疫防御功能，能够激发其他免疫因子的合成；其被蛋白酶水解后，游离的分泌成分能够阻止中性粒细胞的趋化作用，从而降低机体的炎症反应，保护上皮细胞；游离的分泌成分片段能够结合细菌，从而有效限制细菌对机体的侵染。pIgR 在河鲀、鲤、虹鳟、斑马鱼、大西洋鲑、牙鲆、斑点叉尾鮰等众多鱼类中已有报道。硬骨鱼类 pIgR 的类免疫球蛋白结构域（Ig-like，ILD）只有两个，哺乳动物 ILD 有 5 个，其他如鸟类或两栖类 ILD 有 4 个。pIgR 的分泌成分与免疫球蛋白以复合物的形式存在于鱼类皮肤、鳃、肠黏液及胆汁等外分泌物中，鱼类病原感染或者禁食能够引起表达变化，但鱼类 pIgR 对 sIgS 的转胞吞作用及其表达调节机制尚不明确。

硬骨鱼类 IgT、IgM 和 IgD 是由 IgT$^+$、IgM$^+$IgD$^+$ 和 IgM$^-$IgD$^+$ B 细胞产生的，主要位于肠相关淋巴组织固有层和皮肤或鳃等其他黏膜组织的上皮层和固有层中。硬骨鱼类 pIgR 将 IgS 经上皮运至黏液层，黏液中的共生细菌主要被 sIgT 包裹。

第三节　黏膜免疫研究热点和应用

水产动物的黏膜免疫系统与多方面因子相互关联而受影响，包括营养、环境因子（如水质、温度等）、微生物种群，以及黏膜疫苗或免疫增强剂等。对养殖物种健康感兴趣的研究人员和生产者必须理解并管理好水产养殖这些相关方面的关系，才能够保证鱼体的黏膜健康，实现健康高效养殖。这些共同调节的环境和宿主等参数可被视为与黏膜的相互作用体（mucosal interactome）。环境、宿主、病原体和微生物之间复杂的相互作用关系（图5-10），为鱼类黏膜免疫的研究提出了挑战，也为人们对硬骨鱼类免疫的理解和对养殖鱼类健康的改善提供了更多的机会。更好地理解和描述这些相互作用对于评估养殖实践的变化对鱼类健康和生长的影响至关重要。例如，在培养系统中改变水质会影响鱼体黏液分泌的速度和性质，改变微生物种群，影响宿主免疫，改变对黏膜疫苗接种的反应程度等。

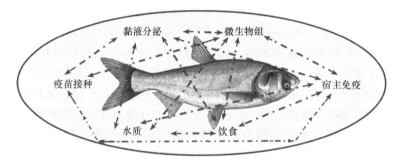

图5-10　环境、宿主、病原体和微生物之间复杂的相互作用（引自 Peatman et al.，2015）
箭头表明了在影响鱼类黏膜屏障的生物和非生物因素中存在较多联系和反馈机制

影响鱼体黏膜免疫的相关因子中，黏膜组织的共生菌群尤其是肠道菌群的研究已成为一大热点。宿主和环境界面上的微生物群落可以发挥许多重要功能，包括抑制病原体定居、刺激先天性免疫和提供保护层以抵御环境应激等。微生物群落的组成代表了宿主和微生物之间的共同进化，均向着对双方都有利的平衡状态发展。当体内平衡被打破时，会导致微生物群落的生态失调，从而显著改变宿主的生理和免疫状况。随着组学技术的发展，微生物组 16S rRNA 测序、宏基因组及泛基因组等测序技术的发展，使研究人员能够深入了解感兴趣的黏膜组织中的微生物群落。除微生物群落组成以外，小分子代谢物（如短链脂肪酸等）对肠道免疫和微生物种群的影响也逐渐被人们关注，代谢组学的发展和应用将更有助于有效地研究鱼类黏膜和黏液中及微生物产生的次生代谢物的潜在重要性。鱼类肠道黏膜组织微生物种群及代谢物的研究既有助于发现有效的益生菌或益生元、免疫增强剂及新型水产饲料添加剂等，也可以更好地理解黏膜、黏液的生物学和生态功能。图5-11很好地阐释了以上研究对于提高鱼类肠道黏膜免疫力的潜在微生物策略。

目前，黏膜免疫研究较为关注的并且具有重要应用价值的另一个研究热点是共同黏膜免疫系统（common mucosal immune system，CMIS）。黏膜共同体是鱼体和其他多方面因素的相互作用体，而CMIS是针对黏膜免疫系统自身而言的，指的是跨越不同区域黏膜的免疫效应。通过黏膜部位接种疫苗，可保护另一黏膜部位免受感染。这一理念已被成功应用于鱼类口服疫苗、鱼类营养策略的调整、免疫增强剂等的使用中。

黏膜疫苗（口服或浸泡方式给予）相对于注射方式更易在养殖生产时施行，具有操作简便、工作量少、对鱼体损伤小、便于对鱼苗操作等优点，但是黏膜疫苗产生的免疫保护效果通常相对较弱。因此，研究安全有效的黏膜疫苗及增加免疫效果的佐剂具有重要意义。例如，肥大细胞激活剂被认为是良好的黏膜疫苗佐剂，但其在水产疫苗上的应用仍有待开发。纳米材料包裹疫苗，能够有效避免疫苗的降解，提高其稳定性，增加黏膜渗透性，促进疫苗或药物的吸收，提高利用率。另外，如黏膜黏附制剂的开发，能够通过增加制剂在黏膜处的接触时间，减少消化过程中的疫苗或药物的损失，从而提升作用效果。

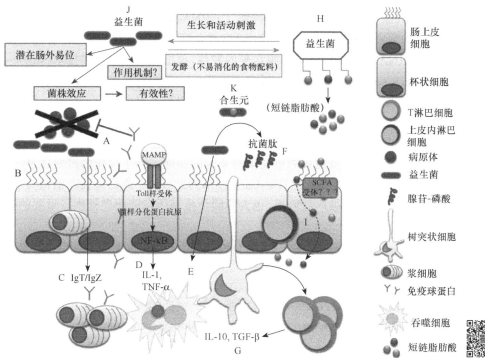

图 5-11 提高鱼类肠道黏膜免疫力的潜在微生物策略（引自 Montalban-Arques et al.，2015）

治疗途径机制包括：A．竞争性排除结合位点；B．通过逆转肠道通透性增加而增强屏障功能；C．增强对肠抗原的黏膜免疫球蛋白 IgT/IgZ 反应；D．减少炎症介质的分泌；E．刺激先天性免疫功能；F．刺激黏膜层抗菌肽的释放；G．通过调节免疫细胞增强抗炎介质的可用性；H．通过非消化益生元产生像短链脂肪酸这样的代谢健康促进剂；I．短链脂肪酸（SCFA）通过肠细胞扩散以改善黏膜屏障功能；J．益生菌被认为给宿主带来一些健康益处，然而它们的作用机制尚不完全清楚；K．合生元是益生菌和益生元的混合物，作用模式较难定义。MAMP．微生物相关模式分子

以上研究均离不开对于黏膜免疫系统的深入了解，但当前我们对于黏膜免疫系统的认知主要集中在皮肤、鳃和肠道黏膜组织，对于其他鼻咽腔和口腔黏膜等的认识不足。近年来，有研究者发现虹鳟存在弥散型口咽黏膜相关淋巴组织，能够产生类似于哺乳动物的局部天然和适应性免疫应答，并揭示了其在抗感染过程中适应性免疫应答的分子机制，表明其在保护机体、防止病原入侵、维持微生物稳态中发挥重要的作用。该研究对于揭示早期低等脊椎动物口咽腔黏膜的免疫机制具有重要意义。

尽管对于黏膜免疫研究的关注度有了一定的提高，但是相对于系统免疫，人们对于黏膜免疫的研究和认知仍明显滞后。当前黏膜免疫系统的细胞组成和功能等特点研究不够深入，有些黏膜免疫细胞在鱼类中的存在情况、分类及其功能仍有争议。同时，黏膜免疫系统是一个复杂的免疫细胞和分子相互作用网络，其免疫调控和抵御病原入侵时的应答机制涉及众多基因及通路，传统的免疫学研究手段难以满足对复杂基因调控网络研究的需求。近些年，高通量测序技术的日益成熟、成本的持续降低对水产动物黏膜免疫研究有着深远的影响。

新一代测序技术和各种组学技术已被逐步应用于鱼类黏膜免疫系统研究中，其中常规转录组测序（RNA-seq）技术是当前研究鱼体黏膜免疫分子机制及鉴定重要受体等免疫关键基因的常用方法，具有低价、快速和高通量等优点。例如，Peatman 等以斑点叉尾鮰和柱状黄杆菌作为宿主-病原体相互作用模型充分揭示了病原体的早期黏附和入侵机制及关键的免疫因子和信号通路，并进一步将其应用于抗病筛选及疾病阻断中。除了关注编码 RNA，对于非编码 RNA（如 lncRNA、miRNA

和 cirRNA）及其与编码 RNA 的相互作用网络（miRNA-mRNA-lncRNA 或者 circRNA-miRNA-mRNA 等）在病原感染中的作用也逐渐被应用于鱼类免疫或者黏膜免疫研究中。

随着高通量 RNA 测序文库在单细胞水平的发展，单细胞转录组测序技术（single-cell RNA sequencing，scRNA-seq）的日趋成熟，成本逐步降低，单细胞测序已在哺乳动物或模式生物的免疫细胞分类、免疫应答机制等方面广泛应用，并取得了重大突破。此外，鲑、鳕、罗非鱼、石斑鱼、虹鳟、鲇、大菱鲆、舌鳎、鳗、鲤、草鱼等鱼类的基因组得到了解析，并且会日益增多，国内更有"万种鱼基因组计划"实施，这些为鱼类黏膜免疫的深入研究提供了有力保障。此外，对于黏膜免疫相关的重要功能基因的验证，除了传统的过表达及 RNA 干扰技术，现在基因编辑技术尤其是 CRISPR-Cas9 技术的发展，在斑马鱼及养殖鱼类功能基因研究及分子遗传育种研究中已被广泛应用，也为黏膜免疫基因功能研究提供了重要的技术参考。

主要参考文献

吴贝贝，赵峰，张涛，等．2015．中华鲟幼鱼鳃上氯细胞的免疫定位研究．上海海洋大学学报，24（1）：8.

张晓婷．2019．虹鳟皮肤黏膜免疫及其免疫球蛋白功能研究．武汉：华中农业大学博士学位论文.

Bassity E, Clark T G. 2012. Functional identification of dendritic cells in the teleost model, rainbow trout (*Oncorhynchus mykiss*). PLoS One, 7: e33196.

Beck B H, Peatman E. 2015. Mucosal Health in Aquaculture. New York: Academic Press.

Brinchmann M F. 2016. Immune relevant molecules identified in the skin mucus of fish using omics technologies. Mol Biosyst, 12: 2056-2063.

Cabillon N A R, Lazado C C. 2019. Mucosal barrier functions of fish under changing environmental conditions. Fishes, 4(1): 1-10.

Corfield A P. 2015. Mucins: a biologically relevant glycan barrier in mucosal protection. Biochimica et Biophysica Acta (BBA)-General Subjects, 1850(1): 236-252.

Dalum A S, Griffiths D J, Valen E C, et al. 2016. Morphological and functional development of the interbranchial lymphoid tissue (ILT) in Atlantic salmon (*Salmo salar* L) . Fish and Shellfish Immunology, 58: 153-164.

Dash S, Das S K, Samal J, et al. 2018. Epidermal mucus, a major determinant in fish health: a review. Iran J Vet Res, 19(2): 72-81.

Dooley H, Flajnik M F. 2006. Antibody repertoire development in cartilaginous fish. Dev Comp Immunol, 30: 43-56.

Esteban M A. 2012. An overview of the immunological defenses in fish skin. ISRN Immunol, 29: e853470.

Esteban M A, Chaves-Pozo E, Arizcun M, et al. 2013. Regulation of natural killer enhancing factor (NKEF) genes in teleost fish, gilthead seabream and European sea bass. Mol Immunol, 55: 275-282.

Estensoro I, Jung-Schroers V, Alvarez-Pellitero P, et al. 2013. Effects of *Enteromyxum leei* (Myxozoa) infection on gilthead sea bream (*Sparus aurata*) (Teleostei) intestinal mucus: glycoprotein profile and bacterial adhesion. Parasitol Res, 112: 567-576.

Fuglem B, Jirillo E, Bjerkås I, et al. 2010. Antigen-sampling cells in the salmonid intestinal epithelium. Dev Comp Immunol, 34(7): 768-774.

Gomez D G, Sunyer J O, Salinas I. 2013. The mucosal immune system of fish: the evolution of tolerating commensals while fighting pathogens. Fish Shellfish Immunol, 35: 1729-1739.

Haugarvoll E, Bjerkas I, Nowak B F, et al. 2008. Identification and characterization of a novel intraepithelial lymphoid tissue in the gills of Atlantic salmon. J Anat, 213: 202-209.

Ishimoto Y, Savan R, Endo M, et al. 2004. Non-specific cytotoxic cell receptor (NCCRP)-1 type gene in tilapia (*Oreochromis niloticus*): its cloning and analysis. Fish Shellfish Immunol, 16: 163-172.

Kato G, Miyazawa H, Nakayama Y, et al. 2018. A novel antigen-sampling cell in the teleost gill epithelium with the potential for direct antigen presentation in mucosal tissue. Front Immunol, 9: 2116.

Kong W G, Yu Y Y, Dong S, et al. 2019. Pharyngeal immunity in early vertebrates provides functional and evolutionary insight into mucosal homeostasis. J Immunol, 203(11): 3054-3067.

Lang T, Hansson G C, Samuelsson T. 2007. Gel-forming mucins appeared early in metazoan evolution. Proc Natl Acad Sci USA, 104(41): 16209-16214.

Liu H, Xu H, Shang X, et al. 2020. Identification, annotation of mucin genes in channel catfish (*Ictalurus punctatus*) and their expression after bacterial infections revealed by RNA-seq analysis. Aquac Res, 51(5): 2020-2028.

Lugo-Villarino G, Balla K M, Stachura D L, et al. 2010. Identification of dendritic antigen-presenting cells in the zebrafish. Proc Natl Acad Sci USA, 107(36): 15850-15855.

Marcos-López M, Calduch-Giner J A, Mirimin L, et al. 2018. Gene expression analysis of Atlantic salmon gills reveals mucin 5 and interleukin 4/13 as key molecules during amoebic gill disease. Sci Rep, 8(1): 13689.

Marel M, Adamek M, Gonzalez S F, et al. 2012. Molecular cloning and expression of two beta-defensin and two mucin genes in common carp (*Cyprinus carpio* L.) and their up-regulation after beta-glucan feeding. Fish Shellfish Immunol, 32(3): 494-501.

Martin E, Verlhac T V, Legrand-Frossi C, et al. 2012. Comparison between intestinal and non-mucosal immune functions of rainbow trout, *Oncorhynchus mykiss*. Fish Shellfish Immunol, 33: 1258-1268.

Martin S A, Dehler C E, Król E. 2016. Transcriptomic responses in the fish intestine. Dev Comp Immunol, 64: 103-117.

McGuckin M A, Linden S K, Sutton P, et al. 2011. Mucin dynamics and enteric pathogens. Nat Rev Microbiol, 9: 265-278.

Montalban-Arques A, de Schryver P, Bossier P, et al. 2015. Selective manipulation of the gut microbiota improves immune status in vertebrates. Front Immunol, 6: 512.

Moreira G S, Shoemaker C A, Zhang D, et al. 2017. Expression of immune genes in skin of channel catfish immunized with live theronts of *Ichthyophthirius multifiliis*. Parasite Immunol, 39(1): e27801984.

Neuhaus H, van der Marel M, Caspari N, et al. 2007. Biochemical and histochemical effects of perorally applied endotoxin on intestinal mucin glycoproteins of the common carp *Cyprinus carpio*. Dis Aquat Organ, 77(1): 17-27.

Padra J T, Murugan A M, Sundell K, et al. 2019. Fish pathogen binding to mucins from *Atlantic salmon* and *Arctic char* differs in avidity and specificity and is modulated by fluid velocity. PLoS One, 14(5): e0215583.

Peatman E, Lange M, Zhao H, et al. 2015. Physiology and immunology of mucosal barriers in catfish (*Ictalurus* spp.) . Tissue Barriers, 3: e1068907.

Peatman E, Li C. 2013. Basal polarization of the mucosal compartment in *Flavobacterium columnare* susceptible and resistant channel catfish (*Ictalurus punctatus*). Mol Immunol, 56: 317-327.

Perdiguero P, Martín-Martín A, Benedicenti O, et al. 2019. Teleost IgD+IgM− B cells mount clonally expanded and mildly mutated intestinal IgD responses in the absence of lymphoid follicles. Cell Rep, 29(13): 4223-4235.

Pérez-Sánchez J, Estensoro I, Redondo M J, et al. 2013. Mucins as diagnostic and prognostic biomarkers in a fish-parasite model: transcriptional and functional analysis. PLoS One, 8(6): e65457.

Rakers S, Gebert M, Uppalapati S, et al. 2010. "Fish matters": the relevance of fish skin biology to investigative dermatology. Exp Dermatol, 19: 313-324.

Ramirez-Gomez F, Greene W, Rego K, et al. 2012. Discovery and characterization of secretory IgD in rainbow trout: secretory IgD is produced through a novel splicing mechanism. J Immunol, 188: 1341-1349.

Reite O B, Evensen O. 2006. Inflammatory cells of teleostean fish: a review focusing on mast cells/eosinophilic granule cells and rodlet cells. Fish Shellfish Immunol, 20: 192-208.

Rombout J H, Bot H E, Taverne-Thiele J J. 1989. Immunological importance of the second gut segment of carp. II. Characterization of mucosal leucocytes. J Fish Biol, 35: 167-178.

Rombout J H, Joosten P H, Engelsma M Y, et al. 1998. Indications for a distinct putative T cell population in mucosal tissue of carp (*Cyprinus carpio* L.). Dev Comp Immunol, 22: 63-77.

Rombout J H, Taverne N, van de Kamp M, et al. 1993. Differences in mucus and serum immunoglobulin of carp (*Cyprinus carpio* L.). Dev Comp Immunol, 17(4): 309-317.

Roussel P, Delmotte P. 2004. The diversity of epithelial secreted mucins. Curr Org Chem, 8: 413-437.

Ryo S, Wijdeven R H M, Tyagi A, et al. 2010. Common carp have two subclasses of bonyfish specific antibody IgZ showing differential expression in response to infection. Dev Comp Immunol, 34: 1183-1190.

Salinas I. 2015. The mucosal immune system of teleost fish. Biology (Basel), 4: 525-539.

Sfacteria A, Brines M, Blank U. 2015. The mast cell plays a central role in the immune system of teleost fish. Mol Immunol, 63(1): 3-8.

Sun F, Peatman E, Li C, et al. 2012. Transcriptomic signatures of attachment, NF-κB suppression and IFN stimulation in the catfish gill following columnaris bacterial infection. Dev Comp Immunol, 38: 169-180.

Thongda W, Li C, Luo Y, et al. 2014. L-rhamnose-binding lectins (RBLs) in channel catfish, *Ictalurus punctatus*: characterization and expression profiling in mucosal tissues. Dev Comp Immunol, 44: 320-331.

Tian J, Sun B, Luo Y, et al. 2009. Distribution of IgM, IgD and IgZ in mandarin fish, *Siniperca chuatsi* lymphoid tissues and their transcriptional changes after *Flavobacterium columnare* stimulation. Aquaculture, 288: 14-21.

Valdenegro-Vega V A, Crosbie P, Bridle A, et al. 2014. Differentially expressed proteins in gill and skin mucus of Atlantic salmon (*Salmo salar*) affected by amoebic gill disease. Fish Shellfish Immunol, 40(1): 69-77.

Wallace K N, Akhter S, Smith E M, et al. 2005. Intestinal growth and differentiation in zebrafish. Mech Develop, 122: 157-173.

Xiu Y, Jiang G, Zhou S, et al. 2019. Identification of potential immune-related circRNA-miRNA-mRNA regulatory network in intestine of *Paralichthys olivaceus* during *Edwardsiella tarda* infection. Front Genet, 10: 731-775.

Xu Z, Takizawa F, Parra D, et al. 2016. Mucosal immuno-globulins at respiratory surfaces mark an ancient association that predates the emergence of tetrapods. Nat Commun, 7: 10728.

Xue C Y, Dong J J, Xi B W, et al. 2014. Cloning and expression of Muc5b in *Megalobrama amblycephala* and Muc5b expression alteration after catching stress. Chinese Journal of Zoology, 49(6): 886-896.

Yu Y, Kong W, Xu H, et al. 2019. Convergent evolution of mucosal immune responses at the buccal cavity of teleost fish. Iscience, 19: 821-835.

Yu Y, Wang Q, Huang Z, et al. 2020. Immunoglobulins, mucosal immunity and vaccination in teleost fish. Front Immunol, 11: 2597.

Yu Y Y, Huang Z Y, Kong W G, et al. 2022. Teleost swim bladder, an ancient air-filled organ that elicits mucosal immune responses. Cell Discov, 8: 31.

Yuan Z, Liu S, Zhou T, et al. 2018. Comparative genome analysis of 52 fish species suggests differential associations of repetitive elements with their living aquatic environments. BMC Genomics, 19(1): 141.

Zhang D, Thongd W, Li C, et al. 2017. More than just antibodies: protective mechanisms of a mucosal vaccine against fish pathogen *Flavobacterium columnare*. Fish Shellfish Immunol, 71: 160-170.

Zhang Y A, Salinas I, Li J, et al. 2010. IgT, a primitive immunoglobulin class specialized in mucosal immunity. Nat Immunol, 11: 827-835.

Zhang Y A, Salinas I, Sunyer J O. 2011. Recent findings on the structure and function of teleost IgT. Fish Shellfish Immunol, 31: 627-634.

第六章　免疫应答与调节

第一节　免 疫 应 答

机体对病原微生物的抵抗能力有先天具有的，也有后天获得的。先天的免疫能力又称为固有免疫性或非特异性免疫；后天获得的免疫能力也称为适应性免疫或特异性免疫。不同的免疫类型参与免疫应答反应的方式和机制也不同。本节主要阐述机体固有免疫应答及由淋巴细胞介导的免疫应答。

一、固有免疫应答

固有免疫（innate immunity）最初被称为非特异性免疫（non-specific immunity），也称天然免疫或先天性免疫，因为此类免疫能够针对不同病原微生物发挥相同的免疫功能，对病原微生物的识别、吞噬和呈递没有特异性。近年来，非特异性免疫一词逐渐被天然免疫或先天性免疫代替，作为固有免疫的同义语，这是因为固有免疫系统中执行识别功能的分子也具有一定的特异性，即泛特异性。而且，发生这种泛特异性识别的化学机制也与适应性免疫对抗原表位的识别机制相同。

固有免疫应答是从区分"自己"和"异己"开始的，只有在正确执行了这一本质功能之后所建立的免疫应答，才能对机体发挥免疫保护作用。那么，什么是现代生物学意义上的"异己"呢？免疫系统识别"异己"的结构生物学基础又是什么呢？所谓"异己"即非自身成分，病原微生物的一些特征性分子按照固定的排列组合形成一种特定的分子模式，这类分子模式只存在于病原微生物中，称为病原体相关分子模式（pathogen associated molecular pattern，PAMP），如细菌的脂多糖（lipopolysaccharide，LPS）、肽聚糖（peptidoglycan）、脂磷壁酸（lipoteichoic acid）、多聚糖（polysaccharide），真菌的 β-1,3-葡萄糖（β-1,3-glucan）、甘露糖（mannose）、细菌鞭毛和病毒遗传物质等。这些都是正常动物细胞中不存在的生物分子，而动物细胞中恰好存在能够识别这些病原体相关分子模式并与其直接结合的受体，命名为模式识别受体（pattern recognition receptor，PRR）。除上述直接识别以外，还可以通过 FcR 和补体受体识别抗体或与补体结合的病原体，从而间接吞噬或杀伤病原体，这类受体称为调理识别受体（opsonic recognition receptor，ORR）。近年发现，通过 FcR 而被吞入细胞内的抗体分子可被细胞内的 TRIM21 识别，从而激活表达 FcR 的固有免疫细胞，使其分泌细胞因子。PRR和 ORR 即免疫系统识别"异己"的生物学基础。机体在识别"异己"的基础上，提示固有免疫系统继续免疫应答反应，如促进吞噬细胞对病原微生物进行吞噬，并激活自然杀伤细胞对其杀灭或激活补体系统参与免疫应答（上述应答过程在本书中其他章节详述）。

固有免疫应答是机体免疫应答的第一步，而适应性免疫应答接触抗原性物质的时间晚于固有免疫系统的活化时间。因此，固有免疫应答产物将有可能影响适应性免疫应答过程。目前的研究结果表明，适应性免疫应答依赖固有免疫系统对抗原的呈递，而且很多固有免疫应答产物是 T、B 细胞活化和分化的强力诱导物。例如，树突状细胞在吞噬病原微生物后可将抗原性物质呈递给 T 细胞，而 PAMP 与树突状细胞的 PRR 结合可以活化未激活的树突状细胞，被激活的树突状细胞能够分泌细胞因子 IL-12、IL23 和 TGF-β 等，从而决定 T 细胞的分化方向。而由替代途径活化的补体成分则可迅速激活肥大细胞，使其脱颗粒并分泌 IL-8、TNF-α、白三烯、组胺和前列腺素等，不仅可促进淋巴细胞向淋巴结迁移，还决定树突状细胞呈递抗原的方向。组织中的巨噬细胞将病原体的抗原肽通过 MHC 分子展示于细胞表面，当归巢 T 细胞到达感染病灶后，巨噬细胞将其呈递给 T 细胞，使 T 细胞活化，进而产生由 T 细胞介导的免疫应答。此外，淋巴组织中的巨噬细胞还可以向 B 细胞呈递抗原肽，协助 B 细胞进行免疫应答。

二、T 细胞介导的免疫应答

T 细胞介导的免疫应答是由一系列免疫细胞共同参与、协作完成的，包括以下细胞类型：细胞毒性 T 细胞（cytotoxic T lymphocyte，CTL）、辅助性 T 细胞（T helper cell，Th 细胞）及其活化的巨噬细胞。T 细胞介导的免疫应答是从抗原识别开始的，初始 T 细胞或记忆 T 细胞的膜表面抗原受体与抗原呈递细胞（antigen presenting cell，APC）表面的 MHC-抗原肽复合物进行结构互补探测，构型相互吻合且亲和力较高的受体-抗原肽复合体相互作用，完成初始阶段的抗原识别。

对外源性和内源性抗原的识别，是由两类 T 细胞分别完成的，CD4$^+$ Th 细胞能够识别外源性抗原，而 CD8$^+$ 细胞毒性 T 细胞能够识别内源性抗原。T 细胞识别抗原的核心分子是其抗原受体，又称为 T 细胞受体（T cell receptor，TCR）。

T 细胞与 APC 之间的物理接触是抗原识别的基础。首先，未活化的 T 细胞进入感染部位，其细胞膜表面表达的黏附分子（CD2 和 CD18）与 APC 膜表面相应分子细胞间黏附分子-1（intercellular cell adhesion molecule-1， ICAM-1）或 CD58 结合。但是这种结合是瞬时的、可逆的，仅为试探 TCR 是否能够识别该 APC 所呈递的抗原肽。如果 T 细胞没有找到自身膜受体所能特异性结合的抗原肽，则 T 细胞与 APC 分离，再次进入淋巴细胞循环阶段，若 T 细胞探测到能与之特异性结合的抗原肽，则由 CD3 分子向 T 细胞胞内传递特异性识别信号。与此同时，T 细胞的 CD4/8 分子与 APC 呈递抗原肽的 MHC 分子结合，从而增强了 TCR-抗原肽复合物的稳定性，而 CD4 和 CD8 分子称为 T 细胞的共受体（co-receptor）。除 CD4 和 CD8 之外，APC 和 T 细胞表面还有多种免疫分子（如 CD28～CD80 及细胞因子受体等）协同参与，既加强了 APC 和 T 细胞间的结合力，又传递了 T 细胞进一步活化的共刺激信号（costimulatory signal）。

在抗原识别阶段，T 细胞在识别 APC 呈递的抗原时，APC 和 T 细胞相互作用，在两者的接触部位形成一个复杂的超分子结构，称为免疫突触（immunological synapse，IS），该结构中心区是 TCR-抗原肽-MHC 复合物分子，以及 T 细胞辅助受体和相应的配体，周围环形分布着大量其他细胞黏附分子，如整合素（LAF-1/CD11a/CD18）等。该结构是 TCR 与 MHC-抗原肽结合、细胞骨架的活化及黏附分子相互作用必需的结构，与经典的神经系统突触在结构和功能上类似，故称之为免疫突触。免疫突触具有协调、修正和放大 TCR 在细胞间传递信号的功能，提高 TCR 与 MHC-抗原肽结合的亲和力，使得单个 TCR 分子与配体解离后快速重新结合，维持 T 细胞活化早期信号转导，在 T 细胞活化后，免疫突触结构稳定并延长了 TCR 的信号传递时间，保证了相关调控基因的表达。

T 细胞识别并结合抗原肽后被激活，进行一系列的信号转导，并在细胞因子和协同刺激物的诱导下，分化为不同类型的 T 细胞亚型，分泌细胞因子或直接杀伤靶细胞进而发挥免疫学功能（本书其他章节详述）。

在 Th1 和 Th2 分泌的不同细胞因子的作用下，未成熟的巨噬细胞，即单核细胞分别向 M1 型巨噬细胞（classically activated macrophage）和 M2 型巨噬细胞（alternatively activated macrophage）分化。

未成熟的巨噬细胞，即单核细胞被入侵的病原微生物初步激活后，再受到由 Th1 或自然杀伤细胞分泌的 IFN-γ，以及 Th1 细胞分泌的 IL-2 共同作用后，激活 JAK-STAT 信号通路使单核细胞被完全激活，分化成为 M1 型巨噬细胞，获得杀灭胞内微生物的能力，而单核细胞或静息状态下的巨噬细胞不具备这种能力。M1 型巨噬细胞能够分泌大量的免疫调节分子，如补体、促凝血酶原激酶、纤维连接蛋白和 IFN 等。M1 型巨噬细胞在趋化因子的引导下，快速移动至感染部位参与免疫应答，同时制造更多的溶酶体酶，完善溶酶体结构，NO 合成酶的含量提高，呼吸爆发和新陈代谢活动加剧，进而产生大量的溶酶体酶和 NO 以备杀灭吞入细胞的"异己"物质。

Th2 细胞分泌的 IL-4、IL-10 和 IL-13 能够促进单核细胞定向分化为 M2 型巨噬细胞，M2 型巨噬细胞在细胞膜受体、吞噬功能及分泌的细胞因子种类方面与 M1 型巨噬细胞差异较大。M2 型巨噬细胞能够分泌大量的 IL-10 并在细胞膜表达 IL-1RA，中和促炎性细胞因子，调节炎症反应，促进炎症消退和创伤的修复。M1 型巨噬细胞和 M2 型巨噬细胞所负责的吞噬功能不同，M1 型巨噬细胞主要吞噬外源性抗原物质，而 M2 型巨噬细胞主要吞噬内源性抗原物质。

活化的 Th1 细胞能够分泌 IL-2、IFN-γ、TNF-α、TNF-β 等，这些细胞因子可诱导迟发型变态反应 T 细胞（delayed-type hypersensitivity T cell，TDTh 细胞）活化和 CTL 细胞毒作用。

在 Th1 细胞分泌的细胞因子辅助下，一部分 Th 细胞亚群被抗原激活，分泌 IL-3、GM-CSF、IFN-γ、TNF-β、单核细胞趋化和活化因子（MCAF）、移动抑制因子（MIF）等免疫活性分子，激活并趋化巨噬细胞，诱导巨噬细胞吞噬异己病原，同时调控局部炎症反应，如果病原微生物难以清除，炎症细胞在 Th 细胞分泌细胞因子的作用下在炎症反应部位聚集，造成迟发型变态反应（delayed-type hypersensitivity，DTh），此类 Th 细胞称为迟发型变态反应 T 细胞。同时，Th1 分泌的 IL-2 是 Tc 激活分化为 CTL 细胞的第三信号，因此，CTL 细胞的激活必须有 Th1 参与，或者说 Th1 辅助 CTL 发挥细胞毒作用。

三、B 细胞介导的免疫应答

B 细胞通过对免疫原的双重识别、活化、克隆增殖，最后分化为记忆细胞和浆细胞，后者分泌抗体参与体液免疫。抗体是介导体液免疫的主要效应分子，抗体的产生需要免疫细胞正确识别异己物质暴露的抗原表位，同时也依赖各类免疫细胞与细胞因子间的相互作用。根据 CD5 及膜型 Ig 的表达情况，将 B 细胞分为 B1（CD5$^+$、mIgM$^+$）和 B2（CD5$^-$、mIgM$^+$、mIgD$^+$）两个亚群。B1 细胞属于组织定居型先天淋巴细胞，B2 细胞则是通常所指的 B4 细胞，占外周血淋巴细胞总数的 30%左右，主要定居于外周免疫器官，是调节适应性体液免疫的主要细胞。外周组织中的成熟 B 细胞依据其发生过程、表型特征和组织分布的不同分为三大亚群：B1 B 细胞、边缘区 B 细胞（marginal zone B cell，MZ B 细胞）和滤泡 B 细胞（follicular B cell，FO B 细胞）。B1 B 细胞和 MZ B 细胞主要介导对非胸腺依赖性抗原（thymus independent antigen，TI-Ag）的免疫应答，而 FO B 细胞则主要介导对胸腺依赖性抗原（thymus dependent antigen，TD-Ag）的免疫应答。

（一）B 细胞对 TI-Ag 的免疫应答

B 细胞受到抗原刺激后产生抗体的过程并非都是依赖 T 细胞的，据此将 B 细胞抗原分为 TD-Ag 和 TI-Ag。TI-Ag 与 TD-Ag 的显著区别是 TI-Ag 在体内很难降解，并且抗原分子上具有多个重复性表位，可见于多种不同的微生物。TI-Ag 通常被 B1 B 细胞和 MZ B 细胞识别，所产生的抗体主要是广谱中和抗体的 IgM。近年来的研究表明，虽然这些 B 细胞的抗体产生过程不需要 T 细胞参与，但是中性粒细胞和嗜碱性粒细胞却对 MZ B 细胞和黏膜中 B1 B 细胞的抗体产生过程发挥重要作用。因此，TI-Ag 活化 B 细胞的方式也有所不同。

在免疫学中最早被确认的 TI-1 抗原是脂多糖（LPS），为革兰氏阴性菌细胞壁的成分之一。TI-1 抗原除了可与 BCR 结合，还可以被 B 细胞的模式识别受体结合，并由此启动体液免疫应答。值得注意的是，在被大量革兰氏阴性菌感染的病例中，仅仅依靠 TLR4 识别病原体，即可迅速激活多个克隆的 B 细胞，使其分化为浆细胞产生大量的 IgM 抗体和 IL-1、IL-6，形成败血症休克。由于此时的浆细胞分化和抗体产生过程是在没有 BCR 识别抗原的条件下发生的，B 细胞可能是以进化上最原始的方式产生抗体，此类 B 细胞称为"天然免疫样 B 细胞"（innate-like B cell）。大量实验和临床研究表明，TI-1 抗原所激发的 B 细胞应答不需要第二信号，这可能就是 TI-1 抗原启动免疫应答迅速的原因。然而在少量 TI-1 抗原刺激下，模式识别不足以活化 B 细胞，只有通过 BCR 与固有免疫受体的联合识别才能激活少数克隆的 B 细胞，并使其分化为浆细胞产生抗体，但这种抗体只能与对应的抗原结合。腹腔吞噬性 B1 B 细胞（phagocytic B1 B cell）可能在此过程中发挥重要作用。通过实验发现，吞噬性 B1 B 细胞在腹腔吞噬微生物后即迁移至胃肠道黏膜、脾和外周淋巴结，在这些部位分化为浆细胞，其所产生的抗体不仅有 IgM，还有高水平的 IgA，这表明在 B 细胞分化过程中发生了抗体类转换。值得注意的是，由迁移至黏膜、脾和外周淋巴结的 B 细胞分化出的浆细胞可产生 IL-1β、IL-6、TNF-α、IL-12 和 IFN-γ，这表明浆细胞还是一种免疫调节细胞。最近研究表明，CD22 在 B 细胞通过模式识别受体结合 TI-1 抗原分子的模式配体位点后，与 mIgM 上的唾液酸成分相结合，从而抑制 B 细胞应答，这可能是某些病原体诱发体液免疫抑制的机制。

在机体受到应激的条件下，宿主细胞发生凋亡，在腹腔、肝、脾和淋巴结等器官内，吞噬性 B 细胞摄取凋亡小体后被激活，并分泌 IgM、TGF-β 和 IL-10。IgM 与细胞凋亡小体结合形成抗原抗体复合物，由此激活补体产生 iC3b，后者结合于凋亡小体上，使得 DC、巨噬细胞和 B1 B 细胞可以通过 CR3 捕获 IgM-凋亡小体-补体复合物，并将其清除。此外，IgM 也可结合自身细胞成分，从而造成自身免疫损伤，加剧病情，甚至死亡。

（二）B 细胞对 TD-Ag 的免疫应答

B 细胞对 TI-Ag 的免疫应答在抗感染的早期发挥重要作用，并且被 TI-Ag 致敏的 B 细胞高表达 MHCⅡ类分子、CD86 和 CD40，为 CD4$^+$ T 细胞参与和调节 B 细胞对 TD-Ag 的应答奠定了基础。然而，经过大量临床调查发现，受到疫苗接种有效免疫保护的个体，其体内均存在 B 细胞对 TD-Ag 应答所产生的长寿型浆细胞和记忆 B 细胞，并且这种免疫保护可以维持几十年，这表明机体 B 细胞对 TD-Ag 的应答也是构成机体免疫力的重要部分。

B 细胞识别的抗原存在于体液中或细胞表面，如细菌表面蛋白质和细菌外毒素等。B 细胞识别特异性抗原的受体是 BCR 复合体，这是 B 细胞特异性活化的起始阶段。与 TCR 相比，BCR 直接识别天然蛋白质分子表面的决定簇，所以 B 细胞识别的抗原不需要经 APC 的加工和处理，也无 MHC 的限制性。BCR 是 B 细胞所特有的重要表面标志，是与抗原特异性结合的受体，能有效介导抗原的胞吞和内化。与 TCR 一样，BCR 也是由特异性识别抗原的分子和信号转导分子组成的复合物。特异性识别抗原的分子为 B 细胞膜表面免疫球蛋白分子（surface membrane immunoglobulin，mIg）。存在于外周血和淋巴组织中的成熟 B 细胞同时表达 mIgM 和 mIgD，这是成熟 B 细胞所特有的表面蛋白，也是鉴别 B 细胞的主要特征。

在骨髓中发育的 IgM⁺ B 细胞随着血液循环到达外周免疫器官，这些初始 B 细胞进入脾、淋巴结和黏膜组织中，在趋化因子 CXCL13 的作用下进入淋巴滤泡成为 FO B 细胞，这些 B 细胞的寿命为 8～9 个月，主要取决于是否有相应的抗原存在和细胞因子、生长因子的表达水平。

由于解剖学位置的优势，T 细胞接触免疫原的时间通常比 FO B 细胞早，所以在 B 细胞捕获免疫原的同时即有 T 细胞被活化。随着免疫原被 B 细胞摄入，CD80、CD86、CCR7 和 MHC II 类分子在 B 细胞表面的表达水平显著升高，这为 B 细胞与 T 细胞的相互作用创造了条件。与此同时，T 细胞区的基质细胞分泌趋化因子 CCL19 和 CCL21，吸引 B 细胞向 T 细胞区迁移，在细胞间黏附分子-1（intercellular cell adhesion molecule-1，ICAM-1）、MHC II 类分子与 TCR 及 CD28 与 CD86 等共同作用下，B 细胞与 Th 细胞之间的通信机制，即免疫突触得以建立，并由此启动 B 细胞的活化。首先，BCR 与抗原表位的结合引起 Igα/Igβ 的交联，随即 Igα/Igβ 的胞质端酪氨酸被磷酸化，由此激活一系列的蛋白激酶（Fyn、Blk 和 Lyn），启动由蛋白激酶催化的级联反应，导致与 NF-κB 结合的 IκB 被泛素化，由蛋白酶体降解，使被抑制的 NF-κB 活化，成为 B 细胞活化的第一信号（图 6-1）。几乎与此同时，B 细胞通过 MHC 分子将免疫原中的 Th 细胞表位呈递给 Th 细胞，使之活化并高表达 CD40L，后者与 B 细胞

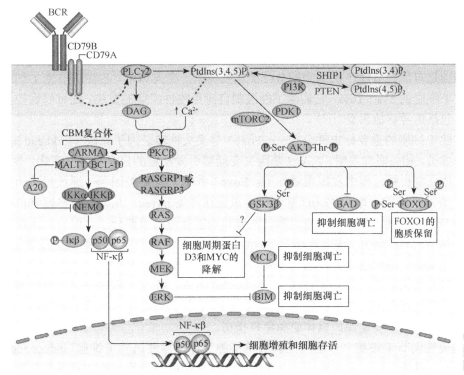

图 6-1　BCR 复合体介导的活化信号转导途径（引自 Rickert，2013）

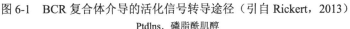

Ptdlns. 磷脂酰肌醇

表面的 CD40 结合，从而使 B 细胞被活化，此即 B 细胞活化的第二信号。活化的 Th 细胞分泌 IL-2、IL-4、IFN-γ 和 TGF-β 等细胞因子，以旁分泌的方式作用于 B 细胞，作为活化的第三信号。此外，TLR 和 CR2 等受体在识别免疫原后也可产生促进 B 细胞活化的信号分子。

第二节　免疫系统的内部调节

现已发现各类免疫细胞，如 T 细胞、B 细胞、NK 细胞和巨噬细胞中均存在两类细胞亚群，分别为辅助性和抑制性细胞亚群，细胞通过直接接触或释放可溶性辅助因子或抑制因子，并在相关基因调控下的细胞水平和分子水平上对免疫应答进行调节。现已证实，红细胞也是重要的免疫调节细胞。

一、免疫细胞的调节作用

（一）T 细胞的免疫调节作用

在免疫应答过程中，T 细胞既发挥着效应功能，也发挥着调节功能，是最重要的调节成分，影响着免疫应答的效果。成熟的 T 细胞可以分为效应 T 细胞、调节性 T 细胞（Treg）和记忆 T 细胞（Tmem）三大类。调节性 T 细胞不能被抗原直接刺激而发生反应，只能以效应 T 细胞作为发挥功能的对象，调控其介导的对抗原刺激的免疫应答。调节性 T 细胞可以分为两个细胞亚群，即自然调节性 T 细胞（naturally occurring regulatory T cell，nTreg）和适应性调节 T 细胞（adaptive regulatory T cell，aTreg）。

1. 自然调节性 T 细胞　　自然调节性 T 细胞的代表为 $CD4^+CD25^+$ Treg。在小鼠体内 CD4 细胞中有 3%～5%持续高表达 CD25 分子，称 $CD4^+CD25^+$ T 细胞，这一 T 细胞亚群具有免疫调节功能，称为自然调节性 T 细胞。实验证明，小鼠出生后 3～5d 切除胸腺，可诱致多种自身免疫病，但在体内注射自然调节性 T 细胞，可以避免上述自身免疫性疾病的发生；这说明胸腺是自然调节性 T 细胞增殖分化的重要器官。在人体中，自然调节性 T 细胞占外周血 $CD4^+$ T 细胞的 5%～10%，它们除了能遏制自身免疫性疾病的发生，还可以调控其他免疫性疾病，包括诱导移植耐受。

调节性 T 细胞的重要标志性分子——Foxp3 是叉头框转录因子家族（forkhead box，Fox）中的一个成员，相关研究表明，*Foxp3* 基因突变能够引发严重的自身免疫性疾病，表明 Foxp3 在调节机体免疫自稳过程中发挥重要作用。Foxp3 作为转录调控因子，通过直接调控多个基因来调节 Treg 的功能。敲除 *Foxp3* 基因的小鼠无法产生 nTreg，从而导致多器官自身免疫疾病，表明 Foxp3 是调控 nTreg 细胞成熟、发育和功能行使的重要分子。但目前还没有阐明关于 Foxp3 作用机制的研究。进一步研究 $Foxp3^+$ 调节性 T 细胞的功能即细胞免疫学机制，将为重大免疫性疾病的临床治疗提供创新性线索。

有的研究结果显示，$CD4^+CD25^+$ T 细胞对寄生虫、细菌、病毒造成的慢性感染所激发的免疫应答反应均有抑制作用，表明 $CD4^+CD25^+$ 细胞可能在病原微生物慢性感染的过程中发挥重要作用，主要是保护机体避免免疫损伤。

2. 适应性调节 T 细胞　　适应性调节 T 细胞又称诱导性调节 T 细胞（induce regulatory T cell，iTreg），机体受到抗原刺激后，由自然调节性 T 细胞或其他初始 T 细胞分化而来，其分化和发挥功能必须有特定细胞因子的参与。

　　根据 CD4$^+$ T 细胞分泌细胞因子的不同，可以将其分为 Th0、Th1 和 Th2 三类。Th0 细胞为 Th1 和 Th2 细胞的前体细胞，在细胞因子、抗原和激素的影响下，Th0 细胞可分化为 Th1 和 Th2 细胞。CD4$^+$ Th 通过其分泌的细胞因子，增强和扩大免疫应答，Th1 细胞主要介导细胞免疫和炎症反应、抗病毒、抗胞内菌和寄生虫感染，参与移植排斥反应。Th2 细胞主要促进 B 细胞增殖、分化，形成产生抗体的细胞，介导体液免疫和 I 型超敏反应，还可进行抗寄生虫免疫。两群细胞分泌的细胞因子不同，Th1 能够分泌 IL-2、IL-3、IFN-γ、IFN-β、TNF-α 和 GM-CSF 等。Th2 能够分泌 IL-3、IL-4、IL-5、IL-6、IL-10、IL-13、TNF-α 和 GM-CSF 等。其中 Th1 分泌的 IFN-γ，以及 Th2 分泌的 IL-4，是关键性的细胞因子（图 6-2）。

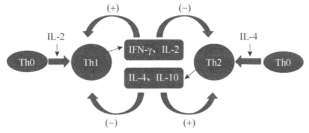

图 6-2　Th1/Th2 及其分泌的细胞因子在功能上的关系

　　Th1 和 Th2 细胞产生的细胞因子具有自身调节并抑制彼此功能的作用。例如，Th1 分泌的 IFN-γ 对 Th0 向 Th2 分化有抑制作用，而 Th2 分泌的 IL-10 及 TGF-β，可以增强 Th2 细胞的生成，而抑制 Th1 的生成。因此在动物免疫系统内，Th1 细胞的大量分化及细胞因子的分泌可以遏制 Th2 细胞的大量分化及细胞因子的分泌；反之，Th2 细胞的大量分化及细胞因子的分泌，同样可以抑制 Th1 细胞的生成及其介导的免疫效应。以上作用关系表明，Th1 和 Th2 细胞是抑制细胞，反之亦然，两者在免疫调节中互相拮抗，起着十分微妙的作用。另外，CD4$^+$ Th 细胞还能活化 NK 细胞，增强其吞噬或杀伤抗原的功能。

　　3. 其他调节性 T 细胞　　近年来，已发现多种 CD8$^+$调节性 T 细胞、NKT 细胞、γδT 细胞或其亚群及 Tr1 细胞（type 1 regulatory T cell）和 Th3 细胞也具有免疫调节活性。

　　NKT 细胞是一群细胞表面既有 T 细胞表面标志，又能表达 NK 细胞表面标志的固有免疫细胞。NKT 细胞受到刺激后，可分泌大量的 IL-4、IFN-γ、GM-CSF、IL-13 和其他细胞因子，从而发挥免疫调节作用。

　　γδT 细胞是执行固有免疫功能的 T 细胞，其 TCR 由 γ 和 δ 链组成，此类 T 细胞主要分布于肠道、呼吸道等黏膜和皮下组织，可释放 IL-2、IL-4、IFN-γ、GM-CSF、TNF-α 等多种细胞因子，参与免疫调节，增强机体免疫功能。

　　Tr1 细胞可分泌 IL-10 及 TGF-β；Th3 细胞主要产生 TGF-β，细胞因子 IL-10 和 TGF-β 主要发挥免疫抑制作用，因而 Tr1 和 Th3 细胞具有下调免疫应答的功能（图 6-3）。

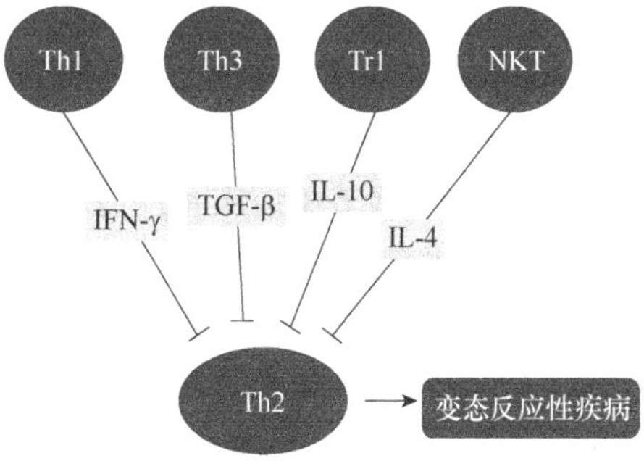

图 6-3　各种调节性 T 细胞通过关键性细胞因子调控 Th2 细胞及其启动的效应机制

　　（二）B 细胞的免疫调节作用

　　B 细胞不仅能产生抗体、呈递抗原、分泌细胞因子，其不同的功能亚群还是介导免疫应答不可缺少的因素。激活的 B 细胞能产生大量的细胞因子参与体液免疫,同时也有免疫调节作用。

1. 促进作用　　已有研究表明,B 细胞与巨噬细胞(MΦ)一样也是一种抗原呈递细胞,具有呈递抗原和激活 T 细胞的功能。不同分化阶段的 B 细胞呈递抗原的能力也不同,激活的 B 细胞的抗原呈递作用与 MΦ 相当,静止的 B 细胞抗原呈递功能较弱。B 细胞呈递抗原的作用与其膜上的 MHC Ⅱ类分子和 mIg 分子有关。此外,B 细胞还能分泌细胞因子如 IL-1,这可能与呈递抗原有关。另外,B 细胞还能诱导 T 细胞分泌 IL-2,并能在离体培养时增强 T 细胞的增殖反应。

2. 抑制作用　　特异性免疫应答中,B 细胞被激活并分化成浆细胞,产生特异性抗体。抗体的积累,除了清除抗原,还产生抗原-抗体复合物及抗抗体。它们之间可以相互结合,一侧与 BCR 结合,另一侧与 B 细胞表面的 Fcγ 结合,抑制 B 细胞的分化,从而下调机体的免疫应答反应。动物体内存在一种具有抑制免疫反应的 B 细胞亚群,称为抑制性 B 细胞(suppressor B cell,Bs 细胞)。Bs 细胞带有 IgG 的 Fc 受体,能够被 LPS 刺激或与免疫复合物结合,同时产生一种抑制性 B 细胞因子(suppressor B cell factor,BsF)及其他一些免疫抑制因子。这些因子能抑制 T 细胞与 B 细胞的增殖、分化,从而抑制细胞免疫和体液免疫的发生。此外,Bs 细胞还可以在体内外明显地抑制由 B 细胞和 T 细胞起源的肿瘤细胞株的增殖。

(三)巨噬细胞的免疫调节作用

动物机体在长期进化过程中形成了与生俱来的抗感染能力,其中,固有免疫细胞作为天然免疫应答的效应成分之一,在微生物进入机体后第一时间启动应答程序,发挥限制微生物在体内扩散及清除外来物质的作用。其中,MΦ 通过降解消除或减弱抗原的刺激作用来抑制免疫应答,除了可以呈递抗原,还可以与淋巴细胞直接接触发挥作用或通过分泌细胞因子对免疫应答进行调节。

根据 MΦ 功能的不同,可将其分为不同亚群,如辅助亚群和抑制亚群。也有许多学者根据 MΦ 占比不同,将其分为 A、B、C、D 四个亚群,但从功能上看最重要的是 C 和 D 亚群,C 亚群属于抑制性 MΦ,D 亚群属于辅助性 MΦ。

1. 免疫正向调节作用　　辅助性 MΦ 起免疫正向调节作用,主要由中小 MΦ 组成,它们有很强的抗原呈递功能,分泌的 IL-1 较多,产生的 PGE2 较少,能促进抗体的合成,促进淋巴细胞对有丝分裂原的增殖应答,其作用同样受到 MHC 分子的限制。在呈递抗原过程中,可将抗原进行加工和处理,从而发挥免疫调节的作用。MΦ 通过与淋巴细胞直接接触并分泌 IL-1、IFN-γ 等细胞因子,发挥活化 T 细胞,促进 T、B 细胞增殖、分化,增强 NK 细胞活性的作用,从而调节免疫应答反应。

2. 免疫负向调节作用　　许多研究证实,在 MΦ 群中的确存在抑制性 MΦ 亚群(suppressor macrophage,MsΦ),在体内外均能明显抑制免疫应答。抑制性 MΦ 亚群由体积较大的 MΦ 组成,它们不表达 MHC Ⅱ类分子,无抗原呈递功能,分泌的 IL-1 较少,产生的 PGE2 较多,能抑制体液免疫及淋巴细胞对有丝分裂原的增殖应答,其作用不受 MHC 限制。

MsΦ 存在于脾、淋巴结和胸腺中,但必须经激活之后才能表现抑制活性。有研究证实,短小棒状杆菌、卡介苗等均能诱导 MsΦ 产生。MsΦ 的作用机制尚不清楚,推测可能是通过分泌抑制因子来发挥抑制淋巴细胞免疫活性的作用。

由于 MΦ 中 MHC Ⅱ的表达情况与呈递抗原的能力并不完全同步,因此不能简单地认为 MHC Ⅱ⁺MΦ 就是辅助性 MΦ 或 MHC Ⅱ⁻MΦ 就是抑制性 MΦ。从小鼠骨髓分化来的 MΦ 被细胞因子激活后，这些 MΦ 虽然都表达 MHCⅡ，但并不是所有的细胞都具有呈递抗原的能力，因为 MHCⅡ$^+$MΦ 在一些特定条件下也发挥抑制免疫应答的作用。

　　MΦ 与淋巴细胞间通过释放的各种细胞因子形成一个调节环路，以调节免疫应答。MΦ 受抗原刺激或经 Th 细胞产生的细胞因子作用后，分泌 IL-1，诱导 Th 细胞活化，促进 Th 细胞分泌 IL-2。IL-2 不仅可以调控 T 细胞增殖，也能促进 B 细胞产生抗体，增强 CTL、NK 细胞的杀伤能力。被活化的 T 细胞还能分泌两种淋巴因子，分别为 B 细胞生长因子（BCGF）和 B 细胞分化因子（BCDF），这两种淋巴因子能够调控 B 细胞的增殖、分化。同时，MΦ 产生的 PGE 又能抑制 T 细胞产生淋巴因子，以及选择性地抑制 MΦ 合成 PGE，解除对 T 细胞的抑制作用，从而增强免疫应答。

　　3. 巨噬细胞识别受体　　许多研究证实，MΦ 可借助表面胚系编码的 PRR，如 TLR、NLR 等受体，识别 PAMP，实现对病原微生物的早期识别，从而启动天然免疫的防御机制，进行细胞吞噬、杀伤和清除细菌、病毒等。

　　其中，TLR 被认为是最主要的 PRR，其在天然免疫识别中，能够使机体及时感知异己物质入侵等危险信号。TLR 在细胞表面或细胞内表达，是一类由胚系编码且进化保守的 PRR，识别不同的细菌或病毒的 PAMP，并与相应的配体结合，启动信号传递，引起转录因子 NF-κB 的活化或 IFN-Ⅰ 的产生。病原体相关分子模式被天然免疫系统的模式识别体系识别，能够准确区分机体自身成分和病原体相关的异己结构。TLR 属于Ⅰ型跨膜蛋白，TLR1、TLR2、TLR4、TLR5、TLR6、TLR10 属于膜锚定受体，表达于细胞表面，TLR7、TLR8、TLR9 表达于细胞内，TLR3 既可表达于细胞表面也可以表达于细胞内。表达于细胞表面的 TLR 可以识别异己的生物膜成分，如 LPS、肽聚糖、脂磷壁酸等，还可以识别自身损伤的组织或内源性配体，进而诱导天然免疫应答。近年的研究表明，通过转染进入细胞内的干扰小 RNA（siRNA）可被体内的 TLR3 和 TLR7 识别并引起免疫应答。

　　（四）NK 细胞的免疫调节作用

　　NK 细胞是一类异质性、多效性的免疫细胞，不仅能够杀伤肿瘤细胞和被病毒感染的细胞，在感染早期阶段还可以清除与抗原接触的 APC，以维持适宜强度的获得性免疫应答，除此之外，NK 细胞能够通过分泌细胞因子实现免疫调节。

　　1. 对 B 细胞的调节　　根据组织学观察发现，在外周淋巴组织中，NK 细胞主要分布于 B 细胞所在的生发中心，在体液免疫应答中，NK 细胞有抑制 B 细胞分化增殖的作用。NK 细胞可抑制 TD-Ag 或有丝分裂原诱导的 B 细胞分化和抗体应答。

　　2. 对 T 细胞的调节　　NK 细胞可分泌 IFN-γ、IFN-α 和 GM-CSF 等细胞因子，调控机体免疫应答反应，发挥增强机体抗感染免疫能力和免疫监视的作用。另外，NK 细胞对未成熟的胸腺细胞具有杀伤或抑制作用，大多数未成熟 T 细胞在胸腺内死去，就是 NK 细胞杀伤作用的结果；有的 NK 细胞还可作为抗原呈递细胞，辅助抗原诱导 T 细胞增殖和分化反应。因此，NK 细胞能够参与 T 细胞增殖、分化和成熟的调节过程。

　　3. 对骨髓造血干细胞的调节　　NK 细胞能够抑制骨髓干细胞的增殖和分化，并以此参与免疫调节。体内外实验都证明，胚胎细胞和低度分化的细胞似乎对 NK 细胞的攻击更为敏感。目前已证明，NK 细胞是自然排斥骨髓细胞的效应细胞，可能是通过 NK 细胞识别这些细胞上的早期分化抗原而对其加以破坏或抑制而实现的。

　　4. 通过其产生的细胞因子进行的调节　　NK 细胞的活性受 IL-2 和 IFN-γ 的调节，它们可促进 NK 细胞的增殖、分化，并可增强 NK 细胞的杀伤效应，在某些情况（如在 IL-2、ConA、致瘤病毒等的刺激）下，NK 细胞自身也可分泌 IL-2 和 IFN-γ 等细胞因子，进而激活更多的 NK 细胞，构成自我反馈调节环路，并通过这些细胞因子参与免疫调节。NK 细胞刺激因子，也称 IL-12，同样可诱导活化 NK 细胞，增强其细胞毒性，诱导产生 IFN-γ。

5. 通过细胞表面受体进行的调节 NK 细胞识别受体（NKR）是天然免疫系统重要的天然免疫识别受体，位于机体抵抗外来侵袭的第一道防线，具有独特的识别外来或内源性的危险信号、区分自我和非我的识别机制，成为启动免疫应答的关键分子，以及连接固有免疫和适应性免疫的桥梁。NKR 包括活化受体和抑制性受体，当 MHC Ⅰ类分子正常表达于细胞表面时，NK 细胞的抑制性受体识别并与 MHC Ⅰ类分子结合，不能启动细胞杀伤程序，当靶细胞的表面不能正常表达 MHC Ⅰ类分子时，NK 细胞的抑制性受体不能正确识别 MHC Ⅰ，从而活化并启动对靶细胞的杀伤。所以处于正常状态的细胞不会被 NK 细胞杀伤，一旦细胞异常，细胞表面不能正常表达 MHC Ⅰ，NK 细胞将发挥杀伤功能，消灭这类细胞。NK 细胞的这种杀伤异常细胞的机制与 CTL 特异性识别异常细胞的机制互补，共同完成机体的免疫监视任务。

除此之外，TLR 在天然免疫细胞的表达，也能使机体及时感知感染等危险信号，也是主要的天然免疫识别受体。协同 NKR，二者相互调节参与疾病的发生、免疫调节或免疫耐受。研究表明，TLR 信号能够有效诱导 Ma/MΦ 或 NK 细胞活化受体配体的表达。应用小鼠肝炎模型观察到，足够剂量的 TLR3 可以有效引发小鼠急性重型肝炎。当外界环境出现变化时，TLR 能够引起内环境变化进而影响 NKR，NK 细胞可通过 TLR 感应环境变化，并根据环境的变化改变 NKR 的状态，从而对后续固有免疫或适应性免疫进行正向或负向调节，发挥调控免疫反应的作用。

（五）红细胞的免疫调节作用

自 Siegel 于 1981 年提出红细胞免疫系统这一概念以来，近年来，关于红细胞（red blood cell，RBC）免疫功能的研究成为国际免疫学研究的热点，相关研究结果表明 RBC 不仅能发挥免疫功能，而且能调节免疫反应，同时，RBC 本身也存在自我调控系统。

1. 对 T 细胞的调节 RBC 表面的淋巴细胞功能相关抗原 3（lymphocyte function associated antigen 3，LFA-3），可与 Th 表面的 CD2 黏附分子结合，辅助抗原呈递细胞呈递的抗原与 Th 表面受体 TCR 结合，诱导 T 细胞活化，并使其分泌细胞因子参与免疫调节。实验证明，RBC 具有增强 T 细胞产生 IFN-γ，促进 T 细胞表达 IL-2 受体的作用。

2. 对 B 细胞的调节 在用商陆丝裂原（pokeweed mitogen，PWM）诱导淋巴细胞转化的实验中发现，加入自身 RBC 可增加淋巴细胞转化效率和细胞培养液中 IgG、IgA 含量。通过体外试验进一步发现，RBC 能够调控原发性和继发性特异性抗体的应答反应，还能有效促进 B 细胞生长因子（BGF）的生成。有学者对其机制进行了初步研究，认为 RBC 对 B 细胞的这种作用同 LFA-3 与 T 细胞的 CD2 分子相互作用密切相关。推测这是它促进 T 细胞 IL-2 受体表达和增强对外源性 IL-2 应答的敏感性所致，但 T 细胞通过 CD2 增强 B 细胞应答的介导物是什么尚不清楚。

3. 对 NK 细胞的调节 许多研究证明无论是自身 RBC，还是同种异体 RBC 或异种 RBC，都能显著增强 NK 细胞的细胞毒性作用。

4. 对 LAK 细胞的调节 研究表明，在含有 RBC 的淋巴细胞悬液中加入 IL-2 时，比没有 RBC 的淋巴悬液中淋巴因子激活的杀伤细胞（lymphokine-activated killer cell，LAK）的产量更高，活性更强，说明 RBC 具有促进 LAK 细胞杀伤肿瘤的作用。

RBC 参与免疫调控的已知途径有两种：一种途径就是上面所提到的通过 RBC 上 LAF-3 黏附分子与 Th 细胞上的 CD2 黏附分子结合而发挥作用；另一种途径是通过 RBC C3b 受体黏附血清抗体调理过的靶细胞，使其膜上 C3b 分子降解为 C3bi 和 C3d 分子，有利于各种有 CR3、CR2 的免疫细胞黏附靶细胞（如癌细胞），加强各种淋巴细胞对靶细胞的免疫反应。

由于对 RBC 免疫调控的研究刚刚起步，许多问题还有待进一步研究；充分认识 RBC 的免疫调控作用，对于完善免疫调控理论、加深对免疫调控的认识具有重要意义。

二、免疫分子的调节作用

（一）抗体的免疫调节作用

抗体是免疫应答过程中的中间产物，也是体液免疫应答重要的调节成分，它既能发挥正向调节作用，也能发挥负向调节作用。

抗原-抗体复合物也具有调节免疫应答的功能，参与形成免疫复合物的抗体类别不同，可产生不同的调节结果。IgM 形成的免疫复合物可增强对该抗原-抗体复合物的免疫应答，若形成免疫复合物的特异性抗体是 IgG，标志着体液免疫已达到高峰。前者形成的免疫复合物可促进免疫应答，而后者形成的免疫复合物可抑制免疫应答，说明抗体的类别转化也间接地调控免疫应答的强度。免疫复合物中的抗原必须为多决定簇或成凝集状态，否则无法使 BCR 与 Fc 受体交联。抗体和抗原结合后，在补体和吞噬细胞的参与下，中和抗原，去除了对免疫系统的刺激，可保证免疫应答的自限性。

（二）补体的免疫调节作用

补体在免疫系统中，除发挥抗感染作用外，也参与免疫调节。补体各成分通过与细胞表面的补体受体结合而调节免疫应答，补体的调理作用可增强吞噬细胞的吞噬功能；补体 C3b 片段与 B 细胞的作用可促进 B 细胞的活化和增殖，尤其对 B1 细胞更为重要；C3b 片段还可与中性粒细胞和单核细胞上的 CR1 受体结合，增强效应细胞的 ADCC。免疫复合物与补体之间有密切关系，它们之间相互作用、相互影响。免疫复合物能激活补体，被激活的补体也可防止免疫复合物凝集沉淀，避免由复合物沉淀而造成的组织损伤。同时，补体也可以溶解免疫复合物，加速机体内免疫复合物的清除。

（三）细胞因子的免疫调节作用

淋巴细胞的活化和增殖，除抗原刺激外，还需要有细胞因子的参与。在免疫细胞的生长、分化、活化及发挥效应的过程中，细胞因子都不同程度地参与了上述过程。细胞因子在机体的免疫系统中发挥十分重要的作用。在免疫应答的起始阶段，IFN 等细胞因子能够诱导 APC 表达 MHC Ⅱ类分子，从而增强 APC 的抗原呈递功能；相反，IL-10 能够降低 APC 中 MHC Ⅱ类分子和 B7 等协同刺激分子的表达，从而抑制 APC 的抗原呈递作用。在免疫应答的反应阶段，IL-2、IL-4、IL-5、IL-6 等可参与诱导 T、B 细胞的活化、增殖与分化，而 TGF-β 发挥负向调节作用。在免疫应答的效应阶段，趋化因子能够趋化炎症细胞；TNF-α、IL-1、IFN-γ、GM-CSF 等细胞因子能够活化巨噬细胞，增强其吞噬和杀伤活性；TNF-α 还具有细胞毒作用，能够诱导中性粒细胞的活化；IFN-β 具有抑制病毒复制的功能。在整个免疫应答过程中，各类免疫细胞之间能够通过分泌的细胞因子传递信息，彼此协作，相互约束，从而调控免疫应答。例如，IL-4、IL-10 能够抑制 T 细胞的免疫功能，而 IFN-γ 能够活化 T 细胞和 B 细胞，从而调节细胞免疫和体液免疫功能。

第三节　免疫系统的外部调节

在机体免疫应答过程中，不仅存在免疫系统内部的自我调节作用，也有来自免疫系统外部的调节作用。前者主要是免疫细胞和免疫因子的调节，后者包括抗原、神经递质、内分泌激素、营养物质及环境因素，它们都对免疫系统的调节起着非常重要的作用，称为免疫系统的外部调节。免疫系统的内部调节和外部调节之间的作用既独立又相互影响，构成一定的网络联系，通过周密的作用方式相互制约、相互调节。

一、抗原的调节

抗原（antigen，Ag）对免疫系统具有直接的调节作用，抗原的性质（组分、结构、分子质量、体内的代谢速度等）、数量及进入体内的途径等都会直接调节特异性免疫应答。动物机体免疫系统受到外界病原微生物等抗原物质刺激后会发生一系列的免疫应答过程。抗原在免疫应答过程中被抗原呈递细胞处理、加工和呈递，抗原特异性淋巴细胞即 B、T 淋巴细胞识别抗原、活化、增殖与分化，从而产生各种免疫效应物如抗体、细胞因子及免疫效应细胞等。免疫应答过程有赖于体内多系统、多细胞和多分子间相互协同，共同调节其发生、发展和转归，并控制其质和量，以维持正常机体的自身稳定。

抗原引起的免疫应答刺激机体免疫系统产生一系列复杂的生物学效应，最终由抗体或效应细胞将抗原清除，同时抗原在体内也会被分解代谢，从而使抗原浓度不断下降，免疫应答也会不断减弱。抗原是引起免疫应答的先决条件，是免疫调节感知的前提。抗原的剂量、性质、接种方式、不同抗原之间的竞争及抗原的加工呈递方式对免疫应答均有调节作用。

（一）抗原剂量

免疫系统可敏锐地感知抗原剂量的差异，在合适的范围内，增加抗原浓度可增强免疫应答。随着抗原的清除，免疫应答逐渐下降。抗原浓度过低或过高都会引起免疫耐受，即出现所谓的"低带耐受"和"高带耐受"，均不能诱导抗体产生。另外，大剂量的蛋白质抗原在没有佐剂的情况下，能诱导免疫耐受，而加入佐剂后可诱导出正常的免疫应答，所以临床上制备疫苗和抗血清时，应特别注意选择合适的佐剂。

（二）抗原性质

抗原的性质直接影响机体的特异性免疫应答的类型。不同的抗原类型引起不同的免疫应答，如 LPS 和荚膜多糖等 TI-Ag，通常只能诱导机体产生 IgM；而蛋白质抗原能同时引起机体的细胞免疫和体液免疫应答。可溶性抗原，如糖蛋白、酶、细菌毒素、免疫球蛋白片段、核酸等，通常诱导机体的体液免疫应答；而颗粒型抗原，也称细胞型抗原，如寄生虫、胞内寄生菌、病毒等，主要引起机体的细胞免疫应答。超抗原（super antigen，SAg）是一类只需极低浓度（1～10ng/mL）即可激活大量的 T 细胞克隆，产生极强免疫应答的抗原因子。与普通抗原相比,超抗原激活机体的免疫应答不需要抗原呈递细胞(APC)进行加工处理,也无MHC限制性,而是通过一端直接与 APC 膜上的 MHC II 类分子的非多态区外侧结合,形成超抗原-MHC II 复合物,另一端直接与 TCR 的 β 链 V 区结合,可激活具有 αβ 型 TCR 的 T 细胞(图 6-4)。因此,T 细胞对超抗原的识别没有严格的抗原特异性。目前超抗原按照活化细胞的不同,可分为 T 细胞超抗原和 B 细胞超抗原,又按照其来源不同,分别将 T、B 细胞超抗原各自分为内源性(病毒型)超抗原和外源性(细菌型)超抗原。由细菌分泌的可溶性蛋白包括金黄色葡萄球菌分泌的肠毒素 A~E 和 A 型溶血性链球菌 M 蛋白能活

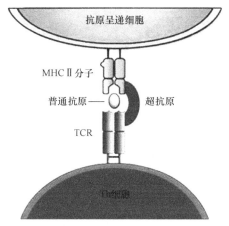

图 6-4 普通抗原和超抗原激活 TCR 的方式

化 T 细胞,均属于外源性超抗原;由某些病毒编码的细胞膜蛋白,如小鼠乳腺瘤病毒编码的抗原成分,或病毒 DNA 整合到宿主细胞 DNA 中,这些属于内源性超抗原。近来发现的热休克蛋白(heat shock protein,HSP)也是很好的超抗原,它具有很强的多克隆 T 细胞活化功能,不过主要是激活带有 V8 型 TCR 的 T 细胞。

（三）抗原接种方式

给予抗原的途径能决定诱导机体产生的是免疫应答还是免疫耐受。皮下或皮内接种蛋白质抗原可激发较强的免疫应答,而相同的抗原经口腔雾化吸入或静脉注射则有可能引起免疫耐受。这可被应用于免疫预防和治疗迟发型超敏反应中。

（四）抗原之间的竞争

不同抗原入侵机体的时间顺序也会影响机体的免疫应答。当机体有多种抗原进入时,抗原之间先有竞争关系,先进入的抗原可抑制机体对后进入抗原的免疫应答,特别是一些结构相似的抗原具有相互干扰特异性抗体应答的作用,这种抗原之间的竞争抑制作用对维持机体的免疫平衡有重要作用。

（五）抗原的加工呈递方式

抗原呈递是免疫应答过程中的核心环节,抗原的加工呈递方式对免疫应答也有决定性的影响。抗原启动免疫应答的关键结构是抗原决定簇,抗原决定簇大都存在于抗原物质的表面,也有些存在于抗原物质的内部,须经蛋白酶或其他方式处理后才暴露出来。抗原呈递细胞(APC)以 MHC 限制性的方式将抗原肽呈递给辅助性 T 细胞,由于各个体遗传性差异,这些被加工和选择输送到 MHC 分子的抗原肽片段也会存在差异。因此,有些抗原肽被呈递,而有些抗原肽不被呈递,这说明 MHC 限制的抗原识别对免疫应答存在重要的影响。

二、免疫系统-内分泌系统-神经系统的相互作用和调节

免疫系统与机体其他系统一样,也受到神经和内分泌系统的调控作用。近年来,鱼类免疫细胞上存在许多不同的神经递质、内分泌激素受体及皮质类固醇激素受体的报道,使鱼类的免疫系统-内分泌系统-神经系统相互作用网络的研究受到了特别关注,皮质醇、生长激素

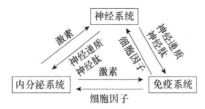

图 6-5　免疫系统-内分泌系统-神经系统的关系

（GH）、催乳素（PRL）、生殖激素、促黑素和阿黑皮素原（POMC）衍生的多肽都被证明能影响鱼类的免疫应答（图 6-5）。

（一）皮质醇

硬骨鱼类主要产生的皮质类固醇是皮质醇。皮质类固醇是肾间组织分泌的一种激素，对哺乳动物中的免疫调节作用研究得较多，近年来也发现皮质醇在鱼体中具有广泛的生理作用。皮质醇可促进肝内糖原异生，增加糖原贮存，使血糖升高；抑制肌肉组织对氨基酸的摄取，促进体内蛋白质分解；加速脂肪的氧化过程等。另外，皮质醇对鱼体免疫系统具有重要的调节作用，可以影响鱼体代谢、摄食、免疫功能及抗病力。研究表明，外源皮质醇的添加可抑制吞噬反应、减少循环 T 淋巴细胞和 B 淋巴细胞的数量、增加吞噬细胞（中性粒细胞和巨噬细胞）的数量。皮质醇处理银鲑（*Oncorhynchus kisutch*），会降低循环白细胞的数量，但会增加胸腺和头肾中白细胞的数量。另外，皮质醇也被证明能诱导 B 细胞凋亡，降低鱼对细菌和真菌病原体的抵抗力。总的来说，皮质醇对鱼类的许多免疫反应有抑制作用，包括抑制吞噬和淋巴细胞增殖，降低抗体产生细胞的活性和 IgM 水平（表 6-1）。

表 6-1　皮质醇对鱼类免疫功能的影响

对免疫功能的影响	鱼的种类
减少淋巴细胞数量	银鲑（*Oncorhynchus kisutch*）
	褐鳟（*Salmo trutta*）
	斑点叉尾鮰（*Ictalurus punctatus*）
	泥鲽（*Limanda limanda*）
	大西洋鲑（*Salmo salar*）
	虹鳟（*Oncorhynchus mykiss*）
降低淋巴细胞增殖	欧洲鲽（*Pleuronectes platessa*）
	斑点叉尾鮰（*Ictalurus punctatus*）
	银鲑（*Oncorhynchus kisutch*）
	泥鲽（*Limanda limanda*）
	鲤（*Cyprinus carpio*）
降低抗体含量	虹鳟（*Oncorhynchus mykiss*）
降低吞噬作用	泥鲽（*Limanda limanda*）
增加细胞凋亡	鲤（*Cyprinus carpio*）
	莫桑比克罗非鱼（*Oreochromis mossambicus*）

（二）生长激素和催乳素

生长激素（GH）又称促生长素，它是由脑垂体前叶嗜酸性粒细胞分泌的一类单链多肽类激素，广泛存在于各种脊椎动物中。生长素与催乳素（PRL）属于同一个基因家族，两者在结构和功能上显示出许多相似性。在脊椎动物中，生长激素参与体细胞生长的调节，但在鱼类中，它也影响渗透调节并刺激性腺类固醇的生成。催乳素是一种多功能的多肽，主要具有生长发育、渗透调节和生殖调控等三大功能。

生长激素和催乳素可以在体内与体外调节机体免疫系统。生长激素在结构上类似于许多细胞因子,包括 IL-2、IL-4、IL-5、粒细胞集落刺激因子(G-CSF)、巨噬细胞集落刺激因子(M-CSF)和 IFN。在哺乳动物中,生长激素和催乳素刺激胸腺细胞的成熟与分化,并激活吞噬细胞,生长激素抑制糖皮质激素诱导的 T 细胞凋亡。在鱼类中,生长激素已被证明能刺激金头鲷和银鲷的淋巴细胞生成和吞噬作用,增强鲑白细胞的有丝分裂,以及虹鳟细胞的吞噬作用、自然杀伤细胞活性、抗体产生和血清溶血活性,虹鳟和鲈中白细胞的呼吸爆发活性。此外,它还能增强虹鳟对细菌性病原鳗弧菌的抗感染能力。催乳素对鱼的免疫系统具有类似的调节作用,并已证明可刺激白细胞的有丝分裂、呼吸爆发活性和吞噬作用,并增加血浆 IgM 滴度。

（三）生殖激素

在哺乳动物中,雄性激素主要与雄性生殖功能相关,而雌性激素主要与雌性生殖功能相关,但在鱼类中并非如此。虽然硬骨鱼类卵巢中鉴定的许多类固醇与哺乳动物分泌的类固醇相同,但睾酮和雄烯二酮是雌性鱼的主要产物。硬骨鱼类睾丸中的类固醇生成也不同于大多数其他脊椎动物,11-甲睾酮或 11β-羟基睾酮通常是最主要的雄激素。

在哺乳动物中,雌二醇能增强脾巨噬细胞的活性,但能抑制自然杀伤细胞的产生,它还能刺激抗体应答和 IL-1 的合成。另外,睾酮能抑制抗体反应并干扰淋巴细胞的转化。在鱼类中生殖激素也有类似的作用,虹鳟雌激素和 11-酮睾酮分别刺激与抑制淋巴细胞的增殖。睾酮还能减少鱼体内产生抗体的细胞数量,并与皮质醇协同产生更强的抑制作用。此外,睾酮还可以在体外杀死鲑白细胞,说明该激素可能具有免疫抑制作用。最近,鲑白细胞中生殖激素受体的研究为这些类固醇在鱼类中的免疫调节作用提供了进一步的证据。

针对鲑科鱼类的研究表明,在淡水迁移和性成熟过程中,鲑血浆中性腺类固醇、雌二醇、睾酮、11-酮睾酮和雄烯二酮呈现较高的水平,在这一阶段,雄性和雌性鱼类均表现出免疫缺陷特征,如不能产生同种红细胞凝集素和抗体,并且易受到寄生虫的感染,特别是雄性。类似的研究也表明,在产卵期,虹鳟血清表现出较低的杀菌活性。

（四）促黑素和阿黑皮素原

在哺乳动物中,α-促黑素（α-MSH）能有效地调节机体免疫反应,它能抑制发热和主要的炎症反应。α-MSH 依赖于与外周组织的免疫细胞直接相互作用和调节中枢神经系统内的神经元途径来发挥其免疫调节作用。α-MSH 的抗炎作用可能是通过调节细胞因子的合成、释放和作用来实现的。特别是,该肽抑制 IL-1、IL-6、IL-8 和 TNF-α 的促炎作用,并刺激抗炎细胞因子 IL-10 的产生和释放。α-MSH 还能在体外抑制许多细胞的功能,包括中性粒细胞趋化性和单核细胞/巨噬细胞释放一氧化氮（NO）。此外,该肽对白色念珠菌和金黄色葡萄球菌具有直接的抗菌作用。

在硬骨鱼类中,促黑素的免疫调节作用最早见于 1938 年 Sumner 和 Doudoroff 的报道,他们发现养在黑暗鱼缸中的鱼比养在明亮鱼缸中的鱼更容易感染传染病。α-MSH 和黑素浓集激素（MCH）都是从垂体释放出来的,并直接调节激素以控制黑素细胞产生作用。α-MSH 导致黑素颗粒分散,从而使皮肤变黑,而 MCH 则有相反的作用,使黑素颗粒集中,导致皮肤变白。在这个过程中,这两种肽是相互拮抗的。这两种肽还与鱼类和哺乳动物的许多生理功能有关,包括调节下丘脑-垂体-肾上腺（HPA）轴、摄食、对听觉刺激的反应、渗透调节和各种行为。最近对虹鳟的研究表明,α-MSH 和 MCH 在体外都能刺激虹鳟头肾和脾中白细胞的增殖,这两种肽也被证明能刺激鳟头肾吞噬细胞的吞噬作用和呼吸爆发。

阿黑皮素原（proopiomelanocortin，POMC）是动物脑和垂体中多种活性肽类的共同前体，如促肾上腺皮质激素（ACTH）、MSH、β-内啡肽等。在动物体内，这些活性肽类是通过 *POMC* 基因的组织细胞特异性表达和加工而产生的，如在垂体前叶 ACTH 细胞中，POMC 被加工为 ACTH 和 β-促脂素（β-LPH），而在垂体中叶的促黑素细胞中，POMC 被加工为 α-MSH、类促肾上腺皮质素中叶肽（corticotropin-like intermediate lobe peptide，CLIP）、β-LPH 和 β-内啡肽。这些活性肽类在动物的应急、摄食和能量代谢等的调节中发挥重要作用。在鱼类中，POMC 外源添加或腹腔注射，均能刺激虹鳟吞噬细胞的吞噬能力和呼吸爆发。其代谢产物和 MSH 能在体外刺激鲤头肾吞噬细胞产生超氧化物，而 ACTH 能降低循环白细胞数，抑制淋巴细胞有丝分裂，增加吞噬细胞的呼吸爆发。

神经系统对免疫系统的调节，主要是通过其介质去甲肾上腺素和乙酰胆碱调节免疫细胞的活动。前者作用于淋巴细胞上的肾上腺素 β2 受体，使细胞内 cAMP 水平提高，对抗体产生、NK 细胞活性起抑制作用；而乙酰胆碱则通过毒蕈碱受体使 cGMP 升高，促进抗体产生。同样，免疫细胞产生的一些细胞因子也可作用于中枢神经系统，引起发热、食欲减退，以及促肾上腺皮质激素（ACTH）、内啡肽等分泌增多，肾上腺皮质系统活化等多种神经内分泌反应。现已证明，雌激素、皮质醇可抑制免疫应答，而生长素、甲状腺素和胰岛素则有免疫促进作用。

内分泌系统对免疫应答的调节，一方面是通过支配免疫器官的自主神经及局部感觉神经进行神经性调控，另一方面是通过神经肽和激素等生物活性分子对细胞因子的调控来实现的。鱼类内分泌系统与其生命周期不同阶段的生理功能密切相关，不同激素之间的相互作用也非常复杂（图 6-6）。研究内分泌系统的免疫调节作用对深入理解免疫系统和内分泌系统之间的相互作用及水产养殖业健康发展具有重要意义。

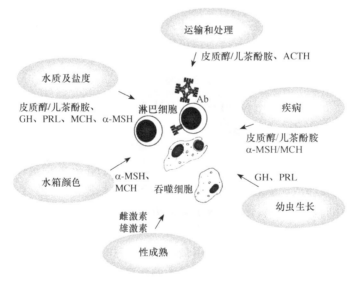

图 6-6　鱼类免疫系统和内分泌系统之间的相互作用对其生理功能的影响（引自 Harris and Bird，2000）

总的来说，机体免疫系统受到内分泌系统和神经系统的影响，它们彼此影响，构成对免疫调节的一个完整网络，使机体各方面的功能活性维持在相对稳定的状态。

三、营养对免疫的影响

"营养均衡""合理膳食"等理念已经深入人心，这也同样适用于水产养殖领域。自 20

世纪 80 年代以来，学者一直在探讨营养元素的添加对鱼类免疫系统功能的影响，发现营养、免疫应答与机体对疾病的抵抗力之间存在着非常密切的关系。水产动物的营养状况影响着机体的免疫功能和对疾病的抵抗力，机体的健康状况又影响着动物的营养需求。如果机体营养失衡将导致免疫系统功能受损，而免疫防御功能受损又会使机体对病原体的抵抗力下降，有利于感染的发生和发展。与之类似，传染性疾病的发生，会引起营养物质代谢紊乱，可能形成营养、免疫与感染的恶性循环，最终导致恶性营养不良综合征，严重时会导致个体死亡。

营养元素，无论是必需的还是非必需的，无论是单独还是混合进行外源添加，都可以直接或间接地影响鱼类的健康和免疫功能。近 20 年来，关于营养与免疫的研究大部分集中于氨基酸、脂肪酸、核苷酸、维生素和微量元素，以及免疫增强剂如葡聚糖、甘露寡糖及益生菌等方面。这些营养元素通过多种机制发挥作用，包括影响免疫系统发育和免疫细胞的能量代谢，通过识别免疫细胞表面相关受体影响免疫相关分子和效应分子的合成或释放，影响免疫细胞膜抗氧化特性，改变免疫细胞的胞外信号分子活性，影响免疫细胞之间的信号联系，通过神经-内分泌-免疫网络调节激素浓度变化作用于免疫细胞表面激素受体进而影响其功能，通过调节机体肠道微生物来影响免疫等。营养元素的缺少，不可避免会导致水产动物疾病的发生。

（一）氨基酸对免疫的影响

氨基酸是构成蛋白质的基本单元，也是构成机体免疫系统的基本结构物质之一。氨基酸不仅参与免疫系统的组织发生、免疫器官的发育和免疫细胞的增殖分化，一些氨基酸及其代谢产物还影响着细胞因子的分泌和免疫应答的调节。因此，合理补充氨基酸对调节机体的免疫功能具有积极的作用。其中，谷氨酰胺、精氨酸等在鱼类免疫中的研究相对较多，其缺乏通常表现为增加动物对疾病的易感性及疾病的发生率和死亡率。

对水产动物来说，谷氨酰胺在营养需求上被认为是非必需氨基酸，但对调节动物应激状态下的细胞代谢和调节免疫细胞的功能方面是必需的。谷氨酰胺是很多免疫细胞和肠黏膜上皮细胞的重要能量供体，也是合成嘌呤和嘧啶的前体物质。研究表明，谷氨酰胺对各类免疫细胞均有一定的调节作用，如谷氨酰胺能促进 T 细胞的增殖、增加 IL-2 的产生和 IL-2 受体的表达，同时也是 B 细胞分化和分泌所必需的。谷氨酰胺对维持和调节巨噬细胞的免疫功能是十分必要的，具有促进淋巴细胞因子活化的杀伤细胞（LAK 细胞）杀死靶细胞，激活巨噬细胞，加强其信号蛋白、自由基（如 NO）的分泌，增强吞噬和胞饮作用的功能。另外，谷氨酰胺对肠道免疫功能的维持具有重要作用，因为它既是肠道上皮细胞的主要能量供体，也参与分泌型免疫球蛋白（sIgA）的合成过程。

精氨酸是一种条件必需氨基酸，其在体内主要由瓜氨酸在肝中合成。精氨酸能参与多种生物活性物质的合成，如谷氨酰胺、脯氨酸、NO、多胺、肌酸和嘧啶等，也可以影响多种内分泌激素的释放。因此，精氨酸及其代谢产物在免疫防御、免疫调节等方面发挥着重要作用。首先，精氨酸能调节免疫细胞的功能。例如，精氨酸能维持巨噬细胞、中性粒细胞、单核细胞及自然杀伤细胞的活性，也具有增加胸腺内淋巴细胞数量的作用。另外，精氨酸能提高巨噬细胞的细胞毒性，加强 NK 细胞和淋巴因子的杀伤功能。

精氨酸在水产动物体内是一种重要的生理功能的信号分子，是多种免疫细胞的调节因子，在先天性免疫和获得性免疫中发挥着重要作用。精氨酸酶代谢途径主要包括 NO 途径和精氨酸酶 I 途径，这两条途径都与机体的免疫功能密切相关。精氨酸酶则是参与尿素循环和多胺合成重要的线粒体酶，它可以调节 NO 的产生和 iNOS 的活性，也可以参与调控巨噬细胞的功能。还有研究表明，精氨酸对机体免疫功能的调节也与其对内分泌系统的影响有关，可促进胰岛素、生长激素、催乳素、IGF-1 的分泌。

苏氨酸是维持动物正常生长发育和免疫功能的一种必需氨基酸，也是动物营养中最容易缺乏的限制性氨基酸，在水产动物免疫系统中发挥着重要的功能。研究表明，饲料中添加苏氨酸能促进机体抗体和血浆免疫球蛋白的生成及活性，从而对动物免疫功能产生重要影响。另外，苏氨酸在肠道免疫功能的维持和免疫屏障的完整性方面发挥重要作用，它能够影响肠道黏蛋白的合成，也与肠道黏膜的新陈代谢密切相关。

含硫氨基酸具有较强的抗氧化作用，机体内的含硫氨基酸及其衍生物主要有甲硫氨酸、半胱氨酸、谷胱甘肽和牛磺酸等。含硫氨基酸对水产动物的免疫调节一方面是参与免疫细胞的生长与代谢过程，另一方面是通过其抗氧化发挥作用的。例如，谷胱甘肽和牛磺酸都是强抗氧化剂，这种抗氧化作用能阻止氧化剂激活 NF-κB 途径，抑炎性细胞因子如 IL-1、IL-6 和 TNF-α 等的合成，从而达到抗炎症效果。

（二）脂肪酸对免疫的影响

脂肪酸，特别是长链多不饱和脂肪酸（PUFA）是一种调节细胞功能、炎症反应及免疫力不可或缺的调控因子。近 20 年来，关于脂肪酸对炎症反应及免疫力的影响日渐成为研究热点，各种脂肪酸对免疫细胞功能性应答的调节作用已在试验中得到证实。

研究证实，脂肪酸能减弱 NK 细胞活性和天然免疫应答反应，这种免疫调节作用取决于脂肪酸种类、剂量和比例。ω3-PUFA 是一种非常重要的多不饱和脂肪酸，其功能研究相对较清楚，它对水产动物的生长及免疫力的调节具有显著作用（图 6-7）。总的来说，饲料中添加适量多不饱和脂肪酸尤其是 ω3-PUFA 时，可以调节特异性促炎症消退介质（specialized proresolving

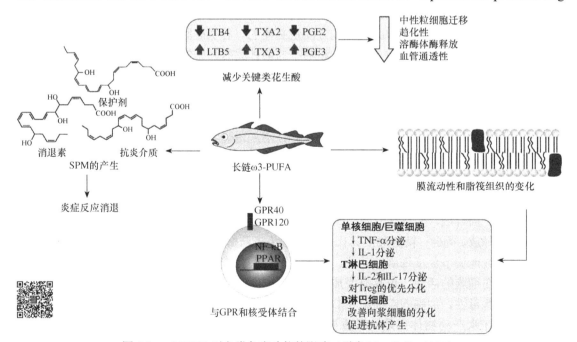

图 6-7　ω3-PUFA 对鱼类免疫功能的影响（引自 Mendivil，2021）

mediator，SPM）分泌使炎症反应消退；可以减少关键类花生酸，从而降低中性粒细胞的迁移和溶酶体酶的释放；可以影响膜流动性和脂筏组织的变化；还可以通过与核受体的结合调节单核细胞、巨噬细胞、T 淋巴细胞和 B 淋巴细胞的免疫功能。

共轭亚油酸（conjugated linoleic acid，CLA）也是一种非常重要的多不饱和脂肪酸，在水产动物中的研究最为广泛。在人类和哺乳动物中的研究表明，CLA 具有明显的抗炎、抗氧化和抗癌症作用。在水产动物中，CLA 对天然免疫与获得性免疫也具有调节作用。例如，外源添加 CLA 能显著提高欧洲舌齿鲈（*Dicentrarchus labrax*）、大黄鱼（*Larimichthys crocea*）和草鱼（*Ctenopharyngodon idella*）的免疫力，包括免疫细胞和免疫相关因子的活性、对病原微生物的抗病能力等。

（三）核苷酸对免疫的影响

20 多年来，人们对核苷酸及其代谢物在水产动物营养中作用的研究较少。在人和哺乳动物中，核苷酸除了编码遗传信息，还参与调节能量代谢和传递细胞信号、作为辅酶等重要的生理生化功能。近年来，随着对核苷酸饲料添加剂研究的不断深入，发现外源添加的核苷酸对饲料适口性、鱼类摄食行为和非必需氨基酸、外源核苷酸的生物合成具有作用，可以促进鱼类在早期发育阶段的生长、强化亲鱼、改变肠道结构、增加应激耐受性及调节先天免疫和适应性免疫反应。例如，在饲料基础日粮中添加寡核苷酸的石斑鱼（*Epinephelus drummondhayi*），其血液嗜中性氧化因子含量比不添加核苷酸的高；给大比目鱼投喂核苷酸日粮，能诱导免疫基因表达发生变异，使脾和肾中非特异免疫成分溶菌酶含量显著降低。另外，喂食添加核苷酸的饲料的鱼通常表现出对病毒、细菌和寄生虫感染的抵抗力增强。例如，饲料中添加了核苷酸，能降低虹鳟（*Oncorhynchus mykiss*）血浆皮质醇水平和胰腺坏死病毒的感染性，从而增强鱼类抵抗疾病的能力。虽然核苷酸营养研究在鱼类尚处于起步阶段，许多基本问题仍未得到解答，但迄今为止的结果发现核苷酸是鱼类的条件性或半必需营养素，均表现出对水产动物有益的影响。

（四）维生素及微量元素对免疫的影响

维生素是维持鱼体生长发育，促进机体代谢不可缺少的微量元素，但水产动物自身基本不能合成，主要从饲料中摄入。维生素的免疫调节作用主要表现在对细胞免疫和体液免疫的影响，以及部分维生素具有抗氧化作用（如维生素 A、维生素 E）。多种矿物质（微量元素）对水产动物的生命代谢过程起着重要作用，特别是锌、铜、铁、硒等微量元素对先天免疫和特异性免疫具有调节作用，在减少动物疾病发生、增强疾病抵抗能力、提高水产动物生产性能上发挥重要的作用。这里主要介绍维生素 A、维生素 C、维生素 E 对机体免疫的影响。

维生素 A 对鱼类免疫的调节作用主要包括三个方面：参与细胞免疫过程，与抗体的水平密切相关，也作为有效抗氧化和清除自由基的物质。维生素 A 能增强 T 细胞的抗原特异性反应，改变细胞膜和免疫细胞溶菌膜的稳定性，提高免疫力。在饲料中补充维生素 A 或前体（胡萝卜素和角黄素）能够提高 B 细胞和 T 细胞在体内外的增殖、增强巨噬细胞的功能、提高虹鳟的白细胞呼吸爆发率、提高大西洋鲑巨噬细胞的活性、提高隆颈巨额鲷吞噬细胞的呼吸爆发率等。维生素 A 缺乏会导致水产动物红细胞数量降低，影响脂质过氧化反应、抗氧化能力、溶菌酶活力、酚氧化酶活力和血细胞数量。饲料中含有过量维生素 A 会显著地降低建鲤脾指数，血红细胞、白细胞数量，血清溶菌酶活力，以及用灭活嗜水气单胞菌免疫后血清抗体水平。

　　维生素 C 又称为抗坏血酸，是一种重要的免疫增强剂，对水产动物的体液免疫和非特异性细胞免疫均具有一定的影响。许多免疫细胞能够储存维生素 C 并且需要其参与来发挥它们的作用，尤其是吞噬细胞和 T 细胞。研究表明，维生素 C 可以提高吞噬细胞的吞噬活性和杀伤力，显著提高鲤吞噬细胞的吞噬活性和呼吸爆发，促进淋巴细胞的增殖和特异性抗体的产生，提高补体活性。在中国对虾饲料中添加维生素 C，能明显降低其受副溶血弧菌感染的死亡率，并提高其耐缺氧能力，延长存活时间及提高存活率。

　　维生素 E 是一种动物必需的营养物质，是体内自由基的清除剂，通过与膜磷脂中的多聚不饱和脂肪酸或膜蛋白产生的过氧化物自由基反应，产生稳定的脂质氢过氧化物，稳定机体中具有高度活性的自由基。研究表明，维生素 E 与鱼类的细胞免疫和体液免疫密切相关。在细胞免疫方面，它能够提高吞噬细胞的吞噬能力、淋巴细胞的迁移率和自然杀伤细胞的杀菌能力。饲料中添加适量的维生素 E 能够显著提高牙鲆（*Paralichthys olivaceus*）的免疫功能。以含适量维生素 E 的饲料投喂虹鳟，可增强吞噬细胞的噬菌作用。维生素 E 还能显著增强中国对虾血清中酚氧化酶（PO）活性，提高对副溶血弧菌与溶藻弧菌的吞噬活力。同时，维生素 E 是影响鱼类非特异性体液免疫的一个重要因素。

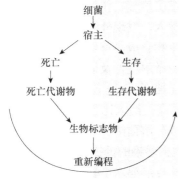

图 6-8　代谢物重编程调节鱼体抗感染作用示意图

　　近年来，很多学者通过气相色谱-质谱联用（GC-MS）和核磁共振（NMR）技术研究鱼体在感染病原菌后体内代谢水平的变化，从而发现一系列生物标志物，进而通过外源添加生物标志物来调节机体的代谢水平，提高鱼体对各种病原菌的抗感染能力（图 6-8）。总的来说，通过代谢组学技术发现生物标志物，并通过外源添加的方式来影响机体的代谢水平，提高水产动物对病原微生物的抵抗力，为细菌性疾病的防控开辟了一条新的道路。

第四节　免疫应答和调节中的研究热点与应用

　　脊椎动物免疫系统是一个庞大而复杂的网络，包括多个组织、器官、细胞和分子。免疫系统的细胞和分子能够识别与破坏外来物质，特别是病原体，从而保护生物体免受疾病侵害并保持体内平衡。免疫应答是指机体对于异己成分或者变异的自体成分做出的防御反应。增强鱼类免疫应答水平，以提高机体抗病能力是研究鱼类抗病免疫的重中之重。

　　鱼类免疫应答可以分为固有免疫和适应性免疫，固有免疫发挥主要作用。固有免疫对病原体的识别是通过模式识别受体（PRR）与病原体相关分子模式（PAMP）的相互结合实现的，这与哺乳动物相似。但为适应水生生活，鱼类固有免疫对 PAMP 的识别范围更广，免疫应答的启动条件更低。固有免疫的效应细胞主要是单核巨噬细胞、中性粒细胞、自然杀伤细胞等，具有吞噬和杀伤功能，还可分泌多种免疫相关的细胞因子，介导炎症反应。适应性免疫中，T 淋巴细胞通过抗原呈递细胞分解吸收抗原，由主要组织相容性复合物（MHC）类分子递送到细胞表面才能识别。B 淋巴细胞分泌产生以 IgM 为主的抗体分子，而发挥抗体中和作用及免疫调理作用的 IgG 在鱼类中比较少见，说明鱼类抗体的免疫功能还处于较低水平。

　　免疫应答的调节主要是指在免疫应答过程中对各种免疫细胞、免疫分子、遗传基因各自及相互作用构成的正负效应的调节，使这一过程有规律、有节奏地顺利进行，产生最适宜的效应，以保持机体体内环境的稳定。免疫应答与免疫调节是同步发生的。在免疫应答的调节过程中，任何一个环节的失误均可引起局部或全身免疫应答的异常，最终导致自身免疫性疾病、持续感染等疾病的发生。根据免疫应答的种类，免疫调节可以分为固有免疫应答的调节与适应性免疫应答的调节。

一、固有免疫应答及其调节

非特异性防御机制一般分为 4 道防线：第一道防线是由鱼类的皮肤、鳞片、黏膜表皮层构成的基础防御屏障，黏膜分泌物中存在蛋白酶、溶菌酶、凝集素、补体、转移因子等，能抑制细菌微生物的生长或使其失去活性。第二道防线是黏液细胞，其分泌的黏液中存在特异性抗体（尤其是 IgM），可直接对入侵的病原体发挥免疫作用。第三道防线是血细胞特别是颗粒细胞和单核细胞，能够破坏存在于循环系统中的微生物。第四道防线是存在于器官和组织中的具有吞噬作用的细胞，如内皮细胞、巨噬细胞、颗粒细胞等。水产动物通过这 4 道非特异性防御机制防线，能有效地清除、降解病原微生物及其他有害物质。

当鱼体遭遇病原感染后，机体首先起到防御作用的免疫应答称为固有免疫应答。在其体内执行固有免疫应答的主要有吞噬细胞、细胞毒性 T 细胞、血液和体液中存在的抗菌分子。鱼类的先天性防御机制受多种因素的影响，主要归结为两类：环境应激因子和免疫增强剂。

（一）环境应激因子

水体中病原体（病毒和细菌等）和环境因素（盐度、温度、溶氧和污染物等）均会影响鱼体固有的免疫应答能力。环境因素对鱼类免疫应答的影响成为近年来的研究热点。

盐度是水生生物最重要的环境因素之一，可显著影响鱼类的生长、生存、新陈代谢和固有免疫应答。研究表明，盐度可以显著影响凡纳滨对虾（*Litopenaeus vannamei*）和大黄鱼（*Pseudosciaena crocea*）的免疫水平，引起多种免疫因子的变化，从而使鱼类对病原菌的易感性发生变化。盐度的变化会引起鱼类的应激反应，导致鱼类体能消耗增加、新陈代谢加快和耗氧量增加。同时，盐度过高或过低，都会使鱼体质恶化，抑制生长，降低免疫能力，使鱼容易受到病原菌的侵袭，导致鱼病的发生甚至死亡。盐度对鱼类免疫应答的调节可能是通过产生活性氧（ROS），导致机体氧化应激的增强，从而使鱼类失去正常的生理功能。这些研究提示我们，环境盐度变化可能会通过改变病原体的分布、流行和毒力及水产动物的易感性来增加养殖动物的患病风险。然而，有关鱼类急性或慢性暴露于盐度环境对免疫反应影响的研究还比较少，其相关的分子机制也需要进一步探讨。

水体中无机污染物、有机污染物及重金属离子等环境因素也会直接影响鱼类的生长、生存、新陈代谢和固有免疫应答。研究表明，鲈在硝酸盐浓度高于 200mg/L 的水环境中，抗体产生量会显著降低。水环境中有机磷污染物的浓度较高，鱼体 T 细胞、B 细胞的增殖分裂会明显受到抑制。有机氯制剂也会抑制虹鳟巨噬细胞的吞噬能力和 B 细胞的增殖。另外，一些酚类化合物也具有相当强度的毒害作用，能抑制鱼类的特异性和非特异性免疫活性。

重金属离子是一种危险的环境污染物，具有剧毒，易在生物体内积累，对水生生物和人类的健康构成严重威胁。汞、银、铜、镉、铅和锰等是最常见的环境污染物，越来越多的学者开始关注这些重金属离子对鱼类免疫的影响。研究表明，重金属离子暴露会显著增加鱼体氧化应激和炎症反应，并使鱼类对各种病毒性、细菌性、真菌性疾病的抵抗力下降。例如，Cd^+ 是许多水体污染物的重要成分，它对许多哺乳动物来讲是一种致癌因子和免疫毒害物，对鱼类来讲，Cd^+可抑制巨噬细胞的活性。然而，低浓度的重金属离子胁迫可以增强机体的免疫功能。例如，低浓度的 Zn^{2+}、Cu^{2+}、Mn^{2+}、Mg^{2+}可促进鱼类抵抗病原菌感染的能力。最近的研究还表明，环境因素、化学物质和细胞凋亡之间具有一定的相互作用，鱼类生命周期的不同阶段暴露于环境压力可诱导鱼类细胞凋亡。例如，大西洋鲑（*Salmo salar*）暴露于 35mg/kg 和 700mg/kg 铜的环境中 4 周，其肠道中的细胞增殖和凋亡率显著升高。特别是铁死亡和铜死亡的机制引起了学术者的普遍关注，然而，鱼类中这两类细胞凋亡的报道仍然有限。

总之，水产动物与环境息息相关，作为一种敏感的生物模型，探索化学应激对其免疫系统的直接效应或免疫抑制是今后的研究趋势。

（二）免疫增强剂

免疫增强剂是一类调节动物免疫功能、增强动物免疫力、抵抗病原入侵的饲料添加剂。随着水产动物保护市场的蓬勃发展，免疫增强剂的研究及应用领域也在不断发展。

具有免疫增强剂功能的物质种类较多，主要包括免疫球蛋白、免疫活性肽、活性多糖（如脂多糖、β-葡聚糖、肽聚糖）、核苷酸（如 CpG 寡脱氧核苷酸）、中草药和微生态制剂等，这些物质能够通过提高水产动物的非特异性免疫功能来增强其抗应激、抗感染能力，提高其生产性能。另外，这类物质能增强鱼类抵抗外界病原体侵袭的能力，并减轻外界环境胁迫对鱼类的免疫抑制作用。

活性多糖是指 10 个以上单糖形成的聚合糖，是生物体内普遍存在的一大类生物大分子，具有体液免疫功能和细胞免疫功能，能增强鱼的非特异性免疫，并具有抗菌、抗病毒、抗寄生虫、抗应激和提高动物生产性能等多种生物学功能。甲壳素及其衍生物是非特异性免疫抗原，通过与巨噬细胞、血管上皮细胞等的相互作用，吸附从血管中游离出来的单核细胞，聚集在组织中形成巨噬细胞，也可以直接刺激局部组织，促进细胞增生，演变为巨噬细胞并被活化，使其吞噬能力增强，直接杀伤胞内生物和变异细胞，提高其免疫力。另外，壳聚糖具有广谱的抗菌活性，对革兰氏阳性菌及白色念珠菌均具有明显的抑制作用，并且壳聚糖具有良好的组织相容性，容易被机体吸收，对机体无毒害作用。使用甲壳素或甲壳素衍生物可以提高动物抵抗真菌或细菌感染的能力。β-葡聚糖是自然界中最为常见的一种多糖，大多数为水溶性或胶质的颗粒，通常存在于特殊种类的细菌、真菌的细胞壁中，也存在于高等植物种子中。β-葡聚糖因其独特的螺旋形分子结构，易被免疫系统接受，能选择性地作用于巨噬细胞和自然杀伤细胞的特异性受体，通过细胞的吞噬作用，吸收、破坏、清除体内的病原微生物，同时还能产生细胞因子，提高鱼类的免疫功能。β-葡聚糖在鱼类、甲壳动物和贝类这些水产动物中都有所应用，以降低由传染病引起的死亡率和提高动物免疫力的一般生理功能。β-葡聚糖主要用于在水产养殖中降低由机会病原体引起的死亡率和稚鱼的死亡率，增强抗微生物物质的功效，提高对寄生虫的抵抗力。脂多糖是革兰氏阴性菌细胞壁的成分，其主要成分为脂和糖，由 *O*-抗原、核心多糖和最内部的脂质 A 组成，在其免疫原性中，多糖侧链决定其诱导特异性免疫应答的能力，脂质 A 决定其诱导非特异性免疫应答的能力。脂多糖可促进 T 辅助淋巴细胞抗原特异性分化，是 B 淋巴细胞有丝分裂原及巨噬细胞的激活剂，巨噬细胞受脂多糖刺激后释放出淋巴细胞活化因子，增强其免疫力。肽聚糖主要通过两条途径来实现其免疫激活功能，一是肽聚糖直接激活水产动物体内无活性的丝氨酸蛋白酶原，从而使无活性的丝氨酸蛋白酶原转变成有活性的丝氨酸蛋白酶，然后有活性的丝氨酸蛋白酶激活酚氧化酶系统；二是肽聚糖作用于小颗粒细胞，造成小颗粒细胞的脱颗粒，从而产生外周血淋巴细胞的吞噬、包裹、凝聚和凝固等一系列的生理免疫防御功能，因此其作为免疫增强剂在水产养殖中的应用十分广泛。近年来，中草药和微生态制剂的免疫学研究表明，其具有免疫调节、抗细菌、抗真菌、抗病毒和抗寄生虫等多重作用。

总的来说，免疫增强剂具有性能稳定、作用广泛、安全高效等特点，成为目前解决水产动物病害的重要途径之一。然而，免疫增强剂在水产动物养殖上的应用还存在一些问题，虽然免疫增强剂的生物学作用被广泛研究，并已开始在水产动物的养殖中尝试使用，但是使用方法尚处于摸索阶段，没能形成使用标准。另外，很多免疫增强剂都具有抗氧化能力，如果添加在水产动物的饲料中，其抗氧化能力势必随着时间的推移而逐渐减弱，因此应研究出更加稳定的产品。扩大免疫增强剂在水产动物养殖上的应用，才能有效地解决水产动物病害，保障食物的安全和人类的健康。

二、适应性免疫应答及其调节

免疫应答过程有赖于体内多系统、多细胞和多分子之间的相互协作，共同调节其发生、发展和转归，以维持正常机体的免疫稳定。免疫应答及其调节是保持机体平衡稳定的必要条件，其障碍可能是构成许多疾病发生的重要环节。参与水产动物适应性免疫应答的主要是 T 淋巴细胞和 B 淋巴细胞，其免疫应答过程已在本章第一节详细描述。适应性免疫应答的调节因素主要有温度和活性氧。

水产动物中鱼类适应性免疫的进化程度较低，因此其免疫应答受外界环境的影响比较大，如抗原刺激、个体发育水平和环境因素等，都可以直接影响淋巴细胞和补体等成分的生理功能。其中，鱼类作为变温动物，水环境的温度对其免疫活动和生理功能的影响非常明显。温度主要影响鱼体免疫活性细胞的活性及数量、抗体的合成与分泌、补体的活化等功能，从而影响鱼类的适应性免疫应答（图 6-9）。另外，鱼类存在免疫临界温度的问题，一般情况下，在免疫临界温度以上，鱼类免疫应答强度随着温度的升高而增强，而在免疫临界温度以下，其免疫应答机制可能会丧失。研究表明，不同的温度对鱼类 IgM 的影响有明显的影响，对温度具有依赖性。有专家认为，草鱼对草鱼呼肠孤病毒（GCRV）疫苗的免疫临界温度为 10℃。例如，当温度较低时，鱼体的抗体产生会受到抑制，其防御能力

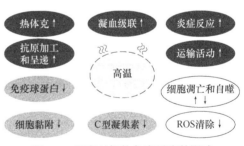

图 6-9 温度对机体免疫反应的影响
（仿自 Li et al.，2019）

也大大降低。一般情况下，当温度严重不适合时（超过鱼类生理适应温度范围的上限或是下限），会导致鱼体免疫防御机制的紊乱，抑制适应性免疫应答过程。但是，不同种类的鱼类，其免疫能力、组织相容性抗原及受体表达、激素及激素受体表达存在较大的差异，这些都会影响鱼类适应性免疫应答及其调节。

值得注意的是，最近研究表明，低温影响各种鱼类的特异性细胞免疫和体液免疫应答。对巨噬细胞来说，低温环境下巨噬细胞的呼吸爆发活性大大增强，其吞噬能力大大提高。同样，低温可增进非特异性细胞毒细胞（NCC）的活性。鲤在低温（12±0.5）℃条件下可增强针对 p815 靶细胞的非特异性细胞毒细胞的活性，而在高温（28±0.5）℃和最适温度（20±0.5）℃下则无显著变化。低温也可通过其他生理变化（如应激）起作用，如当水温从 20℃快速降到 12℃时，鲤细胞膜的皮质醇水平剧增。由此看来，低温影响特异性免疫应答是通过多

条途径进行的。在冬季低温状态下，特异性免疫应答受抑制时非特异性防御发挥重要的作用，非特异性免疫的增强在一定程度上起到补偿特异性免疫受抑制的作用。

最近研究表明，活性氧（reactive oxygen species，ROS）也是一种适应性免疫应答的调节分子。以往的研究表明，ROS 在固有免疫应答及其调节中发挥积极作用；现有研究表明，ROS 也参与适应性免疫应答的调节过程，包括参与抗原呈递细胞的分化与成熟，淋巴细胞的活化、增殖及分化，同时 ROS 与细胞凋亡也有一定的关系。ROS 能调节树突状细胞的激活，诱导其功能的成熟，因此促进树突状细胞呈递抗原，从而促进机体的免疫应答。ROS 对 T 细胞和 B 细胞的活化具有重要作用，还可以通过 Ca^{2+} 信号通路的激活介导 T 细胞的增殖，而且间接或直接参与 Th 细胞的极化，当机体处于氧化应激状态时会促进氧化型巨噬细胞诱导 Th2 细胞的分化而增强细胞免疫应答，当机体处于还原状态时会通过还原型巨噬细胞诱导 Th1 细胞的分化而增强体液免疫应答。ROS 在涉及细胞周期和能量代谢的各种信号通路中充当关键的调节因子，当水产动物暴露于镉或微塑料环境中时，ROS 可以介导 p53 凋亡级联激活，p53 信号通路可调节与细胞周期、衰老、细胞存活和凋亡相关的各种细胞反应。综上所述，ROS 作为机体内一种活跃的小分子，广泛参与机体免疫应答过程的各个环节，与水产动物免疫相关疾病的发生密切相关。随着对 ROS 研究的不断深入，有望为防治免疫相关疾病提供新的思路。

主要参考文献

侯亚义，韩晓冬. 2001. 温度和类固醇激素对虹鳟免疫球蛋白 M（IgM）的影响. 南京大学学报（自然科学版），5：563-568.

Andersen M H, Schrama D, Thor S P, et al. 2006. Cytotoxic T cells. Journal of Investigative Dermatology, 126(1): 32-41.

Araki K, Akatsu K, Suetake H, et al. 2008. Characterization of CD8$^+$ leukocytes in fugu (*Takifugu rubripes*) with antiserum against fugu CD8alpha. Developmental Comparative Immunology, 32(7): 850-858.

Clem L W, Faulmann E, Miller N W, et al. 1984. Temperature-mediated processes in teleost immunity: differential effects of *in vitro* and *in vivo* temperatures on mitogenic responses of channel catfish lymphocytes. Developmental and Comparative Immunology, 8(2): 313-322.

Elgendy K S, Aly N M, El-Sebae A H. 1998. Effects of edifenphos and glyphosate on the immune response and protein biosynthesis of bolti fish (*Tilapia nilotica*). Journal of Environmental Science and Health Part B, 33(2): 135-149.

Godahewa G I, Perera N C, Umasuthan N, et al. 2015. Molecular characterization and expression analysis of B cell activating factor from rock bream (*Oplegnathus fasciatus*). Developmental and Comparative Immunology, 55(5): 1-11.

Harris J, Bird D J. 2000. Modulation of the fish immune system by hormones. Veterinary Immunology and Immunopathology, 77(3-4): 163-176.

Himaki T, Mizobe Y, Tsuda K, et al. 2011. Conservation of characteristics and functions of CD4 positive lymphocytes in a teleost fish. Developmental and Comparative Immunology, 35(6): 650-660.

Hrubec T C, Robertson J L, Smith S A. 1997. Effects of temperature on hematologic and Serum biochemical profiles of hybrid striped bass (*Morone chrysops* × *Morone saxatilis*). American Journal of Veterinary Research, 58(2): 126-130.

Hu Y H, Sun B G, Deng T, et al. 2012. Molecular characterization of *Cynoglossus semilaevis* CD28. Fish and

Shellfish Immunology, 32(5): 934-938.

König R, Zhou W. 2004. Signal transduction in T helper cells: CD4 coreceptors exert complex regulatory effects on T cell activation and function. Current Issues in Molecular Biology, 6(1): 1-15.

Li C, Fang H, Xu D. 2019. Effect of seasonal high temperature on the immune response in *Apostichopus japonicus* by transcriptome analysis. Fish and Shellfish Immunology, 92: 765-771.

Mendivil C O. 2021. Dietary fish, fish nutrients, and immune function: a review. Frontiers in Nutrition, 7: 617652.

Morvan C L, Clerton P, Deschaux P, et al. 1997. Effects of environmental temperature on macrophage activities in carp. Fish and Shellfish Immunology, 7(3): 209-212.

Rickert R C. 2013. New insights into pre-BCR and BCR signalling with relevance to B cell malignancies. Nature Reviews Immunology, 13(8): 578-591.

Shailesh S, Sahoo P K. 2008. Lysozyme: an important defence molecule of fish innate immune system. Aquaculture Research, 39(3): 223-239.

Somamoto T, Kondo M, Nakanishi T, et al. 2013. Helper function of CD4[+] lymphocytes in antiviral immunity in ginbuna crucian carp, *Carassius auratus* langsdorfii. Developmental Comparative Immunology, 44(1): 111-115.

Vervarcke S, Ollevier F, Kinget R, et al. 2005. Mucosal response in African catfish after administration of *Vibrio anguillarum* O_2 antigens via different routes. Fish and Shellfish Immunology, 18(2): 125-133.

Wang Y, Wei H, Wang X, et al. 2015. Cellular activation, expression analysis and functional characterization of grass carp IκBα: evidence for its involvement in fish NF-κB signaling pathway. Fish and Shellfish Immunology, 42(2): 408-412.

Yamaguchi T, Miyata S, Katakura F, et al. 2016. Recombinant carp IL-4/13B stimulates *in vitro* proliferation of carp IgM[+] B cells. Fish and Shellfish Immunology, 49(2): 225-229.

第七章　病原与机体的互作

病原和宿主之间的相互作用可造成感染，病原也可能会通过不同的机制逃避免疫系统的清除。病原和宿主之间的相互作用包括病原体的侵入、侵袭、定植、诱导免疫应答、病原清除或组织损伤等主要环节。另外，有些病原虽然不一定在宿主组织定植，但可通过释放毒素而致病。因此，免疫系统是通过多种不同的机制拮抗病原对机体的感染作用，而病原也通过不同的机制逃避免疫系统的清除。

第一节　病原引起的超敏反应对机体的免疫损伤

病原作用于机体后引起的免疫反应，对机体造成的免疫损伤，也称为超敏反应。超敏反应是指机体再次接触相同抗原时，发生生理功能紊乱或组织细胞损伤等表现特征的特异性免疫应答。作为异常或病理性的免疫应答，其特点是伴有炎症反应和组织损伤。

超敏反应与一般免疫应答本质上相同，皆为机体对某些抗原物质的特异性免疫应答。其差异在于正常免疫应答为机体提供保护，而超敏反应则对机体造成损伤。因此，临床上将引起过敏反应的抗原称为变应原或过敏原（allergen）。

Gell 和 Coombs（1963）最早根据超敏反应的发生速度、发病机制和临床特征将其分为Ⅰ、Ⅱ、Ⅲ和Ⅳ型。超敏反应的特点：Ⅰ、Ⅱ和Ⅲ型超敏反应由抗体介导，可经血清被动转移，而Ⅳ型超敏反应由 T 细胞介导，经细胞被动转移；补体也参与Ⅱ型超敏反应，且只有亚型超敏反应必须依赖补体才能致病。同一变应原或过敏原在不同个体或同一个体可引起不同类型的超敏反应，在同一个体中可能同时存在两种或两种以上的超敏反应，也有的同一疾病由不同类型的超敏反应引发。

一、Ⅰ型超敏反应

Ⅰ型超敏反应发生机制如图 7-1 所示。

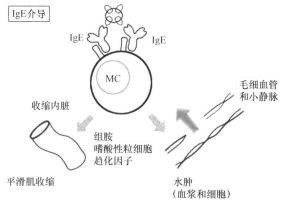

图 7-1　Ⅰ型超敏反应发生机制（改自 Todd et al.，2015）

二、II 型超敏反应

II 型超敏反应是指特异性抗体（IgG 或 IgM）与吸附在靶细胞表面的相应抗原结合，在补体、吞噬细胞和 NK 细胞的共同参与下，通过免疫调理、激活补体和 ADCC 多种作用，引起以病理性细胞溶解或组织损伤为主要特征的免疫反应。此型超敏反应也被称为抗体依赖的细胞毒超敏反应、溶细胞型超敏反应或细胞毒型超敏反应（cytotoxic hypersensitivity）。

II 型超敏反应临床常见疾病包括红细胞输血反应、新生儿溶血症、自身免疫性溶血性贫血、药物过敏性血细胞减少症、其他由微生物感染引起的溶血反应（如链球菌感染后肾小球肾炎等）。

参与成分如下。

（1）抗原　　常为细胞性抗原，依据抗原来源不同，分为两大类。一类为细胞表面固有抗原。此类抗原包括：正常存在于血细胞表面的同种异型抗原，如 ABO 血型抗原、Rh 抗原和 HLA 抗原等；嗜异性抗原，即外源性抗原，包括与正常组织细胞之间具有的共同抗原等，如链球菌的成分与心脏瓣膜、关节组织之间的共同抗原；感染和理化因素所致改变的自身抗原。另一类是细胞表面的外来抗原或半抗原，如某些药物或其在体内的代谢产物等半抗原，吸附在血细胞上转化为完全抗原，刺激机体产生抗体，从而诱发 II 型超敏反应。

（2）抗体　　主要为 IgG 和 IgM。上述抗原刺激机体产生抗体，该抗体再与靶细胞膜上的抗原或半抗原结合在细胞表面，或以游离形式存在于血循环。

（3）效应细胞和分子　　包括补体、吞噬细胞、NK 细胞。IgG 和 IgM 类抗体与靶细胞表面抗原结合，从而激活补体导致细胞破坏；或不通过补体，直接募集和激活炎症细胞（如巨噬细胞和 NK 细胞等）将其吞噬或杀灭。因为 II 型超敏反应中的靶细胞主要是血细胞，所以反应的结果通常是血细胞的破坏或减少。

发生机制：II 型超敏反应由结合于特异性细胞或组织的 IgG 和 IgM 类抗体所介导，抗体的 Fc 片段与补体系统的 C1q 结合，便可激活补体经典途径，补体激活形成的攻膜复合体插入靶细胞膜，对靶细胞造成损伤；与抗原结合的抗体 Fc 片段和巨噬细胞、中性粒细胞或嗜碱性粒细胞等其他吞噬细胞的 Fc 受体结合，破坏靶细胞或组织。这同机体在识别和清除病原微生物的过程是一致的，但损伤的是机体正常的靶细胞或组织。II 型超敏反应造成的损伤仅限于该抗原所在的特异性细胞或组织（图 7-2）。

沙门菌的脂多糖、链球菌等微生物的抗原成分具有吸附红细胞的特性，这些表面有微生物抗原的红细胞在受到自身免疫系统的攻击后会发生溶血反应。

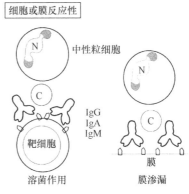

图 7-2　II 型超敏反应发生机制
（改自 Todd et al., 2015）

三、III 型超敏反应

抗原抗体反应时会产生免疫复合物（immune complex），一般它们会被单核巨噬细胞及时清除，而不影响机体的正常功能，但偶尔也会持续存在，逐渐沉积于多种组织和器官，由此造成补体和效应细胞介导的损伤，称为免疫复合物型超敏反应或III型超敏反应。

组织中的抗原所在位置和循环系统中免疫复合物的沉积方式决定了免疫复合物的沉积

部位。参与Ⅲ型超敏反应的抗原（包括外来抗原）具有多样性。机体接触外来抗原等形成持续感染会导致免疫复合物的形成，免疫复合物逐渐沉积于组织引起疾病，如葡萄球菌感染引起的心内膜炎、病毒性肝炎等；人体中存在自身抗原，会持续地产生自身抗体，导致免疫复合物长期形成，由于免疫复合物在血液中的数量增加，负责清除免疫复合物的系统（单核巨噬细胞、红细胞和补体等）负荷过重，致使复合物沉积在组织造成疾病，如系统性红斑狼疮（SLE）、类风湿性关节炎等。

发生机制：在血液循环中，可溶性抗原与相应的 IgG、IgM 类抗体结合形成可溶性的免疫复合物，在适当的条件下沉积于毛细血管基底膜；在此过程中激活补体并在血小板、中性粒细胞等细胞的参与下，诱发以充血水肿、局部坏死和中性粒细胞浸润为主要特征的炎症反应和组织损伤。Ⅲ型超敏反应主要引起以血管扩张、渗出、中性粒细胞浸润、出血坏死及血栓为特征的血管炎等组织损伤，主要原因包括：免疫复合物通过 Fc 受体直接与嗜碱性粒细胞和血小板作用，引起血管活性胺的释放；免疫复合物刺激巨噬细胞释放细胞因子，尤其是炎症因子 TNF-α 和 IL-1 等；免疫复合物与补体系统相互作用，产生 C3a、C5a 等补体片段，这些补体片段与肥大细胞或嗜碱性粒细胞上的 C3a、C5a 受体结合，可以诱发释放炎症介质，增加毛细血管通透性、增加液体渗出，还可以吸引中性粒细胞至免疫复合物沉积部位，并释放蛋白水解酶、胶原酶和弹力纤维酶等溶酶体酶，最终水解血管及其周围组织。由此可见，免疫复合物不断产生和持续存在，是形成并加剧炎症反应的重要前提，而免疫复合物在组织的沉积则是导致组织损伤的关键因素。免疫复合物可在血循环中长期存在，对机体本身并无害处，只有当免疫复合物沉积于组织中才会引发一系列问题。影响免疫复合物形成和沉积的因素有：①在体内长期滞留的抗原成分。②形成免疫复合物的大小。通常，抗原和抗体比例在一定范围时，形成的大分子免疫复合物较容易被吞噬细胞清除，因为较大的复合物能有效地与 Fc 受体结合，并固定补体，从而更好地与红细胞结合；抗原或抗体过剩形成的小分子免疫复合物能透过肾小球基底膜和上皮细胞而被排出；而抗原略多于抗体形成的中等分子免疫复合物则不能穿过基底膜而滞留在内皮和基底膜之间，从而在组织内逐渐沉积。③免疫复合物的沉积受到组织的解剖学及血流动力学的影响。静脉压较高的毛细血管迂回处是免疫复合物容易沉积之处，如肾小球基底膜及关节滑膜，肝、脾血管等部位；血管等血压较高处，或动脉弯曲或分叉处及形成涡流处等也容易造成免疫复合物的沉积（图 7-3）。

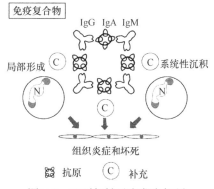

图 7-3　Ⅲ型超敏反应发生机制
（改自 Todd et al.，2015）

四、Ⅳ型超敏反应

经典的Ⅳ型超敏反应是指所有在 12h 或更长时间产生的超敏反应，故又称迟发型超敏反应。Ⅰ、Ⅱ、Ⅲ型超敏反应由抗体介导，可通过血清由一个动物转移给另一个动物；而Ⅳ型超敏反应是由 T 细胞介导的免疫反应，可通过 T 细胞（主要为 CD4$^+$ Th1 细胞）转移。这些 T 淋巴细胞被变应原致敏后，当把外来抗原涂于已致敏个体的表皮或做皮内注射时，致敏 T 淋巴细胞将在 24～72h 引发局部炎症反应。早在 1934 年，Simon 等就发现在结核菌素培养反应中，血清中没有相应抗体。1942 年，Landsteiner 和 Chase 发现这种反应不能通过细胞上清液，而是通过 T 细胞在个体之间转移。

参与成分：其变应原包括胞内寄生菌、病毒、寄生虫和化学物质等。不同的变应原引起的临床表现及表现的疾病也不相同。其效应细胞包括 CD4$^+$ Th1 细胞、CD8$^+$ CTL 和单核巨噬细胞等。Ⅳ型超敏反应反映了抗原特异性 CD4$^+$ T 细胞的存在，并表明机体存在针对胞内和其他病原体的保护性免疫。但是，Ⅳ型超敏反应同保护性免疫之间并不完全相关。引起这一迟发型免疫应答的 T 细胞因过去接触过有关的变应原，已被特异性地致敏，并能招募单核巨噬细胞和其他淋巴细胞到反应部位。

发生机制：此类超敏反应发生较为缓慢，一般在致敏性 T 细胞（Tcp）再次接触相同抗原 24～72h 后发生，形成的炎症反应以单核细胞浸润和组织损伤为主要特征。引起Ⅳ型超敏反应的变应原经抗原呈递细胞加工处理后，以 MHC-抗原肽复合物的形式表达于抗原呈递细胞的表面，刺激 Th1 细胞分化增殖为致敏淋巴细胞和记忆细胞，使机体处于致敏状态，这一时期需要 1～2 周。当变应原再次进入致敏状态的动物，与致敏性 T 细胞相遇时，致敏性 T 细胞迅速增生分化为效应细胞，并释放各种细胞因子。其中的炎性因子使血管通透性增加，单核巨噬细胞渗出，通过趋化因子使巨噬细胞聚集于反应部位，进行吞噬活动。巨噬细胞释放的溶酶体酶等可引起血管变化，造成局部充血、水肿和坏死。同时细胞毒性 T 细胞（Tc）也可直接杀伤带变应原的靶细胞，引起以单核巨噬细胞浸润为特征的炎症反应。当变应原被消除后，炎症消退，组织可以恢复正常。Ⅳ型超敏反应的特点是：无抗体和补体参与，而与致敏淋巴细胞有关，属于典型的细胞免疫应答；反应发生缓慢，持续时间长，一般于再次接触抗原后 16～48h 反应达到高峰（图 7-4）。

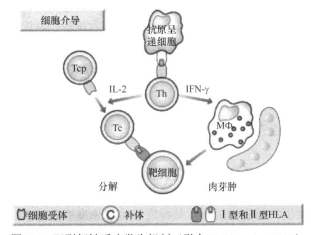

图 7-4 Ⅳ型超敏反应发生机制（引自 Todd et al.，2015）

临床常见疾病：根据皮肤实验观察出现皮肤肿胀的时间和程度及其他指标，可将迟发型超敏反应分为接触型、结核菌素型和肉芽肿型 3 种类型。接触型、结核菌素型超敏反应于接触变应原后 72h 内出现反应，肉芽肿型超敏反应一般在 21～28d 才出现反应。肉芽肿的形成是由于巨噬细胞的增殖和聚集，且可持续数周。就临床后果而言，Ⅳ型超敏反应属于最严重的类型，而且一次抗原刺激后发生的反应类型不止一种，几种反应还可以重叠。

接触型超敏反应：接触型超敏反应的特点是与变应原接触部位出现湿疹样反应，一般发生在再次接触变应原 48h 之后。引起接触型超敏反应的化学物质通常为简单的物质，如甲醛、苦味酸、苯胺染料、植物树脂、儿茶酚类（见于毒藤）、有机磷及金属盐等。以上引起接触型超敏反应的因子中具有免疫活性的部分通常为半抗原，可透过人皮肤，以共价键或其他方式同机体蛋白质结合，产生免疫原活性，致敏 T 细胞。尽管最初的反应是不同的，但刺激物和变应原所产生的炎症事件是相似的。即被致敏的 T 细胞再次接触这些物质时，会发生的反应包括：出现单核细胞浸润（6～8h），反应最为强烈（12～15h），直至伴有皮肤水肿和形成水疱。这类超敏反应与化脓性感染的区别在于病变部位缺少中性粒细胞。朗格汉斯细胞在接触型超敏反应中起关键作用，接触型超敏反应最初是表皮反应，位于表皮的朗格汉斯细胞是主要的抗原呈递细胞。在紫外线的作用下，朗格汉斯细胞失活，能阻止或缓解接触型超敏反应。

结核菌素型超敏反应：这种反应由 Robert Koch 首次描述。在结核病患者皮下注射结核菌素 48h 后，观察到该部位发生肿胀和硬变，证明患者曾接触过结核菌素。来自许多微生物的可溶性抗原，如结核分枝杆菌、麻风分枝杆菌和热带利什曼原虫等都可以诱导出类似反应。后来发现，一些非微生物来源的可溶性抗原，如铍，也能引起这种反应。对致敏个体，皮内注射结核菌素后抗原特异性 T 细胞被激活，分泌 IFN-γ，并激活巨噬细胞产生 TNF-α 和 IL-1，这些来自 T 细胞和巨噬细胞的促炎性细胞因子与趋化因子作用于血管内皮细胞，与白细胞受体结合，招募其到达反应部位，如中性粒细胞、单核巨噬细胞和淋巴细胞等，从而发生免疫反应。如果组织中有变应原持续存在，可发展成肉芽肿反应。在此期间，无嗜碱性粒细胞出现。应用上述病原体的抽提物皮内接种感染动物时，可在注射局部引起迟发型超敏反应，可用于这些传染病的诊断和检疫。如结核菌素试验，当感染动物以小量结核菌素皮内或眼结膜囊内接种后，可分别在 48～72h 或 15～18h 局部出现红肿或流出脓性分泌物，而未感染动物不发生反应。

肉芽肿型超敏反应：临床上Ⅳ型超敏反应最重要的形式被称为肉芽肿型超敏反应，引起许多病理性结果。在许多细胞介导的免疫反应中都产生肉芽肿，是因为巨噬细胞内持续存在胞内微生物或其他颗粒，而细胞又不能将它们清除和破坏。当免疫复合物持续存在时，也能形成上皮细胞的肉芽肿增生。这些过程引起上皮样内皮细胞肉芽肿的形成。典型的免疫学肉芽肿有一个上皮样细胞和巨噬细胞的核心，这类上皮细胞可能源于活化的巨噬细胞。

第二节　抗感染免疫及对病原的清除

感染与免疫一直以来都是免疫学中经典的研究课题，而确立感染与免疫的概念，分清病原体感染的类型及致病机制，明确机体免疫系统的抗感染机制，掌握针对不同病原微生物的免疫防御特点及病原微生物的逃逸机制，是探究感染与免疫的前提。

感染通常是指病毒、细菌、真菌、寄生虫等病原突破机体的防御屏障，侵入宿主机体，并在机体特定部位寄居、生长、繁殖，与机体相互作用，造成机体不同程度的病理生理反应的过程。当病原微生物侵入机体后，不仅引起感染过程，同时刺激机体产生免疫应答。机体需要不断地与周围或者侵入体内的病原微生物进行斗争，从而建立起对抗微生物感染的免疫防御机制，即抗感染免疫（immunity to infection）。

一、抗细菌免疫及对细菌的清除

（一）抗细菌感染的免疫

细菌是典型的原核微生物，具有种类繁多、生境广泛、个体微小、生长繁殖快、代谢类型多样、致病性各异等特点。因此，机体抵抗各类病原菌感染的免疫学机制既有共性，也有独特性。

细菌一般以释放毒素或借侵入和增殖引起宿主细胞的物理性破坏而致病。决定细菌致病力的主要因素是侵袭力和细菌毒素。

（1）侵袭力　　　是指病原菌突破机体的防御屏障，在体内定植、繁殖和扩散的能力，与侵袭力有关的因素包括以下几个方面。

1）定植：细菌感染的首要条件是能在一定的部位定植，牢固黏附在黏膜上，以抵抗黏液的冲刷、呼吸道纤毛运动及肠蠕动等清除作用。革兰氏阴性菌的菌毛、革兰氏阳性菌的脂磷壁酸及某些细菌的外膜蛋白等均可发挥黏附作用。

2）繁殖、扩散：某些致病菌在体内产生一些具有侵袭性的酶，从而引起繁殖扩散。例如，致病性链球菌和葡萄球菌产生的透明质酸酶，能分解结缔组织中的透明质酸，从而使细菌得以通过组织扩散；溶血性链球菌产生的链激酶，可激活血浆纤溶酶原，使之转变为纤溶酶，促进细菌和毒素的扩散；某些细菌通过分泌蛋白水解酶，侵入细胞组织；一些细菌分泌胶原酶和弹性蛋白酶，以破坏结缔组织中的胶原纤维和弹性纤维等。

3）抗吞噬或逃避宿主的防御机制：①借助荚膜及类荚膜物质抵抗吞噬细胞的吞噬杀伤作用。例如，肺炎球菌、流感嗜血杆菌、肺炎克雷伯菌等均可产生精被（又称荚膜）以抵抗吞噬作用。②通过细菌细胞壁特殊结构抵抗吞噬细胞的吞噬作用。例如，结核分枝杆菌虽然能被巨噬细胞吞噬，但由于其细胞壁含有蜡质等特殊结构，能抵抗细胞内降解，进而能在巨噬细胞内增殖，并随巨噬细胞迁移而散布到全身各处；酿脓链球菌可通过其细胞壁 M 蛋白抵抗巨噬细胞的吞噬作用。

（2）细菌毒素　　　按来源、性质和作用等的不同，可将细菌毒素分为外毒素和内毒素。

1）外毒素：外毒素是某些病原菌在生长繁殖过程中产生的对宿主细胞有毒性作用的并且分泌到菌体外围环境中的毒素，其主要成分是可溶性蛋白。产生外毒素的细菌主要包括破伤风杆菌、白喉杆菌、炭疽杆菌、肉毒梭菌、葡萄球菌和链球菌等革兰氏阳性菌；也有大肠杆菌、霍乱弧菌、铜绿假单胞菌、百日咳杆菌等革兰氏阴性菌。

外毒素的毒性很强，只需要极小量就可以致动物死亡，同时具有高度的组织特异性。按其作用机制可分为细胞毒素、神经毒素和肠毒素三大类。大多数外毒素由 A、B 两种亚基组成，A 亚基（CTA）为毒性单位，B 亚基（CTB）为结合单位，A 亚基需要 B 亚基协助才能进入靶细胞内，继而发挥其毒性作用（图 7-5）。

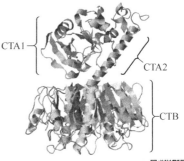

图 7-5　霍乱毒素的结构
（引自 Odumosu et al.，2010）

嗜水气单胞菌产生的危害与其外毒素、胞外蛋白酶及表面分子等毒力因子的分泌、表达相关。该菌感染人时主要引起急性胃肠炎，其次是外伤感染、败血症和其他的一些感染。感染动物主要表现为腹泻，其次是败血症感染；一般均表现为较高的发病率和死亡率。该菌能感染多种鱼类，如鲟、尼罗罗非鱼、黄鳝、三角帆蚌、中华鳖、鲢、鳙、青鱼等。被感染鱼类的症状：感染初期游动缓慢，可见病鱼体表上下颌、鳃盖边缘、眼眶出现充血症状；严重时，伴随有体表及腹部、肌肉等不同程度的充血、出血；解剖病鱼可发现肝、脾、肾及肠道出现不同程度的糜烂，并伴有严重腹水。

2）内毒素：内毒素是革兰氏阴性菌细胞壁的脂多糖（LPS）成分，只有当细菌死亡破裂或用人工方法裂解菌体后才能释放出来。脂多糖结构复杂，其化学组成因菌种不同而异。通常由 O-抗原、核心多糖和脂质 A 三部分组成，其中主要毒性成分是脂质 A（图 7-6）。例如，痢疾杆菌、伤寒杆菌、沙门菌、大肠杆菌和奈瑟球菌等革兰氏阴性菌都能产生类似的内毒素。其致病作用包括引起发热，降低吞噬细胞的功能，激活补体、微肽、纤溶及凝血系统，导致弥散性血管内凝血、休克等。LPS 是引起炎症反应的主要细菌分子，在脓毒性休克的发病中起主要作用。LPS 通过 CD14 与单核巨噬细胞作用，刺激巨噬细胞分泌促炎性细胞因子（IL-1、IL-6、IL-12、TNF-α）、活性氧、氮的代谢产物和花生四烯酸代谢物（白三烯和前列腺素）等炎症介导因子，这些活性因子参与脓毒性休克。内毒素的免疫原性弱，机体主要依靠菌体成分诱导产生抗体与细菌对抗。

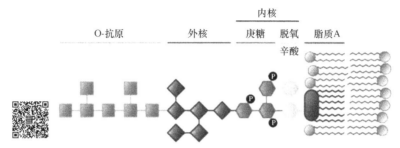

图 7-6　脂多糖的结构（引自 Lee et al.，2013）

（二）对细菌的清除

　　根据细菌感染的特点可将感染的细菌分为胞外菌和胞内菌。入侵机体时，胞外菌在细胞外生长繁殖，而胞内菌寄生在细胞内进行生长繁殖。

1. 抗胞外菌感染的固有免疫　　胞外菌通过其菌体本身或分泌的毒素对机体造成损伤，而宿主抗胞外菌的感染主要通过多种固有免疫因子和适应性免疫的体液免疫应答发挥作用。

（1）皮肤黏膜的屏障作用　　皮肤是机体抗感染的第一道防线。其主要通过机械阻挡、分泌杀菌物质、正常菌群的拮抗及黏膜局部产生的 sIgA 发挥抗感染作用。鱼类抵抗各种病原入侵的第一道防线由皮肤和黏膜组成。黏膜是由表皮黏液细胞产生的黏液，可以将皮肤上的碎屑和微生物黏住进而清除。在皮肤表面，黏液、鳞片、表皮和真皮共同构成机体完整的一道防御屏障。

1）黏液：黏液中含有抑制寄生物在体表生长和寄生的细胞因子，如溶菌酶等。黏液中存在的糖蛋白在水中形成膨胀结构，可封闭微生物并致其失去活动能力。而且，黏液在体表不断脱落和补充，具有防止细菌生长和繁殖、阻止异物沉积的作用。鱼类黏液含有特异性抗体，鱼类抗体不仅在血液、肠道中存在，最主要的则分泌到体表的黏液中，具备特异性防护作用。

2）鳞片：鱼类鳞片的基部可下达真皮的结缔组织，向外则伸出表皮层。部分鱼类的鳞片可穿透黏液层，而有些则仍为表皮和真皮所覆盖。鳞片对鱼体起一种机械性的保护作用，鳞片的脱落必将造成表皮的损伤，并进一步导致病原体的入侵，诱发表皮炎症和感染。

3）表皮：鱼类表皮位于黏液层下，由 4 层细胞组成。最外层为鳞状扁平上皮细胞层，而且鱼类的表皮层不会出现脱落的死细胞，在该层下面可见到有丝分裂，这是鱼类区别于哺乳动物表皮的特点。

4）真皮：鱼类真皮位于基底膜下，是皮肤的另一层保护屏障。这层皮肤包括散布着黑色素细胞的结缔组织，同时分布有毛细血管，此结构有益于鱼类的体液免疫功能。

（2）吞噬细胞的作用　　细菌一旦突破皮肤黏膜屏障侵入组织后，吞噬细胞即发挥主要作用。对胞外菌的吞噬杀灭，首先依靠中性粒细胞发挥作用。在细菌黏附与侵入过程中，趋化因子可使中性粒细胞聚集到炎症部位，构成机体抗细菌感染的前线。一般情况下，细菌可被吞噬后消灭，只有毒力强、数量多的细菌才能进入血液或其他器官，由血液、肝、脾中的吞噬细胞继续进行吞噬和杀灭。在感染初期，吞噬细胞一般通过细胞表面受体识别后吞噬（吞噬细胞表面的模式识别受体识别病原体相关分子模式）以发挥作用。当补体激活或抗体产生后，还可通过调理作用发挥更强的吞噬杀伤作用。

（3）补体的作用　　补体系统是抗胞外菌感染的重要因素之一，补体可通过直接溶菌和调理作用，促进吞噬细胞摄入、杀灭细菌，也可通过补体激活过程中产生的趋化因子引起炎症反应，促进病原菌的清除。在鱼类等脊椎动物中，补体系统是抵抗微生物感染的重要成分，该系统由存在于体液中的数十种具有酶活性的球蛋白组成。鱼类补体系统的主要成分是C3，补体具有溶菌和溶细胞作用，但对热极不稳定，且最适反应温度较低（Buchmann and Secombes，2020）。

2. 抗胞外菌感染的适应性免疫　　当病原感染机体后，首先遇到机体内多种固有免疫因子的抵抗，但固有免疫作用往往难以彻底清除感染的病原菌，而感染后诱发的适应性免疫在清除病原菌方面起重要作用。其中，清除许多胞外菌的关键性防御因子是抗体，其作用主要包括以下几方面。

1）阻挡细菌的黏附。造成感染的先决条件是病原菌吸附至黏膜上皮细胞。存在于黏膜表面的sIgA与相应病原体结合，可阻断病原菌在黏膜上皮细胞表面的黏附，在黏膜局部抗细菌感染中发挥重要作用。

2）激活补体。在感染过程中，机体产生的IgG或IgM抗体与相应细菌结合，激活补体经典途径，形成攻膜复合物，导致细菌溶解。

3）调理吞噬作用。无荚膜的细菌易被吞噬细胞吞噬杀灭，而有荚膜的细菌则需IgG抗体的参与。IgG通过吞噬细胞表面的Fc受体与中性粒细胞、巨噬细胞结合，其中Fab片段与相应的细菌结合，通过IgG的"桥联"作用促进吞噬细胞对细菌的吞噬。

4）中和作用。抗毒素抗体与外毒素结合后可封闭外毒素的毒性部位或阻止其吸附于敏感细胞，所形成的免疫复合物最终被吞噬细胞吞噬清除。

胞内菌一旦入侵宿主后，就寄生于宿主细胞内进行生长繁殖，导致抗体和补体难以发挥作用，而未激活的吞噬细胞只能吞噬胞内菌，却难以将其杀灭。因此，机体抗胞内菌感染的免疫主要以细胞免疫为主。

3. 抗胞内菌感染的固有免疫

1）吞噬细胞。胞内菌一旦侵入机体，首先是中性粒细胞进行吞噬。中性粒细胞具有杀伤多种胞内菌的能力，尤其在早期炎症反应中能减少细菌负荷。然而，中性粒细胞的寿命短，且胞内菌主要躲藏在某些细胞内，不易与中性粒细胞接触，故中性粒细胞抗胞内菌引起的慢性感染作用不大。大多数胞内菌进入机体后被单核巨噬细胞吞入。静止状态未被活化的单核巨噬细胞杀菌能力稍弱，难以将其杀死。但是单核巨噬细胞在识别吞噬细菌的同时可被初步激活，以杀死少数胞内菌，此时的单核巨噬细胞则可作为抗原呈递细胞，向T细胞呈递该菌被处理过的抗原肽，使T细胞活化产生多种细胞因子（如TNF-α），进一步激活单核巨噬细胞，导致活性氧、活性氮等中间产物释放，产生强大的杀菌作用，使活化的吞噬细胞成为杀灭胞内菌的主要细胞之一。

2）NK 细胞。胞内菌可直接活化 NK 细胞，后者杀伤被感染的靶细胞，活化的巨噬细胞释放的 IL-2、IFN-γ 也可激活 NK 细胞，增强其杀伤靶细胞活性。激活的 NK 细胞又可通过产生细胞因子 IFN-γ 等，进一步激活巨噬细胞，形成正反馈激活环路，增强对胞内菌的免疫应答。因此，NK 细胞是抗胞内菌感染的早期防线。

4. 抗胞内菌感染的适应性免疫　　　抗胞内菌感染主要依靠细胞免疫发挥关键作用，细胞免疫涉及 CD4$^+$ 和 CD8$^+$ T 细胞活化后的效应形式。

1）CD4$^+$ T 细胞。胞内菌入侵机体后，多数被单核巨噬细胞吞噬摄取，经内体和溶酶体中的蛋白酶水解成抗原肽，与自身的 MHC II 类分子结合形成 MHC II-抗原肽复合物，向初始 CD4$^+$ T 细胞提供 T 细胞第一活化信号，同时 T 细胞膜上表达的 CD28 分子与单核细胞上诱导表达的 B7 分子结合使 T 细胞获得第二活化信号。CD4$^+$ 活化后发生克隆扩增，并分化为效应性 Th 细胞。感染胞内菌的 MΦ、DC 能迅速产生 IL-12，IL-12 可促进 Th0 细胞向 Th1 细胞分化，Th1 细胞释放 IFN-γ、TNF 等细胞因子，可进一步活化巨噬细胞及 NK 细胞，并辅助 CD8$^+$ T 细胞的活化，共同参与抗胞内菌的感染。

2）CD8$^+$ T 细胞。在抗胞内菌感染的过程中，CD8$^+$ T 细胞也起着重要作用。胞内菌可经 MHC I 类途径介导 CD8$^+$ T 细胞的免疫应答。同时，CD8$^+$ T 细胞在 Th1 细胞释放的 IL-2 等作用下，充分活化并分化为 CTL，通过穿孔素/颗粒酶途径及 Fas/FasL 途径裂解细胞内寄生有病原菌的靶细胞，使胞内菌失去寄居场所。靶细胞裂解后释放出的细菌，通过抗体或补体的调理作用促进巨噬细胞将其吞噬清除。近年的研究表明，CTL 产生的颗粒酶溶解素经穿孔素形成的孔道进入靶细胞内，可直接杀伤胞内菌而不破坏靶细胞。

二、抗病毒免疫及对病毒的清除

病毒是一类不具有细胞结构，具有遗传、复制等生命特征的微生物，一般为球状、杆状或蝌蚪状。个体微小，结构简单，主要由内部的遗传物质和蛋白质外壳组成。无细胞结构，没有实现新陈代谢所必需的基本系统，自身不能复制，必须在活细胞内增殖。遇到宿主细胞时，病毒便脱去蛋白质外壳，其核酸（基因组）侵入宿主细胞内，借助后者的复制系统，按照病毒基因的指令复制新的病毒；离开宿主细胞的病毒相当于一个大化学分子，停止生命活动，可制成蛋白质结晶，成为一个非生命体，所以病毒是介于生物与非生物之间的一种原始生命体。大部分病毒通过呼吸道感染，不仅可引起局部感染，还可以传播到其他组织引起全身性疾病；也有很多病毒可通过消化道感染引起局部或全身性疾病。

随着分子病毒学的发展，目前病毒被定义为一类超显微的非细胞生物，且每一种病毒只含有一种核酸；它们只能在活细胞内营专性寄生生活，依赖宿主代谢系统的协助进行核酸复制、蛋白质合成等进程，最后进行装配得以增殖。在离体条件下，病毒以无生命的大分子状态存在，并在一定的时间内保持其侵染活性。

（一）病毒的分类与成分

核酸、蛋白质、脂类及糖类构成病毒的基本结构，病毒的核心主要为核酸。核酸是一套完整的基因所组成的病毒基因组，其化学成分是 DNA 或 RNA，因此，病毒被分为 DNA 病毒和 RNA 病毒两大类。核酸是病毒的遗传物质，为病毒增殖、遗传和变异等功能提供信息，进而延续了病毒遗传特性的连续性与稳定性。蛋白质约占病毒总质量的 70%，作为构成病毒衣壳及包膜的主要成分，蛋白质的主要作用是保护病毒核酸。此外，病毒表面蛋白质与过敏细胞表面相应的受体具有特殊的亲和力，因此可决定病毒对宿主细胞的选择性；病毒表面蛋白质具有抗原性，与吸附、侵入和感染细胞有关，可使机体产生免疫反应，也能引起机体出现发热、血压下降和其他全身性症状等多种毒性反应。

（二）病毒的复制

病毒复制包括吸附、穿入、脱壳、生物合成、组装成熟与释放等一系列连续的过程，分述如下。

（1）吸附　　病毒表面蛋白质与易感细胞表面受体的特异性结合过程称为吸附。吸附标志着病毒感染的开始，病毒必须首先吸附在细胞表面，才能进行穿入等后续步骤。

（2）穿入　　吸附在宿主细胞膜上的病毒，可通过多种不同方式进入细胞内，此过程称为穿入。裸露病毒一般由细胞膜吞入细胞，称为病毒胞饮，如小 RNA 病毒、腺病毒等。包膜病毒穿入细胞内的方式有两种：①在病毒的套膜与宿主细胞膜融合过程中，病毒的核壳体被释放并直接进入细胞质；②在病毒的吸附蛋白与细胞膜上的受体结合后，细胞表面的酶促使病毒脱壳，使病毒的核酸直接进入细胞质，此类病毒包括疱疹病毒、正黏病毒、副黏病毒等。

（3）脱壳　　病毒侵入细胞后，只有去除病毒基因组外的蛋白质衣壳后，才能启动病毒核酸的复制和病毒蛋白质的编码与合成。不同的病毒具有不同的脱壳方式，多数病毒在穿入时，受宿主细胞溶酶体的作用并脱壳释放出基因组，从而进入细胞的特定部位进行生物合成。

（4）生物合成　　此阶段包括病毒核酸的复制和病毒蛋白质的合成。大多数 DNA 病毒在宿主细胞核内合成 DNA 并在细胞质中合成蛋白质。绝大部分 RNA 病毒的全部组分均在细胞质中合成。流行性感冒病毒的 RNA 被包裹于蛋白质壳体内进行转录。早期合成的蛋白质主要是病毒复制所必需的复制酶和功能性抑制蛋白质，包括抑制宿主细胞的正常代谢，使细胞代谢转向有利于合成病毒的状态的必需蛋白质；此阶段，用血清学方法和电子显微镜检查在细胞内无法找到病毒颗粒，故称为隐蔽期。隐蔽期为新子代病毒在细胞中出现之前的阶段，也就是吸附之后至新病毒颗粒组装完成之前的阶段。隐蔽期、组装期与释放期一起称为潜伏期，各种病毒的潜伏期具有差异性。

（5）组装成熟与释放　　子代病毒核酸和病毒蛋白质在宿主细胞内组装成完整病毒粒子的过程称为组装，大多数 DNA 病毒在细胞核内组装，RNA 病毒则在细胞质内成熟。无包膜病毒组装成核衣壳即成熟的病毒体。有包膜病毒组装成核衣壳以出芽方式释放，被宿主细胞的核膜或细胞膜包裹成为成熟的病毒体。

成熟病毒从宿主细胞游离出来的过程称为释放，病毒释放的方式有以下几种。

1）裸露的病毒（如脊髓灰质炎病毒）。可分成：①无囊膜的 DNA 病毒，其核酸与衣壳在细胞核内装配。②无囊膜的 RNA 病毒，其核酸与衣壳在细胞质内装配，并呈现结晶状排列。此类病毒在宿主细胞内复制增殖和破坏细胞，待宿主细胞溶解后一次释放出大量病毒。

2）有包膜的病毒（如流感病毒）。可分成：①有囊膜的 DNA 病毒，其核酸与衣壳在细胞核内组装成核衣壳。一部分移至核膜上，以芽生方式进入细胞质中，获得宿主细胞核膜成分的囊膜后逐渐从细胞质中释放到细胞外；另一部分通过核膜裂隙进入细胞质，从细胞膜上获得囊膜后从细胞内逐渐释放。②有囊膜的 RNA 病毒，病毒 RNA 与蛋白质在细胞质中装配成螺旋状的核衣壳，且在感染过程中宿主细胞膜上已整合有病毒的特异抗原成分。成熟病毒以芽生方式通过细胞膜时，可携带这种细胞膜成分并产生刺突。此类病毒在宿主细胞内复制增殖，不破坏细胞，以出芽的方式释放到细胞外。

（三）病毒与宿主细胞的相互作用

病毒进入宿主细胞，并在细胞内进行复制增殖的过程称为病毒感染。在感染初期（吸附过程），病毒需要找到目标才能设法进入细胞。宿主细胞表面有许多分子可作为病毒受体，因此在病毒表面有一种特别的受体结合蛋白，像钥匙一样可打开"细胞之门"。每类细胞的"门锁"具有差异性，而一种病毒的"钥匙"只能打开某些细胞的"门"，因此当变种病毒的"钥匙"有所改变时，感染对象也会改变而造成不同的病情。例如，人类冠状病毒原本只会感染上呼吸道及消化道细胞，但变异后会导致其他组织器官的感染。

（四）病毒感染的分型

因病毒种类、毒性和机体免疫力等不同，病毒侵入后可分为不同的感染形式。

（1）依据症状的表现，分为隐性感染和显性感染

1）隐性感染。病毒侵入后，因病毒毒力弱或机体免疫能力强，病毒并不能大量增殖，不造成组织细胞的严重损伤和引起临床症状或症状不典型，称为隐性感染或亚临床感染。

2）显性感染。病毒侵入后，因病毒在宿主细胞内大量增殖，并导致组织细胞的严重损伤，引起明显的临床症状者，称为显性感染。

（2）依据病毒在机体停留的时间，分为急性感染和持续性感染

1）急性感染。病毒侵入后，潜伏期较短，发病较为紧急，病程数日至数周，机体恢复后不再携带病毒，如急性甲型肝炎等。

2）持续性感染。病毒侵入后，保持长时间在机体内持续存在，可使感染者表现出临床症状，或不表现出症状而长期携带该病毒，而成为重要的感染源，如乙型肝炎、丙型肝炎等。

（五）抗病毒感染免疫

抗病毒免疫早期，宿主以非特异性免疫为主；当针对病毒的特异性免疫抗体及效应细胞产生后，特异性免疫与非特异性免疫一起发挥协同抗病毒作用。

1. 抗病毒感染的非特异性免疫　　机体在病毒感染早期依赖非特异性免疫来抵抗病毒及杀伤病毒感染细胞，主要包括干扰素、巨噬细胞和 NK 细胞的作用。

1）干扰素的作用。细胞受到病毒感染后可产生 IFN-α、IFN-β 等 I 型干扰素，通过干扰素受体刺激邻近细胞产生抗病毒蛋白，同时，干扰素也可以活化 NK 细胞，增强杀死病毒的能力。此外，受病毒感染的细胞分泌的干扰素，还可以刺激巨噬细胞，诱导其 MHC 分子的高度表达，提高抗原呈递效率，增强特异性免疫。

2）巨噬细胞的作用。病毒入侵后，易被淋巴结、血窦组织、肝和脾等处的巨噬细胞所吞噬，阻断病毒复制，使其失去感染力。此外，活化的巨噬细胞可分泌 IL-1、IL-6、IL-8、IL-12 和 TNF 等细胞因子，刺激血管内皮细胞表达黏附分子，有利于中性粒细胞和单核细胞的浸润。

3）NK 细胞的作用。NK 细胞杀伤病毒感染靶细胞的特点如下：①不需抗原提前致敏就有较强的杀伤靶细胞的活性；②杀伤靶细胞无 MHC 的限制性；③非特异性杀伤。

2. 抗病毒感染的特异性免疫　　非特异性免疫可在抗病毒早期发挥主要作用，但若要将病毒完全清除，还需要有特异性免疫的参与，其中，体液免疫可清除体液中游离的病毒，而细胞免疫可作用于病毒感染的靶细胞。

（1）病毒抗原的加工呈递　　病毒的衣壳蛋白和包膜糖蛋白是诱导机体产生抗体的主要抗原，TCR 不能识别游离的抗原，因此需要 MHC 的参与，形成 MHC-抗原肽复合物，再由 TCR 识别。

1）内源性抗原的加工呈递：病毒感染后，病毒蛋白被细胞质中的蛋白酶裂解为小分子多肽，通过 TAP 转运至内质网，与新合成的 MHC I 类分子结合，形成 MHC-抗原肽复合物，呈递到细胞表面，由 $CD8^+$ T 淋巴细胞识别。

2）外源性抗原的加工呈递：细胞外游离的病毒通过吞饮方式被抗原呈递细胞（APC）所吞噬，内化形成吞噬小体，继而与溶酶体融合，在吞噬溶酶体的酸性环境中，病毒蛋白被水解成多肽，然后与 MHC II 类分子结合，形成 MHC II-抗原肽复合物，被运送至细胞膜表面，由 $CD4^+$ T 细胞所识别。

（2）抗病毒感染的体液免疫　　由抗原呈递细胞将抗原呈递到 B 淋巴细胞，然后在辅助性 T 细胞作用下，增殖、分化为浆细胞，生成大量抗体，其中 IgG、IgM、sIgA 在抗病毒感染免疫过程中发挥重要作用。抗体可通过以下途径发挥抗病毒作用：①中和作用；②激活补体；③调理作用；④通过 ADCC 杀伤宿主细胞。

（3）抗病毒感染的细胞免疫　　$CD8^+$ T 细胞识别病毒感染细胞表面的 MHC I-抗原肽复合物，在 Th1 细胞的辅助下活化为 CTL，通过释放穿孔素、颗粒酶和介导细胞凋亡来杀伤靶细胞。$CD4^+$ T 细胞和 $CD8^+$ T 细胞受到病毒抗原的刺激，会释放 IFN-γ、IL-2 等细胞因子及巨噬细胞或单核细胞的趋化因子，参与细胞免疫，与机体免疫细胞相互协作，共同发挥防御作用。

在大多数情况下，机体抗病毒感染免疫需要细胞因子、体液免疫和细胞免疫的共同参与，互相协调来阻止病毒的入侵，进而清除感染。

三、抗寄生虫免疫及对寄生虫的清除

寄生虫（parasite）终生或部分时间寄生在另外一种生物体上，该生物体称为宿主（host）或寄主。这种附着于寄主体内或体外以获取维持其生存、发育或者繁殖所需营养的生活方式称为寄生。寄生方式多数情况下会对宿主产生危害。营寄生生活的动物称为寄生虫，寄生虫主要包括原虫、蠕虫和甲壳动物等。原虫为单细胞真核动物，如锥体虫、阿米巴虫、疟原虫和弓形虫等。蠕虫为多细胞无脊椎动物，如吸虫、绦虫和线虫等。大多数寄生虫都在进化过程中形成与宿主长期共存的关系，少量寄生虫寄生常引起宿主慢性感染。

寄生虫的结构、组成、生活史及寄生方式远比微生物复杂，这种生命形式和寄生方式的多样性迫使宿主形成多种防御机制来抵抗寄生虫感染。早期许多学者一致认为，寄生虫的免疫原性很弱，不足以引起强烈的免疫反应，但其实多数寄生虫有很强的抗原性，因为其发展出许多使其在免疫应答反应下得以生存的机制，即在长期进化中，形成了多种能够逃避宿主免疫应答的机制。针对寄生虫多种多样的逃避机制，宿主产生了各种抵抗寄生虫感染的免疫应答，主要包括非特异性免疫应答和特异性免疫应答。

1. 非特异性免疫应答　　非特异性免疫是机体在长期的进化过程中逐渐建立的基本防御机制，主要受遗传因素的控制，具有很高的稳定性。非特异性免疫主要包括补体系统的激活、吞噬细胞的吞噬作用、嗜酸性粒细胞和肥大细胞的杀伤作用、非特异性细胞的细胞毒作用及细胞因子的调节作用等。补体系统的激活是宿主抵抗寄生虫感染的基本防卫机制之一。补体激活可以通过旁路途径、经典途径和凝集素途径，从而启动补体级联反应和形成攻膜复合物，可以直接裂解寄生虫。鱼类抵抗寄生虫的过程中有补体参与，且许多种鱼类对寄生虫的非特异性免疫是通过旁路途径激活补体而产生的。

中性粒细胞和巨噬细胞能够单独或与补体一起杀死许多寄生虫，如血吸虫幼虫。同样，多种类型的白细胞参与了鱼类的非特异性免疫，包括单核细胞、巨噬细胞、粒细胞和非特异性细胞毒性细胞。巨噬细胞不仅具有杀伤入侵微生物和寄生虫的作用，还可以分泌参与免疫反应的细胞因子，如 TNF-α、IL-1 和 IL-12 等。TNF-α 可以介导寄生虫的溶解。IL-1 的释放伴随着对上皮细胞的机械性和化学性损伤，通过一系列反应导致寄生虫的数量降低。虹鳟在抗小瓜虫感染过程中，细胞因子 TNF-α 和 IL-12 的表达量显著升高。IL-12 可以诱导 NK 细胞产生 IFN-γ，在机体获得特异性免疫应答前，NK 细胞产生的 IFN-γ 对于抵抗细胞内寄生虫感染起着至关重要的作用。已有研究显示，宿主抵抗弓形虫、隐孢子虫、布氏锥体虫和利什曼原虫等感染的能力与 NK 细胞产生的 IFN-γ 密切相关。鱼类的非特异性细胞毒性细胞（non-specific cytotoxic cell，NCC）能够识别和裂解异质细胞，功能上类似于哺乳类的 NK 细胞。有研究表明，斑点叉尾鮰的 NCC 能识别并裂解一定的寄生原虫。此外，在宿主抗蠕虫感染过程中，嗜酸性粒细胞和肥大细胞起着重要作用，它们可以通过释放化学物质、脱颗粒、裂解细胞膜等而直接杀伤寄生虫。

2. 特异性免疫应答　　寄生虫在长期的进化过程中形成了各种逃避机制，从而避开了非特异性免疫对其杀伤作用。当宿主无法依靠非特异性免疫控制寄生虫的感染时，特异性免疫就会被激发从而达到控制寄生虫感染的目的。机体的特异性免疫主要包括体液免疫和细胞免疫两种基本机制。

（1）对原虫的特异性免疫　　原虫是单细胞动物，其免疫原性的强弱主要取决于入侵宿主组织的程度。例如，肠道的痢疾阿米巴原虫，仅当其入侵到肠壁组织后，才能诱导机体产生抗体。另外，原虫生活史复杂，在不同的发育阶段可以感染不同的细胞，在细胞内、外均可寄生，因此，原虫既能诱导机体产生体液免疫，又能诱导机体产生细胞免疫。

1）体液免疫。尽管许多非特异性细胞因子参与了寄生虫感染数量的控制，但基于抗体的特异性免疫同样发挥着重要作用。抗体可以对锥体虫和疟原虫子孢子产生有效的免疫应答。有报道显示，鱼腹腔接种活孢子虫后产生的抗血清能抑制和凝集活的孢子虫（Woo，1997）。此外，鲫腹腔注射绦虫幼虫后，能产生针对绦虫的特异性抗体。

抗体主要通过调理作用促进巨噬细胞的吞噬作用，抗体、补体及细胞毒性细胞一起作用以杀死原虫，抗体包被原虫，阻断其对机体的侵袭作用。另外，有些抗体可以抑制与原虫增殖相关的酶，使其不能正常增殖。

2）细胞免疫。利什曼原虫、锥体虫和弓形虫等原虫既能寄生在细胞外，又能寄生在宿主细胞内。此外，刚地弓形虫和小泰勒焦虫为专性细胞内寄生。抗体与补体联合作用对细胞内的原虫几乎没有作用，对于细胞内寄生虫的清除和感染的控制需要细胞介导的免疫应答和 T 细胞分泌的 Th1 细胞因子发挥作用。研究表明，CD8[+] T 细胞在抵抗锥体虫和弓形虫感染中发挥重要作用，其主要通过释放 IFN-γ 和穿孔素杀伤寄生虫。

（2）对蠕虫的特异性免疫　　蠕虫是多细胞生物，寄生于细胞外，幼虫主要寄生于组织中，成虫主要寄生于呼吸道或胃肠道。宿主对蠕虫的清除和感染的控制相当复杂，不仅需要体液免疫和细胞免疫发挥协同作用，而且细胞因子的参与也必不可少。

1）体液免疫。尽管蠕虫感染能够刺激机体产生特异性 IgM、IgG、IgA 和 IgE 类抗体，但参与抗寄生虫感染免疫的主要是 IgE 类抗体。在蠕虫感染过程中，血清中 IgE 类抗体显著升高，IgE 与肥大细胞结合后，被特异性蠕虫抗原激活而脱颗粒，引起嗜酸性粒细胞、中性粒细胞、巨噬细胞及血清中抗体向感染部位聚集。当蠕虫抗原与嗜酸性粒细胞表面的 IgE 抗体结合时，脱颗粒而释放出阳离子蛋白和过氧化物酶，从而杀伤寄生虫。肥大细胞被激活产生血管活性胺，可引起肠管强烈收缩和蠕动增强，从而将虫体驱出体内。除 IgE 外，其他特异性免疫球蛋白也发挥着重要作用。例如，嗜酸性粒细胞也有 IgA 的受体，寄生虫与其结合后，介导脱颗粒作用，产生强大的拮抗性化学物质，如神经毒素、阳离子蛋白和过氧化氢，这些物质给蠕虫营造了一个不利的生活环境。

2）细胞免疫。体液免疫中的抗体可以杀伤和清除入侵的蠕虫。尽管细胞免疫通常不能对高度适应的蠕虫产生强烈的排斥反应，但致敏性 T 细胞在抗蠕虫感染免疫应答中作用重大。有研究显示，CD4$^+$缺陷小鼠不能产生对血吸虫的免疫应答。此外，抗寄生虫蠕虫感染的免疫应答过程需要 Th2 细胞的辅助。Th2 细胞经蠕虫刺激活化后，可分泌 IL-4、IL-5 和 IL-13 等细胞因子。IL-4 可诱导 IgE 的产生，IL-5 可促进嗜酸性粒细胞的活化。IgE 和嗜酸性粒细胞所介导的脱颗粒作用是机体特异性免疫抗寄生虫感染的关键所在。IL-13 则促进杯状细胞的增生，杯状细胞所产生的黏性物质可以包裹线虫，从而限制其对肠道黏膜组织的损伤。另外，某些蠕虫抗感染免疫需要 Th1 细胞的参与，Th1 细胞通过活化巨噬细胞，引起迟发型超敏反应，导致肉芽肿的形成。

由此可见，机体抗蠕虫感染的免疫应答过程极其复杂，需要体液免疫和细胞免疫同时发挥作用，才能达到杀死和清除蠕虫的目的。

第三节　免疫逃逸

感染发生于宿主与病原中间，随着进化，宿主发展出一套精细的免疫系统以对抗病原的入侵，与此同时，病原也进化出了逃避宿主免疫监视和攻击的机制。

一、抗原变异

一些胞外菌（如淋球菌）常常会自发地改变其与宿主细胞表面结合的氨基酸序列，逃逸抗体对细菌的识别和中和，使得细菌能够在机体内持续感染。另外，某些细菌通过分泌蛋白酶来裂解抗体使其失活。例如，流感嗜血杆菌可表达 IgA 特异性的蛋白酶，从而降解血液和黏液中的 sIgA。

在宿主免疫压力下，病毒较其他病原更易发生基因变异，某些基因变异可导致抗原性变异，从而逃脱宿主体内预存免疫。病毒抗原基因突变导致的抗原性变异称为"抗原漂移"。例如，流感病毒和 HIV 等都具有快速抗原漂移的能力，即使在同一个感染个体中也可发生。

寄生虫抗原变换：宿主刚刚产生了针对生活周期前一阶段寄生虫表位的体液免疫应答，寄生虫发育到下一阶段，防御滞后接踵而来。例如，布鲁斯锥体虫在某一时间点仅表达其上百种 VSG 基因中的一种，该病原可有规则地关闭其上一个 VSG 基因、活化另一基因，产生一种变换的球蛋白外壳，使得抗体不能有效识别和免疫应答；某些寄生虫可通过脱落部分外膜躲避抗体的攻击（图 7-7）。

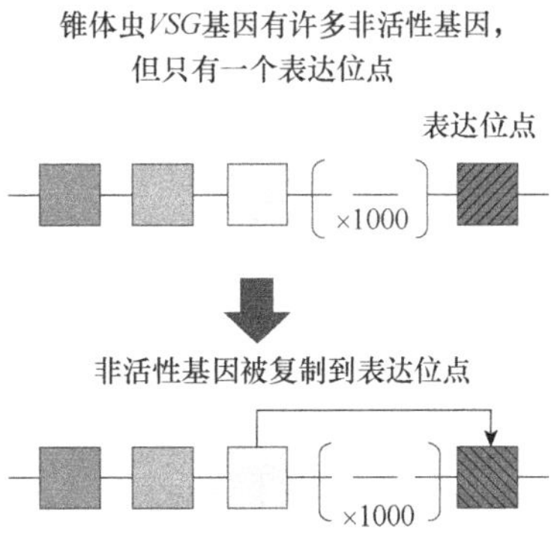

图 7-7　布鲁斯锥体虫 VSG 基因示意图

二、干扰免疫细胞对抗原的识别

（一）逃避免疫分子

细胞因子及其受体是构成机体免疫系统的重要免疫因子，除了具有直接的抗感染、抗肿瘤作用，其对免疫应答各环节的调节作用更为重要。在长期进化过程中，病原建立了针对细胞因子的逃避机制。病原可以通过其基因编码产物直接抑制或干扰细胞因子的活性。干扰素在抵御病毒的免疫机制中发挥了重要的作用，其产生受阻可直接影响到病毒在宿主内的存活。某些病毒可扰乱干扰素的产生，如疱疹病毒、水疱性口炎病毒。寄生虫也可通过抑制巨噬细胞分泌细胞因子，从而延长其在宿主细胞中的寄生时间，如弓形虫。

Fc 受体是形成免疫调理作用的基础，单纯疱疹病毒感染细胞可被诱导表达 IgG FcR，这可诱使针对单纯疱疹病毒的抗体与感染细胞表面的 Fc 受体结合，竞争性阻断针对单纯疱疹病毒的免疫调理作用。

病原体也能通过多种机制逃避补体系统的非特异性杀伤。某些病毒可中断补体级联反应，躲避补体介导的杀伤。例如，痘苗病毒能产生与 C4b 结合的蛋白，阻抑补体经典途径的进行。某些胞外菌可分泌抑制补体活化或灭活补体活性片段的物质，影响补体激活途径，对抗补体的溶菌、调理和炎症介质作用，从而实现免疫逃避。例如，肺炎球菌荚膜含有唾液酸，可抑制补体替代途径的激活；鼠疫耶尔森菌产生的胞质素原活化因子能降解 C3b、C5a，阻止其调理与趋化作用。也有通过寄生在细胞内而免受补体等物质杀伤的逃避方式。

（二）逃避免疫信号通路

某些病毒可下调宿主细胞 MHC I 类分子的表达，来逃避宿主的免疫攻击。例如，腺病毒可通过合成一种整合膜蛋白，与内质网中的 MHC I 类分子结合，从而下调 MHC I 类分子的表达。

某些菌类可通过不寻常途径进入吞噬细胞，从而避免引起呼吸爆发和 ROS 产生。

病毒可通过自身的蛋白酶直接降解宿主细胞信号通路上的蛋白质或细胞分化所需蛋白质，从而阻止这些蛋白质信号发挥作用。

某些病原也可诱导免疫系统发生 Th1/Th2 应答的偏离，使免疫应答模式向着不利于清除病原的方向偏离，借此得以在宿主体内长期生存。例如，在硕大利什曼原虫感染的小鼠模型体内，不同品系小鼠被感染后，其应答模式和结果各不相同。在抗感染鼠体内，向 Th1 应答偏离，应答模式有利于对病原的有效清除；而对于易感染鼠，则发生 Th2 优势应答，此模式不利于病原体的清除，最终使感染慢性化。

病毒感染抗原呈递细胞后可干扰抗原呈递的多个环节，从而逃逸抗病毒免疫。腺病毒、巨细胞病毒（CMV）、HIV、VSV、EBV（Epstein-Barr virus）等通过干扰 MHC I 限制性抗原呈递途径不同的节点，造成 CD8[+] T 细胞活化障碍，从而逃逸抗病毒细胞免疫（图 7-8）；腺病毒、CMV、HIV 等还可通过干扰 MHC II 类分子介导的抗原呈递不同节点，干扰抗病毒体液免疫应答。

（三）逃避免疫细胞

寄生虫逃避宿主免疫的方式多种多样，主要有以下三种。①自我隔离：硕大利什曼原虫

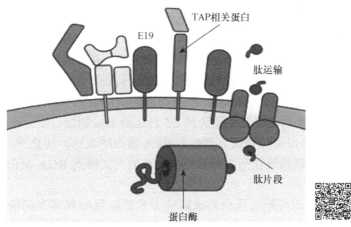

图 7-8 腺病毒蛋白 E19 与 TAP 相关蛋白竞争并抑制肽加载到新生的
MHC I 类蛋白上（引自 Hsu，2008）

通过将自己隔离在宿主巨噬细胞中以逃避抗体攻击。②伪装：血吸虫通过获得宿主糖脂和球蛋白外壳伪装自己。这种由宿主分子形成的密集"外衣"阻止抗体与寄生虫表面抗原的结合。③消化抗体：一些蠕虫通过产生某种物质来消化抗体。

许多病原能通过利用宿主本身的物质"伪装"自己，逃离具有特异性识别机制的淋巴细胞，从而躲避了免疫系统的攻击。例如，曼氏血吸虫经皮肤进入肺时，就可将宿主的 ABO 血型糖脂组分和 MHC 分子等包裹在其外层，使宿主免疫细胞误认为自身组织，幼虫得以免于被杀伤。病原也能通过丢失表面抗原或者改变抗原特异性的方式，来躲避宿主淋巴细胞介导的特异性免疫。例如，寄生虫生活史复杂，能不断更换其表膜，失去其原有表面抗原；淋球菌的菌毛变异频率极高，可导致原来形成的特异性免疫应答不能发挥免疫效应；病毒的抗原突变发生的频率也极高，流感病毒就是典型的例子。

多种病原可抵御吞噬作用。某些细菌通过在细胞壁外形成荚膜等特殊结构，而具有抵抗吞噬的作用，抑制巨噬细胞呈递抗原。例如肺炎球菌，有荚膜菌比无荚膜菌的毒力要高得多。有些细菌能通过产生毒素麻痹吞噬细胞，从而阻止后者的移动和趋化。某些细菌还可以杀伤吞噬细胞或是诱导吞噬细胞凋亡，如福氏志贺菌。

病毒的固有生物特性决定其是否潜伏。病毒一旦潜伏，它在宿主细胞以一种缺陷的形式存在，使其不具有活动性。潜伏的病毒需要更强的抗病毒免疫才能清除，而机体在病毒潜伏后，抗病毒免疫多处于耗竭状态，使得病毒可长期逃逸。特别需要提醒的是，某些潜伏病毒仍具有致病风险。

三、干扰补体的功能

一些胞外菌凭其自身结构的特点避免受到补体介导的杀伤作用。例如，梅毒苍白螺旋体的外膜缺乏外膜蛋白，导致没有合适的位点供 C3b 附着；另有一些细菌具有胞壁 LPS，由于 LPS 具有长且突出表面的链，因而可阻止细菌表面 MAC 复合体的装配；有些胞外菌能够合成灭活补体片段的物质，如 B 型链球菌的胞壁含有唾液酸，可降解 C3b 从而封闭补体的活化，而其他链球菌可产生能与 RCA 蛋白 H 因子结合的蛋白质，并将它固定在细菌的表面，招募 H 因子使 C3b 降解以达到补体失活的目的。沙门菌属表达的蛋白质主要干扰的是补体活化的最后阶段，而淋球菌和脑膜炎奈瑟菌可以诱导宿主产生单一类型的抗体（如 IgA），从而导致补体系统不能高效激活，这些"封闭抗体"与补体结合抗体在细菌表面相互竞争能降低 MAC 的组装、干预 C3b 的附着。

有一些病毒可直接干扰抗病毒抗体的产生和效应。麻疹病毒表达一种对 B 细胞的激活起抑制作用的蛋白质；单纯疱疹病毒（herpes simplex virus，HSV）则使感染的宿主细胞表达病毒形式的 FcγR，后者与 IgG 分子结合使 Fc 端被封闭，阻止 ADCC 和经典的补体激活。

某些痘病毒和疱疹病毒分泌阻碍旁路 C3 转化酶形成的蛋白质，导致补体系统活化障碍。多种病毒表达 RCA 蛋白类似物或上调宿主 RCA 蛋白的表达，防止感染的细胞受 MAC 介导的溶解。HIV 和牛痘病毒等在宿主细胞膜以出芽的方式得到 RCA 蛋白、DAF 和 MIRL，以逃避补体杀伤。

原生动物和蠕虫均可通过蛋白质水解的方式消除吸附到其表面的补体活化蛋白或剪切寄生虫结合抗体的 Fc 部分，也可分泌一些分子促使液相补体活化，以耗竭补体成分，还可表达模仿哺乳动物 RCA 蛋白、DAF 蛋白的蛋白质，以保护自身不被补体攻击。

四、抵抗吞噬细胞的吞噬作用

具有多聚糖"外衣"的细菌可以防止与吞噬细胞表面的受体结合而被吞噬，另一些没有多聚糖"外衣"的胞外菌可以临时进入非吞噬细胞（如上皮细胞和成纤维细胞）而"躲避"吞噬细胞的俘获。为了能进入这些非吞噬细胞，病原会释放细菌蛋白到宿主细胞中并提升其吞饮作用或者细胞骨架的重构。进入细胞的胞外菌蛋白还具有抗吞噬的能力。例如，小肠结肠炎耶尔森菌属可以将细菌的磷酸酯酶注入巨噬细胞，当细菌的磷酸酯酶使宿主蛋白去磷酸化后，可关闭吞噬细胞的吞噬作用。

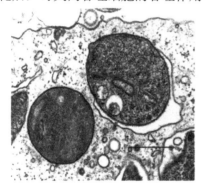

图 7-9　牛淋巴细胞内小孢子虫的电子显微图

其中一种寄生虫已经游离在胞质中，而另一种寄生虫正在逃逸，其包围的液泡膜与寄生虫表面分离。

比例尺＝0.5μm

某些胞内菌可选择在非吞噬细胞中增殖，以逃避吞噬杀伤。例如，麻风分枝杆菌会感染人体外周神经的施万细胞。另有一些胞内菌可使吞噬细胞失活，或逃避吞噬细胞的杀伤。例如，李斯特杆菌进入吞噬细胞后会合成李斯特杆菌溶血素 O（LLO），破坏吞噬溶酶体，使细菌逃逸到胞质中。

逃避吞噬溶酶体：许多原生动物发展了逃避吞噬溶酶体的方法。例如，一些肠内的原生动物溶解粒细胞和巨噬细胞，使在第一现场被吞噬的机会最小化；鼠弓形体阻止巨噬细胞吞噬体融合到溶酶体；锥体虫溶酶体融合之前酶解吞噬体膜，然后逃避到宿主细胞的胞质中；硕大利什曼原虫则经常保留在吞噬体中，干预呼吸爆发；小孢子虫可以逃避牛淋巴细胞的杀伤（图 7-9）。

第四节　病原与机体互作研究热点与应用

在机体免疫压力下，病原进化出逃避免疫攻击的各种策略：逃避吞噬、逃避识别、抗原变异、失活补体、获得宿主的 RCA 蛋白、剪切宿主的 FcR、诱导宿主细胞凋亡、干预宿主的 T 细胞应答或细胞周期等。这些认识是发展抗感染的特异性干预手段的基础。欲在长期的机体与病原博弈中取得胜利，就必须深入认识抗感染免疫机制并将其应用于对抗病原感染的战役中去。

一、病毒如何消除宿主的抗病毒状态

病毒通过复杂的机制干扰抗病毒状态。例如，EBV 表达一种生长因子的可溶性受体，后者阻断了该生长因子对巨噬细胞的作用，由于这种生长因子是巨噬细胞分泌 IFN 所必需的，因此引起 IFN 的减少，使其不足以激发和维持抗病毒状态。HSV 感染的宿主已建立了抗病毒状态的细胞时，病毒表达一种蛋白质，逆转病毒蛋白合成受阻状态，使得病毒复制得以恢复。牛痘病毒和丙型肝炎病毒也可合成蛋白质，破坏对维持抗病毒状态所需的代谢和酶。腺病毒及卡波氏肉瘤病毒（KSHV）则表达可干扰宿主转录因子活性或与宿主转录因子类似的蛋白质，干扰宿主细胞建立抗病毒状态所需的基因转录。

二、病毒如何调控宿主细胞的凋亡

被感染的宿主细胞在病毒复制完成之前凋亡可导致病毒死亡，这是宿主抗病毒机制之一，通常由 CTL、Fas-FasL、TNF 与 TNFR 介导。被感染细胞有时通过内质网胁迫机制发生"利它的"凋亡（死亡对宿主有益），宿主不得不释放大量病毒蛋白而导致内质网胁迫现象。但具有大基因组的病毒已经发展出阻断这些死亡诱导途径各个环节的办法。例如，腺病毒合成一个蛋白质复合物，引起 Fas 和 TNFR 的内化，将这些凋亡受体从细胞表面清除，中断 FasL 或 TNF 介导的凋亡；一些痘病毒表达 TNFR 的类似物，作为 TNF 和相关细胞因子的诱饵受体；腺病毒、疱疹病毒和痘病毒表达多种蛋白质，抑制凋亡所需的酶级联反应；还有许多病毒可以增加宿主细胞存活蛋白或表达这些生存蛋白的类似物，从而阻止宿主细胞过早凋亡。

三、病毒干扰宿主细胞因子

在病毒感染的早期，宿主细胞生成大量的细胞因子和趋化因子以协调抗病毒反应。一些痘病毒可以改变局部的细胞因子，使它不利于支撑免疫应答所必需的细胞间合作。痘病毒通过合成趋化因子类似物以阻断淋巴细胞、巨噬细胞和中性粒细胞的趋化与迁移，还可分泌干扰素受体类似物，阻断 IFN-γ 和 IFN-β 效应。KSHV 和腺病毒表达一种蛋白质，抑制 IFN 诱导的基因转录，疱疹病毒下调细胞因子受体的表达，而 CMV 可干扰趋化因子基因的转录。许多病毒抑制 IL-12 生成，从而干扰 Th1 细胞的分化和随后的抗病毒细胞免疫应答。EBV 则合成 IL-12 的类似物，可以竞争性抑制宿主正常 IL-12 的活性。EBV 产生 IL-10 的类似物，抑制巨噬细胞生成 IL-12 和淋巴细胞生成 IFN-γ。

主要参考文献

郭秀霞，王云华. 2010. 寄生虫表面抗原变异及其机制研究进展. 中国病原生物学杂志，5（11）：877-879.

黄志严，吴洁如. 1989. 疱疹病毒感染细胞中 Fc 受体的表达. 国外医学（微生物学分册），（4）：155-156.

李南林. 1997. 阻断 CD86 下调 Th2 应答以改善硕大利什曼原虫感染症状. 国外医学（寄生虫病分册），（6）：277.

刘金明，傅志强，林矫矫，等. 2005. 血吸虫的抗原伪装研究进展. 中国兽医寄生虫病，（4）：36-40.

平继辉. 2008. H9N2 亚型禽流感病毒抗原变异及感染哺乳动物分子机制的研究. 南京：南京农业大学博士学位论文.

钱小毛. 1987. 细菌的荚膜. 预防医学情报，（2）：112-114.

姚锋，李婉宜，邝玉，等. 2010. 不可分型流感嗜血杆菌重组 Hap 蛋白的表达及其生物学活性分析. 南方医科大学学报，30（5）：953-956.

姚玲，曾铁兵．2013．梅毒疫苗的研究进展．微生物学免疫学进展，41（1）：65-69．

郑斌，陆绍红．2012．刚地弓形虫免疫逃避相关分子的研究进展．中国寄生虫学与寄生虫病杂志，30（5）：396-400．

邹运明，邹丽红，任艳红，等．2006．单核增生性李斯特杆菌感染和李氏溶血素．东北农业大学学报，（1）：120-124．

Abbas A K, Lichtman A H, Pillai S. 2018. Cellular and Molecular Immunology. 10th ed. Philadelphia: Elsevier.

Andrews N W, Webster P. 1991. Phagolysosomal escape by intracellular pathogens. Parasitology Today, 7(12): 335-340.

Black C A. 1999. Delayed type hypersensitivity: current theories with a historic perspective. Dermatology Online Journal, 5(1): 7.

Buchmann K, Secombes C J. 2022. Principles of Fish Immunology: From Cells and Molecules to Host Protection. Switzerland: Springer Nature Switzerland AG.

Burleigh B A, Boothroyd J C. 2016. Editorial overview: host-microbe interactions: parasites: how eukaryotic parasites meet the challenges of life in a host. Current Opinion in Microbiology, 6: 4.

Evans D L, Leary J H, Nadella P, et al. 1998. Evidence for antigen recognition by nonspecific cytotoxic cells: initiation of ^{3}H-thymidine uptake following stimulation by a protozoan parasite and homologous cognate synthetic peptide. Developmental & Comparative Immunology, 22(2): 161-172.

Gell P G H, Coombs R R A. 1963. The classification of allergic reactions underlying disease. *In*: Coombs R R A, Gells P G H. Clinical Aspects of Immunology. Oxford: Blackwell Science.

Graves S S, Evans D L, Dawe D L. 1985. Antiprotozoan activity of nonspecific cytotoxic cells (NCC) from the channel catfish (*Ictalurus punctatus*). Journal of Immunology, 134(1): 78.

Hsu D C. 2008. Janeway's Immunobiology. 7th ed. New York: Garland Science.

Jaafar R, Ødegård J, Mathiessen H, et al. 2020. Quantitative trait loci (QTL) associated with resistance of rainbow trout *Oncorhynchus mykiss* against the parasitic ciliate *Ichthyophthirius multifiliis*. Journal of Fish Diseases, 43(12): 1591-1602.

Johnston B P, Pringle E S, McCormick C. 2020. KSHV activates unfolded protein response sensors but suppresses downstream transcriptional responses to support lytic replication. PLoS Pathogens, 15(12): e1008185.

Landsteiner K, Chase M W. 1942. Experiments on transfer of cutaneous sensitivity to simple compounds. Proceedings of the Society for Experimental Biology & Medicine, 49(4): 688-690.

Lee T W, Verhey T B, Antiperovitch P A, et al. 2013. Structural-functional studies of *Burkholderia cenocepacia* D-glycero-β-D-manno-heptose 7-phosphate kinase (HldA) and characterization of inhibitors with antibiotic adjuvant and antivirulence properties. Journal of Medicinal Chemistry, 56(4): 1405-1417.

Odumosu O, Nicholas D, Yano H, et al. 2010. AB toxins: a paradigm switch from deadly to desirable. Toxins (Basel), 2(7): 1612-1645.

Schmidt K, Wies E, Neipel F. 2010. PS2-76 KSHV encoded VIRF-3 downregulates IFN-gamma by counteracting cellular IRF-5. Cytokine, 52(1-2): 0-66.

Sester M, Ruszics Z, Mackley E, et al. 2013. The transmembrane domain of the adenovirus E3/19K protein acts as an endoplasmic reticulum retention signal and contributes to intracellular sequestration of major histocompatibility complex class Ⅰ molecules. Journal of Virology, 87(11): 6104-6117.

Sigh J, Lindenstrøm M T, Buchmann K. 2004. Expression of pro-inflammatory cytokines in rainbow trout (*Oncorhynchus mykiss*) during an infection with *Ichthyophthirius multifiliis*. Fish and Shellfish Immunology, 17(1): 75-86.

Todd I, Spickett G, Fairclough L. 2015. Lecture Notes: Immunology. 7th ed. Chichester: John Wiley & Sons, Ltd.

Woo P T. 1997. Immunization against parasitic diseases of fish. Developments in Biological Standardization, 90(4): 233.

第八章　炎症与免疫

第一节　炎症及其基本特征

一、炎症的概念与临床特征

（一）炎症的概念

炎症是具有血管系统的活体组织所发生的以防御为主的病理性反应。微生物感染及可造成组织细胞损伤与坏死的理化因子、某些病理因素作用皆可触发炎症反应，这类能够引起组织和细胞损伤的因素统称为致炎因子（inflammatory agent）。在炎症反应过程中，致炎因子直接和间接造成局部组织细胞变性、结构破坏或代谢紊乱、功能退化甚至功能丧失，机体则通过血管渗出反应引起炎症局部充血来稀释并包围甚至杀伤致炎因子、消化和清除坏死组织与细胞、促使炎症局部的实质和间质细胞再生来弥合和修复受损伤组织，由此可见，渗出性病变是炎症的重要标志，血管渗出反应是炎症反应的中心环节。血管渗出物中的液体成分能够稀释致炎因子，其中的纤维蛋白及抗体、补体、溶菌酶等还发挥限制扩散及中和、溶解、杀伤致炎因子（如病原微生物）作用，其中的氨基酸、磷脂等则是受损组织细胞再生的物质基础。在趋化因子的作用下，透过血管壁定向迁移到损伤部位的炎症细胞聚集于"炎灶"局部，以发挥限制、破坏、清除致炎因子和吞噬、消化坏死组织崩解产物等作用。

炎症反应可发生在机体的任何部位和组织，它始于损伤而止于修复，在这一动态过程中，不仅损伤、炎症、修复 3 个病理现象连续发生或交替叠加出现，彼此没有严格界限，而且损伤与抗损伤的矛盾斗争贯穿于其中。多数情况下，抗损伤反应可限制、破坏、杀灭致炎因子，修复其造成的损伤，恢复局部组织器官的结构完整性、连续性和基本功能，从而使机体的内环境及内外环境之间达到新的动态平衡，然而，不仅过度炎症反应会给机体造成更严重的伤害，发生在机体某些特殊部位的炎症反应还会带来严重后果，而如果炎症反应发生异常，机体组织器官也会由此受到严重损害，这些极端现象都会对机体健康和生命安全构成实质性危害。

炎症反应是一个复杂的生理/病理进程，具有血管系统的生命有机体才会出现既有血管、神经、体液及白细胞共同参与的复杂局部反应，又保留单个细胞（单核巨噬细胞、中性粒细胞、NK 细胞等）包围、吞噬、杀伤、清除异物反应的完善炎症反应过程。无血管的单细胞或多细胞动物针对损伤因子作用而发生的吞噬反应和其他清除作用不属于炎症反应范畴。

（二）炎症的临床特征

致炎因子作用于机体之后，首先引起局部炎症反应，其主要临床表现是红肿、发热、疼痛和功能障碍等，而当局部病变趋于严重或机体抵抗能力下降时，机体就会出现发热、外周血白细胞数量增多、单核巨噬细胞增生、实质器官变化等全身性反应（体内发生病原扩散与蔓延时尤甚）。可见，炎症反应是一种具有局部表现的全身性病理过程，炎症局部受整体的影响，也影响整体。

1. 炎症的局部表现

1）红（rubor/redness）：炎灶内血管充血而导致炎症局部发红。动脉性充血因氧合血红蛋白增多而呈现鲜红色，这是炎症初期的征象，而随着炎症的发展，静脉回流受阻，血流变得缓慢，以致发生静脉性淤血，局部血液氧合血红蛋白处于还原态，此时的炎灶组织颜色由鲜红转为暗红。这种现象若发生在皮肤或者黏膜部位，则称为"发绀"。

2）肿（tumor/tissues swelling）：炎症局部组织内充血而导致血液渗出物积聚，这是引发炎症局部肿胀的根本原因。另外，炎症后期或在慢性炎症发生过程中，组织细胞增生也会引起局部组织肿胀。

3）热（calor/local hypothermia fever）：炎症局部发热是动脉性充血导致的血流量增加、物质代谢增强、产热量增加而引起的"炎灶"局部组织温度高于正常组织的现象。白细胞产生的白细胞介素-1（IL-1）、肿瘤坏死因子（TNF）及前列腺素 E（PGE）等介质均可引起炎症局部组织发热。

4）痛（dolor/burning pain）：炎症局部组织产生痛感有多方面的原因，其主要原因是炎症局部组织内的钾离子、氢离子积聚，以及前列腺素、5-羟色胺、缓激肽等炎症介质刺激，另一原因是炎症局部组织肿胀导致周围神经末梢受压迫与牵拉。

5）功能障碍（dysfunction/loss of function）：炎症局部组织的实质细胞变性、坏死可引发相应组织器官代谢功能异常，炎性渗出物的积聚造成的机械性阻塞、压迫等也会引起发炎组织器官功能障碍，疼痛则会对肢体活动功能产生负面影响。

2. 炎症的全身反应

1）发热（fever）：炎症全身发热是由于单核巨噬细胞、中性粒细胞、嗜酸性粒细胞等"炎性细胞"受到病原微生物及其代谢产物和（或）炎症局部组织坏死细胞崩解产物等刺激物作用之后合成、分泌内源性致热原（endogenous pyrogen，EP）并作用于机体的体温调节中枢，上调体温调定点进而引起的体温升高的现象。

2）白细胞增多（leukocytosis）：炎症过程中，病原微生物的内毒素（脂多糖）、补体 C3 裂解片段、白细胞崩解产物等均可促使造血干细胞增殖，引起外周血液中白细胞数量增多。此外，单核巨噬细胞合成并分泌的生长因子（growth factor）对白细胞数量增加也有促进作用。

3）单核巨噬细胞增生（mononuclear phagocyte proliferation）：在炎症（尤其是生物性致炎因子引起的炎症）反应过程中，常见单核巨噬细胞出现不同程度的增生、巨噬细胞的吞噬消化能力增强，伴有局部淋巴结、肝、脾肿大等现象，这是机体强化防御反应的一种表现。

4）实质器官病变（essential organ lesion）：在致炎因子、炎症细胞分解产物及一些炎症介质的作用下，并受炎症反应中血液循环障碍、发热等影响，机体一些实质器官会发生组织细胞变性、坏死及功能障碍等损伤性变化。

二、炎症的诱因和影响因素

（一）炎症的诱因

炎症是机体对刺激的一种防御性反应，但凡能够引起组织细胞变性和损伤的因素均可在一定条件下触发炎症反应，成为致炎因子。致炎因子种类繁多，可归纳为以下几类。

1. 生物性致炎因子　　由细菌、病毒、立克次体、支原体、衣原体、真菌、螺旋体和寄生虫等病原生物入侵机体引起的炎症反应又称为感染（infection）。感染发生后，生物性致炎因子不仅可通过病原产生毒素或在胞内生长繁殖等方式导致局部组织细胞损伤，而且可借由其抗原性诱发免疫应答引起组织细胞损伤，进一步加剧炎症反应。

2．物理性致炎因子　　机械性创伤、高温（烫伤）、低温（冻伤）、紫外线（日射皮炎）及放射性物质损害等都是物理性致炎因子，均可触发炎症反应。

3．化学性致炎因子　　化学性致炎因子有外源性和内源性化学性致炎因子之分，强酸、强碱、强氧化剂及蛇毒、芥子气等有毒有害物质属于外源性化学性致炎因子，而坏死组织的分解产物、病理条件下堆积于体内的代谢产物（如尿素、尿酸等）则属于内源性化学性致炎因子。

4．抗原性异物　　通过各种途径进入机体的常见的抗原性异物包括各种金属、木材碎屑、尘埃颗粒、手术缝线等，由于其抗原性不同，它们诱发的炎症反应程度也不同。

5．坏死组织　　活体组织因缺氧或其他理化的、生物的乃至免疫反应等损伤因子的强烈或持续作用而出现细胞代谢停止甚至细胞肿胀崩解和蛋白质变性现象，称为坏死（necrosis）。坏死组织崩解产物则是机体潜在的致炎因子，在新鲜坏死组织边缘所出现的充血和炎症细胞浸润便是炎症的表现。

6．变态反应　　机体免疫状态异常时，可引起不适当或过度的免疫反应，造成机体生理功能障碍和组织细胞损伤，称为变态反应（allergic reaction）。变态反应因导致受累组织细胞损伤而触发炎症反应，常见于各种类型的超敏反应（hypersensitivity）和淋巴细胞性甲状腺炎、溃疡性结肠炎等自身免疫性疾病。

（二）炎症的影响因素

致炎因子的出现是引发炎症反应的外部因素，机体对致炎因子的敏感性为引发炎症反应的内部因素，机体是否出现炎症反应及炎症反应的强弱程度取决于上述内、外部因素的综合作用。

1．致炎因子　　在炎症反应过程中，致炎因子是引起炎症反应的重要且必要条件，没有致炎因子就不可能产生炎症，然而，致炎因子能否诱发炎症，乃至引发炎症反应的类型与剧烈程度，也与致炎因子的种类、数量、作用力、作用时间和作用部位有关。例如，链球菌常常引起局部组织的急性化脓性炎症，结核分枝杆菌、鼻疽杆菌等常常引起增生性炎症。

2．机体因素　　炎症的发生除了与致炎因子有关，还与自身的功能状态、免疫状态、营养状态、神经内分泌系统的功能状态密切相关。这些因素直接关系到炎症是否发生及炎症反应的强弱程度。例如，对某种微生物处于免疫状态的个体，其炎症反应轻微，甚至不引起炎症反应；缺乏某些氨基酸或维生素等营养物质的个体，对致炎因子的刺激反应性降低，只引起所谓"弱反应性炎症"，相反，常见致敏机体对一些本不引起炎症的物质发生炎症反应，此称为强反应性炎症或变态反应；甲状腺素、生长激素、肾上腺盐皮质激素等对炎症有促进作用，而肾上腺糖皮质激素有抑制炎症作用。

三、炎症反应的基本病理变化

炎症在临床上有多种多样的表现形式，但不管其发生在什么组织、由什么原因引起，其局部都有变质、渗出、增生三种基本病理变化，它们同时存在而又彼此密切相关，不过，三者的变化程度会由于致炎因子、炎症类型、炎症部位、发展时期存在差异而有所不同，并且在一定条件下，它们可以相互转化。变质是损伤性过程，而渗出和增生则是抗损伤和修复过程，一般而言，急性炎症或在炎症反应初期，炎症反应产生的病理变化以变质、渗出为主，增生并不明显，而慢性炎症或在炎症反应后期则以增生为主。

（一）变质

变质（alteration）是指在致炎因子的直接作用下并在炎症局部组织内出现的血液循环障碍、异常免疫反应、炎症反应产物等因素的间接作用下，"炎灶"内发生的细胞变性或坏死，以及组织器官在形态、代谢与功能方面的病理性变化。致炎因子引起的细胞损伤过程既可发生在实质细胞，也见于间质细胞。

（二）渗出

渗出（exudation）是指炎症局部组织血管内的液体和细胞成分透过血管壁逸出到"炎灶"的过程，又称为炎症应答。渗出是炎症反应最具特征的变化，也是引起炎症区域局部肿胀的主要原因，更是机体开启抗损伤过程的重要步骤。炎症渗出液（exudate）中不仅有丰富的血浆成分，而且有多种细胞和细胞崩解产物，它们在炎症局部发挥重要的防御作用。

渗出性病变是炎症的重要标志。渗出缘于致炎因子作用，同时也是多种介质共同作用的结果。渗出过程中，炎症局部相继出现血管反应和细胞反应。首先炎症局部出现炎性充血，血流动力学发生相应的改变，随后血管壁通透性增高导致炎性渗出，血管中的液体成分和细胞渗出，并在炎症局部出现炎性浸润。

1. 血管反应　　血管反应（vascular response）包含血流动力学和流变学改变、血管通透性升高等方面的内容，发生部位在微循环，特别是毛细血管和小静脉管处。

（1）血流动力学改变　　组织细胞损伤之后，炎症局部组织很快就会发生如下血流动力学变化，即血流量和血管口径的改变。

1）小动脉血管短暂收缩：小动脉管收缩（vasoconstriction）立即发生于损伤因子作用之后，仅持续几秒钟时间。损伤发生后，机体通过神经反射或产生各种炎症介质作用于局部血管，引起小血管短暂痉挛。

2）血管扩张和血流加速：小动脉管短暂收缩后便开始血管扩张（vasodilatation），紧接着，毛细血管床开放，使局部血流加快，这是炎症局部发红和发热的主要原因。炎症局部小动脉血管扩张是神经轴突反射和组胺、缓释肽、前列腺素等体液因素作用于血管平滑肌所致，持续时间取决于致炎因子造成损伤的程度、类型和持续时间。

3）血流速度减缓：小动脉出现血流加速现象 10～15min 后，静脉端的毛细血管和小静脉管随之发生扩张，于是血管内血流逐渐减缓并导致静脉性淤血。

（2）血管通透性增加　　小静脉管和毛细血管内血流缓慢导致静脉性淤血，在此胁迫之下，静脉端血管内膜的完好性遭受破坏，血管通透性增大（increased vascular permeability），并进一步引发血液成分外渗效应。

微循环血管内膜完好性的维持，仰赖于血管内皮细胞的完整性，而在炎症过程中，可借由血管内皮细胞同时或先后发生细胞收缩、细胞骨架重构、细胞损伤、细胞吞饮及"穿胞作用"增强等作用或新生毛细血管来提高血管的通透性。

（3）液体渗出　　在炎症反应过程中，微循环血管通透性增大的必然结果是血液成分的渗出。渗出液富含蛋白质，一旦进入组织间隙，引起组织间隙含水量增多，便出现"炎性水肿"（inflammatory edema）；若渗出液积存于体腔，则称为"炎性积液"（inflammatory effusion）。

在另一些情况下，血液循环障碍、血管壁内外流体静压平衡失调而造成血管中液体成分的逸出，称为"漏出"（transudation）；漏出的液体成分称为漏出液（transudate）。

渗出液与漏出液的区别在于前者蛋白质含量较高、细胞和细胞碎片较多、比重较大、外观浑浊，详细区别见表 8-1。

表 8-1　渗出液与漏出液的区别

区别	渗出液	漏出液
蛋白质含量	30g/L	<30g/L
比重	1.018 以上	1.018 以下
细胞数	>500 个/mm³	<500 个/mm³
凝固	能自凝	不能自凝
透明度	浑浊	澄清
Rivalta 试验	阳性	阴性
原因	与炎症有关	与炎症无关

资料来源：引自李道明等，2003

（4）血液聚集和瘀滞　　血管通透性增大必然导致血管内液体流失，与此同时，渗出液的不断增多也必然导致血管内血液浓缩（hemoconcentration），黏稠度上升并伴随红细胞聚集，血液回流因而阻力增大，严重时出现血流瘀滞（stasis）。

炎症局部血管内血液回流变缓而导致血液瘀滞，加之血管扩张使得血细胞轴流变宽，血管边缘的白细胞由此得以向血管壁靠近，这些反而为白细胞的黏附与渗出创造了有利条件。

2. 细胞反应　　炎症过程中，血管反应不仅有液体成分渗出，还有白细胞从血管内渗出并抵达"炎灶"发挥作用，这是炎症反应最重要的特征。白细胞渗出血管并聚集到感染或损伤部位，发挥吞噬和免疫作用，甚至释放蛋白水解酶、活性氧/氮自由基和其他化学介质，引发机体正常组织损伤而扩大炎症反应。

（1）白细胞渗出　　白细胞渗出（leucocyte extravasation）是指白细胞从血管壁内游走到血管外的连续且复杂的过程，包括白细胞边集、滚动、黏附、游出等阶段，最终在趋化因子的作用下运动到"炎灶"，在炎症局部发挥重要的防御作用（图 8-1）。

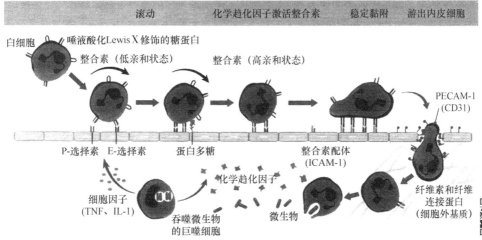

图 8-1　白细胞从血管内渗出过程模式图（引自步宏和李一雷，2018）

（2）"炎灶"内炎症细胞增生　　　在"炎灶"组织内，本来就存在一些淋巴细胞和单核细胞，这些细胞在炎症反应过程中通过细胞增生发挥作用，是除细胞渗出之外的又一"炎性细胞"来源。

（3）炎症细胞的种类和功能　　　血液中的炎症细胞包括中性粒细胞、嗜酸性粒细胞、嗜碱性粒细胞、单核细胞、淋巴细胞，组织内的炎症细胞包括巨噬细胞、浆细胞、肥大细胞、网状细胞。炎症细胞在炎症过程中发挥吞噬作用、免疫作用和组织损伤作用。

（三）增生

增生（proliferation）是指在致炎因子或某些理化因子及组织崩解产物的刺激下，炎症局部细胞分裂增殖的现象。在炎症反应中，"增生"几乎是与"变质"和"渗出"同时发生的病理性反应，只是炎症的初期"增生"较轻微，明显的"增生"发生在炎症的后期，并以慢性炎症为甚。炎症组织内的实质细胞和间质细胞皆可增生，实质细胞增生如黏膜或腺上皮细胞增生；间质细胞增生包括巨噬细胞、淋巴细胞、血管内皮细胞和成纤维细胞增生。细胞增生与相应生长因子的作用有密切关系。

总体而言，变质、渗出、增生是炎症反应过程中的基本病理性变化，它们相互依存、相互制约，但又相互转化，彼此对机体的影响可以说是一分为二的，充分体现出炎症反应以防御适应为主的损伤与抗损伤的斗争特点（详见图 8-2）。

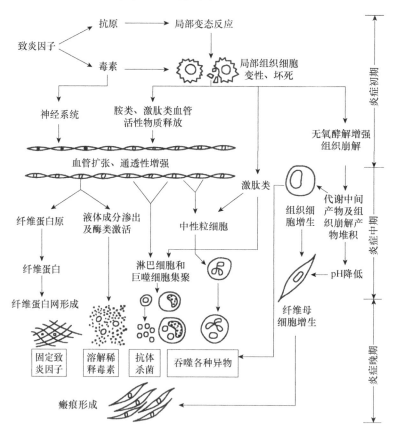

图 8-2　炎症过程中变质、渗出、增生的相互关系（引自高丰等，2013）

四、炎症的类型

（一）依据病程持续时间分类

依据病程持续时间，炎症可分为急性炎症（acute inflammation）、慢性炎症（chronic inflammation）和亚急性炎症（subacute inflammation）3 种类型。

1. 急性炎症 急性炎症是机体对损伤因子刺激所做出的快速反应，其目的是把白细胞和抗体、补体、纤维蛋白等血浆蛋白运送到炎症病灶。急性炎症多为作用较强的致炎因素所引起，其特点是发病急、进展快、病程短（从数小时到数日时间）、临床症状和体征明显，炎症局部病变以变质、渗出变化为主，"炎灶"中浸润的炎症细胞以中性粒细胞为主。

2. 慢性炎症 慢性炎症是指持续数周甚至数年的炎症，炎症过程同时存在活跃的炎症反应、组织破坏和修复反应。除了可由急性炎症转化而来，慢性炎症也可能是致炎因子的刺激比较轻缓并且长期起作用所引起的，以隐匿的、无症状的方式发生，其特点是：发病缓慢，临床症状和体征不明显，病程长（数周至数年），病变以局部组织增生为主，变质和渗出性病变轻微，炎性浸润以淋巴细胞和巨噬细胞为主，炎症细胞浸润和致炎因子持续作用常引起组织进行性破坏，成纤维细胞和小血管增生形成的肉芽组织企图取代和修复损伤组织，因此伴有瘢痕形成和明显功能障碍。在机体免疫力下降的情况下，局部潜伏的病原微生物大量增殖，或是局部再感染，可能导致有些慢性炎症转化为急性炎症。

3. 亚急性炎症 亚急性炎症多半由急性炎症迁延而来，在少数情况下因炎症的急性阶段不明显，故一开始就以亚急性形式表现出来。其主要特点是：发病较和缓，病程介于急性、慢性炎症之间，充血、水肿等渗出变化较轻微。"炎灶"中浸润的细胞除了中性粒细胞，还有较多数量的组织细胞、淋巴细胞、嗜酸性粒细胞，并有一定程度的结缔组织增生。

如果亚急性炎症得不到及时治疗，那么就会转化为慢性炎症。

（二）依据病理变化分类

依据病理变化，炎症可区分为变质性炎症（alternative inflammation）、渗出性炎症（exudative inflammation）、增生性炎症（proliferous inflammation）3 类。

1. 变质性炎症 变质性炎症是组织器官的实质细胞呈现明显的变性、坏死，而渗出和增生变化较轻微的一种炎症，由中毒（各种毒物）、重症感染或者过敏反应等所引起。变质性炎症多数为急性炎症，但有时也呈现长期迁延、经久不愈现象，轻者向痊愈方向发展，损伤的组织细胞经再生而修复，损伤严重者会造成不良后果，甚至威胁生命。

2. 渗出性炎症 渗出性炎症以炎症灶内出现大量渗出液为主要特征，"炎灶"局部渗出性变化明显，而组织细胞的变性、坏死及增生性变化较轻微。由于致炎因子和机体组织反应性不同，血管壁的受损程度不一样，因而炎性渗出液的成分和性状也会有较大的差异性。根据渗出液、病变的特点，还可将渗出性炎症细分为浆液性炎症、纤维素性炎症、化脓性炎症、出血性炎症、卡他性炎症和坏死性炎症等。①浆液性炎症（serous inflammation）：浆液性炎症以浆液渗出为主要特征，其渗出液主要来自血浆，也可由浆膜的间皮细胞分泌，含有3%～5%的蛋白质（白蛋白为主，少量纤维蛋白原）、白细胞（中性粒细胞为主）和脱落的上皮细胞或间皮细胞，常发生于皮肤、皮下疏松结缔组织、浆膜、黏膜等处。②纤维素性炎症（fibrinous inflammation）：这是一类以纤维蛋白原渗出为主，继而形成纤维蛋白（即纤维素），常发生于浆膜、黏膜等部位的渗出性炎症。③化脓性炎症（suppurative inflammation）：这是一类渗出液中含有大量的中性粒细胞，并伴有不同程度的组织坏死和脓液形成的炎症类型，各组织部位皆可发生。④出血性炎症（hemorrhagic inflammation）：这是一类"炎灶"内的血管壁损伤严重甚至破裂，渗出物中含有大量红细胞的炎症类型，常发生于毒力较强的病原微生物（如出血性病毒等）感染。⑤坏死性炎症（necrotic inflammation）：这是一类以炎症局部组织坏死为特征的炎症类型，渗出和增生变化一般比较轻微。⑥卡他性炎症（catarrhal inflammation）：这是一类发生在黏膜部位的渗出性炎症，"卡他"意为"流溢"。

3. 增生性炎症　　增生性炎症是以细胞、结缔组织大量增生为主要病理特征，而变质和渗出变化比较轻微的炎症类型。增生性炎症多为慢性炎症，根据增生病变的特征，可区分为一般性和特异性两种增生性炎症类型。

（1）一般性增生性炎症（nonspecific proliferous inflammation）　　一般性增生性炎症是指由非特异性病原引起的以组织增生为主，且增生组织不形成特殊结构的一种炎症类型，又可分为急性和慢性两种情形，其中，急性增生性炎症以组织细胞增生为主要特征，变质和渗出为次要特征，而慢性增生性炎症则以结缔组织内的成纤维细胞、血管内皮细胞和组织细胞增生形成非特异性肉芽组织为主要特征，这也是一般增生性炎症的共同表现。发生慢性增生性炎症的器官多半体积缩小，质地变硬，表面因增生的结缔组织衰老与收缩而凹凸不平。

（2）特异性增生性炎症（specific proliferous inflammation）　　特异性增生性炎症是指由某些特异性病原微生物感染或异物刺激引起的，在炎症局部出现结节状病灶的一类增生性炎症，此类炎症反应形成的特异性结节状肉芽组织增生物称为"肉芽肿"（granuloma），主要由巨噬细胞增生构成，并且界限分明。"炎灶"内巨噬细胞来源于血液中的单核细胞和局部增生的组织细胞。

五、炎症的结局

（一）痊愈

痊愈包括完全痊愈和不完全痊愈两种情况。

（1）完全痊愈　　完全痊愈是指在炎症过程中组织损伤较轻，机体抵抗力较强，治疗又及时且恰当，故致病因素被迅速消灭，炎性渗出物被溶解、吸收，发炎组织可恢复原有的结构和功能，这是炎症最好而又最常见的结局。

（2）不完全痊愈　　不完全痊愈是指在炎症病灶较大，组织细胞损伤较严重，周围组织细胞再生能力有限或坏死组织与渗出物不能及时溶解吸收或完全排除的情况下，由"炎灶"周围增生的肉芽组织长入坏死组织内以填补缺损组织或溶解、吸收坏死组织及炎症渗出物，随后逐渐变成纤维组织，最终坏死组织被新生的纤维组织取代而修复，这个过程称为纤维化或"机化"，发炎组织器官因此留下瘢痕，不能完全恢复原有的结构和功能。在浆膜发生纤维素性炎症时，也可由肉芽组织长入炎性渗出物中而引起浆膜纤维化、形成粘连，造成永久性病变和长期功能障碍。

（二）迁延不愈或转为慢性

如果机体抵抗力低下或治疗不彻底，致炎因子持续存在或反复作用，且不断损伤组织，造成炎症过程迁延不愈，则急性炎症可转为慢性炎症，此时机体的损伤与抗损伤斗争此起彼伏、持续不断，以致炎症反应时重时轻，长期迁延，甚至多年不愈。

（三）蔓延播散

在机体抵抗力低下，或病原微生物毒力强、数量多，而且"炎灶"损伤过程又占优势的情况下，病原微生物可不断繁殖并直接沿着组织间隙向周围组织、器官扩散，在全身蔓延。

1. 局部蔓延　　炎症局部的病原微生物可通过组织间隙或血管、淋巴管及自然管道向周围组织和器官扩散，或向全身蔓延。

2. 淋巴道蔓延　　急性炎症渗出的富含蛋白质的炎性水肿液或部分白细胞可通过淋巴液回流到淋巴结，其中所含的病原微生物则随之播散，引起淋巴管炎和局部淋巴结炎。淋巴管炎有时可限制感染的扩散，但感染严重时，病原体可通过淋巴入血，引起血行蔓延。

3. 血行蔓延　　炎症灶内的病原微生物及其毒素或产物可直接侵入或通过淋巴道进入血液循环，引起菌血症、毒血症、败血症和脓毒败血症等全身性扩散，严重时导致个体死亡。

六、炎症与免疫的关系

炎症是机体针对各种致炎因子作用，如感染和其他组织损伤，而自然产生的一系列防御性应答；免疫则是机体针对抗原性异物的识别与清除反应。二者彼此独立又相互关联。

其一，炎症是机体天然免疫的重要组成部分，在机体免疫防御和免疫稳定方面发挥积极作用。其二，炎症是机体通过血管渗出反应来拮抗损伤、消化和清除坏死组织、修复损伤组织、恢复组织器官功能的生理性过程，血管反应是其中心环节，渗出性病变是其重要标志，它始于损伤而止于修复。其三，虽然炎症反应发生时相早于免疫反应，炎症反应有局部红肿、发热、疼痛和功能障碍等临床表现，甚至会出现发热（体温上升）和外周血白细胞增多等全身反应，而免疫反应没有明显临床症状，但是二者的发生与发展交叉、重叠，难以从临床表现上截然分开。其四，虽然炎症反应和免疫反应本质上都是机体拮抗损害、恢复内环境稳定的生理性过程，对机体是有利的，但是过度炎症反应、自身免疫和变态性免疫应答都会造成组织器官发生不可逆的损害，严重者会危及生命安全。

第二节　参与炎症反应的细胞与分子

一、参与炎症反应的细胞

通常把在炎症反应过程中出现的细胞统称为炎症细胞（inflammatory corpuscle），也称炎性细胞，它们参与炎症反应、免疫反应，甚至是病理反应，包含来自组织的固定细胞，如巨噬细胞、肥大细胞和内皮细胞，来自血液循环的单核细胞、淋巴细胞、粒细胞、血小板，以及由巨噬细胞转化而来的上皮样细胞、多核巨细胞等。其中，单核巨噬细胞、粒细胞是炎症反应的中心细胞，淋巴细胞则是免疫反应的中心细胞。

（一）单核巨噬细胞

单核巨噬细胞是指游离于血液中的单核细胞（monocyte）及存在于体腔和各种组织中的巨噬细胞（macrophage），它们均来源于骨髓干细胞，具有很强的吞噬能力，且细胞核不分叶，故被命名为单核巨噬细胞。炎症发生时，单核细胞可游出血管，进入"炎灶"区域发挥吞噬功能，从而转变为巨噬细胞。单核细胞常见于急性炎症后期、慢性炎症过程中、某些非化脓性炎症期，以及病毒、寄生虫感染时。在急性炎症过程中，单核细胞在"炎灶"区域出现时间虽然晚于中性粒细胞，但是当其进入"炎灶"之后，中性粒细胞便逐渐消失。病毒感染时，单核细胞则在炎症发生早期便大量出现。

1. 单核巨噬细胞的主要特征　　单核细胞一般为圆形，随血液在体内循环，巨噬细胞则有伪足，细胞表面常形成小突起和胞膜皱褶，静息时称为固着巨噬细胞，在趋化因子作用下移行，可进行变形运动及吞噬活动，此时称为游走巨噬细胞。单核巨噬细胞的细胞核为圆形或椭圆形，胞质中富含溶酶体及其他各种细胞器，还常见吞噬物，如细菌、变性的细胞、坏死细胞的碎片或脂滴等，细胞表面有免疫球蛋白 Fc 受体、补体受体，可分别与 IgG Fc 及补体 C3b 结合，发挥免疫调理作用。此外，还表达有细胞因子、激素、神经肽、多糖、糖蛋白、脂蛋白及脂多糖等分子的受体 80 多种，它们与相应的配体结合，激发各种感应与效应功能；表达有 MHC I / II 类抗原、多种黏附分子（adhesion molecule），并透过这些抗原参与炎症与免疫应答过程。

根据它们趋化因子受体的不同，单核细胞可划分为 3 个亚群：炎性单核细胞亚群和常驻单核细胞亚群及介于它们之间的中间态亚群。炎性单核细胞的寿命短，经趋化因子作用可移行至炎症部位，并在血管内皮细胞的作用下逐渐分化成熟，最终 MHC II 类分子的表达量上调，绝大部分分化为巨噬细胞；中间态亚群则从炎症部位迁移至引流淋巴结，分化为树突状细胞（dendritic cell，DC）；常驻单核细胞的寿命较长，常在体内非炎症组织聚集并最终分化为巨噬细胞和 DC。

在微环境中，尤其是多种细胞因子的影响下，巨噬细胞极化成 M1 和 M2 型两类。M1 型巨噬细胞具有吞噬杀菌、释放炎症介质、呈递抗原和启动适应性免疫应答等功能，称为经典活化巨噬细胞（classically activated macrophage，CAM）。M2 型巨噬细胞可分泌 IL-4、IL-10 和 TGF-β1 等抗炎介质，是一群主要起抗炎、抗寄生虫感染和组织修复作用的异质性巨噬细胞，称为旁路活化巨噬细胞（alternatively activated macrophage，AAM），包括 M2a、M2b、M2c、M2d 细胞亚型。其中，M2a 细胞的主要功能为促进组织修复和重建；M2b、M2c 和 M2d 则主要发挥抗炎作用（图 8-3）。

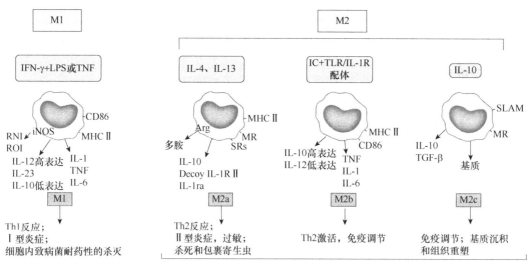

图 8-3　巨噬细胞的不同亚型及功能

RNI. 反应性氮中间产物；ROI. 反应性氧中间产物；SLAM. 信号淋巴细胞活化分子

2. 单核巨噬细胞在炎症反应中的主要功能

（1）发挥免疫防御、免疫稳定和抗原呈递作用　　单核巨噬细胞可发挥免疫防御作用，通过其表面受体分子直接识别并捕获，或借助抗体、补体裂解片段 C3b/C4b 的免疫调理作用间接捕获生物性致炎因子，有效吞噬、杀灭病原微生物。单核巨噬细胞也可发挥免疫自稳作用，通过细胞表面受体分子直接或间接吞噬消化炎灶中的损伤细胞、死亡细胞及组织残片等，吸收炎症病理产物，清理炎症局部内环境，为炎症部位组织损伤修复和功能恢复创造条件。

单核巨噬细胞通过细胞表面受体分子识别并捕获抗原，伸出伪足包围被黏附的抗原，继而包裹、内陷，在胞质中形成吞噬体（phagosome）并与溶酶体融合，形成吞噬溶酶体（phagolysosome）。通过呼吸爆发产生活性氧/氮自由基和其他生化反应来杀灭、降解吞噬溶酶体内的异物，随后经胞吐作用（exocytosis）释放降解产物，并将已转运至细胞膜表面且与MHC II 类分子结合在一起的抗原肽信息呈递给 CD4$^+$ Th 细胞，启动特异性免疫应答。

（2）发挥炎症反应调控作用　　炎症发生后，单核细胞几乎可与中性粒细胞同时进入"炎灶"，其中浸润的单核细胞和组织中驻留的巨噬细胞一样，迅速转化为 M1 型巨噬细胞并发挥吞噬作用，清除病原微生物、坏死组织和凋亡的中性粒细胞，以此来拮抗感染、阻止二次损伤。M1 型巨噬细胞还可释放 IL-1β、IL-6、IL-12、IL-15、IL-23、TNF-α、巨噬细胞炎性蛋白等促炎因子，释放单核细胞趋化蛋白、CXCL10、CCL5、CXCL8（IL-8）、CXCL9 等炎性细胞趋化因子来趋化中性粒细胞、巨噬细胞、NK 细胞和辅助性 T 细胞到"炎灶"部位，从而扩大炎症反应，调节 Th1 和 Th17 细胞的免疫应答，推进抗损伤进程。然而，持续炎症反应也会导致 M1 型巨噬细胞通过释放活性氧（ROS）、促进 NO 的合成，加重组织损伤。

在炎症反应后期，M1 型巨噬细胞会向 M2 型巨噬细胞转化，发挥抗炎作用。M2 型巨噬细胞与 M1 型巨噬细胞一样不仅具有强大的吞噬功能，而且可释放多种抗炎因子缓解炎症反应。其中，精氨酸酶-1（Arg1）通过消耗精氨酸来抑制 CD4$^+$ Th 细胞的应答；白细胞介素-1受体拮抗剂（IL-1ra）可阻碍 IL-1 的促炎作用；转化生长因子-β（TGF-β）则通过诱导调节性 T 细胞（Treg）的分化来发挥免疫抑制的作用；IL-10 不仅可以直接抑制抗原呈递细胞，还能通过抑制 IL-12、IL-23 的合成影响 Th1 和 Th17 细胞的分化。

巨噬细胞由"促炎"向"抗炎"效应转变的极化现象，是炎症反应由抗损伤向组织修复转变的标志。

（3）促进肉芽组织形成　　在炎症反应进入增生阶段的早期，M2 型巨噬细胞可分泌血管生长因子，如血管扩张生长因子（VEGF）、血小板衍生生长因子（PDGF）、碱性成纤维细胞生长因子（bFGF）、类胰岛素生长因子 1（IGF-1）、转化生长因子（TGF-α、TGF-β）、肿瘤坏死因子 α（TNF-α）、白细胞介素（IL-6、IL-8、IL-10）等，趋化血管内皮细胞到达"炎灶"部位增殖、分化以形成血管样结构；释放基质金属蛋白酶（MMP）、弹性蛋白酶、丝氨酸蛋白酶等降解细胞外基质（extracellular matrix，ECM），促进血管内皮细胞和血管平滑肌细胞向血管生成部位迁移，以及血管壁细胞的重塑。在增生早期，巨噬细胞通过上述活动促进富含毛细血管的幼稚纤维结缔组织——肉芽组织（granulation tissue）新生，而在增生后期，巨噬细胞则通过分泌血小板反应素-1（TSP-1）来促进新生毛细血管消退，防止血管过度增生。

（4）影响瘢痕形成　　在炎症反应的损伤组织修复期，修复不足将导致愈合延迟，修复过度则会导致胶原大量沉积，产生肥厚的病理性瘢痕。巨噬细胞通过调节成纤维细胞（fibroblast）和 ECM 对损伤组织修复发挥作用：一方面，巨噬细胞可以释放精氨酸酶-1 将精氨酸转化为鸟氨酸进而促进胶原蛋白的产生，释放转谷氨酰胺酶促进胶原交联，释放各种基质金属蛋白酶降解 ECM 中的胶原成分；另一方面，巨噬细胞释放的 TGF-β 作为成纤维细胞分化成熟的重要调控因素，可与趋化因子 CCL18 共同趋化并促进成纤维细胞增殖，随后诱导成纤维细胞分化为肌成纤维细胞（MFb），从而促进胶原沉积。另外，巨噬细胞释放的血小板源性生长因子（PDGF）也可通过诱导成纤维细胞产生"骨桥蛋白"（一种糖基化蛋白，广泛存在于细胞外基质中）来促进瘢痕形成。

（二）粒细胞

粒细胞（granulocyte）通常是指白细胞中的颗粒性细胞，又称为多形核白细胞，是一类来自骨髓造血干细胞、在血液中循环、细胞核分节状、细胞质内含有大量溶酶体颗粒的白细胞，包括中性粒细胞（neutrophilic granulocyte）、嗜酸性粒细胞（eosinophilic granulocyte）和嗜碱性粒细胞（basophilic granulocyte）3 种。广义上讲，粒细胞还应包含分布于皮下/皮内或浆膜腔血管组织的肥大细胞（mast cell）。

1. 中性粒细胞

（1）中性粒细胞的形态特征　　中性粒细胞的形态特点是细胞核分叶，细胞质中弥散分布着许多浅红或浅紫色（瑞特染色）的细小颗粒（溶酶体），其内含有阳离子蛋白、髓过氧化物酶、溶菌酶、蛋白水解酶、β-葡糖苷酶等，除此之外，细胞质中还含有由肌动蛋白和肌球蛋白组成的微丝，当细胞形成伪足时，伪足膜下的微丝呈网状聚合与分散状态交替运动，构成中性粒细胞定向性游走的内部支持结构。成熟的中性粒细胞膜表面表达多种识别受体，如趋化因子受体、LPS 受体 CD14、甘露糖受体、清道夫受体、IgG Fc 受体、补体受体 CR3 和 CR4 等。

（2）中性粒细胞在炎症反应中的功能　　中性粒细胞是血液中数量最庞大的吞噬细胞群体，无论是在感染性炎症还是在非感染性炎症（无菌性炎症）中都发挥重要作用，其迁徙与聚集被视为炎症反应中的特征性事件。

1）吞噬杀伤和异物清除作用。正常情况下，中性粒细胞处于未激活状态，随外周血循环作随意性缓慢移动，而一旦机体出现炎症反应，则迅速被激活并向损伤部位趋化运动。中性粒细胞主要通过细胞膜表面包括 Toll 样受体在内的病原体相关分子模式（pathogen associated molecular）和损伤相关分子模式（damage associated molecular）接受病原体和损伤组织所释放的成分（甲酰肽、热应激蛋白、膜联蛋白、防卫素等）刺激而活化，也可通过接受细胞因子的刺激而被激活。被激活的中性粒细胞在趋化因子（如 IL-1β、TNF-α、C5a、白三烯 B4 等）的作用下迁徙至"炎灶"部位参与炎症过程。中性粒细胞到达炎症区直接或间接（抗体或补体调理）地与产生趋化因子的异物接触后，其周围胞质隆起形成伪足，将致炎因子及受伤组织细胞或碎片包围并吞噬，在细胞质中形成吞噬体，再与溶酶体融合，由此引起呼吸爆发及酶水解效应，杀灭并降解吞噬物，发挥抗感染免疫作用和清理损伤组织作用，为损伤组织的修复奠定基础。

2）造成组织细胞损伤。中性粒细胞在炎症反应中发挥抗感染和受损组织清理等积极作用，也参与由寄生虫感染等致炎因子作用而引发的变态反应，并由此产生免疫病理损害。例如，抗体直接作用于组织细胞上的抗原，中性粒细胞便通过其 IgG Fc 受体与靶细胞表面的 Ig 结合，触发 ADCC，导致正常细胞受损害；当抗原-抗体复合物因沉淀反应而沉积于毛细血管壁时，便会激活补体损伤毛细血管，并释放趋化因子招募中性粒细胞，后者则通过 Ig 和 C3b 调理作用将其吞噬，在吞噬过程中，中性粒细胞脱颗粒，释放溶酶体酶，进一步造成血管和周围组织损伤。

2. 嗜酸性粒细胞　　嗜酸性粒细胞因细胞质中的颗粒可被伊红等酸性染料深度染色而得名，其形态特点是细胞核呈卵圆形，分为 2～4 叶；细胞质内充满粗大且鲜红的嗜酸性颗粒，即溶酶体，其中含有芳香基硫酸酯酶、酸性磷酸酶、过氧化物酶、组胺酶、磷脂酶、血纤维蛋白脂酶和碱性蛋白酶等。

嗜酸性粒细胞是一类促炎性细胞，主要定居在呼吸道、消化道、泌尿生殖道的黏膜组织，在血液循环中的数量较少。来自骨髓及血液中的嗜酸性粒细胞可在趋化因子的作用下被募集到炎症部位，释放颗粒中的内容物，产生多种促炎症介质，引起组织损伤，促进炎症进展。例如，释放白三烯（leukotriene，LT），可引起血管通透性升高和支气管平滑肌痉挛；释放碱性蛋白和嗜酸性粒细胞趋化因子，可诱导支气管痉挛；释放蛋白酶分解结缔组织中的组织蛋白、胶原蛋白（collagen），则有损伤组织作用。此外，嗜酸性粒细胞分泌的 IL-1、IL-6、IL-8 及 TNF-α、TGF-α 和 TGF-β 等在急性和慢性炎症中发挥重要作用；嗜酸性粒细胞参与消灭肿瘤细胞并促进损伤组织的修复。

嗜酸性粒细胞参与宿主抗寄生虫感染免疫中的保护性免疫应答及超敏反应中的免疫病理过程。在 IgG 和补体 C3b 作用下，嗜酸性粒细胞可黏附于虫体上，释放碱性蛋白、嗜酸性阳离子蛋白、过氧化物酶、活性氧自由基以杀灭寄生虫。嗜酸性粒细胞作为非特异性的免疫细胞，不仅可以单独，而且可与特异性抗体或其他非特异性成分联合发挥针对入侵寄生虫的杀伤作用，参与寄生虫肉芽肿的形成。此外，嗜酸性粒细胞释放的组胺酶能分解组胺，芳香基硫酸酯酶能灭活白三烯，它们对寄生虫感染引起的超敏反应皆具有抑制作用。

嗜酸性粒细胞具有一定的游走和吞噬能力，可移行至有病原体或发生炎症反应的部位，选择性地吞噬抗原-抗体复合物，呈递抗原信号，并释放多种炎症介质，调节其他免疫细胞（如 $CD4^+$ Th 细胞、树突状细胞、B 细胞、肥大细胞、中性粒细胞、嗜碱性粒细胞等）的功能。

嗜酸性粒细胞增多现象，多见于过敏性炎症、寄生虫感染等炎症反应中，由嗜碱性粒细胞分泌的 IL-5 对其成长与分化有促进作用。

3. 嗜碱性粒细胞和肥大细胞　　肥大细胞主要分布在黏膜和结缔组织中，嗜碱性粒细胞则是血液中数量最少的白细胞，细胞核分叶不清晰，常呈"S"形或"T"形，细胞质中含有大小不等的嗜碱性颗粒，其形态和功能与肥大细胞有许多相似之处，被认为是未成熟的循环性肥大细胞。例如，二者细胞膜表面都表达 IgE Fc 受体，可在 IgE 抗体的作用下发生脱颗粒，参与 I 型超敏反应/速发型超敏反应（immediate hypersensitivity）；细胞质中都有嗜碱性颗粒，内含组胺、5-羟色胺、肝素、白三烯、激肽和各种酶类，只是嗜碱性粒细胞的一些水解酶含量比肥大细胞少得多。嗜碱性粒细胞和肥大细胞皆可在过敏毒素 C3a、C5a、C4a 和 LPS、IgE 等作用下迅速脱颗粒释放炎症介质，启动局部炎症反应，同时能分泌 IL-1、IL-3、IL-4、IL-5、IL-6、IL-8、IL-10、IL-12、IL-13，以及 GM-CSF、TNF-α 和趋化因子等参与免疫调节和炎症反应。例如，炎症早期释放血管活性物质以增强血管的通透性，产生肝素发挥抗凝血作用以利于"炎灶"区域纤维蛋白的溶解与吸收，释放的趋化因子可使局部嗜酸性粒细胞增多并发挥抗寄生虫作用。

（三）淋巴细胞

淋巴细胞（lymphocyte）来源于淋巴干细胞，是构成机体免疫系统的主要细胞群，包括形态相似而表型和功能各异的 3 个类群，即 T 淋巴细胞（T lymphocyte）、B 淋巴细胞（B lymphocyte）、NK 细胞（natural killer cell），其中，T/B 淋巴细胞在免疫应答中发挥核心作用。

炎症反应是机体针对组织损伤所发起的防御性反应（抗损伤），而免疫反应则是机体针对抗原的识别与排除反应（抗异物），二者的出发点和涵盖的内容明显不同，但是体内只要有抗原存在就必然有免疫应答，也同时会有炎症反应，也即炎症反应与免疫应答往往相生相伴，不仅所有炎症过程都会牵涉 T/B 淋巴细胞应答，其过程无法截然分开，而且有些炎症反应还是异常免疫应答（超敏反应）的延续与发展。

超敏反应（hypersensitivity）有 4 种类型：Ⅰ型，由 IgE 介导；Ⅱ型，由抗体介导；Ⅲ型，由免疫复合物介导；Ⅳ型，由 T 细胞介导。其中，前三种类型的超敏反应与 B 淋巴细胞介导的体液免疫应答有关，即是由抗原-抗体复合物造成的，而第四种类型与 T 淋巴细胞介导的细胞免疫应答有关。

（四）血小板

血小板（platelet，PLT）来源于巨核细胞系，是一类无核且双面微凸的圆盘状细胞，由表面血小板膜（糖蛋白、磷脂）和胞质中的血小板颗粒（致密颗粒、α-颗粒、溶酶体、过氧化物酶和线粒体）、血小板管道系统（开放管道、致密管道）和血小板骨架蛋白（肌动蛋白、微管蛋白）等构成，具有止血和参与炎症反应双重功能。

血小板表面具有 Ig 受体 FcγRⅡA、Toll 样受体（TLR）、CD40L、P-选择素（P-selectin）等重要分子。膜表面受体 FcγRⅡA 表达增多，可导致血小板过度活化，既加强血小板的调理性杀伤作用，又容易引发血栓。TLR 的表达可显著促进血小板的活化，增加血小板-中性粒细胞聚集物；TLR4 作为模式识别受体与脂多糖或者肽聚糖结合，可激活 NF-κB，迅速并且大量产生炎症介质，同时诱导促凝血活性因子表达；TLR 识别病原微生物并与相应的配体结合，可产生相应的炎症调控反应。静息的血小板表面一般不表达或仅低水平表达 CD40L，只有活化的血小板才高表达 CD40L，而 CD40L 与 CD40 结合则诱导炎症细胞产生各类促炎因子（如 IL-1 及 IL-2 等），导致局部黏附分子（细胞间黏附分子-1、血管细胞黏附分子-1、P-选择素）释放，促使白细胞向炎症部位趋化与渗出，进一步加剧炎症反应。P-选择素暴露在活化的血小板细胞膜上，与单核细胞、中性粒细胞表面的 P-选择素配体（PSGL-1）相互作用，促进血小板和内皮细胞与白细胞之间的黏附，促进白细胞的趋化、黏附和移行，并使活化的单核细胞分化为巨噬细胞，参与炎症的形成与发展。

二、参与炎症反应的分子

（一）炎症介质的一般特征

炎症介质发挥的作用涉及炎症反应的诱导、起始、发生、组织损伤与修复整个炎症生理或病理过程，但多数炎症介质的半衰期很短，一旦被激活或从细胞内释放出来，很快就自行衰变或被酶灭活，或通路被阻断，甚至被清除等，这是由于体内始终存在着炎症介质的分解、吸收或脱敏机制，约束着炎症介质活动使之处于动态平衡状态。有的炎症介质可刺激白细胞释放新的介质，而这些随后产生的炎症介质与原来的介质功能或相同或相似，也可能相反，对原有介质起放大或拮抗的作用。

炎症介质既可在感染或损伤的局部组织又可扩散至远处发挥作用，它们大多数通过与其靶细胞上的特异性受体结合而发挥生物学效应，只有少数介质直接具有酶活性或细胞毒性损害作用（如溶酶体酶或氧代谢产物）。同一炎症介质可以作用于多种靶细胞，并且针对不同的细胞或组织类型会有不同的生物学效应，但是适当浓度的同一介质可在相同组织再次引起相似的炎症反应，该介质过多或缺乏对炎症反应具有可预见的影响。

（二）炎症介质的种类

1. 细胞来源的炎症介质　　细胞来源的炎症介质是以细胞内颗粒形式存储于细胞内，在炎症反应时释放到细胞外，或在致炎因子的刺激下，由巨噬细胞、肥大细胞、粒细胞、血小板、淋巴细胞甚至是组织细胞产生并释放的。

（1）血管活性胺类　　血管活性胺包括组胺和 5-羟色胺两类。

1）组胺（histamine）：主要存在于肥大细胞和嗜碱性粒细胞的颗粒中，也存在于血小板中，经细胞脱颗粒而释放，可被组胺酶分解而灭活。各类创伤（如机械性损伤、高温胁迫等）、免疫反应（结合在肥大细胞膜表面 FcεR 的 IgE 与其特异性抗原结合）、过敏毒素作用（补体活化片段 C3a、C5a 与肥大细胞相应受体结合）、中性粒细胞阳离子蛋白及某些神经肽等，均可致上述细胞膜受损，进而释放组胺。此外，组织内的组氨酸也可通过脱羧反应来产生组胺。

2）5-羟色胺（5-hydroxytryptamine，5-HT）：5-羟色胺又称为血清素（serotonin），主要存在于血小板和胃肠道黏膜上皮的嗜银细胞内，胶原、纤维蛋白酶、抗原-抗体复合物等可刺激血小板释放出 5-羟色胺，其作用与组胺相似，主要是引起炎症局部血管通透性升高。

（2）花生四烯酸代谢产物　　花生四烯酸（arachidonic acid，AA）是具有五碳环和两条侧链的 20 碳不饱和脂肪酸，由食源性亚油酸在肝细胞内转化而来，组合于细胞膜磷脂内。细胞损伤或受到炎症介质作用后，细胞膜磷脂酶被激活，酶促反应可导致细胞膜磷脂裂解生成花生四烯酸，而抗炎药物如阿司匹林、消炎痛及皮脂类固醇等药物则有抑制其从磷脂中释放出来的作用，可减轻炎症症状。花生四烯酸本身无炎症介质作用，但是其在环加氧酶和 5-脂加氧酶作用下的代谢产物前列腺素（prostaglandin，PG）、白三烯（leukotriene，LT）和脂毒素/脂氧素/脂质素（lipoxin，LX）等则具有炎症介质活性，详见图 8-4。

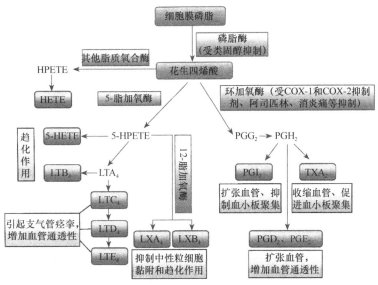

图 8-4　花生四烯酸与小分子炎症介质（引自步宏和李一雷，2018）
COX. 环加氧酶；HPETE. 氢过氧花生四烯酸；HETE. 羟基花生四烯酸

（3）白细胞产物及溶酶体成分　　　单核巨噬细胞和中性粒细胞等多种细胞的胞质中有丰富的溶酶体，而溶酶体中含有多种酶。吞噬细胞在吞噬泡形成过程中外溢，或者细胞死亡后胞质中溶酶体释出，均可使活性氧代谢产物（如 O_2^- 等）和溶酶体成分进入体液成为炎症介质。

（4）细胞因子　　　细胞因子（cytokine，CK）是一类由免疫细胞或非免疫细胞合成并分泌的可溶性小分子蛋白质，具有生物学活性，能影响自身和其他细胞的功能与特征，主要参与机体免疫应答、炎症反应、损伤修复、细胞生长、免疫细胞分化与成熟过程的调节。参与炎症反应的细胞因子主要有：①白细胞介素。迄今为止，已发现的白细胞介素有 38 种，即IL-1～IL-38，其中与炎症反应最为密切的有 IL-1、IL-6、IL-8、IL-17、IL-23、IL-33 等。②趋化因子。趋化因子（chemokine）是一类由白细胞和某些组织细胞分泌的分子结构相似的小分子分泌蛋白（含 70～100 个氨基酸残基），其氨基酸同源性达 20%～70%，其与相应的受体结合后具有引导附近白细胞向炎症部位定向迁移和聚集的能力，还能影响细胞的活化与内稳态。③肿瘤坏死因子。肿瘤坏死因子（tumor necrosis factor，TNF）主要由活化的巨噬细胞、T 淋巴细胞、B 淋巴细胞、NK 细胞产生，其超家族由 19 个成员组成，多数成员与相应受体结合为三聚体形式，以激活下游信号通路，从而参与一系列炎症和免疫反应。④干扰素。干扰素（interferon，IFN）一般由病毒感染细胞、活化的 T 淋巴细胞、NK 细胞、成纤维细胞合成与分泌。⑤细胞黏附分子。细胞黏附分子（cell adhesion molecule，CAM）是指由内皮细胞、单核巨噬细胞、淋巴细胞、血小板等细胞产生的介导细胞与细胞间或细胞与基质间相互接触和结合进而产生信息交流的一种可溶性递质，多为膜表面糖蛋白，少数为糖脂分子，它们存在于细胞表面或细胞外基质（extracellular matrix，ECM）中，参与细胞的信号转导与活化、细胞的伸展与移动、细胞的生长及分化过程，在炎症反应、血栓形成、肿瘤转移及创伤愈合等一系列重要的生理和病理反应中发挥作用。

（5）血小板活化因子　　　血小板活化因子（platelet activating factor，PAF）是一种产生于细胞膜磷脂的磷酸甘油酯，主要由血小板、内皮细胞、中性粒细胞、嗜酸性粒细胞、嗜碱性粒细胞、肥大细胞和巨噬细胞等多种细胞产生，可通过应激、趋化因子、吞噬细胞、外源性抗原或内源性 IgE/IgG、凝血酶、IL-1、细菌或钙离子载体刺激而快速合成。

PAF 具有多种生物学作用，不仅能诱导血小板活化，参与伤口愈合、细胞凋亡和血管生成等病理/生理过程，还可以介导白细胞、血小板及内皮细胞间的相互作用，刺激炎症细胞释放各种炎症介质，增加血管壁的通透性，在多种炎症性疾病中发挥重要的作用。PAF 与靶细胞膜表面特定受体（platelet activating factor receptor，PAFR）结合后，结合物又与肥大细胞和嗜碱性粒细胞等免疫细胞膜表面的 G 蛋白偶联，激活磷脂酶 C，引起 Ca^{2+} 释放及血小板骨架重组、血小板活化，导致血管收缩、血管通透性升高、血管渗出反应加剧，与此同时，PAF还能激活炎症细胞释放各种炎症介质，进一步加重炎症反应。例如，在变态反应中，PAF 可促进嗜酸性粒细胞产生趋化因子及前列腺素，使血管通透性增加，平滑肌收缩，腺体分泌增加；中性粒细胞在 IgG 介导下产生 PAF 的同时也被 PAF 激活，释放活性氧自由基与白三烯等，上调细胞表面黏附分子的表达，在局部组织聚集并参与变态反应。

（6）急性期蛋白　　　机体在炎症反应的过程中常常伴有远离炎症部位的一些反应和多器官功能障碍等系统性变化，此称为急性期反应（acute phase reaction，APR），其过程中产生的蛋白称为急性期蛋白（acute phase protein，APP），常见的主要 APP 包括 C 反应蛋白（C-reactive protein，CRP）、触珠蛋白（haptoglobin，Hp）、血清淀粉样 A 蛋白（serum amyloid A，SAA）、α1-酸性糖蛋白（α1-acid glycoprotein，AGP）、微管结合蛋白（microtubule-associated protein，MAP）等。

APP 是一类主要由肝细胞合成（少量在单核细胞、内皮细胞及成纤维细胞内合成）并且在正常情况下浓度较低而在急性反应期浓度急剧升高或下降的蛋白质，发挥的生物学作用包括：抑制蛋白酶活化、抑制自由基产生、清除异物和坏死组织、促进细胞修复、限制炎症反应、调节免疫反应、转运蛋白、凝血与纤溶等。在 APR 过程中，APP 增加或减少主要源于肝细胞蛋白合成的改变，其变化幅度相差很大，如血浆铜蓝蛋白（ceruloplasmin，CER）和一些补体成分可增加 50%，而 C 反应蛋白及血清淀粉样 A 物质可增加 1000 倍以上。在 APR 中血浆蛋白浓度增加超过 25%的称为正性 APP，而在 APR 中血浆蛋白浓度降低 25%以上的则称为负性 APP。正性 APP 包括 CRP、SAA、AGP、CER、Hp、纤维连接蛋白、分泌型磷脂酶 A2、脂多糖结合蛋白、IL-1 受体拮抗剂、粒细胞集落刺激因子、α1-蛋白酶抑制剂、纤维蛋白原、纤溶酶原、组织纤溶酶激活剂、尿激酶、S 蛋白、B 因子、C4 结合蛋白、C1 抑制因子等成分；负性 APP 主要有甲状腺结合球蛋白、胰岛素样生长因子 1、凝血因子XII等。

2. 体液来源的炎症介质 血浆源性炎症介质是血浆内凝血、纤溶、激肽和补体系统被激活的产物，属于血浆蛋白和血浆活性肽，它们在炎症过程中相互作用引起的放大效应是炎症发展的一个重要基础。

（1）激肽释放酶-激肽系统 激肽释放酶-激肽系统（kallikrein-kinin system，KKS）是一类复杂的内源性多酶系统，包括激肽释放酶原（prekallikrein）和激肽释放酶（kallikrein）、激肽原（kininogen）和激肽（kinin）、激肽（B1 和 B2）受体（kinin receptor）、激肽释放酶抑制剂（kallistatin）、激肽酶（kininase）等生化物质。其中，激肽是主要的效应因子，激肽释放酶则是 KKS 的主要调控因子。

激肽释放酶有组织激肽释放酶和血浆激肽释放酶两类，其中，组织激肽释放酶存在于各种分泌液（唾液、胰液、泪液）及尿液和粪便中，是一组多基因家族的丝氨酸蛋白酶，能水解分子质量相对低的激肽原生成舒血管肽，后者经氨基肽酶作用转化为缓激肽（bradykinin）或胰激肽（kallidin），它们与相应受体结合之后产生一系列生物学效应，如非血管平滑肌收缩、炎症反应、内皮依赖性血管舒张及疼痛反应等；血浆激肽释放酶由肝细胞特异性表达，以没有活性的酶原形式存在于循环血液中，由凝血因子XII激活，并作用于分子质量相对高的激肽原，释放出活性物质缓激肽，发挥血管紧张度及炎症反应调整作用，并参与血液凝固和纤维蛋白溶解过程。

（2）补体系统 补体系统（complement system）是动物血清和组织中一组具有酶活性的糖蛋白，由可溶性蛋白和膜结合蛋白组成，其中，血浆中的补体主要来源于肝细胞，炎灶中的补体则来源于巨噬细胞。

补体是机体先天性免疫的重要组成部分，一般情况下各补体成分以非活性形式存在，非常状态下可通过经典（常路）、替代（旁路）和 MBL 途径被激活，发挥溶解细胞、免疫调理和免疫黏附、中和与溶解病毒等免疫防御作用，其活化产生的多种活性片段还可参与许多病理过程，诱发和增强炎症反应并影响凝血及纤溶系统，导致正常组织细胞损伤。

（3）凝血系统 正常生理状态下，血液中的凝血因子以无活性形式存在，只有发生出血或血管内皮损伤后，血管基底膜上的胶原纤维暴露，因其带负电荷，可激活凝血因子XII，内源性凝血系统才启动，与此同时，受损细胞释放凝血因子III[组织因子（tissue factor，TF）]进入血液，使外源性凝血系统启动。凝血系统被激活之后，血浆中凝血因子Ⅹa、Ⅴ及 Ca^{2+}、血小板磷脂共形成凝血酶原激活物，激活凝血酶原使其转化为凝血酶。凝血酶不仅促使纤维蛋白原转化为不溶性的纤维蛋白并释放纤维蛋白多肽,还可促进细胞黏附和成纤维细胞增生。互相交织的纤维蛋白,网罗缠结大量的白细胞及血小板凝块,导致血液由流动状态变为凝胶状态,形成血栓。纤维蛋白多肽则既促使血管通透性升高,又发挥白细胞趋化因子作用。

此外,凝血因子 X 与效应细胞的蛋白酶受体结合,可介导急性炎症反应,引起血管通透性增加和白细胞游出。

（4）纤溶系统　　纤维蛋白溶解系统,简称纤溶系统,包括纤溶酶原、纤溶酶及其激活物和抑制物,能溶解沉淀在血管内外的纤维蛋白,是体内重要的抗凝血系统,在激活过程中通过水解纤维蛋白而溶解纤维蛋白凝块,拮抗凝血作用。

凝血因子XII的激活,不仅能启动凝血系统,同时还能启动激肽释放酶-激肽系统和纤维蛋白溶解系统。凝血过程中XIIa 因蛋白酶作用而水解形成XIIf,后者则使激肽释放酶原转变成激肽释放酶,进而促使纤溶酶原变为纤溶酶。纤溶酶水解纤维蛋白形成纤维蛋白降解产物,裂解 C3 产生 C3a、C3b 活性片段,导致血管通透性升高并产生白细胞趋化作用。

3. 细胞外基质来源的炎症介质　　细胞外基质是指包绕于组织细胞外,对组织细胞起支持、连接、保护、营养、信号传递等作用的高度水合性纤维网络凝胶结构。细胞外基质由细胞合成并分泌,参与细胞的分化、增殖、黏附、表型表达等各种生命活动,以及组织细胞创伤修复、变性纤维化等病理过程,主要由胶原蛋白（collagen）、非胶原蛋白（non-collagenous protein）、弹性蛋白（elastin）、蛋白聚糖（proteoglycan，PG）与氨基聚糖（glycosaminoglycan，GAG）等蛋白质和多糖构成,在上皮或内皮细胞的基底部位置者为基底膜,而在细胞间黏附结构位置者为间质结缔组织。

多能蛋白聚糖（versican）也是 ECM 的主要成分,为一种硫酸软骨素蛋白多糖,其结构域通过与多种分子相互作用,参与多种细胞的黏附、增殖、凋亡、迁移及血管生成等生命活动过程的调节。据报道,多能蛋白聚糖能够促进炎症细胞的招募与激活,活化 TLR 相关的炎症信号,并能诱导和定位细胞因子,是在炎症反应放大的第一阶段发挥作用的介质。

第三节　炎症的发生机制

炎症反应是机体损伤与抗损伤及组织修复的动态过程,致炎因子对组织细胞造成损伤后,机体损伤组织周围的前哨细胞会识别损伤因子和损伤组织释放的相关分子,继而产生炎症介质,并激活损伤组织局部血管渗出反应和白细胞反应,使血液中的血浆蛋白和白细胞渗出到损伤因子所出现的部位,发挥稀释、中和、杀伤、清除有害物质的作用,而一旦因病原感染或外界理化因子作用、机体变态/异常免疫反应所产生的有害物质被彻底清除,炎症反应就会消退并终止,炎症部位的实质细胞和间质细胞增生促使受损伤的组织得到修复。

一、炎症性刺激信号及其受体

巨噬细胞、树突状细胞和肥大细胞是 3 类主要的前哨细胞,这些细胞可通过其表面存在的模式识别受体（pattern recognition receptor，PRR）来识别并结合微生物表达的病原体相关分子模式（pathogen-associated molecular pattern，PAMP）和（或）宿主组织细胞在微生物感染和无菌损伤过程中所出现的损伤相关分子模式（damage-associated molecular pattern，DAMP），PAMP 和 DAMP 则通过跨膜信号转导激活细胞内 NF-κB（nuclear factor-kappa B）、AP-1（activator protein-1）等转录因子,诱导相关细胞因子和血管活性胺（组胺、5-羟色胺）

的表达与释放，引发血管渗出反应，继而单核巨噬细胞、中性粒细胞、淋巴细胞等免疫细胞在趋化因子的作用下被趋化、招募到病原入侵或组织损伤部位聚集并被激活，引发先天非特异性免疫应答和炎症反应（图 8-5）。

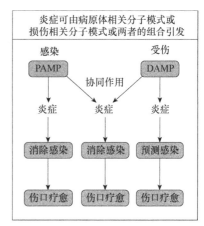

图 8-5　致炎因子诱发炎症反应示意图（引自 Seamus et al., 2022）

病原体相关分子模式是微生物所共有的非特异性并且高度保守的分子结构，可被免疫细胞所识别，主要包括如下两类：一类是以糖类和脂类为主的细菌胞壁成分，如脂多糖、肽聚糖、脂磷壁酸、甘露糖、类脂、脂蛋白和鞭毛素等，其中最为常见且具有代表性的是革兰氏阴性细菌产生的脂多糖（lipopolysaccharide，LPS）、革兰氏阳性细菌产生的脂磷壁酸（lipoteichoic acid，LTA）与肽聚糖（peptidoglycan，PGN）、分枝杆菌产生的糖脂（glycolipid）和酵母菌产生的葡聚糖（glucan）与甘露糖（mannose）；另一类是病毒产物及细菌细胞核成分，如非甲基化的 CpG 寡核苷酸（DNA）、单/双链 RNA、5′-三磷酸 RNA。上述病原体相关分子模式可能表达在病原微生物体表或游离于病原体之外，也可能直接暴露于受感染细胞的胞质溶胶中，或因免疫细胞对病原微生物的摄取而出现在免疫细胞的吞噬内体、吞噬溶酶体内。

损伤相关分子模式为机体或组织细胞受到损伤、缺氧、应激等因素刺激后释放到细胞间隙或血液循环中的各类物质，包括原本存在于细胞核的 DNA、RNA，原本存在于细胞质的高迁移率族蛋白 1（high mobility group box-1 protein，HMGB1）、S100 蛋白、三磷酸腺苷（ATP）等，存在于细胞外基质的透明质酸、硫酸肝素，存在于血浆中的补体成分（C3a、C4a、C5a）、热休克蛋白、尿酸等，这些物质通过模式识别受体识别，诱导自身免疫、免疫耐受，乃至炎症反应。坏死细胞通过释放所谓的内源性"危险信号"来激活巨噬细胞、树突状细胞和先天免疫系统的其他前哨细胞，触发炎症反应。

在内源性促炎分子（也称为损伤相关分子模式）中，IL-1 家族细胞因子（IL-1α、IL-1β、IL-18、IL-33、IL-36α、IL-36β 和 IL-36γ）被视为细胞坏死引发无菌性炎症的关键始作俑者和感染相关组织损伤反应的炎症放大因子，它们以一种与病原体相关分子模式相似的方式引发炎症（图 8-6，图 8-7）。不仅如此，许多 PAMP 还可上调 IL-1 家族细胞因子（也称为损伤相关分子模式）的表达，由此可见，病原体相关分子模式和损伤相关分子模式在触发炎症反应方面具有强大的协同作用。

二、模式识别受体及其在炎症级联反应或炎症过程中的作用

模式识别受体（PRR）是一类非克隆性分布于细胞表面或内体的识别分子，包括血管内皮细胞、皮肤或黏膜表面的上皮细胞，以及单核巨噬细胞、中性粒细胞、肥大细胞（MC）等在内的先天性免疫细胞则利用大量的 PRR 来感知外源性/内源性危险信号 PAMP/DAMP，并启动防御性应答。在脊椎动物中，PRR 有细胞膜型、细胞质型和分泌型 3 种存在形式，其中，膜型 PRR 主要有 Toll 样受体（Toll-like receptor，TLR）、C 型凝集素受体（C-type lectin receptor，CLR）、甲酰肽受体（formyl-peptide receptor，FPR）等，细胞质中内体 PRR 则包括核苷酸结合寡聚化结构域（NOD）样受体（NOD-like receptor，NLR）和视黄酸诱导基因-Ⅰ（RIG-Ⅰ）样受体（RIG-Ⅰ likereceptor，RLR）、黑色素瘤 2 缺失（AIM2）样受体［absent

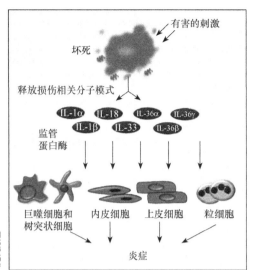

图 8-6　IL-1 家族细胞因子是无菌性炎症的关键驱动因素

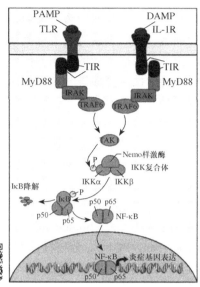

图 8-7　PAMP 和 IL-1 家族 DAMP 的促炎通路高度相似（引自 Seamus et al.，2016）

in melanoma 2（AIM2）-like receptor，ALR］等（图 8-8），这些 PRR 发挥着细胞信号转导、启动细胞活化、激发免疫应答或炎症反应等关键作用，有时甚至诱导细胞凋亡。在此过程中，可能有多个 PRR 同时识别不同的 PAMP 或 DAMP，产生 PRR 之间的"cross-talk"（串流），共同参与复杂而精细的免疫应答，然而机体还存在一些受体发挥免疫调节作用，以维持免疫平衡，避免过于强烈的免疫反应对自身造成损害。这些受体包括髓样细胞触发受体（triggering receptors expressed on myeloid cell，TREM）、唾液酸结合性免疫球蛋白样凝集素（sialic acid-binding Ig-like lectin，Siglec）等。

图 8-8　动物模式识别受体（PRR）的类型（引自 Thibault et al.，2021）

（一）Toll 样受体及其炎症信号通路

包括上皮细胞、内皮细胞及髓系和淋巴系免疫细胞在内几乎所有类型的先天性免疫细胞都表达 Toll 样受体（TLR），它们既表达在细胞膜表面，也表达在溶酶体、内体、吞噬体和吞噬溶酶体等胞质细胞器质膜上。作为前哨细胞最重要的 PRR 之一，TLR 负责感应细胞外和胞质内质体中的"危险性"信号，其最显著的生物学功能是介导细胞因子的合成及释放，启动免疫应答，甚至诱发炎症反应。

其实，TLR 在进化上是保守的，存在于所有活体多细胞生物中。目前为止，已发现的哺乳动物 TLR 有 13 种（人类中有 10 种 TLR，即 TLR1～TLR10；小鼠有 12 种 TLR，即 TLR1～TLR9、TLR11～TLR13），其中，TLR1、TLR2、TLR4～TLR6 和 TLR10 分布于细胞表面，可识别脂质、脂多糖、脂蛋白、膜锚定蛋白等微生物膜成分或是与病原体结合在一起的细胞外蛋白，如热休克蛋白（HSP）60 和 70 等，而在胞质体区隔内发现的 TLR（TLR3、TLR7～TLR9 和 TLR11～TLR13）则可感受病毒的 dsRNA 或 ssRNA 和细菌衍生的非甲基化的寡聚核苷酸 CpG DNA 及其他内源性危险信号。

与哺乳动物相比，鱼类虽然没有 TLR6 和 TLR10～TLR12，却具有更多的 TLR 种类，并且 TLR4、TLR5、TLR8、TLR20 和 TLR22 被发现有多个重复的拷贝。鱼类 TLR 可被划分为 6 个亚家族：①TLR1 亚家族，包括 TLR1、TLR2 和 TLR14，主要识别部分脂蛋白、脂多糖，目前，TLR14 仅在红鳍东方鲀和牙鲆的基因组序列中有报道；②TLR4 亚家族，仅包括 TLR4，主要识别 LPS，不过，目前仅在部分鲤科鱼类中鉴定出了 TLR4；③TLR5 亚家族，包括膜型 TLR5（TLR5M）及鱼类特有的分泌型 TLR5（TLR5S），主要识别鞭毛蛋白；④TLR3 亚家族，仅包括 TLR3，主要识别 dsRNA/聚肌苷酸-聚胞苷酸 [poly（I：C）]；⑤TLR7 亚家族，包括 TLR7、TLR8 及 TLR9，主要识别 ssRNA 及 CpG DNA；⑥TLR11 亚家族，包括鱼类特有的 TLR20、TLR21、TLR22 和 TLR23，识别长链 dsRNA 等（见第三章表 3-1）。

除了鱼类，人们还在长牡蛎（*Crassostrea gigas*）、虾夷盘扇贝（*Patinopecten yessoensis*）和紫贻贝（*Mytilus galloprovincialis*）等软体动物的基因转录组中分别鉴定出两个 TLR 片段，同时发现可能编码紫贻贝的 TLR 基因有 27 个，其中 8 个可编码具有完整 TLR 结构的蛋白；在拟曼赛因青蟹（*Scylla paramamosain*）和斑节对虾（*Penaeus monodon*）、中国明对虾（*Fenneropenaeus chinensis*）、凡纳滨对虾（*Litopenaeus vannamei*）、日本囊对虾（*Marspenaeus japonicus*）等甲壳动物中发现了相应的 TLR。

TLR 属于 I 型跨膜 PRR 分子，其细胞膜外结构域由串联的富亮氨酸重复序列（leucine-rich repeat，LRR）构成，是结合配体的特异性部位；跨膜部分是富含半胱氨酸的螺旋结构域；膜内结构域参与下游信号传递，是 TLR 信号转导的核心区域，其结构与 IL-1 受体的胞内部分高度同源，以 TIR（Toll/interleukin-1 receptor）表示（图 8-8）。硬骨鱼 TLR 的 LRR 结构域在结构上与人类或小鼠的 TLR 同源，其序列同源性为 30%～70%。

TLR 可通过对来自细菌、真菌、病毒、寄生虫等的多种 PAMP 和胞质中的 RNA、CpG DNA 等内源性危险信号 DAMP 的识别，自身二聚化（TLR1 和 TLR6 与 TLR2 形成异源二聚体，TLR3、TLR4、TLR5、TLR7 和 TLR9 则形成同源二聚体），并通过招募同样含有 TIR 结构域的髓样分化初级反应蛋白 88（myeloid differentiation primary response protein 88，MyD88）、TICAM1（也称为 TRIF）、TIRAP（也称为 MAL）和 TICAM2（也称为 TRAM 和 TIRP）4 种衔接蛋白中的一种或多种来传递信号，并由此形成了 MyD88 依赖性信号通路和 TRIF 依赖性信号通路（图 8-9）。除了 TLR3 通过 TRIF 途径传递信号、TLR4 通过 MyD88 和 TRIF 两个途径发出信号之外，其余所有 TLR 和 IL-1 受体家族成员都通过 MyD88 发出信号，激活 NF-κB、MAPK、Jun N 端激酶（JNK）、p38（也称为 p38MAPK，即 p38 丝裂原活化蛋白激酶）和细胞外信号调节蛋白激酶（extracellular-signal-regulated kinase，ERK），以及干扰素调节因子（IRF3、IRF5 和 IRF7）信号通路，从而诱导产生炎性细胞因子，引发炎症反应。硬骨鱼类 TLR 衔接蛋白有 5 个成员，即 MyD88、TRIF、TIRAP、选择性雄性激素受体调节剂（SARM）和磷酸肌醇 3-激酶的 B 细胞适配器（B-cell adaptor for phosphoinositide 3-kinase，BCAP），其中，SARM1 和 BCAP 为 TLR 信号通路的负调控因子。

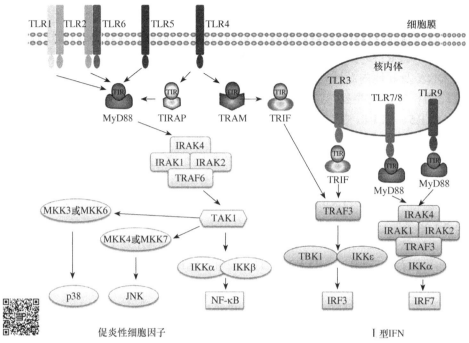

图 8-9　Toll 样受体和 TLR 介导的 MyD88、TRIF 信号通路（引自 Zhao et al.，2014）

　　细胞接受 PAMP/DAMP 刺激后，TLR 通过同型相互作用结构域诱导自身二聚化并完成对 MyD88 和白细胞介素受体相关激酶（IL receptor associated kinase，IRAK）的募集，形成寡聚化信号架构，称为 Myddosome；然后导致 IRAK-4 自磷酸化并进一步激活 IRAK-1/IRAK-2，诱导 TNF 受体相关因子 6（TNF receptor associated factor 6，TRAF6）与 TAK1（TNF-β活化激酶 1）、TAB1~TAB3（转化生长因子活化激酶结合蛋白 1~3）、IKK［inhibitor of NF-κB kinase，NF-κB 抑制蛋白（IκB）激酶］相互作用，形成 IKK 复合体（IKK complex），激活 MAPK（丝裂原活化蛋白激酶）、NF-κB（核因子κB）信号通路，引发炎症反应。

　　接受刺激信号之后，TLR3 通过 TIR-TIR 同型相互作用诱导 TRIF（TIR-domain-containing adaptor inducing interferon-β，含 TIR 结构域的 IFN-β诱生剂衔接蛋白）募集，TLR4 则通过接头分子 TRAM（TRIF-related adaptor molecule）与 TRIF 结合，TRIF 进一步招募参与β干扰素（IFN-β）反应的 TRAF3、导致 MAPK 和 NF-κB 激活的 TRAF6，或受体相互作用蛋白 1 激酶（receptor-interactingprotein1kinase，RIP1）和 RIP3。在多泛素化［泛素（ubiquitin，Ub）在一系列酶的催化作用下共价结合到靶蛋白的过程］状态下，RIP1 是丝氨酸/苏氨酸蛋白激酶，其 C 端含死亡结构域，可以招募 TAK1/TAB1~TAB3 和 IKK 复合体并激活 NF-κB/MAPK，诱发炎症反应；在非泛素化状态中，RIP1 则与 FADD（Fas-associating protein with a novel death domain，又名 Mort1，是一种死亡域蛋白）和 caspase-8（胱天蛋白酶-8）组装形成细胞死亡信号转导复合小体 ripoptosome，导致 caspase 级联激活和细胞凋亡，抑或是激活坏死小体（necrosome）中的 RIP3，RIP3 进一步催化混交激酶域蛋白（mixed lineage kinase like，MLKL）的活化磷酸化，其寡聚后转移到质膜中形成孔洞并诱导细胞坏死性凋亡。DAI［DNA 依赖性干扰素调节因子（IRF）激活剂］也可以通过 Rip 同源相互作用基序（Rip homotypic interaction motif，RHIM）同型相互作用直接招募 RIP3，诱导 MLKL 磷酸化和细胞坏死性凋亡，以响应病毒衍生核酸的刺激。坏死小体还具有诱导 ROS 产生的能力，导致 NLRP3（NOD 样受体蛋白3）炎症小体形成和细胞焦亡（pyroptosis，其细胞焦亡形态主要表现为细胞不断胀大直至细胞膜破裂，导致细胞内容物释放并引发剧烈的炎症反应）。TLR介导的TNF-α可诱导其受体TNFR1自分泌，从而导致RIP1结合和刺激信号放大。上述详见图8-10。

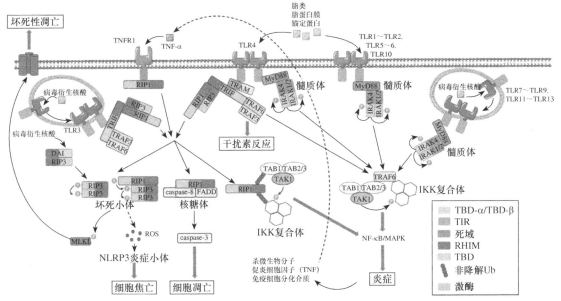

图8-10　TLR介导的信号通路（引自Thibault et al.，2021）

（二）NOD样受体及其炎症信号通路

核苷酸结合寡聚化结构域（nucleotide-binding oligomerization domain，NOD）样受体（NOD-like receptor，NLR）是细胞溶质PRR的一个亚群，介导对细胞损伤和应激引发的先天性免疫应答。NLR被激活后，通过一系列的信号通路，能激发各种炎症因子的释放，从而诱导炎症反应。

NLR蛋白家族成员有许多共同的结构特征：它们没有任何信号肽或跨膜结构域，羧基端由富亮氨酸重复序列（leucine-rich repeat）构成LRR结构域，主要用于配体的识别，在NLR的激活中起着重要作用；位于分子中间的核苷酸结合域（nucleotide-binding domain，NBD），是NACHT结构域的一个组成部分，主要发挥依赖于三磷酸腺苷（adenosine triphosphate，ATP）的自身寡聚化作用；位于N端的效应器结合结构域（effector-binding domain，EBD）通过与衔接分子和下游效应分子相互作用，将信号往下游转导。在哺乳动物中，EBD在结构上是可变的，当前已经明确的有4种不同的结构域类型，即CARD（caspase-recruitment domain，半胱天冬酶募集结构域）、PYD（pyrin domain，pyrin结构域）、BIR（baculoviral inhibition of apoptosis protein repeat domain，杆状病毒凋亡蛋白重复序列抑制剂结构域）、ATD/AD（acidic transactivation domain，酸性反式激活结构域）。根据N端EBD的差别，NLR可分为NLRA（含ATD/AD结构域）、NLRB（含BIR结构域）、NLRC（含CARD结构域）和NLRP（含PYD结构域）4个亚家族（图8-11），其中，NLRA亚家族仅有一个成员，即MHC II反式激活子，具有AD结构域、4个LRR，以及一个GTP（三磷酸鸟苷）结合域，通过其固有的乙酰转移酶活性而非DNA结合活性来促使蛋白质从细胞质运输到细胞核，以促进MHC II基因的转录；NLRB亚家族中唯一的成员是NLR家族凋亡抑制蛋白，它抑制caspase（CASP）3、

CASP7 和 CASP9 的激活以抑制凋亡，可能发挥炎症反应负调控作用；NLRC 亚家族由 6 个成员组成，即 NLRC1（NOD1）、NLRC2（NOD2）、NLRC3、NLRC4、NLRC5 和 NLRX1，皆具有 CARD 结构域以招募 caspase；NLRP 亚家族由 14 个成员组成，具有保守的 N 端 PYD 结构域，它们因为信号转导过程中形成炎症小体并引发炎症性细胞焦亡而闻名，是迄今为止 NLR 中最为典型的亚家族。

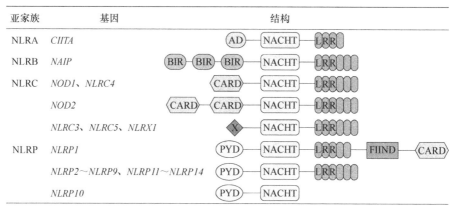

亚家族	基因	结构
NLRA	*CIITA*	(AD)—NACHT—LRR
NLRB	*NAIP*	(BIR)(BIR)(BIR)—NACHT—LRR
NLRC	*NOD1*、*NLRC4*	⟨CARD⟩—NACHT—LRR
	NOD2	⟨CARD⟩⟨CARD⟩—NACHT—LRR
	NLRC3、*NLRC5*、*NLRX1*	⟨X⟩—NACHT—LRR
NLRP	*NLRP1*	(PYD)—NACHT—LRR—FIIND—⟨CARD⟩
	NLRP2～NLRP9、*NLRP11～NLRP14*	(PYD)—NACHT—LRR
	NLRP10	(PYD)—NACHT

图 8-11　NLR 蛋白质家族的分类和结构示意图（引自 Zheng，2021）

AD. 酸性反式激活结构域；NACHT. 存在于 NAIP（凋亡抑制蛋白）、CIITA（MHC Ⅱ 类转录激活剂）、HET-E（柄孢霉不相容位点蛋白）和 TP-1（端粒酶相关蛋白）中的结构域；LRR. 富含亮氨酸重复序列；BIR. 杆状病毒凋亡重复序列抑制剂；CARD. 胱天蛋白酶募集结构域；X. 成分不明；PYD. pyrin 结构域；FIIND. 功能查找结构域

在硬骨鱼类中，NLR 也被分为 4 个亚家族，即 NLR-A、NLR-B、NLR-C 和其他 NLR。NLR-A 与哺乳动物 NOD 相似，NLR-B 与哺乳动物 NLRP 相似，NLR-C 是硬骨鱼类中一个独特的亚家族，在其 N 端有额外的结构域 PYD、相邻的鱼类特异性 NACHT 相关结构域（称为 FISNA），C 端则具有由丝氨酸-脯氨酸-精氨酸-酪氨酸（Ser-Pro-Arg-Tyr，SPRY）及脯氨酸-精氨酸-酪氨酸（Pro-Arg-Tyr，PRY）两个序列组成并在免疫反应中起重要作用的 B30.2（PRY-SPRY）结构域。

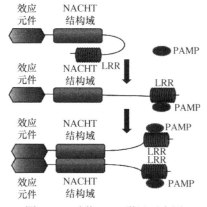

图 8-12　动物 NLR 激活示意图
（引自刘菲等，2014）

NLR 分子的 C 端 LRR 结构域通常处于折叠状态并与 NACHT 结构域形成"U"形结构，以此抑制其多聚化并使自身处于非活化状态，而一旦 LRR 与 PAMP/DAMP 直接或间接结合，处于自身抑制状态的 NLR 分子便随即改变构象，暴露出 NACHT 的寡聚结构域，触发寡聚化并形成 6～8 聚体，自身被激活，N 端的效应结构域暴露，此后通过同型相互作用，直接或借由衔接分子作用间接地募集下游具有相同结构域的信号蛋白，由此启动相应的信号转导（图 8-12）。

在 NLR 中，NLRP1、NLRP3、NLRP4、NLRP6、NLRP7 和 NLRC4 在激活状态下，可通过 PYD：PYD 同型相互作用与衔接蛋白 ASC（apoptosis-associated speck-like protein containing a CARD，包含 CARD 结构域的凋亡相关斑点样蛋白）衔接，而 ASC 则借由 CARD：CARD 相互作用与效应蛋白 pro-caspase-1（胱天蛋白酶原-1）结合，由此在胞质中出现由受

体蛋白 NLR-衔接蛋白 ASC-效应蛋白 pro-caspase-1 构成的大型环状多蛋白复合体（ring-like multiprotein complex），即炎症小体（inflammasome），可表达为 LRR-NACHT-PYD：PYD-CARD：CARD-caspase 结构域（图 8-13）。值得注意的是，NLRP1 和 NLRC 家族成员都拥有一个 C 端 CARD 结构域，可直接与包含一个 CARD 结构域的 pro-caspase-1 相互作用，理论上讲，它们激活下游的效应蛋白应不仰赖于 ASC 的参与，但是，客观上 ASC 对于 pro-caspase-1 的自催化裂解及下游 IL-1β 和 IL-18 的成熟仍然是必需的。pro-caspase-1 不仅包含一个 CARD，还拥有两个活性亚基（p10、p20），在其被招募到炎症小体之后发生裂解，释放两个活性亚基 p10、p20，随后此二者相互聚合形成四聚体便成为具有活性的 caspase-1，不但可催化 pro-IL-1β 和 pro-IL-18 裂解成为成熟的炎性细胞因子 IL-1β 和 IL-18，继而诱发炎症反应，而且可在两亚基连接环内催化裂解 N 端包含孔洞形成结构域（pore forming domain，PFD）的消皮素 D（gasdermin D）（其家族成员通称 GSDMD），其活性裂解片段 PFD 被释放、寡聚并锚定于细胞膜上形成内径为 10～20nm 的孔洞，导致 IL-1β 和 IL-18 释放、离子失衡，最终细胞肿胀，细胞膜破裂，细胞质外流，细胞焦亡。钾外流被视为引发细胞焦亡的重要节点，因为阻断钾外流就能抑制上述所有途径下游的炎症小体激活，而低钾则足以单独触发 NLRP3 炎症小体激活。

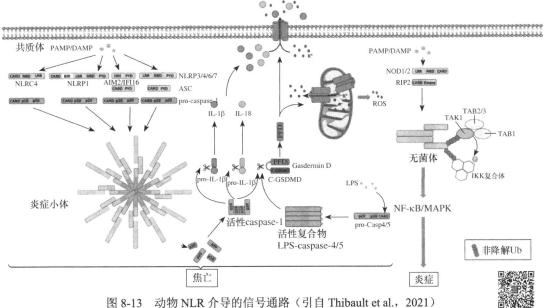

图 8-13　动物 NLR 介导的信号通路（引自 Thibault et al.，2021）

细胞焦亡是一种程序性细胞死亡，又称为炎症性细胞坏死，其标志性生化特征主要有炎症小体的形成、caspase 和 gasdermin 的激活及大量促炎症细胞因子（IL-1β、IL-18 等）的释放。细胞焦亡在细胞形态学特征、发生及调控机制等方面均有别于凋亡（apoptosis）、坏死（necrosis）等其他细胞死亡方式。焦亡细胞不仅没有形成凋亡小体，而且相较于细胞坏死，其细胞肿胀程度更低。焦亡细胞只是在细胞膜破裂之前细胞质中出现大量小泡，即焦亡小体，细胞崩解之后则因细胞内容物的释放而引发强烈的炎症反应。有趣的是，gasdermin D 裂解后形成的 PFD 还能够在细菌和细胞器（如线粒体或内质网）的细胞膜上形成孔隙，从而导致钾（K^+）外流、钙动员（Ca^{2+}持续释放）和活性氧生成。

炎症小体是 Martinon 等于 2002 年首次提出来的术语。2011 年，Kayagaki 等则使用"non-canonical inflammasome"（非典型性炎症小体）术语来描述由 caspase-11（人类 caspase-4 和 caspase-5 的小鼠同源物）激活的炎症通路，以区分"canonical inflammasome"（典型性炎症小体）的"NLR-ASC-caspase-1"激活模式。研究表明，pro-caspase-4/5 和 pro-caspase-11 可直接结合 LPS，触发这些胱天蛋白酶原的寡聚与激活，而不需通过 NLR 接受刺激信号，换句话说，它们既是 PRR 又是效应分子，然而，研究人员又发现，由非活性志贺菌毒素导入的 LPS 并不足以激活 pro-caspase-4，这表明 LPS 激活 pro-caspase-4/5 非典型性炎症小体可能需要其他细胞扰动或启动事件的配合。

与上述炎症信号通路不同，来自 NLRC 亚家族的一些 NLR，如 NOD1 和 NOD2，并不能诱导炎症小体的组装，而只能诱导 NOD 小体（NODosome）的形成，进而激活 NF-κB 和（或）MAPK 信号通路，触发炎性细胞因子编码基因的转录与表达。

NOD1 和 NOD2 分别识别肽聚糖降解产物中的内消旋二氨基庚二酸（γ-D-glutamyl-meso-diaminopimelic acid，iE-DAP）和胞壁酰二肽（muramyl dipeptide，MDP）之后二聚化，并通过 CARD：CARD 相互作用招募 RIP2（receptor-interacting serine-threonine kinase 2，丝苏氨酸受体相互作用蛋白激酶 2），激活的 RIP2 则直接与 IKK 结合形成复合体从而激活 NF-κB 通路，或是活化的 RIP2 在辅酶作用下募集 TAK1（TNF-β活化激酶 1）和 TAB1~TAB3，通过促进其磷酸化激活特异性 IKK 复合物，从而激活 NF-κB 和 MAPK（mitogen-activated protein kinase，有丝分裂原活化蛋白激酶）信号通路，释放 TNF-α、IL-6、IL-1、IL-8 等促炎因子，诱发炎症反应。

此外，NOD2 还能识别病毒 ssRNA，活化干扰素调节因子 3（interferon regulatory factor 3，IRF3），诱导 I 型干扰素的产生。

（三）RIG 样受体及其炎症信号通路

RLR 是脊椎动物中非常保守的细胞内 PRR，主要包括视黄酸诱导基因 I（retinoic acid induced gene I，RIG-I）、黑色素瘤分化相关基因 5（melanoma differentiation-associated gene 5，MDA5）、遗传学和生理学实验室蛋白 2（laboratory of genetics and physiology 2，LGP2）3 个家族成员。它们是一类 RNA 传感器，定位于胞质中，可识别进入胞质中的单链核糖核酸（ssRNA）和双链核糖核酸（dsRNA）病毒的核酸。上述 3 类 RLR 均属于 RNA 解旋酶，在结构上 RIG-I、MDA5 和 LGP2 均具有一个位于中间的 DExD/H 解旋酶结构域和一个通过"pincer"（钳形）序列与解旋酶结构域相连的 C 端结构域（C terminal domain，CTD），并且 DExD/H 解旋酶结构域又包含解旋酶结构域 Hel1（helicase domain 1）和 Hel2 两部分，其中，Hel2 中夹带着一个解旋酶插入域 Hel2i（helicase insertion domain 2i），具有 ATP 酶和解旋酶活性，然而，RIG-I 和 MDA5 皆含有串联的两个 N 端胱天蛋白酶募集结构域 CARD（caspase-recruitment domain），LGP2 则缺乏 N 端 CARD 结构域（图 8-14）。

当病毒感染细胞时，进入细胞的病毒 5'pppRNA 或 dsRNA 被 CTD 结合并与 DExD/H 解旋酶结构域相互作用，ATP 在 Hel2i 的参与下水解，使得 RIG-I/MDA5 构象发生改变，CARD 暴露并在 TRIM25（tripartite motif-containing 25，含三元基序的蛋白 25）泛素连接酶作用下连接 K63 泛素链，通过与泛素链共价或非共价结合而寡聚化形成 CARD 四聚体。随后，线粒体膜伴侣蛋白 14-3-3ε识别该四聚体并将其引导至线粒体膜，与通过 C 端的跨膜结构域锚定于线粒体外膜上的线粒体抗病毒信号蛋白 MAVS（mitochondria antiviral signaling protein）结

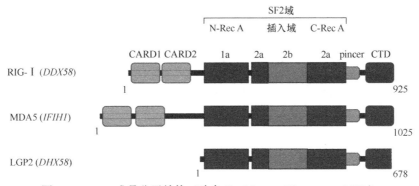

图 8-14　RLR 成员分子结构（改自 Streicher and Jouvenet，2019）

合。RLR 与其下游信号接头分子 MAVS 通过 CARD：CARD 方式发生同型交互作用，将信号转导给下游的 TRAF3/7（TNF-R associated factor 3/7），进而招募 TBK1（TANK-binding kinase-1，TANK 结合蛋白激酶 1）和 IKK-ε，形成非经典的 IKK 复合体。IKK 复合体被激活后在 NAP1（nucleosome assembly protein 1，核小体组装蛋白 1）和 TANK（TRAF family member associated NF-κB activator）的协同下，自身磷酸化后激活 IRF3/7，而活化的 IRF3/7 则转移至细胞核内，并诱导 I 型干扰素的产生及一系列抗病毒基因的表达，扩大抗病毒免疫应答（图 8-15 和图 8-16）。

　　活化的 MAVS 还可通过 TRAF 2/6 或者 FADD（Fas-associated death domain，Fas 相关死亡结构域）、RIP1（receptor interacting protein-1）、TRADD（TNF receptor-associated death domain）、caspase-8/10 通路将信号转导给经典的 IKK 复合物（包含 IKKα、IKKβ、IKKγ，

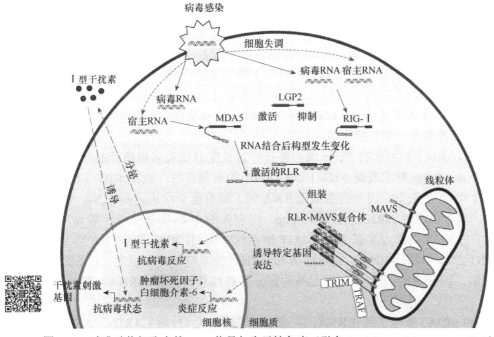

图 8-15　哺乳动物细胞中的 RLR 信号与先天性免疫（引自 Streicher and Jouvenet，2019）

RLR 的活化导致 RLR-MAVS 四聚体形成和 TRAF、TRIM 蛋白家族的动员及相关信号级联反应，最终引发 I 型干扰素和促炎性细胞因子表达上调，而分泌的干扰素又激活成百上千个干扰素刺激基因（ISG）的表达

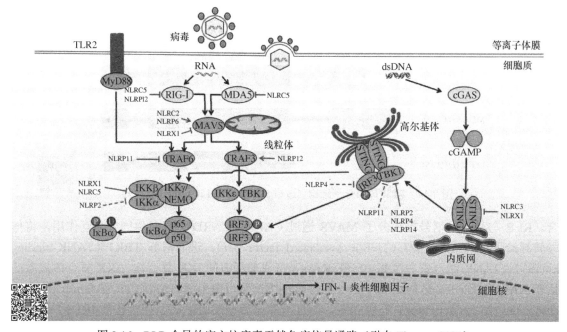

图 8-16　RLR 介导的宿主抗病毒天然免疫信号通路（引自 Zheng，2021）

宿主 PRR，如 TLR、RLR 和 CGA，可以识别病毒核酸以诱导 IFN-Ⅰ和炎性细胞因子。NLR 可以调节 TLR、RLR 和 cGAS-STING
信号通路中的多个适配器。P. 磷酸盐；U. 泛素；cGAS. 环鸟苷酸-腺苷酸合成酶；cGAMP. 环鸟苷酸-腺苷酸

最后导致 NF-κB 和 IκBα 复合物磷酸化，磷酸化的 IκBα 从 NF-κB 上脱落并降解，而活化的
NF-κB（由 p50 和 p65 两个亚基构成）则进入细胞核内，诱导促炎性细胞因子和炎性趋化因
子的产生，启动炎症反应。

　　LGP2 缺乏 CARD，虽然不能活化下游信号，但仍可识别 dsRNA，并通过与 RIG-Ⅰ竞争
配体 RNA，导致 RIG-Ⅰ信号下调，因此，普遍认为 LGP2 对 RIG-Ⅰ信号转导起负调控作用，
然而，Takashi 等学者强调指出：LGP2 是 RIG-Ⅰ和 MDA5 介导抗病毒反应所必需的因素，
它在 RIG-Ⅰ、MDA5 通过 ATPase 结构域识别病毒 RNA 过程中发挥促进作用。显然，对 MDA5
结合 dsRNA 不构成影响的前提下，LGP2 可促进 MDA5 寡聚化，上调 MDA5 信号，对 MDA5
介导的抗病毒应答具有正向调控作用。

　　研究表明，RIG-Ⅰ识别含有 5′ppp 结构并有一定长度且带有多聚核苷酸序列或双链核苷
酸结构的 RNA，5′ppp 尾巴既是 RIG-Ⅰ识别 RNA 的必需条件，也是 RIG-Ⅰ区别宿主细胞
RNA 和病毒 RNA 的依据，因为宿主细胞 RNA 的 5′端有帽子结构，而 tRNA 和 rRNA 缺少
5′ppp 结构。尽管内源性 mRNA 也具有 5′ppp，但引入的 2′-O-甲基化与 5′端 m7G 帽协同作
用使 RIG-Ⅰ与 RNA 亲和力减弱 200 倍、ATP 酶活性下降，且 RIG-Ⅰ的 RNA 结合区域 H830
残基排斥 N1-2′-O-甲基化 RNA，或通过 A-to-Ⅰ编辑使双链部分去稳定化，导致自身 RNA
被 RLR 屏蔽，因此 RIG-Ⅰ可通过以上结构区分外源性和内源性 ssRNA，有效避免正常细
胞被损伤。

　　RIG-Ⅰ和 MDA5 都能识别 dsRNA，并通过相同的方式（N 端 CARD：CARD）与同类信
号接头蛋白（MAVS/IPS-1）相互作用，诱发Ⅰ型干扰素和其他炎性细胞因子表达，促成抗病
毒免疫应答和炎症反应，不过，RIG-Ⅰ识别短链的 dsRNA（约 70bp）及含 5′ppp 的 RNA，
而 MDA5 则识别长链 dsRNA（大于 2kb）。在大多数情况下，RIG-Ⅰ激活过程中自身都会出

现寡聚化和泛素化现象，但是面对较长的 dsRNA，RIG-Ⅰ只发生寡聚化而没有泛素化，这表明 RIG-Ⅰ选择性识别短链 dsRNA 并激活下游信号转导通路。

与哺乳动物一样，鱼类等水生动物具有相同的 RLR 组成和功能，但是有报道指出：在硬骨鱼中，RLR 可能被剪接并导致序列缺失或功能域插入。在斑马鱼中发现了两个来自同一基因的 MDA5 剪接体，即 MDA5a（MDA5 正常形式）和 MDA5b（MDA5 截断形式），从缺失的部分外显子基因序列预测其蛋白质组成发现，MDA5b 的 Hel-ICc 和 RD 结构域被删除。斑马鱼的 RIG-Ⅰ也有两种不同的剪接体，即 RIG-Ⅰa 和 RIG-Ⅰb，RIG-Ⅰa 在第二个 CARD 结构域中插入 38 个氨基酸，且与其他硬骨鱼类或哺乳动物中的剪接体没有同源性，目前尚不清楚这两种亚型是由单个基因编码还是由两个重复基因编码。虹鳟 LGP2 的剪接体 LGP2b 比 LGP2a 短 54 个氨基酸，这是由于 LGP2b 的 3′端开放阅读框有提前终止而未拼接的内含子。

（四）细胞内识别病原体/宿主来源 DNA 的 PRR 及其炎症信号通路

黑色素瘤缺乏因子 2（absent in melanoma 2，AIM2）、干扰素诱导蛋白 16（IFN inducible protein 16，IFI16）等可识别细胞内的 dsDNA，它们共同形成了一个新的 PRR 家族，统称为 AIM2 样受体（AIM2-like receptor，ALR）。包括 AIM2 和 IFI16 在内的 ALR 识别细胞质和细胞核内的病毒 dsDNA，通过激活 AIM2 炎症小体（AIM2 inflammasome）和 IFI16 乙酰化来启动炎性免疫应答。

AIM2 存在于细胞质中，是 PYHIN（含 pyrin 和 HIN 结构域的蛋白质）家族成员之一，细胞质中的病毒 dsDNA（70～200bp）可直接与 AIM2 的 HIN200（hematopoietic interferon-inducible nuclear antigens with 200 amino acid repeats，含有 200 个氨基酸重复序列的造血细胞核干扰素诱导抗原）结构域，通过带正电的 HIN 结构域残基与双链 DNA 糖-磷酸骨架之间的静电吸引以非序列特异性方式结合，由此解除 AIM2 的 pyrin 和 HIN 结构域的自抑制状态，随后，pyrin 结构域通过 PYD:PYD 同源相互作用招募下游信号接头分子 ASC，ASC 则通过 CARD:CARD 同源相互作用招募胱天蛋白酶原 1（pro-caspase-1），形成 AIM2 炎症小体，激活 caspase-1，促成 IL-1β 和 IL-18 释放，诱发细胞焦亡并加剧炎症反应，或进一步激活 gasdermin D，造成细胞膜穿孔和 K^+ 流失，引发细胞焦亡并加剧炎症反应。然而，AIM2 炎症小体的激活受 IFI16 影响，细胞质中的 IFI16-β（IFI16 的转录亚型）可抑制 AIM2 炎症小体的激活，阻止 AIM2-ASC 复合物的形成，而 IFI16-α 则可识别进入细胞核的病毒 DNA 以激活炎症小体依赖性 IL-1β 释放（图 8-17）。

IFI16 表达于淋巴细胞中，也有突出的 dsDNA 结合结构域 HIN200，可识别细胞质和细胞核内的病毒 DNA。IFI16 的 HIN200 结构域与 dsDNA 结合之后引起 IFI16 乙酰化，而乙酰化的 IFI16 可激活下游干扰素基因刺激因子（stimulator of interferon gene，STING）分子。STING 的激活使得具有磷酸化 IRF3 功能的 TANK 结合激酶 1（TANK binding kinase 1，TBK1）磷酸化，继而磷酸化和二聚化的 IRF3 进入细胞核，激活包括Ⅰ型干扰素刺激基因在内的 IFN 刺激基因（ISG），发出Ⅰ型 IFN 合成和释放的信号，同时激活经典和非经典 NF-κB 信号通路，释放依赖于 NF-κB 的促炎性细胞因子，引发炎症反应，但是激活的 AIM2 可直接结合 cGAS 而抑制 cGAS-STING 信号转导通路（图 8-17）。

除了 AIM2 和 IFI16，细胞内的 dsDNA 也可被环鸟苷酸-腺苷酸合成酶（cyclic GMP-AMP synthase，cGAS）识别，cGAS 含有核苷酸转移酶结构域和两个 DNA 结合结构域，接受 dsDNA 刺激信号之前自身处于抑制状态，而结合 dsDNA 后则发生构象变化并暴露酶活性位点，催

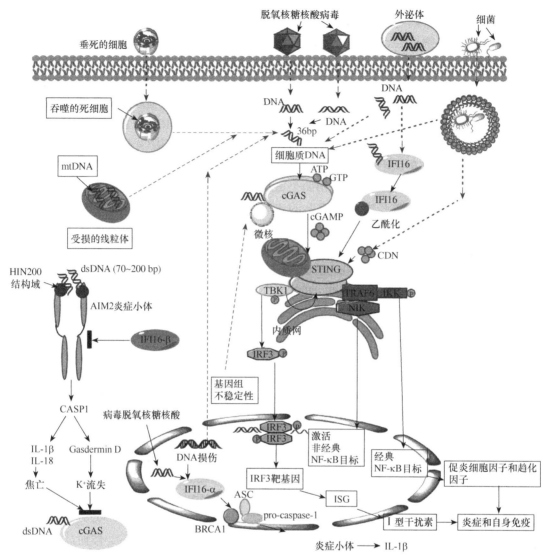

图 8-17　不同胞质 PRR 感知宿主或病原体衍生的胞内 dsDNA 作为 PAMP 或 DAMP 示意图
（改自 Kumar，2019）

BRCA1. 乳腺癌 1 号基因

化三磷酸腺苷（ATP）、三磷酸鸟苷（GTP）合成、结合并激活 STING（第二信使）的环鸟苷酸-腺苷酸（cyclic guanosine monophosphate-adenosine monophosphate，cGAMP）。结合 cGAMP后，STING 迅速从内质网转运至细胞核周围并形成大的点状结构，发生磷酸化或泛素化修饰，从而激活下游 cGAS-STING 信号通路，引发炎症性免疫应答（图 8-16 和图 8-17）。

　　除了病毒和宿主衍生的 dsDNA，cGAS-STING 信号通路还可被细菌环二核苷酸（cyclic dinucleotide，CDN）激活。STING 的 N 端由 4 个跨膜区将其锚定在内质网上，C 端有一个球形的结构域暴露于细胞质中。在静息状态下，STING 呈蝴蝶状二聚体形态并处于自抑制失活状态，而 CDN 分子出现后，便通过广泛的疏水相互作用，以氢键形式结合至 STING 二聚体的中心缝隙处，并导致 STING 构象发生变化，在 C 端结构域形成类似于 TBK1 底物的结构，TBK1 则由此磷酸化 STING，激活 IRF3（图 8-17）。

（五）甲酰肽受体及其在炎症中的作用

甲酰肽受体（formyl-peptide receptor，FPR）是包含 7 个跨膜结构域的受体家族，属于 G 蛋白偶联受体超家族，具有模式识别受体（PRR）特性。人类已发现的 FPR 家族成员有 FPR1、FPR2/ALX 和 FPR3 三种，小鼠 FPR 家族成员包括 FPR1、FPR2、FPR-rs1、FPR-rs3、FPR-rs4、FPR-rs5、FPR-rs6 和 FPR-rs7，它们不仅在炎症细胞中高表达，在组织细胞也有表达，能够识别的配体包括 N-甲酰肽、内源性非甲酰肽配体及合成的 FPR 配体甚至是脂质。自然界中的 N-甲酰肽主要来自病原体及死亡组织细胞中的线粒体蛋白降解产物，内源性非甲酰肽配体则包括组织蛋白酶 G 和糖皮质激素调节蛋白，即膜联蛋白 A1（annexin A1）等。

三、炎症过程中免疫细胞的相互作用

在体表或黏膜表面出现的 PAMP/DAMP 由上皮细胞或血淋巴管内皮细胞识别，而循环中的 PAMP/DAMP 由循环的免疫细胞（中性粒细胞、单核细胞、树突状细胞和 T 细胞）及血管内皮细胞表达的相应 PRR 识别，这种识别促成这些细胞被重新编程为促炎性细胞状态，并出现上皮细胞/内皮细胞与不同免疫细胞之间发生相互作用，从而允许炎症性免疫细胞从血淋巴管内渗出，并迁移到远处的组织和器官，引发急性或慢性炎症反应。

（一）炎症过程中中性粒细胞-上皮细胞和单核细胞-上皮细胞的相互作用

中性粒细胞和单核细胞与上皮细胞的相互作用在炎症或器官损伤中起着关键作用。

中性粒细胞在上皮中的迁移涉及中性粒细胞与上皮细胞的黏附及上皮屏障的松动，其中，CD11b［整合素 α M（integrin α M，ITGAM）或巨噬细胞-1 抗原（Mac-1）］/CD18（整合素 β 链-2）与包括岩藻糖相关糖蛋白在内的上皮细胞配体相互作用，可因缺氧诱导因子-1（HIF-1）促进 β2 整合素表达而增进中性粒细胞与上皮的黏附，而位于上皮基底外侧表面的中性粒细胞迁移激活蛋白酶激活受体（PAR）PAR-1 和 PAR-2，可诱导 G 蛋白偶联受体（G-protein coupled receptor，GPCR）介导的信号转导，激活肌球蛋白轻链激酶（MLCK），导致与顶端上皮紧密连接和黏附的连接蛋白相关肌动球蛋白环出现依赖性收缩，从而破坏上皮屏障功能，促成中性粒细胞在上皮中迁移。

上皮细胞激活后释放的单核细胞趋化因子，包括 CCL2（单核细胞趋化蛋白-1，MCP-1）和 CCL5（RANTES，正常 T 细胞表达和分泌），可诱导单核细胞强烈地跨越上皮迁移，而单核细胞的跨上皮迁移依赖于黏附分子，包括 ICAM-1、VCAM-1（血管细胞黏附分子-1）、CD47（整合素相关蛋白），与单核细胞整合素 β1、β2 和整合素（integrin）相关蛋白及在上皮细胞上表达的连接黏附分子之间的相互作用。

（二）炎症过程中内皮细胞与白细胞的相互作用

无论是炎症细胞（包括中性粒细胞）在炎灶部位的浸润，还是急性炎症期单核细胞的调集，或是慢性炎症期 T 淋巴细胞的进驻，都涉及炎症细胞的渗出过程（炎症细胞通过形成伪足而快速穿越内皮细胞），并且受到来自体液循环中的感染性或无菌性炎症原（inflammogen）的影响。

炎症细胞渗出现象主要发生在"炎灶"区的局部组织中被称为毛细血管后小静脉（postcapillary venule，PCV）的微血管。PCV 既是炎症早期组胺诱导血管渗漏发生的部位，也是白细胞外渗的场所。如果炎症性损伤不是很严重，那么受损 PCV 的内皮连接就会恢复

完整。在白细胞渗出过程中，内皮-中性粒细胞的相互作用包括中性粒细胞之间的相互作用，以及随后发生的血小板-内皮细胞黏附分子-1（PECAM-1，CD31）和 CD99 在白细胞迁移过程中的相互作用。包括病原体、PAMP、DAMP 在内的系统性炎症刺激物都会诱导循环中的中性粒细胞和单核细胞变化，主要体现在：吞噬作用增强、促炎性介质和细胞因子分泌，以及中性粒细胞或单核细胞形成胞外陷阱（neutrophil extracellular trap，NET 或 monocyte extracellular trap，MET）等促炎症特征。同时，包括血管生成素（Ang）/Tie2 信号转导及 ICAM-1、VCAM-1 等若干内皮细胞黏附分子表达在内的炎症刺激信号转导都促进了它们的黏附与远距离迁移。此外，循环中的中性粒细胞和单核细胞还相互调节炎症功能，以抑制系统感染或炎症。

（三）炎症过程中内皮细胞与树突状细胞的相互作用

树突状细胞（dendritic cell，DC）是专业抗原呈递细胞（APC），表达 MHC Ⅱ 类分子、CD80、CD86 及不同的 PRR，可释放各种细胞因子和趋化因子以调节免疫反应。参与炎症过程的 DC 被称为炎症 DC（INFDC），分为两种类型：①来源于经典树突状细胞（cDC）的"CD64$^+$ cDC"；②由单核细胞衍生而来的"CD64$^+$ DC"。单核细胞衍生的 INFDC 或 TIPDC（产生 TNF-α 和 iNOS 的 DC）由炎症部位的单核细胞在炎症刺激物的影响下原位发育而来。

DC 与内皮细胞相互作用，使其迁移至炎症部位，并在血管生成过程中迁移至淋巴结、皮肤/黏膜相关淋巴组织、脾等次级淋巴器官（SLO），这些通过内皮层迁移的树突状细胞称为间质树突状细胞或迁移树突状细胞。DC 迁移是急性创伤或感染诱导炎症期间的一个重要步骤。

外周血树突状细胞与血管内皮的相互作用涉及内皮细胞表达的 ICAM-1、E-选择素和 P-选择素，这种相互作用依动脉粥样硬化或血管/皮肤炎症程度的上升而增强，因为树突状细胞在皮肤炎症期间被快速募集。然而，由于内皮型一氧化氮合酶（eNOS）活性增强，内皮细胞产生的一氧化氮（NO）增加可阻止这种相互作用。CXCL12、CCL5 和 CCL2 是 cDC 的主要趋化吸引剂，它们在炎症条件下使 cDC 产生跨内皮迁移。DC 上的白细胞功能相关抗原-1（LFA-1）通过在内皮细胞迁移期间与 ICAM-1 结合，参与内皮细胞与 DC 的相互作用。在炎症状态下，未成熟的 DC 通过 ICAM-1、ICAM-2、血小板 EC 黏附分子-1（PECAM-1）、VCAM-1、CD18 和 DC 特异性 ICAM-3-黏附非整合素（DC-SIGN）与内皮细胞相互作用，而成熟的 DC 通过 ICAM-1、CD18、DC-SIGN 和 PECAM-1 相互作用。

（四）炎症过程中内皮细胞与 T 细胞的相互作用

T 细胞［CD4$^+$ T 细胞、CD8$^+$ T 细胞、调节性 T 细胞（Treg）和 Th17 细胞等］主要参与慢性炎症或炎症性疾病。循环 T 细胞向炎症部位的迁移涉及它们与血管内皮细胞的相互作用。由 LPS、IFN-γ 和 IL-1β 等强效炎症原刺激的内皮细胞可诱导 CD8$^+$ CD45RO$^+$ T 细胞表达 CD69，而这种激活可因抑制内皮细胞 ICAM-1 和 CD18 的表达而被阻断。可见，在炎症状态下，T 细胞与内皮细胞的 ICAM-1 和 CD18 相互作用激活了它们的促炎症作用，包括 IFN-γ 的产生。IL-15 参与外周血 T 细胞（PBTL）经内皮细胞而发生的迁移。在急性炎症期间，内皮细胞上表达的 E-选择素和 P-选择素可促进在 IL-12 存在下生长的 T 效应细胞（TEFF）的迁移。而内皮细胞上表达的 ICAM-1 和血管黏附蛋白-1（VAP-1）可促进 CD8$^+$ T 细胞的黏附和迁移。肠道 T 细胞高度表达 α4β7 整合素，并迁移至黏膜细胞黏附分子-1 或肠黏膜 MAdCAM-1 和血管细胞黏附分子-1 或滑膜组织 VCAM-1 表达量较高的位置。

四、炎症过程中细胞的代谢重编程

细胞生命活动的三大能量来源分别是葡萄糖、脂肪酸和氨基酸，它们通过糖酵解、脂肪酸氧化和谷氨酰胺代谢途径等依次产生丙酮酸、乙酰辅酶 A 及α-酮戊二酸等，后二者随后进入线粒体，通过三羧酸循环和电子传递链产生 ATP，而糖酵解产生的丙酮酸则有不同去向：在有氧环境中，绝大部分丙酮酸在丙酮酸脱氢酶的作用下氧化脱羧生成乙酰辅酶 A，然后进入线粒体中参与三羧酸循环，进一步代谢为二氧化碳、烟酰胺腺嘌呤二核苷酸（NADH）和黄素腺嘌呤二核苷酸（$FADH_2$），产生还原当量的 NADH 和 $FADH_2$ 经氧化磷酸化（OXPHOS）后合成更多的 ATP，在此过程中，一分子葡萄糖经三羧酸循环彻底氧化可产生 32 分子 ATP，这是正常细胞获取能量的主要方式；在无氧或低氧环境中，大部分丙酮酸并未进入线粒体，它们在胞质中被直接还原为乳酸并由此生成少量的 ATP（一分子葡萄糖仅生成两分子 ATP），这就是无氧糖酵解。

20 世纪初，Otto Warburg 首先在肿瘤细胞代谢中发现，即使在有氧条件下，癌组织细胞也优先利用比正常组织高出 10 倍以上的葡萄糖来产生乳酸，可见其细胞代谢已从氧化磷酸化转向糖酵解途径，这是肿瘤细胞"代谢重编程"的结果，称为"Warburg 效应"。近年来发现，激活的炎症细胞也可发生类似"Warburg 效应"的代谢方式改变，即静息状态下，巨噬细胞、中性粒细胞等主要采用氧化磷酸化方式产能，而激活的炎症细胞则出现高通量糖酵解，导致大量乳酸、ATP、柠檬酸盐和琥珀酸盐积累。

（一）炎症期间上皮细胞的代谢重编程

上皮细胞被视为先天性免疫细胞，在体内平衡稳定时，其能量需求通过氧化磷酸化（oxidative phosphorylation，OXPHOS）来满足，但在炎症刺激或炎症性疾病状态下，上皮细胞会重新编程其免疫代谢方式，被激活的上皮细胞转而依赖糖酵解（glycolysis）和增加氨基酸代谢来满足能量需求。例如，在慢性结肠炎、炎症性肠病（IBD）情况下，肠上皮细胞（IEC）的糖酵解增加。在结肠慢性炎症期间，观察到关键糖酵解酶对 STAT3/c-Myc 信号通路激活的反应上调（图 8-18A）。烟酰胺腺嘌呤二核苷酸磷酸（NADPH）氧化酶家族的成员双氧化酶（dual oxidase，DUOX）通过产生活性氧（ROS）自由基，充当抵御肠道病原体的第一道防线。TNF-α 诱导"Warburg 效应"（从 OXPHOS 到糖酵解的转变），增加葡萄糖转运蛋白 1（GLUT1）的表达，促进上皮细胞中的乳酸输出，促进炎症的发生。转谷氨酰胺酶 2（TG2）是上皮细胞代谢重编程的主要调节因子，其异常表达可调节负责代谢重编程的"Warburg 效应"，TG2还可通过持续激活 NF-κB 来促进炎症反应（图 8-18A），而 NF-κB 进一步激活缺氧诱导因子1α（HIF-1α），导致葡萄糖摄取（因为糖酵解）和乳酸合成增加、线粒体的耗氧量降低。可见，炎症诱导的上皮细胞代谢重编程在感染性或无菌性炎症中起着关键作用。

（二）炎症期间内皮细胞的代谢重编程

内皮细胞是炎症反应的主要参与者之一，在正常生理条件下，内皮细胞主要依靠糖酵解作为主要能量来源，OXPHOS 只是次要的能量来源（图 8-18B）。炎症期间，内皮细胞缺氧促进糖酵解、脂肪酸合成（FAS）和谷氨酰胺分解（glutaminolysis），然而，缺氧期间发生炎症变化的内皮细胞显示脂肪酸氧化（fatty acid oxidation，FAO）降低。由此可见，在受到炎症刺激的内皮细胞免疫代谢重编程中，糖酵解和谷氨酰胺分解加速，为这些细胞的促炎症作用提供了所增加的能量。

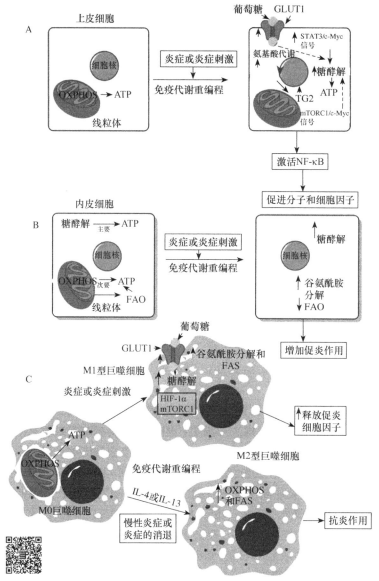

图 8-18　上皮细胞（A）、内皮细胞（B）和巨噬细胞（C）
之间免疫代谢重编程示意图（引自 Kumar，2019）
mTORC1. 哺乳动物雷帕霉素靶蛋白 C1

（三）炎症期间单核巨噬细胞的代谢重编程

　　单核巨噬细胞是固有免疫细胞，在宿主防御、体内稳态维持等众多方面发挥重要作用。在体内环境中，巨噬细胞具有明显的异质性，幼稚巨噬细胞（M0 巨噬细胞）被激活后可分化为 M1 和 M2 两种类型。其中，M0 巨噬细胞在 IFN-γ 与 LPS 共刺激下向 M1 型巨噬细胞分化，分泌 TNF、IL-1 及 IL-6 等炎性细胞因子，产生活性氧（ROS）及活性氮（RNS）中间产物，发挥促进炎症反应、杀灭微生物等作用，相反，M0 巨噬细胞在 IL-4、IL-13、IL-10 或者糖皮质激素等刺激下则向 M2 型巨噬细胞分化，分泌 IL-10 等抗炎因子，引起免疫抑制、介导组织修复功能。

　　在体内环境平和或没有任何胁迫、感染、炎症原刺激的情况下，单核巨噬细胞不需要频繁的能量供应，也没有高能量需求，此时，它们以葡萄糖作为能量来源，能量需求依赖于氧化磷酸化（OXPHOS），然而，为了有效地促炎性免疫应答（活性氧生成、行使吞噬功能、迁移增加和促炎性细胞因子释放等），在感染、胁迫或强大的炎症原存在的情况下，巨噬细胞的能量需求增加，它们的代谢模式从 OXPHOS 切换到非常快但不是非常有效的糖酵解途径上来（图 8-18C）。糖酵解的增加是由 GLUT1 表达增加所引发的葡萄糖流入量增加支持的，这可导致一氧化氮自由基（NO·）等促炎症分子增加，而且，伴随着糖酵解的增加，炎症状态下巨噬细胞的谷氨酰胺分解和脂肪酸合成也都增加（图 8-18C）。因此，促炎性 M1 型巨噬细胞或经典的活化巨噬细胞（classically activated macrophage，CAM）通过免疫代谢重编程以应对感染或炎症原刺激，并显示糖酵解、FAS 和谷氨酰胺分解增加等特征。

M1 型巨噬细胞的免疫代谢途径从氧化磷酸化切换到糖酵解途径是由 HIF-1α 和哺乳动物雷帕霉素靶蛋白（mammalian target of rapamycin，mTOR，一种丝氨酸/苏氨酸蛋白激酶）或更准确地说是 mTORC1 诱导的（图 8-18C）。包括 LPS 在内的炎症刺激物通过 B 细胞衔接蛋白（BCAP，一种适配器结构域）磷脂酰肌醇 3 激酶（PI3K）来激活 Akt 和 mTORC1，该衔接蛋白可增加 M1 型巨噬细胞中 GLUT1 的表面表达，从而增加葡萄糖的流入，并进一步增加糖酵解。缺氧是炎症的诱发因子之一，而由组织或器官缺氧诱导的 HIF（一种转录因子）在炎症的产生和免疫反应的调节中起着至关重要的作用。该转录因子是一种异二聚体蛋白，具有两个亚单位：HIF-1α（其稳定性由氧的水平决定）或 HIF-2α 和 HIF-1β［也称为芳基烃受体核转运体（ARNT）蛋白］。HIF-1α 广泛存在，而 HIF-2α 仅限于某些组织。炎症期间巨噬细胞产生的 HIF-1α 通过增加琥珀酸或琥珀酸酯的浓度，导致 IL-1β 的产生增加。

M2 型巨噬细胞具有抗炎性质。这些细胞是在炎症的消退阶段或对 IL-4 和 IL-13 的反应过程中产生的。由于其在炎症免疫反应的免疫抑制作用和在血管生成中的作用，这些 M2 型巨噬细胞表现出伴随着 mTOR 信号减弱，OXPHOS 和 FAO 增强的特点（图 8-18C）。因此，"Warburg 效应"和胞质与线粒体中发生的代谢过程，都通过控制感染和炎症期间参与巨噬细胞激活的基因来调节巨噬细胞的炎症表型和功能。

（四）炎症期间中性粒细胞的免疫代谢重编程

中性粒细胞是炎症发生时率先向感染或创伤部位迁移的一类免疫细胞，具有趋化和吞噬杀菌功能，还能形成中性粒细胞 NET，它是由 DNA、组蛋白及抗菌肽形成的混合物，可以诱捕并杀灭细菌。为了吞噬入侵的病原体并通过其细胞内杀灭（intracellular killing，ICK）机制产生 ROS 和 RNS 等杀灭入侵的病原，也为了更好地发送趋化信号来吸引、招募更多中性粒细胞和单核细胞，中性粒细胞需要提高能量供应来应对更高的代谢率，而为了满足因发挥免疫功能而出现的高能量需求，中性粒细胞主要通过有氧糖酵解和戊糖磷酸途径（pentose phosphate pathway，PPP）来提供能量，这是因为 PPP 释放的 NADPH 可以使中性粒细胞产生 H_2O_2 以发挥抗菌杀菌功能，也因为其线粒体数量较少而葡萄糖大量涌入，不过，中性粒细胞的线粒体可以维持胞内氧化还原平衡，抑制细胞凋亡，有利于自身细胞的存活。糖酵解可调节中性粒细胞的呼吸爆发、趋化性及 NET 的形成等功能。已发现，中性粒细胞的糖酵解缺陷会降低其促炎作用、抗菌作用、吞噬作用和 NET 形成（称为 NETosis）。中性粒细胞很少通过 OXPHOS 产生自身所需的能量，这并不影响其促炎功能，这是因为它们的线粒体数量较少但具有较强的糖酵解和 PPP 功能。作为若干调节因子之一，HIF-1α 通过增加葡萄糖摄取所需的 GLUT1 和 GLUT3 的表达来调控中性粒细胞的糖酵解功能（图 8-19A）。

然而，因 TLR 信号而产生的 mTOR 信号也通过增加 HIF-1α 的表达来调节中性粒细胞的糖酵解过程。可见，中性粒细胞这种无氧代谢的特点，有利于其在深部炎性病灶的低氧环境中发挥杀菌作用。

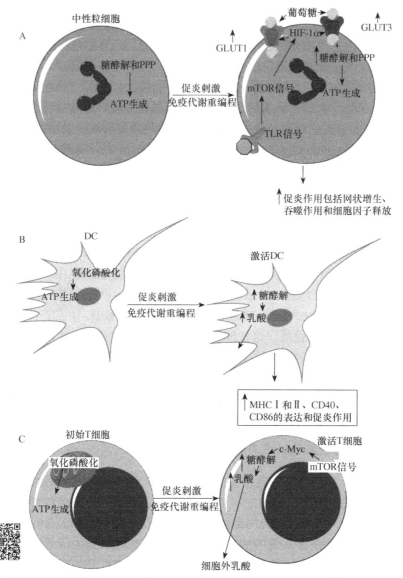

图 8-19　炎症期间中性粒细胞（A）、树突状细胞（B）和 T 细胞（C）之间免疫代谢重编程示意图
（引自 Kumar，2019）

（五）炎症期间树突状细胞的代谢重编程

树突状细胞（dendritic cell，DC）是专职的抗原呈递细胞，接受 PAMP/DAMP 等信号刺激后活化并逐渐发育成熟，表达大量抗原呈递分子（如 CD80）、细胞因子（如 IL-12）和趋化因子受体（如 CCR7）。成熟的 DC 从外周组织迁移到淋巴器官，参与抗原呈递与激活 T 淋巴细胞免疫应答的过程。

在炎症环境中，缺氧状态的发展及炎症原暴露于 DC 都会诱导缺氧诱导因子（HIF）、炎性细胞因子和趋化因子的基因转录与翻译，但是，从正常稳定状态到促炎症发生状态的转变，DC 需要获得稳定且频繁的能量供应，这促使 DC 通过免疫代谢重编程诱导自身代谢由氧化磷酸化向糖酵解方式转变，然而，在炎症期间，DC 能量代谢从氧化磷酸化过渡到糖酵解，也导致丙酮酸酯或丙酮酸（糖酵解期间生成）转化为乳酸酯或乳酸，并分泌到细胞外环境中（图 8-19B）。抑制 DC 的糖酵解就可以通过抑制 MHC Ⅰ/Ⅱ、CD40、CD86 等膜分子的表达及 IL-6、IL-12p70 和 TNF-α等细胞因子的分泌，来抑制它们的炎症反应，为此，树突状细胞在炎症条件下的炎症功能将其免疫代谢重编程为增强的糖酵解，进一步促进 TCA（三羧酸）循环来增加脂肪酸合成以增进脂肪酸氧化，并支持戊糖磷酸途径的完全激活。

TLR 刺激对 TBK1、IKKε（I-κB 激酶 ε）介导的 DC 的糖酵解早期诱导起作用，Akt 可促进己糖激酶Ⅱ（HKⅡ）和线粒体之间的相互作用，在炎症条件下，AMP 依赖的蛋白激酶 [adenosine 5′-monophosphate（AMP）-activated protein kinase，AMPK] 的丢失也支持 DC 从氧化磷酸化到糖酵解的免疫代谢重编程。

（六）炎症期间 T 细胞的代谢重编程

幼稚和静息的 $CD4^+$ T 细胞、$CD8^+$ T 细胞和 $CD4^+CD8^+$ T 细胞，其能量需求主要依赖于氧化磷酸化。例如，96%的幼稚 T 细胞 ATP 分子由氧化磷酸化产生，其余 4%由糖酵解产生（图 8-19C）。经过糖酵解、FAO 和氨基酸代谢（包括谷氨酰胺分解）的葡萄糖为氧化磷酸化过程提供丙酮酸酯。葡萄糖流入幼稚 T 细胞受强直性 TCR 信号（一种低水平 TCR 信号，发生于对自身肽/MHC 分子和幼稚 T 细胞存活所需的 IL-7/IL-7R 信号的反应）调节，涉及由 PI3K-Akt-mTOR 信号通路调节的糖转运蛋白 1 的细胞表面转运，因此，TCR 信号转导失调而导致的葡萄糖内流缺失的现象，可能会导致 GLUT1 表达受损或减少，引起其凋亡。IL-7/IL-7R 信号通过 STAT5 激活维持正常 GLUT1 的表达，导致葡萄糖摄取的 Akt 信号持续激活，以防止幼稚 T 细胞凋亡。

在慢性炎症条件下，或在抗原刺激和共刺激期间，T 细胞之间发生免疫代谢重编程，因此，观察到从氧化磷酸化到糖酵解的转变，进一步增加乳酸的产生及其向外部细胞环境的运输，增加其生长和增殖所需的 FAS 或脂质合成、核苷酸和氨基酸合成（图 8-19C）。然而，FAO 或脂质氧化减少，但谷氨酰胺氧化（谷氨酰胺分解）的糖酵解却增加。针对有氧糖酵解的免疫代谢重编程主要是通过在早期 T 细胞生长和增殖期间诱导 c-Myc 转录因子响应 mTOR 信号而诱导的（图 8-19C）。在原始 T 细胞激活并转化为效应 T 细胞（Teff）后的前 24h 内，针对 mTOR 信号诱导 c-Myc 是一个非常关键的信号事件。

在炎症条件下，由 $CD4^+$ T 细胞产生的 Th1、Th2 和 Th17 细胞的主要免疫代谢途径包括有氧糖酵解。参与 Th17 细胞生成的免疫代谢途径涉及 PI3K-Akt-mTORC1-S6K1 信号轴，可抑制 Gfi1（一种锌指蛋白，为转录抑制蛋白）。此外，S6K1 通过与 RORγt 结合，将其运输到细胞核中，以诱导负责 Th17 细胞功能表型的基因表达。缺乏 mTORC1 信号的 $CD4^+$ T 细胞，被阻止向 Th1 和 Th17 细胞转化，但不影响它们向 Th2 细胞分化，相反，在缺乏 mTORC2 的情况下，从 $CD4^+$ T 细胞向 Th2 细胞转化受到抑制。因此，由于 $CD4^+$ T 细胞中糖酵解和谷氨酰胺分解增加，炎症期间 HIF-1α、mTORC1 信号通路可能会诱导 Th17 细胞的生成。Th17 细胞的促炎作用依赖于 TCR 的参与，通过肌醇-1,4,5-三磷酸（IP3）的第二信使作用，导致钙（Ca^{2+}）从内质网流入，而由基质交感分子 1（stromal interaction molecule 1，STIM1）介导的 Ca^{2+} 内流上调线粒体电子传输链（electron transport chain，ETC）和氧化磷酸化，减少 ROS 生成，从而增强炎症环境中 Th17 的促炎症功能。由此可见，Th17 细胞中的 Ca^{2+} 内流通过诱导免疫代谢重编程实现其炎症表型和功能，从而调节其促炎症功能。

　　调节性 T 细胞（Treg）在炎症状态下产生，以抑制炎症的严重化程度，其缺乏或抑制 $CD4^+$ T 细胞产生 Treg 会加剧炎症免疫反应。由于与其他 Teff 相比，Treg 的 GLUT1 表达较低，因此，Treg 的能量需求不依赖于有氧糖酵解，而是使用脂质氧化或脂肪酸氧化来实现这一过程。炎症的消退导致大多数 Teff 的凋亡性死亡。剩余的 Teff 变成记忆 T 细胞（Tmem），并在再次暴露于相同抗原时增强免疫力。Tmem 是具有较低周转率的长寿细胞，需要独特的代谢需求。因此，Tmem 表现出减少的 mTOR 信号，并表现出脂肪酸氧化或脂质氧化，以满足其免疫代谢需求。Tmem 的线粒体中也有大量的备用呼吸能力（spare respiratory capacity，SRC），在二次暴露于同一抗原或炎症原时可快速产生大量的 ATP 分子。IL-15 是 $CD8^+$ Tmem 的关键细胞因子，通过促进线粒体的生物发生和肉碱棕榈酰转移酶（carnitine palmitoyltransferase，CPT1a）的表达来调节 SRC 和脂肪酸（FA）的氧化代谢。CPT1a 是一种调节 FAO 限速步骤的代谢酶。由于线粒体数量增加，Tmem 可以通过氧化磷酸化增加其对 FA 的能量利用，减少其对有氧糖酵解的依赖性。显然，在缺乏促糖酵解信号（包括初始启动抗原缺失或消除及包括 IL-2 在内的细胞因子消散的阶段）的情况下，Tmem 显示出比 Teff 更高的存活率。可见，包括 Tmem 在内的不同 T 细胞组的免疫代谢重编程是在炎症和各种炎症性疾病期间发挥免疫调节或免疫致病作用的关键步骤，免疫细胞之间的免疫代谢重编程是启动炎症免疫反应的关键事件。

第四节　炎症的调控

　　炎症反应不仅可局限于致炎因子、阻遏病原微生物的蔓延、消灭清除入侵的病原、清除坏死组织，还参与损伤组织和器官的修复，在机体的免疫防御和内稳态维持中发挥重要作用。然而，过度的炎症反应也会诱发各类不良疾病，甚至导致组织细胞的变性坏死，危害机体的健康与生命，因此，炎症反应的调控就成了不可忽视的内容。由于过度炎症反应对机体构成的严重伤害是不可逆的，因此，机体在进化的过程中形成了许多复杂且精细的炎症负调控策略，只是迄今为止，人们对其认识十分有限。

一、miRNA 调控

　　microRNA（miRNA）是一类长度为 20～24 个核苷酸的内源性非编码单链 RNA 分子，可通过对特定基因转录后的表达调控参与动植物中众多发育与生理功能的关键过程，其作用方式有两种：①miRNA 与靶基因完全互补结合，切割靶基因致其断裂后降解；②miRNA 与靶基因不完全互补结合，进而阻遏翻译，但不影响靶基因 mRNA 的稳定性。

　　通过下调信号蛋白肿瘤坏死因子受体相关因子 6（TRAF6）和 IL-1 受体相关蛋白激酶（IRAK-4/1/2）的表达，miRNA 发挥作用可阻断或削弱 TLR 信号通路介导的炎性细胞因子合成与分泌（图 8-9），负调控炎症免疫反应。在 NF-κB 信号通路的转导中，miR-146a 通过下调信号蛋白 TRAF6 和 IRAK1 的表达，可负调控 NF-κB 信号通路。

　　研究表明，miR-223 在单核细胞向粒细胞分化的过程中始终处于一个较高的表达水平，而 TLR3 和 TLR4 mRNA 在粒细胞的表达则处于一个较低的水平，由此推测 miR-223 对 TLR3 和 TLR4 具有负性调节作用。此外，miR-223 与人 NLRP3 mRNA 的 3′-UTR 特异性结合，可抑制 NLRP3 的翻译表达，进而抑制 NLRP3 炎症小体的活化（图 8-13）。miR-223 负调控 NLRP3

的表达，还可以从如下事实中得到印证：以粒细胞-巨噬细胞集落刺激因子（granulocyte-macrophage colony-stimulating factor，GM-SCF）刺激巨噬细胞，可在短期内抑制 miR-223 的表达，NLRP3 的表达量则反而升高；miR-223 在来自骨髓中的巨噬细胞中的表达比树突状细胞更高，而 NLRP3 的表达却相反，显示二者呈明显的负相关。

二、蛋白质修饰调控

表观遗传学（epigenetics）指出：在基因的核酸序列不发生改变的情况下，基因的表达水平和功能可发生变化，产生可遗传的表型。炎症发生时，致炎因子通过机体内的模式识别受体识别 PAMP/DAMP，激活胞内的 MAPK 或核因子 κB 信号通路，导致与炎症相关的细胞因子的基因表达上调，启动相关免疫应答和炎症反应。在致炎因子启动的基因转录表达过程中，表观遗传学调控发挥重要作用，而组蛋白修饰就是其中的一个重要部分。

真核生物的染色质是由 DNA 缠绕于组蛋白八聚体（由组蛋白 H2A、H2B、H3 和 H4 各 2 分子组成）周围形成的核小体串组成，组蛋白的核心部分大致是稳定的，裸露在外的氨基端则可以被乙酰化（acetylation）、甲基化（methylation）、磷酸化（phosphorylation）、泛素化（ubiquitination）、SUMO 化（sumoylation）、ADP 核糖基化（ADP ribosylation）、胍基化（guanidination）及脯氨酸异构化（proline isomerization）等共价修饰，并由此影响染色质的凝聚程度和 DNA 的复制、重组与转录，调节相关基因的表达。研究已表明，组蛋白修饰可以影响炎症相关基因表达并在炎症等许多病理生理过程中发挥重要的调控作用。

（1）组蛋白乙酰化修饰在炎症反应中的调控作用　　组蛋白乙酰化是组蛋白乙酰化转移酶（HAT）以乙酰 CoA 为供体，催化组蛋白及一些非组蛋白 N 端赖氨酸残基上的 ε-氨基发生乙酰基化修饰的过程，其作用是抵消赖氨酸的极性，使 DNA 与组蛋白解离、核小体结构松弛，从而促进各种转录因子和协同转录因子与 DNA 结合位点特异性结合，激活基因转录，相反，组蛋白去乙酰化则使染色质因组蛋白与带负电荷的 DNA 紧密结合而致密、卷曲，使基因转录受到限制。总体而言，组蛋白乙酰化修饰调控是由 HAT 和组蛋白去乙酰化酶（HDAC）共同调控的，并处于动态平衡状态。

研究表明，组蛋白去乙酰化酶抑制剂（HDACI）的应用能够减少炎症因子的表达，改善炎症相关疾病，这是组蛋白乙酰化在炎症的发展过程中发挥重要作用的证据。小鼠试验表明，经内毒素脂多糖（LPS）刺激的小鼠体内 TNF-α、IL-1β、IL-6 等促炎性细胞因子表达量上升，而乙酸盐处理后的小鼠不仅染色体 H3K9 位点的乙酰化水平和 TGF-β、IL-4 等抗炎性细胞因子表达量上调，而且上述促炎性细胞因子水平下降，这个结果有力支持了组蛋白乙酰化对炎症有明显抑制作用的学术认知。

（2）组蛋白甲基化修饰在炎症反应中的调控作用　　组蛋白甲基化是甲硫氨酸上的甲基在组蛋白甲基转移酶的作用下转移并结合到组蛋白赖氨酸（K）或精氨酸（R）残基上的过程。组蛋白甲基化修饰在调控炎症反应过程中发挥重要作用，它既可激活也可抑制炎症相关基因的转录表达，具体功能表现取决于组蛋白甲基化的位点。例如，H3K4 甲基化转移酶 Ash1l 催化的组蛋白甲基化可诱生抑制因子 A20，抑制炎症过程重要的信号通路 MAPK 和炎症转录因子 NF-κB，降低 IL-6 等促炎性细胞因子的表达量，进而阻止炎症性疾病的发生与发展；组蛋白去甲基化酶 KDM6B 可催化胰岛素样生长因子结合蛋白 5（IGFBP5）的启动子组蛋白 H3K27 去甲基化，促进 IGFBP5 转录，进而负调控 NF-κB 信号通路，增进骨髓间充质干细胞的抗炎作用，与此相反，组蛋白去甲基化酶 JMJD3 和 UTX 促使组蛋白在 H3K27 甲基化状态下剥去甲基，可发挥促炎作用。

（3）组蛋白磷酸化修饰在炎症反应中的调控作用　　组蛋白的磷酸化通常发生在组蛋白的丝氨酸和苏氨酸位点上，对机体的各种生理或病理进程产生影响。例如，有一类致命毒素（lethal toxin）可通过降低组蛋白 H3S10 位点的磷酸化水平，抑制 MAPK 信号通路，阻断激活的 NF-κB 向细胞因子 IL-8 启动子处迁移，使 IL-8 表达水平下降，削弱 IL-8 对中性粒细胞的趋化作用和相关免疫应答与炎症反应。TNF-α 可激活 NF-κB 和 MAPK 通路，诱导 IL-6 等促炎性细胞因子基因表达，而 β2 受体激动剂与 TNF-α 协同作用可导致组蛋白 H3S10 发生磷酸化，并由此增加启动子的易接近性和 NF-κB 的募集，引发 IL-6 等促炎性细胞因子的表达量进一步上升。

（4）组蛋白泛素化修饰在炎症反应中的调控作用　　组蛋白泛素化修饰是组蛋白在泛素化相关酶作用下发生的赖氨酸残基与泛素分子的羧基端相互结合的过程。组蛋白可在泛素激活酶（E1）、泛素结合酶（E2）、泛素-蛋白连接酶（E3）共同参与下完成泛素化，也可在去泛素化酶（DUB）催化下解除泛素化，并在天然免疫和炎症反应中发挥不同的作用。例如，肠上皮细胞表达的 TLR 识别相应的配体 [TLR3 识别 dsRNA、TLR4 识别 LPS、TLR9 识别 CpG（胞嘧啶鸟嘌呤二核苷酸）] 之后，将信号传递给接头蛋白髓样分化因子 88（MyD88），继而招募 IL-1 受体相关激酶 4（IRAK4）、IRAK1，活化 TNF 受体相关因子 6（TRAF6），形成转化生长因子 β 活化激酶 1（TAK1）复合体，激活 IKK（IκB 激酶）并磷酸化 IκBα，导致其被 E3 泛素化连接酶 $SCF^{\beta\text{-}TrCP}$ 泛素化降解，NF-κB 组件 P65、P50 进入细胞核启动下游炎症因子的表达。同样，TRAF6、MyD88 和 P65 可分别被 E3 泛素连接酶 TRIM38、Nrdp1、PDLIM2 催化，促使其组蛋白 K48 位点发生多聚泛素化修饰，最终被蛋白酶体降解，阻遏上述信号通路。

（5）组蛋白 ADP 核糖基化修饰在炎症反应中的调控作用　　组蛋白 ADP 核糖基化修饰是以辅酶 I（烟酰胺腺嘌呤二核苷酸，NAD^+）为底物，在聚 ADP 核糖聚合酶（poly ADP ribose polymerase，PARP）催化下，合成 ADP 核糖聚合物并通过释放烟酰胺将 ADP 核糖转移到组蛋白的氨基酸残基上的过程，可在基因转录调控、炎症信号转导等生理、病理过程中发挥调控作用。例如，BV2 小胶质细胞中的 PARP1 可被 LPS 激活，促使促炎性细胞因子 IL-1β 和 TNF 的基因启动子区域内的组蛋白 ADP 核糖基化，最终引发炎症反应。

三、细胞自噬调控

自噬（autophagy）是细胞对其异源性内容物，以及受损的细胞器、错误折叠的大分子胞内物质等异常的内容物经双层囊泡包裹，运送至溶酶体进行降解、循环利用的过程。正常情况下，细胞自噬基本上保持较低的基础水平以维持细胞内环境稳定，但在饥饿、缺氧、损伤等状态下，受到刺激的细胞腺苷酸活化蛋白激酶（AMPK）被活化，导致 mTOR 失活，自噬相关蛋白 ULK1（高度保守的具有丝/苏氨酸蛋白激酶活性的蛋白）活化并催化相关丝氨酸发生磷酸化，同时，自噬相关蛋白 Beclin 1 作为磷脂酰肌醇 3 激酶（PI3K）复合体的支架蛋白，通过 VPS34-p150 复合体与 Atg9、Atg14L 等蛋白结合，形成 PI3K 核心复合体，启动自噬。

炎症小体（inflammasome）是由胞质内模式识别受体 NLR-衔接蛋白 ASC-效应蛋白 pro-caspase-1 构成的大型环状多蛋白复合体，可触发 pro-IL-1β 和 pro-IL-18 裂解，产生炎性细胞因子 IL-1β 和 IL-18，还能诱发细胞焦亡（pyroptosis），造成线粒体膜破损、K^+ 流失、ROS 自由基大量生成，进而引发更为强烈的炎症反应。细胞器残骸是内源性炎症小体生成的激动剂，可激活炎症小体，而自噬可以清除这些引发炎症小体的残骸，或聚集的炎症小体组件，对炎症小体的活化起到负调控的作用。另外，抑制巨噬细胞和树突状细胞自噬都会导致 IL-23

分泌量增加，可见，自噬对 IL-23 等炎性细胞因子的产生具有抑制作用。IL-23 是 IL-12 家族成员，与 IL-1α、IL-1β 或 IL-18 协同作用，可诱导幼稚 CD4$^+$ Th17 细胞分化、增殖并分泌 IL-17，而 IL-17、IL-23 均与一些自身免疫性疾病密切相关。

四、线粒体调控

线粒体作为真核细胞能量代谢的主要场所，具有广泛的生物学作用，可调控细胞增殖、分化、凋亡和衰老。线粒体是动态变化的细胞器，在内外因素的刺激作用下，其数目、形态、结构和功能均不断变化。正常情况下，机体通过分离融合、生物发生和自噬等过程维持机体线粒体稳态，而在病理条件下，线粒体结构功能异常，可导致多种疾病。

在生理条件下，线粒体电子传递链电子漏出是细胞内产生 ROS 自由基的主要原因，而在炎症和病理条件下，由于线粒体结构功能受损伤，电子漏出加剧，因此，ROS 表达量必然提升，受脂多糖刺激的巨噬细胞，其细胞和线粒体中 ROS 生成量出现数十倍的升高就是一个例证。巨噬细胞释放的 ROS 是杀灭入侵微生物的重要步骤，但是 ROS 也会通过多种途径参与炎症反应。线粒体 ROS 可通过激活核因子κB（NF-κB）、腺苷酸活化蛋白激酶（AMP-activated protein kinase，AMPK）、诱导型一氧化氮合酶（inducible NOS，iNOS）和高迁移率族蛋白 1（high mobility group box-1 protein，HMGB1）等转录因子，共同调控炎症过程。线粒体 ROS 可激活 NLRP3 炎症小体，加剧炎症反应。可见，在炎症过程中，线粒体既是 ROS 的重要来源地，也是其氧化损伤的靶点，二者交互作用，形成恶性循环，不断加剧炎症反应。

此外，线粒体还可借由免疫细胞代谢重编程（改变能量代谢方式）、线粒体的生物发生、线粒体自噬等途径参与并影响炎症免疫反应的进程与程度。

第五节　炎症研究热点

炎症是一个非常复杂和多样的免疫过程，取决于免疫细胞在发病机制中的参与情况、其严重程度、诱导剂（包括感染、创伤或异化细胞微环境等）及其发病持续时间（急性和慢性炎症）。免疫细胞是第一道防线，它们的激活在诱导炎症免疫反应和各种炎症性疾病的发病机制中起主要作用，包括无菌性炎症性疾病、自身免疫和癌症。然而，免疫细胞诱导的促炎或抗炎作用取决于其免疫代谢阶段，该阶段由免疫代谢重编程过程控制，炎症相关的免疫细胞代谢将成为炎症研究的新热点。

细胞死亡是机体内发生的一种普遍的生物学现象，在机体的生长发育过程中起重要作用，并与多种疾病的发生发展相关，而炎症则是机体对于损伤因子等刺激产生的一种免疫防御反应。适当的炎症可以刺激并提高机体免疫力，过度的炎症反应则对机体产生持续的损伤，甚至危及生命。以往认为，导致炎症发生的细胞死亡方式是坏死，但是，近年来随着对细胞死亡分子机制研究的深入，多种新的细胞死亡方式被发现，包括凋亡、坏死、焦亡、铁死亡等在内的多种细胞程序性死亡在一定程度上都与炎症发生有关。然而，目前对于炎症发生的认知还不够深入，不同的细胞死亡方式对于周围细胞、微环境、免疫细胞的影响及作用机制等内容仍需进一步研究。

主要参考文献

步宏，李一雷. 2018. 病理学. 北京：人民卫生出版社.

陈梦，戴海明. 2020. 细胞程序性死亡与炎症发生. 中国细胞生物学学报，42（12）：2205-2214.

陈巍，柯志意，黄卫人. 2017. STING 信号通路及其功能. 医学综述，23（14）：2705-2714.

陈祥，周庆卿，张赟恺，等. 2017. 组蛋白修饰在天然免疫应答及炎症反应中的调控作用. 中国免疫学杂志，33（5）：769-772.

代艳文，袁丁，王婷. 2015. 模式识别受体介导炎症信号通路及人参属植物皂苷抗炎研究进展. 现代生物医学进展，15（1）：163-167.

范泽军，邹鹏飞，姚翠鸾. 2015. 鱼类 Toll 样受体及其信号传导的研究进展. 水生生物学报，39（1）：173-183.

高丰，贺文琦，赵魁. 2013. 动物病理学解剖. 北京：科学出版社.

郭宇含，张红. 2019. 甲酰肽受体家族在炎症反应中作用机制的研究进展. 山东医药，59（27）：86-89.

韩文瑜，雷连成. 2016. 高级动物免疫学. 北京：科学出版社.

韩孝先，刘泽宇，周庆彪，等. 2017. 线粒体在炎症调控中的作用研究进展. 癌变·畸变·突变，29（6）：467-475.

何菲，刘娟，张力. 2011. 乙酰化——炎症调控新方式. 生命的化学，31（6）：814-817.

李道明，肖红，皇甫超申，等. 2003. 病理学. 郑州：郑州大学出版社.

李天亮，韩超峰，曹雪涛. 2016. 视黄酸诱导基因 1 样受体（RLR）识别和调控的研究进展. 细胞与分子免疫学杂志，32（4）：549-552，556.

梁燊，黄穗，刘靖华. 2014. 组蛋白修饰对炎症反应的调控. 感染、炎症、修复，15（3）：182-185.

林巧卫，张思，陆维祺. 2019. NOD 样受体介导的信号转导通路及其与肿瘤关系的研究进展. 中国癌症杂志，29（3）：223-228.

刘超英，高洪，严玉霖，等. 2017. 细胞焦亡与炎症发生研究进展. 动物医学进展，38（9）：101-104.

刘菲，周光炎，路丽明. 2014. 胞内模式识别受体 NLR 的生物学特性及其在疾病中的作用. 中国免疫学杂志，30（12）：1710-1714.

刘洋，陈颂，葛金文，等. 2017. RLRs 介导的抗病毒免疫效应的研究进展. 医学综述，23（12）：2298-2302，2307.

卢佼，王孟皓，刘作金. 2022. NAD⁺代谢调控巨噬细胞炎症反应研究进展. 国际免疫学杂志，45（2）：180-183.

牛慧，童津津，熊本海，等. 2021. 泛素化修饰功能在调节动物炎症机制中的研究进展. 动物营养学报，33（12）：6684-6689.

潘晓花，潘礼龙，孙嘉. 2021. 营养调控对免疫细胞代谢重编程的研究进展. 食品科学，42（15）：220-230.

任静宜，刘歆婵，丁烨，等. 2016. 细胞自噬和炎症反应的相互调控与牙周炎. 国际口腔医学杂志，43（4）：462-467.

盛晓丹，黄迪海，郭卉，等. 2020. RIG-Ⅰ 样受体信号传导通路与调控机制研究进展. 动物医学进展，41（1）：87-92.

汪朝辉，姚玲雅，张舟，等. 2021. 蛋白泛素化修饰在肠道炎症反应发生发展中的调控作用. 中华炎性肠病杂志，5（2）：178-182.

王可，王芳，余红秀. 2017. 免疫细胞的代谢重编程及其对免疫功能的影响. 现代免疫学，37（2）：146-151.

温东晟，朱思濛，邱煜程，等. 2019. 炎症反应的负性调控机制. 生命的化学，39（6）：1194-1198.

徐兴祥. 2001. 炎症过程中白细胞募集的分子机制. 国外医学呼吸系统分册，21（1）：13-15.

张美华，王谢桐. 2020. 甲酰肽受体在炎症和感染中的作用. 国际免疫学杂志，43（6）：714-719.

张一文，喻松仁，姚琦，等. 2020. 细胞自噬调控肥胖脂肪组织炎症状态的研究进展. 江西中医药，51（8）：77-80.

Chan Y K, Michaela U G. 2015. RIG-Ⅰ-like receptor regulation in virus infection and immunity. Current Opinion in Virology, (12): 7-14.

Chen K Q, Bao Z Y, Gong W G, et al. 2017. Regulation of inflammation by members of the formyl-peptide receptor family. Journal of Autoimmunity, 85: 64-77.

Farag N S, Breitinger U, Breitinger H G, et al. 2020. Viroporins and inflammasomes: a key to understand virus-induced inflammation. International Journal of Biochemistry and Cell Biology, 122: 1-11.

Kumar V. 2019. Inflammation research sails through the sea of immunology to reach immunometabolism. International Immunopharmacology, 73: 128-145.

Liao Z W, Su J G. 2021. Progresses on three pattern recognition receptor families (TLRs, RLRs and NLRs) in teleost. Developmental and Comparative Immunology, 122: 1-10.

Martin S J. 2016. Cell death and inflammation: the case for IL-1 family cytokines as the canonical DAMPs of the immune system. The FEBS Journal, 283: 2599-2615.

Platnich J M, Muruve D A. 2019. NOD-like receptors and inflammasomes: a review of their canonical and non-canonical signaling pathways. Archives of Biochemistry and Biophysics, 670: 4-14.

Rebeccah J M, Michael B S, Michael F M. 2008. NOD-like receptors and inflammation. Arthritis Research & Therapy, 10(6): 1-14.

Roudaire T, Héloir M C, Wendehenne D, et al. 2021. Cross kingdom immunity: the role of immune receptors and downstream signaling in animal and plant cell death. Frontiers in Immunology, 612452: 1-21.

Seamus J M, Valentina F, Pavel D, et al. 2022. IL-1 family cytokines serve as 'activity recognition receptors' for aberrant protease activity indicative of danger. Cytokine, 157: 155935.

Streicher F, Jouvenet N. 2019. Stimulation of innate immunity by host and viral RNAs. Trends in Immunology, 40 (12): 1134-1148.

Yoneyama M, Onomoto K, Jogi M, et al. 2015. Viral RNA detection by RIG- I -like receptors. Current Opinion in Immunology, 32: 48-53.

Zhao S, Zhang Y F, Zhang Q Y, et al. 2014. Toll-like receptors and prostate cancer. Frontiers in Immunology, 352: 1-6.

Zheng C F. 2021. The emerging roles of NOD-like receptors in antiviral innate immune signaling pathways. International Journal of Biological Macromolecules, 169: 407-413.

第九章　细胞自噬与免疫

第一节　自噬的生物学性质

在外界环境因素的影响下，细胞对其内部受损的细胞器、错误折叠的蛋白质和侵入其内的病原体进行降解的生物学过程称为细胞自噬。细胞自噬除能及时有效地清除受损的细胞器、错误折叠的蛋白质和侵入体内的病原体外，还可以在饥饿条件下给生物机体提供营养成分和能量，以维持生物机体的存活。

细胞自噬是一种在真核生物中普遍存在并且高度保守的胞内降解过程。在营养物质匮乏、缺氧、高温等外界条件的刺激下，细胞自噬途径会将一些细胞质组分，如蛋白质分子、核糖体或者受损的细胞器等，运送到酸性细胞器溶酶体（动物细胞）或液泡（植物或真菌细胞）中降解。降解后产生的游离氨基酸、核酸等小分子物质会被重新释放回细胞质中，供给机体的营养被再利用，从而帮助细胞抵抗不良环境的影响。细胞自噬是一个连续的动态发展的过程。

一、自噬的分类

（一）根据底物进入溶酶体腔的方式分类

根据细胞内底物进入溶酶体腔的方式不同，哺乳动物的细胞自噬可以分为 3 种主要形式：大自噬（macroautophagy）、小自噬（microautophagy）和分子伴侣介导的自噬（chaperone-mediated autophagy，CMA）（图 9-1）。如果没有特殊说明，一般情况下所讲的"自噬"指大自噬。

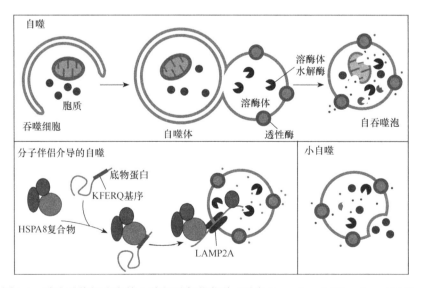

图 9-1　哺乳动物细胞内的 3 种主要自噬类型（引自 Parzych and Klionsky，2014）

1．大自噬　　大自噬是指由内质网、高尔基体或细胞膜等来源的膜包绕待降解物形成自噬体，然后与溶酶体融合并降解其内容物的自噬形式。大自噬的发生过程可人为分成分隔膜的形成、自噬体的形成、自噬体的运输和融合及自噬体的降解 4 个阶段。在饥饿等条件刺激下，双层膜的杯状分隔膜开始在被降解物周围形成的阶段称为分隔膜的形成。随着分隔膜逐渐延伸，将要被降解的胞质成分被完全包绕隔离开形成自噬体。自噬体形成后将其包裹物运输至溶酶体内与溶酶体融合形成自噬溶酶体。自噬溶酶体最终被溶酶体中的水解酶降解，降解产物在胞内再循环利用。大自噬具有发展过程快、可诱导性、批量降解、非特异性及保守性等特点。

2．小自噬　　小自噬是指在溶酶体或酵母液泡表面通过突出、内陷或分隔细胞器的膜来直接摄取细胞质、内含物和细胞器的自噬形式。与大自噬的形成不同，小自噬是溶酶体膜自身变形，包裹吞噬细胞质中的底物。小自噬的发生过程中，液泡膜直接凹陷进而自噬体进入液泡腔内是如何发生的目前还不清楚。尽管小自噬的可溶性物质和大自噬一样，主要被氮饥饿和雷帕霉素（rapamycin）诱导，过氧化物酶体吞噬内陷也是依靠 ATG 蛋白，但是 ATG 蛋白是否直接参与了核的逐渐小自噬或者是小自噬的过程仍然没有证据支持。

3．分子伴侣介导的自噬　　分子伴侣介导的自噬（CMA）是蛋白质水解的溶酶体途径之一，长期营养缺乏（如饥饿）等许多生理刺激均可诱导 CMA，是对饥饿的第二反应。短暂饥饿首先诱导大自噬，但大自噬很快减弱，此时 CMA 被诱导发生。CMA 和其他两种自噬不同，是一种具有选择性和独特性的细胞机制。CMA 参与质量控制和在营养状况持续欠佳时为细胞提供能量。这种现象最近在一些严重的人类疾病中得到证实，但是其作用会随着年龄的增长而下降，这可能是一个重要的疾病加剧的因素。

CMA 发生过程也比较复杂。简单来讲，首先由细胞质中的分子伴侣如热休克同源蛋白 70 识别底物蛋白分子的特定氨基酸序列并与之结合；随后分子伴侣-底物复合体与溶酶体膜上的受体溶酶体相关蛋白 2A（LAMP2A）结合后，底物去折叠；溶酶体腔中的另外一种分子伴侣热休克同源蛋白 90 介导底物在溶酶体膜的转位，进入溶酶体腔中的底物在水解酶的作用下分解，被细胞再利用。

CMA 可以和大自噬彼此弥补功能上的不足。一个比较典型的例子是细胞在饥饿时发生细胞自噬的现象。最初的几小时，大部分细胞内大自噬很活跃，大约在 6h 时达到顶峰，随后逐渐下降。当超过 8h 时，CMA 被激活，24h 达到顶峰，大约持续 3d。这种蛋白质降解的转变，对细胞来说是非常有利的，一方面，可以避免在饥饿状态下那些维持细胞生存的重要蛋白质的降解，另一方面，那些不太重要的蛋白质降解可以为维持细胞生存提供所需的氨基酸。

（二）根据自噬对降解底物的选择性分类

近年来，随着研究的深入，目前根据自噬对降解底物的选择性可以分为非选择性自噬和选择性自噬。非选择性自噬是指细胞质内的细胞器或其他细胞质随机运输到溶酶体降解；而选择性自噬是指对降解的底物蛋白具有专一性，根据对底物蛋白选择性的不同，可以分为过氧化物酶体自噬（pexophagy）、线粒体自噬（mitophagy）、内质网自噬（reticulophagy）、细胞核自噬（piecemeal autophagy of the nuclear）、核糖体自噬（ribophagy）、脂肪自噬（lipophagy）、聚集体自噬（aggrephagy）和异体自噬（xenophagy）等。

1．过氧化物酶体自噬　　当诱导过氧化物酶体新陈代谢变得多余或已损伤时，它们将在细胞质中由自噬途径被降解。在自噬中，多层膜封存过氧化物酶，形成过氧化物酶体自噬体，外层膜和液泡膜相融合，并被氧化。过氧化物酶体自噬分为微过氧化物酶体自噬和大过氧化物酶体自噬。

2. 线粒体自噬　　　线粒体自噬一般是指在活性氧、营养缺乏、细胞衰老等外界刺激的作用下，细胞内的线粒体发生去极化而出现损伤，损伤线粒体被特异性地包裹进自噬体中，并与溶酶体融合，从而完成损伤线粒体的降解，维持细胞内环境的稳定。线粒体自噬可以分为Ⅰ型线粒体自噬、Ⅱ型线粒体自噬和Ⅲ型线粒体自噬3种不同的亚型。细胞生物学的差异构成了3种线粒体自噬类型的主要区别，因此，未来的研究需要描述这些不同的线粒体自噬之间分子和生化差异的特点。

3. 内质网自噬　　　内质网自噬首次被 Bernales 和他的同事发现并命名，是在研究未折叠蛋白质反应中被发现的。内质网自噬通过缓解严重的内质网应激来维持内质网的稳态，是实现内质网稳态的一个重要机制。折叠应激诱导的内质网自噬是一个高度选择的过程，只依赖于自噬机制。其诱导的自噬体内包含大量的折叠囊泡膜，这些结构是由内质网所形成的，几乎不含细胞质成分。

4. 细胞核自噬　　　有研究表明，真核细胞中细胞核的一部分甚至整个细胞核都通过选择性自噬进行降解。在饥饿或其他应激条件下，如 DNA 损伤或细胞周期阻滞都可能诱导细胞核的自噬。核自噬是通过自噬选择性地从细胞中移除细胞核的组分，它既可以通过大自噬也可以通过小自噬选择性地降解，这个过程相应地被称为细胞核的大自噬或者细胞核的小自噬。在哺乳动物中是否大自噬和小自噬都介入了细胞核自噬，以及选择性自噬是如何形成的，还需要进一步的研究。

5. 核糖体自噬　　　核糖体自噬是在酵母菌内发现的。核糖体优先通过自噬途径降解。在营养缺乏的情况下，核糖体降解伴随着其他细胞器的降解。核糖体自噬不依赖于自噬相关基因 *ATG19* 和 *ATG11*。

6. 脂肪自噬　　　最近的研究表明，细胞质脂质小滴通过自噬途径发生降解。脂肪自噬的过程提示自噬可能参与了脂蛋白装配的调节，对细胞内和全身脂肪的稳定起到重要的作用。自噬可能部分参与了极低密度脂蛋白装配的上下调节。但是脂肪自噬的选择性是如何实现的仍需要进一步的研究。

7. 聚集体自噬　　　聚集体自噬是由 Overbye 提出来的，指特异地清除细胞内蛋白质的聚集体或包涵体。聚集体的选择性自噬现在已经成为重要的细胞蛋白质质量控制系统。

8. 异体自噬　　　异体自噬是指细胞内细菌或者病毒的吞噬（选择性地吞噬降解细菌和病毒）。自噬是细胞抵抗胞内病原体的重要武器。异体自噬的关键作用之一是参与对入侵病原体的第一道防线，通过自噬机制靶向细胞内的细菌和病毒，吞噬细胞质或空泡内的细菌有助于控制细菌在宿主细胞扩散，防止感染的传播。靶向病毒的自噬机制可以保护细胞免于病毒的侵害，自噬将细胞质中的病毒转运到溶酶体中，通过降解病毒，发挥抗病毒作用。

二、自噬的过程和通路

虽然自噬是一个连续的动态过程，但为了便于理解和讨论，可以将其人为地分为4个主要阶段：初始化、延伸、成熟和退化（图9-2）。

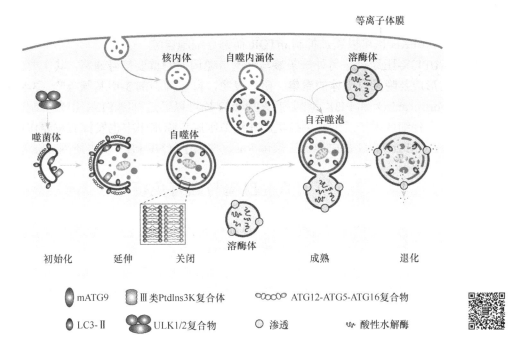

图 9-2 哺乳动物细胞自噬发生的过程（引自 Yang and Klionsky，2010）

自噬的过程需要一系列自噬相关基因的有序参与。在酵母细胞内已经发现了 33 种与细胞自噬相关的特异性基因，这些基因统一以"autophagy"中的 atg 命名为 *ATG*。

膜结构的形成起始需要复合物自噬相关基因 6（也称 Beclin 1）和磷脂酰肌醇 3 激酶（phosphatidylinositol 3-kinase，PI3K）的相互作用。自噬体膜结构的延伸和终止至少需要泛素样分子 ATG12。自噬相关蛋白 ATG12 被泛素结合酶 E1 及 E2 样酶 ATG7 和 ATG10 相继激活后结合于 ATG5，然后 ATG16 结合于 ATG5 和 ATG12 复合物，促进膜的延伸，并催化 LC3 的结合。LC3 的 C 端氨基酸被 ATG4 剪切后通过 E1 和 E2 样酶 ATG7 和 ATG3 被运输到磷脂酰乙醇胺（phosphatidylethanolamine，PE）附近形成膜结构。自噬体结构形成后，LC3 依然存在于自噬体腔中（可以作为一个自噬体的标志物），然后 ATG12-ATG5-ATG16 复合物从自噬体膜上解离。自噬体与溶酶体融合，将水解酶释放到自噬体，以降解靶点及内层膜，形成自噬溶酶体，这一阶段称为自噬体成熟。

三、免疫信号与自噬

细胞自噬在体内受到严格且精细的调控，随着研究的深入，已逐步阐明了细胞自噬的发生及调控机制。目前的研究证实多种途径可调控细胞自噬的水平，其中 mTOR 被证实在调节细胞自噬水平的过程中发挥重要作用。多种信号可经由 mTOR 传递最终影响到细胞自噬的水平。

mTOR 是一种 Ser/Thr 蛋白激酶。有研究证实，mTOR 的激活可以抑制细胞自噬。mTOR 可以通过两条途径抑制细胞自噬。第一，mTOR 通过 ATG1、ATG13、ATG17 蛋白来调节细胞自噬的水平。主要是因为 mTOR 蛋白可以高度磷酸化 ATG13，磷酸化的 ATG13 与 ATG1 结合的效率降低，抑制了自噬的发生。在饥饿诱导、氨基酸缺乏等因素存在时，mTOR 的磷酸化水平将被改变，进而影响 ATG13 的磷酸化，最终影响细胞的自噬水平。第二，mTOR 可通过调控 Tap42、Sit4、Ure2 和 Gln3 等分子的磷酸化水平，影响自噬相关蛋白的转录进而调节细胞自噬。此外，PI3K-Ⅰ磷酸肌醇依赖激酶-1（PI3K-Ⅰ phosphoinositide-dependent kinase-1，PDK1）和 Akt/PKB 也可以通过抑制 mTOR 而诱导细胞自噬。

Beclin 1/PI3K-Ⅲ途径是另外一条参与细胞自噬调控的重要信号通路，其主要参与调控早期自噬体的形成及晚期自噬体的聚集。研究表明，自噬抑制剂 3-甲基腺嘌呤（3-MA）、渥曼青霉素（Wortmannin）和 PI3K 抑制剂 LY294002 均可以通过抑制 PI3K-Ⅲ来抑制细胞自噬。除此之外，多种细胞因子及细胞调控机制在调节细胞自噬水平中也发挥着重要作用，如转录起始因子 2α（eIF2α）、G 蛋白异源三聚体 Ras、核因子（NF-κB）及内质网应激等。

第二节　自噬与固有免疫

自噬是机体内关键的降解系统之一，早期研究认为自噬主要对饥饿和营养剥夺产生应答，用以提供能量和合成代谢所需要的物质，维持能量稳态。随后，有研究表明多种信号都能诱导自噬激活，主要包括内质网应激、氧化应激及免疫信号的激活等。自噬和免疫密切相关，自噬相关基因突变会增加机体被病原体感染的风险。自噬既可以作为免疫系统清除细胞内病原体的效应器，也是免疫系统确认病原体侵入的识别机制，在调节固有免疫和获得性免疫方面均发挥着重要作用。在固有免疫方面，自噬不仅参加了对病原体、凋亡后的细胞碎片等的清除，也参与了对抗病毒细胞的保护作用、调节细胞因子的产生、激活炎症小体等过程。

一、TLR 和自噬协同对 PAMP 的反应

Toll 样受体（Toll-like receptors，TLR）是参与非特异性免疫（天然免疫）的一类重要蛋白质分子，也是连接非特异性免疫和特异性免疫的桥梁。TLR 是单个的跨膜非催化性蛋白质，可识别来源于微生物的具有保守结构的分子。当微生物突破机体的物理屏障如皮肤、黏膜等时，TLR 可以识别它们并激活机体产生免疫细胞应答。TLR 是研究最多的模式识别受体（pattern recognition receptor，PRR），TLR1、TLR2、TLR4、TLR5 和 TLR6 主要定位于细胞膜，并识别细菌组分；而 TLR3、TLR7、TLR8 和 TLR9 主要定位于内体膜，识别病毒产物。研究表明，使用相应配体激活 TLR 后，可进一步激活自噬从而直接清除细胞内的病原体。因此，自噬可作为抗微生物感染的直接效应机制之一。

人巨噬细胞和小鼠巨噬细胞系 RAW264.7 中，脂多糖（lipopolysaccharide，LPS）可通过 TLR4-TRIF（包含 TIR 结构域接头蛋白）途径诱导自噬体的形成，并提高细胞吞噬和清除分枝杆菌的能力。此外，尽管分枝杆菌通常与 TLR7 信号无关，但是 TLR7 的配体单链 RNA 和咪喹莫特也可诱导形成自噬体以清除细胞内的分枝杆菌，这个过程的发生通过 MyD88 途径。有研究表明，当人类免疫缺陷病毒感染 HeLa 细胞后，首先 TLR7 诱导 LC3 激活自噬，随后促进 TLR7 信号通路中干扰素的表达。另外，许多病原体激活 TLR2 也可以诱导自噬。李斯特菌感染缺失 TLR2 和 NOD 受体相互作用蛋白 2（receptor interacting protein 2，RIP2）的巨噬细胞后，细胞表现出自噬缺陷，从而不能形成自噬体包裹细菌，自噬在这个过程的诱导依赖于细胞外的信号调节激酶。葡萄球菌感染 RAW264.7 后主要通过激活 TLR2 来诱导自噬，并促进对入侵微生物的清除。其他研究也表明，不同 TLR（包括 TLR1、TLR3、TLR5 和 TLR6）被其配体激活后主要通过 MyD88 或 TRIF 促进自噬诱导，并且与 Beclin 1 相互作用。Beclin 1 与 TLR 信号通路接头分子相互作用，抑制 Beclin 1 结合 B 淋巴细胞瘤-2（B cell lymphoma-2，Bcl-2）的基因，促进自噬的起始。

　　TLR 也可以与 ATG 蛋白相互作用来调节自噬体的成熟。真菌细胞壁组分酵母聚糖募集 TLR2/TLR6，促进 LC3 到吞噬小体，加速自噬体与溶酶体的融合。在 RAW264.7 细胞中，TLR1/2 的配体可促进 LC3 结合到吞噬体，促进自噬体成熟，此过程依赖于 TLR2，而不依赖于 MyD88，同时也需要 ATG5 和 ATG7 的参与。DNA 免疫复合物通过 TLR9 介导非经典的自噬过程，TLR9 激活后识别双链 DNA，促进炎性因子和 I 型干扰素的产生，并促进非经典的自噬，被称为 LC3 相关的吞噬过程。该研究结果揭示了 TLR 在调节非经典自噬途径中的功能。

　　TLR 激活后可诱导自噬，促进病原微生物的清除，提高宿主的保护作用。反之，自噬也可以调节 TLR，通过促进细胞内病毒的 PAMP 运送至内体中结合 TLR，提高细胞抗病毒的防御功能。疱疹性口腔炎病毒（vesicular stomatitis virus，VSV）感染浆细胞样树突状细胞（plasma dendritic cell，pDC）后，病毒核酸被 TLR7 和 TLR9 识别，通过 NF-κB 和 IRF7 信号通路诱导产生炎性因子和 I 型干扰素。自噬在此过程中促进了 PAMP 到溶酶体中的转运，激活了内体 TLR7 对细胞质中病毒复制中间产物的识别。缺失 ATG5 的 pDC 受到 VSV 感染后，自噬的发生受到影响，细胞也不能分泌炎性因子和 I 型干扰素。而单纯疱疹病毒-1（herpes simplex virus-1，HSV-1）感染 pDC 后，可以被 TLR9 识别，ATG5 缺陷的细胞不能产生 I 型干扰素，但是炎性因子 IL-12 的反应并不受影响。

二、NLR 与 ATG 相互作用对自噬反应的定位

　　NOD 样受体（NLR）是近年来研究人员发现的识别胞内菌的模式识别受体，能够感应各种结构不同的 PAMP、DAMP 和环境刺激。NLR 家族可分为 NLRA、NLRB、NLRC、NLRP、NLRX 五个亚家族。NLRP3 为 NLR 家族中的典型代表，在细胞应激条件下募集接头蛋白 ASC 和 caspase-1 形成炎性体复合物，控制促炎性细胞因子 IL-1β 和 IL-18 的分泌。NLR 含有 3 个不同的结构域：C 端结构域，调节自身抑制并识别配体；中间 NOD 结构域，用于核酸结合和自身寡聚化；N 端效应结构域，调节蛋白质与蛋白质的相互作用，起始下游信号通路。NLR 识别细菌细胞壁的组分（如肽聚糖），在自噬诱导中发挥重要作用。目前已发现 NLR 家族可参与炎症正向调节自噬，激活 AIM2 或 NLRP3 介导的炎症触发小 G 蛋白 RalB 活化和自噬体的形成。通过结合 Exo84、RalB 诱导具有催化活性的 ULK1 和 Beclin 1-VPS34 复合物。与此相反，NLRC4 和 NLRP4 通过与 Beclin 1 作用负性调控自噬过程。此外，NLRP4 与 C-VPS 络合物（VPS11、VPS16、VPS18 和 RAB7）相互作用，控制膜牵引和液泡膜融合，从而阻断自噬体到自噬溶酶体的成熟。*Beclin 1* 和 *LC3B* 基因缺陷的小鼠单核巨噬细胞会增加 IL-1β、IL-18 的分泌。这是由于缺乏自噬会增强 NLRP3 炎症通路的激活，通过线粒体 ROS 生成增多和线粒体膜通透性增高而下调线粒体的稳定性。这表明自噬可通过控制线粒体稳态来抑制炎症活化。

三、核酸传感器和自噬

　　细胞内存在多种识别病原体 DNA 的感受器，它们可以通过共同的接头蛋白 STING 启动天然免疫反应。环鸟苷酸-腺苷酸合成酶（cyclic guanosine monophosphate-adenosine mono-phosphate synthase，cGAS，又称为 MB21D1 或 C6orf150）是一种细胞质 DNA 感受器，能识别细胞质中的双链 DNA（double strand DNA，dsDNA），并形成 2：2 型复合物，催化腺苷三磷酸（adenosine triphosphate，ATP）和鸟苷三磷酸（guanosine triphosphate，GTP）形成环鸟

苷酸-腺苷酸（cyclic guanosine monophosphate-adenosine monophosphate，cGAMP）。cGAMP 作为第二信使激活干扰素基因刺激因子（stimulator of interferon gene，STING），进而产生 I 型干扰素及其他细胞因子。Liang 等证实在 dsDNA 刺激或 HSV-1 感染时，cGAS 与 Beclin 1 直接相互作用，不仅通过抑制 cGAMP 的合成来阻止 IFN 产生，还通过增强自噬介导的细胞质病原体 DNA 的降解来阻止 cGAS 的过度活化和持续性免疫刺激。特别是，这种相互作用使一种自噬负调控因子 rubicon 从 Beclin 1 复合物中释放，活化 PI3K，从而诱导自噬清除细胞质病原体 DNA。cGAS-Beclin 1 相互作用通过调节 cGAMP 的产生和自噬形成固有免疫反应，从而调节抗微生物免疫反应。STING 也可直接与 Beclin 1 相互作用，促进自噬。对疱疹病毒的研究证明自噬在病毒感染中有重要作用，HSV-1 的毒力蛋白 ICP34.5 可以与 Beclin 1 结合，通过 STING 诱导自噬。

四、SLR 清除细胞质中的微生物

SLR 作为自噬适配体（autophagic adapter），也称为"新型天然免疫受体"或"自噬受体"（autophagic receptor），识别入侵细胞内的病原体并介导自噬清除。

起初认为自噬是一个非选择性的降解过程，随着人们研究的深入，发现自噬能以选择性的方式降解底物，而泛素在其中扮演着重要角色。目前已鉴定出多个自噬适配体分子，如 SQSTM1/p62（sequestosome 1）、NDP52（nuclear dot protein 52，相对分子质量 52 000）、HDAC6（histone deacetylase 6）、NBR1（neighbor of BRCA1 gene1）和 BAG3（Bcl-2-associated athanogene 3）等。这些自噬适配体分子都有一个特点，可以和带有泛素标签的底物结合，同时自身含有一个或多个 LIR 结构域，能与自噬体上的 MAP1LC3B 连接。SLR 作为衔接分子，可以选择性地将底物运输到自噬体内进行降解，这一过程被称为"异体自噬"（xenophagy）。近年来研究最多的适配体分子是 SQSTM1/p62，它是一种存在于细胞质中、高度保守的蛋白质，包括泛素相关（UBA）结构域、Kelch 样环氧氯丙烷相关蛋白作用区（KIR）、微管相关蛋白 1A/1B 轻链 3 作用域（LIR）、肿瘤坏死因子受体相关因子 6（TRAF6）结合结构域、Phox 和 Bem1p（PB1）结构域及 ZZ 型锌指区（ZZ）6 个功能区域。SQSTM1/p62 主要发挥两个方面的作用：一是作为选择性自噬过程中最主要的适配体分子，调节包涵体样的聚集物形成。这一过程被认为是 SQSTM1/p62 自身寡聚化后，通过 UBA 结构域识别聚泛素链，将细胞质内的聚泛素化底物（如病原体、错叠蛋白、受损细胞器、过氧化物酶体等）聚集，而 LIR 结构域与 MAP1LC3B 结合，SQSTM1/p62 及其底物被募集到自噬体内进而降解。二是作为支架蛋白，通过蛋白质-蛋白质之间结构域的相互作用，发挥信号转导的功能。IL-1 受体和 NGF 受体激活后，SQSTM1/p62 与 TRAF6 结合成复合体，激活 NF-κB 信号转导。另外，SQSTM1/p62 还可在细胞质内募集一些可降解为活性肽的蛋白，如泛素、核糖体前体蛋白等。含有活性肽的自噬溶酶体和含有结核分枝杆菌的吞噬体融合后，活性肽发挥杀菌作用，清除胞内结核分枝杆菌。

五、自噬清除细胞内微生物的其他途径

RLR 通过诱导自噬的发生，负性调节 I 型干扰素的产生。Jounai 等发现在 ATG5 和 ATG7 缺陷的小鼠胚胎成纤维细胞中，ATG5-ATG12 的连接受阻，当细胞受到病毒感染或 dsRNA 刺激后，产生大量的 I 型干扰素。进一步分子研究显示，ATG5-ATG12 连接体通过与 RIG- I（retinoic acid-inducible gene I）和 IPS-1（IFN beta promoter stimulator 1）的 CARD（caspase recruitment domain）结构域作用，下调 I 型干扰素。另外，ATG9a 负性调节 STING 和 TBK1

信号分子的聚集,下调由细胞内 dsDNA 引起的 I 型干扰素的产生。

第三节 自噬与获得性免疫

获得性免疫是指个体出生后,在生活过程中与病原体及其代谢产物等抗原分子接触后产生的一系列免疫防御功能,也称为适应性免疫或特异性免疫。获得性免疫包括细胞免疫和体液免疫两大类。

自噬作为机体内的一种正常的生理过程,也与获得性免疫有关联。自噬除了可以直接消除细胞内的病原体,也可以加工处理抗原后与 MHC 分子结合呈递给获得性免疫细胞,最终在保护性免疫应答中维持获得性免疫淋巴细胞的增殖和存活。

一、自噬与抗原呈递和 T 细胞反应

抗原呈递是指抗原呈递细胞(如巨噬细胞、树突状细胞等)将抗原加工处理、溶解为多肽片段,以 MHC-抗原肽复合物的形式呈递给 T 细胞识别的过程。主要组织相容性复合体(major histocompatibility complex,MHC)是所有生物相容性复合体抗原的一种统称,位于细胞表面,主要功能是绑定病原体衍生的肽链,在细胞表面显示出病原体,便于 T 细胞识别并执行一系列免疫功能,如杀死已被病原感染的细胞、激活巨噬细胞杀死体细胞内细菌、激活 B 细胞产生抗体等。

$CD4^+$ 和 $CD8^+$ T 细胞可以分别监视溶酶体和蛋白酶体内抗原肽的形成,抗原肽与 MHC I 类分子结合被呈递给 $CD8^+$ T 细胞,与 MHC II 类分子结合被呈递给 $CD4^+$ T 细胞。自噬不仅可以激活固有免疫细胞,自噬作用的底物也能作为抗原呈递给获得性免疫细胞从而启动获得性免疫应答。

自噬激活的 $CD8^+$ T 细胞介导的细胞毒性淋巴细胞反应在机体的抗病毒、抗肿瘤及细胞内细菌感染等方面都是至关重要的。病毒感染后机体产生的免疫应答很大一部分来源于树突状细胞呈递抗原引起的 $CD8^+$ T 细胞的活化,树突状细胞及其他的一些髓样细胞通过特定的信号通路刺激细胞因子的产生,从而促进 T 细胞的活化。单纯疱疹病毒感染后诱发的自噬与 MHC I 类抗原呈递呈正相关,通过药物诱导自噬可以明显提高抗原呈递的能力。

溶酶体的降解产物可以通过 MHC II 类分子呈递,从而激活 $CD4^+$ T 细胞,抗原片段及自身多肽可以在晚期被胞内体或 MHC II 类分子携带到腔室(M II Cs)内,大部分的蛋白质被运送至 M II Cs 与 MHC II 类分子结合,被溶酶体蛋白酶水解成合适的长度,从而增加 MHC II 类分子的稳定性并有效刺激 T 细胞。采用 GFP-ATG8/LC3 标记自噬体,可以观察到自噬体与 M II Cs 融合。包含 GFP-ATG8/LC3-MHC II 类分子的小室类似于大的多囊泡内体。GFP-ATG8/LC3 和 MHC II 类分子紧邻囊泡的内膜,主要维持 MHC II 类分子与抗原肽的结合,以及 MHC II 类分子与 HLA-DM 的共区域化。缺乏自噬的树突状细胞激活 $CD4^+$ T 细胞的能力明显减弱。相对于野生型的疱疹病毒感染,缺乏阻碍自噬体形成的 ICP34.5 抗原的单纯疱疹病毒感染能诱导更强的 $CD4^+$ T 细胞反应。

分子伴侣介导的自噬也可以运输抗原给 MHC II 类分子以呈递至 $CD4^+$ T 细胞。在一些分子伴侣的作用下,通过溶酶体膜上的受体将细胞质中的蛋白质转运到溶酶体。MHC II 类分子对两个自身抗原 GAD65 和 SMA 的呈递可被分子伴侣介导的自噬成分的过表达增强。MHC II 类分子对 GAD65 的呈递取决于分子伴侣介导的自噬控制的 B 淋巴母细胞 LAMP2A 和

HSP70 的表达。而且，内质网中错误折叠的蛋白质多转移至细胞质中进行降解，MHC Ⅱ 类分子对这些抗原的呈递同样取决于分子伴侣介导的自噬。

二、自噬与 T 淋巴细胞体内平衡和 Th17 细胞的极化

通过自噬途径及时清除和降低线粒体负荷对维持正常造血干细胞的功能是必需的，也是产生髓系和淋巴系祖细胞必不可少的。离开胸腺后，幼稚 T 淋巴细胞的成熟依赖于自噬所介导的自噬体含量的减少。敲除胸腺基质 ATG5 后，特异性针对多器官炎症反应的 CD4$^+$ T 淋巴细胞的选择性发生改变，说明自噬在 T 淋巴细胞选择与中枢耐受中发挥作用。与之相反的是，CD8$^+$ T 淋巴细胞的选择性并未发生改变。已经有一系列基因敲除模型特异性地研究了自噬对体内 T 淋巴细胞的作用。自噬缺陷的 T 淋巴细胞不能有效调控细胞内细胞器数量的相对稳定，自噬缺陷的 T 淋巴细胞线粒体负荷增加。

自噬参与调节 T 淋巴细胞的能量代谢。通常 T 淋巴细胞活化时 ATP 产量增加，通过溶酶体抑制剂阻断自噬可以抑制 ATP 的增加。以丙酮酸甲酯的形式给自噬缺陷的 T 淋巴细胞补充外源性能量，能够恢复自噬缺陷 T 淋巴细胞的某些功能。

自噬能够影响 T 淋巴细胞的极化。自噬对 T 淋巴细胞极化的影响一部分是通过控制先天免疫细胞实现的。例如，自噬缺陷的巨噬细胞分泌大量的 IL-1α 和 IL-1β，并在 IL-6 和 TGF-β 的协同作用下诱导 Th17 淋巴细胞的免疫反应。体内和体外试验均证实结核分枝杆菌感染可诱导髓样细胞 ATG5 缺陷的小鼠中 CD4$^+$ T 淋巴细胞表达 IL-17 增加。此外，自噬缺陷导致 DC 与 T 淋巴细胞免疫突触结合持续时间延长，同时促进 T 淋巴细胞的极化向 Th17 方向倾斜。另外，不同细胞因子所构成的免疫环境能够诱导 T 淋巴细胞向相应的方向极化。雷帕霉素诱导的自噬能抑制 IL-1 的分泌，IL-1 本身又能够诱导自噬，因此，自噬构成了调控 IL-1 诱导炎症的负反馈机制。同时 IL-1 可驱动 Th17 类型的细胞极化，因此，自噬在调节 Th17 类型的 T 淋巴细胞反应中发挥着重要作用，进一步影响免疫反应对诸多硬化症等自身免疫性疾病的调节。

三、自噬与浆细胞和体液免疫

浆细胞是终末活化阶段的 B 淋巴细胞，它是获得性体液免疫反应的主要效应细胞。浆细胞是专业的抗体分泌细胞，大量抗体在其中合成、组装和分泌。自噬在浆细胞分化中发挥重要作用，涉及调节内质网、分化和抗体产生这一系列浆细胞基本功能的平衡。自噬是决定长寿浆细胞的命运及机体长期免疫力的内在因素。

自噬是一个保守的自我消化策略。作为一个主要的回收途径，自噬为细胞的重塑提供可能的资源，包括脂肪细胞、红细胞、淋巴细胞在内的多种细胞的分化过程均依赖于自噬。有研究表明，在浆细胞的分化过程中，存在强烈的自噬诱导效应。原代培养的 B 淋巴细胞在 LPS 刺激下活化，随着刺激时间的延长，酸性溶酶体组分和 LC3 阳性的自噬溶酶体均增加，溶酶体抑制剂巴伐洛霉素或 NH$_4$Cl 又能够进一步增加 LC3 阳性自噬溶酶体的数量，说明 B 淋巴细胞活化过程中存在自噬现象。另外，与 CD19$^+$ B 淋巴细胞相比，分离自脾的 CD138$^+$（浆细胞的特异性标记）的淋巴细胞具有更多 LC3 阳性的荧光自噬斑块，说明自噬参与了 B 淋巴细胞向浆细胞的分化过程。

Pengo 等特异性敲除了 B 淋巴细胞的 ATG5 以抑制 B 淋巴细胞自噬，再用 LPS 刺激诱导 B 淋巴细胞向浆细胞分化，分析该过程中 ATG5 缺陷型和野生型 B 淋巴细胞蛋白质组的改变。

结果发现在浆细胞分化过程中，ATG5 缺陷的 B 淋巴细胞内含有大量的抗体蛋白及内质网原位蛋白的堆积，而线粒体、核糖体组分则没有出现明显改变。ATG5 缺陷的 B 淋巴细胞能够合成和分泌大量的抗体蛋白，说明自噬对抗体蛋白的合成具有一定的限制作用。

浆细胞在分化过程中存在能量的改变，自噬可为浆细胞分化和抗体分泌提供所需要的能量。处在静息状态的 B 淋巴细胞中，自噬对 ATP 的产生并不关键，而在 LPS 刺激 3d 后，ATG5 缺陷的 B 淋巴细胞产生的 ATP 甚至不能达到野生型 B 淋巴细胞的一半，同时更多的细胞发生凋亡，说明自噬参与维持 B 淋巴细胞的能量供应与存活。

第四节 自噬与炎症

自噬在调控炎症反应过程中也发挥着重要作用，通过清除炎症小体、细胞因子和细胞成分发挥作用，为炎症的调控提供了一种重要方式。炎症小体是由多种蛋白质组成的大分子复合物，是胱天蛋白酶（caspase）的活化平台，包含特定的细胞质感受器，通过模式识别受体（PRR）识别病原体相关分子模式（PAMP）和损伤相关分子模式（DAMP），以一种接头分子依赖或非依赖性的方式激活炎症性的 caspase-1 和 caspase-11。

一、自噬对 PRR 介导的 I 型干扰素信号的影响

天然免疫（innate immunity）是宿主抗病毒感染的第一道防线，其利用模式识别受体（PRR）识别病原体相关分子模式进而诱导 I 型干扰素（interferon- I，IFN- I）的表达，激发促炎症细胞因子及趋化因子应答，上调抗原呈递细胞表面共刺激分子的表达，诱导 T 或 B 淋巴细胞向效应 T 或 B 细胞分化，最终强化特异性免疫和触发一系列抗病毒反应。自噬可以选择性地针对病原体的重要组成部分发挥作用。此外，除直接的天然免疫功能外，自噬还能与 PRR 合作调节天然免疫信号。

当病毒感染细胞后，自噬有助于溶酶体上的 TLR 识别其相应的配体，促进机体的抗病毒天然免疫进程。此外，Beclin 1 可能与 MyD88 和 TRIF 形成复合物后触发 TLR 参与自噬。浆细胞样树突状细胞（pDC）利用自噬把胞质病毒复制的中间体运送到含有 TLR7 的内体腔室中，从而将胞质中的配体和内体腔室中的受体连接在一起，通过 TLR7 识别 RNA 病毒的ssRNA，促进宿主免疫系统对病毒核酸的检测。作为 TLR9 配体的细菌 CpG 基序，同样能够诱导人和鼠的肿瘤细胞发生自噬。

在 pDC 中，PRR 介导的病原体识别至关重要。RIG- I 作为 RNA 病毒感染的识别受体，与线粒体衔接蛋白 IPS-1 相互作用，诱导 IFN- I 介导的宿主抗病毒天然免疫。RLR 诱导自噬发生，负向调节 IFN- I 的产生。在小鼠成纤维细胞（MEF）中，ATG5～ATG12 蛋白共轭体系可调节 RIG- I 对 VSV 的天然免疫识别和 MDA5 对 poly（I：C）的天然免疫识别。与 pDC不同的是，MEF 可能利用细胞自噬过程中的蛋白质分子来抑制 IFN- I 的产生。

二、自噬抑制炎性复合体的活化

作为固有免疫系统中的重要组成部分，NLRP3 炎性复合体活化后可诱导严重的炎症级联反应，造成组织细胞的炎性损伤。在应激状态下，诱导 NLRP3 炎性复合体活化的物质有很多，线粒体损伤及其产生的信号物质（mtROS、mtDNA 及心磷脂）在 NLRP3 炎性复合体的活化过程中具有重要作用。细胞内的自噬可以识别、吞噬并降解损伤的线粒体，成为负调控

NLRP3 炎性复合体活化最直接、有效的途径。最近研究表明，p62、parkin 或 ATG7 缺陷的巨噬细胞在应急状态下可导致过度的、持久的 NLRP3 炎性复合体的活化；线粒体信号物质（如 mtDNA）的清除可抑制 IL-1β 的过度生成。Chang 等发现白藜芦醇可通过保持线粒体的完整性及放大自噬的效应抑制炎症小体 NLRP3 的激活。Zhou 等发现小檗碱能够通过上调巨噬细胞的自噬水平抑制 NLRP3 炎症小体活化，从而抑制其诱导的炎症反应。

三、自噬抑制钙蛋白酶依赖性 IL-1α 的活化

IL-1α 是一种广泛表达于多种细胞中的组成型蛋白,可与细胞表面受体 IL-1R1 结合。IL-1α 是一种多功能分子，在胞内可作为转录因子，促进相关基因的表达；在胞外参与机体炎症反应，在抗微生物感染中发挥重要作用，同时参与自发炎症及肿瘤等疾病的发生发展。IL-1α 的成熟与分泌是一个复杂的多因素参与的过程，包括细胞内钙离子浓度及钙蛋白酶（calpain）活性的调控，有时还需炎症小体信号途径及其他途径的参与。此外，有研究表明，自噬作用也能抑制 IL-1α 的成熟与分泌，结核分枝杆菌感染和依赖自噬蛋白 5（ATG5）的自噬过程可阻断 IL-1α 的活化与分泌，减轻肺部炎症和组织损伤。

四、自噬和促炎性体信号因子的降解

炎性细胞因子通过与细胞膜的特异性受体结合以调节自噬反应。在一般情况下，辅助性 T 细胞（Th1）衍生的细胞因子如 IL-2、TNF-α、IFN-γ 被认为是自噬诱导剂。细胞因子诱导自噬在消除病原体入侵中发挥重要作用。例如，IFN-γ 可通过诱导自噬促进细胞内结核分枝杆菌和沙眼衣原体的降解。IFN-γ 激活自噬可能通过免疫相关的 GTP 酶功能和死亡相关蛋白激酶 1（DAPK1）BH3 结构域 Thr119 的 Beclin 1 磷酸化，使 Beclin 1 与其抑制剂 Bcl-2 解离，导致 Beclin 1 活化。相似地，TNF-α 激活的细胞自噬可消除细胞内细菌如志贺菌、李斯特菌等。相反，Th2 细胞相关的细胞因子如 IL-4、IL-10、IL-13 可产生抑制自噬功能，已被证明这些细胞因子通过激活 PI3K/Akt 信号通路来抑制饥饿诱导的自噬。

第五节　　细胞自噬研究热点

细胞自噬是细胞的基本生命活动之一，对细胞的存活至关重要。自噬广泛参与机体各种生理和病理过程，与多种人类疾病相关。例如，细胞自噬在肿瘤、神经性疾病、心血管疾病等多种疾病过程中或抑制或促进疾病的发生，引起众多研究者探索。从历年来国家自然科学基金项目中与自噬相关的项目数可以看出，2008～2019 年整体处于一个上升的趋势，尽管 2017～2019 年有小幅的下降，但获得资助的项目数量仍然在 500 项以上。由此可见，自噬的相关研究依然是当前的研究热点，特别是多领域的交叉研究热点。

细胞自噬的作用机制虽然在哺乳动物中已经有很多报道，但是在水产动物中的报道较少。尤其是在水产动物病原微生物感染引起自噬的机制、自噬在天然免疫和获得性免疫中与病原微生物的相互作用，以及这些过程中的信号分子和信号通路调控等问题还有待进一步研究，这些研究将有助于人们深入了解病原体与自噬之间的相互作用，并将其用于预防和治疗微生物感染。

细胞自噬是机体一种重要的防御和保护机制。然而，诱导自噬的各种信号是如何被传递到细胞内自噬"核心机器"从而启动自噬过程的，则一直是科学界的难题。关于自噬分子机

制的研究始于 20 世纪 90 年代以单细胞生物酿酒酵母为模型的研究。目前，一系列自噬相关的基因已被发现并命名。然而，自噬在多细胞生物特别是哺乳动物中的调控机制，科学界至今仍在不断探索中。

一、细胞自噬机制的研究

在自噬形成的过程中对细胞自噬机制的研究是不可缺少的。细胞自噬的发生过程常常伴随着其他事件的发生，如凋亡、死亡。细胞自噬如果过度，细胞内的相关成分则可能会被降解，从而诱导细胞的其他事件。因此，充分了解细胞自噬的作用机制有助于解决目前临床上出现的问题。

二、细胞自噬及其信号通路

目前细胞自噬的研究热点之一就是对细胞自噬转导信号的相关探究。越来越多的信号调控机制被发现，人们的认知也在不断被刷新。目前，细胞自噬的通路包括依赖 mTOR 和不依赖 mTOR 的自噬，其中又包含了众多与调节相关的信号通路。了解细胞自噬的信号通路，对今后研究自噬的作用机制及其相关疾病的调控具有重要意义。

三、细胞自噬对生命活动中蛋白质代谢的影响

细胞自噬维持细胞内蛋白质代谢的能力，是促进体内各种器官生长和存活的关键机制。蛋白质代谢作为一种再加工过程，通过分解蛋白质和肽，提供大量的氨基酸，帮助细胞适应各种环境胁迫，从而保持细胞的一致性，使细胞脱离危机。因此，探究细胞自噬对生命活动中蛋白质代谢的影响是研究细胞自噬的热点之一。

四、线粒体自噬的分子调控机制

线粒体是细胞能量代谢中心与能量工厂，是细胞氧化磷酸化和 ATP 合成、脂肪酸氧化等能量代谢过程发生所在地，也是细胞凋亡调控中心。它能感知凋亡信号，并通过释放细胞色素 c 等凋亡相关分子来启动细胞凋亡过程。同时，线粒体也是细胞自由基产生的中心。线粒体电子传递链消耗的氧约占细胞所需氧的 85%，其中 0.4%～4.0%的氧在线粒体中被转换成超氧自由基。

鉴于线粒体在细胞生命活动中的重要作用，受损伤的或不需要的线粒体必须被有效清除，以保证细胞正常生命活动的进行。线粒体自噬就是这样一种通过自噬机制选择性清除受损伤或不需要的线粒体的过程。有研究表明，线粒体自噬还可能参与红细胞（哺乳动物红细胞没有细胞核和线粒体）的发生和成熟过程。线粒体自噬的异常可能与神经退行性疾病、糖尿病和肿瘤的发生有密切关系。因此，线粒体自噬的分子调控机制目前是线粒体和细胞自噬领域研究人员广泛关注的热点问题。

五、细胞自噬与细胞凋亡之间的关系及其影响

目前细胞自噬的研究热点之一就是探究细胞自噬与细胞凋亡之间的关系及其影响。细胞自噬和细胞凋亡之间存在着机制上的重叠。研究表明，*AKT3* 和 *PI3KCA* 基因的沉默与凋亡诱导有关，但是 Akt 的敲除或失活并不会显著诱导细胞凋亡，而是显著增加自噬。细胞自噬与细胞凋亡是两个相对独立的过程，但具有相似性。例如，细胞凋亡的激活因子可以诱导细

自噬，而负调节细胞凋亡的因子也可以抑制细胞自噬，其中的关键因素之一是抗凋亡因子
Bcl-2。因此，自噬和凋亡有关，在今后的治疗中可以借鉴两者的关系，进一步调节细胞自噬，
进而在相关疾病的治疗中进行更好的调节与修复。

六、细胞自噬对肿瘤的影响

肿瘤发生的原因至今仍未完全清楚，已知其与遗传、环境、饮食、基因突变等有一定的
关系。事实上，已有大量文献报道细胞自噬的发生与肿瘤密切相关。而大多数的实验结论证
明，在某些癌症类型中，细胞自噬参与了肿瘤生长并且在其中发挥着重要作用。初步研究表
明，肿瘤缺氧区自噬升高，该过程可促进肿瘤细胞在多种应激源下生存，如营养和缺氧。在
许多情况下，肿瘤治疗（化疗、放疗和靶向药物）应激期间，自噬增加可促进肿瘤细胞的生
存，从而降低治疗效果。因此，研究肿瘤、细胞自噬的相互影响，对今后在临床上治疗肿瘤
具有积极的意义。

主要参考文献

李枫，袁永旭. 2019. 国内外细胞自噬研究相关主题分析. 医学信息学杂志，40（9）：59-63.

李乐兴，戴汉川. 2015. 细胞自噬调控的分子机制研究进展. 中国细胞生物学学报，37（2）：263-270.

李倩，唐彬，李娜，等. 2013. 模式识别受体介导的自噬在抗病原微生物感染中的研究进展. 免疫学杂志，
　　29（8）：720-723.

陶冶，任晓峰. 2013. 细胞自噬与病毒感染. 病毒学报，13（3）：15-18.

王娇，张莉，李颖，等. 2022. 自噬受体蛋白 p62 的表达及功能研究. 中国免疫学杂志，38：715-719.

Bodemann B O, Orvedahl A, Cheng T, et al. 2011. RalB and the exocyst mediate the cellular starvation response by
　　direct activation of autophagosome assembly. Cell, 144(2): 253-267.

Gutierrez M G, Master S S, Singh S B, et al. 2004. Autophagy is a defense mechanism inhibiting BCG and
　　Mycobacterium tuberculosis survival in infected macrophages. Cell, 119(6) : 753-766.

Jounai N, Kobiyama K, Shiina M, et al. 2011. NLRP4 negatively regulates autophagic processes through an
　　association with beclin 1. Immunol, 186(3) : 1646-1655.

Kirkegaard K, Taylor M P, Jackson W T. 2004. Cellular autophagy: surrender, avoidance and subversion by
　　microorganisms. Nat Rev Microbiol, 2 (4): 301-314.

Lamark T, Svenning S, Johansen T. 2017. Regulation of selective autophagy: the p62/SQSTM1 paradigm. Essays
　　Biochem, 61(6): 609-624.

Lapaquette P, Guzzo J, Bretillon L, et al. 2015. Cellular and molecular connections between autophagy and
　　inflammation. Mediators Inflamm, 2015: 398483.

Levine B, Deretic V. 2007. Unveiling the roles of autophagy in innate and adaptive immunity. Nat Rev Immunol,
　　7(10): 767-777.

Mostowy S, Shimizu V S, Hamon M A, et al. 2011. p62 and NDP52 proteins target intracytosolic shigella and
　　listeria to different autophagy pathways. J Biol Chem, 286(30) : 26987-26995.

Nakahira K, Haspel J A, Rathinam V, et al. 2010. Autophagy proteins regulate innate immune responses by
　　inhibiting the release of mitochondrial DNA mediated by the NALP3 inflammasome. Nat Immunol, 12(3):
　　222-230.

Ohsumi Y. 2001. Molecular dissection of autophagy: two ubiquitin-like systems. Nat Rev Mol Cell Biol, 2(3):
　　211-216.

Park H, Lee S J, Kim S, et al. 2011. IL-10 inhibits the starvation induced autophagy in macrophages via class Ⅰ phosphatidylinositol 3-kinase (PI3K) pathway. Mol Immunol, 48(4) : 720-727.

Parzych K R, Klionsky D J. 2014. An overview of autophagy: morphology, mechanism, and regulation. Antioxidants & Redox Signaling, 20(3): 460-473.

Pudifin D J, Duursma J, Gathiram V, et al. 1994. Invasive amoebiasis is associated with the development of anti-neutrophil cytoplasmic antibody. Clin Exp Immunol, 97(1): 48-51.

Reina-Campos M, Shelton P M, Diaz-Meco M T, et al. 2018. Metabolic reprogramming of the tumor microenvironment by p62 and its partners. Biochim Biophys Acta Rev Cancer, 1870(1): 88-95.

Sánchez-Martín P, Komatsu M. 2018. p62/SQSTM1-steering the cell through health and disease. J Cell Sci, 131(21): jcs222836.

Shi C, Shenderov K, Huang N, et al. 2012. Activation of autophagy by inflammatory signals limits IL-1β production by targeting ubiquitinated inflammasomes for destruction. Nat Immunol, 13(3): 255-263.

Shintani T, Klionsky D J. 2004. Autophagy in health and disease: a double-edged sword. Science, 306 (5698): 990-995.

Stegeman C A, Tervaert J W, Sluiter W J, et al. 1994. Association of chronic nasal carriage of *Staphylococcus aureus* and higher relapse rates in Wegener granulomatosis. Ann Intern Med, 120(1): 12-17.

Yang Z, Klionsky D J. 2010. Mammalian autophagy: core molecular machinery and signaling regulation. Current Opinion in Cell Biology, 22(2): 124-131.

Zalckvar E, Berissi H, Mizrachy L, et al. 2009. DAP-kinase-mediated phosphorylation on the BH3 domain of beclin 1 promotes dissociation of beclin 1 from Bcl-XL and induction of autophagy. EMBO Rep, 10(3): 285-292.

Zhou R, Yazdi A S, Menu P, et al. 2010. A role for mitochondria in NLRP3 inflammasome activation. Nature, 469(7329): 221-225.

第十章　代谢与免疫

第一节　机体代谢与免疫

一、新陈代谢概述

代谢（metabolism）是生物体内发生的用于维持生命活动的一系列有序化学变化的总称，这些反应进程使得生物体能够生长和繁殖、保持它们的生理稳态及对外界环境做出反应。代谢是指机体与环境间发生物质和能量的交换，从而实现自我更新的过程，包括合成和分解代谢。在代谢过程中，物质代谢和能量代谢是相伴进行的，任何物质都蕴含一定的能量。同样地，任何能量的转变也必然伴随着物质的合成和分解。合成代谢是机体不断从外界摄取营养物质，在能量存在的情况下将其建造成自身结构复杂的大分子的过程，如自身的蛋白质、糖原、脂质及核酸等。分解代谢是将复杂的大分子分解成简单的小分子，同时释放能量的过程。机体能通过分解代谢将各种营养物质（如糖类、脂质、蛋白质等）转变为小分子的代谢产物，所产生的能量供生物体正常生命活动和生长的需要。代谢的功能可概况为 5 个方面：①从环境中获得营养物质；②将外界获取的营养物质转变为自身需要的小分子元件；③将小分子元件组装成自身的大分子；④生成生物体特殊功能所需的生物分子；⑤提供生命活动所需的一切能量。生物体对于物质和能量的代谢贯穿于从细胞的发育、增殖、分化到成体组织各类细胞之间功能稳态的维持等整个生命过程。

新陈代谢包括糖代谢（carbohydrate metabolism）、脂代谢（lipid metabolism）、氨基酸代谢（amino acid metabolism）、能量代谢（energy metabolism）和核苷酸代谢（nucleotide metabolism）。糖代谢是指葡萄糖、糖原等在体内的复杂的化学反应，主要途径包括葡萄糖的无氧酵解、有氧酵解、磷酸戊糖途径、糖醛酸途径、多元醇途径、糖原合成与糖原分解、糖异生及其他己糖代谢等。脂代谢是指人体摄入的大部分脂肪经胆汁乳化成小颗粒，胰腺和小肠内分泌的脂肪酶将脂肪里的脂肪酸水解成游离脂肪酸和甘油单酯，水解后的小分子被小肠吸收进入血液。蛋白质水解生成的氨基酸在体内的代谢包括：主要用于合成机体自身的蛋白质、多肽及其他含氮物质；通过脱氨作用、转氨作用、联合脱氨或脱羧作用，分解成胺类及二氧化碳。α-酮酸可以转变为糖、脂类或再合成某些非必需氨基酸，也可以经过三羧酸循环氧化成二氧化碳和水，释放能量。能量代谢是指生物体内物质代谢过程中所伴随的能量释放、转移和利用等。

生物体内的新陈代谢是靠酶催化的，代谢酶作用的专一性、精密灵活的调节机制，使机体复杂的代谢过程形成高度协调的化学反应网络。机体内复杂的酶促反应受到多种途径的精密调控，可划分为 3 个不同水平：分子水平、细胞水平和整体水平。分子水平的调节比较普遍的是由相关小分子引起可逆的别构调节、共价修饰调节，以及酶分子合成速率和降解速率的调节。细胞水平的调节依赖细胞对酶的调控作用。多细胞生物还受到整体水平的调节，包括激素和神经的调节。

二、代谢与免疫的概念

机体获得营养物质不仅能维持生命，也能防御感染。机体整个生命过程中始终伴随着和病原体的不断斗争。在正常的生理情况下，机体的免疫系统处于潜隐的状态，大多数免疫细胞处于静息状态，数量也相对恒定。然而，面对严重的感染或其他应激情况时，免疫系统需要持续感受、识别和应答环境中的"自我"和"非我"物质。不同功能的免疫细胞通常要经历不同程度的激活和增殖过程。比如，当机体受到损伤或者被外来病原菌入侵时，就需要增殖免疫细胞，分泌炎症因子。这些过程需要获取大量的糖类、氨基酸及脂肪酸等营养物质，而这些物质在免疫细胞中都不能大量存储，只能从外界环境中转运。因此，免疫细胞感知外界刺激的过程，其实就是免疫细胞的代谢调节应答的过程。免疫细胞的活化和转运需要的能量是机体通过分解代谢提供的，而免疫细胞的增殖需要的能量是机体合成代谢提供的。为更好地应对不同种类病原体的入侵，免疫细胞也要相应地变换不同的工作模式。

2011年，研究者在 *Nature Reviews Immunology* 杂志中首次提出免疫代谢（immunometabolism）的概念，而新兴的代谢免疫学已成为免疫学家关注的焦点。顾名思义，代谢免疫学就是研究代谢与免疫在生理及疾病中相互影响和作用的一门新兴免疫学学科（图10-1）。在机体维持生存和抗感染过程中，免疫细胞通过不断调整和改变自身的状态，有效地发挥免疫监视、免疫防御和免疫自稳的功能。这个过程中同时也需要机体代谢系统做出相应改变，从而提供足够的能量、代谢中间物和基础营养成分，以满足免疫细胞发挥功能的生物合成需求。机体代谢和免疫系统之间复杂而密切的相互作用是机体稳态调节的核心机制，免疫系统与新陈代谢紧密关联，共同参与到不同层次（分子、细胞、器官及机体等）的生命活动中。

三、代谢对免疫的影响

代谢在免疫细胞功能发挥中起着决定性作用，细胞内多条代谢途径相互联系和协同调控的网络产生表型不同的免疫细胞亚群，可有助于理解代谢途径对免疫的调节作用。目前已知，免疫细胞存在 6 种主要代谢途径：糖酵解、三羧酸循环、戊糖磷酸途径、脂肪酸合成、脂肪酸氧化和氨基酸代谢。1956 年，Alonso 和 Nungester 报道了"肺炎球菌产物对多形核白细胞糖酵解和氧摄取的影响"，阐明了寄主抗性和易感之间的差异及原因。随后，不同学者经研究发现，葡萄糖、三羧酸、谷氨酰胺、长链脂肪酸和小分子代谢物参与免疫细胞功能的发挥。

（一）能量代谢对免疫的影响

能量代谢是免疫细胞生理活动的重要基础。能量的主要供体是 ATP，主要由糖酵解和氧化磷酸化产生。多数细胞通过糖酵解将葡萄糖分解为丙酮酸，然后通过三羧酸循环将丙酮酸氧化成二氧化碳。免疫细胞在维持其基本免疫学功能（包括细胞运动、抗原加工和呈递、初级细胞的激活和效应、抗体合成等）时需要能量。

非增殖性树突状细胞和增殖性 T 细胞都需要利用糖酵解途径获取能量，因此有氧糖酵解不仅与细胞增殖相关，而且在免疫激活中发挥重要作用。免疫细胞糖酵解中的葡萄糖摄取增加是通过促进葡萄糖转运蛋白 GLUT1 的表面转运实现的，这个过程依赖于 PI3K 信号通路。GLUT2 受体是胰腺 β 细胞上的一种葡萄糖转运蛋白，可对血液中葡萄糖水平的升高作出响

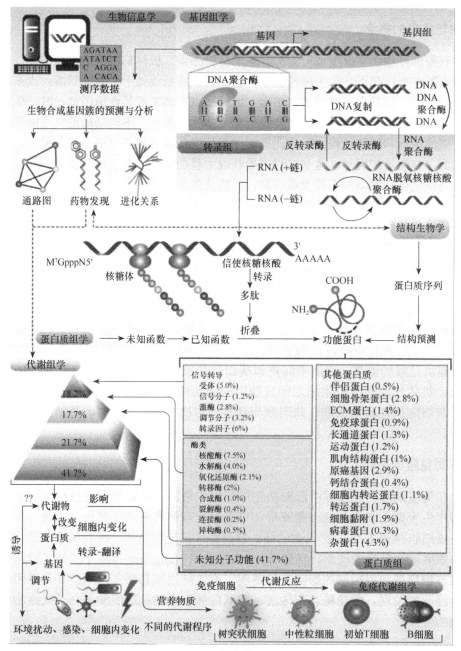

图 10-1　免疫代谢组学

应，引起细胞内 ATP 和糖酵解的消耗。GLUT2 葡萄糖传感后可导致胰岛素通过胰岛素储存颗粒的胞吐释放到血液中。胰岛素通过 Akt 和 PI3K 等重要的上游激酶与靶细胞上的受体结合并触发信号转导。在葡萄糖缺乏的细胞中，PKB/Akt 激活葡萄糖转运，并通过 GLUT1 易位到细胞表面增强葡萄糖摄取，从而抑制糖原合成酶激酶 3（GSK-3β）活性，以增加糖原合成和葡萄糖储存。通过这种方式，GLUT1 葡萄糖转运体在最低葡萄糖利用率下可获得最大的葡萄糖摄取量。

最近研究表明，糖酵解是 T 细胞无能和衰竭的关键途径。"无能"是指细胞低反应性的状态。在高等后生动物中，"无能"是免疫系统的一种进化保存机制，以避免或尽量减少自我反应性 T 细胞的扩张。在 TCR 参与过程中，CD28 等共刺激分子的缺失为 T 细胞提供了一个额外的信号，在缺乏信号的情况下，T 细胞会发生"无能"现象。"无能"导致 T 细胞丧失增殖能力，它们受抗原刺激后产生细胞因子（如 IL-2）的能力也丧失。CD28 位于 PI3K-Akt-mTOR 轴上游，提供共刺激信号并增强免疫突触的 PI3K 活性。共刺激在 T 细胞充分活化潜能的表达中起决定性作用，并避免 T 细胞衰竭时的"无能"，从而防止活化 T 细胞通过 GLUT1 上调葡萄糖摄取量。

另外，葡萄糖的可利用性会影响 T 细胞，如免疫抑制肿瘤生长。由于肿瘤呈现出更高的糖酵解水平，当肿瘤浸润淋巴细胞（TIL）在肿瘤微环境中竞争葡萄糖时，肿瘤对葡萄糖的优先利用可在代谢上限制 CD8$^+$ T 细胞，并促进肿瘤增生。

（二）氨基酸代谢对免疫的影响

氨基酸不仅在维持机体发育和生长中发挥重要作用，也可作为代谢中间体和信号分子，参与免疫调控过程。有研究表明，天冬氨酸、谷氨酰胺、胱氨酸、丝氨酸和苏氨酸等可促进骨髓 T 淋巴细胞的成熟与分化，其中天冬氨酸的作用最为显著。

当机体处于不同的生理状态时，氨基酸对生理功能和机体代谢的调节作用也存在差异。正常情况下，机体血浆中氨基酸浓度保持相对稳定，但当机体处于感染或疾病状态下时，血浆氨基酸含量大多发生变化。丝氨酸作为细胞代谢网络的中心节点之一，既可从食物中获取，也可通过糖酵解的中间产物 3-磷酸甘油酸在细胞内合成。研究表明，除了葡萄糖和谷氨酰胺，丝氨酸是免疫细胞分解代谢的第三大产物。有研究显示，丝氨酸通过促进 S-腺苷甲硫氨酸和嘌呤等的合成与循环，影响 IL-1 和 IL-8 的表达，缺失丝氨酸会抑制 IL-1β 在 mRNA 水平上的表达。谷氨酰胺代谢生成的谷氨酸、α-酮戊二酸和琥珀酸半醛可作为三羧酸循环中富马酸和琥珀酸的来源。谷氨酰胺具有免疫刺激功能，能够活化淋巴细胞，可影响淋巴细胞增殖所必需的 IL-2 的产生和 IL-2 受体的表达。此外，培养基中谷氨酰胺的浓度也影响巨噬细胞分泌 IL-1 及其吞噬细胞的能力。

甲硫氨酸在调控 Th 细胞功能和 B 淋巴细胞产生抗体方面也发挥着重要作用。例如，细胞内还原型谷胱甘肽缺乏会减少 CD4$^+$ T 细胞数量，降低 γ 干扰素（IFN-γ）的产生，减弱 CD8$^+$ T 细胞活性。目前发现，亮氨酸、精氨酸、脯氨酸、谷氨酰胺、苏氨酸、色氨酸等与免疫调节有关。例如，精氨酸能有效调节 T 细胞受体的表达，维持 T 细胞受体的完整性，故足够的精氨酸对免疫功能的维持至关重要。多种免疫细胞存在色氨酸代谢相关酶或色氨酸代谢产物受体。例如，巨噬细胞的褪黑素（色氨酸代谢产物）能通过调节多条信号或代谢通路、线粒体自噬，影响巨噬细胞 M1/M2 极化。同样地，T 细胞表达的褪黑素相关受体及合成酶，也能通过激活钙调磷酸酶及 ERK1/2-C/EBPα 等通路，调控 Th17、Treg 和记忆 T 细胞的活化或分化。机体利用先天性免疫系统对抗病原菌感染的过程中，脯氨酸代谢也发挥至关重要的作用。研究表明，脯氨酸分解代谢酶的调节影响宿主对病原菌铜绿假单胞菌的敏感性。此外，研究表明，支链氨基酸（branched-chain amino acid，BCAA）可以通过直接促进免疫细胞的功能、帮助恢复受损的免疫系统及改善机体营养状况等参与免疫调节。总之，氨基酸代谢可影响免疫细胞活化和炎症反应，氨基酸严重缺乏时可导致疾病发生。因此，在机体应激胁迫和炎症反应过程中，可补充外源的特殊氨基酸（如谷氨酰胺、苏氨酸等），以增强机体免疫防御功能。

（三）脂代谢对免疫的影响

脂类代谢物包括磷脂、脂肪酸和胆固醇等。胆固醇和游离脂肪酸是多种细胞反应所必需的成分。脂肪酸作为脂肪组织中细胞膜或甘油三酯的主要成分，在细胞中担当结构成分或起提供能量的作用。有关脂肪酸代谢对免疫细胞影响的研究报道较多。研究表明，过氧化物酶体增殖物激活受体（PPAR）可能参与感知细胞内不同脂肪酸。PPARγ 促进单核巨噬细胞分化，促进氧化低密度脂蛋白和其他脂质的摄取。此外，PPAR 调节参与脂肪酸氧化的酶的表达。例如，PPARα 是影响一系列脂肪酸相关细胞过程调控中枢的纽带，如脂肪酸摄取、脂肪酸活化、线粒体和过氧化物酶体脂肪酸氧化、酮生成和甘油三酯转化等。白三烯 B4 是一种强炎症介质，也是 PPARα 的诱导剂，调节脂肪酸及其衍生物的氧化降解。PPARγ 在髓细胞中占优势，而 PPARα 在 T 和 B 淋巴细胞中大量表达。PPARγ 基因的表达在 T 细胞中通过有丝分裂激活而上调。据报道，PPARγ 配体可抑制小鼠有丝分裂原激活的脾细胞及人类 T 细胞中 IFN-γ 和 IL-2 的产生，诱导小鼠辅助性 T 细胞凋亡，并抑制人类 T 细胞的增殖。巨噬细胞分化和功能的发挥与脂肪酸的合成代谢存在直接联系。单核细胞经巨噬细胞集落刺激因子（M-CSF）诱导分化成巨噬细胞的过程中，胆固醇调节元件结合蛋白 1c（sterol regulatory element-binding protein-1c，SREBP-1c）的表达显著上调，促进下游脂肪酸合成代谢酶的表达，促使大量脂肪酸合成，从而促进细胞的分化。当脂肪酸合成相关途径被抑制时，细胞的分化也受到影响。此外，脂肪酸的氧化在 T 细胞的分化及行使功能中起关键作用，特别是在维持效应 T 细胞与调节性 T 细胞之间的平衡中也发挥重要的作用。调节性 T 细胞主要依靠脂肪酸氧化来提供能量，而效应 T 细胞中，脂肪酸氧化被抑制。脂肪酸代谢还影响其他免疫细胞的功能。例如，脂肪酸代谢在调节树突状细胞（dendritic cell，DC）的功能中扮演着重要角色。

胆固醇作为细胞膜的主要成分，可调节细胞膜的流动性。胆固醇不但可用作合成许多类固醇激素的前体（如睾酮），而且可用于合成胆汁酸。免疫细胞的胆固醇代谢也是近年免疫代谢的研究热点。研究表明，SREBP-1a 在免疫应答中起重要作用，当 SREBP-1a 缺失时，不能激活 caspase-1，从而使 IL-1 的分泌减少。胆固醇与受体 LRX 的结合能够激活 LRX 且抑制 NF-κB 的活性，从而导致巨噬细胞生成的炎性因子减少。

（四）核苷酸代谢对免疫的影响

核苷酸（nucleotide，NT）是构成大分子核酸的基本单位。核苷酸及其相关代谢产物参与多种生物学过程，包括能量转化、蛋白质合成、遗传信息编码、信号转导及免疫调控等。在免疫调控方面，核苷酸在维持机体免疫功能、促进免疫细胞增殖和细胞因子分泌等方面具有重要作用。体内核苷酸的合成主要有两种途径：从头合成途径和补救途径。正常生理情况下，通过内源途径从头合成核苷酸以满足机体生理功能的需要。当免疫细胞更新较快时，内源性从头合成的核苷酸不能满足需求，免疫细胞将优先利用补救途径从血液和饮食中补充核苷酸。

研究表明，外源核苷酸能调控宿主的免疫功能。饮食中添加核苷酸在降低宿主病亡率、异体移植的免疫排斥、延迟皮肤过敏症、淋巴组织增生、增强自然杀伤细胞活性、激活巨噬细胞和吞噬能力、脾和淋巴结细胞因子的产生等免疫反应中具有重要意义。体外细胞实验表明，不同种类的核苷酸对细胞因子的影响也明显不同。例如，脱氧胞嘧啶核苷酸（dCMP）和脱氧尿嘧啶核苷酸（dUMP）在机体感染流感病毒后可以增强外周血单核细胞的增殖，而脱氧鸟嘌呤核苷酸（dGMP）的作用则相反。在鱼类中的研究表明，外源核苷酸可以提高宿主的抗病能力，增强应激耐受性。给予鱼体外源核苷酸后，各种类型血清补体、溶菌酶活性、吞噬作用及血液中性粒细胞氧化活性均显著增加。饲料中添加 0.1%复合核苷酸不仅能促进斑马鱼生长，提高肌肉脂肪含量，而且可降低肝脂肪含量。此外，添加核苷酸可增强斑马鱼肠道的物理屏障和肠黏膜免疫力。

四、适应性和先天性免疫细胞中的代谢调节

先天性免疫细胞是针对病原体的非特异性免疫反应的细胞，其为抵御入侵微生物的第一道防线。先天性免疫、炎症和代谢变化之间的相互作用揭示了免疫系统新的调节框架。TLR、NOD 样受体（NLR）和 RIG 样受体（RLR）在启动免疫应答中的作用现已确定。IL-1β 似乎是促炎反应的中心调节因子。NLRP3 炎症小体被 LPS 和 ATP 激活，介导炎性细胞因子白细胞介素-1（IL-1）的分泌。炎症对炎症病灶的有氧糖酵解（Warburg 效应）和 T 细胞活化有深远影响，导致 T 细胞代谢发生剧烈变化。免疫系统适应性的代谢状态取决于入侵病原体的类型、抗原暴露和再感染、感染严重程度和营养状况。适应性和先天性免疫细胞中的代谢调节见图 10-2。

（一）树突状细胞

树突状细胞（DC）参与免疫监测和病原体识别，在致敏后连接先天性和适应性免疫系统。DC 表达多种模式识别受体（PRR），如 Toll 样受体（TLR）、核苷酸结合寡聚化结构域（NOD）样受体（NLR）、视黄酸诱导基因 I（RIG-I）受体和凝集素受体（如 C 型凝集素）等分子，能有效识别病原体特异性或细胞损伤相关的保守基序，分别称为 PAMP 和 DAMP。来自祖细胞的树突状细胞的发育与过氧化物酶体增殖物激活受体-γ 共激活因子-1α（PGC-1α）驱动的线粒体生物发生相关，后者由转录因子 PPARγ 控制，负调控树突状细胞的成熟和功能。抗原或 TLR 激活 DC 导致糖酵解代谢增强。活化的树突状细胞对葡萄糖的需求增加，与脂肪酸合成增加有关，通过支持内质网和高尔基体的扩张以促进炎症反应。糖酵解增加可使丙酮酸的产生增多，以促进活化的树突状细胞中的三羧酸循环，并在氧化磷酸化被抑制时维持细胞 ATP 水平。

（二）肥大细胞

肥大细胞在调节过敏性疾病的发展和许多免疫球蛋白 E 介导的免疫反应中起着关键作用。在小鼠肥大细胞中，2-脱氧葡萄糖对糖酵解的抑制会损害肥大细胞脱颗粒，表明肥大细胞中细胞 ATP 生成和组胺释放依赖于糖酵解。小鼠骨髓源性肥大细胞通过 FcεRI 快速改变其代谢以响应刺激，并且代谢改变似乎是控制肥大细胞功能所需的。在人类和小鼠中，白色脂肪组织来源的肥大细胞表达最低的瘦素，是一种主要由脂肪组织分泌的脂肪因子，在某种程度上也由肥大细胞分泌。瘦素是免疫细胞有效的激活剂。据报道，肥大细胞在肥胖诱导的胰岛素抵抗和 2 型糖尿病中是一个重要的直接因素。瘦素缺乏的肥大细胞通过 M2 型巨噬细胞极化和抗炎反应保护小鼠免于肥胖和糖尿病，而不影响 T 细胞分化。然而，尽管肥大细胞参与代谢性疾病的机制尚未完全揭示，但这些固有细胞在代谢紊乱中的重要性已经被认识到。

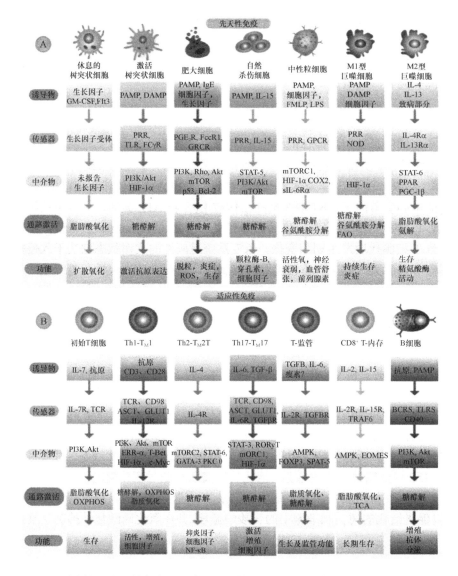

图 10-2 适应性和先天性免疫细胞激活依赖的主要成分（引自 Chauhan et al.，2018）

（三）自然杀伤细胞

自然杀伤（NK）细胞专门用于抗体依赖性细胞介导的细胞毒性（ADCC）和促炎性细胞因子分泌，以选择性地消除病毒感染的细胞。除了介导有效抗病毒因子（如 IFN-γ）的合成和分泌，这些细胞还可主动对抗活性致癌细胞。NK 细胞的增殖受 IL-2 和 IL-15 的调控，IL-2 和 IL-15 可促进糖酵解与氧化磷酸化。NK 细胞中 mTOR 可被 IL-15 诱导激活，mTOR 刺激 NK 细胞的生长和营养吸收，并为 IL-15R 的上调提供正反馈。雷帕霉素可通过抑制 mTOR 而抑制小鼠和人 NK 细胞的细胞毒性，证明雷帕霉素对 NK 细胞具有免疫抑制作用。TGF-β 在体外阻断 IL-15 诱导的 mTOR 活化。TGF-β 和 mTOR 抑制剂雷帕霉素均可降低 NK 细胞的代谢活性和增殖。

（四）中性粒细胞

中性粒细胞是一种天然免疫细胞，如果不使用粒细胞-巨噬细胞集落刺激因子（GM-CSF）刺激，一般存活 4～6d，在炎症压力下可延迟中性粒细胞的凋亡。中性粒细胞会影响细胞过程，如炎症反应、抗病毒防御、造血、纤维生成和血管生成。体外高度纯化的中性粒细胞可分泌 IL-1β、IL-6、IL-8 和 TNF-α。中性粒细胞具有 HIF-1α 和抑制因子 HIF-1（FIH）羟化酶敏感通路。利用 HIF-1α$^{-/-}$髓样细胞，已经证明这种重要的转录因子直接参与调节缺氧条件下的中性粒细胞存活。HIF-1α 对髓系细胞的杀菌能力也有很大的调节作用。HIF-1α 调节中性粒细胞产生的关键效应分子，从而控制/消除病原体；主要的效应分子包括颗粒蛋白酶、组织蛋白酶 G、TNF-α、一氧化氮等。

（五）巨噬细胞

琥珀酸脱氢酶是双功能酶，介导线粒体的代谢再利用以驱动炎性巨噬细胞。柠檬酸盐退出 TCA 与巨噬细胞和 DC 的脂质生物合成有关。在活化的巨噬细胞中，GLUT1 介导的葡萄糖代谢可促使炎症反应，促进通过磷酸戊糖途径的核苷酸增多，从而促进嘌呤和嘧啶的产生。通过磷酸戊糖途径（pentose phosphate pathway，PP 途径）生成还原型烟酰胺腺嘌呤二核苷酸磷酸（NADPH）而促进活性氧（ROS）生成，从而增加巨噬细胞的抗菌潜力。巨噬细胞的活化可以通过一系列不同的刺激来实现，包括 LPS、TLR3 合成配体 ［poly（I：C）］ 和 I 型干扰素。典型激活的巨噬细胞（M1 型）参与 Warburg 代谢。M1 型巨噬细胞促进炎症发生，而交替激活的（M2 型）巨噬细胞具有免疫抑制作用。M1 型巨噬细胞的极化可以受 IFN-γ、LPS 或两者的刺激，而 M1 型巨噬细胞表达 TNF-α、IL-1β、IL-6、IL-12、IL-23、CXCL10、pSTAT1 和 MMP-9 等标记物和产物。M2 型巨噬细胞在 IL-4、IL-13、IL-10、糖皮质激素和糖皮质激素衍生物及 TGF-β 的作用下进化。M2 型巨噬细胞的主要标志物和产物是 IL-10、TGF-β、CCL17、CCL22、CD163、CD206 和 pSTAT3/6。M1 型巨噬细胞表现出增加的糖酵解，而氧化磷酸化促进 M2 型巨噬细胞极化。除糖酵解外，M1 型巨噬细胞的一氧化氮合酶（iNOS）、低氧诱导因子-1（HIF-1α）和 u 型磷酸果糖激酶 2（u-PFK2）水平也较高。M2 型巨噬细胞中精氨酸酶表达增加，而 iNOS 表达减少。用 LPS 刺激巨噬细胞导致 IL-1β mRNA 和 HIF-1α 表达增加、糖酵解和 TCA 中间产物积聚，表明谷氨酰胺分解衍生的 α-酮戊二酸，导致胞质琥珀酸盐积聚。

第二节　药物毒理代谢与免疫

药物毒理代谢是指药物在体内多种代谢酶（尤其肝药酶）的作用下，逐步分解为小分子的过程，又称生物转化或药物代谢，药物的生物转化与排泄称为消除。药物在体内生物转化的结果分为两种情况：失活成为无药理活性药物，或由无药理活性活化为有药理活性的代谢物或产生有毒的代谢物。药物代谢组学（pharmacometabonomics）于 2006 年被提出，即利用代谢组学的技术，分析不同基因型和表型个体在用药前后的代谢表型与药物反应表型的相关性，进而全面了解药效和药物毒性。

一、药物毒性及药物作用机制的代谢组学研究

由于药物毒性会破坏正常细胞的功能，改变细胞代谢途径中内源性代谢物的稳态，通过

直接或间接效应改变流经靶组织的血浆成分,结合核磁共振、液相色谱-质谱联用(LC-MS/MS)等分析技术和模式识别技术,测定生物体液(尿液和血浆等)和组织中代谢产物谱的变化,不仅能够了解机体不同代谢途径对药物毒性的生物学效应,也能筛选体内某种生物分子或代谢物的动态变化作为毒性损伤的生物标志物。此外,代谢免疫学技术还能有助于弄清毒性作用的靶器官、作用位点和机制及评价药物毒性效应过程等。

（一）中草药毒理作用的代谢组学研究

毒理学是药物代谢组学研究的重要方向,也是最早应用的领域之一。疗效和毒害的双重作用几乎是所有药物的共性。与西药相比,普遍认为中药的毒副作用小。随着多组学技术的发展,越来越多的研究开始关注中药安全性问题。应用代谢组学技术可以了解药物毒性的生物学效应、筛选毒性损伤的生物标志物及评价药物毒性效应过程等。研究表明:马兜铃酸类是造成肾损伤的主要成分,马兜铃酸灌胃大鼠的尿液中,同型半胱氨酸循环增加,引起肾损伤。近年来有关苍耳子毒副作用的报道较多。用苍耳子水提取液对大鼠进行灌胃,大鼠尿液的代谢变化显示高剂量会导致肝严重的毒性损伤。此外,也有研究表明,使用苍耳子后会导致大鼠尿液中 10 个生物标志物发生明显变化,包括 5-羟基-6-甲氧基吲哚-葡糖苷酸、L-苯丙氨酰-L-脯氨酸、吲哚酚硫酸、癸二酸等。而服用广防己后大鼠尿液中柠檬酸、马尿酸盐、三甲胺-N-氧化物(TMAO)等发生变化,显示服用广防己会导致肾损伤。从藜芦对 SD 雄性大鼠尿液代谢谱结果发现,藜芦毒性作用的潜在生物标志物为乙酸盐、琥珀酸盐、柠檬酸盐等。血清中谷氨酸可作为黄药子致肝损伤早期的标志物,而尿液中乙酰乙酸、丙氨酸和 N-乙酰谷氨酸可作为黄药子致肝损伤早期的尿液标志物。蟾酥中含有很多种蟾蜍毒素类的化学成分,对蟾酥注射大鼠后肝门静脉抽取的血液,取血清进行代谢组学研究,发现蟾酥导致心脏损伤的机制可能是自由脂肪酸再酰化或激活蛋白激酶通路被阻碍从而干扰脂质代谢。多次给予商陆水煎液后大鼠尿液中内源性代谢产物的结果显示,商陆肾毒性机制可能与大鼠能量代谢紊乱、细胞凋亡及氧化应激等有关。

代谢组学研究药物对机体毒理作用的代谢指纹图谱,不仅可反映药物引起的内源性代谢物的变化,将代谢信息与病理变化关联后,还可对药物潜在的靶点进行鉴别,确定病理发生的靶器官和作用位点。关木通染毒后大鼠的肾明显损伤,尿液和血浆中的代谢产物谱与关木通毒性作用的过程密切相关。蛇床子给药后大鼠尿样的代谢组学分析表明,蛇床子对肝和肾均具有一定的毒性。

中药复方配伍是中医临床应用的优势和特色,中药复方由多种药味或多组分配伍而成,涉及多种成分之间的相互作用,药效和毒性的作用更为复杂。代谢组学从多个角度整体性解读中药复方作用于机体的"黑箱"过程,阐明中药复方成分间的互作及对机体的生物效应。

对大鼠口服广防己及其配伍黄芪水煎液后尿液代谢图谱进行分析后发现,黄芪可在一定程度上减轻广防己对肾的损伤。复方麝香保心丸能够消除或减弱蟾酥的毒性作用,也体现了中药复方的配伍减毒效果。朱砂安神丸是由朱砂、黄连、地黄、甘草和当归复配的中药制剂,其中地黄、黄连、甘草、当归对朱砂引起的毒性不仅具有一定的解毒作用,而且相互间具有一定的协同作用。

（二）中草药治疗作用机制的代谢组学研究

中药复方的作用机制比较复杂,应用代谢组学有助于深入研究中药治疗过程中调节代谢的作用机制。通过快速液相色谱-质谱技术和主成分分析方法研究大黄治疗慢性肾功能衰竭大鼠的血液中代谢物的变化，研究显示，儿茶酚胺类含量和炎症介质等减少，D-谷氨酸代谢增强。黄连解毒汤会显著减少大鼠尿液中脂蛋白、N-乙酰半胱氨酸（NAC）、β-葡萄糖、甘油等含量，α-葡萄糖含量显著增加；大鼠脑组织中缬氨酸、青蟹肌醇、黄嘌呤等含量降低，表明黄连解毒汤可以改变能量代谢，修复氧化应激造成的损坏，对渗透压调节及改善炎症的损伤，从而对缺血性脑卒中起治疗作用。四逆汤的组成成分有附子、干姜、甘草，具有温中祛寒、回阳救逆的功效。用四逆汤对心肌梗死大鼠治疗后分析大鼠尿液中的代谢物，筛选到 19 种潜在的生物标志物，三羧酸循环，糖酵解途径、嘌呤、氨基酸和嘧啶代谢等途径均在四逆汤治疗后发生变化，推测四逆汤逆转了失衡的代谢途径，进而改善了心肌梗死的状态。麝香保心丸具有芳香温通、益气强心的功效，可用于心肌缺血所致的心绞痛、心肌梗死等。麝香保心丸治疗心肌梗死的大鼠尿液中多种代谢物会发生变化，包括色氨酸、谷氨酸、2-脱氧-D-核糖-5-磷酸、草酰琥珀酸、尿苷、黄嘌呤核苷和烟酰胺单核苷酸等。对治疗后大鼠血清样本进行分析后发现，麝香保心丸可通过抑制生物合成来减少相关代谢物的生成，如皮质醇、肾上腺素、醛固酮、肾上腺酮代谢水平降低。

（三）不同类型药物肾毒性作用的代谢组学研究

药物毒性作用的重要靶器官是肾。毒性药物及其代谢产物破坏肾小球、肾小管的正常结构和功能，改变细胞内外内源性物质的稳态，使代谢物水平发生紊乱，进而通过血液循环对肾功能产生影响。氨基糖苷类药物广泛应用于革兰氏阴性菌感染及严重的复杂细菌性的感染治疗。但由于该类药物通过细胞膜吞饮作用在肾皮质聚集，常常引发肾毒性。庆大霉素和妥布霉素的肾毒性概率高达 14.0% 和 12.9%。其中，庆大霉素通过改变肠道菌群扰乱体内环境，也可直接作用于肾小管上皮细胞造成肾损伤。抗肿瘤药顺铂诱导的 SD 大鼠肾损伤模型中血浆代谢组学研究表明，花生四烯酸、色氨酸等物质的含量会显著变化，表明顺铂可引起肾的微炎症状态，从而导致免疫调节紊乱。环孢素（CsA）和他克莫司（Tac）通常用于肝、心脏、肾等实体器官移植后的免疫抑制治疗。CsA 诱导的 SD 大鼠肾毒性模型中尿液代谢图谱分析显示，三甲胺等物质含量增加，而三甲胺-N-氧化物、黄尿酸、柠檬酸的含量下降，推测 CsA 引起的肾近曲小管损伤与变化的代谢物有关。

在维持机体氨基酸池稳态的过程中，肾参与氨基酸的合成、降解、滤过、重吸收和分泌等诸多生理过程。肾损伤可导致多种氨基酸含量（比值）发生改变。①苯丙氨酸-酪氨酸通路：肾释放的酪氨酸含量显著下降，苯丙氨酸水解成酪氨酸的效率降低，故酪氨酸/苯丙氨酸值下降。②精氨酸代谢通路：在肾损伤状态下，精氨酸蛋白质代谢产物对称二甲基精氨酸（SDMA）和非对称二甲基精氨酸（ADMA）含量显著上升，抑制体内 NO 合成。③含硫氨基酸代谢通路：在肾损伤状态下，甲硫氨酸、胱氨酸、半胱氨酸等含硫氨基酸的含量变化和腺苷高半胱氨酸（SAH）密切相关。肾是血浆 SAH 的主要调控器官，故肾的健康状况能够影响体液中含硫氨基酸的代谢。此外，部分小分子脂质，如脂肪酸、甘油酯、甘油磷脂、鞘脂等在肾疾病过程中也发挥重要作用。例如，20-羟二十烷四烯酸和环氧-二十碳三烯酸与多种肾损伤类型有关，神经酰胺是肾损伤的预测因子。

二、药物的免疫毒理学

免疫毒理学（immunotoxicology）是在免疫学和毒理学基础上发展起来的一个毒理学分

支学科，主要研究外源化学物质和物理因素对机体免疫系统的有害作用及机制。采用各种有效的研究手段，从整体、器官、细胞和分子等不同水平研究外源化学物质和物理因素对人和实验动物的免疫损害。

免疫系统的主要功能是识别并清除入侵的病原体及其产生的毒素和体内产生的早期肿瘤细胞，保持机体内环境稳定。在神经内分泌系统的调节下，免疫系统中不同的免疫细胞和免疫分子协同作用，产生免疫应答，这时免疫系统处于"正常状态"。外源药物不仅能够直接损伤机体免疫细胞的结构和功能，影响免疫分子的合成和生物活性，也可干扰神经内分泌网络，使免疫细胞对抗原产生错误的应答。免疫应答过低会引起免疫抑制（immunosuppression），使宿主对病原体或肿瘤的易感染性增加，严重时表现为免疫缺陷。免疫应答过高表现为超敏反应（hypersensitivity），如自身抗原应答细胞被激活，引起自身免疫（autoimmunity）。

1. 免疫抑制　　外源性药物免疫抑制的结果导致宿主抵抗力降低，主要表现为抗病原感染能力降低和肿瘤易感性增加。这一点已经通过各种宿主抵抗力试验，在动物身上得到充分证明。大规模的临床研究表明，存活 10 年的肾移植患者的癌症发生率可高达 50%。环境污染物引起的免疫抑制也有不少报道。例如，台湾多氯联苯和二呋喃污染食用油导致的中毒事件中，受害者免疫功能下降，肺部感染率增高。

值得注意的是，外源性药物对免疫系统的影响复杂多样，既可以直接作用于免疫系统，又可以通过其他组织器官的毒性影响免疫功能。免疫抑制剂是抑制机体免疫反应而降低组织损伤的一类化学或生物物质。糖皮质激素是一类由肾上腺皮质束状带合成的甾体类化合物，是器官移植过程中基础免疫抑制治疗方案中的重要药物。糖皮质激素在细胞内与受体结合形成复合物后向细胞核移行，促进 NF-κB 的抑制蛋白基因（*IκB*）表达。外源添加应激激素皮质醇对黄颡鱼的免疫功能产生了抑制作用，表现为：脾脏器系数、头肾吞噬细胞呼吸爆发功能、血清补体活性及外周白细胞数量显著下降，但血清溶菌酶活性和中性粒细胞百分比显著升高，表明皮质醇对免疫功能影响的机制非常复杂。在使用糖皮质激素与环孢素（CsA）抑制异体器官移植手术后的免疫性排斥反应时，CsA 在细胞内与受体环孢素 A 结合蛋白结合形成复合体。细胞内复合体的靶分子-神经钙蛋白会丧失磷酸酶活性，从而抑制 IL-2 和 IFN-γ等细胞因子的转录，阻断 T 细胞的活化和增殖。抑制作用发生在 T 细胞受刺激后的 4h 内，如在激活后期使用 CsA 则不能阻止 T 细胞增殖和 DNA 合成。新型免疫抑制剂 FTY720（芬戈莫德）通过加速外周循环血中的淋巴细胞归巢，诱导淋巴细胞凋亡发挥免疫抑制作用。此外，FTY720 通过磷酸化并结合 1-磷酸鞘氨醇受体 15（S1P15），使受体从细胞膜内化并降解，导致淋巴细胞从淋巴组织流出的信号缺失。大环内酯类抗生素他克莫司入胞后与免疫抑制蛋白 FKBP12 形成免疫抑制复合物，抑制钙调磷酸酶的肽基脯氨酰顺/反异构酶的活性，抑制 T 淋巴细胞特异性转录因子去磷酸化，阻止其入核，从而抑制 T 细胞的活化及 IL-2 等细胞因子的合成。内酯类化合物雷帕霉素（RPM）也能与 FKBP12 结合成免疫抑制复合物（RPM-FKBP12），复合物与雷帕霉素靶蛋白（mTOR）结合，阻断 IL-2 等信号传递，发挥免疫抑制作用。喹诺酮类广谱水溶性抗菌药乳酸诺氟沙星（norfloxacin lactate，NOR）暴露会对横纹东方鲀和点带石斑鱼非特异性免疫系统产生免疫毒性效应，表现为：两种鱼类的血红细胞（red blood cell，RBC）都显著降低；暴露 14d 后点带石斑鱼的血清溶菌酶（lysozyme，LZM）活力显著下降。此外，NOR 对两种鱼类干扰素及相关基因的表达也有一定的刺激作用。

2. 超敏反应 超敏反应也称过敏反应或变态反应，是机体对某些抗原初次应答后，再次接受相同抗原刺激后发生的一种以生理功能紊乱和组织细胞损伤为主的异常免疫应答。1963 年，Grll 和 Coombs 根据超敏反应的发生机制和临床特点，将其分为 I、II、III 和 IV 型。I 型速发型，通过致敏细胞释放血管活性物质等，使毛细血管扩张、通透性改变，导致腺体分泌增加、平滑肌收缩等。II 型细胞毒型或细胞溶解型，通过 IgG 或 IgM 与靶细胞结合，活化补体、NK 细胞发挥 ADCC 杀伤作用。III 型免疫复合物型或血管炎型，通过抗原-抗体复合物在组织中沉淀引起细胞浸润、释放水解酶等。IV 型迟发型，通过致敏迟发反应 T 细胞（delayed reaction T cell，TD 细胞）释放淋巴因子吸引 MΦ 并发挥作用。有些药物可以在不同的条件下引起不同类型的超敏反应，或者多种超敏反应同时存在。例如，青霉素通常引起 I 型超敏反应，表现为过敏性休克、哮喘和荨麻疹，但也可以引起 Arthus 反应和关节炎等III型超敏反应。长期静脉注射还可以引起 II 型超敏反应，反复多次局部涂抹则可引起IV型超敏反应所致的接触性皮炎等。超敏反应是结核患者在药物治疗过程中最常见的不良反应之一。例如，药物反应伴随嗜酸性粒细胞增多和系统症状（DRESS）、史-约综合征（Stevens-Johnson syndrome）、中毒性表皮坏死松懈症等。有研究表明，抗结核药物作为抗原或半抗原初次接触 T 淋巴细胞引起细胞活化，药物特异性 T 淋巴细胞克隆长期存留于组织和血液中。当这些记忆 T 淋巴细胞再次接触相同药物后便迅速活化并增殖，引起各种临床表现。$CD4^+$ $CD25^+$ Treg 细胞是具有免疫抑制功能的 T 淋巴细胞，抗结核药超敏反应的患者外周静脉血中 $CD4^+$ $CD25^+$ Treg 细胞比例降低，细胞表面 CD40L 和 CD69 的表达水平升高，推测 T 淋巴细胞亚群比例失衡在抗结核药物超敏反应过程中发挥重要作用。非甾体抗炎药（non-steroidal anti-inflammatory drug，NSAID）是一类具有解热、镇痛并有抗炎作用的药物，在临床上是第二位常见的诱发超敏反应的药物。NSAID 诱发的超敏反应可涉及多种机制，临床表现多样化，包括非免疫机制介导的超敏反应和免疫机制介导的超敏反应。NSAID 引起的非免疫机制介导的超敏反应主要和花生四烯酸代谢途径有关：COX-1 活性受到抑制、LO 代谢途径被异常放大，从而导致代谢失衡、产生过多的半胱氨酰白三烯。在 NSAID 引起的免疫机制介导的超敏反应中，单一 NSAID（如吡唑烷类、对乙酰氨基酚、双氯芬酸钠及布洛芬）诱发荨麻疹/血管神经性水肿或严重过敏反应由 IgE 介导；而单一 NSAID 诱发迟发型过敏反应通常在给药后 24～48h 发生，由 T 细胞介导。

3. 自身免疫 自身免疫是指机体免疫系统对自身成分发生免疫应答的现象，自身免疫性疾病是机体免疫系统对自身成分发生免疫应答而导致的疾病。很多能诱发 II 型、III 型和IV型超敏反应的外源性药物都可以引起自身免疫。最常见的例子是有些药物（如多种抗生素和苯妥英等抗惊厥药）能引起中性粒细胞和血小板减少，免疫性溶血。目前，外源性药物引起自身免疫的机制尚不清楚，但可使机体失去自身的免疫耐受。其机制类似于 II 型、III 型和IV型超敏反应。某些药物改变血细胞或其他组织细胞的抗药性，这种改变的抗原可刺激机体产生自身抗体。例如，甲基多巴能改变红细胞膜上 Rh 系统的 E 抗原，使机体产生抗红细胞抗原。长期服用甲基多巴的患者 10%～15%抗球蛋白试验阳性，约 1%出现溶血性贫血。肼苯达嗪、异烟肼等药物能与细胞核内组蛋白或 DNA 结合，改变其抗原性，诱导自身抗体，长期服用这些药物可以引起红斑狼疮样病变。双肼苯达嗪经 CYP1A2 转化为活性代谢产物后可以与 CYP1A2 特异性结合，形成新抗原，可能诱发异常免疫应答，引起自身免疫性疾病。

第三节　小分子代谢物与免疫

代谢物是细胞用来执行各种功能的化合物。根据定义，小于 1kDa 的代谢物称为小分子代谢物，它们具有多种功能，包括能量燃料、结构支撑、催化活性等，对酶或其他组织具有刺激或抑制作用。

一、氨基酸及其衍生物对免疫的影响

（一）谷氨酰胺和谷氨酸

谷氨酰胺是细胞增殖的条件必需氨基酸，不仅可用于核苷酸和脂质生物合成，也可用于合成谷氨酸。在体外条件下，培养基中谷氨酰胺的缺失显著降低 CD206、CD301 和 Relmα 表达，而对 NOS2 表达无显著影响，提示谷氨酰胺的缺失可降低 M2 型巨噬细胞极化，对 M1 型巨噬细胞极化无显著影响。在不同的环境下，谷氨酰胺胞内代谢流向存在差异。谷氨酰胺通过合成 α-酮戊二酸（α-KG）和谷氨酰胺-UDP-GlcNAc 通路促进 M2 型巨噬细胞极化，而通过合成琥珀酸促进 M1 型巨噬细胞极化。此外，T 细胞活化不仅可促进谷氨酰胺的摄取，也可促进谷氨酰胺代谢。例如，活化的小鼠脾 T 细胞相较于静息状态的 T 细胞有更高活性的谷氨酰胺酶（GLS）和谷氨酸脱氢酶（GDH）。另外，谷氨酰胺对于 T 细胞的活化也至关重要。谷氨酰胺缺失导致天然（native）$CD4^+$ T 细胞向 Th17 细胞的分化受到抑制，向 Treg 细胞分化则不受影响甚至有促进作用。相反，添加谷氨酰胺会促进 Th17 细胞的分化，对 Treg 细胞的分化无显著影响。除高葡萄糖消耗外，一些肿瘤以高谷氨酰胺消耗来满足癌细胞的代谢需求。肿瘤细胞中增加的谷氨酰胺回补（glutamine anaplerosis）导致了氨释放增加；而暴露在氨中可以激活邻近细胞的自噬，如癌症相关成纤维细胞（CAF）。反过来，CAF 中氨激活的自噬又可以通过促进谷氨酰胺从 CAF 中释放进一步支持肿瘤细胞的生长。此外，谷氨酰胺代谢的产物（如谷氨酸、天冬氨酸）也可以调节肿瘤细胞的代谢、表观遗传、核苷酸合成和氧化还原平衡。

（二）精氨酸

精氨酸虽然是一种非必需氨基酸，但在特定生理条件或疾病过程中却扮演着重要的角色。精氨酸代谢在 T 细胞活化和调节免疫反应中也有重要作用，包括有效调节 T 细胞受体的表达和维持 T 细胞受体的完整性。在炎症反应过程中，精氨酸酶-1（Arg-1）缺失导致肺 2 型先天淋巴细胞（ILC2）无法在体内增殖。同样地，清除细胞外环境中的精氨酸会限制 T 细胞在体内增殖。许多肿瘤生长依赖外源性精氨酸，因为它们缺乏精氨基琥珀酸合成酶 1（ASS1）。肿瘤微环境（TME）中表达 Arg-1 的免疫调节细胞的积累通过降解精氨酸（限制 T 细胞对精氨酸的可用性）抑制了抗肿瘤免疫力。研究显示，通过补充精氨酸刺激 T 细胞和 NK 细胞的细胞毒性及效应细胞因子的产生，同时结合 PD-L1 抗体治疗可显著增强抗肿瘤免疫响应，有效地延长骨肉瘤小鼠的生存期。因此，在肿瘤微环境中补充精氨酸和防止精氨酸降解是一种重新激活 T 细胞和 NK 细胞介导的免疫反应的有效策略。

（三）色氨酸

色氨酸是人体内必需氨基酸之一，除参与蛋白质的生物合成外，还经过多种分解代谢途

径产生生物活性化合物，如 5-羟色胺、褪黑素等。色氨酸代谢物具有多种生理功能，且在许多疾病调控中发挥不同的生物学效应，包括中枢神经系统疾病、感染、炎症、免疫及肿瘤等。色氨酸的主要功能是参与蛋白质合成，也可以参与机体免疫功能。

色氨酸代谢的其他代谢物，尤其是犬尿氨酸途径和 5-羟色胺途径的代谢物在免疫系统中发挥着重要作用。例如，在肿瘤免疫中，作为芳基烃受体（aryl hydrocarbon receptor，AhR）内源配体的犬尿氨酸（KYN）可与 AhR 相互作用，抑制抗肿瘤免疫反应，促进肿瘤细胞存活。内源性天然抗氧化剂 3-羟基犬尿氨酸（3-HK）能够诱导氧化损伤和细胞死亡，抑制大鼠大脑皮层上清液中的自发脂质过氧化。5-羟色胺（5-HT）具有促进神经和血管生成、促进有丝分裂或红细胞生成和活化免疫细胞等生理作用。5-HT 可通过血清素相关受体与巨噬细胞发生特异性结合，在生理浓度下具有促进 IFN-γ 诱导的吞噬作用，而高剂量却发挥抑制作用。此外，高剂量的 5-HT 也能抑制 IFN-γ 刺激的巨噬细胞的抗原呈递能力和 MHC Ⅱ 类分子表达。褪黑素也是 5-羟色胺途径的一种代谢物，除了能够调节生物节律，还具有抗炎和参与免疫系统调节等功能，对人体有直接的免疫增强作用。褪黑素能够通过多种机制影响 M1/M2 型巨噬细胞极化，包括调控信号通路（如 NF-κB、STAT 和 NLRP3/caspase-1）、miRNA（如 miR-155/34a/23a）、胞内代谢通路（如 α-KG、HIF-1α 和 ROS）、线粒体动态及线粒体自噬等。

此外，色氨酸代谢在自身免疫疾病中发挥重要作用。有研究表明，γ 干扰素可激活吲哚胺 2,3-双加氧酶（IDO），促进色氨酸向 KYN 转化，降低血清/血浆中色氨酸浓度，导致 Th1 型细胞免疫激活。在持续免疫激活状态下，低浓度色氨酸可引起免疫缺陷。

（四）丝氨酸

丝氨酸依赖的一碳代谢对免疫细胞命运的决定起关键作用。活化的 T 细胞通常表达高水平的丝氨酸-甘氨酸-碳代谢相关基因，提示丝氨酸在 T 细胞介导的免疫反应中发挥重要作用。丝氨酸可通过丝氨酸-甘氨酸-谷胱甘肽（GSH）轴调控巨噬细胞 IL-1β 的产生。缺失丝氨酸不仅可降低 IL-1β 的转录水平，也可抑制 mTOR 信号通路的活化，从而影响 M1 型巨噬细胞极化。研究表明，在巴氏杆菌感染中，丝氨酸水平与巨噬细胞和中性粒细胞介导的炎症反应密切相关，外源添加丝氨酸可显著降低小鼠肺部肿瘤坏死因子 α（TNF-α）、IL-1β、IL-17 和 IFN-γ 等炎性细胞因子的表达。此外，尽管丝氨酸缺失或抑制丝氨酸羟甲基转移酶（SHMT）对 T 细胞的活化、氧化磷酸化、糖酵解及细胞因子的产生无显著影响，但可显著抑制效应 T 细胞的增殖。

（五）甘氨酸

甘氨酸以不同的机制在体内外参与巨噬细胞的活化，决定其促炎效应或抗炎效应。体外 300μmol/L 的甘氨酸处理能够抑制双氧水（H_2O_2）诱导的 U937 源巨噬细胞 iNOS 及 NF-κB 的活化，减少 TNF-α、IL-1 和 IL-6 的产生。体内试验结果显示，1mmol/L 甘氨酸预处理后，显著降低了脂多糖（LPS）刺激后的血清中 TNF-α 水平，抑制库普弗（Kupffer）细胞、肺泡巨噬细胞和中性粒细胞的活化，防止 LPS 诱导的死亡。

（六）组氨酸

在组氨酸脱羧酶催化下，组氨酸生成组胺，后者通过激活细胞上的组胺受体参与机体各种生理和免疫功能。体外添加适量的组氨酸能够抑制淋巴细胞的凋亡、促进淋巴细胞生长及抗体的产生和分泌。另外，在多种免疫细胞，包括嗜酸性粒细胞、嗜碱性粒细胞、肥大细胞、T 细胞和树突状细胞等的细胞表面可表达组胺受体，提示组氨酸会影响上述免疫细胞的命运。

（七）其他氨基酸

支链氨基酸（BCAA）包括亮氨酸、异亮氨酸和缬氨酸。作为 mTOR 信号激活剂，亮氨酸通过调节 mTOR 通路来调节肿瘤免疫微环境。大量研究显示，mTOR 途径会影响免疫细胞的分化和功能，所以免疫细胞对 mTOR 的调节非常敏感。有研究结果显示，亮氨酸通过 mTOR 通路影响免疫细胞的增殖和活化，提示其可作为一种重要的免疫调节剂。

牛磺酸，又名 2-氨基乙磺酸，是胆汁的主要有机成分。牛磺酸是人体条件必需氨基酸，参与调节体内多种生理活动。大量研究表明，牛磺酸具有抗氧化、抗炎、抗细胞凋亡和神经保护功能。有研究表明，牛磺酸可能通过降低糖酵解水平，提高线粒体呼吸链代谢酶活性，抑制 M1 型 MΦ 极化相关标志物（如 COX-2、TNF-α、IL-6 和 CXCL-10）的表达，来调控 M1 型巨噬细胞极化。在卵形鲳鲹饲料中添加外源牛磺酸能够影响鱼体肠道微生物菌群结构和免疫功能，如肠道中变性菌门、软壁菌门及螺旋体门为优势菌群。另外，随外源牛磺酸的添加，鱼体血清溶菌酶活性显著增加，补体 C4 和免疫球蛋白含量也显著增加，而卵形鲳鲹 TLR-1、TLR-2、TNF-α 和 IL-1β 基因的表达量显著降低。

二、脂肪酸代谢物对免疫的影响

（一）脂肪酸氧化代谢产物

全反式视黄酸（ATRA）可显著降低 CD4$^+$ T 细胞的记忆能力和幼稚 T 细胞进行 Th17 细胞分化的能力。ATRA 通过调节性 T（Treg）细胞依赖性抑制 IFN-γ 来抑制 1 型糖尿病，产生 T 细胞而不涉及 Th17 细胞。TGF-β 单独将幼稚的 T 细胞转化为抑制自身免疫的 Treg 细胞，但是，与 IL-6 一起，它能促进幼稚的 T 细胞转化为分泌 IL-17 的 Th17 细胞。维生素 A 的活性代谢物视黄酸（RA）控制小肠中 RORγ$^+$ 先天淋巴细胞（ILC）的存在。RA 促进 ILC3；其缺失导致 IL-13 扩张，产生 ILC2，证明 ILC 是 RA 饮食应激主要的传感器。RA 促进 Th 细胞极化，缺失 RA 促进 Th1 的发育；相反，补充 RA 后可帮助幼稚 T 细胞分化为分泌 IL-4 的 Th2 细胞。RA 调节 TGF-β 依赖性免疫反应，允许 Th17 细胞改变以产生抗炎性 Treg 细胞。RA 促进小鼠脾 B 细胞的增殖和成熟。增强 IgG1 和 CD138 的表面表达可最终增强体内体液免疫。

短链脂肪酸（SCFA）、乙酸酯（C2）、丙酸（C3）和丁酸（C4）在内共生作用下通过膳食纤维发酵释放肠道微生物菌群。缺乏纤维的饮食会导致全身性内毒素血症或胰岛素抵抗增加，这是黏膜肠上皮结构完整性的丧失和周围脂肪组织炎症的加剧所致。SCFA 可通过 G 蛋白偶联受体（GPCR）激活或组蛋白去乙酰化酶（HDAC）抑制作用于白细胞，以调节细胞因子（TNF-α、IL-1、IL-6 和 IL-10）、花生酸和趋化因子的产生。通过诱导 IL-10，SCFA 可减少脂多糖（LPS）诱导的 NF-κB 活化和炎性细胞因子的产生，促进形成有利于微生物生长的抗炎环境。SCFA 通过抑制 HDAC 和调节 mTOR-S6K 途径诱导效应细胞和 Treg 细胞。SFCA 通过受体 GPCR43 发挥对 Treg 细胞的作用。喂食富含 SCFA 饮食的小鼠可预防实验诱导的结肠炎，因为 SCFA 可促进 Treg 细胞表达 GPCR43。SCFA 还通过调节脂肪因子促进炎症。例如，瘦素（leptin）可增加 Th1 细胞并抑制 Th2 细胞。

　　长链脂肪酸的代谢产物（如不饱和脂肪酸，特别是 ω-3 脂肪酸）可阻止 NLRP3 炎症小体的激活，并介导 IL-1β、caspase-1 和 IL-18 对病原感染的反应。另外，棕榈酸等饱和脂肪酸被认为会引发 NLRP3 炎症小体。造血细胞中的炎症小体激活会损害靶组织中的胰岛素信号，从而降低糖耐量和胰岛素敏感性。多不饱和脂肪酸（PUFA）是 M1 和 M2 型巨噬细胞的极化因子。巨噬细胞中这些明显的极化状态是由控制表观遗传修饰和细胞存活的途径来控制的，这些途径对微环境或外部因素作出反应，包括炎症中释放的微生物产物和细胞因子，以及感染或高脂肪饮食引起的慢性炎症和代谢紊乱不稳定性。饱和脂肪酸和不饱和脂肪酸会引起相反的巨噬细胞极化。

（二）芳香烃受体

　　芳香烃受体及其内源性配体犬尿氨酸（一种色氨酸衍生的分解代谢产物），可调节肿瘤和炎症病灶中的 T 细胞分化。AhR 在淋巴组织诱导物（LTi）样细胞和 ILC22 的 NKp46$^+$ 亚群上表达，ILC22 是一种独特的 IL-22 分泌和 NK 细胞天然细胞毒性受体（NKp46$^+$，IL-22$^+$）表达的肠淋巴细胞亚群，为肠黏膜提供保护和保持完整性。AhR 诱导转录因子 Notch，这是 NKp46$^+$ ILC 所必需的。AhR 通过不同的信号途径调节两种表型不同的 Treg 细胞的发育，即诱导型 Treg（iTreg）和分泌 IL-10 的 1 型 Treg（TR1）细胞。AhR 在 T 细胞中的功能依赖于与受体结合的特异性配体（AhR 诱导生成解毒酶，并调节免疫细胞分化）。例如，2,3,7,8-四氯二苯并对二噁英与 AhR 的结合通过促进 Foxp3$^+$ Treg 细胞的发育来抑制实验性自身免疫性脑脊髓炎（experimental autoimmune encephalomyelitis，EAE），而 6-甲酰基吲哚并［3,2-β］咔唑通过诱导 IL-17 的分化来增强 EAE，产生 T 细胞，提示这些受体在不同配体结合后启动相互发育程序中的重要性。AhR 缺乏或 AhR 配体缺乏均会影响肠上皮内淋巴细胞（IEL）数量及肠内微生物数量和多样性。缺乏 Treg 细胞，会导致无限制的免疫反应，并增加对上皮损伤的脆弱性。

（三）特异性促炎症消退介质

　　具有炎症消退功能的代谢物统称为特异性促炎症消退介质（specialized pro-resolving mediator，SPM），主要包括由 ω-3 多不饱和脂肪酸衍生而来的脂氧素（lipoxin，LX）、保护素（protectin）、消退素（resolvin，RvE）和 maresin（MaR）。

　　（1）脂氧素　　脂氧素主要由脂氧素 A4（lipoxin A4，LXA4）、脂氧素 B4（lipoxin B4，LXB4）、阿司匹林诱生型脂氧素组成。自然杀伤细胞（natural killer cell，NK 细胞）和 ILC2 细胞表面均表达 ALX，LXA4 通过与细胞表面受体结合，诱发多种细胞信号级联反应，调节炎症反应。研究表明，在感染过程中，巨噬细胞被招募到感染部位，脂氧素可快速激活巨噬细胞 PI3K/Akt 和胞外信号调节蛋白激酶/核转录因子 2 信号转导通路，延迟巨噬细胞凋亡；促进单核巨噬细胞趋化和黏附，有利于巨噬细胞吞噬病原体。

　　（2）保护素　　保护素是一类由 12/15-LOX 催化二十二碳六烯酸（DHA）形成的脂质代谢产物，包括保护素 D1（protectin D1，PD1）、保护素 DX、阿司匹林诱生型 PD1、反式阿司匹林诱生型 PD1。神经胶质细胞、中性粒细胞、巨噬细胞、T 细胞、视网膜色素上皮细胞等均可产生保护素 D1。研究表明，保护素 D1 可减少细胞分泌 TNF 和 IFN。此外，保护素 D1 上调中性粒细胞和 T 细胞表面 C-C 趋化因子受体 5（C-C chemokine receptor 5，CCR5）的表达，促进巨噬细胞对凋亡中性粒细胞的非炎症性吞噬，快速清除凋亡的中性粒细胞。保护素

DX 可促使腹腔巨噬细胞向抗炎型 M2 型巨噬细胞转化，增强巨噬细胞的吞噬功能，转化机制与 PPARγ 信号通路的激活密切相关。

（3）消退素　　目前报道的消退素包括 E 类消退素 1～3（E-series resolvin 1-3，RvE1～RvE3）、D 类消退素 1～6（D-series resolvin 1-6，RvD1～RvD6）、阿司匹林触发消退素（aspirin-triggered lipoxin，AT-Rv）等。研究结果显示，D 类消退素 1 对免疫细胞的调节机制多样化，包括抑制中性粒细胞趋化，降低 Toll 样受体介导的巨噬细胞活化，降低脓毒症小鼠胸腺 CD3$^+$ T 淋巴细胞的凋亡，消除脓毒症对免疫细胞的部分抑制作用等。例如，D 类消退素 1 特异性阻断 IgE 的重链基因（εGLT）的表达，抑制人 B 细胞产生 IgE，从而阻断幼稚淋巴细胞向分泌 IgE 型 B 细胞转化。在炎症晚期，D 类消退素 3（RvD3）与人巨噬细胞表面 G 蛋白偶联受体 32（GPR32）结合，增强巨噬细胞的吞噬功能。RvD3 还能够通过抑制中性粒细胞跨越上皮细胞，减少炎症细胞浸润和炎症趋化因子表达。

（4）maresin　　目前 maresin 主要有两种：maresin 1（MaR-1）和 maresin 2（MaR-2）。MaR-1 发挥着与 RvD1 和 RvD2 类似的功能，包括减少急性炎症时中性粒细胞浸润，增强巨噬细胞对细菌和凋亡细胞的吞噬作用等。研究表明，SPM 在适应性免疫中同样发挥着重要作用，如抑制人外周血 CD4$^+$ Th1 和 Th17 细胞及 CD8$^+$ T 细胞活化，降低细胞因子分泌。

三、肿瘤代谢物对免疫的影响

1927 年，Otto Warburg 等发现肿瘤细胞与正常细胞表现出不同的代谢表型，即肿瘤细胞消耗葡萄糖的速率为正常细胞的 20 倍左右，称为 Warburg 效应。近年来，代谢物组学的蓬勃发展让人们重新认识到肿瘤实际上也是一种代谢性疾病。肿瘤代谢产物包括多种有机酸、乳酸、葡萄糖和氨基酸等。乳酸是最具代表性的肿瘤相关代谢物之一，在肿瘤细胞生长过程中，癌细胞分泌大量的乳酸到细胞外，使微环境 pH 下降。乳酸含量过高时，不仅抑制 T 细胞的增殖能力，且会阻止 T 细胞释放 IL-2 和 IFN 等细胞因子，从而显著减弱细胞毒性 T 细胞的杀伤效果。乳酸在树突状细胞的分化过程中也发挥着重要作用。当乳酸升高时，抑制树突状细胞分泌 CD-1a，导致树突状细胞分化为肿瘤相关树突状细胞（tumor-associated dendritic cell，TADC）。乳酸对 NK 细胞的杀伤功能也具有一定的调控作用。同样，在巨噬细胞中的研究也显示，乳酸可以通过激活 ERK/STAT3 信号通路诱导 M2 型巨噬细胞的产生，从而促进肿瘤的发生、发展。

吲哚胺 2,3-双加氧酶 1（indole-amine-2,3-dioxygenase-1，IDO1）的底物色氨酸及产物犬尿氨酸也是近年研究较为广泛的肿瘤代谢物之一。免疫细胞和肿瘤细胞共同表达 IDO。正常情况下，表达 IDO 的树突状细胞会消耗胞外色氨酸，限制色氨酸对周边 T 细胞的供应，阻碍 T 细胞的活化及增殖。在肿瘤微环境中，低浓度色氨酸具有抑制 mTOR 途径和激活蛋白激酶 GCN2 途径的双重作用。在多种人类癌症中 IDO1 的表达显著上调，可能是由于 IDO1 与细胞毒性 T 淋巴细胞相关蛋白 4（CTLA-4）有相互调节作用。在调节性 T 细胞中，CTLA-4 的表达会促进 IDO1 的表达，IDO1 的表达又反过来促进 CTLA-4 的表达，两者的相互促进导致了免疫逃逸。

四、肠道代谢物对免疫的影响

胆酸作为胆汁的关键组分之一，是脂类代谢中重要的调节物。此外，胆酸还发挥着激素调节作用，通过激活多种受体发挥复杂的生理和病理功能。胆汁酸可以通过抑制 NLRP3 炎症小体从而改善炎症性疾病，胆汁酸通过 TGR5-cAMP-PKA 来抑制 NLRP3 炎性体激活，其受体 TGR5 激活 PKA 激酶进而直接磷酸化 NLRP3 291 位点的丝氨酸，继而导致 NLRP3 的泛素化。体内结果也显示，胆汁酸和 TGR5 活化阻断了 NLRP3 炎性体依赖性炎症。有研究显示，微生物菌群通过发出某些信号改变微环境，促进了癌症发生，HSC 则是这些信号的重要传感器。脱氧胆酸（deoxycholic acid，DCA）是一种二级胆汁酸和细菌代谢产物，同时也是柳氮磺胺吡啶（SASP）的触发因子，与肝肿瘤的发生有关。DCA 刺激 HSC 的衰老并且促进抗生素治疗的肥胖小鼠肝细胞癌（HCC）的发展进程，表明 DCA 的肠肝循环通过诱导 SASP，促进肥胖相关的肿瘤发生。

　　肠道微生物被称为人类的"第二基因组"，由于肠道微生物能够分泌次级代谢产物进入血液循环，故其结构、组成和状态与宿主健康息息相关。此外，某些种类的肠道微生物也参与宿主免疫反应。例如，肠道微生物中的一个特定细菌——生孢梭菌（*Clostridium sporogenes*）可将色氨酸分解并分泌次级代谢产物吲哚丙酸（indolepropionic acid，IPA），从而大量活化中性粒细胞、单核细胞和记忆 T 细胞，引发炎症性肠病的发生。

五、神经系统代谢物对免疫的影响

　　近年来在神经系统与免疫系统之间发现了一条参与炎症调节的重要通路——胆碱能抗炎通路（cholinergic anti-inflammatory pathway，CAP）。当机体遭受免疫刺激时，机体通过中枢神经系统激活迷走神经，引起乙酰胆碱递质的释放，乙酰胆碱与免疫细胞上的乙酰胆碱受体（nicotinic acetylcholine receptor，nAchR）结合，参与细胞增殖活化及炎症反应的调节。机体通过 CAP 降低多种促炎因子的生成和释放，抑制炎症反应。例如，使用胆碱能受体激动剂或直接刺激迷走神经能显著降低 TNF-α、ICAM-1、IL-1 和 IL-6 的表达。此外，多种免疫细胞，如单核细胞、巨噬细胞、树突状细胞、T 淋巴细胞和 B 淋巴细胞可表达烟碱型乙酰胆碱受体 α7nAchR，激活该基因可引起钙离子内流。体外试验证明，在单核巨噬细胞中，脂多糖（LPS）刺激巨噬细胞可上调 α7nAchR 的表达。烟碱可抑制 LPS 刺激后巨噬细胞炎性因子的分泌，降低 TNF-α、IL-6 和高迁移率族蛋白 1（HMGB1）等的表达。

第四节　适应性免疫细胞的代谢途径及调控网络

　　生物体的代谢是一个完整统一的过程，在分子、细胞和个体 3 个水平进行代谢调节，存在复杂的调节机制。所有调节均是在基因、蛋白质和 RNA 作用下进行的，这些过程均与基因表达调控有关。

一、细胞代谢的调控网络

　　所有细胞都是由 4 类生物大分子（多糖、脂质复合物、蛋白质和核酸）、数目不多的生物小分子、无机盐和水组成。生物大分子具有高等特异性，生物之间的差别是由生物大分子所决定的。细胞内 4 类生物大分子在代谢过程中相互转化、密切相关。多糖和脂质复合物的代谢结果受特异性酶的影响。蛋白质和核酸的合成不仅需要底物、能量和酶，也需要模板，其结构信息来自 DNA 和 RNA 模板。细胞内数百种小分子在代谢中发挥重要作用，构成了成千上万种生物大分子。为了代谢过程正常有序地进行，细胞内各类物质被分别纳入各自的代谢途径，而不同的代谢途径可通过交叉点上的关键中间代谢物相互作用和转化。这些共同的中间代谢物使代谢途径得以连通，形成高效、运作良好的代谢网络通路。

在过去的 30 年里，基因组学、转录组学、蛋白质组学和代谢组学这 4 个"组学"的迅速发展，促进了细胞代谢调节网络的内在机制研究，尤其是在病原感染过程中，多组学的研究丰富了细胞代谢调节与免疫反应之间相互影响的网络。传统认为病原体入侵过程中的代谢变化是免疫细胞信号转导的结果，但越来越多的报道表明新陈代谢是"第一反应者"，其中免疫细胞反应和代谢调节起决定性作用。这一新的见解促进了细胞代谢"重编程"（reprogramming）概念的提出。研究表明：各种代谢途径、其下游靶点、衔接蛋白、生物合成代谢和分解代谢途径的酶和代谢中间产物及其信号调控网络揭示了代谢途径及其调控机制。在稳态和干扰状态下，它们在免疫细胞中的作用不同。在干扰状态下，于转录因子、酶和分解代谢或合成代谢产物途径中观察到了代谢的异常模式。通过数学建模预测的这种异常模式，可用于识别代谢调控网络敏感节点代谢物的变化，这些敏感节点可作为可监测的检查点，以便在许多临床疾病治疗中制定相应的治疗干预策略。在扰动状态下，代谢通路进行了重新编排，"扰动器"存在下代谢和细胞信号网络结构的动态变化见图 10-3。

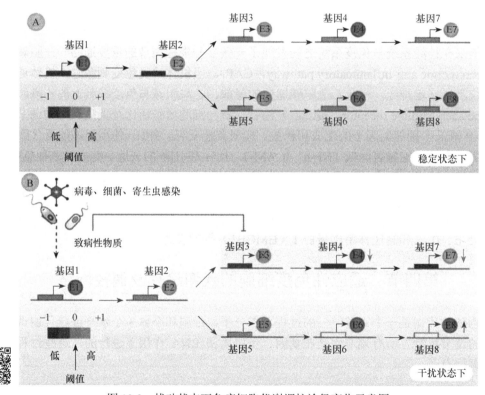

图 10-3　扰动状态下免疫细胞代谢调控途径变化示意图

免疫代谢组学领域的研究不断提供新的研究方法对特定时间点免疫细胞中复杂、庞大和相互关联的生化过程网络进行系统解析。这些网络包含了主要的配基和受体，受体感应细胞外局部环境中的营养物质，并引起免疫细胞中特定基因的转录和翻译。这些代谢受体不仅感知营养物质，还参与引导 T 细胞进化为不同的亚群，如 Th1、Th2 和 Th17。不同 T 细胞亚群产生不同的细胞因子。例如，Th1 细胞亚群主要产生 IL-12、IFN-γ 和 TNF；Th2 细胞亚群主要产生 IL-4 和 IL-5；Th17 细胞亚群主要分泌 IL-17、IL-21、IL-22、TNF-α 和 IL-6。T 细胞的活化取决于多种环境信号的整合，其中一些信号是由外界病原微生物、凋亡细胞和营养物质提供的。能量传感器或受体，如营养感应丝氨酸-苏氨酸激酶、腺苷酸活化蛋白激酶（AMPK）、mTOR，以及 AMPK 和 mTOR 之间的相互关系，在维持细胞内代谢状态（活跃或静止）方面相互影响，发挥二元控制的作用。

二、AMPK-mTOR 信号通路的调控网络

能量传感器 AMPK 被认为是调节多种细胞活动的主要调节因子，而 mTOR 则通过监测氨基酸水平和生长刺激信号来调节细胞生长。AMPK 调节细胞的能量状态，是最关键的细胞传感器之一。它通过增加参与分解代谢的蛋白质来促进 ATP 的产生途径，同时通过关闭合成代谢/生物合成途径来保存 ATP。丝氨酸-苏氨酸激酶-Akt（也称为蛋白激酶 B）在 T 细胞中起着关键作用，可调控葡萄糖代谢、细胞凋亡、细胞增殖、转录和细胞迁移等过程。Akt 是 mTOR通路的上游正调节因子，Akt 调节细胞内 ATP 水平；Akt 为 AMPK 的负调节因子（TSC2 的激活剂），从而建立了 Akt-AMPK-mTOR-TSC2 通路之间的相互作用。Akt 调控的转录程序可直接作用于细胞毒性 T 细胞（CTL）。本质上，Akt 活性的强度和持续时间决定了穿孔素和细胞因子（如 IFN-γ）的 CTL 转录程序及穿孔素的细胞因子受体表达，并决定了这些细胞的命运。mTOR 促进葡萄糖代谢，有利于 Th1 和 Th17 细胞亚群的发育，同时抑制 Treg 的产生。小鼠特异性损伤 mTOR 信号后不利于 Th17 细胞的分化。大环内酯类雷帕霉素是一种较弱的抗生素，是 mTOR 信号转导的不可逆强抑制剂，可选择性地与 mTOR 结合，抑制 Th17 细胞分化。低氧诱导因子-1α（HIF-1α）信号通过增强糖酵解状态促进 Th17 细胞的发育，并促进了 Th17 细胞发育所必需的转录因子 ROR-γt 的作用。HIF-1α 还通过靶向牛叉头框基因 p3（Foxp3）进行蛋白酶体降解来限制其表达，从而控制 Th17/Treg 平衡。基于各种基因敲除小鼠模型，现已证明 mTOR 在调节性 T 细胞分化中起重要作用。mTOR 复合体通过整合至少 4种生长调节输入信号来控制细胞的自主生长：①营养可用性；②生长因子信号；③细胞能量输入；④细胞应激监测。肿瘤抑制因子（TSC1 和 TSC2）是一种完整的复合物，对 mTOR 活性有严格的调节作用。TSC1 使 T 细胞处于静止状态，以促进免疫稳态和生存。因此，TSC对 mTOR 复合物产生强烈的抑制信号，调控细胞生长、细胞周期和细胞代谢等重要过程。PI3K-Akt-mTOR 信号也对 Foxp3 的表达和 Treg 细胞的发育起着至关重要的调节作用。Akt-AMPK-mTOR-TSC2 信号调控代谢途径（图 10-4）：①生长因子信号途径通过 Akt 介导的肿瘤抑制因子 TSC1/TSC2 激活 mTOR，TSC1/TSC2 是 mTOR 信号的主要抑制因子。在机制上，TSC2 被 Akt 依赖的磷酸化失活，这可破坏 TSC2 的稳定性并破坏其与 TSC1 的相互作用。②mTOR 直接被 AMPK 抑制，通过 Raptor 对两个高度保守的丝氨酸残基直接磷酸化，这种磷酸化诱导 14-3-3 与 Raptor 结合。③能量感应的 AMPK-FoxO 途径介导了一种新的饮食限制方法诱导的秀丽隐杆线虫寿命延长。AMPK 激活叉头框蛋白 O（FoxO），FoxO 上调参与糖异生途径的基因及其他基因，如脂质代谢和自噬。④AMPK 抑制糖原合酶从而导致糖原合成减少。⑤活化的单核细胞表达可诱导的 6-磷酸果糖-2-激酶（iPFK-2），以合成 2,6-二磷酸果糖——一种糖酵解的刺激物。在活化的单核细胞中缺氧刺激糖酵解途径需要通过 AMPK 磷酸化和激活iPFK-2。⑥二甲双胍或腺苷类似物激活 AMPK，可抑制固醇调节元件结合蛋白 1（SREBP-1）的表达，SREBP-1 是一种关键的脂肪生成转录因子。⑦AMPK 可直接磷酸化 SREBP-1，以抑制其分裂和移位到细胞核中，从而抑制哺乳动物肝中 SREBP-1 介导的脂质合成转录激活。⑧AMPK 活化可磷酸化和抑制 HMG-CoA 还原酶活性，减少类异戊二烯合成，降低胆固醇水

平。⑨AMPK 控制哺乳动物的自噬。AMPK 通过其磷酸化作用与 ULK1 蛋白激酶相互作用并激活 ULK1 蛋白激酶，后者是酵母自噬过程的关键启动子。⑩mTOR 可在常氧条件下激活 HIF-1α，促进有氧糖酵解和增强 Warburg 代谢，这种效应主要发生在代谢活跃的巨噬细胞和过度活跃的癌细胞中。⑪mTORC1 激活 SREBP-1 和通过脂素 1（lipin-1）激活脂肪生成，以促进细胞生长和增殖。

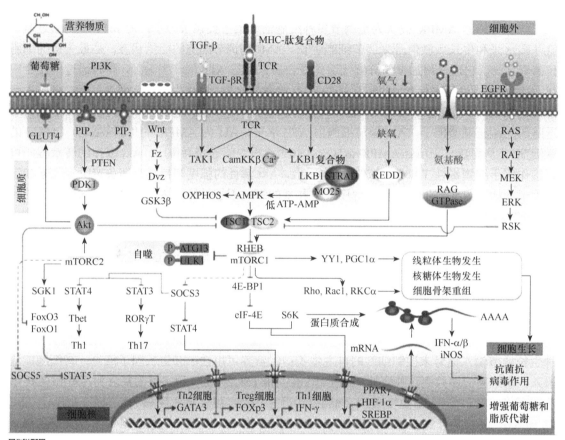

图 10-4　Akt-AMPK-mTOR-TSC2 信号通路调控代谢途径

三、T 细胞的代谢"重编程"

活化的 T 细胞显著上调葡萄糖、氨基酸和铁的摄取，补偿与细胞生长相关的新生蛋白质、DNA 和脂质生物合成的需要。免疫细胞通过其精细调控机制来感知环境中的能量和营养供应，以重新构建其代谢网络，T 细胞代谢转变对于支持其活化和功能至关重要，被称为代谢重编程。这种代谢重编程的失败会导致许多疾病状态，包括肥胖症和癌症等。T 细胞代谢在不同的环境中被证明需要脂质合成。肉毒碱棕榈酰基转移酶 1A（CPT1A）是长链脂肪酸的关键线粒体转运体，也是 β 氧化途径中的关键限速步骤，在静息 T 细胞中表达，但在活化 T 细胞中显著下调。因此，T 细胞从脂质氧化转变为脂肪生成以支持增殖。相反，增强的脂肪酸氧化是通过增加 CD8[+]记忆 T 细胞中 CPT1A 的表达来实现的。GLUT1、L 型氨基酸转运蛋白 1（Lat1）和钠耦合中性氨基酸转运蛋白 1（Snat1）的表达上调。人类原代 T 细胞中的 CD3/CD28 刺激诱导 NF-κB 和 AP-1 介导的 Lat1 表达。Treg 细胞与其他 T 细胞不同，它对

GLUT1 的依赖性要小得多。T 细胞刺激通过 GLUT1 受体强烈上调葡萄糖摄取，T 细胞激活后需要 GLUT1，GLUT1 对于激活后的高葡萄糖摄取率至关重要，以支持 T 细胞增殖。幼稚的 CD4$^+$ T 细胞在 IFN-γ 和 IL-4 刺激下分别分化为效应 Th1 和 Th2 亚群，而 TGF-β 和 IL-6 等细胞因子促进 Th17 亚群的发育，TGF-β 单独促进 T 细胞中的 Treg 表型。质谱分析表明，这些 T 细胞亚群中的每一个亚群在代谢上都是不同的。总的来说，Th1 和 Th17 细胞具有相对较高的糖酵解和谷氨酰胺分解率。Treg 以较低的速率进行糖酵解，并具有较高的线粒体代谢。用低剂量的 2-DG（2-脱氧葡萄糖己糖激酶抑制剂）和鱼藤酮（电子传递链复合物 I 抑制剂）处理体外分化的不同的 Th1、Th2、Th17 和 Treg 细胞。结果显示，2-DG 可有效抑制 Th1、Th2 和 Th17 细胞的增殖，对 Treg 细胞的抑制并不明显。相反，鱼藤酮可成功抑制 Treg 细胞增殖，对 Th1、Th2 和 Th17 增殖则没有影响。

四、代谢转变决定 T 细胞反应中的可塑性

为了维持细胞内稳态，必须在时空中监测 T 细胞或体内大多数细胞的能量状态。细胞对微量和大量营养素或化学成分、必需矿物质和维生素的摄取进行微观监测，使细胞能够决定在何时需进行增殖或分化，从而进一步影响代谢状态。在免疫应答过程中，T 细胞能够适应体内各种环境条件的变化。T 细胞代谢是非静态的，并且在外界扰动的作用下不断改变以至于维持细胞增殖和效应功能的一致性。肿瘤微环境是一个竞争非常激烈的环境，因为 T 细胞与肿瘤细胞直接竞争营养和氧气供应，肿瘤细胞经历了 Warburg 效应，对葡萄糖的需求增加。当葡萄糖受到限制时，T 细胞将其代谢程序转变为线粒体氧化磷酸化。葡萄糖和谷氨酰胺是 T 细胞的两个重要燃料来源。利用稳定放射性同位素示踪辅助（SITA）代谢组学方法，已经证明葡萄糖很容易在 T 细胞中代谢。用于分析葡萄糖转化为乳酸的同位素 ^{13}C 表明，大多数乳酸池（约 80%）来自 ^{13}C 标记的葡萄糖，这表明效应 T 细胞的 Warburg 代谢率很高。然而，在 TCA（通过氧化磷酸化促进 ATP 生成）代谢物中没有观察到这种情况，因为 TCA 中间产物不是来自 ^{13}C 标记的葡萄糖（少于 20% 的富马酸和苹果酸来自 ^{13}C 葡萄糖）。相反，当用 ^{13}C 标记的谷氨酰胺喂养细胞时，TCA 的大多数代谢物来自 ^{13}C 标记的谷氨酰胺。这一结果显示，对于通过 TCA 和氧化磷酸化产生 ATP，谷氨酰胺在效应 T 细胞中比葡萄糖更重要。从效应 T 细胞的培养基中去除谷氨酰胺降低了它们执行氧化磷酸化的能力，而 T 细胞在限制葡萄糖浓度下会促进谷氨酰胺代谢。这种现象与"代谢可塑性"有关，它允许 T 细胞使用不同的燃料，从而增强其适应不同环境条件的能力。即使是在免疫细胞静止状态下的营养循环也需要维持基本的 ATP 水平，为了获得这种能量，诸如 AMPK 之类的传感器的传感发挥着重要的作用。这一机制对细胞至关重要，以使它们能够在不受干扰的情况下维持体内平衡，或在遇到病原体的情况下迅速从非活性状态转化为活性状态。因此，根据葡萄糖、谷氨酰胺、脂肪酸及氧化磷酸化所需氧的可利用性，免疫细胞在根据需要执行代谢程序时表现出明显的灵活性。淋巴细胞处于静止期时，通过分解代谢和自噬来获得蛋白质翻译与能量产生的前体。有趣的是，Kruppel 样因子 2（Klf-2）和 FoxO（均可被 mTORC2 激活后抑制）等转录因子的表达可促进抑制蛋白的表达并维持淋巴细胞的静止状态。其他转录因子，如 Myc、雌激素相关受体 α（ERRα）和肝 X 受体（LXR），通过增强代谢基因的表达促进 T 细胞代谢重编程，使得 T 细胞能够满足细胞分裂和细胞效应的生物能量与生物合成需求。

从 T 淋巴细胞的代谢可调控性来看，这些细胞在增殖能力方面与大多数体细胞有很大不同。T 细胞激活后可整合环境等多种信号，按照需求进行重编程其代谢。例如，抗原刺激导

致这些细胞参与 Warburg 代谢，以满足增殖所需的不断增加的能量需求。另外，不同代谢途径的选择决定了它们的效应表型。例如，效应 T 细胞利用有氧糖酵解并具有短暂的寿命，而长寿的记忆 T 细胞依赖线粒体脂肪酸 β 氧化来发育和维持，这些细胞在代谢途径选择上的这种独特变化并不是由它们自己选择的。相反，这些效应表型是在外界施加的选择压力下进化的（假设存在致病部分或 PAMP 的累积因子、细胞因子与模式识别受体、微生物副产物、营养和氧限制条件、免疫补体系统和其他）或环境因子协同作用的。

生物老化与进行性细胞丢失相关，在酵母中，热量限制（CR）通过激活 SIRT2 脱乙酰酶延缓老化。有趣的是，在 3T3-L1 细胞中，SIRT2 的过度表达可抑制分化，而减少 SIRT2 的表达可促进脂肪生成（由于 FoxO1 乙酰化增加可导致 SIRT2 和 FoxO1 之间的相互作用）。SIRT2 的这些双峰效应伴随着 PPARγ 和 C/EBPα 表达的相应变化，以及标志末端脂肪细胞分化的基因，包括 Glut4、aP2 和脂肪酸合成酶。有研究显示，SIRT1（一种III类组蛋白脱乙酰酶）可靶向促进 Treg 细胞中关键转录因子 Foxp3 的表达，并在体外和体内增强 Treg 细胞的抑制功能。同样，树突状细胞中 SIRT1 基因缺失可抑制 Treg 细胞的生成，同时促进 Th1 细胞的发育，导致对微生物感染的促炎症反应增强。Sirt1 信号通过 HIF-1α 依赖性途径，通过 DC 衍生的 IL-12 和 TGF-β 的产生，引导 Th1 和 Treg 的产生。Wnt 信号负调节 Treg 细胞发育所需的关键转录因子 Foxp3。细胞因子（如 IL-2）和共刺激信号分子通过增强营养转运体表达和关键调节因子 mTOR 触发糖酵解途径。关键转录因子（如 HIF-1α、ERRα 和 c-Myc 及其他因子）通过转录靶基因可协助 T 细胞增殖。最近有研究表明，GLUT1 受体在活化 T 细胞中被描述，CD4+ Th1 和 Th17 细胞在体内选择性地需要 GLUT1 来调节免疫恶性肿瘤。在缺乏 GLUT1 的情况下，CD4+ T 细胞无法被激活，故推测葡萄糖是 T 细胞的关键代谢底物。在葡萄糖去除条件下，CD8+ T 细胞功能丧失，特别是 IFN-γ 的产生，与翻译过程所需的 p70S6 激酶和 eIF4E-BP1 磷酸化的降低有关联。相反，细胞中激活 Ras-GRP 水平的重要调节因子二酰甘油降低，增强 ERK 活化，增强 CD8+ T 细胞功能反应。除葡萄糖外，谷氨酰胺是 T 细胞活化所需的重要代谢底物。细胞外环境中氨基酸浓度的波动，以及细胞内代谢产物的波动，导致 T 细胞活性和极化的改变。谷氨酰胺转运体的缺失导致效应 T 细胞的分化受损；谷氨酰胺的缺失阻碍了细胞增殖和细胞因子的产生，这可以通过补充谷氨酰胺的生物合成前体来挽救。细胞内亮氨酸浓度也可以调节 T 细胞活化过程中的代谢重编程。同样，谷氨酰胺的另一个转运体丙氨酸-丝氨酸和半胱氨酸转运体系统（ASCT2）的表达在 T 细胞活化后上调。ASCT2 缺失导致 CD4+ T 细胞活化受损。细胞外精氨酸缺失与受损的 T 细胞增殖和有氧糖酵解有关，但与线粒体氧化磷酸化无关。细胞微环境中色氨酸的缺失可抑制效应 T 细胞增殖并诱导其失去功能。

五、转录调节因子在塑造 T 细胞代谢中的作用

越来越多的证据表明，一些转录因子和信号通路在激活后调节 T 细胞的代谢程序。免疫细胞代谢编程需要一个复杂的调控系统，包括激活转录调节因子和共激活因子，从而有利于基因表达变化，在外界扰动状态下使可变的代谢保持相对稳定。鉴于癌细胞中 Warburg 现象，癌细胞的糖酵解增加不仅仅依赖于线粒体功能来维持，除了糖酵解，这些细胞中谷氨酰胺分解在生成 ATP 和乳酸方面起着不可或缺的作用。T 细胞中 c-Myc 活化可诱导并促进 T 细胞增殖。c-Myc 的过度表达是 B 细胞的特征，并经历了致癌转化。c-Myc 转录可抑制 miR-23a 和 miR-23b，以增强线粒体谷氨酰胺酶基因的表达。人类 B 淋巴瘤细胞 P-493 中谷氨酰胺分解

代谢上调，从而与 c-Myc 控制的谷氨酰胺酶活性调节之间建立了联系。因此，c-Myc 调节一个转录程序，刺激线粒体谷氨酰胺分解并导致谷氨酰胺依赖。c-Myc 依赖的谷氨酰胺分解是线粒体代谢的重编程，依赖谷氨酰胺分解代谢维持细胞活力，并通过其作为中间底物，α-酮戊二酸重新进入 TCA，促进 TCA 的回补反应。

目前已知，侵袭性癌细胞使用转录辅激活因子 PPARγ、辅活化子 1α（PGC-1α）来增强氧化磷酸化和线粒体生物发生及氧消耗率。相反，浸润性肿瘤（TIL）的 T 细胞显示线粒体功能和数量下降，肿瘤微环境中氧化代谢丧失和强酸中毒的叠加效应可导致 T 细胞功能障碍。通过 Akt 介导的 PGC-1α 抑制 T 细胞线粒体生物发生，随后 PGC-1α 的增强表达导致抗肿瘤 T 细胞功能增强。细胞生长需要从脂肪酸氧化途径向脂肪生成途径转变。癌细胞在低脂环境中通过从头脂质合成途径进行差异激活和生长。配体依赖性受体，如属于核受体家族的肝 X 受体（LXR），在 T 细胞的免疫代谢方面特别重要。LXR 激活干扰 IL-2 和 IL-7 诱导的人类 T 细胞增殖和细胞周期进程，表明 LXR 是细胞因子依赖性增殖、正常转化 T 淋巴细胞与 B 淋巴细胞存活的有效调节剂。LXR 和 RXR 激活时可抑制小鼠巨噬细胞的凋亡，并可免受炭疽杆菌、大肠杆菌和鼠伤寒沙门菌等的感染。此外，研究表明，LXR 可抑制巨噬细胞基质金属蛋白酶-9（MMP-9）的细胞因子诱导表达，因为 MMP 参与细胞外基质重塑，MMP 的不适当表达可导致血管病变，包括动脉粥样硬化。LXR 拮抗剂（如 GW3965 或 T1317）对小鼠腹腔巨噬细胞的治疗降低了 MMP-9 在转录水平的表达，并减少了其对脂多糖、IL-1β 和 TNF-α 激活的诱导作用。LXR 是一种细胞内固醇传感器，它还与 SREPB 转录因子连接，以维持 T 细胞分裂时的细胞胆固醇水平。

第五节　代谢与免疫相关研究热点

一、训练免疫

以前普遍认为只有适应性免疫才能建立免疫记忆，但近年来越来越多的研究表明，先天性免疫细胞如单核细胞、巨噬细胞和自然杀伤（NK）细胞在外源感染刺激下能够产生一种新的带有非特异性记忆的免疫反应，以应对二次的同源或异源感染，这一过程称为训练免疫（trained immunity）。卡介苗（Bacillus Calmette-Guérin，BCG）、β-葡聚糖（β-glucan）、IL-1、氧化低密度脂蛋白（oxidized low-density lipoprotein，oxLDL）、粒细胞-巨噬细胞集落刺激因子（granulocyte-macrophage colony stimulating factor，GM-CSF）是目前研究最为成熟的训练免疫激活物。在小鼠模型中发现，BCG、β-葡聚糖、oxLDL、GM-CSF 均能够刺激小鼠激活训练免疫，提高小鼠在多种病原感染中的生存率。在小牛模型中，BCG 可诱导循环外周血单核细胞抵抗二次感染，上调促炎性细胞因子表达水平和细胞代谢水平，同时表观遗传修饰活跃，具 3～6 个月的短期记忆，但只有循环系统的先天性免疫细胞表现出训练免疫特征，而 BCG 气雾剂作用后的肺泡巨噬细胞的黏膜免疫系统没有任何反应。

训练免疫与先天性免疫、适应性免疫有明显的特征区别。训练免疫过程是由表观遗传修饰和免疫代谢驱动，不依赖于经典的 T、B 细胞适应性免疫，能够"训练"先天性免疫生成免疫记忆，表现为宿主对相同或不同病原体再次感染的高反应性和清除力的"记忆特征"，且在初次刺激消失后，记忆能持续数周至数月。除了先天性免疫细胞，还有大量非免疫细胞参与训练免疫过程。研究结果显示，将卡介苗静脉注射小鼠后，骨髓造血干细胞（hemopoietic stem cell，HSC）、骨髓系多能祖细胞大量增加，淋巴细胞分化成骨髓源性单核巨噬细胞，以增强小鼠对结核分枝杆菌（*Mycobacterium tuberculosis*，MTB）感染的免疫抵抗。此外，体外培养的小鼠体内骨髓单核巨噬细胞依旧能够发挥作用。

训练免疫的形成过程包括 3 个阶段：机体免疫（病原体识别），代谢组与表观遗传的相互作用（病原刺激记忆生成），促炎性及相关细胞因子生成（促进细胞分化或募集免疫细胞）。细胞通过不同的 PRR 识别这些刺激原（如 BCG、β-葡聚糖、oxLDL、GM-CSF），通过不同的信号通路刺激髓系细胞的代谢与表观遗传修饰。例如，BCG 内的细菌分子胞壁酰二肽（muramyl dipeptide，MDP）能够被核苷酸结合寡聚化结构域 2（nucleotide binding oligomerization domain containing 2，NOD2）识别后通过 NF-κB 信号通路刺激表观遗传重组。β-葡聚糖被树突状细胞相关性 C 型植物血凝素 1（dendritic cell associated C-type lectin 1，dectin 1）识别后通过 AKT/mTOR/HIF-1α 信号通路刺激表观遗传修饰。

训练免疫的第二个阶段是代谢与表观遗传的相互作用，即病原刺激记忆生成阶段。研究表明，髓系细胞是训练免疫的终端记忆细胞。表观遗传修饰和代谢的相互作用，刺激细胞分泌 IL-6、TNF 及 IL-1β，并能够刺激先天性免疫细胞的定向分化，骨髓多能祖细胞趋向于分化为单核巨噬细胞，而减少向淋巴细胞的分化。近期的研究结果显示，长链非编码 RNA（long-noncoding RNA，lncRNA）以增强子 RNA（enhancer RNA，eRNA）的方式参与调控免疫基因转录及表观遗传修饰，进而参与训练免疫过程。总之，训练免疫是免疫细胞通过不同的 PRR 识别不同刺激原，骨髓造血干细胞接受不同信号通路传递的刺激，诱导免疫基因启动 lncRNA，启动组蛋白表观遗传修饰和染色质重塑后定向分化，组蛋白上的免疫基因触发 lncRNA 标签为记忆，当应对二次的同源或异源感染时，免疫基因触发 lncRNA 激活先天性免疫，促炎性及相关细胞因子快速清除病原体。训练免疫为新型疫苗的研发提供了新的策略和思路。

二、肠道微生物代谢与肠-肝轴或肠-脑轴的互作

在正常情况下，肠道屏障构筑了机体与外源性物质接触的第一道防御屏障，肝则为逃逸胃肠黏膜免疫监视的抗原和炎性因子提供第二道防御屏障。随着肠-肝轴研究的深入，肠道微生物、肠和肝之间的互作逐渐被揭晓。肠道上皮的完整性、肠道及肝的免疫防御系统和肠道菌群的组成在维持肠-肝轴的稳定和平衡中发挥重要的作用。微生物-肠-脑轴作为机体的一种双向通信神经内分泌系统，包括神经、激素和免疫介质等交流通信途径。胃肠道微生物通过参与肠道和大脑间的交流，影响肠道稳态与功能，维持机体正常的生理功能。

（一）肠道微生物对宿主黏膜免疫的影响

肠道是机体最大的免疫器官，肠黏膜上分布着大量的淋巴组织，超过机体的 50%。肠道中存在着数量庞大和种类繁杂的菌群，肠道微生物也被称为"第二大脑"，长期与宿主保持稳定的共生关系，也是机体维持正常生命活动不可或缺的一部分。此外，肠道微生物也被称为"第二基因组"，不仅拥有庞大的基因组数目，而且其基因的表达产物在调节宿主肠道蠕动和免疫系统应答及发育、维持肠道稳态、影响营养物质的吸收和消化等多种重要的生理功能方面均发挥重要的作用。

肠道黏膜免疫的核心是由黏膜生成的分泌型 IgA（secretory immunoglobulin A，sIgA）。作为阻止病菌在肠道黏膜黏附和定植的第一道防线，sIgA 作用大于血清中 IgG 和 IgM。当病

菌入侵时，肠道内的正常菌群与黏膜分泌的 sIgA 混合可以阻止病菌在黏膜的附着，同时限制其繁殖。肠道黏膜组织的集合淋巴结和固有层内存在大量的专职抗原呈递的树突状细胞（DC），DC 监控肠道内大量潜在进出的抗原。当抗原进入肠黏膜时，集合淋巴结内的 DC 做出反应；而当抗原转移至上皮组织时，肠道固有层的 DC 将做出反应。研究结果显示，乳酸杆菌等有益菌群及其表面蛋白可通过与 DC 相互作用而调节肠黏膜免疫功能。此外，肠道菌群可以激活肠黏膜免疫细胞因子与免疫应答。例如，肠道黏膜隐窝处起始部位菌群密度的升高可以激活隐窝内上皮细胞表面对 Toll 样受体（TLR）的识别，引起相应的免疫应答。肠道微生物的代谢产物也参与机体的免疫反应。例如，微生物的色氨酸代谢产物，如吲哚、吲哚丙酸、吲哚乙酸、粪臭素和色胺等可作为芳香烃受体（AHR）的配体参与对肠道免疫的调节。

（二）肠道微生物对宿主营养代谢的影响

高等动物机体自身的代谢和体内微生物的代谢两者共同调节机体的整体代谢。其中肠道微生物能够通过糖酵解途径、磷酸戊糖途径和糖类厌氧分解途径等将宿主自身不能分解消化的糖类进行分解用于自身代谢，从而参与了机体的整体代谢。肠道微生物发酵产生的短链脂肪酸（SCFA）在抗病原感染、抗肿瘤、调节肠道菌群、改善肠道功能、维持体液和电解质平衡及给宿主尤其是结肠上皮细胞提供能量等生理过程中发挥作用。胆汁酸是胆汁的重要成分，不仅参与了机体营养物质的消化代谢，还作为一种信号分子和代谢调节因子，能够激活核受体和 G 蛋白偶联受体（GPCR）信号通路参与调节肝脂质、葡萄糖和能量平衡，维持机体代谢平衡，在脂肪代谢中起着重要作用，而肠道菌群可以通过肠肝循环来调节宿主胆汁酸代谢和脂肪的吸收存储。此外，肠道菌群可以合成某些维生素（如维生素 K 和 B 族维生素）来影响宿主的营养代谢，如脆弱杆菌和大肠杆菌能合成维生素 K。肠道菌群维生素和矿物质代谢的影响途径依然通过肠肝循环由肠道菌群和宿主共同协作完成。

（三）肝-脑-肠道神经轴调节机体代谢和免疫

1998 年，Marshall 提出"肠-肝轴"的概念：一方面，肠屏障功能受损，肠道内细菌和内毒素大量进入门静脉，肝内的免疫细胞（如库普弗细胞等）被这些内毒素激活，释放一系列炎性因子。另一方面，肝受损后，库普弗细胞的吞噬能力下降，免疫蛋白合成减少，血流动力学改变，反过来也可导致肠道功能受损。肠-肝之间的"对话"是维持肝代谢和肠道内稳态平衡的关键，二者相互作用和影响，构成一个复杂的调控网络。

肠道黏膜免疫系统是机体免疫系统中最为复杂的部分。肠道黏膜在受到外界病原、食物蛋白或共生菌等信号刺激下，不仅要维持肠黏膜的生理功能，还要发挥防御功能，免疫监视和清除肠道内致病菌或外来菌。肠道黏膜免疫的主要效应因子为 sIgA，sIgA 不仅能够阻止细菌与肠上皮细胞的吸附，中和肠道内的毒素、酶和病毒，且能激活补体系统的 C3 旁路途径，与溶菌酶、补体共同引起细菌溶解。派尔集合淋巴结（Peyer patch，PP）是位于肠道黏膜固有层的疏松结缔组织中的淋巴小结集合体，在 PP 的肠管管腔侧由绒毛上皮和 M 细胞构成的圆柱上皮细胞层覆盖。一些外来的大分子抗原可特异性地与肠道 PP 中的淋巴小结相关上皮细胞（M 细胞）结合被转运入 PP 内，与一定数量的 PP 细胞，如树突状细胞、T 和 B 淋巴细胞选择性交联，产生组织相容性复合物，经 CD4$^+$ T 淋巴细胞的处理和表达，诱导 B 细胞增生和分化，转变成产生细胞因子的细胞或浆细胞，进而产生黏膜免疫。PP 内大部分 T 淋巴细胞为胸腺依赖性细胞，主要是抗原特异的 Th1 和 Th2 及 CTL，是黏膜屏障的重要组成部分。

肠上皮包含两种不同表型的淋巴细胞,即上皮内淋巴细胞(intraepithelial lymphocyte,IEL)和固有层淋巴细胞(lamina propria lymphocyte,LPL)。LPL 分布在血管和淋巴管丰富的结缔组织中,包括 B 淋巴细胞、浆细胞、T 淋巴细胞、巨噬细胞、嗜酸性粒细胞和肥大细胞。IEL 分布于肠黏膜基底膜上方,是一群表型及功能异质的淋巴细胞。IEL 中大部分的 $CD8^+$ T 细胞能产生 Th1 和 Th2 类型的细胞因子,发挥抗细菌或病毒的作用。

肠道屏障的另一个重要组成部分为肝网状内皮系统,细胞主要为库普弗细胞,占机体单核巨噬细胞系统的 80%~90%。肝内皮系统如肝窦状内皮细胞和库普弗细胞可清除 LPS,避免局部炎症反应的发生。肝功能受损时,肝内库普弗细胞的吞噬能力降低,内毒素清除能力和免疫功能减弱。门静脉高压引起肠道微循环障碍,肠黏膜充血、水肿和糜烂,减弱了肠道的屏障功能。

肠道微生物、肠道和脑之间存在神经、体液和免疫途径双向通信的系统,即微生物-肠-脑轴,参与调控胃肠道微生物稳态和大脑功能及机体行为。胃肠道微生物通过参与肠道与大脑间的交流,影响肠道的稳态与功能。同样,来自大脑的神经通信信号可以影响胃肠道的运动、感觉和分泌方式进而调节肠道微生物的稳态。微生物菌群及其代谢产物在肠-脑的双向交流中发挥关键作用。例如,由于微生物某些代谢产物与神经系统产生的内源性神经化学物质结构完全类似,故可将胃肠道微生物菌群视作机体的一个虚拟内分泌器官,如色氨酸、血清素、5-羟色胺、SCFA 和肽类等微生物代谢产物通过神经、体液循环和免疫系统与脑间发生互作,调控脑功能,影响膳食等行为和机体健康(图 10-5)。

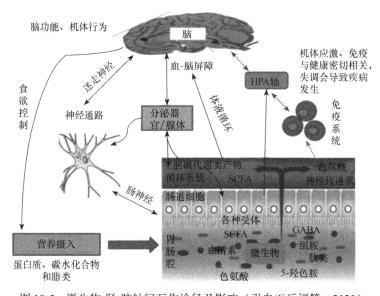

图 10-5　微生物-肠-脑轴间互作途径及影响(引自王后福等,2020)

微生物主要通过氨基酸和 SCFA 的营养物质代谢来参与微生物-肠-脑轴的互作调控。例如,色氨酸、酪氨酸和组氨酸作为前体物质,可被微生物代谢为神经递质血清素、多巴胺、去甲肾上腺素、肾上腺素和组胺等。其中,存在于肠道中的血清素是肠道和脑之间的双向通信网络中肠神经系统的关键信号分子。吲哚、吲哚丙酸、吲哚乙酸和色胺等色氨酸代谢产物可与芳香烃受体(AHR)结合参与肠道免疫。微生物的蛋白质代谢产物 γ-氨基丁酸(GABA),作为大脑中最重要的抑制剂神经递质,能够调节 GABA 转运蛋白来影响大脑的功能。肠道微生物产生的 SCFA 不仅能改善肠道微生态环境，还是微生物-肠-脑轴双向通信中重要的信号分子。研究表明，SCFA 可抑制组蛋白脱乙酰酶（HCAC），且与 G 蛋白偶联受体结合介导信号通路，参与宿主能量稳态、炎症发生和癌症病变的调控。另外，肠道内皮层存在一种神经元系统，即肠神经系统，它通过神经及内分泌、免疫和体液循环途径来实现肠道与大脑的沟通。

微生物可作为宿主免疫的调节剂通过肠-脑轴来发挥作用。研究人员发现一个新的肝-脑-肠道神经轴，可确保肠道中的外周调节性 T 细胞（pTreg 细胞）的适当分化，并维持肠道 pTreg 细胞水平。研究结果表明：肝迷走神经感觉传入，负责间接感受肠道微环境，将感觉输入传递到脑干的孤束核，最终传递到迷走副交感神经和肠道神经元。肝迷走神经感觉传入的外科手术和化学干扰可显著损害结肠道 pTreg 细胞，其原因是肠抗原呈递细胞（APC）中乙醛脱氢酶（ALDH）表达和视黄酸（RA）合成的损害。毒蕈碱乙酰胆碱受体（mAChR）的激活可直接诱导人和小鼠结肠 APC 中 *ALDH* 基因的表达，而 *mAChR* 基因的敲除在体外消除了 APC 的兴奋。结肠炎模型中，从肝到脑干的左迷走神经感觉传入的中断可减少结肠 pTreg 池，从而导致对结肠炎的易感性增加。这些结果表明，新的迷走神经-肝-脑-肠反射弧调节了 pTreg 细胞的数量，维持了肠道内的稳态。该发现创新性提出了肝和中枢神经系统同时介导的组织特异性免疫细胞应答机制，可调节肠道 pTreg 水平和肠道炎症。靶向肝-脑-肠神经反射弧的治疗方法，为肠炎、感染性疾病及肠癌等肠道疾病提供了新策略和新方法。

<h2 style="text-align:center">主要参考文献</h2>

李解. 2019. 外源核苷酸对斑马鱼脂代谢和免疫的调控和相关机理研究. 北京：中国农业科学院硕士学位论文.

李鸣，章翰，杨敬，等. 1992. 环孢菌素 A 对 T 细胞激活的抑制及 IL-2 的调节作用. 免疫学杂志，8（3）：159-161.

马启伟，郭梁，刘波，等. 2021. 牛磺酸对卵形鲳鲹肠道微生物及免疫功能的影响. 南方水产科学，17（2）：87-96.

皮宇，高侃，朱伟云. 2017. 机体胆汁酸肠-肝轴的研究进展. 生理科学进展，48（3）：161-166.

谭壮生，赵振东. 2011. 免疫毒理学. 北京：北京大学医学出版社.

王后福，李鹏飞，矣国，等. 2020. 微生物营养物质代谢与微生物-肠-脑轴互作研究进展. 动物营养学报，32（1）：28-35.

杨代晓，杨建云，肖炳坤，等. 2017. 代谢组学在中药毒性及其作用机制中的应用. 中医药导报，23（8）：76-79.

张石革. 2008. 免疫抑制剂的进展与临床应用评价. 中国医院用药评价与分析，8（11）：803-808.

张旭，吴晓玲，邓光存. 2019. 训练免疫：一种新发现的免疫模式. 细胞与分子免疫学杂志，35（4）：367-372.

左冉，王宏洁，司南，等. 2014. LC-FT-ICR-MS 方法鉴定黄连解毒汤在大鼠血浆中的原形及代谢产物研究. 药学学报，49（2）：237-243.

Carr E L, Kelman A, Wu G S, et al. 2010. Glutamine uptake and metabolism are coordinately regulated by ERK/MAPK during T lymphocyte activation. Journal of Immunology, 185: 1037-1044.

Castrillo A, Joseph S B, Vaidya S A, et al. 2003. Crosstalk between LXR and toll-like receptor signaling mediates bacterial and viral antagonism of cholesterol metabolism. Molecular Cell, 12(4): 805-816.

Chawla A, Boisvert W A, Lee C H, et al. 2001. A PPARγ-LXR-ABCA1 pathway in macrophages is involved in cholesterol efflux and atherogenesis. Molecular Cell, 7(1): 161-171.

Chauhan P, Sarkar A, Saha B. 2018. Interplay between metabolic sensors and immune cell signaling. Metabolic

Interaction in Infection, DOI:10.1007/978-3-319-74932-7_3.

Chiurchiù V, Leuti A, Dalli J, et al. 2016. Proresolving lipid mediators resolvin D1, resolvin D2, and maresin 1 are critical in modulating T cell responses. Science Translational Medicine, 8(353): 353ra111.

Christofides A, Konstantinidou E, Jani C, et al. 2021. The role of peroxisome proliferator-activated receptors (PPAR) in immune responses. Metabolism, 114: 154338.

Cífková E, Holčapek M, Lísa M, et al. 2015. Lipidomic differentiation between human kidney tumors and surrounding normal tissues using HILIC-HPLC/ESI-MS and multivariate data analysis. Journal of Chromatography B, 1000: 14-21.

Clark R B, Bishop-Bailey D, Estrada-Hernandez T, et al. 2000. The nuclear receptor PPARγ and immunoregulation: PPARγ mediates inhibition of helper T cell responses. The Journal of Immunology, 164(3): 1364-1371.

Dalli J, Winkler J W, Colas R A, et al. 2013. Resolvin D3 and aspirin-triggered resolvin D3 are potent immunoresolvents. Chemistry & Biology, 20(2): 188-201.

de Palma G, Collins S M, Bercik P, et al. 2014. The microbiota-gut-brain axis in gastrointestinal disorders: stressed bugs, stressed brain or both. The Journal of Physiology, 592(14): 2989-2997.

Dodd D, Spitzer M H, van Treuren W, et al. 2017. A gut bacterial pathway metabolizes aromatic amino acids into nine circulating metabolites. Nature, 551(7682): 648-652.

Ecker J, Liebisch G, Englmaier M, et al. 2010. Induction of fatty acid and phospholipid synthesis is a key requirement for phagocytic differentiation of human monocytes. Chemistry and Physics of Lipids,(163): S29.

Everts B, Amiel E, Huang S C C, et al. 2014. TLR-driven early glycolytic reprogramming via the kinases TBK1-IKKε supports the anabolic demands of dendritic cell activation. Nature Immunology, 15(4): 323-332.

Fischer K, Hoffmann P, Voelkl S, et al. 2007. Inhibitory effect of tumor cell-derived lactic acid on human T cells. Blood, 109(9): 3812-3819.

Kim J K, Kim Y S, Lee H M, et al. 2018. GABAergic signaling linked to autophagy enhances host protection against intracellular bacterial infections. Nature Communications, 9(1): 4184.

Klotz L, Dani I, Edenhofer F, et al. 2007. Peroxisome proliferator-activated receptor γ control of dendritic cell function contributes to development of CD4+ T cell anergy. The Journal of Immunology, 178(4): 2122-2131.

Koeken V A C M, Verrall A J, Netea M G, et al. 2019. Trained innate immunity and resistance to Mycobacterium tuberculosis infection. Clinical Microbiology and Infection, 25(12): 1468-1472.

Lenz E M, Bright J, Knight R, et al. 2004. Cyclosporin A-induced changes in endogenous metabolites in rat urine: a metabonomic investigation using high field ^{1}H NMR spectroscopy, HPLC-TOF/MS and chemometrics. Journal of Pharmaceutical and Biomedical Analysis, 35(3): 599-608.

L'homme L, Esser N, Riva L, et al. 2013. Unsaturated fatty acids prevent activation of NLRP3 inflammasome in human monocytes/macrophages. Journal of Lipid Research, 54(11): 2998-3008.

Schwartz R H. 2003. T cell anergy. Annual Review of Immunology, 21(1): 305-334.

Sternberg E M, Wedner H J, Leung M K, et al. 1987. Effect of serotonin (5-HT) and other monoamines on murine macrophages: modulation of interferon-gamma induced phagocytosis. The Journal of Immunology, 138(12): 4360-4365.

Sukumar M, Roychoudhuri R, Restifo N P. 2015. Nutrient competition: a new axis of tumor immunosuppression. Cell, 162(6): 1206-1208.

Tang H, Pang S. 2016. Proline catabolism modulates innate immunity in Caenorhabditis elegans. Cell Reports, 17(11): 2837-2844.

Tannahill G M, Curtis A M, Adamik J, et al. 2013. Succinate is an inflammatory signal that induces IL-1β through HIF-1α. Nature, 496(7444): 238-242.

Toshiaki T, Yohei M, Nobuhiro N, et al. 2020. The liver-brain-gut neural arc maintains the Treg cell niche in the gut.

Nature, 585(7826): 591-596.

van der Windt G J, Everts B, Chang C H, et al. 2012. Mitochondrial respiratory capacity is a critical regulator of CD8[+] T cell memory development. Immunity, 36(1): 68-78.

van Dyken S J, Locksley R M. 2013. Interleukin-4-and interleukin-13-mediated alternatively activated macrophages: roles in homeostasis and disease. Annual Review of Immunology, 31: 317-343.

Wang P R, Wang J S, Yang M H, et al. 2014. Neuroprotective effects of Huang-Lian-Jie-Du-decoction on ischemic stroke rats revealed by ^{1}H NMR metabolomics approach. Journal of Pharmaceutical and Biomedical Analysis, 88: 106-116.

Wen H, Ting J P Y, O'neill L A J. 2012. A role for the NLRP3 inflammasome in metabolic diseases-did Warburg miss inflammation. Nature Immunology, 13(4): 352-357.

Wise D R, Deberardinis R J, Mancuso A, et al. 2008. Myc regulates a transcriptional program that stimulates mitochondrial glutaminolysis and leads to glutamine addiction. Proceedings of the National Academy of Sciences, 105(48): 18782-18787.

Xia Y, Chen S, Zeng S, et al. 2019. Melatonin in macrophage biology: current understanding and future perspectives. Journal of Pineal Research, 66(2): e12547.

Yaqoob P, Calder P C. 1997. Glutamine requirement of proliferating T lymphocytes. Nutrition, 13(7-8): 646-651.

Zhai L, Ladomersky E, Lenzen A, et al. 2018. IDO1 in cancer: a Gemini of immune checkpoints. Cellular & Molecular Immunology, 15(5): 447-457.

Zhou Y, Yu X, Chen H, et al. 2015. Leptin deficiency shifts mast cells toward anti-inflammatory actions and protects mice from obesity and diabetes by polarizing M2 macrophages. Cell Metabolism, 22(6): 1045-1058.

第十一章 免疫耐受

免疫耐受（immunologic tolerance）是指机体在抗原刺激下，抗原特异性应答的 T 淋巴细胞与 B 淋巴细胞不能被激活，不能产生体液或细胞免疫应答，从而不能执行正常免疫活动的现象，又称免疫无反应性（immunological unresponsiveness）。能诱导机体产生免疫耐受的外来抗原或自身抗原称为耐受原（tolerogen），针对自身抗原所产生的免疫耐受称为自身耐受（self-tolerance）。需要指出的是，免疫耐受是机体对某种特定抗原产生的无免疫应答现象，但对其他抗原仍保持正常的免疫应答反应，因此，免疫耐受并不等同于免疫抑制和免疫缺陷。免疫耐受是机体免疫应答的一种特殊形式，机体免疫系统识别自身物质与异己物质以有效建立"自身耐受"，即对自身抗原不起反应，而对异己物质能产生有效的免疫应答。一旦自身的免疫耐受机制遭到破坏，即可导致自身免疫性疾病（autoimmune disease，AID）的发生。因此，机体的免疫耐受与免疫应答的平衡对于维持机体免疫系统的正常功能具有十分重要的意义。

第一节　免疫耐受的形成

免疫耐受是机体免疫系统接触外来或自身抗原后产生无免疫反应状态，也称免疫反应的"负反应"。免疫耐受是机体免疫系统的特异性行为，是机体处于特殊状态对特定病原的无反应性，它主要有以下特点：首先，免疫耐受不受遗传物质的控制，它是一种获得性、功能性、处于激活状态的免疫状态；其次，免疫耐受可以天然获得，也可通过人工诱导后天获得；最后，免疫耐受形成后，可以长时间维持，也可通过一定手段短暂或永久解除。根据免疫耐受形成的位置，可以将其分为中枢性免疫耐受（central tolerance）和外周性免疫耐受（peripheral tolerance）。根据耐受原的来源和耐受形成的时间，免疫耐受可以分为天然免疫耐受（natural tolerance）和获得性免疫耐受（acquired tolerance）。

一、免疫耐受的发现

（一）天然免疫耐受的发现

处在胚胎期及新生期的免疫细胞在受到自身或同种异型抗原的刺激后可以诱导免疫耐受现象，这种由自身抗原引起的免疫耐受称为天然免疫耐受。Paul Ehrlich 在 1905 年做了一个有趣的实验，如果给山羊注射其他山羊的红细胞总是产生针对这些红细胞的抗体，并导致溶血反应的发生，然而，如果给山羊注射自身红细胞则不会引发免疫反应。1945 年，Ray David Owen（1915—2014，图 11-1）发现了机体在胚胎时期接触同种异型抗原导致天然免疫耐受的现象。异卵双生的小牛在胚胎时期由于血管融合，彼此血液相互交流，可在体内长期含有对方不同血型抗原的红细胞，成为血型嵌合体。并且，这种血型嵌合体小牛出生后彼此间进行皮肤移植也不会发生免疫排斥反应。Frank Macfarlane Burnet（1899—1985，图 11-2）认为天然免疫耐受发生的原因可能是在胚胎发育早期，处于早期发展阶段的免疫细胞接触特定抗原后会被免疫清除，出生后再接触这些特定抗原就不会再形成免疫应答，因此形成免疫耐受。

图 11-1 Ray David Owen

图 11-2 Frank Macfarlane Burnet

（二）获得性免疫耐受的发现

通过人工诱导也可以使机体在胚胎、新生时期或成年动物形成免疫耐受，这种由外来抗原诱导的免疫耐受称为获得性免疫耐受或人工诱导的免疫耐受。1953 年，Medawar 通过不同种系的小鼠首次建立了胚胎期异体抗原免疫耐受诱导的动物模型（图 11-3）。Medawar 将 A 系黑鼠的脾淋巴细胞注射至 B 系白鼠的胚胎内，待 B 系白鼠子一代出生后，再将 A 系黑鼠的皮肤移植至 B 系子一代白鼠身上，结果被移植的皮肤可长期存活，也就是受体小鼠出现对供体小鼠皮肤移植物的耐受现象，而将其他品系的小鼠皮肤进行移植不能正常存活。此后，其他实验室使用相同或相似方法在小鼠胚胎时期引入不同抗原，均诱导出对特定抗原的免疫耐受现象。1962 年，Dresser 通过实验证实不仅胚胎或新生期的机体可以诱导形成免疫耐受，免疫系统成熟的成年动物同样可以通过诱导产生免疫耐受。在一定条件下，Dresser 用去凝集的

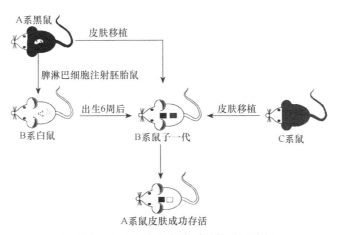

图 11-3 胚胎期小鼠免疫耐受的诱导过程

可溶性蛋白可以诱导成年动物产生短期的免疫耐受，但是诱导成功率相对较低。Mitchison 将不同剂量的牛血清白蛋白（BSA）反复注射至成年小鼠体内，之后再和弗氏佐剂一同注射，同样可诱导小鼠对 BSA 产生免疫耐受。诱导成年动物产生免疫耐受相对比较困难，而且成年动物免疫耐受的诱导和长期维持受多种因素的控制。

二、免疫耐受形成的影响因素

（一）抗原因素

1. 抗原的理化性质　　抗原是指能被 T、B 淋巴细胞表面的抗原受体特异性识别与结合，并使其增殖分化产生免疫应答的物质。免疫原性（immunogenicity）和免疫反应性（immunoreactivity）是抗原具备的两个重要基本特征。其中，免疫原性是指抗原诱导机体发生特异性免疫应答，产生抗体和（或）致敏淋巴细胞的能力。因此，免疫原性较强的抗原不易成为耐受原。分子可溶性、非聚合状态抗原（如多糖、脂多糖、血清蛋白）因免疫原性相对较弱，也不易被吞噬细胞摄取和呈递，容易成为耐受原。此外，胸腺非依赖性抗原（thymus independent antigen，TI-Ag）具有重复的抗原决定簇，免疫原性也相对较弱，而且 TI-Ag 不需要 T 淋巴细胞辅助，可直接刺激 B 淋巴细胞产生抗体。因此，TI-Ag 只能引起体液免疫应答，并不能刺激免疫系统产生免疫记忆，再次感染这类抗原后，机体不能有效识别，所以，TI-Ag 也容易成为耐受原。相反，大分子颗粒物质或蛋白质聚合物（如细菌、血细胞和血清蛋白等）的免疫原性较好，也容易被吞噬细胞摄取和处理，可有效激起机体的免疫应答，因此不易成为免疫耐受原。

2. 抗原的剂量　　诱导机体产生免疫耐受，与所需抗原的剂量和抗原的类型、性质，以及耐受物种的种类、年龄、品系、效应细胞类型密切相关。抗原在很低剂量时诱导机体产生的免疫耐受，称为低带耐受（low-zone tolerance）；在高剂量情况下诱导机体产生的免疫耐受，称为高带耐受（high-zone tolerance）。研究表明，胸腺依赖性抗原（thymus dependent antigen，TD-Ag）在低剂量和高剂量情况下均能引起 T 淋巴细胞的免疫耐受，并且低剂量 TD-Ag 引起的 T 细胞免疫耐受产生速度较快，耐受持续时间也较长，而高剂量 TD-Ag 诱导的免疫耐受所需时间较长，耐受持续时间较短。高剂量的 TI-Ag 可以引起 B 淋巴细胞的免疫耐受，诱导所需时间相对较长，持续时间也较短（表 11-1）。实验表明，TD-Ag 类 BSA 在高剂量和低剂量时均可以诱导小鼠产生免疫耐受，而中剂量的 BSA 却不能诱导小鼠产生免疫耐受。

表 11-1　高带耐受和低带耐受的主要区别

指标	高带耐受	低带耐受
诱导抗原	大剂量 TD-Ag 或 TI-Ag	小剂量 TD-Ag
细胞类型	T、B 淋巴细胞	T 淋巴细胞
诱导速度	慢（1~2 周）	快（24h）
持续时间	短（数周）	长（数月）
耐受形成难易程度	较难	较易
耐受程度	多为部分耐受	多为完全耐受

3. 抗原免疫途径　　一般而言，口服抗原是最容易导致耐受的方式。经口服注射的抗原易被消化道分泌的酶类降解，且消化道内抗原呈递细胞（antigen-presenting cell，APC）缺少共刺激分子，因此，口服抗原甚至可诱导全身产生免疫耐受。静脉注射也是相对比较容易

诱导产生免疫耐受的接种途径。不同部位的静脉注射诱导免疫耐受的难易程度也不一致。例如，将抗原注射至肠系膜、中央大静脉和门静脉容易诱导耐受，而注射至周围静脉和颈部静脉则会引起免疫应答。这一现象可能和肝对抗原的解聚作用有关，通过肠系膜或门静脉输入的抗原易被肝巨噬细胞捕获和吞噬，并将免疫原性较强的成分除去，剩余部分可作为耐受原进入血液以诱导免疫耐受。此外，腹腔注射、皮下注射和肌内注射均易引起淋巴细胞的免疫应答，不易诱导免疫耐受。

（二）机体因素

1. 机体免疫系统的成熟情况 机体免疫系统的成熟度是决定免疫耐受发生的最重要因素之一。一般来说，胚胎期和新生期机体的免疫系统尚未成熟，机体内未成熟 T 细胞数量较多，致耐受 APC 含量较多，B 细胞分化为浆细胞的速率较慢，因此最易诱导机体产生免疫耐受。而成年期动物的免疫系统发育完全，成熟 T 淋巴细胞较多，致耐受 APC 含量较少，B 淋巴细胞分化为浆细胞的速度较快，此时很难诱导机体产生免疫耐受。

2. 个体的种属和品系（遗传因素） 研究表明，免疫耐受的诱导与维持和动物的种属、品系有很大关联。小鼠和大鼠在胚胎期和新生期均能诱导产生免疫耐受，而兔子、有蹄类（山羊、牛）、灵长类（猴子、猩猩）则只有在胚胎期才能诱导免疫耐受。另外，同一种属的不同品系诱导耐受的难易程度也存在很大差别。例如，人丙球蛋白诱导 C57BL/C、A/J、BALB/C 等不同品系小鼠产生耐受的免疫剂量存在很大差别。

3. 机体的免疫状态 机体的免疫状态对免疫耐受的形成也至关重要，活跃的免疫状态容易引发对外来抗原的免疫反应，而处于免疫抑制状态的机体则容易被诱导产生免疫耐受。因此，使用合理的措施抑制机体的免疫状态，将会提高诱导免疫耐受的成功率。全身淋巴组织照射可破坏胸腺及外周淋巴器官中成熟的淋巴细胞，这样骨髓中新形成的淋巴细胞容易被抗原诱导产生免疫耐受。使用抗淋巴细胞抗体或血清破坏成熟的淋巴细胞也可提高诱导免疫耐受的概率。给机体施加抗原的同时给予一定的免疫抑制剂，可明显增加诱导产生免疫耐受的机会，临床上常见的免疫抑制剂主要有环孢霉素、雷帕霉素、糖皮质激素和环磷酰胺等。

三、免疫耐受的维持与终止

（一）免疫耐受的维持

1. 抗原因素 机体免疫系统会不间断地产生新的免疫细胞，持续存在的抗原可使新生细胞不断产生免疫耐受。因此，抗原的持续存在是维持免疫耐受的必要因素。耐受维持时间的长短与耐受原使用次数在一定情况下呈正相关，多次重复使用耐受原可长期维持机体的耐受状态。耐受维持时间与抗原的性质也密切相关，无生命的抗原如果在机体内分解速率较慢，则容易诱导较长时间的免疫耐受，反之则较短。有生命的抗原（如病毒）可以在体内长时间存在和不断复制、繁殖，持续作用于机体免疫系统，因此其诱导的免疫耐受可长期维持。

2. 机体因素 胚胎期和新生期的免疫耐受是比较容易建立与维持的，因为此时机体的免疫系统尚未完善。此外，通过不同措施降低机体的免疫反应性和选择免疫力低下的个体则容易诱导和维持免疫耐受。在对成人建立免疫耐受时，需要将免疫抑制剂与抗原联合使用。

（二）免疫耐受的终止

1. 自发终止　　已经建立免疫耐受的个体如无耐受原的持续性刺激，免疫耐受会自行消退和终止，如再次接受相同耐受原的刺激，免疫耐受会重新建立。

2. 特异终止　　特异终止也可称为人工终止，即使用不同的模拟抗原特异性终止已经建立的免疫耐受。此类模拟抗原包括：①使用物理或生物因素改变化学结构的模拟抗原；②将耐受原的一部分抗原连接到另一载体上形成的模拟抗原，如先将 BSA-DNP（2,4-二硝基苯基半抗原通过赖氨酸与牛血清白蛋白偶联）诱发家兔产生免疫耐受后，若将 2,4-二硝基苯（DNP）连接至人血清白蛋白（HAS）并注射至致耐家兔，家兔会再次出现 DNP 抗体；③具有与原耐受原相同或相似的抗原决定簇，能诱导交叉反应的模拟抗原，如人体对自身抗原会产生耐受，但是接受交叉抗原刺激后可终止原有的免疫耐受而引发自身免疫性疾病的发生。

第二节　免疫耐受的形成机制

关于免疫耐受的形成机制有许多种学说和理论，尚未形成统一的、系统的体系。分子生物学和细胞生物学等学科的不断进步与发展，极大地推动了免疫耐受机制的研究。

根据淋巴细胞产生耐受的部位，可以将免疫耐受分为中枢性免疫耐受和外周性免疫耐受。动物在胚胎发育过程中在中枢免疫器官（骨髓和胸腺）中形成的耐受称为中枢性免疫耐受，在这个阶段，不成熟的 T 淋巴细胞或 B 淋巴细胞主要针对自身的抗原产生耐受。在中枢性免疫耐受形成的过程中，如果机体接触到外来抗原，同样也会产生针对外界抗原的耐受。如果孕期母亲感染了某些病原微生物，出生后的新生儿则很有可能对这种抗原产生免疫耐受，对该病原的感染不能形成免疫应答，失去抗该病原的能力。机体在免疫系统成熟后，接触外来抗原形成免疫耐受主要发生在淋巴结、脾等外周免疫器官中，这种免疫耐受称为外周性免疫耐受。对自身抗原的耐受可以保护个体组织、细胞和器官不受自身免疫系统的伤害，而对外来抗原异物（如细菌、病毒）的耐受则可以调节淋巴细胞的活化与抑制，防止过度的免疫应答。所以，在漫长的进化过程中，机体免疫系统已经进化出对自身正常抗原不做免疫反应，而对外界抗原做出充分反应的能力。

Burnet 是最先对免疫耐受机制进行解释的免疫学家，1957 年，他提出了克隆选择学说，并用克隆清除（clonal deletion）解释免疫耐受的发生机制。目前关于免疫耐受形成的机制主要有 3 种解说：①克隆清除；②克隆无能；③调节细胞的作用。下面将分别从中枢性免疫耐受和外周性免疫耐受对免疫耐受的机制进行讨论。

一、中枢性免疫耐受机制

（一）克隆清除

克隆清除是指特异反应性淋巴细胞的克隆缺失，其特征是特异的细胞克隆死亡，是中枢性耐受的主要机制。克隆清除既可以发生在 T 淋巴细胞中，也可以发生在 B 淋巴细胞中。Burnet 认为每个个体中均存在大量的针对不同抗原特异性的细胞克隆，每一个细胞克隆均具有与其相应抗原特异结合的受体。一旦未成熟的 T 淋巴细胞和 B 淋巴细胞克隆接触到自身的抗原，T、B 淋巴细胞将会被清除，由此造成对该特异性抗原的免疫耐受（图 11-4）。

1. T 淋巴细胞的克隆清除 未成熟 T 淋巴细胞的克隆清除是在胸腺中完成的，有研究已经证实上千种的外周组织的自身抗原可以在胸腺髓质上皮细胞和树突状细胞中表达，不成熟的 T 淋巴细胞在胸腺髓质中遭遇上皮细胞和树突状细胞表达的自身抗原会发生程序性凋亡。现在已知大量的未成熟自身反应性的 T 淋巴细胞在胸腺髓质内接触到自身抗原而被清除的案例。Kappler 用抗 T 细胞受体（T cell receptor，TCR）的 Vβ17a 链的单克隆抗体标记 T 淋巴细胞。结果显示，在小鼠胸腺髓质内表达 MHC II 类分子（I-E）的 T 淋巴细胞检测不到 Vβ17a 链，但是胸腺皮质中却发现有 Vβ17a 链的表达。然而，不表达 I-E 分子的缺陷小鼠在胸腺髓质中则可以检测出有 Vβ17a 链表达的 T 淋巴细胞。

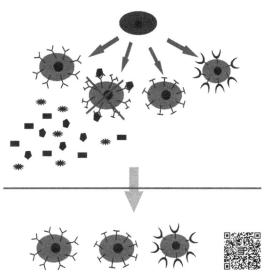

图 11-4 克隆清除示意图

T 淋巴细胞在正常小鼠胸腺发育过程中，表达 Vβ17a 的 T 淋巴细胞与 I-E/自身抗原复合物结合后发生凋亡反应，而 I-E 缺陷小鼠的 T 淋巴细胞接触不到自身抗原复合物，则可免于被清除。这个实验充分说明了 T 淋巴细胞存在克隆缺失现象。然而，并不是所有的自身反应性 T 淋巴细胞都会被清除，有 25%～40% 的自身反应性 T 淋巴细胞可以逃避这个选择。出现这个现象的原因主要有两点：第一，并不是所有的自身抗原都能在胸腺中被表达；第二，低亲和力的自身反应性 T 淋巴细胞克隆可以逃避清除。此时，T 淋巴细胞的外周耐受就会发挥重要作用。

2. B 淋巴细胞的克隆清除 B 淋巴细胞的克隆清除是在骨髓中完成的，不成熟的 B 淋巴细胞在骨髓基质中遭遇基质细胞高水平表达的自身抗原也会发生凋亡。将鸡卵溶菌酶（hen egg lysozyme，HEL）特异性 Ig 受体基因转移至 A 小鼠中，A 小鼠外周血大部分的 B 淋巴细胞可以表达这种特异性的 Ig 受体，使用 HEL 免疫 A 小鼠也能表达抗 HEL 的抗体。将 *HEL* 基因转入 B 小鼠中，B 小鼠在整个发育期内均可以正常表达 HEL 蛋白，因此 B 小鼠体内的淋巴细胞对 HEL 产生了免疫耐受。随后，将 A 小鼠和 B 小鼠进行杂交，产生的子一代小鼠骨髓中 HEL 特异性 B 淋巴细胞会被杀灭或被抑制。研究表明，未经过清除选择的 IgM+ B 淋巴细胞约有 75% 具有自身反应性，而经过这一选择的 IgM+ B 淋巴细胞具有自身反应性的比例会降至 40% 左右。也就是说一部分不成熟的 B 淋巴细胞在骨髓中接触抗原后会继续发育，但是它们可能永远不会进入外周淋巴组织发挥抗病原能力。骨髓中成熟的 B 淋巴细胞接触抗原后的命运与抗原的浓度和多价数有较大关系，高浓度或者多价抗原均会导致 B 淋巴细胞的死亡。

（二）克隆无能

克隆无能是一种淋巴细胞功能上的失活，这是一种对抗原无反应的功能性失活，并没有细胞发生死亡。B 淋巴细胞发育早期，细胞表面只表达膜表面免疫球蛋白 M（surface membrane immunoglobulin M，SmIgM），而不能表达其他类型的抗原受体。这种未成熟的 B 淋巴细胞对低浓度的抗原比较敏感。如果这种 B 淋巴细胞与抗原结合，B 淋巴细胞便会停止发育，表面的抗原受体会停止表达，也就失去了对抗原的应答能力。但是，这种发育受阻的 B 淋巴细胞并未凋亡，在受到合适的刺激原（如 LPS）刺激后可以活化。

二、外周性免疫耐受机制

（一）克隆忽略

机体内大多数组织特异性抗原的浓度比较低，不足以活化相应的自身反应性 T 细胞，这种自身抗原与相应的自身反应性 T 细胞并存的情况，称为克隆忽略。在正常机体内，MHC 必须呈递 10～100 个甚至以上相同的多肽才能激起 T 细胞的反应，如果抗原的量相对比较少，则不会引起 T 细胞反应。研究表明，一个细胞大约可以表达 10^5 种蛋白质，而且每种蛋白质可以产生大约 3×10^7 个自身肽片段。其中，能达到使 T 细胞起反应的蛋白质个数不足 1000 个，而其他的蛋白质由于存在量比较少，均不会引起 T 细胞反应。

（二）克隆无能

克隆无能既可以发生在 T 细胞中，也可以发生在 B 细胞中，两类细胞形成克隆无能的机制并不相同。

1. T 细胞的克隆无能　给予免疫系统成熟的个体大量而又不加佐剂的抗原，反复口服同一种抗原，以及引入发生突变的抗原均可以诱导 T 细胞的免疫耐受。而且，研究表明这些方法均是通过耐受原抑制抗原特异性的 CD4$^+$辅助性 T 细胞（helper T cell，Th 细胞）的增殖与分化来诱导免疫耐受的。耐受原诱导 CD4$^+$ Th 细胞的机制主要有以下几种。

（1）免疫活性细胞缺乏刺激信号　APC 将加工后的抗原呈递给 T 细胞时，至少需要 3 种刺激信号才能激活 T 细胞。第一信号为 APC 或靶细胞表面 MHC-抗原肽复合物与 T 细胞表面的 TCR 结合，这种 TCR 分子必须能同时识别抗原肽和 MHC 分子（图 11-5）。第二信号为抗原呈递细胞表面 B7 分子与 T 细胞表面 CD28 分子结合形成的共刺激信号（图 11-5）。第三信号为其他必需的细胞因子的参与。T 细胞只有同时受到前两个刺激信号时才能启动激活程序，缺少其中一个信号，T 细胞即会出现无功能反应性。如果使用化学方法将 APC 上 B7 等协同刺激因子去除，小鼠离体 Th 细胞接收到 APC 呈递抗原后会出现无应答反应，并且

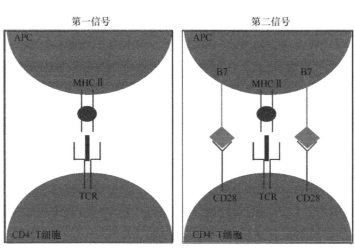

图 11-5　T 细胞活化信号

Th 细胞也没出现死亡现象。如果向培养基中加入能表达协同刺激因子的其他辅助性细胞，T 细胞可以恢复对抗原特异性反应的功能。这个现象说明如果免疫活性细胞缺乏刺激信号，将不会对抗原产生免疫反应，转而会诱导淋巴细胞产生免疫耐受。

（2）抗原肽变异诱发免疫性缺失　　CD4+ T 细胞特异性识别由 APC 呈递的抗原肽时，T 细胞可以被激活发生免疫反应，但是如果抗原肽表面的氨基酸残基发生变化并首先被特异性的 T 细胞识别，那么当特异性 T 细胞再次遇到该抗原肽时则会出现免疫无反应性。这些变化的抗原称为变构肽配体（altered peptide ligand），需要注意的是这种变构肽配体有时可能仅仅是一个或几个氨基酸残基发生微小改变，但是其已经丢失了抗原特异性。在这种情况下，虽然 T 细胞的第一和第二刺激信号传递系统分子均正常存在，但是 MHC-抗原肽复合物中的抗原肽是已经发生改变的抗原，并且变构肽配体和 T 细胞表面的 TCR 亲和力较弱，很难启动第一信号传递系统。

（3）诱导活化的 T 细胞死亡　　大部分无反应性的自身反应性 T 细胞会死亡，但是还是存在少量的自身反应性 T 细胞受到刺激而活化。但是，这些被激活的自身反应性 T 细胞在组织中会不断地被自身抗原反复刺激，因此，这些被激活的 T 细胞就会被诱导程序性凋亡，该过程称为诱导活化的细胞死亡（activation induced cell death）。Fas 和 FasL（Fas 配体）是诱导细胞凋亡的一对膜表面分子，如果某个细胞表面的 Fas 分子被特异交联，该细胞便会发生程序性死亡。抗原刺激后 T 细胞表面的 Fas 分子会明显升高，并且活化的 T 细胞也会表达 FasL。因此，相邻的淋巴细胞就会通过 Fas 和 FasL 的相互结合作用诱导被激活的淋巴细胞凋亡。研究表明，白细胞介素-2 可以促进 T 细胞表面的 Fas 表达，从而促进凋亡过程。一些器官组织（如眼球和睾丸等）会持续大量表达 FasL 分子，这些 FasL 分子可以介导进入组织的 T 细胞凋亡，从而保护这些组织免受自身免疫细胞的攻击。

（4）缺乏辅助细胞　　TD-Ag 激发免疫应答需要 Th 细胞和巨噬细胞等辅助细胞的参与，若缺乏这些辅助细胞，免疫细胞不会作出特异性的免疫应答，此时淋巴细胞就会处于耐受状态。

2. B 细胞的克隆无能　　正常牛的脾细胞在经 LPS 刺激后，可以产生抗自身红细胞的抗体；给小鼠体内注射 LPS 后，小鼠可以产生抗自身脾细胞的抗体。这些现象表明机体存在抗自身成分的 B 淋巴细胞，只不过是处于某种抑制状态而已。

研究表明，适量的 TI-Ag 与 B 细胞表面的受体结合交联，可以激活 B 细胞的免疫应答。但是，大量的 TI-Ag 会使表面受体发生大规模的交联，发生交联后会导致相应抗原受体被封闭和 B 细胞细胞膜"冻结"，从而使 B 细胞处于耐受状态。此外，识别自身抗原的 B 细胞如果得不到 CD4+ T 细胞的辅助将不会继续发育，也不会继续分泌抗体，由此可以看出 T 细胞的免疫耐受比 B 细胞的免疫耐受更加重要。

（三）调节细胞的作用

1. 调节性 T 细胞的作用　　调节性 T 细胞（regulatory T cell，Treg 细胞）是一类控制体内自身免疫反应性的 T 细胞亚群，又叫抑制性 T 细胞（suppressor T cell，TS 细胞）。机体中存在的 Treg 细胞均是抗原特异性的，它可以通过不同方式发挥作用。例如，Treg 细胞能阻止抗原呈递，阻断 Th 细胞的功能，抑制 B 细胞分化和阻断 B 细胞分化为抗体分泌细胞。如果将机体内的 Treg 细胞进行剔除，则会引发机体的免疫性疾病。如果将分离到的 Treg 细胞移植至其他动物体内则可以缓解其他动物的自身免疫病。

2. 自然抑制细胞的作用　　自然抑制细胞（natural suppressor cell，NS 细胞）不具备抗原特异性。NS 细胞形态上为大颗粒细胞，表面没有 T、B 细胞的标志，在新生期与胚胎期数量较多，并在出生不久消失，成年动物经过照射也能诱导 NS 细胞的分化。NS 细胞对 B 细胞没有抑制作用，主要抑制 T 细胞参与的免疫应答，在新生期和成年期动物诱导的免疫耐受中均发挥作用。

3. 巨噬细胞的抑制作用　　我国学者发现耐受动物腹腔内存在抑制性单核巨噬细胞，这些巨噬细胞能抑制同系正常动物混合淋巴细胞的反应，对照组个体的巨噬细胞却可以增加抗原特异性混合淋巴细胞的反应性。抑制性单核巨噬细胞发挥作用的基础可能是由花生四烯酸代谢产物介导的，并且该抑制作用没有抗原特异性。

（四）抗独特性网络的作用

每个 T、B 细胞表面均具有其特异性。B 细胞表面及其分泌的免疫球蛋白可变区抗原结合部位是独特性的物质基础。免疫球蛋白的独特性结构本身也具有抗原性，这些免疫球蛋白被免疫细胞识别后会分泌相应的抗独特性抗体，这种抗独特性抗体可以起负调控作用。

机体胚胎期的免疫系统并不会对所有的抗原产生耐受，产生耐受与否与载体的分子性质有关。不同的抗原决定簇最终采取哪种机制耐受，取决于这个抗原决定簇偶联的载体特性。不同的克隆基团引起胚胎或机体的耐受程度也不尽相同，它们只是诱导 B 细胞某些亚群的耐受，而不是全克隆的排除。

第三节　免疫耐受的意义

免疫系统的功能简单来说就是识别"自我"与"非我"，并对"非我"成分产生免疫应答，而对"自我"成分产生免疫耐受。所以，免疫应答与免疫耐受之间既有联系，也有区别。在正常的生理状态下，机体的免疫系统对自身的细胞、组织和器官是免疫耐受的，而对外来抗原会产生特异性免疫应答，如果破坏了这种平衡，就会导致疾病的发生。诱导对特定抗原的免疫耐受对于自身免疫性疾病、过敏反应的治疗及消除器官移植的排异现象均具有重要意义。而消除对某些抗原的免疫耐受，对于某些病毒如乙肝病毒（hepatitis B virus，HBV）的治疗也非常关键。因此，免疫耐受的诱导、维持、发展和终止对于机体许多疾病的发生与发展有很大的影响意义。

一、生理意义

免疫耐受不论是在理论上还是医学临床上均具有重要意义。机体的免疫系统不会对自身物质起免疫反应，也不会对无害的外来物质产生过度的免疫反应。如果机体对自身的抗原不能及时、有效地产生免疫耐受，则会引发自身免疫性疾病的发生。自身免疫性疾病是指机体免疫系统对自身抗原发生免疫反应而导致自身组织损害引起的一系列疾病，如系统性红斑狼疮、类风湿性关节炎、硬皮病、甲状腺功能亢进、原发性血小板减少性紫癜、自身免疫性溶血性贫血、溃疡性结肠炎、自身免疫性肝病及自身免疫性皮肤病等。机体失去对自身抗原免疫耐受可能有以下原因。①抗原性质改变：原本耐受的自身抗原，由于物理、化学、微生物或其他因素的影响而发生变性或降解等改变，暴露了新的抗原决定簇。②机体隐蔽抗原的释放：从胚胎期开始从未与机体免疫系统接触的抗原，由于外伤、感染、手术、烧伤等外界因素的作用，隐蔽抗原进入血液和淋巴管，并被淋巴细胞识别，发生免疫应答。自我耐受性的丧失导致自身免疫系统对自身细胞成分、组织和器官产生免疫反应，并产生特异性的自身抗体。因此，进行早期自身抗体的筛查对自身免疫性疾病的诊断、治疗及预后评估具有重要意义。

交感性眼炎就是一种常见的自身抗原引发的免疫性疾病，主要症状是眼球受伤，手术后伤口愈合不良或者愈合后有持续炎症，顽固性睫状充血，眼底后极部水肿，畏光，流泪，视力模糊等。交感性眼炎的病因是眼球穿通伤将眼内抗原暴露给自身的免疫系统，从而引发淋巴细胞接触眼内抗原而引发的免疫性疾病。这种由自身免疫原引发的疾病可以使用免疫抑制剂（如福可宁或环磷酰胺等）治疗。

目前，对免疫耐受丧失而引起的免疫耐受疾病，一般使用免疫抑制剂进行治疗，但是长时间使用免疫抑制剂不能阻止疾病的反复发作，而且长时间的作用还会抑制患者的免疫系统，导致其他感染性疾病、肿瘤的发生。

二、病理意义

在临床上，诱导、维持和打破机体的免疫耐受对于预防或治疗机体自身免疫性疾病、超敏性疾病和移植物的排斥反应具有非常重要的意义。

（一）诱导耐受治疗疾病

对于有些疾病，可以设法诱导机体的免疫耐受以达到治疗目的。Ⅰ型超敏反应是指已致敏的机体再次接触相同抗原后在短暂时间内所发生的超敏反应。Ⅰ型超敏反应的病程可分为 3 个阶段。①致敏阶段：机体接触变应原后，B 淋巴细胞接受刺激增殖分化产生 IgE 抗体，随后，抗体通过 Fc 片段和组织中的肥大细胞、嗜碱性细胞表面的相应受体结合使机体进入致敏阶段。②激发阶段：机体再次接触变应原后，变应原交联肥大细胞和嗜碱性细胞表面的 IgE，这些细胞随后发生脱颗粒，并释放生物活性介质（组胺、白三烯等）。③效应阶段：释放的生物活性介质作用于效应器官，引起局部或全身性过敏反应。Ⅰ型超敏反应的主要特点是发生快、消退快，特异性强，可引起局部或全身病理变化。对于该类疾病除了寻找变应原避免接触、药物治疗和免疫生物治疗，脱敏治疗是最理想的措施。采用小剂量、间隔时间较长、多次皮下注射的变应原可以使机体对变应原产生免疫耐受，预防Ⅰ型超敏反应的反复发生。

器官移植是将一个个体（供者）的器官整体或局部转移到另一个个体（受者）的过程，其目的是用功能良好的器官替代损坏的或功能丧失的器官。目前，移植排斥反应（transplant rejection）仍是器官移植的最大障碍。移植排斥反应是指组织或器官移植后，外来的组织或器官作为一种"非我"成分被受者免疫系统发起攻击、破坏和清除的免疫学反应。需要注意的是，免疫隔离部位（如脑、眼的前方部位和胎盘等）的组织抗原在正常情况下不会引起机体的免疫应答，对这些部位进行器官移植不会引起移植排斥反应。移植排斥反应的主要发生机制是细胞免疫和体液免疫，其中，细胞免疫主要介导常见的急性排斥反应，而超急性排斥反应和慢性排斥反应主要由体液免疫介导。因此，受者移植排斥反应的强弱对于器官移植的成败具有决定意义。选择合适供者、抑制受者的免疫应答、加强术后的免疫检测和诱导免疫耐受是防治移植排斥反应的主要手段。其中，建立免疫耐受是维持被移植组织或器官长期有功能和存活的最有效手段。通过诱导免疫耐受来消除移植排斥反应相比使用药物或其他方法具有明显的优点：首先，诱导免疫耐受可以避免其他治疗方法带来的毒副作用，降低患其他疾病的风险；其次，可以减轻患者长时间使用其他治疗方法带来的昂贵经济负担。在移植手术之前，反复多次向受体通过静脉注射供体血细胞，诱导受体对供体抗原产生免疫耐受，以此提高移植的成功率。目前，临床上诱导器官移植受者产生免疫耐受的主要方法有建立嵌合体、应用阻断共刺激通路的抗体和克隆清除。

（二）打破耐受治疗疾病

对于某些自身免疫性疾病，可以通过诱导免疫耐受来进行相关治疗。而对于某些感染性疾病（如 HBV）及肿瘤生长过程，设法解除机体对其产生的免疫耐受、激发免疫应答将有利于对病原体的清除及肿瘤的控制。从医学角度上看，肿瘤可以看作一种免疫性疾病，即病理性的免疫耐受疾病。肿瘤细胞引发机体免疫耐受的机制主要有以下几种：①肿瘤细胞的抗原性下降，不能表达刺激机体免疫系统产生免疫应答的抗原表位；②肿瘤细胞内共刺激分子如 MHC 分子表达受影响，因而影响正常的抗原呈递；③肿瘤细胞可通过释放细胞因子直接或间接地抑制免疫系统的功能；④肿瘤细胞可以抑制自身细胞凋亡或诱导免疫细胞凋亡。有些慢性病毒（如 HBV）为了长期保持在宿主体内的感染状态或逃避机体免疫系统的伤害，也会诱导宿主对 HBV 各种抗原产生不同程度的特异性免疫无应答，即诱导产生免疫耐受。因此，如能打破机体对肿瘤抗原或 HBV 抗原的耐受，恢复免疫应答，将能抑制肿瘤或 HBV 感染的发生。给予机体强免疫刺激是打破肿瘤免疫耐受的常用策略，比如使用细胞因子基因 $MHC\ I$、$B7$ 对肿瘤细胞进行合适的基因修饰。研究人员将协同刺激因子 $B7$ 基因转染至黑色素瘤细胞中，用这种可以表达 B7 因子的瘤细胞防治黑色素瘤，得到了比较满意的结果。

第四节　免疫耐受研究热点

免疫系统能够对自身细胞产生耐受，而对病原菌、凋亡坏死细胞和恶性细胞产生免疫应答。这种免疫耐受和免疫应答之间的关系是动态的、平衡的，如果这种状态被打破就有可能导致疾病的发生。随着科学技术的不断发展，免疫耐受在免疫学、医学和临床上的应用越来越广泛，并且主要集中在自身免疫性疾病、Ⅰ型超敏性疾病及器官移植的研究与治疗方面。

一、免疫耐受与自身免疫性疾病

正常情况下，机体免疫系统对自身各种组织成分不产生免疫反应。但是，在环境诱导、遗传因素和机体免疫状态等多种因素的作用下，机体的正常免疫功能出现紊乱，并造成自身免疫性疾病的发生。自身免疫性疾病是自身免疫细胞和体液对自身机体细胞内或细胞外成分产生的高度特异性的免疫反应，体内多种免疫细胞和细胞因子功能失衡，并产生某些特征性的自身抗体。这些抗自身细胞成分、组织或器官的抗体是诊断自身免疫性疾病的重要指标。相对于其他一般疾病，自身免疫性疾病的治疗和治愈比较困难，近些年自身免疫性疾病的发病率呈现明显的上升趋势。而且，该类疾病发病时相对隐匿，往往会出现无症状或者症状不典型患者，因此这种情况在临床上出现漏诊的概率比较大。但是，自身免疫性疾病的患者在发病早期，自身抗体已经能够检测到，因此，自身抗体筛查对于临床诊断、治疗具有重要的指导意义。目前，临床上需要注意和筛查的自身抗体主要包括抗自身细胞核抗体、抗中性粒细胞胞质抗体、类风湿因子抗体、抗磷脂抗体、抗肌炎抗体谱、抗角蛋白抗体谱、甲状腺抗体谱、自身免疫性肝病抗体谱、抗神经元抗体等。抗自身抗体的早期筛查和研究不仅有助于深入了解自身免疫性疾病，也为以后的治疗方向提供了参考和指导。

　　由于缺乏特异性的免疫抑制手段，目前对于自身免疫性疾病还是主要依靠长期使用免疫抑制剂药物。但是，长期使用免疫抑制剂对自身正常免疫细胞也会造成伤害，并引发其他疾病。临床上使用的免疫耐受治疗方法主要分为以下 3 类。

　　1. 针对自身抗原的免疫耐受方法　　该类方法主要包括黏膜免疫耐受、可溶性肽免疫耐受和变异性肽配体方法，其中，黏膜免疫耐受是指经口或鼻摄入外源抗体以有效抑制其对自身免疫系统的攻击。

　　2. 针对自身反应性淋巴细胞的免疫耐受方法　　该类方法主要有 T 细胞疫苗和 DNA 疫苗，其中 T 细胞疫苗是指用灭活的自身反应性 T 淋巴细胞作为疫苗防治自身免疫性疾病。

　　3. 以抗原呈递细胞为基础的免疫耐受诱导方法　　主要有致耐受 DC 疫苗，致耐受 DC 是指高表达 MHC 和共刺激分子而不表达炎性因子的 DC，该类细胞可诱导调节性 T 细胞产生。

　　口服耐受治疗是通过口服相应抗原诱导机体产生免疫耐受，从而有效抑制对自身抗原进行攻击，以达到治疗自身免疫性疾病的目的。口服外源性抗原蛋白诱导机体产生免疫耐受反应，具有机制明确、方便、简洁、疗效显著、不良反应小等特点，已被成功用于某些自身免疫性疾病的实验和临床治疗。

二、免疫耐受与 I 型超敏性疾病

　　由于人们生活水平不断提高，饮食结构发生改变，家居环境装饰、大气环境污染等的影响，人们不断接触来自外界环境的新型过敏原。因此，变应原引起的 I 型超敏性疾病（变态反应性疾病）的发病率也呈现逐年上升的趋势，并且已经成为全球居民的共同问题。I 型超敏性疾病在临床上比较常见，主要包括支气管哮喘、过敏性鼻炎、春季卡他性结膜炎、过敏性皮肤病（如湿疹、接触性皮炎、慢性荨麻疹等）。I 型超敏性疾病不仅严重影响患者的生活质量，给患者造成较大的经济负担，严重时还会危及患者的生命。

　　（一）I 型超敏性疾病发病机制研究

　　I 型超敏性疾病的发病机制已经十分清晰，主要是由特异性 IgE 介导的以生理功能紊乱或组织细胞病理损害为主的异常性免疫应答。人体鼻、咽、扁桃体、气管、支气管和胃肠道等处的黏膜下固有层淋巴组织是免疫球蛋白 IgE 主要的产生部位。因此，I 型超敏反应的经典途径是呼吸道或肠道接触或吸收变应原引起的免疫反应。然而，最新研究表明，IgE 介导的超敏反应还存在其他的致敏途径——经皮致敏，也就是说变应原不仅可以通过呼吸道和肠道致敏，也可以通过皮肤致敏。研究人员通过调查英格兰 13 971 例儿童发现，食用低剂量花生并不是花生致敏的最危险因素，而皮肤发炎的儿童接触花生油可引起对花生的敏感性。另一项研究表明，长期使用包含水解小麦蛋白洁面皂的日本女性较从未使用过此类产品的女性更易对小麦蛋白质产生过敏性反应。以上研究说明，除去常规的吸入或食入途径，变应原还可以通过皮肤接触途径引起机体的超敏反应。

　　慢性过敏性荨麻疹是一种过敏性皮肤疾病，常见症状是皮肤出现风团或血管性水肿，可伴有瘙痒。在对过敏性荨麻疹发病机制研究的过程中，超敏反应的致病机制的替代途径——IgG 途径被发现。替代途径由 IgG 及其 Fcγ 受体介导。巨噬细胞和嗜碱性粒细胞上的 Fcγ 受体与特异性的 IgG 结合后激活巨噬细胞释放变态反应的重要介质——血小板活化因子（platelet activating factor，PAF）。并且，随着 PAF 浓度的升高，PAF 乙酰水解酶（PAF acetylhydrolase，PAF-AH）的活性会显著下降。因此，PAF 被灭活的速度会变慢，变态反应的表现也会严重。

但是，IgG 介导的超敏反应需要较多的抗原和抗体参与其中，低剂量的 IgG 不足以诱导替代途径的超敏反应。

（二）Ⅰ型超敏性疾病的预防与治疗

研究显示，婴幼儿（0～3 岁）更容易对鸡蛋和牛奶产生过敏反应，而成年以后更容易对尘螨等变应原产生过敏反应，因此，变应原的检测对于预防食物及吸入性变应原导致的变态反应性疾病的诊断和治疗具有重要意义。目前变应原检测的方法较多，大致可以分为体内和体外检测。在实际临床检测中，比较常用的是体外 IgE 检测技术，主要包括荧光免疫分析法、酶联免疫吸附法（ELISA）、酶联免疫捕获法等。但是，该方法无法对特异性 IgE 型变应原检测阳性而无临床症状的患者发生变态反应的风险进行客观评估。基于此，一些非 IgE 检测方法越来越得到人们的重视，比如嗜碱性粒细胞活化试验、变应原特异性 Th2 细胞定量检测、食物特异性 IgG 检测等。

虽然Ⅰ型超敏反应的发生机制已十分清楚，但是目前各种治疗方法的效果都没有达到理想状态。目前，抗 IgE 抗体被认为是防治Ⅰ型超敏反应性疾病最有潜力和最有前景的方法之一。奥马珠单抗（Omalizumab）就是一种人源化 IgE 单克隆抗体，该抗体可选择性地结合游离的 IgE，并能很好地防止变态反应的发生。多项研究表明，过敏性哮喘患者使用奥马珠单抗后，发病次数和支气管扩张剂使用次数明显减少。鉴于奥马珠单抗良好的临床效果，该类药物已被批准用于严重过敏性哮喘和慢性荨麻疹的治疗。除去单抗治疗外，合理健康的饮食模式、变应原免疫疗法、皮肤屏障疗法、其他生物制剂也逐渐被应用于变态反应性疾病的治疗。

三、免疫耐受与器官移植

同种异体移植是治疗各种终末期肝、肾等器官疾病的有效手段，相较于其他治疗手段有着诸多优势。但是，术后受者仍需长期服用抗移植排斥药物避免机体的移植排斥反应。如果超量使用抗排斥药物，则会对机体的免疫系统造成过度伤害，并导致其他感染性疾病、肿瘤或糖尿病的发生。另外，如抗排斥药物使用量不足，机体则会发生移植排斥反应，导致移植失败。免疫系统成熟的个体在接受 MHC 不匹配的供者器官且没有使用免疫抑制措施的情况下，移植物被接受的情况称为移植免疫耐受。在不使用免疫抑制措施的情况下，移植物长期并有功能的存活是国内外移植工作者和患者共同追求的理想目标。移植免疫耐受与常规的免疫耐受有所不同。有研究表明，处于移植免疫耐受状态的受者 T 细胞仍然对供者抗原具有反应性，但对供者移植物并没有表现出临床排斥现象。移植免疫耐受可分为完全免疫耐受和部分免疫耐受。完全免疫耐受是指移植受者完全不产生免疫应答，部分免疫耐受是指移植受者产生部分免疫应答。部分免疫耐受情况下，当移植受者仅使用低剂量免疫抑制剂时即可避免急性排斥反应和慢性移植物失功。部分免疫耐受在临床上比完全免疫耐受较为常见，但肝、肾和心脏移植中的完全免疫耐受均已有报道。此外，肝移植免疫耐受比其他器官的免疫耐受更为常见。

研究表明，移植后机体免疫耐受机制比较复杂，目前关于诱导移植免疫耐受的方法和机制主要聚焦在以下几个方面。

1. T 细胞克隆清除　　胸腺是 T 细胞发育和成熟的重要中枢免疫器官。如果将供体抗原接种到受体胸腺内，使受体 T 细胞在分化成熟过程中接触到供体抗原，这些 T 细胞将不会对供体移植物发生排斥反应，即建立了 T 细胞的中枢性免疫耐受状态。如果将供体造血干细胞注入受体胸腺，受体胸腺将持续性地接受抗原刺激，从而可以长期维持对供体移植物的免疫耐受。另外，有研究表明，受体外周输入供者造血干细胞、骨髓细胞、外周血细胞、脾细胞等也可诱导免疫耐受，降低移植后排斥反应的发生率。T 细胞的外周性免疫清除可以通过使用 T 细胞特异单克隆抗体实现。CD4 和 CD8 分子是 MHC-抗原肽复合物与 TCR 结合的重要辅助分子，抗 CD4 和 CD8 抗体可以阻碍 MHC-抗原肽复合物与 TCR 的结合，从而无法激活 T 细胞。使用该诱导方法，研究人员成功地在胰岛移植的小鼠中建立了免疫耐受。

2. T 细胞克隆无能　　T 细胞的激活需要 MHC-抗原肽复合物与 T 细胞表面的 TCR 结合形成的第一信号及 B7 分子与 CD28 结合形成的共刺激信号。如果机体中缺乏共刺激信号分子，T 细胞就会处于免疫无反应状态。然而，近期研究表明，B7 与 CD28 分子的结合要晚于 CD40 和 CD40L 的结合，而且如果使用 CD40L 特异性单抗阻断此信号，会显著延长器官移植的存活时间。基于此，研究人员进一步发现联合阻断 B7-CD28 及 CD40-CD40L 后，免疫耐受能更好地被诱导。此外，也有研究表明，阻断 DC 表面的 CD80/CD86 与其配体 CD28/CTLA24 之间的相互作用后，也可使 T 淋巴细胞处于无功能状态。最新的研究表明，JAK-STAT 信号通路被阻断后同样可以诱导移植免疫耐受，并且该通路的抑制剂已经进入治疗移植排斥反应的临床试验阶段。

3. 调节性 T（Treg）细胞作用　　Treg 细胞是 T 细胞的一个亚群，可以特异性抑制自身反应性 T 细胞，在诱导和维持外周性免疫耐受过程中发挥着重要作用。一方面，Treg 细胞可以通过其细胞表面标志物与其他淋巴细胞的配体接触结合而发挥免疫抑制功能；另一方面，Treg 细胞可以分泌具有免疫抑制性的细胞因子来间接发挥抑制功能。CD4$^+$ CD25$^+$ Treg 细胞是最早被证实可以诱导免疫耐受的调节性 T 细胞，并且 CD4$^+$ CD25$^+$ Treg 细胞的作用机制也相对明确。因此，此前的器官移植研究主要聚焦在 CD4$^+$ CD25$^+$ Treg 细胞亚群。在肝移植过程中，有 25%～33% 的受者已经完全接受移植物，这些患者体内均出现高表达的 CD4$^+$ CD25$^+$ Treg 细胞。随着研究的深入，另一调节性 T 细胞亚群 CD8$^+$ Treg 逐渐得到研究人员的重视，该亚群细胞在诱导免疫耐受方面同样发挥着重要作用。虽然其作用特性仍有争议，但诱导受体特异的 CD8$^+$ Treg 细胞有可能成为诱导移植免疫耐受的新方向。临床研究显示，肝移植受者手术后移植物稳定程度和体内 CD8$^+$ Treg 细胞水平基本呈正相关关系，CD8$^+$ Treg 细胞的扩增可以显著降低排斥反应发生率和维持良好的移植器官功能。因而，诱导 CD8$^+$ Treg 细胞亚群的产生和增殖能为诱导器官移植免疫耐受提供新思路和疗法。CD8$^+$ Treg 细胞诱导免疫耐受具有多种不同的作用机制，主要包括以下几种。①释放特异性的细胞因子：CD8$^+$ Treg 细胞介导免疫抑制发挥特异作用的细胞因子有 IL-10、IL-35 和 TGF-β，并且 IL-10 已经被证实可以参与小鼠 CD8$^+$ Treg 细胞的抑制作用。②细胞溶解途径：CD8$^+$ Treg 细胞的溶解途径由颗粒酶介导，该亚群细胞可以通过穿孔素的作用实现对目标细胞的溶解。③阻断代谢途径：CD8$^+$ Treg 细胞可以抑制效应 T 细胞中 IL-2 的产生，而 IL-2 是效应 T 细胞增殖和发挥免疫作用所必需的细胞因子。④调节树突状细胞途径：活化的 CD8$^+$ Treg 细胞在生理或病理性免疫反应中可以负向调节 DC 的抗原呈递功能，降低其刺激效应 T 细胞反应的能力。

4. Th1/Th2 细胞偏移　　Th 细胞可分为 Th0、Th1、Th2、Th3 和 Th17 细胞。其中 Th1 细胞主要负责分泌 IL-2、干扰素等与急性排斥反应相关的细胞因子。相反，Th2 细胞则与诱导免疫耐受相关，其主要分泌 IL-4 和 IL-10 等与免疫耐受相关的细胞因子。Th1/Th2 细胞在正常免疫状态时保持平衡，而 Th1 细胞向 Th2 细胞偏移是移植耐受的机制之一（图 11-6）。

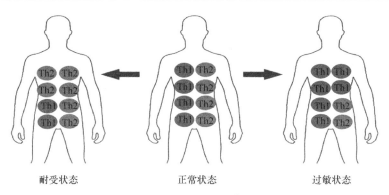

耐受状态　　　　　　　　正常状态　　　　　　　　过敏状态

图 11-6　Th1/Th2 细胞偏移与机体免疫状态

5. 调节性树突状细胞　　调节性树突状细胞（regulatory dendritic cell，DCreg）是一群具有负向免疫调控功能的细胞亚群，强大的捕捉、处理和呈递抗原的能力让 DCreg 在调控先天性和适应性免疫反应中扮演着重要角色。该亚群细胞本身不能有效地活化效应 T 细胞，但是 DCreg 可以通过诱导 Th1/Th2 细胞偏移、诱导调节性 T 细胞产生、促进抗原特异性 T 细胞凋亡和诱导细胞因子产生等发挥诱导机体移植免疫耐受的功能。虽然 DCreg 能够通过上述多种机制诱导移植免疫耐受，并在一定程度上延长移植物的存活时间，但其诱导的移植免疫耐受常不稳定，容易被逆转。

6. 髓源性抑制细胞　　髓源性抑制细胞（myeloid-derived suppressor cell，MDSC）是骨髓来源的一类异质性细胞群，最早在肿瘤中被发现，能够抑制 T 细胞的功能。研究表明，MDSC 可以诱导 Treg 和 DCreg 的分化，在器官移植中发挥免疫抑制作用。近年来越来越多的研究表明，MDSC 能够诱导特异性免疫耐受，对移植器官发挥保护作用，有望成为临床上治疗移植排斥反应的新靶点。

需要注意的是，已开展的诱导移植免疫耐受的方式多数处于临床试验或动物实验阶段。目前，仍然需要使用免疫抑制剂来维持器官移植后的免疫耐受，这些药物主要包括神经钙蛋白抑制剂、抗代谢物和激素类药物。移植免疫耐受是不同受者对不同供者器官的特异性免疫应答，因此，对于每一例器官移植案例都应制订个体化的诱导方案。再者，如何监测受者是否达到理想的免疫耐受状态，为免疫抑制剂的使用提供参考也是器官移植过程中的难点。因此，筛选耐受特异性的生物标志物，形成特异性的标记物指纹谱，建立移植免疫动态监测体系也是目前器官移植的重点发展方向。目前，国内外关于免疫耐受标记物的研究主要涉及外周血、尿液和移植物组织标本中的细胞亚群、mRNA 和蛋白质分子等。

主要参考文献

郭礼和. 2012. 肿瘤免疫耐受——树突状细胞的免疫耐受. 中国细胞生物学学报，34（9）：946-950.

肖克宇. 2011. 水产动物免疫学. 北京：中国农业出版社.

于善谦. 2008. 免疫学导论. 2 版. 北京：高等教育出版社.

赵飞. 2015. T 细胞与移植免疫耐受研究进展. 器官移植，6（64）：279-282.

Billingham R E, Brent L, Medawar P B. 1953. Actively acquired tolerance of foreign cells. Nature, 172(4379): 603-606.

Busse W, Corren J, Lanier B Q, et al. 2001. Omalizumab, anti-IgE recombinant humanized monoclonal antibody, for the treatment of severe allergic asthma. Journal of Allergy and Clinical Immunology, 108(2): 184-190.

Champion A, Wardlaw A, Moqbel R, et al. 1990. IgG-dependent generation of platelet-activating factor by normal and low density human eosinophils. Journal of Immunology, 81(1): 207.

Choi J Y, Eskandari S K, Cai S, et al. 2020. Regulatory CD8 T cells that recognize Qa-1 expressed by CD4 T-helper cells inhibit rejection of heart allografts. Proceedings of the National Academy of Sciences, 117(11): 6042-6046.

Green D R, Droin N, Pinkoski M. 2010. Activation-induced cell death in T cells. Immunological Reviews, 193(1): 70-81.

Herkel J. 2015. Regulatory T cells in hepatic immune tolerance and autoimmune liver diseases. Digestive Diseases, 33 Suppl 2(2): 70.

Hostetler H P, Neely M L, Kelly F L, et al. 2021. Intragraft hyaluronan increases in association with acute lung transplant rejection. Transplantation Direct, 7(4): e685.

Karczewski J, Aleksandra Z, Staszewski R, et al. 2022. Metabolic link between obesity and autoimmune diseases. European Cytokine Network, 32(4): 64-72.

Katsuaki S, Tomofumi U, Tomohiro F, et al. 2017. Regulatory dendritic cells. Current Topics in Microbiology & Immunology, 410: 47-71.

Meloni F, Cascina A, Miserere S, et al. 2007. Peripheral CD4$^+$ CD25$^+$ TREG cell counts and the response to extracorporeal photopheresis in lung transplant recipients. Transplantation Proceedings, 39(1): 213-217.

Mills C D, Kincaid K, Alt J M, et al. 2000. M-1/M-2 macrophages and the Th1/Th2 paradigm. Journal of Immunology, 164(12): 6166.

O'driscoll C A, Owens L A, Hoffmann E J, et al. 2019. Ambient urban dust particulate matter reduces pathologic T cells in the CNS and severity of EAE. Environmental Research, 168(3): 178-192.

Owen R D. 1945. Immunogenetic consequences of vascular anastomoses between bovine twins. Science, 102(2651): 400-401.

Rincon M. 1997. Interleukin (IL)-6 directs the differentiation of IL-4-producing CD4$^+$ T cells. Journal of Experimental Medicine, 185(3): 461-470.

Valenta R, Mittermann I, Werfel T, et al. 2009. Linking allergy to autoimmune disease. Trends in Immunology, 30(3): 109-116.

Vincenzo B. 2014. Myeloid-derived Suppressor Cells. New York: Springer.

第十二章　贝　类　免　疫

第一节　贝类概述及其免疫特性

一、贝类概述

　　贝类是软体动物门（Mollusca）动物的通称，种类繁多，是动物界中仅次于节肢动物的第二大门类，现存种类约有 13 万种。软体动物门中有壳的种类可分为 6 纲，即单板纲（Monoplacophora）、多板纲（Polyplacophora）、掘足纲（Scaphopoda）、腹足纲（Gastropoda）、双壳纲（Bivalvia，又名瓣鳃纲）和头足纲（Cephalopoda），其中，腹足纲和双壳纲包含了软体动物门中 95% 以上的种类。贝类的适应能力强，生活方式多种多样，有浮游、游泳、底栖、寄生与共生等多种类型，广泛分布于海洋、淡水和陆地，在生态系统中起着非常重要的作用。部分贝类具有非常高的经济价值，如鲍、螺、扇贝、牡蛎、文蛤、蛤蜊等肉味鲜美，营养丰富，是主要的水产养殖对象；鲍的贝壳（中药称石决明）、乌贼的贝壳等都是常见的中药材。

　　我国养殖的贝类有 300 余种，其中经济价值较大的贝类有 50 多种，养殖技术已经成熟的有牡蛎、扇贝、鲍、文蛤、菲律宾蛤仔、泥蚶、毛蚶、西施舌、中国蛤蜊、四角蛤蜊、竹蛏、大竹蛏、缢蛏等，占海水养殖贝类总产值的 70% 以上，在我国水产养殖业中占据主导地位，为沿海地区的经济和社会发展做出了重要贡献。但是近年来，我国的贝类养殖始终未能摆脱病害的困扰，病害给贝类养殖业带来了巨大的损失。开展贝类免疫防御机制研究，发展病害防控新技术，对减少养殖贝类病害发生、支撑贝类养殖业的绿色高质量发展具有重要意义。同时，研究贝类免疫系统的结构和功能、免疫应答的特性和调节机制，将丰富和完善无脊椎动物免疫学理论，推动相关学科的发展。

二、贝类免疫特性

　　20 世纪 50 年代，Stauber 等通过对美洲牡蛎体内外源注射物的追踪，发现吞噬细胞对外源物质具有吞噬作用，正式开启了贝类免疫学研究。在此之后，研究者对贝类免疫防御机制的探索主要聚焦于免疫细胞和免疫分子方面。贝类经过漫长的进化，形成了一套完善的抵御病原侵染和应对环境胁迫的免疫防御机制。贝类缺乏获得性免疫系统，主要依赖固有免疫系统抵御病原侵染。血淋巴细胞是贝类固有免疫系统的核心和基础，在吞噬（phagocytosis）、包囊（encapsulation）、凝集（aggregation）或凝结（coagulation）、凋亡（apoptosis）等免疫过程中发挥重要作用。血淋巴具有抗菌、抗病毒、溶菌、识别及凝集等免疫活性的物质是体液免疫的重要因子。免疫识别分子（immune recognition molecule）、凝集素（agglutinin）、调理素（opsonin）、杀菌素（bactericidin）、溶菌酶（lysozyme）及补体成分（complement component）等是贝类血淋巴中的主要免疫因子，在贝类体液免疫中发挥重要作用。这些因子可能由血淋巴细胞产生，也可能存在于血淋巴中，直接对血淋巴细胞的免疫功能起调节作用。因此，细胞免疫与体液免疫密切相关，免疫因子和免疫细胞相辅相成，共同构成贝类的免疫系统。贝类免疫系统的组成和功能、免疫应答的特性和调控机制研究，不仅丰富和发展了免疫学理论，同时可为贝类生物多样性保护和养殖贝类病害防控提供理论指导。

第二节　贝类免疫系统组成

　　贝类种类繁多，生活环境迥异，其免疫系统的结构和组成不尽相同。但贝类免疫系统的研究报道十分有限，主要集中于腹足纲和双壳纲。随着合浦珠母贝（*Pinctada fucata*）、长牡蛎（*Crassostrea gigas*）、帽贝（*Lottia gigantea*）、加利福尼亚海兔（*Aplysia californica*）、光滑双脐螺（*Biomphalaria glabrata*）、鸡心螺（*Cone snail*）、虾夷盘扇贝（*Patinopecten yessoensis*）、平端深海偏顶蛤（*Bathymodiolus platifrons*）、菲律宾偏顶蛤（*Modiolus philippinarum*）、泥蚶（*Tegillarca granosa*）和硬壳蛤（*Mercenaria mercenaria*）等物种基因组测序的开展和完成，目前对贝类免疫系统分子和细胞的组成形成了初步的认识。

一、贝类主要的免疫细胞

　　血淋巴细胞是贝类免疫系统的核心和基础，是贝类主要的免疫细胞。由于缺乏相应的标志分子，贝类血淋巴细胞的分类一直存在困难。早期的研究主要依据形态学和组织化学的标准如细胞大小、核质比和胞质物等，对贝类血淋巴细胞进行分类和描述。随着研究的深入，以及现代生物学技术的发展和应用，研究者通过密度梯度离心、单克隆抗体、流式细胞术、酶细胞化学等方法对贝类血淋巴细胞进行更为精准的分类。基于血淋巴细胞中存在颗粒及（单克隆抗体）染色反应的差异，贝类血淋巴细胞被划分为透明细胞（hyaline cell，HC）、半颗粒细胞（semi-granular cell，SGC）和颗粒细胞（granular cell，GC）3 类（图 12-1）。这 3 类细胞在贝类的吞噬、包囊和凝集等重要免疫防御过程中发挥重要作用。目前，贝类血淋巴细胞的这一分类方法得到了大多数学者的认可。

　　1）透明细胞形态各异，呈母细胞样，圆形或纺锤形，在 3 类细胞中体积最小，直径为 5～8μm，其细胞核较大，细胞质较少，因此具有较大的核质比。在光学显微镜下，透明细胞不含任何囊泡和细胞器结构，也没有电子致密颗粒的存在，所以又称为无颗粒细胞。此外，有学者认为，贝类中不同类型的颗粒细胞可能来自透明细胞，后者可能是最原始的血淋巴细胞类型。

　　2）半颗粒细胞呈星状或圆形，直径为 9～12μm，核质比中等大小。有学者认为半颗粒细胞可能是透明细胞和颗粒细胞之间的一种过渡细胞形态。目前在牡蛎、鲍和螺中均发现半颗粒细胞具有一定的吞噬能力。

　　3）颗粒细胞呈球形，细胞体积最大，直径为 12～15μm，细胞质中除了含有大量的囊泡结构、线粒体、粗面内质网和高尔基体等细胞器结构，还含有大量高电子密度颗粒，核质比较小。颗粒细胞在血淋巴中占有较大的比例，是贝类免疫防御反应中的关键细胞类型。有研究表明，牡蛎、鲍、贻贝、扇贝和螺的颗粒细胞富含各种水解酶，并检测到较高的溶菌酶活性，以及较高的 ROS 和一氧化氮（NO）水平。免疫刺激后，颗粒细胞数量显著增加，细胞质中电子致密物增加。同时，颗粒细胞对异物的吞噬能力显著增强，胞内溶菌酶活性及 ROS 和 NO 水平均显著上调。

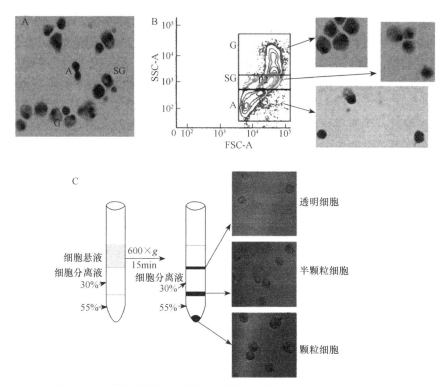

图 12-1　长牡蛎血淋巴细胞的主要类群（引自 Wang et al.，2017a）

二、贝类免疫系统的分子组成

贝类尚未进化形成成熟的免疫器官和组织。贝类免疫主要依靠免疫识别分子、免疫信号通路分子和众多免疫效应分子共同作用（表 12-1），及时识别入侵的病原微生物，激活免疫系统，诱导产生免疫效应分子以杀灭病原菌。发挥防御功能的免疫因子是由贝类血淋巴细胞分泌的，血淋巴细胞和免疫分子共同介导免疫应答。

（一）免疫识别分子

免疫识别（immunological recognition）即免疫系统识别"自己"与"非己"的重要过程，是免疫应答的起始步骤。目前对无脊椎动物固有免疫系统模式识别受体（pattern recognition receptor，PRR）的分类尚存争议。大多数学者认可的 PRR 主要包括以下六大类：肽聚糖识别蛋白（peptidoglycan recognition protein，PGRP）、革兰氏阴性菌结合蛋白（GNBP）、凝集素（lectin）、含硫酯键蛋白（TEP）、Toll 样受体（TLR）和清道夫受体（SR）。近年来在贝类中陆续发现了以上六大类的模式识别受体。

1. 肽聚糖识别蛋白　　PGRP 是一类从低等动物到高等动物高度保守的模式识别受体，能够识别细菌和细菌独特的细胞壁成分肽聚糖（PGN）。PGRP 家族成员的 C 端都含有一个约 160 个氨基酸、高度保守的 PGRP 结构域，但在 PGRP 结构域之外，氨基酸序列差异较大。根据分子质量和结构特点，PGRP 可分为短型（PGRP-short，PGRP-S）和长型（PGRP-long，PGRP-L）两个亚家族。PGRP-S 是一类小分子的胞外蛋白，与原始的 PGRP 相似；PGRP-L 是一类跨膜蛋白或胞内蛋白，L 型基因在转录时能够通过多样化的剪接方式拼接形成不同的

mRNA 异构体。PGRP 在昆虫和哺乳动物固有免疫系统信号通路中发挥重要作用，通过发挥模式识别受体和效应因子的双重作用参与 Toll 或免疫缺陷（immune deficiency，IMD）信号通路激活、黑化级联反应和吞噬作用。

表 12-1 已报道的贝类主要免疫因子

功能	分类	组成分子
免疫识别分子	肽聚糖识别蛋白（PGRP）	*Cg*PGRP-S1S、*Cg*PGRP-S1L、*Cg*PGRP-S2、*Cg*PGRP-S3、*Cg*PGRP-L、*Ai*PGRP、*Cf*PGRP-S1
	革兰氏阴性菌结合蛋白（GNBP）	*Cf*LGBP、*Cg*βGBP-1、*Cg*βGBP-2、*Po*LGBP、*Hc*LBP/BPI-1、*Hc*LBP/BPI-2
	凝集素（C 型凝集素、P 型凝集素、F 型凝集素、半乳凝素和唾液酸结合性免疫球蛋白样凝集素）	MCL，*Cg*CLec-2、*Cg*CLec-3、*Cg*CLec-4、*Cg*CLec-5、*Ai*CTL-1、*Ai*CTL-2、*Ai*CTL-3、*Ai*CTL-4、*Ai*CTL-5、*Ai*CTL-6、*Ai*CTL-7、*Ai*CTL-8、*Ai*CTL-9，*Cf*Lec-1、*Cf*Lec-2、*Cf*Lec-3、*Cf*Lec-4、*Cf*Lec-5、*Po*LEC-1、*Po*LEC-2、*Pm*CTL-1，CGL-1（P 型），*Pm*F-凝集素，*Cv*Gal，*Cg*Gal，*Ai*Gal-1、*Ai*Gal-2、*Po*Gal-1、*Po*Gal-2、*Mc*Gal，*Pf*galectin，*Cg*Siglec-1
	含硫酯键蛋白（TEP）	*Rd*C3，*Cf*TEP
	清道夫受体（SR）	*Cf*SR，*Pm*SR-B，*Cf*LRP
	Toll 样受体（TLR）	*Cg*Toll-1、*Cg*TLR-1、*Cg*TLR-2、*Cg*TLR-3、*Cg*TLR-4、*Cf*Toll-1
免疫信号通路分子	TLR 信号通路	TLR，MyD88，IRAK，TRAF，ECSIT，IKK，IκB，NF-κB
	JAK-STAT 通路	STAT，SOCS
	促分裂原活化蛋白激酶（MAPK）	MAPKK1，MAPKK2，c-jun，磷酸酶，focal，FAK，ERK，JNK，p38
	NF-κB 信号通路	NF-κB，IκB，IKK
	补体系统	C1q，MBL，纤胶凝蛋白，MASP，B 因子，C3
	肿瘤坏死因子（TNF）信号通路	TNF，TNFR，TRAF，FADD，CRADD，EDARADD，AP-1
	酚氧化酶原活化系统	PO，proPO
免疫效应分子	抗菌肽（AMP）	防御素，贻贝抗菌肽，贻贝肽，贻贝霉素，蛤素，*Cg*-Prp
	溶菌酶	i-type，g-type，c-type，phage-type
	细胞因子	IL（IL1~17），TNF，TGF-β，IFN
	活性氧清除分子	Cu/Zn-SOD，Mn-SOD
		过氧化氢酶（CAT）
		谷胱甘肽过氧化物酶（GPx）
		Se-GPx，PHGPx
		谷胱甘肽硫转移酶（GST）
		α-GST、θ-GST、ω-GST、σ-GST、π-GST、ζ-GST、μ-GST、ρ-GST
免疫效应分子	急性期蛋白	HSP90，HSP70，HSP22
		金属硫蛋白（MT）

注：*Cg*. 长牡蛎（*Crassostrea gigas*）；*Ai*. 海湾扇贝（*Argopecten irradians*）；*Cf*. 栉孔扇贝（*Chlamys farreri*）；*Pf*（*Po*）. 合浦珠母贝（*Pinctada fucata*）；*Pm*. 马氏珠母贝（*Pinctada martensii*）；*Mc*. 加洲蛤蜊（*Mytilus californianus*）；*Rd*. 文蛤（*Ruditapes decussatus*）；*Hc*. 三角帆蚌（*Hyriopsis cumingii*）；LGBP. 脂多糖/葡聚糖结合蛋白；βGBP. β-1,3-葡聚糖结合蛋白；LBP/BPI. 脂多糖结合蛋白/杀菌渗透性增加蛋白（lipopolysaccharide-binding proteins/bactericidal permeability-increasing protein）；SOD. 超氧化物歧化酶（superoxide dismutase）；Se-GPx. 硒依赖型谷胱甘肽过氧化物酶；PHGPx. 磷脂氢谷胱甘肽过氧化物酶；HSP. 热休克蛋白

目前已在多种贝类中鉴定出 PGRP 分子。经结构分析发现，大多数贝类 PGRP 属于 PGRP-S 亚家族，C 端含有保守的酰胺酶-2/PGRP 结构域，主要分布在细胞外，可作为效应分

子行使功能。长牡蛎中已鉴定出 PGRP-S 和 PGRP-L 两种类型的 PGRP 分子。PGRP-S 除含有保守的 PGRP 结构域外，还含有一个类防御素（defensin-like）结构域。PGRP-L 含有 PGRP 结构域和鹅卵清型（goose-type，g-type）溶菌酶结构域。软体动物中的 PGRP-S 不仅能识别肽聚糖，也能结合几丁质和脂多糖，且对革兰氏阳性菌表现出较强的凝集活性。

2. 革兰氏阴性菌结合蛋白　　GNBP 与 LPS 有很高的亲和性，但对 PGN 和几丁质几乎没有亲和性。它与一些脂多糖/葡聚糖结合蛋白（LPS and β-1，3-glucan binding protein，LGBP）及 β-1,3-葡聚糖结合蛋白（β-1,3-glucan binding proteins，βGBP）的同源性较高。LGBP 是一种具有凝集和调理活性的多功能血浆因子，在无脊椎动物的固有免疫中具有重要作用。在栉孔扇贝、海湾扇贝、长牡蛎等贝类中已鉴定的 LGBP 分子含有保守的 LPS 和葡聚糖结合位点。从翡翠贻贝（*Perna viridis*）血浆中分离出的 βGBP 具有丝氨酸蛋白酶活性，对酵母、细菌和红细胞均具有凝集活性，且能够增强血浆的酚氧化酶原活力。

3. 凝集素　　凝集素是一种从植物和动物中提纯的糖蛋白或结合糖的蛋白质，因其能凝集红细胞，故被命名为凝集素。凝集素通过识别仅在病原中发现或是无法进入宿主细胞的糖类而在免疫系统中扮演重要角色。

目前，根据序列结构、亚细胞定位和配体结合特异性，已知的动物凝集素可以分为 13 种，其中 C 型凝集素（C-type lectin，CLEC）、P 型凝集素、F 型凝集素、I 型凝集素、S 型凝集素、纤胶凝蛋白（ficolin）和几丁质酶样凝集素（chitinase-like lectin）在贝类中均有报道。这里仅对 3 种主要的分泌型凝集素，即 C 型凝集素、S 型凝集素和 I 型凝集素作简要介绍。

（1）C 型凝集素　　C 型凝集素是最早被发现的凝集素之一，依据该类蛋白超家族的糖结合活性依赖于钙离子（Ca^{2+}）而定义。该家族是一类重要的 PRR 分子，至少含有一个糖识别结构域（carbohydrate-recognition domain，CRD），能够识别糖蛋白和糖脂，在识别和结合各种微生物特有的病原体相关分子模式（pathogen associated molecular pattern，PAMP）中发挥重要作用。

贝类 C 型凝集素普遍存在，数目庞大，且结构具多样性，主要体现在以下 4 个方面：一是 CRD 的数量差异较大。例如，在长牡蛎的基因组中共筛选到 299 个 C 型凝集素的编码基因，其编码产物中含单个 CRD 的 C 型凝集素共计 259 个，含多个 CRD 的 C 型凝集素共计 40 个，某些 C 型凝集素中的 CRD 数目多达 12 个。二是 CRD 常与其他结构域串联形成嵌合蛋白。例如，在长牡蛎中，CRD 常与表皮生长因子（epidermal growth factor，EGF）、CUB（补体 C1r/C1s，Uegf，Bmp1）等多种结构域串联形成嵌合蛋白。三是贝类 C 型凝集素中 Ca^{2+} 结合位点的关键氨基酸基序呈现一定的多样性。除含有脊椎动物中常见的保守基序 EPN 和 QPD 外，还发现了 EPD、YPT、EPS、QPS、QPG、QPE、QPN、YPG、QYE 等十余种新型基序。例如，长牡蛎中 *Cg*CLec-2 的 Ca^{2+} 结合位点 2 中关键氨基酸基序为 EPN，*Cg*CLec-4 中则为 QPE，*Cg*CLec-5 中为 QYE，*Cg*CLec-6 中为 WHD；栉孔扇贝 *Cf*Lec-4 含 4 个 CRD 结构域，其 Ca^{2+} 结合位点 2 关键氨基酸基序分别含 EPD/LSD、EPN/FAD、EPN/LND 和 EPN/YND；海湾扇贝 *Ai*CTL-7 中为 EPD/WSD。四是贝类 C 型凝集素功能多样，在免疫应答过程中发挥重要作用。由于相应的结构和功能研究尚未完善，贝类中数目庞大的 C 型凝集素家族尚无法按照脊椎动物 C 型凝集素的分类方式进行分类。

（2）S 型凝集素　　S 型凝集素，又称半乳凝素（galectin，GALE），因其与 β-半乳糖苷的特殊亲和力而得名，是一种不依赖于 Ca^{2+} 的可溶性凝集素。贝类半乳凝素的研究相当有限，目前仅在美洲牡蛎（*Crassostrea virginica*）、长牡蛎（*C. gigas*）、海湾扇贝（*Argopecten irradians*）、菲律宾蛤仔（*Ruditapes philippinarum*）和合浦珠母贝（*Pinctada fucata*）等贝类中鉴定到半乳凝素。与哺乳动物半乳凝素类似，贝类半乳凝素结构多样，有的含有单一的糖识别域（如*Cg*Gal），有的含有多个串联重复的糖识别域（如*Ai*Gal-1、*Cv*Gal、*Pf*Gal）。

（3）I 型凝集素 I 型凝集素，即唾液酸结合性免疫球蛋白样凝集素（sialic acid-binding Ig-like lectin，Siglec），是一类能够识别含有唾液酸的糖链结构的免疫球蛋白超家族（immunoglobulin superfamily，IgSF）成员，在贝类固有免疫应答过程中发挥重要作用。在长牡蛎中报道了首个贝类 Siglec 蛋白，被命名为 *Cg*Siglec-1。*Cg*Siglec-1 含有两个 I-set 型 Ig 结构域、一个跨膜结构域和两个免疫受体酪氨酸抑制模体（ITIM），与脊椎动物的 CD22 有较高的序列相似性。

4. 含硫酯键蛋白 TEP 最早在昆虫中被鉴定出来，因包含一个能和靶分子互作的硫酯键基序而得名。TEP 蛋白家族成员众多，包含补体分子 C3、C4、C5，蛋白酶抑制剂 α_2-巨球蛋白（α_2-macroglobulin，α_2M）和 CD109 等。TEP 蛋白家族成员的硫酯键高度保守，受体结合区域的保守性较高，同时含有不同类型蛋白酶的特异性结合位点。昆虫中的研究表明，大多数 TEP 表现出病原特异性的表达模式，提示 TEP 的多样性有助于机体针对不同的病原做出精确的免疫应答。昆虫 TEP 显示出与补体分子极为相似的功能，不仅能被病原刺激诱导表达，还能作为调理素显著促进细胞对革兰氏阴性菌的吞噬作用。

目前只在少数贝类中发现了 TEP。已发现的贝类 TEP 都含有经典的硫酯键基序（GCGEQ）、蛋白酶裂解位点和具催化功能的 His 残基，类似于补体分子 C3。但是和补体分子不同的是，贝类 TEP 分子缺乏过敏毒素和 C345C 结构域，C 端含有独特的 Cys 标签，中间区域高度多样性，从进化上来说，其更接近于昆虫中的 TEP。

5. Toll 样受体 TLR 家族包含多个成员，如在哺乳动物和鱼类中分别鉴定了 13 个和 22 个 TLR 成员。在无脊椎动物中，不同物种的 TLR 成员组成差别较大，在部分无脊椎动物中发生基因扩张。例如，目前在线虫基因组中只鉴定出一个 TLR 编码基因，而长牡蛎和海胆基因组中分别存在 83 个和 222 个 TLR 编码基因。

TLR 是一类由胞外段〔由 17～31 个富含亮氨酸的重复序列（leucine rich repeat，LRR）基序构成的 LRR 结构域，参与对 PAMP 的识别〕和胞内区组成的跨膜蛋白受体。胞内区存在一段与白细胞介素-1 受体（interleukin-1 receptor，IL-1R）的胞内区保守序列高度同源的序列保守区（Toll/IL-1R homologous region，TIR 区）。TIR 区由 3 个 box 基序组成（box1，YDAYILY；box2，IYGRDDY；box3，TRFWKNV），是 TLR 与其下游蛋白激酶如髓样分化因子 88（myeloid differentiation factor 88，MyD88）相互作用的关键部位，参与胞内信号传递。TLR 通过识别多种 PAMP 介导的信号转导途径激活核因子 κB（nuclear factor kappa B，NF-κB），最终引发促炎性细胞因子的合成与释放，调控杀菌和吞噬过程。

目前已在多种贝类中鉴定出 TLR 分子，其中对长牡蛎 TLR 分子的研究较为深入。长牡蛎基因组共存在 83 个 TLR 编码基因，存在显著的基因扩张现象。目前已对 10 个 *Cg*TLR 进行了功能分析，发现弧菌显著诱导 10 个 TLR 的表达，其中 4 个 TLR 可被牡蛎疱疹病毒 OsHV-1 特异性诱导表达，4 个 TLR 可以激活 NF-κB 信号通路，一个 TLR 具有较为广谱的配体识别特性。

6. 清道夫受体 SR 是一类具有多重结构的分泌型或者跨膜的模式识别受体。无脊椎动物的 SR 主要分布于血淋巴细胞表面，可识别包括修饰的脂蛋白、PAMP 及环境中的非生物物质等多种不同的配体，诱导细胞吞噬作用，促进炎症因子的释放，参与免疫应答。虽然

SR 在固有免疫中的作用已为越来越多的研究者所关注,但在贝类中的研究仍然相对匮乏。目前,仅在少数贝类,如马氏珠母贝(*Pinctada martensi*)、长牡蛎(*Crassostrea gigas*)、三角帆蚌(*Hyriopsis cumingii*)和栉孔扇贝(*Chlamys farreri*)等中有关于 SR 的报道。研究表明,栉孔扇贝 *Cf*SR 是一种新型的清道夫受体家族成员,*Cf*SR 锚定在细胞膜上,含有 6 个富含半胱氨酸的清道夫受体(scavenger receptor Cys-rich,SRCR)结构域,也是无脊椎动物中首个被发现的含有 SRCR 结构域的 SR 分子。

（二）免疫信号通路分子

目前,在贝类中发现了多条免疫信号通路,如 TLR 信号通路、JAK-STAT 通路、MAPK 通路、NF-κB 信号通路、补体系统、肿瘤坏死因子信号通路及酚氧化酶原激活系统(prophenoloxidase activating system)等,其分子组成与功能的解析为进一步解析贝类动物的免疫防御机制奠定了重要基础。

1. TLR 信号通路　　　TLR 信号通路的激活起始于 TLR 的胞内结构域 TIR。大部分 TLR 在与配体结合后会形成同源二聚体,导致构象发生改变,诱导胞内 TIR 结构域与下游包含 TIR 结构域的接头蛋白发生相互作用。目前已鉴定了 6 种包含 TIR 结构域的接头蛋白,其中 MyD88 是 TLR 信号通路中最为重要的接头分子,研究也较为深入。这些接头分子的多样性和选择性也部分解释了 TLR 对不同配体的识别及介导的不同免疫应答反应。

在贝类中已鉴定出 TLR 信号通路中的多个关键基因,如 TLR、MyD88、IRAK、TRAF6、Tollip(Toll-interacting protein)、IKK、IκB 和 NF-κB 等的编码基因。生物信息学分析结果表明,TLR 信号通路中的其他相关基因,如 SARM、ARM-TIR、IG-TIR、TIR-TPR、EGF-TIR、Orphan-TIR 等的编码基因也存在于长牡蛎基因组中,表明贝类中存在完整且保守的 TLR 信号通路。和果蝇等模式生物相比,TLR 信号通路中最为关键的两个分子 TLR 和 MyD88 在长牡蛎基因组中存在明显的扩张现象,分别存在 83 个和 10 个编码基因。

2. 细胞因子介导的 JAK-STAT 通路　　　JAK-STAT 通路是一条在细胞增殖、分化、凋亡及免疫调节等过程中发挥重要作用的、保守的信号转导通路。在贻贝中鉴定了首个贝类 STAT1,用人的干扰素处理血淋巴细胞后,由细菌诱导的贻贝 STAT1 的磷酸化水平显著升高。随后在合浦珠母贝中也克隆得到了 STAT 的同源基因。已在长牡蛎中鉴定了 STAT 及 JAK-STAT 通路的 3 个调控基因 *CgSOCS2*、*CgSOCS5* 和 *CgSOCS7*。

3. MAPK 通路　　　MAPK 通路主要由 3 类蛋白激酶 MAP3K、MAP2K 和 MAPK 组成,通过依次发生磷酸化,将上游信号传递至下游免疫应答分子。在哺乳动物中已经发现 5 种不同的 MAPK 信号转导通路,其中 ERK 在各种组织中广泛分布,参与细胞增殖分化的调控。p38 和 JNK 信号转导通路在炎症与细胞凋亡等应激反应中发挥重要作用。目前,已经有文献相继报道了虾夷盘扇贝、香港巨牡蛎和长牡蛎等贝类中存在 ERK、JNK 和 p38 等重要的 MAPK 信号通路分子。

4. NF-κB 信号通路　　　转录因子 NF-κB 最初是从 B 淋巴细胞的细胞核抽提物中被发现的,因其特异性结合免疫球蛋白 κ 轻链基因的增强子 B 序列(GGGACTTTCC),促进 κ 轻链基因的表达而得名。目前已在多种贝类中报道了 NF-κB、IκB 及 IKK 等 NF-κB 信号通路中的关键分子,表明贝类中存在经典的 NF-κB 信号通路。在紫贻贝、虾夷盘扇贝、栉孔扇贝、菲律宾蛤仔和长牡蛎等多种贝类中鉴定出的 NF-κB/Rel 均含有保守的结构特征和功能位点。虾夷盘扇贝(*Patinopecten yessoensis*)*Py*NF-κB 和 *Py*Rel 与其他贝类 Rel/NF-κB 蛋白拥有较高的相似度，包括进化上保守的一个 RHD 功能域和一个 IPT 功能域（Ig-like，plexin，transcription factor domain），还有两个保守的模块。此外，*Py*NF-κB 拥有一个 DEATH 功能域和 6 个锚蛋白重复功能域，但 *Py*Rel 蛋白中未发现转录激活功能域。近年来相继在栉孔扇贝（*Chlamys farreri*）、海湾扇贝（*Argopecten irradians*）、长牡蛎（*Crassostrea gigas*）、合浦珠母贝（*Pinctada fucata*）、光滑双脐螺（*Biomphalaria glabrata*）、九孔鲍（*Haliotis diversicolor*）、文蛤（*Meretrix meretrix*）和菲律宾蛤仔（*Ruditapes philippinarum*）中发现了 IκB。贝类 IκB 具有 IκB 家族分子的典型特征，C 端含有与 NF-κB 相结合的锚蛋白重复序列，N 端含有丝氨酸区域和 PGST 序列（富含 Pro，Glu，Ser 和 Thr 区域），与昆虫中的类 IκB 蛋白和脊椎动物中的 IκB 蛋白具有较高的相似性。目前已在长牡蛎中鉴定了 3 个 IκB 分子，即 *Cg*IκB1、*Cg*IκB2 和 *Cg*IκB3。与 *Cg*IκB1 和 *Cg*IκB2 不同，*Cg*IκB3 仅含有保守的锚蛋白重复序列，缺失 PGST 序列及 C 端的酪蛋白激酶 II 磷酸化位点。合浦珠母贝的 NF-κB、IκB 和 IKK 也已被成功克隆。

5. 补体系统 补体系统是机体内一个复杂的限制性蛋白水解系统，是固有免疫系统的重要组成成分，并在固有免疫和获得性免疫系统间起"桥梁"作用。迄今为止，高等动物中涉及补体系统的元件大概有 40 多种，这些分子主要构成了补体系统的 3 条激活途径（经典途径、凝集素途径和替代途径）和共同的终末途径，以及近几年发现的凝血酶途径，在免疫系统的防御和监视中发挥重要的作用。

相对而言，贝类补体系统成员众多，其中一些元件存在数量众多的亚型。贝类补体成分的研究主要以补体固有成分为主，其他成分仅被个别报道，如 C1q 家族的 C1q、MBL 和纤胶凝蛋白（ficolin）等多个分子，MASP 家族（MASP、C1r 和 C1s）的 MASP 分子，B 因子家族（B 因子和 C2）的 B 因子（B factor，Bf）和 C3 家族（C3、C4 和 C5）的 C3。

（1）补体中心分子 C3 是补体系统的中心分子，含有一个特殊的硫酯键，C3 或 C3 类似分子是补体系统存在的重要标志。菲律宾蛤仔 *Rp*C3 是贝类中首个被发现的 C3 样分子，随后在缢蛏（*Sinonovacula constricta*）和长牡蛎中也发现了在结构上与高等动物的 C3 类似的 C3 样分子，它们包含保守的硫酯键位点序列、C345C 结构域及过敏毒素结构域等。在无脊椎动物中，除 C3 样分子外，冈比亚按蚊（*Anopheles gambiae*）、栉孔扇贝和长牡蛎中存在多个 TEP 分子。据报道，冈比亚按蚊的 TEP 可替代 C3 分子形成一个类似补体系统的免疫防御系统。贝类 TEP 是否参与贝类补体系统的激活有待于进一步确认。

（2）补体系统起始分子

1）C1q 分子：C1q 是补体经典途径的启动分子，可结合抗原-抗体复合物激活补体经典途径，在固有免疫和获得性免疫之间发挥连接作用。此外，C1q 还是一类重要的 PRR 分子，能够通过 C1q 球形结构域识别入侵的病原菌，启动吞噬作用及补体系统，有效杀灭和清除这些微生物。

目前在霸王莲花青螺（*Lottia gigantean*）、紫贻贝（*Mytilus galloprovincialis*）、栉孔扇贝、海湾扇贝、文蛤（*Meretrix meretrix*）、近江牡蛎（*Crassostrea ariakensis*）、香港巨牡蛎（*C. hongkongensis*）、长牡蛎和海蠕虫（*Capitella teleta*）等多种贝类中报道了 C1q，但关于其是否具有激活补体系统的功能还未见报道。随着高通量测序技术的应用，在一些贝类基因组中发现了大量编码含 C1q 结构域蛋白（C1q domain containing protein，C1qDC）的基因，如在紫贻贝基因组中发现了 168 个，在长牡蛎基因组中发现了 321 个。基因组研究提示在长牡蛎中 C1qDC 出现了显著扩张。对贝类 C1qDC 分子的结构进行分析后发现它们不属于哺乳动物的 C1qA、C1qB 和 C1qC 亚家族，但却存在典型的 C1q 结构域，这些 C1qDC 与补体 C1q 蛋白在贝类原始补体系统激活中的功能还有待于深入研究。

2）MBL/ficolin：甘露糖结合凝集素（mannose-binding lectin，MBL）或纤胶凝蛋白（ficolin）是补体凝集素途径中的重要识别分子，能够直接识别多种病原微生物表面的甘露糖、N-乙酰甘露糖、N-乙酰葡萄糖胺和岩藻糖等末端糖基结构。

在贝类中发现了大量 C 型凝集素，它们含有糖结合结构域，但缺少 MBL 或纤胶凝蛋白分子 N 端的胶原蛋白区域。此外，在光滑双脐螺（*Biomphalaria glabrata*）、海湾扇贝及长牡蛎等多种贝类中均发现了含有纤维蛋白原（fibrinogen，FBG）结构域的纤维蛋白原相关蛋白（fibrinogen-related protein，FREP），但这些 FREP 分子缺少胶原样结构域。

（3）补体相关含丝氨酸蛋白酶结构域分子　　高等动物含丝氨酸蛋白酶结构域分子的级联反应在补体途径的激活中发挥重要作用。根据分子的进化关系，这些涉及补体激活的含丝氨酸蛋白酶结构域分子可被分为 B 因子/C2 家族和 MASP/C1r/C1s 家族两类。

1）B 因子/C2 家族：B 因子（B factor，Bf）是一种在高等动物补体系统旁路途径中发挥重要作用的丝氨酸蛋白酶。高等动物的 B 因子与 C2 分子由同一个基因复制而来，都是由一个丝氨酸蛋白酶结构域、一个 vWA（von Willebrand factor type A）结构域和 3 个短共有重复序列（short consensus repeat，SCR）组成的嵌合蛋白，也称为补体控制蛋白（complement control protein，CCP）的重复序列。目前在头索动物文昌鱼（*Branchiostoma belcheri*）、尾索动物玻璃海鞘（*Ciona intestinalis*）、棘皮动物紫球海胆（*Strongylocentrotus purpuratus*）、节肢动物鲎（*Carcinoscorpinus rotundicauda*）、软体动物菲律宾蛤仔和两胚层腔肠动物海葵等低等动物中发现了哺乳动物 Bf 和 C2 的同源分子。与高等动物同源分子相比，无脊椎动物 Bf/C2 分子在结构上有自己的独特性。例如，玻璃海鞘的 *Ci*Bf 中含有两个低密度脂蛋白受体样结构域（low-density lipoprotein receptor-like domain，LDLR）和一个 SCR，文昌鱼 *Bb*Bf/C2 中含有一个表皮生长因子样结构域，鲎 *Cr*C2/Bf 和海胆 *Sp*Bf 中含有 5 个 SCR，菲律宾蛤仔 *Rp*Bf-like 含有两个补体 CCP 结构域。

2）MASP/C1r/C1s 家族：MASP 是补体凝集素途径特有的丝氨酸蛋白酶，与补体经典途径中的 C1r 和 C1s 具有相似的结构。目前已从长牡蛎中克隆获得了 5 种 *Cg*MASPL（*Cg*MASPL-1～*Cg*MASPL-5）的基因，它们均含有丝氨酸蛋白酶结构域（serine protease domain，SPD），但是其 H 链各不相同且都缺乏高等动物同源分子保守的 CCP 结构域，提示低等无脊椎动物 MASP 分子具有结构多样性及低保守性。

6. 肿瘤坏死因子信号通路　　TNF 是一类具有多种生物效应的细胞因子，它通过和细胞膜上的特异性受体结合，促进细胞生长、分化、凋亡及诱发炎症等生物学效应。尽管在贝类中尚无系统性 TNF 信号通路的报道，但在长牡蛎基因组中已发现了 TNF 信号通路中的相关元件，如 TNF、TNFR、TRAF、FADD、CRADD、EDARADD、AP-1 等。在皱纹盘鲍（*Haliotis discus hannai*）、长牡蛎、菲律宾蛤仔、欧洲牡蛎（*Ostrea edulis*）等中陆续鉴定出多种肿瘤坏死因子超家族（TNFSF）分子，提示在贝类动物中存在完整的 TNF 信号通路。

肿瘤坏死因子受体超家族（tumor necrosis factor receptor superfamily，TNFRSF）是结合配体并传递上游信号的重要媒介，在固有免疫中发挥重要作用。目前已从多种贝类中鉴定出十多个 TNFRSF 分子。栉孔扇贝中的两个 TNF 受体分子 *Cf*TNFR1 和 *Cf*TNFR2 均含有典型的 TNFR 和死亡结构域，为 I 型跨膜蛋白，在鳗弧菌（*Vibrio anguillarum*）刺激后表达量显著升高。在香港巨牡蛎中已鉴定出 4 个 TNF 受体 *Ch*EDAR、*Ch*TNFR27、*Ch*TNFR5 和 *Ch*TNFR16，它们均具有死亡受体的典型特征，如信号肽序列、螺旋跨膜区域和死亡结构域，

TNF 受体的过表达能够激活 NF-κB。长牡蛎 CgTNFR 与栉孔扇贝 CfTNFR1 有较近的亲缘关系，CgTNFR 参与 PGN、HKLM 和 HKVA 等多种 PAMP 刺激后的免疫应答。

目前在长牡蛎、栉孔扇贝和虾夷盘扇贝中鉴定出多个脂多糖诱导的 TNF-α 转录因子（LPS-induced TNF-α factor，LITAF）。经结构分析发现这些 LITAF 均含有典型的 LITAF 结构域，与脊椎动物中的 LITAF 具有较高的序列相似性。贝类 LITAF 能够结合 TNF-α 启动子区，继而调控 TNF-α 的表达，是 TNF 信号通路的重要组成部分。此外，在栉孔扇贝和虾夷盘扇贝中还鉴定出 TRAF 和 TNF 受体相关蛋白（TNF receptor-associated protein，TTRAP）等 TNF 信号通路中的其他调控分子，栉孔扇贝和虾夷盘扇贝 TTRAP 均具有 Mg^{2+} 依赖的内切酶活性。上述研究结果表明贝类中存在完整的 TNF 信号通路，但其功能需要进一步的研究。

7. 酚氧化酶原激活系统 酚氧化酶原激活系统是一种与脊椎动物的补体系统相类似的酶级联反应系统，主要由酚氧化酶（phenoloxidase，PO）、酚氧化酶原（prophenoloxidase，proPO）、丝氨酸蛋白酶（serine proteinase）、模式识别蛋白和蛋白酶抑制剂等构成。当病原体入侵时，正常以非活化状态存在于无脊椎动物血淋巴细胞颗粒中的 proPO 系统被激活并最终导致黑化来清除病原体。

PO 在无脊椎动物中广泛存在，现已从多种贝类中检测到 PO 和 proPO 活性，并对其生化性质与酶学性质进行了研究。有研究表明，PO 以 proPO 形式存在于血淋巴和血细胞中。

（三）免疫效应分子

贝类中存在大量免疫效应分子，如抗菌肽（antimicrobial peptide，AMP）、溶菌酶（lysozyme）、细胞因子（cytokine）、活性氧清除分子和急性期蛋白等。

1. 抗菌肽 抗菌肽是广泛存在于生物界的一种具有抗菌活性的短肽，分子质量通常小于 5kDa，氨基酸数目少于 100 个。抗菌肽的抗菌谱广泛，杀菌速度快，是固有免疫系统的重要组成成分。按其在体内产生的方式，可以分为两大类：一类是蛋白质在特定的环境下，经过一系列酶解产生；另一类是由基因转录，核糖体合成而来，绝大部分抗菌肽属于这一类。有研究表明，在双壳贝类中，抗菌肽基因呈组成型表达，持续合成后储存于血淋巴细胞中，当受到外界刺激后，这些抗菌肽分子就会被迅速释放。

贝类中，贻贝抗菌肽的研究较为透彻，目前已鉴定出 20 多种、多数富含半胱氨酸的阳离子抗菌肽。按氨基酸种类、排列顺序及二硫键形成的不同，贻贝抗菌肽（myticin）可以分为防御素（defensin）、贻贝杀菌肽（mytilin）和贻贝抗真菌肽（mytimycin）。防御素属于防御素家族，与节肢动物防御素序列高度相似，对革兰氏阳性菌有较强的抑菌作用。贻贝杀菌肽是目前贻贝中发现的种类最多、丰度最高的抗菌肽家族，主要包括贻贝杀菌肽 A、贻贝杀菌肽 B、贻贝杀菌肽 C、贻贝杀菌肽 D 和贻贝杀菌肽 G1 五种。目前已鉴定的贻贝抗菌肽根据结构分为贻贝抗菌肽 A、贻贝抗菌肽 B 和贻贝抗菌肽 C 三种。贻贝抗真菌肽目前只在紫贻贝中被发现，与蛋白质数据库中已有的多肽序列均无同源性。

在其他贝类中也发现了一些相应的抗菌肽，大部分与贻贝中的抗菌肽类似。从文蛤（*Meretrix meretrix*）中还提取出一种名为蛤素的多糖类化合物，在长牡蛎中发现了一种富含脯氨酸的多肽 Cg-Prp，在栉孔扇贝和皱纹盘鲍中发现了一种来自组蛋白 H2A 氨基端的新型抗菌肽，它们与脊椎动物中的抗菌肽 buforin I 同源。

2. 溶菌酶 溶菌酶是一种能水解致病菌中黏多糖的碱性酶，是许多生物固有免疫系统的重要组成成分。它主要通过破坏细胞壁中的 N-乙酰胞壁酸和 N-乙酰氨基葡萄糖残基之间

的 β-1,4-糖苷键，使细胞壁不溶性黏多糖分解成可溶性糖肽，导致细胞壁破裂，内容物逸出而使细菌溶解。根据来源、免疫特性及结构和催化特征，溶菌酶被分为 6 种类型：c 型溶菌酶（chicken-type lysozyme）、g 型溶菌酶（goose-type lysozyme）、i 型溶菌酶（invertebrate-type lysozyme）、噬菌体溶菌酶、植物溶菌酶和细菌溶菌酶。贝类溶菌酶的研究，最早源于 McDade 等（1967）在美洲牡蛎的血淋巴中发现溶菌酶活性。随后在很多贝类的血淋巴、鳃、外套膜和消化腺中均检测到溶菌酶活性。目前在贝类中鉴定了 g 型溶菌酶、i 型溶菌酶、c 型溶菌酶和噬菌体溶菌酶。

　　g 型溶菌酶广泛存在于脊椎动物和无脊椎动物中。目前在海湾扇贝、栉孔扇贝、长牡蛎、钉螺（Oncomelania hupensis）和紫贻贝等少数贝类动物中发现了 g 型溶菌酶。贝类 g 型溶菌酶的外显子和内含子数目不同于脊椎动物的 g 型溶菌酶，但其基因结构，尤其是编码区内含子-外显子的连接区域相对保守。

　　i 型溶菌酶是发现较晚的一类溶菌酶，在贝类免疫与消化系统中均起作用。第一个完整氨基酸序列的 i 型溶菌酶是在花蛤中发现的，也是首个被报道的贝类溶菌酶。目前在多种贝类，如美洲牡蛎、长牡蛎、紫贻贝、褶纹冠蚌（Cristaria plicata）、三角帆蚌（Hyriopsis cumingii）及冰岛扇贝中发现了 i 型溶菌酶的存在。

　　近些年，陆续在青蛤、皱纹盘鲍和紫贻贝中鉴定了 c 型溶菌酶。最近，在菲律宾蛤仔中鉴定了噬菌体溶菌酶，这也是迄今为止首次在真核生物中发现噬菌体溶菌酶。该基因具有噬菌体溶菌酶基因家族的一些保守功能位点（Glu20、Asp29 和 Thr35），并且与已知的噬菌体溶菌酶基因序列同源性较高，初步推断该序列属于噬菌体溶菌酶基因。

　　3. 细胞因子　　细胞因子是免疫原、有丝分裂原或其他刺激剂诱导多种细胞产生的低分子质量可溶性蛋白，具有调节和介导免疫、炎症、血细胞生成、细胞生长及组织损伤修复等多种功能。根据生物学活性，细胞因子被分为白细胞介素（interleukin，IL）、干扰素（interferon，IFN）、肿瘤坏死因子（tumor necrosis factor，TNF）、集落刺激因子（colony-stimulating factor，CSF）、趋化因子（chemokine）及生长因子（growth factor）。

　　（1）白细胞介素　　目前，在哺乳动物中至少发现了 38 种白细胞介素，分别命名为 IL-1～IL-38；而在无脊椎动物中仅鉴定出来一种白细胞介素家族成员——IL-17。Roberts 等首次在长牡蛎中克隆获得了 IL-17 同源分子，随后在合浦珠母贝（Pinctada fucata）、红鲍螺（Haliotis semistriata）、三角帆蚌等贝类中也发现了 IL-17 的存在。长牡蛎基因组中共编码 10 个 IL-17 分子，将其命名为 CgIL-17-1～CgIL-17-10，虽然这些分子间同源性较低，但在其氨基酸序列的 C 端都含有 4 个非常保守的半胱氨酸位点，能形成类似于脊椎动物 IL-17 中所含半胱氨酸结节的三维结构。

　　（2）干扰素　　干扰素是机体或细胞在受到病毒感染或干扰素诱导剂作用时，由特定细胞的基因调控合成的有多重生物学效应的细胞因子，属于 II 型细胞因子家族，有广泛的抗病毒、抗肿瘤和免疫调节等功能。脊椎动物中干扰素及其信号通路系统的研究比较广泛而深入，但贝类干扰素的研究则刚刚起步，目前仅鉴定出一个类干扰素分子 CgIFNLP 和类干扰素受体 CgIFNR-3，二者存在明显的相互作用，表明贝类中存在干扰素信号通路。CgIFNLP 含有一个干扰素结构域，与脊椎动物同源分子相比，其相似性和保守性较低，但高级结构和 II 型细胞因子相似。从长牡蛎中克隆获得了干扰素调节因子 1（interferon regulatory factor 1，IRF1），在珍珠贻贝中克隆到干扰素调节因子 2（IRF2）的同源基因，在鲍和长牡蛎中克隆获得了干扰素系统发挥抗病毒功能的 Mx 基因，但对其功能还需要进一步的验证。

（3）肿瘤坏死因子 肿瘤坏死因子是一类重要的细胞因子，参与组织修复、造血作用、炎症反应及器官发育等多个生理过程，并在免疫调节中发挥着重要作用。由于贝类进化地位较为低等，其 TNF 家族成员与脊椎动物同源分子相比保守性低。目前已在多种贝类中鉴定出 TNF 分子。例如，在皱纹盘鲍中鉴定出两个 TNFSF 成员，分别将其命名为 *Hd*TNF-α 和 *Hd*Fas 配体，它们都含有 N 端的跨膜结构域和 TNF 同源结构域。在长牡蛎中发现了 4 个 TNF 超家族成员 *Cg*TNFSF11、*Cg*TNFSF14、*Cg*TNF-1 和 *Cg*TNF-2，它们的 C 端都包含一个典型的 TNF 结构域，N 端则含有一个特征性的跨膜结构域。

4. 活性氧清除分子 生物体内的抗氧化酶如超氧化物歧化酶（superoxide dismutase，SOD）、过氧化氢酶（catalase，CAT）、谷胱甘肽过氧化物酶（glutathione peroxidase，GPx）等所构成的抗氧化酶系统在活性氧（reactive oxygen species，ROS）清除中发挥重要的调节功能，保护机体免受损伤。此外，解毒系统中的一些解毒酶如谷胱甘肽硫转移酶（glutathione S-transferase，GST）等对活性氧的清除也起到了重要作用。

（1）超氧化物歧化酶 超氧化物歧化酶是一种金属酶，金属辅基分别包括铜/锌（Cu/Zn）、锰（Mn）、铁（Fe）和镍（Ni）。Cu/Zn-SOD 在贝类中最早被发现并且存在最广泛，目前已在扇贝（*Argopecten irradians*、*Patinopecten yessoensis*）、牡蛎（*Crassostrea gigas*、*Ostrea edulis*、*Crassostrea hongkongensis*）、贻贝（*Mytilus galloprovincialis*、*Mytilus chilensis*、*Mytilus edulis*）、蛤仔（*Venerupis philippinarum*、*Ruditapes decussatus*）、皱纹盘鲍（*Haliotis discus hannai*）、合浦珠母贝（*Pinctada fucata*）、长砗磲（*Tridacna maxima*）等各种贝类中报道了 Cu/Zn-SOD 和 Mn-SOD。

（2）过氧化氢酶 过氧化氢酶作为一类广泛存在于生物体内的末端氧化酶，主要通过催化双氧水生成水和氧气分子，以消除 O_2^- 等中间产物对细胞的毒害，增强吞噬细胞的防御能力。目前，已在扇贝、蚌、鲍、牡蛎、蚶、蛤及珍珠贝等多种贝类中成功克隆鉴定了 *CAT* 基因。香港巨牡蛎的血淋巴细胞中存在 *ChCat-1* 和 *ChCat-2* 两个 *CAT* 基因，二者均具有典型的过氧化氢酶结构特征。

（3）谷胱甘肽过氧化物酶 谷胱甘肽过氧化物酶（GPx）是一类具有抗氧化作用的生物蛋白酶。由于 GPx 参与的反应底物具有特异性，将其分为硒依赖型谷胱甘肽过氧化物酶（Se-GPx）和硒非依赖型谷胱甘肽过氧化物酶（non-Se-GPx）两大类。目前在合浦珠母贝、虾夷盘扇贝（*Patinopecten yessoensis*）、紫贻贝、斑马贻贝（*Dreissena polymorpha*）、背角无齿蚌（*Sinanodonta woodiana*）、泥蚶（*Tegillarca granosa*）、菲律宾蛤仔、文蛤、花蛤（*Ruditapes philippinarum*）、褶纹冠蚌、皱纹盘鲍、长牡蛎和河蚌（*Unio tumidus*）等多种贝类中克隆得到了 *Se-GPx* 基因。进化分析表明，贝类 *Se-GPx* 与其他物种的 *GPx* 序列具有较高的保守性。此外，还在紫贻贝中鉴定出一种磷脂氢谷胱甘肽过氧化物酶（phospholipid hydroperoxide glutathione peroxidase，PHGPx）。PHGPx 也是 Se-GPx 的一种，能与磷脂氢过氧化物反应，且反应底物的范围比较广，但其具体功能尚不清晰。

（4）谷胱甘肽硫转移酶 谷胱甘肽硫转移酶（GST）是一组能催化机体内有害的极性化物与谷胱甘肽结合，以非酶结合方式将体内各种具有潜在毒性的物质从体内排出，从而达到解毒目的的蛋白质。GST 同工酶还具有硒非依赖型谷胱甘肽过氧化物酶的活性，能清除脂类残基，在抗脂质过氧化反应中起着重要作用。GST 是一类多基因酶超家族，在哺乳动物中至少有 8 种同工酶，包括 α、μ、π、σ、ω、κ、θ 和 ζ 型。近年来在其他生物中相继发现了其他类型，如鱼类中特有的 ρ、细菌中的 β 和昆虫中的 δ 等。

目前在贝类中鉴定了至少 7 种类型的 GST。例如，在长牡蛎中鉴定出 μ、ω、π 和 σ 四种类型的 GST。在花蛤中克隆得到 7 个 *GST* 基因，分别是 *VpGSTS1*、*VpGSTS2*、*VpGSTS3*、*VpGSTO*、*VpGSTMi*、*VpGSTM* 和 *VpGSTR*，经序列分析发现 7 个 *GST* 基因中与谷胱甘肽结合的 G 位点及与外源物质结合的 H 位点均高度保守。

5. 急性期蛋白　　已有研究表明，环境、生理或病理的胁迫可迅速诱发有机体产生以防御为主的非特异性反应，并诱导某些特殊蛋白的浓度迅速升高，使机体耐热、耐低温、抗感染、抗毒素等能力得到显著提升，这类特殊蛋白统称为急性期蛋白（acute phase protein）。

（1）热休克蛋白（heat shock protein，HSP）　　热休克蛋白是结构上保守的一类特殊蛋白质，越来越多的研究显示 HSP 除了分子伴侣功能，也在免疫应答中起重要作用，被认为是间接免疫效应相关蛋白。HSP 家族成员众多，功能多样，因其分子质量不同而分成四大类，分别是 HSP90 家族、HSP70 家族、HSP60 家族和小分子质量 HSP（small heat shock protein，sHSP）家族。目前研究比较多的是 HSP90 家族、HSP70 家族和 sHSP 家族。

1）HSP90 家族：HSP90 家族是指分子质量为 83～90kDa 的一类热休克蛋白，目前已经从香港巨牡蛎、栉孔扇贝、海湾扇贝和紫贻贝中克隆得到若干个 *HSP90* 基因。

2）HSP70 家族：HSP70 是一类最重要、最保守的热休克蛋白，分子质量为 66～78kDa。目前已经从香港巨牡蛎、栉孔扇贝、海湾扇贝和紫贻贝中克隆得到若干个 *HSP70* 基因。

3）sHSP 家族：sHSP 是指分子质量为 15～43kDa 的一类热休克蛋白，其中 HSP22 是 sHSP 家族的代表成员。目前已在栉孔扇贝和海湾扇贝等多种贝类中克隆得到 *HSP22* 基因，其编码蛋白均含有典型的 α-晶体球蛋白结构域，与其他物种的 HSP22 蛋白有较高的相似性。

（2）金属硫蛋白（metallothionein，MT）　　金属硫蛋白是一类广泛存在于生物体内，能被金属离子、氧化损伤及免疫刺激等多种因素诱导产生的金属结合蛋白。目前对美洲牡蛎、紫贻贝、海湾扇贝、四角蛤蜊（*Mactra quadrangularis*）和大珠母贝（*Pinctada maxima*）等物种 MT 的研究比较深入。

第三节　贝类免疫应答机制

贝类种类繁多，数量庞大，生存环境极其复杂，受到病原、重金属、高温、干露等诸多环境因素的胁迫，贝类免疫应答过程及其调节机制不尽相同。贝类的免疫应答是一个极其精细复杂的过程，主要包括免疫细胞通过免疫识别分子识别异物，激活细胞免疫和体液免疫实现对异物的消化与清除。

一、分子水平上的免疫应答

研究表明，贝类的免疫防御系统复杂且完善，部分免疫分子的数量出现了显著扩张，同一家族成员结构多样，在不同的病原微生物刺激和环境胁迫下呈现多样化的表达模式，具有高度分化的免疫功能。贝类免疫识别、信号转导、免疫效应分子在不同病原菌或 PAMP 刺激后呈现出不同的应答模式。数量庞大的免疫基因相互协调，共同介导免疫应答过程。

（一）免疫识别分子

免疫识别是贝类细胞识别异己成分的过程，为免疫应答的第一步。虽然宿主由胚系基因编码的识别分子数量有限，但其可以利用有限的 PRR，通过对病原体的保守性结构 PAMP 的识别作用来识别种类繁多、结构多样且突变频率很高的病原体。多数免疫识别分子，如凝集素、TLR 和 PGRP 等，在免疫应答早期即上调表达，说明这些 PRR 参与免疫识别及相关免疫应答的启动。目前发现贝类的免疫识别分子出现了扩张。免疫识别分子 C1qDC 在长牡蛎中的扩张现象最为显著，其中 164 个 C1qDC 分子在 4 种不同病原微生物诱导后呈现差异性表达。大量的 IgSF 在 PAMP 和弧菌刺激后表达量显著升高，其中部分 IgSF 在免疫响应中具有高度的特异性。更有趣的是，这些免疫基因家族的不同成员，在免疫应答的不同阶段表达模式各异，表明不同基因可能在免疫反应的不同阶段起作用，贝类的免疫基因在进化过程中出现了功能分化。例如，TNF 信号通路的关键分子在响应细菌刺激的不同阶段呈现不同的表达模式，弧菌感染后，3 个 TNF 分子在胁迫早期发生响应，4 个 TNF 分子在后期开始响应，一个 TNF 分子在应答过程中始终高表达，3 个 TNF 分子的表达水平显著下调。大部分 PRR 具有单独或者协同识别多种 PAMP 的能力。例如，LGBP 可识别 LPS 和 β-葡聚糖，而 TLR 能够识别大约 20 种 PAMP 组合。目前在贝类中已经发现了多种免疫识别分子，解析其免疫识别机制具有重要的生物学意义。

1. 肽聚糖识别蛋白　贝类中的 PGRP-S 不仅能够识别 PGN，也能够结合几丁质和 LPS，并且对供试革兰氏阳性菌［藤黄微球菌（*Micrococcus luteus*）和枯草芽孢杆菌（*Bacillus subtilis*）］表现出较强的凝集活性。

2. 革兰氏阴性菌结合蛋白　贝类 GNMP 不仅能特异性结合 LPS 和葡聚糖，也能结合 PGN，而且对细菌和真菌有一定的凝集活性。翡翠贻贝（*Perna viridis*）的 βGBP 具有丝氨酸蛋白酶活性，对酵母、细菌和红细胞均有凝集活性，且能增强血浆的酚氧化酶原（proPO）活力。这些研究结果表明贝类 GNBP 在病原识别、信号转导通路激活、免疫效应因子诱导产生等免疫应答过程中发挥关键作用。

3. 凝集素

（1）C 型凝集素（CLEC）　贝类 CLEC 的功能具有多样性，在免疫应答过程中发挥重要作用。例如，栉孔扇贝的 *Cf*Lec-1 和 *Cf*Lec-2 能识别 LPS 和 PGN 等多种 PAMP，*Cf*Lec-1 和 *Cf*Lec-5 具有凝集活性；海湾扇贝的 *Ai*CTL-9 能与多种微生物结合；菲律宾蛤仔的 *Rp*MCL-4 能凝集山羊和兔子的红细胞；扇贝的 *Ai*CTL-9、*Cf*Lec-1 和 *Cf*Lec-3 具有促吞噬或促包囊化的活性。

（2）S 型凝集素（GALE）　从海湾扇贝中发现了一个含有 4 个 CRD 的 S 型凝集素。在鳗弧菌（*Vibrio anguillarum*）和藤黄微球菌（*Micrococcus luteus*）刺激后，其在血淋巴细胞中的表达量显著升高。在美洲牡蛎中发现的硫依赖型凝集素能够识别病原、单细胞藻类和帕金虫等。光滑双脐螺（*Biomphalaria glabrata*）硫依赖型凝集素 *Bg*Gal 能够识别并结合血吸虫相关糖类及乳糖胺（lacNAc），参与对病原的识别过程。但是 GALE 在不同贝类固有免疫中所发挥的功能及其作用机制还需要更多的深入研究。

（3）I 型凝集素（Siglec）　体外结合实验表明，长牡蛎 *Cg*Siglec-1 重组蛋白能够结合聚唾液酸（poly sialic acid，pSIAS）、LPS 和 PGN，且这种结合表现出剂量效应。*Cg*Siglec-1 在病原识别和信号转导之间充当桥梁分子，可以通过抑制多种重要生物学过程而行使免疫调控功能。

4. 含硫酯键蛋白　栉孔扇贝 *Cf-TEP* 可通过可变剪切产生 7 个不同的转录本，在不同细菌的胁迫下表达模式发生不同的变化。尽管无脊椎动物补体分子 C3 及昆虫 TEP 都被报道在固有免疫系统中充当 PRR 分子而行使免疫防御功能，但对于其具体功能还有待深入研究。

5. Toll 样受体　　　目前发现大部分的贝类 TLR 在弧菌、藤黄微球菌和病毒的诱导下表达量升高，但某些 TLR 分子只在特定细菌刺激前后呈现差异表达。例如，Cg05194-D20 和 Cg13671 只响应弧菌的刺激，Cg26493-D19 只响应藤黄微球菌的刺激，而 Cg03466R 只在牡蛎疱疹病毒（ostreid herpesvirus-1，OsHV-1）的感染下出现显著上调表达。4 个 TLR 可以激活 NF-κB 信号通路。尽管贝类中 TLR 的报道十分有限，但相关研究证明贝类动物中存在类似于脊椎动物的原始且经典的 TLR 信号转导途径。

6. 清道夫受体　　　栉孔扇贝 CfSR 不仅能够结合乙酰低密度脂蛋白和葡聚糖硫酸酯，还可以结合来自细菌的 LPS 和 PGN，以及来自真菌的酵母聚糖和甘露聚糖，从而参与栉孔扇贝的固有免疫应答。

（二）免疫信号通路分子

研究证明，PRR 识别 PAMP 后可以激活不同的免疫信号通路，从而诱导产生不同类型的效应分子，参与机体防御反应。目前，贝类 TLR 通路、JAK-STAT 通路、MAPK 通路、NF-κB 通路、补体系统及酚氧化酶原激活系统等研究已取得了部分进展，为进一步解析贝类动物的免疫防御机制奠定了重要基础。

1. TLR 通路　　　目前发现贝类生物中存在 MyD88 依赖和 MyD88 非依赖的 TLR 通路，在抵御病原侵染及适应广温广盐、干露胁迫等环境中发挥重要的作用。LPS 刺激可诱导扇贝血淋巴细胞中 TLR、MyD88、TRAF6、IκB 和 NF-κB 的 mRNA 表达水平显著上调。通过 RNA 干扰技术下调 TLR 的 mRNA 表达时，TLR 信号通路中其他分子的转录水平均显著下调，同时下游的抗氧化酶活力、抗菌活性和凋亡水平都受到不同的影响，表明原始且保守的 TLR 通路在贝类免疫中发挥重要功能。

2. 细胞因子介导的 JAK-STAT 通路　　　长牡蛎 JAK-STAT 通路中的 3 个调控基因 $CgSOCS2$、$CgSOCS5$ 和 $CgSOCS7$ 在 PAMP 的刺激下表达水平显著上调。

3. MAPK 通路　　　目前，已经有文献相继报道了贝类 ERK、JNK 和 p38 等重要的 MAPK 通路分子在免疫应答中发挥重要作用。虾夷盘扇贝（*Patinopecten yessoensis*）的 *PyERK*、*PyJNK* 和 *Pyp38* 基因在肌肉、鳃、外套膜和血淋巴细胞中高表达。细菌刺激后，血淋巴细胞中 *PyERK* 和 *PyJNK* 的表达水平显著上升，而 *Pyp38* 的表达水平未见显著性变化，推测 *PyERK* 和 *PyJNK* 在虾夷盘扇贝应对细菌的免疫防御中发挥重要作用。香港巨牡蛎受到弧菌和多种 PAMP 刺激后，血淋巴细胞中 *Ch*p38 的表达水平显著上升，血淋巴细胞和鳃中 *Ch*JNK 的表达水平也急剧升高，并且 *Ch*JNK 在 HEK293T 细胞中的过表达能够激活转录因子 AP-1。长牡蛎 *Cg*JNK 和 *Cg*p38 在血淋巴细胞和鳃中高水平表达，受 LPS 刺激后，*Cg*JNK 和 *Cg*p38 的表达水平显著上调，表明 MAPK 通路在长牡蛎免疫防御中发挥重要作用。

4. NF-κB 通路　　　虾夷盘扇贝 *Py*NF-κB 和 *Py*Rel 在多种组织中呈组成型表达，并在免疫相关组织中高水平表达。在藤黄微球菌和鳗弧菌侵染后，血淋巴细胞中 *Py*NF-κB 和 *Py*Rel 的表达水平在 3h 时显著上升，暗示虾夷盘扇贝中可能存在 IMD 补偿信号通路以抵御革兰氏阴性菌侵染，*Py*NF-κB 和 *Py*Rel 可能具有协同调节免疫应答的作用。长牡蛎 *Cg*IκB1、*Cg*IκB2 和 *Cg*IκB3 能够抑制 NF-κB 的活化，参与细菌刺激后的免疫应答。在九孔鲍中，NF-κB 信号通路中的 3 个元件 IκB、NF-κB 和 Akirin 2 能被热胁迫、低氧胁迫、热/低氧胁迫及细菌刺激诱导表达。合浦珠母贝 NF-κB、IκB 和 IKK 在各个组织中均呈组成型表达。*Pf*IKK 能够磷酸化 IκB，激活 NIH3T3 细胞中 NF-κB 进而调控下游基因的表达，表明贝类 IKK 对 NF-κB 的这一调控方式与哺乳动物类似。

5. 补体系统 目前在贝类中鉴定了大量补体系统的相关分子，但是它们是否参与贝类补体系统的激活有待于进一步确认（图 12-2）。贝类中存在含有一个和多个 CRD 的 C 型凝集素，具有和高等动物 MBL 相似的配体结合功能。它们不仅能够识别多种 PAMP 和微生物，还参与了对微生物的吞噬、杀灭和清除过程。长牡蛎的 *Cg*MASP-2 具有较低的丝氨酸蛋白酶活性，而其他几个 *Cg*MASP 的 SPD 结构均具有较高的丝氨酸蛋白酶活性。长牡蛎 C 型凝集素 *Cg*CLec-2 可与含有 CUB 结构域的 *Cg*MASPL-1 及 *Cg*MASP-2 结合，形成类似高等动物胶原凝集素（collectin）/MASP 的复合物，提示贝类中可能存在原始的补体系统凝集素途径。贝类 FREP 具有和高等动物纤胶凝

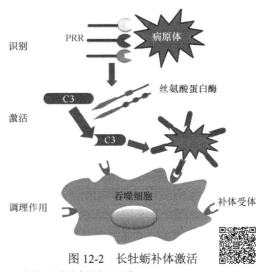

图 12-2　长牡蛎补体激活途径及效应机制（引自 Wang et al.，2017b）

蛋白相似的配体结合功能，C1qDC 具有凝菌和脂多糖结合活性，可以作为 PRR 参与免疫识别。但是 FREP 和 C1qDC 是否参与了贝类补体系统的激活还有待进一步确认。

无脊椎动物的 Bf/C2 具有与哺乳动物 B 因子类似的功能，通过在补体替代途径中激活 C3 发挥作用。例如，在 Mg^{2+} 存在下，鲨 *Tt*C2/Bf-1 和 *Tt*C2/Bf-2 可以与 *Tt*C3 结合形成复合物并结合到革兰氏阳性菌或酵母表面。目前研究表明，贝类 C3 样分子能够响应细菌刺激，具有溶菌和溶血活性。除 C3 样分子外，一些无脊椎动物 TEP 分子也具有类似于补体系统的活性。据报道，冈比亚按蚊（*Anopheles gambiae*）的 TEP 分子可以替代 C3 分子形成一个类似补体系统的免疫防御系统。栉孔扇贝和长牡蛎中也存在多个 TEP 分子，但它们是否参与贝类补体系统的激活仍未可知。

6. 酚氧化酶原激活系统 贝类 PO 能被外源性的蛋白酶（如胰蛋白酶、糜蛋白酶等）、多糖（如 LPS、PGN 等）及环境因子（重金属、化合物等）等激活，激活后的 PO 呈现出酪氨酸酶的单酚酶和二酚酶活性。PO 活性受到温度、pH、各种氧化酶抑制剂、金属螯合剂和金属离子的影响，表明贝类 PO 是一种酪氨酸酶类型的含铜金属酶。在多种贝类中，血淋巴和血细胞中的 PO 活性在免疫刺激后显著增强，表明 PO 在贝类动物免疫应答中发挥重要作用。

（三）免疫效应分子

贝类大量的 PRR 分子构建形成精细复杂的免疫识别网络，以识别各种各样的病原微生物并激活免疫信号通路，诱导血淋巴细胞产生并释放大量的免疫效应分子，如抗菌肽（AMP）、溶菌酶、细胞因子、活性氧清除分子、急性期蛋白等，直接对病原微生物进行破坏和清除，共同抵御病原菌的入侵。

1. 抗菌肽 贻贝防御素对革兰氏阳性菌有较强的抑菌作用。5 种贻贝杀菌肽具有不同的抗菌活性，其中贻贝杀菌肽 A、贻贝杀菌肽 B、贻贝杀菌肽 C 和贻贝杀菌肽 D 能抑制细菌和真菌的生长，而贻贝杀菌肽 G1 则只对革兰氏阳性菌有抗菌活性。紫贻贝抗真菌肽具有抗真菌活性，目前对其研究得还不透彻。贻贝抗菌肽 A 存在于贻贝的血清和血淋巴细胞中，对革兰氏阳性菌有抗菌活性；贻贝抗菌肽 B 只存在于血淋巴细胞中，对真菌和革兰氏阴性菌均

具有活性。进一步的研究表明，贻贝抗菌肽前体主要存在于血淋巴细胞中，贻贝抗菌肽 A 和贻贝抗菌肽 B 是由前体通过一系列的蛋白水解产生的。在贻贝幼虫发育阶段开始表达的贻贝抗菌肽 C 有数个等位基因，具有高度的分子多态性，可能在贻贝幼虫发育阶段起到免疫保护作用。

文蛤蛤素对黑色素瘤和 HeLa 细胞均具有较强的抑制作用。长牡蛎多肽 *Cg*-Prp 与防御素具有协同抗菌活性。栉孔扇贝和皱纹盘鲍中发现的组蛋白 H2A 氨基端的新型抗菌肽对革兰氏阳性菌和阴性菌及真菌均有抑菌活性，且对革兰氏阳性菌的活性强于阴性菌。

2. 溶菌酶　　贝类 i 型溶菌酶具有广谱抗菌活性，在消化腺、外套膜、鳃、唇瓣和中肠等多种组织中均有表达。外套膜和鳃被认为是贝类抵御外来入侵物的第一道防线，i 型溶菌酶在这些组织中的高水平表达暗示其在免疫应答中的作用。比较不同细菌刺激后溶菌酶的表达变化后发现，i 型溶菌酶的表达量在细菌刺激后显著上调。经研究发现，重组的扇贝 g 型溶菌酶具有显著的抗革兰氏阳性菌活性，其编码基因启动子区的−391 A/G 位点与鳗弧菌抗性显著相关。贝类 c 型溶菌酶对革兰氏阳性菌和革兰氏阴性菌均有较强的溶菌活性。

3. 细胞因子　　白细胞介素-17（IL-17）是目前在贝类中发现的唯一一类白细胞介素。长牡蛎血淋巴细胞中 IL-17 的表达量在细菌刺激后显著上升。*Cg*IL-17-5 能激活免疫相关转录因子，抑制藤黄微球菌（*Micrococcus luteus*）和大肠杆菌（*Escherichia coli*）的生长，对 L929 细胞表现出一定的毒害作用，同时还具有广泛的 PAMP［LPS、PGN、poly（I：C）和 β-1,3-葡聚糖］结合活性，*Cg*IL-17-1 和 *Cg*IL-17-5 表达量的增加会促进某些抗菌肽的合成，并诱导细胞的凋亡，是兼具模式识别和免疫效应作用的多功能分子（图 12-3）。

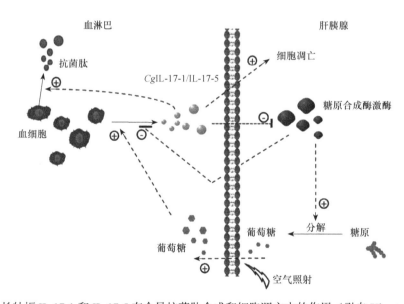

图 12-3　长牡蛎 IL-17-1 和 IL-17-5 在介导抗菌肽合成和细胞凋亡中的作用（引自 Xin et al.，2016）

干扰素（IFN）在机体抗病毒、抗肿瘤和免疫调节等过程中发挥重要功能。长牡蛎 *Cg*IFNLP 可以激活干扰素信号通路中调控元件 *ISRE*、*GAS* 和 *STAT3* 基因的表达，*Cg*IFNLP 可能具有高等动物中 I 型和 II 型干扰素的功能。

皱纹盘鲍 *Ab*TNF-α 和 *Ab*Fas 配体能响应细菌和 LPS 的刺激，其中重组的 *Ab*Fas 配体蛋白能够诱导人 THP-1 细胞产生超氧阴离子 O_2^- 和过氧化氢（H_2O_2）。长牡蛎的 *Cg*TNF 能通过激活细胞凋亡和吞噬作用,诱导 NO 合成和免疫酶活性,在调节贝类的免疫应答中发挥作用。

4. 活性氧清除分子　　贝类体内的抗氧化酶(如 SOD、CAT、GPx)及解毒酶 GST 等在机体活性氧的清除过程中发挥了重要的调节功能,保护机体免受损伤。

(1)超氧化物歧化酶(SOD)　　贝类 Cu/Zn-SOD 和 Mn-SOD 的表达能够响应多种刺激原(表 12-2)。其中,Cu/Zn-SOD 根据亚细胞定位不同,分为胞内 Cu/Zn-SOD 和胞外 Cu/Zn-SOD(Ec-SOD),二者均能响应氧化胁迫及各种外界刺激。长牡蛎的 Ec-SOD 不仅具有超氧化物歧化酶活性,而且能够通过 RGD 基序识别灿烂弧菌并与长牡蛎细胞膜上的整联蛋白(integrin)结合,作为一种血清调理分子介导血淋巴细胞对灿烂弧菌的吞噬作用。对海湾扇贝 *Ai*Ec-SOD 中 SNP 多态性和鳗弧菌易感性进行相关性分析发现,第一个外显子 38 位的 Thr-Lys 多态性在易感和抗菌群体中存在显著差异。

(2)过氧化氢酶(CAT)　　经研究发现,重金属、病原菌及化合物的处理都能导致贝类 CAT 的活性和转录水平发生显著变化。香港巨牡蛎 *Ch*CAT-1 和 *Ch*CAT-2 分别在鳃和肌肉组织中高表达。受细菌刺激后,*Ch*CAT-1 和 *Ch*CAT-2 的表达水平显著升高,重组 *Ch*CAT-1 和 *Ch*CAT-2 蛋白具有较高的过氧化氢酶活性,表明 CAT 在牡蛎抵御病原体感染和氧化应激过程中起重要作用。

(3)谷胱甘肽过氧化物酶(GPx)　　文蛤、花蛤、背角无齿蚌、合浦珠母贝、鲍及长牡蛎的 Se-GPx 在弧菌、重金属及苯酚的胁迫下表达水平均显著升高,说明贝类 Se-GPx 具有免疫防御和抗氧化胁迫双重作用。

表 12-2　贝类超氧化物歧化酶的功能

SOD 种类	来源	研究简述
Cu/Zn-SOD	*Mytilus galloprovincialis*	金属 Cd、山梨糖醇和细菌刺激处理,导致血细胞和肝胰腺中 SOD 显著上调
Cu/Zn-SOD	*Mytilus chilensis*	在酸性条件下,SOD 的表达水平升高
Cu/Zn-SOD	*Argopecten irradians*	鳗弧菌刺激后,血细胞中 Ec-SOD 的表达显著上调,SOD 的表达无明显变化,但 SOD 响应 LPS 的刺激
Cu/Zn-SOD	*Venerupis philippinarum*	poly(I: C)、LPS 和弧菌的刺激,导致 SOD 的表达水平显著上调
Cu/Zn-SOD	*Crassostrea gigas*	SOD 在受到烃类化合物处理 7d 后表达量上升
Cu/Zn-SOD	*Saccostrea glomerata*	抗病品种中,Ec-SOD 高表达
Cu/Zn-SOD	*Ostrea edulis*	包拉米虫的感染,导致 Ec-和 Cu/Zn-SOD 高表达
Cu/Zn-SOD	*Haliotis discus hannai*	金属和温度胁迫诱导 SOD 高表达
Cu/Zn-SOD	*Lymnaea stagnalis*	酵母聚糖的处理诱导 SOD 高表达
Cu/Zn-SOD	*Mactra quadrangularis*	金属 Cd 胁迫后,SOD 的表达显著上调
Cu/Zn-SOD	*Sinanodonta woodiana*	多溴联苯醚-47 和多溴联苯醚-209 的处理,导致 SOD 的表达水平显著升高
Cu/Zn-SOD	*Crassostrea hongkongensis*	溶藻弧菌胁迫下,SOD 的表达显著上调
Cu/Zn-SOD	*Pinctada fucata*	脂多糖刺激后,血细胞中 SOD 的表达水平显著上调
Mn-SOD	*Venerupis philippinarum*	poly(I: C)、LPS 和弧菌的刺激后,SOD 表达上调
Mn-SOD	*Haliotis discus hannai*	金属和温度胁迫,导致 Mn-SOD 的表达水平升高
Mn-SOD	*Crassostrea gigas*	污染物(金属 Cd 和化合物三丁基锡)处理和温度胁迫,导致 Mn-SOD 的表达水平升高
Mn-SOD	*Mytilus galloprovincialis*	鳗弧菌刺激后,血细胞 Mn-SOD 显著上调

（4）谷胱甘肽硫转移酶（glutathione S-transferase，GST）　　烃化合物和杀虫剂处理分别导致长牡蛎 μ、ω、π 和 σ 型 GST 在消化腺中特异性高表达，因此 μ 和 ω 型 GST 及 π 和 σ型 GST 可分别作为环境中烃化合物和杀虫剂的生物标志物。在花蛤中，两种 σ 型 GST（VpGSTS2 和 VpGSTS3）可以作为环境中金属铜和芘的生物标志物。

5. 急性期蛋白　　热休克蛋白（HSP）和金属硫蛋白（metallothionein，MT）分别在贝类胁迫应答和对重金属螯合解毒方面发挥重要作用。

（1）**热休克蛋白**　　贝类 HSP 的研究主要集中在 HSP90、HSP70 及 HSP22 等。经研究发现，HSP90 家族基因的变异与生物的耐热性状相关，但具体的分子机制尚不清楚。目前对贝类 HSP70 的研究主要集中在基因表达与生物体耐热性之间的关系。许多研究表明，贝类一方面通过上调 $HSP70$ 基因的表达水平，另一方面通过增加 $HSP70$ 基因的拷贝数来增强机体的耐热性。例如，长牡蛎对夏季高温具有极强的耐受性，这与基因组中 $HSP70$ 的极度扩张和热胁迫后 $HSP70$ 的大量诱导表达呈正相关。此外，贝类 $HSP70$ 基因的多态性可能与热胁迫响应机制相关。例如，不同耐热能力的栉孔扇贝中，$HSP70$ 基因的 5′-UTR 区域存在多个与抗逆性状有关的位点。通过比较分析海湾扇贝热敏感群体和耐热群体 $HSP70$ 基因的多态性，发现 8 个位点的不同基因型在耐热群体和热敏感群体中的分布频率存在显著差异，表明这些基因型与海湾扇贝对高温的耐受性显著相关。

（2）**金属硫蛋白**　　贝类是最容易累积重金属的海洋生物，其中贻贝已被确认为金属污染早期反应的标志生物，其体内 MT 的表达水平常被作为环境中 Cd、Hg、Ag 及 Cu 污染的标志物。美洲牡蛎体内存在乙酰化和非乙酰化两种形式的 MT。在正常生理条件下，乙酰化的 MT 占优势，在高浓度 Cd 处理条件下，非乙酰化 MT 开始出现，表明非乙酰化 MT 与金属 Cd 的解毒有关。海湾扇贝和四角蛤蜊 MT 的表达量在重金属 Cd 和病原菌刺激下均显著上调，结果表明，除了参与金属 Cd 解毒，MT 在一定程度上也参与了对病原的清除作用。牡蛎MT 在清除自由基方面具有与脊椎动物同源分子类似的功能。海湾扇贝 AiMT1 的 337 A/A 基因型与扇贝的耐热性相关，可作为潜在的选择育种标记。

二、细胞水平上的免疫应答

病原体侵染贝类的血淋巴后引发血淋巴细胞发生包括吞噬作用、结节形成、包囊作用和凝集（或凝结）反应在内等一系列的细胞防御反应，这是贝类抵御外来病原生物侵袭的主要"屏障"。经研究发现，颗粒细胞在贝类血淋巴中占有较大的比例，是免疫防御反应中的关键细胞，具有很强的包囊和吞噬能力。牡蛎、鲍、贻贝、扇贝和螺的颗粒细胞富含各种水解酶，并检测到较高的溶菌酶活性，以及较高的活性氧（ROS）和一氧化氮（NO）水平。免疫刺激后，颗粒细胞数量显著增加，细胞质中电子致密物增加。同时，颗粒细胞对异物的吞噬能力显著增强，胞内溶菌酶活性及 ROS 和 NO 水平均显著上调。在牡蛎、鲍和螺中发现半颗粒细胞也具有一定的吞噬能力。在已报道的多数贝类中，透明细胞不具有吞噬能力，但 Ray 在 2013年的报道表明环棱螺（$Bellamya$ $bengalensis$）的透明细胞和颗粒细胞一样具有吞噬能力。

（一）吞噬作用

吞噬作用是动物界普遍存在的最古老也是最基本的防御机制之一。吞噬作用对吞噬对象无特异性，因此是一种非特异性免疫反应。贝类具有开放式循环系统，器官浸浴在血淋巴中，血淋巴细胞可以自由地到达不同器官和组织。血淋巴细胞介导的吞噬作用是贝类免疫防御的重要组成部分。目前研究表明，贝类血淋巴细胞的吞噬作用主要由颗粒细胞和半颗粒细胞完成。

吞噬过程包含趋化、黏附、内吞和杀伤消化 4 个阶段。贝类血淋巴细胞遇到异物入侵时呈现出明显的趋化现象；当靠近异物后首先发生黏附，随后伸出伪足包裹异物。伪足相互接触后，细胞膜发生融合，将异物内化后形成吞噬小体（phagosome），完成内吞。血淋巴细胞主要通过两条途径实现对吞噬后异物的杀伤作用。一条途径是吞噬小体与含有丰富水解酶类的溶酶体融合，以溶酶体酶的水解作用来杀死病原微生物。贝类溶酶体中一般都含有溶菌酶、过氧化物酶及丰富的水解酶类。在溶酶体酶的作用下，吞噬颗粒被水解消化，此时可在溶酶体中观察到环状片层样膜结构，表明活跃的细胞内消化正在进行中。随后，细胞内消化的产物——大量糖原颗粒聚集体及脂肪滴出现在细胞质中，并作为营养物质随着血液循环被血细胞运输传递给各组织。当吞噬物不可消化时，吞噬细胞通过渗出迁移到外部环境而离开机体；或者迁移到机体某处并永久存在。伴随着吞噬作用，贝类的颗粒细胞通过向血淋巴中释放溶酶体酶而发生脱颗粒作用。另一条途径是通过氧化性杀菌机制对吞入物进行处理。氧化性杀菌现象，即呼吸爆发。目前已在绝大多数双壳或腹足贝类中发现了伴随吞噬的呼吸爆发现象，其机制是颗粒细胞在吞噬病原微生物的同时发生呼吸爆发，细胞膜上的 NADPH 氧化酶被激活，产生如超氧阴离子、过氧化氢、羟基自由基、单线态氧和超卤化物等多种反应性氧中间物（reactive oxygen intermediate，ROI），进而利用其强氧化性直接杀伤吞入的病原微生物。但这种杀伤机制并不在贝类中保守存在。例如，Lopez 等用细胞化学方法在紫贻贝中检测到 NADPH 氧化酶活性，而在菲律宾蛤仔中则未检测到。

目前在牡蛎、扇贝、毛蚶等多种贝类中都观察到吞噬细胞对外源物质的完整吞噬过程。不同贝类血淋巴细胞具有不同程度的吞噬潜力。例如，海湾扇贝血淋巴细胞的吞噬能力无论在正常条件下还是 Pb^{2+} 胁迫下，都显著高于栉孔扇贝的血淋巴细胞。此外，经研究发现，免疫分子（如 TLR、整联蛋白、Ec-SOD 和补体样分子等）在调节贝类血淋巴细胞吞噬过程中具有重要的作用。病原微生物的连续刺激可诱导长牡蛎血淋巴细胞通过快速增殖及特异性地增强吞噬作用来抵御病原侵染（图 12-4）。吞噬作用是贝类重要的细胞防御机制，但吞噬作用中涉及的细胞、分子及吞噬的具体过程和调控机制尚需进一步深入研究。

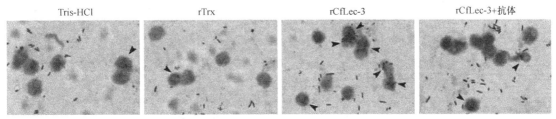

图 12-4　栉孔扇贝 CLec-3 介导的血淋巴细胞吞噬作用（引自 Yang et al.，2015）

rTrx. 硫氧化还原蛋白；rCfLec-3. C 型凝集素

（二）包囊作用

包囊作用（encapsulation）是贝类血淋巴细胞清除非自身物质和死亡细胞的重要机制之一。如果入侵异物比血淋巴细胞体积大得多，则由若干吞噬细胞共同将异物包裹起来的过程称为包囊作用。最初，血淋巴细胞比较疏松地包裹异物，当越来越多的吞噬细胞在异物处聚集，与异物直接接触的细胞变扁平并充分伸展，形成连续的细胞层包裹异物。在血淋巴细胞伸展和扁平化的过程中，微管及成束的微丝出现在细胞质周边区域，最后，包囊变得越来越坚固，通过细胞内和细胞外消化清除被包囊的异物。一些贝类免疫基因，如 C 型凝集素、半乳凝素和多巴脱羧酶等参与介导包囊作用。在一些双壳类动物中，非特异性静电作用和体液血浆因子在血细胞黏附和包囊反应中具有协同作用。

（三）凝集作用

凝集（aggregation）或凝结（coagulation）反应是贝类中一种比较普遍的免疫现象和防御过程（图 12-5）。贝类组织受伤后，血淋巴细胞在伤口病灶组织处聚集并形成血栓，发挥免疫防御与保护修复的作用。经研究发现，贝类凝集素在介导血细胞凝集中具有重要作用。贝类凝集素是一个庞大的蛋白质家族，大多是由两个以上的亚单位非共价结合组成的糖蛋白，其生物活性具有钙离子依赖性。凝集素通过其糖基决定簇特异性结合相对应的受体蛋白。这种专一的识别机制类似于高等脊椎动物免疫球蛋白的特异性识别机制。目前对于贝类血淋巴细胞凝集的详细机制尚不十分清楚。

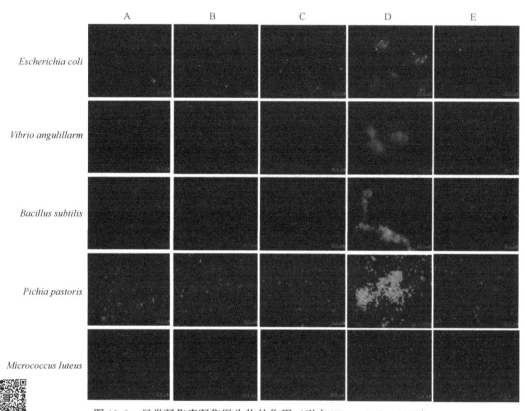

图 12-5　贝类凝集素凝集微生物的作用（引自 Wang et al., 2012）

A. 菌和 10mmol/L CaCl$_2$ 溶液孵育；B. 菌和 60μg/mL rTrx、10mmol/L CaCl$_2$ 溶液孵育；C. 菌和 60μg/mL rAiCTL-9 蛋白溶液孵育；D. 菌和 60μg/mL rAiCTL-9 蛋白溶液、10mmol/L CaCl$_2$ 溶液孵育；E. 菌和 60μg/mL rAiCTL-9 蛋白溶液、10mmol/L CaCl$_2$ 溶液、10mmol/L 乙二胺四乙酸（EDTA）溶液孵育

（四）细胞凋亡

细胞凋亡（apoptosis）是一种重要的贝类细胞防御机制，其经典的凋亡特征已在许多

贝类中被鉴定。研究表明，多种生物与非生物因素胁迫包括细菌、病毒、寄生虫、温度、盐度、干露及重金属等均能诱导贝类血淋巴细胞的凋亡。例如，高盐或高温胁迫能诱导长牡蛎血淋巴细胞发生凋亡，重金属、三基丁烯及多环芳香烃等污染物可诱导贝类细胞发生凋亡。病原微生物既可以诱导贝类血淋巴细胞的凋亡，也可以抑制细胞凋亡。柠檬色动性球菌（*Planococcus citreus*）能够诱导长牡蛎细胞的凋亡，而帕金虫（*Perkinsus marinus*）和尼氏单孢子虫（*Haplosporidium nelsoni*）均可显著性抑制长牡蛎血淋巴细胞的凋亡。此外，贝类细胞膜上的受体（如激素类受体）及整合素也参与细胞凋亡通路的激活。长牡蛎血淋巴细胞与含RGD 结构域蛋白、整合素孵育，可以诱导细胞凋亡（图 12-6）。与哺乳动物细胞的失巢凋亡（anoikis，细胞外基质和其他细胞脱离接触而诱发的）不同，不管是非黏附、黏附还是游离的贝类血淋巴细胞均可发生 RGD 诱导的细胞凋亡，表明整合素介导的凋亡通路不依赖于细胞黏附。第二线粒体源的胱天蛋白酶激活因子（second mitochondria-derived activator of caspase，Smac）可以通过激活 caspase-3 调节贝类血淋巴细胞凋亡，而去甲肾上腺素（noradrenaline）可以通过 β-肾上腺素能受体介导的信号通路诱导贝类血淋巴细胞发生凋亡。

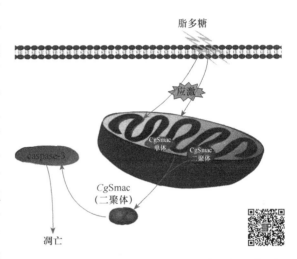

图 12-6　长牡蛎中 Smac 和 caspase-3 介导的血淋巴细胞凋亡（引自 Lv et al.，2019）

　　贝类中细胞凋亡的信号通路高度保守，目前已证实贝类中存在两条主要的凋亡途径，即内源性途径（又称为线粒体途径）和外源性途径。许多凋亡通路中的重要元件，如 caspase 家族蛋白（cysteinyl aspartate specific proteinase）caspase-1、caspase-3、caspase-7、caspase-8，Fas 相关死亡域蛋白（Fas-associated with death domain protein，FADD），细胞色素 c（cytochrome c），抗凋亡因子（B-cell lymphoma-2，Bcl-2），凋亡抑制蛋白（inhibitor of apoptosis protein，IAP），促凋亡基因 *BAX*/*BAK* 和肿瘤抑制因子 p53 等已得到鉴定，其结构及功能高度保守。此外，研究表明，贝类中还存在不同于线虫和果蝇等其他无脊椎动物的 caspase 非依赖型细胞凋亡通路。目前研究表明，参与凋亡调控的各种分子元件及其功能在贝类中高度保守，提示贝类中存在与脊椎动物非常相似的细胞凋亡调控机制。然而也有一些证据显示，软体动物中可能存在一些特殊的凋亡调控通路，但其复杂的调控机制仍不明确，尚待进一步研究。

第四节　贝类免疫研究热点

　　贝类免疫学的研究已有百余年的历史，最早可追溯到德国动物学家 Ernst Haeckel（1834—1919）的工作。20 世纪 50 年代以前，贝类免疫学的研究比较零散。20 世纪 50 年代，有学者对美洲牡蛎体内颗粒和可溶性外源物质进行了跟踪观察，从而开创了贝类免疫学领域。近年来，在贝类免疫系统的分子和细胞组成、免疫应答过程及调节机制等方面取得了重要进展。目前，造血组织，血细胞的增殖分化及分类和鉴定，免疫识别机制、免疫信号的转导通路、关键免疫效应分子的合成释放、病原生物的清除等免疫应答过程，神经内分泌系统对免疫应答的调节，以及贝类的免疫致敏与免疫记忆等是目前的研究热点。深入研究以上问题将对揭示无脊椎动物免疫学的基础理论，养殖贝类病害的监测、防治及抗逆新品种的培育等具有重要的指导意义。

一、贝类免疫应答的神经内分泌调节

脊椎动物中，由神经内分泌系统释放的神经递质、神经调质和激素在机体应对病原侵染的免疫应答过程中发挥重要的调节作用。目前证据表明，贝类已进化形成结构和功能较完善的神经内分泌系统。贝类拥有胆碱、儿茶酚胺、脑啡肽、五羟色胺等神经内分泌系统，均能调节免疫应答。

贝类的胆碱、儿茶酚胺、脑啡肽等神经内分泌系统可以被外源性因子和内源性细胞因子激活，释放乙酰胆碱（acetylcholine，Ach）、去甲肾上腺素（norepinephrine，NE）和脑啡肽（enkephalin，ENK）等神经递质，通过 p53、EGF 等信号通路调节细胞因子（如 TNF-α）和转录因子（如 NF-κB、AP-1）等的表达。例如，在长牡蛎和栉孔扇贝的免疫应答过程中，TNF-α 等细胞因子能激活儿茶酚胺神经内分泌系统，进而释放出儿茶酚胺（多巴胺、肾上腺素、去甲肾上腺素），改变血淋巴中儿茶酚胺的浓度，并通过细胞膜上的儿茶酚胺受体调节血淋巴细胞的吞噬和效应分子的合成等过程。

一氧化氮（nitric oxide，NO）在脊椎动物的神经内分泌免疫调控网络中发挥着双重作用，一方面作为免疫系统的效应部分，直接参与入侵病原的清除；另一方面，作为重要的神经递质调节免疫应答水平。双壳贝类 NO 系统的组成不同于脊椎动物，但同样具有非常重要的生理学意义。长牡蛎中一氧化氮合酶（nitric oxide synthase，NOS）尚未出现分型，其序列结构具有类似高等动物神经型 NOS（neuronal NOS，nNOS）的特征，其活性特征类似 nNOS 和诱导型 NOS（inducible NOS，iNOS）（图 12-7）。贝类 NOS mRNA 转录本对应多种蛋白质表达

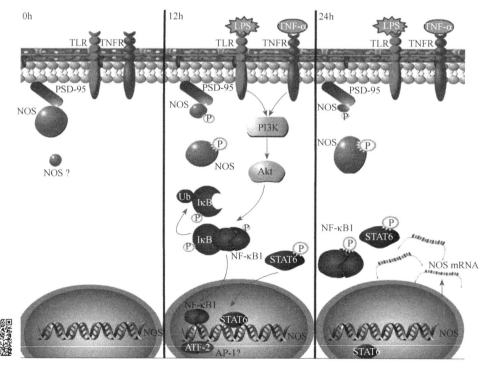

图 12-7　长牡蛎 NOS 的转录激活机制（引自 Jiang et al.，2016）

形式，部分 NOS 通过 PSD-95 蛋白锚定在细胞膜的胞内侧。当贝类受到免疫刺激后，NE-α/β-AR-cAMP/Ca^{2+}途径被激活，NF-κB、STAT 等转录因子参与调控 NOS 的表达；同时，NOS从细胞膜转位到细胞质以改变 NO 的合成速率，生成的 NO 参与了对贝类固有免疫应答反应的调控。

　　血淋巴细胞是贝类的主要免疫细胞，几乎所有的神经内分泌免疫调节作用都通过血淋巴细胞来完成。以血淋巴细胞合成和释放神经递质与激素为特征的非经典调节途径可能在其免疫防御及内稳态维持中发挥至关重要的作用。阐明不同神经递质、激素、细胞因子对免疫应答的调节机制及其协同作用，将为深入了解贝类免疫防御机制奠定基础。

二、贝类免疫应答的适应性特征

　　越来越多的研究显示贝类中存在免疫致敏现象，贝类的免疫应答具有一定的记忆性。例如，灿烂弧菌（*Vibrio splendidus*）的连续刺激可诱导长牡蛎产生免疫致敏，表现为血淋巴细胞通过快速增殖及增强吞噬作用来更快、更强地抵御灿烂弧菌的二次侵染。其作用机制可能涉及遗传水平（受体基因的多样性）、分子水平（Toll 样信号通路）及多种效应过程（吞噬作用、造血作用及血清因子等）的剂量或协同效应。致敏后的长牡蛎可能通过诱导一些参与吞噬作用的基因（如 *Cgintegrin*、*CgPI3K*、*CgRab32* 和 *CgNADPH* 等）的表达来特异性增强血淋巴细胞的吞噬作用，并通过诱导造血相关因子 *CgRunx1* 和 *CgBMP7* 的表达来增加新生血淋巴细胞的数目，从而快速响应灿烂弧菌的二次侵染。*CgEcSOD* 是一类分泌到血淋巴细胞外的 Cu/Zn-SOD，可降低致敏长牡蛎的炎症反应。免疫致敏后，贝类血淋巴细胞的数量及粒细胞的比例显著升高，血淋巴细胞在长牡蛎免疫致敏过程中发挥关键性作用，初次病原微生物的刺激可能导致无脊椎动物产生一类少量的、特殊的血淋巴细胞，它们在宿主体内留存的时间随物种种类、寿命及生境的不同而不同；当机体再次遭遇同种病原侵染时，它们能够促使宿主血淋巴细胞的快速增殖分化，引发更强的吞噬作用，使得机体能够产生更强、更快的免疫反应，具体的机制仍有待深入探索。

主要参考文献

Jiang Q, Liu Z, Zhou Z, et al. 2016. Transcriptional activation and translocation of ancient NOS during immune response. The FASEB Journal, 30(10): 3527-3540.

Lv Z, Song X, Xu J, et al. 2019. The modulation of Smac/DIABLO on mitochondrial apoptosis induced by LPS in *Crassostrea gigas*. Fish and Shellfish Immunology, 84: 587-598.

Wang L, Wang L, Yang J, et al. 2012. A multi-CRD C-type lectin with broad recognition spectrum and cellular adhesion from *Argopecten irradians*. Developmental & Comparative Immunology, 36(3): 591-601.

Wang L, Zhang H, Wang L, et al. 2017b. The RNA-seq analysis suggests a potential multi-component complement system in oyster *Crassostrea gigas*. Developmental & Comparative Immunology, 76: 209-219.

Wang W, Li M, Wang L, et al. 2017a. The granulocytes are the main immunocompetent hemocytes in *Crassostrea gigas*. Developmental & Comparative Immunology, 67: 221-228.

Xin L, Zhang H, Du X, et al. 2016. The systematic regulation of oyster CgIL17-1 and CgIL17-5 in response to air exposure. Developmental & Comparative Immunology, 63: 144-155.

Yang J, Huang M, Zhang H, et al. 2015. CfLec-3 from scallop: an entrance to non-self recognition mechanism of invertebrate C-type lectin. Scientific Reports, 5(1):10068.

第十三章　甲壳动物免疫

第一节　甲壳动物免疫系统

水产养殖的飞速发展，对提高甲壳动物的免疫力来应对错综复杂的外部环境提出了更深层次的要求。当前，在关于甲壳动物免疫应答能力的诸多研究中，对一些免疫相关因素和一些免疫通路有了一定的了解。甲壳动物提高免疫力不仅是要提高单个或部分免疫指标，还体现在动物机体对免疫的敏感性和对外界环境变化的平衡能力。甲壳动物免疫系统中免疫因子与免疫通路的相互作用极其复杂，涉及不同因素、不同层次。随着研究的不断深入，对甲壳动物免疫机制的进一步探索，为今后甲壳动物免疫系统方面的研究奠定了基础。

虾、蟹等甲壳动物属于无脊椎动物节肢动物门（Arthropoda）甲壳纲（Crustacea），因身体外披有一硬质的盔甲而得名。甲壳动物的分类十分复杂，共分为 8 个亚纲 30 余目约 35 000种，多数栖息在海洋里，少数生活在淡水的江河湖沼中，极少数陆栖生活。区别于脊椎动物的免疫系统，甲壳动物的免疫系统尚不健全，由极少量的免疫器官、免疫细胞和免疫因子所构成，然而以上这些免疫成员却能广泛识别外界的大多数异物，并对其形成了主动的免疫应答。一般来说，与脊椎动物的获得性免疫相比，无脊椎动物只有先天性免疫。例如，甲壳动物的免疫系统主要由细胞免疫和体液免疫组成。而细胞免疫则主要是由血中淋巴细胞发挥，其吞噬能力和包囊作用可以用来防止异物的进入，体液免疫发挥作用的主要是一些存在于血淋巴中的免疫因子，包括酶（如溶菌酶、酚氧化酶、碱性磷酸酶、酸性磷酸酶和超氧化物歧化酶等）、免疫因子（如凝集素、溶血素等）及调节因子（如酚氧化酶原激活系统）等。两者相辅相成，它们在甲壳动物的免疫系统中起着重要作用。例如，血淋巴细胞可以合成和释放体液免疫因子，体液免疫因子可反过来影响细胞免疫。甲壳动物通过细胞免疫和体液免疫的联合作用，进行识别、凝集、沉淀、包裹、溶解致病异物，抑制病原体的生长和扩散。

一、虾类免疫系统

虾类属于节肢动物门（Arthropoda）甲壳纲（Crustacea）十足目（Decapoda）游泳亚目（Natantia），如日本沼虾（*Macrobrachium nipponense*）、南美白对虾（*Litopenaeus vannamei*）和斑节对虾（*Penaeus monodon*）。虾的躯体长而扁，主要分为两部分：头胸部和腹部。头胸部由头胸甲包被，头胸甲呈圆筒形，前有眼柄、额角等，负责嗅觉、触觉及身体平衡等方面，呼吸器官鳃位于头胸部两侧，被包裹在头胸甲之下。腹部分为 6 个腹节和一个尾节，尾节又名尾扇，帮助虾类控制方向。虾类有很多对附肢，胸肢前 3 对为颚足，在进食过程中协助把持食物，后 5 对为步足，主要用来捕食及爬行（图 13-1）。目前研究表明，虾类的免疫系统由免疫细胞、免疫器官和体液免疫因子组成。

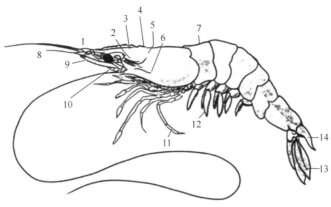

图 13-1　虾的形态

1. 额角；2. 眼后脊；3. 侧脊；4. 胃上刺；5. 肝刺；6. 肝脊；7. 腹部；
8. 第一触角；9. 触角鳞片；10. 第三颚肢；11. 胸肢；12. 腹肢；13. 尾肢；14. 尾柄

（一）虾类免疫细胞

免疫细胞是能够参与或与免疫反应有关的细胞。对虾的免疫细胞主要分为两种：一种是固着性细胞，另一种是血淋巴细胞。

1. 固着性细胞　　虾类的固着性细胞具有识别、吞噬和清除外源蛋白类物质与病毒的能力，主要由 3 部分组成：①足细胞（podocyte），分布于甲壳动物的鳃和触角腺；②吞噬性储藏细胞（phagocytic reserve cell），分布于甲壳动物的心脏和肌纤维上；③固着性吞噬细胞（sessile phagocyte），分布于肝胰腺细动脉管壁。

2. 血淋巴细胞　　因为虾的不同种类和形态，以及血淋巴细胞在体外易变形的特点，近年来对血淋巴细胞分类的研究进展缓慢。虽然对虾类血淋巴细胞的电镜、组织化学和免疫学研究取得了部分成果，但仍没有统一的分类标准。当前普遍接受的分类观点为，根据血淋巴细胞的大小和有无颗粒将其分为 3 种类型：透明细胞（hyaline cell）、半颗粒细胞（semi-granular cell）和颗粒细胞（granular cell）。虾类血淋巴细胞的免疫功能见表 13-1。

表 13-1　虾类血淋巴细胞的免疫功能

细胞类型	免疫功能
透明细胞	吞噬作用，参与血淋巴凝固、伤口修复
半颗粒细胞	包裹作用，吞噬作用，储存和释放酚氧化酶原激活系统，细胞毒性作用
颗粒细胞	储存和释放酚氧化酶原激活系统，细胞毒性作用，伤口修复

（1）透明细胞　　透明细胞没有电子致密颗粒，也称为无颗粒淋巴细胞。细胞呈近球形，直径 $10\sim12\mu m$，核质比较高，细胞质中含有少量核糖体、粗面内质网、滑面内质网和线粒体。透明细胞的附着和扩散能力较强，具有较强的吞噬能力，体外活化的酚氧化酶原激活系统可以激活其吞噬能力。

（2）半颗粒细胞　　半颗粒细胞能够识别和吞噬异物，是甲壳动物免疫防御机制中的重要细胞。细胞呈球形或卵圆形，直径 $9\sim11\mu m$，核质比较低，细胞质中含有大量体积较小的高电子密度颗粒（直径为 $0.4\mu m$ 左右）和线粒体。经研究发现，离开生物体的半颗粒细胞特别敏感，易进行脱颗粒作用并释放酚氧化酶系统组分。半颗粒细胞在脱颗粒后才能激活其吞噬活性。

（3）颗粒细胞　　颗粒细胞的附着和扩散能力较弱，且没有吞噬能力。细胞呈球形或椭圆形，直径 20～30μm，核质比较低，细胞质中含有较多体积大的高电子密度颗粒（直径为0.8μm 左右），颗粒内含有大量的酚氧化酶原。颗粒细胞在受到活化的酚氧化酶原系统刺激后，能立刻发生胞吐反应，释放酚氧化酶，促进透明淋巴细胞的吞噬作用。

上述 3 种血淋巴细胞对虾类的免疫防御反应具有协同作用。半颗粒细胞对异物刺激敏感，立即出现胞吐反应，释放酚氧化酶系统组分。一方面，激活的酚氧化酶系统组分作用于透明淋巴细胞，诱导其发挥吞噬作用；另一方面，活化的酚氧化酶系统组分刺激颗粒细胞释放更多的酚氧化酶系统组分，参与体液免疫应答。目前，关于虾的血淋巴细胞的进化有 3 种观点。一是所有类型的血淋巴细胞都来源于单一类型的干细胞。二是 3 种血淋巴细胞是由一种干细胞在造血组织中分化而来的。三是干细胞可以分化成两种：一种为颗粒细胞和透明细胞，而半颗粒细胞则是未成熟的颗粒细胞；另一种为颗粒状淋巴细胞和半颗粒状淋巴细胞，而透明细胞则是这两种细胞的不成熟阶段。

（二）虾类免疫器官

免疫器官是指参与免疫反应的器官，虾类免疫器官主要有鳃（gill）、血窦（haemal sinus）和淋巴器官（lymphoid organ）。此外，甲壳是甲壳动物的外骨骼，不是免疫器官，但是免疫防御机制的第一道物理屏障。其主要发挥的功能为保护动物躯体、内脏器官不受外来异物的影响，不仅如此，通过实验研究发现，甲壳外表皮上有苯醌、蛋白酶抑制剂和抗菌肽，可起到抗菌、降解外源病原体、防止病原体入侵的作用。

1. 鳃　　鳃也是虾类免疫防御机制的重要组织结构，鳃丝可滤过较大的异物，使其被阻挡在体外，但一些较小的异物通过口腔或鳃丝进入机体时，首先可通过血淋巴细胞吞噬去除，还可通过血淋巴进入鳃中存储和清除。其主要途径为异物先被过滤入鳃丝内，并贮存于血窦逐渐扩大的内部和鳃丝末端，继而经由囊中的血淋巴细胞进入鳃吞噬排除，并于虾蜕皮后排出体外。

2. 血窦　　血窦分布于虾体内，它提供了血淋巴交换的场所，也是病原微生物经常侵入的场所。异物通过血窦过滤侵入体内后，血淋巴细胞的数量会增加，以加强吞噬作用，吞噬小体降解产物和毒素能够引起炎症反应。

3. 淋巴器官　　淋巴器官是甲壳动物中最重要的免疫器官之一，具有过滤血淋巴液、清除异物、生成淋巴细胞的功能。淋巴器官位于虾类胃的腹侧，左右各 1 叶，长 5～7mm，周围由结缔组织膜包被，内部由淋巴小管（动脉管）和球状体组成。对淋巴小管超微结构的实验观察表明，它由相似的形态组成，具有很高的吞噬活性，其吞噬活性甚至强于血液中的淋巴细胞。目前，球状体被认为是由血淋巴细胞聚集而形成的具有酚氧化酶和过氧化物酶活性的细胞。常见的虾类对于病原微生物感染后的反应是生成球状体，根据球状体的形态变化，球状体可分为 3 个阶段：没有囊性纤维细胞的肿瘤样阶段、完全被纤维细胞包围的球形阶段和具有囊泡细胞的变性阶段。

（三）虾类体液免疫因子

虾类血淋巴中含有多种免疫因子，包括天然形成的和经诱导产生的，如模式识别蛋白、凝集素、酚氧化酶原激活系统、溶血素、抗菌肽、热休克蛋白等。

二、蟹类免疫系统

蟹类属于节肢动物门（Arthropoda）甲壳纲（Crustacea）十足目（Decapoda）爬行亚目（Reptantia）。蟹类身体分为头胸部、腹部和胸足（胸部附肢）3 部分。头胸甲特别发达，呈横椭圆形，通称"蟹兜"，额剑退化。腹部退化而扁平，左右对称，弯曲贴附在头胸部之下，通称"蟹脐"，雌蟹的蟹脐呈半圆形，雄蟹的蟹脐呈三角形。蟹多无尾肢，也不形成尾扇（图 13-2）。

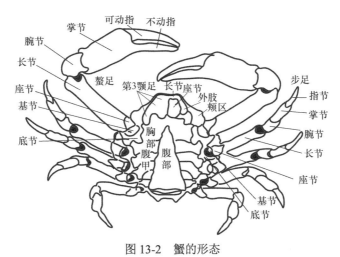

图 13-2　蟹的形态

由于养蟹业滞后于养虾业，人们对蟹类免疫学的研究远远落后于虾类免疫学，目前虽然尚未有系统的蟹类免疫系统研究资料，但是许多学者已证实蟹类免疫系统中至少含有血淋巴细胞和体液免疫因子。蟹类能在自然界中长期生存，必然具有抵抗外来病原微生物侵袭的免疫系统和免疫能力，蟹类血淋巴细胞也具有很强的吞噬作用，但有关蟹类血淋巴细胞的包囊作用和伤口修复目前尚未见报道，因此，蟹类基础免疫学理论的研究有待于进一步加强。

第二节　甲壳动物免疫特性

一、影响甲壳动物免疫功能的主要因素

20 世纪 80 年代以来，甲壳动物的人工养殖得到迅速发展。但随着养殖规模的不断扩大，养殖病害频繁发生，给水产养殖业造成了巨大的经济损失。水质环境对于生活在水体中的甲壳动物至关重要，环境因子会对其生物体生存状态产生压力，生物体难以维持正常的生存状态时，应激反应也会引起自身免疫力下降，更易感染病原菌。在复杂的生存环境中，不同的环境胁迫因子往往相互作用，增加危害。目前环境免疫的相关研究主要集中在自然节律、酸碱度、溶解氧、盐度、重金属、有机物和营养等外界因素对甲壳动物免疫功能的影响。

（一）自然节律对甲壳动物免疫功能的影响

潮汐、昼夜和季节变化等自然规律也影响甲壳动物的免疫功能。研究表明，三叶真蟹

（*Carcinus maenas*）的血淋巴细胞数量（total hemocyte count，THC）和酚氧化酶活性随潮汐高度的日变化而呈现显著的波动。低潮时，血淋巴细胞数量少，酚氧化酶活性高，高潮时血淋巴细胞数量多，酚氧化酶活性低。

季节的影响，主要表现在水体温度的改变。温度是水生生物生长存活中最重要的环境因素。甲壳动物是变温动物，当外界环境温度升高时，甲壳动物的代谢率增加，体温也逐渐升高。当环境温度下降时，甲壳动物的代谢率也随之降低，体温也逐渐下降。因此，甲壳动物的各种生理功能，包括免疫功能，受水体温度的影响极大。在一定温度范围内，甲壳动物的血淋巴细胞数量与季节温度呈正相关，在冬季血淋巴细胞数量最少，而在春季随水温的升高，血淋巴细胞的生成增加，血淋巴细胞数量也随之增加。在温度骤变时，血淋巴细胞数量减少，其原因可能是温度骤变使甲壳动物的生理功能和某些组织器官受到破坏，血淋巴细胞进行定向迁移，以帮助恢复和再生受损的组织器官。由此可见，环境温度对于甲壳动物的免疫功能的影响可以通过血淋巴细胞数量来体现。环境温度也可以影响甲壳动物体液免疫因子的活力，日本沼虾（*Macrobrachium nipponense*）和中国明对虾（*Fenneropenaeus chinensis*）酚氧化酶活力的最适温度分别为 40℃ 和 50℃，高于或低于该温度，酶活力均迅速下降。甲壳动物血清凝集素对热不稳定，温度超过 56℃ 即会失活。此外，溶血素也会受到温度的影响。在 30～60℃ 范围内，其活性随着温度的升高而增加，但在 60℃ 以上时会被灭活。在养殖生产过程中，如何调控温度来调节甲壳动物体液免疫因子的活性，降低病原体的致病力，从而提高甲壳动物的抗病性，需要进行更深入的探索。

（二）酸碱度、盐度和溶解氧对甲壳动物免疫功能的影响

1. 酸碱度对甲壳动物免疫功能的影响　　白天，水中的浮游生物吸收二氧化碳进行光合作用，增加了水体的 pH；夜晚，水体中生物经呼吸作用放出二氧化碳，使水体 pH 降低。在一定范围内，水体 pH 的变化对机体免疫系统的影响不大，但当水体中的 pH<4.8 或 pH>10.6 时，会改变甲壳动物的呼吸活动，影响鳃从外部吸收氧气的能力，从而影响其免疫力。

2. 盐度对甲壳动物免疫功能的影响　　盐度也是影响甲壳动物免疫功能的重要环境因子。环境盐度与体液渗透调节密切相关。只有处于等渗点时，甲壳动物才能保持正常的生理功能和生长状态。水体盐度的改变会破坏甲壳动物机体的渗透平衡。大多数的甲壳动物属于渗透调节型动物，即通过对渗透压进行调节以使体液渗透浓度保持一定。当水体盐度发生变化时，甲壳动物可以通过调整其形态结构和生理功能来维持正常的代谢活动。例如，当环境中盐度改变时，首先，甲壳动物改变其鳃上皮角质层的通透性，然后收缩顶端细胞膜的微绒毛，使其变短变厚。最后，它们改变了细胞体积，减少了细胞顶部的表面积，并增加了细胞中线粒体的数量，改变细胞膜通透性。同时，作为一种外源刺激和环境胁迫因子，盐度的变化可引起甲壳动物相关免疫指标（如血淋巴数量和酚氧化酶活性）的变化。特别是盐度的降低会显著减少血淋巴数量，导致酚氧化酶活性增强，由此引起机体免疫防御能力降低，条件致病菌大量生长繁殖，并进一步导致甲壳动物疾病暴发。因此，在甲壳动物养殖生产中，应时刻监测水体盐度，使其保持基本稳定。

3. 溶解氧对甲壳动物免疫功能的影响　　溶解氧含量也是甲壳动物养殖环境中重要的影响因子之一。水体 pH 的降低常伴随二氧化碳浓度增加和溶解氧含量减少。水体中出现的低氧现象是水产养殖中常见且危害较为突出的胁迫因子，它会对水产养殖的动物在行为、生长、繁殖等方面产生严重的限制，甚至导致大规模死亡现象频频发生。甲壳动物对低氧环境

有一定程度的耐受性，当环境中溶解氧小幅度降低时，甲壳动物能够通过降低机体代谢率和调节血淋巴渗透压来适应溶解氧不足的情况。一旦超出其耐受范围，甲壳动物的免疫力会降低，容易感染各种病菌，甚至死亡。实验还证实，当水中溶氧量降低时，红额角对虾（*Penaeus stylirostris*）更加容易感染弧菌。所以，在养殖水体表面配备加氧器，及时加氧，是一种经济、方便、有效提高甲壳动物免疫力和预防疾病的方法。

（三）重金属与有机物对甲壳动物免疫功能的影响

1. 重金属对甲壳动物免疫功能的影响　重金属离子 Pb^{2+}、Zn^{2+}、Hg^{2+}、Cr^{2+} 是甲壳动物养殖环境中的重要污染物。甲壳动物对重金属离子具有一定的适应性，微量或极微量重金属离子有利于增强甲壳动物对疾病的抵抗力，然而高浓度重金属离子则会对甲壳动物产生毒性，抑制其生长发育甚至导致其死亡。常见的重金属离子对甲壳动物血淋巴细胞的毒性程度从强到弱依次为 Pb^{2+}、Zn^{2+}、Hg^{2+}、Cr^{2+}、Cu^{2+} 和 Cd^{2+}。

钠钾泵（Na^+/K^+-ATPase）是在所有高等真核生物中发现的跨膜蛋白复合物，其作为维持细胞中离子运输和渗透平衡的关键元件，对于细胞的渗透调节、物质运输和信息传递等生理功能均具有重要意义。同时，Na^+/K^+-ATPase 对环境中的多种有毒物质也非常敏感，环境中重金属离子浓度较高或作用时间延长，Na^+/K^+-ATPase 活性显著减弱；环境中重金属离子浓度较低或作用时间较短，Na^+/K^+-ATPase 活性显著增强。目前认为，重金属离子可通过多种途径改变酶的活性和功能。例如，重金属与 Na^+/K^+-ATPase 的不同位点结合，能够改变酶的活性；重金属通过改变细胞膜的通透性，使底物浓度发生变化，以此来影响酶的活性；重金属替代正常的辅助因子来改变酶的活性。鳃是甲壳动物重要的呼吸器官，对水环境中的重金属毒性敏感，能够过滤水体，在鳃上皮细胞内的 Na^+/K^+-ATPase 参与甲壳动物渗透压调节。所以，在甲壳动物养殖时，可以把 Na^+/K^+-ATPase 当作重金属污染的主要监测指标。

2. 有机物对甲壳动物免疫功能的影响　氨氮是甲壳动物生长的环境胁迫因子，主要由生物残饵、排泄物等含氮有机物分解产生。氨氮在养殖水体中以离子态（NH_4^+）和非离子态（NH_3）两种形式存在，两者可以相互转化，其中，非离子态无电荷，具有很强的脂溶性，能穿透细胞膜而表现出毒性作用。已有研究表明，水生动物长期生活在氨含量高的水中，一方面阻碍了其体内氨氮废物的排泄；另一方面，水中的氨分子通过自由扩散渗透到组织液中，然后进入动物体内，使血液中血红蛋白运输氧的能力降低，导致甲壳动物组织缺氧或中毒。同时，氨氮对甲壳动物的免疫系统也能产生不利影响，氨氮浓度升高，甲壳动物的血淋巴细胞数量明显减少，免疫相关酶和细胞黏附分子的表达水平下降，酚氧化酶、超氧化物歧化酶、碱性磷酸酶和酸性磷酸酶的活性降低，机体抗病力下降，对病原微生物的易感性增加，如溶藻菌、乳球菌和肠球菌。氨氮积累可引起严重的组织学改变，扰乱代谢谱，抑制免疫系统，阻碍生长，引起神经功能障碍，损害呼吸，降低繁殖力。毒理学研究同样表明氨对多种对虾有强烈的负面影响。有研究表明，氨可以渗透到血淋巴中，并在氨水平升高时转化为谷氨酰胺（Gln）、尿素或尿酸，从而降低其毒性。Gln 作为中间物质储存在肌肉中，而尿素可能主要在肝胰脏合成，然后通过血淋巴转移到其他组织。少量尿酸可由生物体内嘌呤核苷酸的合成代谢合成。因此，Gln、尿素和尿酸水平可作为评价氨毒性的合适物理指标。其他有机物如聚苯乙烯纳米塑料（NPS）被生物摄取后可能在几乎所有组织中积累。NPS 对生物的生长、繁殖、免疫和营养代谢等方面都有影响，在多个生理水平上造成复杂和严重的毒性。已有的一些研究证明，NPS 会对水生无脊椎动物免疫系统造成负面影响，主要涉及吞噬作用、呼吸爆发和免疫相关基因的表达。之前的一项研究表明，在消化组织中积累的NPS可以转运到血淋巴中，经乳糖转化为血细胞，导致生物免疫稳态严重失衡。特别是，考虑到水环境中多种复杂病原微生物对无脊椎动物的潜在威胁，正常免疫系统的破坏可能导致病原易感性和死亡率的直接增加。然而，在血淋巴中积累的NPS是否能进入血细胞，以及对水生无脊椎动物免疫功能的影响尚不清楚。NPS是否可以通过水环境中致病菌的协同作用提高甲壳动物的死亡率和细菌敏感性，还需要进一步的研究。

（四）营养对甲壳动物免疫功能的影响

随着水产养殖的迅速发展，对甲壳动物营养与免疫关系的研究逐渐展开。研究表明，甲壳动物的营养需求、血液代谢与免疫功能有密不可分的联系。日粮中蛋白质水平、聚糖类物质水平、维生素水平和硒、钴、锰等微量元素水平均可影响机体免疫应答。

1. 蛋白质对甲壳动物免疫功能的影响　　许多学者经研究发现，甲壳动物日粮中蛋白质含量明显影响机体的各种生理功能，尤其是免疫系统的功能。蛋白质是甲壳动物饲料的重要组成部分，且相比于哺乳动物来说，甲壳动物饲料需要更高的蛋白质含量。有研究证明，低蛋白质饲料会影响甲壳动物的免疫系统，如血淋巴细胞数量减少，血淋巴细胞吞噬能力下降，胞内酶表达下降，免疫相关酶和免疫因子活性下降。持续喂养高蛋白质饮食，可以升高甲壳动物的生长系数、增加肝糖原含量，而且氧合血蓝蛋白量、血淋巴细胞总数和酚氧化酶活性均与饲料蛋白质含量呈剂量依赖关系。

2. 维生素对甲壳动物免疫功能的影响　　维生素（vitamin）是人和动物为维持正常的生理功能而必须从食物中获得的一类微量有机物质，在生物生长、代谢、发育过程中发挥着重要的作用。维生素长期摄入不足会导致动物物质和能量代谢紊乱，生长不良、迟缓，对抗疾病和压力的能力下降，甚至死亡。因此，营养充足和均衡的饲料是集约化养殖成功的重要条件。

3. 聚糖类物质对甲壳动物免疫功能的影响　　聚糖类物质包括多聚糖、寡聚糖和肽聚糖等糖类衍生物，目前已证明它们是一类广谱的非特异性免疫增强剂，在甲壳动物日粮中添加一定水平的聚糖类物质可以增加机体血淋巴细胞总数，增强血淋巴细胞活性和溶酶体酶活性，提高甲壳动物对病原微生物的抵抗能力，减少疾病的发生。

4. 硒、钴、锰对甲壳动物免疫功能的影响　　硒是动物生命必需的微量营养素，也是谷胱甘肽过氧化物酶（GSH-Px）的一种成分，可以有效防止细胞线粒体的脂质过氧化，保护细胞膜免受脂质代谢物的损伤。硒和脊椎动物免疫的关系已研究清楚，正常含量的硒能显著提高脊椎动物吞噬细胞的吞噬作用，增强 T 细胞活性和刺激机体产生抗体。硒对甲壳动物的免疫功能也有很大影响，研究表明，在虾蟹饲料中添加适量的硒多糖，可明显增强虾蟹血淋巴细胞的吞噬能力及清除异物的能力，提高酸性磷酸酶、超氧化物歧化酶和溶菌酶的活性。

钴是维生素 B_{12} 的组成成分，大多数动物都需要钴来合成维生素 B_{12}。有研究表明，钴能增强机体造血能力，降低血糖。缺钴会降低抗体产生量及血清中 IgG 水平，使细胞免疫应答能力降低，更容易感染病原微生物。有实验证明，钴也是甲壳动物生长必需的微量元素，当添加量为每千克饲料 0.05～0.075g 时，中国明对虾的体长和体重增长率最高，肝胰腺中羧肽酶 A 的活性最高，机体免疫力最强。

锰在生物组织中广泛存在，是一种激活剂，能够激活如激酶、转移酶、水解酶和脱羧酶等，同时也是精氨酸酶、丙酮酸羧化酶和超氧化物歧化酶的活性基团或辅因子。锰能促进机体生长，增强机体免疫力，提高动物的繁殖性能。在日粮中添加适量的锰可以明显促进中国明对虾幼体的变态发育，机体免疫力增强。在饲料中添加适宜的锰能够显著促进含锰超氧化物歧化酶 mRNA 的表达量进而提高酶活性。但在饲料中添加锰过量时，也会对虾蟹产生不利影响。例如，中国明对虾摄入过量的锰，会导致变态率低，仔虾行动迟缓且蜕皮困难。

二、甲壳动物免疫指标检测方法

（一）血淋巴细胞数量

1. 总血淋巴细胞数（THC）的测定　　利用血细胞计数板进行血淋巴细胞数的计算，血细胞计数板有两个分为 9 个 $1mm^2 \times 0.1mm$ 大正方形的计数室，4 个角的 $1mm^2$ 正方形再划分为 16 个小正方形，即正方体的体积为 $1.0 \times 10^{-4}mL$。选取 4 个角的正方形，计算其中的血细胞数量，每毫升血淋巴液中的血淋巴细胞数目的计算公式为：4 个正方形中血淋巴细胞总数/$4 \times 10^4 \times$ 稀释倍数。

2. 不同类型血淋巴细胞数（DHC）的测定　　用针管吸取甲壳动物的血淋巴液 0.2mL，置于 1.5mL 离心管中，加入 4% 的细胞固定液（甲醛溶液）0.2mL，混合均匀。取一到两滴混合后的液体滴在载玻片上，晾干、甲醇固定，每组做 3 个重复。用蒸馏水冲洗后再用吉姆萨（Giemsa）染液染色 5～10min，水洗，用 95% 乙醇分色 10～30s，再用蒸馏水冲洗，自然风干，并通过显微镜检查。使用油镜观察，每个实验玻片随机选取 100 个细胞，对透明细胞、小颗粒细胞和颗粒细胞进行鉴别和计数。

3. 血淋巴细胞存活率的测定（台盼蓝染色排除法）　　由于细胞膜的完整性，台盼蓝染料不能轻易穿过活细胞的细胞膜对其进行染色，但细胞死亡后，能轻易穿过其细胞膜，并染成蓝色，以此来区分死细胞和活细胞。

（二）血淋巴细胞酶化学指标

细胞最常见的防御反应是吞噬作用，血淋巴细胞与体液因子共同组成了表皮的物理与生化屏障，并构成了对抗入侵者的第一道屏障。吞噬细胞所分泌的溶酶体酶能高效分解和去除异物，仅通过测定与吞食作用有关的溶酶体酶（如 α-乙酸乳糖酶、β-葡糖苷酶和酸性磷酸酶）就可间接证实对血液淋巴的吞噬作用。观察甲壳动物免疫效果评价指标之一的血淋巴细胞溶酶体酶活性的变化，并用油镜观察。其检测方法为，吸取血淋巴液，滴在载玻片上，制成血涂片。使用染色液如酸性及碱性磷酸酶染色液、α-乙酸萘酯酶（α-NAE）染色液、β-葡萄糖苷酶染色液对涂片进行染色，制片完毕后使用油镜观察。对血淋巴细胞的计数方法同上，以阴性样品为对照组。

$$酶染色阳性反应的血淋巴细胞的百分率 = N_+/N_{total} \times 100\%$$

式中，N_+ 代表阳性反应血淋巴细胞的数量；N_{total} 代表血淋巴细胞的总量。在计算的阳性反应血淋巴细胞数量中，分别计算了无颗粒细胞、小颗粒细胞和大颗粒细胞中的阳性反应细胞数量。

（三）血淋巴细胞超氧阴离子（O_2^-）

以活性氧（reactive oxygen species，ROS）为杀伤分子的氧化杀菌机制是一种古老的自然免疫反应，广泛存在于动植物体内。活性氧物种的主要作用原理是：由吞噬细胞的呼吸爆发而形成的高强消毒杀菌活性氧杀死外界异物。氯化四唑氮蓝（nitroblue tetrazolium chloride，NBT）还原法测定 O_2^- 产物的基本原理是：当具备高吞噬能力的血淋巴细胞受到适当的激发而产生呼吸爆发作用时，氧分子首先被血淋巴细胞膜中的 NADPH 氧化酶所催化，然后再还原一个离子形成超氧阴离子（O_2^-），此时 NBT 由原来的浅黄色被还原成不溶的蓝灰色的甲䐢类，在血淋巴细胞胞质内形成沉淀。然后利用 KOH 溶液裂解血淋巴细胞，用二甲基亚砜（DMSO）裂解甲䐢的沉淀，最后，以比色法来监测生成 O_2^- 的产量（波长 630nm）。目前，NBT 还原法在测定甲壳动物血淋巴细胞产生 O_2^- 的实践活动中使用频繁。与其他方法相比，NBT 还原法的缺点是灵敏度相对较差；优点是方便快捷，能大量进行样品分析。

（四）血淋巴细胞吞噬活性

给甲壳动物注射灭活的细菌或真菌涂片和染色后在显微镜下观察并计数血淋巴细胞，可获得以下 4 个指标。

吞噬率=有吞噬作用的血淋巴细胞数/血淋巴细胞总数×100%

杀伤率=含杀死细菌的血淋巴细胞数/血淋巴细胞总数×100%

吞噬指数=100 个血淋巴细胞中的细菌总数/100 个血淋巴细胞

杀伤指数=100 个血淋巴细胞中的死亡菌数量/100 个血淋巴细胞中的细菌总数

（五）血淋巴细胞超微结构

血淋巴细胞超微结构检测对实验条件的要求较高，一般将样品清洗、固定、干燥、切片后，使用扫描电镜和透射电镜观察。观察和比较不同类型血淋巴细胞的超微结构，用透射电镜观察其结构和功能的变化。

三、免疫防控的原理与方法

（一）免疫增强剂的应用

免疫增强剂（immunoenhancer）也称为免疫兴奋剂、免疫促进剂，是一类触发宿主免疫防御反应，增强生物体免疫功能的试剂的总称。其可分为 4 类，即合成制剂，如寡脱氧核苷酸（ODN）；动植物制剂，如中草药；微生物及其衍生物，如益生菌；其他免疫增强剂，如营养因子物质。

1. CpG ODN CpG 基序是指一个同时包含非甲基化的鸟嘌呤（G）和胞嘧啶（C）的 ODN 序列。寡脱氧核苷酸还具有促进免疫信号形成和传递的功能，进而诱导不同细胞因子和免疫球蛋白的形成，从而提高非特异性免疫应答能力。在作为免疫佐剂时，寡脱氧核苷酸还能够更有效地提高抗原特异性的免疫应答。

CpG ODN 在水产养殖动物中已经取得了一定的研究进展。使用 CpG ODN 预处理牙鲆（*Paralichthys olivaceus*）头肾后，发现能有效提高呼吸爆发活性，增强机体对迟缓爱德华菌（*Edwardsiella tarda*）的抵抗能力。单纯 CpG ODN 可显著提高虹鳟（*Oncorhynchus mykiss*）被细菌感染后的存活率，而佐剂联合成品疫苗的使用进一步增强了机体对致病性细菌感染的保护，说明其作为一种免疫活性物质具有较强的免疫活性，认为这种作用是非特异性的。此外，在甲壳动物中的研究表明，CpG ODN 也可以有效地激活甲壳动物的免疫系统和诱导血淋巴细胞的呼吸爆发活性，还可以提高机体抗病毒和抗细菌感染的能力。

2. 中草药　　中草药作为一种天然的药物，在当今社会上越来越被重视，在水产养殖过程中也有很大的应用前景。中草药与一般药物相比，具有来源广、价格低、不易产生耐药性等诸多优点。由于中草药有较强的免疫活性，能调节动物机体的免疫功能。在含有医药成分的基础上，中草药还含有许多营养物质，如蛋白质、多糖、脂类、微量元素、维生素等，是一种理想的免疫增强剂。此外，中草药中存在着一些有免疫活性的次生代谢产物，能够激活机体的免疫细胞，如生物酸、生物碱、糖苷等。中草药在影响生物体肠道中消化吸收的菌种方面发挥着积极的作用，可提升益生菌的活性，降低致病菌的数量。研究表明，中草药活性成分通过注射或拌饲投喂的方法，均能够提高对虾非特异性免疫指标，增加对细菌和病毒的抵抗能力。在中国明对虾日粮中添加大蒜油复合制剂后，其体内体液免疫活性显著增强，血淋巴细胞杀伤指数显著增加，血淋巴细胞吞噬指数和溶菌活性也显著增加。

地衣是蓝细菌或藻类与真菌共生的复合体，适应能力强，能在极端恶劣的环境中生长。在这类共生复合体中，细菌和藻类二者互相依存，不能分离。藻类含有光合色素，能进行光合作用，为真菌提供营养；真菌可以把共生的藻类包裹起来，一方面给其提供外界吸收的水分和无机盐，另一方面可以保护藻类不受光照的影响。多种地衣植物可作为中草药，具有退热、止痛、镇静等药用价值。到目前为止，共分离、鉴定了约 1000 种地衣的次级代谢产物，并发现有些代谢产物参与了免疫应答。

3. 益生菌　　益生菌是一类存在于动物体内，能够促进肠道微生物平衡、生长发育、免疫抗性作用，对宿主动物有益的微生物的总称。益生菌被广泛应用于畜牧业、医疗业和食品业，创造了较多的经济效益。在水产养殖生产中，如何有效使用益生菌来改善水质、控制病害、增强机体免疫力是当前研究的重点。已有研究证实，枯草芽孢杆菌（*Bacillus subtilis*）能够抑制弧菌、杆菌等多种细菌，乳酸菌对于病毒性疾病也有一定的防治作用。将光合细菌和枯草芽孢杆菌制成的益生菌混入虾池，可有效缩短虾的发病时间和降低发病概率，同时还能提高养殖产量。在水产动物生产养殖中关于凡纳滨对虾幼虫的培养方面，发现从肠道中分离出的枯草芽孢杆菌被用作凡纳滨对虾幼虫的饲料，可以提高其对哈维氏弧菌的抵抗作用。

乳酸菌（lactic acid bacteria）是指能发酵产生乳酸的不产生芽孢的、革兰氏染色阳性菌的总称。乳酸菌是目前最常见的一种益生菌，可在厌氧、兼性厌氧条件下生长。乳酸菌的最佳生长 pH 为 3.0～6.0，在偏酸性的动物胃肠道液中不易死亡，因此，乳酸菌符合水产生态养殖模式及应用标准，可以作为良好的益生菌制剂。并且，乳酸菌被发现存在于各种动物的肠道中，在水生生物肠道内相对较多的种类为乳酸杆菌属（*Lactobacillus*）和肉杆菌属（*Carnobacterium*）。水生动物能够从饲料和水体中吸收有益菌种，进入肠道并大量繁殖，协同其他菌种形成优势菌群。然后通过竞争营养物质和肠壁附着部位，或分泌抗菌产品来抑制或杀灭致病菌，提高抗病能力。

与陆生动物相比，对水生生物在优势菌群、内稳态组成和最适宜条件等方面的了解还不够深入。水环境相对不稳定，各种水体微生物对于水环境的影响较大，使水生动物很难维持微生物稳态。目前的研究主要集中于可作为益生菌的水生动物微生物。

4. 其他免疫增强剂　　在增强甲壳动物免疫力方面，多糖类制剂和营养因子同样十分重要，维生素、不饱和脂肪酸等营养物质可以改善虾蟹幼体的营养摄入，能显著提高幼苗的存活率。饲喂多糖类物质如 β-葡聚糖来诱导甲壳动物发生内吞，进而促进活化与酚氧化酶系统相关的免疫效应分子，预防并且清除外来微生物。脂多糖（LPS）能够激活日本对虾血淋巴细胞的吞噬活性和酚氧化酶活性，同时提高其抵抗白斑综合征病毒（WSSV）的侵染能力。在中华绒螯蟹中投喂多糖也能够显著增强血清溶菌酶和超氧化物歧化酶的活性。

（二）RNA 干扰

RNA 干扰（RNAi）是一种在机体内先天存在的参与抗病毒防御的免疫机制，并已经在甲壳动物抗病原免疫的研究中得到了广泛应用，尤其是在阻止 WSSV 侵染甲壳动物方面，RNA 干扰通路发挥着十分重要的作用。WSSV 利用虾 STAT 作为转录因子来增强其表达，生成二聚体 P-P，从而导致其在宿主细胞中具有较高的启动子活性（图 13-3）。经研究发现，双链 RNA（dsRNA）可诱导抗病毒免疫应答，根据对序列特异性的依赖程度可分为特异性干扰应答和非特异性干扰应答。尽管是具有不同长度或组成的 dsRNA 序列，但都发现能有效降低感染 WSSV 病毒的对虾的死亡率。用 WSSV 囊膜蛋白 VP28 的特异性 siRNA 和在工程菌中表达的 VP28-siRNA 分别预处理凡纳滨对虾，均能显著地发挥免疫保护作用。经研究发现，虾类中存在 RNA 干扰免疫机制通路中的相关基因，基因 *Argo mute* 和 *Dicer* 的过表达能够有效地阻碍 WSSV 侵染甲壳动物，因此，现在认为 dsRNA 和 siRNA 两种分子均可引发虾类激活干扰通路，从而产生抗病毒反应。例如，通过注射或口服，将 VP28-dsRNA 导入对虾体内，增强了对虾抵抗 WSSV 的能力；在 VP28-siRNA 中一个碱基的突变可使原有保护效果消失。在脊椎动物中对 RNA 干扰系统促发抗病毒免疫机制有了一定的研究和了解，dsRNA 通过沉默目标 RNA，然后在宿主体内触发一组复杂的干扰素介导的抗病毒途径，这种机制在无脊椎动物果蝇中也证明其发挥了作用，然而，甲壳动物中存在的 RNAi 机制的作用原理并不完全清楚，需要进一步研究。

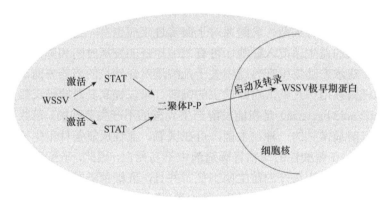

图 13-3　WSSV 侵染细胞过程

（三）疫苗的应用

疫苗是指用各类病原微生物制作的用于预防接种的生物制品。利用疫苗进行疾病预防越来越成为研究的重点问题，目前应用比较广泛的主要有亚单位疫苗和 DNA 疫苗等两种形式的疫苗。在甲壳动物中也发现了免疫致敏现象，表明疫苗可用于甲壳动物的免疫防治。

1. 亚单位疫苗　　亚单位疫苗由不含核酸的细菌或病毒的表面结构成分（通常是病原体的保护性免疫原性成分）制成，可在体内诱导特异性免疫反应，如 WSSV 的各种囊膜蛋白。

以目前研究的成果来看，WSSV 的 VP19、VP26、VP28 和 VP292 囊膜蛋白能够当作亚单位疫苗使用，对于预防或者治疗 WSSV 感染甲壳动物方面十分有效，能有效地提高虾类抗

WSSV 感染的能力。给对虾饲喂或者肌内注射含有 VP28 的大肠杆菌，重组的 VP28 能够结合宿主细胞表面分子，有效增加对虾对 WSSV 的免疫反应。

2. DNA 疫苗　　DNA 疫苗（DNA vaccine）又称核酸疫苗，是将蛋白质抗原的重组真核表达载体导入宿主细胞，使外源基因在体内翻译成蛋白质，表达出相应抗原，并刺激机体的免疫功能。某些 WSSV 囊膜蛋白如 VP28、VP281、VP15、VP35 等可作为 DNA 疫苗使用。

DNA 疫苗导入动物体需要载体的参与，DNA 疫苗载体有壳聚糖、大肠杆菌、减毒的鼠伤寒沙门菌和枯草芽孢杆菌等。已经证实，DNA 疫苗可有效防治水产养殖中的病毒性疾病，对于 DNA 疫苗的开发和测试已经大规模开展。此外，研究人员发现，DNA 疫苗为对虾提供了长达 50d 的长期保护，而亚单位疫苗只能在短时间内（少于 14d）提供保护。

3. 疫苗的安全性　　在甲壳动物的实际生产活动中，运用亚单位疫苗及 DNA 疫苗来提高生物抗细菌和病毒的能力是否对机体有害的问题十分重要。使用疫苗需要注意，其一是 DNA 疫苗是否能整合到宿主的基因组中，其二是 DNA 疫苗是否会长期存在于机体的内部器官中，不会被代谢掉等。目前，对于水生生物鱼类的疫苗研究及其免疫相关机制的研究有了突破性成果，但基于疫苗使用安全性的问题，生产商品疫苗的限制因素很多。在甲壳动物中研究相对滞后，仅在针对预防 WSSV（目前被认为是最严重的甲壳动物病毒）的疫苗应用方面取得了很大的进展，并且核酸疫苗对 WSSV 的防控效果十分明显。尽管有了一定的进展，但是对于水生生物和水环境中的病原体相互作用机制的了解仍然很表面，在未来需要更加深入的研究。而且甲壳动物疫苗不适合大规模生产和应用，除非病原体入侵和感染甲壳动物的途径与机制被研究得很清楚。

第三节　甲壳动物细胞免疫和体液免疫

因为甲壳动物没有特异性免疫能力，可以通过先天性免疫对抗病原菌的侵袭。先天性免疫反应机制主要是通过血淋巴细胞和血浆中产生或释放的各种体液免疫因子来实现的。在外界病原菌侵袭时期，机体首先要通过对其产生特殊的模式识别蛋白（pattern recognition protein，PRP）识别病原微生物，然后将信息传递给血淋巴细胞，一方面促使血淋巴细胞发挥吞噬作用和包被作用，另一方面促使血淋巴细胞合成体液免疫因子并利用这些免疫因子杀死和清除外来病原微生物，达到免疫保护的目的（图 13-4）。此外，甲壳动物的屏障结构也发挥着一定的免疫防御作用。

一、屏障结构

甲壳动物的甲壳是其防御体系的第一道屏障。甲壳不仅能起到机械阻挡的作用，而且其表皮上有与免疫相关的因子和菌群，能发挥免疫的作用。例如，表皮中的黑色素能抑制真菌菌丝进入机体；蛋白酶抑制剂能有效抑制病原菌分泌的毒性物质，阻挡其进入

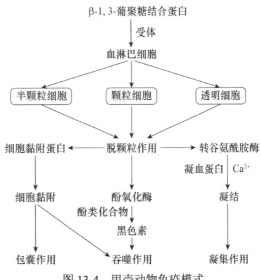

图 13-4　甲壳动物免疫模式
（改自 Lee and Soderhall，2002）

生物机体；菌群也可以阻止或拮抗外来病原微生物的定居与繁殖。

二、细胞免疫

（一）甲壳类血淋巴细胞的分类

甲壳动物的细胞免疫是依靠血淋巴细胞完成的。甲壳动物的血淋巴细胞贯穿机体免疫的全过程，一方面可以执行细胞免疫，另一方面为体液免疫提供免疫因子。它们分别参与机体防御的各个反应。甲壳动物的血淋巴细胞参与机体的防御反应，主要为颗粒细胞、半颗粒细胞和透明细胞。三者之间相互促进却各有侧重，透明细胞主要介导凝集作用，半颗粒细胞主要介导包囊作用，而吞噬作用由颗粒细胞和半颗粒细胞共同介导。已根据显微镜观察报告了不同类型的血细胞。但病原微生物突破机体第一道防御屏障进入血淋巴后，会刺激体内血淋巴细胞发生一系列的细胞免疫应答。首先，血淋巴细胞通过吞噬、包囊、形成结节等防御反应清除血窦中入侵的病原微生物；其次，它们通过释放胞质凝结因子参与伤口的愈合。此外，血淋巴细胞还参与合成一些重要的体液免疫因子。

目前，不同学者采用不同的材料和方法，根据甲壳动物血淋巴细胞的不同特点，对其分类和命名进行了描述。甲壳动物血淋巴细胞的形态、胞内颗粒大小和着色方面存在很大差异，因此，对甲壳动物血淋巴细胞的结构和分类没有统一的标准。Cornick 根据细胞内颗粒的大小、折光特性、核质比和染色特性，将螯龙虾（*Homarus americanus*）的血淋巴细胞分为 4 组，即前透明细胞（prohyaline cell）、透明细胞（hyaline cell）、嗜伊红颗粒细胞（eosinophilic granulocyte）和嫌色细胞（chromophobic cell）。Bodammer 将蓝蟹（*Callinectes sapidus*）的血淋巴细胞分为透明细胞（hyaline cell）、半颗粒细胞（semi-granular cell）和颗粒细胞（granular cell）3 种类型。目前一般的分类方法是，根据血淋巴细胞中颗粒的存在和大小，将甲壳动物血淋巴细胞分为 3 种类型：①无颗粒细胞或透明细胞（hyaline cell，HC），细胞中没有颗粒的血淋巴细胞；②半颗粒细胞（semi-granular cell，SGC），细胞中有小型颗粒的血淋巴细胞；③大颗粒细胞或颗粒细胞（granular cell，GC），细胞中有大型颗粒的血淋巴细胞。

（二）细胞免疫过程

1. 吞噬作用　　吞噬作用在生物生长过程中普遍存在，是细胞通过形成胞外囊泡来摄取病原体和细胞碎片等胞外物质的一种过程，被认为是细胞免疫的重要途径。此外，细胞还可用其他的内吞途径，包括巨胞饮、网格蛋白介导的内吞和乳泡介导的内吞。甲壳动物的血淋巴细胞具有吞噬细菌和病毒等外来异物的能力，其吞噬过程是血淋巴细胞先与异物相接触，并通过不同异物的表面特征和结构来识别，然后在黏附分子的作用下，血淋巴细胞黏附于异物并相互凝集，形成细胞群。最后，血淋巴细胞延伸伪足或直接形成凹陷，将异物吞噬成吞噬泡。细胞内溶酶体释放水解酶或产生活性氧对异物进行杀死、消化和清除。与此同时，常常伴随着血淋巴细胞解体。

（1）甲壳动物的黏附分子　　黏附分子（cell adhesion molecule，CAM）是众多介导细胞间或细胞与细胞外基质（ECM）间相互接触和结合分子的统称。在水生动物特别是甲壳动物如蝲蛄、斑节对虾、小龙虾和岸蟹等中发现了黏附分子，主要是整联蛋白（integrin）和过氧化物酶家族的细胞黏附蛋白分子。起初，从软尾太平蝲蛄血淋巴细胞分泌物中分离得到了细胞黏附蛋白分子，发现其与过氧化物酶家族中的蛋白质相似，且在其羧基端含有凝集素特有的 KGD 基序。所以,细胞黏附蛋白具有黏附活性和过氧化物酶活性。在斑节对虾中也克隆了细胞黏附蛋白的基因,发现其与脊椎动物的同源性较高,整联蛋白是一种跨膜二聚体蛋白,是许多胞外黏附配体的受体,配体蛋白的种类很多,比如胶原蛋白、纤粘连蛋白等,因为整联蛋白具有多肽(RGD)基序,可以被整合素识别。

在甲壳动物血淋巴细胞黏附病原微生物的过程中,上述两种黏附分子共同发挥作用。甲壳动物血细胞能够产生黏附分子,储存于分泌颗粒中,此时黏附分子没有活性,当病原微生物侵入机体时能激活黏附分子并释放到细胞表面或细胞外基质中。首先是整联蛋白与病原微生物靶蛋白上的特定基序结合,然后细胞黏附蛋白再与整联蛋白结合,引起细胞内的信号传递,触发细胞吞噬、杀死、消化和清除病原微生物。溶酶体可通过脱颗粒释放到血清中,溶酶体膜破裂可释放消化酶和免疫酶,具有杀菌消毒功能。凝集素、真菌多糖、复方中草药添加剂和植物凝血酶等因素可促进血淋巴的吞噬活性。

(2)血淋巴细胞的杀菌机制　　血淋巴细胞可通过氧化和非氧化杀菌机制杀死病原微生物。氧化性杀菌,也被称为呼吸爆发,首先在哺乳动物中性粒细胞和巨噬细胞中被发现。甲壳动物血淋巴细胞也存在氧化性杀菌现象,其杀菌过程为血淋巴细胞吞噬病原微生物后,细胞膜上的 NADPH 氧化酶催化氧还原形成超氧阴离子(O_2^-),随后再活化为各种活性氧或反应性氧中间物(如过氧化氢、羟自由基和单线态氧等)。ROS 或 ROS 中间体通过髓过氧化物酶和卤化物的协同作用杀死病原微生物,或是直接作用于微生物来杀死病原微生物。然而活性氧(ROS)自由基的积累也会对机体造成损害。

在甲壳动物免疫中,非氧化性杀菌机制主要以溶酶体酶的水解作用来杀死病原微生物。溶酶体酶一般包括溶菌酶、过氧化物酶和各种水解酶类。当异物侵入体内时,血淋巴细胞选择性地吞噬或包裹它们,溶酶体与异物融合并诱导脱颗粒。溶酶体中的各种酶直接杀死非自身异物。异物被杀死后又经水解酶被水解消化,并将没有水解的部分排出体外。吞噬作用是通过多种酶构成的系统发挥作用,包括溶菌酶(LSZ)、酸性磷酸酶(ACP)和碱性磷酸酶(ALP)等(图 13-5)。

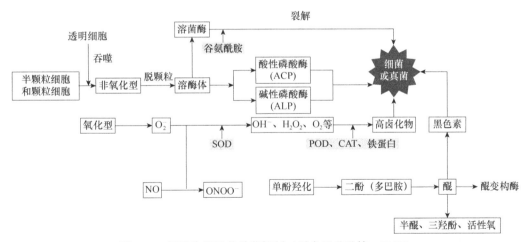

图 13-5　吞噬作用及其杀菌机制(引自王孟孟等,2017)

2. 包囊作用　　当异物颗粒直径大于 10μm 时,单个细胞的吞噬作用不足以将其清除。就通过细胞结合在一起,将异物包裹形成团状,然后发生黑化作用来阻塞异物,这就是包囊化。当吞噬细胞小于外来异物（真菌、寄生虫等）时，多个血淋巴细胞或与其他细胞结合包围异物并形成类似囊状的结构。中国明对虾感染鳗弧菌后，血淋巴细胞失去游离状态，形成包囊。细胞器也有退化的趋势，RNA 和色氨酸显著减少。许多免疫因子参与囊肿的形成和作用，凝集素、整合素、β-1,3-葡聚糖识别蛋白能促进包囊的发生。

3. 结节形成　　　结节是发生在经吞噬作用和包囊作用后仍不能将异物全部清除时，细胞黏附蛋白经酚氧化酶激活后，会与进入机体的异物形成密集凝集状的结节，然后包裹、隔离，以及利用黑化反应来杀死病原体（图 13-6）。进一步观察包囊和结节的超微结构与组织化学形态发现，血淋巴细胞相互连接，失去原有的游离状态，细胞器逐渐退化，RNA 及色氨酸的含量显著降低，但黑色素含量较多，黑色素在免疫反应中主要有两方面的作用，一是能够阻隔病原微生物，使其不能和宿主接触；二是能够杀死病原微生物。结节增大会导致游离血淋巴细胞、其他结节及细菌数目减少。经实验发现凝血烷酸激素和细胞黏附蛋白可以有效促进结节的形成，清除病原体，但是多肽对于结节的形成有抑制作用。

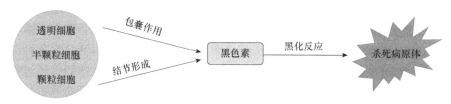

图 13-6　血细胞杀菌机制

4. 胞吐作用　　　胞吐作用（exocytosis）是指细胞内的大分子物质通过小泡与细胞膜融合的过程，在融合蛋白的帮助下被释放到胞外基质。一些特异性的外来物质作为活化剂会刺激淋巴细胞分泌。在胞吐作用下，酚氧化酶原通过粒细胞内小泡胞吐的形式排到血浆中，同时被胞吐外排的还有过氧素（peroxinectin）、Masquerade-like 蛋白、抗菌肽、转谷氨酰胺酶（transglutaminase，TGase）等，这些物质不仅能增强淋巴细胞的吞噬功能，还能刺激血淋巴细胞生成，释放出更多的有机成分。酚氧化酶原系统中物质的这种反馈回路在细胞免疫中起着重要作用，不仅影响了其他的免疫反应，而且这些免疫反应之间又是彼此协调、相互作用的。

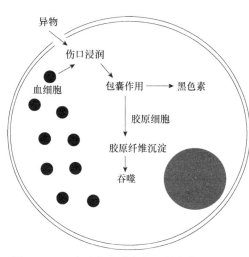

图 13-7　甲壳动物血淋巴细胞修复作用示意图

5. 修复作用　　　血淋巴细胞在甲壳动物创口愈合的过程中也扮演着十分重要的角色，其修复过程（图 13-7）主要分为 5 个步骤：①血淋巴细胞浸润异物；②血淋巴细胞包覆侵入机体的异物或组织，并产生黑色素；③在胶原细胞的作用下形成胶原纤维沉淀；④经血淋巴细胞把异物吞噬；⑤上皮细胞重新形成新的表皮。

三、体液免疫

由于甲壳动物自身不能合成免疫球蛋白，因此缺少特异性免疫，但是可以利用非特异性免疫来识别和清除入侵异物，以维持体内和体外的渗透压平衡，保护机体不受外来异物的侵害。体液免疫主要依靠血淋巴中的一些非特异性的酶或免疫因子。

（一）体液免疫中的酶

溶菌酶（lysozyme）又称 N-乙酰胞壁质聚糖水解酶（N-acetylmuramic glucanohydrolase），是一种能水解细菌中黏多糖的碱性蛋白质，主要作用于革兰氏阳性菌。溶菌酶主要有 4 类，分别为植物溶菌酶、动物溶菌酶、微生物溶菌酶及蛋清溶菌酶。其溶菌作用是通过破坏构成细胞壁的不溶性黏多糖中的 N-乙酰葡糖胺与 N-乙酰胞壁酸之间的 β-1,4-糖苷键，使其分解变为可溶性糖肽，从而使细胞壁破裂，细胞中的物质外溢，最终使细菌溶解。溶菌酶的免疫作用是通过调节细菌内外渗透压不平衡，导致细胞破裂。另外，溶菌酶能够和带负电荷的病毒蛋白相互作用，与病毒的 DNA、RNA 或脱辅基蛋白形成一种复合体，从而致使病毒失去活性。水环境中的氨氮有机污染物可以降低溶菌酶的活性，而具有生物活性的多糖能够增加溶菌酶的活性。

甲壳动物溶酶体中所含的酶主要是酸性磷酸酶（ACP）和碱性磷酸酶（ALP）。某些侵入机体的外来异物表面含有磷酸酯，而酸性磷酸酶和碱性磷酸酶能够分解磷酸酯，进而分解异物使其死亡。Cu^{2+} 对酶活力具有显著影响，随着水体中 Cu^{2+} 浓度的升高，甲壳动物体内 ACP 和 ALP 活性会表现出先增加后降低。此外，免疫多糖也会增强 ACP 和 ALP 的活性。

血淋巴细胞中还含有过氧化物酶（POD）和过氧化氢酶（CAT）。POD、CAT 是催化剂，但功能不尽相同，POD 能加速 H_2O_2 的分解，CAT 能催化 H_2O_2 氧化为无毒的 H_2O。此外，血淋巴细胞中的酯酶（EST）是脂质代谢中一种重要的酶，可能有助于机体的解毒作用。精氨酸激酶能调节甲壳动物能量平衡，以应对水环境的突然改变，提高机体的免疫力。酚氧化酶（PO）是体液免疫中主要的杀菌物质之一，PO 经酚氧化酶原激活作用产生。已有研究分别从通讯螯虾（*Pacifastacus leniusculus*）、加州对虾（*Penaeus californiensis*）、斑节对虾（*Penaeus monodon*）的血淋巴细胞中分离得到了酚氧化酶原（proPO）。当外来微生物入侵时，丝氨酸内肽酶通过刺激其结构成分被激活，如革兰氏阴性菌中的 LPS 和真菌中的葡聚糖，激活 proPO，通过酚氧化酶的活性形成酚氧化酶，同时产生 76kDa 的细胞黏附蛋白和 α-巨球蛋白。酚氧化酶被氧化成醌类，醌类产生黑色素。黑色素可以抑制病原菌胞外蛋白和几丁质酶的活性，介导黑化反应，在病原菌表面形成小块，杀死病原菌。β-1,3-葡聚糖、脂多糖、肽聚糖、胰蛋白酶和十二烷基硫酸钠可促进酚氧化酶原的活化。加热和 Ca^{2+} 浓度降低也会影响酚氧化酶的活化。另外，酚氧化酶还有可能作为调理素，促进血淋巴细胞的吞噬作用。

超氧化物歧化酶也是最主要的抗氧化酶之一，有消除自由基的功效。当 SOD 活力减弱时，生物体内自由基堆积，影响并损害机体的某些重要生理过程，从而引起新陈代谢障碍，正常的生理功能下降，机体免疫力水平降低，潜伏病原遭到激发，对甲壳动物产生了致病效果。

（二）体液中的免疫因子

1. 凝集素　　凝集素（lectin）是动物细胞能够合成和分泌的、与糖结合的蛋白质，能够识别细菌、寄生虫等，并发生凝集作用。凝集素在水生无脊椎动物中普遍存在，其本质是一种蛋白质，具有热不稳定性（一般 56℃、15min 即可失活）。由于凝集素表面存在特定的糖基决定受体，它们可以特异性地识别外来异物，并介导细胞表面糖基化物与细胞表面受体的结合，起到凝集作用。但它的活性需要依赖 Ca^{2+} 激活。有实验认为凝集素在甲壳动物免疫机制中的作用是，当异物入侵机体时，机体感受到某种刺激，促使血淋巴细胞合成并释放凝集素，凝集异物并使其失去活性，被血淋巴细胞吞噬。凝集素的适宜 pH 范围很广，在甲壳动物的研究中发现，在 pH 为 3.0～11.0 时均具有较强的凝集活性。糖抑制剂、高温和金属离子螯合物（如 EDTA）都能够抑制凝集素发挥作用。

2. 溶血素　　溶血素（hemolysin）是一种能够溶解红细胞的物质，也是一种非特异免疫因子，在甲壳动物中研究得较少，仅在美洲马蹄蟹、龙虾、日本对虾等物种中发现了溶血素。溶血素的作用是溶解和破坏侵入细胞的异物，以及溶解革兰氏阳性菌。在日本对虾的研究中发现了溶血素的可诱导性，血淋巴中的溶血素经外源兴奋剂的诱导，其浓度明显升高，对病原微生物的清除和杀灭起到了积极作用。研究表明，甲壳动物的溶血素具有 5 个特性：需要 Ca^{2+} 和 Fe^{2+} 参与，不适宜偏酸性或偏碱性环境，溶血范围较广，具有可诱导性，对热不稳定性。

3. 抗菌肽　　抗菌肽（antimicrobial peptide）原指昆虫体内经诱导而产生的一类具有抗菌活性的碱性多肽物质，具有强碱性、热稳定性及广谱抗菌等特点。相比于其他脊椎动物，甲壳动物源抗菌肽较少。Schnapp 等在 1996 年从三叶真蟹（*Carcinus maenas*）的血淋巴细胞溶解产物中分离得到了第一个富含脯氨酸的抗菌肽，经甲壳动物体内分离纯化的抗菌肽主要有以下 4 类。

（1）对虾素　　对虾素（penaeidin）是从多种对虾体内分离获得的阳离子抗菌肽，等电点为 9.34～9.84。对虾素共有名为 Pen-1、Pen-2、Pen-3、Pen-4 和 Pen-5 的 5 种抗菌肽，其分子结构中存在两个末端，一个是 N 端结构域，另一个是 C 端结构域，N 端富含脯氨酸，在细胞膜定位微生物方面有着重要的作用；C 端含有利用半胱氨酸形成二硫键的环形结构，在抗菌方面起着重要作用，上述两个结构域相辅相成。

对虾素在血淋巴细胞中以组成型合成，它们储存在颗粒或半颗粒细胞的细胞质中，但不存在于透明细胞中。当受到脂多糖、β-葡聚糖或微生物的刺激时，半颗粒细胞将内含物（包括抗菌肽）释放到血淋巴中，参与抗菌免疫反应。细胞中血淋巴的含量影响着对虾素的合成与释放，同时细胞内对虾素的含量也影响着其释放和分布，经实验发现，当虾类处于无节幼体阶段时发现了对虾素在细胞中的表达而且在不同品种的虾类或同一品种不同阶段的表达量不同。在虾类感染病原微生物初期，对虾素的表达量相对较少，到感染病原微生物中期，对虾素的浓度升高，血淋巴中对虾素被转移到机体感染部位，发挥其抗微生物的功能，保护机体。虾青素同时具有抗真菌和抗菌活性，并具有与甲壳素的黏附性。首先，抗真菌功能是由于虾青素能抑制丝状真菌孢子及真菌菌丝的生长；其次，抗细菌功能是由于虾青素能穿破细菌的细胞膜，从而使细菌裂解而死亡；另外，对虾素还能够与几丁质之间相互黏附，并参与使几丁质聚合和伤口愈合的过程，这对于在蜕皮周期中保持对虾的防御和保护功能是十分必要的。除了能促进伤口的愈合，有研究表明对虾素也可以和虾类表皮上的几丁质结合，这也是抵御微生物进入机体的一种方式。

（2）甲壳素　　甲壳素（chitin）是能够在甲壳动物中找到的第二类阳离子型抗菌多肽。已从岸蟹、凡纳滨对虾、大西洋白对虾、斑节对虾及日本对虾中发现了甲壳素。不同虾、蟹的甲壳素具有很高的同源性。

虾类的甲壳素氨基酸序列较为相似，含有 N 端（氨基酸残基组成的信号肽）、疏水区（甘氨酸残基组成）、C 端（含有半胱氨酸），在不同种类的虾中氨基酸组成数量或者位置有些许的差别。在序列的 C 端，不同物种的虾也有些许的差别，凡纳滨对虾富含脯氨酸，南美白对虾、大西洋白对虾和斑节对虾含有乳清酸蛋白结构域。日本对虾甲壳素的氨基酸序列与南美白对虾和大西洋对虾的氨基酸序列之间的相似性很高，具有 80% 的同源性，与蟹类相比（如岸蟹），甲壳素的氨基酸序列相似性较低，约有 44% 的同源性。甲壳素能够促进抗菌活性及蛋白酶抑制剂的活性，参与甲壳动物免疫应答反应。通过蛋白酶级联反应，有效抑制蛋白酶活性，规避宿主细胞对自身的伤害，抵抗病原微生物的感染。

（3）抗脂多糖因子　　抗脂多糖因子（anti-lipopolysaccharide factor，ALF）是来自甲壳动物的一种小型的抗菌肽，最早是从马蹄蟹（*Limulus polyphemus*）血细胞中鉴定出来的，具有明显的抗粗糙型革兰氏阴性菌和抗内毒素效应。之后，在甲壳动物如凡纳滨对虾、斑节对虾和中国明对虾中也发现了 ALF，并发现虾类 ALF 和马蹄蟹 ALF 的同源性较高。抗脂多糖因子是由 102 个氨基酸残基组成的，其 N 端含有高度疏水性氨基酸，分子质量约为 11.5kDa，并能够形成二硫键，二硫桥内有保守的正电荷氨基酸。

功能研究的结果表明，甲壳动物 ALF 具有广谱、强效的抗菌效应。其利用抗脂多糖因子的正电荷特性，通过替换脂多糖分子上的 Ca^{2+}，并与脂多糖的磷酸基团和羧基基团进行结合来发挥功能。抗脂多糖与脂多糖结合能够对炎性细胞因子的级联反应进行抑制，以此来减少对组织的一些损伤。脂多糖还是一种革兰氏阴性菌的内毒素，其发挥毒性作用依靠脂质 A 这种成分，当抗脂多糖因子与脂质 A 结合后，对其发挥毒性也起到抑制的作用。抗菌肽作为对虾免疫应答反应产生的一类重要的效应分子，在先天性免疫系统中起到清除感染的外来病原的作用。

（4）血蓝蛋白中的抗菌肽　　血蓝蛋白也叫血蓝素，是一种含铜的和呼吸有关的蛋白，在一些无脊椎动物中，如节肢动物（虾、蟹类）所含的就是血蓝蛋白。近年的一些研究表明，血蓝蛋白有许多功能。血蓝蛋白不仅为生物体输送氧气，而且在能量储存、维持渗透压平衡和蜕皮方面发挥着积极作用。除此之外，血蓝蛋白在免疫中具有促进酚氧化酶、凝集素活性和抗菌的作用，还可以产生一系列抗菌肽。通常我们认为抗菌肽的产生是由于血蓝蛋白结合了铜离子，在免疫防御机制中，蛋白质可以和金属相结合，由蛋白酶进行水解并生成抗菌肽。例如，在哺乳动物人类中，我们发现用人胃蛋白酶去裂解牛乳铁蛋白（lactoferrin）可以获得一个乳铁蛋白肽（lactoferricin）片段，这个片段的抗菌活性更高，对病毒或寄生虫的防御作用更有效。

第一，阴离子抗菌肽。常见的抗菌肽一般为阳离子，能够和细菌表面的阴离子结合，增加细菌细胞膜的通透性，促使细胞中物质泄漏，导致病原微生物死亡。阴离子抗菌肽带负电荷，其分子结构中没有铜离子的结合位点。有实验发现在虾中存在 3 种抗真菌活性的阴离子抗菌肽。在细角滨对虾血浆中发现两种名为 PsHct1 和 PsHct2 的阴离子抗菌肽，第三种是在凡纳滨对虾血浆中发现的名为 PyHct 的阴离子抗菌肽。研究证实以上 3 种阴离子抗菌肽均为血蓝蛋白的裂解片段，与其氨基酸 C 端的同源性高达 95% 以上。阴离子抗菌肽对革兰氏阳性菌和革兰氏阴性菌无抗菌活性，但对真菌有抗菌活性，这与免疫功能有关。当甲壳动物受到真菌感染后，血淋巴中的阴离子抗菌肽浓度升高，参与生物免疫反应。

第二，虾红素 1。一般而言，虾红素 1（astacin 1）是血蓝蛋白在酸性的环境下，经过限制性蛋白水解产生的。2003 年，Lee 等从通讯螯虾（*Pacifastacus leniusculus*）的血淋巴中分离纯化出了虾红素 1 抗菌肽，虾红素 1 是来源于淡水小龙虾血蓝蛋白的羧基端部分，具有 16 个氨基酸残基。观察其二级结构发现，虾红素 1 有一个 β 折叠。此外，糖类（如脂多糖、葡聚糖）也可以刺激螯虾血蓝蛋白，生产虾红素 1 抗菌肽。虾红素 1 对革兰氏阳性菌和阴性菌均具有抗菌活性，但其发挥抗菌主要依靠氨基端，一旦去除氨基端，会大大降低其抗菌活性，虾红素 1 也是经过半胱氨酸样蛋白酶对血蓝蛋白加工而形成的。

　　第三，酚氧化酶。酚氧化酶（phenoloxidase）又称酚酶（phenolase），作为先天免疫的重要成员，能够在血淋巴细胞中表达，产生免疫防御反应。酚氧化酶主要以酶原的形式合成，其完整体不具有生物活性，裂解序列的氨基端能促进发挥免疫反应，并发现在甲壳动物的凝血机制中，酚氧化酶可以通过酚氧化和激活来参与凝血反应。经研究发现，酚氧化酶与血蓝蛋白的氨基酸序列同源性较高，血蓝蛋白通过肝胰腺组织合成，又被释放到血浆中。血蓝蛋白仍保留其免疫学活性。

　　对于血蓝蛋白如何产生抗菌肽的具体机制还没有完全研究清楚。但在实验探索中，通过使用病原微生物去感染对虾，检查到血淋巴中存在高浓度的阴性抗菌肽 PyHct，推测生物学信号是促进血蓝蛋白裂解的重要物质。此外，血淋巴中的酶可能参与免疫反应，促进血淋巴细胞发生胞吐作用及血蓝蛋白裂解，但相关应答机制并不清晰，以及血蓝蛋白在免疫防御中发挥了怎样的作用，这些都是日后研究的重点。为深入了解甲壳动物的免疫应答机制奠定了基础。

　　4. 蛋白酶抑制剂　　甲壳动物的血淋巴中有多种蛋白酶抑制剂，其中以枯草杆菌蛋白酶抑制剂和 α_2-巨球蛋白为主要抑制剂。

　　（1）枯草杆菌蛋白酶抑制剂　　枯草杆菌蛋白酶抑制剂是一种热稳定的（可抵抗 80℃、15min）、耐碱性（pH1.0～11.5）的蛋白质。纯化后的螯虾枯草杆菌蛋白酶抑制剂可用于拮抗枯草杆菌的蛋白酶和链霉蛋白酶，以及抑制一些寄生菌类所产生的蛋白酶，但其对于胰蛋白酶抑制剂及抗胰蛋白凝乳素蛋白酶均无抑制作用。从奥斯塔欧洲螯虾（*Astacus astacus*）中也分离得到了枯草杆菌蛋白酶抑制剂，能够有效抵御感染微生物，保护机体健康。

　　（2）α_2-巨球蛋白　　α_2-巨球蛋白（α_2M）首次被 Quigley 从马蹄蟹（*Limulus polyphemus*）的血淋巴中分离到。其主要作用是清除循环系统中的蛋白酶。α_2-巨球蛋白是一种存在于动物血浆中的高分子质量的蛋白酶抑制剂，在多肽链中有高度保守的硫醇区，即使是在螯虾、马蹄蟹、人类这些亲缘关系相互都很远的生物中，α_2-巨球蛋白也几乎相同。经研究发现，甲壳动物血淋巴中的 α_2-巨球蛋白的特性和功能与哺乳动物相似，但与其他蛋白酶抑制剂不同，表现在：作用范围广泛，对于不同蛋白酶都能起到抑制的作用；对于大分子物质（如蛋白质）的水解有抑制作用；不能抑制小分子物质的水解，相反，它被小分子物质（如氨和甲胺）抑制。保护蛋白酶的活性位点不受大分子活性抑制剂的抑制。血浆中的 α_2-巨球蛋白能够和外界异物入侵而产生的有害蛋白酶复合物结合，该复合物的形成是由于 α_2-巨球蛋白改变其结构，硫醇区不稳定，与蛋白酶结合而形成的一种复合物。甲壳动物细胞表面的 α_2M 受体特异性结合蛋白酶复合物，并将其清除。

　　（3）α-巨球蛋白　　存在于甲壳动物体内的 α-巨球蛋白，按分子质量的大小一般分为两种，一种是分子质量为 190kDa 的 α-巨球蛋白，另一种是分子质量为 155kDa 的 α-巨球蛋白。第一种可以清除蛋白酶，并对酚氧化酶原激活酶有抑制其活性的作用，阻止外来入侵物进入机体。第二种与第一种对酚氧化酶原激活酶有相同的作用，能够对其激活系统起到调节的作用。

　　5. 细胞活性氧　　血淋巴细胞在大量吞食可能入侵到机体中的各种外来的病原微生物时，会迅速放出某些特殊有毒的物质来迅速杀灭它们并迅速消化该病原微生物，在这种特殊有毒的化合物中一种重要的成分就是活性氧（ROS）化合物，这一现象最初是在哺乳动物的中性粒细胞和巨噬细胞中发现的，被称为呼吸爆发（respiratory burst）。呼吸爆发的主要反应过程为：首先，血淋巴细胞膜上含有一种 NADPH 氧化酶，它作为一种催化剂，能够催化氧生成超氧阴离子（O_2^-）；其次，胞质内的超氧化物歧化酶（SOD）能够催化 O_2^- 反应生成过氧化氢（H_2O_2），H_2O_2 就是一种活性氧化合物，有十分强的毒力作用，能杀死病原菌。另外，OH^-、O_2^- 等也能够参与细胞介导的反应，杀灭细菌、真菌和原生动物等外来入侵病原体。在甲壳动物中也发现了活性氧及呼吸爆发现象。由于不同甲壳动物之间的血淋巴数量与种类及免疫水平的区别，血淋巴细胞能够产生活性氧化合物的能力也存在个体间的差异，也就是说，不同生理状态下的血淋巴细胞的杀菌能力略有不同。同时，环境因素也会影响甲壳动物血淋巴细胞的呼吸爆发，南美蓝对虾（*Penaeus stylirostris*）血淋巴细胞的呼吸爆发活力会被水体中溶解氧量所影响，当溶解氧浓度下降时，其活力也下降。但是对于甲壳动物活性氧化合物产生的机制和具体的杀菌机制还有待我们进一步研究。

（三）体液免疫中的其他调节因子

1. 类免疫球蛋白和补体分子　　一般认为，无脊椎动物体内无免疫球蛋白和补体存在。然而，经实验发现，在甲壳动物血淋巴中可能存在类免疫球蛋白和补体分子。在中国明对虾血淋巴中发现了类似 IgM、IgG、IgA 等免疫球蛋白样物质及类 C3、类 C4 等补体蛋白样物质的因子。生物体随着时间的推移是不断进化的，从低等到高等动物的进化也促使着免疫系统不断进化升级。首先从无脊椎动物只能够利用简单防御手段，如细胞吞噬等进行免疫反应；其次是低等脊椎动物开始有弥散的淋巴系统，出现 IgM 样大分子抗体；然后到哺乳类动物体内抗体进化顺序为 IgM→IgG→IgA→IgD→IgE，免疫机制也在不断完善，更好地抵御外来异物的入侵，提高机体免疫力。IgM 是生物体最早出现的免疫球蛋白，有望在无脊椎动物中寻找到相似结构。以上这些物质是否存在于甲壳动物血清中仍是一个有争议的问题，需要进行更加深入的探索。

2. 丝氨酸蛋白酶抑制因子　　甲壳动物中发现的丝氨酸蛋白酶抑制因子分属 Kazal 和 Serpin 两个家族。Kazal 家族是从通讯螯虾（*Pacifastacus leniusculus*）血淋巴细胞中分离到的一种分子质量为 23kDa 的抑制因子，可以抑制胰凝乳蛋白酶和枯草杆菌蛋白酶。Serpin 家族是从中华鲎（*Tachypleus tridentatus*）及蝲蛄中分离的蛋白酶抑制因子，为由 400 个氨基酸残基组成的单链蛋白质，主要功能是抑制胰凝乳蛋白酶样蛋白，能够在血淋巴细胞中广泛表达。丝氨酸蛋白酶抑制剂能够调节甲壳动物机体免疫，保护动物抵御病原微生物和寄生虫的入侵，丝氨酸蛋白酶抑制剂具有两方面的功能，一是直接抑制真菌和细菌蛋白酶的活性，二是能够控制某些参与凝集反应、酚氧化酶原激活系统和细胞分裂活动的内源蛋白酶的活性。因此，丝氨酸蛋白酶抑制剂的抗菌活性越来越重要，成为未来研究的重要内容。

3. 可凝固蛋白　　可凝固蛋白（clottable protein，CP）是具有凝血作用的一类免疫因子，和甲壳动物血淋巴中的凝集素不同。其作用是防止血淋巴细胞因伤口破裂而流失。凝血作用是：当甲壳动物受伤后，血淋巴中释放出了转谷氨酰胺酶，在转谷氨酰胺酶和血浆中钙离子的共同影响下，在不同可凝固蛋白分子间的游离赖氨酸与谷氨酸之间通过共价结合生成了可凝固蛋白二聚物，而使血液淋巴迅速凝聚，从而避免了体内血淋巴的损失。第一种甲壳动物的可凝固蛋白是 Hall 在 1999 年从螯虾体内分离鉴定出来的，之后也在龙虾、蟹类和软尾太平蝲蛄生物体中发现了可凝固蛋白。甲壳动物可凝固蛋白由两个相同的亚基通过二硫键组成，是一种二聚体高密度脂蛋白，分子质量为 380～400kDa。甲壳动物序列分析实验表明，可凝固蛋白的序列组成、氨基酸组成和 N 端序列的相似性很高。

第四节　甲壳动物免疫研究热点

　　水生无脊椎动物在生活中有十分重要的食用价值和药用价值，而甲壳动物是水产养殖业中十分重要的一类水生无脊椎动物。然而在水产养殖过程中，很多无脊椎动物由于其生活环境的特殊性，容易发生大规模的疾病，并且防治十分困难。由于水生无脊椎动物没有真正的抗体和特异性免疫细胞，机体的防御机制主要依赖于非特异性细胞的免疫反应。目前，对于无脊椎动物的血淋巴细胞，在不同物种中发挥主要免疫作用的细胞也不尽相同。随着水产养殖业的快速发展和病害数量的不断增加，有效防治动物疾病的发生不仅能提高经济效益，而且能促进水产养殖业健康发展。但是目前缺乏对虾蟹免疫系统中免疫物质的组成、特征、产生规律及免疫机制的研究，对于虾蟹类疾病预防方面及其生长发育都有不利影响，因此甲壳动物免疫机制有待进一步研究。

　　与高等脊椎动物相比，关于甲壳动物的免疫学相关研究起步较晚，由于甲壳动物的种类繁多，对血淋巴系统的基础生物学研究难度较大，因此，今后应结合多种技术对甲壳动物主要免疫细胞（血淋巴细胞）进行探索，通过构建模型或图表来深入分析和控制血淋巴细胞的免疫防御机制。从生态防病来看，改良养殖环境，提高甲壳动物抗病能力，是水产养殖可持续发展的有效途径。因此，未来对甲壳动物先天性免疫机制的研究需要结合病原感染和环境变异等实际问题进行探究。

主要参考文献

陈立侨，禹娜．2016．长江口甲壳动物．北京：中国农业出版社．

洪宇航，杨筱珍，成永旭，等．2017．中华绒螯蟹的血细胞组成、分类及免疫学功能．水产学报，41（8）：1213-1222．

江红霞，刘慧芬，马晓，等．2021．转录组测序筛选克氏原螯虾卵巢发育、免疫和生长相关基因．水产学报，45（3）：396-414．

李法君，付春鹏，李明爽，等．2017．RNAi 在甲壳动物中的研究进展．水生生物学报，41（2）：460-472．

吕孙建．2015．中华绒螯蟹血细胞吞噬功能与凋亡分子机制的研究．杭州：浙江大学博士学位论文．

宁军号．2019．三疣梭子蟹补体样分子结构及免疫功能研究．青岛：中国科学院大学（中国科学院海洋研究所）博士学位论文．

齐志涛，徐杨，邹钧，等．2020．水产动物抗菌肽研究进展．水产学报，44（9）：1572-1583．

曲琛．2018．中华绒螯蟹凋亡相关基因免疫调控作用的初步研究．大连：大连海洋大学硕士学位论文．

王孟孟，王慧欣，郭林豪，等．2017．甲壳动物免疫系统网络关系模型．河北大学学报（自然科学版），37（3）：281-286，321．

肖克宇．2011．水产动物免疫学．北京：中国农业出版社．

薛俊增，堵南山．2009．甲壳动物学．上海：上海教育出版社．

衣启麟．2014．养殖虾蟹疫病免疫防控的初步研究．青岛：中国科学院研究生院（海洋研究所）博士学位论文．

于爱清．2014．虾蟹类免疫相关基因的研究．上海：华东师范大学博士学位论文．

于杰伦．2019．日本沼虾免疫应答相关基因的筛选与鉴定．泰安：山东农业大学博士学位论文．

赵才源．2018．感染白斑综合症病毒（WSSV）日本沼虾的组织病理学研究及免疫相关基因筛选．南京：南京农业大学博士学位论文．

Allam B, Espinosa E P. 2016. Bivalve immunity and response to infections: are we looking at the right place? Fish and Shellfish Immunology, 53: 4-12.

Chang Z W, Chiang P C, Chang C C, et al. 2015. Impact of ammonia exposure on coagulation in white shrimp, *Litopenaeus vannamei*. Ecotoxicology and Environmental Safety, 118: 98-102.

Chen Y H, He J G. 2019. Effects of environmental stress on shrimp innate immunity and white spot syndrome virus infection. Fish and Shellfish Immunology, 84: 744-755.

Lee S Y, Soderhall K. 2002. Early events in crustacean innate immunity. Fish Shellfish Immunol, 12: 421-437.

Leu J H, Lin S J, Lo C F, et al. 2013. A model for apoptotic interaction between white spot syndrome virus and shrimp. Fish and Shellfish Immunology, 34(4): 1011-1017.

Li F H, Xiang J H. 2013. Recent advances in researches on the innate immunity of shrimp in China. Developmental And Comparative Immunology, 39(1-2): 11-26.

Li R, Meng Q, Huang J, et al. 2020. MMP-14 regulates innate immune responses to Eriocheir sinensis via tissue degradation. Fish Shellfish Immunol, 99: 301-309.

Li Y D, Zhou F L, Huang, J H, et al. 2018. Transcriptome reveals involvement of immune defense, oxidative imbalance, and apoptosis in ammonia-stress response of the black tiger shrimp (*Penaeus monodon*). Fish & Shellfish Immunology, 83: 162-170.

Liu H P, Soderhall K, Jiravanichpaisal P. 2009. Antiviral immunity in crustaceans. Fish and Shellfish Immunology, 27(2): 79-88.

Maningas M B B, Kondo H, Hirono I. 2013. Molecular mechanisms of the shrimp clotting system. Fish and Shellfish Immunology, 34(4): 968-972.

Nan X, Jin X, Song Y, et al. 2022. Effect of polystyrene nanoplastics on cell apoptosis, glucose metabolism, and antibacterial immunity of *Eriocheir sinensis*. Environ Pollut, 15: 119960.

Pan L Q, Si L J, Liu S G, et al. 2018. Levels of metabolic enzymes and nitrogenous compounds in the swimming crab *Portunus trituberculatus* exposed to elevated ambient ammonia-N. Journal of Ocean University of China, 17(4): 957-966.

Perdomo-Morales R, Montero-Alejo V, Perera E. 2019. The clotting system in decapod crustaceans: history, current knowledge and what we need to know beyond the models. Fish and Shellfish Immunology, 84: 204-212.

Rusaini O L. 2010. Insight into the lymphoid organ of penaeid prawns: a review. Fish and Shellfish Immunology, 29(3): 367-377.

Sritunyalucksana K, Utairungsee T, Srisala J, et al. 2012. Virus-binding proteins and their roles in shrimp innate immunity. Fish and Shellfish Immunology, 33(6): 1269-1275.

Sun M Z, Li S H, Zhang X J, et al. 2020. Isolation and transcriptome analysis of three subpopulations of shrimp hemocytes reveals the underlying mechanism of their immune functions. Developmental and Comparative Immunology, 108: 103689.

Tassanakajon A, Somboonwiwat K, Tang S, et al. 2013. Discovery of immune molecules and their crucial functions in shrimp immunity. Fish and Shellfish Immunology, 34(4): 954-967.

Wang L, Song X, Song L. 2018. The oyster immunity. Dev Comp Immunol, 80: 99-118.

Wang X Q, Cao M, Yan B L. 2010. Effects of salinity and dietary chinese herbal medicine on survival and growth of juvenile *Fenneropenaeus chinensis*. Agricultural Science &Technology, 11(6): 117-120.

Wang X W, Wang J X. 2013. Pattern recognition receptors acting in innate immune system of shrimp against pathogen infections. Fish and Shellfish Immunology, 34(4): 981-989.

第十四章　鱼类免疫

鱼类作为低等脊椎动物，与无脊椎动物相比，其免疫系统更加完善，同时具备了非特异性免疫和特异性免疫。在免疫系统的组成上，出现了淋巴组织和器官，各种免疫细胞和分子也逐步完善。近年来，鱼类免疫学发展迅速，在个体、细胞和分子水平上均取得了丰硕成果，形成了基础理论和实际应用并重的研究特色，大力促进了水产养殖业的健康发展。

第一节　鱼类的免疫防御体系

由于生活环境的复杂性，鱼类时刻面临着细菌、真菌、病毒、原生动物等各种病原的入侵，在与病原微生物和环境之间相互作用的过程中，鱼类依赖其免疫防御体系抵御病原侵袭，维持内环境稳态。鱼类的免疫防御体系包括体表防御屏障、免疫器官和组织、免疫细胞、免疫分子。

一、体表防御屏障

黏膜和皮肤是鱼类抵御各种病原体入侵的第一道防线，鳞片、皮肤、黏液和体表正常菌群一起构成机体完整的体表防御屏障。

（一）鳞片

鳞片为皮肤衍生物，其基部下达真皮的结缔组织，向外伸出表皮外。有些鱼类的鳞片穿透黏液层，有些则被表皮和真皮覆盖。鳞片对鱼体具有机械性的保护作用，如果脱落必定造成表皮损伤，为病原体的入侵打开了门户，极易造成病原感染，水霉病和赤皮病等多种鱼病皆因此而起。有些寄生虫虽不直接造成鱼体死亡，但其寄生导致相应部位皮肤的破损，为其他病原入侵提供了便利，可能引起并发症，使鱼死亡。有研究证实，有些寄生虫的寄生，可以直接导致鱼体非特异性免疫力的降低。

（二）皮肤

鱼类的皮肤由表皮和真皮组成，均含多层细胞。表皮是上皮组织，由外胚层形成，位于黏液层下，构成了机体与外部水环境的屏障。表皮可再次被划分为两层，外层为鳞状扁平上皮细胞层。在没有鳞片的头部和鳍部的表皮层最厚。与哺乳动物不同，鱼类的表皮层不出现脱落的死细胞层，在该层下面即可见到有丝分裂。真皮是结缔组织，由中胚层形成，位于基底膜下，是皮肤的另一层保护屏障。这层皮肤中散布着色素细胞，同时分布有毛细血管，有利于鱼类的体液免疫功能。真皮层也可再划分为两层：上层的海绵层由疏松的胶原纤维和网状纤维组成，还包含一些色素细胞；下层的致密层由胶原基质组成，为皮肤提供结构上的支持。

（三）黏液

鱼类的体表被黏液覆盖，除了可以减少鱼类游泳时的阻力，对病原体的入侵也起到物理和化学屏障作用。鳞片少或不发达种类的黏液分泌量更大，其分泌物中含有黏多糖类和纤维等物质，入水后纤维部分膨胀成为黏液。不同鱼类的黏液细胞数量及分布存在差异，同一个体体表黏液细胞分布也不均匀，一般无鳞处黏液细胞较有鳞处多，鳍部黏液细胞较其他部位少，且从头部至尾部呈逐渐减少的分布趋势。不同的生存环境对体表黏液细胞的数量和分布也有影响，如生活在深层的鱼类黏液细胞较浅层的多。黏液中含有溶菌酶、壳质酶等非特异性免疫物质。此外，免疫接种后的鱼体，除其血清外，也可在体表、肠和鳃部的黏液中检测到特异性抗体，这些物质在体表发挥化学屏障作用，其溶菌和杀菌作用有助于鱼体对病原体的清除。因此，黏液作为鱼类免疫的第一道防线是非常有效的。

正常情况下，鱼体分泌适量的黏液，通过不断地更新和补充，维持着相对平衡的正常菌群，对鱼体起到保护作用。黏液量过多或过少，均会妨碍鱼体的正常生活。例如，寄生虫或其他因素的刺激，可使鱼体黏液分泌过多，鳃部的黏液过多会造成呼吸困难，导致鱼体窒息死亡；在应用药物进行消毒时，如果剂量或时间掌握得不恰当，会引起鱼体短时间内分泌大量黏液而导致黏液脱落，易于造成细菌感染。由此可见，改善养殖环境是增强鱼体非特异性免疫力的一个重要途径。

（四）体表正常菌群

动物体表存在大量的正常菌群，这些低致病性的微生物能很好地适应环境，有效抑制其他适应性较差或有潜在致病性微生物的生长。鱼类体表存在的稠密且稳定的常驻细菌菌群受水中药物、体表黏液等许多因素的影响，这些因素的任何改变，均会扰乱体表正常菌群的组成，导致体表防御性能降低，有利于病原微生物的入侵。

二、免疫器官和组织

免疫器官和组织是免疫细胞发生、分化、成熟、定居和增殖及产生免疫应答的场所。与哺乳动物不同的是，鱼类没有骨髓和淋巴结，不同鱼类在免疫系统的进化程度上也有较大差异。圆口类没有真正的免疫器官，只有能产生免疫细胞的淋巴样组织。软骨鱼类的主要免疫器官和组织包括胸腺、睾丸间质、性腺胚、脾和肠相关淋巴样组织，胸腺、睾丸间质和性腺胚为中枢免疫器官，也称一级免疫器官，脾和肠相关淋巴样组织为外周免疫器官，也称二级免疫器官。从免疫功能上来讲，睾丸间质和性腺胚相当于哺乳类的骨髓和硬骨鱼类的头肾。硬骨鱼类的主要免疫器官和组织有胸腺、头肾、脾和黏膜相关淋巴组织。从个体发育过程中免疫器官的发生顺序上来讲，胸腺是淡水鱼类最早形成的免疫器官，随后是头肾和脾，而海水鱼类免疫器官的发生顺序为头肾、脾和胸腺。

（一）胸腺

鱼类的胸腺位于鳃腔背后方，是一对卵圆形的薄片组织，呈对称分布。鱼类胸腺起源于胚胎发育的咽上皮，但与哺乳动物不同的是，大多数鱼类的胸腺在一定程度上保留了和咽的联系（图14-1）。胸腺表面有一层上皮细胞膜与咽腔相隔，可有效地防止抗原性或非抗原性物质通过咽腔进入胸腺实质。不同物种的胸腺发育存在一定差异。对于软骨鱼类而言，胸腺

图 14-1　虹鳟胸腺位置图
（引自 Barraza et al.，2021）
箭头所示为胸腺所在位置

最初是附着在咽腔的上皮表面，随后会出现内陷，最终被包裹进咽腔上皮内；对于多种硬骨鱼类而言，胸腺通常位于咽腔表层。从组织结构上看，鱼类胸腺可分为内区、中区和外区，其中内区和中区分别类似于高等脊椎动物胸腺中的髓质和皮质，是鱼类 T 淋巴细胞成熟和分化的主要场所，并向外周血液释放成熟的 T 淋巴细胞。

一般认为胸腺是鱼类的中枢免疫器官，是淋巴细胞增殖和分化的主要场所，并向血液和二级淋巴器官输送淋巴细胞。胸腺可通过促进淋巴细胞的增殖和相关激素的分泌等来促进机体的免疫调节功能。鱼类免疫器官的早期发育研究表明，胸腺是最早获得成熟淋巴细胞的免疫器官，内含丰富的 T 淋巴细胞，胸腺细胞的成熟是鱼类机体免疫系统功能成熟的基本前提，关系着机体对外界环境因子的应答和内环境稳态的维持，有着不可替代的重要作用。在发育过程中，胸腺与头肾逐渐靠拢，并伴随有明显的细胞迁移发生。

随着性成熟和年龄的增长或在环境胁迫和激素等外部刺激作用下，鱼类胸腺会发生退化，在一年内不同月份间胸腺细胞数量、胸腺大小及其各区间的比例也呈现出规律性的变化。在幼鱼的胸腺组织切片中可见有大量有丝分裂的胸腺细胞，而在处于性成熟期的鱼体胸腺组织切片中则很少见到有丝分裂的胸腺细胞。不同的鱼类，其胸腺的寿命差异也很大，有的鱼类胸腺在性成熟之前消失（如鲑科和鲱科鱼类），有的在性成熟以后仍持续存在（如鲽科鱼类）。胸腺容积的大小及其变化与光照周期性有密切关系，营养不良或者疾病也会导致胸腺萎缩退化。

（二）睾丸间质和性腺胚

睾丸间质和性腺胚为软骨鱼类除胸腺之外的中枢免疫器官，其免疫功能相当于哺乳类的骨髓和硬骨鱼类的头肾。睾丸间质是与食道相连的似腺状网状结构，主要是一些动脉和毛细血管，富含一些未分化的白细胞，主要包括中性粒细胞、嗜酸性粒细胞和其他粒细胞，淋巴细胞非常丰富，大小不一，分散在整个组织中，偶尔可见浆细胞。性腺胚与性腺组织相连，结构与睾丸间质类似。性腺胚表达免疫球蛋白和 MHC Ⅱ 的 V（D）J 重组所必需的 *RAG1* 和 *TdT* 基因，说明性腺胚是 B 淋巴细胞和 T 淋巴细胞的发育场所之一。鲨和鳐至少具有睾丸间质和性腺胚的其中一种。例如，沙锥齿鲨只有性腺胚而没有睾丸间质。

（三）头肾

肾是成鱼最重要的淋巴组织，可分为前肾（头肾）、中肾和后肾 3 部分，其中，头肾位于整个肾的最前端，围心腔上背方，通常呈左右对称分布。鱼类的头肾由中胚层生育节发育而来，具有一定的物种特异性。从结构组成上看，头肾无被膜，仅由一层胶原纤维包围，通过切片观察发现，头肾实质中无肾单位，主要由淋巴样组织构成，有致密的血管窦，其中含有造血细胞、淋巴样细胞系、黑色素巨噬细胞和淋巴细胞。按照头肾中免疫细胞的分布范围，头肾可被分为淋巴细胞聚集区和颗粒细胞聚集区等。对于细胞聚集区的划分也具有物种特异性。例如，斑马鱼头肾在早期发育时主要以红细胞和颗粒细胞为主，南方鲇头肾可以被划分为内分泌区、淋巴细胞聚集区和颗粒细胞聚集区，大黄鱼头肾主要被划分为淋巴细胞聚集区和颗粒细胞聚集区。

成鱼的头肾已失去排泄的功能，主要负责造血、内分泌和免疫功能，是继胸腺后第二个发育的免疫器官。从功能上看，头肾可以产生红细胞和淋巴细胞等血细胞，是免疫细胞的发源地，相当于哺乳动物的骨髓；另外，头肾又含有吞噬细胞和 B 淋巴细胞，受抗原刺激后，头肾和后肾造血实质细胞出现增生，是抗体产生的主要场所，相当于哺乳动物的淋巴结。因此，鱼类的头肾具有类似哺乳动物中枢免疫器官和外周免疫器官的双重功能。并非所有鱼类的头肾均可产生粒细胞和 B、T 淋巴细胞，鱼的种类不同，其所产生的免疫细胞也不同，有些鱼类仅产生 B 淋巴细胞，而有些鱼类可同时产生 B、T 淋巴细胞。头肾实质中的 B 淋巴细胞与黑色素巨噬细胞中心和血管紧密相连，能够通过协同作用吞噬异源性物质，抵抗外界病原体的入侵。

在一定程度上，可以根据头肾的质量、大小及发育状况来判断鱼类的生长发育状况。研究表明，鱼类头肾的质量与鱼体的年龄呈正相关，与鱼体的增重率也紧密相连。

（四）脾

鱼类的脾呈暗红色或黑色，是一个边缘界限清晰的弥散型器官，通常位于食道的背部，被包围在肠系膜里。脾具有清除老化红细胞、捕捉抗原和造血等功能，既是鱼类的造血器官，又是重要的外周免疫器官。

软骨鱼类的脾较大，内含椭圆体，可分化为红髓和白髓。红髓由脾窦和脾索组成，内含大量的红细胞，白髓内则主要为淋巴细胞和粒细胞及巨噬细胞，可细分为脾小结和淋巴鞘。鱼类的红细胞和粒细胞的产生、贮存和成熟都主要在脾完成。硬骨鱼类的脾没有分化为明显的红髓和白髓，但同样具有造血和免疫功能。

脾是淋巴系统组织发生中最后一个发生的器官，在发育过程中也存在着物种差异，大黄鱼（Pseudosciaena crocea）脾的发育速度较快，仔鱼出膜 4d 后就能在靠近中肠前部位置看到脾原基；相比之下，军曹鱼（Rachycentron canadum）脾的发育速度比较慢，仔鱼出膜 9d 后才能看到脾原基。

由于鱼类缺乏淋巴结，作为外周免疫器官的脾在抗原呈递和启动非特异性免疫上具有相当重要的作用。大多数鱼类的脾主要由椭圆体、脾髓和黑色素巨噬细胞中心组成。椭圆体是由脾小动脉分支形成的厚壁、滤过性的毛细血管组成，管内含有巨噬细胞，主要起吞噬和滤过作用；脾髓主要由嗜银纤维的支持组织和吞噬细胞构成；脾中含有许多黑色素巨噬细胞中心，其作用类似于肾，对血流中携带的异物有很强的吞噬能力。大多数硬骨鱼类的脾内均有明显的椭圆体，具有捕集各种颗粒性和非颗粒性物质的功能。硬骨鱼类在免疫接种后，脾中的黑色素巨噬细胞增多，并与淋巴细胞和抗体生成细胞聚集在一起，形成黑色素巨噬细胞中心，从而参与体液免疫和炎症反应。脾还具有对内源和外源异物进行贮存、破坏或脱毒的作用，保护组织免除自由基损伤，并作为记忆细胞的原始发生中心。

（五）黏膜相关淋巴组织

黏膜相关淋巴组织是一种主要分布于机体黏液组织中的淋巴细胞生发中心，因其不具备完整的淋巴结构，故而被称为黏膜相关淋巴组织。它是鱼类除以上免疫器官外的又一重要免疫组织。黏膜相关淋巴组织是病原体进入宿主的第一道防线，机体抵御外界病毒、细菌和寄生虫等时首先被黏膜相关淋巴组织防御。黏膜相关淋巴组织又分为皮肤相关淋巴组织、肠相关淋巴组织和鳃相关淋巴组织。这些分散的淋巴组织在免疫原的摄取方面起着重要的作用。鱼类皮肤、鳃和肠道是病原侵入鱼体的门户，当鱼体受到抗原刺激时，存在于上皮组织中的淋巴细胞、巨噬细胞和各类粒细胞等可以对抗原进行处理和呈递，抗体分泌细胞会分泌特异性抗体，与黏液中溶菌酶和补体等非特异性的免疫分子一道，组成抵御病原微生物感染的有效防线。

鱼类黏膜免疫系统相对于系统免疫具有一定的自主性，不同的免疫接种途径决定着两者免疫应答的不同，并显示出不同的动态规律，这在鱼类疫苗接种方法的选择上具有实际意义。鱼类经口腔免疫接种后，头肾、血液和肠道中都出现抗体分泌细胞，但是鳃中几乎没有；在血清中可检测到的特异性抗体，在皮肤黏液中未能检测到。经肛门插管注射抗原可诱导肠道和皮肤黏液及胆汁中产生特异性抗体，而血清中没有。经腹腔免疫 4 周后，头肾、血液和鳃中抗体分泌细胞的数量同时达到峰值，而直到第 7 周，肠道中才有显著反应。在用颗粒抗原进行浸泡免疫接种时，皮肤摄取抗原的能力远大于鳃，免疫 24d 后，大部分颗粒抗原仍停留在皮肤和鳃中，只有少数抗原被转运到头肾和脾中。可见，经口腔和腹腔免疫接种可明显刺激系统免疫应答，而经浸泡免疫接种和肛门插管注射抗原更适宜于诱导机体黏膜免疫反应。

三、免疫细胞

凡是参与免疫应答或与免疫应答有关的细胞均称为免疫细胞。鱼类免疫细胞主要存在于血液、淋巴液、免疫组织和免疫器官中。免疫细胞的分布及含量在一定程度上反映了机体免疫功能的强弱，其主要包括两大类：一类是淋巴细胞，主要参与特异性免疫反应，在免疫应答中起核心作用；另一类是吞噬细胞，可吞噬大量外源微生物，主要参与非特异性免疫反应。

（一）淋巴细胞

淋巴细胞是机体免疫应答的重要细胞成分，主要由淋巴器官产生，是白细胞的一种。单克隆抗体技术、分子生物学技术和流式细胞术等新技术的应用，为鱼类淋巴细胞的识别和分离提供了有效的手段和有力的证据，从而证实了鱼类同样存在相当于哺乳动物 T 细胞和 B 细胞的两类淋巴细胞。现已广泛应用免疫球蛋白或 T、B 细胞的单克隆抗体研究个体发育中各组织不同淋巴细胞的分布和组成。鲤在孵化后几周内，T 细胞在胸腺中达到 70%，在头肾中也有分布，但胸腺内的 T 细胞不随孵化时间的增长而变化，其他免疫器官中的 T 细胞逐渐减少甚至消失；B 细胞在孵化后第 2 周最先出现在鲤头肾中，随后出现在脾和血液中，但是在胸腺和肠道中却很少。在成体鱼类的头肾、脾和外周血中，B 细胞达到 22%～40%，而胸腺中仅有 2%～5%。大菱鲆和海鲈的肠黏膜与黏膜下层中均有较多的 T 细胞，而 B 细胞主要在固有层中参与黏膜免疫应答。

（二）吞噬细胞

鱼类的吞噬细胞是组成非特异防御体系的关键成分，主要包括单核细胞、巨噬细胞和各种粒细胞，在机体抵御微生物感染的各个阶段发挥重要作用。黏膜中的吞噬细胞构成抗感染的第一道屏障，血液中的单核细胞和粒细胞等作为第二道防线，器官组织中具有吞噬活性的细胞能够摄取和降解微生物及其产物。当机体受到外界病原物质侵扰时，巨噬细胞和粒细胞作为鱼类炎症反应的核心细胞能够被激活并产生抗炎细胞因子。

1. 单核细胞　　单核细胞在动物体的非特异性免疫中起关键作用。鱼类的单核细胞与哺乳动物类似，也有较多的胞质突起，细胞内含有较多的滤泡和吞噬物，可进行活跃的变形运动。鱼类的单核细胞是在头肾和脾等造血组织中产生并进入血液的分化不完全的终末细胞，可随血流进入各组织，在适宜的条件下发育成不同的巨噬细胞群。单核细胞具有较强的黏附和吞噬能力，能在血流中对异物和衰老的细胞进行吞噬消化。研究表明，环境污染或感染都能引起鱼类血液中单核细胞数目显著增加。

2. 巨噬细胞　　鱼类的巨噬细胞（图 14-2）种类繁多，在不同组织中有多种类型，在同一组织中也有不同亚类。鱼类巨噬细胞膜表面的碳水化合物受体有助于对入侵微生物的识别和吞噬。当病原微生物表面覆盖有免疫球蛋白和补体成分时，巨噬细胞可以通过这些因子的特异性受体识别并杀伤微生物。在病原体和异物侵入部位可检测到鱼类巨噬细胞凝集或黑色素巨噬细胞中心。当机体遭受细菌和寄生虫感染时，巨噬细胞能分泌多种细胞因子和二十碳四烯酸等以抵御感染。巨噬细胞在接触病原微生物后，发生吞噬作用，会引起呼吸爆发，并产生肿瘤坏死因子，进一步增强巨噬细胞对微生物的杀伤能力。巨噬细胞也可以通过其表面组织相容性复合体进行抗原呈递，激活淋巴细胞，并对淋巴细胞功能进行调节。现已发现多种物质（如干扰素、某些多肽和蛋白质、脂多糖及 β-1,3-葡聚糖等）可使鱼类巨噬细胞形态特征改变，分泌物增多，吞噬能力增强。

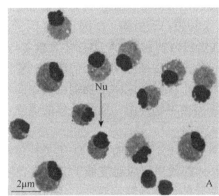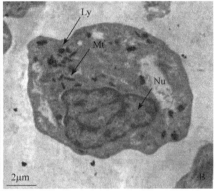

图 14-2　草鱼肠巨噬细胞的形态结构（引自陶会竹等，2018）
A. 瑞氏-吉姆萨染色细胞的光镜照片（1000×）；B. 乙酸铀-柠檬酸铅染色细胞的电镜照片（3000×）；
Nu. 细胞核；Mt. 线粒体；Ly. 溶酶体

3. 粒细胞　　在鱼类中，根据粒细胞的来源、形态及功能，可分为中性、嗜酸性和嗜碱性粒细胞。软骨鱼类粒细胞生成的主要部位是脾和其他淋巴髓样组织。硬骨鱼类粒细胞生成的主要场所是脾和头肾。中性粒细胞是硬骨鱼类中最常见的粒细胞。其超微结构在各种鱼类间差异较大，主要表现在其胞质颗粒的形态结构上。多数硬骨鱼类的中性粒细胞颗粒内具有晶体样或纤维状的内涵物，但这些内涵物结构并非在所有硬骨鱼类中性粒细胞内都存在，因而不能作为该细胞的鉴别性特征。这种结构差异可能与细胞的成熟度有关，而并非细胞亚类的不同。鱼类中性粒细胞具有活跃的吞噬和杀伤功能。在适当刺激下，鱼类中性粒细胞也显示出化学发光性和趋化性。

鱼体中并非都含有嗜酸性和嗜碱性粒细胞，大多数鱼类仅具嗜酸性粒细胞，只有少数鱼类才有嗜碱性粒细胞，有些鱼类中这两种粒细胞均未发现。有学者认为可能是嗜碱性粒细胞含量较少且在制片过程中极易被分解，导致其很难被观察到。嗜酸性粒细胞的前体产生于造血淋巴器官，随着血液循环进入鱼体不同器官（如鳃和肠道），然后分化成为粒细胞。在电镜下，鱼类嗜酸性粒细胞颗粒内的晶状结构及核心是其形态鉴定的重要依据。鱼类的嗜酸性粒细胞和哺乳动物的肥大细胞在细胞染色、分化途径及免疫功能上存在着相似性，机体在遭受病菌感染和外界刺激时，其嗜酸性粒细胞可发生脱颗粒反应并释放细胞内活性物质及合成、分泌大量免疫分子和相关免疫调控酶，从而调节机体免疫功能。鱼类嗜酸性粒细胞还具有吞噬能力，在寄生虫长期感染的情况下能够聚集在寄生部位，参与机体抵御寄生虫的免疫反应。

四、免疫分子

除了免疫细胞，鱼类中还有很多免疫分子同样在鱼类免疫过程中扮演着重要作用，主要分为非特异性免疫分子（如补体、溶菌酶、细胞因子等）和特异性免疫分子（如抗体等）。这些免疫分子构成了机体正常免疫功能的分子基础。

（一）补体

补体是广泛存在于哺乳动物、鸟类、两栖类、鱼类等正常动物血清中，具有酶原活性的一组不稳定球蛋白，具有趋化性、吸引白细胞、介导炎症反应、促进吞噬细胞清除异物及杀菌等多重作用，是非特异性免疫分子中极其重要的组成部分。在鱼类免疫系统进化中，补体的出现比免疫球蛋白要早。鱼类补体系统由 30 余种蛋白裂解酶、D 因子、B 因子、酶抑制因子和补体受体等构成，是体内极为复杂的限制性蛋白溶解系统。鱼类补体直接参与机体防御，其生物学活性直接影响机体抵抗微生物的能力、免疫反应细胞间的通信联系、免疫复合物的形成和持续时间等。硬骨鱼类的补体系统活化后，不仅在病原微生物细胞膜表面形成贯穿膜内外的"管道"结构，引起细胞膜损伤，导致细胞内容物外漏，而且补体的调理作用能增强体液和细胞介导的特异性免疫。

鱼类补体及其激活途径与哺乳动物相比，具有以下不同的特点：①鱼类补体对热更加不稳定，在 45℃ 左右失活，更不易保存；②鱼类补体的最适反应温度低于 25℃，比哺乳类动物低；③鱼类补体抗病原微生物活性高，但具有明显的种或种群特异性；④鱼类补体激活的旁路途经的活性比哺乳动物中高 5~10 倍；⑤鱼类的 C3、B、D 等因子具有多态性。由于鱼类的进化地位较低，其补体系统构成较为原始且复杂，因此对鱼类补体的研究，尤其是一些理论问题，尚不清楚。例如，鱼类调理作用的机制、参与鱼类炎症反应的因子种类、鱼类特定补体蛋白的检测、鱼类补体分子多态性机制等许多方面还有待进一步的系统研究。

（二）溶菌酶

溶菌酶是存在于许多鱼类的体表黏液、肠道黏液、血清、肝、脾、肾等组织和巨噬细胞内的一种水解酶，在鱼类免疫中发挥着不容小觑的作用。溶菌酶能够分解细菌细胞壁不溶性黏多糖，在渗透压的作用下导致细胞壁破裂，继而裂解细菌。血清中的溶菌酶来源于大量的中性粒细胞、单核细胞和吞噬细胞，其活性通常是用来评价鱼类非特异性免疫功能的重要指标。据报道，溶菌酶还能改善和增强巨噬细胞的吞噬能力，诱导调节免疫因子的合成和分泌。健康的日本牙鲆经爱德华菌感染后，头肾和脾中溶菌酶的表达量也出现了显著性增加。与之类似的是，受溶藻弧菌和新加坡石斑鱼虹彩病毒刺激后，石斑鱼头肾组织中溶菌酶的表达量也显著性升高，表明溶菌酶在细菌和病毒感染中发挥了重要作用。溶菌酶还可以与几丁质酶一起作用于细菌或其他病原的细胞壁，从而更有效地攻击病原。鱼类的溶菌酶具有比哺乳类更广谱的抗菌作用。

（三）细胞因子

细胞因子是一类由免疫细胞合成或分泌的小分子多肽物质，当机体受到刺激后，本身处于失活或者分泌量很低状态的细胞因子含量将会大幅度上升，通过识别细胞上的表面受体，以协同、拮抗等形式结合其他的细胞因子或抗病毒分子，发挥生物学效应或免疫调节作用，是鱼类非特异性免疫的重要组成部分。

免疫细胞在鱼体内既可以合成、释放和激活细胞因子，又是细胞因子作用的重要对象，因此和细胞因子有直接的关系。经研究发现，罗非鱼注射了具有免疫抗原性的物质后，细胞因子的水平和巨噬细胞的吞噬能力均显著升高；脂多糖刺激虹鳟成熟的头肾巨噬细胞之后，其吞噬能力和 TNF-α 的含量均明显上升；采用 DNA 注射法研究鲤对 IL-1β 的免疫反应，发现实验组鲤淋巴细胞在受到刺激后显著增殖，巨噬细胞的吞噬能力明显提高。以上研究均表明细胞因子与免疫细胞一起共同发挥防御功能。

鱼类中存在所有主要的细胞因子家族，包括白细胞介素、干扰素、肿瘤坏死因子、诱导型一氧化氮合酶和趋化因子等。由于鱼类基因组加倍和局部基因扩张，在硬骨鱼类中，常有细胞因子的基因多拷贝代替单个基因的现象。但是，由于缺少细胞因子的抗体，在蛋白质水平上对细胞因子的研究较少，鱼类细胞因子的功能大多是基于体外重组蛋白开展的相关研究。

（四）抗体

鱼类抗体是在 B 细胞中合成，并存在于血液、皮肤和肠道等其他体液中的一类分泌性免疫球蛋白，具有高亲和性和高特异性。哺乳动物的免疫球蛋白分为 5 类，分别为 IgM、IgG、IgA、IgD 和 IgE。鱼类作为最早产生免疫球蛋白的动物，在受到微生物、寄生虫等病原体感染或人工免疫后，和高等脊椎动物一样，都能产生由抗体介导的体液免疫反应。在硬骨鱼类中，目前已发现有 IgM、IgD 和 IgZ/IgT 三种抗体。其中，鱼类 IgM 是最早产生的抗体分子，以四聚体形式存在，含有 8 个抗原结合位点，以附着在 B 细胞表面的膜结合形式（mIgM）和血浆 B 细胞分泌的可溶形式（sIgM）存在，能够特异性地结合抗原。IgD 以单体形式存在，最早在鲇中被发现，可能会以抗原结合受体的形式参与免疫应答。与哺乳动物一样，IgT 主要分布在黏膜表面并在黏膜免疫中发挥重要作用。目前，在软骨鱼类的血清中发现了两种抗体：大的抗体分子与人的 IgM 相似（分子质量为 900kDa，19S）；小的抗体分子与 IgG 类似（分子质量为 150kDa，7S）。

鱼类与哺乳动物相比，其抗体形成的时间长，抗体滴度增高缓慢。在初次应答中，抗体受温度的影响较明显。鲤在一定温度范围内，水温升高时，其体内抗体水平也升高。鲤和鲫养殖在 28℃ 比在 25℃ 至少可提早 4d 产生特异性凝集抗体。低温导致鱼类免疫抑制是辅助性 T 细胞受到抑制所致，而非 B 细胞受到抑制。此外，鱼类的免疫记忆较哺乳动物弱，与初次免疫应答相比，鱼类再次免疫时的抗体滴度一般只增强 2~8 倍，很少增强到 16 倍以上，而哺乳动物可增强到 50~100 倍或更高。

第二节　鱼类的先天性免疫

动物机体免疫系统的基本功能是清除异物，把异物产生的危害减少到最低程度。和其他高等脊椎动物一样，鱼类的免疫系统也由非特异的先天性免疫和特异的获得性免疫组成，获得性免疫的发生必须依赖先天性免疫对"非己"进行识别。由于鱼类处于系统发育的较低级阶段，其特异性免疫系统远不如高等脊椎动物的精细和发达。因此，先天性免疫系统在鱼类抵抗病原生物入侵时发挥着更为重要的作用。先天性免疫应答的第一步是区分自我与异己的过程。异己的识别是通过胚系基因编码的模式识别受体（pattern recognition receptor，PRR）识别微生物中保守的、在宿主中不存在的微生物相关分子模式（microbe-associated molecular pattern，MAMP），如细菌的脂多糖（lipopolysaccharide，LPS）、肽聚糖（peptidoglycan，PGN）、脂磷壁酸（lipoteichoic acid，LTA）、多糖（polysaccharide）、真菌的 β-1,3-葡聚糖（β-1,3-glucan）、甘露糖（mannose）、细菌 DNA、病毒核酸等实现的。PRR 还可以识别宿主自身受损或凋亡细胞释放的危险信号（包括 DNA、RNA、热激蛋白等），从而启动清除损伤细胞程序以维持免疫自稳。

天然免疫系统在识别各种病原微生物并启动针对病原的特异性反应中发挥重要的作用。而 PRR 及其介导的信号转导通路在激发先天性免疫中发挥着关键的作用。作为低等脊椎动物，鱼类 PRR 及其下游信号分子与哺乳类具有结构相似性。然而，鱼类 PRR 也显示出明显的自身特征及丰富的多样性，这可能源于鱼类多样性的进化史及各种鱼类所处的不同环境。PRR 可分为可溶性与膜结合性受体两类，前者在鱼类中已分离出补体分子 C3、凝集素、NOD 样受体（NOD-like receptor，NLR）和 RIG-Ⅰ样受体（RIG-Ⅰ like receptor，RLR）等，而后者有 Toll 样受体（Toll-like receptor，TLR）、甘露糖受体等。

一、模式识别受体

（一）Toll 样受体

Toll 样受体最初于 1985 年在黑腹果蝇（*Drosophila melanogaster*）中被发现，鱼类 TLR 被发现得较晚，但种类较多。2003 年在鲫（*Carassius auratus*）中克隆得到鱼类第一个 TLR 成员。迄今为止，在鱼类中发现超过 20 个 TLR 成员（不包含基因亚型）。类似于哺乳动物，鱼类 TLR 也可归为 6 个亚家族：TLR1 亚家族（TLR1、TLR2、TLR14、TLR18、TLR24、TLR25、TLR27、TLR28）、TLR3 亚家族（TLR3）、TLR4 亚家族（TLR4）、TLR5 亚家族（TLR5M、TLR5S）、TLR7 亚家族（TLR7、TLR8、TLR9）和 TLR11 亚家族（TLR13、TLR19、TLR20、TLR21、TLR22、TLR23、TLR26）。与哺乳动物相比，鱼类 TLR 的组成有很多不同之处，不同鱼类之间也存在差异。TLR18、TLR19、TLR20、TLR23、TLR25、TLR26、TLR27 和 TLR28 为鱼类特有。至今，哺乳动物 TLR6、TLR10、TLR11 和 TLR12 在鱼类中未被报道。TLR 属于Ⅰ-型跨膜蛋白，包含 3 个结构域：胞外区域富含亮氨酸重复基序（LRR），由 19～25 个 LRR 组成，每个 LRR 包含 20～30 个氨基酸残基，都含有保守序列 LxxLxLxxN/CxL（x 代表任意氨基酸），与病原识别有关；跨膜结构域（跨膜区）（transmembrane domain，TM）；胞内序列含有 Toll/IL-1 受体结构域（TIR），由约 200 个氨基酸残基组成，与 TLR 定位和信号传递有关。TLR 在无脊椎动物和脊椎动物中高度保守，通过识别 MAMP 启动细胞内信号转导，介导炎症相关基因的表达及抗病毒反应。不同 TLR 成员通过不同的信号途径激活相应的转录因子，促进抗病原微生物的特定反应。此外，鱼类中也存在可溶性的 TLR（TLR4 和 TLR5），只保留了胞外的 LRR 结构域。

随着鱼类基因组、转录组、蛋白质组和生物信息学研究的深入，从鱼类中鉴定到的 TLR

种类越来越多，对于这些 TLR 的分子特征和生物学功能的研究，丰富了人们对非特异免疫系统的认识，也为一些细菌或病毒性疾病的防治提供了理论基础及新的思路（图 14-3）。然而，目前鱼类已发现的 TLR，仅少数 TLR 的配体初步得到证实，其他配体还需进一步研究。鱼类 TLR 配体特异性识别及其信号转导通路的调控机制尚不完全清楚，仍需深入研究。相对于哺乳动物，参与病毒识别的鱼类 TLR 数量更多，对于鱼类中特有的 *TLR* 基因在鱼类免疫应答中的作用与功能研究需进一步开展。病毒一般在侵入细胞后，其核酸成分被胞内相应 TLR 识别，入胞之前一些病毒的外表面成分也是细胞表面 TLR 的识别对象，而识别的具体成分仍缺少相关研究。研究 TLR 及其信号通路调控的分子机制，有助于深入理解鱼类的抗病机制。同时，也为新型药物、新型疫苗及免疫调节剂的研发提供理论依据和新的思路。

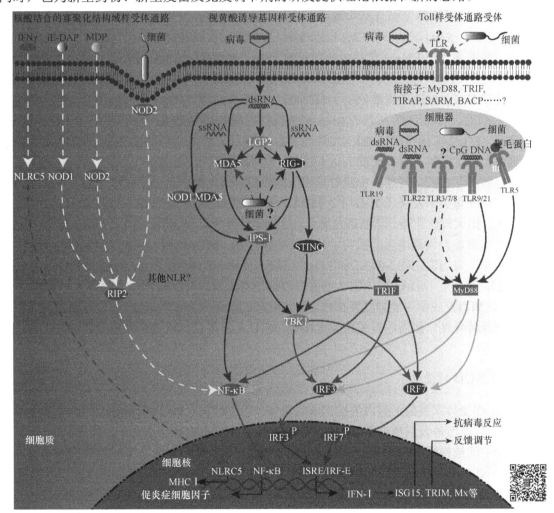

图 14-3　鱼类 TLR、RLR 和 NLR 基本信号通路

NLRC5. 核苷酸结合寡聚化结构域样受体 5；RIP2. 受体相互作用蛋白 2；IFN-γ. γ 干扰素；iE-DAP. γ-D-谷氨酰基-内消旋-二氨基庚二酸；MDP. 胞壁酰二肽；MDA5. 黑色素瘤分化相关基因 5；LGP2. 实验遗传和生理基因 2；IPS-1. β 干扰素启动子刺激因子 1；STING. 干扰素基因刺激蛋白；CpG DNA. 未甲基化 CpG DNA 序列；dsRNA. 双链 RNA；TRIF. 包含 TIR 结构域接头蛋白；MyD88. 髓样分化因子 88；TIRAP. Toll/白细胞介素-1 受体相关蛋白；SARM. SAM 和 TIR 结构域包含蛋白；TBK1. IKK 相关激酶 TANK 结合激酶 1；IRF3. 干扰素调节因子 3；IRF7. 干扰素调节因子 7；NF-κB. 核因子 κB；ISRE/IRF-E. 干扰素刺激反应元件/干扰素调节因子元件；IFN-Ⅰ. Ⅰ型干扰素；Mx. 抗黏病毒感染蛋白；TRIM. 线粒体接头蛋白；ISG15. 干扰素刺激基因 15；MHCⅠ. 主要组织相容性复合体Ⅰ

（二）RIG-Ⅰ样受体

RIG-Ⅰ样受体能够识别细胞质中的病毒 RNA，诱导干扰素（interferon，IFN）的产生，发挥其抗病毒的功能。RLR 家族包括 3 个成员，即视黄酸诱导基因Ⅰ（retinoic acid-inducible geneⅠ，RIG-Ⅰ）、黑色素瘤分化相关基因 5（melanoma differentiation-associated gene 5，MDA5），以及实验遗传和生理基因 2（laboratory of genetics and physiology 2，LGP2）。RIG-Ⅰ和 MDA5 主要包括 N 端两个重复的 caspase 活化和募集结构域（caspase activation and recruitment domain，CARD），主要负责向下游传递信号；位于中间的 DExD/H 结构域和解旋酶结构域，其中解旋酶结构域Ⅰ主要是 Walker ATP 结合结构域，该结构域对于发挥功能非常重要；以及 C 端的 RNA 结合结构域（RNA binding domain，RBD）和抑制结构域（repressor domain，RD），RBD 具有识别 RNA 的功能，RD 则发挥信号抑制作用。RIG-Ⅰ主要识别 5′端带有三磷酸基团的 RNA（包括单链和双链 RNA）和短的 dsRNA。而 MDA5 主要识别普通的 dsRNA 或者 poly（I：C）。一旦配体和 C 端的 RBD 结合后，CARD 结构域随即募集下游的接头分子 IFN-β 启动子刺激分子 1（IPS-1），激活 RIG-Ⅰ/MDA5 介导的信号通路，诱导Ⅰ型 IFN 的产生。LGP2 包括 N 端的 RNA 解旋酶结构域和 C 端的 RBD，但没有 CARD 结构域。研究表明，LGP2 可通过隔离 dsRNA 或与 RIG-Ⅰ相结合等方式负调控 RIG-Ⅰ/MDA5 介导的信号通路，从而抑制Ⅰ型 IFN 的表达。然而，也有研究显示，LGP2 作为 RIG-Ⅰ/MDA5 信号通路的上游信号在抗病毒感染中起着正调控的作用。

目前已在鱼类中发现了 RIG-Ⅰ、MDA5 和 LPG2 的基因同源物。然而 RIG-Ⅰ在部分鱼类中缺失，如大黄鱼和鳜。功能研究显示，过表达鱼类 RIG-Ⅰ或者 RIG-Ⅰ的 CARD 结构域，细胞的抗病毒能力显著增强，说明了其功能的保守性。MDA5 和 LGP2 则普遍存在于所有鱼类基因组中，与哺乳动物 MDA5 和 LGP2 相同，鱼类 MDA5 和 LGP2 也能结合病毒 dsRNA（图 14-3）。过表达 MDA5 对 LGP2 的蛋白表达没有影响，反之亦然，说明了鱼类 MDA5 和 LGP2 在抗病毒反应中可能独立发挥作用。这些研究结果表明了鱼类 RLR 信号通路及其调控的保守性及特殊性。然而，有关鱼类 RIG-Ⅰ/MDA5 介导的抗病毒免疫信号转导及其调控机制还有待阐明。

（三）NOD 样受体

NOD 样受体家族是细胞内的模式识别受体。由于这类受体在诱导及加工 IL-1 家族成员中发挥作用，因而是天然免疫系统的重要组成部分。所有 NLR 成员由 3 个主要的结构域组成，包括一个中间结构域 NACHT、可变数目的 C 端 LRR 结构域和一个 N 端的效应结构域。不同种类的 NLR，其 N 端的效应结构域不同。例如，NLRC 家族（NLRC1～NLRC5）的 N 端均有一个 CARD 结构域；NLRP 家族的 N 端均包含 PYD 结构域；NLRA 的 N 端结构域因不同的剪接而存在两种形态，AD 结构域或位于 AD 结构域之前的 CARD 样结构域；NLRB 的 N 端由杆状病毒的 IAP 重复序列结构域组成；NLRX 则具有最为独特的 N 端效应结构域。中间结构域 NACHT 是 NLR 受体家族所特有的，对 NLR 受体的寡聚化起着重要作用。C 端的 LRR 结构域与 TLR 家族相似，用于识别 MAMP 和相关的危险信号。LRR 与配体结合后，NACHT 结构域便发生寡聚化，进而整个 NLR 分子的构型发生改变，最终 N 端效应结构域结合相应的接头分子激活下游信号通路。NLR 家族成员效应结构域的不同决定了其介导信号转导的特异性。鱼类 NLRC1（NOD1）和 NLRC2（NOD2）在结构和功能上与哺乳类相似。在细菌、病毒或 poly（I：C）诱导后，鱼类 NOD1 和 NOD2 的表达水平均上调。此外，过表达虹鳟（*Oncorhynchus mykiss*）NOD2 的 CARD 区可显著诱导包括 IL-1β 在内的前炎性基因的表达。NLRC3（NOD3）在调节 T 细胞反应中发挥了作用，其在脊椎动物中也非常保守。

在斑点叉尾鮰（*Ictalurus punctatus*）中发现了 22 种 NLR。在斑马鱼（*Danio rerio*）中证实了 3 个不同的亚家族，分别是 NLR-A、NLR-B 和 NLR-C。在斑马鱼中发现 NLR 以后，在其他一些鱼类中也相继发现了 NLR。很多在哺乳动物中发现的 *NLR* 基因在鱼类中也非常保守，然而在鱼类中发现了一类鱼类特有的含 PYD 结构域的 NLR 亚家族成员（在斑马鱼中称为 NLR-C 亚型）。鱼类这些 NLR-C 亚家族成员一般具有一个 N 端 PYD 结构域、NACHT 结构域及 C 端 LRR 结构域，某些 NLR-C 成员在其 C 端还多了一个 B30.2 区（PRY/SPRY）。含 B30.2 结构域的 NLR-C 似乎是鱼类特有的。鱼类 NLR-C 亚家族具有多样化的 LRR 结构域，这对于识别不同的配体十分有效，也使得 NLR 在鱼类天然免疫中的功能显得更为复杂。哺乳类 CIITA 同源物也在鱼类中得到鉴定，如黑斑叉鼻鲀（*Tetraodon nigropunctatus*）、红鳍东方鲀（*Takifugu rubripes*）、三棘刺鱼（*Gasterosteus aculeatus*）和斑马鱼。大部分鱼类 NLR 的配体特异性及功能目前尚不明确。

（四）C 型凝集素受体

C 型凝集素是最早被发现的动物凝集素之一。C 型凝集素家族成员胶固素在牛血清中最先被发现。在鱼类中 C 型凝集素陆续被报道，如淇河鲫、草鱼、斑马鱼和斑点叉尾鮰。起初认为 C 型凝集素是一类依赖 Ca^{2+} 的糖结合蛋白。随着研究的深入，不同结构和功能的 C 型凝集素被逐渐确定，发现并不是所有的 C 型凝集素均依赖 Ca^{2+}。鱼类有些 C 型凝集素发挥功能时并不依赖 Ca^{2+}。C 型凝集素的重要特征是具有特殊球状结构的糖识别结构域，而其他已知的蛋白质中不存在该类型的结构域，且在糖识别结构域中存在高度保守的基序。因此，糖识别结构域的存在是判定 C 型凝集素的标准。目前一般认为，鱼类 C 型凝集素是一类至少含有一个糖识别结构域的蛋白质超家族。即使有些 C 型凝集素并不能结合糖，但只要含有与糖识别结构域相似结构域的蛋白，均可称为 C 型凝集素。脊椎动物 C 型凝集素依据其结构域元件组成不同，可分为 17 个亚家族（Ⅰ～ⅩⅦ）。Zelensky 等通过基因组测序及分析比对，发现红鳍东方鲀中含有与脊椎动物 C 型凝集素相对应的 15 个亚家族，每个亚家族拥有与脊椎动物相同的成员，但未发现与脊椎动物 C 型凝集素 V 和Ⅶ亚家族相对应的成员。

脊椎动物 C 型凝集素的糖识别结构域由 110～130 个氨基酸残基构成，具有独特的紧密球形结构。该结构域含有双环结构，整体是一个由 N 端和 C 端两个 β 折叠（β1 和 β5）构成的反向平行的 β 片层；第二个环状结构被称为"长环"区域，位于整个结构域的内部，延伸到核心区，是糖识别结构域与 Ca^{2+} 和糖类结合相关的部位。两个环状结构的基部由 4 个高度保守的半胱氨酸残基（C1、C2、C3 和 C4）形成的二硫键连接，其中 C1 和 C4 连接整体环状结构的 β5 和 α1，C2 和 C3 连接"长环"区域的 β3 和 β5。其余肽段则形成两个侧翼的 α 螺旋结构（α1 和 α2）及第二个反向平行的 β 片层（β2、β3 和 β4）。氨基酸序列比对结果表明，许多鱼类 C 型凝集素的糖识别结构域中均存在 4 个高度保守的半胱氨酸残基，形成的二硫键在构建和稳固 C 型凝集素的双环结构中发挥重要作用。部分 C 型凝集素的糖识别结构域在多肽链 N 端含有一个功能未知的 β-发夹结构，该结构由一对半胱氨酸残基（C0 和 C0′）形成的二硫键固定。据此将糖识别结构域分为两类：含有该 β-发夹结构及半胱氨酸残基（C0 和 C0′）的糖识别结构域称为"长型"糖识别结构域，而不含这对半胱氨酸残基的糖识别结构域称为"短型"糖识别结构域。"长型"糖识别结构域在点带石斑鱼（*Epinephelus coioides*）、松江鲈（*Trachidermus fasciatus*）、香鱼（*Plecoglossus altivelis*）及大黄鱼的 C 型凝集素中均有报道。C 型凝集素家族作为鱼类中一类重要的模式识别受体，通过识别微生物表面的糖类结构，引发凝集微生物、诱导吞噬、激活补体等过程，并随着特异性免疫的出现而参与调节特异性免疫。

（五）清道夫受体

自牛巨噬细胞清道夫受体被首次报道以后，越来越多的家族成员被发现。清道夫受体是由一类结构各异、功能多样的细胞表面跨膜糖蛋白分子组成的蛋白质家族。按照分子结构域的不同，通常可以分为 8 个亚家族，分别是 A、B、C、D、E、F、G 和 H。其中研究最为深入的是 A 亚家族，它是一类 II 型跨膜受体，由 N 端胞内区、跨膜区、α 螺旋、胶原样结构域和 C 端半胱氨酸丰富区（SRCR 结构域）组成，主要有 SR-A/SCARA1、MARCO/SCARA2、CSR/SCARA3、SRCL/SCARA4 和 TESR/SCARA5 等 5 个成员。鱼类的清道夫受体可以防控革兰氏阳性菌和革兰氏阴性菌。此外，清道夫受体还对免疫信号通路的激活和免疫因子的生成具有重要的作用，如 NF-κB 信号通路的激活和相关炎症分子（如 IL-8）的生成。清道夫受体可识别广泛的 MAMP［LPS、PGN、LTA、poly（I：C）、特殊的 DNA 和 RNA］，进而参与机体的免疫调控，促进巨噬细胞和树突状细胞进行炎症反应。另外，清道夫受体具有促进巨噬细胞吞噬细菌的能力。虽然 SR-A I 和 SR-A II 体外吞噬细菌的能力与许多因素如细菌的菌株、调理素、巨噬细胞的来源、活化状态、培养条件等有关，清道夫受体在炎症调节和信号传递中也具有一定的作用，但确切的生物学功能与细菌吞噬机制，以及其在相关鱼类的作用方式尚有待深入探索和研究。除清道夫受体 A 亚家族分子以外，其他家族分子也参与病原体识别、免疫应答、内稳态维持等过程。清道夫受体家族包括多个成员，作为一类古老的受体分子，尽管目前对其部分成员在鱼类病原分子识别等功能方面的研究有一些突破和进展，但是人们对于各受体分子功能的全面认识仍远远不够。例如，清道夫受体保护宿主防御 LPS 的具体机制仍然没有被阐明。尤其是针对鱼类，相关的基础研究还非常少，对于病原体的致病机制和相关的鱼类免疫调控缺乏认识。

二、补体系统

鱼类的补体系统由 35 种以上蛋白质裂解酶、酶抑制因子和受体构成，是机体内最为复杂的限制性蛋白溶解系统。在鱼类免疫系统进化过程中，补体的出现比免疫球蛋白早。许多研究表明，鱼类补体直接参与机体防御，其生物学活性影响机体抵抗微生物的能力、免疫反应细胞间的通信联系、免疫复合物的形成和持续时间等。鱼类补体的调理作用能增强体液和细胞介导的特异性免疫。鱼类补体系统的组成和功能分述如下。

1. 鱼类补体系统的组成

（1）C1q/MBL 家族　　C1q/MBL 都是胶原凝集素，有很高的同源性，有相似的功能。C1q 参与经典途径激活，MBL 参与凝集素途径激活。

（2）C1r/C1s/MASP 家族　　在经典途径中，C1q 与抗原-抗体复合物结合以后，将 C1 分解为 C1s 和 C1r 进入经典途径的下一阶段。同样，在凝集素途径中，MBL 与细菌表面碳水化合物结合以后进入凝集素途径的下一阶段。

（3）C3/C4/C5 家族　　C3、C4 和 C5 蛋白质分子基因序列的高度相似性及其内外显子结构组成表明，C3、C4 和 C5 分子的产生与 α_2-巨球蛋白基因复制有关。

（4）C2/Bf　　Bf 和 C2 氨基酸序列具有同源性，有相同的外显子和内含子结构。Bf 在旁路途径中具有关键作用，C2 是凝集素和经典途径激活的必需物。

（5）攻膜复合物（MAC）　　攻膜复合物由 C5b、C6、C7、C8 和 C9 组成，在结构上是一组溶解蛋白，是细胞溶解的必要结构。MAC 在病原微生物细胞膜上聚合，形成一个贯通内外的"管道"结构，使细胞膜发生严重损失，胞质内容物外泄，导致细胞溶解被破坏（图 14-4）。

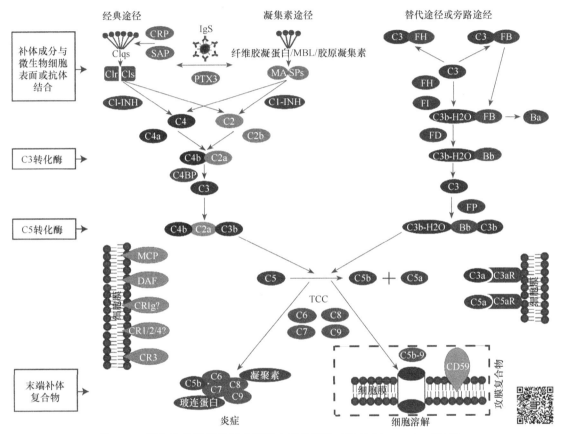

图 14-4　草鱼补体系统的组成和基本信号通路（引自 Liao et al.，2017）

（6）补体调节蛋白　　目前在鱼类中已发现因子 H 和类因子 I，且这些因子的分解活动需要钙和镁调节。鱼类中唯一被确定的补体调节蛋白是硒结合蛋白 1（SBP1），为 110kDa 的可溶解蛋白。关于鱼类补体的调节蛋白，确定鱼类是否存在与哺乳动物相应的补体调节物质有待进一步研究。

（7）补体受体　　存在于 B 细胞表面的补体受体（CR）CR1 能捕捉与抗体和补体结合的抗原，与其结合后，沿 B 淋巴细胞膜表面移动，聚集成帽，活化 B 细胞。抗体能致敏红细胞和补体结合的复合物及与 B 细胞结合后形成的 EAC（erythrocyte-antibody-complement）花环，除 B 细胞外，其他细胞（巨噬细胞、单核细胞、中性粒细胞等）都具有补体受体 CR1 和 iC3b 的特殊受体 CR3。其中 C3d 和 C3b 的受体 CR1 和 CR2 存在于成熟的 B 淋巴细胞膜上。

与哺乳动物相比，鱼类的补体系统有以下不同的特点：①鱼类的补体对热不稳定，最适反应温度更低，更不易保存；②鱼类补体抗病原的微生物活性高，具有明显的种或种群特异性；③鱼类补体旁路途径活性比哺乳动物高 5～10 倍；④鱼类 C3、Bf 等因子具有多态性，如虹鳟的 C3 有 4 种同型蛋白，鲤有 8 种等。

2. 鱼类补体系统的功能　　补体激活产物对先天性免疫的调节作用包括对病原体的吞噬和细胞溶解，免疫复合物的溶解和发炎。补体对体液免疫的调节和增强也起着重要作用。C3/C4 片段连接到抗原或免疫复合物可增强抗原呈递细胞（APC）对抗原的吸收和处理，引起更多的第一次和第二次免疫反应。此外，经研究发现，C3d 可降低 B 细胞激活的临界点，使得其产生免疫性的能力相对于抗原单独存在提高 1000～10 000 倍。

（1）调理作用和吞噬作用　　补体介导的调理作用需要有 C3 和（或）C4 与微生物之间的共价连接，分别导致表面有补体受体的吞噬细胞对微生物的识别和吞噬。Aderem 和 Underhill 报道补体依赖性嗜菌作用是由 C3b/iC3b 和 C4b/iC4b 活化产物及 C3 受体介导的。由于补体激活过程中产生的 C3 分子比 C4 分子多，因此，在补体介导的噬菌作用中，C3 的作用大于 C4。补体的调理作用能增强体液和细胞介导的特异性免疫。

（2）炎症反应　　C3、C4、C5 分子的激活和分裂可产生过敏毒素 C3a、C4a 和 C5a。Kohl 的研究表明，C3、C4 和 C5 分子在进化上相关，所以过敏毒素 C3a、C4a 和 C5a 在结构与功能上具有相当程度的相似性。在 3 种过敏毒素中，C4a 与其他两种的相关性和激发相关免疫应答方面的作用最小。鱼类中存在 C3a 和 C5a 过敏毒素及其受体。彩虹鳟有 3 种 C3a 变体，这 3 种 C3a 变体能强烈激发头肾白细胞的呼吸爆发，但不能引起相同细胞的趋化现象，该现象依赖羧基端精氨酸。为了研究 C5a 在鱼类中的作用，人们重组产生了虹鳟的 C5a，并证明它可以激发周边血液及头肾中白细胞的趋化性。研究表明，鲟 C5a 能触发白细胞呼吸爆发。人类 C5a 并不能诱导鲟白细胞活性，表明 C5a 的调节功能具有动物特异性。

三、趋化因子

趋化因子是由多种细胞在细菌、病毒、寄生虫等致病因子刺激活化后分泌的一类小分子活性多肽（分子质量为 8～14kDa），通常含有 90～100 个氨基酸，都具有诱导白细胞的趋化性。趋化因子诱导白细胞主要是依靠存在于白细胞膜表面的受体，它们往往出现在炎症的初期，因此又被称为炎症早期分子。趋化因子功能多样，具有免疫调节、促进造血、参与炎症反应等生物学功能，是鱼类非特异性免疫反应的重要成分。因此，探讨趋化因子在鱼类免疫反应中的作用有着重要的理论和实践意义。

（一）趋化因子的结构与分类

尽管趋化因子的氨基酸序列保守性较差，但它们在三维结构上有相似性，都有 4 个保守的半胱氨酸残基。第一和第三、第二和第四半胱氨酸残基之间形成二硫键，起稳定构象的作用。氨基端第一个保守的半胱氨酸残基前有一较短的、杂乱的片段；中间区域包含 3 个 β 折叠；羧基端包含一个由 20～30 个氨基酸残基形成的 α 螺旋，一般认为，它能和受体细胞外基质作用，可延长趋化因子的作用时间。

从结构上，趋化因子根据前两个半胱氨酸的位置排列可分为 4 类：前两个半胱氨酸相邻的为 CC 型；被一个氨基酸隔开的为 CXC 型；第三种类型是前两个半胱氨酸被 3 个氨基酸隔开，为 CX_3C 型；第四种类型为 C 型（XC 和 CX），其氨基端只有一个保守的半胱氨酸。趋化因子的主要类型为 CC 型和 CXC 型，CX_3C 型和 C 型的数量较少，只有几个成员。

（二）鱼类的趋化因子

近年来，对鱼类的趋化因子进行了大量的研究，主要集中在 CXC 型和 CC 型两类。CXC 型趋化因子最初被认为是中性粒细胞的潜在诱导者，但现在已知它们也同样作用于淋巴细胞和单核细胞。CXC 型趋化因子根据它们有无 ELR（谷氨酸、亮氨酸、精氨酸）可分为两种亚型。ELR 家族的趋化因子包括 CXCL1、CXCL2、CXCL3、CXCL5、CXCL6、CXCL7、CXCL8、CXCL15 等。它们特异性地诱导中性粒细胞，在刺激剂，尤其是炎症早期细胞因子（如 IL-1 和 TNF）的作用下，在多种细胞中均可表达。无 ELR 家族的趋化因子 CXCL4、CXCL9、CXCL10、CXCL11、CXCL12、CXCL13、CXCL14、CXCL16 等，它们主要是吸引淋巴细胞和单核细胞，对中性粒细胞的作用较小。

首先报道的鱼类趋化因子属于 CXC 型，它是由一种无颌鱼——七鳃鳗（*Lampetra fluviatilis*）编码的类 IL-8 多肽，这个趋化因子为 101 个氨基酸，和鸡的 cCAF（chicken chemotactic and angiogenic factor）有 40% 的同源性，和人的 IL-8 有 32%～33% 的同源性。前两个保守的半胱氨酸被一个谷氨酸残基分开。在七鳃鳗中发现 IL-8 以后，在硬骨鱼类中也发现了类似的因子。比目鱼的 *IL-8* 基因编码含 109 个氨基酸的蛋白，和人的 IL-8 有 35% 的同源性，它也缺失 ELR 结构域。鲇的 *IL-8* 基因编码两种可变的剪切转录体，长的编码 114 个氨基酸的多肽，短的编码 111 个氨基酸的多肽。它和哺乳动物的 IL-8 有 30% 的同源性。有研究表明，虹鳟感染多子小瓜虫（*Ichthyophthirius multifiliis*）后，IL-8 的表达显著增加。有趣的是，能诱导中性粒细胞的 ELR 结构域尽管存在于人和鸡的 IL-8 中，但到目前为止，在发现的鱼类 IL-8 中均无 ELR 结构域，这揭示了趋化因子基因进化的多样性。在鲤中首先鉴定出来的趋化因子是 CXC 型的，这个趋化因子和人的 IP-10 最接近。IP-10 为 IFN 诱导蛋白，能够和 T 细胞表面的 CXCR3 受体特异性结合，启动 T 细胞免疫。鲤的这个 CXC 型趋化因子为组成兼诱导型表达，受 LPS 诱导之后，表达量有所增高，与应急反应有关。不同类型的趋化因子在鱼类中陆续被发现，如斑马鱼、草鱼、斑点叉尾鮰。

近些年来，已经分离、鉴定了多种鱼类趋化因子，并证明了其在免疫调节、促进造血、炎症反应及直接抗菌等方面的功能，显然低等脊椎动物的趋化因子和哺乳动物在结构与功能上有相同之处。但鱼类趋化因子研究的广度和深度，和哺乳动物相比还相距甚远。将来的研究重点，不仅是进一步筛选、鉴定鱼类中的趋化因子及其受体，更重要的是研究趋化因子的功能、趋化因子与受体的相互作用及趋化因子的作用机制，为利用趋化因子来调节鱼类的非特异性免疫、增强鱼体的免疫力、提高抗病性提供依据。

四、其他细胞因子

细胞因子（cytokine）是鱼类非特异性免疫的重要组成部分。细胞因子是一类由免疫细胞和非特异性免疫细胞合成或分泌的小分子多肽物质，具有调节多种细胞生理功能的作用。细胞因子的种类很多，主要包括干扰素（interferon，IFN）、白细胞介素（interleukin，IL）、肿瘤坏死因子（tumor necrosis factor，TNF）、集落刺激因子（colony-stimulating factor，CSF）、抗菌肽（antimicrobial peptide，AMP）和抗病毒效应分子等。这些细胞因子有各自的生物学活性，涉及免疫和炎症的各个环节，在介导机体多种免疫反应过程中发挥着重要的作用。

（一）干扰素

鱼类干扰素系统包括Ⅰ型和Ⅱ型 IFN，Ⅰ型 IFN 分为有两个半胱氨酸的Ⅰ组和有 4 个半胱氨酸的Ⅱ组，继续分为 7 个亚组：IFNa～IFNf 及 IFNh。Ⅰ组 IFN 包括 IFNa、IFNd、IFNe 及 IFNh，在鱼类中普遍存在，而Ⅱ组 IFN 包括 IFNb、IFNc 和 IFNf，只在某些鱼类中存在。

Ⅰ型 IFN 在鱼类中广泛存在。IFNa 可以被病毒、细菌及病毒 MAMP 诱导产生，还可以上调很多重要的病毒防御基因的表达。IFNd 可以激活宿主的抗病毒反应。在虹鳟中发现了 7 个 IFNe 的基因，并可能存在于其他的鲑科鱼类中，它们在病毒感染后可被诱导，但具体功能有待研究。Ⅱ组 IFN 已在鲤科、鲑科及大菱鲆中被发现。其中 IFNf 的功能未见报道。IFNb 和 IFNc 是病毒诱导后表达的，后来的研究表明 IFNc 的抗病毒活性要高于 IFNb，但是大菱鲆Ⅰ组 IFN 几乎没有抵抗病菌和诱导前炎症基因表达的作用。

Ⅱ型 IFN 在哺乳动物中由一个基因编码，但在鱼类中发现有两个成员：IFN-γ 和 IFN-γ-rel。IFN-γ 刺激鱼类单核巨噬细胞的作用最为人们所熟知，最近研究表明，鲤 IFN-γ 可以增强巨噬细胞和中性粒细胞抗病原菌的能力。IFN-γ-rel 蛋白是鱼类特有的Ⅱ型 IFN。基于 C 端核定位信号（nuclear localization signal，NLS）的存在与否可以分为两个亚群：IFN-γ-rel1 和 IFN-γ-rel2。IFN-γ-rel1 有 NLS，而 IFN-γ-rel2 没有。IFN-γ-rel1 的功能研究主要集中在鲤科鱼类中，被认为在细菌的防御中起作用；IFN-γ-rel2 的活性在金鱼的巨噬细胞和单核细胞中被证实，IFN-γ-rel2 在诱导一些炎症因子的表达和增强巨噬细胞与单核细胞吞噬能力方面比 IFN-γ 更好。IFN-γ-rel1 和 IFN-γ-rel2 都有抗病毒作用。

（二）白细胞介素

白细胞介素，简称白介素，由多种细胞，主要是单核细胞、巨噬细胞、辅助性 T 细胞等产生，可在多种细胞之间发挥作用。鱼类 IL 种类繁多，目前已报道的有 IL-1 家族（IL-1β、IL-18 和新的 IL-1 家族成员），IL-17 家族 [IL-17B、IL-17D、IL-17A/F1-3、IL-17A/F4（IL-17N）和类 IL-17C]，IL-2 家族（IL-2、IL-4/13A、IL-4/13B、IL-7、IL-15 和 IL-21），IL-6 家族 [IL-6、IL-11、类睫状神经营养因子（ciliary neurotrophic factor-like，CNTF-like）和 M17]，IL-12 家族 [IL-12（p35/p40）、IL-23（p19/p40）、IL-27（p28/EBI3）和 IL-35（p35/EBI3）]。鱼类 IL 还包括 IL-10、IL-19、IL-20、IL-22、IL-24 和 IL-26 等。IL 可调节细胞的活化、增殖和分化，在细胞之间进行信号传递。同时 IL 与相应细胞的结合，可以扩大和调节免疫应答，提高机体抗感染的能力。随着研究的不断深入，除上述 IL 在不同鱼类中进行研究外，还将会在新品种鱼类中发现已知或未知的新型 IL，形成一个系统并完善的鱼类 IL 体系。

（三）肿瘤坏死因子

肿瘤坏死因子是 1975 年由 Garwell 等发现的可使小鼠肿瘤发生出血性坏死的物质，因能杀死肿瘤细胞而得名。TNF 是一类含微量葡萄糖、半乳糖胺、唾液酸及果糖的糖蛋白，其氨基酸组成和分子质量因种属不同而差异很大，但在功能上无明显种属特异性。TNF 对 DNA 酶、RNA 酶、葡糖苷酶、神经氨基酸酶及非特异性脂酶等有抵抗性，对蛋白酶敏感，等电点为 4.1～4.8，在 pH 为 4～9 的环境中稳定。TNF 超家族主要由 TNF-α、TNF-3 和 LT-β 组成。TNF-α 是一个前炎症因子，在鱼类感染的早期表达，对炎症的调控有重要作用，可以激活并增强吞噬细胞的杀菌能力，还可以增强粒细胞的吞噬能力。MacKenzie 等测试了虹鳟单核细胞和成熟的头肾巨噬细胞中 TNF-α 的稳定性。结果发现，体外培养的巨噬细胞在受到 LPS 提取物刺激后形态发生改变，吞噬率和 TNF-α 产生能力都明显上升。

（四）集落刺激因子

集落刺激因子因可刺激不同的造血干细胞在半固体培养基中形成细胞集落而得名。集落刺激因子能刺激多能造血干细胞和不同发育分化阶段的造血干细胞进行增殖分化。集落刺激因子主要包括以下几种类型：粒细胞集落刺激因子（granulocyte-colony stimulating factor，G-CSF）、巨噬细胞集落刺激因子（macrophage colony stimulating factor，M-CSF）、粒细胞-巨噬细胞集落刺激因子（granulocyte and macrophage colony stimulating factor，GM-CSF）、促红细胞生成素（erythropoietin，EPO）、干细胞因子（stem cell factor，SCF）。

M-CSF 最先在金鱼中被发现，金鱼的重组 M-CSF 蛋白可以诱导单核细胞分化为巨噬细胞和单核样细胞的增殖，在单核巨噬细胞行使功能上有重要作用，而且用重组 M-CSF 刺激金鱼巨噬细胞可引起呼吸爆发、氮氧化物生成、吞噬激活等，还可以增加免疫基因的表达。在鱼类中发现 M-CSF 有两种主要形式，即 M-CSF-1 和 M-CSF-2，它们长度不同，M-CSF-1 大一些，而 M-CSF-2 短一些，研究表明虹鳟的重组 M-CSF-1 是巨噬细胞生长因子，但和金鱼的研究结果不同的是，它对一些前炎症因子的表达没有作用。GM-CSF 基因在鱼类中尚未被克隆。G-CSF 在鱼类中有其功能的报道，在斑马鱼中的研究表明 G-CSF 会影响粒细胞的生成。

（五）抗菌肽

抗菌肽是一类广泛存在于自然界生物体内的小分子多肽物质，为机体固有免疫系统的重要组成部分，对革兰氏阴性菌、革兰氏阳性菌、真菌、病毒和寄生虫等均具有较好的抑制或杀伤作用。抗菌肽具有无污染、无残留、广谱抗菌及不易产生耐药性等特点，有望代替抗生素用于水产动物病原性疾病的防控。水环境中富含大量微生物，直接暴露于水中的病原微生物是对鱼类健康生存的最大威胁。抗菌肽作为鱼类先天性免疫系统的重要组成部分，当鱼体受到损伤或病原微生物侵袭时，能够迅速产生并在体内扩散以起到防御和杀伤作用。截至目前，鱼类抗菌肽主要分为 piscidin、β-防御素、hepcidin、cathelicidin、肝表达抗菌肽-2（liver expressed antimicrobial peptide 2，LEAP-2）和 NK-lysin 等几类。

（六）抗病毒效应分子

除以上细胞因子外，鱼类细胞因子还包括 Mx 家族、viperin 和 ISG15 等抗病毒效应分子（antiviral effector）。IFN 作为抗病毒免疫系统的重要因子之一，通过其诱导抗病毒效应蛋白 Mx 直接产生抑制病毒的作用。Mx 蛋白以其生物活性稳定、抗病毒作用直接、半衰期较长、特异性好、检测方便等优点而越来越受到人们的关注。这些细胞因子在鱼类先天性免疫反应中的作用还有待进一步研究。

第三节　鱼类的获得性免疫

获得性免疫又称适应性免疫（adaptive immunity）或特异性免疫（specific immunity），针对特异性抗原提供高亲和力的抗体和高效的杀伤细胞。鱼类在脊椎动物进化中处于重要环节，是适应性免疫起源最原始的脊椎动物。如果病原体持续存在，即使有先天性免疫的防御作用，适应性免疫系统也将被激活。与先天性免疫系统一样，适应性免疫系统也包括体液免疫和细胞免疫两部分，图 14-5 所示为鱼类的一般适应性免疫的功能、机制和分子。

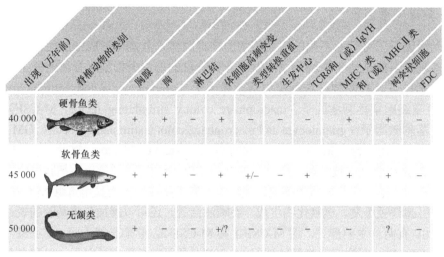

图 14-5　鱼类的一般适应性免疫的功能、机制和分子（引自 Flajnik，2018）

左边的数字表示自每个脊椎动物类的祖先出现的大致年数。硬骨鱼类如鳟、鲑、青鲱、斑马鱼、鳕、南极鱼、腔棘鱼和肺鱼；软骨鱼类如护士鲨，或鳐和象鲨；无颌类如七鳃鳗和盲鳗。FDC. 滤泡树突状细胞；"?"表示未知

一、鱼类抗体

B 细胞主要产生抗外源性病原并具高亲和力的抗体。抗体（antibody，Ab）存在两种形式：细胞分泌的可溶性抗体和与信号分子结合的膜结合抗体。

鱼类作为最早产生免疫球蛋白的动物，在受到微生物、寄生虫等病原体感染或接受人工免疫后，和高等脊椎动物一样，都能产生由 Ig 介导的特异性体液免疫反应。Ab 蛋白由两条重链（IgH）和两条轻链（IgL）组成，通过二硫键连接在一起形成一个"Y"形四级结构。IgH 和 IgL 链都包含一个 N 端可变结构域（V_H 和 V_L）和一个或多个 C 端恒定结构域（C_H 和 C_L）。"Y"的臂由一个来自每个重链和轻链的恒定区与一个可变区组成，是抗原结合的位点，称为 Fab 片段（可与抗原结合）。"Y"的基部由两个重链恒定区组成，称为 Fc 片段（可结晶）。Fc 片段通过与一类特定的 Fc 受体（和其他分子，如补体蛋白）结合来介导抗体的效应。重链和轻链基因座的可变区域通过基因重排从 B 细胞发育过程中的多个 V、D 和 J 片段阵列中组装而成，允许每个 B 细胞产生独特的抗体。为了响应抗原，结合辅助性 T 细胞相互作用，B 细胞将分泌针对抗原的特异性抗体。在硬骨鱼类和软骨鱼类中已鉴定出 3 类抗体：硬骨鱼类中的 IgM、IgD 和 IgZ/T，软骨鱼类中的 IgM、IgW 和 IgNAR，可能每一类都具有不同的效应。在肺鱼中，发现了 IgM、IgW 和 IgNAR，而在腔棘鱼中发现了两种形式的 IgW（图 14-6）。

硬骨鱼类免疫球蛋白 IgH 的基因座复杂多样，多个可变区基因区段（variable segment，V_H）、多变区基因区段聚族（cluster of diversity segment，D）和连接区基因区段（joining segment，J_H）依次排列在编码恒定区（constant region，C_H）基因区段的 5′ 端，即形成"易位子"排列方式（V_H）$_n$-（D）$_n$-（J_H）$_n$-（C_H）$_n$（图 14-6 和图 14-7）。根据物种的不同，可能会出现差异，如单个 V、D 或 J 片段的重复，或 C 结构域外显子的串联重复，如大西洋鲑和斑马鱼。

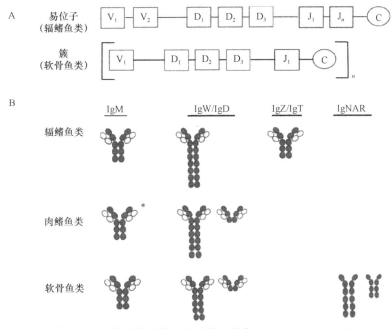

图 14-6 鱼类抗体多样性及亚型（引自 Smith et al.，2019）

A. 硬骨鱼类和软骨鱼类重链基因座的排列，V 代表可变区，D 代表多变段，J 代表连接区，C 代表恒定区；B. 鱼类免疫球蛋白亚型，深色圆圈代表重链域，浅色圆圈代表轻链域；"*"表示 IgM 仅用于肺鱼，腔棘鱼中没有 IgM

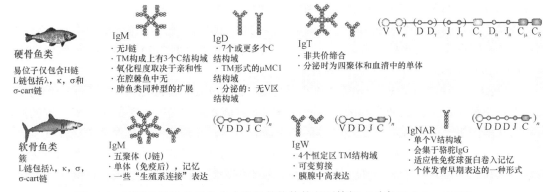

图 14-7 硬骨鱼类和软骨鱼类中发现的抗体的主要特征（引自 Flajnik，2018）

各类抗体的可变区（V）、多变区（D）、连接区（J）和恒定区（C）结构域及其差异。Ig. 免疫球蛋白；L. 轻链；TM. 跨膜区

斑点叉尾鮰 IgH 的基因座是"易位子"排列，并且存在 3 个 C_μ 基因或假基因和 3 个 C_δ 基因。软骨鱼类 IgH 的基因座并不是以传统的"易位子"方式进行排列，而是采用"多簇"形式排列，每个簇由一个 V、两个或三个 D 和一个 J 组成，然后是一组特定同型的 C 区外显子，即 $V_H\text{-}D\text{-}D\text{-}J_H\text{-}C_H$ 区段或 $V_H\text{-}D\text{-}D\text{-}D\text{-}J_H\text{-}C_H$ 区段在基因组中作为整体多次复制，这些簇在基因组中可以重复多达 100 次。大多数簇能够重排，这种重排是软骨鱼类特有的。相对于重链基因座，硬骨鱼类轻链基因座的结构相对简单。多数情况下形成 $V_L\text{-}J_L\text{-}C_L$ 聚簇结构，但是 V_L 区段与 J_L 和 C_L 区段的转录方向相反。肺鱼中的 *IgH* 基因以一种过渡形式组织起来，既有簇（如软骨鱼类）结构，也有易位（如硬骨鱼类）结构。

1. IgM IgM 是有颌类中发现的最古老的抗体类型，腔棘鱼（coelacanth）是已知的唯一一种不含 IgM 的有颌类脊椎动物。IgM 是硬骨鱼类和软骨鱼类血浆中最常见的抗体，有分泌型和跨膜型两种。IgM 在有颌类脊椎动物中功能类似，主要功能为：介导调理作用、抗体依赖细胞介导的细胞毒性和补体激活，从而促进先天性免疫和适应性免疫反应。

硬骨鱼类 IgM 与哺乳动物 IgM 类似，也由两条重链和两条轻链组成。重链包含 4 个恒定区，恒定区编码位点可与效应细胞、细胞毒性细胞或补体分子结合。此外，硬骨鱼类 IgM 单体可由二硫键相连，这可能是其产生抗体多样性的一个原因。在硬骨鱼类中，IgM 以两种物理形式存在，一种是由血浆 B 细胞分泌的可溶性形式（sIgM），可分泌到体液中进行免疫应答；另一种是附着在 B 细胞表面的膜结合形式（mIgM），又称为 B 细胞受体（BCR）。硬骨鱼类 IgM 是血清和黏膜中主要的免疫球蛋白，在血清中以单体、二聚体及四聚体形式存在。其中，四聚体的 IgM 有 8 个抗原结合位点，在硬骨鱼类 Ig 中占主要地位，参与全身系统免疫反应。由于选择性剪接途径，硬骨鱼类中跨膜形式的 IgM 比分泌形式短一个结构域，导致 B 细胞表面的 IgM 受体缩短。这一结构域的缺乏并不妨碍其与 Igα/Igβ 信号分子相互作用的能力。鱼类 IgM 能在多聚免疫球蛋白受体的作用下穿过黏膜上皮细胞，到达黏液外层。在硬骨鱼类中没有发现 IgM 聚合和分泌到黏膜所需的 J 链，因此，四聚体 IgM 通过链间二硫键聚合。在大西洋鲑和褐鳟（Salmo trutta）中发现了两种亚型的 IgM。

软骨鱼类中 IgM 占血清蛋白的 50% 以上。分泌型和跨膜型的 IgM 都含有 4 个 C 结构域，但幼体护士鲨（Ginglymostoma cirratum）除外，在幼体护士鲨血清中发现大量只有 3 个 C 结构域的 IgM 亚类（IgM1gj）。软骨鱼类血清中 IgM 有两种不同的状态，一种是单体（7S），另一种是五聚体（19S），它们的含量大致相等。五聚体 IgM 作为第一道防线，而 7S 则产生得较晚。7S 和 19S IgM 都通过吞噬作用在细胞毒性反应中发挥作用。

腔棘鱼的基因组中不含 IgM，与腔棘鱼不同的是，肺鱼的基因组表达多种不同 IgM 的基因，这些基因在不同的物种中有所不同。例如，西非肺鱼有 3 种 IgM 亚种型，而细鳞非洲肺鱼（Protopterus dolloi）有两个 IgM 亚种型。

2. IgD　　1997 年，Wilson 等在斑点叉尾鮰（Ictalurus punctatus）中发现了一种与哺乳动物 IgD 重链基因类似的嵌合基因，该嵌合基因的重链 δ 基因与哺乳类的 IgD 有一定的同源性，它在基因组上的位置紧接于 IgM 基因的下游。随后，在斑点叉尾鮰血清中又发现了分泌型 IgD。对鱼类 IgD-like 基因的鉴定，使人们对 IgD 的进化认知发生了改变。原来认为 IgD 是最近起源的，但现在看来 IgD 也是一个古老的免疫球蛋白家族。后来，相继在大西洋鳕（Gadus morhua）、大西洋鲑（Salmo salar）、牙鲆（Paralichthys olivaceus）、红鳍东方鲀（Takifugu rubripes）、鳜（Siniperca chuatsi）、虹鳟（Oncorhynchus mykiss）等鱼类中鉴定到 IgD-like 基因，并发现鱼类 IgD 结构具有多样性。并且虹鳟中 IgM⁺/IgD⁺ 的 B 细胞也被检测到了。硬骨鱼类 IgD 的大多研究仍集中在基因克隆和表达水平上，而关于鱼类 IgD 免疫功能相关的研究相对较少。但是，普遍认为，IgD 基因在硬骨鱼类获得性免疫应答中起到关键性作用，并且在 B 细胞的分化过程中也起到了免疫调节作用。除此之外，关于 IgD 基因中不同的剪切模式对其免疫应答功能是否具有一定的影响，仍需要进一步研究。

IgD 是鱼类中发现的第二种免疫球蛋白。硬骨鱼类含有多种形式的 IgD，都以单体形式存在，其恒定结构域范围为 2~16。IgD 多以跨膜形式被发现，但斑点叉尾鮰和红鳍东方鲀却同时含有膜结合形式和分泌形式。在大多数硬骨鱼类中，IgD 与 IgM 共同表达，但这种现象在斑点叉尾鮰和虹鳟中不存在。在鲇体内发现了 3 种不同类型的 IgD⁺ 细胞：小的 IgM⁺/IgD⁺ B 细胞、大的 IgM⁻/IgD⁺ B 细胞和含有外源性 IgD 的粒细胞。虹鳟鳃中 IgD 与 IgM 的比值远高于其他组织。此外，IgM⁻/IgD⁺ B 细胞亚群主要在鳃中表达，表明 IgD 在鳃中发挥重要作用。

3. IgX/W　　　　IgX，又称 IgW（根据物种也被称为 IgNARC 或 IgR），仅在软骨鱼、肺鱼和腔棘鱼中被发现，表明 IgW 在系统发育上与 IgM 一样古老。然而，人们对 IgW 在鱼类和哺乳动物中的作用知之甚少。1996 年，Bernstein 等从鲨中克隆得到 *IgW* 基因，分泌型由 782 个氨基酸残基组成，在胸腺和脾中表达。经研究发现，其 H 链存在两种结构域形式，一种是长型的 7 个结构域形式，另一种是短型的 3 个结构域形式。目前，长型的 IgW 已在鳐中被发现，而短型的 IgW 则是在鲨中被发现的。在肺鱼（*Protopterus aethiopicus*）同时发现了短型和长型 IgW 的同源物，长型由 7 个 C 结构域组成（与 IgW 长型同源），短型由两个 C 结构域组成。在白斑角鲨（*Squalus acanthias*）和护士鲨中都发现了一种无 V 型 IgW，但仅占分析的 IgW 转录本的 8%。然而，在软骨鱼和肺鱼中发现的短型和长型 IgW 是否具有不同功能，其功能是否具有物种特异性，目前尚不清楚。

4. IgT/IgZ　　　　2005 年，Danilova 等在虹鳟中鉴定了一种新的 Ig，并将其命名为 IgT，同时在斑马鱼中也发现了这种新型 Ig，并被命名为 IgZ，随后在草鱼中也报道了 IgZ。多数 IgT/IgZ 都由 4 个恒定区组成，而三棘刺鱼（*Gasterosteus aculeatus*）中的 IgT 只有 3 个恒定区。因此，不同鱼类 IgT 组成可能存在差异，甚至在 Ig 重链基因座方面也存在一定的差异。目前这种免疫球蛋白已在多种硬骨鱼类中得以鉴定，包括鲑形目的大西洋鲑和虹鳟、鲤形目的草鱼（*Ctenopharyngodon idellus*）、鲈形目的点带石斑鱼（*Epinephelus coioides*）和鳜（*Siniperca chuatsi*）、鲇形目的斑点叉尾鲴、鲽形目的牙鲆等，并且这些鱼中大多数存在不止一种 IgT 亚型。

研究显示，IgT 是黏膜免疫相关抗体，功能上类似哺乳动物的 IgA。膜 IgT 是一个单体形式的免疫球蛋白（约 180kDa），但肠道黏液 IgT 是多聚体形式（4～5 个单体）。对其功能研究显示，IgT 是一种黏膜免疫抗体，尤其是在鱼类肠道黏膜抗感染免疫中起重要作用。斑马鱼的分泌性 IgZ 只在初级淋巴器官中表达，而膜结合性 IgZ2（是 2009 年在斑马鱼中发现的一种不同于 IgZ1 的新型的免疫球蛋白重链基因）在初级和次级淋巴器官中皆有表达，而且两者功能也有一定差异。鲤 *IgT* 基因仅在头肾、鳃和血细胞中的表达水平高于 IgM，推测 IgT 在鲤中可能参与黏膜免疫应答。虹鳟血清中 IgT/IgZ 的浓度远低于 IgM，肠道中 IgT/IgZ：IgM 的值是血清的 63 倍。肠道被寄生虫感染后，肠道中 IgT⁺ B 细胞的数量增加，但肠道中 IgM⁺ B 细胞的数量没有改变。此外，在硬骨鱼类皮肤相关淋巴组织中也发现了 IgT⁺ B 细胞，它们将 IgT 分泌到皮肤黏液中。IgT 可促进虹鳟和鳜（*Siniperca chuatsi*）黏膜表面病原体的清除，并且在维持菌群内环境稳定方面起着关键作用。大西洋鲑肠道黏液里没有 IgM，反而存在可水解血清 IgM 的蛋白水解酶，而 IgT 在肠和鳃中表达水平却很高，因此，大西洋鲑 IgT 很可能在黏膜免疫中发挥重要作用（图 14-8）。

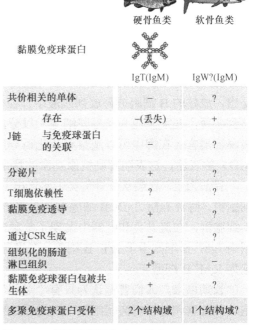

黏膜免疫球蛋白	IgT(IgM)	IgW?(IgM)
共价相关的单体	-	?
J链　存在	-（丢失）	+
J链　与免疫球蛋白的关联	-	?
分泌片	+	?
T细胞依赖性	?	?
黏膜免疫透导	+	?
通过CSR生成	-	?
组织化的肠道淋巴组织	-ᵇ　+ᵇ	-
黏膜免疫球蛋白包被共生体	+	?
多聚免疫球蛋白受体	2个结构域	1个结构域?

图 14-8　黏膜获得性免疫（引自 Flajnik，2018）

"?"表示未知；"b"表示大多数硬骨鱼（放线鱼目）缺乏有组织的鼻组织，但肺鱼（肉鳍鱼目）有；CSR. 基因重组开关

5. 鱼类新型 Ig（IgNAR、IgN、IgQ）　　IgNAR（new/nurse shark antigen receptor）是一种只存在于鲨体内的重链 Ig。每一条 IgNAR 链包含一个能独立结合抗原的 V 区。IgNAR 以长型和短型两种形式存在，在物种之间可能有所不同。长跨膜型和分泌型由 5 个 C 结构域组成，短跨膜型由 3 个 C 结构域组成。血清 IgNAR 水平远低于 IgM 水平。目前尚不清楚 IgNAR 多聚体形成是否需要 J 链。

基于钝口肺鱼免疫相关器官（肾、肝、肠）转录组数据，应用 PCR 技术扩增得到两种新型免疫球蛋白重链类型 IgN（包括 3 种亚型，IgN1/2/3）和 IgQ。虽然 IgN 与 IgW 的序列同源性仅为 25.2%～29.2%，但系统进化树表明两者有较近的亲缘关系。而 IgQ 与肺鱼 IgW 的亲缘关系较远，但与其他鱼类的 IgW/IgD 聚为一支。在肺鱼（*Protopterus dolloi* 和 *P. annectens*）中也鉴定出两种独特的 Ig，即 IgN（IgN1/2/3）和 IgQ。IgN1 存在于 *P. dolloi* 中，IgN2 和 IgN3 在 *P. annectens* 中存在，IgQ 仅在 *P. annectens* 中发现。IgN 和 IgQ 都被认为起源于 IgW。

6. 鱼类免疫球蛋白的多样性　　免疫球蛋白的多样性主要来源于 3 种机制：①组合多样性（combinatorial diversity），它是 V 区多样性的主要来源，通过对 V 区相关基因片段进行多种排列组合 [V（D）J 重组] 实现；②接头多样性（junction diversity），在 V 区相关片段的接头处引入多样性；③体细胞超突变（somatic hypermutation），可在激活 B 细胞的 V 区引入多处点突变，进一步提高多样性。鱼类免疫球蛋白组合多样性主要来源于基因片段和重链、轻链的重组机制。这些机制使 Ig 具有多样性。例如，在斜带石斑鱼中已克隆得到膜型免疫球蛋白 M（mIgM）、膜型免疫球蛋白 D（mIgD）、分泌型免疫球蛋白 Z（secretory immunoglobulin Z，sIgZ）的重链基因。其中 mIgM 重链恒定区包含 3 个恒定区结构域（μ1、μ2、μ3）及两个跨膜外显子（TM1、TM2），TMI 外显子与 μ3 结构域末端相连接。mIgD 的恒定区由一个 μ1 外显子、7 个 δ 外显子及跨膜区组成。sIgZ 的基因结构与其他硬骨鱼类 sIgZ 的结构相似，包括 4 个外显子和 3 个内含子等。

二、B 细胞与免疫

硬骨鱼类和软骨鱼类都缺乏骨髓（哺乳动物造血的主要场所）和生发中心（GC），即成熟 B 细胞增殖、分化的专门场所。对硬骨鱼类的研究显示，头肾是 B 细胞发育的场所。有人提出，成熟的 B 细胞被释放到血液中，在血液中遇到抗原，发育成为浆细胞。浆细胞随后迁移到头肾，在那里成为长寿浆细胞，以分泌免疫球蛋白。脾被认为是硬骨鱼类体内唯一的次级淋巴器官，在脾中可以观察到活化诱导胞苷脱氨酶（activation-induced cytidine deaminase，AID）的表达，这表明脾是抗原刺激的场所。

目前为止，已经从硬骨鱼类中鉴定出 IgM$^+$/IgD$^+$、IgM$^-$/IgD$^+$ 和 IgT/IgZ 三种主要的 B 淋巴细胞群，而且 IgM$^+$/IgD$^+$ B 细胞群含量最丰富。在斑点叉尾鲴淋巴和虹鳟中发现了 IgM$^-$/IgD$^+$ B 细胞群，在斑马鱼和虹鳟中发现了单独表达 IgT/IgZ 的 B 细胞群，且肠道、皮肤、鳃和鼻咽中 IgM$^+$ B 细胞少于 IgT$^+$ B 细胞，在淋巴器官（头肾或脾等）、血液和腹腔中的大多数 B 细胞为 IgM$^+$ B 细胞。

长期以来，人们普遍认为只有"专职"吞噬细胞才具有吞噬功能，如巨噬细胞、单核细胞、粒细胞和髓样树突状细胞。B 淋巴细胞通过产生抗体和抗原呈递发挥作用，而缺乏吞噬功能。然而，最近研究表明，硬骨鱼类、两栖动物和哺乳动物中 mIgM$^+$ 淋巴细胞具有吞噬功能。半滑舌鳎（*Cynoglossus semilaevis*）和大西洋鳕（*Gadus morhua*）中 mIgM$^+$ 吞噬淋巴细胞占吞噬白细胞的百分比较低，然而圆鳍鱼（*Cyclopterus lumpus*）和大西洋鲑（*Salmo salar*）

中百分比较高，表明不同硬骨鱼类中 mIgM$^+$吞噬淋巴细胞百分比不同。花鲈（*Lateolabrax japonicus*）、大西洋鲑和圆鳍鱼外周血中 mIgM$^+$吞噬淋巴细胞百分比高于头肾。前期研究表明，虹鳟外周血中主要包含静息 B 细胞，而头肾同时包含发育中的和分泌 Ig 的 B 淋巴细胞，表明 B 淋巴细胞在不同发育阶段的吞噬功能可能存在较大差异。

在软骨鱼类中，睾丸间质莱迪希（Leydig）器（一种与食道相关联的腺体样结构）和壁囊器（附着在性腺上，与莱迪希器具有相似的组织结构）是造血和 B 淋巴细胞生成的主要场所。不同大小的淋巴细胞在这些器官中大量存在，并与分散的浆细胞形成松散的滤泡状聚集体。虽然大多数软骨鱼类都具有这两个器官，但有些物种只有一个。例如，护士鲨只有一个壁囊器。与硬骨鱼类一样，重组激活基因-1（recombination activating gene-1，RAG1）和末端脱氧核苷酸转移酶（termimal deoxynucleotidyl transferase，TdT）在壁囊器中的表达显示它是 B 细胞发育的一个部位。此外，在 B 细胞和 T 细胞发育中起重要作用的造血转录因子在晶吻鳐（*Raja eglanteria*）胚胎中的莱迪希器和壁囊器中表达。软骨鱼类的脾含有明显的白髓（WP）和红髓（RP）区域，WP 由淋巴细胞、成熟和正在发育中的浆细胞组成；RP 由巨噬细胞、红细胞和浆细胞组成。在受到抗原刺激后，软骨鱼类的脾中会合成抗体。类似于软骨鱼类，肉鳍鱼类红髓可能是红细胞生成的场所，也是浆细胞分化的场所，成熟和未成熟浆细胞证明了这一点。

硬骨鱼类和软骨鱼类具有免疫记忆（即对以前遇到的病原体可作出更快速的有效反应的能力）。虹鳟是最早被研究鱼类免疫记忆的鱼类，虹鳟和大菱鲆中和的抗体可被诱导以对抗病毒、细菌和寄生虫病原体。然而，硬骨鱼类 IgM 的应答时间比哺乳动物慢得多，免疫后需要 3～4 周才能检测到特异性抗体滴度。还有一些鱼类，如大西洋鳕，尽管血清抗体水平很高，但在免疫后基本不会产生特异性抗体反应。这可能是由于大西洋鳕缺乏 *MHC II* 基因和基因产物。与硬骨鱼类相似，软骨鱼类的 IgM 免疫应答时间远长于哺乳动物。免疫后的护士鲨的五聚体 IgM 首先被诱导，并主要定位于血浆中，但与抗原的亲和力较低，而能够进入组织的单体 IgM 出现在五聚体 IgM 之后，是参与抗原特异性应答的主要 Ig。此外，免疫后抗原特异性 IgNAR 滴度显著增加，对抗原具有高度特异性。一旦免疫球蛋白反应达到稳定期，抗体滴度水平可能需要 28 个月后才能恢复到免疫前水平。研究显示，单体 IgM 和 IgNAR 的记忆体现在抗体滴度降低后的再次免疫比初次免疫反应更快。

抗体亲和力成熟是机体正常存在的一种免疫功能状态。在体液免疫中，再次应答所产生抗体的平均亲和力高于初次免疫应答，这种现象就叫抗体亲和力成熟。硬骨鱼类也存在抗体亲和力成熟现象，如虹鳟的低亲和力抗体被中等亲和力抗体取代，最终被高亲和力抗体取代。然而，鱼类的亲和力成熟反应远不如哺乳动物，可能是缺乏 GC 所致。此外，IgNAR 也表现有抗体亲和力成熟现象，然而，五聚体 IgM 的亲和力在免疫应答期间不会增加。

三、主要组织相容性复合体与抗原呈递

B 细胞、巨噬细胞和树突状细胞都属于抗原呈递细胞（antigen-presenting cell，APC），其主要功能都包含处理和呈递抗原以激活 T 细胞。然而，T 细胞只能识别与 MHC I 或者 MHC II 结合的抗原片段。虽然 MHC 的结构在不同物种中是保守的，但编码 MHC 的基因在哺乳动物、辐鳍鱼类、肉鳍鱼类和软骨鱼类中表现出高度的多态性。在大多数硬骨鱼类中，MHC I 类和 II 类分子位于不同的染色体上，而在软骨鱼类和所有其他脊椎动物中，MHC I 类和 II 类分子位于同一染色体上。有趣的是，虽然 MHC I 和 II 类分子在大多数有颌脊椎动物中是保守的，

但是大西洋鳕已经失去了 MHC Ⅱ 和 CD4 的基因，后者是 T 细胞上与 MHC Ⅱ 相互作用的共同受体。然而，与其他脊椎动物相比，大西洋鳕含有更多与 MHC Ⅰ 成分相关的基因，可有助于弥补 MHC Ⅱ 和 CD4 的缺失。

MHC Ⅰ 在硬骨鱼类和软骨鱼类的各种组织中广泛表达，包括脾和头肾。此外，与 MHC Ⅰ 相关的 β2 微球蛋白已从硬骨鱼类及护士鲨和高鳍白眼鲛（*Carcharhinus plumbeus*）中分离出来。与 MHC Ⅰ 相关的免疫蛋白酶体及 *TAP* 基因，也在硬骨鱼类和软骨鱼类中被发现。虽然只有少数研究检测了肉鳍鱼类的 MHC Ⅰ，但 MHC Ⅰ 类基因包括 *α1*、*α2* 和 *α3*，已经从非洲肺鱼的血液和西印度洋腔棘鱼的肌肉与皮肤中鉴定出来。

MHC Ⅱ 类分子是由两条以非共价键连接的多肽链即 α 链与 β 链组成的异二聚体，两条多肽链的结构基本相似，氨基端在胞外，羧基端在胞内，胞外部分占整条链的 2/3。在很多海淡水鱼类中均鉴定到 MHC Ⅱ 类分子，但是不同种属的鱼类 MHC Ⅱ 类分子在结构、特性和多态性方面存在一定的差异。MHC Ⅱ 类分子均由信号肽、两个结构域、连接肽、跨膜区及胞质区等结构域组成。相对于哺乳动物，鱼类的跨膜区则更为保守。而且，不同鱼类 *MHC Ⅱ* 基因的外显子和内含子数量也不一致。由于生活环境的特殊性，鱼类免疫基因家族形成了极其丰富的多态性，而其中 *MHC Ⅱ* 基因的丰富性尤为明显。鱼类 *MHC* 基因在不同组织中广泛表达，且表达具有组织特异性。

四、T 细胞与免疫

T 细胞来源于骨髓的多能干细胞，在人体胚胎期和新生期，骨髓中的一部分多能干细胞或前 T 细胞迁移到胸腺内，在胸腺激素的诱导下分化成熟，成为具有免疫活性的 T 细胞。成熟的 T 细胞主要定居在外周免疫器官的胸腺依赖区，主要发挥细胞免疫及免疫调节的功能。T 细胞还可通过循环系统在体内进行再循环，并广泛接触进入体内的抗原，加强免疫应答，保持较长时期的免疫记忆。T 细胞表面存在很多不同的分子标志，主要包括细胞表面抗原和细胞表面受体，其中，T 细胞受体（T cell receptor，TCR）是 T 细胞识别外来抗原并与之结合的特异性受体，可表达于所有成熟的 T 细胞表面。当 TCR 与 APC 呈递的抗原相互作用而受到刺激后，T 细胞可被激活变成相应的功能性 T 细胞。T 细胞分为两大类，一类是与 MHC Ⅰ 类分子相互作用的 CD8$^+$ 细胞毒性 T 细胞（Tc），另一类是与 MHC Ⅱ 类分子相互作用的 CD4$^+$ 辅助性 T 细胞（Th）。除 MHC 外，所有 TCR 都具有 CD3 复合物，并识别协同刺激（如 CD28）和协同抑制（如 CTLA-4）分子。

在硬骨鱼类和软骨鱼类中，与哺乳动物相似，T 细胞主要在胸腺中产生，也可介导机体的特异性免疫反应，在机体的免疫应答与免疫调节中发挥重要作用。同样，T 细胞行使特异性免疫功能需要通过 TCR 与其他分子结合形成复合物，以激活 T 细胞来完成。对海鲈的研究表明，发育中的 GALT 和胸腺同时存在 T 细胞；大菱鲆的部分 T 细胞分布于肠黏膜和黏膜下层内。这些表明肠道也是 T 细胞的主要淋巴器官。

（一）T 细胞受体

TCR 是 T 细胞特异性识别和结合抗原-MHC 分子的特异性受体，通常和 CD3 分子形成复合物，存在于 T 细胞表面。哺乳动物大多数 TCR 由 α 和 β 肽链组成，少数由 γ 和 δ 肽链组成。鱼类 TCR 的基因结构与哺乳动物非常相似，组成 TCR 的每一个亚基都含有两个细胞外的结构域：一个可变区结构域和一个恒定区结构域，其恒定区分为免疫球蛋白区

（immunoglobulin，Ig）和连接肽（connecting peptide，CPS）。恒定区结构域靠近细胞膜，连接跨膜区（transmembrane domain，TM）和胞内区（cytoplasmic，CYT）末端，说明其在进化上具有保守性。TCR 是一种 I 型跨膜糖蛋白，具有胞外 V 和 C 结构域及一个短的细胞质尾（图 14-9），这种结构在所有脊椎动物中都是保守的。鱼类 TCR 也有两种形式，其一是 α 和 β 链形成的异二聚体（αβ-TCR）；其二是 γ 和 δ 链形成的异二聚体（γδ-TCR）。斑马鱼、虹鳟、大西洋鲑、鲤、红鳍东方鲀、大西洋鳕和斑点叉尾鮰等鱼类的 TCRα 与 TCRβ 的 cDNA 序列已经被鉴定。大多数 T 细胞含有 αβ-TCR，而

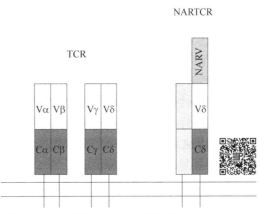

图 14-9　有颌类中 TCR 和软骨鱼类中 NARTCR 示意图（引自 Smith et al.，2019）
V 代表可变区结构域（白色），C 代表恒定区结构域（紫色），NARV 代表 NARTCR 中的额外可变区结构域（绿色）

γδ-T 细胞占哺乳动物血液中 T 细胞的 1%～10%，占斑马鱼淋巴细胞总数的 8%～20%。护士鲨中 TCRα 和 TCRβ 在胸腺中央皮质中的表达较高，而在髓质和被膜下区的表达量较低。中央皮质细胞中 TCRγ、TCRδ 的表达也呈高水平，但在被膜下区域表达最高，并且 TCRδ 是髓质中表达量最高的 TCR 链。

硬骨鱼、软骨鱼和腔棘鱼中 TCR 基因的 α、β、γ 与 δ，利用 V（D）J 重排呈现多样性。硬骨鱼中 Vα 和 Jα 变化明显。2003 年，牙鲆 TCR 的 γ 和 δ 链首次被鉴定，随后，鲑、斑马鱼和河鲀的 γ 与 δ 链相继被鉴定。TCRδ 在硬骨鱼的肠等相关淋巴组织中表达水平较高，表明 γδ-TCR 可能在黏膜免疫中发挥重要作用。此外，在受到柱状黄杆菌刺激后，鳜 TCRγ mRNA 的表达水平出现显著变化。

与哺乳动物相似，硬骨鱼类和软骨鱼类的 TCR 基因片段均为易位基因排列。TCR 的结构在所有脊椎动物中均显示很好的保守性。

（二）TCR 共受体

T 细胞（αβ 亚型）分为两大类：①与 MHC I 类相互作用的 CD8+细胞毒性 T 细胞（Tc），②与 MHC II 类相互作用的 CD4+辅助性 T 细胞（Th）。CD4+ T 细胞由 MHC II 类分子呈现的抗原肽激活时，CD4+ T 细胞释放细胞因子，这些细胞因子可以激活和调节抗原引起的免疫反应。CD4 分子是一种具有 4 个胞外免疫球蛋白样结构域和一个包含 CxC 基序的细胞质尾部的单一蛋白质。其中，CxC 基序可以与酪氨酸激酶 Lck 相互作用，启动细胞内信号转导。随着第一个鱼类 CD4 同源序列被报道，CD4+ T 细胞已经在鲫、河鲀、虹鳟中得到鉴定。研究显示，鱼类 CD4+ T 细胞在二次免疫应答过程中，既参与了体液免疫，也参与了细胞免疫。虽然四足动物含有一个带有 4 个免疫球蛋白结构域的 CD4 分子，但在硬骨鱼类中已经鉴定到两种类型的 CD4 分子，它们分别是含有 4 个免疫球蛋白结构域的 CD4-1 和含有两个或三个免疫球蛋白结构域的 CD4-2，其中，CD4-1+ T 细胞与哺乳动物 CD4 T 细胞同源。此外，鲑含有两个 CD4-2 分子（CD4-2a 和 CD4-2b）。CD8+ T 细胞可被 MHC I 类分子表面的多肽激活，分泌细胞毒素，如穿孔素和颗粒酶，引发靶细胞凋亡。CD8 分子以两种形式存在：由两种 α 链分子形成的同源二聚体（CD8αα）或者由一个 α 链和一个 β 链分子形成的异源二聚体（CD8αβ）。多种硬骨鱼类和软骨鱼类中都发现了两种形式的 CD8 分子。鱼类 CD8 呈现出细

胞外 Ig 样结构域,但该结构域在细胞质尾部具有 CxH 基序(不同于哺乳动物中的 CxC 基序),这表明鱼类中 CxH 代表原始 Lck 结合位点。

T 细胞可表达 TCR、CD、共刺激分子(如 CD28)和共抑制表面分子(如 CTLA-4)。研究结果显示,鱼类存在 Th 和 CTL 两个亚群。MHC 通过 TCR 识别,依靠 CD3 来调节。所有 TCR 都有一个短的细胞质尾,因此需要与 CD3(一种跨膜蛋白复合体)合作,CD3 细胞内结构域包含保守的基序,称为免疫受体酪氨酸激活模体(immunoreceptor tyrosine-based activation motif, ITAM)。TCR 通过非共价键与 CD3 结合形成 TCR/CD3 复合体,TCR/CD3 复合物是一个多亚基复合体,在抗原识别、T 细胞活化和成熟过程中发挥重要作用。近年来,CD3 同系物已经在多种鱼类被报道,包括软骨鱼小斑猫鲨(*Scyliorhinus canicula*)、大比目鱼、牙鲆、鲤、河鲀、三文鱼、鲟和鲈等,鱼类 CD3 和哺乳动物 CD3 分子之间存在相对应的保守结构。研究表明,TCR/MHC 的初始相互作用不足以完全诱导 T 细胞的激活,因此 T 细胞需要额外的共刺激信号。这些信号需要由 CD28(T 细胞上表达的共刺激因子)与 APC 上的 B7.1(CD80)和 B7.2(CD86)配体之间的相互作用来提供。B7.1 和 B7.2 还可以与 CTLA4(一种 T 细胞活化负调节因子)结合,对 T 细胞活化产生抑制作用。CD28 和 CLTA4 及 B7.1 和 B7.2 已经在一些鱼类中被鉴定,结果显示,硬骨鱼类 CD28、CTLA4 的 B7.1 和 B7.2 的结合位点相对保守,说明 CD28 和 CTLA4 可以识别 B7 样受体。病毒感染可以增加硬骨鱼类中 CTLA-4 的表达,而 CD28 保持组成型表达,研究结果与哺乳动物中相似,这表明这些分子可能与其哺乳动物的同源基因具有相似的作用。推测的 *CD28*、*CLA-4* 和 *B7* 基因已经在象鲨基因组中被注释,而 *CD28* 已经在腔棘鱼基因组中被鉴定,然而这些共受体在软骨鱼类中的功能仍有待充分研究。

(三)T 细胞亚群及其效应

CD4$^+$细胞活化后,初始细胞可分化为 Th1、Th2、Th17 和调节性 T 细胞(Treg)亚群,每个亚群由它们产生的标志性细胞因子来定义。CD8$^+$细胞激活后可诱导分化为细胞毒性效应细胞,释放细胞毒素诱导靶细胞凋亡。

1. CD4$^+$ Th 细胞 鱼类中 Th 细胞因子的直系同源和旁系同源的分子同源体及其功能已被报道。干扰素 IFN-γ 由 Th1 细胞产生,在斑马鱼、虹鳟和金鱼巨噬细胞中发现重组干扰素 IFN-γ(r-IFN-γ)可促进抗病毒和炎症相关基因的表达,以及 ROS 和 NO 的产生,显示与哺乳动物 IFN-γ 的功能相似。单一拷贝 γ 干扰素已在象鲨基因组中被鉴定。鲑中 Th 细胞可表达 3 种 IL-4/13(IL-4/13A、IL-4/13B1 和 IL-4/13B2)。斑马鱼腹腔注射 r-IL-4/13A 可增加血液中的 IgZ$^+$ B 细胞数量,而虹鳟腹腔注射 r-IL-4/13A 可调节 Th2 许多基因的表达。硬骨鱼类中的 IL-17 家族由 Th17 细胞产生,包括 IL-17A-F 成员。在硬骨鱼类中已鉴定出 IL-17 家族的两个同源物 IL-17B 和 IL-17D,以及 IL-17A/F1-3、IL-17C 和 IL-17E 的分子异构体。r-IL-17A/F2 诱导虹鳟脾细胞中的抗菌肽 β-防御素-3 及促炎性细胞因子 IL-6 和 IL-8 的表达,表明其具有抗菌作用。

2. CD8$^+$细胞毒性 T 细胞 细胞毒性 T 细胞通过分泌和非分泌两种途径杀伤靶细胞,这两种途径均可诱导细胞凋亡。分泌途径可释放颗粒毒素(如穿孔素)和丝氨酸蛋白酶(称为颗粒酶),它们通过共同作用诱导细胞凋亡。非分泌途径涉及靶细胞死亡受体的参与,如位于细胞毒性 T 细胞表面的 Fas,可导致依赖 caspase 的细胞凋亡。

分泌途径已在许多鱼类中被发现。在硬骨鱼类中已鉴定到一种穿孔素样分子。穿孔素介导的途径与高等脊椎动物相似。最近在鲫中也发现了颗粒酶，其一级结构与哺乳动物相似。软骨鱼类中细胞毒性 T 细胞相关基因（包括穿孔素和颗粒酶）也被鉴定。

在鱼类中，非分泌途径的研究相对较少。斑点叉尾鮰、尼罗罗非鱼（*Oreochromis niloticus*）和金头鲷中的 FasL 蛋白已被识别。来自牙鲆（*Paralichthys olivaceus*）的重组 FasL 蛋白诱导牙鲆细胞系的凋亡，表明鱼类中也具有相似的 Fas 配体系统。FasL 在软骨和肉鳍鱼类中尚未被鉴定。

B 细胞和 T 细胞的抗原特异性分别由细胞表面的 BCR 或 TCR 识别和决定，BCR 或 TCR 是由可变区（V）、多变区（D）和连接区（J）基因片段的重组形成的（图 14-6 和图 14-7），由 RAG1、RAG2 和 TdT 的 DNA 重组产生。RAG1/2 和 TdT 酶及基因片段 V、D 和 J 存在于所有的有颌脊椎动物中，从而导致 BCR 和 TCR 的高度多样性，以使它们能够识别无数不同的特异性抗原，这是获得性免疫系统所独有的。由于 VDJ 重组的随机性，产生的 BCR 和 TCR 可能将自身抗原识别为外来抗原。因此，发育中的 B 和 T 细胞将经历负向选择，以确保只有能识别外来抗原的细胞存活。当 B 细胞识别自身抗原、诱导细胞凋亡时，就会发生负选择。关于 T 细胞，双阳性 T 细胞（$CD4^+$ 和 $CD8^+$）必须结合相应的 MHCⅠ或 MHCⅡ复合物以被正选择，这将分别诱导存活的 T 细胞成为 $CD8^+$ 或 $CD4^+$ T 细胞。当双阳性 T 细胞以足够高的亲和力与 MHCⅠ或 MHCⅡ结合以接收凋亡信号时，就会发生负选择。虽然 VDJ 重组已经在鱼类中得到了表述，但是发育中的 B 细胞和 T 细胞的负选择与正选择的过程尚未被完全阐明。例如，在鲈胸腺皮质中观察到双阳性 T 细胞，而在鲈胸腺髓质中观察到单个 $CD4^+$ 或 $CD8α^+$ 细胞，类似哺乳动物的细胞。鱼类中 B 细胞和 T 细胞的正负选择研究得很少。开发特异性检测抗体，如 CD4 和 CD8，对于全面研究鱼体内 B 细胞和 T 细胞的发生、循环和免疫功能是必要的。

特异性免疫中对病变靶细胞的杀死和清除主要通过以下途径：①效应 T 细胞直接发挥杀伤作用。当效应 T 细胞与带有相应抗原的靶细胞再次接触时，两者发生特异性结合，使靶细胞膜通透性和胞内渗透压发生改变，导致靶细胞肿胀死亡。效应 T 细胞在杀伤靶细胞过程中，自身未受伤害，可再次攻击其他靶细胞。参与该过程的效应 T 细胞称为细胞毒性 T 细胞（cytotoxic T lymphocyte，CTL）。CTL 主要通过两种作用机制对靶细胞产生杀伤作用：（a）穿孔素途径，CTL 活化后分泌大量穿孔素和颗粒酶，在 Ca^{2+} 存在下，穿孔素可以插入靶细胞膜形成蛋白孔道，导致膜损伤；颗粒酶可以活化胞质内蛋白酶并使靶细胞裂解。（b）Fas-FasL 途径，CTL 活化后可分泌 FasL 和 TNF-α，分别与靶细胞 Fas 和 TNFR 结合，从而启动 caspase 信号级联反应，触发靶细胞凋亡程序，使其发生程序性细胞死亡。②通过细胞因子相互作用，从而协同杀伤靶细胞。例如，趋化因子可招募免疫细胞（如吞噬细胞）向抗原所在部位聚集，以便于对抗原进行吞噬及清除等。

第四节　鱼类免疫应答的调节

一、细胞因子对免疫细胞的调节

细胞因子是由免疫细胞或者某些种类的体细胞产生的小分子可溶性蛋白和糖蛋白，能够介导细胞间的相互作用，具有多种生物学功能，其中一些细胞因子具有介导和调节免疫应答的功能。具有调节免疫活性的细胞因子主要包括白细胞介素（IL）、干扰素（IFN）、肿瘤坏死因子（TNF）和趋化因子。

（一）白细胞介素

鱼类白细胞介素中的一些细胞因子，如 IL-1β、IL-2，具有明显的正调节作用。首先，虹鳟（Oncorhynchus mykiss）腹腔注射 IL-1β 后能够促进吞噬细胞向腹腔内迁移，并且巨噬细胞内的溶菌酶活性增强，而肌内注射表达 IL-1β 的质粒，能显著增强 TNF-α 和 IL-1β 的表达。其次，IL-1β 还能够调节 IL-17 家族的表达，在抗细菌免疫中发挥重要作用。例如，虹鳟 IL-1β 能够上调头肾白细胞中 IL-17C2 的表达，但不能上调 IL-17A/F。最后，IL-1β 也能够提高自身及其他促炎基因的表达，如 TNF-α、IL-6、IL-8、IL-34。此外，IL-1β 还是一种趋化因子，用 IL-1β 刺激体外分离的虹鳟白细胞，能够增加细胞的迁移性。在鱼体受到病原感染的情况下，IL-1β 能够增强 CXC 型趋化因子的表达（如 CXCL8-L1、CXC11-L1、CXCL-F4 等）。

哺乳动物 IL-2 能促进 T 细胞分化成熟，促进 B 细胞增殖分化，鱼类的 IL-2 也能上调相关信号通路中关键基因的表达。虹鳟中存在两种 IL-2（IL-2A 和 IL2B），两种类型的 IL-2 都能促进外周淋巴细胞的增殖，维持细胞内 CD4 和 CD8 的高表达，表明虹鳟 IL-2 可能是 T 细胞增殖分化的重要促进因子。虹鳟中两种类型的 IL-2 功能也存在差异，IL-2A 能够诱导外周淋巴细胞 IL-12 和 CXCR1 的表达，IL-2B 则没有此功能，而 IL-2B 对于 Th1 细胞 IFN-γ 和 CD8α、CD8β 的表达有更强的上调作用。总的来说，虹鳟两种类型的 IL-2 都能上调 Th1 细胞关键细胞因子 IFN-γ1、IFN-γ2、TNF-α2、IL-12 和 Th2 细胞中关键细胞因子 IL4/13B1、IL4/13B2 的表达，促进外周淋巴细胞的吞噬作用。

IL-10 具有抑制免疫细胞活性的作用，用 IL-10 和金鱼的单核细胞孵育后，单核细胞中 TNF-α、IL-1β 等促炎基因的表达量受到明显抑制，用 10～1000ng/mL 的 IL-10 预处理单核细胞，细胞受病原或 IFN-γ 刺激后产生的呼吸爆发产物随 IL-10 使用浓度的增加而减少。采用相同办法处理鲤（Cyprinus carpio）中性粒细胞和巨噬细胞后得到了类似的结果，将病原刺激后的鲤头肾细胞和 IL-10 孵育，能够增加 B 淋巴细胞 IgM 抗体的分泌，但 IL-10 对外周血 B 淋巴细胞没有此作用。受细菌刺激后的鲤头肾细胞在 IL-10 的存在下，与 Th1 和 Th2 响应相关的细胞因子的产生量也明显减少，并伴随 CD8α2 和 CD8β1 的表达上升。以上这些研究表明，IL-10 对于记忆 CD4⁺ 和 CD8⁺ 的 T 细胞具有不同的作用效果，并且能在特定抗原的刺激下，促进 B 淋巴细胞分化和产生抗体。

（二）干扰素

鱼类 I 型干扰素能够诱导一系列抗病毒相关基因，如 Mx、viperin、ISG15 和 PKR，可加强细胞的抗病毒效应。斑马鱼胚胎注射 IFN-α 后再感染脾肾坏死病毒（infection spleen and kidney necrosis virus，ISKNV），其存活率比对照组出现明显上升。给草鱼注射 I 型 1 组 IFN 后，草鱼 CD8⁺ T 淋巴细胞对病毒感染靶细胞的杀伤活性增强。鱼类 I 型 2 组 IFN 具有和 1 组 IFN 类似的抗病毒功能，但诱导抗病毒的能力要弱于 1 组 IFN。2 组 IFN 诱导快速和瞬时的基因表达，而 1 组诱导基因表达更加持久和强烈，两组 I 型 IFN 可能在抗病毒功能上具有互补作用。

II 型干扰素 IFN-γ 具有增强抗原呈递的功能，虹鳟的巨噬细胞经过 IFN-γ 处理后，抗原呈递相关分子 MHC I 和 MHC II 的基因和蛋白质表达都明显升高，MHC I 类抗原呈递通路中与抗原加工处理的其他蛋白酶的表达也明显上升。IFN-γ 还能够激活巨噬细胞的吞噬和氮氧化物的生成，用重组 IFN-γ 处理虹鳟、鲤、金鱼的头肾巨噬细胞，能够引起细胞的呼吸爆发、吞噬激活和氮氧化物生成增加，从而增强了吞噬细胞的杀菌能力。IFN-γ 还具有调节细胞因子和趋化因子表达的功能，以及诱导促炎因子 IL-1β、IL-6、IL-12、TNF-α 和趋化因子 CXC9/10/11 的表达。Ⅱ型干扰素中 IFN-rel 的功能并未完全明确，鲤中 IFN-γ-rel 主要由 IgM⁺ 细胞产生，可能具有调节体液免疫的功能。IFN-γ-rel 对于活性氧产物生成促进作用的持续时间较 IFN-γ 短暂，但是对氮氧化物的生成促进程度更加强烈。

（三）肿瘤坏死因子

鱼类在感染早期体内即能产生 TNF-α，并在调节炎症反应中发挥重要功能。鱼类中的 TNF-α 与 IL-1β 功能存在一定的重叠。鱼类 TNF-α 的主要功能有：①TNF-α 能够诱导炎症相关细胞因子的表达，用重组 TNF-α 孵育体外培养的虹鳟单核巨噬细胞后，细胞内与炎症相关的细胞因子（IL-1β、IL-8、IL-17C、TNF-α 等）表达出现上调。TNF-α 能够激活 NF-κB 信号通路，草鱼白细胞和 EPC 经 TNF-α 共同孵育后，胞内 NF-κB 的活性迅速增强。②TNF-α 能增强吞噬细胞的吞噬活性，在感染分枝杆菌属（*Mycobacterium*）的斑马鱼体内，TNF-α 能够限制巨噬细胞内细菌的增殖，并能增加细胞内的活性氧，从而增强对胞内菌的杀灭作用，以此提高巨噬细胞的存活率。③TNF-α 还参与淋巴细胞的归巢、增殖与迁移。有研究表明，虹鳟胸腺内 TNF-α 的持续表达具有促进胸腺细胞生长的作用，并能促进虹鳟头肾巨噬细胞的迁移，而腹腔注射 TNF-α 能够迅速招募海鲈吞噬性粒细胞进入腹腔。④高浓度的 TNF-α 具有诱导细胞凋亡的作用，400～4000ng/mL 的鳜 TNF-α 能够诱导 HeLa 细胞凋亡。TNF-α 还与慢性疾病的病理变化相关，在鲑鳟鱼类胰腺疾病病变过程中，心脏中会诱导产生 TNF-α 和其他促炎因子。大菱鲆（*Scophthalmus maximus*）感染黏孢子虫后，TNF-α 分泌增多，导致肠道内炎症细胞浸润，肠道上皮细胞脱落，肠道免疫屏障作用失调。诱导斑马鱼肠道上皮细胞过量表达 TNF-α 也会有类似结果。⑤TNF-α 还参与鱼类卵母细胞成熟及肝发育，*TNF-α* 基因被敲除后会导致肝尺寸减小。

（四）趋化因子

鱼类中主要的细胞因子类型是 CXC 型和 CC 型。哺乳动物的 CXC 型趋化因子可以根据蛋白质序列是否含有 ELR（Glu-Leu-Arg）基序进一步划分为两种类型，ELR 基序能够被中性粒细胞受体识别并趋化细胞，没有这个基序的 CXC 型趋化因子不能作用于中性粒细胞，而是作用于单核细胞和淋巴细胞。鱼类中的这个 ELR 基序通常被 DLR（Asp-Leu-Arg）基序替代，但是 DLR 基序对于鱼类 CXC 型趋化因子趋化中性粒细胞并不是必需的，这个基序缺失后仍然具有趋化中性粒细胞的能力。虹鳟 CK1 是第一个被发现的鱼类趋化因子，属于 CC 型趋化因子。鱼类的 CC 型趋化因子比哺乳类的 CC 型趋化因子更具有多样性，有些种类还是鱼类特有的。因此，参照哺乳动物同源基因的相似性来推断鱼类趋化因子的功能并不可靠。在斑马鱼中，共发现有 111 个趋化因子基因，其中 81 个属于 CC 家族，基因数量远超哺乳类的 *CC* 基因。斑马鱼 CCL25a 能趋化 T 淋巴细胞，该基因被敲降后，T 淋巴细胞被招募进入胸腺的过程受阻。虹鳟的 CK1 细胞能趋化血液中的白细胞，重组 CK6 蛋白可以趋化成熟的巨噬细胞，还能够诱导巨噬细胞 IL-8、NO 合成酶的表达。虹鳟 CK12 能够趋化脾中的免疫细胞，吸引 IgM⁺ 的 B 细胞。点带石斑鱼重组 CCL4 不仅能趋化外周血白细胞，还能上调 TNF-α1、TNF-α2、IFN-γ、CD8α 和 β 链的表达，表明 CCL4 不但有趋化功能，还可能参与淋巴细胞的分化调控。在鱼类 CXC 型趋化因子中，香鱼 CXCL8 可以趋化单核细胞，斑马鱼和

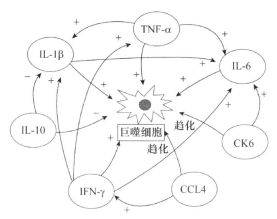

图 14-10　鱼类各细胞因子间作用关系网络图
"＋"表示促进增强作用；"－"表示抑制作用

鲤 CXCL8 能够趋化中性粒细胞，鲤 CXCL8 还能够上调被招募细胞中超氧化物酶的表达。鲤 CXCb1 能够强力趋化单核细胞、粒细胞和淋巴细胞。虹鳟 CXCL8 能够趋化中性粒细胞和单核细胞，并具有促炎作用。CXCL11-L1 能趋化头肾白细胞，受到趋化的白细胞 CD4 表达量高，表明 $CD4^+$ T 细胞是受 CXCL11-L1 趋化的主要细胞。日本牙鲆和黄颡鱼 CXCL13 也具有趋化外周血白细胞的作用。鱼类各细胞因子间的作用关系网络如图 14-10 所示。

二、信号通路的调节

非特异性免疫应答中的模式识别受体相关信号通路在鱼类抗病免疫中发挥重要作用。鱼类识别特定病原体相关模式分子的受体有 Toll 样受体（Toll-like receptor，TLR）、RIG-Ⅰ样受体（retinoic acid inducible gene Ⅰ like receptor，RLR）、NOD 样受体（NOD-like receptor，NLR），这些受体可以识别细菌脂多糖、肽聚糖、DNA 和病毒 RNA 等相关分子，激活信号通路的下游分子，诱导产生炎症相关的细胞因子或者干扰素，发挥抗菌和抗病毒功能。

小 RNA（miRNA）被发现在鱼类信号通路调控中发挥重要功能。miRNA 是长度约 22 个核苷酸的非编码 RNA，通过与目标 mRNA 的碱基互补配对，对其进行降解，从而抑制靶标基因的表达。miRNA 广泛参与调节细胞内多种生物学过程，包括发育、分化、细胞增殖、细胞凋亡、代谢、炎症反应等。其中炎症反应与 NF-κB 信号通路、TLR 信号通路密切相关。受弧菌感染后，miR-148 和 miR-214 表达量上升，这两个 miRNA 抑制 NF-κB 信号通路中的 MyD88 分子，防止炎症反应过度。在弹状病毒感染后，产生的 miR-3570 作用于 NF-κB 和 IRF3 通路中的 MAVS 蛋白，抑制 Ⅰ 型 IFN 的产生，同样起到负调控作用。用 poly（I：C）刺激后，体内 miR-210 表达上升，诱导 RLR 信号通路，增强 Ⅰ 型 IFN 的表达，但是当鱼体受到弹状病毒感染时，miR-210 却作用于干扰素激活的相关基因，如 *STING*、*IRF3*、*ISRE* 等，抑制干扰素的表达，表明 miRNA 介导调控的复杂性。

Toll 样受体在抗病原入侵的先天性免疫过程中发挥重要功能，该受体家族包含多个成员，每个成员负责识别特定的病原体相关模式分子，Toll 样受体同样也受 miRNA 的调控。受细菌感染后产生的 miR-8159 能够负调控 TLR13 的表达，抑制免疫应答。同样，TLR1、TLR5、TLR14、TLR28 等都有相对应的 miRNA，其可通过抑制这些基因的表达，从而起到反向调节的作用。

干扰素主要通过模式识别受体识别病原体相关分子模式，从而激活干扰素信号通路而产生。与产生干扰素密切相关而且研究较深入的为 Toll 样受体和 RIG-Ⅰ样受体。TLR 和 RLR 应答病毒感染，产生干扰素的信号通路为：细胞膜上 TLR22 和胞内 TLR3 识别 dsRNA，并传递信号给下游的配体 TRIF，核内的 TLR7/8 识别 ssRNA 传递信号给 MyD88。RIG-Ⅰ识别 5′端磷酸化的短 dsRNA 病毒，MDA5 识别长 dsRNA 病毒，并且激活线粒体上的配体 IPS-1，LGP2 对 RIG-Ⅰ和 MDA5 有调节作用。RLR 和 TLR 的配体通过一系列的信号转导分子激活 IRF3 和 IRF7 并且使其磷酸化，磷酸化的 IRF3 和 IRF7 转移到核内与干扰素应答元件

（IFN-stimulated response element，ISRE）相互作用，起始Ⅰ型干扰素基因的表达，引起机体的抗病毒免疫应答，如图14-11所示。

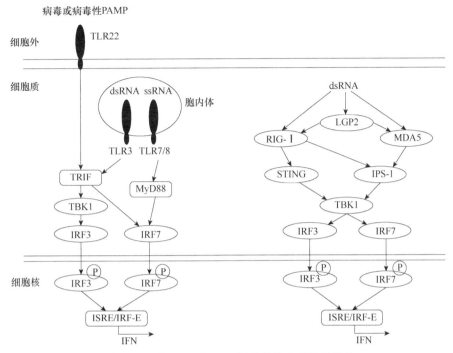

图 14-11　鱼 TLR 和 RLR 调控的抗病毒信号通路

细胞在病毒或病毒类似物的刺激下产生干扰素以后，干扰素会进一步诱导许多抗病毒基因表达相关抗病毒蛋白，这些基因称为干扰素刺激基因（interferon stimulated gene，ISG）。干扰素通过 JAK-STAT 通路诱导 ISG 后，STAT1、STAT2 和 IRF9 形成一个转录因子复合体 ISGF3，ISGF3 从胞质进入细胞核，结合到干扰素激活的应答元件 ISRE，启动下游 ISG 的表达。鱼类中已经克隆得到的 ISG 有 *Mx*、*PKR*（protein kinase R）/*PKZ*（protein kinase Z）、*Gig*（GCRV-induced gene）基因等，Mx 蛋白是一种 GTP 酶，能够与病毒的核衣壳结合，阻止病毒进一步复制。PKR/PKZ 属于蛋白激酶，PKR 能结合 dsRNA，然后二聚体化和自身磷酸化，进一步磷酸化真核表达起始因子 2α（eukaryotic initiation factor 2 α，EIF2α），引起细胞内广泛性的蛋白质合成抑制，从而使病毒蛋白合成也受到抑制。

鱼体内过表达 RIG-Ⅰ、MDA5、IPS-1、IRF3、IRF7 等均能促进 IFN 的表达。LGP2 对 RLR 信号通路是正向调控还是反向调控，目前还不确定。牙鲆受 poly（I：C）刺激后，过表达 LGP2 可促进 *IFN* 和 *Mx* 等基因的表达，但是在鲫体内过表达 LGP2 会抑制 IFN 启动子的活性。IRF3 能诱导 IFN 的表达，IFN 的表达又会反过来促进 IRF3 的表达，哺乳动物的 IRF3 不能被 IFN 和病毒直接诱导产生，而是通过病毒感染导致的蛋白磷酸化来激活，而鱼类 IRF3 能够被 IFN 或者 IFN 激活剂激活，表明鱼类中依赖 IRF3 的 IFN 应答没有哺乳动物中的相关调控精细。鱼类能产生多种类型的 IFN，这些 IFN 的表达受到 IRF3 和 IRF7 的调控，斑马鱼的 IFN1 和 IFN3 都是通过 RLR 通路产生的，但是受到的调控不同，IFN1 的表达主要受 IRF3 的调控，而 IFN3 受 IRF7 的调控。

鱼类 IFN 还能够对自身表达进行调节，虹鳟 RTG2 和 RTS-11 细胞用重组 IFN2 刺激后，细胞内 IFN1、IFN2、IFN5 的表达量明显上升。斑马鱼胚胎细胞内显微注射 IFN2 或者 IFN3，胚胎内 IFN1 的表达量明显上升，成年斑马鱼 IFN1 能够诱导自身及 IFN2 和 IFN3 的表达。鲫 IFN 同样也能诱导自身表达，而且 STAT1 和 IRF9 分子对于这种自我诱导是必需的，表明鲫 IFN 通过 JAK-STAT 途径上调自身表达。

三、补体的调节

补体是脊椎动物先天性免疫的重要组成部分，哺乳动物的补体系统包含了超过 35 种的血浆内和细胞膜结合蛋白。补体的激活有 3 条途径，分别是经典途径、旁路途径和甘露糖结合凝集素途径。这 3 条途径的激活剂不同，经典途径的激活物是抗原-抗体复合物，旁路途径通过识别微生物表面的多糖、葡聚糖进行激活，甘露糖结合凝集素途径的激活起始于体内的甘露糖结合凝集素结合病原微生物表面的甘露糖残基。虽然激活的起始不同，但 3 条途径最终都形成了 C3 转化酶，激活 C3 后，进一步形成 C5 转化酶，被激活的 C5 招募 C6、C7、C8、C9 形成攻膜复合物。在鱼类中，斑马鱼补体成分的研究较深入，通过对斑马鱼基因组序列进行分析发现，斑马鱼中含有所有哺乳类补体成分的同源蛋白。但是，仅依据序列相似性，有时难以确定蛋白质间的同源性。例如，斑马鱼的 *Bf/C2* 基因序列相似度介于哺乳动物 *Bf* 和 *C2* 基因之间，难以确定该基因是 *Bf* 基因还是 *C2* 基因，需要进一步通过蛋白质功能研究进行判定。同时，斑马鱼中的多种补体基因，如 *C3*、*C4*、*C7* 等都呈现出基因多样性。例如，C3 分子有 3 个异构体 C3-1、C3-2、C3-3，与人的 C3 分子都具有 44% 以上的相似性。

补体系统含有多种蛋白质成员，能够调节补体的活性，抑制补体过度活化。在哺乳动物体内，这些调节蛋白包括 H 因子 fH、C4 结合蛋白 C4bp、1 型补体受体 CR1/CD35、2 型补体受体 CR2/CD21、衰变加速因子 DAF/CD55、膜辅蛋白 MCP/CD46。这些调节蛋白能够调节 C3 转化酶的形成及稳定性。在斑马鱼中已经克隆得到 fH 基因和 4 个 fH 样基因，这 5 个基因与哺乳动物 fH 基因类似，都具有保守的 SCR 结构域，可能具有与哺乳类 fH 相似的调节功能。

四、鱼类特异性免疫应答的调节

（一）B 细胞与抗体的调节

到目前为止，硬骨鱼类中已经发现了 3 种类型的抗体，分别是 IgM 型、IgD 型及 IgT/IgZ 型，并且不同抗体在血清中的浓度和鱼体的大小、环境温度、水质、应激、人工免疫等因素密切相关。不同鱼类抗体的相对分子质量存在较大差异，大分子质量抗体可以达到 600～850kDa，而牙鲆、虹鳟、蓝鳍金枪鱼等体内还存在分子质量为 160～180kDa 的小分子质量抗体。大分子质量抗体的重链有 60～80kDa，而小分子质量抗体的重链为 50～75kDa，有些甚至更小，只有 40～45kDa。大分子质量抗体普遍被认为是四聚体 IgM，而小分子质量抗体的本质是什么，仍然不清楚。有学者认为小分子质量抗体是大分子质量抗体在体外的降解产物或者是在体内的前体分子，也有学者认为小分子质量抗体是一种不同于大分子质量抗体的独特型抗体，因为其结构和抗原性与大分子质量抗体完全不同。鱼类抗体的重链存在多样性，轻链也是如此，蓝鳍金枪鱼短链有 28kDa 和 29kDa 两种，虹鳟的为 24kDa 和 26kDa，大西洋鲑的是 25kDa 和 27kDa。

虹鳟IgM在血清和肠道黏液中都是四聚体，而 IgT 在血清中以单体形式存在，在肠道黏液中以多聚体形式存在（图 14-12）。血清中 IgM 的浓度要远高于黏液中 IgM 的浓度，而 IgT 刚好相反，肠道黏液中 IgT 浓度是血清中的两倍，表明 IgT 在鱼类黏膜免疫中发挥重要作用。黏膜抗体和血清抗体存在结构差异，那么黏膜抗体是如何产生的呢？对鱼类血清抗体进行放射性元素标记，结果发现黏液中的抗体没有放射性，说明黏液抗体并非来自血清，而是来自黏膜组织的合成。在虹鳟肠道上皮组织中，能够检测到 IgM$^+$和 IgT$^+$的 B 细胞，这些 B 细胞可能具有分泌黏膜抗体的功能。哺乳动物的分泌型 IgM 和 IgA 是由黏膜组织下的浆细胞产生的，然后与黏膜上皮细胞表面的多聚免疫球蛋白受体（pIgR）进行结合，pIgR 对黏膜抗体进行跨膜运输，到达上皮细胞与黏液接触的表层。黏液中酶类对 pIgR 进行切割，pIgR 蛋白的胞外区（SC 片段）与抗体复合物一同被释放到黏液中，完成黏膜抗体的分泌（图 14-13）。多种鱼类的 pIgR 分子已经被克隆，包括鲤、草鱼、石斑鱼、虹鳟等，并且也显示出与 IgM 和 IgT 结合的特性。虹鳟肠道黏液中 IgM 和 IgT 也都结合有 pIgR 的 SC 片段，而血液中的 IgT 不存在此片段，表明 pIgR 分子在鱼类黏膜抗体的运输中也同样发挥重要作用。黏膜组织中，特别是肠道中的抗体对于维持肠道菌群稳态起到非常重要的作用。哺乳动物黏液中的 IgA 能够结合并包裹肠道细菌，防止细菌穿过黏液入侵上皮细胞。IgM 和 IgG 也有类似功能，但相对 IgA 较弱。鱼类肠道中也含有大量的细菌，虹鳟的 IgT 同样能够包裹肠道菌，被包裹的细菌占比为 48%，也同样强于 IgM 的包裹能力（24%）。

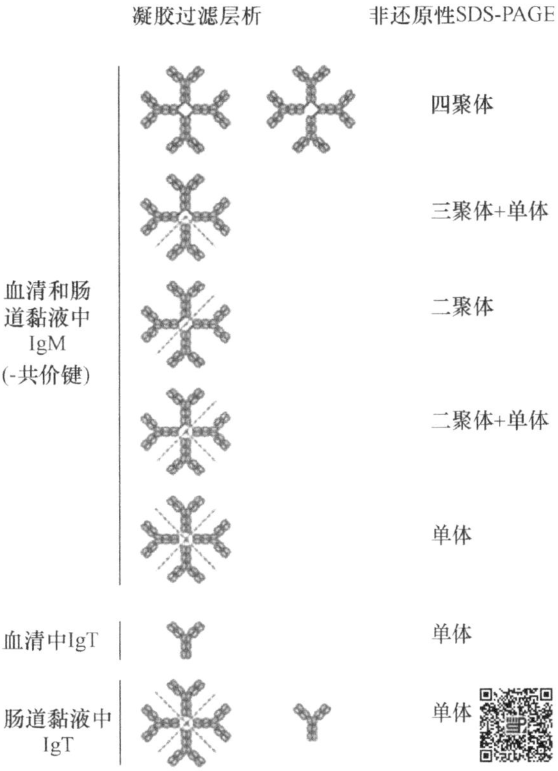

IgT 抗体在抗感染免疫中发挥重要功能，虹鳟肠道受黏孢子虫感染后，IgT$^+$ B 细胞数量明显增加，而 IgM$^+$ B 细胞数量没有变化。存活的鱼体肠道固有层扩张，有些 IgT$^+$ B 细胞甚至穿过了肠道上皮细胞，存在于肠腔中的虫体滋养体已经被抗体杀死。此外，存活的鱼体肠道黏液含有抗孢子虫的特异性 IgT 抗体，而不存在特异性 IgM 抗体，而在血清中的情

图 14-12 虹鳟血清和肠道黏液中的 IgM 和 IgT 形态（引自 Zhang et al.，2011）

经过凝胶过滤层析和非还原性 SDS-PAGE 处理后显示出不同的蛋白质分子形态，图中抗体单体间的实线连接为共价键，虚线表示非共价键连接，经过非变性的 SDS-PAGE 会断开连接

凝胶过滤层析		非还原性SDS-PAGE
血清和肠道黏液中IgM (-共价键)		四聚体
		三聚体+单体
		二聚体
		二聚体+单体
		单体
血清中IgT		单体
肠道黏液中IgT		单体

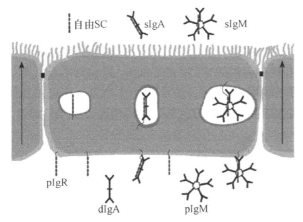

图 14-13 哺乳动物多聚免疫球蛋白受体 pIgR 的跨膜转运过程（引自 Stadtmueller et al.，2016）

pIgM. 多聚体 IgM；pIgR. 多聚体 IgR；dIgA. 二聚体 IgA；SC. 分泌片段；sIgA. 分泌型 IgA；sIgM. 分泌型 IgM

况刚好相反，存在特异性 IgM 抗体，而缺乏特异性 IgT 抗体。以上相关研究都显示了 IgT 抗体在黏膜免疫中起到关键作用。

硬骨鱼类中存在哪些 B 细胞类型，是一直被关注的科学问题。通过利用 IgM、IgD 和 IgT 的单克隆抗体检测，在鲇中发现了 3 种类型的 B 细胞，分别是 IgM⁺/IgD⁻、IgM⁺/IgD⁺、IgM⁻/IgD⁺ 细胞，虹鳟中发现了两种类型的 B 细胞，即 IgM⁺/IgD⁺/IgT⁻ 和 IgM⁻/IgD⁻/IgT⁺细胞。因此，目前在硬骨鱼类中共发现了 4 种类型的 B 细胞，前 3 种分别在细胞表面单独表达 IgM、IgD 和 IgT，第四种是在细胞表面同时表达 IgM 和 IgD。在虹鳟淋巴组织中，IgM⁺ B 细胞占总 B 细胞的比例为 16%～27%，IgT⁺ B 细胞占比为 72%～83%。肠道中这两种细胞的比例分别为 46% 和 54%。鱼类的 B 细胞在头肾中生成和成熟，脾中也含有大量的 B 细胞。在虹鳟中的研究显示，B 细胞在脾中接受抗原刺激，分化成浆细胞，浆细胞迁移进入头肾中，因此头肾比脾中含有更多的浆细胞。黏膜组织中也含有 B 细胞，但是这些 B 细胞的来源、激活增殖和分化成浆细胞的过程目前还不清楚。另外，值得一提的是，硬骨鱼类的 B 细胞具有很强的吞噬和杀菌活性。B 细胞的活性受到细胞因子的调节，其中 TNF-α 发挥重要作用，在哺乳动物中，B 细胞被抗原激活后，TNF-α 能够促进 B 细胞的增殖和抗体的生成。鱼类 TNF-α 对 B 细胞的调控作用目前还没有相关研究。

（二）细胞毒性 T 细胞的调节

细胞毒性 T 细胞（cytotoxic T lymphocyte，CTL）的激活需要 3 个激活信号，MHC I 类分子和抗原肽的复合物与 T 细胞表面受体（TCR）的结合提供第一信号，抗原呈递细胞表面的配体与 T 细胞表面受体结合的共刺激信号为第二信号，细胞因子的进一步刺激作为第三信号。鱼类各信号分子基因与哺乳动物各信号分子具有同源性，但是也有不同。例如，各基因家族中包含的基因数目不同。

1. 第一信号的调节　　CTL 利用 TCR 识别抗原呈递细胞 MHC I 类分子呈递的抗原肽，组成 TCR 的相关基因、MHC I 类分子及抗原呈递过程中起作用的相关基因在许多鱼类中已经得到克隆，这些相关基因中的基序和特征性结构域具有较高的保守性。虽然目前对于它们的信号传递功能没有太多的研究，但是推测鱼类 CTL 具有和哺乳动物 CTL 相类似的激活过程（图 14-14）。

病毒和胞内寄生菌等产生的内源性抗原肽被 APC 捕获后，通过 APC 的 MHC I 类分子到达细胞表面，呈递给 T 细胞识别，T 细胞表面的识别受体为 TCR 分子。

识别 MHC I 类分子呈递抗原的 T 细胞表面的 TCR 分子由 TCRα 链和 TCRβ 链组成，还有另外一种黏膜组织中的 T 细胞，TCR 由 γ 链和 δ 链组成，称为 γδ T 细胞，能识别多种配体。最近发现斑马鱼与哺乳动物类似，体内也存在这两种 T 细胞。而且鱼类的 TCRα 链和 TCRβ 链的多样性要高于哺乳动物。组成 TCR 的 CD3 亚基负责向胞内传递激活信号，鱼类包含 3

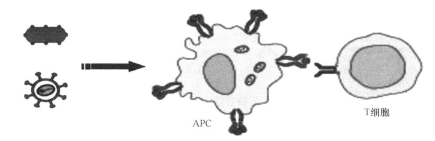

图 14-14　T 细胞激活的抗原识别过程

种类型的 CD3 亚基，即 CD3-γδ、CD3-ε 和 CD3-ζ。虽然鱼类 CD3 分子传递信号的功能还有待深入研究，但鱼类 CD3 分子显示出与哺乳动物 TCR 转导信号的 ITAM 相类似的结构。利用鱼类 CD3-ε 抗体检测显示，T 细胞中含有 CD3，而 B 细胞中不存在 CD3。

TCRαβ⁺ T 细胞可以被划分为细胞表面含有 CD8 分子的 CTL 和含有 CD4 分子的辅助性 T 细胞（Th）、调节性 T 细胞（Treg）。CD8 和 CD4 分子能够进一步稳定 TCR 和 MHC-抗原肽复合物的结合，并且促进酪氨酸激酶 Lck 结合 TCR/CD3 复合物，起始早期信号的传递。CD8 分子的两条链 CD8α 和 CD8β，能够形成异质二聚体 CD8αβ，或者同质二聚体 CD8αα。哺乳类 CTL 表达的为异质二聚体的 CD8，鱼类 CD8α 和 CD8β 与哺乳类 CD8 蛋白的结构类似，但是缺乏 Lak 的结合结构域 CxC，取而代之的是 CxH 结构域，可能是 Lak 的结合位点。CD8 分子可以作为鱼类 CTL 的特征性蛋白，日本银鲫 CD8⁺ T 细胞具有抗原特异性的细胞毒性，虹鳟 CD8α⁺ T 细胞具有与 CTL 相同的特征。关于 CD4 分子，鱼类中有两种亚型，即 CD4-1 和 CD4-2，与 Th/Treg 细胞相关。

CTL 识别抗原分子具有 MHC 限制性，即只能识别 MHC I 类分子呈递的抗原肽，并且对病原感染的靶细胞进行识别时，靶细胞的 MHC I 类分子必须与 CTL 的 MHC I 类分子相同，否则不能识别。目前，这种同质化系统已经在日本银鲫和虹鳟中建立，神经坏死病毒（NNV）感染鱼体后，分离鱼体中的 CD8⁺ T 细胞，与同样用 NNV 感染的细胞系进行孵育，发现 CD8⁺ T 细胞能够杀死被感染的细胞，而对于真鲷虹彩病毒（RSIV）感染的细胞没有杀伤作用，显示了鱼类 CTL 对靶细胞的识别也具有抗原特异性。

2. 第二信号的调节 CTL 的 TCR 结合 MHC I 类分子呈递的抗原肽，提供 T 细胞激活的第一信号，随后 T 细胞表面的 CD28 家族分子与抗原呈递细胞表面的 B7 家族分子结合，形成共刺激信号，也就是第二信号（图 4-8）。哺乳动物 T 细胞表面的 CD28 家族有 5 个重要的分子，两个起正调控作用，分别是 CD28 和 ICOS，另外 3 个起负调控作用，分别是 CTL 相关蛋白 4（CTLA-4）、程序性细胞死亡蛋白 1（PD-1）、B/T 淋巴细胞弱化蛋白（BTLA）。在鱼类中已经克隆了 CD28 和 CTLA-4，但是未发现 ICOS 和 PD-1，斑马鱼的 Treg 细胞中高表达 CTLA-4。鱼类 CD28 蛋白的胞内区尾端含有一个激活 PI3K 信号通路的典型结构域，能诱导 IL-2 的表达，舌鳎中的研究也表明，CD28 分子被抗体配体结合后，能诱导 T 细胞的增殖。以上结果表明，鱼类 CD28 和 CTLA-4 的功能与哺乳动物中的同源蛋白类似。

哺乳类有两个 B7 分子，即 B7-1（CD80）和 B7-2（CD86），而鱼类中只有一个 *CD80/CD86* 基因。虹鳟的 CD80/CD86 能够上调外周血白细胞 IL-2 的表达，且在 B 淋巴细胞表面能检测到 CD80/CD86 的表达；斑马鱼中的 CD80/CD86 对于 B 细胞介导的获得性免疫是必需的。鱼类 B7 家族还包括 B7-H1/DC、B7-H3、B7-H4，河鲀中 B7-H1/DC 通过增加 IL-10 和 IFN-γ 的表达抑制 T 细胞的增殖，B7-H3、B7-H4 通过诱导 IL-2 和抑制 IL-10 表达以增加 T 细胞的增殖。

3. 第三信号的调节 T 细胞在免疫应答的所有阶段都受到细胞因子的调控，鱼类 T 细胞也受多种细胞因子的调控，包括 IFN-γ、IL-12、IL-2、IL-15、IL-21、IL-10、趋化因子等。

石斑鱼和虹鳟的 IL-12 能够诱导 Th1 细胞介导的免疫，保护机体对抗诺卡氏菌的感染。虹鳟 IFN-γ 能够上调白细胞中 IL-15 的表达，促进 Th1 型免疫，增强巨噬细胞的呼吸爆发，还能够增强鱼体的抗病毒能力。T 细胞被抗原激活以后，分泌 IL-2，IL-2 可促进 T 细胞的增殖。在哺乳动物中，IL-2 也与免疫耐受相关，它能够激活 Treg 细胞，从而负调控 T 细胞的活化。IL-15 对于 NK 细胞、CTL 细胞的活化至关重要，而且能够促进记忆 T 细胞的生成。虹鳟 IL-2 能够提高自身 IFN-γ 的表达水平，以及正向调控自身的表达，刺激外周白细胞 *CD8α*

和 *CD8β* 基因的表达。虹鳟 IL-15、IL-21 同样能够提高 IFN-γ 的基因表达。IL-10 是一种负调控因子，能抑制 T 细胞的增殖及抗原呈递细胞的呈递作用，金鱼的重组 IL-10 能下调 *IFN-γ* 基因的表达。但是鲤重组 IL-10 并不影响 T 细胞的增殖和分化，而且能激活记忆性 CD8⁺ T 细胞，抑制记忆性 CD4⁺ T 细胞，与哺乳类 IL-10 功能存在差异。趋化因子能够促进白细胞的迁移，引导白细胞向病原感染的部位移动，同时还具有控制免疫细胞分化的功能。石斑鱼的重组趋化因子 CCL4 能够趋化外周血中的白细胞，提高白细胞中 TNF-α1、TNF-α2、IFN-γ、Mx、CD8α 和 CD8β 的表达。虹鳟中 CCL19 具有趋化淋巴细胞的作用，CCL12 能够趋化脾中的免疫细胞，但是对头肾和外周血中的免疫细胞没有趋化作用。

第五节　鱼类免疫研究热点

近年来，随着国内鱼类免疫学研究人员队伍的扩大、研究经费投入的不断加大、研究技术方法的持续创新，研究人员对于鱼类免疫系统的了解也不断深入。目前对于鱼类免疫学的研究热点主要集中在鱼类的模式识别受体、炎症小体与细胞焦亡、黏膜免疫球蛋白、细胞自噬与抗病毒免疫等方面。

一、模式识别受体

模式识别受体在非特异性免疫中发挥重要功能，能够识别病原微生物的保守分子结构，提供了对病原免疫反应的最初信号。鱼类中存在 4 类模式识别受体，即 Toll 样受体、RIG-Ⅰ 样受体、NOD 样受体和 C 型凝集素受体。

TLR 是最先被发现并被研究的模式识别受体，目前在鱼类中至少发现了 20 种 TLR，分为 6 个亚家族。TLR1、TLR2、TLR4、TLR5 表达于细胞膜表面，识别细菌、真菌和原生动物的病原体相关模式分子。TLR3、TLR7、TLR8、TLR9 表达于细胞内，识别病毒核酸及细胞内的部分核苷酸分子，包括 RNA、DNA 均可被识别。识别病原体相关模式分子后，TLR 改变构象，招募接头分子 TRIF、MyD88、TRAM，进一步诱导 NF-κB 的激活，NF-κB 进入细胞核内，诱导 IFN 或者促炎因子 TNF-α、IL-8、IL-6、IL-12 等的表达（图 14-15）。

TLR 具有基因多样性，能特异性地与相应的配体结合。目前在鱼类中发现的 20 种 TLR，仅确认了少数 TLR 的配体。现有研究表明，TLR1、TLR5M、TLR5S、TLR9、TLR21 能识别细菌的病原体相关模式分子，另外一些 TLR，如 TLR1、TLR4、TLR14、TLR18、TLR25 也可能具有识别细菌的功能。一般认为 TLR 信号通路下游信号分子在哺乳动物和硬骨鱼类中高度保守，虽然鱼类不同于哺乳动物，但是目前只在斑马鱼中发现了 TRAM 的缺失，以及 TRIF 不同于哺乳动物中的功能。总之，鱼类 TLR 的发现较晚，但因其在免疫反应中的重要作用，逐渐成为研究的热点，但目前的研究主要集中在对 TLR 受体及相关信号通路分子的鉴定方面，对其配体识别和信号转导功能的研究较少。

RLR 家族有 3 个保守成员 RIG-Ⅰ、MDA5 和 LGP2，以及 β 干扰素启动子刺激因子 1（interferon-β promoter stimulator 1，IPS-1）或称 MAVS（mitochondrial antiviral signaling protein）及干扰素基因刺激分子（stimulator of interferon gene，STING）或称 MITA［mediator of IFN regulatory factor 3（IRF3）activation］两个配体蛋白。RIG-Ⅰ 和 MDA5 在识别病毒 RNA 过程中发挥重要作用。LGP2 在病毒识别和信号转导中的功能较少，可能起调节信号通路的作用。RIG-Ⅰ 识别具有 5′三磷酸末端标志的 RNA 序列及短双链 RNA，但 MDA5 识别 poly（I：C）

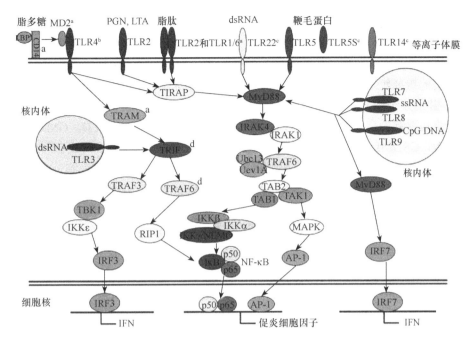

图 14-15 鱼类 TLR 信号通路图（引自 Zhang et al.，2014）

a. 在鱼类中未发现的分子（LBP、MD2、CD14、TRAM、TLR6）；b. TLR4 存在于一些鱼类中，但不是所有鱼类；c. 鱼类中的非哺乳动物 TLR（TLR5S、TLR14、TLR22）；d. 在哺乳动物中，TRIF 与 TRAF6 和 RIP1 相互作用

和长双链 RNA。虽然 RIG-Ⅰ和 MDA5 识别病毒的种类不同，但它们都参与了相同的信号通路，都能够激活 NF-κB、IRF3 和 IRF7，进而诱导产生促炎因子和Ⅰ型干扰素。目前为止，在硬骨鱼类中已经克隆得到 RLR 家族的全部成员，包括草鱼和斑点叉尾鮰的 RIG-Ⅰ，虹鳟、牙鲆和草鱼的 LGP2 与 MDA。已有研究表明，RLR 不仅能够识别病毒，还可以识别细菌。例如，草鱼的 *IPS-1* 基因不但在抗病毒先天性免疫中起到重要作用，也能够参与细菌病原体相关分子模式引发的免疫反应。鲤 MDA5 也已经被证实不仅能够参与抗病毒反应，还能参与抗细菌先天性免疫反应。LGP2 作为细胞质内的受体，具有抗病毒和抗菌的功能，在亚洲鲈胚胎和幼体发育阶段起重要的防御作用。然而，*RLR* 基因在信号通路中的具体作用还不清楚。例如，哺乳动物中的 LGP2 会抑制 RIG-Ⅰ和 MDA5 激活的干扰素应答，虽然鱼类 RLR 通路中的各基因相对保守，但虹鳟 LGP2 在抗病毒系统中起到活化剂的作用。最近研究表明，鱼类 LGP2 协同 MDA5 发挥作用，在青鱼中，LGP2 可以增强 MDA5 介导的抗病毒信号。

NOD 样受体通过 NF-κB、MAPK 的活化或者 caspase-1 的激活，导致 IL-1β 的分泌和细胞程序性死亡。虹鳟基因组中存在 NOD 和两个 NOD-2 的剪切变异体，两个变异体的表达受 IFN-γ 和 IL-1β 的调节。在受到 LPS、PGN 和 poly（I：C）刺激时，草鱼 NOD1 和 NOD2 表现出不同的表达模式，表明这两个蛋白可能在抗病毒和抗细菌过程中的重要性不同。鲮（*Cirrhinus molitorella*）的 NOD1 和 NOD2 在受特异性配体或者细菌激活后，IFN-γ、IL-1β 和 IL-8 表达量升高，表明鲮 NOD1 和 NOD2 在先天性免疫中发挥重要功能。用灭活的爱德华菌和海豚链球菌及 LPS 刺激牙鲆后，牙鲆 NLRC 的表达量迅速升高，表明牙鲆的 NLRC 参与了抗菌免疫反应。尽管对硬骨鱼类 NLR 的研究进展较快，但是对 NLR 激活的确切机制，以及下游信号的级联反应还不够了解，需要进一步的研究来阐明这些问题。

二、炎症小体与细胞焦亡

炎症小体，也称炎性小体，是细胞质内的一种多蛋白复合物，由模式识别受体参与组装，是先天性免疫的重要组成部分。炎症小体能够识别宿主来源的损伤相关分子模式（DAMP）或者病原体相关分子模式（PAMP），招募并且激活促炎症蛋白酶 caspase-1，然后作用于 pro-IL-1β，使其裂解为有活性的 IL-1β，同时可使消皮素 D（gasdermin D，GSDMD）裂解为 GSDMD-NT 和 GSDMD-CT，其中 GSDMD-NT 聚集并在细胞膜成孔，以利于 IL-1β 通过孔道分泌。当细胞膜膜孔形成后会导致细胞渗透压改变，细胞内 K^+ 外流，细胞外 Na^+ 和水内流，细胞膨胀，细胞膜裂解，并进一步导致细胞焦亡（pyroptosis）。细胞膜裂解后，细胞内容物被释放，将招募更多的炎症细胞聚集，引起更严重的炎症恶化。

炎症小体蛋白复合物包含了 NOD 样受体、ASC 和 caspase-1，在炎症反应中发挥重要作用。其中研究较多的 NOD 样受体为 NLRP3。在 PAMP/DAMP 作用下，NLRP3 与 ASC 结合，然后通过 CARD-CARD 同型相互作用招募 pro-caspase-1，并使无活性的 pro-caspase-1 裂解为具有活性的 caspase-1，被激活的 caspase-1 作用于 pro-IL-1β，使其裂解为有活性的 IL-1β。这些研究结论均已在哺乳动物中得到证实。尽管对鱼类中的炎症小体已有报道，但大多集中于对炎症小体相关基因的鉴定和特征分析，关于炎症小体相关基因的功能及其对炎症反应的调控研究较少。炎症小体持续激活时，会引起细胞炎性肿胀，细胞膜破裂，即细胞焦亡。细胞焦亡是机体天然免疫反应中重要的一部分，在应对内源危险信号和拮抗病原感染中发挥重要作用。相比细胞凋亡，细胞焦亡这种细胞死亡依赖于 caspase-1，是一种异于细胞凋亡、具有炎性肿胀的细胞死亡方式，是机体拮抗和清除病原菌感染的一种重要免疫防御方式。迄今为止，已经证实嗜水气单胞菌、沙门杆菌、耶尔森杆菌等多种病原菌可诱导细胞焦亡。在病原感染过程中，细胞焦亡有利于机体清除致病微生物，限制细菌生长繁殖，有效保护宿主自身。当细胞焦亡大量发生时，则会诱导 IL-1β 大量释放，招募更多的炎症细胞，扩大炎症范围和病变程度，并导致组织炎性损伤，甚至引起败血症等。

被病原感染后，宿主细胞发生炎症反应，最后到细胞焦亡，这一发展过程中可呈现 4 种状态，分别是：①正常态细胞；②活化态细胞，细胞膜完整，可分泌 TNF-α，不分泌 IL-1β 和乳酸脱氢酶（LDH）；③超活化态细胞，细胞膜上可形成膜孔，但膜不破裂，可分泌 IL-1β，不能分泌 LDH，细胞核可被碘化丙啶（propidium iodide，PI）染色；④焦亡细胞，细胞膜裂解，可在培养基检测到 IL-1β 和 LDH，细胞核可被 PI 染色。当致炎作用持续时，正常态细胞转化为活化态细胞，继而转化为超活化态细胞；当炎性细胞因子和 GSDMD 表达增多时，膜孔形成数量增多，膜孔密度增加，细胞逐渐肿胀直至膜破裂，即细胞焦亡，随即细胞释放胞质中所有活化后的 IL-1β 和胞质内容物，从而引发更为严重的炎症反应和损伤。目前研究表明，多种炎症细胞（如巨噬细胞、白细胞和树突状细胞等）均可表达 GSDMD，并可导致细胞焦亡（图 14-16）。

三、黏膜免疫球蛋白

鱼类虽然是低等脊椎动物，但却是最早出现免疫球蛋白并拥有特异性免疫的动物。硬骨鱼类中最早发现的是 IgM，也是其黏膜和血清中含量最多的免疫球蛋白。目前，已经克隆得到多种鱼类的 IgM 重链基因，包括大西洋鲑、虹鳟、点带石斑鱼、牙鲆、草鱼、鳜和斑点叉尾等。IgM 的重链包含 4 个恒定区，分别是 μ1～μ4。类似于哺乳动物，编码鱼类 IgM 的重

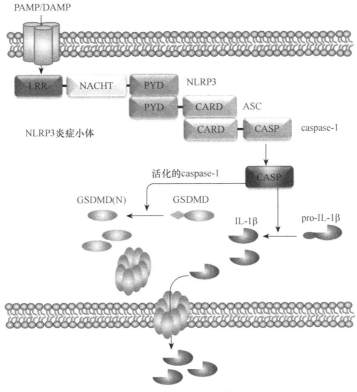

图 14-16　　细胞焦亡信号通路图

链基因也存在着基因重排机制，前体 mRNA 经过不同的剪接和翻译，可以形成膜型或者分泌型。分泌型 IgM 由 B 细胞合成并分泌到血液及其他体液中，还能在多聚免疫球蛋白受体（polymeric immunoglobulin receptor，pIgR）的转运作用下，穿过黏膜上皮细胞到达黏液中，发挥相应的免疫作用。膜型 IgM 表达于 B 细胞膜表面，参与构成 B 细胞受体复合物，起着抗原受体的作用。

　　科研人员随后又在斑点叉尾鲖中发现了硬骨鱼类的第二种 Ig，即 IgD。此后很长的一段时间内，人们认为硬骨鱼类的免疫球蛋白只有 IgM 和 IgD 两种，直到 2005 年，在斑马鱼中报道了一种新型的免疫球蛋白，重链基因为 ζ 链，将其命名为 IgZ。同年，Hansen 通过 EST 序列分析发现，在虹鳟中同样存在一种类似斑马鱼 IgZ 的新型免疫球蛋白分子，将其命名为 IgT（τ 链）。至此，硬骨鱼类中不同于 IgM 和 IgD 的新型免疫球蛋白被确认，即 IgT/IgZ。随后，在大西洋鲑、三棘刺鱼、鲤、草鱼及红鳍东方鲀等鱼类中相继发现了一些新的类似的免疫球蛋白，虽然这些免疫球蛋白拥有不同的重链恒定区数目，但是序列具有高度相似性。通过生物信息学分析发现，这些新型免疫球蛋白都属于同一个家族，因此它们被统一命名为 IgT/IgZ。近年来，对硬骨鱼类 IgT 进行了较为深入的研究，在虹鳟肠、皮肤和鳃等黏膜组织中，相比较于 IgM，黏液中含有更多量的 IgT，并且通过检测肠内细菌表面附着的免疫球蛋白类型发现，肠道细菌也主要被 IgT 所包裹，在虹鳟的皮肤和鳃黏膜组织中也检测到类似的结果。此外，在寄生虫感染后，这些黏膜组织中 IgT 的含量也显著增加。这些实验都表明虹鳟 IgT 在黏膜免疫中起着主要作用。

　　黏膜组织中分泌型 Ig 的转运，需要依靠黏膜上皮细胞表面的 pIgR 来完成。pIgR 属于 I

型跨膜糖蛋白，合成于上皮细胞的内质网中，蛋白质的分子结构包括胞外区、切割裂解区、胞内区和跨膜区4个部分。上皮细胞基底侧的pIgR结合组织中的IgM或者IgT后，通过细胞内吞，形成内吞小泡，内吞小泡携带Ig穿过细胞质，与上皮细胞的外表面融合，从而使pIgR与Ig的复合物呈现在上皮细胞的外膜上。pIgR的胞外区经过黏液中蛋白酶的水解后，被切割下来的SC片段及它结合的Ig，被一同释放到黏液中。SC片段结合在Ig上，能够起保护作用，防止受到其他水解酶的水解，增加免疫球蛋白在黏液中的稳定性，保证分泌型Ig能够在黏液中发挥免疫防御功能。经研究发现，pIgR还具有非特异性免疫的相关功能，首先，它可以促进其他免疫分子的合成；其次，游离的SC片段能够通过阻碍中性粒细胞的趋化作用，降低机体的炎症反应。此外，SC片段还能够结合在某些细菌表面，限制其对机体的侵染。可见，pIgR是动物机体黏膜免疫的重要组成部分。

　　鱼类机体表面的鳞片、表皮及黏液等，是鱼类的第一道免疫防御屏障。鱼类生活于水体中，从而不断与水体中大量各种各样的微生物接触。这些微生物接触鱼体的黏膜组织并刺激黏膜免疫系统。因此，与陆生动物相比，水生动物面临微生物入侵的挑战更大，当其黏膜免疫系统探测到病原入侵信号时，就会立刻触发天然免疫相关通路，这为后续适应性免疫的建立提供了基础。已有的研究表明，硬骨鱼类的黏膜都联系着适应性免疫系统，由天然免疫和特异性免疫细胞及分子共同作用，以保持黏膜的稳态。鱼类黏膜免疫系统依赖于B细胞和T细胞来启动其特异性免疫应答。硬骨鱼类黏膜相关淋巴组织内含有弥漫性B细胞和T细胞，以抵御黏膜环境中复杂的微生物，与共同进化的系统免疫表现出诸多不同。在个体发育过程中，初始B和T细胞出现在黏膜的时间相比较于出现在初级淋巴组织要晚得多，并且T细胞先于B细胞出现在黏膜组织中。

　　就黏膜T细胞而言，目前大多数研究都揭示了T细胞标记基因，如*CD3*、*CD8*、*CD4*，这些基因在病原侵染或接种疫苗后表达上调或下调，表明黏膜T细胞对抗原刺激有反应。但是，黏膜T细胞分为哪些亚群，不同亚群识别的抗原类型，以及微生物菌群如何影响黏膜T细胞的分化尚不清楚。黏膜组织内B细胞及其产生的抗体可用于黏膜屏障。大多数脊椎动物的黏膜内免疫球蛋白都有一种特殊的Ig同种型，包括IgA、IgM和IgG，哺乳类黏膜IgA在内环境稳态、先天性和适应性免疫反应中起重要作用。同样，硬骨鱼类的黏膜和血清免疫球蛋白分子也存在差异，暗示了特异性黏膜抗体的存在。但是相关研究一直进展比较缓慢，直至发现IgT，以及其在黏膜免疫中的主要功能，硬骨鱼类黏膜免疫研究才得到进一步深入。随着硬骨鱼类中黏膜B细胞和Ig分子的生物学研究，黏膜IgS及其功能逐渐被揭开。虹鳟鳃、鼻腔、皮肤和肠道黏液中，在没有受到抗原刺激的情况下，IgT相对于IgM的数量比例要高于血浆中的比例。另外，虹鳟中的研究表明，脾或头肾中B细胞亚群主要是IgM$^+$型，而黏膜组织中的优势B细胞亚群是IgT$^+$型（图5-2）。在接种疫苗或黏膜受感染后可以在黏膜组织中检测到特异性IgT抗体，在血浆中出现的是特异性IgM抗体。以上研究表明，黏膜IgT抗体应答主要发生在黏膜局部环境，而IgM应答的发生具有机体系统性。但是，目前缺乏鉴定鱼类记忆B细胞的特定分子标记，因此对硬骨鱼类黏膜相关淋巴组织中浆母细胞和记忆B细胞的研究非常少。此外，尚不清楚黏膜组织中初始B细胞如何被激活和成熟为浆母细胞和浆细胞。与哺乳动物相比，硬骨鱼类黏膜B细胞如何成熟转化为浆细胞，仍然是一个尚待研究的问题。

　　鱼类黏膜组织中存在着相对独立的特异性免疫应答，还是与系统免疫紧密相关，属于系统免疫的一部分，这个问题一直没有定论。在高等脊椎动物中，黏膜组织受到抗原刺激之后，由黏膜中的 B 细胞分泌 IgA 并产生特异性免疫反应。那么，鱼类的黏膜免疫系统，是否像高等动物一样，也能够独立完成免疫应答反应，研究者对于这一问题进行了大量的研究探索，根据研究结果推测，鱼类也是如此。此外，虹鳟鳃黏膜和鼻咽黏膜抗寄生虫感染的特异性免疫应答的研究，也表明黏膜免疫系统的特异性应答是独立的。近年来，研究者普遍认为鱼类拥有独立的黏膜免疫系统，可以不依靠系统免疫的支持而完成局部免疫应答。然而这一推断并未在硬骨鱼类全部黏膜组织，尤其是皮肤黏膜中得到详细研究证实。硬骨鱼类黏膜免疫的独立性还需要在不同鱼类的不同黏膜组织中进行证实。

四、细胞自噬与抗病毒免疫

细胞自噬是真核生物细胞内介导物质降解的内膜运输过程，降解的物质主要是一些受损的细胞器和蓄积的蛋白质等，以维持细胞内环境的平衡与稳定。细胞自噬作为一种保护性机制，使细胞在受到各种不利条件时得以存活，在机体对抗病原体侵染、炎症及肿瘤性疾病等方面发挥着重要作用。目前，细胞自噬主要分为 3 种类型，分别是小自噬（microautophagy）、大自噬（macroautophagy）和分子伴侣介导的自噬（chaperone-mediated autophagy）。通常所说的自噬是指大自噬，是细胞在受到刺激后，在细胞内先形成双层膜的自噬体，然后包裹待降解的细胞器和蛋白质，最后与溶酶体融合成自噬溶酶体以降解内容物。

自噬发生过程起始于双层膜结构（称作分离膜或自噬泡）把细胞器及细胞质的部分物质包裹起来以与其他部分隔离开，膜的来源可能是细胞内的多种组分，包括内质网（endoplasmic reticulum，ER）、高尔基复合体、内质网-高尔基体中间体（ER-Golgi intermediate compartment，ERGIC）、线粒体、内质网-线粒体相关膜（ER-mitochondria associated membrane，MAM）和细胞质膜等。分离膜延伸将需要包裹的物质完全包裹在称为自噬体的双层膜闭合囊泡中，然后通过与溶酶体融合而成熟，即形成自噬溶酶体。经典的自噬（或大自噬）是通过和溶酶体融合而降解所包裹的物质。此外，也有报道指出早期内体或者晚期内体可以与自噬体融合，先形成自噬内涵体，然后再与溶酶体形成自噬溶酶体，最终降解内涵体和自噬体中所包裹的物质。

自噬过程由一系列自噬相关基因严格调控，第一个自噬基因（ATG1）是在酵母中发现的。迄今为止，在酵母中大约有 40 个 ATG 被相继公布，高等动物含有大多数酵母 ATG 蛋白的同源物。对这些 ATG 及其相关蛋白的功能研究为自噬形成的分子机制研究奠定了基础。其中，参与自噬体形成的有 PI3K 复合物、ATG9、ATG2-ATG18 复合体及两个泛素化系统（ATG5-ATG12-ATG16L1 和 ATG8-PE）。两个泛素化系统的主要功能是促使膜的延伸和闭合。ATG8 在高等动物中的同源物为微管相关蛋白 1 轻链 3（microtubule-associated protein 1 light chain 3，MAP1LC3），简称 LC3。ATG4 切割早期合成的前体 LC3（pro-LC3）暴露 C 端甘氨酸形成胞质可溶形式的 LC3-Ⅰ；自噬发生过程中，LC3-Ⅰ在类 E1 酶 ATG7、类 E2 酶 ATG3 及类 E3 酶 ATG5-ATG12-ATG16L 复合物的共同作用下与自噬体膜表面的底物磷脂酰乙醇胺（phosphatidylethanolamine，PE）偶联，形成膜结合形式的 LC3-Ⅱ。LC3-Ⅰ在细胞内呈弥散分布，LC3-Ⅱ定位在自噬体膜上，呈点状聚集形式，是自噬体的重要标志分子（图 14-17）。

自噬可以被多种刺激因子激活，在自噬体形成之前，不同的信号通路参与调控自噬发生，其中很多与哺乳动物雷帕霉素靶蛋白（mammalian target of rapamycin，mTOR）相关，然而也有不依赖 mTOR 蛋白的通路。mTOR 是一种丝氨酸/苏氨酸蛋白激酶，在进化上高度保守。

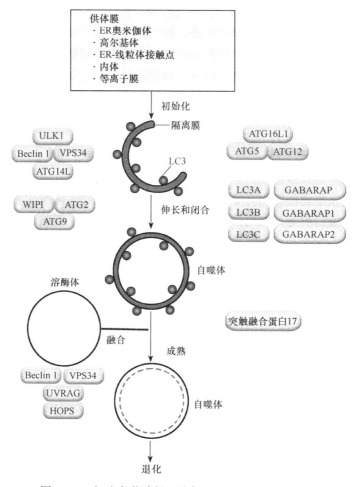

图 14-17　细胞自噬过程（引自 Deretic et al.，2013）

作为细胞生长和代谢调节中枢，mTOR 可整合细胞内外信号，参与多种生命过程，包括细胞生长和增殖、转录和翻译、细胞骨架组装等，同时也是重要的自噬通路蛋白。mTOR 包括两种不同的复合物（mTORC1 和 mTORC2）。mTORC1 的激活与生长因子、胰岛素、营养、能量和细胞压力等有关，也是自噬诱导剂雷帕霉素（rapamycin）的靶向蛋白。其上游信号通路包括磷脂酰肌醇 3 激酶（phosphatidylinositol-3-kinase，PI3K）、蛋白激酶 B（protein kinase B，PKB 或称 AKT）、AMP 活化蛋白激酶（AMP activated protein kinase，AMPK）和 p53 等。其中，p53 既可通过影响 mTOR 通路，也可直接影响自噬蛋白来调节自噬，并且因在细胞中的定位不同，p53 对自噬的影响不同。mTORC1 主要下游蛋白是 ULK1（ATG1）Ser/Thr 蛋白激酶复合物、40S 核糖体 S6 蛋白激酶（P70S6K）和真核启动因子 4E 结合蛋白（4E-BP1）。其中，ATG1 Ser/Thr 蛋白激酶复合物与自噬体形成过程有关，P70S6K 可通过抑制 I 型 PI3K 依赖胰岛素通路从而提高自噬水平，4E-BP1 蛋白可抑制蛋白翻译。另外，研究表明氨基酸缺乏可通过 Raf-1/MEK1/2/ERK1/2 通路而诱导自噬，PKR 蛋白可在病毒感染和饥饿压力下诱导自噬，还有 eIF2α、PKC、NF-κB 蛋白等也参与调节自噬通路。

通常情况下，自噬发生在基础生理水平以维持细胞内环境稳定。然而，在营养缺乏、未折叠蛋白反应（unfolded protein response，UPR）、活性氧（reactive oxygen species，ROS）等情况下，自噬可能升高以应对胞内压力。病毒感染对于宿主细胞来讲也是一种压力，因此，病毒感染诱发自噬会经常发生，但是自噬起到抗病毒还是促进病毒的作用依病毒和宿主细胞而异。病毒侵染可以刺激细胞自噬发生，然而作为一种维持细胞内稳态的生理机制，自噬主要是清除对自己生存不利的病原体。研究表明，细胞自噬可直接包裹胞内的病毒并运送到溶酶体中将其降解。此外，自噬可将病毒核酸呈递给细胞内感受器进而激活天然免疫，也能够将病毒抗原呈递给主要组织相容性复合体（major histocompatibility complex，MHC）以激活适应性免疫。在对辛德毕斯病毒（Sindbis virus，SV）的研究中，研究者首次发现自噬具有抗病毒功能，SV 的衣壳蛋白是自噬体的靶向蛋白，并通过自噬溶酶体将其降解而抑制新的病毒粒子形成。病毒侵染细胞时，胞质和内体中的相关免疫感应器可识别病毒核酸。内体中的感受器包括 Toll 样受体（Toll-like receptor，TLR）中的 TLR3、TLR7、TLR8 和 TLR9 等。这些 TLR 可识别双链 RNA（double-stranded RNA，dsRNA）、单链 RNA（single-strand RNA，ssRNA）、CpG DNA 等，在抗病毒免疫方面起到重要作用。浆细胞样树突状细胞（plasmacytoid dendritic cell，pDC）利用 TLR7 识别 ssRNA 病毒，TLR7 位于内体膜上，自噬能够将病毒核酸复制的中间产物运送至内体中供 TLR7 识别，而且，TLR7 介导的 IFN-α 分泌也依赖于自噬过程。胞质中的免疫感应器包括 DNA 感受器、RLR、双链 RNA 依赖性蛋白激酶受体（dsRNA-dependent protein14 kinase receptor，PKR）、NOD 样受体等。对果蝇水疱性口炎病毒（vesicular stomatitis virus，VSV）的研究表明，该病毒包膜蛋白（glycoprotein，G）可能是诱发自噬的病原体相关分子模式（pathogen-associated molecular pattern，PAMP），该病毒包膜蛋白可能通过某一受体结合，引发机体的天然免疫。此外，自噬影响 MHC Ⅰ 和 MHC Ⅱ 类分子的抗原呈递。通过抑制溶酶体的酸化，或者 RNAi 敲降 ATG12，能够抑制 CD4$^+$ T 细胞识别人类疱疹病毒核抗原 A（Epstein-Barr virus nuclear antigen 1，EBNA1）。HSV-1 感染时，自噬有助于将内源性病毒蛋白呈递给 MHC Ⅰ 类分子。

　　在与其宿主细胞共同进化的长期过程中，病毒发展出了多种对抗或逃逸宿主免疫系统的机制，故而能在宿主体内潜伏和复制。自噬体的形成过程需要广泛的膜重构，而这种现象在正链 RNA 病毒复制的过程中经常出现。事实上，许多正链 RNA 病毒，在其复制周期中诱导自噬以产生膜结构，从而为其复制提供合适的场所。人类免疫缺陷病毒（human immunodeficiency virus，HIV）的核衣壳蛋白（Gag）通过与 LC3-Ⅱ 相互作用促进 Gag p24 亚单位的加工，进而利于病毒粒子的包装和成熟。而其负调控因子（negative regulatory factor，Nef）蛋白能够与自噬蛋白 Beclin 1 结合，抑制自噬体的酸化从而保护病毒粒子免受溶酶体降解，促进成熟病毒粒子的释放。脑心肌炎病毒（encephalomyocarditis virus，EMCV）感染宿主细胞后，病毒 3A 和 VP1 蛋白与 LC3 出现共定位的现象，说明病毒利用自噬膜结构进行复制。有趣的是，一些疱疹病毒表达的蛋白质可直接抑制自噬体的形成，说明这些病毒已经进化出了逃避自噬降解的策略。单纯疱疹病毒 1 型（herpes simplex virus-1，HSV-1）的神经毒性蛋白 ICP34.5，通过结合 Beclin 1 蛋白而阻碍自噬的发生，其突变株的 ICP34.5 蛋白由于缺乏与 Beclin 1 结合的结构域而不能抑制自噬体形成，受突变株感染的小鼠体内神经毒力也降低。除以 Beclin 1 为靶点外，HSV-1 的 ICP34.5 蛋白还通过招募 PP1α，使 PKR 下游蛋白 eIF2α 去磷酸化从而抑制自噬体的形成。

　　目前发现多种水生动物病毒感染后可引起细胞自噬。例如，鲑传染性贫血病毒（infectious salmon anemia virus，ISAV）可以诱导细胞自噬，并能够利用自噬进行复制。而细胞自噬在牡蛎疱疹病毒 1（ostreid herpesvirus-1，OsHV-1）感染过程中发挥抗病毒作用。水生弹状病毒科的病毒性出血症病毒（viral hemorrhagic septicemia virus，VHSV）、鲤春病毒血症病毒（spring viremia of carp virus，SVCV）、乌鳢水泡病毒（snakehead vesiculovirus，SHVV）侵染细胞均能够诱发自噬。然而，宿主细胞自噬在病毒复制过程中的作用却并不相同。SVCV 糖蛋白诱导斑马鱼胚胎成纤维细胞（zebrafish embryonic fibroblast，ZF4）自噬能够抑制 SVCV 复制，而雷帕霉素诱导鲤上皮瘤细胞（epithelioma papulosum cyprini，EPC）自噬却会促进 SVCV 复制。石斑鱼虹彩病毒（grouper iridovirus，GIV）和大口黑鲈病毒（largemouth bass virus，LMBV）可诱导鳜仔鱼细胞自噬，而传染性脾肾坏死病毒（infectious spleen and kidney necrosis virus，ISKNV）感染鳜仔鱼细胞系（mandarin fish fry cell line，MFF）后不能引发明显自噬。但是，ISKNV 感染可引起鳜鱼脑细胞（Chinese perch brain cell line，CPB）自噬。可见，病毒与自噬的关系因毒株和其靶细胞类型的不同而存在差异。此外，目前针对水生病毒与细胞自噬的相关研究主要是对病毒与细胞自噬作用关系的描述，而对于病毒与宿主之间的互作机制研究得较少。

主要参考文献

陈婷婷，任秋楠，陈娴娴，等．2019．团头鲂外周血细胞的显微结构及细胞化学特征．水生生物学报，43（4）：805-813.

高风英．2018．尼罗罗非鱼 RLR 与 NLR 家族 6 个基因的克隆、功能分析及 *IPS-1* 基因、*NOD1* 基因 SNPs 与抗病性状的相关性分析．上海：上海海洋大学博士学位论文．

李趁．2020．细胞自噬在石斑鱼虹彩病毒 SGIV 和神经坏死病毒 RGNNV 感染中的作用．广州：华南农业大学博士学位论文．

陆绍霞，张春雷，王常安，等．2021．4 种鲑鳟鱼外周血细胞显微及超微结构比较．大连海洋大学学报，36（2）：280-288.

罗智文，董志祥，林连兵，等．2021．鱼类重要免疫器官抗菌机制的研究进展．水产科学，40（4）：624-634.

苏建国．2020．水产动物免疫学．北京：中国农业出版社．

陶会竹，肖宁，赵雨婷，等．2018．草鱼肠巨噬细胞的分离培养与鉴定．水产学报，42（10）：1606-1614.

温轶．2009．鱼类 CD4 分子研究及 Treg 细胞亚群鉴定分析．杭州：浙江大学博士学位论文．

肖克宇．2011．水产动物免疫学．北京：中国农业出版社．

张杰．2016．淇河鲫 TLR5/TLR22 及信号通路关键基因克隆、表达分析及功能研究．新乡：河南师范大学博士学位论文．

张晓婷．2019．虹鳟皮肤黏膜免疫及其免疫球蛋白功能研究．武汉：华中农业大学博士学位论文．

Barraza F, Montero R, Wong-Benito V, et al. 2021. Revisiting the teleost thymus: current knowledge and future perspectives. Biology, 10(1): 8.

Biswas G, Bilen S, Kono T, et al. 2016. Inflammatory immune response by lipopolysaccharide-responsive nucleotide binding oligomerization domain (NOD)-like receptors in the Japanese pufferfish (*Takifugu rubripes*). Developmental and Comparative Immunology, 55: 21-31.

Bowden T J, Cook P, Rombout J. 2005. Development and function of the thymus in teleosts. Fish and Shellfish Immunology, 19(5): 413-427.

Chang Y T, Kai Y H, Chi S C, et al. 2011. Cytotoxic CD8alpha[+] leucocytes have heterogeneous features in antigen recognition and class I MHC restriction in grouper. Fish and Shellfish Immunology, 30: 1283-1293.

Chen K, Cerutti A. 2011. The function and regulation of immunoglobulin D. Current Opinion in Immunology, 23(3): 345-352.

Deretic V, Saitoh T, Akira S. 2013. Autophagy in infection, inflammation and immunity. Nature, 13(10): 722-737.

Ding Y, Ao J, Huang X. 2016. Identification of two subgroups of type I IFNs in perciforme fish large yellow croaker *Larimichthys crocea* provides novel insights into function and regulation of fish type I IFNs. Frontiers in Immunology, 7: 343.

Du X, Wang G, Su Y, et al. 2018. Black rockfish C-type lectin, SsCTL4: a pattern recognition receptor that promotes bactericidal activity and virus escape from host immune defense. Fish and Shellfish Immunology, 79: 340-350.

Edholm E S, Stafford J L, Quiniou S M, et al. 2007. Channel catfish, *Ictalurus punctatus* CD4-like molecules. Developmental and Comparative Immunology, 31: 172-187.

Fischer U, Koppang E O, Nakanishi T. 2013. Teleost T and NK cell immunity. Fish and Shellfish Immunology, 35: 197-206.

Flajnik M F. 2018. A cold-blooded view of adaptive immunity. Nature Reviews Immunology, 18(7): 438-453.

Jorgensen I, Rayamajhi M, Miao E A. 2017. Programmed cell death as a defence against infection. Nature Reviews Immunology, 17: 151-164.

Kondera E. 2011. Haematopoiesis in the head kidney of common carp (*Cyprinus carpio* L.): a morphological study. Fish Physiology and Biochemistry, 37(3): 355-362.

Koppang E O, Fischer U, Moore L, et al. 2010. Salmonid T cells assemble in the thymus, spleen and in novel interbranchial lymphoid tissue. Journal of Anatomy, 217: 728-739.

Liao Z, Wan Q, Su H, et al. 2017. Pattern recognition receptors in grass carp *Ctenopharyngodon idella*: I. Organization and expression analysis of TLRs and RLRs. Developmental and Comparative Immunology, 76: 93-104.

Liao Z, Wan Q, Xiao X, et al. 2018b. A systematic investigation on the composition, evolution and expression characteristics of chemokine superfamily in grass carp *Ctenopharyngodon idella*. Developmental and Comparative Immunology, 82: 72-82.

Liao Z, Wan Q, Yuan G, et al. 2018a. The systematic identification and mRNA expression profiles post viral or bacterial challenge of complement system in grass carp *Ctenopharyngodon idella*. Fish and Shellfish Immunology, 86: 107-115.

Qiao X, Li P, He J, et al. 2020. Type F scavenger receptor expressed by endothelial cells (SREC)-II from *Epinephelus coioides* is a potential pathogen recognition receptor in the immune response to *Vibrio parahaemolyticus* infection. Fish and Shellfish Immunology, 98: 262-270.

Rao Y, Su J. 2015. Insights into the antiviral immunity against grass carp (*Ctenopharyngodon idella*) reovirus (GCRV) in grass carp. Journal of Immunology Research, 2015: 37-55.

Scapigliati G, Fausto A M, Picchietti S. 2018. Fish lymphocytes: an evolutionary equivalent of mammalian innate-like lymphocytes. Frontiers in Immunology, 9: 971.

Secombes C J, Wang T, Bird S. 2011. The interleukins of fish. Developmental and Comparative Immunology, 35: 1336-1345.

Shen L, Stuge T B, Bengten E, et al. 2004. Identification and characterization of clonal NK-like cells from channel catfish (*Ictalurus punctatus*). Developmental and Comparative Immunology, 28: 139-152.

Smith N C, Rise M L, Christian S L. 2019. A comparison of the innate and adaptive immune systems in cartilaginous fish, ray-finned fish, and lobe-finned fish. Frontiers in Immunology, 10: 2292.

Somamoto T, Nakanishi T, Nakao M. 2013. Identification of anti-viral cytotoxic effector cells in the ginbuna crucian carp, *Carassius auratus* langsdorfii. Developmental and Comparative Immunology, 39: 370-377.

Somamoto T, Nakanishi T, Okamoto N. 2000. Specific cell-mediated cytotoxicity against a virus-infected syngeneic cell line in isogeneic ginbuna crucian carp. Developmental and Comparative Immunology, 24: 633-640.

Somamoto T, Nakanishi T, Okamoto N. 2002. Role of specific cell-mediated cytotoxicity in protecting fish from viral infections. Virology, 297: 120-127.

Stadtmueller B M, Huey-Tubman K E, López C J, et al. 2016. The structure and dynamics of secretory component and its interactions with polymeric immunoglobulins. Comparative Study, 5: e10640.

Stuge T B, Wilson M R, Zhou H, et al. 2000. Development and analysis of various clonal alloantigen-dependent cytotoxic cell lines from channel catfish. Journal of Immunology, 164: 2971-2977.

Toda H, Saito Y, Koike T, et al. 2011. Conservation of characteristics and functions of CD4 positive lymphocytes in a teleost fish. Developmental and Comparative Immunology, 35: 650-660.

Utke K, Bergmann S, Lorenzen N, et al. 2007. Cell-mediated cytotoxicity in rainbow trout, *Oncorhynchus mykiss*, infected with viral haemorrhagic septicaemia virus. Fish and Shellfish Immunology, 22: 182-196.

Xu T, Liao Z, Su J. 2020. Pattern recognition receptors in grass carp Ctenopharyngodon idella: II.Organization and expression analysis of NOD-like receptors. Dev Comp Immunol, 110: 103734.

Xu Z, Takizawa F, Casadei E, et al. 2020. Specialization of mucosal immunoglobulins in pathogen control and microbiota homeostasis occurred early in vertebrate evolution. Science Immunology, 5(44): 3254.

Yoon S, Mitra S, Wyse C, et al. 2015. First demonstration of antigen induced cytokine expression by CD4-1[+] lymphocytes in a poikilotherm: studies in zebrafish (*Danio rerio*). PLoS One, 10: e0126378.

Zhang J, Kong X, Zhou C, et al. 2014. Toll-like receptor recognition of bacteria in fish: ligand specificity and signal pathways. Fish and Shellfish Immunology, 41(2): 380-388.

Zhang J, Li L, Kong X, et al. 2015. Expression patterns of Toll-like receptors in natural triploid *Carassius auratus* after infection with *Aeromonas hydrophila*. Veterinary Immunology and Immunopathology, 168(1): 77-82.

Zhang S, Cui P. 2014. Complement system in zebrafish. Developmental and Comparative Immunology, 46: 3-10.

Zhang Y A, Salinas I, Li J, et al. 2010. IgT, a primitive immunoglobulin class specialized in mucosal immunity. Nature Immunology, 11(9): 827-835.

Zhang Y A, Salinas I, Oriol Sunyer J. 2011. Recent findings on the structure and function of teleost IgT. Fish and Shellfish Immunology, 31(5): 627-634.

Zhou H, Stuge T B, Miller N W, et al. 2001. Heterogeneity of channel catfish CTL with respect to target recognition and cytotoxic mechanisms employed. Journal of Immunology, 167: 1325-1332.

Zhou Z, Lin Z, Pang X, et al. 2018. microRNA regulation of Toll-like receptor signaling pathways in teleost fish. Fish and Shellfish Immunology, 75: 32-40.

Zou J, Secombes C J. 2011. Teleost fish interferons and their role in immunity. Developmental and Comparative Immunology, 35: 1376-1387.

Zou J, Secombes C J. 2016. The function of fish cytokines. Biology (Basel), 5(2): E23.

第十五章　其他水产动物免疫

第一节　棘皮动物免疫

棘皮动物（门）属于原始后口动物、无脊椎动物的最高等类群，其进化地位处于由无脊椎动物向脊椎动物开始分支进化阶段。与其他无脊椎动物相似，棘皮动物只具有先天性免疫体系，而缺乏获得性免疫体系。棘皮动物免疫应答是由细胞免疫和体液免疫组成的，共同抵御入侵的病原体。棘皮动物有宽阔的真体腔，位于其中的体腔液类似于淋巴，含有参与免疫反应的细胞与多种体液免疫因子，如凝集素、溶血素和调理素等，体腔细胞和体液免疫因子通过细胞和体液免疫反应识别、排除体内的异物，或使异物转化成无害物质。

一、棘皮动物的分类及生活习性

棘皮动物门（Echinodermata）因其表皮一般具棘而得名，属于后口动物（deuterostomia），是无脊椎动物的最高类群，现存约 5900 种，中国已发现 500 种。棘皮动物门可分为 2 亚门 5 纲，分别是有柄亚门的海百合纲和游走亚门的海星纲、蛇尾纲、海胆纲和海参纲。沿海常见的海星、海胆、海参和海蛇尾等都属于棘皮动物。棘皮动物从浅海到数千米的深海均有广泛分布，大多种类营底栖生活，少数营浮游生活。棘皮动物在形态结构和发生上与原口动物有很大不同，且该门类的动物外观具有很大的差别，可呈现星状、球状、圆筒状和花状等各种形状。成体五辐射对称，又称次生辐射对称，主要通过管足的排列表现其辐射对称。棘皮动物多为雌雄异体，生殖细胞释放到海水中受精。幼体对水质很敏感，一般具有很强的再生能力。

二、棘皮动物的细胞免疫

（一）棘皮动物的体腔细胞类型

棘皮动物与其他无脊椎动物一样具有先天性免疫系统，但是迄今为止尚未发现棘皮动物具有获得性免疫。棘皮动物的真体腔非常宽阔，其中的体腔液类似于淋巴，包含多种具有免疫活性的细胞。目前普遍认为棘皮动物的体腔内含有 6 种细胞：吞噬细胞、桑葚细胞、震颤细胞、晶体细胞、祖原细胞和血细胞。从细胞形态上分，吞噬细胞可细分为 I 型吞噬细胞、II 型吞噬细胞和小吞噬细胞。I 型吞噬细胞是指含有从细胞中心向外放射状排列的肌动蛋白丝的一类细胞，细胞在体外环境中是静止的；II 型吞噬细胞的肌动蛋白丝沿着细胞膜排列，形成不规则的多边形，细胞在体外环境中具有运动性；小吞噬细胞是 3 种吞噬细胞中最小的细胞，含有少量的细胞质。桑葚细胞包含红色桑葚细胞和无色桑葚细胞两种类型，当组织损伤或发生感染时，红色桑葚细胞出现聚集，引起机体发生免疫反应。而在机体受损时，震颤细胞发挥凝血反应，作为机体的免疫反应对宿主起到保护作用。棘皮动物体腔中参与免疫反应的主要细胞是吞噬细胞和桑葚细胞，这两类细胞均参与趋化、吞噬、活性氧中介物的产生、细胞毒性、脂多糖（lipopolysaccharide，LPS）刺激后 C3 类似物的表达及酚氧化酶前体的活化、细胞识别等免疫过程。这些免疫反应是棘皮动物抵御机体破损及入侵微生物的重要防线。

　　然而，不同的棘皮动物种类中含有不同类型的体腔细胞，且并不是所有的棘皮动物都存在上述 6 种体腔细胞。海胆作为模式生物，其体腔细胞被研究得较多。海胆体腔细胞主要分为 4 种类型：变形吞噬细胞（阿米巴细胞）、震颤细胞、无色球形细胞和红色球形细胞。不同种类的海胆之间，体腔细胞的种类也有所不同。紫球海胆（*Strongylocentrotus purpuratus*）的体腔细胞含有 4 种类型，包括变形吞噬细胞、红色球形细胞、无色球形细胞和震颤细胞；普通海胆（*Paracentrotus lividus*）的体腔细胞虽然也具有 4 种类型，但是细胞类型为阿米巴细胞、震颤细胞、无色球形细胞和红细胞；长海胆（*Echinometra mathaei*）的体腔细胞包括阿米巴细胞、震颤细胞、红色球形细胞和无色球形细胞；虾夷马粪海胆（*Strongylocentrotus intermedius*）、马粪海胆（*Hemicentrotus pulcherrimus*）和光棘球海胆（*Strongylocentrotus nudus*）的体腔细胞均含有色素细胞、纤毛游走细胞、变形吞噬细胞和无色球形细胞 4 种类型。

　　作为重要的经济物种，近年来关于海参体腔细胞类型的研究主要集中于经济价值较高的仿刺参（*Apostichopus japonicus*）。根据细胞的形态、大小及胞内颗粒情况，仿刺参的体腔细胞主要有 6 种类型，包括淋巴样细胞（祖细胞）、球形细胞（桑葚细胞）、变形细胞、纺锤细胞、结晶细胞和颤动细胞。李华认为刺参体腔细胞包含上述除颤动细胞之外的所有细胞类型，另外还含有透明细胞。淋巴样细胞、球形细胞和变形细胞为主要的细胞类型，透明细胞、纺锤细胞次之，结晶细胞数量最少（图 15-1）。球形细胞可吞噬异物，因此胞内具有大小不同的颗粒。根据细胞形态、运动能力和细胞内颗粒大小来分，球形细胞又包括 3 种类型：Ⅰ型球形细胞、Ⅱ型球形细胞和Ⅲ型球形细胞。Ⅰ型球形细胞的颗粒小且细胞不具备运动能力；Ⅱ型球形细胞的颗粒较小且细胞可伸出刺状伪足；Ⅲ型球形细胞的颗粒较大，细胞可进行阿米巴运动。变形细胞形状不规则，细胞器较发达，与玉足海参（*Holothuria leucospilota*）和小瓜参的吞噬细胞及虾夷马粪海胆（*Strongylocentrotus intermedius*）的变形吞噬细胞类似，均具有较强的吞噬能力。该类型的细胞在遇到刺激时伪足可迅速缩回，吞噬异物时则伸长，故依其形状不定这一特点，将其命名为变形细胞。淋巴样细胞外观呈现球形或卵圆形，一般可伸出 1～3 个伪足，该类细胞虽然核质比大，但是细胞器不发达，鉴于其与玉足海参淋巴球细胞相似，考虑到淋巴细胞的特殊功能，将其称为淋巴样细胞。纺锤细胞与玉足海参的纺锤细胞类似，均不具备吞噬能力。透明细胞的胞质中无颗粒状物质，且不具有运动和吞噬能力，然而胞内有较多的泡状结构，推测该种类型的细胞可能具有分泌某些物质的能力。结晶细胞的结构较为简单，细胞核呈现新月形状，该结构特征可能与细胞渗透压调节有关，真五角瓜参的结晶细胞为菱形，箱属的结晶细胞为星形。此外，光海参（*Cucumaria japonica*）的体腔细胞分为祖细胞、变形细胞、空泡细胞、桑葚细胞（Ⅰ、Ⅱ、Ⅲ型）、结晶细胞和含呼吸色素体的血细胞。除了仿刺参，其他类型的海参细胞也有报道。糙海参（*Holothuria scabra*）含有 7 种类型的体腔细胞，分别为球形细胞、巨噬细胞、花瓣状细胞、梭形细胞、杆状细胞、颤动细胞和晶体细胞。褐石海参（*Holothuria glaberrima*）含有 6 种类型的体腔细胞，分别为淋巴细胞、吞噬细胞、球形细胞（Ⅰ、Ⅱ型）、肥大细胞、颤动细胞和结晶细胞。

　　关于海星体腔细胞分类的研究报道相对较少，多数研究主要集中于红海盘车（*Asterias rubens*）的体腔细胞分类。有的学者认为红海盘车的体腔细胞主要包括如下 5 种：无颗粒细胞、颗粒阿米巴细胞（吞噬细胞）、淋巴样细胞、桑葚细胞和鞭毛细胞。有些学者则将红海盘车的体腔细胞分为吞噬细胞、阿米巴细胞、震颤细胞和血淋巴细胞 4 种类型。罗氏海盘车（*Asterias rollestoni*）的体腔细胞分为大颗粒细胞（桑葚细胞）、小颗粒细胞、大透明细胞、小透明细胞、柳叶形细胞、兼性大细胞和杆状颤动体。

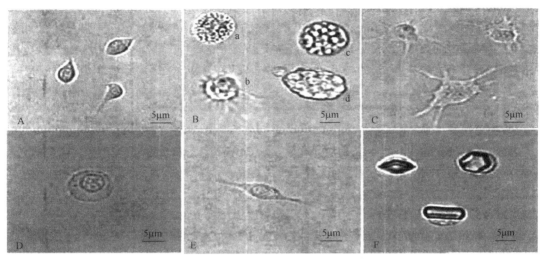

图 15-1　仿刺参体腔细胞的形态及分类（引自李华等，2009）

A. 淋巴样细胞。B. 球形细胞：光镜下，球形细胞呈球形，Ⅰ型球形细胞细胞核被细胞质中大量的小颗粒遮住，细胞无运动能力，
大小为 5～10μm（a）；Ⅱ型球形细胞细胞核被细胞质中大量的小颗粒遮住，细胞外质伸出很多刺状伪足，活体观察犹如"太阳"
状，细胞大小为 7～12μm，刺状伪足长 4～7μm（b）；Ⅲ型球形细胞大小为 6～13μm，静止时呈球形，细胞核被许多颗粒状小球
体遮住（c）；活体观察细胞可做阿米巴运动，伸出钝状伪足（d）。C. 变形细胞。D. 透明细胞。E. 纺锤细胞。F. 结晶细胞

（二）体腔细胞的免疫功能

体腔细胞在棘皮动物机体免疫防御中发挥重要的作用，其免疫活性主要有吞噬和包裹、氧化杀灭、趋化作用、细胞凋亡和自噬等多种防御功能。

1. 体腔细胞的吞噬和包裹功能　　吞噬是机体免疫防御的重要防线之一，在生物体的免疫应答中具有重要地位。棘皮动物体腔细胞中的吞噬变形细胞可执行聚集、细胞残骸的吞噬和受伤部位新细胞层的形成等生物学过程，在启动体内外创伤愈合过程中发挥重要作用。在海胆中，吞噬细胞均可通过对外源粒子的搜索、捕获和破坏介导免疫应答，将外源粒子降解或直接排出体外，在海胆的胚胎、幼体和成体等不同发育阶段均发挥重要作用。光棘球海胆的吞噬细胞在体外可在 30min 内吞噬人和绵羊的红细胞，且体腔液的调理作用可以在 5d 内维持体腔细胞的吞噬活性。紫球海胆（*Strongylocentrotus purpuratus*）、红海胆（*Strongylocentrotus franciscanus*）和挪威红参（*Stichopus tremulus*）的吞噬细胞对海洋细菌具有趋化性，且均对革兰氏阳性菌表现出了较强的吞噬作用。出现这一现象的原因是海洋环境中的革兰氏阳性菌相对稀少，因此对棘皮动物而言，革兰氏阳性菌比革兰氏阴性菌具有更强的外源性。南极红海星（*Odontaster validus*）的体腔细胞能够体外吞噬酵母细胞。值得注意的是，体腔细胞的吞噬作用对外源物质的大小和表面特性具有一定的特异性。玉足海参和仿刺参的吞噬细胞对直径为 1μm 的荧光乳胶微球的吞噬和排除能力较强，且仿刺参体腔细胞膜上的整合素蛋白和肌动蛋白细胞骨架组织调节因子——雷帕霉素靶蛋白复合物 2 型（mechanical target of rapamycin complex 2，mTORC2）可明显促进仿刺参体腔细胞的吞噬。海参的吞噬细胞中富含酸性磷酸酶、碱性磷酸酶、β-葡糖苷酶、氨基肽酶、酸性蛋白酶、碱性蛋白酶和脂肪酶等多种溶酶体酶类，这些酶类均可降解外来颗粒状物质。例如，β-葡糖苷酶可水解细菌细胞壁

和许多寄生虫被膜的主要组分酸性黏多糖，提高机体抵御外来病原的入侵。

2. 细胞杀伤功能　　细胞杀伤功能主要是指其细胞毒性。例如，拟球海胆（*Paracentrotus lividus*）的无色桑葚细胞在钙离子存在时可对兔源红细胞和 K562 肿瘤细胞产生明显的细胞毒性，且当吞噬细胞存在时，会对外源细胞产生更强的细胞毒性，说明多种细胞的联合作用可增强体腔细胞的细胞毒性。另外，拟球海胆的吞噬细胞中含有溶细胞颗粒，这些溶细胞颗粒的释放增强了吞噬细胞的杀伤功能。另外，吞噬细胞和桑葚细胞均通过产生与释放杀菌物质来将被吞噬的外来物质分解。

棘皮动物的体腔细胞在吞噬过程中会释放具有细胞毒性的活性氧（reactive oxygen species，ROS），在棘皮动物抵御病原微生物侵害等免疫方面起到重要的保护作用。近年来，有学者经研究发现 miR210 能通过 Toll 样受体（TLR）介导仿刺参体腔细胞的呼吸爆发作用；同样地，利用灿烂弧菌（*Vibrio splendidus*）刺激仿刺参，发现 miR31 能通过 Aj-p105 转录因子介导仿刺参体腔细胞活性氧的产生，高迁移率族蛋白 3（high mobility group box-3 protein，HMGB3）也能通过激活 TLR 来介导仿刺参体腔细胞活性氧的产生，这些研究为进一步探索棘皮动物的先天性免疫提供了参考。

3. 体腔细胞的趋化作用　　趋化作用是指细胞从高浓度化合物定向移动到低浓度化合物的过程。当病原微生物感染机体时，受损细胞即释放特定的化学物质，吸引数量较多的炎症细胞，此时受损组织会出现大量可见的炎症细胞浸润现象，表现为机体局部出现炎症。棘皮动物的体腔细胞也具有趋化性。例如，拟球海胆和紫球海胆的体壁上可聚集大量的桑葚细胞，因桑葚细胞为红色从而导致感染部位呈现黑色或暗红色。紫球海胆在受到机械外伤、病原感染或棘组织再生时，可检测到吞噬细胞和红色桑葚细胞的浸润。虾夷马粪海胆感染斑点肛居吸虫（*Proctoeces maculatus*）后，会发生红色桑葚细胞的浸润，因而在其性腺组织可见到红斑。皮革海星（*Dermasterias imbricata*）的慢性排斥反应会导致多种细胞的混合浸润，进而引起炎症处细胞密度的增加。仿刺参在患"腐皮综合征"初期，首先是表皮下出现大量的炎症细胞，继而细胞聚集，形成皮下不规则的类椭圆形或圆形炎症反应区，随后大量炎症细胞发生浓缩和碎裂形成增生性结节，最后，产生大量上皮间的空洞和纤维样病变，以及大量炎症细胞的浸润和迁移。

4. 细胞凋亡　　细胞凋亡（apoptosis）是指有机体在正常发育过程中，或在某些因素的影响下，在其细胞内基因及产物的调控下有序发生的程序性细胞死亡（programmed cell death）。细胞凋亡保证了免疫系统行使正常的功能，是免疫应答和免疫调控的主要形式之一。目前，在海参中已扩增得到多个细胞凋亡相关基因。仿刺参的 4 个凋亡相关基因（*caspase-2*、*caspase-3*、*caspase-6* 和 *caspase-8*）的组织表达及灿烂弧菌刺激后的表达水平均存在显著差异，表明不同 caspase 在免疫过程中发挥着不同的功能。仿刺参含有 3 个细胞色素 c 家族分子（cytochrome c，cytc）的完整序列，但是只有 cytc-1 参与刺参体腔细胞凋亡，而 cytc1 和 cytc2 对细胞凋亡没有影响。研究表明，仿刺参 Bax 同样具有促细胞凋亡的功能。此外，Bcl-2、Fas 相关死亡域蛋白（Fas-associated with death domain protein，FADD）等与细胞凋亡相关的基因也被证实存在于刺参中，表明刺参中存在完整的细胞凋亡通路。

5. 细胞自噬　　细胞自噬（autophagy）是指细胞由双层膜包裹异物，如感染的病原或损伤衰老的细胞器、折叠错误的蛋白质，形成自噬小体，并与溶酶体融合形成自噬溶酶体将包裹的异物消化、降解，是细胞实现能量物质代谢和细胞器更新过程的重要途径。因此，细胞自噬被认为是维持细胞内的环境稳态及自我更新的进化机制之一，同时也是宿主免疫防御的重要过程。仿刺参的体腔细胞即可发生细胞自噬现象。刺参重要病原菌灿烂弧菌的脂多糖（LPS）可通过特异性识别刺参体腔细胞 Toll 样受体 TLR3 信号通路诱导 TRAF6 泛素化，进而促进 Beclin 1/ATG6 泛素化水平，正调控自噬的发生。与此同时，TLR3 同时激活自噬的负调控子 A20 的表达，降低 Beclin 1 的泛素化水平，实现细胞自噬的双重调控途径。

（三）棘皮动物体液免疫

与其他无脊椎动物一样，棘皮动物的免疫系统除存在非特异性的先天性免疫反应和特异性的细胞免疫反应之外，还具有特异性的体液免疫反应。体液免疫相对于细胞免疫而言，发挥作用的时间较晚，但作用效果持续时间长。体液免疫因子也被称为体液免疫的"执行者"，行使体液免疫的免疫因子有许多种，它们分别完成不同的免疫功能。近年来的研究已证明了棘皮动物体液免疫应答的多样性，发现了凝集素、补体系统及数量庞大的基因家族等。

1. 凝集素和溶血素　在棘皮动物中，凝集素通过与细胞或细胞外基质结合来完成凝集反应，在调理和创伤修复等防御机制中起重要作用。目前已知多种棘皮动物的体腔液均含有凝集素。黄海产海燕（*Asterina pectinifera*）中含有 3 种凝集素，且 3 种类型的凝集素具有结合不同物质的能力，分别为优先凝集兔红细胞、优先凝集人红细胞和优先凝集细菌的凝集素。然而与黄海产海燕不同，拟球海胆的红细胞凝集素是一种异源三聚混合体，通过参与细胞与细胞、细胞与基质的相互作用发挥其凝血、创面修复、调理和包囊等作用。仿刺参和刺瓜参（*Cucumaria echinata*）均含有凝集素，其显著特点为均是 Ca^{2+} 依赖型凝集素（C 型凝集素），刺瓜参中的 C 型凝集素属于红细胞凝集素，可凝集兔和人的红细胞，并可能对入侵微生物具有毒性。

在棘皮动物中发现了体液因子对靶细胞的摧毁作用，在海星、海参和几种海胆中都发现了溶血素。在刺参（*Stichopus japonicus*）中发现了两种不同的 Ca^{2+} 依赖性（C-型）溶血素，是红细胞溶血素，而刺瓜参中提取的 C-型溶血素与刺参不同，刺参的 C-型溶血素主要通过在红细胞表面打孔来裂解兔和人的红细胞，并对入侵病原菌产生毒害作用。Canicatti 提出普通海胆（*Paracentrotus lividus*）的红细胞溶血素不仅可增强自身体腔细胞的黏附能力，并参与细胞-体液及细胞-细胞间的凝集、创伤修复、调理和包囊等作用。此外，拟球海胆的溶血素可与酵母多糖颗粒、脂多糖、海带多糖和红细胞表面结合，但不能与自身的细胞膜相结合。

2. 补体系统　研究表明，在紫球海胆中存在起调理作用的蛋白质 SpC3 和 SpBf，二者均为原始补体系统替代途径的重要成分。SpC3 与脊椎动物补体 C3 具有同源性，编码 SpC3 的基因为 *Sp064* 基因，具有组织表达特异性，在体腔细胞内特异表达，且合成的蛋白质可分泌至体腔液中。SpC3 与其他 C3 类似物的功能相似，SpC3 是含有硫酯键蛋白质家族的古老成员，且具有调理素的生物学活性。SpC3 是后口动物 C3 家族、C4 家族和 C5 家族的前体物。皱瘤海鞘（*Styela plicata*）、玻璃海鞘（*Ciona intestinalis*）和真海鞘（*Halocynthia roretzi*）等被囊动物中含有 C3 类似物。近年来，原口动物圆尾鲎（*Carcinoscorpius rotundicauda*）和刺柳珊瑚（*Swiftia exserta*）中的 C3 类似物也得以成功鉴定。棘皮动物中另一个起调理素作用的重要调控因子为 B 因子（Bf）。Bf 是包含几个功能区的嵌合蛋白，其关键结构域含有几个短同源重复序列（SCR）、一个 vWF（von Willebrand）功能区和一个丝氨酸蛋白酶功能区。紫球海胆中的 SpBf 即包含 5 个 SCR、一个 vWF 功能区和一个丝氨酸蛋白酶功能区的嵌合蛋白。编码 SpBf 的基因为 *Sp152* 基因，同 *Sp064* 基因一样，*Sp152* 基因仅在体腔细胞中表达。SpBf 与脊椎动物 Bf 或 C2 蛋白的功能相近，差别在于含有的 SCR 个数不同，高等后口动物

SpBf 含有的 SCR 数量少于低等后口动物 SpBf 含有的 SCR 数量。多数高等后口动物的 Bf 蛋白含有 3 个 SCR，而紫球海胆和玻璃海鞘的 Bf 蛋白则含有 4 个或 5 个 SCR。

高等脊椎动物的补体系统分为 3 种激活途径：经典途径、替代途径和凝集素途径，最终与终端途径相连接。3 种补体系统由大约 35 个血清蛋白和细胞表面蛋白质组成。SpC3 和 SpBf 的系统发育分析说明此类棘皮动物蛋白质分别属于原始补体成员中的硫酯和 Bf/C2 家族。紫球海胆的补体系统与高等后口动物的补体系统类似，含有 3 个编码 C3 类似物及 3 个编码 Bf 类似物的基因，呈现扩展的替代途径，执行调理功能，然而其体内并没有明确的终端途径。

（四）棘皮动物免疫相关通路

Toll 样受体（TLR）信号通路、IL-17 信号通路、JAK-STAT 信号通路和整联蛋白信号通路均参与棘皮动物免疫。其中，TLR 是细胞中介导非特异性免疫的一类重要功能蛋白，是非特异性免疫和特异性免疫的过渡。TLR 是只含有一次跨膜结构的非催化性蛋白质，主要功能为识别来源于微生物的具有保守结构的分子。当微生物突破宿主的皮肤和黏膜等物理屏障时，TLR 可以识别这些保守结构分子并激活机体细胞的免疫应答反应。在已经完成的紫海胆基因组序列中，鉴定了 222 个 *TLR* 基因（214 个 *V-TLR* 和 8 个 *P-TLR*），以及 26 个编码 TLR 接头蛋白的基因。刺参的 Toll 样受体成员分子已基本明确，关键蛋白有 TLR 受体成员分子 TLR3 和 Toll。多个 TLR 通路正调控蛋白包括髓样分化因子 88（MyD88）、肿瘤坏死因子受体相关因子 6（TRAF6）、MyD88 下游的 IL-1R 相关激酶（IL-1R-association kinase，IRAK）1 和 4 及 NF-κB 的两个亚基（rel 和 p105）。TLR 信号通路负调控因子包括 NF-κB 抑制剂（IκB）和 Toll 相互作用蛋白（Toll-interaction protein，Tollip）。在高等动物静息状态下，Tollip 与 MyD88 下游的 IRAK 结合在一起，如果 Toll 的受体可以跟配体识别，募集接头分子及下游的 IRAK，Tollip 就会被磷酸化从而从二聚体上分离，促进 IRAK 与 MyD88 的结合。此时 MyD88 的 C 端 TIR 结构域与受体结合，与此同时，N 端与具有死亡结构域的 IRAK1、IRAK4 或 TRAF6 结合，继而它们均被招募至受体，活化的 IRAK 和 TRAF6 发生进一步的磷酸化，进一步介导 NF-κB 的入核，启动免疫相关基因的表达（图 15-2）。

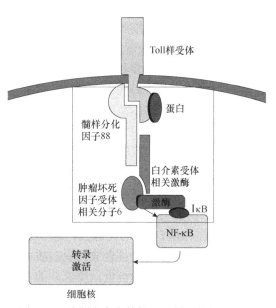

图 15-2　仿刺参中完整的 Toll 样受体信号通路

（五）组学技术在棘皮动物免疫学研究中的应用

高通量技术（high-throughput technology）的发展经历了从核酸的高通量测序技术到蛋白质组学的同位素标记相对和绝对定量技术，再至液相、气相及核磁共振发展而来的代谢组学技术，为深度挖掘生物体免疫相关因子提供了坚实的技术手段。

目前，多个棘皮动物物种已有完整的基因组测序结果，包括紫海胆、棘冠海星和仿刺参。全基因组序列的成功破译为揭示棘皮动物的繁殖发育、免疫调控、营养代谢、遗传解析提供了重要的理论支撑。对海胆基因组中的近 1 万个基因进行了分析，结果发现海胆具有十分独特、复杂的先天性免疫系统，从侧面揭示了为什么海胆的寿命可长达 100 年甚至更长。发病刺参与健康刺参相比，共有 67 269 个超甲基化和 49 253 个低甲基化区域存在差异，DNA 甲基化对基因转录具有明显的负调控作用，其中丝氨酸/苏氨酸蛋白激酶、nemo 样激酶和 mTOR位于调控网络中心，表明 DNA 水平的修饰与刺参疾病和免疫调控显著相关。

　　利用转录组和蛋白质组分析棘皮动物在病原刺激前后免疫基因的表达变化，可全面筛选棘皮动物免疫相关基因的动态表达变化，是目前研究水产动物免疫的重要内容，也是筛选水产动物疾病、抗病分子标记的重要手段。Dong 等研究了在脂多糖（LPS）刺激下刺参体腔细胞的转录组，筛选了 1330 个、1347 个和 1291 个差异表达基因，其中 25 个病原识别相关基因中有 23 个基因显著上调，细胞骨架重构相关基因多表现为显著下调，可能是与骨架的解聚更有助于病原入侵。根据筛选的免疫应答相关候选基因得到如下的假定免疫过程：LPS 激活了 I 型干扰素通路和补体通路，通过 Toll 样信号通路将信号转导至 NF-κB，从而引起炎症反应，其中 C3 和 Bf 是棘皮动物补体通路的主要组成部分。与此同时，LPS 还可直接引起细胞凋亡。对灿烂弧菌处理不同时间点进行取样，在所有检测时间点内共得到 228 个差异表达蛋白。功能注释结果表明，下调表达的蛋白质主要参与信号整合与转导及免疫应激激活等生物学过程，可能与灿烂弧菌的免疫逃逸机制相关。

第二节　两栖动物免疫

　　两栖动物是低等四足动物，属于变温脊椎动物，个体发育经过变态，其幼体水生而成体营水陆兼栖的生活习性。两栖动物是从水生鱼类演化到真正陆生动物的过渡物种，既能适应陆地生活，又能适应水生生活，因此在脊椎动物的系统进化中处于关键位置。两栖动物具有广阔的生态适应性。现存两栖纲约有 5500 种，可分为 3 目：无足目（Apoda），如版纳鱼螈（*Ichthyophis bannanicus*）；有尾目（Caudata），如东方蝾螈（*Cynops orientalis*）和大鲵（*Andrias davidianus*）；无尾目（Anura），如中国林蛙（*Rana chensinensis*）和中华大蟾蜍（*Bufo bufogargarizans*），代表着穴居、水生和陆生跳跃 3 种特化方向。两栖类动物是最早开始出现骨髓的动物，两栖类除淋巴结外，其他淋巴器官都已出现。与无脊椎动物和鱼类的免疫系统相比，两栖动物的免疫系统较为发达，具有相对完善的非特异性免疫和特异性免疫体系。

一、两栖动物的非特异性免疫

（一）皮肤及皮肤分泌物

　　在长期自然进化过程中，两栖类动物形成了物理屏障、先天性免疫系统、获得性免疫系统3 套防御体系。两栖动物具有裸露和湿润的皮肤，渗透性高，因此具有较高的屏障作用和抵抗病原入侵的功能。当外界病原微生物入侵时，两栖动物的皮肤分泌抗菌肽、神经肽、毒素、麻醉剂和激素等具有多种生物学活性的肽类和生物胺类物质，具有胚胎毒性、抗癌、抗菌、抗病毒、细胞毒性和溶血等活性。两栖类动物的皮肤活性肽通常是由小于 50 个氨基酸残基组成的疏水性的小分子多肽，作用于细菌的细胞膜并使其穿孔，从而导致细胞质外溢而达到杀菌目的。两栖类动物的皮肤抗菌肽对革兰氏阴性菌、革兰氏阳性菌、真菌和病毒的入侵均具有抵抗作用。例如，中国大蹼铃蟾（*Bombina maxima*）皮肤的抗菌肽对艾滋病病毒具有一定的抗性，蜡白猴树蛙（*Phyllomedusa sauvagii*）皮肤分泌的抗菌肽对疱疹病毒有一定的抑制作用。无指盘臭蛙（*Odorrana grahami*）是迄今为止发现抗菌肽种类最多的蛙类。刘炯宇等以四川冕宁、四川会理和云南昆明的无指盘臭蛙为研究对象，测定了这 3 个种群动物的皮肤分泌物在春季、夏季和秋季对细菌的抗菌能力。分泌物的抗菌能力具有明显的地域差异（冕宁＜会理＜昆明）和季节变化（冕宁：夏季＜春季和秋季；会理：春季＜秋季＜夏季；昆明：秋季＜春季＜夏季）。种群密度与皮肤的抗菌能力呈负相关，体重与抗菌能力呈正"S"形相关；皮肤抗菌能力对细菌来源（水源和土源，本地细菌和外地细菌）无选择性，而对细菌种属有选择性。

（二）补体系统

鱼类、两栖类、鸟类及哺乳动物的血清中均存在补体系统，该系统是由 30 多种可溶蛋白及膜结合蛋白组成的混合物。一般情况下，补体系统的固有成分在体液中以非活性状态存在，当存在"激活剂"时，补体系统中的功能蛋白则按一定顺序被激活，产生一系列生物学活性，起到协助抗体和吞噬细胞杀灭病原微生物的作用，在一定程度上发挥非特异性抗感染作用。补体系统是机体非特异性免疫的重要组成部分，在机体抵御病原微生物过程中发挥着重要作用，同时在非特异性免疫和特异性免疫之间起到桥梁作用。与其他脊椎动物一样，两栖动物既可以通过经典途径与抗原、抗体形成复合物，通过被攻膜复合物或吞噬细胞吞噬发挥免疫作用，也可以通过旁路途径直接杀灭细菌或形成攻膜复合物以消灭外来的病原体。

与哺乳动物相比，两栖类补体的研究起步要晚得多。不同的两栖类动物存在不同的补体因子，且不同的补体因子在机体的各个部位的表达情况同样存在差别。目前，已在大鲵中发现了一系列补体系统相关基因，包括 *C1r*、*C1s*、*C2*、*C3*、*C4*、*C5*、*C7*、*C8* 和 *C9* 及补体调节蛋白的基因等。在爪蟾（*Xenopus laevis*）的发育过程中，P 因子、C1qA、C3 和 C9 在神经板和神经前体的形成过程中表达，C1qr 和 C6 则在神经板的周围表达。

（三）两栖动物体液中的杀菌物质

两栖动物的体液中存在溶菌酶、乙型溶素、凝集素、抗菌肽和干扰素等抗微生物物质，其中溶菌酶是主要的杀菌物质。自从在豹蛙（*Rana pipiens*）皮肤中发现溶菌酶以来，大量的研究工作围绕两栖动物类溶菌酶的鉴定、分离和纯化等开展，不同发育阶段的蛙体存在 8 种溶菌酶同工酶，且变态发育过程对溶菌酶表达具有显著影响。

（四）吞噬细胞

采用血细胞常规染色，光镜下，在两栖动物中华蟾蜍和牛蛙的外周血中均可观察到红细胞、血栓细胞、淋巴细胞、单核细胞和粒细胞，在中华蟾蜍（*Bufo gargarizans*）和牛蛙（*Rana catesbeiana*）的外周血中还观察到了嗜酸性粒细胞等。两栖类动物的吞噬细胞一般包括单核细胞、巨噬细胞、粒细胞和红细胞（图 15-3）。

1. 单核细胞（monocyte）　　　单核细胞形状不一，多为卵圆形、圆形，细胞核形状不规则，常偏于细胞一侧。北美豹蛙（*Rana pipiens*）外周血中的单核细胞呈近圆形，直径为 16.7～19.4μm，细胞质嗜弱碱性，细胞质中有大小不等的空泡，具有胞突（也可称为伪足）。与其他类型的细胞相比，单核细胞中包含较多的非特异性脂酶，且具有较强的吞噬作用。同时，单核细胞具有明显的趋化性、活跃的变形运动，并表现出一定的吞噬功能，借以消灭侵入机体的细菌、吞噬异物颗粒及介导免疫反应。使用具有溶血活性的正常血清调理后的病原体，能增强巨噬细胞的吸附性及内吞作用，然而加热失活的血清的调理作用大为减弱。单核细胞还可转化为巨噬细胞，进入肺泡壁、骨髓、肝和脾等器官。

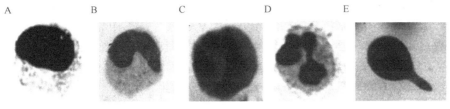

图 15-3　两栖动物的吞噬细胞
A，B. 单核细胞；C. 中性粒细胞；D. 嗜酸性粒细胞；E. 嗜碱性粒细胞

2. 巨噬细胞（macrophage）　　巨噬细胞是淋巴细胞反应的辅助细胞，该类细胞的吞噬能力强，可分泌氮和氧自由基，从而杀灭各种病原体。从两栖动物的多种组织包括肾、肝、脾及腹腔膜等，均可分离到巨噬细胞。巨噬细胞分离与富集的方法有很多。例如，由于巨噬细胞体积相对较大且内有颗粒，因此可以通过密度梯度离心将其与淋巴细胞分开，但不能将其与粒细胞分开。利用致炎剂诱导可将巨噬细胞引导到腹膜腔并对其加以富集。利用巨噬细胞贴壁生长且存活时间较长这一特点，可以通过细胞培养使巨噬细胞贴附到玻璃或塑料培养皿上得以分离。

3. 粒细胞（granulocyte）　　粒细胞是指带有分叶核和丰富的胞质颗粒的一类细胞，根据瑞氏染料的着色特点及其形态学特征可将粒细胞分为 3 类，分别为嗜酸性粒细胞（eosinophilic granulocyte）、中性粒细胞（neutrophilic granulocyte）和嗜碱性粒细胞（basophilic granulocyte）。牛蛙的嗜酸性粒细胞核呈椭圆形，有的会分 2 叶而呈眼镜形，核染色质粗糙。牛蛙的中性粒细胞呈圆形或椭圆形，直径为 $14.7\sim16.7\mu m$，细胞质较丰富且含有数量较多的均匀的浅紫红色中性颗粒，细胞核较大，可分为单叶核和多叶核两类，染色质粗糙不均匀且紧密排列成小块状。嗜碱性粒细胞的大小与嗜酸性粒细胞基本相同，细胞核较大，也分叶，常偏位。其细胞质内含有大的蓝紫色颗粒，形状呈辐射状且不规则，分布较均匀。嗜碱性粒细胞与嗜酸性粒细胞和中性粒细胞相比，其细胞数量少，一般难以观察到。目前普遍认为，嗜酸性粒细胞响应应激刺激-肾上腺皮质系统。在寄生虫感染疾病和变态反应中，嗜酸性粒细胞还可能与异物吞噬有关。而中性粒细胞具有活跃的运动能力和吞噬功能，参与机体的炎症反应。

4. 红细胞（erythrocyte）　　两栖动物的成熟红细胞多为有核的椭圆形或卵圆形，细胞核位于细胞的中央，在血液中可以进行有丝和无丝分裂。黑斑侧褶蛙（*Rana nigromaculata*）、牛蛙及多种鱼类的红细胞吞噬现象和过程的比较研究表明，在两栖类和鱼类中，红细胞的吞噬作用是细胞免疫功能的主要体现形式之一。郭宪光等发现中华蟾蜍的红细胞有伪足，与牛蛙的红细胞结构相似，因此推测中华蟾蜍的红细胞具有吞噬功能，通过自身形态的改变或伸出伪足的方式以吞噬外来入侵异物。

二、两栖动物的特异性免疫

两栖动物已经分化出脾、胸腺和骨髓等重要中枢，并且具有分布于各组织器官周围的淋巴组织，这些组织器官共同构成了两栖动物的免疫器官。

（一）两栖动物的免疫器官

1. 胸腺（thymus）　　　胸腺是中枢免疫器官，参与细胞免疫反应，而且将免疫系统与神经、内分泌系统联系起来，共同构成一个极为复杂的"神经-内分泌-免疫"网络。两栖动物的胸腺存在退化现象，退化现象可分为正常性退化和偶然性退化。正常性退化与一年四季的变化有关，是短暂性的。从初春到初秋时期是胸腺组织高度发达的季节，因此机体的免疫功能较强；而从秋季中期开始到冬季结束的时期，胸腺组织退化，因此机体免疫功能较弱。研究表明，无尾两栖动物胸腺的季节变化可能与神经内分泌系统中起免疫抑制作用的激素有关，而偶然性退化则是由饥饿或疾病等病理性变化引起的。

（1）胸腺的起源和位置　　　胸腺发生自咽囊，先后从卵黄囊和胚胎肝的淋巴细胞侵入胸腺的上皮，最后从咽囊分离出来形成独立的器官。蛙形目的胸腺是由第一对和第二对咽囊发生的，随后其胸腺呈结实的卵圆体，位于鼓膜后侧，被下颚降肌所掩盖。蝾螈目有 5 对咽囊，但第一对和第二对随后退化消失；蚓螈目的胸腺起源于六鳃囊；蝾螈目和蚓螈目的胸腺后来都呈长条分叶腺体，深埋在颈部两侧。

（2）胸腺的组织结构　　　胸腺表面由结缔组织性质的被膜包裹，被膜伸入胸腺实质形成小叶，血管和神经伴随小叶进入胸腺实质，为胸腺提供营养物质和神经调节。同时，由于胸腺细胞分布的不均一性，胸腺可明显分为皮质和髓质两部分。小叶外层为皮质而内层为髓质，相邻小叶的髓质部分彼此相连，在皮髓质交界处分布有大量血管。

皮质位于胸腺小叶的外周部分，淋巴细胞较密集，着色较深，是 T 淋巴细胞发育和成熟的主要场所，内有少量上皮网状细胞和巨噬细胞分布。髓质与皮质内侧相连，着色较淡的为髓质中的淋巴细胞，排列稀疏。后者能促进组织液的循环或提供自身抗原，以训练 T 细胞使其对自身抗原发生免疫耐受，但并非所有的两栖类均存在肌样细胞。在髓质部有较多的胸腺小体和由细胞或黏性物质组成的囊包，前者呈圆形，主要由数层向心性细胞组成的外周和网状细胞相互连接构成。一般来说，囊包比胸腺小体大，数量多，且排列稀疏。与哺乳动物胸腺中完全是 T 淋巴细胞不同，两栖动物的胸腺中含有不同比例的 T 和 B 淋巴细胞。牛蛙胸腺中的 T 淋巴细胞大部分位于髓质部，而 B 淋巴细胞大部分位于皮质部（图 15-4）。无尾两栖动物胸腺中具有摄取胺前体和脱羧作用的胺前体摄取及脱羧细胞（amine precursor uptake decarboxylation cell，APUD 细胞），表明胸腺不仅是中枢免疫器官，也是神经内分泌器官。此外，胸腺不仅具有阻抑性器官早熟的作用，如切除胸腺，蝌蚪的生殖腺发育就较慢；同时，其也受垂体的抑制，如切除蝌蚪的脑垂体，胸腺要比正常的大。在牛蛙冬眠后，在外周免疫器官中，胸腺也可促进 T 淋巴细胞达到最终成熟。

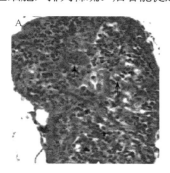
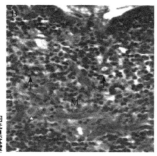

图 15-4　林蛙的胸腺组织结构
（引自王晓阳等，2010）

C. 皮质；M. 髓质。A 中箭头指示囊包；
B 中箭头指示胸腺小体（10×40，HE 染色）

2. 脾（spleen）　　　脾是两栖动物所有的外周免疫器官中，唯一具有特定形态结构的器官。在成熟的两栖动物中，脾既能行使免疫功能，又是主要的造血器官。

（1）脾的组织结构　　　两栖动物的脾为暗红色的小

圆形体，其组织结构常因种类不同而存在较大的差异。脾的实质可分为白髓和红髓，两者的分界边缘也因种类的不同而不同。淋巴组织环绕形成的白髓只存在于某些无尾两栖动物，且发育不完善。在尾蟾（*Ascaphus truei*）、黑斑侧褶蛙（*Rana nigromaculata*）、黄条背蟾蜍（*Bufo calamita*）、中华蟾蜍（*Bufo gargarizans*）4 种无尾类两栖动物中，白髓中淋巴细胞的分布从弥散到渐趋集中。较低等的两栖类物种中，如尾蟾及锄足蟾，脾中遍布大小不一的淋巴细胞群；较高等的物种如黑斑侧褶蛙及黄条背蟾蜍中，两层较为密集的淋巴细胞聚集在中央动脉周围，形成白髓，且白髓和红髓间具有明显的边缘，将两者区分开。另外，在中华蟾蜍脾的白髓中看到由立方形细胞或扁平细胞构成内皮的血管，并且在白、红髓相接之处的红髓区，也能看到这种类型的血管，因而有人认为其是形成椭球周围淋巴鞘及动脉周围淋巴鞘的一种过渡形式。

（2）脾的细胞类型　　无尾目两栖动物的脾有一定量的红细胞和大量淋巴细胞。蛙在蝌蚪时期，其体内的 T 淋巴细胞首先在脾中出现。牛蛙脾白髓中 B 淋巴细胞的含量达 82.67%；而由脾索和脾窦组成的红髓 B 淋巴细胞则较稀疏，主要分布在脾索周围。脾也是两栖动物重要的免疫器官，其一方面具有类似自然杀伤细胞的功能，即细胞毒性作用；另一方面通过趋化作用聚集 T 淋巴细胞以溶解肿瘤细胞，达到抗肿瘤和抗感染的目的。

3．骨髓（bone marrow）　　骨髓是造血和免疫器官。两栖动物的骨髓主要分布在股骨和肩胛骨等骨松质中，是一种由血管、神经、网状组织及基质等组成的海绵状、脂肪状或胶状等性状的组织。网状组织主要由网状细胞和网状纤维组成，是骨髓的网架，所形成的网孔中充满了游离的细胞，细胞类型以淋巴细胞和单核细胞为主。大鲵的骨髓组织中含有造血干细胞及血细胞发生各个阶段的细胞，因此认为大鲵成熟后，具有与高等脊椎动物类似的血细胞发生模式。

骨髓可分为红骨髓和黄骨髓。红骨髓主要行使造血和免疫功能，从切片的横切面观察，切面呈放射状；白细胞主要位于周边，中间很少，采用乙酸萘酚酯酶（ANAE）染色牛蛙骨髓发现 B 淋巴细胞含量为 77.20%，但机体发生病变时，切片中看到的白细胞数量相对增多，且许多细胞发生形变；黄骨髓主要是脂肪细胞，无造血功能。

4．淋巴系统（lymphatic system）　　两栖动物无淋巴结，但是在某些较高等的两栖类中观察到了与哺乳动物淋巴结不同的淋巴髓样结。淋巴髓样结的主要功能是滤血，在淋巴腔中聚集了一些淋巴样和髓样细胞，这类细胞在成蛙中位于颈部和腋下部。

肠系淋巴组织最早出现在无颌类脊椎动物。蛙的肠系淋巴组织类似于哺乳动物的黏膜淋巴组织，存在于蛙的整个小肠区。肠系淋巴组织可作为肠中的抗原进入组织细胞的第一道防线。

（二）两栖动物的免疫细胞

两栖动物的淋巴细胞主要包括 T 淋巴细胞和 B 淋巴细胞，是两栖动物中主要的免疫细胞，执行特异性免疫反应。

1．T 淋巴细胞　　T 淋巴细胞经抗原刺激成为致敏细胞，然后分化增殖生成免疫活性细胞，可分泌细胞因子参与细胞免疫。蝌蚪变态之前的 T 淋巴细胞主要来源于脾，但在成体中，其外周血中 T 淋巴细胞的数量明显高于胸腺和脾等器官中的数量，但是切除胸腺后，爪蟾 T 淋巴细胞的数量下降极其显著。两栖动物的 T 淋巴细胞表面存在同一分化群抗原，如 CD4、CD5、CD8 抗原及 MHC Ⅰ 和 Ⅱ 抗原。两栖类的 MHC 基因座位为 XLA，MHC Ⅰ 至少有 10 个等位基因，单链，分子质量为 40～44kDa；MHC Ⅱ 由 α 和 β 两条链组成，且去糖的 β 链比 α 链大。但在蟾蜍的幼体蝌蚪中并无 MHC 表达，说明 MHC 对蝌蚪免疫系统的形态发生不是必需的。牛蛙 T 淋巴细胞在抗原或有丝分裂原的刺激下，能分泌有三维结构的 TGF-β，其生化特性类似哺乳动物的 IL-2，但是不被人 IL-2 的抗体识别。蛙类 CD8$^+$ T 淋巴细胞的功能与同种皮肤移植时的急性排斥反应有关，可直接杀死源自供体的表皮细胞，因此推测其可能来源于 NK 细胞或毒性细胞。具有杀伤能力的 T 淋巴细胞自身即可溶解靶细胞，蛙红细胞的刺激可加强其溶解红细胞的能力，促进血红蛋白的释放。此外，冬眠蛙的 T 淋巴细胞增殖能力显著降低，循环系统和初级、次级淋巴器官这 3 个组织中的淋巴细胞数量显著下降。随着外界环境温度的逐渐升高，蛙的 T 淋巴细胞数目也逐渐增多。两栖动物的淋巴细胞同哺乳动物的一样无吞噬能力，不能参与非特异性免疫反应。

2. B 淋巴细胞　　B 淋巴细胞经抗原刺激被活化增殖并分化为浆细胞，以分泌抗体引起体液免疫应答。在胚胎和幼体时期，蛙的肾首先形成 B 淋巴细胞，而后骨髓中也形成了 B 淋巴细胞。在执行体液免疫过程中，B 淋巴细胞的主要功能是产生抗体。首先在蛙的前肾中出现 IgM，而后抗体 IgM 被运输至肝和其他组织。有尾两栖类美西螈的抗体为 IgY；无尾两栖类中有 Ig 重链的 3 种型，即 IgM、IgY 和 IgX，其中 IgY 可能类似于哺乳动物的 IgG，IgX 可能类似于 IgA。在牛蛙的淋巴细胞表面发现了少量的 SmIg（B 淋巴细胞表面特有的标志），其中有 19%～34%存在于脾中。虽然胚胎和幼蛙期的 B 淋巴细胞在免疫功能上不如成年蛙，但被抗原激活后可产生成蛙所产生的相同抗体。爪蛙 B 淋巴细胞的表面具有主要组织相容性抗原（MHA）。蛙类能产生高分子质量 18S 和低分子质量 7S 的抗体，18S 的抗体类似于人的 IgM 抗体，7S 的抗体类似于人的 IgG 抗体。与哺乳动物相比，蛙类抗体的产生表现出明显的温度依赖性：温度越高，抗体出现的时间就越早，最终到达相同的效价；并且随着免疫时间的增加，抗体的亲和力降低。尽管两栖动物不具有与哺乳类动物类似的控制抗体多样性和亲和性的基因位点生发中心，但 B 淋巴细胞在记忆应答过程中，效价和亲和力均较初次应答高。

三、两栖类动物免疫相关通路研究

张云等于两栖动物大蹼铃蟾中鉴定了第一个细菌毒素样蛋白和三叶因子复合物 βγ-CAT，微生物感染后可刺激该蛋白复合物的表达。βγ-CAT 主要是通过受体介导导致该蛋白复合物的内吞、溶酶体膜寡聚化和通道形成，最终激活细胞炎症小体，从而迅速诱导体内有效的天然免疫反应，以清除入侵至体内的微生物（图 15-5）。

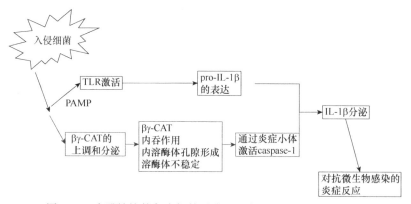

图 15-5　大蹼铃蟾的免疫相关通路（引自 Xiang et al.，2014）

对于分布在我国西南地区的典型蛙种——大蹼铃蟾（*Bombina maxima*），研究者认为大蹼铃蟾可能比其他蛙类（包括爪蟾）具有更强的免疫系统，如抗细菌、病毒的感染。对源自云南山区的大蹼铃蟾的研究表明，大蹼铃蟾具有健全且强大的天然免疫系统和获得性免疫系统，并首次阐明了两栖动物存在炎症小体及其在宿主抵御外源微生物中的重要作用。14.3%的转录本被鉴定为皮肤特异性基因，其中大部分在以前的研究中并没有从皮肤分泌物中分离出来。27.9%的转录本被映射到242条预测的KEGG通路中，6.16%的转录本与人类疾病和癌症相关。在39 448个具有编码序列的转录本中，至少有1501个转录本（570个基因）与免疫系统相关。这些数据可以显著扩展现有的两栖动物基因组或转录组信息资源。这为进一步研究大蹼铃蟾提供了更详细的免疫学反应及与其他两栖动物的比较研究提供了数据资源。

四、外因对两栖类动物免疫的影响

免疫反应随着动物进化而更加复杂、精密和完善化，不同的免疫影响因子都会使动物的免疫反应有着很大的差异。两栖类动物免疫受到多种因素的影响，包括自身免疫基因和机体所处的生理状态。此外，外界的环境温度、环境污染、营养状况等各种外界因素都不同程度地影响两栖动物的免疫机制，导致机体免疫功能的改变。

（一）环境影响因素

两栖动物的免疫功能具有明显的温度依赖性。免疫细胞T淋巴细胞和B淋巴细胞的活性和分裂增殖能力均受温度影响。在一定范围内，温度越高，淋巴细胞产生抗体的速度就越快，然而，特异性免疫所产生的抗体及免疫应答严重受到干扰，而非特异性免疫在一定程度上可补偿活性降低的特异性免疫反应，且反应速度较快。此外，环境温度的升高或降低会对细胞膜结构及组成成分比例产生明显影响，通过影响饱和脂肪酸/不饱和脂肪酸的值，进而对细胞膜的稳定性和流动性产生影响，最终对吞噬细胞正常功能的发挥产生影响。环境中紫外线B辐射（UVBR）水平增加与两栖动物疾病的发生息息相关，UVBR对两栖动物的免疫系统具有破坏作用，学者经过进一步研究提出了UVBR可能影响两栖动物免疫功能和疾病易感性的直接与间接途径。UVBR可以直接杀死并破坏细胞的外皮肤层，破坏皮肤的物理完整性，影响皮肤树突状细胞的功能，诱发白细胞和角化细胞分泌免疫抑制分子以抑制先天和适应性免疫功能。UVBR可以破坏先天的皮肤"分泌组"（黏液、抗菌肽、补体、溶菌酶等）的免疫功能，并影响宿主微生物组的组成。UVBR可能通过影响相关的生理系统，如可以通过破坏能量产生和（或）分配途径，通过影响控制免疫系统成熟的神经内分泌信号通路或诱导生理应激反应（包括糖皮质激素）来影响免疫功能。UVBR对DNA和其他生物分子的相关损伤也可能通过影响随后生命阶段的基因表达模式而对免疫功能产生持久的影响。

环境污染是影响两栖类免疫的又一重要因子。由于其具有皮肤呼吸的特性，故皮肤的渗透性强，对环境污染极其敏感，对污染物也具有较强的累积作用。两栖动物的免疫能力受到重金属、除草剂、化肥及其他污染物的影响。污染物可直接杀死两栖类，或通过深入其生理功能的调节方面，阻断内分泌及引起免疫抑制，导致大量的两栖动物免疫功能低下或直接死亡。例如，无尾两栖类蝌蚪在正常情况下，可以维持自身的渗透压，但在化肥溶液中浸浴后，由于化肥的离子作用，破坏了无尾两栖类蝌蚪正常的调节功能，失去了维护体内正常渗透压的能力，严重时可影响分泌腺的功能，进而影响其免疫调节，严重时会造成死亡。营养不良也可引起两栖动物胸腺退化、脾萎缩和淋巴细胞等免疫细胞的数量减少，导致特异性免疫功能明显下降。在机体营养不良时，因不能获得足够的营养物质，细胞的抗体生成和新陈代谢等过程受到抑制。同时，营养不良导致两栖动物易患营养性疾病，此时改善饲养条件，可增强机体的抵抗能力，降低患病率。

（二）病原影响因素

敌害生物蛙壶菌（*Batrachochytrium dendrobatidis*）是一种寄生于两栖动物表皮角质层的真菌，对两栖蛙类的生存和免疫具有较大的危害。蛙壶菌主要感染变态发育后的个体，即亚成体和性成熟个体的角质化表皮组织，以及幼体的牙行和颚鞘，干扰表皮的渗透调节能力，使机体的体液失衡，最终导致器官衰竭和个体死亡。壶菌病的晚期症状为腹部和大腿皮下出血、大量脱皮甚至皮肤组织溃烂。疫情暴发时往往能造成两栖动物的大面积、迅速死亡。由于该真菌对寄主有特殊的生理要求，目前普遍认为蛙壶菌仅可感染两栖动物，对人无害。并不是所有的两栖动物都会感染蛙壶菌，不同物种对蛙壶菌的抵抗力有一定的差异。有些两栖类容易感染蛙壶菌，如三锯拟蝗蛙、蟋蟀雨蛙、霍氏锄足蛙、南方豹蛙等，在低密度下就会发病死亡；而有的物种，如美国牛蛙、爪蟾则对于蛙壶菌有较高的抵抗力，在孢子密度较高时也不会发病。曾多次接触真菌的黑斑侧褶蛙，要比从未接触过这种真菌的黑斑侧褶蛙表现出更强的免疫力。这一结果表明，多次接触蛙壶菌而幸免于难的黑斑侧褶蛙会进化出针对这种真菌的免疫力，这将有助于为两栖动物研发进行抗真菌病的免疫接种疫苗。

第三节　爬行动物免疫

爬行纲（Reptilia）是脊椎动物的一个重要类群，与鸟类和哺乳类一起合称羊膜动物。根据脊椎动物的经典分类方法，爬行纲动物包含喙头蜥类、龟鳖类、蚓蜥类、蜥蜴类、蛇类和鳄类在内的多个动物类群。其中，中华鳖、中华草龟、鳄龟等爬行动物被列入了《国家重点保护经济水生动植物资源名录》，具有一定的养殖规模和较完备的产业链。与初次登陆的两栖类相比，爬行类的机体构造和生理功能进一步提高了其对复杂陆生环境的适应性：身体分化出可灵活转动的颈部，不但能增加其视线的范围，而且增强了其主动捕食的能力。具有较为发达和复杂的骨骼系统，有利于支持身体，为在陆地大型化发展和运动能力的增强提供了条件，同时还能为内脏器官提供保护。小脑比较发达，心脏 3 室（鳄类的心室虽不完全隔开，但已为 4 室）。肾由后肾演变，后端有典型的泄殖腔，雌雄异体，有交接器，体内受精，卵生或卵胎生。具骨化的腭，使口、鼻分腔，内鼻孔移至口腔后端；咽与喉分别进入食道和气管，因此，呼吸与饮食可以同时进行。皮肤上有鳞片或甲，肺呼吸，变温。爬行类虽然也有不少种类营水生生活，但这是再次适应的结果。爬行动物不仅在适应陆地生活的结构和机制方面较两栖类有了很大的提高，而且更重要的是解决了陆地繁殖的问题，是脊椎动物进化史上又一重大的飞跃，使脊椎动物得以向陆地纵深发展，从而使爬行类对环境的适应性大大加强，进而促进了其免疫系统的分化。因此，爬行类的免疫系统和免疫应答特征，较鱼类和两栖类都有了明显的不同。

爬行动物的免疫也分为非特异性免疫和特异性免疫两种。非特异性免疫是指爬行动物机体用于抵御病原微生物的天然免疫屏障，如体被的保护性屏障和炎症反应。非特异性免疫是先天的，只能清除一般的异物。特异性免疫可分为 3 个层次：一是免疫器官，主要包括胸腺、脾和淋巴样组织；二是免疫组织，主要指广泛分布在消化系统、呼吸系统、内分泌系统、泌尿系统和生殖系统的弥散性淋巴结或淋巴组织；三是介导细胞免疫和体液免疫应答的免疫细胞与免疫分子。特异性免疫是后天形成的，能有目的地清除异物，使机体获得更强的保护能力。

一、爬行动物的免疫系统

胸腺、脾和淋巴样组织等免疫器官，红细胞、单核细胞、凝血细胞、淋巴细胞、粒细胞等免疫细胞，免疫球蛋白、补体、溶菌酶、抗菌肽、细胞因子等免疫分子共同组成了爬行动物的免疫系统。

（一）爬行动物的免疫器官

1. 胸腺　　除了哺乳类，爬行动物和其他脊椎动物类群的胸腺都发生于咽囊，具体来说，是由咽囊壁背突生长发育而成的。对于不同的爬行动物，胸腺在咽囊的起始发育位置存在一定的差异：蜥蜴类的胸腺前叶和后叶分别发育于第 2 对和第 3 对咽囊，而与其系统发生关系十分接近的蛇类则发育于第 4 对和第 5 对咽囊；与蜥蜴类和蛇类不同的是，龟鳖类的胸腺主要发育于第 3 对咽囊，但第 4 对和第 5 对咽囊也参与某些龟鳖类胸腺的形成。胸腺是爬行动物个体发育过程中最早出现的免疫器官，是各种 T 细胞形成的重要场所。龟、鳖的胸腺位于颈下部两侧，紧贴胸腔处，与胸腔仅隔一层薄膜，胸腺左右各一个，形状扁而不规则，大约为 10mm×6mm×2mm。在组织结构上，爬行动物的胸腺类似于哺乳类，表面有一层由纤维结缔组织形成的被膜，被膜向实质内部延伸形成小叶间隔，从而将实质分隔开，形成若干不完全的胸腺实质小叶。爬行动物胸腺的实质又分为位于胸腺小叶外周部分的皮质和位于皮质内侧的髓质。

2. 脾　　对于爬行动物来说，脾是十分重要的免疫器官，特别是在体液免疫中发挥着关键的作用。龟鳖类的脾呈棕褐色，豆形，凹陷处为脾门，大小约为 15mm×10mm×6mm，主要包括被膜、小梁和实质，而实质又分为白髓和红髓。其中，白髓又包括椭球周围淋巴鞘（periellipsoidal lymphatic sheath，PELS）和动脉周围淋巴鞘（periarterial lymphatic sheath，PALS），两者周围均由数层扁平网状细胞环绕，有时能发现 PALS 与 PELS 之间的过渡类型。从比例上来说，PELS 约占白髓的 90%，均匀分布于实质中；而 PALS 的数量则相对较少，主要以小动脉周围淋巴鞘的形式存在。而实质的另一个主要组分红髓，则存在于白髓与被膜/小梁之间，主要由两个组分构成：脾索和脾窦，虽然脾索中的淋巴细胞数量相对较少，但由网状细胞与网状纤维组成的支架则较为明显。值得注意的是，红髓网状细胞的 ALP 反应也呈阳性，因此在 ALP 反应的切片上，白髓与红髓极易区分。

3. 淋巴样组织　　对于爬行动物来说，肾具有中枢免疫器官和外周免疫器官的双重功能，不但在不需抗原刺激的条件下，产生红细胞和白细胞，进而成为免疫细胞发生的部位之一，而且在抗原刺激的条件下，存在产生抗体的浆细胞。除了肾，在龟类的肺部、胰腺、膀胱和睾丸等器官中也发现了淋巴结样组织。另外，中华鳖的肝内有弥散淋巴组织，多分布于中央静脉的一侧，小叶间静脉的两侧也可见淋巴组织，其形状像脾小体中的管状淋巴鞘，其内的淋巴细胞和弥散淋巴组织中的一样，多为成熟的小淋巴细胞，还可见少数分裂状态的淋巴细胞和浆细胞。特别值得关注的是，密西西比钝吻鳄、鳄龟、鬣蜥、壁虎和蛇类等的消化道中存在着淋巴组织，而中华鳖消化道固有层具备一定的免疫应答能力。

（二）爬行动物的免疫细胞

1. 红细胞　　爬行动物红细胞的大小为 15～21.5μm，比哺乳动物的红细胞大，其中龟类的红细胞较其他爬行类的大。例如，中华鳖红细胞呈长椭圆形，表面光滑，大小为（24.8±1.47）μm×（14.5±1.06）μm。核卵圆形或圆形，位于细胞中央，大小为（7.8±1.08）μm×（5.5±0.50）μm，核膜清晰，边缘厚，核内含有致密的染色质团块，被染成蓝紫色。细胞质被染成砖红色，颜色均匀。红细胞的主要功能是运输气体和养分，也具有吞噬功能，参与免疫反应，并可激活其他免疫反应系统。

2. 单核细胞 单核细胞属于非粒细胞，通常是爬行动物外周血涂片中最大的白细胞。其细胞核的形状不定，但通常是圆形。其核染色质比淋巴细胞疏松纤细，且多呈网格状。其细胞质呈典型的蓝灰色，有时可见液泡或呈典型的毛玻璃样。单核细胞可吞噬死亡细胞的碎片及病原，并将处理后的病原性抗原传递给淋巴细胞，诱导适应性免疫应答。

3. 凝血细胞 凝血细胞为卵形或纺锤形的小细胞，其细胞核居中，瑞氏-吉姆萨染色呈深紫色。在某些蛇中，凝血细胞的形状与飞机螺旋桨相似。由于大小相似，凝血细胞常与淋巴细胞混淆；然而，凝血细胞在玻片上往往聚集成簇，其细胞质趋向于无色或者蓝灰色。有活性的凝血细胞往往聚集在一起，细胞质减少，出现液泡，细胞质边界变得不规则。

4. 淋巴细胞 爬行动物的淋巴细胞为非粒细胞。在某些物种如绿鬣蜥中，淋巴细胞是白细胞中的主要细胞。成熟淋巴细胞多为圆形，细胞核偏离中心，核染色质呈浓缩、黑色的集群分布。淋巴细胞的细胞质为淡蓝色，但比凝血细胞的颜色深。与其他细胞相比，淋巴细胞有更大的核质比，因此其细胞核占据了大部分细胞体积。在淋巴细胞中偶见嗜天青颗粒。

5. 粒细胞 爬行动物的粒细胞主要是异嗜细胞。异嗜性颗粒通常呈折光性强的橙黄或砖红色。粒细胞里面的颗粒形状各异，有圆形的、杆状的、纺锤形的等，这主要取决于种类差别。异嗜细胞的核通常偏离中心，形状从圆形到不规则形，染色质浓缩。异嗜细胞的细胞质通常无色并含有大量颗粒。

嗜酸性粒细胞的核通常为圆形或卵圆形，稍微偏离中心。有些蜥蜴的嗜酸性粒细胞拥有分裂的核和浓缩的染色质。与异嗜细胞不同，嗜酸性粒细胞往往具有淡蓝色的细胞质和圆形的颗粒，颗粒颜色因种而异。例如，绿鬣蜥的颗粒为蓝色，而有些龟（如穴居沙龟）的颗粒则是橙黄色，有些海龟（如红海龟）的颗粒是砖红色且数量很少，类似典型的脱颗粒异嗜细胞。

嗜碱性粒细胞通常是最容易辨别的粒细胞，它们呈典型的圆形，个体比异嗜细胞和嗜酸性粒细胞小。细胞核一般也是圆形，核染色质浓缩。由于细胞质内含有大量的颗粒，细胞核往往难以被发现；然而，嗜碱性粒细胞在涂片上容易发生变形，此时细胞核非常容易显现（图15-6）。

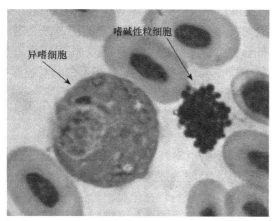

图 15-6 巨蜥外周血涂片
（引自 Jenkins-Perez，2012）

（三）爬行动物的免疫分子

1. 免疫球蛋白 自 1969 年从大蜥蜴血清中分离到类似于哺乳动物的 IgM 以来，目前有 4 类重链，即 IgM（μ）、IgD（δ）、IgY（ν）、IgA（α），以及两类轻链，即 κ 和 λ 在不同的爬行动物中被鉴定出来。随着绿安乐蜥基因组序列的公开，爬行动物免疫球蛋白重链和轻链均被确认存在异位子配置。

2．补体　　补体系统可通过调理作用和裂解作用消灭入侵的病原微生物。在爬行动物中，补体的经典途径和旁路途径已经得到证实，凝集素途径虽然没有得到证实，但由于在硬骨鱼、两栖类、鸟类和哺乳类均存在，因此一般认为在爬行动物中也存在。将美洲短吻鳄血清补体抗菌活性与人比较后，发现短吻鳄血清补体对多种革兰氏阳性菌有效，但人血清补体却没有效果。该现象暗示在依赖于补体的抗菌活性方面，短吻鳄的血清作用范围更广；另外，短吻鳄血清还具有抗阿米巴虫效果，能裂解 3 种纳氏虫和 4 种棘阿米巴虫，而这些寄生虫均对人的补体具有抗性。短吻鳄血清补体抗菌和抗阿米巴活性的有效温度是 5～40℃，这也是野生短吻鳄的体温范畴；然而，其活性在低于 15℃时将显著降低，揭示短吻鳄在冬季的免疫功能相对低下；短吻鳄血清补体裂解功能在高于 30℃时也显著降低，说明 30℃以下为短吻鳄的适宜生活温度。另有研究表明，咸水鳄和淡水鳄血清裂解红细胞的活性需要二价金属阳离子，且具有热敏感性和不受甲胺影响的特征，揭示其补体存在旁路途径。

3．溶菌酶　　溶菌酶是能水解细菌细胞壁从而引起细菌裂解的一组酶，目前已从蜥蜴和乌龟体内分离到多种溶菌酶。从印度鳖分离出来的溶菌酶表现出与鸟类溶菌酶相似的酶活性，其差别在于两者之间的一级结构不同。对中华鳖、亚洲鳖和绿海龟溶菌酶进行比较后发现，它们对多种革兰氏阴性菌和革兰氏阳性菌均具有不同程度的裂解活性，但对爬行动物主要的致病菌却几乎没有效果。

4．抗菌肽　　除溶菌酶外，爬行动物也具有在结构和功能上与防御素相近的抗菌蛋白。例如，红海龟的卵清蛋白缺乏溶菌酶，但却包含一种在结构和功能上与 β 防御素高度相似的阳离子蛋白，该蛋白对大肠杆菌、鼠伤寒沙门菌表现出极强的抗菌活性，并对金迪普拉病毒表现出较强的抗病毒活性。从中华鳖的卵壳中分离出一种类似于 β 防御素的肽——pelovaterin，尽管与其他 β 防御素的序列同源性较低，但该蛋白具备 β 防御素的所有特点。哺乳动物的 β 防御素为亲水阳离子蛋白，而 pelovaterin 为疏水阴离子蛋白。另外，与哺乳动物 β 防御素的广谱抗菌活性相比，pelovaterin 仅对绿脓假单胞菌和普通变形杆菌两种革兰氏阴性菌有效。

5．细胞因子　　细胞因子是由不同细胞产生的能介导细胞相互作用的小分子物质，参与包括炎症、抗感染、免疫调节等一系列过程。对中华鳖 IL-8 的研究表明，在被细菌感染的情况下，IL-8 的基因表达水平在肝、肾、心脏、肠道、血液和脾中均上调；在哺乳动物中，IL-1 由巨噬细胞、B 细胞、树突状细胞等产生，在炎症调节中具有重要作用。给雄性蜥蜴注射人的 IL-1β，会导致其活动能力降低，其反应与被疟原虫感染类似，证明 IL-1β 具有调节动物行为的能力。王蛇 IL-2 类似物被证实可促进王蛇凝血细胞的有丝分裂，在春季和秋季可使王蛇凝血细胞在 ConA 的刺激下大量增生；干扰素在抗病毒感染中起到重要作用，从被病毒感染乌龟的肾、腹腔细胞及海龟心脏细胞系中鉴定到了干扰素类似物。

二、爬行动物的免疫反应

爬行动物的免疫也分为非特异性免疫和特异性免疫两种。非特异性免疫是机体用于抵御病原微生物的先天形成的免疫防护；特异性免疫是特异性识别病原并杀灭排除病原的后天形成的免疫反应。

（一）爬行动物的非特异性免疫反应

1．体被保护性屏障　　爬行动物体被是起到十分关键作用的保护性屏障。例如，对于龟鳖类，其背甲和腹甲发生骨化，并通过甲桥的连接形成一个整体，能有效地支撑身体和保护内脏器官。背甲和腹甲外层覆盖着一层革质皮，而体表的其他部位（如四肢）则覆盖着一层棕黑色的角化外皮，是一道有效抵御各类病原入侵的物理屏障。

2. 炎症反应　　和其他脊椎动物一样，局部的创伤或者病原的入侵，常会引起爬行动物发生局部或者更大范围的炎症反应。炎症反应有赖于一系列免疫细胞和免疫分子的参与。具体来说，当机体感知到创伤或者病原入侵时，会诱导白细胞释放一系列趋化因子，将吞噬细胞和淋巴细胞招募到炎症发生的部位，从而达到修复创伤或者杀灭病原的作用。

3. 非特异性免疫机制　　爬行动物对病原感染的非特异性免疫反应报道较少，最常见的研究对象是中华鳖对嗜水气单胞菌的免疫应答，血清中的碱性磷酸酶、酸性磷酸酶、谷草转氨酶、谷丙转氨酶、超氧化物歧化酶和溶菌酶的活力常被作为非特异性免疫的评价指标，而MyD88、Toll 样受体、热休克蛋白等编码基因的表达也常被用于评价非特异性免疫应答水平。

（二）爬行动物的特异性免疫反应

1. 体液免疫　　和哺乳动物一样，爬行动物的体液免疫也主要是指 B 细胞在抗原刺激下，分化为效应 B 细胞（浆细胞）和记忆细胞，并产生抗体的过程。爬行类主要能产生 5 种免疫球蛋白，包括 IgG、IgM、IgA、IgD、IgE。其中，IgG 是血清和体液中含量最多、半衰期最长的免疫球蛋白，在病原的清除中发挥着主导作用；IgM 是个体发育过程中最早产生、抗原刺激后最早出现的免疫球蛋白，在进化上也最具保守性；IgA 由黏膜表面的浆细胞产生，在黏膜免疫中发挥着重要作用；IgD 的膜型（mIgD）是 B 细胞分化发育成熟的标志；IgE 则可引起 I 型超敏反应，并与抗寄生虫免疫相关。爬行动物至少具有两种免疫球蛋白，即 IgM 和 IgY。IgM 存在于所有有颌脊椎动物中，是第一种在应对感染时产生的免疫球蛋白。有趣的是，乌龟、陆龟和安乐蜥会产生两种形式的 IgY，即一个 7.5S 分子和一个截短的 5.7S 分子，但截短形式的功能仍然未知。此外，爬行动物作为唯一的羊膜动物，其抗体应答具有较强的环境温度依赖性，随着温度的变化，其抗体合成水平和效价会存在一定的差异。

2. 细胞免疫　　爬行动物的细胞免疫主要指 T 细胞介导的免疫应答，即 T 细胞受到抗原刺激后，分化、增殖为效应 T 细胞和记忆细胞，从而达到消除病原的过程。目前在包括蛇类、龟类和蜥蜴中都发现了功能性 T 细胞。激活的 T 细胞可以分化为两种类型的 T 细胞，即细胞毒性 T 细胞（cytotoxic T cell）和辅助性 T 细胞（helper T cell）。细胞毒性 T 细胞可迅速杀死被病原感染的细胞，也可以攻击改变或受损的细胞，如癌细胞。辅助性 T 细胞的功能是调节其他免疫细胞。一项关于胸腺在树蜥免疫反应中作用的早期研究表明，在爬行动物中存在细胞毒性 T 细胞和辅助性 T 细胞。T 细胞增殖在爬行动物体内受季节周期的强烈影响：在春秋两季的混合白细胞反应中，红尾花条蛇的淋巴细胞增殖水平最高；王冠游蛇对 T 细胞有丝分裂原 ConA 的响应也有类似的季节规律。里海拟水龟的淋巴细胞对 ConA 和植物血凝素（PHA）的响应在春季最强，但在夏、秋、冬季显著减弱。

（三）影响爬行动物免疫反应的因素

1. 地理种群差异　　同一物种由于分布在不同的地域，会形成不同的地理种群。这些处于不同生境的地理种群，在与病原的长期斗争过程中，免疫力可能会存在一定的差异。例如，对于中华鳖的 5 个地理种群——黄河鳖、淮河鳖、鄱阳湖鳖、洞庭湖鳖和太湖鳖，它们在红细胞 C3b 受体花环率、T 淋巴细胞活性 E 花环率、补体总量及红细胞黏附肿瘤细胞花环率、白细胞吞噬嗜水气单胞菌能力等免疫指标上都存在一定的差异。

2. 水质因子影响　　用浓度为 1.5mg/L、2.6mg/L 和 4.1mg/L 的氨氮处理中华鳖 42d 后，对补体旁路途径介导的血清溶血活性和血清杀菌活性都没有显著影响，但血清溶菌活性和血细胞吞噬率这两个指标在 1.5mg/L、2.6mg/L 组均显著升高，其他处理组与对照组间未见显著差异。由此推论，低于 4.1mg/L 氨氮的水环境对中华鳖的非特异性免疫没有明显的抑制作用，对某些指标甚至有刺激升高的作用，表明中华鳖具有较强的耐受水体中高浓度氨氮的能力。

3. 免疫增强剂　　免疫增强剂被广泛添加到水产经济动物的饲料中，用于调节其免疫应答。例如，在中华鳖稚鳖的基础饲料中分别添加 2g/kg 的金莲免疫散和芪草多糖复方制剂，用其喂养 60d 后发现，在饲料中添加金莲免疫散能显著提高中华鳖的碱性磷酸酶、超氧化物歧化酶和溶菌酶的活性；而添加芪草多糖能显著提高超氧化物歧化酶和溶菌酶的活性。

4. 微生态制剂　　用高活性干酵母对中华鳖幼鳖免疫功能和抗病力的影响进行了研究。结果表明，各试验组中华鳖幼鳖血液中白细胞的吞噬活性均显著高于对照组。添加 600mg/kg、800mg/kg 干酵母组的中华鳖幼鳖血清中溶菌酶活性与对照组之间没有显著性差异，而添加 1000mg/kg、1200mg/kg、1400mg/kg 组中华鳖幼鳖血清中溶菌酶活性均显著高于对照组。添加 800mg/kg 及以上组的中华鳖幼鳖血清中补体活性与对照组之间存在显著差异，而添加 600mg/kg 组与对照组之间无显著性差异。同时，投喂高活性干酵母能增强中华鳖幼鳖对嗜水气单胞菌的抵抗力。

第四节　水生哺乳动物免疫

哺乳动物纲（Mammalia）是动物界最高等的一个纲。相对于同为羊膜动物的鸟类和爬行类，其最显著的进步性特征在于两点：胎生和哺乳。胎生为发育的胚胎提供了保护、营养及稳定的恒温发育条件，是保证酶活动和代谢活动正常进行的有利因素，使外界环境条件对胚胎发育的不利影响降到最低程度，这是哺乳类在生存斗争中优于其他动物类群的一个重要方面。哺乳可使后代在优越的营养条件下迅速地成长发育，加上哺乳类对幼仔有各种完善的保护行为，因而具有远比其他脊椎动物类群高得多的成活率。

水生哺乳动物由原始陆栖哺乳动物进化而来，主要包括鲸目（Cetacea）、海牛目（Sirenia）、鳍足目（Pinnipeds）及食肉目中的海獭（*Enhydra lutris*）等。大部分水生哺乳动物并不属于严格意义上的"水产动物"，之所以作为本书一个章节，是因为随着社会经济的发展，水族行业蓬勃发展，各类海洋馆均拥有一定数量人工养殖的水生哺乳动物，对于水生哺乳动物免疫学的研究，保障人工养殖水生哺乳动物的健康，促进野生水生哺乳动物的保护均具有重要意义。为适应水生生活，所有的水生哺乳动物的身体构造和生理功能都出现了一系列适应水生生活的变化：鲸目、海牛目和鳍足目的身体都进化为类似于鱼类的流线型构造，以减少在水体运动时的阻力；但海獭类的体型不具有适应海洋生活的显著改变。鲸目和海牛目的后肢均消失，鳍足目则具有适应水中推进的附肢。鲸目和海牛目终生在水体环境中生活，分别为肉食性动物和半植食性动物；与此相比，鳍足目和海獭均为肉食性动物，其生活史的大部分阶段在水体环境中度过，只在生活史的某些特殊阶段（如繁殖、换毛或休息）登上陆地或冰块。

由于水环境的污染，水生哺乳动物数量急剧减少，再加上很多水生哺乳动物均为保护动物，对水生哺乳动物的研究严重缺乏素材和实验动物，因此对于水生哺乳动物免疫的研究相对较少。一般认为水生哺乳动物免疫系统的组成、免疫器官的组织结构和细胞组成与陆栖哺乳动物相似。以下谨以短喙真海豚（*Delphinus delphis*）、白鲸（*Delphinapterus leucas*）、虎鲸（*Orcinus orca*）、宽吻海豚（*Tursiops truncatus*）、鼠海豚（*Phocoena phocoena*）等鲸目动物为对象，对水生哺乳动物淋巴系统的组成、细胞因子的研究及环境污染对水生动物免疫系统的影响进行概述。

一、水生哺乳动物的淋巴器官

水生哺乳动物的淋巴器官与陆生哺乳动物大致相同，但也有一些不同之处。例如，鲸目动物在喉和肛管处有独特的淋巴上皮聚集体；鼠海豚和海豚的淋巴结在淋巴滤泡的正中，这与陆生哺乳动物正好相反。与陆生动物相比，海豚的淋巴结包膜上具有大量平滑肌纤维，这可能有助于包膜的收缩，从而增强淋巴液的运动性和过滤效率。类似的包膜和收缩纤维在鼠海豚的脾中也存在。

虽然鲸目动物的个体较大，但脾却非常小，脾的造血能力也相对较差。与其他动物不同，鲸类的脾是一个单一的器官并具有副脾（图 15-7）。宽吻海豚和鼠海豚的脾还具有造血功能，这种现象在哺乳动物年幼时期经常出现。

图 15-7　鼠海豚的脾和 7 个副脾（标尺=1cm）（引自 Cowan and Smith，1999）

与其他陆生哺乳动物相同，鲸目动物的脾在青春期最为发达，随着年龄增长，会慢慢萎缩。从组织学上看，成年白鲸脾的白髓主要是外周小动脉淋巴鞘，而滤泡很少或没有。

鲸的扁桃体是包含了很多分支隐窝和分泌腺体的器官，这种独特的结构与陆生动物的韦氏扁桃体环相似。此外，在宽吻海豚的喉部有一个复杂的淋巴上皮腺体，这种特殊的结构可以在经口摄食时将抗原呈递，被认为是上消化道和呼吸道分化的结果。该结构是否在所有的鲸目动物中都存在尚需验证。

鲸的黏膜样淋巴组织（mucosal-associated lymphoid tissue，MALT）在其消化道末端占有主要地位，大量的派尔集合淋巴结（Peyer patch）出现在宽吻海豚的肠道。此外，一个被称为"肛门扁桃体"（anal tonsil）的特殊黏膜淋巴上皮器官在多种鲸类的肛管被发现。迄今为止，这种特殊器官在灰鲸、恒河豚、条纹海豚、糙齿海豚、霍氏海豚和江豚中被发现，该器官被认为与鲸类深潜行为直肠水回流过程中异种抗原的呈递有关。

二、水生哺乳动物淋巴细胞的分型

人类细胞表面抗原被分为很多分化抗原簇（cluster of differentiation，CD），CD 分子上均具备特定的分子标记,这在很多动物中都得到证实。迄今为止,对于鲸豚类特定白细胞的分子标记报道得仍很少。通过免疫共沉淀或流式细胞术研究发现,针对牛、人、绵羊和鼠类不同白细胞类群的单克隆抗体能与白鲸和宽吻海豚外周血淋巴细胞 MHC Ⅱ类抗原发生交叉反应,抗人巨噬细胞相关抗原 CD163、CD204 和溶酶体的抗体可与短鳍领航鲸和灰海豚的巨噬细胞发生交叉反应,人抗 CD204 单克隆抗体可以标记贝氏喙鲸、条纹海豚、宽吻海豚、点斑原海豚的肺及肝巨噬细胞,这些实验均证实鲸类与其他陆生动物和人的淋巴细胞之间具有一定的同源性。

在针对鲸类淋巴细胞表面抗原研究方面,研究者制备了针对宽吻海豚 CD2、CD19、CD21、CD45R 和 β2 整合素的特异性单克隆抗体,经进一步研究发现,T 细胞可被 CD2 的抗体识别,B 淋巴细胞则主要被 CD19、CD21 的特异性抗体标记,而 CD45R 的抗体则可以同时标记 B 细胞和 T 细胞的某些类群。另外,上述单克隆抗体在多种鲸类之间都具有交叉反应。利用针对造血系统中 T 细胞、B 细胞等不同细胞表面抗原和 MHC Ⅱ类抗原的单克隆抗体标记物,借助于免疫组织化学的方法,在海豚、条纹海豚、宽吻海豚和鼠海豚淋巴组织中证实了相关阳性细胞的存在。

三、水生哺乳动物的免疫分子

迄今为止,鲸类的免疫球蛋白 IgA、IgG、IgM 及 IgG 的亚类都已经被纯化,而且它们的重链编码基因也被克隆出来了。宽吻海豚的 IL-1α、IL-1β、IL-1 受体激动剂(IL-1ra)的 cDNA 全长得到克隆,序列分析表明上述细胞因子的 IL-1 受体结合域都比较保守,但其余的一级结构的同源性只有 21%~30%。目前,GenBank 收录的鲸类主要的细胞因子见表 15-1,与其他哺乳动物细胞因子的同源性见表 15-2。

表 15-1　GenBank 收录的鲸类细胞因子及其 mRNA 片段长度（引自 Beineke et al.,2010）

细胞因子	物种	GenBank 登录号	大小/bp
IFN-γ	宽吻海豚	AB022044	548
		EU638318	283
IFN-γ	太平洋白海豚	EU638313	231
IFN-γ	白鲸	EU638314	283
IL-1α	宽吻海豚	AB0282415	906
IL-1β	宽吻海豚	AB028216	818
IL-1β	白鲸	AF320322	1476
IL-1β	鼠海豚	AY919330	78
IL-1ra	宽吻海豚	AB038268	1693
IL-2	白鲸	AF072870	465
		EU638302	283
IL-2	虎鲸	AF009570	455
IL-2	鼠海豚	AY919341	67
		AF346296	175
IL-2	宽吻海豚	EU638316	283
IL-2	太平洋白海豚	EU638301	247

续表

细胞因子	物种	GenBank 登录号	大小/bp
IL-2	鼠海豚	AY919341	67
		AF346296	175
IL-4	鼠海豚	AY919339	58
		AF346295	263
IL-4	太平洋白海豚	EU638306	161
IL-4	白鲸	EU638305	304
IL-6	虎鲸	L46803	670
IL-6	白鲸	AF076643	627
IL-6	鼠海豚	AY919332	145
		AF346297	325
IL-8	宽吻海豚	AB096002	364
IL-10	鼠海豚	AY919333	207
		AF346294	208
IL-10	宽吻海豚	EU638322	156
IL-10	太平洋白海豚	EU638300	156
IL-10	白鲸	EU638299	156
IL-12	宽吻海豚	EU638319	357
IL-12	太平洋白海豚	EU638295	357
IL-12	白鲸	EU638298	298
IL-13	宽吻海豚	EU638317	291
IL-13	太平洋白海豚	EU638311	255
IL-13	白鲸	EU638312	291
IL-18	宽吻海豚	EU638310	368
IL-18	太平洋白海豚	EU638294	334
IL-18	白鲸	EU638297	420
TGF-β	鼠海豚	AY919334	248
		AF346299	290
TGF-β	宽吻海豚	EU638320	517
TGF-β	太平洋白海豚	EU638292	509
TGF-β	白鲸	EU638291	517
TNF-α	宽吻海豚	AB049358	1700
		EU638323	257
TNF-α	白鲸	AF320323	1690
		EU638296	257
TNF-α	鼠海豚	AY919337	111
		AF346298	240
TNF-α	太平洋白海豚	EU6382293	257

表15-2　鼠海豚部分细胞因子基因与其他哺乳动物的同源性比较（引自 Beineke et al., 2004）

物种	细胞因子基因同源性/%					
	IL-2	IL-4	IL-6	IL-10	TGF-β	TNF-α
宽吻海豚	—	98	—	—	—	98
虎鲸	98	—	98	98	—	—
白鲸	99	—	97	—	—	100
马	86	80	83	91	95	86
牛	86	86	80	91	95	89
绵羊	86	87	79	92	96	90
猪	89	85	88	87	96	89
小鼠	77	75	77	88	89	89
灰海豹	85	—	—	—	—	—
斑海豹	—	—	77	—	—	—
犬	84	78	80	88	95	86

四、水生哺乳动物淋巴细胞的激活

淋巴细胞转化实验能定量和定性地评价非特异性及抗原特异性细胞免疫反应。1975 年，Munford 等用海豚、虎鲸、领航鲸的全血样本进行白细胞的激活实验。在当时的条件下，并没有对分裂原的浓度进行优化。1978 年，Cosgrove 等建立了宽吻海豚全血细胞中白细胞激活方法，证实在体外条件下，伴刀豆球蛋白 A（concanavalin A，ConA）比植物血凝素（phytohemagglutinin，PHA）和商陆丝裂原（pokeweed mitogen，PWM）更能有效刺激淋巴细胞的增殖。

尽管全血样本能在一定程度上反映外周血白细胞的免疫现状，但个体间白细胞数量的差异，以及在运输、操作过程中可能升高的皮质醇的抑制作用影响了淋巴细胞转化实验的标准化。因此，利用密度梯度离心等方法进一步分离和富集白细胞的技术在多种鲸豚类得到应用。在此条件下的研究表明，ConA、PHA 和 PWM 均能有效刺激宽吻海豚外周血淋巴细胞增殖，而 LPS 则不能。有趣的是，随着年龄增长，宽吻海豚 DNA 的修复功能减弱，其基因组突变和外周血淋巴细胞微核率升高。然而，DNA 损伤并不与丝裂原诱导细胞增殖的减少相关。丝裂原的浓度对纯化的外周血淋巴细胞、胸腺细胞和脾细胞激活实验的结果表明，ConA 和 PHA 是激活来自血液和胸腺淋巴细胞最有效的丝裂原，而 LPS 则是脾细胞主要的激活丝裂原。

五、水生哺乳动物抗感染免疫

麻疹病毒引起的疾病是鲸类动物最常见的病毒病，其中鼠海豚麻疹病毒（porpoise morbillivirus，PMV）和海豚麻疹病毒（dolphin morbillivirus，DMV）可以感染多种鲸目动物，如条纹海豚、宽吻海豚、白喙斑纹海豚等。通过免疫组织化学方法对麻疹病毒特异性抗原进行检测，可实现对麻疹病毒的组织定位（图 15-8）。PMV 和 DMV 感染的主要症状

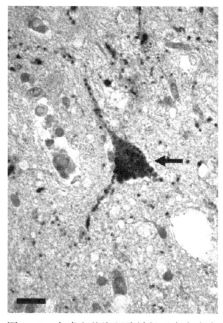

图 15-8　白喙斑纹海豚脑神经元中麻疹病毒抗原定位（引自 Beineke et al., 2010）

箭头示病毒所在位置，标尺=10μm

除神经功能障碍、呼吸系统和消化系统异常外，常会导致白细胞减少和免疫抑制，进而感染动物趋向于发生多种机会感染，其中最常见的就是肺部感染和中枢神经系统的寄生虫或真菌感染。与食肉动物的犬瘟病相似，鲸类麻疹病毒感染会诱发部分淋巴细胞裂解，并导致幸存下来的淋巴细胞细胞核被核内小体充满，细胞质呈嗜酸性，最终导致全面的淋巴器官损伤。在麻疹病毒感染或其他免疫抑制条件下，弓形虫病是水生哺乳动物的常见病。在白鲸中，刚地弓形虫（*Toxoplasma gondii*）可导致典型的组织细胞增生症和淋巴器官损伤，而某些肠道内寄生虫则会导致隔膜淋巴结及 MALT 的嗜酸性渗透；根霉菌（*Rhizopus* spp.）、粗球孢子菌（*Coccidioides immitis*）、组织胞浆菌（*Histoplasma capsulatum*）感染宿主多核巨细胞形成坏死性淋巴腺炎及肉芽肿的现象，在鼠海豚和宽吻海豚也有报道；此外，在搁浅或捕获的鼠海豚中，由肺部和消化道线虫所导致的肉芽肿性淋巴腺炎也时有发生。

六、环境污染物对水生哺乳动物免疫系统的影响

全球工业化带来的水环境污染导致水生哺乳动物体内富集各种环境污染的化学物质，从而导致海洋哺乳动物疾病感染率及死亡率呈现增高的趋势。传染病和环境污染对海洋哺乳动物的威胁，致使研究者不得不关注环境与海洋哺乳动物免疫学的研究。大量研究证实持续存在的化学有机污染物会严重影响动物的免疫调节能力而使其易受病原微生物的侵害。

水生哺乳动物，尤其是鲸类，处于食物链较高阶层而产生累积效应，容易受到持续性化学污染物的影响。例如，来自被多氯联苯（polychlorinated biphenyl，PCB）和甲基汞（methyl mercury）污染水域的鼠海豚比来自无污染海域的鼠海豚更易遭受细菌感染而致病。在 PCB 污染海域的白鲸易得赘生物疾病，这与致癌物刺激及抗肿瘤免疫反应减弱有关。

随着血液中 PCB 和滴涕涕（DTT）水平的升高，宽吻海豚 T 细胞的增殖能力明显下降，说明这些污染物对其细胞免疫反应具有一定的抑制。在鼠海豚中的研究表明，胸腺萎缩和脾损伤与体内多溴联苯醚（PBDE）和多聚联苯（PCBS）的水平呈显著正相关；但杀虫剂［如滴滴涕（DDT）、滴滴伊（DDE）或毒杀芬（toxaphene）］的累积，对淋巴器官损伤的影响却不大（表 15-3）。

目前，对于搁浅鼠海豚胸腺和脾的病变，尚无法确定是污染物诱导的还是感染性疾病或体质衰竭导致的，但在搁浅消瘦阶段，可观察到脂类分解导致血液中有害污染物升高的现象。此外，在捕获的鼠海豚中，淋巴器官损伤与 PBDE 水平的升高有直接关系，但与健康状况和营养状况却关系不大，说明环境污染物可导致鼠海豚免疫功能受损。DDT 和 PCB 同系物（PCB congener）能抑制白鲸淋巴细胞激活和中性粒细胞、单核细胞的吞噬能力，其中 PCB 同系物是以一种不依赖芳香烃受体的方式发挥作用的。

表15-3　鼠海豚胸腺萎缩和脾损伤与环境污染物的相关性（引自 Beineke et al.，2005）

指标	胸腺萎缩				脾损伤			
	P 值		秩相关系数		P 值		秩相关系数	
	总量	捕获	总量	捕获	总量	捕获	总量	捕获
PCB	0.02*	0.19	0.31	0.19	0.01*	0.07	0.36	0.28
DDE	0.27	0.44	0.15	0.11	0.51	0.48	0.10	0.11
DDT	0.19	0.19	0.17	0.19	0.70	0.36	0.06	0.15
毒杀芬	0.44	0.49	0.11	0.11	0.90	0.82	0.02	0.04
PBDE	0.01*	0.04*	0.45	0.31	0.01*	0.03*	0.42	0.35
营养状况	0.01*	0.76	0.42	0.04	0.01*	0.81	0.37	0.04
健康状况	0.01*	0.65	0.38	0.06	0.01*	0.07	0.51	0.28
年龄	0.55	0.93	−0.08	−0.01	0.29	0.89	−0.15	0.02

注：总量是指根据搁浅和捕获鼠海豚计算所得数据；捕获是指根据捕获鼠海豚计算所得数据；星号"*"表示具有显著统计学意义

其他污染物也会影响鼠海豚的免疫系统和患病率。例如，轮船防腐涂料中所含丁基锡化合物能抑制无喙鼠海豚（*Phocoenoides dalli*）和宽吻海豚外周血单核细胞与淋巴细胞的激活；体外试验证实，汞和镉可降低宽吻海豚细胞的活力，抑制其吞噬作用和白细胞激活，并诱发淋巴细胞凋亡；与此类似，氯化汞和氯化镉能抑制白鲸脾细胞和胸腺细胞的增殖。

主要参考文献

陈欣然，牛翠娟，蒲丽君．2006．慢性氨氮暴露对中华鳖生长及非特异性免疫功能的影响．北京师范大学学报（自然科学版），（3）：300-304.
邓时铭，肖克宇，蒋国民，等．2004．蛙类免疫系统的研究进展．水产科技情报，3（2）：62-65.
丁君，常亚青，王长海，等．2006．不同种海胆体腔细胞类型及体液中的酶活力．中国水产科学，13（1）：33-38.
赖仞，梁建国，张云．2004．两栖类皮肤抗菌多肽及其应用．动物学研究，25：465-468.
李华，陈静，陆佳，等．2009．仿刺参体腔细胞和血细胞类型及体腔细胞数量研究．水生生物学报，33（2）：207-213.
刘至治，蔡完其，付立霞，等．2004．中华鳖非特异性免疫功能的群体差异研究．水生生物学报，（4）：349-355.
刘宗英，姚鹃，陈昌福，等．2005．高活性干酵母对中华鳖非特异性免疫功能和抗病力的影响．华中农业大学学报，（2）：192-196.
任媛，李强，王铁南，等．2019．棘皮动物体腔细胞的研究进展．中国农业科技导报，21（2）：91-97.
王爱丽．2012．两栖类动物抗菌肽活性研究．生物技术世界：15-16.
王晓阳，陆宇燕，李丕鹏．2010．中国林蛙胸腺类肌细胞的细胞学研究．蛇志，4（2）：93-96.
于明志，王婷，张峰．2008．罗氏海盘车（*Asterias rollestoni* Bell）体腔细胞及免疫功能的初步研究．现代生物医学进展，8（8）：1452-1456.
赵燕，代兵，李传普，等．2007．半胱胺对中华鳖生长性能和非特异性免疫功能的影响研究．动物营养学报，（3）：305-310.
周冬仁，罗毅志，叶雪平，等．2015．2 种复方制剂对中华鳖非特异性免疫功能的作用效果．贵州农业科学，（6）：146-148.

Arizza V, Giaramita F T, Parrinello D, et al. 2007. Cell cooperation in coelomocyte cytotoxic activity of *Paracentrotus lividus* coelomocytes. Comparative Biochemistry and Physiology Part A: Physiology, 147(2): 389-394.

Beineke A, Siebert U, McLachlan M, et al. 2005. Investigations of the potential influence of environmental contaminants on the thymus and spleen of harbor porpoises (*Phocoena phocoena*). Environmental Science & Technology, 39: 3933-3938.

Beineke A, Siebert U, van Elk N, et al. 2004. Development of a lymphocyte-transformation-assay for peripheral blood lymphocytes of the harbor porpoise and detection of cytokines using the reverse-transcription polymerase chain reaction. Veterinary Immunology and Immunopathology, 98: 59-68.

Beineke A, Siebert U, Wohlsein P, et al. 2010. Immunology of whales and dolphins. Veterinary Immunology and Immunopathology, 133: 81-94.

Colgrove G S. 1978. Stimulation of lymphocytes from a dolphin (*Tursiops truncatus*) by phytomitogens. American Journal of Veterinary Research, 39: 141-144.

Cowan D F, Smith T L. 1999. Morphology of the lymphoid organs of the bottlenose dolphin, *Tursiops truncatus*. Journal of Anatomy, 194: 505-517.

Cramp R L, Franklin C E. 2018. Exploring the link between ultraviolet B radiation and immune function in amphibians: implications for emerging infectious diseases. Conservation Physiology, 6(1): coy035.

de Faria M T, Da S J. 2008. Innate immune response in the sea urchin *Echinometra lucunter* (Echinodermata). Journal of Invertebrate Pathology, 98(1): 58-62.

de Guise S, Erickson K, Blanchard M, et al. 2002. Monoclonal antibodies to lymphocyte surface antigens for cetacean homologues to CD2, CD19 and CD21. Veterinary Immunology and Immunopathology, 4: 209-221.

de Guise S, Martineau D, Beland P, et al. 1998. Effects of *in vitro* exposure of beluga whale leukocytes to selected organochlorines. Journal of Toxicology and Environmental health, 55: 479-493.

Deveci R, Şener E, Izzetoğlu S. 2015. Morphological and ultrastructural characterization of sea urchin immune cells. Journal of Morphology, 1(5): 583-588.

Dong Y, Sun H, Zhou Z, et al. 2014. Expression analysis of immune related genes identified from the coelomocytes of sea cucumber (*Apostichopus japonicus*) in response to LPS challenge. International Journal of Molecular Sciences, 15(11): 19472-19486.

Gorshkov A N, Blinova M I, Pinaev G P. 2009. Ultrastructure of coelomic epithelium and coelomocytes of intact and wounded starfish *Asterias rubens* L. Tsitologiia, 51(8): 650.

Hall M R, Kocot K M, Baughman K W, et al. 2017. The crown-of-thorns starfish genome as a guide for biocontrol of this coral reef pest. Nature, 544(7649): 231-234.

Hillier B J, Vacquier V D. 2003. Amassin. An olfactomedin protein, mediates the massive intercellular adhesion of sea urchin coelomocytes. Journal of Cell Biology, 160(4): 597-604.

Jenkins-Perez J. 2012. Evaluation of reptiles: a diagnostic mainstay. Veterinary Technician, 33(8): E1-E8.

Lahvis G P, Wells R S, Casper D, et al. 1993. *In-vitro* lymphocyte response of bottlenose dolphins (*Tursiops truncatus*): mitogen-induced proliferation. Marine Environmental Research, 35: 115-119.

Li C, Zhao M, Zhang C, et al. 2016. miR210 modulates respiratory burst in *Apostichopus japonicus*, coelomocytes via targeting Toll-like receptor. Developmental and Comparative Immunology, 65 (12): 377-381.

Li Y, Wang R, Xun X, et al. 2018. Sea cucumber genome provides insights into saponin biosynthesis and aestivation regulation. Cell Discovery, 4(1): 1-7.

Liao W Y, Fugmann S D. 2017. Lectins identify distinct populations of coelomocytes in *Strongylocentrotus purpuratus*. PLoS One, 12(11): e0187987.

Liu J Y, Chen Z Y, Bin G Y, et al. 2018. Skin innate immunity of diskless-fingered odorous frogs (*Odorrana grahami*) with spatial-temporal variations. Developmental and Comparative Immunology, 89: 23-30.

Lu M, Zhang P, Li C, et al. 2015. MiR-31 modulates coelomocytes ROS production via targeting p105 in *Vibrio splendidus* challenged sea cucumber *Apostichopus japonicus in vitro* and *in vivo*. Fish and Shellfish Immunology, 45(2): 293-299.

Lv Z, Zhang Z, Wei Z, et al. 2017. HMGB3 modulates ROS production via activating TLR cascade in *Apostichopus japonicus*. Developmental and Comparative Immunology, 77: 128-137.

Mumford D M, Stockman G D, Barsales P B, et al. 1975. Lymphocyte transformation studies of sea mammal blood. Experientia, 31: 498-500.

Pinsino A, Thorndyke M C, Matranga V. 2007. Coelomocytes and post-traumatic response in the common sea star *Asterias rubens*. Cell Stress Chaperones, 12(4) : 331-341.

Rauta P R, Samanta M, Dash H R, et al. 2014. Toll-like receptors (TLRs) in aquatic animals: signaling pathways, expressions and immune responses. Immunology Letters, 158: 14-24.

Sodergren E, Weinstock G M, Davidson E H, et al. 2006. The genome of the sea urchin *Strongylocentrotus purpuratus*. Science, 314: 941-952.

Voyles J, Rosenblum E B, Berger L. 2011. Interactions between *Batrachochytrium dendrobatidis* and its amphibian hosts: a review of pathogenesis and immunity. Microbes and Infection, 13: 25-32.

Wang Z H, Shao Y N, Li C H, et al. 2016. A β-integrin from sea cucumber *Apostichopus japonicus* exhibits LPS binding activity and negatively regulates coelomocyte apoptosis. Fish and Shellfish Immunology, 52(5): 103-110.

Xiang Y, Yan C, Guo X L, et al. 2014. Host-derived, pore-forming toxin-like protein and trefoil factor complex protects the host against microbial infection. Proceedings of the National Academy of Sciences of the United States of America, 111(18): 6702-6707.

Yntema C L. 1970. Survival of xenogeneic grafts of embryonic pigment and carapace rudiments in embryos of *Chelydra serpentina*. Journal of Morphology, 132: 353-360.

Yue Z X, Lv Z M, Shao Y N, et al. 2019. Cloning and characterization of the target protein subunit LST8 of rapamycin in *Apostichopus japonicus*. Fish and Shellfish Immunology, 92: 460-468.

Zabka T S, Romano T A. 2003. Distribution of MHC II (+) cells in the skin of the Atlantic bottlenose dolphin (*Tursiops truncatus*): an initial investigation of dolphin dentritic cells. Anatomical Record, 273: 636-647.

Zhang X, Sun L, Yuan J, et al. 2017. The sea cucumber genome provides insights into morphological evolution and visceral regeneration. PLoS Biology, 15(10): e2003790.

Zhao F, Yan C, Wang X, et al. 2014. Comprehensive transcriptome profiling and functional analysis of the frog (*Bombina maxima*) immune system. DNA Research, 21(1): 1-13.

第十六章　水产动物疫苗与免疫制品

第一节　水产动物疫苗种类及制备方法

20 世纪 40 年代初，水产动物疫苗进入了人们的视野。经过几十年的实践证明，疫苗接种是防控水产动物疾病的理想途径之一。目前，水产动物疫苗可以分为两大类：一类是传统型疫苗，包括灭活疫苗、活疫苗、多价疫苗和联合疫苗等；另一类是新型疫苗，包括亚单位疫苗、DNA 疫苗和活载体疫苗等。

一、传统型疫苗

1942 年，世界上首次报道的渔用疫苗是 Duff 制备的杀鲑气单胞菌灭活疫苗，经口服免疫硬头鳟（*Salmon gairdneri*）后可产生保护性免疫。随后，科研人员针对多种水产动物病原开展了大量的疫苗创制研究工作。进入 21 世纪后，随着生物技术的发展，越来越多的水产动物疫苗获得了商业许可，全球批准上市的鱼类疫苗已有 140 多种。我国应用最早的水产动物疫苗是草鱼土法疫苗，这类疫苗主要解决草鱼烂鳃、赤皮、肠炎和出血等病症，大大提高了池塘养殖草鱼的成活率。现将传统型疫苗分类介绍如下。

（一）灭活疫苗

灭活疫苗又称为死疫苗，是指细菌或病毒在特定的培养基中扩大培养后通过武力或化学方式使细菌或病毒失去活性，但保留了整个微生物的抗原性，然后将失去感染能力的细菌或病毒接种到宿主体内而引发机体产生保护性抗体的一种疫苗。国外已生产的灭活疫苗有鳗弧菌（*Vibrio anguillarum*）灭活疫苗、鲁式耶尔森菌（*Yersinia ruckeri*）灭活疫苗和杀鲑气单胞菌（*Aeromonas salmonicida*）灭活疫苗等。1973 年，中国科学院水生生物研究所研制的草鱼出血病病鱼组织浆灭活疫苗的免疫效果显著，对草鱼养殖产业做出了巨大贡献。

灭活疫苗的制备方法（以草鱼土法疫苗为例）如下。

（1）活苗制备　　取具有典型症状（烂鳃、赤皮、肠炎和出血等）的草鱼，用乙醇或碘酒消毒鱼体表面，从肛门向前剪去腹部一侧，取出肝、脾和肾组织。然后放在研钵中磨成糊状，加入 5 倍体积的生理盐水，用双层纱布过滤后弃去滤渣，即原毒组织浆活苗。

（2）灭活　　将上述过滤后所得滤液（活苗）放入水浴锅中 60～65℃处理 2h。

（3）防腐保存　　在已灭活的疫苗中加入福尔马林，使其终浓度为 0.3%，然后用石蜡封瓶，可放置于 4℃冰箱保存两三个月。

（二）活疫苗

活疫苗是一类利用经特殊培养方法使得毒力减弱（或是无致病性但具有免疫原性）的毒株制备的疫苗，或者是从自然界中筛选某种病原体的无毒株或弱毒株制成的一种微生物制剂，因此又称为减毒活疫苗。将减毒活疫苗接种到机体内时，病原体可以在宿主体内繁殖但不会造成机体损伤或感染疾病，对宿主基本没有危害。同时，减毒活疫苗可刺激机体产生中和病原微生物的中和抗体而消灭入侵的病原微生物。此外，减毒活疫苗还可刺激机体产生细胞免疫使机体长期处于"警戒"状态，一旦发生病原微生物的入侵可在短时间内及时清除，获得长期免疫保护作用。我国已研发出的水产动物活疫苗有鳗弧菌减毒活疫苗、迟缓爱德华菌弱毒活疫苗、疥疮菌减毒活疫苗、传染性造血器官坏死病毒减毒活疫苗和鳜弹状病毒减毒活疫苗等。

活疫苗的制备方法（以鳜弹状病毒减毒活疫苗为例）如下。

（1）弱毒株的筛选　选取鳜弹状病毒的不同毒株，分别用细胞进行培养，获取病毒液，计算病毒滴度。通过活体攻毒试验和病毒滴度比较，筛选出弱毒株。

（2）弱毒株纯化及克隆株的生物学特性研究　使用噬菌斑克隆纯化法对母源株进行纯化，获得克隆株。根据滴度比较和基因序列比较分析，从克隆株中筛选出增殖能力强且和母源株亲缘关系较近的克隆株，并对其生物学特性进行分析。

（3）疫苗株的安全性及有效性评价　通过超剂量安全性试验和鱼体盲传试验等确定疫苗株的安全性。通过不同免疫方式的效力评价试验、最佳使用剂量和保存期的确定试验等确定疫苗株的有效性。

（4）疫苗株生产及保存　将疫苗株以适宜的滴度感染细胞，感染一定时间后收毒并测定病毒滴度。将病毒以等剂量进行分装，冻干后置于4℃条件下保存。

（三）多价疫苗

多价疫苗是由一种病原生物的多个血清型抗原所制成的用于免疫接种的一种生物制品，一般由同一制作方式制备出单价疫苗后通过一定比例混合于同一针剂中供免疫使用。这种疫苗可针对同一病原体的不同血清型，使得预防疾病的效率大大提升。在"多价多联"疫苗成为发展趋势的21世纪，多价疫苗在设计与生产方面也有诸多应用（图16-1）。日本已研发出用于预防鲑科鱼类弧菌病的二价疫苗，是由患病鱼分离的 O1 血清型的奥氏弧菌（*Vibrio ordalii*）和 O3 血清型的鳗弧菌（*Vibrio anguillarum*）制备的。我国也有针对大菱鲆鳗弧菌O1、O2 血清型菌株研制的二价灭活苗和以鳗弧菌 O1、O2、O3 血清型菌株为抗原制备的鳗弧菌三价灭活苗。

多价疫苗的制备方法（以鳗弧菌的三价灭活苗为例）如下。

（1）菌种收集　收集发病症状明显的病鱼，且是同种病原菌不同类型的濒死新鲜病鱼，收集不同鱼上的鳗弧菌菌种。

（2）菌种复苏　选取健康、活泼鱼体进行接种。

（3）菌种的分离纯化　取病鱼的肝、脾和肾组织，经剪碎研磨后用接种环蘸取少量研磨后的液体进行平板划线，接种于胰酪大豆胨琼脂培养基，在 28℃条件下倒置培养 24h，挑取菌落形态一致的优势单菌落进行分离纯化。

（4）血清型鉴定　对分离纯化的菌种进行血清型鉴定（O1、O2、O3）。

（5）菌种复壮　选取健康鱼体进行接种、分离，纯化得到不同血清型的菌种。

（6）菌株培养　将不同血清型菌种接种到含 3%葡萄糖的胰酪大豆胨液体培养基中，在 28℃条件下培养 24h。

（7）灭活　向培养物中加入福尔马林至甲醛终浓度为 0.2%（*V/V*），28℃灭活 24h。

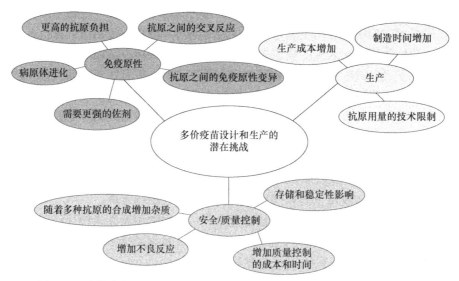

图 16-1　多价疫苗设计与生产的潜在挑战（引自 Schlingmann et al.，2018）

（8）疫苗的无菌性检验　　取灭活 12h 和 24h 时的菌液分别接种于胰酪大豆胨琼脂培养基和 5mL 胰酪大豆胨液体培养基中，将胰酪大豆胨琼脂培养基在 28℃条件下倒置恒温培养 12h，将胰酪大豆胨液体培养基在 28℃条件下培养 12h 后，观察是否有细菌生长，确定是否完全灭活。

（9）菌体收集　　4℃离心收集灭活菌体。

（10）调节浓度及抗原配伍　　用含有 0.1%（V/V）甲醛的磷酸盐缓冲液重悬，调节至合适浓度，将不同菌株悬液等体积混合。

（11）封口　　为避免污染，盛放疫苗的容器必须经过消毒、灭菌后方可使用；且容器必须用蜡进行封口以便保存和运输。

（12）保存　　置于 4℃的冰箱中保存。

（四）联合疫苗

联合疫苗由两种或两种以上疫苗原液按特定比例配合制成，是一种具有接种一次可预防多种疾病或同一病原微生物不同血清型的疫苗。但是，联合疫苗不是简单地将不同疫苗混合制作，其制备过程涉及很多生物学技术与要求，需要不断地研发、探索。联合疫苗具有预防多种疾病、减少接种次数、简化免疫程序、提高接种率、降低交叉感染机会等优点。自 1994 年加拿大研制的杀鲑气单胞菌-鲑源病海鱼鳗弧菌二联苗获批生产后，联合疫苗的研制得到空前发展。据不完全统计，国外商品化的渔用联合疫苗已有 10 多种，如杀鲑气单胞菌-鳗弧菌-杀鲑弧菌三联苗、杀鲑气单胞菌-鳗弧菌二联疫苗及鲤春病毒血症病毒-传染性胰脏坏死病毒二联苗等。我国也有已获得国家一类新兽药证书的牙鲆溶藻弧菌、鳗弧菌和迟缓爱德华菌多联抗独特型抗体疫苗。中国科学院海洋研究所研制的迟缓爱德华菌-鳗弧菌二联灭活苗在免疫牙鲆后，对其血清的抗体滴度和杀菌活力进行分析发现，迟缓爱德华菌和鳗弧菌特异性抗体滴度最高、血清杀菌活力最强。中国水产科学研究院珠江水产研究所针对我国南部沿海地区流行菌株构建了海水鱼哈维氏弧菌-溶藻弧菌二联灭活疫苗。湖北省水产科学研究所通过联合从患烂尾病斑点叉尾鮰分离的嗜水气单胞菌，以及中国科学院水生生物研究所保种的点状产气单胞菌亚种和苏伯利产气单胞菌构建了斑点叉尾鮰三联灭活疫苗，使鱼体的抗感染能力大大增强。

联合疫苗的制备方法（以大菱鲆鳗弧菌和溶藻弧菌二联灭活疫苗为例）如下。

（1）菌种收集　　从濒死新鲜病鱼中收集鳗弧菌和溶藻弧菌菌种。

（2）菌种复苏　　两种病原菌菌种在试验前需进行复壮，分别在健康鱼体注射，确认菌种能引起鱼发病。

（3）菌种的分离纯化　　取病鱼的肝、脾和肾，剪碎后划线接种于固体培养基上，在28℃条件下倒置培养24h，挑取单菌落进行分离纯化。

（4）菌株的培养　　将分离纯化后的菌株接种于液体培养基，于28℃摇床中培养20h。

（5）菌体收集　　4℃离心收集菌体。

（6）重悬与灭活　　用磷酸盐缓冲液重悬菌体，加入0.3%（V/V）的福尔马林置于4℃灭活过夜。

（7）疫苗的灭活和安全性检验　　取灭活后的菌液分别接种于固体培养基中，观察是否有菌落生长来确定是否完全灭活；取灭活后的菌液注射至大菱鲆体内，确定疫苗的安全性。

（8）疫苗的浓度调配和混合　　将疫苗制成合适浓度的两种单菌疫苗，然后进行同体积混合制成二联疫苗。

（9）分装及保存　　将混合均匀的二联苗分装至无菌瓶后，置于4℃冰箱保存备用。

二、新型疫苗

自20世纪90年代以来，随着分子生物学、基因工程技术和免疫信息学等学科知识的不断完善，关于新型水产动物疫苗的研究也不断涌现于公众视野。与传统型疫苗相比，新型疫苗具有安全、高效、便于大量生产等优点。

（一）亚单位疫苗

亚单位疫苗（subunit vaccine）是指利用病原微生物的一种或多种保护性抗原基因与载体重组后表达的蛋白质或多肽，通常还会与佐剂联合使用的一种无核酸、可诱发机体产生中和抗体和免疫保护的疫苗。与完整的生物疫苗相比，亚单位疫苗仅含病原微生物的某些部分结构，无感染能力和致病性。此外，亚单位疫苗诱发的是中和抗体，避免接种后产生无关抗体而引起的副反应或相关疾病。

亚单位疫苗的优势显著。首先，其不含核酸成分，不保留病原微生物的遗传信息，所以不具备感染特性，保证了疫苗的安全，对生态环境不会造成危害。其次，由于抗原为病原体表面的某一特定蛋白，仅为病原微生物的小部分，因而免疫特异性强。经纯化的亚单位疫苗基本全部由特异性抗原组成，消除了病原中一些引起不良反应的成分，副作用更小。然而，亚单位疫苗的免疫原性较低，需与佐剂配伍方可有效刺激机体产生免疫保护应答；同时由于亚单位疫苗抗原的单一性，其对同一毒株的不同血清型交叉免疫保护力差。

研究较多的水产动物亚单位疫苗有外膜蛋白、脂多糖等。在国外，Katherine等用美人鱼发光杆菌杀鱼亚种（*Photobacterium damselae* subsp. *piscicida*）的外膜蛋白FrpA制备了亚单位疫苗并与弗氏佐剂混合后免疫塞内加尔鳎，经两次免疫后，其免疫保护率可达73%。Kwon等以鳗弧菌鞭毛A为亚基制备了重组鞭毛A（rFlaA）亚单位疫苗，添加佐剂CpG-ODN 1668后免疫罗非鱼以预防鳗弧菌的感染，其免疫保护率可达60%，并且免疫的鱼体血清具有较强的凝集活性。张晨等以鲤春病毒血症病毒的糖蛋白为亚基构建了靶向性碳纳米管载体疫苗系统用于免疫鲤，浸泡免疫保护率可达83.3%。汪开毓等通过生物信息学分析筛选了斑点叉尾鮰源海豚链球菌DX09株的5个疫苗候选蛋白（Srr、NeuA、K710-1065、FbpA和Ftp），并通过原核表达制备亚单位疫苗用于免疫斑点叉尾鮰，结果显示重组亚单位疫苗Srr的免疫保护效果最佳，免疫保护率可达70%。

亚单位疫苗的制备方法（以鲤春病毒血症病毒亚单位疫苗为例）如下。

（1）糖蛋白基因序列获取　　通过GenBank搜索获取鲤春病毒血症病毒糖蛋白基因序列。

（2）载体的选择　　选择适合的表达载体用于目的基因的表达。

（3）酶切位点的添加及引物设计　　根据所选载体的实际情况，在基因序列两端添加适合的酶切位点，并设计引物以便扩增目的基因。

（4）重组表达质粒构建　　用限制性内切酶对载体和目的基因进行双酶切，纯化回收后通过连接酶将其连接成环状质粒。

（5）重组表达菌株构建　　将构建好的重组表达质粒转化至大肠杆菌菌株中，涂板培养，测序确定阳性克隆菌株表达正确。

（6）扩大培养　　将鉴定为阳性的菌株接种于液体培养基中，扩大培养。

（7）离心、破碎　　用高速离心机离心得到菌体，并用细胞破碎机进行菌体破碎。

（8）蛋白质溶解　　加入尿素对破碎后的菌液进行溶解，将蛋白质溶解至尿素中。

（9）抽滤　　溶解后的蛋白质需经抽滤除去不溶物，以获得未纯化蛋白。

（10）纯化重组蛋白　　用蛋白纯化柱获得纯化的重组蛋白。

（11）蛋白质复性　　选择分子质量大小合适的透析袋对纯化的重组蛋白进行复性。

（12）冻干　　为方便保存，需将复性后的目的蛋白置于冻干机中冻干成粉末。

（13）配苗及保存　　将蛋白质冻干粉与弗氏佐剂混合后分装于容器中，置于4℃冰箱保存。

（二）DNA疫苗

DNA疫苗又称基因疫苗或核酸疫苗，它是将病原微生物的某些抗原基因与载体重组后，直接将质粒接种于动物体内使其在宿主细胞内表达抗原蛋白，该蛋白抗原与宿主细胞MHC Ⅰ类或MHC Ⅱ类抗原分子结合而刺激免疫识别系统，诱发机体产生特异性体液免疫和细胞免疫应答（图16-2）。

1996年，Anderson等首次将传染性胰脏坏死病毒的糖蛋白基因插入真核表达质粒制成DNA疫苗并免疫虹鳟，发现该疫苗能够诱导机体产生强烈的保护性免疫应答，以抵抗传染性胰脏坏死病毒的攻击。在金鱼体内的实验表明，鱼类能够表达由真核表达载体携带的外源基因，并且可以作为很好的免疫原以激活鱼类的免疫系统。研究人员发现，用编码传染性造血器官坏死病毒糖蛋白的裸DNA免疫大西洋鲑，可有效预防大西洋鲑免受病毒侵染，其免疫保护率可达40%～100%。针对病毒性出血败血症病毒糖蛋白基因构建的DNA疫苗可保护70%的虹鳟免受病毒感染而死亡。此外，利用传染性造血器官坏死病毒、鲤春病毒血症病毒和乌鳢弹状病毒的糖蛋白基因构建3种病毒的DNA疫苗，分别对虹鳟进行免疫，结果表明3种疫苗均可诱导虹鳟产生对传染性造血器官坏死病毒的免疫应答反应。梁海鹰等以溶藻弧菌鞭毛蛋白flaC基因为材料制备了pcDNA-flaC DNA疫苗，经肌内注射免疫后，用PCR、RT-PCR、ELISA和攻毒实验等方法检测该真核表达质粒在红笛鲷组织内的分布、表达和对红

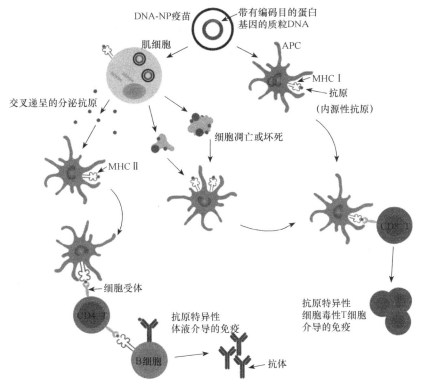

图 16-2 DNA 疫苗诱导细胞免疫和体液免疫的机制（引自 Lim et al.，2020）

DNA-NP 疫苗. 纳米粒子包裹的疫苗

笛鲷的免疫保护。结果表明，该 DNA 疫苗是抵抗溶藻弧菌感染的有效疫苗候选物。周永灿等以哈维氏弧菌 T6SS 株为材料克隆得到了 TssJ，并以 TssJ 为抗原构建了用于防控哈维氏弧菌感染的 DNA 疫苗，结果表明，该 DNA 疫苗能够有效地预防哈维氏弧菌的感染，其相对存活率可达 69.11%，并且能够显著增强血清中酸性磷酸酶、碱性磷酸酶、超氧化物歧化酶和溶菌酶的活性。使用单壁碳纳米管（SWCNT）进行偶联制备了 SWCNTs-pcDNA-ORF149 疫苗系统用于免疫锦鲤，疫苗的免疫保护率高达 81.9%，比裸 DNA 疫苗提高了 33.9%的保护效果。水产动物 DNA 疫苗的优势主要包括以下几点。

1）DNA 疫苗可在宿主体内长期稳定地表达蛋白质抗原。

2）DNA 疫苗仅含单一的病毒基因片段，无毒性逆转的可能性。

3）DNA 疫苗表达的抗原蛋白在构象上与天然抗原的构象更相似，因此其免疫原性更强。

4）DNA 疫苗在宿主细胞内表达抗原蛋白，可直接与 MHC Ⅰ和Ⅱ类分子相结合而引发体液免疫和细胞免疫反应。

5）不同的 DNA 疫苗具有相似的理化特征，可将质粒简单混合制备联合疫苗；此外，DNA 疫苗的抗原选择高度可控，可选择不同血清型的抗原基因或同一病原微生物的不同抗原基因制备多价疫苗，从而诱导机体产生多种中和抗体而提高疫苗的免疫保护作用。

6）DNA 疫苗的稳定性高，不需要特殊的冷藏系统；此外，DNA 疫苗可冷冻干燥制备成粉末，便于运输和保存。

DNA 疫苗的制备方法（以溶藻弧菌 DNA 疫苗为例）如下。

（1）目的基因扩增　　根据资料确定目的基因，设计引物进行目的基因的扩增。

（2）克隆载体的选择　　根据需求选择合适的真核表达载体。

（3）真核表达质粒的构建　　使用限制性内切酶双酶切真核表达载体和目的片段，回收纯化载体及目的片段，纯化后的载体和目的基因用 DNA 连接酶连接成环状质粒。

（4）真核表达菌株的构建　　将重组表达载体转化至大肠杆菌克隆菌株，涂板培养，测序验证。

（5）扩大培养　　将鉴定为阳性的菌株接种于液体培养基中，扩大培养后提取质粒。

（6）质粒鉴定　　将质粒进行双酶切和测序再次确定质粒的正确性。

（7）浓缩　　将鉴定后的质粒置于冻干机中浓缩至合适的浓度。

（8）分装保存　　将浓缩后的质粒按照一定体积和规格进行分装，保存于 −20℃冰箱备用。

（三）活载体疫苗

活载体疫苗是通过基因重组技术将外源的抗原基因重组到某种非致病性病毒或细菌株上而制备的疫苗。这种疫苗被接种到机体后，伴随载体微生物在体内的大量繁殖，外源性抗原基因的表达量也会增加，从而诱发机体产生特异性免疫应答。活载体疫苗主要分为两类：一类是以病毒为载体制备的病毒活载体疫苗；另一类是以细菌为载体制备的细菌活载体疫苗。其中，用于病毒活载体疫苗的病毒主要有痘病毒（poxvirus）、腺病毒（adenovirus，图 16-3）、疱疹病毒（herpes virus）及小 RNA 病毒等，而用于细菌活载体疫苗的细菌主要有沙门菌、乳酸菌及李斯特菌等。

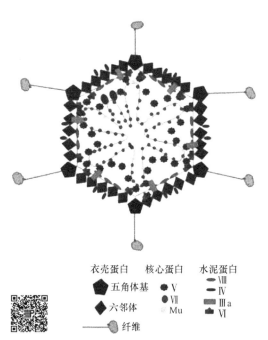

衣壳蛋白　核心蛋白　水泥蛋白
🔷 五角体基　● V　　━ Ⅷ
◆ 六邻体　　● Ⅶ　　━ Ⅳ
　　　　　　● Mu　▬ Ⅲa
━━ 纤维　　　　　　■ Ⅵ

图 16-3　腺病毒载体结构示意图
（引自孙彦莹等，2020）

腺病毒载体具有宿主范围广、血清型多、表达量高、操作方便、安全性高、不整合至宿主基因组和可诱导高水平体液免疫及细胞免疫等优点，因此受到疫苗研发人员的广泛关注。赵兴绪等用腺病毒载体构建了能表达保护性抗原 A 层蛋白的重组腺病毒活载体疫苗，其能够对杀鲑气单胞菌的感染提供良好的免疫保护效果。胡永浩等构建了传染性造血器官坏死症病毒糖基因的重组腺病毒载体疫苗，并用不同剂量免疫虹鳟，结果表明感染传染性造血器官坏死症病毒后免疫剂量为 0.1mL 的免疫组的虹鳟存活率最高，体内血清抗体效价也显著提高。Noonan 等将传染性造血器官坏死病病毒、病毒性出血败血症病毒和传染性胰脏坏死病病毒的糖蛋白基因转入杀鲑气单胞菌的无毒株 A440 中制备了细菌活载体疫苗，用其免疫大麻哈鱼后，可在鱼体内检测到这几种杆状病毒的特异性抗体。张元兴等将编码嗜水气单胞菌保护性抗原 GAPDH 的 *gapA34* 基因连接到迟缓爱德华菌高转录活性的 P 启动子下游以转化减毒迟缓爱德华菌，用其免疫大菱鲆（*Scophtalmus maximus*）后发现，该疫苗可有效预防嗜水气单胞菌 LSA34 及爱德华菌野生株 EIB202 的感染，免疫保护率可达 60%以上。

活载体疫苗的制备方法（以杀鲑气单胞菌腺病毒活载体疫苗为例）如下。

（1）目的基因的获取　　从 GenBank 中查找杀鲑气单胞菌 *Vapa* 基因，设计引物，PCR扩增。

（2）穿梭载体和目的基因的双酶切　　用限制性内切酶对穿梭载体和 *Vapa* 基因进行双酶切。

（3）连接　　用 DNA 连接酶将 pAdTrack-CMV 载体和 *Vapa* 基因进行连接。

（4）转化　　将上一步的连接产物转化到感受态细胞中，并涂布于含抗生素固体培养基上，培养过夜。

（5）扩大培养及质粒提取　　将经鉴定的阳性菌株扩大培养并提取质粒。

（6）重组质粒线性化　　用适宜的限制性内切酶将重组质粒线性化并回收。

（7）电转化　　将线性化的质粒与含腺病毒骨架载体 pAd-easy-1 的感受态细胞置于电转杯中进行电转化。将电转化后的感受态细胞涂布于含抗生素的固体培养基上过夜培养。

（8）提取质粒　　将阳性菌株扩大培养后提取质粒得到重组腺病毒质粒。

（9）重组腺病毒质粒线性化　　用限制性内切酶对重组腺病毒质粒进行酶切。

（10）转染　　取适量线性化的重组腺病毒质粒转染细胞。

（11）收毒　　经 8 代传代培养后，对重组腺病毒进行收集。

（12）保存　　将收集好的重组腺病毒进行分装并保存于 −80℃冰箱。

第二节　水产动物疫苗使用和免疫评价

在人们对水产品安全愈发关注、环境保护的呼声日益高涨的今天，采用各种化学药物防治水产养殖动物病害的方式受到了更大的质疑。疫苗在提高动物机体特异性免疫水平的同时也能增强机体的抗应激能力，符合低污染、低残留的要求，已经成为当今世界水产养殖动物疾病防控的重要方向。近年来，为了满足消费者对绿色水产品的需求及保护养殖环境达到可持续利用的目的，世界各国都在积极开展水产动物疫苗的研制工作。

一、水产动物疫苗国内外研究现状

20 世纪 70 年代中期，疫苗在欧美等国家和地区的鲑工业化养殖中被广泛应用并取得显著效果，使水产养殖业摆脱了对抗生素的依赖。其中防治鲑弧菌病（vibriosis）和红嘴病（enteric red mouth disease）的灭活疫苗获得巨大的商业成功，开启了世界渔用疫苗商业化进程。此后，各国加大了水产动物疫苗的开发力度，水产动物疫苗进入快速发展时期。

步入 21 世纪，基因工程技术蓬勃发展，人们对其安全性也有了更深入的认知，水产动物基因工程疫苗陆续得到商业许可。2001 年，世界首例鮰肠败血病（enteric septicemia）减毒活菌疫苗获得美国农业部商业许可，用于预防美国鮰养殖业中暴发的爱德华菌病。2005 年，该公司又在美国上市了鮰柱形病减毒活疫苗，每年可挽回由病害造成的损失至少 8000 万美元。

中国水产动物疫苗研究起步较晚，最早始于 20 世纪六七十年代。为防治草鱼出血病，中国水产科学研究院珠江水产研究所首次研制出草鱼组织浆灭活疫苗，从此揭开了我国渔用疫苗创制的序幕。20 世纪 80 年代中期，杨先乐研制出通过草鱼肾细胞培养的草鱼出血病病毒灭活疫苗。该灭活疫苗于 1992 年被授予国家一类新兽药证书，标志着我国渔用疫苗研发进程步入产业化阶段。同时期，中华鳖嗜水气单胞菌灭活菌苗和海水鲈鳗弧菌口服微胶囊疫苗被成功开发，进一步为我国水产养殖产业的发展壮大提供了坚实保障。

近年来，我国逐步构建了坚实的水产动物病害治疗与防控体系。截至目前已有 9 个疫苗获得国家新兽药证书，分别是草鱼出血病灭活疫苗（ZV8909 株）、草鱼出血病活疫苗（GCHV-892 株）、格氏乳球菌灭活疫苗（BY1 株）、嗜水气单胞菌败血症灭活疫苗、鱼虹彩病毒病灭活疫苗、大菱鲆迟缓爱德华菌病活疫苗（EIBAV1 株）、大菱鲆鳗弧菌基因工程活疫苗（MVAV6203 株）和鳜传染性脾肾坏死病灭活疫苗（NH0618 株）和牙鲆溶藻弧菌、鳗弧菌、迟缓爱德华菌病多联抗独特型抗体疫苗。中华人民共和国农业部（现农业农村部）在 2011 年初发布的 1525 号公告中正式批准草鱼出血病活疫苗生产使用，这也开启了我国水产动物疫苗产业化进程，掀开了我国水产动物疫苗产业化的新篇章。

二、水产动物疫苗的保存及注意事项

免疫接种渔用疫苗是防控水产动物疾病的有效措施之一，同时还可以解决水产品化学药物残留的问题，具有良好的应用前景。随着我国渔用疫苗研发工作逐步推进、生产工艺日趋完善，水产动物疫苗在养殖过程中的使用范围将不断扩大。

疫苗接种后能够刺激机体免疫系统产生免疫应答，从而实现免疫保护，达到预防水产动物病害的目的。因此，水产动物自身健康状况会影响疫苗作用效果。为实现水产动物疫苗作用效果最大化，需要做好日常饲养工作并建立实施养殖环境管理制度。只有创建良好免疫条件、规范接种疫苗，才能高效防治水产动物疾病。

（一）确保疫苗的质量

免疫接种的成败和保护效果的高低与疫苗质量密切相关，而且涉及使用安全性问题。疫苗生产必须严格按照规程通过安全检验和效力检验。不符合安全性指标的疫苗可能会导致疾病的暴发，而未达到效力检验指标的疫苗则不能诱导机体产生有效的免疫保护。《兽药管理条例》中规定，疫苗属于生物制剂类兽药，其生产、销售需经省级以上兽药管理部门批准。每种产品应有相应的批准文号，每批产品应有生产批号，并显示在产品的包装上面。购买疫苗时应选择正规生产厂家的合法产品。需详细查看疫苗的出厂日期（或批号）、保质期、使用及保存方法、销售商的保存条件，以及疫苗的性状是否与产品说明一致。包装出现破损、漏出、色泽不正常及伴有絮状沉淀摇动不散时，均不能选购和使用。

（二）选择合适的免疫条件

水产动物种类众多、数量庞大，针对不同物种选择合适的免疫时间和环境水温至关重要。李安兴等在研究不同温度（21℃、25℃、29℃和 33℃）对尼罗罗非鱼无乳链球菌疫苗免疫效果影响的过程中发现，接种鱼的白细胞总数、中性粒细胞、单核细胞和淋巴细胞绝对计数、呼吸爆发活性、血清杀菌活性和抗体水平在 21℃时最低，4 种免疫基因（IgM、$IL-1\beta$、$TNF-\alpha$ 和 $IFN-\gamma$）的表达水平也明显受到抑制。在低温时间段进行免疫接种时，鱼类的免疫系统激活时间较长，产生的免疫应答强度也相对较弱；而环境水温过高时又不便于人工操作，鱼体容易受伤感染。因此常在水产动物病害高发季节前、水温 8～22℃时完成疫苗免疫。此外，当养殖鱼类处于营养不良、体表损伤和疾病暴发等状况时不能进行免疫，易导致应激等不良反应。

（三）选择合适的免疫方法

水产动物免疫方式有以下 3 种：注射免疫、浸泡免疫和口服免疫。注射免疫法主要通过胸腔、腹腔、肌内注射疫苗，能够保证抗原准确地进入动物体内。该免疫途径疫苗使用剂量小且免疫效果好，但存在操作复杂、易造成鱼体机械损伤等问题，适用于经济价值高且体型或日龄较大的水产动物。浸泡免疫主要通过水产动物的皮肤、鳃和口腔等部位吸收抗原，刺激水产动物产生相应的抗体。该方法操作相对简便且应激作用小，适用于对规格较小的水产动物进行大规模接种。其缺点是用量较大，效果不稳定，使用免疫佐剂可提高其免疫效果。

与前两种免疫方式相比，口服免疫具有更高的可操作性，主要原因是水产动物的生长繁殖与水体环境密不可分，且养殖时同一水体中个体较为密集。口服免疫几乎适用于所有规格的养殖鱼类，尤其适合于需要多次重复免疫的鱼类。疫苗拌入饲料口服的方式具有方便、省时、省力的特点。但是，口服疫苗在实际应用中难以保证每尾鱼的疫苗剂量，且极易受到消化道酶的影响。在胃酸的作用下，胃蛋白酶被迅速活化并对抗原蛋白进行酶解，随后水解酶将蛋白质进一步水解为肽段，从而破坏抗原蛋白的完整性，部分或全部丧失抗原免疫原性。此外，口服免疫效果还受肠黏膜上皮细胞胞饮作用的影响。想要提高口服免疫的效果，可以通过包裹免疫抗原（如海藻酸钠、聚交酯聚合物和脂质体）和改善肠道环境等措施来实现。

（四）规范免疫操作

在进行不同水产动物免疫工作时，免疫操作规范会有所差异，需要根据相应要求制定合理的免疫操作流程，在人员安排充分、工具使用恰当和免疫时间合理的基础上制定细则，开展稳妥、高效、快速的水产动物免疫工作。

1. 免疫前处理　　为了有效开展水产动物免疫工作，夏花鱼种在接种疫苗前应拉网锻炼 2～3 次增强体质和抗应激能力。拉网锻炼前和拉网锻炼期间均应对养殖池塘进行杀虫处理，防止拉网过程中造成鱼种的机械性损伤，从而导致感染病原微生物暴发疾病。受免鱼种规格较大时，杀虫杀菌工作应提前一周开展。接种疫苗前使用麻醉剂有利于降低鱼体的应激反应、避免机械损伤并提高免疫效率。免疫后鱼种暂养于网箱中，待鱼体情况稳定后再转移到池塘中。

2. 免疫工具的选择　　注射免疫时，不同大小的鱼种应选择合适规格的注射针头。随着水产养殖饲养规模的不断扩大，注射免疫时使用一次性注射器费时费力，而连续注射器的推广使用有利于免疫工作的高效开展。接种不同疫苗时，免疫工具的消毒处理方式不同。需特别注意接种活疫苗时，仅可以采用开水煮沸的方式进行免疫工具的消毒，若采取 75%乙醇消毒会导致抗原被杀灭，直接对疫苗效力产生不可逆的负面影响。

3. 疫苗稀释　　注射用疫苗使用 0.65%的生理盐水进行稀释，现配现用。浸泡疫苗可以使用养殖水体进行稀释，注意稀释用水的温度与养殖温度不能差别太大。根据疫苗的浓度、鱼体的大小和数量等条件确定疫苗稀释倍数，遵循现配现用原则，免疫结束后若疫苗剩余则封口后适温储存。

4. 疫苗免疫　　一般情况下，鱼类注射免疫部位为胸鳍基部、腹鳍基部和背鳍基部。注射前将疫苗充分振荡混匀，根据鱼体大小确定使用剂量。进针角度控制在 30°～45°，进针深度控制在 2～5mm。进针深度可根据鱼体规格适当调整，保证疫苗注射后不漏出、不伤及内脏。

浸泡免疫时，疫苗使用浓度和受免鱼体浸浴时间呈现负相关关系。不同浸泡疫苗具体使用浓度和时长可参照说明书进行操作。口服疫苗操作简便，按照一定比例与水产动物养殖饲料充分搅拌混合后即可投喂，必要时可以进行加强投喂。

5. 免疫后的饲养管理　　　接种疫苗后要保持良好的养殖水环境，加强防病措施，保证饲料质量与数量，为鱼类自身体质的增强和抗体的产生提供保障条件。

（五）注意事项

1）购买正规生产厂家的疫苗，检查生产批号及保质期。

2）购回疫苗后应冷藏保存，避免高温和强光。

3）严格依照疫苗使用说明书或专家指导意见控制使用剂量，不能依照个人意愿随意更改疫苗用量。

4）避免一天内同时接种 3 种以上单联疫苗，防止不同疫苗直接相互干扰。

5）接种活疫苗时需特别注意，在机体产生免疫保护力前不宜给鱼种投喂抗菌或抗病毒药物。

6）免疫接种工作完成后，及时对剩余药液和疫苗瓶等进行消毒处理，并做好清洁消毒工作。

三、水产动物疫苗的使用方法

免疫反应是指机体对于异己成分或者变异的自体成分做出的一种防御反应，是一个极为复杂的过程。对受免动物来说，接种疫苗后机体是否能产生相应免疫力及产生免疫力的强弱与多种因素密切相关，涉及疫苗质量、疫苗使用量、机体健康状况和外界环境因素等。免疫接种过程中需要全面考虑多项影响因素，才能达到水产动物高效免疫保护的目标。对水产动物实施免疫接种的途径有别于其他动物。水产动物疫苗的免疫接种途径主要有如下 5 种。

（一）注射免疫途径

注射免疫是目前水产动物疫苗最主要的使用方式，接种后主要诱导机体产生系统免疫应答。该免疫途径不仅可以极显著地刺激机体产生相应的抗体，刺激水产动物产生长期免疫保护，还可以有效控制疫苗接种的剂量，避免疫苗资源的浪费，获得的免疫保护效果较好。例如，我国广泛使用的注射免疫疫苗主要有草鱼出血病活疫苗、嗜水气单胞菌败血症灭活疫苗和鱼虹彩病毒病灭活苗等。

1. 人工注射途径　　　对鱼体进行注射免疫时常将疫苗接种于背部肌肉和腹腔内，胸腔注射易伤及内脏造成机体损伤，因此操作不熟练时并不是一个合适的方法。采用肌内注射的疫苗一般以易吸收、无佐剂为宜，有利于肌肉内丰富的血管对其进行吸收，否则易形成肿块，影响水产动物的正常代谢。肌肉内的感觉神经较少，疼痛轻微，刺激性强，但是肌肉组织致密，仅能注射少量的疫苗，且注射的部位应避开大血管及神经路径的部位，注射量控制在每尾鱼 0.1～0.2mL。肌内注射部位一般在背鳍基部，向头部方向进针，进针深度约为针头的 2/3，以不伤及脊椎骨为度，切勿把针头全部刺入，以防针头从根部衔接处折断。若需对鱼体进行长期肌内注射，接种部位应交替更换，在同一部位注射时应避免与之前已注射位置重复，以避免硬结的发生；若要同时注射两种以上的疫苗，也尽量在不同的部位注射。DNA 疫苗（如传染性造血器官坏死病疫苗、病毒性出血性败血症疫苗等）可采用肌内注射的方法。

腹腔注射是指将药液注入腹腔，利用疫苗的局部作用和腹膜的吸收作用达到免疫效果。注射时针头沿腹鳍基部扎入，与鱼体成 30°～40°，向头部方向进针，进针深度依鱼的大小而定。腹腔注射接种是弧菌菌苗在进行免疫接种时最常用的方法,也是进行水产动物免疫最有效的方法。例如,在 20 世纪七八十年代,美国和北欧地区就是采用该法对三文鱼进行免疫接种的,并取得了较好的效果。一般传统灭活疫苗或减毒疫苗均采用腹腔注射的方式,如杀鲑气单胞菌减毒疫苗等。

2. 自动机械注射途径　　人工注射途径的劳动强度大且对操作人员的技术熟练度要求较高,因此在进行大规模免疫时存在很大的局限性。为了解决该问题,中国水产科学研究院渔业机械仪器研究所开展了鱼用疫苗自动注射技术研究,成功设计了一种自动化机械注射装置

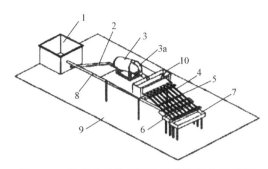

图 16-4　鱼类自动化机械注射装置结构示意图
（引自洪扬等,2019）

1. 储水鱼箱；2. 吸鱼泵管；3. 吸鱼泵；3a. 出鱼管道；
4. 分鱼滑道；5. 识别控制机构；6. 回流水槽；
7. 接鱼水槽；8. 回流水管；9. 下固定板；10. 滑板

（图 16-4 和图 16-5）,对鱼用疫苗自动注射技术的发展具有很大意义。

该自动化机械注射装置主要由以下 8 部分构成：储水鱼箱、吸鱼泵管、吸鱼泵、出鱼管道、分鱼滑道、注射装置、识别控制机构和回流水槽。机器运行时,吸鱼泵管将储水鱼箱中的鱼苗输送到出鱼管道,在重力作用下进入向下倾斜的单个分鱼滑道,利用图像识别装置辨别鱼苗状态,当鱼苗符合要求时注射装置工作对鱼苗进行疫苗注射,当鱼苗不符合要求时摆动气缸工作将鱼苗从活动段滑道尾端落入回流水槽中,重新识别注射。该装置操作方便,大幅度降低了人工注射的劳动强度,且验证实验表明注射成功率可达 95%。

（二）口服免疫途径

水产动物生活的环境离不开水体,并且养殖规模和数量均较大,因此,口服免疫途径操作方便,被公认为是水产动物疫苗免疫中可操作性较高的免疫方式。口服免疫途径几乎适用于所有规格的鱼类,其主要是通过刺激水产动物体内肠道黏膜系统产生免疫应答,通常采取拌入饲料口服的方式进行,既省时又省力。1997 年,Joosten 等将鳗鲡弧菌菌素上清液包裹在海藻酸盐微颗粒中对鱼体进行口服免疫,结果表明经微囊化处理后的抗原口服疫苗可引起鱼的全身记忆和黏膜免疫反应,这是首次将微囊化疫苗应用到水产养殖产业中。李新华等用微胶囊疫苗（海藻酸钠包裹制备的嗜水气单胞菌疫苗）口服免疫银鲫,结果显示试验组的免疫保护率为61.1%,高于对照组的50%,这表明微囊疫苗可以提高免疫保护性。相关研究表明用海藻酸盐包裹的传染性胰脏坏死病毒的 DNA 疫苗

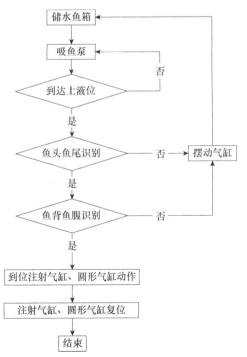

图 16-5　电控系统结构示意图（引自洪扬等,2019）

口服免疫虹鳟和褐鳟，攻毒后的免疫保护率可达到80%。

当抗原通过口服免疫途径进入鱼类肠道后，小分子或可溶性物质可以通过细胞间隙进入血液，大分子物质则通过巨噬细胞呈递给相应的淋巴细胞，从而诱导机体的免疫应答反应产生抗体。但是疫苗进入肠道后会受到肠道内相关消化酶的影响，降低抗原的免疫原性。同时，受免疫动物的数量往往较多，疫苗剂量很可能得不到有效保障，导致口服疫苗提供的免疫保护力可能会低于注射免疫途径。

（三）浸泡免疫途径

浸泡免疫是指将水产动物转移至配制好的相应浓度的疫苗溶液中浸泡一段时间进行免疫接种的免疫途径。目前，全菌灭活疫苗、DNA疫苗和亚单位疫苗等均可进行浸泡免疫。由于各个类型疫苗的制备方法不同，所针对的病原微生物也具有各自的特殊性，导致水产动物在通过浸泡免疫途径接种疫苗时的免疫效果不理想。

例如，用浸泡免疫接种全菌灭活疫苗时，通常需要添加合适的佐剂以提高免疫保护效果；而亚单位疫苗则要求对病原微生物发挥主要抗原作用的蛋白质有研究基础，构建准确合理的免疫原原核表达载体，才能通过浸泡免疫发挥良好的保护作用。如果抗原分子较大，还需要一种载体物质将抗原分子运输进鱼体内部。

通过浸泡免疫途径接种疫苗后，受免鱼机体内会产生黏膜免疫反应和系统免疫应答反应。抗原刺激水产动物体表皮肤和鳃黏膜组织后可诱导产生特异性和非特异性免疫反应应答，随后进入体液循环，刺激机体产生系统免疫应答反应（图16-6）。

浸泡免疫的效果通常受以下因素影响：接种时的环境水温、疫苗使用浓度、鱼体大小、浸浴时长和是否添加佐剂等。其中，接种时疫苗的浓度和免疫浸泡时间对免疫效果的影响最大。为了提高免疫效果，可以适当改变浸泡环境渗透压，其原理是相对较高的渗透压有利于体表皮肤和鳃对疫苗的摄入。有研究表明，鳜在嗜水气单胞菌疫苗中浸浴一周后，其皮肤黏液中的抗体滴度达到峰值。

（四）气雾免疫途径

气雾免疫是指喷出的雾滴粒子直径小于40μm，区别于喷雾法免疫，后者雾滴粒子直径大于50μm，两者统称为气雾免疫途径。气雾免疫的作用原理是利用专业的仪器设备将稀释后的疫苗雾化为一定大小的粒子，均匀地以一定的压力直接喷射到水产动物上进行免疫，随着水产动物的鳃呼吸进入机体内部。雾化粒子的大小需要根据水产动物日龄大小和疫苗进行调整，其进入呼吸道后，一部分被吞噬细胞转运至淋巴或血液循环系统，诱导机体产生体液免疫力。另一部分则刺激呼吸道黏膜吞噬细胞，促使B淋巴细胞分化成为浆细胞，产生分泌型IgA抗体起到局部黏膜保护作用。还可以刺激吞噬细胞产生干扰素，诱导T淋巴细胞分化成细胞毒性T淋巴细胞等。因此，气雾免疫途径可以刺激产生全身性的广泛免疫保护作用。

相较于其他免疫途径，气雾免疫途径的最大优势在于可以引起黏膜的局部细胞免疫和体液免疫。这种局部的免疫保护作用能够有效地抵抗外来病毒的侵害，随后又可以诱导产生全身性免疫应答，并且省时省力，产生免疫力的时间比其他方法快；对黏膜有亲嗜性的疫苗特别有效。

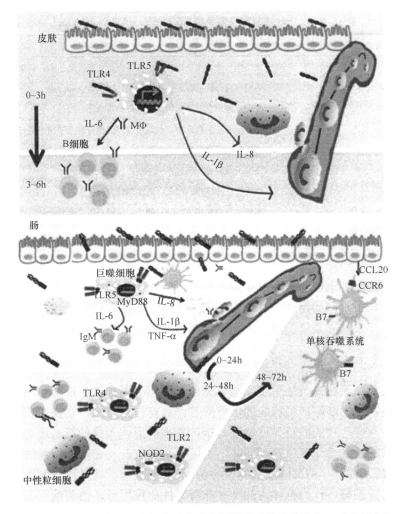

图 16-6　斑马鱼经鳗弧菌减毒活疫苗浸泡免疫后皮肤和肠道黏膜的免疫应答（引自刘晓红，2015）

（五）超声免疫途径

超声波在水产养殖业上的应用包括利用高频超声波（频率在 1MHz 以上）对水产动物进行作用，以提高水产动物的排卵受精能力；对受精卵进行作用，以提高受精卵的孵化率和胚胎的成活率等。还可以应用中低频（频率在 1MHz 以下）超声波具有较强穿透性的特点，对水产动物实行疫苗的免疫接种或药物的浸浴治疗，在生产上具有广阔的应用前景。其原理是超声波对生物的空化作用、机械作用和热作用等可显著增加皮肤和肌肉组织的通透性。

具体的操作方法如下：将疫苗用水配制成 $1 \times 10^6 \sim 1 \times 10^9$ 细胞/mL 的浓度，并将该疫苗溶液倒入底部安放有超声探头的超声容器内，将待接种的水产动物置于疫苗溶液中。用频率为 $20 \sim 1000$kHz、强度为 $0.01 \sim 100$W/cm^2 的中低频超声波作用 $0.1 \sim 30$min，疫苗便可在超声的作用下通过皮肤和肌肉足量进入水产动物机体，从而快速方便地完成疫苗的免疫接种。根据水产动物的种类和疫苗的种类不同，应用超声波进行疫苗免疫接种的方法有 8种（表 16-1）。

表16-1　水产动物疫苗超声免疫接种方法（引自周永灿等，2001）

方法	具体操作
连续超声	将待接种的水产动物放进疫苗溶液后立即开动超声，结束后立即捞出
浸泡+连续超声	先浸泡数分钟后再连续超声作用，结束后立即捞出
连续超声+浸泡	先连续超声数分钟后再浸泡数分钟后捞出
浸泡+连续超声+浸泡	先浸泡再超声数分钟，结束后再浸泡数分钟后捞出
脉冲超声	直接开动超声仪脉冲超声作用
浸泡+脉冲超声	先浸泡数分钟后再进行脉冲超声
脉冲超声+浸泡	先进行脉冲超声，结束后再浸泡数分钟
浸泡+脉冲超声+浸泡	先浸泡数分钟后进行脉冲超声，结束后再浸泡数分钟后捞出

四、水产动物疫苗免疫评价

病害是影响我国水产养殖业健康发展的重要因素。因此，寻找有效的病害防控方法至关重要。随着近年来水产动物疫苗创制工作的逐步推进和深入研究，疫苗已广泛应用于水产养殖中。但目前尚未建立系统的水产动物疫苗免疫效果评价指标。

（一）非特异性免疫评价指标

非特异性免疫又称先天性免疫或固有免疫，是与生俱来的生理防御功能，面对外来病原微生物和异物入侵时能够产生相应的免疫应答，具有作用范围广、反应快、稳定性高和遗传性好的特点。水产动物的非特异性免疫是抵抗外来病原体入侵的第一道防线。接种疫苗可以引起水产动物的特异性免疫应答，同时，也可以诱导水产动物的非特异性免疫应答。

1. 溶菌酶活性　　溶菌酶又称胞壁质酶或 N-乙酰胞壁质聚糖水解酶，是一种能水解致病菌黏多糖的碱性酶。作为机体内的一种非特异性免疫因子，溶菌酶存在于血清、黏液和多种组织中，参与机体的免疫反应，抵御外源微生物的入侵。此外，溶菌酶还具有抗病毒、增强免疫力、调节肠道菌群平衡和修复创伤组织等功能。

鱼类黏液作为机体免疫的第一道防线，其中包含溶菌酶在内的多种抗菌因子。但选用溶菌酶作为评价水产动物疫苗免疫效果参考指标时需慎重。首先，并不是所有鱼类体表黏液的抗菌能力都和溶菌酶活性存在对应关系，所以在进行鱼类体表黏液抗菌效果研究时不一定能够真实地反映其内在联系。其次，多项研究表明各个鱼种接受不同的疫苗免疫处理后，其血清中的溶菌酶活性并不一定会显著提升。Gassent 对鳗进行饥饿处理后开展免疫试验，研究结果表明创伤弧菌（*Vibrio vulnificus*）二价疫苗不能诱导机体血清中溶菌酶活性升高，其原因可能是鳗机体对饥饿胁迫的响应过强，对免疫响应的产生有所影响。

2. 超氧化物歧化酶活性　　超氧化物歧化酶是生物体内一种重要的抗氧化酶，在平衡机体氧化和抗氧化过程中起到关键作用。超氧化物歧化酶能够增强机体内巨噬细胞的吞噬活性，与机体的免疫能力息息相关，与很多疾病的发生、发展密不可分。相关研究显示草鱼接种拟态弧菌表位基因疫苗后，其肠黏液中的超氧化物歧化酶活性在免疫后各检测时间点均显著增加，即疫苗免疫后，机体免疫功能增强。

3. 血清抗菌活性　　血清抗菌活性能够综合体现特异性免疫和非特异性免疫，反映机体抵御病原微生物的能力，可以作为判断机体免疫力强弱的指标之一。有研究表明罗非鱼

（*Oreochroms mossambcus*）接种海豚链球菌（*Streptococcus iniae*）疫苗后，与对照组相比免疫组的血清抑菌活性显著提升。

4. 外周血细胞数量变化　　外周血中的白细胞是非常重要的一类血细胞，具有吞噬异物并产生抗体的能力、治愈机体损伤的能力、抵御病原体入侵的能力和对疾病的免疫抵抗力等。一般情况下可以通过测定疫苗接种后鱼体外周血中的白细胞数量来监测机体免疫水平的变化。

吞噬作用是水产动物机体应对病原微生物入侵时的一种初始防御机制，是衡量水产动物非特异性免疫能力的重要指标之一。白细胞中发挥吞噬作用（图 16-7）的细胞主要是单核细胞和中性粒细胞。有研究表明，虹鳟（*Oncorhynchus mykiss*）在接种嗜水气单胞菌疫苗后，机体内的白细胞吞噬活性明显升高。

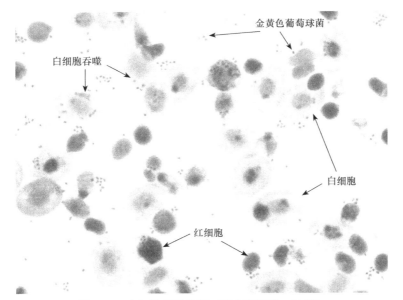

金黄色葡萄球菌

白细胞吞噬

白细胞

红细胞

图 16-7　白细胞吞噬作用（引自张司奇，2018）

张波等在研究青鱼（*Mylopharyngodon piceus*）接种嗜水气单胞菌疫苗后的外周血免疫指标变化时发现，外周血中的红细胞具有一定的吞噬功能，和白细胞一样参与了疫苗免疫后机体的免疫反应过程。

5. 非特异性免疫相关基因的表达量　　疫苗免疫后通常会引起机体某些非特异性免疫相关基因的表达量显著上升，从而增强水产动物的免疫力。因此，可以将一些免疫相关基因表达量的变化作为评价水产动物疫苗保护效果的指标之一。

补体系统是鱼类非特异性免疫防御体系的重要组成部分，可以通过以下 3 条相对独立又相互联系的途径抵御病原体入侵：旁路途径、凝集素途径和经典途径（图 16-8）。其中补体 C3和 C4 承担着重要作用。补体系统活化过程中补体 C3 起到枢纽作用。而补体 C4 作为凝集素途径和经典途径的起点，也在补体系统中起重要作用。有研究表明，鱼类接种疫苗后补体 *C3*、*C4* 基因的表达量显著高于对照组，补体途径成功被激活，机体非特异性免疫力增强。

有研究表明，某些细胞因子基因表达量的变化与疫苗免疫效果也存在一定的关系。白细胞介素-1β（IL-1β）是一种促炎症因子，由活化的巨噬细胞以前蛋白的形式产生，能够促进免疫细胞生长和增殖。斑马鱼（*Danio rerio*）浸浴免疫鳗弧菌（*Vibrio anguillarum*）疫苗后，

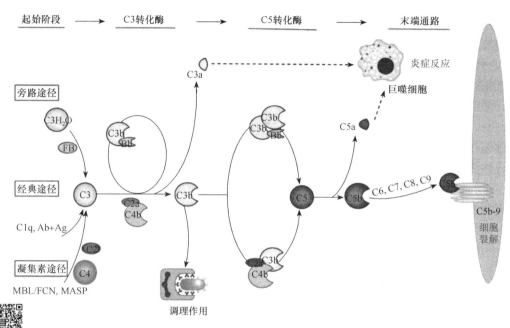

图 16-8　补体系统的激活通路（引自赵菲等，2017）

采集脾组织检测细胞因子基因表达水平变化，结果显示 IL-1β 表达量升高。而 Raida 等对虹鳟进行浸浴免疫鲁氏耶尔森菌（*Yersinia ruckeri*）灭活疫苗后发现其脾组织中的 *IL-1β* 基因表达水平无显著改变。可能的原因是相较于鲁氏耶尔森菌灭活疫苗，鳗弧菌弱毒疫苗能够更加有效地激活巨噬细胞，从而诱导脾组织中 *IL-1β* 基因的表达量上升。以上试验结果表明应针对具体情况选用水产动物疫苗免疫效果评价指标。

　　白细胞介素-8（IL-8）是趋化因子家族中的一种细胞因子，能够刺激中性粒细胞迁移以抵御病原微生物的入侵。IL-10 可以促进 B 细胞的增殖分化和免疫球蛋白的产生，并能阻断趋化因子与受体结合，抑制炎症因子的产生。

（二）特异性免疫评价指标

　　特异性免疫又称获得性免疫或适应性免疫，它是机体经后天感染或人工预防接种（菌苗、疫苗和免疫球蛋白等）而使机体获得的抵抗病原感染的能力。通常情况下，其是由病原微生物入侵机体后形成的。特异性免疫反应包括细胞免疫和体液免疫两种类型，分别由 T 淋巴细胞介导和 B 淋巴细胞介导。鱼类属于低等水栖脊椎动物，具有特异性免疫系统，但相较于哺乳动物而言免疫系统并不完善。因此关于鱼类细胞免疫的研究，主要以体液免疫检测指标评价鱼用疫苗免疫效果。

　　1. 血清抗体指标　　免疫血清是用抗原多次接种合适的成年健康动物，刺激机体产生免疫应答，血清中便含有大量的特异性抗体。多项研究表明，受免动物血清抗体水平能够直观反映机体免疫应答强度，是评价疫苗免疫效果的一项重要指标。二者之间呈现正相关关系，即血清抗体水平越高，机体免疫应答越强，获得的免疫保护力越高，疫苗免疫效果越好。沈锦玉等使用草鱼呼肠孤病毒衣壳蛋白真核重组疫苗免疫草鱼后，免疫鱼的血清抗体效价较对照组显著增加，35d 达到最高峰，持续到 98d 试验结束时，血清抗体效价仍高于对照组。孔祥会等在研究嗜水气单胞菌弱毒疫苗对鲤的免疫效果中发现，灭活疫苗组和弱毒疫苗组的血清抗体效价从免疫后的第 14～28 天均显著高于对照组。吴淑琴等在对鳗鲡迟缓爱德华菌偶联疫苗进行免疫效果评价时发现，免疫后 7d，4 个免疫组的鱼血清抗体水平均显著升高，其中偶联疫苗组的血清抗体效价最高。但有研究表明，使用一种鳗弧菌疫苗对斑马鱼进行接种处理后，其血清抗体水平并未显著提升，但攻毒试验表明该疫苗具有较好的免疫保护效果，造成这种现象的具体原因还需进一步探究。

2. 主要组织相容性复合体　　主要组织相容性复合体（major histocompatibility complex，MHC）是一组编码动物主要组织相容性抗原的基因群的统称，编码的蛋白质位于细胞表面，能够将抗原物质呈递给 T 淋巴细胞，具有重要的免疫生理功能。

　　根据基因的位置和功能，主要组织相容性复合体可分为 MHC Ⅰ、MHC Ⅱ和 MHCⅢ三类。MHC Ⅰ一般位于细胞表面，可以将内源性抗原呈递给 T 细胞受体 αβ / 细胞分化簇 CD8⁺复合体。MHC Ⅱ大多位于抗原呈递细胞上（如巨噬细胞等），将外源性抗原呈递给细胞分化簇 CD4⁺辅助性 T 细胞。MHC Ⅰ类和 MHC Ⅱ类抗原呈递基础途径如图 16-9 所示。有研究表明，斑马鱼在用弱毒的鲁氏耶尔森菌浸浴接种后，脾中 MHC Ⅰ和 MHC Ⅱ的表达量显著提升，可以刺激机体产生 MHC 介导的免疫应答反应。孔祥会等使用重组蛋白 rVP35 免疫草鱼后，*MHC Ⅰ*基因在免疫鱼的头肾和脾组织中的 mRNA 相对表达量显著上调，其峰值是对照组的 12 倍。有研究表明，给斑马鱼接种一种迟缓爱德华菌弱毒疫苗，其脾组织中的 *MHC Ⅰ*基因表达量上调、*MHC Ⅱ*基因表达量下调，且攻毒试验表明该疫苗具有较好的免疫保护效果。

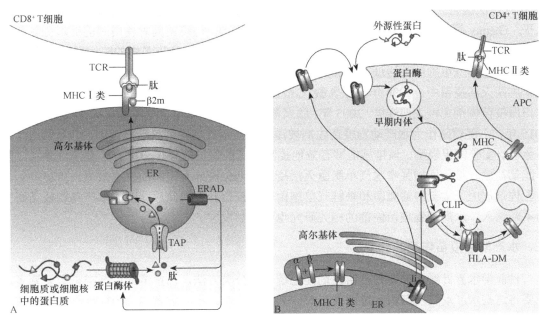

图 16-9　MHC Ⅰ类（A）和 MHC Ⅱ类（B）抗原呈递基础途径（引自 Neefjes et al.，2011）
ERAD. 内质网相关的蛋白质降解

3. 免疫保护率　　水产动物接种疫苗一段时间后，可以通过攻毒试验检测疫苗的免疫保护效果。攻毒试验期间，每天记录免疫组和对照组的死亡个体数，最后计算免疫保护率（relative percent survival，RPS）。免疫保护率是疫苗免疫保护效果的直观表现，是多项水产动物疫苗研究中的重要评价指标。石存斌等在研究维氏气单胞菌灭活疫苗对草鱼免疫效果的过程中发现，腹腔攻毒后注射免疫组的 RPS 可达 66.7%，浸泡免疫组的 RPS 可达 36.7%。李槿年等的一项关于拟态弧菌靶向表位基因疫苗的研究显示，双靶向疫苗免疫的草鱼在攻毒后 RPS 可达 80%。

免疫保护率=（对照组发病率－免疫组发病率）/对照组发病率×100%

第三节　水产动物疫苗佐剂

水产动物疫苗佐剂又称为水产免疫佐剂，其本身没有抗原性，与抗原同时使用或预先注射到水产动物体内时，能够增强抗原特异性免疫应答反应的作用或改变抗原诱导的免疫反应类型。目前水产动物疫苗的主要类型有弱毒疫苗、灭活疫苗、亚单位疫苗和 DNA 疫苗等。其中，采用基因重组等技术制备的亚单位疫苗和 DNA 疫苗免疫原性相对较弱，需要免疫佐剂的帮助才能更有效地激发机体的免疫反应。免疫佐剂一旦与疫苗联合使用，便成为水产动物疫苗的重要组成成分，需要对其进行严格的生物安全性检测、环境安全性检测和食品安全性检验。本节将从水产动物疫苗佐剂的发展简史、分类、主要功能和作用机制及使用原则等方面进行介绍。

一、水产动物疫苗佐剂的发展简史

在动物疫苗研究和发展的过程中，首次在疫苗中使用免疫佐剂的历史要追溯到 19 世纪 20 年代，法国兽医 Ramon 经研究发现，对动物注射无菌的淀粉和面包屑可以提高血清抗体水平。Glenny 等的研究结果表明铝盐作为一种免疫佐剂，与疫苗同时使用时能够增强其免疫效果，并在各种生产实践中被广泛验证和应用。疫苗佐剂在水产疫苗中的应用可追溯到 1981年，一种杀鲑气单胞菌灭活疫苗中加入了铝盐佐剂，并获得生产许可，被大规模应用于杀鲑气单胞菌灭活疫苗中。1996 年，聚乳酸-乙醇酸（polylactic acid-glycolic acid，PLGA）被用作口服疫苗佐剂免疫大西洋鲑。2005 年，肽聚糖被用于增强鲫嗜水气单胞菌灭活疫苗的效果。2015 年，山莨菪碱作为水产动物疫苗佐剂被添加到嗜水气单胞菌灭活疫苗中，并对鲫进行浸泡免疫。实验结果表明，该措施能够有效地提高疫苗的保护效果。2018 年，蓖麻油聚乙二醇单酯葡萄糖苷被用于增强嗜水气单胞菌灭活疫苗浸泡免疫异育银鲫的应用效果。2020 年，非油乳佐剂被用于大菱鲆鳗弧菌和杀鲑气单胞菌灭活疫苗开发。此后，随着水产动物疫苗研究的不断深入，水产动物疫苗佐剂的相关研究也在蓬勃发展。

二、水产动物疫苗佐剂的分类

目前学术界针对水产动物疫苗佐剂尚无统一的分类方法，已报道的佐剂类型数量繁多，想要将这些水产动物疫苗佐剂进行理想的分类比较困难。不同学者的分类标准不完全一致，有按作用机制、来源、形态特征来分类的，也有按 DNA 佐剂、遗传佐剂、植物佐剂和细胞因子佐剂等进行分类的。按常用水产动物疫苗佐剂的来源可以将佐剂分为以下 5 类。

（一）铝盐

早在 19 世纪 30 年代初，就已经在疫苗中添加铝盐佐剂，以提高其免疫效果。现如今，铝盐佐剂在许多疫苗中被添加使用，如乙肝疫苗等。在动物上，在病毒性兽用疫苗和细菌性兽用疫苗中开展了大量的铝盐佐剂应用研究，以期望增强其免疫效果。根据疫苗的制备工艺和铝盐佐剂的种类，可将疫苗分为铝沉淀疫苗和铝吸附疫苗。铝沉淀疫苗的制备原理是通过十二水合硫酸铝钾共沉淀抗原，而铝吸附疫苗的制备原理是通过氢氧化铝或者正磷酸铝凝胶在水中吸附抗原。其中，铝盐佐剂主要以铝吸附疫苗的形式被广泛应用。对于疫苗抗原为可溶性蛋白来说，通过铝盐佐剂的免疫增强作用能够显著地增强抗原的呈递效率和抗原积累效果，使树突状细胞表面主要组织相容性复合物的表达强度显著增强，并延长其持续作用时间，进而增强抗原内化，并引起机体的免疫应答反应（图 16-10）。在铝盐作为人类疫苗佐剂的应用过程中，很少发生不安全的事故（如免疫排斥反应和超敏反应），铝盐佐剂被公认为是一种安全并有效的佐剂。在水产动物上，有研究人员在日本比目鱼模型上进行了佐剂的安全性评价工作，分别在疫苗中加入磷酸铝佐剂、氢氧化铝佐剂和弗氏不完全佐剂，研究数据表明，磷酸铝佐剂能够提高 35%的疫苗免疫保护率，氢氧化铝佐剂能够提高 19%的疫苗免疫保护率。相对于弗氏不完全佐剂来说，铝盐佐剂对机体的伤害明显更小。2010 年，有研究表明，铝胶佐剂能够显著地增强弧菌疫苗对红笛鲷的免疫保护效果；2015 年，有学者发现铝胶佐剂能够增加 11.1%的大鲵嗜水气单胞菌灭活疫苗的免疫效果。

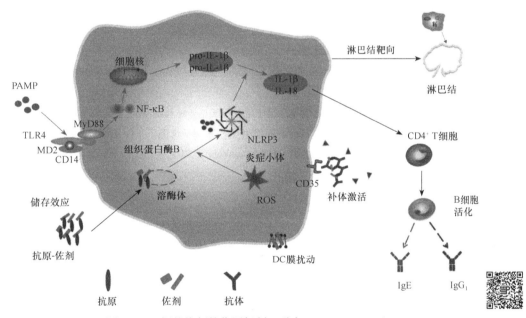

图 16-10　铝盐佐剂的作用机制（引自 Shi et al.，2019）

（二）油乳

　　油乳佐剂是指由油相与不易混合的水相在表面活性剂的作用下使用一定的制备工艺乳化而成的佐剂，根据油和水的混合比例、表面活性剂种类及乳化制备工艺的不同，可以将油乳佐剂疫苗分为以下 3 种：油包水（W/O）、水包油包水（W/O/W）和水包油（O/W）形态（图 16-11）。抗原（antigen，Ag）能够在油包水疫苗中缓慢释放，持续地引起机体的免疫应答反应，免疫保护持续期长，但是液体黏稠，不易使用；水包油疫苗液体较油包水疫苗稀薄，在水体中扩散快，可以在短时间内引起机体产生较强的免疫应答反应；最新开发的水包油包水佐剂的效果和性质处于油包水佐剂和水包油佐剂之间。最典型的油包水佐剂是弗氏佐剂，在世界上应用得非常广泛，主要可细分为弗氏不完全佐剂和弗氏完全佐剂两种类型。其中，弗氏完全佐剂一般由热灭活分枝杆菌与含表面活性剂的矿物油混合组成，可有效地增加血清抗体水平，但弗氏完全佐剂的副作用较大，极易引起机体的过敏反应，因此在水产动物疫苗上很少使用。弗氏不完全佐剂与弗氏完全佐剂相比除去了分枝杆菌的添加，其作用原理是使细胞吞噬功能提高来促进白细胞浸润和细胞因子表达量提高，并且其免疫保护期较长，但弗氏不完全佐剂也具较强的毒性，能够引起机体损伤。部分学者的研究结果显示，通过使用油乳佐剂疫苗可以显著地提高疫苗的免疫保护率，由于使用油乳佐剂后，在免疫部位形成了仓库效应，抗原物质在机体中缓慢地持续释放，从而使鱼体在抗原物质的长期刺激中持续产生免疫应答反应，有效地提高了抗体水平。1993 年，有学者发现利用弗氏不完全佐剂能显著增强草鱼出血病灭活疫苗的效果。2015 年，相关学者发现弗氏佐剂能够增加 16.7% 的大鲵嗜水气单胞菌灭活疫苗的免疫效果。

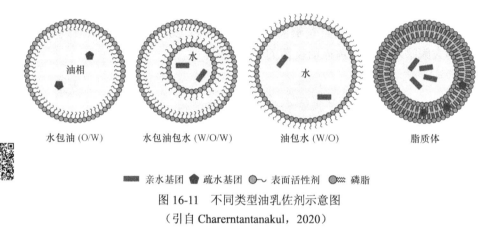

图 16-11　不同类型油乳佐剂示意图
（引自 Charerntantanakul，2020）

（三）微颗粒

微颗粒是近期发展起来的一种新型递送载体，在医药和疫苗佐剂领域已经被广泛应用，常见的微颗粒佐剂主要有纳米颗粒、聚合物、病毒小体等物质。微颗粒可以不破坏颗粒结构从而靶向运输多种抗原物质，如蛋白质、DNA 和多肽到淋巴器官，并且不破坏抗原的完整性。抗原通过简单的物理包埋存在于微颗粒内部或以共价键的形式进行偶联，并主要由微颗粒降解和空隙扩散的方法持续释放抗原，从而增强免疫应答效果。如今，微颗粒与抗原通过共价键的方式偶联已经成为一种有效的疫苗研制方法，能够大大减少抗原用量，提高抗原的呈递效力，并使疫苗能够稳定保存。据报道，微颗粒佐剂的效应能力强弱取决于微颗粒佐剂的大小。微颗粒佐剂的尺寸在纳米级别时主要引起机体的细胞免疫，而在微米级别时主要引起机体的体液免疫。由病毒囊膜或病毒结构蛋白组装而成，其形状和结构与完整病毒无明显差异的物质称为病毒小体，具有引起 B 细胞增殖和活化，并激活树突状细胞的功能，进而引起机体产生 T 细胞免疫应答反应。但是由于病毒小体只是由病毒的核衣壳和包膜蛋白构成，并不具有其遗传物质核酸，不会引起病毒的复制，因此被认为是一种安全的疫苗佐剂。聚乳酸作为有机聚合物，能够通过调节抗原释放时间，从而调节免疫反应时间，并在生物体内完全降解。聚乳酸主要通过网格蛋白介导的吞噬细胞内吞作用或胞饮作用快速进入细胞质中，与主要组织相容性复合物结合，然后递送给 CD8$^+$ T 细胞，可引起早期免疫反应。有研究表明：将嗜水气单胞菌外膜蛋白加入聚乳酸颗粒佐剂中制备成疫苗检验佐剂疫苗的免疫效果，在各项测定中，佐剂组的效果均显著高于对照组，表明聚乳酸在水产动物疫苗佐剂开发中具有广泛的前景。壳聚糖已被证明能显著增强鳜传染性脾肾坏死病毒灭活疫苗的免疫保护效率，增强灭活疫苗对黑色素巨噬细胞中心和组织炎症的保护作用；在体实验也表明壳聚糖能有效保护机体免疫器官，减少病变，从而提高存活率。

（四）细胞因子

一类由免疫细胞与部分非免疫细胞分泌的具有免疫调节和调控炎症反应的小分子蛋白质称为细胞因子，在免疫系统调节和介导炎症反应中发挥重要作用（图16-12）。常见的细胞因子主要有干扰素、肿瘤坏死因子、白细胞介素和趋化因子等。细胞因子在人类和哺乳动物的抗肿瘤、抗病毒、辅助化疗等方面具有大量的研究和应用。在水产动物中的研究相对迟缓，但是发展较为迅速。有研究表明，鱼类细胞因子的结构、功能和哺乳类动物十分相似。干扰

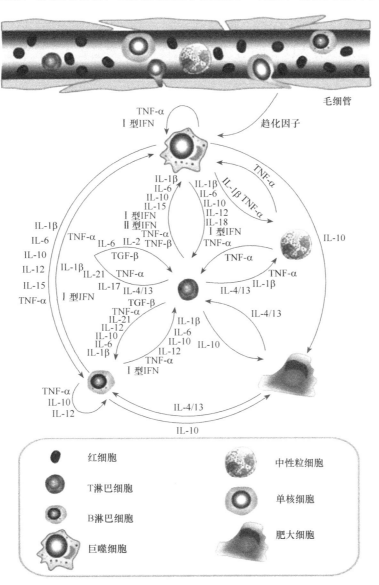

图16-12　硬骨鱼类中调节炎症细胞功能的细胞因子网络示意图（引自 Zhu et al., 2013）

素是一种具有抗肿瘤、广谱抗病毒活性、免疫调节功能的细胞因子，能够抑制病毒的复制，减少细胞毒性。白细胞介素是由 T 淋巴细胞或巨噬细胞分泌的具有激活 B 淋巴细胞、引起 T 细胞增殖等功能的细胞因子。

2014 年，有学者以斑点叉尾鮰白细胞介素-1（IL-1）的基因为研究对象，成功克隆和表达了 IL-1 重组蛋白，以重组蛋白 IL-1 作为疫苗佐剂可以显著增加血清中的溶菌酶活性和血清杀菌活性。部分研究表明，利用基因重组技术体外表达鲤 IL-1 基因的 C 端多肽，并利用福尔马林对嗜水气单胞菌进行灭活处理后，共同注射免疫鲤，对比其他处理组，其特异性抗体滴度显著提高，且未发现类似哺乳动物中出现的发热等不良反应，显示出优良的佐剂效果。据部分学者研究报道，将白细胞介素-8 与虹鳟 DNA 疫苗联合使用，可以提高相关免疫基因的表达量，加强其抵抗力。

（五）细菌毒素

细菌毒素佐剂主要分为以下两类，即鞭毛蛋白和单磷酰脂质 A。革兰氏阴性菌表面存在的一种结构蛋白，称为鞭毛蛋白。鞭毛蛋白能够同时引起机体先天性免疫和适应性免疫，刺激上皮细胞、淋巴基质细胞、自然杀伤细胞和树突状细胞等分泌细胞因子。单磷酰脂质 A 是位于革兰氏阴性菌脂多糖上的疏水基团，能够使抗原呈递细胞 TCR4 被激活，导致促炎因子释放，诱导 IFN-γ 和 IL-12 的产生，引起机体相应的免疫应答反应。在生产实践中，单磷酰脂质 A 通常与乳剂或脂质体联用。有学者经研究发现将哈氏弧菌外膜蛋白复合物和溶藻弧菌脂多糖的偶联产物进行免疫红鳍笛鲷，能够有效增强疫苗的免疫保护作用。

三、水产动物疫苗佐剂的主要功能和作用机制

水产动物疫苗接种是预防水产动物病害发生的重要措施，能够有效减少由水产病害带来的经济损失。大量研究已经证实佐剂在水产动物疫苗免疫效果中的重要作用。一些研究表明，添加佐剂的水产动物疫苗的抗体效价、免疫持续期、免疫保护时间和免疫保护率比没有添加佐剂的水产动物疫苗有显著提升。将佐剂联合水产动物疫苗共同使用，具有以下 5 个优点。

1）能够有效减少抗原剂量即水产动物疫苗的使用量，使水产动物疫苗在低剂量的情况下就能够具有较好的免疫效果，极大地降低了疫苗成本。

2）减少免疫剂量，能够有效减少疫苗带来的诸如炎症反应、机体损伤、过敏反应等不良反应，显著降低水产动物个体的应激反应。

3）能够增强抗原的特异性免疫应答反应，改变抗原诱导的免疫反应类型，延长保护时间等。

4）具有保护抗原的作用，能够保护抗原（特别是 DNA 和 RNA 等），降低体内酶的分解作用。

5）增强细胞介导的超敏反应能力。

经过科研工作者在佐剂作用机制领域几十年孜孜不倦的探索，对佐剂研究的不断深入和细化，揭示出了几种佐剂产生作用的可能机制，佐剂可能通过以下一种或多种方式发挥作用。

1）在疫苗注射部位具有仓库效应，即能够在疫苗注射部位持续释放抗原。疫苗佐剂与疫苗抗原混合后，在疫苗刺激机体产生免疫应答的过程中，疫苗抗原的原有物理性状被疫苗佐剂改变，让其能够在免疫区域缓慢释放，使机体中的抗原作用时间被有效延长。

2）疫苗佐剂能够刺激机体上调趋化因子和细胞因子。趋化细胞的迁移受趋化因子的调

控，机体中的趋化细胞随着趋化因子表达量增加方向迁徙。而细胞因子则是与其相应的结合受体结合后刺激机体产生一系列的细胞内分子间相互作用，最终调控细胞内相关基因的转录。

3）在注射部位募集免疫相关细胞，部分佐剂在联合使用后可通过在注射部位富集与免疫相关的细胞来增强特异性免疫应答。

4）部分佐剂可以增加抗原摄取并呈现于抗原呈递细胞，疫苗抗原被佐剂吸附后，能够增加部分抗原的呈递量或者是与疫苗抗原以某种方式发生作用，形成聚合物后，发挥靶向作用，使抗原呈递至相应的免疫效应细胞，如树突状细胞、巨噬细胞等吞噬而促进抗原的呈递，或长期储备抗原。

5）部分佐剂可以诱导抗原呈递细胞活化与成熟，增强淋巴细胞互相接触，引起致敏淋巴细胞分裂，并诱导浆细胞产生抗体，提高抗原的免疫原性。

6）疫苗佐剂能够在免疫应答的过程中增强其初次免疫应答和再次免疫应答的强度，使产生抗体的反应方式发生改变，并且引起发生或加强迟发型变态反应，或者调控辅助性 T 细胞的作用，从而发挥其免疫调节功能。

7）激活炎症反应，炎症是机体的一种抗病反应，适当的炎症反应能够促进机体抗病功能增强。

四、水产动物疫苗佐剂的使用原则

（一）免疫促进作用

水产动物疫苗佐剂具有免疫促进作用，可刺激体液免疫和细胞免疫，或者能够调节免疫反应的类型和程度，这与疫苗的抗原成分、免疫途径和免疫剂量等有关。

（二）不良反应和安全性

不良反应和安全性也是判断一个水产动物疫苗佐剂是否适用的重要标准。在权衡不良反应和免疫效果时，要针对不同情况区别对待，可以根据利弊情况综合判断。由于佐剂具有自身的特性，会影响疫苗的安全性和免疫原性，因此对其安全性评估必不可少，在佐剂前期开发阶段对于其安全性问题就需要进行严格的安全性论证，提供有关佐剂安全性的免疫学问题（如耐受作用、超敏性和自身免疫的产生）等的详细资料。

（三）佐剂种类、剂量及次数

水产动物疫苗佐剂本身、疫苗抗原与佐剂之间的相互作用、特定抗原与佐剂之间的免疫应答等都能产生一定的副作用。例如，细胞因子佐剂可以引起机体的炎症反应，细菌毒素佐剂具有一定的毒性等。与此同时，佐剂使用剂量与其发挥的效果也密切相关。佐剂的剂量使用过少，无法发挥其作用效果；而使用剂量过多，会使得佐剂将疫苗抗原包裹从而抑制抗原的免疫刺激作用。此外，疫苗的免疫次数也能影响佐剂的作用效果，需要根据实际情况进行适当调整。

（四）动物本身状况

不同的动物因遗传因素和生长环境不同，其抗病能力也不同。因此，在使用水生动物疫苗佐剂时，仅通过一种水生动物的验证实验并不能证明该佐剂普遍适用于其他水生动物，而是需要大量的实验来验证某种佐剂以保证其免疫效果。此外，在使用佐剂时应充分考虑动物的年龄、健康状况和生理功能等因素。

（五）其他因素

还有一些水产动物疫苗佐剂存在生产成本高、获取难度高、使用剂量大等一系列问题。

五、展望

随着科学技术的发展，水产动物疫苗研究种类也越来越多。然而免疫原性差成为疫苗研发的限制条件之一，而佐剂的使用能够有效提高疫苗的免疫保护效果，所以水产动物免疫佐剂研发成为疫苗研究中的重要方向。目前，对水产动物免疫佐剂的研究日趋增多，并取得了巨大的进展。但部分水产动物免疫佐剂的作用机制仍不清晰，需要更加深入地探索和研究，为水产动物疫苗的开发提供理论依据。促进开发更高效、毒副作用更小、更安全的新型佐剂，使其以较小剂量的免疫刺激就可以诱导强烈的免疫促进作用。另外，复合免疫佐剂在水生动物中使用也是未来的发展趋势，对水产养殖动物的健康养殖及提高水产品的品质和产量具有重要意义。

第四节 水产动物免疫载体

水产动物免疫载体是指能够与特异性抗原分子进行共价结合，并且可以有效增强抗原免疫原性和刺激机体产生相应的特异性抗体的一类物质的统称，包括蛋白质、细菌、DNA、病毒、细胞、多糖、聚合物，以及一些无机材料和有机材料等。通常来说，水产动物免疫载体的分子质量一般较大，同时具有B抗原表位和T抗原表位，易于与抗原或半抗原物质形成共价连接。绝大部分抗原分子均具有B细胞识别表位。但是机体仅仅识别B细胞表位信号并不能刺激机体产生抗体。相对于单个特异性抗原来讲，T细胞表位才是主要刺激机体产生特异性抗体的关键，通过与MHCⅡ相关T细胞受体相结合，产生信号，刺激机体产生特异性抗体。同时具有B细胞表位和T细胞表位的抗原称为完全抗原，能够单独发挥作用，不需要免疫载体也能刺激机体产生特异性抗体。

半抗原是一类具有B细胞表位但缺乏T细胞表位的不完全抗原，仅仅具有同抗体或细胞因子等免疫应答效应物结合的能力而不具有刺激机体产生免疫应答的能力，即只具有反应原性却不具有免疫原性，部分药物和激素就可以被归类为半抗原。理论上讲，具有反应原性而不具有免疫原性的半抗原都具有与相应的特异性抗体结合的能力。随着相关学者在该领域不断研究和深入，如何使半抗原具有免疫原性的问题逐步解决。现如今解决该问题的主要方法是，通过将半抗原同特定的一种或几种免疫载体共价键相偶联，使半抗原具有能够刺激机体产生特异性抗体的能力。并且，免疫载体不仅能够使半抗原同完全抗原一样具有免疫原性，还能使完全抗原具有更高的免疫原性。本节主要从水产动物免疫载体的发展简史、主要优点和分类与应用等方面予以介绍。

一、水产动物免疫载体的发展简史

随着水产养殖业的不断发展，水产动物养殖方式规模化，水产动物疫病防控显得尤为重要。水产动物疫苗免疫是预防和控制水产动物疾病最有效、最具效益的措施之一。目前主要应用于水产动物领域的疫苗有灭活疫苗、减毒活疫苗、基因工程疫苗等。这些疫苗显著降低了一些重大疾病对水产养殖业的危害，为水产养殖业发展提供了保证。水产动物疫苗及其相关技术在近几十年的研究与推广应用中，取得了一系列可喜的成绩。1996 年，我国学者利用脂多糖作为载体进行了嗜水气单胞菌疫苗的研制。2008 年，黄琴等对使用乳酸乳球菌作为活载体的鱼类口服外膜蛋白疫苗进行了研究。2017 年，有报道利用壳聚糖的纳米材料作为口服蛋白类药物/疫苗的递送载体，并在大菱鲆体内进行应用。

二、水产动物免疫载体的主要优点

1）大部分水产动物免疫载体的分子质量都比较大，能够提供大量的 T 细胞表位，拥有很强的活化 T 细胞和刺激机体产生免疫应答的能力。

2）部分水产动物免疫载体具有很强的复制能力，易于对抗原进行大规模的开发和利用。

3）部分水产动物免疫载体易于进行基因工程改造，便于开发出具有无感染能力的水产动物基因工程疫苗和多价水产动物基因工程疫苗。

4）某些水产动物免疫载体的制备工艺简单，价格低廉。

5）某些水产动物免疫载体为天然产物或者天然代谢产物，能够自然降解，对机体的刺激性小，具有安全环保的特点。

三、水产动物免疫载体的分类与应用

（一）蛋白质类免疫载体

蛋白质类免疫载体是一种最常见的水产动物免疫载体，其作用原理是通过直接与半抗原进行化学反应偶联，比较常见的如牛血清白蛋白、卵清蛋白、鸡免疫球蛋白、动物丙种球蛋白和乙肝病毒核心蛋白等。这些蛋白质类的水产动物免疫载体的分子质量较大，并且含有大量的活性基团，如氨基（$-NH_2$）、羧基（$-COOH$）和巯基（$-SH$）等。这些基团极易与半抗原的表面活性基团通过共价键连接，发生脱水缩合反应。因此，蛋白质类载体能够使半抗原具完全抗原的免疫原性，整个合成反应的过程中对仪器的要求较为简单，合成方法便捷，同时可以针对抗原表面活性基团的数量自由地选择活性偶联基团。蛋白质类载体作为一种高效、方便、简单的半抗原的完全化方法，为众多科研工作者所首选。

现如今，绝大部分的小分子半抗原大多数采用蛋白质类载体进行偶联。具体方法是在小分子半抗原上使用化学修饰的方法加入活泼的化学基团，通常是氨基或羧基。经过化学修饰后的小分子抗原可以在比较温和的反应条件下与蛋白质类免疫载体以共价键的形式偶联，从而使这些半抗原具有 T 细胞表位，并获得免疫原性，制备成人工偶联抗原。人工偶联抗原由于具备 MHC Ⅱ类分子的 T 细胞受体结合位点，可以刺激机体产生一系列的特异性免疫应答反应，最终产生特异性抗体。其中最常见的蛋白质类免疫载体是牛血清白蛋白，它是牛血清中的主要成分之一，具有物理性质稳定、不易变性且价格便宜的特点。

（二）病毒类免疫载体

病毒类免疫载体是一类基于病毒基因组通过基因编辑技术敲除控制病毒复制所需的基因，并插入治疗性基因片段和选择性标记的基因片段，这种方法构建的疫苗能够插入的基因片段容量巨大，没有毒性，不易刺激宿主产生免疫排斥反应，具有较高的安全性。而且通过病毒类载体构建的疫苗还具有很强的感染能力，不仅能感染具有分裂能力的母细胞（如原始干细胞、卵母细胞、生殖细胞），还能转染不具有分化能力的终末分化细胞和非分裂细胞（如神经细胞、干细胞、肌纤维细胞、表皮细胞和肝细胞等）。

常见的病毒类免疫载体主要有腺病毒和慢病毒等，构建于病毒类载体的目的基因能够长期稳定表达。其中腺病毒和慢病毒可以在绝大部分细胞内转导目的基因和高效表达目的蛋白，由于宿主的广泛性，基因缺失的腺病毒载体和慢病毒载体逐步成为基因治疗、基因工程疫苗及蛋白质功能研究中的热点方向。腺病毒载体和慢病毒载体作为外源基因转导的优势有以下几点。

1）人类对于这两种病毒的研究比较充分，对其认识比较确切。

2）这两种病毒的复制相对容易，通过常见的细胞系就可以大量复制培养，并且获得的病毒滴度通常比较高，且相对稳定，适合后续疫苗工作的研究。

3）这两种病毒的基因序列不容易整合到宿主的基因库中，不会对宿主的基因造成污染，安全性高。

4）这两种病毒可以转染多种水产动物，也可以转染多种细胞系，宿主范围广。

5）能够同时插入并表达多个外源目的基因，即将多个目的基因插入一个病毒载体上，或是将一个目的基因多次插入一个病毒载体的不同区域来表达一个蛋白质。

（三）细菌类免疫载体

细菌类免疫载体主要分为减毒活菌免疫载体和细菌菌蜕载体。减毒活菌免疫载体是指用减毒活菌作为免疫载体传递外源抗原，具有诱导机体产生细胞免疫、黏膜免疫和体液免疫应答能力的一类活菌的统称。将构建好的减毒活疫苗通过注射、口服、浸泡等免疫方式进入宿主体内后，通过类似自然感染的方式到达相应的靶器官，并且能够持续地进行细菌增殖，从而源源不断地产生抗原，有效地刺激宿主产生免疫应答反应，提高了宿主的特异性抗体的水平。

菌蜕又称为菌影，是指通过噬菌体裂解基因 *E* 的可调控表达裂解革兰氏阴性菌后，所形成的具有完整形态结构的细菌空壳（图 16-13）。细菌菌蜕作为免疫载体的主要优势有以下几点。

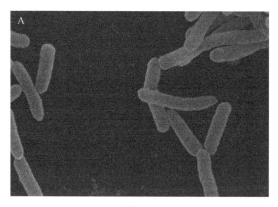
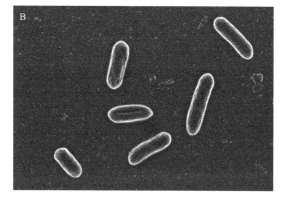

图 16-13　*E. coli* DH5α 菌蜕电镜图（引自 Zhang et al.，2019）

A. 未裂解细胞在 28℃条件下生长；B. 裂解后细胞在 42℃条件下生长

1）细菌菌蜕保留了活菌完整的细胞膜结构和相关的表面抗原蛋白，并且可以在细菌菌壳内携带外源目的基因。由于细菌菌蜕保留了完整的膜蛋白、菌毛、脂多糖、肽聚糖等刺激成分，能够被相关的免疫细胞上的膜受体识别，如树突状细胞、巨噬细胞等，并引起细胞的吞噬作用，进而激发相关的免疫应答反应，诱导产生特异性抗体。

2）细菌菌蜕常被用作免疫佐剂，能够提高抗原的特异性免疫应答反应或改变抗原诱导的免疫反应类型。

3）菌蜕本身就可以作为一种常规疫苗并用于免疫，还可以在菌蜕上连接更多的外源性抗原，使之成为能抗多种细菌病或病毒病的水产动物疫苗。

（四）质粒类免疫载体

质粒是一种具有环状的双链 DNA 分子，能够独立地在染色体外进行复制，并将基因信息稳定遗传。质粒可以在游离状态稳定地保存，通过特殊的技术处理，在一定条件下可以可逆整合到宿主的染色体上，随着宿主细胞的复制而复制。利用质粒的这种特性，将含有编码某一种抗原蛋白的外源基因先插入质粒中，再将含有抗原基因的重组质粒导入工程菌或宿主动物体细胞内，并通过基因工程菌株进行扩大培养，再提取重组抗原蛋白制备成疫苗或者将质粒整合到宿主上，刺激机体产生免疫反应，来治疗或预防疾病。理想的质粒载体需要具备以下几个特点。

1）质粒的拷贝数比较高。质粒的拷贝数是指培养在标准的培养基中，每一个细菌细胞中所包含的质粒 DNA 分子的数量，根据细菌细胞内质粒 DNA 分子数量的多少，可以将质粒分为两种不同的类型，即松弛型和严紧型。"严紧型"的质粒是指在每个宿主细胞内的拷贝数较低，仅含有 1～3 份。"松弛型"的质粒在每个宿主细胞内的拷贝数可以达到 10～60 份，具有很高的拷贝数。目前热门的质粒类免疫载体大多数是"松弛型"的质粒载体，重组质粒在宿主体内只需要很少的复制次数就可以达到想要的拷贝数，而"严紧型"的质粒载体，在构建成重组质粒后需要在宿主体内重复进行多次复制。

2）质粒的分子质量较小。一般来说，分子质量越低的质粒拷贝数越高，在质粒进行复制时所预期的基因表达产物的数量也相对较高，引起宿主合成的抗原也会更多，免疫应答反应也更强烈。另外，分子质量低的质粒载体，其相应的酶切位点也会更少，便于重组质粒的构建。

3）带有可供选择的标记。常见的标记主要是针对一种或多种抗生素的基因标签，如抗氨苄青霉素、抗四环素、抗卡那霉素等。通过含有相应抗生素的培养基对转化好的菌株进行培养可以有效防止菌种被污染。

4）带有大量的单一限制性酶切位点。单一限制性酶切位点可以有效保证外源抗原基因定点插入，且不同的单一限制性酶切位点可以有选择地提供不同的末端基因片段的外源抗原基因的插入位点。

5）具有复制的起始点。质粒自我增殖的前提条件之一就是具有复制的起始点，这也是决定质粒拷贝数的重要元件，可以使宿主细胞内维持一定拷贝数的质粒。

（五）材料类载体

对于水产动物而言，体表屏障是机体防御传染病的第一道屏障，疫苗如何突破体表屏障进入免疫动物体内发挥作用是很多科研工作者都会进行思考的问题。对于水产动物，由于其一般种群规模较大，生活在水体中，对其进行疫苗免疫需要考虑的因素较多。注射免疫比较麻烦，并且效率不高，口服免疫效果不佳，浸泡免疫对于水产动物来说可能是最合适的一种免疫方式。使用安全、有效的运输载体使疫苗能够突破体表屏障，运输到体内甚至靶器官，使浸泡免疫的效果更好，产生的免疫应答反应更加强烈，特异性抗体水平更高，是一种可行性很高的方法。一些有机材料和无机材料进入了科研工作者的视线，特别是一些纳米材料。这类材料通常具有良好的穿透能力，易于进行化学修饰，能够很好地与抗原物质进行偶联，并且不影响抗原的抗原性，甚至具有免疫佐剂的作用，能够增强抗原性或改变免疫应答反应的类型。近年来，通过化学反应改性纳米材料共价结合亚单位疫苗的研究成为热点，由于纳米材料具有较高的抗原负载能力、易于穿透组织屏障、无毒或低毒等优点，已在生物医学领域得到了广泛应用，也初步在水产动物疫苗中进行了运用。研究表明，使用单壁碳纳米管递送鲤春病毒血症的亚单位疫苗可有效提高该疫苗的免疫保护率。单壁碳纳米管负载亚单位疫苗后的表征变化如图 16-14 所示。

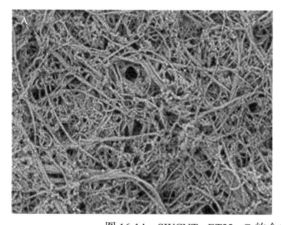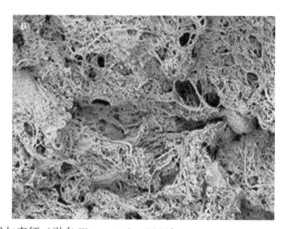

图 16-14　SWCNT-pET32a-G 的合成与表征（引自 Zhang et al.，2018）

A. SWCNT 的场发射扫描电子显微镜图像分析；B. SWCNT-pET32a-G。SWCNT. 单壁碳纳米管（single-walled CNT）

（六）其他载体

一些非动物源性的免疫载体由于在水体中的溶解性能好、制备工艺简单、价格低廉、可降解、对环境的污染小等特点，经常被用来研究替代一些如牛血清白蛋白、人血白蛋白、卵清蛋白等常规的蛋白质类免疫载体。非动物源性免疫载体主要分为两大类：一类为非动物源性的蛋白质免疫载体，按照蛋白质的来源可以分为植物蛋白质载体和微生物蛋白质载体；另一类为非动物源性的化合物，具体也可划分为大分子多糖和多聚物。目前被尝试用于免疫载体的非动物源性载体主要有纤维素、聚丙烯酰胺、伴刀豆球蛋白 A、尼龙和聚偏二氟乙烯膜等，其中聚丙烯酰胺和聚偏二氟乙烯膜等可以被作为蛋白质的固相支持物，与低剂量的抗原蛋白一起使用，能够给免疫动物带来较强的免疫反应，因此，这种方法常常被用来进行微量蛋白抗血清制备。除此之外，部分来源于微生物的蛋白酶也被应用于免疫载体的研究。

四、展望

免疫载体大多数情况下通过化学键与外源性抗原共价偶联形成一个新的、分子质量比较大的抗原，这个新抗原作为一个整体分子免疫到机体，并确保新抗原依然具有免疫原性。即通过共价键偶联后的抗原只有作为一个整体，其免疫原性才会完整，免疫原性主要是靠免疫载体提供的。这种特性常常会引起机体的二次免疫应答反应，出现免疫载体效应，即免疫载体通常还具有自身的载体特异性，而不是单纯地只起到运送抗原的作用。这种免疫载体效应通常在半抗原免疫应答的过程中表现得非常明显。

本节中介绍的几类载体已被广泛应用于免疫和疫苗的研究，随着更多生物基因组序列的破译，越来越多新的抗原成分被发现和鉴定。然而，亚单位疫苗抗原成分免疫原性的提高往往与载体密切相关，筛选和开发合适的佐剂也是疫苗研究的一个重要环节。理想的载体应该是具有广谱性、无毒副作用、易于制造和使用、免疫效果好等优点的物质。随着对各种病原体抗原成分的深入了解和抗感染免疫机制的了解，载体研究将更加有针对性。

第五节　水产动物免疫增强剂

广义上的免疫调节剂是指能够调节、促进、诱发或恢复机体免疫功能的药物制剂，依据其调节免疫功能的方向，可分为免疫增强剂、免疫抑制剂和双向免疫调节剂。免疫增强剂是指单独使用即能刺激并活化机体内的免疫系统反应功能，增强机体对传染性病原体（如细菌、病毒等）抵抗力的物质，有的也可以通过与抗原同时使用来发挥效果，所以前面提到的一些免疫佐剂自身也是免疫增强剂。免疫抑制剂是指在治疗剂量下能通过抑制机体免疫系统中的体液免疫和细胞免疫，从而达到减轻超敏反应和保护组织免受损伤的物质。双向免疫调节剂则是指既能促进低下的免疫功能恢复正常水平，又能抑制异常过高的免疫功能，以维持机体自我稳定的药物。目前被应用于水产动物的免疫调节剂主要为免疫增强剂，所以本节将主要介绍水产动物免疫增强剂。

一、水产动物免疫增强剂的分类

根据来源，水产动物免疫增强剂可分为以下几类。

1）生物性免疫增强剂：这类免疫增强剂为动物提取物、激素或其他细胞因子，包括牛磺酸、乳铁蛋白、核苷酸、鱼肝油、催乳素、β-内啡肽、干扰素等。

2）细菌性免疫增强剂：包括革兰氏阳性菌与菌体肽聚糖、革兰氏阴性菌与菌体脂多糖、放线菌短肽等。

3）化学性免疫增强剂：包括左旋咪唑、庚酰三肽 FK-565、肉毒碱盐酸盐等人工合成化学试剂。

4）营养性免疫增强剂：包括维生素 A、维生素 E、维生素 C 等维生素和一些微量元素。

5）中药类免疫增强剂：主要为真菌植物多糖、药用植物及其有效成分提取物和中药方剂等，包括酵母菌多糖、甲壳素和壳聚糖、云芝、牛蒡子、枸杞、冬宝（中草药复合制剂）、甘草提取物、甜菜碱、大蒜、绿原酸、姜黄素、莨菪碱等。

二、水产动物免疫增强剂的作用机制

对于水产动物来说，免疫增强剂主要通过以下方式发挥功能。

1）促进免疫器官发育：通过促进免疫功能正常或低下的动物免疫器官发育，提高机体的抵抗力和免疫力。

2）促进细胞免疫作用：通过作用于淋巴系统来诱导 T 细胞的分化与增殖，或直接作用于 T 细胞来提升 T 细胞的活性，以此提高机体免疫力。

3）促进体液免疫作用：直接作用于 B 细胞以促进 B 细胞的增殖，并诱导 B 细胞作用于辅助性 T 细胞的活性，从而激发对抗原的免疫应答效力，提升机体对病原的免疫应答水平。

4）促进吞噬细胞吞噬作用：提升水产动物溶菌酶及黏多糖等吞噬细胞组分的活性，进而加强吞噬细胞的病毒抵御能力，有效发挥其吞噬及胞饮的功能，强化非特异性免疫对病毒的抵御能力。

5）激活巨噬细胞：促进水产动物巨噬细胞的分化增殖，促进巨噬细胞产生白细胞介素-2，并进一步活化 T 细胞和 B 细胞，以此提高水产动物的特异性免疫应答能力。

6）调节红细胞：提升红细胞 C3b 受体活性，促进红细胞免疫功能恢复正常。

7）增加水产动物补体的 C3 成分：参与补体的激活，增强吞噬作用进而抵御微生物对水产动物的侵染，提高水产动物自身对病原体的消化能力。

8）提升自然杀伤细胞的杀伤活性：诱导干扰素的生成，以此强化水产动物的非特异性抗感染能力。

9）与抗原同时使用：通过吸附抗原增加抗原表面积或混合形成凝胶状，延长抗原在机体中的作用时间，有利于抗原与机体免疫系统的接触程度，同时减缓抗原疫苗的降解速度，提升抗原的免疫原性。

10）促进机体一些活性因子（如三碘甲状腺原氨酸等）的分泌，调节机体的渗透压，以提高机体对病原感染、缺氧、热、寒冷和环境污染等胁迫的抗应激能力。

11）增强酚化酶和超氧化物歧化酶的活性，提升非特异性免疫功能。

三、水产动物免疫增强剂的选择标准与使用方法

依据世界卫生组织制定的标准，一种物质能够作为免疫增强剂使用的基本条件是：该物质的化学成分明确，易于在体内降解，无致癌性或致突变性危害，对机体刺激作用适中，以及不存在毒副作用与后继作用。

免疫增强剂的用量都存在着一定的使用上限和下限，在其适宜用量范围内使用，且采用正确投喂方法，免疫增强剂才能在机体内正常发挥作用。一般情况下，对水产动物投喂免疫增强剂采用定期间隔投喂的方法比长期连续投喂的效果好。关于免疫增强剂投喂的时间，最好选择在水产动物特定传染性疾病的易发季节前投喂，以此提升水产动物自身的非特异性免疫功能。这是由于使用免疫增强剂后，提升了水产动物机体的免疫能力，此时即使有细菌性或病毒性病原侵入机体，也可以有效抑制病原体在体内的增殖。

免疫增强剂通过激活水产动物本身的免疫系统活性来提高机体的免疫力和抵抗力，所以水产动物自身免疫系统免疫功能的完整性，决定着免疫增强剂是否能发挥作用效果。需要注意的是，如果水产动物的养殖环境过于恶劣，它们的免疫系统将受到极大削弱，此时使用免疫增强剂的效果将大打折扣。因此，应用免疫增强剂时，保持良好的饲养环境，消除不利于水产动物免疫系统的环境因素，同时根据水产动物健康生长的需求，科学、合理地饲养投喂，保障水产动物良好的免疫系统，才能最大化地发挥免疫增强剂的使用效果。

四、常见的水产动物免疫增强剂

（一）肽聚糖

肽聚糖广泛存在于自然界中，其含量占革兰氏阳性菌细胞壁干重的 40% 以上。它是由 N-乙酰葡糖胺与 N-乙酰胞壁酸通过氨基酸骨架和肽链多次交错组成的聚合物，其中的活性部

位——胞壁肽是细菌肽聚糖的保守基团，能促进免疫细胞的细胞免疫和体液免疫。

将肽聚糖加入饲料后投喂于鱼类后，鱼体的非特异性免疫能力将显著提升，其巨噬细胞和中性粒细胞等吞噬细胞的吞噬能力，溶菌酶、过氧化物酶、超氧化物歧化酶和酚氧化酶的活性都会增强。肽聚糖也可以作为疫苗的佐剂，和疫苗联合使用以增强免疫效果。已有研究证明，在饲料中添加肽聚糖可以有效提高大黄鱼的生长率与非特异性免疫力；用肽聚糖投喂对虾可以提升对虾对弧菌和白斑综合征病毒的免疫力；在虹鳟养殖中，投喂肽聚糖可增加其抵抗鳗弧菌的能力，而通过腹腔注射则能增加虹鳟对微生物感染的抵御能力；在鲫饲料中添加肽聚糖则可显著提高其白细胞吞噬活性和血清溶菌酶活性。

（二）壳聚糖

壳聚糖是由甲壳素脱去乙酰基形成的，而后者广泛存在于昆虫、甲壳动物等的外壳及真菌细胞壁中。壳聚糖能够被机体降解，并且代谢产物没有毒性。作为一种免疫增强剂，壳聚糖具有活化淋巴细胞、增强机体抗病原微生物活性、提高免疫力的效果。其作用机制主要包括以下 5 个方面：①壳聚糖能吸附血管中游离的单核细胞，使它们于组织中汇聚形成巨噬细胞，增强吞噬作用；②通过 TLR4 依赖性信号途径及 I 型干扰素激活树突状细胞，强化 Th1 偏向型的细胞免疫反应（图 16-15）；③对局部组织进行直接作用，刺激细胞进行分化增殖，形成巨噬细胞并进一步活化其吞噬功能，直接吞噬入侵

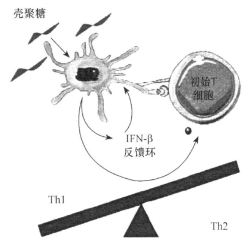

图 16-15　壳聚糖诱导 Th1 偏向型的免疫反应
（引自金鹏，2021）

胞内的生物和突变的细胞，增强机体的非特异性免疫力；④参与脂肪代谢的调节，降低血脂、胆固醇等含量，提高蛋白质含量；⑤壳聚糖酶解可获得低聚糖，它是肠道病原菌的竞争性排斥因子，可以改善水产动物肠道微生物的分布，有利于水产动物的生长和抵御疾病的入侵。此外，壳聚糖还可以螯合配位酸性水环境中的金属离子，形成胶体以吸附水中的有机质和悬浮物，发挥净水的功能。壳聚糖也是鱼类口服疫苗的良好载体，在提升机体自身免疫力的同时提升疫苗保护率。

实验人员发现，通过将甘露糖少量整合入饲料中或直接饲喂、灌喂和注射，可以有效提升花鲈、鲫、鲷类、野鲮、虹鳟幼鱼、星斑川鲽幼鱼和暗纹东方鲀的生长性能、吞噬细胞活性、非特异性免疫能力、机体抗氧化能力和抗菌能力，并显著降低脂肪含量，提高蛋白质含量。

（三）牛磺酸

牛磺酸又称为牛胆素、牛胆酸或牛胆碱，它是以游离态广泛分布于动物组织和细胞内的一种含硫氨基酸。牛磺酸作为一种条件性必需氨基酸，不参与蛋白质的合成，但具有调节细胞渗透压、稳定细胞膜、维持细胞内稳态和清除氧自由基等正常生理功能。

在饲料中添加牛磺酸，能够诱导水产动物摄食；促进胆酸的合成与脂肪的代谢，增强机体对脂肪的乳化作用和维生素类物质的消化吸收，促进水产动物的生长发育；提升鱼类的溶菌酶和超氧化物歧化酶活性及其抗氧化能力，提升鱼类非特异性免疫力；增强水产动物抗病毒的免疫能力。牛磺酸可提升动物抗应激能力，其机制为：牛磺酸能刺激三碘甲状腺原氨酸

的分泌，以此提高机体的抗应激水平。牛磺酸可以很好地调节和维持水产动物的渗透压，有研究表明，在淡水鱼饲料中加入适量的牛磺酸，能增强淡水鱼类渗透压调节能力及对水体中盐度的应对能力，提高其淡水鱼类的存活率。

近些年由于鱼粉的紧缺，植物蛋白代替鱼粉蛋白的研究工作正如火如荼地进行着。牛磺酸在动物体内含量丰富，但在植物组织中却含量甚少。一些试验已经证实，植物源性蛋白饲料如果缺乏牛磺酸，会导致水产动物出现生长迟缓、绿色肝综合征和溶血性贫血等病理症状。而通过补充牛磺酸，则可以有效改善水产动物的这些病理现象。由此可知，牛磺酸是水产动物正常发育生长所必需的。其在新饲料开发的研究中既能充当诱食剂，又能作为促生长剂，还能作为免疫增强剂提升水产动物自身免疫力，因此受到研究者的高度关注。

在作为诱食剂的研究中，牛磺酸可以良好地刺激虾蟹进食，诱食效果优于天冬酰胺、甘氨酸和脯氨酸；牛磺酸对于鲤、欧洲鳗、北极红点鲑、河鳟等鱼类的诱食效果也高于当前常用的诱食剂。作为促生长剂的试验中，适量的牛磺酸可以促进牙鲆幼鱼、虹鳟、军曹鱼、日本沼虾的生长发育，但是过量添加，将对水产动物的生长造成抑制，说明牛磺酸添加过量会存在一定的毒性作用。在作为免疫增强剂的报道中，牛磺酸能显著地增强鲤、日本对虾的溶菌酶和超氧化物歧化酶活性，提升草金鱼、泥鳅、麦穗鱼和鲫等鱼类的抗缺氧应激能力，提高水产动物的免疫能力。

（四）维生素

维生素 C、维生素 E、维生素 D 等既是水产动物健康生长发育所必需的基本营养成分，也能充当提高水产动物特异性和非特异性免疫能力的免疫增强剂。

维生素 C 在促进水产动物生长的同时，能刺激机体的非特异性免疫能力来提高机体抵抗病原的能力，通过消除水产动物免疫细胞的吞噬作用和呼吸爆发产生的氧自由基，来减少其所受的氧化损伤，增强吞噬细胞的活性和杀菌作用。相关试验报道，在饲料中加入适量维生素 C 可以提高中国明对虾的抗缺氧能力，减轻鲤的应激性损伤，强化尼罗罗非鱼的抗环境污染应激能力，增强鱼虾对热应激的抵御能力，显著提升黄颡鱼幼鱼等多种水产动物的非特异性免疫能力和抗细菌感染能力。

维生素 E 可以清除机体内多余的氧自由基，保护脂溶性细胞膜和不饱和脂肪酸免受氧自由基的毒害，通过一定程度地刺激和调节免疫细胞的活性来促进水产动物的免疫反应。一些试验表明，在饲料中添加适量的维生素 E，不仅可以促进黄颡鱼幼鱼的摄食，也能改善幼鱼的抗氧化能力、抗细菌感染能力和非特异性免疫能力。

维生素 D 则是类甾醇衍生物，是水产动物生长所必需的物质，但水产动物本身无法合成，必须从外界获取补充。在鱼类养殖中，维生素 D_3（胆钙化醇）能够提升黄颡鱼等一些鱼类幼鱼的整体抗氧化能力，进而强化其免疫能力。

（五）左旋咪唑

左旋咪唑是当前主要使用的人工合成免疫增强剂。左旋咪唑是四咪唑的左旋体，之前是作为杀虫剂使用，近些年的研究已经证明左旋咪唑具有提高水产动物白细胞吞噬能力和杀菌能力，增强溶菌酶活性的作用。左旋咪唑的免疫作用机制有 3 种：一是与咪唑基团相关的类似胆碱的活性，即促进白细胞的增生以强化吞噬作用；二是能刺激机体产生各种淋巴因子；三是其代谢产物能够清除氧自由基，保护吞噬细胞免受氧化损伤。

当前左旋咪唑作为免疫增强剂主要被运用于猪、鸡等家畜家禽，但其在水产动物上也有显著的效果。将左旋咪唑添加到水产动物饲料中，可以刺激罗非鱼免疫活性细胞、肝细胞和胃肠道黏膜上皮的增殖代谢，以此提高罗非鱼的生长性能；通过直接注射适量左旋咪唑，可以有效提升虹鳟对弧菌病的抵御能力，提升鲤的过氧化酶活性、溶菌酶活性和白细胞数量。同样，左旋咪唑的使用也需要注意剂量，当施加剂量过高时，会出现免疫抑制。

五、展望

随着 2020 年饲料端的全面"禁抗"，养殖端的"减抗、限抗"，水产动物疾病的防治将逐渐向免疫增强剂和疫苗等方向靠拢。相比于疫苗的特异性免疫作用，免疫增强剂更具有广谱性。另外，免疫增强剂也可以作为佐剂与疫苗共同使用，进一步提高疫苗的疗效。水产养殖疾病防控以"防重于治"为原则，而免疫增强剂恰恰是通过刺激水产动物自身免疫能力，以预防为主。因此，免疫增强剂越发受到水产动物研究者的重视。马永生等研究了植物精油作为免疫增强剂在鱼类上的作用；周永灿等筛选并研究了多种中药在水产动物上的免疫增强效果；秦启伟等则关注了 B 淋巴细胞刺激因子等细胞因子作为硬骨鱼类免疫增强剂的潜力；张士璀等探讨了免疫增强剂在鱼类胚胎上的跨代免疫功能。

免疫增强剂在水产动物上的有效性已经得到了众多研究结果的证实，然而由于其作用机制在不同养殖环境、不同养殖种类上差别较大，许多关于作用机制和应用方法的深层次问题亟待解决。目前研究的免疫增强剂主要集中在鱼类细菌性疾病方面，而在病毒性疾病和寄生虫方面的研究则较少，免疫增强剂的应用范围也亟待扩宽。纳米技术和基因工程技术的逐渐成熟，也将给新型免疫增强剂的开发与制备带来巨大的契机。因此，从不同来源、不同途径出发，开发研制低毒性、低成本、高效率、易利用、机制清晰、速效长效的新型水产免疫增强剂必将成为水产养殖病害防治的热点。

第六节　水产动物新型疫苗研发热点与应用

近年来，传统疫苗在免疫效果及大规模产业化应用中存在一定的局限性，因此发展新型高效疫苗是未来水产动物疫苗的主要发展趋势。目前，基于分子生物学和基因工程技术研发水产动物新型疫苗已成为重要方向。可以预见，水产动物新型疫苗将成为水产动物病害防治的研发热点。本节将对几类水产动物新型疫苗的特点及其应用作简要介绍。

一、微胶囊疫苗

疫苗进入水产动物体内后易受到酸、碱和生物酶的影响，其蛋白质高级结构被破坏，使疫苗的效果减弱。微胶囊疫苗是一种使用可被生物降解的材料结合微胶囊化技术的新型疫苗模式和投送方法，以获得保护抗原物质免遭破坏、优化减少疫苗接种流程、增强免疫效果的可以人为操控释放效率的疫苗，使疫苗成功进入动物机体，产生免疫防护作用。这类疫苗有时也被称为微囊疫苗。此外，微胶囊疫苗具有靶向性与控释性，大大提高了疫苗的生物利用率，可使机体长期产生高效抗体。

目前有 3 类材料常用于微胶囊疫苗的制备，分别为天然高分子材料、半合成高分子材料、全合成高分子材料。天然高分子材料主要包含海藻酸盐、果胶、壳聚糖等碳水化合物，大豆蛋白、白蛋白、明胶等蛋白质，脂、硬脂酸、卵磷脂等脂类。半合成高分子材料主要包含甲基纤维素、乙基纤维素、一羧甲基纤维素等纤维素衍生物、氢化油脂、变性淀粉等。全合成高分子材料根据是否可降解分为两类。聚甲基丙烯酸甲酯、聚乙二醇、聚氨基酸等可降解吸收材料在食品及疫苗等领域已经得到了广泛利用。

抗原的组分包括完整病原、重组表达的抗原蛋白或者核酸。有研究表明，聚合微球体包裹的疫苗能够有效抵抗消化道中的低 pH 环境和各种蛋白酶的降解，有效提高免疫效果。

微胶囊疫苗具有以下特点。

1）稳定性。疫苗受各种包裹材料的保护，可以减少各种环境因素（如光照、pH 和酶等）对抗原的不良影响。

2）缓释性。无论是在体还是离体情况下，微胶囊疫苗均可以长时间缓慢释放抗原，形成缓冲作用，从而使机体长时间产生较高水平的抗体。这种能人为控制释放内容物速度的特性与微胶囊的孔径大小有直接联系，通常通过人为调节孔径大小的方式来控制抗原的释放效率或进一步达到定点释放的效果；也可以利用不同微胶囊材料的物理、化学特性，控制内容物的释放速度。Chu 等制备出的对 Ba^{2+} 敏感的微胶囊在含有 $BaCl_2$ 条件下，芯材的释放速度与溶液组相比出现显著下降。外界刺激也会对胶囊的释放性能产生影响，如温度、pH、电场、金属及非金属离子等。

3）黏附性。为了延长药物的保留时间并进入循环系统，作为药物载体的微胶囊聚合物材料可以与胃肠道的黏膜液层和上皮细胞相互作用。壳聚糖作为一种阳离子生物聚合物，可以与带负电荷的聚合物结合，向胃肠道的上部进行靶向药物输送。已有研究表明，微球可以使药物在动物胃肠道中的滞留时间显著增加，药物作用有效时间明显延长，提高生物利用率。

4）靶向性。一些具有独特物理或化学特性的聚合物材料，根据不同的包裹材料对抗不同的外界环境因子，以提高疫苗到达目的表位的效率。例如，海藻酸钠因具有良好的抗酸性而被普遍用于胃肠道给药；磁定向微胶囊通过创造局部磁场梯度，在固定区域大量吸附磁性颗粒胶囊，从而提高吸收效率。

5）降低联苗的拮抗作用。不同疫苗在混合使用时，常会产生拮抗作用，从而降低免疫效果，甚至对机体产生不良影响。利用微胶囊技术，将经不同材料处理的多种疫苗混合制成联合疫苗，其释放抗原的时间、速度不同，从而降低拮抗作用，提高机体的免疫反应。

二、生物载体疫苗

生物载体疫苗，又称为活载体疫苗，是通过分子生物学将编码抗原的基因引入活载体（无毒或弱毒细菌或病毒），使目标基因在重组菌株于宿主体内增殖时大量表达，从而诱发相应的免疫保护反应。其具有免疫效果显著、生产成本较低、稳定性好、诱导位点专一、免疫方式简单等优点，是今后疫苗发展的重要方向。

（一）细菌活载体疫苗

将病原体的保护性抗原或表位的编码基因插入细菌基因组或质粒中，并使其顺利表达而获得的重组菌株就是细菌活载体疫苗。根据使用的细菌载体类型与毒性，可以将细菌活载体大致分为减毒致病菌与非致病菌两类。

1. 减毒致病菌活载体疫苗　　早期用于疫苗载体的病原菌主要是通过化学诱变进行减毒，但这种减毒方法存在毒力不稳定、减毒的盲目性和随机性较大等局限，而且可能存在其他未知突变、强毒力逆转等问题，疫苗安全性难以得到保障。随着分子生物学技术的发展，越来越多的研究人员发现可以采用基因工程技术来构建减毒菌株，目前敲除毒力基因是一种比较常规的减毒方法。利用基因工程技术敲除病原菌染色体基因组上的一段或几段基因，改变编码毒力因子的基因序列；或改变编码关键代谢途径的酶的序列；或者插入转座子，改变相邻基因的功能等多种操作均可降低病原菌毒力，但会保留相对较高的免疫原性。尚鹏飞等利用噬菌体裂解基因，以鳗弧菌野生菌株 MVM425 为基础构建了体内诱导裂解系统，使鳗弧菌在进入鱼体后能被噬菌体裂解基因诱导裂解，在保证鳗弧菌天然毒株侵染能力和免疫原性的同时，又通过细菌裂解达到了减毒的目的，该疫苗对鳗弧菌感染的免疫保护率超过 80%。

2. 非致病菌活载体疫苗　　减毒致病菌活载体疫苗保留的侵袭性和毒力在部分个体，如免疫缺陷患者中的使用受到很大限制。并且革兰氏阴性菌分泌的脂多糖对宿主细胞具有一定的毒性，还会对其编码基因的转录和表达造成干扰。因此，在用作疫苗载体方面，非致病菌比致病菌具有独特的优势。

乳酸菌是一种存在于动物肠道中的有益菌，属于革兰氏阳性菌，常具有免疫调节作用，可作为佐剂激活宿主免疫系统，调节机体的免疫水平，提高抗原的免疫原性。以乳酸菌为载体的疫苗生产工艺简单，口服免疫操作简单，使用相对方便。乳酸菌表达外源性抗原的方式主要有 3 种：细胞内表达、细胞外分泌和细胞壁固定。目前，乳酸菌作为疫苗载体已成功表达禽流感 H5N1 亚型病毒、肠毒性大肠杆菌、唐氏利什曼病菌等抗原，在疫苗制备方面具有良好的研究价值。此外，乳酸菌还是一种可以在黏膜水平上传递细胞因子的理想载体，已有大量研究使用乳酸菌传递动物细胞因子。例如，表达 IL-10 细胞因子的重组乳酸菌能够预防或减轻人类结肠炎。Yao 等利用植物乳杆菌载体 NC8，表达金鱼小瓜虫抑动蛋白 IAG-52X，发现重组菌可以促进金鱼血液与皮肤中抗体水平显著增加，补体和 MHC I 类分子的表达量显著升高，金鱼的存活率也明显提高。蔡玉臻等构建了能够诱导重组表达无乳链球菌 Sip 蛋白的乳酸菌活载体疫苗，通过灌胃口服免疫尼罗罗非鱼，能够显著提高其血清抗体水平和抗无乳链球菌感染能力。

（二）转基因植物疫苗

除了使用菌体和病毒作为疫苗的生物载体，植物也可作为疫苗的生物载体。转基因植物疫苗是通过使用分子生物学和基因工程技术，依据抗原编码基因构建植物表达载体，然后将其引入受体植物，利用植物的全能性使其在体内表达具有免疫活性的蛋白质，从而获得能够使生物体免疫的重组疫苗。仅需食用含有目标抗原的转基因植物，就可以刺激机体免疫系统应答，从而产生特定的抗病能力。转基因植物疫苗具有生产成本低、生产周期短、成功率高、易于形成规模化生产等优点，与传统型疫苗相比具有巨大优势。Seong 等将神经坏死病毒的衣壳蛋白在烟草叶绿体中成功表达，对斑马鱼进行口服免疫后在斑马鱼体中检测出特异性抗体，攻毒试验表明斑马鱼的死亡率显著降低。施定基等将对虾白斑综合征病毒的 VP28 囊膜蛋白基因转入鱼腥藻 PCC7120 和聚球藻 PCC7002 制成饲料，对虾口服该饲料后，攻毒试验结果显示其存活率大大提高。

三、纳米载体疫苗

运用纳米材料（纳米粒子、纳米棒、纳米线或纳米管等）包覆生物活性分子是解决生物活性分子易被生物体降解的有效方法。纳米材料具有生物毒性低、生物相容性高且易被降解和独特的理化特性（如粒径大小、表面携带电荷量或负载能力）等特点，其可以在特定条件下运输到目标位置，能够显著提高疫苗系统的靶向性和刺激性。

1. 聚乳酸-乙醇酸载体疫苗　　　聚乳酸-乙醇酸（polylactic acid-glycolic acid，PLGA）是一种可降解的聚合物，常用于疫苗输送，通常由乳酸和乙醇酸的无规聚合而成。PLGA 封装的纳米载体疫苗通常能减轻对自身抗原的异常免疫反应，同时保留对外来抗原和病原体的免疫反应。在大西洋鲑研究中，Fredriksen 等证实 PLGA 纳米颗粒可诱导轻微的炎症反应，具有疫苗佐剂的潜力。Rauta 等对比 PLA（聚乳酸）-NP（纳米粒子）与 PLGA-NP（图 16-16）两种同

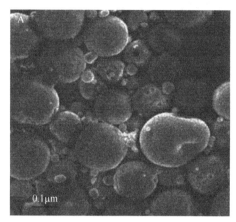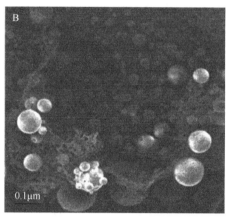

图 16-16　PLA-NP（A）与 PLGA-NP（B）对嗜水气单胞菌外膜蛋白抗原包埋效果的扫描电子显微镜图
（引自 Rauta and Nayak，2015）

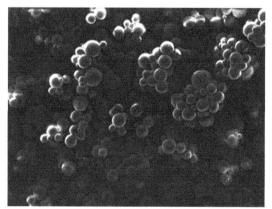

图 16-17　PLGA-NP 包裹的淋巴囊肿病毒 DNA 疫苗的扫描电子显微镜图（引自田继远，2008）

样具有良好机械强度的聚合物对嗜水气单胞菌的外膜蛋白抗原的包埋效果，结果表明在包封率和载药量方面，PLGA-NP 均比 PLA-NP 高，而且体外释放速度也更快。田继远等将编码淋巴囊肿病毒主要衣壳蛋白的质粒包裹在 PLGA-NP（图 16-17）中，并在对牙鲆的研究中确认 PLGA-NP 包裹的 DNA 疫苗组被淋巴囊肿病毒攻击后的感染率为 16.7%，裸露的 DNA 疫苗组为 100%。

2. 脂质体载体疫苗　　　脂质体是由磷脂双分子层组成的球形封闭结构，内部包裹抗原。脂质体具有安全、可降解及良好的生物相容性等特点，可以封装亲水性和疏水性药物。在疫苗递送过程中，不仅能在保持其完整性的情况下缓慢释放抗原，还能增强抗原呈递细胞的吞噬能力，并促进诱导体液免疫和细胞免疫反应。此外，脂质体作为免疫佐剂可以更有效地诱发液体免疫反应。

Reyes 等使用脂质体包裹编码 VP2 衣壳蛋白的质粒，然后添加到饲料中并通过口服免疫大西洋鲑（图 16-18），结果大西洋鲑体内白细胞与单核细胞数量显著增加，显著提高了大西洋鲑的抗病毒能力。纳米脂质体负载免疫刺激剂后还能保护水生生物免受细菌和病毒的感染，如聚肌胞苷酸［poly（I：C），一种病毒 dsRNA 的合成类似物，类似于病毒的分子模式］、脂多糖等。同时包裹聚肌胞苷酸和脂多糖的脂质体可以在免疫后引起斑马鱼免疫相关基因表达

显著上调，降低幼年鱼对疾病的敏感性，免疫保护率可达 70%～80%。

3.碳纳米管载体疫苗 碳纳米管是具有圆柱.形纳米结构的碳同素异形体，由呈六边形排列的碳原子构成数层到数十层的同轴圆管，主要包含以下两种类型：单壁碳纳米管和多壁碳纳米管。碳纳米管具有许多良好的特性，如高比表面积、易功能化、酶底物催化性、良好的生物相容性、靶向性和低毒性等，使其在药物输送系统中得到了广泛的应用。

蛋白质等生物大分子，由于细胞膜的选择性渗透性，不能进入细胞，很难达到理想的疫苗效果。蛋白质经碳纳米管承载后，能够通过受体介导的内吞作用或被动运输使疫苗进入细胞。王高学等用甘露糖修饰的草鱼呼肠孤病毒抗原蛋白与碳纳米管构建针对草鱼呼肠孤病毒的碳纳米管载体疫苗（图 16-19），免疫后草鱼特异性抗体在第 4 周达到高峰，其他免疫参数（如血清溶菌酶活性、

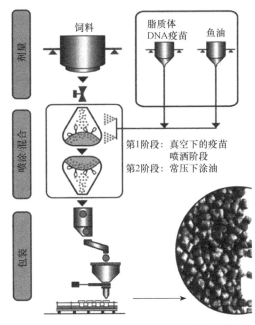

图 16-18 一种将脂质体 DNA 疫苗整合到饲料中的技术流程方案（引自 Reyes et al.，2017）

补体活性和碱性磷酸酶活性）也显著提高。结果表明，亚单位疫苗经碳纳米管和甘露糖化学修饰后，能显著诱导抗原呈递细胞对疫苗的呈递，引发强烈的免疫应答，在水生动物疫苗输送系统中具有广泛的应用前景。

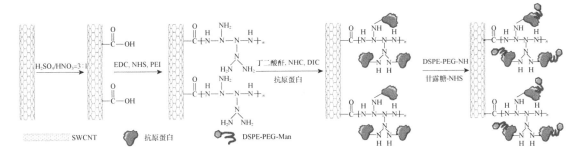

图 16-19 一种甘露糖糖基化靶向递送纳米颗粒的制备流程（引自 Zhu et al.，2020）

四、生物被膜疫苗

生物被膜是附着在一些活体或非活体表面的微生物细胞的聚集膜状物，微生物表面常被细胞外聚合物物质（extracellular polymeric substance，EPS）包裹，EPS 作为生物膜中的微生物保护屏障，并增加它们对环境压力的耐受性，如干燥、渗透压、紫外线辐射、消毒和抗生素治疗。口服疫苗常利用生物被膜来保护疫苗抗原成分，以减少消化液对疫苗在进入肠道淋巴组织前的影响，以提高其免疫功能。

丁诗华等采用复乳挥发法制备含嗜水气单胞菌被膜或灭活菌体的聚乳酸-乙醇酸共聚物疫苗微粒，对草鱼进行口服免疫，被膜疫苗微粒疫苗组和空微粒组在攻毒后的相对存活率分别为

46.7%和 6.7%，证实了被膜疫苗能显著增强草鱼对嗜水气单胞菌的抵抗力。朱斌等使用甘露糖修饰的硬骨鱼红细胞膜包裹鲤春病毒血症病毒糖蛋白设计了针对鲤春病毒血症的生物被膜疫苗（图16-20），其能够更好地被抗原呈递细胞所识别，从而诱导鲤适应性免疫应答。接种该疫苗后，鲤血清中的特异性抗体水平及相关免疫指标均显著上调，免疫保护率显著升高。

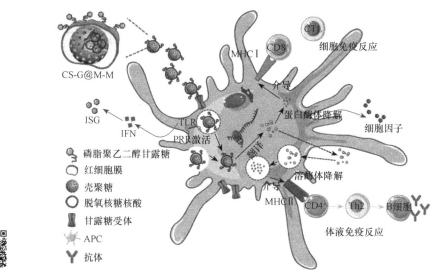

图 16-20　一种硬骨鱼红细胞膜封装甘露糖化壳聚糖包裹的 DNA 疫苗系统（引自 Zhang et al.，2020）

CS-G@M-M. 甘露糖修饰的膜涂层纳米颗粒

五、展望

水产疫苗能够安全有效地预防水产动物疫病，目前水产动物免疫接种已成为国际上水产动物疫病防控的重要方法。近年来，随着分子生物学和基因工程技术的飞速发展，对水生疫苗的研究迈上了新的台阶，并呈现出各种发展趋势。然而，目前水产领域新型疫苗的研发尚处于起步阶段，距离大规模产业化应用还有很长的距离。未来，新型疫苗研发过程中抗原的处理方式、包裹材料、免疫时间、免疫鱼种发育阶段和产业化应用等问题仍需要研究者进一步地系统探究，只有解决了这些关键问题后，水产新型疫苗的发展才能够行稳致远，有效防控水产动物疾病的发生，真正推动水产养殖业的健康可持续发展。

主要参考文献

蔡玉臻，刘志刚，卢迈新，等. 2019. 尼罗罗非鱼无乳链球菌 Sip 蛋白乳酸菌活载体口服疫苗的研制及其免疫效果. 水产学报，43（3）：661-670.

丁诗华，王一丁，彭远义，等. 2005. 鱼用嗜水气单胞菌口服疫苗的免疫保护效应. 西南农业大学学报（自然科学版），6：888-891，917.

郭玉娟，陈学年. 2005. A3α 肽聚糖增强灭活嗜水气单胞菌疫苗免疫效果的研究. 淡水渔业，35（6）：3.

郝贵杰，袁雪梅，潘晓艺，等. 2015. 草鱼呼肠孤病毒衣壳蛋白 VP7 真核重组质粒的构建及免疫效果评价. 水生生物学报，39（4）：751-757.

洪扬，陈晓龙，朱烨，等. 2019. 鱼类疫苗自动注射装置设计与应用. 安徽农业科学，47（17）：220-221，237.

蒋昕彧. 2016. 鲤嗜水气单胞菌弱毒株筛选及免疫原性评价. 新乡：河南师范大学硕士学位论文.

金鹏. 2021. 基于壳聚糖和铝盐佐剂的大菱鲆鳗弧菌口服灭活疫苗开发. 上海：华东理工大学硕士学位论文.

李守湖. 2017. 传染性造血器官坏死症活载体疫苗的研制. 兰州：甘肃农业大学硕士学位论文.

李兴华，沈锦玉，尹文林，等. 2007. 银鲫口服嗜水气单胞菌疫苗的免疫和免疫组化研究. 水生生物学报，31（1）：125-130.

梁海鹰，陈永新，简纪常，等. 2013. 溶藻弧菌鞭毛蛋白 flaC 基因 DNA 疫苗对红笛鲷的免疫保护. 水产学报，37（1）：125-131.

刘晓红. 2015. 两种重要鱼类致病菌感染及减毒活疫苗接种途径的研究. 上海：华东理工大学博士学位论文.

潘鸿洧，石存斌，赵毅. 2010. 鳗鲡迟缓爱德华氏菌偶联疫苗免疫效果评价. 免疫学杂志，26（2）：102-107.

单红，张其中，刘强平，等. 2005. 灭活菌苗免疫的南方鲇外周血液细胞免疫指标的变化. 中国水产科学，12（3）：275-280.

任燕，时云朵，曾伟伟，等. 2019. 维氏气单胞菌灭活疫苗对草鱼免疫相关基因表达的影响及其保护效果. 中国生物制品学杂志，32（7）：726-731.

时云朵，任燕，张德锋，等. 2015. 山莨菪碱提高嗜水气单胞菌灭活疫苗浸泡免疫鲫的效果. 水产学报，39（5）：720-727.

孙彦莹，左晓芳，展鹏，等. 2020. 抗腺病毒药物化学研究新进展. 药学学报，55（4）：720-733.

田继远. 2008. 淋巴囊肿病毒口服微囊核酸疫苗的研制与免疫效果研究. 青岛：中国海洋大学博士学位论文.

杨汉春. 2013. 动物免疫学. 2版. 北京：中国农业大学出版社.

张波，曾令兵，罗晓松，等. 2012. 嗜水气单胞菌 3 种疫苗免疫的青鱼外周血免疫指标的变化. 华中农业大学学报，（1）：100-105.

张士璀，张钦，蒋成砚. 2018. 鱼类母源性免疫和免疫增强剂的跨代免疫作用. 中国海洋大学学报（自然科学版），48（6）：63-66.

张司奇. 2018. 四种不同佐剂对维氏气单胞菌灭活疫苗免疫增强效果的研究. 长春：吉林农业大学硕士学位论文.

赵菲，党刘毅，赵璇，等. 2017. 补体系统及其糖基化. 生物化学与生物物理进展，44（10）：888-897.

周永灿，黄辉，张吕平. 2001. 应用超声波进行鱼用疫苗免疫接种的技术方法. ZL00108493.3.

Austin B. 1999. Bacterial Fish Pathogens: Disease in Farmed and Wild Fish. 3rd ed. Chichester: Praxis Publishing Ltd: 237-251.

Charerntantanakul W. 2020. Adjuvants for swine vaccines: mechanisms of actions and adjuvant effects-science direct. Vaccine, 38(43): 6659-6681.

Cho S H, Seo Y J, Park S I, et al. 2018. Oral immunization with recombinant protein antigen expressed in tobacco, against fish nervous necrosis virus. Journal of Veterinary Medical Science, 80(2): 272-279.

Chu L Y, Yamaguchi T, Nakao S. 2002. A molecular-recognition microcapsule for environmental stimuli-responsive controlled release. Advanced Materials, 14(5): 386-389.

Fredriksen B N, Saevareid K, Mcauley L, et al. 2011. Early immune responses in Atlantic salmon (Salmo salar L.) after immunization with PLGA nanoparticles loaded with a model antigen and β-glucan.Vaccine, 29(46): 8338-8349.

Kanellos T, Selvester I D, Howard C R, et al. 1999. DNA is as effective as protein at inducing antibody in fish. Vaccine, 17(7-8): 965-972.

Katherine V, Miguel B, Diego R V, et al. 2019. Outer membrane protein FrpA, the siderophore piscibactin receptor of Photobacterium damselae subsp. piscicida, as a subunit vaccine against photobacteriosis in sole (Solea senegalensis). Fish and Shellfish Immunology, 94: 723-729.

Kwon H C, Kang Y J. 2016. Effects of a subunit vaccine (FlaA) and immunostimulant (CpG-ODN 1668) against Vibrio anguillarum in tilapia (Oreochromis niloticus). Aquaculture, 454: 125-129.

Lim M, Badruddoza A Z M, Firdous J, et al. 2020. Engineered nanodelivery systems to improve DNA vaccine technologies. Pharmaceutics, 12(1): 30.

Mu X, Pridgeon J W, Klesius P H. 2011. Transcriptional profiles of multiple genes in the anterior kidney of channel catfish vaccinated with an attenuated *Aeromonas hydrophila*. Fish and Shellfish Immunology, 31(6): 1162-1172.

Mukhopadhyay P, Maity S, Mandal S, et al. 2018. Preparation, characterization and *in vivo* evaluation of pH sensitive, safe quercetin-succinylated chitosan-alginate core-shell-corona nanoparticle for diabetes treatment. Carbohydrate Polymers, 182: 42.

Neefjes J, Jongsma M L, Paul P, et al. 2011. Towards a systems understanding of MHC class I and MHC class II antigen presentation. Nature Reviews Immunology, 11(12): 823-836.

Noonan B, Enzmann P J, Trust T J. 1995. Recombinant infectious hematopoietic necrosis virus and viral hemorrhagic septicemia virus glycoprotein epitopes expressed in *Aeromonas salmonicida* induce protective immunity in rainbow trout(*Oncorhynchus mykiss*). Applied and Environmental Microbiology, 61(10): 3586-3591.

Raida M K, Buchmann K. 2008. Bath vaccination of rainbow trout (*Oncorhynchus mykiss* Walbaum) against *Yersinia ruckeri*: effects of temperature on protection and gene expression. Vaccine, 26(8): 1050-1062.

Rauta P R, Nayak B. 2015. Parenteral immunization of PLA/PLGA nanoparticle encapsulating outer membrane protein (Omp) from *Aeromonas hydrophila*: Evaluation of immunostimulatory action in *Labeo rohita* (Rohu). Fish and Shellfish Immunology, 44(1): 287-294.

Reyes M, Ramirez C, Nancucheo I. 2017. A novel "in-feed" delivery platform applied for oral DNA vaccination against IPNV enables high protection in Atlantic salmon (*Salmon salar*). Vaccine, 35(4): 626-632.

Schlingmann B, Castiglia K, Stobart C C, et al. 2018. Polyvalent vaccines: High-maintenance heroes. PLoS Pathogens, 14(4): e1006904.

Shi S, Zhu H, Xia X, et al. 2019. Vaccine adjuvants: understanding the structure and mechanism of adjuvanticity. Vaccine, 37(24): 3167-3178.

Traxler G, Anderson E, Lapatra S, et al. 1999. Naked DNA vaccination of Atlantic salmon *Salmo salar* against IHNV. Diseases of Aquatic Organisms, 38(3): 183-190.

Zebli B, Susha A S, Sukhorukov G B, et al. 2005. Magnetic targeting and cellular uptake of polymer microcapsules simultaneously functionalized with magnetic and luminescent nanocrystals. Langmuir, 21(10): 4262-4265.

Zhang C, Li L H, Wang J, et al. 2018. Enhanced protective immunity against spring viremia of carp virus infection can be induced by recombinant subunit vaccine conjugated to single-walled carbon nanotubes. Vaccine, 36(42): 6334-6344.

Zhang C, Zhang P Q, Guo S, et al. 2020. Application of biomimetic cell-derived nanoparticles with mannose modification as a novel vaccine delivery platform against teleost fish viral disease. ACS Biomaterials Science & Engineering, 6(12): 6770-6777.

Zhang C, Zhao Z, Li J, et al. 2019. Bacterial ghost as delivery vehicles loaded with DNA vaccine induce significant and specific immune responses in common carp against spring viremia of carp virus. Aquaculture, 504: 361-368.

Zhu B, Zhang C, Zhao Z, et al. 2020. Targeted delivery of mannosylated nanoparticles improve prophylactic efficacy of immersion vaccine against fish viral disease. Vaccines, 8(1): 87.

Zhu L Y, Nie L, Zhu G, et al. 2013. Advances in research of fish immune-relevant genes: a comparative overview of innate and adaptive immunity in teleosts. Developmental and Comparative Immunology, 39(1-2): 39-62.